U0350411

国家“十二五”重点图书出版规划项目

城市地下空间出版工程·规划与设计系列

地下空间评估与勘测

顾国荣　杨石飞　苏　辉　编著

图书在版编目(CIP)数据

地下空间评估与勘测/顾国荣,杨石飞,苏辉编著. --上海:同济大学出版社,2018.5
(城市地下空间出版工程.规划与设计系列)
ISBN 978-7-5608-6172-2

Ⅰ.①地… Ⅱ.①顾…②杨…③苏… Ⅲ.①城市空间—地下建筑物—评估②城市空间—地下建筑物—工程勘测 Ⅳ.①TU96

中国版本图书馆 CIP 数据核字(2015)第 318527 号

城市地下空间出版工程·规划与设计系列
地下空间评估与勘测
顾国荣　杨石飞　苏　辉　编著

出 品 人:华春荣
策　　划:杨宁霞　季　慧　胡　毅
责任编辑:季　慧　胡　毅
责任校对:徐春莲
封面设计:陈益平

出版发行　同济大学出版社　www.tongjipress.com.cn
(上海市四平路 1239 号　邮编:200092　电话:021-65985622)
经　　销　全国各地新华书店、建筑书店、网络书店
排版制作　南京新翰博图文制作有限公司
印　　刷　浙江广育爱多印务有限公司
开　　本　787 mm×1092 mm　1/16
印　　张　36.5
字　　数　911 000
版　　次　2018 年 5 月第 1 版　2018 年 5 月第 1 次印刷
书　　号　ISBN 978-7-5608-6172-2
定　　价　198.00 元

内 容 提 要

本书为国家“十二五”重点图书出版规划项目。针对地下空间开发过程中的岩土工程评估和勘测问题，本书按照开发、建设到管理的时间顺序，分别介绍了前期地下空间环境评估，建设前岩土工程勘察，建设过程中岩土工程测试与监测，与岩土相关事故的原因、预防措施、处理方案，以及后期运营阶段的评估、检测技术等，系统地阐述了地下空间评估和勘测的手段和方法。本书内容丰富、结构完整，反映了当前地下空间开发、设计、建设及运营管理过程中的新技术、新方法，通过大量工程案例阐述了当前地下空间开发全过程中的风险。

本书可供从事地下空间开发、建设、设计和运营管理等的人员学习与参考。

《城市地下空间出版工程·规划与设计系列》编委会

作者简介

顾国荣 全国工程勘察设计大师，上海勘察设计研究院（集团）有限公司副总裁，上海市城乡建设和管理委员会科学技术委员会副主任、中国建筑学会工程勘察分会副理事长、上海地质学会副理事长。长期从事软土地区岩土工程的理论研究和工程实践，负责上海中心大厦、上海金茂大厦、浦东国际机场、上海世博园、上海虹桥综合交通枢纽等数百项国家及地方重大工程，共获国家、行业、市优秀工程奖100余项，主编《桩基优化设计与施工新技术》等专业著作，编制上海市工程建设规范《岩土工程勘察规范》《地基基础设计规范》、行业规范《建筑桩基技术规范》等规范10余项。

杨石飞 教授级高级工程师，注册土木工程师（岩土）、一级注册结构工程师，上海勘察设计研究院（集团）有限公司常务副总工程师，集团研究院常务副院长。多年致力于岩土工程创新实践工作，主持上海F1赛车场、临港重装备产业区、上海世博园等重大项目的岩土工程勘察、地基处理及设计咨询工作，共获国家、行业、市优秀工程奖20余项。参与编制《地下工程设计施工手册》（第二版）、《桩基优化设计与施工新技术》等多部专业领域书籍，参编上海市《岩土工程勘察规范》、行业标准《高层建筑岩土工程勘察规程》等多项规范，主持完成《大面积土体堆载对地基土边界条件影响》《中国2010年上海世博会场址岩土工程问题研究》等上海市重大课题科研工作。

苏　辉 工程师，上海勘察设计研究院（集团）有限公司集团研究院副院长。从事基础工程、基坑工程及地基处理等方面的理论与实践工作，曾参与上海迪士尼场地地基处理，常熟电厂东线取水隧道修复，上海大众慈溪基地场地设计、勘察、测试等重大工程项目。完成《地铁周边群体工程活动对地铁运营安全的影响研究》及《上海软土地基建筑桩基承载能力与变形特性深化研究》等上海市重大课题的科研攻关，荣获上海市科技进步三等奖一项。

总序

PREFACE

国际隧道与地下空间协会指出,21世纪是人类走向地下空间的世纪。科学技术的飞速发展,城市居住人口迅猛增长,随之而来的城市中心可利用土地资源有限、能源紧缺、环境污染、交通拥堵等诸多影响城市可持续发展的问题,都使我国城市未来的发展趋向于对城市地下空间的开发利用。地下空间的开发利用是城市发展到一定阶段的产物,国外开发地下空间起步较早,自1863年伦敦地铁开通到现在已有150年。中国的城市地下空间开发利用源于20世纪50年代的人防工程,目前已步入快速发展阶段。当前,我国正处在城市化发展时期,城市的加速发展迫使人们对城市地下空间的开发利用步伐加快。无疑21世纪将是我国城市向纵深方向发展的时代,今后20年乃至更长的时间,将是中国城市地下空间开发建设和利用的高峰期。

地下空间是城市十分巨大而丰富的空间资源。它包含土地多重化利用的城市各种地下商业、停车库、地下仓储物流及人防工程,包含能大力缓解城市交通拥挤和减少环境污染的城市地下轨道交通和城市地下快速路隧道,包含作为城市生命线的各类管线和市政隧道,如城市防洪的地下水道、供水及电缆隧道等地下建筑空间。可以看到,城市地下空间的开发利用对城市紧缺土地的多重利用、有效改善地面交通、节约能源及改善环境污染起着重要作用。通过对地下空间的开发利用,人类能够享受到更多的蓝天白云、清新的空气和明媚的阳光,逐渐达到人与自然的和谐。

尽管地下空间具有恒温性、恒湿性、隐蔽性、隔热性等特点,但相对于地上空间,地下空间的开发和利用一般周期比较长、建设成本比较高、建成后其改造或改建的可能性比较小,因此对地下空间的开发利用在多方论证、谨慎决策的同时,必须要有完整的技术理论体系给予支持。同时,由于地下空间是修建在土体或岩石中的地下构筑物,具有隐蔽性特点,与地面联络通道有限,且其周围临近很多具有敏感性的各类建(构)筑物(如地铁、房屋、道路、管线等)。这些特点使得地下空间在开发和利用中,在缺乏充分的地质勘察、不当的设计和施工条件下,所引起的重大灾害事故时有发生。近年来,国内外在地下空间建设中的灾害事故(2004年新加坡地铁施工事故、2009年德国科隆地铁塌方、2003年上海地铁4号线事故、2008年杭州地铁建设事故等),以及运营中的火灾(2003年韩国大邱地铁火灾、2006年美国芝加哥地铁事故等)、断电(2011年上海地铁10号线追尾事故等)等造成的影响至今仍给社会带来极大的负面效应。因此,在开发利用地下空间的过程中需要有深入的专业理论和技术方法来指导。在我国城市地下空间开发建设步入"快车道"的背景下,目前市场上的书籍还远远不能满足现阶段这方面的迫切需要,系统的、具有引领性的技术类丛书更匮乏。

目前,城市地下空间开发亟待建立科学的风险控制体系和有针对性的监管办法,《城市地下空间出版工程》这套丛书着眼于国家未来的发展方向,按照城市地下空间资源安全开发利用与维护管理的全过程进行规划，借鉴国际、国内城市地下空间开发的研究成果并结合实际案例，以城市地下交通、地下市政公用、地下公共服务、地下防空防灾、地下仓储物流、地下工业生产、地下能源环保、地下文物保护等设施为对象，分别从地下空间开发利用的管理法规与投融资、资源评估与开发利用规划、城市地下空间设计、城市地下空间施工和城市地下空间的安全防灾与运营管理等多个方面进行组织策划，这些内容分而有深度、合而成系统，涵盖了目前地下空间开发利用的全套知识体系，其中不乏反映发达国家在这一领域的科研及工程应用成果，涉及国家相关法律法规的解读，设计施工理论和方法，灾害风险评估与预警以及智能化、综合信息等，以期成为对我国未来开发利用地下空间较为完整的理论指导体系。综上所述，丛书具有学术上、技术上的前瞻性和重大的工程实践意义。

本套丛书被列为“十二五”时期国家重点图书出版规划项目。丛书的理论研究成果来自国家重点基础研究发展计划(973 计划)、国家高技术研究发展计划(863 计划)、“十一五”国家科技支撑计划、“十二五”国家科技支撑计划、国家自然科学基金项目、上海市科委科技攻关项目、上海市科委科技创新行动计划等科研项目。同时，丛书的出版得到了国家出版基金的支持。

由于地下空间开发利用在我国的许多城市已经开始，而开发建设中的新情况、新问题也在不断出现，本丛书难以在有限时间内涵盖所有新情况与新问题，书中疏漏、不当之处难免，恳请广大读者不吝指正。

钱七虎

2014 年 6 月

前言

岩土是地下空间开发作用的对象，是地下工程依存的载体，因此对岩土的认识是地下空间开发和利用必不可少的环节，准确客观地评估岩土特性是地下空间合理利用和控制风险的基本手段。由于岩土的复杂性和不确定性，地下空间开发风险大，工程事故频发，造成严重的社会影响和经济损失，因此需要对地下空间开发过程中的勘察、测试与评估工作重点关注。

本书根据地下空间开发的一般流程，分别介绍了前期地下空间环境评估、建设前岩土工程勘察、建设过程中岩土工程测试与监测以及岩土工程风险控制等，较为系统地阐述了地下空间评估和勘测的手段和方法。其中，关于地下空间环境评估，由于国内该方面工作的空白，技术成果较为缺乏，在以往类似著作中涉及较少，本书编著时参考了诸多国外文献以及工程案例。岩土工程勘察测试技术本身内容非常丰富，涉及的专业知识很多，很难在有限篇幅内详尽说明，本书主要从目的、手段及适用方法等方面对此做了简要阐述，辅以典型工程案例，使内容更加直观。风险控制以事故案例为切入点，分为基坑、隧道、桩基三方面，分别从勘察、设计、施工、检测、监测等不同阶段进行原因分析，剖析其中基本原理，总结经验教训，为工程中的风险控制提供参考。

本书涉及的研究成果是在上海市社会发展领域重点科技攻关项目(编号:10231203500)和上海市城乡建设和管理委员会“十一五”重大科研项目计划(编号:重科 2010-007)资助下完成的。

本书由顾国荣、杨石飞、苏辉主编，参加各章编写和审核工作的有:唐坚、褚伟洪、孙莉、王蓉、胡绕、许杰、梁振宁、刘枫、路家峰、张静。对各位的支持和帮助，谨表诚挚的谢意。

感谢同济大学出版社对本书出版发行的大力支持以及所做的辛勤工作。

由于时间和水平有限，书中难免有不足之处，敬请读者不吝指正。

编者

2018.3

目　录

CONTENTS

总序
前言

1　绪论 …… 1
1.1　地下空间开发评估 …… 3
1.2　地下空间岩土工程勘察与方案设计 …… 6
1.3　地下空间开发勘察工程实例 …… 12
1.3.1　超高层项目勘察 …… 12
1.3.2　轨道交通项目勘察 …… 14
1.4　旁压试验在地下空间开发中的应用 …… 16
1.5　地下空间检测与监测 …… 23
1.6　地下空间信息系统 …… 25
1.7　上海工程地质分区与桩基工程风险相关性 …… 29
1.8　城市地下工程风险控制 …… 32
2　地下空间开发评估 …… 41
2.1　地下空间开发环境影响评估 …… 42
2.1.1　地质灾害评估 …… 42
2.1.2　地下工程地震安全性评估 …… 69
2.2　地下空间开发环境资源评估 …… 94
2.2.1　土壤与地下水污染评估 …… 94
2.2.2　噪声与粉尘污染评估 …… 104
2.2.3　固体废弃物影响评估 …… 106
2.3　地下资源评估 …… 106
2.3.1　地热资源评估 …… 106
2.3.2　地下水资源评估 …… 108
2.3.3　地下空间资源规划利用合理性评估 …… 113
3　地下空间岩土工程勘察与方案设计 …… 117
3.1　岩土工程勘察重要性 …… 118
3.2　常用勘察手段与方法 …… 118
3.2.1　原位测试 …… 119

3.2.2 室内试验 …… 167
3.3 勘察依据 …… 180
3.3.1 工程重要性等级 …… 180
3.3.2 场地复杂程度分级 …… 181
3.3.3 地基复杂程度分级 …… 182
3.3.4 场地勘察等级 …… 182
3.4 勘察技术要求与工作量的布置 …… 182
3.4.1 基本要求 …… 182
3.4.2 地下洞室勘察 …… 188
3.4.3 隧道工程与轨道交通工程的勘察 …… 189
3.4.4 基坑工程勘察 …… 191
3.5 地下空间开发勘察需解决的主要技术问题 …… 192
3.5.1 桩基工程分析 …… 192
3.5.2 基坑工程分析 …… 196
4 地下空间开发勘察工程实例 …… 201
4.1 上海中心勘察 …… 202
4.1.1 工程概况 …… 202
4.1.2 工程特点、勘察目的及勘察工作量布置原则 …… 203
4.1.3 场地工程地质、水文地质条件及周边环境 …… 205
4.1.4 地基土的分析与评价 …… 209
4.1.5 基坑围护方案及设计参数 …… 215
4.1.6 小结 …… 220
4.2 上海轨道交通 10 号线勘察 …… 221
4.2.1 工程概况 …… 221
4.2.2 勘察工作量布置原则 …… 221
4.2.3 场地工程、水文地质条件及周边环境 …… 222
4.2.4 水文地质条件 …… 225
4.2.5 不良地质现象 …… 226
4.2.6 地基土的分析与评价 …… 226
4.2.7 小结 …… 228
4.3 上海轨道交通 17 号线勘察总体 …… 229
4.3.1 前言 …… 229
4.3.2 详勘总体完成工作量 …… 232
4.3.3 全线工程地质条件和岩土工程问题分析 …… 232
4.3.4 本项目各类建(构)筑物 …… 242
4.3.5 岩土工程风险提示及评估 …… 244
4.3.6 小结 …… 248
5 旁压试验在地下空间开发中的应用 …… 251
5.1 旁压试验机理 …… 252
5.1.1 试验基本原理 …… 253

5.1.2 试验仪器设备 …… 253
5.1.3 试验技术要求和试验方法 …… 255
5.2 上海地区旁压试验测试成果 …… 257
5.2.1 上海地区土层特性 …… 257
5.2.2 旁压试验测试成果 …… 258
5.2.3 旁压模量 …… 259
5.3 旁压试验成果在桩基沉降量计算中的应用 …… 263
5.3.1 桩基土分类 …… 263
5.3.2 桩基工程变形特性 …… 264
5.3.3 常用桩基沉降量计算方法与沉降量实测值的对比分析 …… 264
5.3.4 小结 …… 275
5.4 基于旁压试验弹塑性本构模型(EPM)的构建 …… 275
5.4.1 空间滑动面理论 …… 276
5.4.2 应力-剪胀关系 …… 279
5.4.3 本构模型建立 …… 280
5.4.4 小结 …… 281
5.5 基于旁压试验的弹塑本构模型的验证及应用 …… 281
5.5.1 模型验证 …… 281
5.5.2 参数敏感性分析 …… 283
5.5.3 小结 …… 284
5.6 基于旁压试验本构模型在有限元分析中的应用 …… 284
5.6.1 ABAQUS 中自定义材料 UMAT …… 284
5.6.2 基于旁压试验弹塑性本构模型的 UMAT 子程序编写 …… 287
5.6.3 旁压本构模型在 ABAQUS 中应用 …… 288
5.6.4 小结 …… 292
5.7 本章小结 …… 293
6 地下空间检测与监测方法及应用 …… 297
6.1 静力试桩 …… 298
6.1.1 竖向抗压静载荷试验 …… 298
6.1.2 单桩竖向抗拔静载荷试验 …… 303
6.1.3 单桩水平静载试验 …… 305
6.1.4 自平衡测试技术 …… 307
6.1.5 工程实例 …… 315
6.2 桩基动力测试 …… 325
6.2.1 低应变动测 …… 325
6.2.2 高应变动测 …… 335
6.3 混凝土灌注桩超声波检测 …… 343
6.3.1 检测系统 …… 343
6.3.2 现场检测 …… 346
6.3.3 数据处理 …… 347

6.3.4 数据分析和判断 …… 348
6.3.5 工程实例 …… 352
6.4 地球物理探测方法及应用 …… 355
6.4.1 地下空间地球物理探测概念 …… 355
6.4.2 地球物理探测方法及特点 …… 355
6.4.3 地球物理探测技术在地下空间应用 …… 357
6.5 岩土工程监测 …… 386
6.5.1 岩土工程监测概述 …… 386
6.5.2 岩土工程监测目的及主要手段 …… 386
6.5.3 监测仪器埋设方法及技术要求 …… 388
6.5.4 监测方法及精度分析 …… 394
6.5.5 工程监测典型案例剖析 …… 404
7 地下空间岩土信息系统开发与应用 …… 417
7.1 引言 …… 418
7.2 系统基本构架 …… 419
7.2.1 系统基本组成构架 …… 419
7.2.2 系统数据库管理 …… 423
7.3 基础查询模块 …… 427
7.3.1 基础功能 …… 427
7.3.2 轨道交通地质数据查询 …… 429
7.3.3 监测资料查询 …… 435
7.4 有限元快速分析模块 …… 437
7.4.1 建模参数化和自动化 …… 437
7.4.2 后处理分析自动化 …… 447
7.4.3 与轨道专家系统平台的交互 …… 468
7.5 风险分析模块 …… 471
7.5.1 风险分析流程 …… 471
7.5.2 轨道交通基坑工程风险分析 …… 473
7.6 工程应用实例 …… 480
7.6.1 有限元快速分析模块应用 …… 480
7.6.2 风险分析模块应用 …… 517
7.7 本章小结 …… 529
8 城市地下工程风险控制 …… 531
8.1 引言 …… 532
8.2 地下工程风险管理理论基础 …… 534
8.2.1 风险的含义 …… 534
8.2.2 风险管理的定义 …… 534
8.2.3 风险管理的过程 …… 535
8.2.4 地下工程安全风险管理 …… 536
8.3 软土地下工程安全事故案例 …… 538

8.3.1　基坑事故 …… 538
8.3.2　隧道事故 …… 546
8.3.3　桩基事故 …… 551
8.4　软土地下工程安全事故统计与原因分析 …… 557
8.4.1　基坑工程事故调查统计 …… 558
8.4.2　隧道工程事故数据统计分析 …… 561
8.4.3　桩基工程事故调查统计 …… 562
8.4.4　基于事故分析的地下工程安全管控 …… 564

1 绪　论

地下空间，从建筑范围的角度来说，包括地下商城、地下停车场、地铁、矿井、穿海隧道等。国外开发地下空间起步较早，自 1845 年伦敦地铁的开始兴建发展到现在已有 170 多年之久，中国的城市地下空间开发利用源于 20 世纪 50 年代，发展较为缓慢，至 21 世纪，只有北京、上海等少数城市建成城市地铁，大规模的地下商场和停车场屈指可数，进入 21 世纪以来，在可持续发展和城市空间不足等压力下，地下空间开发逐渐成为中国的一个发展方向。

中国工程院院士钱七虎指出："地下空间可以有效解决城市交通日益拥挤的现象，还可以避免出现'拉链公路'，可惜的是我国不少地区的地下空间都没有利用起来。""2013 首届地下空间与现代城市中心国际研讨会"深入探讨了如何有效利用地下空间资源助力城市发展。在此基础上，"第二届地下空间与城市综合体国际研讨会"于 2014 在上海召开，将地下空间开发、能源管理、绿色建筑等多学科内容交叉，通过高端论坛、专业研讨、展示区等形式，探讨和展示了行业趋势及最新市场动态，实现产、学、研、用相结合，以此促使发达、发展中和新兴大都市及特大城市的可持续发展。

在地下空间开发的热潮下，也应看到地下空间开发的风险性和不确定性，近年来，涉及地下空间的工程事故频发。

1993 年 9 月 26 日，台北市士林区基河路一处工地发生严重的深基坑坍塌事故。基底北侧连续墙根部土体隆起，连续墙翻转倾倒，内支撑扭曲崩塌，导致东西两侧墙体向内挤进。

2004 年 4 月 20 日，新加坡主要交通干道——尼诰大道公路的部分路段下午突然发生坍塌，该起意外事故是新加坡有史以来发生的最为严重的地铁工地和高速公路坍塌事故，造成 1 人死亡，另有 3 人受伤和 3 人失踪，坍塌路面长 100 m、宽 150 m。

2003 年 6 月，上海地铁 4 号线董家渡段隧道，35 m 深的地下联络通道冻结壁出现缺口，高压力地下承压水和流砂通过缺口涌向已贯通的两条隧道内，地层水土急速流失，隧道塌陷破裂，地表进而发生大范围沉陷，建(构)筑物倾斜、倒塌。

2005 年 7 月 21 日，广州市海珠区江南大道中海珠城广场工地基坑南端约 100 m 长挡土墙发生倒塌，事故中共造成 3 人死亡，3 人受伤。广州地铁 2 号线中大站至市二宫站区段停运 24 h，恢复运营时限速 15 km。

2006—2010 年的上海地铁 2 号线静安寺到江苏路区间长期隧道沉降监测数据表明，因受大上海会德丰广场和南京西路 1788 号项目桩基拖带影响，该区间隧道沉降增加 20 mm。

2008 年 11 月 15 日 15 时 20 分，杭州地铁萧山湘湖站施工现场突然发生路面大面积塌陷事故，导致该路面风情大道 75 m 路面坍塌，并下陷 15 m，21 人遇难。

2011 年 11 月 22 日，上海在建世纪大道 2-4 地块世纪大都会项目 1-1 区基坑内裙房与塔楼交接部位，距离地下连续墙约 9 m 处出现渗漏。次日渗漏继续增大。由于该项目周边有多条地铁线经过，险情严重。后续抢险采取注浆方式堵漏，并在坑内堆载、注水回填、加快浇筑完成裙房底板等措施，以稳定坑内土体。根据监测单位提供的基坑发生险情后围护结构监测报告，发现东方路侧地下连续墙顶部发生大幅度沉降，最大沉降超过 20 cm，墙体侧向变形最大达 6 cm。

上述案例无一不在说明，地下空间由于其隐蔽性和不确定性，一旦发生工程事故，将造成极大的工程损失和社会影响，并且修复难度很大。地下空间开发与岩土工程密不可分，其涉及岩土工程相关的评估及勘测技术种类多、专业广，因此，本书将对其涉及的岩土工程问题进行整理介绍，全书共分为10章，除本章绪论外，其他几章基本按照地下空间开发建设顺序进行阐述，较全面地介绍了目前采用的新技术、新方法，并结合大量的工程实际案例说明地下空间开发的风险及控制风险措施。本章作为绪论，将对后续各章节的内容进行汇总提炼，从而便于读者快速理解全书内容。

1.1 地下空间开发评估

地下空间项目是一项复杂的系统项目，在项目前期须进行全面、细致的规划和评估，从城市总体规划阶段到修规阶段，包括基础调研、政策研究、规划研究、技术研究，体系复杂，涉及内容较多。本书首先从涉及地下空间开发建设的关键评估技术入手，阐述地下空间开发评估内容和方法。

1. 地下空间开发影响评估

目前，地下环境对地下空间开发影响的评估主要包括地质灾害评估和地震安全性评价两个方面。

1) 地质灾害评估

地质灾害评估又叫地质灾害危险性评估，是在查明各种致灾地质作用的性质、规模和承灾对象的社会经济属性(承载对象的价值，可移动性等)的基础上，从致灾体稳定性、致灾体和承灾对象遭遇的概率上分析入手，对其潜在的危险性进行客观评估。

地质灾害是指包括自然因素或者人为活动引发的危害人民生命和财产安全的山体崩塌、滑坡、泥石流、地面塌陷、地裂缝、地面沉降等与地质作用有关的灾害。地质灾害评估涉及地质灾害种类应包括崩塌、滑坡、泥石流、塌岸、地面塌陷(含岩溶塌陷和开采塌陷)、地裂缝、地面沉降和采矿地表移动等。

根据国土资源部《地质灾害防治管理办法》第15条规定，地质灾害危险性评估包括下列内容：阐明工程建设区和规划区的地质环境条件基本特征；分析论证工程建设区和规划区各种地质灾害的危险性，进行现状评估、预测评估和综合评估；提出防治地质灾害措施与建议，并做出建设场地适宜性评价结论。

地质灾害评估的方法有：地质灾害调查，地质环境条件分析，地质灾害危险性评估。

本书列举了“金沙江路真北路口地下空间开发项目”地质灾害评估具体工程实例，详细阐述了地质灾害评估的具体实施方法和内容。

2) 地震安全性评价

以工程为主要对象，评价具体场地的工程地震问题称为工程场地地震安全性评价。工程地震问题主要是指与抗震设防标准或地震危险性有关的问题。

工程场地地震安全性评价工作划分为以下四级：

(1) Ⅰ级工作包括地震危险性的概率分析和确定性分析、能动断层鉴定、场地地震动参数确定和地震地质灾害评价，适用于核电厂等重大建设工程项目中的主要工程；

(2) Ⅱ级工作包括地震危险性概率分析、场地地震动参数确定和地震地质灾害评价，适用于除Ⅰ级以外的重大建设工程项目中的主要工程；

(3) Ⅲ级工作包括地震危险性概率分析、区域性地震区划和地震小区划，适用于城镇、大型厂矿企业、经济建设开发区、重要生命线工程等；

(4) Ⅳ级工作包括地震危险性概率分析、地震动峰值加速度复核，适用于《中国地震动参数区划图》(GB 18306—2001)中 4.3 条 b),c)规定的一般建设工程。

3) 地震安全性的具体评价内容

(1) 区域和近场区地震活动环境评价;

(2) 区域地震构造环境评价;

(3) 近场区域地震构造评价;

(4) 地震动衰减关系的确定;

(5) 概率法地震危险性评定;

(6) 场地工程地质条件勘测;

(7) 场地土层对地震动参数影响的计算分析;

(8) 确定场地设计地震动参数;

(9) 完成场地地震地质灾害评价。

本书以"上海市轨道交通 14 号线工程"具体工程为例,详细阐述了地质灾害评估的具体实施方法和内容。

2. 地下空间开发环境资源评估

随着国家可持续发展战略目标的提出及对环境保护的重视,目前在地下空间开发之前越来越强调对环境资源进行评估,主要包括土壤与地下水污染评估、噪声与粉尘污染评估和固体废弃物影响评估三个方面。

1) 土壤与地下水污染评估

随着城市产业结构调整和旧城改造进程的不断加快,大量的工业企业搬迁,其用地转变为住宅和公共用地,遗留下来大量具有潜在危险的场地,对人体健康和生态环境造成一定危害,为此场地污染问题已日益引起政府和社会重视。环境保护部等四部委《关于保障工业企业场地再开发利用环境安全的通知》(环发〔2012〕140 号)要求,对污染场地进行建设开发,必须进行调查处置,经风险评估对人体健康有严重影响的污染场地,未经治理修复或治理修复不符合相关标准的,不得用于居民住宅、学校、幼儿园、医院、养老场所等项目开发。

土壤和地下水污染现状评估以及土壤和地下水污染对人体健康的风险评估工作程序主要包括四个阶段,各阶段工作内容如图 1-1 所示。

(1) 污染识别(第一阶段场地环境调查);

(2) 污染确认(第二阶段场地环境调查);

(3) 人体健康风险评估(第三阶段场地环境调查);

(4) 修复技术建议及费用评估(第四阶段场地环境调查)。

2) 噪声与粉尘污染评估

噪声和粉尘污染评估是指评价地下空间开发项目实施引起的声、粉尘环境质量的变化,并对周边环境带来的影响程度。

噪声污染评估包括声环境现状调查与评价的评估和环境影响预测与评价的评估,其流程见图 1-2。

噪声环境现状调查和评价的评估内容包括项目所在区域的主要气象特征,声环境功能区划、敏感目标和现状声源。基本调查方法有资料收集法、现场调查法和现场测量法,分别评价不同类别的声环境功能区内各敏感目标的超、达标情况,说明其受到现有主要声源的影响状况。

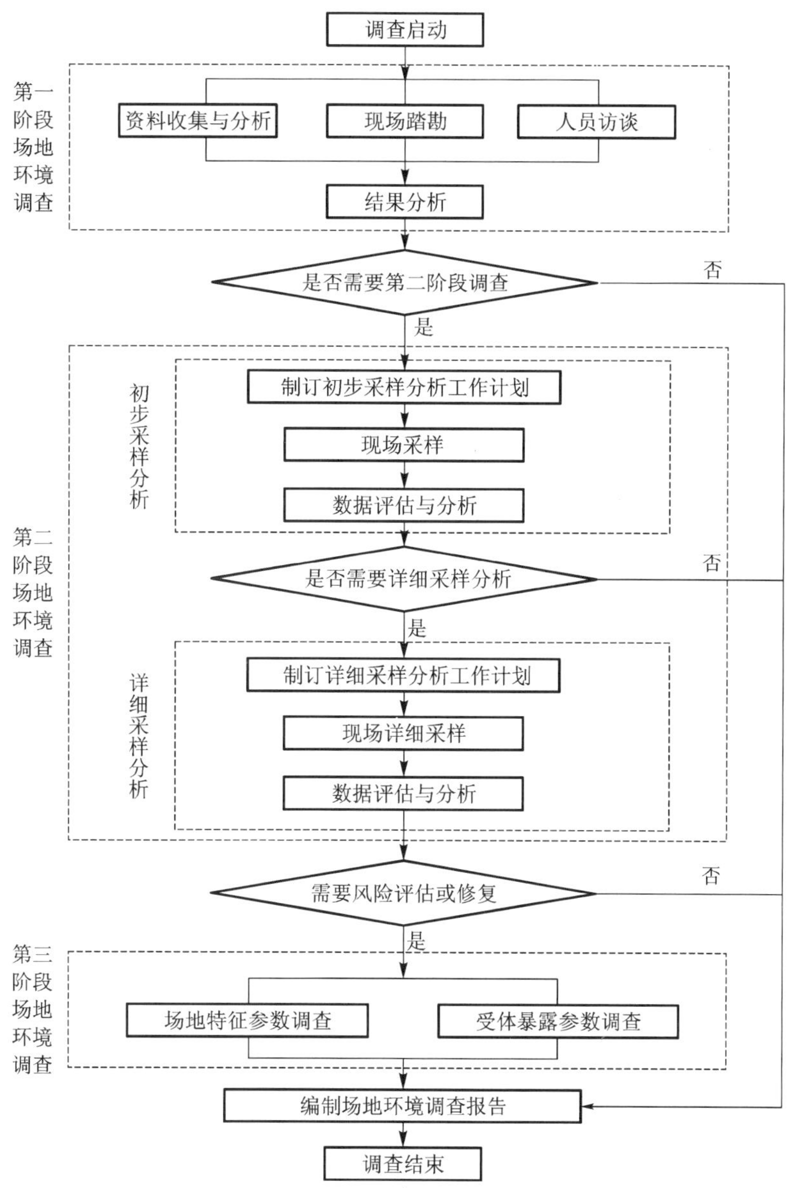

图 1-1 场地环境调查的工作内容和程序

环境影响预测与评价的评估主要任务有以下三个方面：①评估预测点选择与评价工作等级、相关规范要求的相符性。②预测点应具有覆盖现状监测点和全部环境保护目标；评估预测模式选择的正确性、预测条件和参数选取的合理性。③选取预测模式应有必要的模式验证结果和参数调整说明；评估预测结果的准确性。

3）固体废弃物影响评估

地下空间开发项目固体废弃物主要来自施工期的建筑垃圾、工程渣土和施工人员生活垃圾，为一般固废。其中，建筑垃圾和工程渣土不仅会占用很多施工空间，还是造成扬尘和水体污染的主要污染源。

固体废弃物影响评估内容包括建筑垃圾和工程渣土处理以及生活垃圾处置。

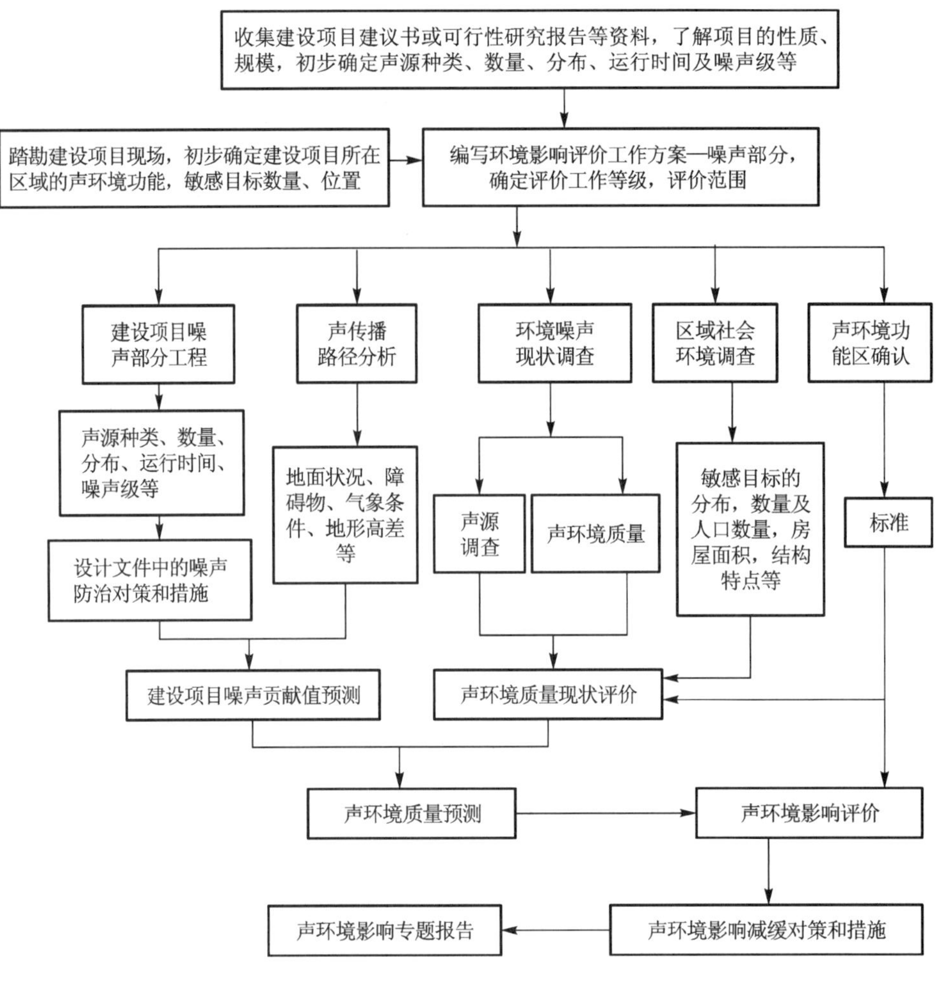

图 1-2　声环境影响评估工作程序

1.2　地下空间岩土工程勘察与方案设计

岩土工程勘察作业是工程建设的一项基础性工作，是工程设计、施工的依据，其质量的优劣，对工程建设的质量、安全、工期和合理投资起着重要作用。由于工程项目行业类型、建筑工程重要性、地基的复杂程度和工程地质条件差异较大等因素，对具体工程项目的勘察要求也各不相同。对于岩土工程勘察而言，因勘察工作的特殊性，如野外作业时勘探测试工作大部分位于地下，具有较强的隐蔽性，专业性较特殊。要做好岩土工程勘察工作，应查明建筑场地和评价其地质条件，为设计、施工提供所需的地质勘察资料，并对存在的岩土工程问题进行分析评价，提出基础工程、整治工程等的设计方案和施工措施，从而使建筑工程经济合理和安全可靠。

1. *常用勘察手段及方法*

工程地质勘察的主要目的是：通过采取岩、土体试样，查明岩土工程场地内地层结构，特别是特殊岩土的分布范围；采取岩、土体试样，通过试验手段确定场地内岩土体物理力学指标；通过地下水位量测、采取水样进行水质分析和水文地质试验等手段获取场地内地下水相关信息；

开展物探测井、孔内原位测试获取岩土有关地质参数。目前，常用的勘察手段及方法大致可分为原位测试和室内试验两方面。

1）原位测试

原位测试是岩土工程中了解岩土体性质的重要手段之一。测试是在岩土体原来所处的天然位置实施，即基本保持岩土体原有的天然结构、天然含水率及天然应力状态，测试成果对描述岩土体的工程性能最为接近实际情况。且原位测试有测试方法简单快捷，耗时较短，测试连续不间断等优点，在实际岩土工程中的应用相对室内试验更为广泛。

常用的原位测试方法有：载荷试验（平板载荷试验 PLT 和螺旋板载荷试验 SPLT），静力触探试验（圆锥静力触探 CPT 和孔压静力触探 CPTU），圆锥动力触探（DPT），标准贯入试验（SPT），旁压试验（预钻旁压试验 PMT 和自钻旁压试 SBP），扁铲侧胀试验（DMT），十字板剪切试验（VST），波速测试（WVT）等。

2）室内试验

室内试验是通过对野外取土样进行特定试验从而取得土体各项物理力学指标。室内试验的优点是：试验条件比较容易控制、边界条件明确、应力应变条件可以控制、可以大量取样等。其主要缺点是：试样尺寸小，不能反映宏观结构和非均质性对岩土性质的影响；试样不可能真正保持原状，有些岩土也很难取得原状试样等。室内试验与原位测试相辅相成，相互补充，从而得到更准确的土体物理力学性质指标。

土的室内试验可分为基本物理性质试验、物理状态指标试验以及工程性质试验等。

(1) 基本物理性质试验。土的基本物理性质包括含水量、相对密度（土粒比重）、质量密度（或重度）3 个基本指标，通过上述 3 个试验指标，可以换算其他 6 类物理性质指标（一般称为“换算指标”），包括：孔隙比 e、孔隙率 n、饱和度 S_r、干密度 ρ_d 和干重度 γ_d、饱和密度 ρ_{sat} 和饱和重度 γ_{sat}、浮重度 γ' 和浮密度 ρ'。

(2) 抗剪强度试验。土在荷载作用下可以发挥的最大抵抗力为土的强度，在基坑工程中，土的强度多指土的抗剪强度。在地下工程基坑设计中边坡或基底的稳定性验算和支护结构的土压力计算所需的土的抗剪强度指标（摩擦角、黏聚力）是关键参数，可通过多种试验方法确定。可根据剪切类型（不固结不排水剪、固结不排水剪和固结排水剪）、试验方式（直剪、单剪、三轴）、控制形式（应力控制、应变控制）等对它们进行分类。不同试验得出的参数有很大的差别，在基坑工程中应注意其适用性。

(3) 变形参数试验。变形指标主要包括变形模量（某些情况下称为杨氏模量或弹性模量）、压缩模量、回弹模量等。各模量物理意义及试验方法汇总如表 1-1 所列。

表 1-1　　土体模量物理意义及试验方法

项目	物理意义	试验方法
弹性模量	单向受拉或受压且应力和应变呈线性关系时，截面上的正应力与对应的正应变的比值。对不存在弹性阶段的材料采用初始弹性模量 E_0（应力-应变曲线上原点处的切线模量）或割线模量（应力-应变曲线上原点与某点的连线倾角的正切）	查表法或换算法
变形模量	土在侧向自由膨胀条件下应力与应变之比	载荷试验、旁压试验或压缩模量换算
压缩模量	土在侧向不能自由膨胀条件下竖向应力与竖向应变之比	固结试验
回弹模量	在荷载作用下产生的应力与其相应的回弹应变的比值	回弹模量试验、换算法

(4) 其他指标试验：

① 无侧限单轴抗压强度试验。无侧向变形限制的条件下进行单轴压缩，所加荷载的极限值即为无侧限抗压强度，可通过三轴 UU 试验来确定。

② 击实试验。通过标准击实方法测得土的干密度与含水率的关系，获得最大干密度 ρ_{dmax} 和控制含水量。

③ 流变试验。土的流变性质是土的力学性质的时间效应，即土的应力、应变、强度与时间变化的关系，包括蠕变、松弛、流动及长期强度四个方面，可通过蠕变试验和松弛试验测定。

④ 静止侧压力系数 K_0：土体水平压应力与垂直压应力之比。K_0 可通过静止侧压力系数测定仪和三轴仪试验进行测定。

2. 勘察依据

勘察方案设计主要依据工程场地的岩土工程勘察等级结合具体场地的自身情况综合确定，其中场地岩土工程勘察等级应根据岩土工程的重要性等级、场地的复杂程度和地基的复杂程度来综合分析确定。

(1) 工程重要性等级。根据工程的规模、特征以及由于岩土工程问题造成工程破坏或影响正常使用的后果，可按表 1-2 划分为三个工程重要性等级。

表 1-2　工程重要性等级

工程重要性等级	破坏后果	工程类型
一级	很严重	重要工程
二级	严重	一般工程
三级	不严重	次要工程

(2) 场地复杂程度分级。场地等级根据场地复杂程度分为复杂场地、中等复杂场地及简单场地三类。

(3) 地基复杂程度分级。地基等级根据地基的复杂程度分为复杂地基、中等复杂地基及简单地基三类。

(4) 场地勘察等级。根据工程重要性等级、场地等级和地基等级，可按下列条件划分岩土工程勘察等级。

① 甲级：在工程重要性、场地复杂程度和地基复杂程度等级有一项或多项为一级；

② 乙级：除勘察等级为甲级和丙级以外的勘察项目；

③ 丙级：工程重要性、场地复杂程度和基础复杂程度等级均为三级。

注：建筑在岩质地基上的一级工程，当场地复杂程度等级和地基复杂程度等级均为三级时，岩土工程勘察等级可定为乙级。

3. 勘察技术要求与布置

1) 勘察阶段分类及要求

地下空间开发项目勘察阶段的划分应与设计阶段相适应，宜分为可行性研究勘察(或简称选址勘察)、初步勘察(简称初勘)、详细勘察(简称详勘) 和施工勘察。

选址勘察的目的是为了取得若干个可选场址方案的勘察资料，其主要任务是对拟选场址的场地稳定性和建筑适宜性做出评价，以选出最佳的场址方案。

初勘是在选址勘察的基础上，在初步选定的场地上进行的勘察，其任务是满足初步设计的要求，对场地内建筑地段的稳定性做出岩土工程评价。

详细勘察的任务是针对具体建筑物地段的地质地基问题，为施工图的设计和合理选择施工方法提供依据，为不良地质现象的整治设计提供依据。

施工勘察是指直接为施工服务的各项勘察。它不仅包括施工阶段的勘察工作，还包括可能在施工完成后进行的勘察工作(如检验地基加固效果等)。当遇下列情况之一时，应配合设计、施工单位进行施工勘察。

2) 特殊项目勘察要求

(1) 高层建筑勘察。高层建筑物和构筑物的基础都有荷载大、刚性强、埋置深及基底面积大的特点，除应符合上述详细勘察的勘探点布置、勘探孔深度确定的要求外，尚应满足下列要求：

① 勘探点应按建筑物周边线布置，角点和中心点应有勘探点；

② 在平面上，勘探点的间距要小于对一般建筑物采用的间距，以满足掌握地层结构在纵横两个方向的变化和分析横向倾斜可能性的需要，其间距宜取 15 ～ 35 m；

③ 对预期要采用桩基的高层建筑，勘探点的间距一般为 10 ～ 30 m；

④ 当基础为单桩荷载近千吨至数千吨的大直径钢筋混凝土灌注桩(包括嵌岩桩)时，必要时可一桩一孔或一桩多孔；

⑤ 对单幢高层建筑的勘探点不应少于 4 个，其中控制性勘探点不宜少于 3 个。

(2) 地下洞石勘察。可行性研究勘察应通过搜集区域地质资料，现场踏勘和调查，了解拟选方案的地形地貌、地层岩性、地质构造、工程地质、水文地质和环境条件，做出可行性评价，选择合适的洞址和洞口。

初步勘察应采用工程地质测绘、勘探和测试等方法，初步查明选定方案的地质条件和环境条件，初步确定岩体质量等级(围岩类别)，对洞址和洞口的稳定性做出评价，为初步设计提供依据。

详细勘察的室内试验和原位测试，除应满足勘察的要求外，对城市地下洞室尚应根据设计要求进行下列试验：

① 采用承压板边长为 30 cm 的载荷试验测求地基基床系数；

② 采用热源法或热线比较法进行热物理指标试验，计算热物理参数(导温系数、导热系数和比热容)；

③ 需提供动力参数时，可采用压缩波波速 v_p 和剪切波波速 v_s 计算求得，必要时，可采用室内动力性质试验，提供动力参数。

施工勘察应配合导洞或毛洞开挖进行，当发现与勘察资料有较大出入时，应提出修改设计和施工方案的建议。当洞室可能产生偏压、膨胀压力、岩爆和其他特殊情况时，应进行专门研究。

(3) 隧道工程与轨道交通工程的勘察。

① 在可行性研究勘察阶段：

(a) 充分搜集并利用工程沿线已有勘察资料，利用勘探孔与拟建线路的轴线距离宜小于等于 50 m；

(b) 勘探孔间距宜为 400 ～ 500 m，且沿线每一地貌单元或工程地质单元不应少于 1 个勘探孔；

(c) 勘探孔深度不宜小于 50 m，且应穿越软土层进入中低压缩土层。

② 初步勘察阶段：

(a) 盾构法隧道的勘探孔宜在隧道边线外侧小于等于 10 m 的范围内交叉布置,孔位应尽量避开结构线可能调整的范围。

(b) 勘探孔间距宜为 100 ～ 200 m,当地基土分布复杂或设计有特殊要求时,勘探孔可适当加密;

(c) 勘探孔深度不宜小于隧道底以下 2.5 倍隧道直径;

(d) 地下车站勘探孔间距宜为 100 m,且每个车站不宜少于 3 个勘探孔;工作井及单独布置的风井不宜少于 1 个勘探孔,车站与工作井勘探孔深度不宜小于 2.5 倍开挖深度,且满足基础设计要求;

(e) 沉管法隧道勘探孔可沿隧道轴线或边线布设,间距宜为 100 ～ 200 m,且每个拟建工点均应有勘探点,勘探孔深度不宜小于隧道底板以下 1.0 倍底板宽度且不宜小于河床下 40 m。

③ 详细勘察阶段:

(a) 勘探孔应在隧道边线外侧 3 ～ 5 m(水域 6 ～ 10 m) 范围内交叉布置;

(b) 当上行、下行隧道内净距离大于等于15 m时或当上行、下行隧道外边线总宽度大于等于 40 m 时,宜按单线分别布置勘探孔;

(c) 勘探孔间距(投影距) 宜为 50 m,水域段勘探孔间距(投影距) 不宜大于 40 m,当地层变化较大且影响设计和施工时,应适当加密勘探孔;

(d) 连接通道位置应单独布置横剖面,且不少于 2 个勘探孔;

(e) 一般性勘探孔深度不宜小于隧道底以下 1.5 倍隧道直径,控制性勘探孔深度不宜小于隧道底以下 2.5 倍隧道直径;

(f) 连接通道位置勘探孔深度宜为隧道底以下 2 ～ 3 倍隧道直径,施工工法有特殊要求时,可适当加深;

(g) 在隧道开挖范围内取土样和原位测试点间距宜为 1 ～ 2 m;

(h) 进行室内渗透试验及现场抽(注) 水试验,提供土层的渗透系数;

(i) 工程影响范围内有承压含水层分布时,应测定承压水头;

(j) 进行无侧限抗压强度试验、三轴压缩试验、十字板剪切试验,提供软黏性土的不排水抗剪强度指标;

(k) 进行颗粒分析试验,提供颗粒分析曲线、土的不均匀系数 d_{60}/d_{10} 及 d_{70};

(l) 车站应布置土层电阻率测试,测试深度宜至结构底板下 5 m,接地有特殊要求时,可根据设计深度要求进行;

(m) 布置旁压试验、扁铲侧胀试验等,提供土的静止侧压力系数、基床系数,必要时宜进行波速测试、室内土的动力试验,以提供地基土的动力参数;

(n) 采用冻结法施工时应测定相关土层的热物理指标,必要时宜进行专项勘察,提供各工况下相关土层的强度参数。

4. 桩基工程勘察需解决的主要技术问题

桩基工程勘察需要重点解决的技术问题一般包括两方面内容:

① 通过调查、收集资料、现场勘测等综合手段与方法,获取场地重要的基础性资料;

② 根据获取的基础性资料,进行地基基础方案的分析与评价,得出结论并提出合适的建议。

1) 基础性资料

(1) 充分了解工程特点、设计意图;

(2) 查明建设场地工程地质与水文地质条件；

(3) 重视收集并了解当地的工程建筑经验、前期研究成果及类似地层组合的桩基承载力检测与沉降监测资料；

(4) 重视环境条件调查。

2) 桩基工程方案分析评价

(1) 桩型选择；

(2) 桩基持力层选择；

(3) 单桩承载力估算；

(4) 沉降预测；

(5) 沉桩可行性分析；

(6) 设计与施工需注意的问题；

(7) 检测与监测建议等；

(8) 针对松软土地区土层的特点，承载力随时间增长效应、沉降量预测、沉降与时间关系、预制桩沉桩时孔隙水压力积聚引发的挤土效应等需要重点分析。

3) 上海地区桩基工程沉降估算

(1) 目前上海地区桩基沉降估算方法精度；

(2) 采用原位测试成果确定沉降计算参数；

(3) 原位测试估算桩基沉降方法；

(4) 计算修正方法；

(5) 桩基沉降可靠性分析。

5. 基坑工程勘察需解决的主要技术问题

基坑工程勘察需要重点解决的技术问题一般包括三方面内容：

① 通过调查、收集资料、现场勘测等综合手段与方法，获取场地重要的基础性资料，获得对于本工程有利与不利的地质条件；

② 根据获取的基础性资料，进行基坑围护方案的分析与评价，并提出适宜于相应地层条件、满足安全性要求的方案建议；

③ 根据对场地周边环境的复杂程度调查，得到工程影响范围内重要建(构)筑物与道路管线的环境影响要求，提出合适的保护措施与监测方案建议。

1) 基础性资料分析

(1) 查明场地的地层结构与成因类型、分布规律及其在水平和垂直方向的变化，尤其需查明软土和粉土夹层或交互层的分布与特性；

(2) 提供各有关土层的物理力学性质指标及基坑支护设计施工所需的有关参数；

(3) 查明地下水的类型、埋藏条件、水位及土层的渗流情况，提供基坑地下水治理设计所需的有关资料；

(4) 查明基坑周边的建筑物、地下管线、道路、地下障碍物的现状及地下空间可占用与否等环境条件资料。

2) 基坑围护方案分析与评价

基坑工程应具体结合项目场地地质资料与周边环境，根据拟建建筑的性质，使用要求以及施工条件等因素，对比各种基坑围护方案，选取适合该项目各项条件的基坑围护方案，并最终通过技术和经济的对比分析确定合适的基坑工程围护方案。其中技术分析主要是针对设计计算的分析，包括围护结构的内力和变形计算分析、基坑整体稳定性分析验算、坑底抗隆起稳定性分析验算、抗倾覆稳定性分析验算、抗水平滑动稳定性分析验算、抗渗流稳定性分析验算及抗承压水稳定性验算等。

3）环境影响分析

基坑工程的建设往往会对周边的环境造成不利的影响，因此基坑工程的勘察尚应对基坑周围环境对变形的控制提出要求，为后期基坑工程进行变形控制设计及保护措施设计提供依据。

对于有周围环境保护要求的基坑工程，需根据项目周边环境的情况布置监测点，布置于周边环境保护重点处，监测基坑开挖施工对周边环境的影响，勘察报告需根据具体的保护要求提出建议监测方案，确保在基坑工程对周边环境造成影响时及时发现报警，并采取对应的保护措施，保障周边环境的安全。

1.3 地下空间开发勘察工程实例

为了详细阐述地下空间岩土工程勘察技术应用及方法，分别选取超高层项目及地铁隧道项目勘察实例进行说明。

1.3.1 超高层项目勘察

1. 上海中心项目概况及特点

上海中心大厦位于上海浦东新区陆家嘴中心区，即原“陆家嘴高尔夫球场”。本场地位于东泰路、陆家嘴环路、银城中路、花园石桥路 4 条道路所组成的范围，整个基地面积约 30 368 m^2，总建筑面积约为 520 000 m^2，其中地上建筑面积约 380 000 m^2。

本场地位于上海浦东陆家嘴金融贸易区核心地段，与金茂大厦、环球金融中心成“品”字形分布，塔楼建筑高度为 632 m，建成后将成为我国第一高楼。上海为软土地区，世界上从无在软土地基上建筑高度大于 600 m 以上的超高层建筑物的先例。因此，本工程塔楼地基基础设计和抗震设防要求远超越一般超高层建筑要求。

场地紧邻上海金茂大厦和上海环球金融中心等多幢超高层建筑，周围环境复杂，桩基设计与基坑围护设计方案确定时应重视对周围环境的影响。

本工程主楼区基底荷载很大，裙房及纯地下室区域处于抗浮状态，核心筒与周边荷载差异很大，控制基础的不均匀沉降以及由风荷载、地震荷载引起地基变形等问题难度大。

本工程基坑范围大，基坑埋深达 25 ～ 30 m，属深大基坑。基坑东侧、北侧边线至周边道路中心，周边道路下均有市政管线，且距离金茂大厦和环球金融中心地下室较近，应重视深大基坑开挖对周围道路、地下管线以及邻近建筑等的影响。

根据拟建场地的土层条件，如何合理选择桩基持力层，以满足地基变形与强度之要求；如何选择合理桩型及沉桩设备，控制和减少对周边环境影响问题；针对场地巨厚的第四纪松散覆盖层，如何对超高层建筑物的地基土进行地震反应分析，等等。这都是本工程需要解决的主要问题。

2. 项目勘探工作量布置主要遵循的原则

(1) 考虑整个场地呈四边形，塔楼扩大区亦呈方形，故塔楼区与裙房、纯地下室区均采用方格网状布置勘探孔，塔楼及底板扩大区域勘探孔间距控制较密，裙房及纯地下室区勘探孔间距控制相对略稀，从而达到突出主楼同时兼顾裙房原则。

(2) 塔楼中心点勘探孔考虑结构抗震设计需要，布置超深勘探孔(达到基岩面)，了解本场地第四纪沉积层厚度。

(3) 裙房区域考虑有可能采用逆筑法，按桩端最大入土深度考虑勘探孔深度。

(4) 对场地内地质调查勘探孔尽量予以利用。

1) 主要勘探孔平面位置及孔深

方案按“方格网”状布置勘探孔，塔楼及底板扩大区域勘探孔间距控制在 25 m 左右，裙房及纯地下室区域勘探孔间距控制在 25 ~ 35 m，满足规范要求，同时达到突出主楼同时兼顾裙房原则。小螺纹钻孔沿基坑周边及基坑开挖分区线布置，孔距小于 15.0 m，遇暗浜时控制其边界孔距 2.0 ~ 3.0 m。

122 层塔楼控制性勘探孔深度为 185.0 m(塔楼中心点孔深 290.0 m，达到基岩面)，一般性勘探孔深度为 100.0 m；5 层裙房勘探孔深度为 80.0 ~ 85.0 m(纯地下室区域勘探孔深度与裙房相同)。

2) 其他试验孔深度及要求

(1) 十字板剪切试验。本次在拟建场地基坑周边共布置 4 个十字板剪切试验孔，孔深 21.0 ~24.0 m(至第 ⑥ 层终止)，提供第 ② ~ $⑤_{-1b}$ 层原位应力条件下的不排水抗剪强度$(C_u)_v$ 和重塑土抗剪强度$(C_u)'_v$。

(2) 注水试验。本次共布置 4 个现场注水试验孔，孔深 50.0 ~ 60.0 m，提供第 ② ~ $⑦_{-2}$ 层渗透系数，为基坑降水设计提供较为准确的渗透系数。

(3) 旁压试验。本次在场地塔楼区域共布置 2 个旁压试验孔，试验深度 120.0 m，提供第 ② ~$⑨_3$ 层地基土旁压模量、水平基床系数等参数。

(4) 电阻率测试。本次勘察在场地内选择 2 个勘探孔进行电阻率测试，测试深度 40.0 m，以提供地表至基坑开挖以下 10 m 深度范围内各土层电阻率。

(5) 承压水水位观测试验。本次在拟建场地布置 2 个承压水观测孔，以测量勘察期间第 ⑦ 层土中承压水水位埋深和变化情况。

(6) 波速试验。根据国家标准《建筑抗震设计规程》(GB 50011—2001) 第 4.1.3 条，布置2 个波速试验孔，孔深 171.0 ~ 185.0 m，提供各土层剪切波速及场地基本周期，以满足抗震时程分析需要。

(7) 地脉动试验。超高层建筑需了解表层土层及场地下部土层振动特性。本次选择两个钻孔进行地脉动试验，分别在孔口和孔内 30 m，45 m，60 m，88 m 布置观测点，以获取地脉动的卓越周期。

3. 勘察工作内容

(1) 场地工程地质、水文地质条件及周边环境分析，包括：

① 地形、地貌；

② 地基土的构成；

③ 水文地质条件；

④ 不良地质现象；

⑤ 周边环境。

(2) 桩基分析与评价，包括：

① 桩型比选；

② 本工程桩型选择；

③ 桩基持力层选择；

④ 单桩竖向承载力估算；

⑤ 成(沉)桩可行性及设计施工中应注意的问题；

⑥ 桩基沉降估算。

(3) 基坑围护方案及设计参数,包括：

① 基坑围护总体方案；

② 基坑周边围护墙方案；

③ 基坑围护设计参数；

④ 基坑开挖、围护设计时应注意的岩土工程问题；

⑤ 基坑降水；

⑥ 基坑开挖监测。

1.3.2 轨道交通项目勘察

1. 上海轨道交通 10 号线勘察

1) 工程概况

上海轨道交通 10 号线(地铁 M1 线)是《上海市城市轨道交通系统规划方案》中规划的市区级轨道线网中地铁类线路之一。一期工程线路起点为高速铁路客运站、终点为新江湾城站,全长 32.76 km。线路具体走向为:高速铁路客运站 — 星站路 — 吴中路 — 虹井路 — 延安西路 — 虹桥路 — 淮海路 — 复兴路 — 河南路 — 武进路 — 四平路 — 淞沪路 — 新江湾城,连接闵行、长宁、徐汇、卢湾、黄浦、虹口、杨浦等 7 个区。一期工程均采用地下线方案,共包括 30 个车站和 29 个区间。

本节将对上海轨道交通 10 号线陕西南路站 — 马当路站区间的勘察方案进行具体的介绍。该隧道区间线路长 1 354 m,拟采用单圆盾构方案,隧道直径约 6.5 m,据设计方提供的线路掘进纵断面图,隧道轨面设计标高为 − 10.854 ～ − 19.180 m,隧道盾构底面埋深为 16 ～ 24 m。

2) 勘察工作量布置

详勘区间隧道勘探孔孔距为小于 50 m(投影距),一般在隧道边界线外侧 3 ～ 5 m 处布置；旁通道区域,在隧道两侧各布置 1 个勘探孔。局部受场地条件限制,孔位作适当调整。

一般性勘探孔深度达隧道底标高以下 1.5 ～ 2.0 倍的隧道直径,控制性孔达隧道底标高以下 2.5 倍隧道直径；旁通道区域孔深按照设计要求适当加深。钻探孔与静力触探孔比例约为 1 : 1,控制性孔约占总孔数的 1/3；本区间段共布置钻探孔 14 个、静探孔 10 个、十字板剪切试验孔 2 个；利用初勘时钻探孔 3 个、静探孔 3 个(孔号前冠以“Q”或“R”)。同时利用本工程陕西南路站静探孔 1 个(孔号:C207)、注水试验孔 1 个(孔号:W1)；马当路站静探孔 1 个(孔号:C101)、注水试验孔 1 个(孔号:W2)。

根据上海市工程建设规范《岩土工程勘察规范》(DGJ 08-37—2002)第 6.7.4 条有关规定,选取部分钻孔在隧道穿越范围内,取土间距适当加密(间距为 1 ～ 2 m)。

3) 勘察工作内容

(1) 场地工程地质、水文地质条件及周边环境分析,包括：

① 地形、地貌；

② 地基土的构成；

③ 水文地质条件；

④ 不良地质现象；

⑤ 周边环境。

(2) 地基土的分析与评价，包括：

① 场地稳定性和适宜性；

② 隧道盾构掘进涉及岩土工程问题分析评价；

③ 隧道施工应注意的问题；

④ 盾构有关设计、施工参数。

2. 上海轨道交通 17 号线勘察总体

1) 工程概况

上海轨道交通 17 号线工程是市中心向青浦新城地区辐射的放射线，起点为青浦区东方绿舟站，终点为闵行区虹桥火车站，沿途经过青浦区和闵行区 2 个行政区。具体线路走向为：沪青平公路(起于沪青平公路南侧)— 淀山湖大道 — 盈港路 — 崧泽大道 — 诸陆东路 — 申兰路(终于虹桥交通枢纽)。

上海轨道交通 17 号线线路全长 35.30 km，其中高架线 18.28 km，地下线 16.13 km，过渡段 0.89 km；共设 13 座车站，其中高架站 6 座，地下站 7 座，平均站间距 2.897 km。

全线设徐泾车辆段 1 座，选址于崧泽大道以南、徐盈路以西，占地约 32.94 hm^2，接轨于徐泾北城站；设朱家角停车场一座，选址于沪青平公路以南、复兴路以东，占地约 17.68 hm^2，接轨于朱家角站。

本节主要介绍朱家角站(不含)— 淀山湖大道站(不含) 区间的项目勘察，全长 5 306 m，勘察里程 CK3＋049—CK8＋355，含高架段、明挖过渡段和盾构段。

2) 勘察总体工作

本工程的勘察总体工作流程如图 1-3 所示。

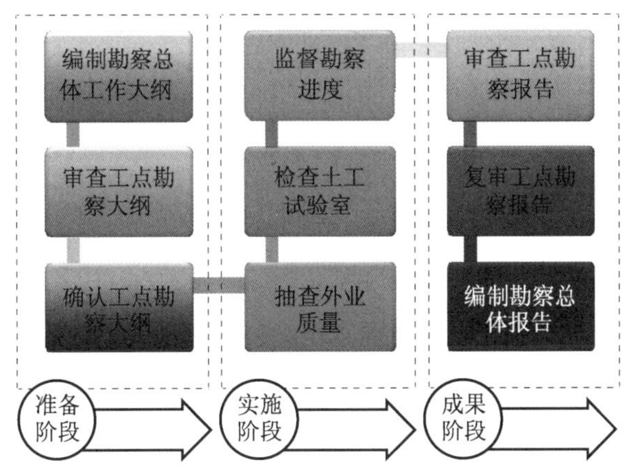

图 1-3　勘察总体工作流程

勘察总体工作内容，包括：

(1) 总体工作大纲的编制；

(2) 详勘纲要审核；

(3) 全线工程地质分区；

(4) 岩土工程风险评估；

（5）桩基设计咨询；

（6）基坑围护设计咨询；

（7）桩基检测咨询。

1.4　旁压试验在地下空间开发中的应用

近二十年来，原位测试技术在国内外发展很快，已成为工程勘察中不可或缺的手段，旁压试验和静力触探试验是其中应用较为广泛的测试技术。

自1956年Menard旁压仪问世以来，旁压试验技术无论在实践上还是理论上都已积累了相当丰富的经验和成果。旁压试验测试方法简便、迅速，拥有自身突出的优点，与触探等原位测试方法相比，它能获得柱状孔穴在膨胀的整个过程中压力和体积变化的关系；与载荷试验相比，它能探查不同深度土层的力学性质；与室内土工试验相比，它没有取土的扰动过程，免除了运输的周转。因此，这种试验是有很大的技术和经济潜力的，而且它也越来越多地受到土木工程界中从事地质勘察和地基基础的勘察、设计、施工及科研部门的重视。旁压试验成果主要可用于：确定土的临塑压力和极限压力，以评定地基土的承载力；自钻式旁压试验可确定土的原位水平应力或静止侧压力系数；估算土的旁压模量、旁压剪切模量、侧向基床反力系数；估算软黏性土不排水抗剪强度以及估算地基土强度、单桩承载力和基础沉降量等。

静力触探试验是通过用静压力匀速将标准规格的圆锥探头压入土层中，同步获得探头阻力等土的力学性质，具有效率高、受人为干扰因素少，采集数据连续等特点，适用于黏性土、粉性土和砂土，对于软土地区尤其适用。静力触探作为一种轻便、快速、效率高的原位测试技术，在土体工程勘察和岩土工程检测方面得到了广泛的应用。

本章主要介绍旁压试验及静力触探试验在地下空间开发过程中的应用情况。

1. *旁压试验机理*

旁压试验可理想化为圆柱孔穴扩张问题，属于轴对称平面应变问题。其原理是通过向圆柱形旁压器内分级充气加压，在竖直的孔内使旁压膜侧向膨胀，并由该膜（或护套）将压力传递给周围土体，使土体产生变形至破坏，从而得到压力与扩张体积（或径向位移）之间的关系，根据这种关系对地基土的承载力（强度）、变形性质等进行评价。典型的旁压曲线（压力 p 与体积 V）如图1-4所示，可划分为如下三段：

（1）Ⅰ段（曲线 AB）：初始阶段，反映孔壁受扰动后土的压缩与恢复；

（2）Ⅱ段（直线 BC）：似弹性阶段，此阶段内压力与体积变化量大致呈直线关系，土体处于弹性阶段；

（3）Ⅲ段（曲线 CD）：塑性阶段，随着压力增大，孔周土体由弹性进入塑性，体积变化量逐渐增加，最后急剧增大，直至达到破坏。

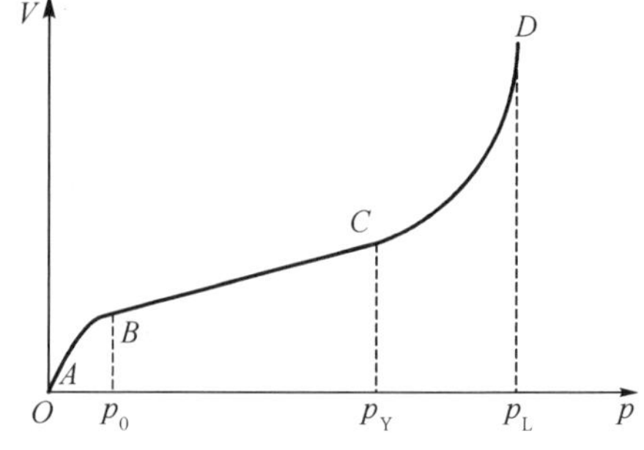

图1-4　典型旁压曲线

2. *上海地区旁压试验成果统计*

经过对上海地区的20项工程的回归统计分析，旁压试验（p_Y-p_0）、旁压模量 E_m 与深度分布关系详见图1-5和图1-6。

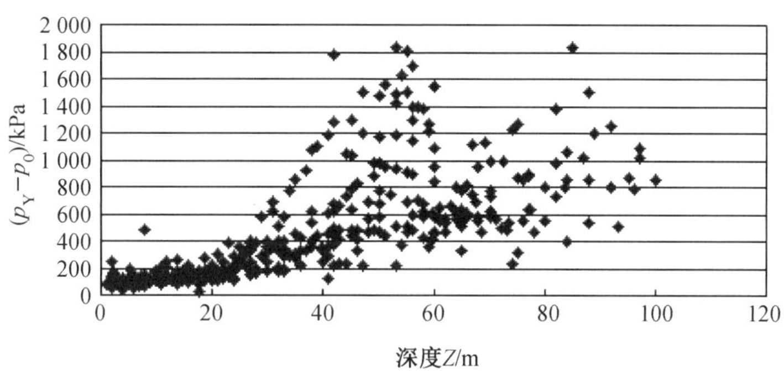

图 1-5　旁压试验$(p_Y - p_0)$-深度(Z)关系分布图

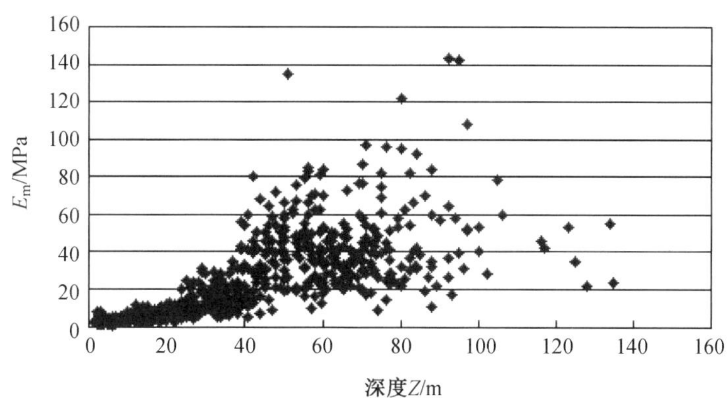

图 1-6　旁压模量(E_m)-深度(Z)分布图

各层地基土的旁压试验成果主要指标平均值详见表 1-3。

表 1-3　旁压试验成果主要指标平均值

层序	土名	p_0 /kPa	p_Y /kPa	p_l /kPa	E_m /MPa
②-1	褐黄色黏性土	30	150	320	4.2
②-3	灰色粉性土	50	190	420	6.5
③	灰色淤泥质粉质黏土	60	145	280	2.8
④	灰色淤泥质黏土	130	220	380	4.3
⑤-1	褐灰色粉质黏土夹黏土	220	360	620	7.0
⑤-2	灰色粉性土 ～ 粉砂	270	455	830	12.5
⑤-3	灰色粉质黏土	288	410	810	9.5
⑥	暗绿色粉质黏土	290	620	1 260	17.5
⑦-1	草黄色砂质粉土	360	1 000	2 100	22.5
⑦-2	青灰色粉细砂	520	1 700	3 600	45.3
⑦-3	青灰色砂质粉土	670	1 500	3 000	38.5

续表

层序	土名	p_0 /kPa	p_Y /kPa	p_l /kPa	E_m /MPa
⑧-1	灰色黏性土	490	700	1 350	15.0
⑧-2	灰色黏性土夹粉砂	570	880	1 580	21.0
⑨-1	青灰色粉砂夹粉质黏土	740	1 520	3 200	39.0
⑨-2	灰白色中细砂(含砾)	880	2 200	4 450	50.0

3. 旁压试验成果在桩基沉降量计算中的应用

1) 现有计算结果与实测结果对比

沉降量的估算是工程设计的一项重要指标,目前常用的沉降计算方法很多:如上海市标准《地基基础设计规范》(DGJ 08-11—2010)规定的实体深基础方法(以下简称"上海规范方法"),国家行业标准《建筑桩基技术规范》(JGJ 94—2008)(以下简称"桩基规范方法"),按实体深基础 Mindlin 应力解法(以下简称"实体深基础 Mindlin 方法");其沉降计算指标一般均采用压缩模量 E_s 值,本次对上述三种方法进行了计算并与实测沉降量进行了计算分析。结果如表 1-4 所列。

表 1-4　常用桩基沉降计算方法实测值比较

序号	计算方法	(计算值/实测值)均值	方差	相对误差 /% 最终沉降量 S/cm 5	10	15	20	25	35
1	上海规范方法	1.95	0.53	165	82	55	41	32	23
2	实体深基础-Mindlin 法	1.25	0.31	55	17	5	−2	−6	−10
3	桩基规范方法	1.25	0.25	65	17	2	−7	−11	−17

由表 1-4 可见,上海规范方法计算值明显大于实测值,其平均值达 1.95。虽然采用"实体深基础-Mindlin 法"和"桩基规范法"估算桩基沉降量较接近实测值或略大于实测值,平均误差在 25% 左右,但如果仔细分析桩侧土与桩端土时,会发现当桩侧土和桩端以下土层均为软塑 ~ 可塑黏性土,其计算沉降量明显偏小,平均偏小约 15%;当桩侧土存在着一定厚度的硬塑黏性土或中密以上粉性土、砂土且桩端以下为中密以上的砂土、粉性土时,其计算沉降量明显偏大,平均偏大约 60%;可能会造成某些工程设计偏保守或沉降量偏大等。

2) 基于旁压试验的修正沉降计算方法

旁压模量指标能正确反映地基土的力学性质,与土的力学性成正比,为寻找采用旁压模量计算沉降量的方法,建立变形模量 E 与旁压模量 E_m 之间的关系为

$$E = \frac{E_m}{f \cdot a} \tag{1-1}$$

根据上海地区的土性和旁压试验的特点提出相应的修正系数 f 和土层结构系数 a,建议按表 1-5 采用。

表 1-5　计算参数修正系数 f 及各土层结构系数 a 建议值

层序	土名	修正系数 f	结构系数 a
②$_{-1}$	褐黄色黏性土	1	1
②$_{-3}$	灰色粉性土、粉砂	1	1～0.75
③	灰色淤泥质粉质黏土	1	1
④	灰色淤泥质黏土	1.5	1
⑤$_{-1}$	褐灰色粉质黏土夹黏土	1.5	1
⑤$_{-2}$	灰色粉性土	1	0.75
⑤$_{-3}$	灰色粉质黏土	1.5	1
⑤$_{-4}$	灰绿色粉质黏土	1.5	1
⑥	暗绿色粉质黏土	1.5	1
⑦$_{-1}$	草黄～灰色砂质粉土	1	0.5～0.75
⑦$_{-2}$	青灰色粉细砂	1	0.5
⑧$_{-1}$	灰色黏性土	1.5	1
⑧$_{-2}$	灰色黏性土夹粉砂	1～1.5	0.75～1
⑨$_{-1}$	青灰色粉砂夹粉质黏土	1	0.5
⑨$_{-2}$	灰白色中细砂(含砾)	1	0.5～0.33

同样，对于桩基沉降的计算模式，分别采用“Menard 两分区沉降计算法”“考虑压力扩散角方法”“实体深基础 Mindlin 法”“实体深基础-Boussinesq 法”，并将公式中压缩模量 E 采用公式(1-1)中的旁压模量代替。按上述 4 种方法对 185 幢高层建筑物按旁压模量进行了计算，4 种方法计算结果与建筑物的实测沉降量作对比，见表 1-6，4 种方法的计算值与实测值之间均有波动，但存在较好的相关性，如按直线方程回归，其相关系数分别是“建议方法 1”为 $r=0.88$，“建议方法 2”为 $r=0.96$，“建议方法 3”为 $r=0.92$，“建议方法 4”为 $r=0.92$，直观比较这 4 种方法沉降计算精度差异十分明显和突出，表现出不同的规律和特征。

表 1-6　4 种计算方法实测值比较

序号	计算方法	(计算值/实测值)均值	方差	计算精度/%					
				最终沉降量 S/cm					
				5	10	15	20	25	35
1	Menard 两分区法	1.17	0.10	38	16	9	6	3	1
2	压力扩散角法	1.15	0.04	11	13	14	14	14	14
3	实体深基础-Mindlin 法	0.98	0.09	1	−6	−9	−10	−10	−11
4	实体深基础-Boussinesq 法	1.60	0.16	94	54	40	33	29	25

可见，采用旁压模量作为桩基计算指标比常规土工试验得到的 E_s 的计算精度明显提高，如建议方法 4 与上海规范方法相比，计算值与实测值之比的均值由原来 1.95 降为 1.60，方差

由 0.53 降为 0.16。

4. 基于旁压试验土体弹塑性本构模型

1）总结研究成果为后续本构模型开发奠定基础

（1）岩土弹塑性模型对比研究。

本构关系是描述物体应力与应变之间的物理关系，任何物体从受力到破坏一般要经历三个阶段：弹性、塑性与破坏。在弹性阶段，本构关系服从广义胡克定律，应力-应变关系是线性的；在塑性阶段，应力-应变关系是非线性的，本构关系依据塑性力学来解答。由于岩土类材料具有摩擦特征、多相特征以及双强度特征等，岩土塑性力学又与传统塑性力学具有很大区别。本专题从屈服条件、流动法则和加载条件这三项弹塑性本构关系基本要素出发，系统总结当前在岩土本构关系领域的研究成果，并对主流的弹塑性模型的优缺点进行了详细对比（表 1-7），为本专题新型弹塑性本构模型的开发奠定了基础。

（2）引入空间准滑动面理论和 Rowe 剪胀理论。

空间准滑动面理论（SMP）认为在三向主应力状态中，当由三个主应力所形成的三个剪应力达到某一组合时土体发生剪切破坏，属于三剪应力屈服条件，故包含了中主应力对土体强度的影响，能很好地反映土体的实际状态。另外，在形式上它能够较好地符合摩尔-库仑（Mohr-Coulomb）准则，又能克服偏平面内 Mohr-Coulomb 准则的奇异性与 Drucker-Prager 准则的拉压强度相等性。硬性土、结构性黏土、砂土等天然材料具有受剪时体积发生变化即剪胀的特点，而且还具有受力屈服后强度软化的特性，Rowe 的应力剪胀方程以能量比最小原理为基础，并被大量的试验所证明，可以描述土体的剪胀特性及剪胀与土体强度依赖关系。

表 1-7　　常用岩土弹塑性本构模型汇总

模型	屈服面	流动法则	硬化规律	优点	缺点
L-D 模型	单屈服面 试验拟合，曲边三角形椎体	不相关	塑性功硬化规律	参数少，易于测定，适用岩石、混凝土、砂土	无法反映体积屈服，不适用黏性土
Lade 双屈服面	双屈服面 剪切：开口曲边三角形锥体 体积：原点为中心的同心球面	不相关	塑性功硬化规律	可反映剪缩和剪胀	理论参数过多，应用复杂
修正 Cam	单屈服面 椭圆（p-q 平面）	相关	体应变硬化规律	参数少，易测， 适用正常和弱超固结	只能反映剪缩不能反映剪胀
"南水"模型	剪切：双曲线 体积：半对数曲线	相关	轴应变硬化规律	可考虑应力历史和加载状况，适用性较好	对软黏土适用性好，没有考虑应力洛德角的影响
殷宗泽模型	剪切：抛物线 体积：椭圆	相关	体应变硬化规律	可反映剪缩和剪胀，参数易取	经验公式较多，适用性需进一步研究
"后工"模型	两个或三个屈服面与势面，屈服函数形式靠试验和经验确定	不相关	—	基于广义塑性理论，适用性强	没有考虑应力主轴旋转的塑性变形，参数较多

2）建立基于旁压试验的土体弹塑性本构模型

旁压试验可理想化为圆柱孔穴扩张问题，属于轴对称平面应变问题。其原理是通过向圆柱形旁压器内分级充气加压，在竖直的孔内使旁压膜侧向膨胀，并由该膜（或护套）将压力传递给周围土体，使土体产生变形至破坏，从而得到压力与扩张体积（或径向位移）之间的关系，根据这种关系对地基土的承载力（强度）、变形性质等进行评价。

基于上述机理，本书将旁压试验看作柱孔扩张问题，采用 SMP 和 Rowe 剪胀方程，基于旁压试验拟合的椭圆关系曲线，建立土体弹塑性阶段应力增量与应变增量之间的关系矩阵，从而首次构建基于旁压试验的土体弹塑性本构模型。

$$\begin{Bmatrix} d\varepsilon_r \\ d\varepsilon_\theta \end{Bmatrix} = \boldsymbol{K}^P \begin{Bmatrix} d\sigma_r \\ d\sigma_\theta \end{Bmatrix} \tag{1-2}$$

式中 $d\varepsilon_r$—— 径向应变增量；

$d\varepsilon_\theta$—— 环向应变增量；

$d\sigma_r$—— 径向应力增量；

$d\sigma_\theta$—— 环向应力增量；

$\boldsymbol{K}^P$—— 塑性区土体应力增量与应变增量关系的柔度矩阵；

$$\boldsymbol{K}^P = \begin{bmatrix} \frac{1}{h-1}\left(\frac{\gamma_1}{E} - \frac{\varepsilon_1 - \varepsilon_2}{p_2 - p_1}\cot\beta\right) & 0 \\ 0 & \frac{h}{(1-h)(1+\alpha)}\left(-\frac{\gamma_1}{E} - \frac{\varepsilon_1 - \varepsilon_2}{p_2 - p_1}\cot\beta\right) \end{bmatrix}$$

$\gamma_1 = h(1-\gamma-\alpha\nu)+1-\nu+\alpha$；

$\alpha=(1-R)/R$，R 为塑性屈服时大、小主应力之比，即 $R=\sigma_1/\sigma_3$；

h——塑性流动参数；

$$h = \frac{\sigma_1/\sigma_3}{\tan^2\left(\frac{\pi}{4}+\frac{\varphi}{2}\right) + \frac{2c'}{\sigma_3}\tan\left(\frac{\pi}{4}+\frac{\varphi}{2}\right)}$$

ν——泊松比。

$\boldsymbol{K}^P$ 描述了土体进入塑性后应力增量和应变增量的关系，在弹性阶段土体的应力-应变服从广义胡克定律，因此，便可建立土体的弹塑性应力-应变关系，即弹塑性本构关系。同时，由于塑性区的柔度矩阵 $\boldsymbol{K}^P$ 表达式明确，参数较少，与其他本构模型相比更方便计算。总结本模型基于旁压试验的弹塑性本构模型（EPM）参数包括：p_1，p_2，ε_1，ε_2，E，R_{ps}，c，φ，ν 等 9 个参数，其中 p_1，p_2，ε_1 和 ε_2 由旁压试验曲线拟合确定，E，R_{ps}，c，φ 和 ν 等参数均可由旁压试验推出。

3）验证 EMP 模型可行性，并进行了模型参数敏感性分析

选取上海某工程旁压试验（图 1-7），选取实际旁压试验参数，采用基于旁压试验的弹塑性模型进行模拟旁压试验过程，计算结果表明采用本模型计算曲线与实际旁压曲线吻合较好（图 1-8），初步证明了本模型的正确性。同样的计算模型，在其他参数不变的情况，分别选取模型参数的不同值进行参数敏感性分析，见图 1-9。分析结果表明，旁压模量与弹性模量换算经验参数 k 和泊松比 ν 对计算结果影响较小，敏感性较差，R，c 和 φ 对于计算结果影响较大，敏感性较强，但主要影响弹塑性阶段，对于弹性阶段无影响。

4）二次开发基于旁压试验本构模型(EPM)的用户自定义模型(UMAT)

借助现有的通用有限元程序 ABAQUS，将前文建立的基于旁压试验的弹塑性本构模型编入用户自定义材料子程序 UMAT 中，从而实现本模型在有限元程序中的应用和计算。

经过编译和调试，基于本模型的用户子程序 UMAT 可在 ABAQUS 中进行分析计算。接下来建立二维平面应变模型，分别采用弹性、摩尔-库仑(Mohr-Coulomb)以及本模型进行计算，计算结果表明在竖向荷载作用下，本模型计算结果较弹性大，较 Mohr-Coulomb 模型小，并且不会出现类似 Mohr-Coulomb 模型的塑性破坏现象，在水平荷载作用下，本模型计算结构较弹性和 Mohr-Coulomb 材料均大，进入弹塑性后位移发展较 Mohr-Coulomb 材料快，不论在竖

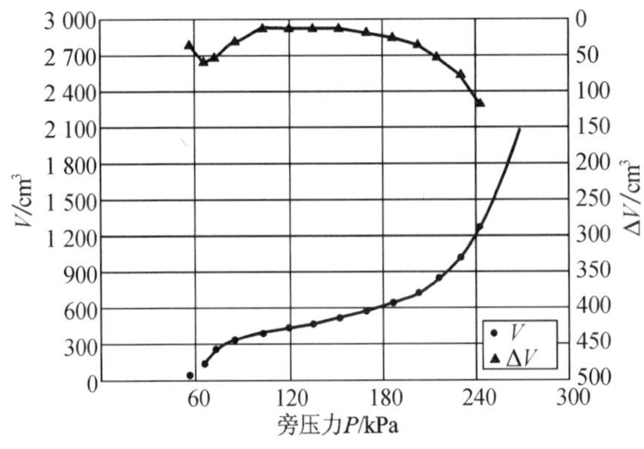

图 1-7　典型工程旁压试验成果曲线

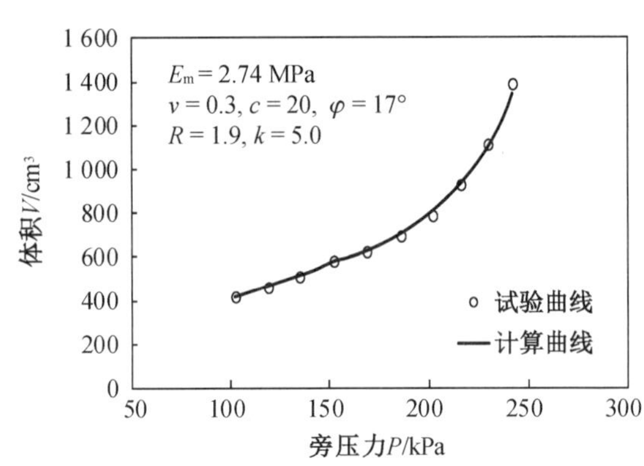

图 1-8　试验曲线和计算曲线对比

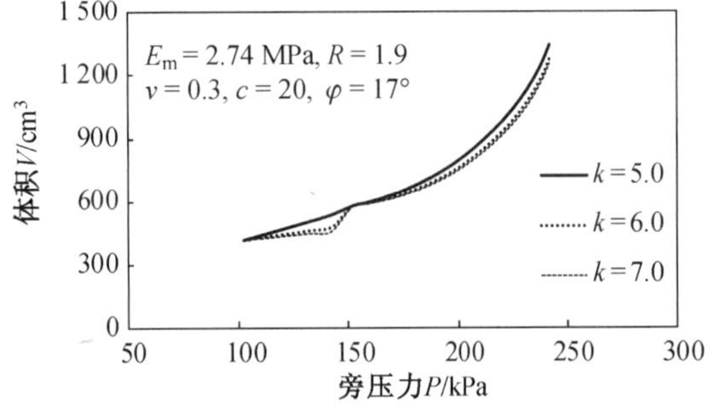

(a) 旁压模量和弹性模量换算系数 k

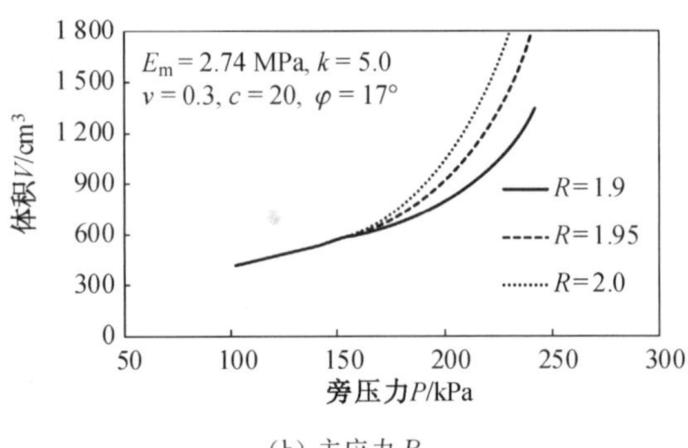

(b) 主应力 R

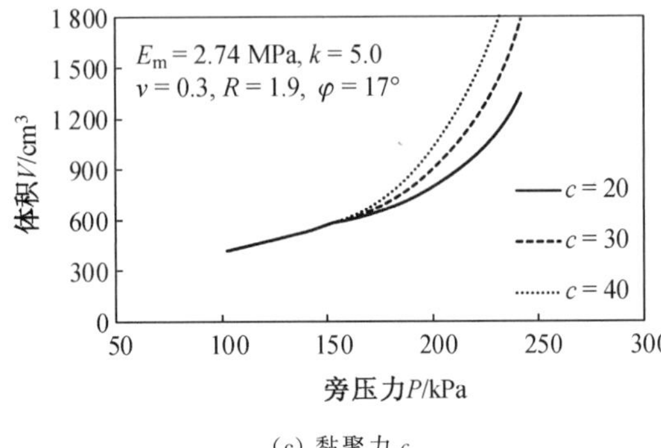

(c) 黏聚力 c

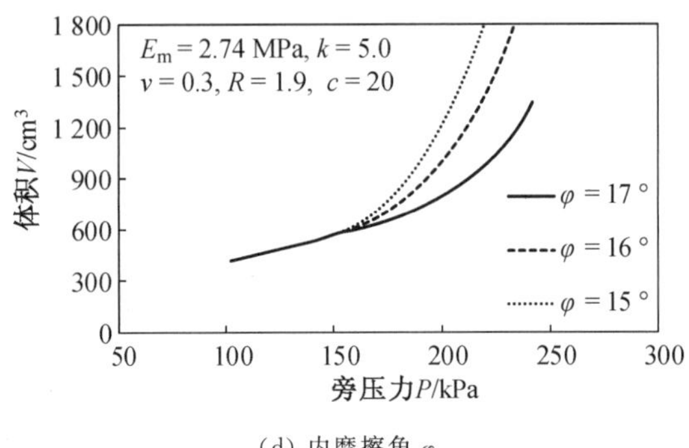

(d) 内摩擦角 φ

图 1-9　模型参数敏感性分析

向和水平荷载作用时本模型位移分布与弹性材料类似。上述计算结果表明，基于本模型的UAMT子程序可在ABAQUS中进行有限元计算，并且计算结果较合理，与模型推导的假设相符合，这为后续应用本模型进行工程实例分析建立了基础，如图1-10所示。

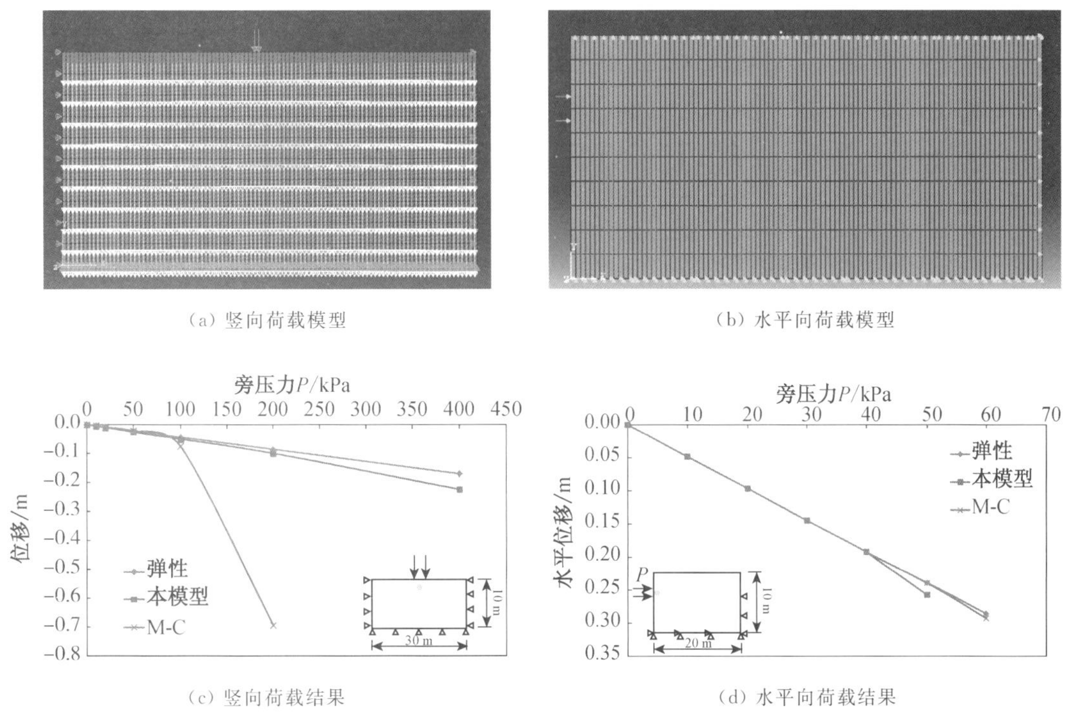

图1-10 EPM模型与常规模型计算变形的比较

1.5 地下空间检测与监测

地下空间检测与监测涉及桩基工程、基坑工程以及工程物探等多个专业，方法种类繁多，本书将按专业对检测与监测方法进行分类，并结合工程实例说明各方法的实际工程应用。

1. 静力试桩

1）竖向抗压静载荷试验

单桩竖向抗压静载试验，就是采用接近于竖向抗压桩实际工作条件的试验方法。荷载作用于桩顶，桩顶产生位移（沉降），可得到单根试桩 Q-s 曲线，还可获得每级荷载下桩顶沉降随时间的变化曲线，当桩身中埋设有量测元件时，还可以直接测得桩侧各土层的极限摩阻力和端承力。

（1）加载方法。竖向抗压静载试验的加载方法一般有：锚桩法、堆载法和堆锚联合法。

（2）测试仪器。荷载可用并联于千斤顶的高精度压力表测定油压，压力表的精度等级一般为0.4MPa，并根据事先标定的千斤顶率定曲线换算荷载。重要的桩基试验还需在千斤顶上放置应力环或压力传感，实行双控校正。

沉降测量一般采用百分表或电子位移计，设置在桩的2个正交直径方向，对称安装4个；小直径桩可安装2个或3个。

（3）桩身量测元件。国内桩身埋设的测试元件用得较多的是电阻式应变计和振弦式钢筋应力计，用屏蔽导线引出。在国外，以美国材料及试验学会（ASTM）推荐的量测钢管桩桩身应变的方法较为常用，即沿桩身的不同标高处预埋不同长度的金属管及测杆，用千分表量测杆趾部相对于桩顶处的下沉量，经计算求得应变与荷载。

2）竖向抗拔静载荷试验

高耸建（构）筑物往往承受较大的水平力，导致部分桩承受上拔力，多层地下室的底板也会承受较大水浮力，而抗拔桩是重要的措施。迄今为止，桩基础上拔承载力的计算还没有从理论上很好解决，现场原位抗拔试验就显得相当重要。

（1）加载方法。目前，竖向抗拔静载荷试验加载方法较常用的是反力桩法。

（2）测试仪器。抗拔试验同样采用千斤顶加载，并在桩头设置百分表或电子位移计测量位移，与抗压试验相同。

（3）桩身量测元件。与抗压试桩类似，国内常用电阻式应变计和振弦式钢筋应力计测量桩身应力和应变。

3）单桩水平静载试验

（1）试验目的：

① 确定试桩承载能力；

② 确定试桩在各级荷载下弯矩分布规律；

③ 确定弹性地基系数；

④ 推求实际地基反力系数。

（2）试验装置。单桩水平静载试验装置通常包括加载装置、反力装置和量测装置三部分，加载和量测装置与竖向静载荷试验类似。

反力装置的选用应充分利用试桩周围的现有条件，但必须满足其承载能力应大于最大预估荷载的1.2～1.5倍，其作用力方向上刚度不应小于试桩本身的刚度。最常用的方法是利用试桩周围的工程桩或垂直加载试验用的锚桩作为反力墩。可根据需要把2根甚至4根桩连成一整体作为反力座，有条件时也可利用周围现有结构物作反力座，必要时可浇筑专门的支座来作反力架。

4）自平衡试验

自平衡检测即用桩侧阻力作为桩端阻力的反力测试桩的承载力，最早由日本的中山（Nakayama）和藤关（Fujiseki）所提出，称为桩端加载试桩法。自平衡法在国内应用十余年来，试桩类型已包括钻孔灌注桩、打入式钢管桩、打入式预制混凝土桩及矩形（或条形）“壁板桩”等多种桩型，试桩最大深度为90 m，最大直径3 m，最大荷载133 000 kN。

（1）试验装置。自平衡测试系统的硬件主要包括荷载箱、测控系统、油压加载系统、位移与力传感器量测系统等。

自平衡测试法的主要装置是一种经特别设计可用于加载的荷载箱。它主要由活塞、顶盖、底盖及箱壁四部分组成。在顶、底盖上布置位移棒，将荷载箱与钢筋笼焊接成一体放入桩底后，即可浇捣混凝土成桩。桩身混凝土严格按照施工规范一次浇捣成型。

（2）试验成果。自平衡法测试结果有向上、向下两个方向的荷载-位移曲线，而传统静载桩只有向下的荷载-位移曲线。因此，分析自平衡法桩上、下桩段的受力特性，将自平衡法测试结果等效成传统静载荷结果（等效桩顶加载曲线），有一个转换方法的问题，这是该项技术推广应用的一个关键问题，本书第6章中将详细介绍目前常用的转换方法。

2. 地球物理探测方法及应用

地球物理探测是以地下物体的物理性质的差异为基础，通过探测地表或地下地球物理场的分布情况，分析其变化规律，来确定被探测地质体在地下赋存的空间范围（大小、形状、埋深）和物理性质，以寻找地下目的物或解决水文、环境、工程问题为目的的一类探测方法。

根据探测对象的物理性质，地球物理探测方法可分为重力、磁法、电法、电磁法、电磁波法、地震、地球物理测井等多种方法。

(1) 地球物理探测技术在地下空间应用包括：线路和场地勘察与评价，基岩及溶洞探测，面波进行基岩界面探测，面波进行地基加固效果检测，地下障碍物探测，地下桩基探测，地质灾害评估。

(2) 工程检测主要有锚杆锚固质量的检测，水下工程质量检测，旧桥病害诊断，地基加固效果检测，新建码头工程中抛石层厚度检测等。

(3) 水上物探。

本书第6章中通过实际案例详细介绍了各种物探方法在地下空间中的应用。

3. 岩土工程监测技术及应用

相比于岩土工程悠久的历史，岩土工程监测的起步较晚，从20世纪80年代初开始，经过科技攻关和工程实践经验的积累，岩土工程监测设计和监测方法得到很大的发展，相继提出了关于综合考虑水文地质条件、工程特点和性质、监测空间范围和监测频次等要求的岩土工程监测布置原则和方法。在充分比选了岩土工程监测仪器的使用效果和技术性能后，逐步制定了监测仪器的技术指标、适用条件及标准化的质量控制措施。相继编制了各种建（构）筑物和地下工程的监测规程、规范、指南和手册。进入21世纪后，岩土工程监测手段的硬件和软件迅速发展，岩土工程监测的领域不断扩大，监测自动化系统、数据整编和分析系统、安全评估和预报系统也在不断地完善。岩土工程设计采用新的设计理论和方法以来，岩土工程监测作为必要的手段，成为提供设计依据、优化设计方案和可靠度评价不可缺少的手段，成为施工质量风险控制的重要一环。

(1) 岩土工程监测目的主要有：对基坑围护体系及周边环境安全进行有效监护，为信息化施工提供参数，验证有关设计参数。

(2) 岩土工程监测内容主要包括：深层侧向位移监测，水位监测，分层沉降，孔隙水压力监测，土压力监测，支撑内力，围檩内力，立柱内力，围护墙内力。

(3) 工程监测典型案例主要有：环球金融中心深基坑监测案例，某区间隧道成功穿越民宅监测案例，某区间隧道沉降监测失效案例，某地铁车站基坑坍塌事故案例。

1.6　地下空间信息系统

轨道交通岩土工程专家系统，基于计算机和网络技术，收集整理已有地铁沿线深基坑工程勘察、设计、施工、监测资料以及对应阶段地铁长期监护资料，建立基础数据平台；根据收集调研资料，研究分析轨道交通周边基坑开挖对地铁结构安全的影响，进行轨道交通风险因素与风险等级评价，建立风险分析预测系统；结合轨道交通周边典型基坑工程案例，建立二维、三维实体模型，对地铁隧道在基坑开挖作用下的变形情况进行数值模拟，获得隧道、车站的变形发展规律，搭建专家专项咨询平台，预测分析类似工程案例对地铁的影响，预测新建地铁的变形情况。

1. 系统基本构架

从工程应用的角度出发，系统总体框架自下而上分为轨道交通工程基础数据、风险分析预测及专家专项咨询三大平台。图1-11和图1-12分别为系统技术框架和系统功能框架。

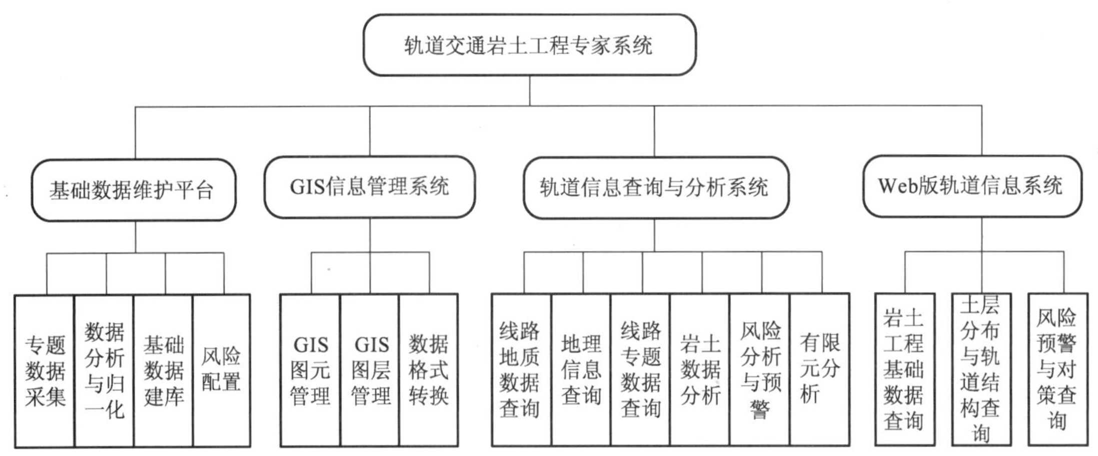

图 1-11　系统技术框架

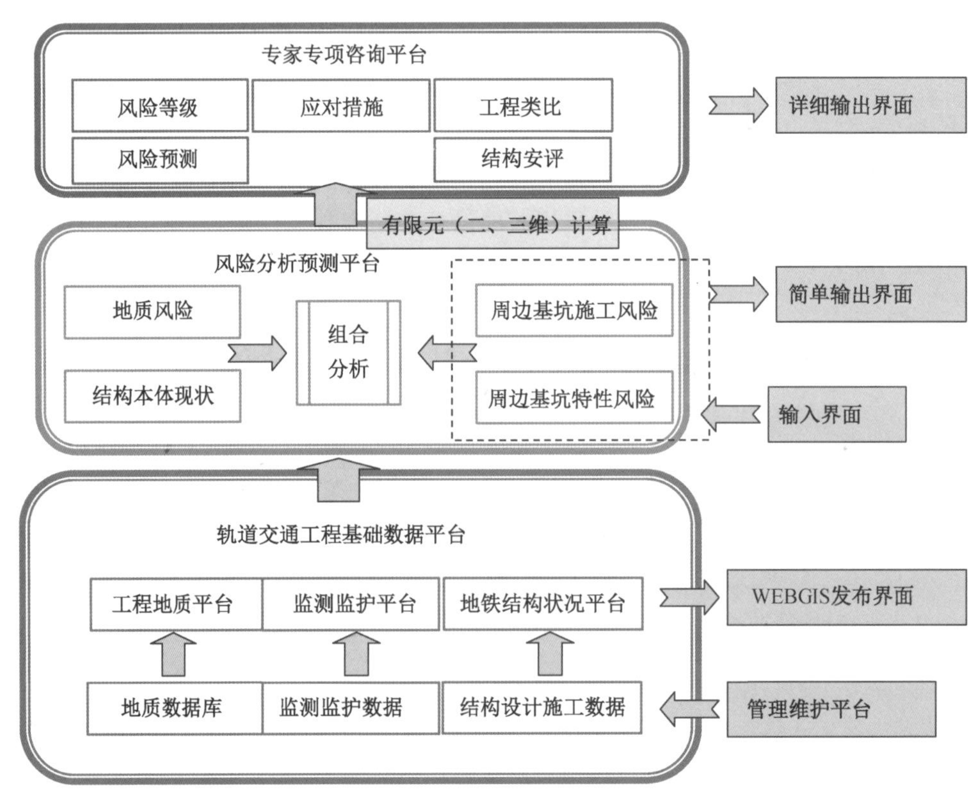

图 1-12　系统功能框架

2. 基础查询模块

基础查询模块(图 1-13)是轨道交通岩土工程专家系统的基础模块，也是核心模块，是系统重点开发的部分。它以建立综合轨道交通沿线地质、水文、地铁结构、监测监护等各个专业资料的基础数据库为前提，通过地理信息(GIS)、数据库，界面开发等计算机技术，形成了丰富的资料查询手段和数据分析可视化工具。

图 1-13　基础查询模块组成架构

3. 有限元快速分析模块

"基坑开挖环境影响快速评估系统"作为轨道交通岩土工程专家系统的外部功能模块，是基于连续介质有限元方法，以基坑开挖变形计算为特定分析对象，依托大型有限元平台ABAQUS的开发环境开发而成的基坑有限元专项分析软件。其利用ABAQUS在模拟岩土介质弹塑性的本构关系，求解多自由度非线性问题，以及灵活进行模型前后处理等方面的优势，以 Python 脚本语言以主要开发工具，形成适宜快速分析邻近地铁基坑变形特性的全新功能，如图 1-14 所示。

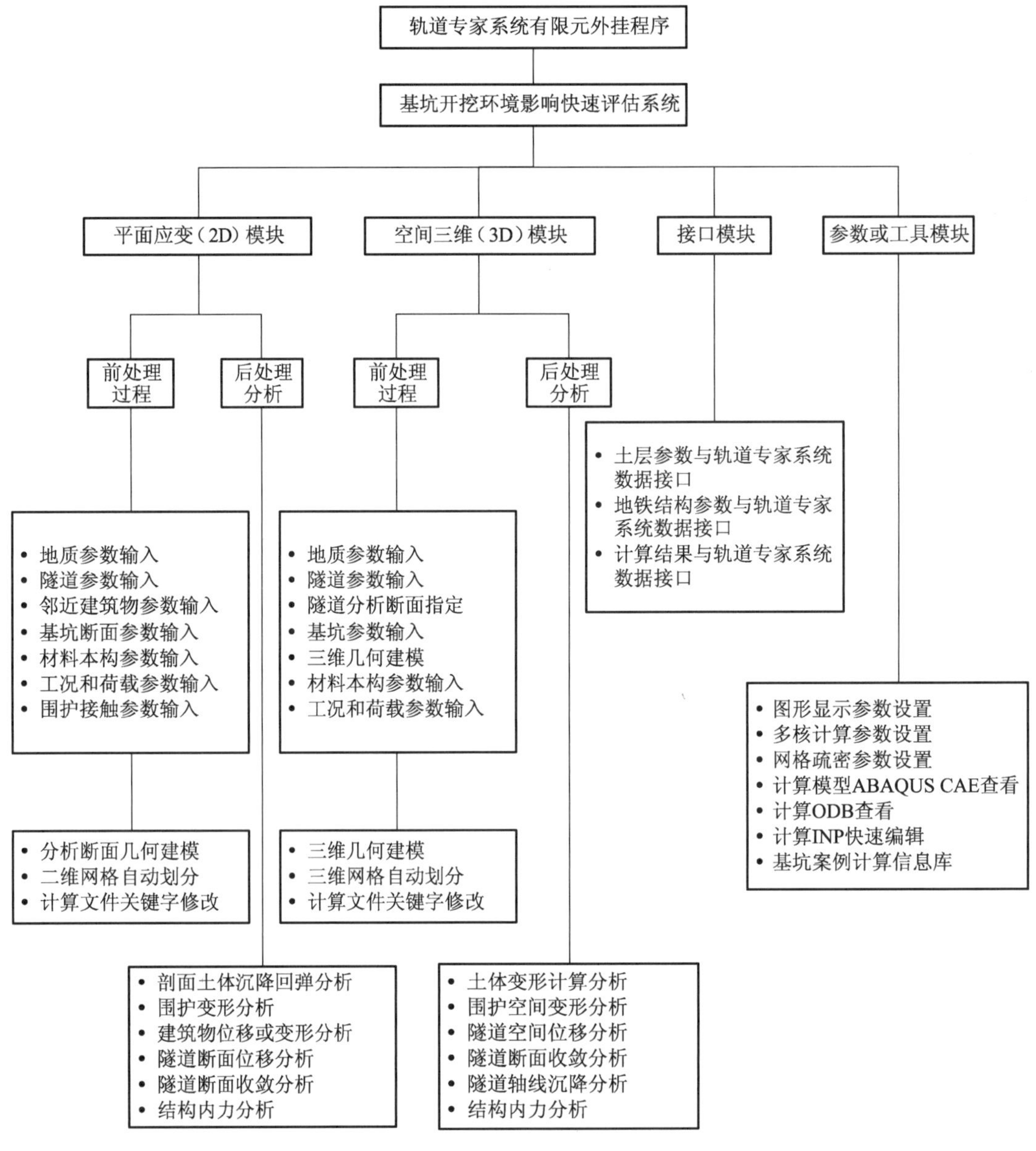

图 1-14　有限元分析模块基本框架

4. 风险分析模块

上海软土地区的营运轨道交通周边进行基坑开挖，必然对地铁结构产生影响导致结构的内力与变形发展，从而使地铁的安全运营存在较大隐患，故此类基坑工程在设计、施工过程中不可避免会遇到诸多岩土工程风险。对营运地铁安全保护区内的基坑工程，如果在前期规划、勘察、设计阶段就能快速预测到后期的岩土工程风险，可以为工程管理和决策、工程项目保险、概算和投资控制等重大决策性问题提供一个可资参考的依据，从而有效控制工程风险，保障地铁运营安全。风险分析流程如图 1-15 所示。

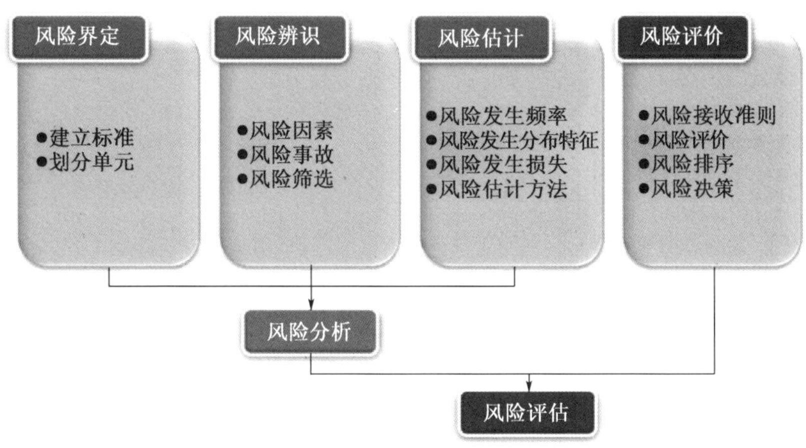

图 1-15　风险分析流程

1.7　上海工程地质分区与桩基工程风险相关性

本书通过收集、整合现有工程地质数据、地基基础方面的科研成果，以及大量的工程实例（尤其是发生险情和破坏的案例）资料，通过定性和定量的统计分析，从工程建设与工程地质条件相互制约关系出发进行研究，掌握了上海地区特别是中心城区地质条件的差异和地质条件的变化对桩基工程的影响规律。结合研究成果，编制完成了桩基工程地质分区图、工程建设风险与控制指南等成果，用于指导工程建设。

1. 基础资料整理和分析

收集整理了近年来软土地区发生的桩基事故案例，通过剖析典型案例，系统总结了软土地质条件下引发桩基事故的自身因素和环境因素，并对桩基事故发生概率和事故原因风险概率进行了统计分析。

桩基工程质量受多项因素的影响，如工程勘察、基桩设计、地质条件、环境变化、施工因素等，尤其施工因素，涉及内容较多，从施工质量，到施工工艺、方法选择等，对桩基工程质量影响最大，所以只有深入分析桩基础施工中常见质量事故以及事故发生原因，以及针对性预防措施的选择，才能有效控制桩基工程质量，保证整体工程的安全。所谓桩基事故，可归结为由于勘察、设计、施工、检测以及项目开发管理工作中存在问题，或者地质条件与环境因素共同作用，造成桩基础受损或破坏，不能按原设计要求正常使用的现象。收集了近年来上海及周边软土地区发生了桩基事故案例，典型案例数量达到 10 项，见表 1-8。通过分析事故主体、事故经过、事故程度、主要成因以及处置措施，剖析桩基事故发生的普遍规律，发现软土地质条件下桩基事故产生的普遍原因，包括桩基工程自身设计施工原因以及引发事故的外部环境因素，并对桩基事故发生的概率和事故原因风险概率进行了统计分析（表 1-8）。

2. 绘制地质分区图

从桩基工程的角度对上海地区典型的地层组合进行分类，形成了覆盖上海市中心城区桩基工程相关的地质分区图，指导桩基工程设计和施工。

表 1-8　　　　桩基事故典型案例汇总

名称	案例概述	事故现场
上海某住宅工程整体倾覆	桩型及参数：PHC AB 400 80-33，桩分节长度分别为 13 m，13 m，14.5 m，桩基持力层为第⑦$_{1-2}$层粉砂层，单桩承载力设计值为 1 300 kN。 事故程度：莲花河畔景苑在建 7$^{\#}$ 楼发生向南整体倾倒。 主要原因：①地质条件软弱；②过高堆土加之基坑开挖形成的临空面，最大高差达十多米，对基础形成了很大的侧向推力，造成基础侧移后偏心，最终引起侧翻。 处置措施：及时采取了卸土、填坑等措施，控制地基和房屋变形趋于稳定	
某焦化厂房项目桩基偏斜	桩型及参数：PHC500-100，桩长 31 m，桩分节长度分别为 11 m，10 m，10 m，桩基持力层为⑦$_{-1}$层砂质粉土，承载力设计值 1 650 kN。 事故程度：189 根桩产生倾斜与偏斜，偏位量大于 300 mm 达 158 根，占比 41%，最大倾斜量达到近 1 200 mm。 主要原因：开挖引起浅层软土层对工程桩产生侧向挤压。 处置措施：顶推法和顶拉法纠偏	
周浦某商业广场桩基偏斜	桩型及参数：PHC-A500(120)，桩长 38 m，工程桩分为三节桩，桩分节长度分别为 12 m，12 m，14 m，桩基持力层为⑦$_{-1}$层粉砂，单桩竖向承载力设计值为 2 300 kN。 事故程度：150 根管桩的偏位量大于 300 mm，最大偏位量约 1 000 mm，78 根桩为缺陷桩。 主要原因：沉桩速度过快引起大面积沉桩的挤土效应，土体内部超孔压难以消散基坑开挖引起土体隆起，导致桩身拉裂。 处置措施：纠偏、填芯加固、修补桩身裂缝	
上海某 CBD 项目桩基偏斜	桩型及参数：PHC A 600 管桩，设计桩长 37～39 m，桩基持力层为第⑦$_{1-2}$层粉砂，单桩竖向承载力设计值为 2 900 kN。 事故程度：48 根管桩发生偏斜，占总桩数的 33%，最大偏斜率为 16.5%，Ⅲ/Ⅳ类管桩共 63 根。 主要原因：基坑开挖过程中③淤泥质粉质黏土层产生塑性流动；穿⑦$_{1-1}$层砂质粉土层沉桩困难，造成截桩和桩端入土深度不足。 处置措施：清孔处理、填芯加固	
江苏宜兴某地块桩基偏斜	桩型及参数：PHC A 500(100)，桩长 20～23 m，桩分节长度分别为 11 m，10 m，10 m，桩基持力层为⑥$_1$强风化泥灰岩，单桩承载力特征值 3 200 kN。 事故程度：大面积斜桩和断桩，缺陷桩达 248 根，占比 27%。 主要原因：基坑开挖引起浅部第②$_2$层淤泥质黏土层发生塑性流动、不均匀荷载产生的水平挤压。 处置措施：顶推法和顶拉法纠偏，静载、高应变复测	 开挖基本完成，桩大面积倾斜，并斜向同一方向，但桩头基本没损坏

1）分类依据的第一要素

就上海地区而言，正常地层沉积区和古河道区域是影响桩基方案最主要的因素，另外第⑧层软黏性土的分布对桩基方案的影响也是至关重要的。因此地层组合分类时首先应区分正常区和古河道区的地层组合，考虑第⑧层软黏性土对桩基工程影响大，故正常地层分布区和古河道切割区各有 2 种地层组合类型，正常区为 A 类和 B 类，古河道区为 C 类和 D 类。A 类和 C 类有第⑧层分布，B 类和 D 类缺失第⑧层。

2）分类依据的第二要素

古河道内沉积物以黏性土为主还是粉性土为主，对桩基影响较大，故古河道区内的 C 类和 D 类地层组合，根据是否有⑤$_2$层分布，各划分 2 个亚类，C1 类和 D1 类无⑤$_2$层分布，C2 类和 D2 类有一定厚度的第⑤$_2$层分布。

正常地层分布区一般无第⑤$_2$层粉性土分布，即使分布厚度也不大，故基本不用细分，但考虑到上海西北部地区第⑥，⑦层埋藏较浅，第⑦层厚度较小，工程特性较上海市区要差，故划分出 A1 类。第⑥，⑦层埋藏深度正常的区域，地层组合类型 A，B 的编号不变。

3）分类依据的第三要素

浅部地层的土性差异对桩基也有一定影响，尤其对于桩基水平力的发挥影响很大，如浅部分布②$_0$，②$_3$层粉性土区域与第③，④层淤泥质土厚度大的区域，桩基的水平力发挥具有明显差别；另外即使同为软黏性土区，软土性质差异（如抗剪强度、压缩性、灵敏度），对桩基水平力发挥也有一定差异。因此桩基工程地质结构分类时考虑的第三元素是地表下 20 m 以浅的全新世土层。

根据对上海地区地层组合及土层特性研究，可分为三类：浅部有粉土及砂土分布的区域作为Ⅰ类；然后根据软土区土性差异进一步划分为Ⅱ类和Ⅲ类，其中Ⅲ类浅部土性相对差。

（1）Ⅰ类：浅部分布厚层粉性土、砂土，如吴淞江故河道、黄浦江江滩土分布区。

（2）Ⅱ类：浅部无厚层粉土层分布，且除Ⅲ类外。

（3）Ⅲ类：浅部土质相对差的区域，如漕河泾、金桥等地区。

综合考虑中深部地层、浅部土层对桩基工程的影响，上海地区桩基工程的工程地质结构按上述原则分成四类（A，B，C，D），每类再分为若干个亚类、次亚类，各分类的地层组合如表 1-9 所示。

表 1-9　上海中心城区各地质结构区的地层组合

工程地质结构分类			地层组合（100 m 深度范围）	备注
A	A1	Ⅱ	①，②$_{-1}$，③，④，⑥，⑦，⑧，⑨	晚更新统地层埋藏较浅
		Ⅲ	①，②$_{-1}$，③，④，⑥，⑦，⑧，⑨	
	A	Ⅰ	①，②$_{-1}$，②$_{-3}$，④，⑤$_{-1}$，⑥，⑦，⑧，⑨	—
		Ⅱ	①，②$_{-1}$，③，④，⑤$_{-1}$，⑥，⑦，⑧，⑨	—
		Ⅲ	①，②$_{-1}$，③，④，⑤$_{-1}$，⑥，⑦，⑧，⑨	—
B	Ⅰ		①，②$_{-1}$，②$_{-3}$，④，⑤$_{-1}$，⑥，⑦，⑨	—
	Ⅱ		①，②$_{-1}$，③，④，⑤$_{-1}$，⑥，⑦，⑨	—
	Ⅲ		①，②$_{-1}$，③，④，⑤$_{-1}$，⑥，⑦，⑨	—

续表

工程地质结构分类			地层组合(100 m 深度范围)	备注
C	C1	Ⅰ	①,②$_{-1}$,②$_{-3}$,③,④,⑤$_{-1}$,⑤$_{-3}$,⑦,⑧,⑨	—
		Ⅱ	①,②$_{-1}$,③,④,⑤$_{-1}$,⑤$_{-3}$,⑦,⑧,⑨	—
		Ⅲ	①,②$_{-1}$,③,④,⑤$_{-1}$,⑤$_{-3}$,⑦,⑧,⑨	—
	C2	Ⅰ	①,②$_{-1}$,②$_{-3}$,③,④,⑤$_{-1}$,⑤$_{-2}$,⑤$_{-3}$,⑦,⑧,⑨	—
		Ⅱ	①,②$_{-1}$,③,④,⑤$_{-1}$,⑤$_{-2}$,⑤$_{-3}$,⑦,⑧,⑨	—
		Ⅲ	①,②$_{-1}$,③,④,⑤$_{-1}$,⑤$_{-2}$,⑤$_{-3}$,⑦,⑧,⑨	—
D	D1	Ⅰ	①,②$_{-1}$,②$_{-3}$,③,④,⑤$_{-1}$,⑤$_{-3}$,⑦,⑨	—
		Ⅱ	①,②$_{-1}$,③,④,⑤$_{-1}$,⑤$_{-3}$,⑦,⑨	—
		Ⅲ	①,②$_{-1}$,③,④,⑤$_{-1}$,⑤$_{-3}$,⑦,⑨	—
	D2	Ⅰ	①,②$_{-1}$,②$_{-3}$,③,④,⑤$_{-1}$,⑤$_{-2}$,⑤$_{-3}$,⑦,⑨	—
		Ⅱ	①,②$_{-1}$,③,④,⑤$_{-1}$,⑤$_{-2}$,⑤$_{-3}$,⑦,⑨	—
		Ⅲ	①,②$_{-1}$,③,④,⑤$_{-1}$,⑤$_{-2}$,⑤$_{-3}$,⑦,⑨	—

3. 地质分区对桩基安全性的影响

采用专家调查结合风险评价矩阵的方法,分析了各类桩基事故风险与地质分区的相关性,获得了地质分区对桩基安全性的影响规律。

1) 不同桩型桩基事故的风险受地质分区影响的程度不同

根据桩基事故总风险分析结果,预制桩桩基事故风险与地质分区之间的相关关系较强,而灌注桩各分区桩基事故风险等级较为平均,受地质分区影响相对较弱。

根据分阶段桩基事故风险分析结果,预制桩在沉桩阶段、开挖阶段的桩基事故风险大小与地质分区有较为密切的关系,特别是浅部地层土性差时风险等级相对较高。检测阶段与使用阶段的相对高风险出现在 A1 类和 C 类区域。

灌注桩受地质因素影响的相对高风险阶段主要在检测阶段及后期使用阶段,即承载力不足、沉降与差异沉降较大是需重点关注的灌注桩风险事故。

2) 不同桩型、不同阶段、不同事故类型的风险地层不同

(1) 预制桩沉桩阶段,古河道、浅部软弱土区域的风险相对较高;

(2) 检测阶段,地质分区对风险影响较小,灌注桩较预制桩易出现承载力不足情况,预制桩在古河道且有第⑧层时更易出现承载力不足;

(3) 开挖阶段,浅部软弱土分布(Ⅱ类、Ⅲ类区,尤其是Ⅲ类区)对桩基工程安全影响较大;

(4) 使用阶段,第⑥,⑦层埋藏较浅,第⑦层厚度较小,工程特性较上海市区要差的 A1 类区以及古河道且有第⑧层的 C 类区桩基风险较大。

C 类区是上海地区桩基风险高发区,该区桩基施工时需足够重视,避免事故发生。

1.8 城市地下工程风险控制

地下空间的开发,离不开地下工程建设技术的进步。近些年来,地下工程建设技术有着越来越广泛的运用和广阔的商业前景,在工程建设的众多技术领域中显得十分突出。然而地下

工程项目具有隐蔽性大、技术复杂、作业循环性强、建设工期长、作业空间有限等特点，而且动态施工过程中的力学状态是变化的，土体的物理力学性质也在变化，在实施过程中存在着许多不确定的不安全因素，使得地下工程成为一项具有高风险的工程项目。而对于这些不确定性的风险因素，如果掉以轻心就可能酿成重大灾害事故，造成重大的损失。为了确保工程建设目标的实现，地下工程项目实施过程中迫切需要安全管理的有效实施。

1. 地下工程风险管理理论

1）地下工程风险的定义

地下工程（如隧道、地铁等）在建设和运行中存在具有很大突发性和偶然性等不确定性因素，为降低此类风险因素的不利影响，应对地下工程设计系统进行有效的风险研究，从而识别风险源和不确定因素，及时采取相应的安全措施，确保工程安全。建设部下发的《地铁及地下工程建设风险管理指南》中将工程风险定义为：若存在与预期利益相悖的损失或不利后果，或由各种不确定性造成对工程建设参与各方的损失，均称之为工程风险。对于隧道等地下工程而言，可以将风险定义为在以工程项目正常施工为目标的行动过程中，如果某项活动或客观存在足以导致承险体系发生各类直接或间接损失的可能性，那么就称这个项目存在风险。

2）地下工程风险的属性及发生机理

根据风险的定义可知，风险事故的发生是由于潜在的风险因素所致，而风险事故的发生必将产生损失，因此风险属性主要包括三个方面，即风险因素、风险事故和风险损失，三者的关系如图 1-16 所示。

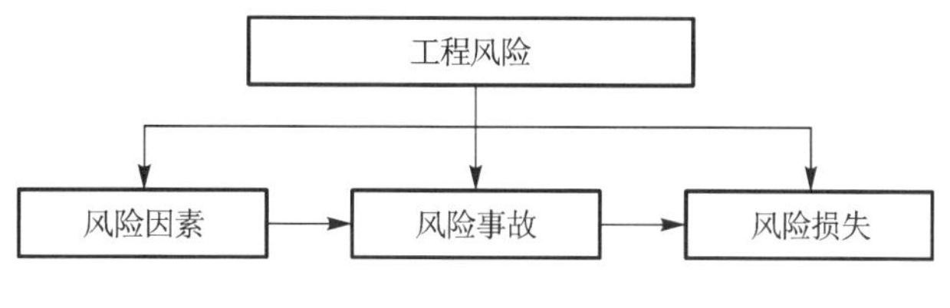

图 1-16　风险属性关系

地下工程建设投资较大，施工周期长、工艺复杂，而且施工周围的环境往往比较复杂，施工所需的设备以及建筑材料繁多，所涉及专业工种与人员众多，因此在其建设期易发生风险事故，其机理如图 1-17 所示。

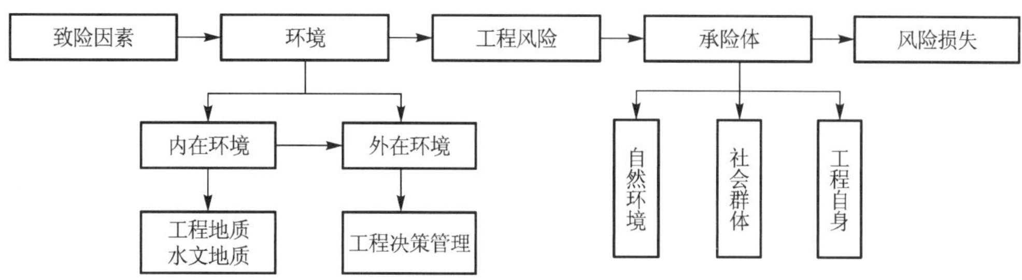

图 1-17　地下工程风险发生机理

2. 软土地下工程安全事故案例

1）基坑事故

统计地下空间基坑工程事故案例 3 起，汇总见表 1-10。

表 1-10　　基坑工程事故案例汇总

工程名称	事　故	图　片
广州某广场基坑坍塌事故	2005 年 7 月，位于广东省广州市海珠区某商业广场工地基坑南端约 100 m 长挡土墙发生倒塌，造成一段 6 m 长的水泥路面下陷，同时造成位于工地旁的砖木结构平房倒塌，附近的海员宾馆和江南大道中 196—202 号居民楼结构受影响，其中海员宾馆和江南大道中 196 号海运宿舍 1 栋受损严重。附近合计 160 户居民被撤走	
南京某地铁车站深基坑土体滑移事故	2007 年 5 月，南京地铁某车站施工现场，正在施工的地铁车站基坑第六段一侧，高达十多米的软土段突然发生基坑土体滑坡，数百立方米黑土向坑道里倾泻而下，将在基坑里进行防水作业的三名工人掩埋，其中一名工人被工友用手扒土，及时救起，另两名工人被埋在土下	
上海某基坑工程承压水突涌事故	2011 年 11 月，上海浦东某工程基坑内裙房与塔楼交接部位，距离地连墙约 9 m 处出现渗漏，邻近地铁变形有明显增大趋势	

2）隧道事故

统计地下空间隧道工程事故案例 4 起，汇总见表 1-11。

表 1-11　　隧道工程事故案例汇总

工程名称	事　故	图　片
上海地铁某区间隧道联络通道事故	开挖第六榀至第七榀排架间上导坑土体时，发现第六榀排架底部左侧有少量渗水出现，经施工人员用快硬水泥封堵，渗水被止住。之后，原渗水点再次渗水，水量逐渐加大并伴有泥沙涌出，施工人员随即启动应急预案，迅速向基坑涌水处投放水泥和黄沙进行封堵	
某风井结构涌土、流砂，洞口土体流失	2006 年 5 月某日凌晨，施工单位在盾构已经安全进、出风井一个多月的情况下，拆除上行线进洞防水装置，过程中发现上行线进洞处下方局部渗漏水	

续表

工程名称	事　故	图　片
广州地铁盾构越江施工塌方	左线盾构机于 2004 年 9 月某日凌晨 1 h 20 刚刚进入江面时(741 环)发生塌方事故,范围约 8 m×8 m,同时造成河堤下陷	
上海地铁双圆盾构隧道施工沉降过大	该区间隧道选用 1 台 ϕ6 520 mm×11 200 mm(外径×宽度)辐条式双圆盾构施工。隧道管片采用预制钢筋混凝土衬砌管片,采取错缝拼装。 盾构推进至+37 环,切口的位置大约在+41 环,地面沉降最大约 100 mm	

3）桩基事故

统计地下空间隧道工程事故案例 3 起,汇总见表 1-12。

表 1-12　　桩基事故典型案例汇总

名　称	案例概述	事故现场
某车站商品配套房管桩偏斜	桩型及参数:PHC-AB500(100)-40.5 管桩,桩分节长度分别为 13 m, 13 m, 14.5 m,单桩竖向承载力极限值 3 400 kN。 事故程度:基坑开挖后,部分管桩出现倾斜和偏移现象,对 19 根偏位桩进行测斜,垂直度偏斜大于 1% 共 12 根,占 71%,最大达 6.1%,偏位量最大 900 mm,超过规范允许范围。 主要原因:① 基坑开挖未考虑软土的蠕动;② 桩基沉桩速度过快。 处置措施:顶推法纠偏加固	
上海浦东某大厦主楼试桩承载力不足	桩型及参数:钻孔灌注桩 ϕ850 mm(抗压),以第 $⑦_{1b}$ 层粉砂为桩基持力层,裙房采用钻孔灌注桩 ϕ600 mm,持力层为第 $⑦_{1b}$ 粉砂层。 事故程度:桩结果显示 3 根 ϕ850 mm 钻孔灌注桩竖向抗压极限承载力分别为 8 192 kN,8 192 kN,7 168 kN,均未达到设计要求的单桩抗压极限承载力。 主要原因:① 钻孔灌注桩穿越砂层时间太长,引起孔壁坍塌和缩颈;② 灌注桩施工过程中未按照有关规范清孔。 处置措施:采用桩端后注浆钻孔灌注桩,桩径为 ϕ850 mm,桩端入土深度由原来的 59 m 减浅到 50 m,有效桩长由 40 m 调整为 32 m,以第 $⑦_{1b}$ 层草黄色粉砂为桩基持力层	

续表

名　称	案例概述	事故现场
某啤酒公司广东厂房桩脱节	桩型及参数：ϕ 400 mm 预应力管桩，工程总桩数超过 500 根，设计桩长 35～40 m，以全风化基岩层为持力层，单桩极限承载力要求 2 400 kN。 事故程度：大部分试桩承载力无法达到设计要求，个别长桩承载力明显偏低，部分桩沉降曲线明显看到桩脱节现象。 处置措施：纠偏、填芯加固、修补桩身裂缝	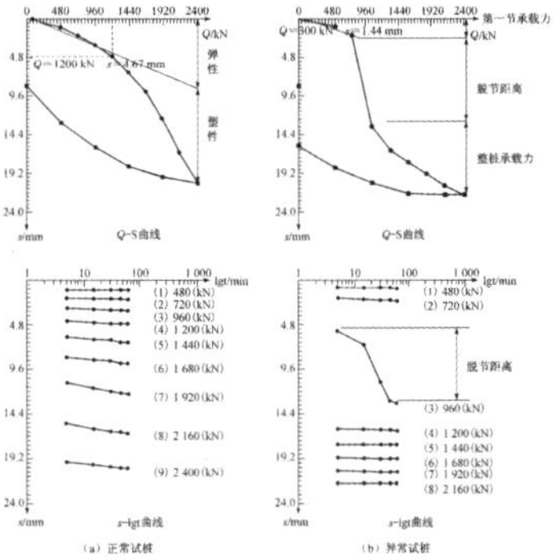

3. 软土地下工程安全事故统计与原因分析

本书对近年来国内发生的地下工程事故案例进行了梳理、汇总，分别按照基坑工程、隧道工程和桩基工程进行分类，主要案例见表 1-13。

表 1-13　　事故案例汇总

基坑事故	隧道事故	桩基事故
广州某广场基坑坍塌事故	上海地铁某区间隧道联络通道事故	某车站商品配套房管桩偏斜
南京地铁车站深基坑土体滑移事故	拆除封门后出现涌土、流砂，洞口土体流失	上海某大厦主楼试桩承载力不足
广州市某大厦基坑工程淹水事故	广州地铁泥水盾构越江施工塌方处理	某焦化厂房项目桩基偏斜
基坑支护桩断裂事故	上海地铁某区间隧道盾构磕头事故	某啤酒公司广东厂房桩脱节
上海某基坑工程承压水突涌事故	上海地铁双圆盾构隧道施工沉降过大	江苏宜兴某地块桩基偏斜
上海某商业广场基坑坍塌	地铁过江区间中间风井盾构进出洞风险事故	周浦某商业广场桩基偏斜
浙江杭州某广场项目基坑坍塌	某地铁区间隧道盾构始发引起污水管破裂	上海某 CBD 项目桩基偏斜
上海松江某基坑坍塌	台北地铁某通风竖井涌水、涌砂事故	浦东某商业大厦桩基偏斜
某地铁车站管线渗漏水事故	上海地铁四号线旁通道事故	上海莲花河畔景苑 7 号楼整体倾覆
某地铁车站地表沉降险情	—	—
杭州地铁一号线车站基坑坍塌事故	—	—

1）基坑工程事故调查统计

（1）按责任单位统计，如表 1-14 所列。

表 1-14　　失事原因频数分布

事故原因	勘察	设计	施工	监理	监测	业主
频数	27	182	270	10	14	27
比例	5.09%	34.3%	50.9%	1.89%	2.64%	5.09%

（2）按支护结构形式，如表 1-15 所列。

表 1-15　　失事基坑支护结构类型频率分布

支护结构类型	悬臂桩	桩撑	桩锚	地下连续墙	土钉支护	深层搅拌桩	土钉墙	沉井(箱)	放坡	其他
频数	132	48	38	24	36	34	7	3	17	3
频率	0.386	0.140	0.111	0.070	0.105	0.099	0.020	0.009	0.050	0.009

（3）按开挖深度，如表 1-16 所列。

表 1-16　　失事基坑按开挖深度频率分布

基坑开挖深度	$h \leqslant 6$ m	6 m$<h \leqslant$10 m	10 m$<h \leqslant$14 m	$>$14 m
频数	56	129	65	32
频率	0.199	0.457	0.230	0.113

2）隧道工程事故数据统计分析

（1）按施工方法来分，本书统计了从 1976—1996 年的 20 年中，日本不同类型隧道工程的事故分布，如表 1-17 所列。

表 1-17　　1976—1996 年日本隧道工程事故比较

施工方法	次数/次	所占比例
矿山法	167	47.3%
盾构法	109	30.9%
顶管法	77	21.8%

（2）按事故类型来分，对世界范围内 111 起隧道坍塌事故的坍塌类型进行统计，从表 1-18 中可以清楚地看出，冒顶和坍塌是隧道工程中较为典型的两种类型事故，由于该两种事故发生的同时都伴随着涌水现象的产生，因此，实际涌水事故的发生频率比下表统计的数据还要大。

表 1-18　　隧道事故类型统计

事故类型	所占比例
冒顶	40%
塌方	40%
涌水	13%
岩爆	2%
其他	5%

3）桩基工程事故调查统计

由于特殊的土性及地下水位高等原因，软土地区桩基工程设计和施工常会出现该地区特有的一些工程问题，导致工程事故，引起严重后果。归纳总结不同阶段常见桩基事故如表 1-19 所列。

表 1-19　　桩基事故统计

阶　段	桩基事故现象
沉桩(成桩)阶段	沉桩困难
	灌注桩施工坍孔、沉渣过厚
	灌注桩施工缩颈

续表

阶　段	桩基事故现象
沉桩(成桩)阶段	桩身损坏
	灌注桩夹泥、离析
	达不到设计标高
	灌注桩充盈系数过大
	断桩
检测阶段	桩基承载力不足
开挖阶段	桩偏位
	桩偏斜
	预制桩脱节
	灌注桩露筋
	桩上浮
使用阶段	桩基差异沉降大
	桩基沉降过大

根据文献查阅,目前尚无对桩基工程事故类型或原因进行系统统计的相关报道。本章节收集了百余例国内桩基事故案例,统计了事故类型,如图 1-18 和图 1-19 所示。

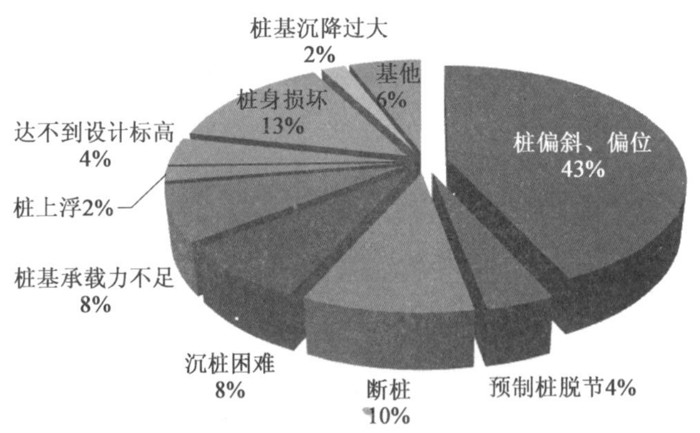

图 1-18　预制桩事故类型统计

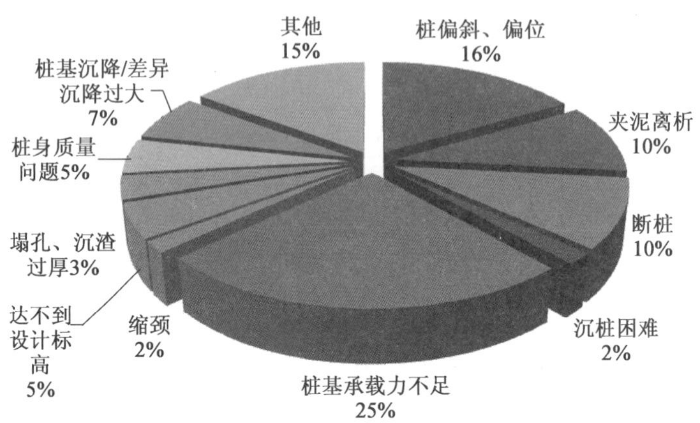

图 1-19　灌注桩事故类型统计

根据统计结果，预制桩近半数事故都为偏斜、偏位，其次为桩身损坏及断桩，沉桩阶段及使用阶段为事故高发期；灌注桩使用阶段最常见的事故是桩端沉渣引起的承载力不足及沉降过大，施工引起的夹泥离析也较易发，开挖阶段易出现偏斜偏位。总的来说，偏斜、偏位及承载力不足对桩基影响最大，且易常发，需重点关注与防范。

2 地下空间开发评估

2.1 地下空间开发环境影响评估

2.1.1 地质灾害评估

地质灾害评估又叫地质灾害危险性评估，是在查明各种致灾地质作用的性质、规模和承灾对象的社会经济属性(承载对象的价值，可移动性等)的基础上，从致灾体稳定性、致灾体和承灾对象遭遇的概率上分析入手，对其潜在的危险性进行客观评估。

地质灾害是指包括自然因素或者人为活动引发的危害人民生命和财产安全的山体崩塌、滑坡、泥石流、地面塌陷、地裂缝、地面沉降等与地质作用有关的灾害。地质灾害易发区是指容易产生地质灾害的区域。地质灾害危险区是指可能发生地质灾害且将可能造成较多人员伤亡和严重经济损失的地区。地质灾害危险程度是指地质灾害造成的人员伤亡、经济损失和生态环境破坏的程度。地质灾害评估涉及地质灾害种类应包括崩塌、滑坡、泥石流、塌岸、地面塌陷(含岩溶塌陷和开采塌陷)、地裂缝、地面沉降和采矿地表移动等。

对于已经发生的地质灾害，地质灾害评估的基本方法和主要内容是调查地质灾害活动规模，统计地质灾害对人口、财产以及资源、环境的破坏程度，核算地质灾害直接经济损失与间接经济损失，评定地质灾害等级。对于有发生可能但尚未发生的地质灾害，地质灾害评估是预测评价地质灾害的可能程度，对此有人称之为地质灾害风险评估或地质灾害风险评价。其基本内容和步骤是：首先分析评价地质灾害活动的危险程度和地质灾害危险区受灾体的可能破坏程度，即地质灾害的危险性评价和灾害区的易损性评价，在此基础上进一步分析预测地质灾害的预期损失，即进行地质灾害的破坏损失评价。地质灾害评估的基本目的是通过单项指标或综合指标定量化反映地质灾害的主要特点和破坏损失程度，为规划、部署和实施地质灾害防治工作提供依据。

地质灾害危险性评估的方法主要有：发生概率及发展速率的确定方法，危害范围及危害强度分区，区域危险性区划等。

根据国土资源部《地质灾害防治管理办法》第 15 条规定，城市建设、有可能导致地质灾害发生的工程项目建设和在地质灾害易发区内进行的工程建设，在申请建设用地之前必须进行地质灾害危险性评估。地质灾害危险性评估包括下列内容：阐明工程建设区和规划区的地质环境条件基本特征；分析论证工程建设区和规划区各种地质灾害的危险性，进行现状评估、预测评估和综合评估；提出防治地质灾害措施与建议，并做出建设场地适宜性评价结论。

2.1.1.1 地质灾害类型

所谓地质灾害，它是一种与地质过程相联系的灾害现象。当地质过程一旦超过了临界值，就会产生灾变，对人类健康、生命安全、社会经济造成重大威胁和破坏。

地质灾害的分类，有不同的角度与标准，十分复杂。

就其成因而论，由降雨、融雪、地震等因素诱发的称为自然地质灾害；由工程开挖、堆载、爆破、弃土等引发的称为人为地质灾害。

按致灾地质作用的性质和发生处所进行划分，常见的地质灾害共有 12 类、48 种。地壳活动灾害，如地震、火山喷发、断层错动等；斜坡岩土体运动灾害，如崩塌、滑坡、泥石流等；地面变形灾害，如地面塌陷、地面沉降、地面开裂(地裂缝)等；矿山与地下工程灾害，如煤层自燃、洞井塌方、冒顶、偏帮、鼓底、岩爆、高温、突水、瓦斯爆炸等；城市地质灾害，如建筑地基与基坑变形、垃圾堆积等；河、湖、水库灾害，如塌岸、淤泥、渗漏、浸没、溃决等；海岸带灾害，如海平面升降、海水入侵，海崖侵蚀、海港淤积、风暴潮等；海洋地质灾害，如水下滑坡、潮流沙坝、浅层气害等；特殊岩土灾害，如黄土湿陷、膨胀土胀缩、冻土冻融、砂土液化、淤泥触变等；土地退化灾害，如水土流失、土地沙漠化、盐碱化、潜育化、沼泽化等；水土污染与地球化学异常灾害，如地下水质污染、农田土地污染、地方病等；水源枯竭灾害，如河水漏失、泉水干涸、地下含水层疏干（地下水位超常下降）等。

根据地质灾害发生区的地理或地貌特征，可分山地地质灾害，如崩塌、滑坡、泥石流等；平原地质灾害，如地面沉降等。

就地质环境或地质体变化的速度而言，可分突发性地质灾害与缓变性地质灾害两大类。前者如崩塌、滑坡、泥石流等，即习惯上的狭义地质灾害；后者如水土流失、土地沙漠化等，又称环境地质灾害。缓变性地质灾害常有明显特征，对其防治有较从容的时间，可有预见地进行，其成灾后果一般只造成经济损失，不会出现人员伤亡。突发性地质灾害发生突然，可预见性差，其防治工作常是被动式的应急进行，其成灾后果不光是经济损失，也常造成人员伤亡，故是地质灾害防治的重点对象。

按对人类社会造成威胁破坏的时间长短，还可以分为短期地质灾害和长期地质灾害。按危害程度和规模大小分为特大型、大型、中型、小型地质灾害险情和地质灾害灾情四级。

下面详细列举几类常见的地质灾害类型。

1. 地震

地震是大地发生突然震动的地质现象，实质是地应力的突然释放，俗称“地动”。广义的地震包括自然作用产生的、人工诱发的地震。地震总是突然袭来，在数秒内发生，造成的破坏和惊恐是最为严重的。

在现代的科学技术条件下，地震是无法控制的。目前人类在这个领域内所能做到的是研究其发生规律，设法对这些过程进行预测预报。加强规划，积极采取提高建筑物的抗震强度等预防措施，警钟长鸣，使人类有可能更好地建立减灾后援工程系统，以减轻生命财产的损失，迅速重建家园，恢复生产和生活。

2. 崩塌

崩塌是岩土体的突然垂直下落运动，经常发生在陡峭的山壁。过程表现为岩块顺山坡猛烈翻滚、跳跃、相互撞击，最后堆积在坡脚，形成倒石碓。降雨、融雪、河流、洪水、地震、海啸、风暴潮等自然因素，以及开挖坡脚、爆破、修筑水库、开矿泄洪等人为因素，都有可能诱发崩塌。崩塌会损害农田、厂房、水利设施和其他建筑物，导致人员伤亡以及铁路、公路沿线的崩塌，会造成交通堵塞、车辆损毁、行车事故。

3. 滑坡

滑坡是岩土体在重力作用下，沿一定的软弱面整体或局部向下滑动的现象。发生破坏的岩土体以水平位移为主，除滑动体边缘存在为数极小的崩离碎块和翻转现象之外，其他部位相对位置变化不大。

影响滑坡的主要因素分为下列两点：

(1) 地表岩土特征。其主要包括岩石、土壤的类型及结构特征、厚度、组合、含水性特征，断裂、节理发育程度，边坡与层面特征及其产状，以及边坡岩土孔隙压力、变化等。

(2) 地形地貌特征及自然环境。其主要指山坡地形的陡峭程度，临空面的特征和产状；距水源、河流、沟渠的距离；植被发育特征、类型；土壤风化壳的含水量及变化等。

激发产生滑坡的因素很多，如地震、火山爆发、特大暴雨以及人类活动等常诱发滑坡灾害。

最常见的外来干扰因素为地震、过量降水、人类工程活动。

4. 泥石流

泥石流又称泥石洪流，是山区降暴雨后突然爆发的、历时短暂、含有大量泥沙和石块等固体物质，并且有强大破坏力的特殊洪流。

泥石流按物质组成不同可分为：

(1) 泥流，主要由细粒泥沙组成，多见于西北黄土高原；

(2) 泥石流，含大量泥沙和石块，多形成于基岩出露的山区；

(3) 水石流，由稀泥浆和少量碎石块组成，多见于石灰岩分布区。

泥石流按物质组成比例和流动特点又可分：

(1) 稀性泥石流，属紊流-半紊流，固体含量少，一般为 10%～40%，水含量多于固体物质量，容重仅 1.3 t/m^3，其流动速度大于黏性泥石流，侵蚀下切作用强。

(2) 黏性泥石流，属结构性泥石流，固体含量占 40%～60%，甚至高达 80%，是水和泥沙、石块混聚成黏稠的流动体，容重达 1.6～2.3 t/m^3，其侵蚀，搬运作用强，破坏性极大。

泥石流按水的补给来源和方式可分为：① 暴雨型泥石流；② 冰雪融水型泥石流；③ 溃水型泥石流。

5. 火山喷发

地幔物质在地球内部动力的作用下不断运动，当岩浆中气体成分游离出来使内压力增大到一定极限时，岩浆就会顺地壳裂隙或薄弱地带喷出地表，形成火山喷发。

火山喷发是一种严重的地质灾害，从公元 1000 年以来，全球已经有几十万人死于火山喷发。

火山喷发前通常会有下列征兆，如火山活动增加；出现刺激性酸雨、很大的隆隆声；火山上冒出缕缕蒸汽；附近的河流有硫黄味道。

地质灾害除此之外，还有河湖变迁地质灾害、海岸地质灾害、海啸与风暴地质灾害、冻土的冻胀融陷与环境灾害、固体废弃物的地质灾害，等等。

2.1.1.2 地质灾害评价方法

在地质灾害易发区内进行工程建设，必须在可行性研究阶段进行地质灾害危险性评估；在地质灾害易发区内进行城市总体规划、村庄和集镇规划时，也必须对规划区进行地质灾害危险性评估。

地质灾害危险性评估，必须对建设工程遭受地质灾害的可能性和该工程在建设中和建成后引发地质灾害的可能性做出评价，提出具体的预防和治理措施。所对应的灾种主要包括崩塌、滑坡、泥石流、地面塌陷(含岩溶、塌陷和矿山采空塌陷)、地裂缝和地面沉降等。其主要内容是阐明工程建设区和规划区的地质环境条件的基本特征；对工程建设区和规划区各种地质灾害的危险性，进行现状评估、预测评估和综合评估；提出防治地质灾害的措施和建议，并做出建设场地适宜性评估的结论。

地质灾害危险性评估工作，必须在充分搜集利用已有遥感影像、区域地质，矿产地质、水文地质、工程地质、环境地质和气象水文等资料的基础上，进行地面调查，必要时可适当进行物探、坑槽探和取样测试。

1. 地质灾害调查

在进行地质灾害评价之前，需要进行相应的地质灾害调查，调查的重点应是评估区内不同类型灾种及其易发区段，并应包括下列内容。

1）主要地质灾害

(1) 在相同地质环境条件下，存在不稳定的斜坡坡度、坡高、坡型，岩体破碎，土体松散，构造发育，工程设计挖方切坡路堑等工段，将是崩塌、滑坡的易发区段。

(2) 经初步分析判断，凡符合泥石流形成基本条件的冲沟。

(3) 依据区域岩溶发育程度、松散覆盖层厚度、地下水动力条件及动力因素的初步分析判断，圈定可能诱发岩溶塌陷的范围。

(4) 在前人资料的基础上，圈出各类特殊岩土分布范围。

(5) 对线路工程及区域性的工程项目，必须将地质灾害的易发区段和危险区段及危害严重的地质灾害点作为调查的重点。

针对不同类型的地质灾害，其调查内容和要求也是不同的。

2）崩塌调查

崩塌调查内容和要求为：

① 崩塌区的地形地貌及崩塌类型、规模、范围，崩塌体的大小和崩落方向；

② 崩塌区岩体的岩性特征、风化程度和水的活动情况；

③ 崩塌区的地质构造，岩体结构类型，结构面的产状、组合关系、闭合程度、力学属性、延展和贯穿情况，编绘崩塌区的地质构造图；

④ 气象(重点是大气降水)、水文和地震情况；

⑤ 崩塌前的迹象和崩塌原因，地貌、岩性、构造、地震、采矿、爆破、温差变化、水的活动等；

⑥ 当地防治崩塌的经验。

3）滑坡调查

滑坡调查内容和要求为：

① 搜集当地滑坡史、易滑地层分布、水文气象、工程地质图和地质构造图等资料，并调查分析山体地质构造；

② 调查微地貌形态及其演变过程，圈定滑坡周界、滑坡壁、滑坡平台、滑坡舌、滑坡裂缝、滑坡鼓丘等；查明滑动带部位、滑痕指向、倾角，滑带的组成和岩土状态，裂缝的位置、方向、深度、宽度、产生时间、切割关系和力学属性；分析滑坡的主滑方向、滑坡的主滑段、抗滑段及其变化，分析滑动面的层数、深度和埋藏条件及其向上、向下发展的可能性；

③ 调查滑带水和地下水的情况，泉水出露地点及流量，地表水体、湿地分布及变迁情况；

④ 调查滑坡内外建筑物、树木等的变形、位移及其破坏的时间和过程；

⑤ 对滑坡的重点部位宜摄影和录像；

⑥ 调查当地整治滑坡的经验。

4）泥石流的调查

调查范围应包括沟谷至分水岭的全部地段和可能受泥石流影响的地段，并应调查以下内容。

① 冰雪融化和暴雨强度、前期降雨量、一次最大降雨量，平均及最大流量，地下水活动情况；

② 地层岩性，地质构造，不良地质现象，松散堆积物的物质组成、分布和储量；

③ 沟谷的地形地貌特征，包括沟谷的发育程度、切割情况，坡度、弯曲、粗糙程度，并划分泥石流的形成区、流通区和堆积区，并圈绘整个沟谷的汇水面积；

④ 形成区的水源类型、水量、汇水条件，山坡坡度，岩层性质及风化程度；查明断裂、滑坡、

崩塌、岩堆等不良地质现象的发育情况及可能形成泥石流固体物质的分布范围、储量；

⑤ 流通区的沟床纵横坡度、跌水、急湾等特征，查明沟床两侧山坡坡度、稳定程度，沟床的冲淤变化和泥石流的痕迹；

⑥ 堆积区的堆积扇分布范围，表面形态，纵坡，植被，沟道变迁和冲淤情况；查明堆积物的性质、层次、厚度，一般粒径及最大粒径以及分布规律；判定堆积区的形成历史、堆积速度，估算一次最大堆积量；

⑦ 泥石流沟谷的历史，历次泥石流的发生时间、频数、规模、形成过程、爆发前的降雨情况和爆发后产生的灾害情况，并区分正常沟谷或低频率泥石流沟谷；

⑧ 开矿弃渣、修路切坡、砍伐森林、陡坡开荒及过度放牧等人类活动情况；

⑨ 当地防治泥石流的措施和经验。

5）地面塌陷调查

地面塌陷调查包括岩溶塌陷和采空塌陷，宜以搜集资料、调查访问为主。针对岩溶塌陷，需要分别查明以下内容：

① 依据已有资料进行综合分析，掌握区内岩溶发育、分布规律及岩溶水环境条件；

② 查明岩溶塌陷的成因、形态、规模、分布密度、土层厚度与下伏基岩岩溶特征；

③ 地表水、地下水动态及其自然和人为因素的关系；

④ 划分出变形类型和土洞发育区段；

⑤ 调查岩溶塌陷对已有建筑物的破坏情况，圈定可能发生岩溶塌陷的区段。

针对采空塌陷，需要分析查明以下内容：

① 矿层的分布、层数、厚度、深度、埋藏特征和开采层的岩性、结构等；

② 矿层开采的深度、厚度、时间、方法、顶板支撑及采空区的塌落、密实程度、空隙和积水等；

③ 地表变形特征和分布规律，包括地表陷坑、台阶，裂缝位置、形状、大小、深度、延伸方向及其与采空区、地质构造、开采边界、工作面推进方向等的关系；

④ 地表移动盆地的特征，划分中间区、内边缘和外边缘区，确定地表移动和变形的特征值；

⑤ 采空区附近的抽、排水情况及对采空区稳定的影响；

⑥ 搜集建筑物变形及其处理措施的资料等。

6）地裂缝调查主要内容

① 单缝发育规模和特征以及群缝分布特征和分布范围；

② 形成的地质环境条件（地形地貌、地层岩性、构造断裂等）；

③ 地裂缝的成因类型和诱发因素（地下水开采等）；

④ 发展趋势预测；

⑤ 现有防治措施和效果。

7）地面沉降调查

地面沉降调查，主要调查由于常年抽吸地下水引起水位或水压下降而造成的地面沉降，不包括由于其他原因所造成的地面沉降。主要通过搜集资料、调查访问，查明地面沉降原因、现状和危害情况，着重查明以下问题：

① 综合分析已有资料，查明第四纪沉积类型、地貌单元特征，特别要注意冲积、湖积和海相沉积的平原或盆地及古河道、洼地、河间地块等微地貌的分布；第四系岩性、厚度和埋藏条件，特别要查明压缩层的分布；

② 查明第四系含水层的水文地质特征、埋藏条件及水力联系；搜集历年地下水动态、开采

量、开采层位和区域地下水位等值线图等资料；

③ 根据已有地面测量资料和建筑物实测资料，同时结合水文地质资料进行综合分析，初步圈定地面沉降范围和判定累计沉降量，并对地面沉降范围内已有建筑物损坏情况进行调查。

8）潜在不稳定斜坡调查

（1）主要调查建筑场地范围内可能发生滑坡、崩塌等潜在隐患的陡坡地段，调查的内容主要包括：

① 地层岩性、产状、断裂、节理、裂隙发育特征、软弱夹层岩性、产状、风化残坡积层岩性、厚度；

② 斜坡坡度、坡向、地层倾向与斜坡坡向的组合关系；

③ 调查斜坡周围，特别是斜坡上部暴雨、地表水渗入或地下水对斜坡的影响，人为工程活动对斜坡的破坏情况等；

④ 对可能构成崩塌、滑坡的结构面的边界条件、坡体异常情况等进行调查分析，以此判断斜坡发生崩塌、滑坡、泥石流等地质灾害的危险性及可能的影响范围。

（2）有下列情况之一者，应视为可能失稳的斜坡：

① 各种类型的崩滑体；

② 斜坡岩体中有倾向坡外，倾角小于坡角的结构面存在；

③ 斜坡被两组或两组以上结构面切割，形成不稳定棱体，其底棱线倾向坡外，且倾角小于斜坡坡角；

④ 斜坡后缘已产生拉裂缝；

⑤ 顺坡向卸荷裂隙发育的高陡斜坡；

⑥ 岸边裂隙发育、表层岩体已发生蠕动或变形的斜坡；

⑦ 坡足或坡基存在缓倾的软弱层；

⑧ 位于库岸或河岸水位变动带，渠道沿线或地下水溢出带附近，工程建成后可能经常处于浸湿状态的软质岩石或第四系沉积物组成的斜坡；

⑨ 其他根据地貌、地质特征分析或用图解法初步判定为可能失稳的斜坡。

9）其他灾种调查

根据现场实际情况，可增加调查灾种，并参照国家有关规范的要求进行。

2. 地质环境条件分析

一切致灾地质作用都受地质环境因素综合作用的控制。地质环境条件分析是地质灾害危险性评估的基础，其主要是分析地质环境因素的特征与变化规律。地质环境因素主要包括以下方面。

（1）岩土体物性：岩土体类型、组分、结构、工程地质特征。

（2）地质构造：构造形态、分布、特征、组合形式和地壳稳定性。

（3）地形地貌：地貌形态、分布及地表特征。

（4）地下水特征：地下水类型，含水岩组分布，补给、径流和排泄条件，动态变化规律和水质、水量。

（5）地表水活动：径流规律、河床沟谷形态、纵坡、径流速度和流量等。

（6）地表植被：植被种类、覆盖率、退化状况等。

（7）气象：气温变化特征、降水时空分布规律与特征、蒸发和风暴等。

（8）人类工程-经济活动形式与规模。

分析研究各地质环境因素对评估区主要致灾地质作用形成、发育所起的作用和性质，从而划分出主导地质环境因素、从属地质环境因素和激发因素，为预测评估提供依据。

分析各地质环境因素各自的和相互作用的特点以及主导因素的作用，以各种致灾地质作用分布实际资料为依据，划出各种致灾地质作用的易发区段，为确定评估重点区段提供依据。

综合地质环境条件各因素的复杂程度，对评估区地质环境条件的复杂程度做出总体和分区段划分。

各种致灾地质作用受控于所有地质环境因素不等量的作用。主导地质环境因素是致灾地质作用形成的关键；从属地质环境因素总是以主导地质环境因素的作用为前提或是通过主导地质环境因素发挥作用；激发因素是致灾地质作用孕育成熟的条件下，因其作用而导致灾害发生。因此，在预测评估过程中，应首先分析某些地质环境因素可能发生的变化而出现不稳定状态，评价地质灾害发展趋势。

有关区域地壳稳定性，高坝和高层建筑地基稳定性，隧道开挖过程中的工程地质问题和地下开挖过程中各种灾害（岩爆、突水、瓦斯突出等）问题，不作为地质灾害危险性评估的内容，可在地质环境条件中进行论述。

3. 地质灾害危险性评估

地质灾害危险性评估包括：地质灾害危险性现状评估、地质灾害危险性预测评估和地质灾害危险性综合评估。

1）地质灾害危险性现状评估

地质灾害危险性现状评估是指基本查明评估区已发生的崩塌、滑坡、泥石流、地面塌陷（含岩溶塌陷和矿山采空塌陷）、地裂缝和地面沉降等灾害形成的地质环境条件、分布、类型、规模、变形活动特征，主要诱发因素与形成机制，对其稳定性进行初步评价，在此基础上对其危险性和对工程危害的范围、程度做出评估。

2）地质灾害危险性预测评估

地质灾害危险性预测评估是指对工程建设场地和可能危及工程建设安全的邻近地区，可能引发或加剧的、工程本身可能遭受的地质灾害的危险性做出评估。

地质灾害的发生，是各种地质环境因素相互影响，不等量共同作用的结果。预测评估必须在对地质环境因素系统分析的基础上，判断降水或人类活动因素等激发下，某一个或一个以上可调节的地质环境因素的变化，导致灾体处于不稳定状态，预测评估地质灾害的范围、危险性和危害程度。

地质灾害危险性预测评估内容包括：对工程建设中和建成后可能引发或加剧崩塌、滑坡、泥石流、地面塌陷、地裂缝和不稳定的高陡边坡变形等的可能性、危险性和危害程度做出预测评估；对建设工程自身可能遭受已存在的崩塌、滑坡、泥石流、地面塌陷、地裂缝、地面沉降等危害隐患和潜在不稳定斜坡变形的可能性、危险性和危害程度做出预测评估；对各种地质灾害危险性预测评估可采用工程地质比拟法，成因历史分析法，层次分析法，数字统计法等定性、半定量的评估方法进行。

3）地质灾害危险性综合评估

依据地质灾害危险性现状评估和预测评估结果，充分考虑评估区的地质环境条件的差异和潜在的地质灾害隐患点的分布、危险程度，确定判别区段危险性的量化指标，根据“区内相似，区际相异”的原则，采用定性、半定量分析法，进行工程建设区和规划区地质灾害危险性等级分区（段）；并依据地质灾害危险性、防治难度和防治效益，对建设场地的适宜性做出评估，提出防治地质灾害的措施和建议。

地质灾害危险性综合评估，危险性划分为危险性大、危险性中等和危险性小三级（表 2-1）。建设用地适宜性分类如表 2-2 所列。

表 2-1　　地质灾害危险性综合评估

危险性分级	地质灾害发育程度	地质灾害危险程度
危险性大	强发育	危险大
危险性中等	中等发育	危险中等
危险性小	弱发育	危险小

表 2-2　　建设用地适宜性分类

级别	分级说明
适宜	地质环境简单，工程建设遭受地质灾害危害的可能性小，引发、加剧地质灾害的可能性小，危险性小，易于处理
基本适宜	不良地质现象较发育，地质构造、地层岩性变化较大，工程建设遭受地质灾害的可能性中等，引发、加剧地质灾害的可能性中等，危险性中等，但可采取措施予以处理
适宜性差	地质灾害发育强烈，地质构造复杂，软弱结构发育，工程建设遭受地质灾害的可能性大，引发、加剧地质灾害的可能性大，危险性大，防治难度大

地质灾害危险性综合评估应根据各区（段）存在的和可能引发的灾种的多少、规模、稳定性和承灾对象社会经济属性等综合判定。分区（段）评估结果，应列表说明各区（段）的工程地质条件、存在和可能诱发的地质灾害种类、规模、稳定状态、对建设项目危害情况并提出防治要求。

2.1.1.3　典型地下空间开发项目地质灾害评估案例

金沙江路真北路口地下空间开发项目位于上海市普陀区内，旨在完善长风生态商务区的交通组织功能，充分利用地下空间资源，改善地区人行交通环境，加强轨道交通站点与周边地块的联系。

评估工作的主要目的是在现场踏勘的基础上，以收集、分析利用已有资料为主，针对建设工程的特点和区域地质环境特征，分析工程建设与地质环境的相互作用和影响，对评估区地质灾害的类型、发育现状及危害性进行全面评估，目的是减少、避免建设项目和地质环境之间的相互影响，保护人民财产安全，保护生态地质环境。同时，地质灾害危险性评估报告是建设用地审查报批的附件材料之一，也是地质灾害防治的重要技术文本。但地质灾害危险性评估报告不代替工程各阶段的岩土工程勘察及其他相关的评价工作。

1. 工程概况

拟建工程位于上海市普陀区金沙江路与真北路中环交汇处，总占地面积约 4 700 m^2，工程地理位置见图 2-1。

本地下空间工程设置地下三层，顶部为地面道路，地下一层为管线设置层，地下二、三层为地下建筑，总建筑面积约 7 850 m^2。其中，地下二层与拟建轨道交通 13 号线真北路车站站厅层相接，主要是提供地下步行交通空间，并设置相应的配套服务设施；地下三层与拟建长风生态商务区 7A 项目南区建筑地下三层连通，主要作为地下公共停车库及设备用房。总平面布置见图 2-2，项目与其他工程间的相互关系参见图 2-3。

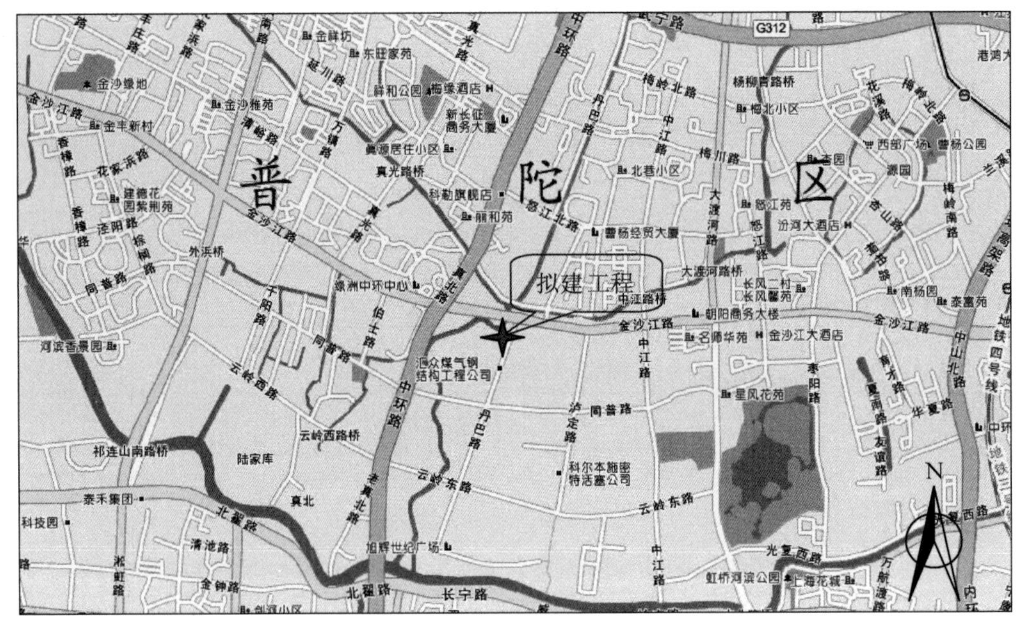

图 2-1　工程地理位置示意图

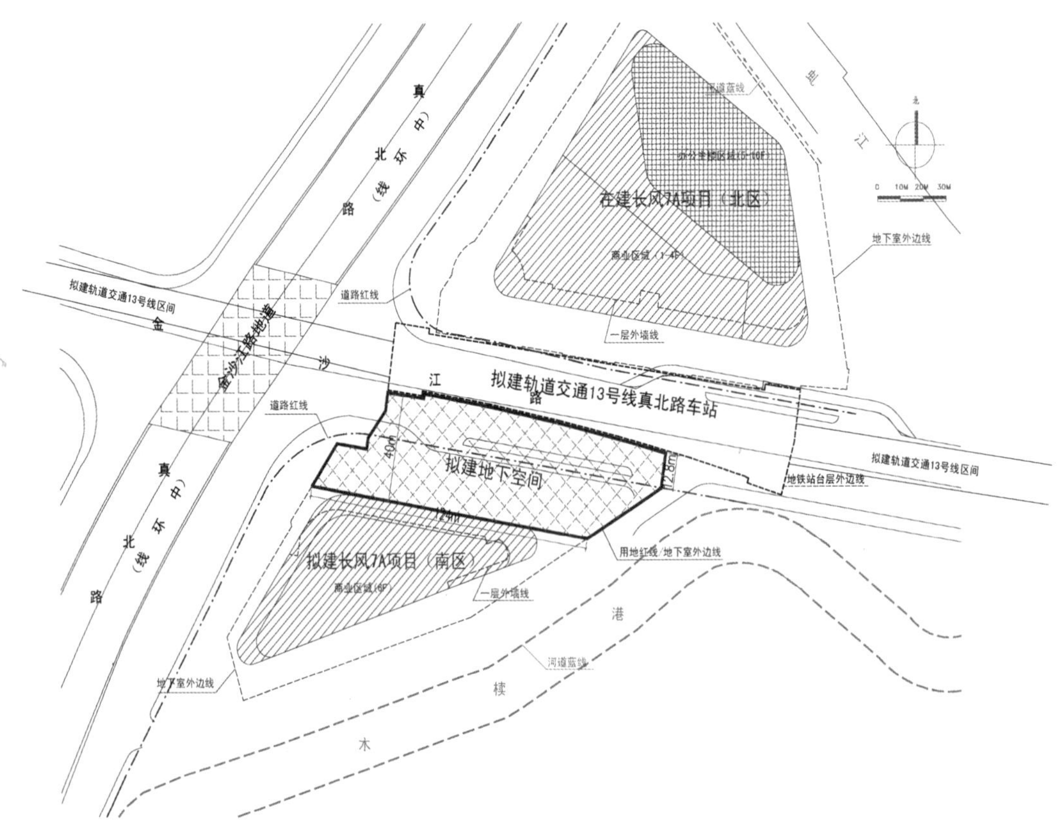

图 2-2　拟建工程总平面示意图

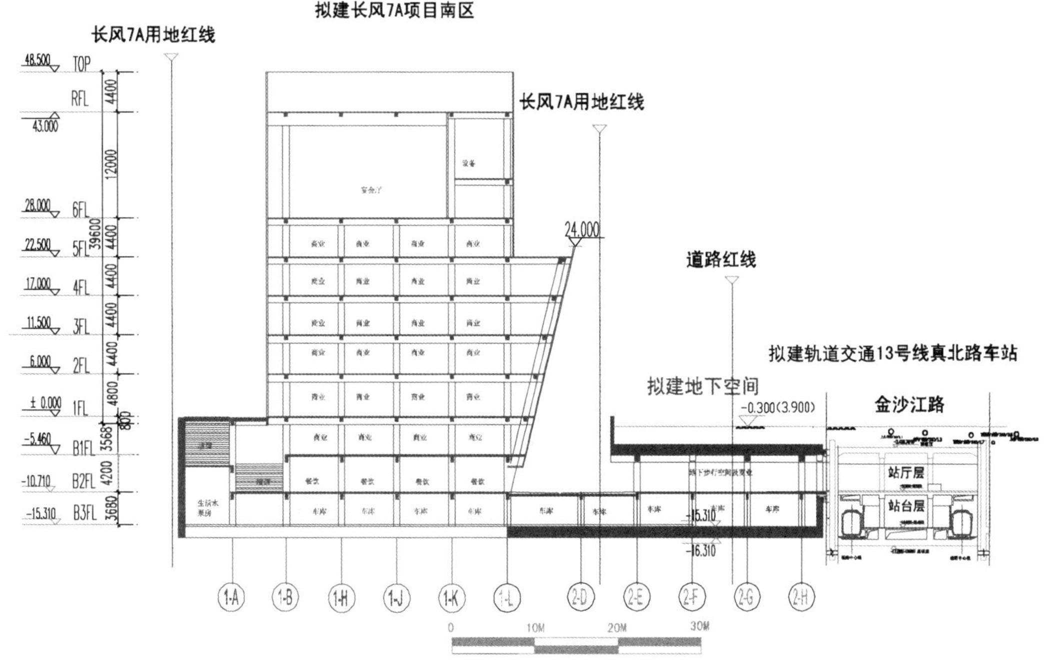

图 2-3 项目与其他工程间相互关系剖面图

本工程地下建筑采用框架结构，桩筏基础，基础底板埋深约 16.0 m，桩型拟采用钻孔灌注桩，与轨道交通 13 号线站厅及长风 7A 项目南区建筑连接部位均设置后浇带。基坑采用盖挖逆作法施工。围护结构采用钻孔灌注桩和地下连续墙相结合的支护体系，外加止水帷幕，设置数道水平支撑。顶部用土回填，并埋设市政管线，修复因基坑开挖而破坏的金沙江路。

本工程场地处于金沙江路道路红线范围下，东至木棱港，西至真北路中环线，南接规划长风生态商务区 7A 项目南区，北与在建轨道交通 13 号线真北路车站站厅层连接。场地周边的环境条件复杂，下面分别进行详述。

1）轨道交通 13 号线真北路站厅及两侧区间

拟建轨道交通 13 号线位于金沙江路下，呈东西走向。在位于拟建地下空间场地北侧并靠近真北路处设置车站，为钢筋混凝土两柱三跨地下两层岛式结构，与拟建地下空间二层以联通道形式连接。车站全长 180.6 m，基坑开挖深度 16.9～19.1 m。拟建地铁车站与拟建地下空间工程同属于一期开挖建设，也采用盖挖逆作法施工，围护体系也与拟建地下空间相同。两侧区间隧道拟采用盾构法施工，区间埋深 10.9～17.3 m，采用单圆断面，晚于本车站施工，车站西侧隧道与拟建地下空间最近处约 6 m，东侧隧道与拟建地下空间最近处约 55 m。

2）长风 7A 项目南北区

长风 7A 项目地块位于真北路中环线以东、木棱港以北，虬江河以南，被金沙江路分为北区和南区两个街区。北区建筑主要由 5—16 层办公楼及 1—4 层商业裙房组成，南区建筑主要由 6 层商业楼组成。南北区均设置 3 层地下室，地下室为钢筋混凝土框架结构。其中，南区地下三层与本工程地下三层连接。北区因部分场地在地铁保护区内，根据地铁 50 m 保护范围要求被划分为 1 区和 2 区两期施工，2 区与拟建地下空间同期进行，目前已开始施工工程桩和围护桩，桩型均为钻孔灌注桩。北 1 区和南区在拟建地下空间和轨道交通 13 线车站完工后开挖施工，属二期工程。拟建各工程施工顺序参见图 2-4。

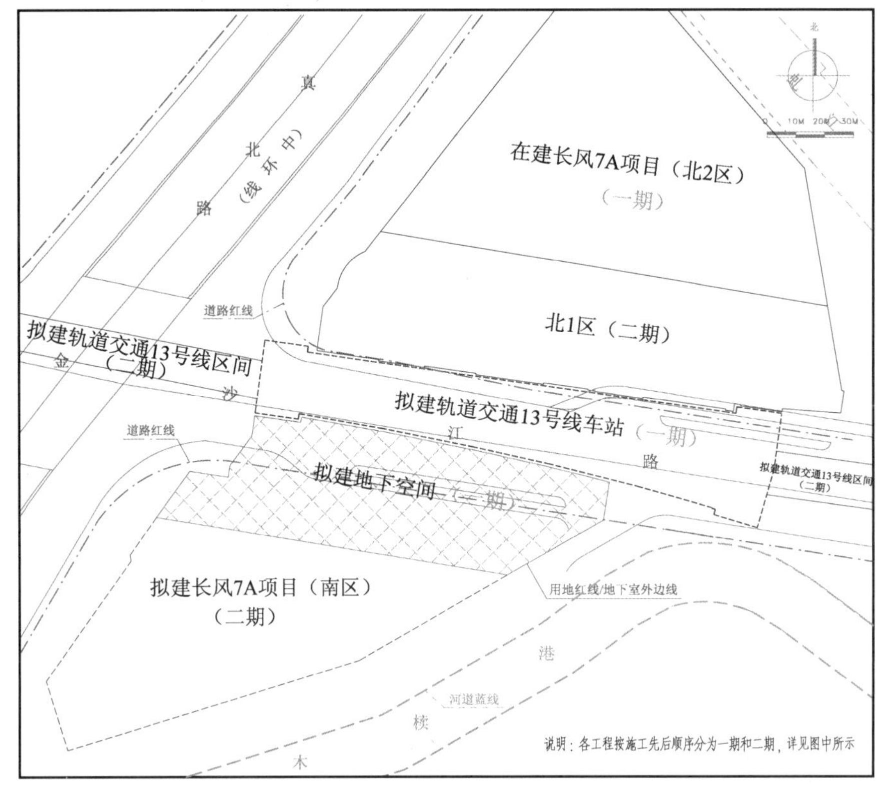

图 2-4　拟建地下空间与邻近工程施工顺序示意图

3）道路和管线

拟建场地北侧为城市干道金沙江路，红线宽度为 42 m，本工程场地处于金沙江路道路红线范围下。场地西侧为城市主干道真北路中环线，红线宽度 70 m，为地面道路。穿越金沙江路时设置地道，地道宽约 34 m，与该侧拟建地下空间边线最近距离约 38.0 m。真北路中环及金沙江路均为交通主干道，车流量及人流量均较大，安全保护等级较高。

道路下埋有众多雨污水、煤气、电力、通信等市政管线，地下管线管径 300～800 mm，埋深 0.6～2.5 m，金沙江路与拟建地下室外墙距离 8.4～23.4 m，根据调查结果，位于轨道交通 13 号线车站上部的管线已进行架空处置。真北路地下管线与拟建地下室外墙距离 20.3～55.8 m。场地周边各地下管线分布情况详见表 2-3。

表 2-3　　场地周边各地下管线分布情况

位置	类型	直径 /mm	埋深 /m	与外墙最近距离 /m	材料	备注
金沙江路（北侧）	上水	700	0.9	8.4	铸铁材料	已架空
	煤气	500	1.3	12.3	铸铁材料	
	雨污水	600	1.7	17.7	水泥	
	雨污水	300	2.5	20.0	水泥	
	上水	500	0.8	23.4	铸铁材料	

位置	类型	直径/mm	埋深/m	与外墙最近距离/m	材料	备注
真北路中环（西侧）	电力	—	0.6	20.3	—	—
	电力	—	0.6	22.5	—	—
	配水	300	—	25.0	—	—
	配水	300	0.8	28.4	—	—
	信息	12 孔	—	31.8	—	—
	污水	800	2.0	55.8	—	—

4）木椟港

木椟港位于场地东侧，与拟建地下室边线最近距离约 16.7 m，河面宽 20 m，河底宽 7～10 m，水深变化为 1.30～3.30 m，河底标高＋0.5 m。据现场调查，河水流速平缓，现状水动力较弱。岸坡已经过人工整治，主要采用重力式结构。

5）建筑

周边建筑物主要分布于场地西侧，距离场地较远，其中最近的绿洲中环中心建筑，位于真北路以西，金沙江路以北，建筑与拟建场地最近约 100 m，主要由数幢 24～25 层办公楼组成。另外，场地西南的农工商超市等建筑距离场地均超过 160 m。

周边环境条件参见图 2-5 拟建地下空间工程周边环境示意图。

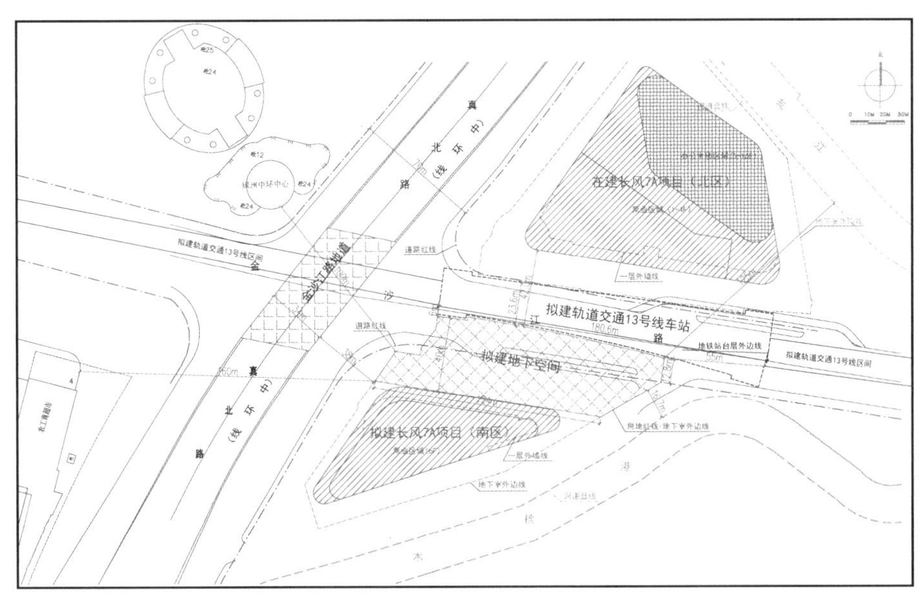

图 2-5 拟建地下空间工程周边环境示意图

根据国土资源部《地质灾害危险性评估技术要求（试行）》和上海市工程建设规范《建设项目地质灾害危险性评估技术规程》（DGJ 08-2007—2006）的规定，评估级别的确定要根据地质环境条件复杂程度与建设项目重要性来划分。

（1）地质环境条件复杂程度分类。根据已有资料分析，拟建场地属滨海平原地貌类型，地貌类型单一，地势较平坦，地表水系较发育；场区浅部分布第②$_{-3}$层饱和砂质粉土，厚度最大达 10 m，且受古河道切割，地层空间分布略有变化；场地分布有第Ⅰ承压层（⑦层），层顶埋深为

29.70～35.80 m，建设场地及周围地表水与地下水有水力联系；工程开挖深度不小于 15 m。依据上海市工程建设规范《建设项目地质灾害危险性评估技术规程》(DGJ 08-2007—2006)，拟建工程场地的地质环境条件复杂。

(2) 建设项目重要性分类。拟建 3 层地下空间总建筑面积为 7 850 m²，工程基坑最大开挖深度约 16.0 m。根据上海市工程建设规范《建设项目地质灾害危险性评估技术规程》(DGJ 08-2007—2006)的规定，本工程属于重要建设项目。

(3) 地质灾害危险性评估分级。由于拟建场区地质环境条件复杂，建设项目属于重要建设项目，结合国土资源部《地质灾害危险性评估技术要求(试行)》和上海市工程建设规范《建设项目地质灾害危险性评估技术规程》(DJG 08-2007—2006)的规定，本工程地质灾害危险性评估级别为一级。

评估范围视建设项目的规模与特点、地质环境条件的复杂程度、地质灾害的发育状况与发展趋势予以确定。本工程为点状工程，依据国土资源部《地质灾害危险性评估技术要求(试行)》和上海市工程建设规范《建设项目地质灾害危险性评估技术规程》(DGJ 08-2007—2006)的要求以及本工程特点，评估范围(图 2-6)确定为：评估范围沿用地红线外扩 150 m，评估面积约 15.5 万 m²。地面沉降评估范围，在此基础上向周围进行适度扩展。

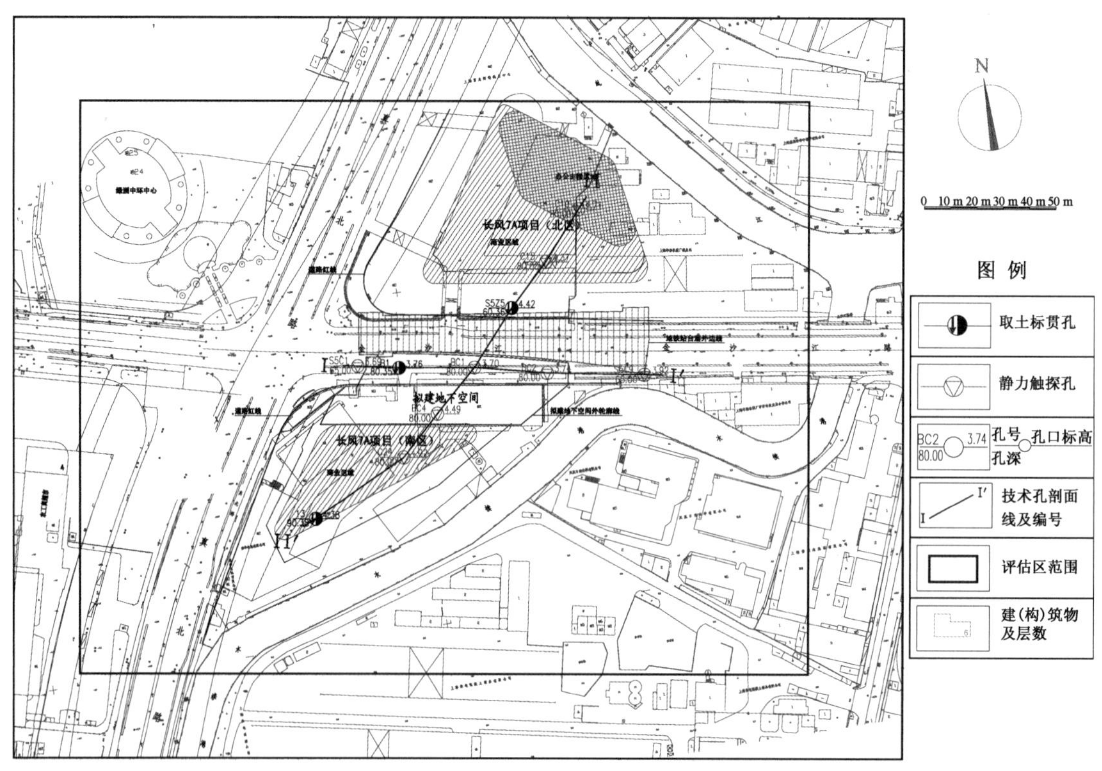

图 2-6 评估区范围图

2. 地质环境条件

评估区地处长江三角洲，属北亚热带季风区域，受冷暖空气影响，四季分明，气候温和，雨水充沛，日照充足，无霜期长，气候温和湿润，春秋较短，冬夏较长。

根据气象站资料统计结果，多年平均气温 15.7℃，历年最高气温 40.2℃，历年最低气温

−10.0℃，1 月最低平均气温 3.5℃，7 月最高平均气温 27.8℃。多年平均降水量 1 123.7 mm，累年最大降水量 1 673 mm，累年最小降水量 728.1 mm，最大一次降水量为 204.4 mm。雨日 130.2 天；年均日照 2 200 小时，年均无霜日数 223 天。夏季以偏东风为主导，冬季受冷空气影响以偏北风为主。全年常风向为 ESE 向，次常风向 E 向；7—9 月经常受热带气旋的侵袭，极大风力大于 11 级，年平均最大风速 30 m/s。

上海境内地势低平，河网发育，属典型的平原感潮河网地区。境内河港下受黄浦江潮汐影响，上承江、浙两省客水，最终入浦归海，属黄浦江水系。评估区内河流主要为木楟港和虬江，均与本工程场地地下水存在水力联系。

评估区位于长江三角洲冲积平原，属滨海平原地貌。评估区内地势较平坦，目前，本工程场地主要为金沙江路以及圈围的场地、杂草等，拟建工程场地现状见图 2-7。场地地面标高一般为 3.69～4.71 m(吴淞高程，下同)。

图 2-7　拟建工程场地现状照片

根据区域调查资料，评估区基岩全部被广厚的第四系地层覆盖，埋深约为 280 m，为侏罗系上统寿昌组(J3s)，由一套杂色粉细砂岩组成，其间夹泥岩、砾岩、泥灰岩。评估区及附近区域地质构造及基岩埋深等值线见图 2-8。

本区域大地构造单元属于扬子准地台(一级构造单元)的东北端部，二级构造单元为钱塘台褶带，三级构造单元为上海台陷。在地质历史时期总体表现为隆起状态，在新构造时期为持续振荡性不均匀沉降。

根据区域调查资料，评估区附近存在 9 条推测断裂，主要为北东向的虹桥—五角场断裂(F19)和廊下—大场断裂(F21)，北东向的豫园—动物园断裂(F38)，北西向的罗店—周浦断裂(F15)和葛隆—南翔断裂(F29)，东西向的大场—江湾断裂(F24)、静安寺断裂(F25)、千灯—黄渡断裂(F23)和青浦—龙华断裂(F26)。其中，静安寺断裂(F25)经过评估区，廊下—大场断裂(F21)与评估区最近距离约 0.2 km，其他断裂与评估区距离均在 4 km 以上。根据人工地震勘查资料及以往研究成果，评估区附近的断裂均为晚更新世以前断裂，全新世以来无活动迹象，加之场地覆盖层较厚，约 280 m，根据国家标准《建筑抗震设计规范》，可忽略断裂的断错对场地的影响。

上海地区位于华北地震区的东南边缘，已有的地震震级历史记载（从公元 225 年至今）表明，历史上共有 4 次地震破坏记录，其中 3 次在外地（1668 年 7 月 25 日山东郯城—莒县、1853 年 4 月 14 日和 1927 年 2 月 3 日南黄海），最大的地震烈度均未超过 6 度。位于上海境内有记录的破坏性地震仅有一次，即 1624 年 9 月 1 日，上海本地发生 4.75 级地震造成轻微破坏，其余历史地震记载均为有感或强烈有感。地震活动水平相对较高的南黄海和长江口、江苏溧阳、苏州太仓、吴江一带的地震对本评估区的影响烈度都没有超过 6 度。因此，本区仍属于我国东部地震频率较低、强度弱的地区。由以上分析，评估区内地震活动频度低，强度弱，区域稳定。

根据上海市工程建设规范《建筑抗震设计规程》的有关条文判别，评估区场地类别为Ⅳ类，工程场地区域为抗震设防基本烈度 7 度区，设计基本地震动加速度为 0.10g，设计地震分组为第一组。

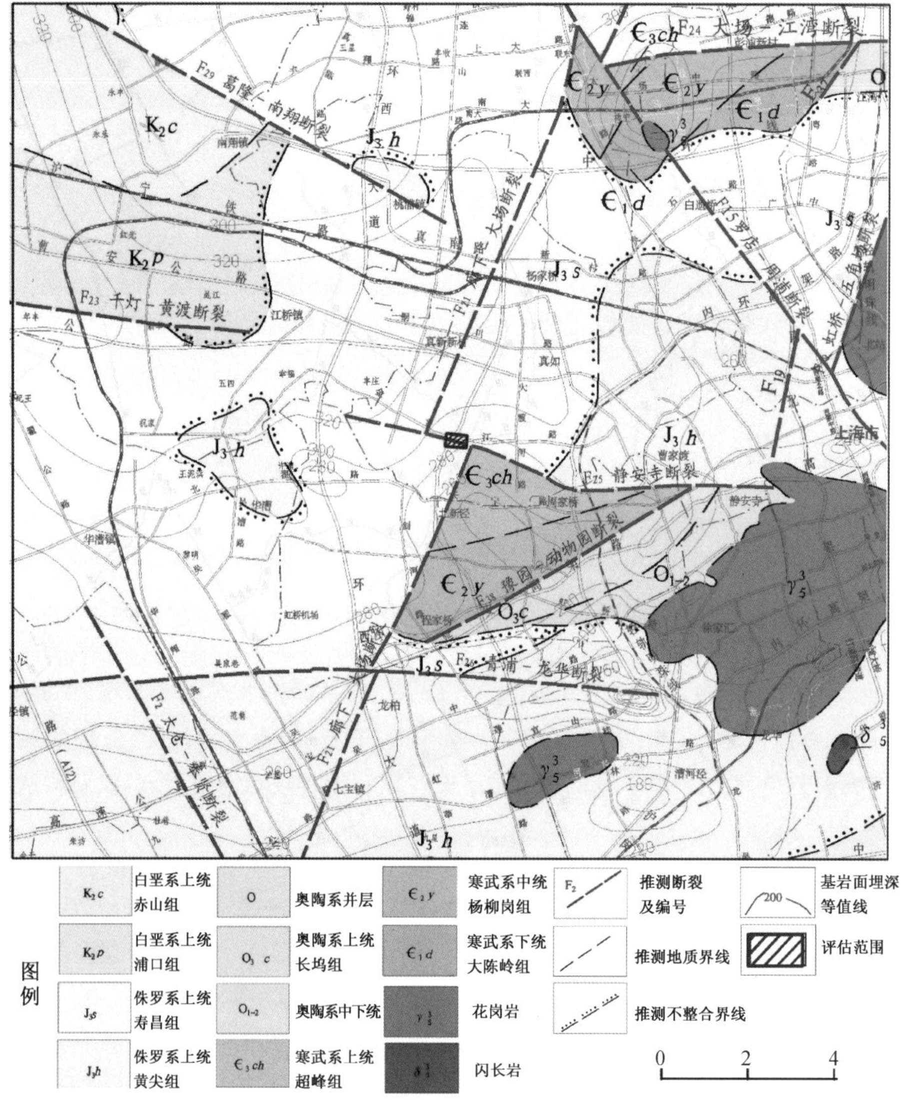

图 2-8　评估区基岩等深线和断裂构造分布图

根据本工程场地勘察结果，所揭露的 90.38 m 深度范围内均为第四纪松散沉积物，属第四纪滨海～河口相、浅海相、沼泽相及溺谷相沉积层，主要由饱和黏性土、粉性土和砂土组成，一般具有成层分布特点。根据土的成因、结构及物理力学性质差异，可划分为 7 个主要层次，其中部分土层根据土性差异，划分为若干亚层。

根据勘探孔资料、土层分布状况及沉积环境条件，评估区地层分布主要有以下宏观规律。

(1) 评估内受吴淞江古道切割，浅部广泛发育第②$_3$层饱和粉性土，层顶埋深为 2.60～4.10 m，层位较稳定，厚度最大达 10 m。

(2) 评估区缺失第③层淤泥质粉质黏土，第④层淤泥质黏土厚度较小，为 1.9～4.3 m。

(3) 受古河道切割，评估区内第⑥层暗绿色硬土层缺失，局部分布第⑤$_4$ 层灰绿色粉质黏土，第⑦层顶面埋深略有起伏。

拟建工程建设内容主要包括 3 层地下室，主要涉及基坑工程和桩基工程。工程特点及地层分布的差异决定了将面临不同的工程地质问题，下面对不同工程地质问题评价如下。

1) 基坑工程

本地下空间工程设置 3 层地下室，基坑开挖深度约 16.0 m，开挖深度范围内涉及第①，②$_1$，②$_3$，④和⑤$_{1-1}$层土体，坑底分布有第⑤$_{1-1}$，⑤$_{1-2}$，⑤$_3$，⑤$_4$层粉质黏土。

(1) 第①层填土，成分复杂，土质松散，自稳能力差，易发生坍塌。第④层淤泥质黏土和第⑤$_{1-1}$层粉质黏土，土性软弱。基坑开挖时，这些土层易导致坑壁位移，也不利于基坑稳定，有因地基土被剪切破坏而导致支护结构破坏的可能。

(2) 第②$_1$层黏质粉土夹粉质黏土，第②$_3$层砂质粉土，饱和松散，基坑开挖时，若止水措施不当，在动水力作用下易产生流砂、管涌等现象，导致围护体系失效，不利于基坑稳定。

(3) 坑底分布有第⑤$_{1-1}$、⑤$_{1-2}$层粉质黏土，土性较差，作为基坑坑底地基土，对坑底抗隆起不利。

2) 桩基工程

拟建 3 层地下室需设置抗拔桩，桩端置入层的选择一般应综合考虑以下三点：

(1) 地下室底板埋深较大，深达 16 m，需确保有效桩长。

(2) 基坑采用盖挖逆作法，施工过程中，部分中柱的竖向力较大。

(3) 本工程地下室与地铁车站、长风 7A 项目南区地下室变形应保持协调。

因此，本工程抗拔桩宜适当长些，一般拟选择第⑧$_2$层、第⑨层作为抗拔桩基桩端置入层。

根据上海市水文地质普查(1∶20 万)及工程地质勘察成果，评估区内第四系松散岩类孔隙水发育。根据区域水文地质钻孔，绘制所在区域的水文地质剖面见图 2-9。

3) 含水层

本工程基坑最大开挖深度约 16.0 m，与含水层关系密切。评估区水文地质条件对本工程建设可能产生影响的主要是潜水含水层和第Ⅰ承压含水层。其他承压水含水层因埋藏较深，其采灌量对区域地面沉降有影响。

(1) 潜水含水层。基坑水压力及流砂：评估区内潜水含水层水位埋深较浅，钻探期间场地内潜水稳定水位埋深为 1.60～2.20 m，对基坑工程有影响。由于潜水位高，作用在基坑围护墙体上的水压力较大，增加了基坑开挖时失稳的可能性。另外，如止水帷幕发生渗漏，致使第②$_1$，②$_3$层饱和粉性土产生流砂，影响边坡稳定，同时坑外潜水位下降，引发的坑外地基土变形还会对周边环境造成危害。

基础腐蚀性：在水质分析结果基础上，根据国标《岩土工程勘察规范》(2009 年版)

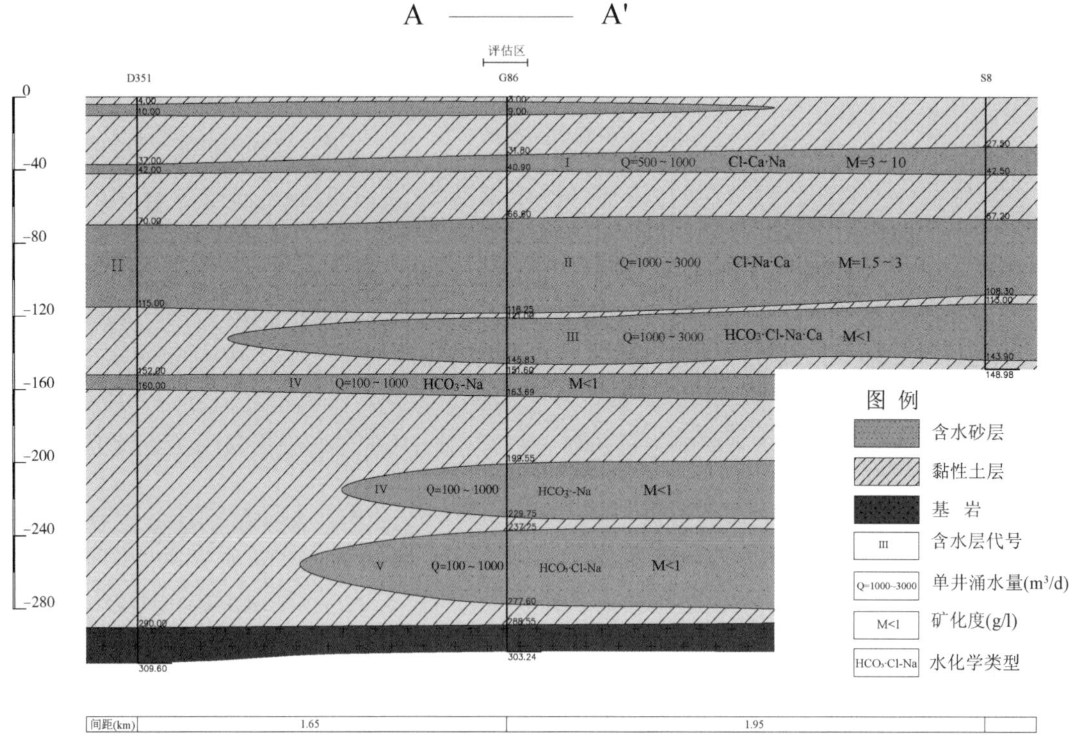

图 2-9 水文地质剖面图

(GB 50021—2001)有关条款判定，地下水对混凝土结构具微腐蚀性，在长期浸水状态下，地下水对钢筋混凝土结构中的钢筋具微腐蚀性，在干湿交替环境下对钢筋混凝土结构中的钢筋有弱腐蚀性。根据上海市工程建设规范《岩土工程勘察规范》，地下水对钢有弱腐蚀性。

(2) 第Ⅰ承压含水层。第Ⅰ承压含水层(第⑦层)，赋存地下水水量相对而言较为丰富，承压水位一般均低于潜水位，随季节呈周期性变化。本工程地下空间开挖深度大，可能诱发水土突涌，需验算水土突涌的可能性。

第⑦$_1$层层顶埋深按最小值 29.7 m 计，承压水头埋深分别按上海地区经验和现场水位监测的最不利结果计，地下室埋深按 16.0 m 考虑。本工程基坑开挖承压水突涌验算见表 2-4。

经计算，当第⑦$_1$层承压水头按 3.0 m(最不利情况)考虑时，承压水有突涌的可能。另外，基坑开挖时，局部勘探孔未封堵也可能引起第⑦，⑨层向坑底突水问题。

表 2-4 基坑承压水突涌验算表

构筑物名称	承压含水层	承压水头最浅深度/m	承压含水层最浅埋深/m	坑底深度/m	P_{cz}/P_{wy}	是否突涌	计算孔号
地下空间	⑦$_1$	3.00(规范最高值)	31.0	16.0	0.93	是	孔 BC1
		8.48(观测值)			1.17	否	

(3) 地下水与地表水的水力联系。本工程浅部粉性土发育,且工程邻近木椟港,地下水与地表水具有水力联系,因②$_1$和②$_3$层的渗透系数大,尤其后者利于木椟河的侧向补给。

评估区内地质环境条件主要特征可以概括成以下几点:

(1) 地形地貌:属滨海平原地貌类型,地貌类型单一,地势平坦,地表水系较发育。

(2) 地层特征:场区浅部分布第②$_3$层饱和砂质粉土,厚度最大达 10 m,且受古河道切割,地层空间分布略有变化;地层条件较复杂。

(3) 水文地质条件:根据区域资料,拟建场地及周围地表水与地下水存在水力联系,场地潜水含水层发育,并分布有第Ⅰ承压含水层(⑦层);基坑开挖时,可能发生流砂和水土突涌问题,水文地质条件复杂。

(4) 地面沉降:评估区范围内近 5 年的年平均地面沉降 5～10 mm。

(5) 人类工程活动:评估区所在区域地下水抽取基本得以控制,但区内工程建设频繁,西北角已建有高耸建筑群,涉及基坑开挖、工程桩施工等工程活动,基坑开挖深度大于 15 m,人类工程活动较强烈。

综合确定,本评估区属地质环境条件复杂区。

3. 地质灾害危险性现状评估

根据评估区所处的地质环境条件、地质灾害发育现状,结合本工程的建设特点,确定本评估区地质灾害类型为边坡失稳、地基变形、砂土液化、水土突涌、地面沉降。

1) 边坡失稳

(1) 基坑边坡。绿洲中环中心工程:位于真北路以西,金沙江路以北,虬江河以南,主要建设 2 幢高层办公楼及地下车库,现已建成使用。其基坑于 2005 年开工,地下车库部分基坑开挖深度为 8.3 m,1# 和 2# 塔楼部分开挖深度为 9.7 m。电梯井、集水井等设施,落低 2.0 m 左右。基坑近乎为一直径 200 m 左右的圆,周长 640 m 左右,面积约 34 000 m^2。采用直径 ϕ200 m 的圆环桁架水平支撑体系,采用直径 0.8 m(深区为 0.9 m)的钻孔灌注桩作为围护桩。采用双排搅拌桩作为防渗帷幕隔断坑内外的地下水,在基坑内采用人工降水,疏干坑内土体。该工程基坑开挖深度内存在②$_3$层砂质粉土,且基底就位于该层中,坑底所处的第②$_3$层砂质粉土,渗透系数很大,据调查访问,在基坑开挖时期曾发生过流砂,但处置及时,采用注浆止水,未对基坑稳定造成影响。目前基坑围护已完毕,建筑结构已封顶并投入使用。

对于农工商超市—118 广场改扩建工程,据实地调查访问,场地西侧的农工商超市等其他建筑工程也曾涉及基坑开挖,其中 118 广场改扩建工程主体建筑东区为 11 层酒店、小高层住宅及其裙房和地下车库,地下设置三层;西区为商店下沉式广场及地下车库,地下设置两层,二者相互独立;东区基坑开挖深度 13.25 m,西区基坑开挖深度 11.80 m。围护结构均采用灌注桩+三轴水泥土搅拌桩止水帷幕+2 道钢筋混凝土支撑。施工质量较好,开挖过程中未出现流砂及局部滑塌,基坑无边坡失稳灾害发生。

(2) 河道岸坡。木椟港:据现场调查,木椟港岸坡经过人工整治,目前岸坡主要采用重力式结构形式。目前防汛墙满足设计防御标准,未发现有堤坝坍滑、滑塌和渗水等现象,现状稳定,木椟港水流平缓,水动力较弱。

虬江:位于场地东北侧,与拟建工程用地红线距离约 125 m,距离较远。据现场调查,河水流速平缓,现状水动力较弱。岸坡已经过人工整治,两岸设绿化防护。

综上所述,由于采取了有效的基坑围护措施,评估区内无基坑边坡失稳灾害发生,天然河岸边坡目前稳定，边坡失稳现状灾害危害小。

2）地基变形

（1）道路和管道地基变形。评估区范围内，场地沿线道路主要为金沙江路和真北路。经调查，道路路面较平整，很少见到裂纹或明显变形迹象。说明在道路使用期间，因附加荷载和地基土差异引发的地基变形和差异沉降不显著。

周边道路下埋有众多污水、雨水、煤气、电力、通信等市政管线，管径 100～600 mm，埋深 0.1～3.2 m，与拟建地下室外墙最近距离 2.8～20.3 m。经调查，目前评估范围内的地下管道使用情况良好，地下管道未有因地基变形造成的渗水、漏气等现象发生，现状受地基变形影响小。

（2）周边建筑物地基变形。真北路西侧的农工商超市 2～5 层建筑以及真北路金沙江路交汇处的已建绿洲中环中心 24～25 层建筑，均采用桩基础，均为新建建筑，建筑物沉降量较小，建筑结构未现开裂等破坏迹象，建筑物目前遭受地基沉降或差异沉降危害小。

从调查的结果来看，目前道路和管线、周边建筑物等产生和遭受的地基变形地质灾害的危害小。

3）砂土液化

据本场地勘察结果，评估区内 20 m 深度范围内可能分布有第②$_3$层砂质粉土。但根据现场调查，本工程附近已建成的道路、管线、地道、河岸岸坡和建筑物使用状况良好，未遭受地震液化危害。后续调查也表明，评估区内未有地震液化灾害发生。

评估区内存在第②$_3$层等粉性土，如前所述，绿洲中环中心基坑开挖过程中虽采取了防渗措施，但在开挖期间曾发生渗流液化现象，说明该地区的粉性土的渗流液化灾害值得引起重视。

4）水土突涌

经调查访问，真北路西侧的绿洲中环中心、农工商超市等曾进行基坑开挖，开挖深度浅，未受到第⑦层承压水含水层的影响，在基坑开挖过程中未发生水土突涌事故。

5）地面沉降

总体上，从 1980 年至 2006 年期间，地面沉降速率变化显著，呈先期显著增大，后期明显减小的沉降特征，不均匀沉降特征不明显。近年来，上海地区沉降进一步控制开采地下水，加强回灌，成效显著。根据上海市房地资源局颁布的上海市地质环境公报上海地区 2007—2009 年中心城区、郊区及平均地面沉降见表 2-5。表 2-5 表明近几年来区域地面沉降速率总体上呈减小之势。

表 2-5　　2007—2009 年地面沉降

年份	城区地面沉降 /mm	郊区地面沉降 /mm	平均地面沉降 /mm
2007	7.8	6.6	6.8
2008	7.6	6.2	6.4
2009	5.6	5.1	5.2

4. 地质灾害危险性预测评估

本工程建设涉及的边坡主要包括基坑边坡和河道岸坡。

1）边坡失稳

（1）当基坑边坡发生失稳，产生的危害不但影响施工进度，造成安全问题和经济损失，还将对周边环境造成影响或破坏。

邻近道路：邻近的道路主要有金沙江路和真北路中环线，其中金沙江路与本工程邻近，因此，基坑边坡失稳对其影响最大，靠近基坑的道路可能发生破坏；真北路中环线距离场地普遍较远，因此，受边坡失稳灾害影响小。

木椟港岸坡：该岸坡距离基坑边最近距离约 16.7 m，因此基坑边坡失稳对其危害大，可能诱发重力式岸坡发生倾斜甚至失稳，从而对岸坡的防汛能力及本工程的正常施工造成严重影响。

地下管线：管线主要埋置于金沙江路和真北路下，由于原埋置于金沙江路下的管线已架空，因此基坑边坡失稳对其基本无危害，而真北路下的管线距离基坑边 20.3～55.8 m，因此将受到影响，其中的电力、配水、信息管线由于距离较近，因此受到的影响较大，可能会造成管线严重变形甚至破坏。而污水管线距离最远，约 55.8 m，因此受到的影响小。

中环线金沙江路地道：该地道距离基坑边最近约 38 m，因此当基坑边坡失稳时，将受到一定影响。

综上所述，基坑开挖深度范围内涉及的地基土层复杂，不利于基坑稳定。如设计、施工对这类灾害的危险性缺乏足够重视，有引发基坑边坡失稳的可能性。基坑边坡失稳将对本工程建设及场地邻近道路、木椟港岸坡、地下管线及中环线金沙江路地道产生较大危害和不利影响。因此，边坡失稳地质灾害危险性中等。

（2）评估区内涉及的岸坡主要为木椟港岸坡和虬江岸坡，其中前者与本工程建设关系密切。

岸坡结构形式：评估范围内的木椟港岸坡和虬江岸坡主要为人工防汛墙岸坡，护岸工程对岸坡的稳定起到了保护作用，因此，岸坡形式对于河流岸坡稳定基本上是有利的。

水动力条件：木椟港河势变化不全是自然过程，还经历了人工整治、改善和利用，河道现已基本稳定。河流的水位变化基本控制在＋1.80～＋3.80 m，若无人为因素的影响，该河段的水深在今后较长时间内会处于相对平衡状态。目前，木椟港水动力条件相对较弱，对岸坡的冲刷作用小，且岸坡进行了加固，对防止水流冲刷有保护作用。虬江与木椟港之间的水力联系紧密，其水动力特征基本上与木椟港相似。

工程活动：本工程可能涉及的主要工程活动包括钻孔灌注桩施工，基坑围护开挖等。其中基坑开挖深度大，开挖深度范围内涉及地基土层较复杂，可能导致基坑边坡失稳，当邻近木椟港岸坡侧的基坑发生坍塌时，可能危及木椟港岸坡。需要注意的是，在木椟港岸边过量堆载也可能导致岸坡失稳，因此，本工程建设有引发木椟港防汛墙岸坡失稳的可能。当木椟港岸坡失稳发生时，其可能对防汛不利，还将对本工程地下空间建设造成影响。而虬江距离场地在 125 m 以上，因此本工程活动诱发其发生岸坡失稳的可能性小。

综上所述，本工程建设有引发基坑边坡和河岸边坡失稳的可能性。一旦失稳，对本工程建设及邻近道路、木椟港河道、地下管线、金沙江地道等产生非常不利的影响，其地质灾害危险性中等。

2）地基变形

本地下空间工程建设引发拟建（构）筑物在附加荷载下的地基变形危险性相对小，主要将引发周边已有建（构）筑物地基变形。

(1) 管道地基变形。本工程埋设管道一般采用规格较小的钢筋混凝土管,荷载小;地基土采用回填土,如果未有效压实,可能诱发管线地基变形。如果管道下为粉性土或砂土填料,埋藏的管道在运营过程中如出现渗漏问题,可能会引发粉性土或砂土渗流液化,土颗粒流失,从而导致管道地基产生沉降或凹陷,造成管线变形甚至破坏。

(2) 路基变形。路基变形的影响因素主要涉及附加荷载、路基压缩层范围内土层性质等。附加荷载越大,引发的路基变形越大;本工程道路为城市干道,道路荷载较大,且为动荷载;另外,本工程路基采用回填土,如回填土未有效压实,可能诱发路基变形。回填土性质与路基沉降量、沉降速率、工后沉降密切相关。一般当回填土为粉性土、砂土,且厚度较大时,路基总沉降量小,且粉土利于排水固结,初期沉降速率大,对控制工后沉降有利;当为回填土为黏性土,路基总沉降量及不均匀沉降相对大,沉降速率缓慢,工后沉降大。

位于新建路基与已建路基连接处,老路基沉降已基本完成,新路基将引发一定量沉降。新、老路基沉降不一致,则会产生道路不均匀沉降,进而在新、老路面间产生裂纹。

(3) 已有建(构)筑物的地基变形。本工程基坑降水可能包括潜水层疏干降水和第Ⅰ承压含水层减压降水,将会使地基产生固结,从而引发周围地基土层变形。

根据本工程及场地特点,一般止水帷幕均能将场地内第②$_3$层砂质粉土隔断,因此对潜水含水层降水,引发周围土体固结范围有限,对周边环境一般影响小。但不排除因止水效果差,而导致坑外土体固结变形继而引发沉降的可能。

第⑦$_1$层具有承压性,基坑开挖前也可能需要对其进行减压降水,此时,如果止水帷幕未有效隔断第⑦层(图 2-10),基坑降水会使一定范围内水位下降,从而引发坑外一定范围土体固结变形,考虑周边地下管线、道路、木椟港岸坡等离本工程基坑较近,将引发其地基变形,造成不利影响。

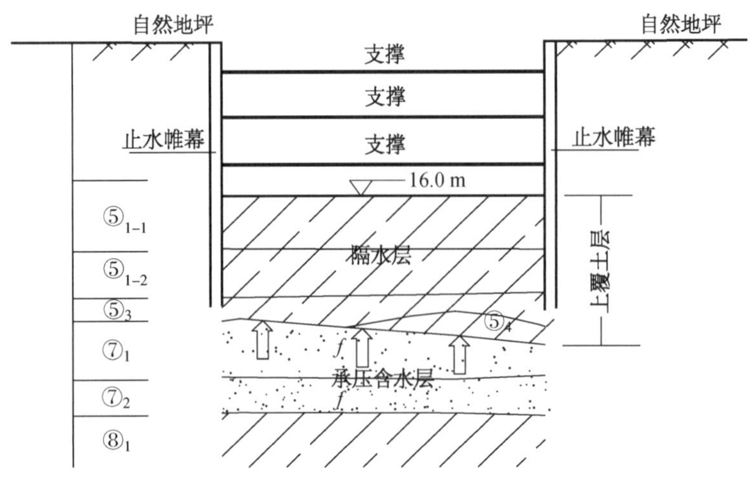

图 2-10 止水帷幕示意图

本工程基坑开挖深度大,为 16.0 m,通过有限元法分析基坑开挖至坑底引发的坑外地表沉降和坑底回弹隆起变形大小及范围,以分析对管线、道路等的影响。根据本工程围护体系形式,假设基坑采用地下连续墙加三道钢筋混凝土内支撑的围护体系。

由于基坑开挖本质上是三维问题。以往的平面和三维分析结果相比较表明：在反映围护结构的变形和坑内外土体的位移状况方面，变形趋势及数值基本接近。这说明二维的假定可以满足工程计算的要求。且如果采用三维分析，计算模型较为复杂，计算量大。因此本工程考虑采用平面应变有限元法，对基坑开挖进行模拟，以分析围护结构与土体在开挖至坑体的变形情况。

计算中采用如下假定：考虑到本工程采用盖挖逆作法，在计算时适当提高了围护体系的刚度。由于基坑围护墙体、支撑的刚度相对上海软土而言大得多，因此计算中假定为线弹性体，以简化计算；计算中不考虑围护墙体与墙后土体的脱离现象，认为土体和墙体始终是协调变形的。围护挡墙按竖向弹性地基梁的基床系数法(m)计算，内支撑作为弹性支撑；支撑体系将支撑与围檩作为整体，按平面杆系进行内力分析；坑外土体土压力按朗肯土压力矩形土压力模式计算，水土分算，c 和 φ 值取固结快剪峰值指标，地面附加荷载取 20 kPa。

计算过程中土体的本构关系采用 Harding soil model 模型，土体采用四结点等参单元，围护墙体采用梁单元，支撑采用二力杆单元模拟。模型宽度及高度分别取基坑开挖深度的 6 倍及 4 倍。计算模型的上边界为自由边界，底边界固定，其余各边分别限制其向基坑方向的变形。计算模型如图 2-11 所示。

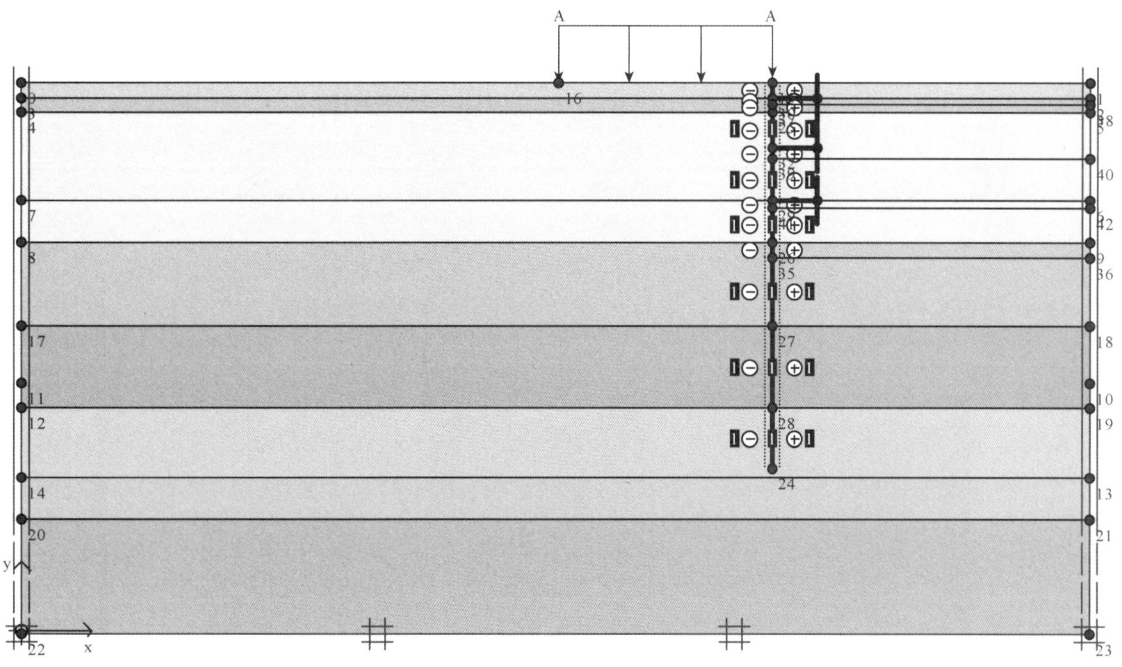

图 2-11　计算断面图(挖深 16.0 m)

基坑在开挖前存在初始应力场，按土体自重应力场来模拟场地存在的初始应力场。按实际工况进行模拟，施工相应支撑后开挖，直至坑底。

通过计算结果(图 2-12 和图 2-13)可知，基坑开挖引发地基土的沉降和水平位移范围较大，影响范围距坑壁外50 m 以上，影响较大的范围在30 m 以内。地表最大沉降量约26.0 mm，发生在距基坑边约 9.0 m 处。

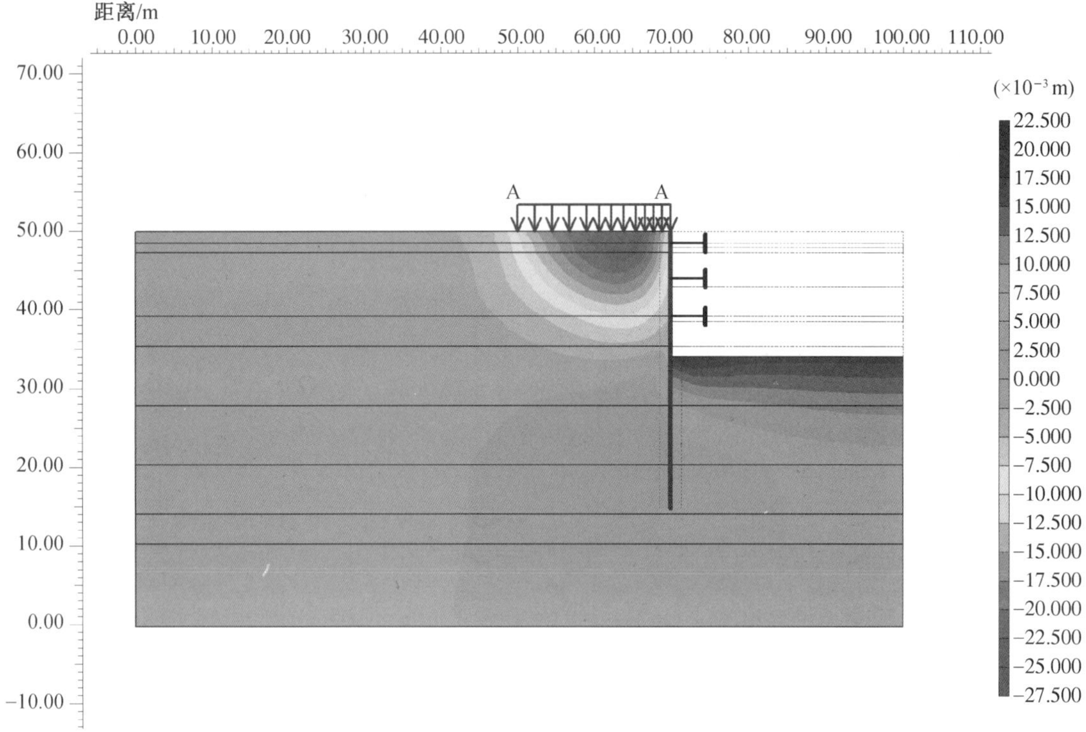

(a) 计算断面沉降云图

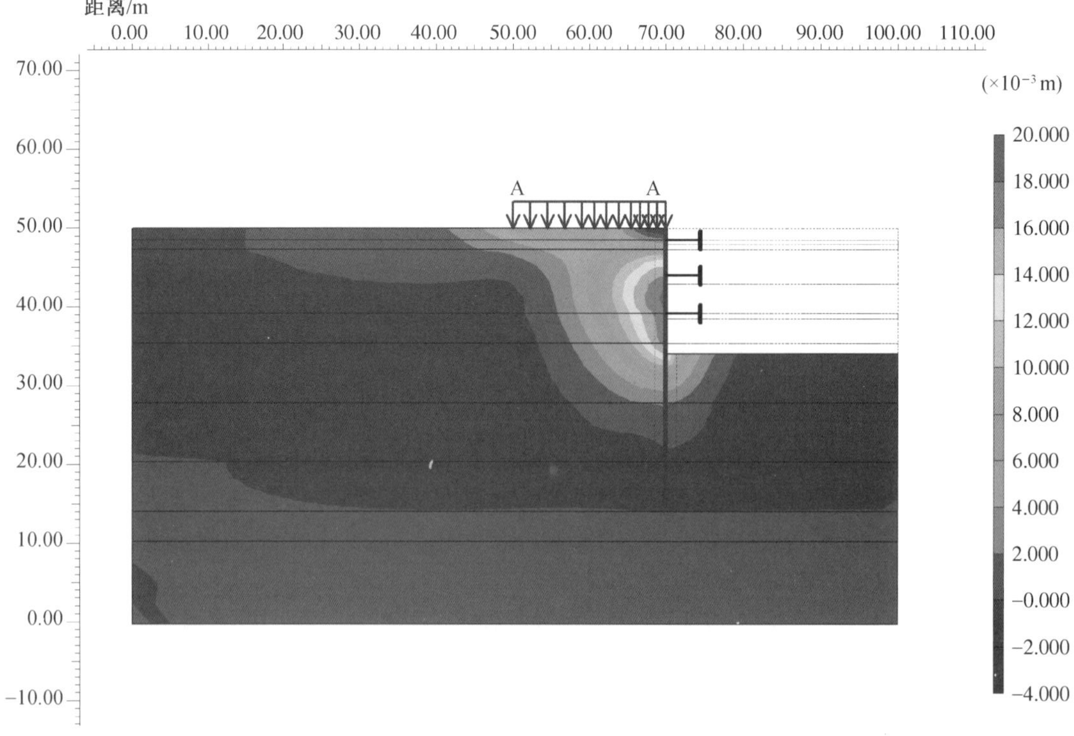

(b) 计算断面水平位移云图

图 2-12　断面计算结果

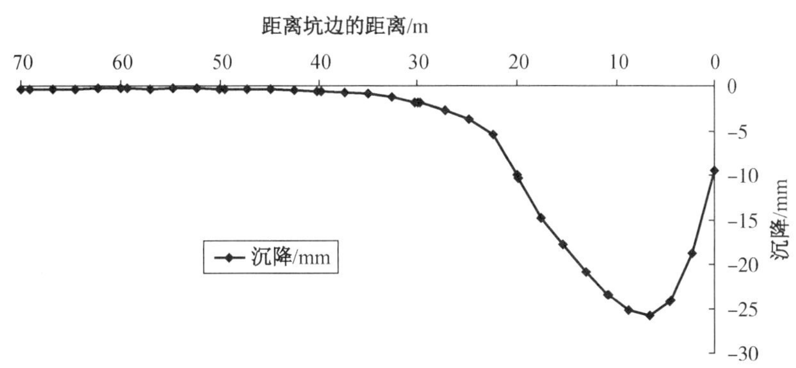

图 2-13 基坑边地表沉降曲线结果

邻近道路：由于金沙江路紧邻基坑，因此基坑开挖将引发其产生沉降，从上述计算结果看，沉降的最大值将达到 26.0 mm，路基沉降值较大，具有一定的影响。真北路中环线距离基坑较远，因此受基坑开挖影响小。

木棱港岸坡：考虑到基坑边距木棱港岸坡距离大于 16.7 m，因此基坑开挖至底时，对其产生的最大变形一般不超过 20 mm，不影响防汛和稳定，因此对其危害较小。

地下管线：由于金沙江路地下管线已架空设置，因此仅对真北路中环下的管线变形进行分析，列表给出基坑开挖引发邻近各地下管线沉降的计算结果，见表 2-6。

表 2-6 基坑开挖引发邻近管线沉降计算结果

位 置		竖向沉降 /mm
真北路中环（西侧）	基坑边 20.3 m(电力)	9.8
	基坑边 22.5 m(电力)	5.0
	基坑边 25.0 m(配水)	4.0
	基坑边 28.4 m(配水)	2.5
	基坑边 31.8 m(信息)	1.5
	基坑边 55.8 m(污水)	0.2

从表 2-6 可以看出，基坑开挖引起真北路地下管线沉降数值较小，范围为 0.2～9.8 mm，影响较小。

中环线金沙江路地道：本工程基坑边线距离中环线金沙江路地道大于 38 m，因此基坑开挖引发地道沉降量较小，小于 2 mm。

建筑物：考虑到本工程距离周边主要建筑物，包括绿洲中环中心建筑以及农工商超市等建筑，较远，大于 100 m，因此基坑开挖对其基本无影响。

上述预估是假定基坑边坡围护正常情况下的地表沉降，基坑引发的地基变形还取决于施工方案、施工质量、围护形式、止水效果、天气降雨、时空效应等综合因素。如果这些因素未得到重视，将会使地基变形的数值和影响范围增大。另外，本工程基坑开挖涉及第②$_1$，②$_3$层砂质粉土，如果围护止水不利，可能产生流砂；承压含水层（第⑦$_1$层）如果未实施针对性的减压降水而发生突涌，这些均可能进一步增加基坑周边道路、岸坡、地下管线等的地基变形。

综上所述，本工程基坑降水和开挖建设等可能引发邻近道路、木棱港岸坡、地下管线、中环线金沙江路地道和建筑物等发生地基变形，其中对邻近金沙江路、木渎港岸坡有一定影响。综合确定，本工程建设引发地基变形地质灾害危险性中等。

3）砂土液化

本工程基坑开挖深度16.0 m，根据场地收集勘察地质资料，本工程基坑开挖深度范围内涉及第②$_1$黏质粉土夹粉质黏土、②$_3$层砂质粉土，尤其第②$_3$层厚度较大。本场地由于地下水位埋深浅，在施工过程中若防范措施不力，或在施工过程中如未采合理止水围护，在基坑开挖时，土方开挖后围护墙出现渗水与漏水，对基坑施工带来不便。如果发生流砂，还将造成土中砂粒随地下水不断流入基坑，使基坑周围土体被掏空，会使基坑围护结构发生滑移或不均匀沉降，引起围护墙背地面沉陷，甚至引发基坑围护结构破坏失稳，出现基坑边坡塌方、塌陷等现象，造成工程事故。

另外，本工程地下空间与木渎港最近距离仅为16.7 m，河水与场地内潜水存在水力联系，由于第②$_3$层粉性土发育，尤其第②$_3$层砂质粉土，渗透系数大，当发生流砂时，有利于河水侧向渗流补给地下水，对基坑降水及开挖构成较大影响。

综上所述，本工程基坑开挖过程中有引发渗流液化的可能性，一旦发生，将对基坑边坡稳定造成较大影响。本工程引发砂土液化地质灾害危险性中等。

4）水土突涌

根据场地已有的勘察资料，本场地与工程相关的第⑦层赋存的地下水具有承压性，本工程基坑开挖深度大，需要考虑水土突涌的可能性。当开挖深度为16.0 m时，且第⑦层承压水位埋深3 m时，第⑦层具有发生水土突涌的可能性。

而实际上，据2009年10月至11月期间的水位观测资料，实际观测的水头埋深为8.48 m，受地下水位季节波动的影响，一般10月份左右第⑦层水位处于最低谷，考虑到水位实际波幅一般为2～3 m，综合判定，仍具突涌的可能性。

根据工程经验，一般止水帷幕不会将第⑦层承压水隔断，一旦发生突涌，第⑦层将接受周围承压水的补给，具有一定的危害，可能影响本工程正常施工，甚至基坑边坡稳定。

另外，基坑开挖时，如果局部勘探孔未封堵也可能引起第⑦，⑨层向坑底突水的问题，产生危害，考虑到第⑦，⑨层补给条件较好，一旦突涌，将产生一定危害。

综上所述，本工程建设引发水土突涌地质灾害危险性中等。

5）地面沉降

根据多年的研究结果，影响上海地区区域性地面沉降的主要因素是过量地抽汲地下水；近年来研究发现，除抽汲地下水外，深基坑减压降水等也是加剧地面沉降的重要因素。

本工程基坑挖深大，为达到规范中对抗突涌安全系数的要求（上覆土自重/水头压力>1.05），需对该层进行有针对性的减压降水，下面对水头降深数值进行了粗略估算，估算结果见表2-7。

表2-7　　抗突涌水头降深估算结果

挖土深度/m	抗突涌安全系数	设计承压水头深度/m	水头降深/m
16.0 m（坑底）	1.05	6.04	3.04

注：第⑦$_1$层初始水头深度按3.0 m考虑。

水头降深数值3.04 m仅为按上海地区第Ⅰ承压含水层最不利水头埋深3.0 m考虑的计算结果，前面在水土突涌分析中，提到地下水位实际埋深要低于3.0 m，因此，实际水头降深值要小于3.04 m，最终引发的地面沉降量和范围均不会太大。综合考虑，一般情况下，本工程建设加剧区域地面沉降危险性小。

5. 地质灾害危险性综合评估

根据本工程特点，评估区域内的地质环境条件、地质灾害现状及预测危险性评估结果，本场区可能存在边坡失稳、地基变形、砂土液化、水土突涌和地面沉降等地质灾害。现状存在地基变形和地面沉降地质灾害；工程建设期间可能存在边坡失稳、地基变形、砂土液化、水土突涌和地面沉降；工程运营期间可能存在地基变形、砂土液化和地面沉降等地质灾害。

边坡失稳：本工程基坑开挖深度为 16.0 m，开挖深度范围内涉及的第①，④，$⑤_{1-1}$层土性软弱；涉及的第$②_1$，$②_3$层粉粒含量高，在水土压力作用下，如果止水效果差，易发生流砂；第Ⅰ承压含水层还可能引发坑底水土突涌；另外，施工期间的坑边堆载也成为不利因素。因此，工程建设有引发和遭受基坑边坡失稳的可能性。边坡失稳对本工程建设及周边道路、管线、地道、木椟港河道等产生非常不利的影响。综合确定，边坡失稳地质灾害危险性中等。

地基变形：本工程拟建地下空间顶层的道路和管线可能因填土未压实而发生沉降变形，也可能因粉性土或砂土地基渗流液化而产生沉降或凹陷；本工程 3 层地下空间基坑开挖深度约 16.0 m，深度大，坑壁和坑底涉及的部分土层软弱，且存在第$②_1$，$②_3$层饱和粉性土流砂、第Ⅰ承压含水层坑底突涌等不利因素。开挖时易于导致土体侧向位移，土体卸荷会导致坑底土体回弹隆起，这些均可能导致周围一定范围内的地基变形，对周边道路、管线和建筑物产生危害。综合确定，地基变形地质灾害危险性中等。

砂土液化：场地第$②_1$，$②_3$层广泛分布，第$②_3$层厚度较大，本工程基坑开挖，如果止水不当，可能引发这两层土发生渗流液化，造成边坡失稳；另外，在抗震设防烈度 7 度条件下，第$②_3$层为可液化土层，场地液化等级为中等液化。一旦发生地震液化，将对本工程建筑物产生危害。综合确定，砂土液化地质灾害危险性中等。

水土突涌：本工程建筑物基坑开挖深度达 16.0 m，依据现有勘探资料，按最不利情况 3.0 m 埋深核算，第$⑦_1$层具有承压性，在基坑开挖时可能发生水土突涌，另外，基坑开挖时将可能引起第⑦，⑨层等承压含水层沿未封堵勘探孔发生水土突涌。如产生水土突涌危害，不利于工程施工，甚至引发边坡失稳。综合确定，水土突涌地质灾害危险性中等。

地面沉降：本工程建设过程中，地基开挖期间，可能对第Ⅰ承压含水层进行减压降水，可能会加剧区域地面沉降灾害，但由于实际水位降深小，其引发的沉降数值和范围均有限；另外，评估区地面沉降基本上得到控制，未来地面沉降速率将呈减小趋势，本工程拟建建筑物遭受地下水开采引发的地面沉降的可能性小。综合确定，本工程建设加剧和遭受地面沉降危险性小。

综上所述，边坡失稳、地基变形、砂土液化和水土突涌地质灾害危险性中等，地面沉降地质灾害危险性小。经综合确定，本评估区地质灾害危险性分级为中等。

6. 地质灾害防治措施

针对以上地质灾害的类型和危害的特点，建议在工程建设以及使用期间采取如下防治措施：

1）边坡失稳

(1) 基坑围护应采取有效围护和降水防水措施，确保施工的质量。防止蠕变、流砂、突涌等现象发生，以保证基坑安全。

(2) 基坑开挖时，挖土流程应严格按设计方案或施工组织设计进行，应分块分区开挖，严禁超挖，减少基坑开挖产生的时空效应。

(3) 严格控制在基坑边和木椟港防汛墙后堆土和超载。

(4) 加强基坑变形监测,邻近木棱港岸坡施工时,加强岸坡监测,做到信息化施工,确保周围道路、地下管线、中环线金沙江路地道、木棱港岸坡和相关建筑物等的安全,保证施工顺利进行。

2) 地基变形

(1) 采取有效围护措施,确保支护体系的刚度,防止基坑渗水,减少坑壁土体侧向位移引起的地表沉降和坑底土体回弹引起的地基变形。

(2) 基坑土方开挖要求采用分段分层,并结合后浇带位置分块开挖,土方开挖、支撑施工应严格实行"分层分段、留土护壁、限时开挖支撑"原则,不得超挖,严禁挖机等设备碰撞支撑杆件,以减少基坑开挖引起的周边地基变形。

(3) 基坑开挖过程中,加强监测并根据监测数据,实时调整施工参数,以减轻基坑施工引发的地基变形对邻近地下管线、道路和建筑物的影响。

(4) 地下空间与长风 7A 项目南区地下三层地下室和轨道交通 13 号线站厅之间设置后浇带,以减小建筑物桩基差异变形。

(5) 对地下空间顶层填土采用分层碾压回填或其他有效措施,以减少路基和管道的沉降和不均匀沉降,保证道路和管道的正常使用。

(6) 为尽量减小降水对周围环境等影响,应根据各工况挖土深度,实施按需降水。

3) 砂土液化

(1) 基坑开挖和暴露期间,应保证采取的降水及隔水、止水措施有效,以防止流砂现象发生。

(2) 在基坑开挖施工过程中,加强坑内外水位监测,若发现围护体系有渗漏情况应及时采取堵漏措施。

(3) 按工程特点和要求,采取相应的地基处理措施或其他避免地震液化的措施。

4) 水土突涌

(1) 由于承压水水位变化具有周期性,施工时应根据第⑦层的监测水头和实际的开挖深度,评价是否采取降水措施。

(2) 基坑开挖时,对第⑦层承压水含水层进行水位监测。

(3) 在基坑内布设的勘察孔,工作结束后应用黏土球严格封孔。

5) 地面沉降

高程设计要充分考虑地面沉降因素,预留一定地面沉降量。

7. 建设场地适宜性评估

按照国土资源部《地质灾害危险性评估技术要求(试行)》和上海市工程建设规范《建设项目地质灾害危险性评估技术规程》(DGJ 08-2007—2006),建设场地适宜性分为三级。

根据前述综合评估结果,评估区地质灾害危险性分级为中等,根据上海已有的工程经验,基坑开挖面积约为 4 700 m^2,最大挖深约 16.0 m,类似深大基坑在上海地区较为普遍,其采用的盖挖逆作法以及钻孔灌注桩等围护措施也比较成熟;但须考虑到以下几点:

(1) 本工程场地存在厚度较大的第$②_3$层砂质粉土,其下的第④层和第$⑤_{1-1}$层土性软弱,且具有一定厚度。因此,工程地质条件较差,不利于坑壁和坑底稳定。

(2) 本工程建设周边环境条件复杂,一旦发生边坡失稳等地质灾害,将对邻近道路、木棱港河道、地下管线、金沙江地道等产生非常不利的影响。

(3) 本工程后期也可能遭受周边拟建工程引发的地质灾害,包括邻近的轨道交通 13 号线盾构施工、长风 7A 项目南区工程建设等，将对本工程产生不利影响。

综合考虑，本工程防治技术比较成熟，效果良好，但难度较大，因此，本工程建设场地对金沙江路真北路口地下空间开发项目属于基本适宜建设场地。

8. 结论与建议

1）结论

根据本工程所处区域地质环境条件和地质灾害危险性评估，结合工程项目的特点，可得出如下结论：

(1) 本工程地质灾害危险性评估等级为一级。

(2) 评估区区域地质稳定，目前不存在危及工程建设的重大不良地质作用，建设场地是稳定的。

(3) 评估区可能发生的地质灾害灾种为边坡失稳、地基变形、砂土液化、水土突涌和地面沉降。

(4) 经地质灾害危险性综合评估，边坡失稳、地基变形、砂土液化和水土突涌地质灾害危险性为中等，地面沉降地质灾害危险性小，综合确定评估区地质灾害危险性分级为中等。

(5) 本工程防治工程难度较大，但效果良好，工程建设场地对金沙江路真北路口地下空间开发项目属于基本适宜建设场地。

2）主要建议

(1) 建议按照《金沙江路真北路口地下空间开发项目地质灾害危险性评估报告》中地质灾害防治措施做好地质灾害防治工作。

(2) 建议合理安排施工组织设计，做好地铁车站、南区、北区的施工协同，在设计方案上减小相互不利影响和施工风险，进行桩基和基坑方案的专项论证，取得地铁管理部门的许可。

(3) 建议基坑施工前，详细查明填土厚度，明、暗浜等不良地质条件；进一步查明场地的地基土分布规律和土性、砂性土的液化可能性及液化等级；进一步查明不明地下障碍物，以防对基坑施工与围护的不利影响。

(4) 建议重视木棱港河水与本工程场地地下水的水力联系，评估$②_3$层渗透性对水力联系的影响程度。

(5) 建议加强工程施工、监理以及施工营运期间监测，确保周围道路、地下管线、地道、建(构)筑安全和施工顺利进行。

(6) 建议高程设计结合工程使用功能外，尚需充分考虑设计基准期内地面沉降等因素导致的标高损失量及其对工程的影响。

2.1.2 地下工程地震安全性评估

2.1.2.1 地震安评内容

工程场地地震安全性评价工作划分为以下四级：

(1) Ⅰ级工作包括地震危险性的概率分析和确定性分析、能动断层鉴定、场地地震动参数确定和地震地质灾害评价。适用于核电厂等重大建设工程项目中的主要工程。

(2) Ⅱ级工作包括地震危险性概率分析、场地地震动参数确定和地震地质灾害评价。适用于除Ⅰ级以外的重大建设工程项目中的主要工程。

(3) Ⅲ级工作包括地震危险性概率分析、区域性地震区划和地震小区划。适用于城镇、大型厂矿企业、经济建设开发区、重要生命线工程等。

(4) Ⅳ级工作包括地震危险性概率分析、地震动峰值加速度复核。适用于《中国地震动参数区划图》(GB 18306—2001)中4.3条b),c)规定的一般建设工程。

1. 区域和近场区地震活动环境评价

评价工程场地所处区域地震活动状况和特点,估计未来地震活动趋势,为地震危险性概率分析确定地震活动性参数提供基本依据。主要包括:

(1) 区域地震资料收集、整理与分析。

(2) 区域地震空间及时间分布特征。

(3) 历史地震对场址的综合影响分析。

(4) 区域和近场区地震环境评价。

2. 区域地震构造环境评价

评价区域地震构造活动性及活动特点,综合分析区域地震发生的地震构造条件,为地震危险性概率分析计算确定潜在震源区及其地震活动性参数提供基本依据。主要包括:

(1) 区域地质构造背景。

(2) 区域主要活动断裂。

(3) 区域地震构造综合评价。

3. 近场区域地震构造评价

调查分析近场区域主要地震构造分布及活动状况,为地震危险性概率分析计算近场区域潜在震源区划分和修改提供基本依据。主要包括:

(1) 近场区主要活动断裂活动性调查。

(2) 近场区地震构造综合评价。

4. 地震动衰减关系的确定

根据拟建工程所处的地震环境及工程结构特点,研究确定所需的地震动参数衰减关系。选择适用于工程所在地区的基岩地震动加速度反应谱衰减关系。

5. 概率法地震危险性评定

计算工程场地基岩地震动参数。主要包括:

(1) 潜在震源区的划分,编制区域潜在震源区分布图。

(2) 地震活动性参数的确定。

(3) 采用KZPJ软件对场地内控制点计算50年及100年超越概率63%,10%,2%的基岩地震动峰值加速度和反应谱。

6. 场地工程地质条件勘测

为场地地震动力反应分析计算提供必需的参数。主要包括:

(1) 开展现场钻孔波速测试和砂土标贯测试。

(2) 在波速勘探孔中,获取典型土层的原状土样,并进行室内共振柱试验,保证每层土有3组样品。在土层反应分析时优先选择距该控制点较近的土动力参数进行计算。

(3) 土体动力非线性参数确定。

7. 场地土层对地震动参数影响的计算分析

为场地地震动力反应分析计算提供必需的参数。主要包括:

(1) 场地基岩人造地震动时程的合成。

(2) 土层地震反应计算模型的建立。

(3) 采用ESE软件进行土层地震反应分析计算。

8. 确定场地设计地震动参数

综合分析土层剖面地震反应计算结果，确定地震动参数，主要为工程控制点场地地表及地下不同深度处水平向设计地震动参数，包括峰值加速度、加速度反应谱、位移差等。

9. 完成场地地震地质灾害评价

根据场地勘探结果及勘察资料成果对场地地震地质灾害情况做出评价。主要包括：

(1) 场地地基土液化判别。

(2) 场地地基土软土震陷判别。

(3) 岸坡稳定性评估。

(4) 其他地震地质灾害评估。

2.1.2.2 地震安评方法

1. 区域地震活动性和地震构造评价

1) 区域范围和图件比例尺

区域范围取对工程场地地震安全性评价有影响的范围，应不小于工程场地外延 150 km。区域地震构造图比例尺应采用 1∶1 000 000，其他图件比例尺应不小于 1∶2 500 000。所有图件应标明工程场地位置。

2) 地震活动性

地震资料收集与地震目录的编制应根据地震部门正式公布的地震目录和地震报告，收集相关的地震资料；历史地震资料应包括区域内自有地震记载以来的全部破坏性地震事件；区域性地震台网地震资料应包括区域内自有区域性地震台网观测以来可定震中参数的全部地震事件；编制区域破坏性地震目录，包括发震时间、地点、震级、震源深度及定位精度等。

震中分布图的编制，应分别编制破坏性地震震中分布图、区域性地震台网记录的地震震中分布图；并注明资料起止年代、主要地震的震级和发震日期；区分出浅源、中源和深源地震。

地震活动时空特征的分析应包括不同时段各级地震的可靠性与相对完整性；地震的空间分布特征；震源深度分布特征；地震活动时间分布特征；未来地震活动水平。

应收集、补充本区域震源机制解资料，编制震源机制解分布图，并收集、分析对工程场地有影响的历史地震烈度资料。

3) 地震构造

区域地震构造研究是地震区带划分和潜在震源区划分的一个重要基础工作。

Ⅰ级工作，应收集区域地质构造和地球物理场资料，分析其与地震活动的关系；编制区域大地构造单元划分图、地质构造图和新构造图；编制区域布格重力异常图、航磁异常图和地壳结构图；建立区域地球动力学模型。

Ⅱ、Ⅲ、Ⅳ级工作，应收集区域地质构造资料，分析区域内地震发生的大地构造和新构造背景。

对工程场地地震安全性评价结果可能产生较大影响的断层，当资料不充分时，应查明断层最新活动时代、性质和运动特性；进行断层活动性分段；分析重点地段古地震的强度及活动期次。

应根据实地调查和已有资料分析，编制地震构造图，地震构造图应包括第四纪以来活动的主要断层及其活动时代；活动断层的性质；第四纪以来活动的盆地及其性质；现代构造应力场方向；破坏性地震震中位置。

4) 综合评价

应评价区域地震活动特征、区域地震构造环境，分析不同震级档的地震构造条件。

2. 近场区地震活动性和地震构造评价

1）近场区范围和图件比例尺

近场区范围应不小于工程场地及其外延 25 km。近场区地震构造图和震中分布图比例尺应不小于 1∶250 000，Ⅰ级工作应不小于 1∶100 000。活动构造细节图件，根据需要选定比例尺。探槽剖面图比例尺宜取 1∶10～1∶50，地质和地貌平面图和剖面图比例尺宜取 1∶100～1∶1 000。

2）地震活动性

对破坏性地震的参数有疑问时，应进行资料核查和现场调查。Ⅰ级工作，应对近场区内震级小于 4.7 级的仪器记录地震重新定位。

应编制近场区地震震中分布图，分析其与活动构造的关系。Ⅰ级工作，应利用震源机制、小地震综合断层面解资料，进行局部构造应力场分析。

3）地震构造

应收集第四纪地质和地貌资料，分析第四纪构造活动特点。Ⅰ级工作应进行现场勘察，编制第四纪地质构造剖面图和平面图。

应对主要断层进行详细的活动性鉴定，包括活动时代、性质、运动特性和分段等，并判定其最大潜在地震的震级。在覆盖区，已有资料不能确定已知主要断层的活动时代时，应选用地球物理、地球化学、地质钻探和测年等手段进行勘查。宜收集地壳形变和考古资料，分析现代构造活动特点。Ⅰ级工作应在工程场地及其外延 5 km 的范围内进行能动断层鉴定。

应编制近场区地震构造图，近场区地震构造图应包括第四纪以来有活动的主要断层及其活动时代；活动断层的性质；第四系分布及其厚度；第四纪盆地的范围及其活动性质；破坏性地震震中位置。

4）综合评价

应综合评价近场区地震活动特征及近场区发震构造。

3. 工程场地地震工程地质条件勘测

工程场地地震工程地质条件是指对场地地震效应产生影响的场地条件。进行场地勘测的目的是为场地土层地震动力反应分析和场地地震地质灾害评价提供资料和依据。其内容包括：在现有资料的基础上，进行场地钻探及场地土体物理与力学测试，编制相关的工程地质图、表，综合评价场地特性。根据场地的勘察资料，绘制工程地质剖面图及波速孔柱状图。

1）场地勘测

场地范围应为工程建设规划的范围。应收集、整理和分析相关的工程地质、水文地质、地形地貌和地质构造资料。进行场地工程地质条件调查、钻探和原位测试。编制钻孔分布图及柱状图。地震小区划应编制工程地质分区图。

钻探应符合下列规定：Ⅰ级工作应有不少于 3 个深度达到基岩或剪切波速不小于 700 m/s 的钻孔；Ⅱ级工作的钻孔布置应能控制工程场地的工程地质条件，控制孔应不少于 2 个；地震小区划场地钻孔布置应能控制土层结构和工程场地内不同工程地质单元，每个工程地质单元内应至少有 1 个控制孔；Ⅱ级工作和地震小区划，控制孔应达到基岩或剪切波速不小于 500 m/s 处，若控制孔深度超过 100 m 时，剪切波速仍小于 500 m/s，可终孔，应进行专门研究。

2）地震地质灾害场地勘察

应调查历史地震造成的液化现象，勘查地下水位、可能液化土层的埋藏深度，测定标准贯入锤击数和颗粒组成。Ⅰ级工作应符合《核电厂抗震设计规范》(GB 50267—1997)中5.3条的规定。

应收集和调查软土层厚度分布及软土震陷等资料，地形坡度、岩石风化程度、古河道、崩塌、滑坡、地裂缝和泥石流等资料。应收集地震引起的地表和近地表断层的分布、产状、活动性质、断层带宽度、位错量及覆盖层厚度等资料。

Ⅰ级工作应收集历史海啸与湖涌对工程场地及附近地区的影响资料。

3）场地岩土力学性能测定

应进行分层岩土剪切波速的原位测量和密度的测定。测定剪变模量比与剪应变关系曲线、阻尼比与剪应变关系曲线。Ⅰ级工作应对各层土样进行动三轴和共振柱试验；Ⅱ级工作和地震小区划应对有代表性的土样进行动三轴或共振柱试验。

进行竖向地震反应分析时，应取得纵波速度值、压缩模量比与轴应变关系曲线、阻尼比与轴应变关系曲线。

4. 地震动衰减关系确定

1）基础资料

应收集区域及邻区的等震线图或地震烈度资料及强震动观测资料。

2）基岩地震动衰减关系

在基岩地震动衰减模型中，应考虑地震动峰值加速度和反应谱的高频分量在大震级和近距离的饱和特性。具有足够强震动观测资料的地区，应采用统计回归方法确定地震动衰减关系。缺乏强震动观测资料的地区，可采用转换方法确定地震动衰减关系。应论述地震动衰减关系的适用性，Ⅰ级工作应进一步论证其合理性。强度包络函数应表现上升、平稳和下降三个阶段的特征。应确定强度包络函数特征参数与震级、距离的关系。

3）地震烈度衰减关系

应采用有仪器测定震级的地震烈度资料确定地震烈度衰减关系。地震烈度衰减模型应体现近场烈度饱和并与远场有感范围相协调。应将确定的地震烈度衰减关系和实际地震烈度资料进行对比，论述其适用性。

5. 地震危险性的确定分析

1）地震构造法

应依据地震活动和地质构造划分地震构造区，确定弥散地震。宜根据断层活动时代、力学性质、地震活动性等对活动断层进行分段，确定发震构造。应根据各断层活动段的尺度、活动特点、最大历史地震和古地震，判定最大潜在地震。

确定工程场地地震动参数，应遵照的规定有：将最大潜在地震置于其可能发生范围内距工程场地最近处；考虑衰减关系的不确定性，分别计算工程场地的地震动参数；计算结果中的最大值为地震构造法所确定的地震动参数。

2）历史地震法

应计算历史地震在工程场地处的地震动参数。根据历史地震的记载与调查资料，确定工程场地的烈度值，转换得到地震动参数。将计算和转换结果中的最大值作为历史地震法所确定的地震动参数。

3）结果的确定

应取地震构造法和历史地震法结果中较大者作为地震危险性确定性分析的结果。

6. 地震危险性的概率分析

概率地震危险性分析方法，其主要特点在于考虑了地震活动的时空不均匀性。其基本思路和计算方法概述如下。

(1) 首先确定地震统计单元(地震统计区)，以此作为考虑地震活动时空非均匀性、确定未来百年地震活动水平和地震危险性空间相对分布概率的基本单元。地震统计区内部地震活动在空间和时间上都是不均匀的。

地震统计区内地震时间过程符合分段的泊松过程。令地震统计区的震级上限为 m_{uz}，震级下限为 m_0，t 年内 $m_0 \sim m_{uz}$ 之间地震年平均发生率 ν_0，ν_0 由未来的地震活动趋势来确定，则统计区内 t 年内发生 n 次地震的概率：

$$P(n) = \frac{(\nu_0 t)^n}{n!} e^{-\nu_0 t} \tag{2-1}$$

同时地震统计区内地震活动性遵从修正的震级频度关系，相应的震级概率密度函数为

$$f(m) = \frac{\beta \exp[-\beta(m - m_0)]}{1 - \exp[-\beta(m_{uz} - m_0)]} \tag{2-2}$$

式中，$\beta = b\ln 10$，b 为震级频度关系的斜率。实际工作中，震级 m 分成 Nm 档，m_j 表示震级范围为 $\left(m_j \pm \frac{1}{2}\Delta m\right)$ 的震级档。则地震统计区内发生 m_j 档地震的概率：

$$P(m_j) = \frac{2}{\beta} \cdot f(m_j) \cdot \mathrm{Sh}\left(\frac{1}{2}\beta\Delta m\right) \tag{2-3}$$

(2) 在地震统计区内部划分潜在震源区，并以潜在震源区的空间分布函数 f_{i,m_j} 来反映各震级档地震在各潜在震源区上分布的空间不均匀性，而潜在震源区内部地震活动性是一致的。假定地震统计区内共划分出 N_s 个潜在震源区 $\{S_1, S_2, \cdots, S_{Ns}\}$。

(3) 根据分段泊松分布模型和全概率公式，地震统计区内部发生的地震，影响到场点地震动参数值 A 超越给定值 a 的年超越概率为

$$P_k(A \geqslant \mathrm{a}) = 1 - \exp\left\{-\frac{2\nu_0}{\beta} \cdot \sum_{j=1}^{N_m} \sum_{i=1}^{N_s} \iiint P(A \geqslant a \mid E) \cdot f(\theta) \cdot \frac{f_{i,mj}}{A(S_i)} \cdot f(m_j) \cdot \mathrm{Sh}\left(\frac{1}{2}\beta\Delta m\right) \mathrm{d}x\mathrm{d}y\mathrm{d}\theta\right\} \tag{2-4}$$

$A(S_i)$ 为地震统计区内第 i 个潜在震源区的面积，$P(A \geqslant a|E)$ 为地震统计区内第 i 个潜在震源区内发生某一特定地震事件[震中 (x, y)，震级 $m_j \pm \frac{1}{2}\Delta m$，破裂方向确定]时场点地震动超越 a 的概率，$f(\theta)$ 为破裂方向的概率密度函数。

(4) 假定共有 N_z 个地震统计区对场点有影响，则综合所有地震统计区的影响，得：

$$P(A \geqslant a) = 1 - \prod_{k=1}^{N_z} [1 - P_k(A \geqslant a)] \tag{2-5}$$

(5) 地震区和地震带划分。依据地震活动空间分布的分区性和地震与活动构造区的相似性划分地震区。在地震区内依据地震活动空间分布的成带性和地震与活动构造带的一致性划分地震带。

(6) 潜在震源区划分。应在地震带内划分潜在震源区。综合判定潜在震源区时应考虑下列标志:破坏性地震震中,微震和小震密集带,古地震遗迹地段,地震空间分布图像的特征地段,断层活动段,晚第四纪断陷盆地,活动断层的端部、转折处或交汇处等特殊部位。

应根据地震活动空间分布图像和地震构造几何特征确定潜在震源区边界,考虑各个潜在震源区主破裂取向,确定其方向性函数。

潜在震源区划分的方法主要有历史地震重演原则和构造类比原则。

历史地震重演原则是指历史上已发生过强震的地段和地区,将来还可能发生类似的地震,可以据此划分出具有同类震级或稍高于原最大震级的潜在震源区。此外,地震活动性方面的一些时空分布特点,也可用作划定潜在震源区的辅证。

在使用历史地震活动重演原则时,进一步考虑了以下情况:历史上发生过 5 级或 5 级以上地震的地区一般都划为稍大于该震级的潜在震源区。充分运用小震活动条带和中小地震聚集区资料来勾划潜在震源区。

地震构造类比原则是指某地区在历史上虽然没有发生过强地震或中等强度的地震,但与已经发生过强震地区的构造条件具有相同或类似的特点,可以类比划出相应震级上限的潜在震源区。

对潜在震源区方向性的主要确定原则为:潜在震源区长轴方向和主要发震构造或发震断层方向一致。沿两组活动构造交汇区勾划潜源时,如果发震构造没有明确是哪一组,一般以区域上构造活动最新的一组为主要;如果发震构造明确是其中一组,则应有方向性,沿主要发震断层勾划。中、小地震或余震分布的长轴方向。

确定潜在震源区范围总的原则是,对资料比较详细,发震构造研究较为深入的地区,范围尽量划得小一些;对资料较少,发震构造研究程度较差的地区,范围可相对划大一些,并着重考虑:活动断层段长度,一般将同类性质断裂或活动强度、时代相近的包括在内。位置上首先考虑的是,将大于等于 5 级地震的震中位置包括在内。正断层和带有很大正断层分量的走滑断层主要发育在我国东部,大地震一般在断层上盘(倾向方向),和地表断层距离不超过 10 km。沿这类断层带勾划潜在震源区时,如果断层倾向明确,勾划的潜在震源区只需包括地表断裂带,顺倾向方向 10 km,如果断层倾向不明确,则以断层带为中心,向两侧各扩张10 km。当两组断裂交汇时,如果已明确发震断裂是其中一组,则沿该组断裂勾划。如果未明确哪一组为发震断裂,则以区域上活动时代较新的断裂或主干断裂为长轴方向。沿活动盆地确定潜在震源区的位置和宽度,应根据发震构造研究的详细程度和盆地性质来勾划。当发震构造研究比较详细,可以确定发震断层时,则按沿断层划分的方法确定潜在震源区的位置和宽度。尽管发震构造不清楚,但盆地中存在狭长的 N+Q 或 Q 等厚线梯度带,可以沿梯度带两侧一定范围内勾划。在发震构造不清楚,也无其他反映活动构造线索的情况下,潜在震源区宽度需包括整个盆地的宽度。根据余震分布勾划和已有的震例总结,对于 6~6.5 级的地震,其主震一般位于余震分布的轴线附近的部位,勾划时,可考虑以余震轴线为中心,向两侧扩展 10 km 作为潜在震源的宽度。6 级左右的地震,其余震分布方向性较差,而且主震不一定位于余震分布的中心附近部位,勾划时,应包括整个余震分布范围。

(7) 地震活动性参数的确定。地震活动性参数应包括:地震带的震级上限;地震带的震级下限;地震带的震级一频度关系;地震带的地震年平均发生率;地震带的本底地震震级及其年平均发生率;潜在震源区的震级上限;潜在震源区各震级档空间分布函数。

用于确定潜在震源区震级上限(M_u)的方法主要有历史地震法和综合构造类比法两种。

历史地震—构造法：历史地震 $M \geqslant 7$ 的潜在震源区通常结合构造特征来确定其震级上限，但在缺乏确切构造评价资料的情况下，可考虑震级上限为历史地震加 0～0.5 级。历史地震 $6 \leqslant M < 7$ 的潜在震源区如果没有构造标志，则根据地震活动情况可将震级上限考虑为历史地震加 0.3～1 级；当有构造评价资料时，需结合构造标志考虑。历史地震 $5 \leqslant M < 6$ 的潜在震源区仅有新构造资料时，如果新构造活动比较稳定，震级上限可考虑为历史最大地震加 0.3～0.5 级；如果位于新构造分区边界、大型断裂带或新生代盆地边界，那么震级上限可考虑为历史地震加 0.5 级；当有断层活动资料时，若断层为晚更新世以前的第四纪活动断层，则震级上限可考虑为历史地震加 0.5～1 级；如果为晚更新世以来活动断层，则震级上限根据活断层的规模或相关活动性参数评价，特别是有全新世活动断裂时将增加 0.5～1.5 级。

综合构造类比法：受地质构造发育条件和研究程度的限制，对资料缺乏的地区可通过与构造类似的地区进行构造类比来确定潜在震源区的震级上限。主要有两个层次的构造类比，即相似构造部位的类比和同一构造带的类比。类比的主要内容包括构造性质、规模、活动性、综合特性等。

确定地震带的地震活动性参数应按地震带内历史地震的最大震级和地震构造特征，确定地震带的震级上限；考虑地震资料的完整性、可靠性、代表性以及必要的样本量，统计确定震级—频度关系；根据地震活动趋势确定地震带的地震年平均发生率；根据区域地震活动水平和震源深度确定震级下限；本地地震震级，应取地震带内潜在震源区震级上限的最低值减去0.5级。

确定潜在震源区的地震活动性参数应依据下列因素确定潜在震源区震级上限：潜在震源区内最大地震震级；构造类比结果；古地震强度；地震活动图像判定的结果。

潜在震源区震级上限按 0.5 级分档。按各潜在震源区资料依据的充分程度和相应各震级档地震发生的可能性大小确定空间分布函数。

(8) 地震危险性分析计算。应给出地震动参数超越概率曲线。计算地震动反应谱时，周期点的分布应能控制反应谱形状，数目应不少于 15 个。

(9) 不确定性校正。应考虑地震动衰减关系不确定性校正，宜分析潜在震源区及地震活动参数不确定性对结果的影响。

(10) 结果表述。Ⅰ，Ⅱ，Ⅲ级工作应以表格形式给出对工程场地地震危险性起主要作用的各潜在震源区的贡献；Ⅳ级工作应说明起主要作用的潜在震源区。

根据工程需要，应以图和表格的形式给出不同年限、不同超越概率的地震动参数。

7. 区域性地震区划

1) 基本规定

应根据地震危险性概率分析结果，编制地震区划图。地震区划图的概率水平应根据工程的特性和重要性确定。区域地震活动性和地震构造评价、近场区地震活动性和地震构造评价，应符合《工程场地地震安全性评价》(GB 17741—2005)的规定。根据规范建立适合于区划范围的地震动衰减关系计算控制点的间距，应不大于地理经纬度 0.1%，在结果变化较大的地段，应加密控制点。

2) 结果表述

地震区划图比例尺宜采用 1∶500 000，采用分区线或等值线表述。根据计算结果确定分区界线时应考虑下列因素：潜在震源区和地震活动性参数的可变动范围及其对结果的影响；地形、地貌的差异;区划参数的精度。地震区划图应编写相应的使用说明。

8. 场地地震动参数确定和地震地质灾害评价

1) 场地地震动参数和时程的确定

场地地震动参数应包括场地地表及工程建设所要求深度处的地震动峰值和反应谱。反应谱宜以规准化形式表示。自由基岩场地,应根据地震危险性分析结果确定场地地震动参数:Ⅰ级工作,应综合考虑确定性方法和概率方法的结果确定场地地震动参数;Ⅱ级和Ⅲ级工作,应根据概率方法的结果确定场地地震动参数。

土层场地,应建立场地地震反应分析模型,进行场地地震反应分析,并基于场地地震反应分析结果确定场地地震动参数。应根据工程需要,依据场地地震动参数合成场地地震动时程。

2) 场地地震反应分析模型的建立

Ⅰ级、Ⅱ级工作和地震小区划,地面、土层界面及基岩面均较平坦时,可采用一维分析模型;土层界面、基岩面或地表起伏较大时,宜采用二维或三维分析模型。

确定地震输入界面时应符合下列规定:

(1) Ⅰ级工作应采用钻探确定的基岩面或剪切波速不小于 700 m/s 的层顶面作为地震输入界面。

(2) Ⅱ级工作和地震小区划应采用下列三者之一作为地震输入界面:钻探确定的基岩面;剪切波速不小于 500 m/s 的土层顶面;钻探深度超过 100 m,且剪切波速有明显跃升的土层分界面或由其他方法确定的界面。

(3) 选用二维或三维分析模型时,应考虑边界效应。

3) 场地土层模型参数的确定

Ⅰ级工作应根据土力学性能测定结果确定模型参数。Ⅱ级工作和地震小区划应由土力学性能测定结果及相关资料确定模型参数。

4) 输入地震动参数的确定

Ⅰ级工作的基岩地震动参数应按确定性方法和概率方法得到的结果确定。Ⅱ级工作和地震小区划的基岩地震动参数应按概率方法得到的结果确定。

合成适合工程场地的基岩地震动时程,应符合下列要求:Ⅰ级工作,反应谱的拟合应符合《核电厂抗震设计规范》(GB 50267—1997)中第 4.4.2.3 条的规定;Ⅱ级工作和地震小区划,反应谱的周期控制点在对数坐标轴上应合理分布,个数不得少于 50 个,控制点谱的相对误差应小于 5%;应给出三个以上相互独立的基岩地震动时程。

本地有强震动记录时,宜充分利用其合成适合工程场地的基岩地震动时程。按基岩地震动时程幅值的 50%确定输入地震波。

5) 场地地震反应分析与场地相关反应谱的确定

一维模型土层厚度应划分得足够小,使层内各点剪应变幅值大体相等,计算可用等效线性化波动法。二维及三维模型采用有限元法求解时,有限元网格在波传播方向的尺寸应在所考虑最短波长的 1/12~1/8 范围内取值。应根据场地反应分析得到的地震动时程,计算场地相关反应谱。根据计算所得到的场地相关反应谱,综合确定场地地震动参数。

6) 工程场地地震地质灾害评价

应根据工程场地工程地质条件,确定工程场地地震地质灾害类型,评价其影响程度。根据断层活动性调查结果,评价断层的地表错动特征及其对工程场地的影响。

9. 地震小区划

地震小区划应包括地震动小区划和地震地质灾害小区划。

地震动小区划应包括地震动峰值与反应谱小区划。地震动小区划应符合下列要求：根据工程场地工程地质分区图，选择有代表性的控制点或工程地质剖面；按规范规定，计算控制点或工程地质剖面的地震反应，确定控制点上的地震动参数。根据控制点上的地震动参数，并结合工程地质分区结果，编制给定概率水平的工程场地地震动峰值和反应谱分区图或等值线图。相邻分区或两条等值线，地震动峰值的差别宜不小于 20%，反应谱特征周期的差别宜不小于 0.05 s。应编写地震动小区划图说明。

10. 地震动峰值加速度复核

地震动峰值加速度复核应按规范的要求，对工程近场区地震活动和地震构造资料进行收集和补充调查，对相关潜在震源区及参数进行论证；应采用编制中国地震动参数区划图所使用的地震动峰值加速度衰减关系；确定 50 年超越概率 10% 的工程场地基岩地震动峰值加速度；应根据中硬场地与基岩场地地震动参数的对应关系，确定中硬场地的地震动峰值加速度，并按《中国地震动参数区划图》(GB 18306—2001)的分区原则进行归档，作为复核结果。

2.1.2.3 典型轨道交通项目地震安评案例

1. 上海轨道交通 14 号线工程场地地震安全性评价案例

本案例为上海轨道交通 14 号线工程场地地震安全性评价，拟建上海轨道交通 14 号线工程起点为上海市嘉定区封浜镇，终点为上海市浦东新区金桥镇，沿线穿越上海主城区，横跨嘉定区、普陀区、静安区、黄浦区及浦东新区。14 号线线路走向为：起于嘉定封浜站，沿曹安路—铜川路—武宁路—万航渡路—华山路—长乐路—金陵路—人民路—新永安路—过黄浦江—花园石桥路—浦东大道—云山路—锦绣东路，终于浦东金桥金穗路站。线路全长约39.1 km，车站 31 座，全部为地下线。全线设 1 段 1 场，即选址位于曹安路以南、封浜河以西的封浜车辆段(与轨道交通 17 号线共场址)和金穗路以东、金海路以南的金桥停车场(与轨道交通 12 号线定修段、轨道交通 9 号线停车场共场址)。

除豫园站、陆家嘴站及浦东大道站 3 站为地下 4 层，其余车站均为地下 2—3 层车站，结构形式为多柱多跨多层现浇钢筋混凝土箱型结构，车辆基地出入线和中间风井采用明挖法施工，其余地下区间采用单圆盾构法施工。围护形式一般采用地下连续墙形式，基础拟采用钢筋混凝土独立承台钻孔灌注桩基础。各车站工程性质概况详见表 2-8。轨道交通 14 号线地下区间结构形式为单圆盾构法衬砌结构，盾构外径约 6.2 m，隧道底埋深在 11.0～44.0 m 之间。此外，局部还设有区间旁通道。沿线地下区间埋深、长度等见表 2-9。

表 2-8　　轨道交通 14 号线地下车站工程基本性质一览表

序号	站名	车站层数及形式	车站尺寸/(m×m)	基底埋深/m	孔号
1	封浜站	地下二层，岛式站台	410.45×19.64	15	B1
2	金园五路站	地下三层，岛式站台	276.00×21.64	23	B2
3	临洮路站	地下二层，岛式站台	342.64×19.64	14	B3
4	嘉怡路站	地下二层，岛式站台	248.54×19.64	15	B4
5	曹安公路站	地下二层，岛式站台	246.26×19.64	14	B5

续表

序号	站名	车站层数及形式	车站尺寸/(m×m)	基底埋深/m	孔号
6	真新新村站	地下二层,岛式站台	600.70×20.14	14	B6
7	真光路站	地下二层,岛式站台	242.76×20.14	14	B7
8	铜川路站	地下二层,岛式站台	267.00×21.64	15	B8
9	真如站	地下三层,岛式站台	375.04×19.70	21	B9
10	中宁路站	地下二层,岛式站台	285.31×20.14	15	B10
11	东新路站	地下二层,侧式站台	466.40 ×27.95	15	B11
12	武宁路站	地下二层,岛式站台	283.40×20.14	14	B12
13	武定路站	地下二层,岛式站台	295.00×20.14	15	B13
14	静安寺站	地下三层,岛式站台	210.30×20.64	22	B14
15	黄陂南路站	地下二层,侧式站台	587.25×28.34	14	B16
16	大世界站	地下二层,岛式站台	233.00×19.70	14	B17
17	豫园站	地下四层,岛式站台	09.00×21.05	30	B18
18	陆家嘴站	地下四层,岛式站台	218.79×25.70	24	G3
19	浦东南路站	地下三层,岛式站台	227.30×24.66	19	B19
20	浦东大道站	地下三层,岛式站台	252.00×22.20	21	B20
21	源深路站	地下三层,侧式站台	532.94×25.30	21	B21
22	昌邑路站	地下三层,岛式站台	241.80×22.20	24	B22
23	歇浦路站	地下三层,岛式站台	208.50×22.24	20	B23
24	龙居路站	地下三层,岛式站台	344.00×20.14	21	B24
25	云山路站	地下三层,岛式站台	204.40×20.64	22	B25
26	蓝天路站	地下二层,岛式站台	597.60×21.64	15	B26
27	黄杨路站	地下二层,岛式站台	248.80×19.64	15	B27
28	锦绣东路站	地下二层,岛式站台	232.00×19.64	15	B28
29	金港路站	地下二层,岛式站台	344.74×19.64	15	B29
30	金粤路站	地下二层半,岛式站台	232.00×19.64	13	B30
31	桂桥路站	地下二层,岛式站台	516.00×19.64	12	B31

注:陆家嘴路站由于场地条件限制无法施工,本次借用上海中心项目安评孔(G3),静安寺站—黄陂南路站区间长度较长,增加了控制性钻孔 B15。

表 2-9　　轨道交通 14 号线地下区间隧道基本情况一览表

序号	名称	长度/m	基底埋深/m
1	封浜站—金园五路站区间	1 326.2	16.0～32.0
2	金园五路站—临洮路站区间	1 428.7	24.0～32.5
3	临洮路站—嘉怡路站区间	1 103.4	16.0～23.0

续表

序号	名称	长度/m	基底埋深/m
4	嘉怡路站—曹安公路站区间	1 453.6	16.0～24.0
5	曹安公路站—真新新村站区间	346.3	16.0～22.0
6	真新新村站站—真光路站区间	908.4	16.0～23.0
7	真光路站—铜川路站区间	1 025.6	16.0～26.0
8	铜川路站—真如站区间	525.0	16.0～22.0
9	真如站—中宁路站区间	852.5	16.0～24.0
10	中宁路—东新路站区间	636.5	16.0～24.0
11	东新路站—武宁路站区间	902.1	16.0～23.0
12	武宁路站—武定路站区间	452.4	16.0
13	武定路站—静安寺站区间	940.7	16.0～24.0
14	静安寺站—黄陂南路站区间	2 619.5	16.0～36.0
15	黄陂南路站—大世界站区间	328.8	16.0
16	大世界站—豫园站区间	722.5	16.0～33.0
17	豫园站—陆家嘴站区间	1 261.9	26.0～44.0
18	陆家嘴站—浦东南路站区间	841.6	21.0～29.0
19	浦东南路站—浦东大道站区间	454.7	22.0
20	浦东大道站—源深路站区间	854.3	22.0～29.0
21	源深路站—昌邑路站区间	401.7	23.0～25.0
22	昌邑路站—歇浦路站区间	1 099.2	25.0～32.0
23	歇浦路站—龙居路站区间	731.3	22.0
24	龙居路站—云山路站区间	1 678.6	22.0～23.0
25	云山路站—蓝天路站区间	1 069.8	21.0～32.0
26	蓝天路站—黄杨路站区间	1 286.8	16.0～21.0
27	黄杨路站—锦绣东路站区间	716.4	16.0～26.0
28	锦绣东路站—金港路站区间	1 252.5	16.0～25.0
29	金港路站—金粤路站区间	1 068.7	16.0～22.0
30	金粤路站—桂桥路站区间	739.8	11.0～30.5

本工程线路较长，约 40 km，线路范围为北纬 31.224°～31.269°、东经 121.292°～121.632°。根据《工程场地地震安全性评价》(GB 17741—2005)的要求，项目的工作区域范围不应小于工程场地外围 150 km，近场区范围取不小于工程场地外围 25 km。为此，本次工作拟取：

区域范围经纬度为：北纬 29.00°～34.00°，东经 118.00°～124.00°；

近场区范围经纬度为：北纬 30.97°～31.50°，东经 121.01°～121.91°。

在实际工作时，将根据场地周围的地震地质构造和地震活动环境条件，适当地调整研究区域范围，以更加全面地反映场址周围的地震环境。

1）区域和近场区地震活动性评价

本项目的区域主体部分位于华北地震区中的长江下游—黄海地震带内。公元 499 年至 2013 年 9 月间，区域内共记载（或记录）到破坏性地震 100 次，其中 4.7～4.9 级的地震 25 次，5.0～5.9 级 51 次，6.0～6.9 级 23 次，7.0 级地震 1 次。本项目的区域地震活动水平为中等强度，区内地震活动大致呈现北强南弱、东强西弱（或海域强、陆地弱）的态势。就分区而言，北区的地震活动性水平最高，区域内最大的一次 7 级地震发生于该区。中区的地震活动性强度次于北区，但该区 5 级左右地震活动频度较高，且分布较广。中区最大地震为 1505 年的南黄海 6.75 级地震，其次为 1624 年扬州 6 级地震、1979 年溧阳 6 级地震和 1996 年长江口东 6.1 级地震。相对于北区和中区，南区的地震活动性水平很低，其强度亦相对较弱，公元 1500 年至今未记载到破坏性地震（$M_s \geqslant 4.7$）。区域内近 9 成的地震震源深度小于 20 km。

北区及中区目前均处于地震活跃期末，推测未来 100 年内，两区地震活动均在所在区域的平均水平左右。历史上近场区范围内记载有 $M \geqslant 4$ 级地震 8 次，其中 $M \geqslant 5$ 级地震有 1 次，即 1731 年 11 月昆山淞南 5 级地震。近代从 1970 年 1 月至 2013 年 9 月期间，记录到 $M_s \geqslant 1.0$ 级的地震有 49 次，其中最大地震为 1997 年 8 月 3 日长江口 $M_s 3.7$ 级地震。场地从 1500 年至 2013 年 9 月期间遭遇过 31 次 4 度以上的地震影响，其中有 1 次地震的影响烈度为 6 度，13 次地震的影响烈度为 5 度，其余 17 次地震的影响烈度为 4 度。上述地震对本工程场地的最高地震影响烈度为 6 度。

本研究区基本处于以北东东—南西西向水平主压应力与北北西—南南东向的水平主张应力为主的现代构造应力场中，易于发生走滑或走滑兼逆断层活动。其中，北东向断层易发生右旋走滑运动，北西向的断层易发生左旋走滑运动，北北西向断层易发生逆兼走滑运动。

2）区域地震构造综合评价

上海及邻区大地构造位置处于扬子准地台的东部边缘。新近纪以来，构造运动过程由断块差异性沉降逐渐转化为大面积的隆起和沉降，苏北与南黄海的大面积继承性下降，西部和西南部大面积抬升。在隆起和沉降区的北北西向分界线附近，伴随着火山喷发活动。

本区主要的地震构造形式为盆地构造、北北西构造带、弧形构造、活动断裂。盆地的规模反映了盆地控制性断裂的活动强度，同时也限定着地震发震断层的规模尺度。如苏北—南黄海盆地面积巨大，其内多发 5～6 级地震，最大震级 7 级；直溪桥—桠溪港盆地属中—小型断陷，最大地震 5～6 级；白茆盆地和角直盆地，属小型凹陷，多发 4～5 级地震。

全区已知的第四纪断裂构造共计 49 条，可归纳为五组不同的构造方向，即北北东向活动断裂共 12 条，北东东向 14 条，北北西向 12 条，北西西向 3 条，近东西方向 8 条。大部分为第四纪早期断裂，只有少数断裂为晚更新世活动断裂或全新世活动断裂。北北西向断裂的强化是本区的重要标志。

区域内许多新近纪早期较活跃的断裂，发生过 4～5 级地震，具有发生震级上限 5.5～6.0 级地震的构造条件；区域内的晚更新世和全新世的地震活动断裂（郯庐断裂和栟茶河断裂）多发生过 5～6 级地震，具有发生上限 6.5 级、7.0 级地震的构造条件。

本区现代构造应力场最大主压应力轴（P 轴）近水平，方位为北东东—南西西；最大主张应力轴（T 轴）也是近水平的，方位为北北西—南南东。全区构造应力场具有较好的一致性。

3）近场区地震构造评价

近场区范围内为长江三角洲断陷区，新近纪以来以大面积相对沉降为特点。角直断凹位于近场区西北部，该断凹为新生代地堑型断陷盆地，盆地沿北东东（近东西）向展布，周边受断裂构造控制，南侧为吴江—黄渡断裂，北侧为昆山—嘉定断裂。近场区中南部北桥断凹为新生代断陷盆地，盆地北西向展布，南侧为马桥—金汇断裂控制，北侧为卖花桥—吴泾断裂控制。

近场区内断裂较为发育，多为隐伏断裂，主要有北西向、北东向和北东东向 3 组。北东向断裂和北东东向断裂形成早，多数发育于前寒武纪和古生代，经中、新生代构造运动进一步被强化和改造，新近纪以来活动性明显减弱。北西向断裂形成时代晚，切割浅，切割了北东向断裂，规模相对北东向断裂要小。

近场区内分布有 17 条主要断裂，分别为：① 太仓—奉贤断裂，② 枫泾—川沙断裂，③ 南通—上海断裂，④ 廊下—大场断裂，⑤ 常熟—孙小桥—嵊山镇断裂，⑥ 青浦—陈家镇断裂，⑦ 大场—江湾镇断裂，⑧ 卖花桥—吴泾和马桥—金汇断裂，⑨ 张堰—南汇断裂，⑩ 青浦—龙华断裂，⑪ 灯塔—赵家宅断裂，⑫ 白鹤—姚家港断裂，⑬ 昆山—嘉定断裂，⑭ 淞南断裂，⑮ 吴江—黄渡断裂，⑯ 太仓—望亭断裂，⑰ 吴江—昆山断裂。其中除吴江—昆山断裂和太仓—望亭断裂为前第四纪断裂外，其余 15 条断裂均为早-中更新世断裂。

拟建场地周边存在多条断裂分布，其中，南通—上海断裂、廊下—大场断裂和常熟—孙小桥—嵊山断裂通过本工程线路，但因场区覆盖层较厚，根据国标抗震规范可均忽略断层对场址产生直接的断错影响。

近场区历史记载 $M \geqslant 4$ 级地震 8 次，其中最大地震为 1731 年 11 月昆山淞南 5 级地震。综合考虑近场区地震构造情况，近场区范围内具有 6.0 级震级上限的构造条件。

4）地震危险性分析

目前作为我国一般建设工程抗震设防要求的《中国地震动参数区划图》（GB 18306—2001）给出的地震动参数超越概率为 50 年 10%，上海市工程建设规范《地下铁道建筑结构抗震规范》（DG/TJ 08-2064—2009）中用于强度验算和弹塑性变形验算的地震动参数的相应概率水准分别为 50 年 10%和 2%，鉴于本工程的重要性，本次还提供 100 年 63%，10%，2%的场地地震动参数。根据前面所确定的潜在震源区、地震活动性参数及地震动参数衰减关系，利用概率分析方法，采用上海地震局自主研发的 KZPJ 工程场地地震安全性评价软件进行本项目工程场地的地震危险性计算，基岩峰值加速度计算结果如表 2-10 所示。其中陆家嘴路站引用上海中心安评报告中的结果。

表 2-10　工程场地自由基岩面峰值加速度　单位：cm/s^2

控制坐标		50 年超越概率			100 年超越概率		
		63%	10%	2%	63%	10%	2%
B1	31.2694°N 121.2916°E	24.2	84.6	184.0	35.9	120.0	242.0
B2	31.2671°N 121.3102°E	24.2	84.7	185.0	35.9	120.0	242.0
B3	31.2653°N 121.3263°E	24.2	84.8	185.0	36.0	120.0	242.0
B4	31.2606°N 121.3420°E	24.3	84.9	185.0	36.0	121.0	243.0
B5	31.2575°N 121.3530°E	24.3	85.0	185.0	36.1	121.0	243.0
B6	31.2570°N 121.3690°E	24.3	85.1	186.0	36.1	121.0	244.0
B7	31.2552°N 121.3798°E	24.3	85.2	186.0	36.1	121.0	244.0

续表

控制坐标		50 年超越概率			100 年超越概率		
		63%	10%	2%	63%	10%	2%
B8	31.2528°N 121.3916°E	24.3	85.4	187.0	36.1	121.0	245.0
B9	31.2527°N 121.4020°E	24.3	85.5	187.0	36.2	122.0	246.0
B10	31.2486°N 121.4079°E	24.3	85.6	188.0	36.2	122.0	246.0
B11	31.2408°N 121.4180°E	24.3	85.9	188.0	36.2	122.0	247.0
B12	31.2349°N 121.4257°E	24.3	86.2	189.0	36.2	123.0	248.0
B13	31.2294°N 121.4310°E	24.3	86.4	190.0	36.3	123.0	249.0
B14	31.2242°N 121.4405°E	24.3	86.7	191.0	36.3	124.0	250.0
B15	31.224°N 121.4543°E	24.3	86.9	192.0	36.3	124.0	252.0
B16	31.2258°N 121.4685°E	24.4	87.1	193.0	36.3	125.0	254.0
B17	31.2284°N 121.4744°E	24.4	87.1	194.0	36.4	125.0	255.0
B18	31.2309°N 121.4838°E	24.4	87.2	194.0	36.4	125.0	257.0
B19	31.2411°N 121.5094°E	24.5	87.3	197.0	36.4	126.0	262.0
B20	31.2421°N 121.5144°E	24.5	87.3	197.0	36.5	126.0	263.0
B21	31.2436°N 121.5268°E	24.5	87.6	199.0	36.5	126.0	266.0
B22	31.2461°N 121.5354°E	24.5	87.7	200.0	36.5	127.0	267.0
B23	31.2527°N 121.5468°E	24.6	87.7	200.0	36.5	127.0	269.0
B24	31.2591°N 121.5537°E	24.6	87.6	201.0	36.6	127.0	269.0
B25	31.2531°N 121.5667°E	24.6	88.2	203.0	36.6	128.0	272.0
B26	31.2436°N 121.5737°E	24.6	88.7	205.0	36.6	129.0	275.0
B27	31.2359°N 121.5865°E	24.6	89.4	207.0	36.7	130.0	277.0
B28	31.2393°N 121.5960°E	24.6	89.6	208.0	36.7	131.0	279.0
B29	31.2429°N 121.6082°E	24.6	89.8	209.0	36.8	131.0	280.0
B30	31.2444°N 121.6229°E	24.7	90.2	211.0	36.8	132.0	283.0
B31	31.2596°N 121.6317°E	24.7	90.0	211.0	36.8	132.0	283.0
G3	31.2375°N 121.5019°E	24.5	87.4	196.0	36.4	126.0	260.0

注:G3 为直接引用上海中心的成果,本次直接应用于陆家嘴站的计算。

图 2-14 给出了部分工程线路典型控制点 50 年和 100 年不同超越概率水准的基岩水平向加速度反应谱曲线,图 2-15 给出了部分自由基岩面水平向峰值加速度的地震危险性曲线。表 2-11 列出衰减不确定性校正前部分潜源对场地基岩水平向峰值加速度反应谱产生概率的贡献。从中可见,对工程场地峰值加速度产生影响较大的浅源为 20 号、26 号和 19 号潜源,主要为近场地震影响。表 2-12 分别给出了工程场地部分控制点地震危险性分析得到的基岩水平向加速度反应谱结果。

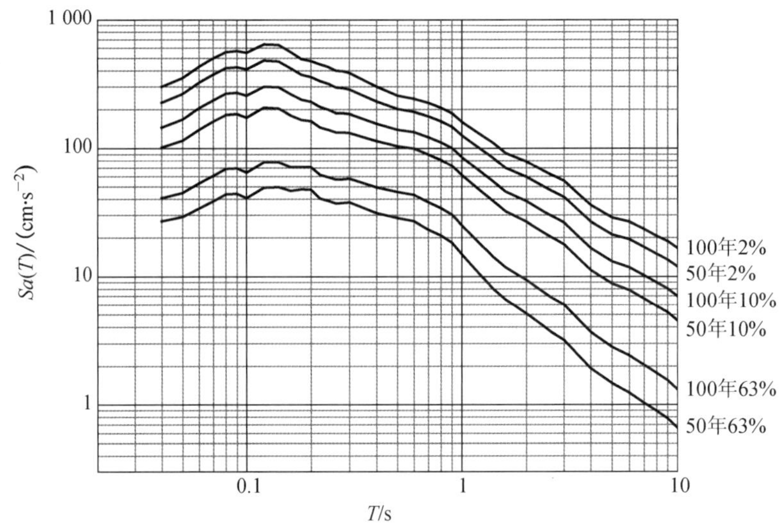

图 2-14　控制点 B1 不同超越概率水准的场地基岩水平向加速度反应谱曲线

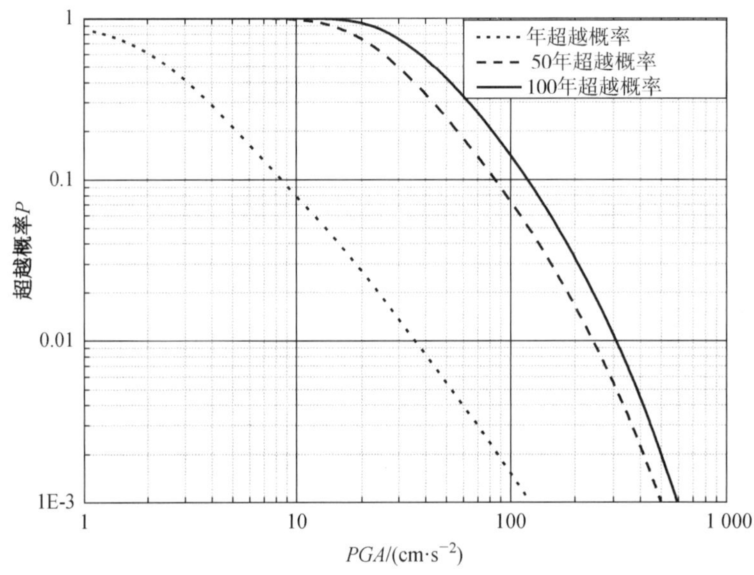

图 2-15　工程场址控制点 B1 自由基岩面水平向峰值加速度地震危险性曲线

表 2-11　控制点 B1 自由基岩面水平向峰值加速度反应谱潜源对年超越概率的贡献　单位：cm/s^2

潜　源	自由基岩面加速度							
	10	20	30	40	50	70	80	100
第 19 号源	5.34E-03	4.41E-03	3.34E-03	2.56E-03	2.01E-03	1.27E-03	1.01E-03	6.60E-04
第 26 号源	2.04E-02	6.53E-03	3.23E-03	1.91E-03	1.25E-03	6.24E-04	4.65E-04	2.73E-04
第 20 号源	6.12E-03	2.86E-03	1.41E-03	7.37E-04	3.94E-04	1.20E-04	6.82E-05	2.12E-05
第 18 号源	2.17E-03	1.57E-03	7.89E-04	3.69E-04	1.60E-04	2.41E-05	7.60E-06	4.42E-07

续表

潜 源	自由基岩面加速度							
	10	20	30	40	50	70	80	100
第 17 号源	3.13E-03	1.08E-03	3.42E-04	9.73E-05	2.56E-05	6.98E-07	3.66E-08	—
第 21 号源	5.27E-03	5.70E-04	1.64E-05	—	—	—	—	—
第 4 号源	8.83E-03	1.39E-03	4.77E-07	—	—	—	—	—

表 2-12 工程场址控制点 B1 基岩水平向加速度反应谱 单位:cm/s²

周期/s	50 年 63%	50 年 10%	50 年 2%	100 年 63%	100 年 10%	100 年 2%
0	24.2	84.6	184.0	35.9	120.0	242.0
0.04	26.9	102.0	227.0	40.8	146.0	301.0
0.05	29.1	115.0	265.0	44.8	168.0	353.0
0.06	33.8	140.0	324.0	53.2	205.0	432.0
0.07	38.5	162.0	374.0	61.0	236.0	500.0
0.08	43.6	182.0	420.0	69.1	266.0	560.0
0.09	44.2	185.0	427.0	69.8	270.0	570.0
0.1	40.9	174.0	411.0	64.6	257.0	552.0
0.12	49.2	207.0	481.0	77.6	302.0	644.0
0.14	49.7	204.0	474.0	77.5	298.0	635.0
0.16	46.4	180.0	417.0	71.1	263.0	559.0
0.18	47.7	167.0	372.0	71.3	239.0	494.0
0.2	47.5	163.0	358.0	71.0	230.0	475.0
0.22	40.4	146.0	333.0	61.8	210.0	450.0
0.24	38.7	140.0	317.0	59.3	200.0	429.0
0.26	37.0	133.0	297.0	56.8	188.0	401.0
0.28	37.3	133.0	294.0	57.2	188.0	397.0
0.3	37.7	132.0	286.0	57.8	185.0	384.0
0.4	31.1	114.0	231.0	49.5	156.0	301.0
0.5	28.5	104.0	202.0	45.5	140.0	256.0
0.6	26.9	99.6	192.0	43.3	134.0	242.0
0.7	23.2	89.4	177.0	37.8	122.0	225.0
0.8	20.9	80.8	162.0	34.0	111.0	206.0
0.9	18.3	72.8	147.0	30.2	100.0	187.0
1	14.9	61.6	126.0	25.0	85.1	161.0
1.4	8.0	38.5	83.9	14.2	54.9	110.0
1.6	6.6	32.1	70.1	11.8	45.8	91.8
2	5.1	26.6	59.7	9.4	38.5	78.9
2.4	4.1	22.0	50.1	7.6	32.0	66.5
2.6	3.7	20.3	46.7	6.9	29.7	62.2
3	3.2	17.8	41.5	6.0	26.2	55.4
4	1.9	11.2	26.6	3.7	16.6	35.8

续表

周期/s	50年63%	50年10%	50年2%	100年63%	100年10%	100年2%
5	1.5	8.8	21.2	2.8	13.1	28.7
6	1.2	7.8	19.5	2.4	11.8	26.6
7	1.0	6.7	17.0	2.0	10.2	23.4
8	0.9	5.9	15.0	1.8	9.0	20.7
9	0.8	5.2	13.5	1.6	8.0	18.8
10	0.7	4.5	11.9	1.3	7.0	16.6

5）场地工程地震的勘探及工程地震条件

本次勘测的工作量是根据中华人民共和国国家标准《工程场地地震安全性评价》(GB 17741—2005)有关规定确定的。本次工作在拟建轨道交通14号线沿线共布置了31个控制性钻孔(B1—B31)，在每个控制性钻孔中进行波速测试，测试深度均为100 m，并取部分土样进行共振柱试验。同时，为了掌握整个场地内地层分布特征，本次工作收集了工程场地内已完成的勘探孔成果资料。另外，陆家嘴站位置由于现场条件限制，无法实施现场勘探，利用了临近场地(上海中心)的地震安评孔资料。

拟建上海轨道交通14号线工程起点为上海市嘉定区封浜镇，终点为上海市浦东新区金桥镇，沿线穿越上海主城区，横跨嘉定区、普陀区、静安区、黄浦区及浦东新区。均属滨海平原地貌。

拟建场地大部分为地面道路，地势较为平坦，地面起伏不大，勘探孔孔口标高一般在2.54～5.39 m之间。沿线穿越多条城市主干道，线路两侧主要为住宅及商业建筑。

根据本次勘探孔资料及收集的场地勘察资料，所揭露的105.45 m深度范围内均为第四纪松散沉积物，主要由饱和黏性土、粉土以及砂土组成，一般具有成层分布特点。根据土的成因、结构及物理力学性质差异，可划分为11个主要层次，其中部分土层根据土性差异，划分为若干亚层。场地内典型质剖面图见图2-16，波速孔钻孔柱状图见图2-17。

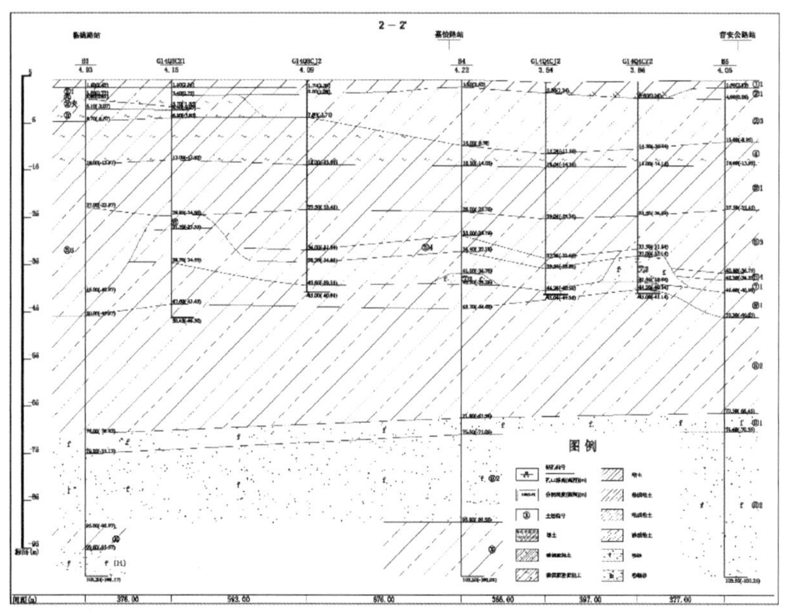

图2-16 工程地质剖面

孔深	105.30 m	标高	4.22 m	等效剪切波速	136 m/s					
地质时代	土层层号	土层名称	层底深度 /m	层底标高 /m	厚度 /m	柱状图	成因类型	土层描述	剪切波速 /m/s	质量密度 /g/cm^3
Q_h	①$_1$	填土	1.60	2.62	1.60		人工	表面为3 cm厚铺砖,3 cm厚砂垫层,10 cm厚混凝土,其下含较多碎石、碎砖等建筑垃圾,下部主要以粘性土为主,含少量石子,土质松散。	129	1.73
	②$_3$	砂质粉土夹黏土	14.00	-9.78	12.40		滨海~河口	含云母,土质不均匀,摇振反应快,无光泽反应,韧性低,干强度低。	133	1.83
	④	淤泥质黏土	18.30	-14.08	4.30		滨海~浅海	含云母,夹少量薄层粉砂,土质较均匀,摇振反应无,有光泽,韧性高,干强度高。	142	1.66
	⑤$_1$	黏土	28.00	-23.78	9.70		滨海、沼泽	含有机质,泥钙质结核,夹薄层粉性土,土质较均匀,摇振反应无,有光泽,韧性高,干强度高。	202	1.74
	⑤$_3$	粉质黏土	33.00	-28.78	5.00		溺谷	含有机质,泥钙质结核,摇振反应无,稍有光泽,韧性中,干强度中。	259	1.80
	⑤$_4$	粉质黏土	36.40	-32.18	3.40		溺谷	含氧化铁斑点及铁锰质结核,摇振反应无,稍有光泽,韧性中,干强度中。	265	1.94
Q_p^3	⑦$_1$	砂质粉土	41.00	-36.78	4.60		河口~滨海	含云母,夹薄层粘性土,土质不均匀,摇振反应快,无光泽反应,韧性低,干强度低。	285	1.89
	⑦$_2$	粉细砂	43.50	-39.28	2.50		河口~滨海	颗粒组成主要以云母、石英、长石为主,局部夹薄层黏性土。	292	1.89
	⑧$_1$	粉质黏土	48.70	-44.48	5.20		滨海~浅海	含有机质,夹薄层粉性土,摇振反应无,稍有光泽,韧性中,干强度中。	308	1.82
	⑧$_2$	粉质黏土夹粉砂					滨海~浅海	含有机质,土质不均匀,摇振反应无,稍有光泽,韧性中,干强度中。	385	1.83
	⑧$_2$	粉质黏土夹粉砂	71.80	-67.58	23.10		河口~湖泽	含有机质,土质不均匀,摇振反应无,稍有光泽,韧性中,干强度中	385	1.83
Q_p^3	⑨$_2$	粉砂	75.30	-71.08	3.50		滨海~河口	颗粒组成主要以云母、石英、长石为主,局部夹薄层黏性土	420	1.96
	⑨$_2$	粉砂夹中粗砂	93.80	-89.58	18.50		滨海~河口	颗粒组成主要以云母、石英、长石为主,局部夹薄层黏性土	433	1.98
Q_p^2	⑩	粉质黏土	105.30	-101.08	11.50		河口~湖泽	含氧化铁斑点及铁锰质结核,摇振反应无,稍有光泽,韧性中,干强度中	446	2.02

图 2-17 B4 孔钻孔柱状图

拟建场区水系发达，工程沿线自西向东穿越的河流主要有横沥港、中槎浦、朝阳河、桃浦、苏州河、黄浦江、洋泾港、狄柴浜等。

黄浦江为区内最大河流，线路穿越处江面宽约 500 m，最大水深约 16 m，为可通航万吨级船舶的深水港。黄浦江是一条强感潮河流，水流具有涨落分明和往复的特征，潮水为不规则的半日潮，根据离线路较近的黄浦公园监测站资料，历史最高水位为 5.72 m，多年平均最高潮位为 4.47 m，平均高潮位为 3.12 m，平均低潮位为 1.29 m，平均潮位为 2.21 m。

线路穿越处苏州河宽约 60 m，根据北新泾水文站监测资料，苏州河低潮位时平均水深3～4 m，高潮位时平均水深 7～8 m，历史最高潮位为 3.60 m，历史最低潮位为 1.46 m，多年平均高水位为 2.70 m，多年平均低水位为 2.00 m。

此外，拟建场地沿线穿越的一般河流，宽度一般为 20～40 m，河底底部埋深为 2.0～5.0 m，对应绝对标高为 2.0～−1.0 m。

根据本场地勘察资料，拟建场区勘探孔深度范围内，地下水主要为潜水和承压水。

上海地区潜水赋存于浅部地层中，潜水位埋深一般为 0.30～1.50 m，水位动态为气象型，主要受降雨、潮汛、地表水及地面蒸发等影响呈幅度不等的变化，常年平均地下水位埋深一般为 0.50～0.70 m。根据拟建场区已有勘探孔实测资料，工程沿线静止稳定地下水位平均埋深在 1.0 m 左右，平均水位标高在 3.0 m 左右。

工程沿线勘探孔深度范围内，第⑤$_2$层为上海地区微承压含水层，第⑦层为上海地区第Ⅰ承压含水层，第⑨层为上海地区第Ⅱ承压含水层，第(11)层为第Ⅲ承压含水层。根据区域承压水观测资料，上海地区(微)承压含水层水位一般低于潜水位，年呈周期性变化，水位埋深 3.0～12.0 m。

另外，根据搜集场地沿线附近水文地质勘探孔资料，场地 100 m 以深还分布有第Ⅳ、Ⅴ承压含水层。

根据中华人民共和国国家标准《建筑抗震设计规范》，场地类别应根据土层等效剪切波速和场地覆盖层厚度划分。本工程各波速测试孔等效剪切波速均小于150 m/s(各波速测试孔等效剪切波速详见表 2-13)，本次搜集的陆家嘴站邻近场地的波速测试孔(G3)等效波速亦小于 150 m/s，同时场地覆盖层厚度大于 80 m，根据国国家标准《建筑抗震设计规范》第 4.1.6 条，确定本项目工程场地各站点处均属Ⅳ类场地。

表 2-13　各孔等效剪切波速及工程建筑场地类别一览表

孔　号	等效剪切波速/($m \cdot s^{-1}$)	工程建筑场地类别
B1(封浜站)	141	Ⅳ
B2(金园五路站)	138	Ⅳ
B3(临洮路站)	138	Ⅳ
B4(嘉怡路站)	136	Ⅳ
B5(曹安公路站)	137	Ⅳ
B6(真新新村站)	137	Ⅳ
B7(真光路站)	141	Ⅳ
B8(铜川路站)	145	Ⅳ
B9(真如站)	142	Ⅳ
B10(中宁路站)	144	Ⅳ
B11(东新路站)	139	Ⅳ

续表

孔　号	等效剪切波速/(m·s^{-1})	工程建筑场地类别
B12(武宁路站)	141	Ⅳ
B13(武定路站)	139	Ⅳ
B14(静安寺站)	143	Ⅳ
B15(中间风井)	140	Ⅳ
B16(黄陂南路站)	142	Ⅳ
B17(大世界站)	138	Ⅳ
B18(豫园站)	143	Ⅳ
G3(陆家嘴站)	139	Ⅳ
B19(浦东南路站)	138	Ⅳ
B20(浦东大道站)	138	Ⅳ
B21(源深路站)	136	Ⅳ
B22(昌邑路站)	139	Ⅳ
B23(歇浦路站)	136	Ⅳ
B24(龙居路站)	138	Ⅳ
B25(云山路站)	135	Ⅳ
B26(蓝天路站)	138	Ⅳ
B27(黄杨路站)	140	Ⅳ
B28(锦绣东路站)	135	Ⅳ
B29(金港路站)	136	Ⅳ
B30(金粤路站)	138	Ⅳ
B31(桂桥路站)	135	Ⅳ

6）场地设计地震动参数

在场地土层地震反应分析计算结果的基础上，进一步确定工程场地设计地震动参数。在确定设计地震动峰值加速度值时，综合考虑地震动峰值加速度及短周期(如 0.04 s)加速度反应谱值的计算结果。此拟合曲线可作为工程场地设计地震动加速度反应谱(5%阻尼比)曲线，T_0 取 0.04 s。作安全考虑，最终本项目设计地震加速度反应谱(阻尼比 5%)的下降指数 γ 统一取 1.1，结果见表 2-14 和图 2-18。

表 2-14　B1 控制点(封浜站)地表水平向地震动峰值加速度及反应谱参数值

超越概率值	A_{max}/(cm·s^{-2})	$\alpha_{max}(g)$	T_1/s	T_2/s	β_m	γ
50 年 63%	40	0.096	0.10	0.60	2.4	1.10
50 年 10%	111	0.278	0.10	0.90	2.5	1.10
50 年 2%	193	0.463	0.10	1.00	2.4	1.10
100 年 63%	63	0.158	0.10	0.65	2.5	1.10
100 年 10%	142	0.355	0.10	0.95	2.5	1.10
100 年 2%	225	0.563	0.10	1.05	2.5	1.10

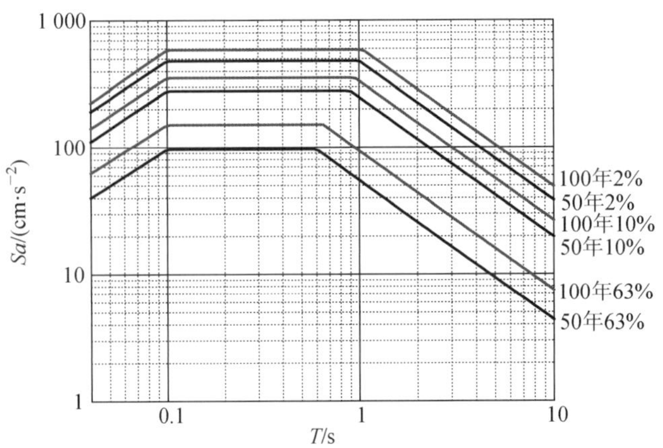

图 2-18　B1 控制点地表水平向地震动加速度反应谱

7）地震地质灾害评价

本工程场地所在地区位于我国东部长江三角洲入海口的东南前缘，拟建场地为滨海平原地貌，地形较为平坦，不存在崩塌、滑坡、泥石流发生的条件。场地所在的地区属于典型的软土地基，其地下水位埋深浅，浅层常常分布有饱和粉细砂层或砂质粉土等可液化土层，因此需对场地地基土液化、软土震陷等地质灾害的可能性进行研究。

(1) 场地地基土液化。根据本次波速孔勘探资料及工程场地勘察成果资料，拟建场地沿线，封浜路站—金园五路、嘉怡路站—曹安公路站、中宁路—武宁路站区间局部在深度 20 m 范围内有第②$_3$层砂质粉土夹黏土，其液化可能性及等级需进一步判别。

按照国家标准《建筑抗震设计规范》(GB 50011—2010)，本次工作根据波速勘探孔和场地初勘勘探孔的标准贯入试验成果对第②$_3$层砂质粉土夹黏土进行液化判别，经判别，拟建场地第②$_3$层砂质粉土夹黏土在抗震设防 7 度条件下，为可液化土层，液化等级为轻微，本次判别结果如表 2-15 所示。考虑到本次地震安评现场工作量有限，建议下一阶段详勘工作应进一步详细查明场地地基土的液化可能性、液化等级及分布范围。

表 2-15　地基土液化判别一览表

孔号	层号	试验点深度/m	黏粒含量 ρ_C/%	实测标贯击数	临界标贯击数 N_{Cr}/击	液化否	液化强度比 F_{lei}	液化指数 I_{lei}	液化指数 I_{le}	液化等级
G14S1CZ1	②$_3$	6.8	6.6	11.0	6.3	否	—	—	—	不液化
		8.3	7.4	13.0	6.5	否	—	—		
G14S1CZ3	②$_3$	6.3	8.2	5.0	5.5	是	0.91	0.78	0.80	轻微
		7.3	7.7	6.0	6.0	是	1.00	0.02		
G14Q1CZ1	②$_3$	5.3	8.1	9.0	5.1	否	—	—	—	不液化
		6.8	7.2	11.0	6.0	否	—	—		
G14Q3CZ3	②$_3$	5.8	8.6	5.0	5.1	是	0.97	0.27	0.27	轻微
		7.3	7.2	7.0	6.2	否	—	—		

续表

孔号	层号	试验点深度/m	黏粒含量 ρ_C/%	实测标贯击数	临界标贯击数 N_{Cr}/击	液化否	液化强度比 F_{lei}	液化指数 I_{lei}	液化指数 I_{le}	液化等级
B4	②$_3$	2.8	9.9	4.0	3.4	否	—	—	3.73	轻微
		3.8	8.3	4.5	4.3	否	—	—		
		4.8	8.6	9.0	4.7	否	—	—		
		6.3	7.6	6.0	5.7	否	—	—		
		7.8	6.8	7.0	6.6	否	—	—		
		9.3	7.3	7.0	6.8	否	—	—		
		10.8	7.9	5.0	7.0	是	0.71	1.75		
		12.3	8.7	4.5	7.0	是	0.64	1.84		
		13.8	8.9	7.0	7.3	是	0.97	0.14		
B5	②$_3$	3.8	7.3	4.0	4.6	是	0.87	1.29	5.58	轻微
		5.3	6.1	4.0	5.9	是	0.68	3.12		
		6.8	7.5	7.0	5.9	否	—	—		
		8.3	6.9	6.5	6.7	是	0.97	0.25		
		9.8	7.3	8.0	7.0	否	—	—		
		11.3	6.1	10.0	8.1	否	—	—		
		12.8	5.9	7.0	8.7	是	0.81	0.92		
G14S10CZ1	②$_3$	4.3	8.1	3.0	4.6	是	0.65	3.51	3.51	轻微
B11	②$_3$	4.3	8.3	5.0	4.6	否	—	—	—	不液化
		5.8	6.7	7.0	5.8	否	—	—		
		7.3	6.6	9.0	6.5	否	—	—		
		8.8	8.7	12.0	6.1	否	—	—		
		10.3	3	17.0	11.1	否	—	—		
B12	②$_3$	3.3	9.8	3.0	3.7	是	0.81	1.91	4.49	轻微
		4.8	6.6	4.0	5.4	是	0.74	2.58		
		6.3	7.5	6.0	5.7	否	—	—		
		7.8	7.9	7.0	6.1	否	—	—		
		9.3	7.1	8.0	6.9	否	—	—		
		10.8	6.8	10.0	7.5	否	—	—		

注:地下水位埋深取为 0.5 m。

(2) 软土震陷。根据本次波速孔勘探资料,场地 20 m 以内涉及的软土层主要为第③层淤泥质粉质黏土和第④层淤泥质黏土,根据各波速孔等效剪切波速,进行软土震陷判别,判别结果见表 2-16。

表 2-16　　场地等效波速软土震陷判别结果

孔　号	B1	B2	B3	B4	B5	B6	B7	B8	B9	B10	B11	B12	B13
等效剪切波速/($m \cdot s^{-1}$)	141	138	138	136	137	137	141	145	142	144	139	141	139
判别结果	否	否	否	否	否	否	否	否	否	否	否	否	否
孔　号	B14	B15	B16	B17	B18	B19	B20	B21	B22	B23	B24	B25	B26
等效剪切波速/($m \cdot s^{-1}$)	143	140	142	138	143	138	138	136	139	136	138	135	138
判别结果	否	否	否	否	否	否	否	否	否	否	否	否	否
孔　号	B27	B28	B29	B30	B31								
等效剪切波速/($m \cdot s^{-1}$)	140	135	136	138	135								
判别结果	否	否	否	否	否								

综上所述，场地等效剪切波速均大于 90 m/s，在 7 度抗震设防条件下，本工程场地可不考虑软土震陷影响。

(3) 岸坡稳定性分析。根据现场调查，防汛墙完好，岸坡现状稳定。防汛墙现状见图 2-19，建议下阶段设计应重视地震条件下防汛墙及岸坡稳定性分析计算。

图 2-19　防汛墙现状图

(4) 其他地震地质灾害。根据近场区断裂活动时代、隐伏深度等因素，因近场区断裂均非全新世活动断裂且工程场地土层覆盖厚度较大(260～340 m)，在 7 度抗震设防条件下，可忽略发震断裂错动对地面建筑的影响。

8) 结论和建议

根据本次上海市轨道交通 14 号线工程场地地震安全性评价工作，可得到以下主要结论：

① 本项目的区域主体部分位于华北地震区中的长江下游—黄海地震带内。公元499年至2013年9月间，区域内共记载(或记录)到破坏性地震100次，其中4.7～4.9级的地震25次，5.0～5.9级51次，6.0～6.9级23次，7.0级地震1次。本项目的区域地震活动水平为中等强度，区内地震活动大致呈现北强南弱、东强西弱(或海域强、陆地弱)的态势。

② 历史上近场区范围内记载有$M \geqslant 4$级地震8次，其中$M \geqslant 5$级地震有1次，即1731年11月昆山淞南5级地震。近代从1970年1月至2013年9月期间，记录到$M_s \geqslant 1.0$级的地震有49次，其中最大地震为1997年8月3日长江口$M_s 3.7$级地震。

③ 场地从1500年至2013年9月期间遭遇过31次4度以上的地震影响，其中有1次地震的影响烈度为6度，13次地震的影响烈度为5度，其余17次地震的影响烈度为4度。上述地震对本工程场地的最高地震影响烈度为6度。

④ 区域主要的地震构造形式为盆地构造、NNW构造带、弧形构造、活动断裂。全区已知的活动性断裂构造共计49条。大部分为第四纪早期活动断裂，只有少数断裂为晚更新世活动断裂或全新世活动断裂。

⑤ 近场区内分布有17条主要断裂，分别为：太仓—奉贤断裂、枫泾—川沙断裂、南通—上海断裂、廊下—大场断裂、常熟—孙小桥—嵊山镇断裂、青浦—陈家镇断裂、大场—江湾镇断裂、卖花桥—吴泾和马桥—金汇断裂、张堰—南汇断裂、青浦—龙华断裂、灯塔—赵家宅断裂、白鹤—姚家港断裂、昆山—嘉定断裂、淞南断裂、吴江—黄渡断裂、太仓—望亭断裂、吴江—昆山断裂。其中，除吴江—昆山断裂和太仓—望亭断裂为前第四纪断裂外，其余15条断裂均为早-中更新世断裂。

⑥ 用本区衰减关系进行地震危险性分析，计算结果表明，在50年超越概率10%的水准下，工程场地自由基岩面水平向峰值加速度为$0.084\,6g \sim 0.090\,2g$，工程场地地表水平向地震动峰值加速度为$0.105g \sim 0.126g$，本工程场址的基本烈度确定为7度。分析表明，对工程场地峰值加速度产生影响较大的，主要为近场地震。

⑦ 通过对工程场地土层反应分析计算，得到了工程场地50年和100年超越概率63%，10%，2%水准下地表及地下不同深度处的水平向地震动参数。并采用标定反应谱的方法，将其用下列分段函数的形式表示，其中T_0取0.04 s。

$$\beta(T)=\begin{cases} 1 & T \leqslant T_0 \\ 1+(\beta_m-1)\dfrac{T-T_0}{T_1-T_0} & T_0 < T \leqslant T_1 \\ \eta\beta_m & T_1 < T \leqslant T_g \\ \eta\beta_m\left(\dfrac{T_g}{T}\right)^{\gamma} & T_g < T \leqslant 10_s \end{cases} \tag{2-6}$$

本工程分区段给出了地表的峰值加速度和加速度反应谱的平均值(表2-17)，供地铁车站之间的区间线路抗震设计使用。建议本工程首先应该满足国家或地方地震区划和抗震设计规范的要求，然后在选择相应超越概率水准的基础上，满足安评给出的标准。

表 2-17　　B1 控制点(封浜站)地表水平向地震动峰值加速度及反应谱参数值

超越概率值	A_{max} /(cm · s^{-2})	α_{max}(g)	T_1 /s	T_2 /s	β_m	γ
50 年 63%	40	0.096	0.10	0.60	2.4	1.10
50 年 10%	111	0.278	0.10	0.90	2.5	1.10
50 年 2%	193	0.463	0.10	1.00	2.4	1.10
100 年 63%	63	0.158	0.10	0.65	2.5	1.10
100 年 10%	142	0.355	0.10	0.95	2.5	1.10
100 年 2%	225	0.563	0.10	1.05	2.5	1.10

⑧ 本工程场地属于Ⅳ类场地。近场区有 17 条断裂分布,根据近场区断裂活动时代、隐伏深度等因素,因近场区断裂均非全新世活动断裂且工程场地土层覆盖厚度较大(260～340 m),在 7 度抗震设防条件下,可忽略发震断裂错动对地面建筑的影响。

⑨ 在 7 度抗震设防条件下,根据本次波速孔勘探成果及场地初勘资料,拟建场地沿线,封浜路站—金园五路、嘉怡路站—曹安公路站、中宁路—武宁路站区间局部在深度 20 m 范围内有第$②_3$层砂质粉土夹黏土,液化判别为可液化土层,液化等级轻微。考虑到本次地震安评现场工作量有限,建议下一阶段详勘工作应进一步详细查明场地地基土的液化可能性、液化等级及分布范围。

⑩ 根据本次波速孔测试成果初步判定,在 7 度抗震设防条件下,本工程场地可不考虑软土震陷影响。

2.2 地下空间开发环境资源评估

2.2.1 土壤与地下水污染评估

随着城市产业结构调整和旧城改造进程的不断加快,大量的工业企业搬迁转变为住宅和公共用地,遗留下来大量潜在危险的场地,对人体健康和生态环境造成一定危害,为此场地污染问题日益引起政府和社会重视。

环境保护部等四部委《关于保障工业企业场地再开发利用环境安全的通知》(环发〔2012〕140 号)要求,对污染场地进行建设开发,必须进行调查处置,经风险评估对人体健康有严重影响的污染场地,未经治理修复或治理修复不符合相关标准的,不得用于居民住宅、学校、幼儿园、医院、养老场所等项目开发。国务院办公厅《关于印发近期土壤环境保护和综合治理工作安排的通知》(国发办〔2013〕7 号)文件要求全面提升土壤环境综合监管能力,初步控制被污染土地开发利用的环境风险,有序推进典型地区土壤污染治理与修复试点示范,逐步建立土壤环境保护政策、法规和标准体系。2011 年 7 月,环保部、国土资源部、水利部和财政部联合下发《关于开展全国地下水基础环境状况调查评估工作的通知》(环办〔2011〕102 号)文件,要求各省针对饮用水水源和重点污染源等典型区域依序开展浅层地下水环境状况调查、评估污染状况与防控方案、建设数据库、制定监管方案等工作。2011 年 10 月,国务院批复实施《全国地下水污染防治规划(2011—2020 年)》(国函〔2011〕119 号),该规划中明确指出,到 2015 年完成地下水污染状况调查和评估工作,完成大中城市周边生活垃圾填埋场或堆放场对地下水环境影响的风险评估工作,有计划开展典型地下水污染场地修复。

在污染土和地下水的分析评价方面,国内主要借鉴国外流行的基于人体健康安全的风险评价技术体系，该体系从环境工程角度就人体健康安全角度进行风险评价。但是场地污染物不仅对人体与环境造成不良影响，而且还可能影响土体的性质，腐蚀建筑材料，影响工程建设及工程安全使用，因此仅从环境工程角度评估污染对人体健康和生态的不利影响是不够的，在此基础上结合工程角度考虑污染对建筑材料的腐蚀性及对地基土工程特性的影响，形成土壤和地下水污染综合评估体系，主要包括土壤和地下水污染现状评估、土壤和地下水污染对人体健康的风险评估、土壤污染对土体强度影响评估、土壤污染对工程材料耐久性影响评估。

土壤和地下水污染现状评估和土壤和地下水污染对人体健康的风险评估工作程序主要包括 3 个阶段，分别是第一阶段场地环境调查、第二阶段场地环境调查和第三段场地环境调查，如图 2-20 所示。各阶段工作主要内容如下。

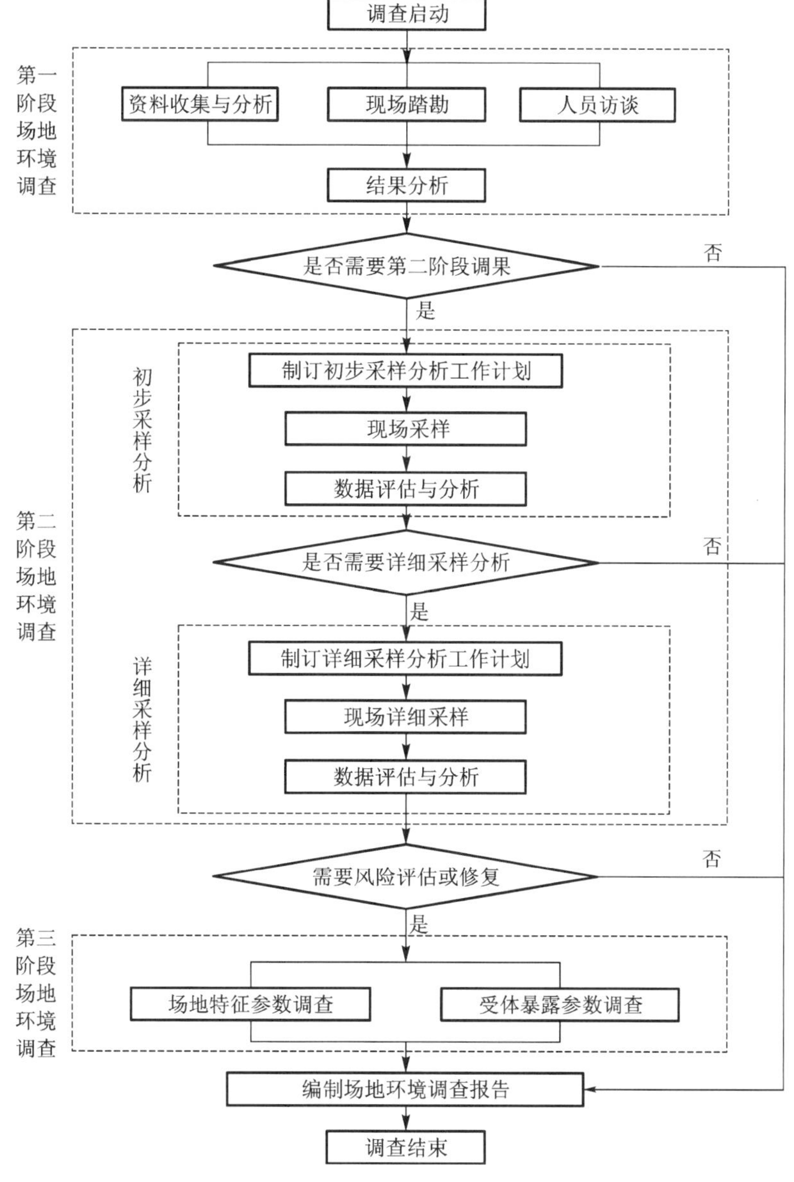

图 2-20　场地环境调查的工作内容和程序

(1) 污染识别(第一阶段场地环境调查):主要内容是通过文件审核、现场调查、人员访问等形式,对场地过去和现在的使用情况,特别是污染活动有关信息进行收集与分析,识别和判断场地的污染可能性。

(2) 污染确认(第二阶段场地环境调查):主要内容是通过现场勘察与采样分析,确认场地是否存在污染;或在确定场地污染的前提下,通过进一步采样确定污染程度和范围。如该阶段的采样分析确认场地已经受到污染,则需要进一步详细采样分析。根据场地内土壤和地下水检测结果,确定场地污染物种类、浓度水平和空间分布,并且绘制表示污染物的水平和垂直分布及迁移的示意图。

(3) 人体健康风险评估(第三阶段场地环境调查):主要内容是根据采样分析结果,识别关注污染物,根据场地土地利用未来规划,分析可能存在的暴露途径及敏感受体,建立场地概念模型。在暴露评估和毒性评估的基础上,采用风险评估模型计算风险值。

(4) 修复技术建议及费用评估(第三阶段场地环境调查):在场地污染确认和健康风险评估的基础上,明确场地污染程度、特征和分布特点,划定污染范围,根据场地土地利用未来规划和施工进度要求提出场地修复和治理方案建议,并以此估算修复费用。

第一阶段和第二阶段场地环境调查主要识别场地的污染现状并进行评估,第三阶段主要针对现有污染可能引起的人体健康问题进行风险评估工作,在此基础上展开修复工作。

2.2.1.1 土壤和地下水污染现状评估

土壤、地下水环境质量评价主要包括3个方面:污染现状评价、环境质量评价及环境质量影响的评价。

1. 污染现状评价

评价目的旨在说明土壤、地下水的污染程度及范围,并不说明土壤、地下水的适用性,受污染的地下水并不一定影响其使用。

评价标准是背景值或对照值。超过标准者视为污染。

背景值是不受人类活动影响的土壤、地下水有关组分的天然含量。背景值的一个明显特点是具有区域差异性,它随地质、水文地质条件而变。因此,在确定各区的背景值时,必须进行环境分区,分别确定各区的背景值。

背景值不是一个单值,应该是一个区间值。在研究区内,往往没有可以利用的背景值数据,因此人们常常用对照值作为评价标准。对照值可以是历史水质数据,或者是区内无明显污染源的水质数据,或者邻区水文地质条件相似的水质数据。

2. 环境质量评价

评价目的旨在说明质量的好坏及其适用性。

评价标准是各种质量标准。在评价污染时,一般都根据综合污染指数进行污染程度的分级,诸如分为未污染、轻污染、中等污染及重污染等;在评价其环境质量时,一般也根据综合指数进行质量好坏的分级,诸如很好、好、中等、坏、极坏等。

1) 评价指标

根据《土壤环境监测技术规范》(HJ/T 166—2004),土壤环境质量评价一般以土壤单项污染指数、土壤污染超标率(倍数)等为主,也可用内梅罗污染指数划分污染等级。

(1) 土壤酸碱度污染指数。

现行标准中没有关于土壤酸碱度污染指数的计算,为了表示场地受酸碱污染的影响，参照地表水中 pH 的计算方法来计算土壤酸碱度的污染指数。为便于表示，取小于 7.0 的值计算所得值为负值，大于 7.0 的值计算所得值为正值。pH 评价模式如下：

$$P_{\mathrm{pH}}=\frac{\mathrm{pH}_{\text{测}}-7.0}{\mathrm{pH}_{\text{评价标准的最高值}}-7.0}\quad(\mathrm{pH}_{\text{测}}\geqslant 7.0)$$

$$P_{\mathrm{pH}}=\frac{\mathrm{pH}_{\text{测}}-7.0}{7.0-\mathrm{pH}_{\text{评价标准的最低值}}}\quad(\mathrm{pH}_{\text{测}}<7.0)$$

(2) 单项污染指数。

用各污染因子监测的平均值与标准值之比，计算单项污染指数及综合污染指数，单项污染指数法计算公式：

$$P_i=\frac{C_i}{S_i}\tag{2-7}$$

式中，P_i 为土壤污染物的污染指数；C_i 为土壤污染物测定值；S_i 为土壤污染物评价标准值。

(3) 综合污染指数。

综合污染指数法采用内梅罗指数法(N. L. Nemerow)，计算公式如下：

$$P_{\text{综}}=\sqrt{\frac{\left(\frac{C_i}{S_i}\right)_{\max}^2+\left(\frac{C_i}{S_i}\right)_{\mathrm{ave}}^2}{2}}\tag{2-8}$$

式中，$\left(\frac{C_i}{S_i}\right)_{\max}^2$ 为土壤污染物中污染指数最大值；$\left(\frac{C_i}{S_i}\right)_{\mathrm{ave}}^2$ 为土壤污染物中各污染指数的平均值。

根据以上评价结果，绘出污染物平面分布，用不同颜色分别表示各污染程度。

2) 评价标准

(1) 单项污染指数评价标准。

单项污染指数评价标准见表 2-18。

表 2-18　土壤单项污染指数评价标准

等　级	土壤单项污染指数	污染等级
Ⅰ	$P_i\leqslant 1$	非污染
Ⅱ	$1<P_i\leqslant 2$	轻度污染
Ⅲ	$2<P_i\leqslant 3$	污染
Ⅳ	$P_i>3.0$	重污染

(2) 内梅罗污染指数评价标准。

内梅罗指数反映了各污染物对土壤的作用，同时突出了高浓度污染物对土壤环境质量的影响，土壤污染标准的划分一般采用污染综合指数(实测的污染成分的含量与土壤背景值相比比值)，共分为 5 级，见表 2-19。

表 2-19　　土壤内梅罗污染指数评价标准

等级	内梅罗污染指数	污染等级
Ⅰ	$P_N \leqslant 0.7$	清洁(安全)
Ⅱ	$0.7 < P_N \leqslant 1.0$	尚清洁(警戒线)
Ⅲ	$1.0 < P_N \leqslant 2.0$	轻度污染
Ⅳ	$2.0 < P_N \leqslant 3.0$	中度污染
Ⅴ	$P_N > 3.0$	重污染

2.2.1.2　土壤和地下水污染对人体健康的风险评估

土壤、地下水污染具有隐蔽性、滞后性，不易被发现。污染物在土壤地下水中发生累积、迁移，在场地开发及后续使用过程中污染物将通过口、鼻和皮肤等多种方式进入建筑工人及场内居民体内，对人体健康带来危害。因此为了保护人体健康，需对污染场地开展风险评估工作。

健康风险评估工作程序包括危害识别、暴露评估、毒性评估、风险表征和确定修复目标值，如图 2-21 所示。

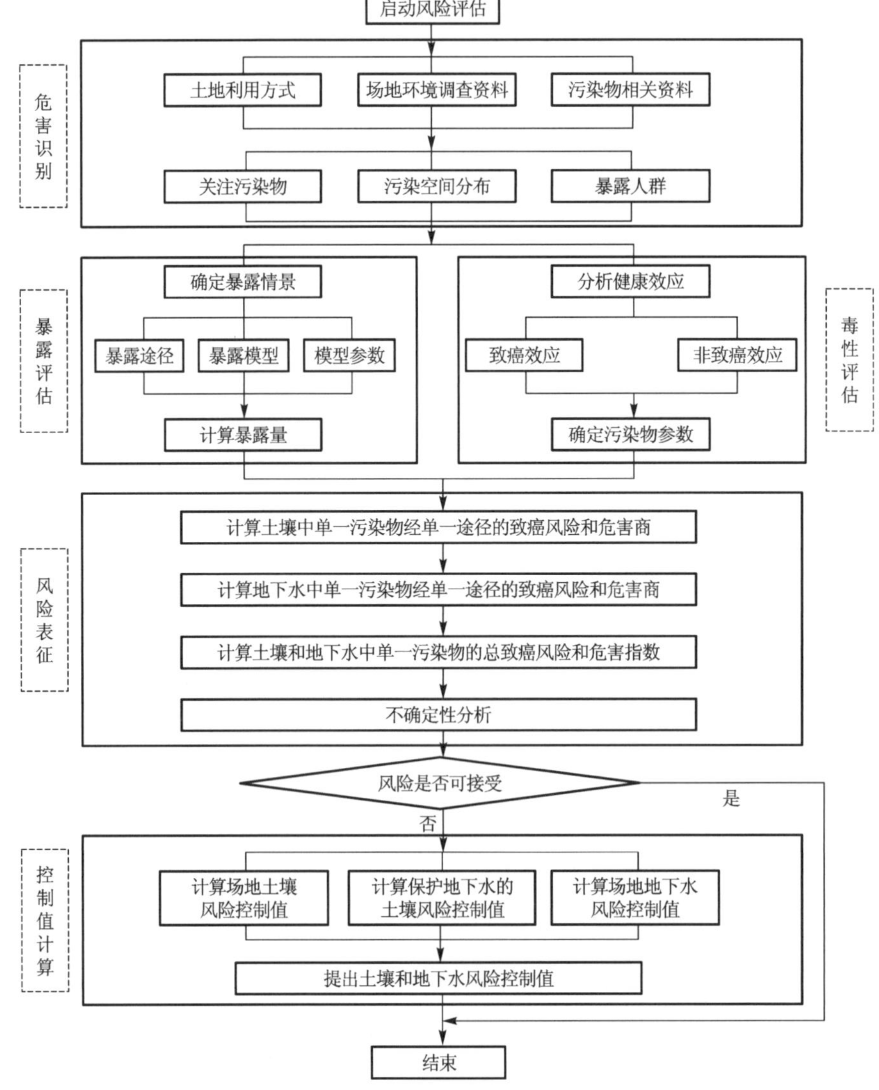

图 2-21　风险评估工作程序

首先，根据场地环境调查获取的资料，结合场地土地的规划利用方式，确定污染场地的关注污染物、场地内污染物的空间分布和可能的敏感受体。

在危害识别的工作基础上，分析场地中关注污染物进入并危害敏感受体的情景，确定场地污染物对敏感人群的暴露途径，确定污染物在环境介质中的迁移模型和敏感人群的暴露模型，确定与场地污染状况、土壤性质、敏感人群和关注污染物性质等相关的模型参数值，计算敏感人群摄入来自土壤、地下水污染物所对应的土壤、地下水的暴露量。

在危害识别的工作基础上，分析关注污染物对人体健康的危害效应，包括致癌效应和非致癌效应，确定与关注污染物相关的毒性参数，包括参考剂量、参考浓度、致癌斜率因子和单位致癌因子等。

在暴露评估和毒性评估的工作基础上，采用风险评估模型计算单一污染物经单一暴露途径的风险值、单一污染物经所有暴露途径的风险值、所有污染物经所有暴露途径的风险值；进行不确定性分析，包括对关注污染物经不同暴露途径产生健康风险的贡献率和关键参数取值的敏感性分析；根据需要进行风险的空间表征。

计算公式分别为：

$$CR = CDI \times SF \tag{2-9}$$

$$HQ = \frac{CDI}{RfD} \tag{2-10}$$

式中 CR——致癌风险；

HQ——风险度，%；

CDI——日慢性摄取量，$mg \cdot (kg \cdot d)^{-1}$；

RfD——慢性参考剂量 $mg \cdot (kg \cdot d)^{-1}$；

SF——致癌风险斜率系数，$mg \cdot (kg \cdot d)^{-1}$。

其中，CDI 的计算公式如下：

$$CDI = \frac{c \times IR \times CF \times FI \times EF \times ED}{BW \times AT} \tag{2-11}$$

式中 c——污染物含量，$mg \cdot kg^{-1}$；

IR——摄取速率，$mg \cdot d^{-1}$；

CF——转化因子，$10^{-6} kg \cdot mg^{-1}$；

FI——摄取分数，%；

EF——暴露速率，$d \cdot a^{-1}$；

ED——暴露周期，a；

BW——受体体重，kg；

AT——致癌效应或非致癌效应平均接触时间，d。

为了保护人体健康，通常以 $10^{-6} \sim 10^{-4}$ 作为致癌风险（CR）的评判标准。为充分保护人体健康，一般以总致癌风险 10^{-6} 作为可接受致癌风险的上限，如果总致癌风险大于 10^{-6}，则认为致癌风险是不可接受的，应采取措施进行土壤修复或者规避风险；若总致癌风险小于或等于 10^{-6}，则表明在本风险评价所假定的情境下，受体所承受的致癌风险在可接受范围内，无须采取进一步措施。

通常将危害指数小于或等于 1 作为可接受非致癌危害（HQ）的上限。如果危害指数大于 1，则认为非致癌危害是不可接受的，应采取进一步措施进行土壤修复或规避风险；若危害指数小于或等于 1，则表明在本风险评价所假定的情境下，受体所承受的非致癌危害在可接受范围内，可以无须再做进一步的评估。

2.2.1.3 污染对土体强度的影响评估

随着城市建设的发展和城市人口的日益增多，我国许多地区土体受到各类污染物入侵，土体的物质稳定和以物质为基础的土体结构、力学性质随之变化。

现有研究表明土壤和地下水中的离子质量浓度的变化而引起土体长期强度变化。东南大学刘松玉课题组研究了城市区域土体铁的化学行为与土体强度变异关系，其结果表明城市区域地下水化学场中 Fe 的质量浓度发生着变化，对土体强度产生影响。Fe 对土体强度的影响具有双向性：在含水量相对较高时，铁质胶结物被溶解、迁移，土体强度降低；而在含水量相对较低时，铁质胶结物不易被溶解，而更趋向于发生沉淀反应，并且由于水溶液中 Fe 离子质量浓度的增加，使土体对铁的吸附作用加强，从而使土体的强度增加。

土体强度的评估方法常用的是使用污染土工程特性指标变化率（%）来评价土体强度，即指污染前后工程特性指标的差值与污染前指标之比。采用土体强度、变形、渗透等工程指标，按国家标准《岩土工程勘察规范》规定，采集污染土壤的物理力学参数，对土体指标的影响程度等级分为大、中、小。并根据污染严重的场地，土体指标通常变化大的宏观成果，确定以下评价方法，见表 2-20，即工程特性指标变化率＞30%，为严重污染；工程特性指标变化率位于 10%～30%，为中等污染；工程特性指标＜10%，为轻度污染。

表 2-20 污染对土工特性的影响程度

影响程度	轻微	中等	大
工程特性指标变化率	＜10%	10%～30%	＞30%

2.2.1.4 土壤和地下水污染对工程材料耐久性的影响评估

工程材料主要包括水泥、混凝土及其制品、砖瓦、新型墙体材料等，是工程建设的物质基础。工程材料耐久性和生命周期的长短是工程建设中应该重视的问题。工程材料生命周期长、耐久性高可以降低材料的损耗，减少工程安全风险。

工程材料耐久性是指材料在自然环境、使用环境及材料内部因素的作用下，保持其自身工作能力的性能。耐久性是一种综合性质，包括抗渗性、抗冻性、耐蚀性、抗老化性、耐热性、耐磨性等。工程材料的生产和使用的各个过程都与环境密切相关，根据所处的环境不同可以划分为一般大气环境、海洋环境、土壤环境及工业环境等。因此其耐久性很大程度上受到环境条件的制约和影响。

由环境条件引起耐久性失效问题主要表现在以下几个方面。

1. 离子侵蚀腐蚀钢筋是导致结构耐久性失效的最主要原因之一

1）氯离子

氯离子侵入混凝土腐蚀钢筋的机理为：

$$Fe - 2e \rightarrow Fe^{2+} \tag{2-12}$$

$$O_2 + 2H_2O + 4e \rightarrow 4OH^- \tag{2-13}$$

（1）破坏钝化膜。氯离子是极强的去钝化剂，氯离子进入混凝土到达钢筋表面，吸附于局部钝化膜处时，可使该处的 pH 迅速降低，使钢筋表面 pH 降低到 4 以下，破坏了钢筋表面的钝化膜。

（2）形成腐蚀电池。在不均质的混凝土中，常见的局部腐蚀对钢筋表面钝化膜的破坏发生在局部，使这些部位露出了铁基体，与尚完好的钝化膜区域形成电位差，铁基体作为阳极而受腐蚀,大面积钝化膜区域作为阴极、腐蚀电池作用的结果使得钢筋表面产生蚀坑;同时,由于大阴极对应于小阳极,蚀坑的发展会十分迅速。

(3) 去极化作用。氯离子不仅促成了钢筋表面的腐蚀电池,而且加速了电池的作用。氯离子将阳极产物及时地搬运走,使阳极过程顺利进行甚至加速进行。氯离子起到了搬运的作用,却并不被消耗,也就是说,凡是进入混凝土中的氯离子,会周而复始的起到破坏作用,这也是氯离子危害的特点之一。

(4) 导电作用。腐蚀电池的要素之一是要有离子通路,混凝土中氯离子的存在,强化了离子通路,降低了阴阳极之间的欧姆电阻,提高了腐蚀电池的效率,从而加速了电化学腐蚀过程。

2) 硫酸盐

硫酸根离子由外界渗入到混凝土,与混凝土的某些成分发生化学反应而对混凝土产生腐蚀,使混凝土性能逐渐退化。这一过程,主要受两方面因素的影响,一是混凝土自身的特点即材料因素,包括混凝土的水灰比、孔隙率、水泥品种等;二是混凝土所处的硫酸盐侵蚀环境特点即环境因素,包括溶液中阳离子类型、SO_4^{2-} 浓度以及侵蚀溶液的 pH 值等。材料因素主要是通过影响混凝土的密实度和水化铝酸钙和 $Ca(OH)_2$ 含量来影响硫酸盐侵蚀;环境因素主要是通过影响硫酸盐反应的发生条件或者是说机理来影响混凝土退化速度的,环境不同,实际工程中混凝土受硫酸盐侵蚀破坏的形态也不尽相同。归纳一下,主要表现为以下几种形式 。

(1) 当硫酸盐溶液中的阳离子为可溶性的离子(如 Na,K)时,硫酸盐与 C_3A 反应生成钙矾石,由于钙矾石能产生膨胀,而混凝土的抗拉强度又很低,所以混凝土很容易在膨胀压力下开裂。

(2) 当溶液中存在 Mg^{2+} 时,硫酸盐与氢氧化钙反应生成石膏,并且能将 C—S—H 置换成 M—S—H,此时混凝土只能产生微小的膨胀,而更多的是表现为使混凝土强度、刚度和黏结力的降低。

(3) 低温潮湿或者有碳酸盐存在的条件下生成碳硫硅钙石,碳硫硅钙石也能引起混凝土膨胀开裂。

(4) 干湿循环条件下进入到混凝土中的硫酸盐吸水结晶对混凝土产生结晶压力,而使混凝土开裂、破坏。所以,硫酸盐侵蚀环境因素对混凝土性能退化的影响是至关重要的。

2. 碳化

混凝土碳化是二氧化碳与水泥石中的碱性物质相互作用,使其成分、组织和性能发生变化,使用机能下降的一种很复杂的物理化学过程。碳化会降低混凝土的碱度,破坏钢筋表面的钝化膜,使混凝土失去对钢筋的保护作用,给混凝土中钢筋锈蚀带来不利的影响。同时,混凝土碳化还会加剧混凝土的收缩,这些都可能导致混凝土的裂缝和结构的破坏。

混凝土碳化的主要反应式如下:

$$CO_2 + H_2O \longrightarrow H_2CO_3 \tag{2-14}$$

$$Ca(OH)_2 + H_2CO_3 \longrightarrow CaCO_3 + 2\ H_2O \tag{2-15}$$

国内外公认的碳化深度 D 与碳化时间 t 的关系式为:

$$D = \alpha\sqrt{t} \tag{2-16}$$

$$D_2 = D_1\sqrt{\frac{t_2}{t_1}} \tag{2-17}$$

式中 α—— 碳化速度系数;

D_1, D_2—— 测得的和要预测的混凝土碳化深度;

t_1，t_2—— 测定 D_1 和预测 D_2 时的碳化时间。

碳化速度系数 α 体现了混凝土的抗碳化能力，它不仅与混凝土的水灰比、水泥品种、水泥量等有关，还与环境的相对湿度、温度及二氧化碳的浓度有关。

3. 碱-集料反应

碱-集料反应是指混凝土中的碱与集料中的活性组分之间发生的破坏性膨胀反应，是影响混凝土耐久性最主要的因素之一。该反应不同于其他混凝土病害，其开裂破坏是整体性的，并且目前还没有有效的修补方法，对碱-碳酸盐反应的预防也尚无有效的措施。由于碱-集料造成的混凝土开裂破坏难以被阻止，因而成为混凝土的"癌症"。

碱-集料反应是混凝土组成中的水泥、外加剂、掺合料或拌和水中的可溶性碱，和混凝土空隙中及集料中能与碱反应的活性成分在硬化混凝土中逐渐发生的一种化学反应。必须同时具备如下 3 种条件才能发生碱-集料反应对混凝土结构造成损坏：

(1) 混凝土处于有利于碱渗入的环境，或者配制混凝土时由水泥、集料(海砂)、外加剂和拌和水中带进混凝土中一定数量的碱。

(2) 一定数量的碱活性集料。

(3) 潮湿环境，可以提供反应物吸水膨胀所需要的水分。

碱-集料反应发生于混凝土中的活性骨料与混凝土中的碱之间，其反应产物为硅胶体。这种硅胶体遇水膨胀，产生很大的膨胀压力，从而引起混凝土开裂。一旦发生碱-集料反应出现裂缝后，加速混凝土的其他破坏，如空气、水、二氧化碳等侵入会使混凝土碳化和钢筋锈蚀速度加快，而钢筋锈蚀产物铁锈的体积远大于钢筋原来的体积，会使裂缝扩大。钢筋腐蚀过程及主要影响因素如图 2-22 所示。

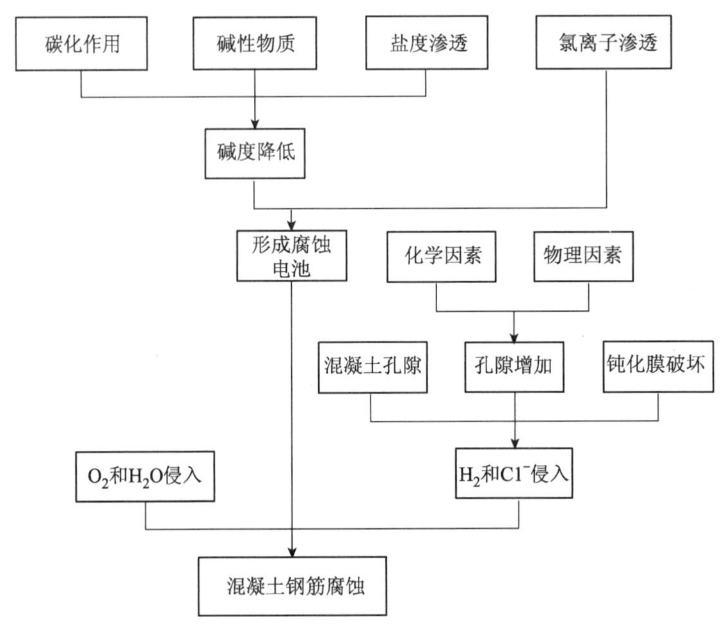

图 2-22 钢筋腐蚀过程及主要影响因素

污染土对工程材料的腐蚀性评价：根据国家标准《岩土工程勘察规范》(GB 50021—2001)，对污染土壤进行 pH、硫酸盐含量、镁盐含量、铵盐含量、苛性碱含量、总矿化度、侵蚀性 CO_2、氧化还原电位、视电阻率、极化电流密度、质量损失、HCO_3^-的腐蚀性实验，污染土壤对工程材料(混凝土、钢材)的腐蚀性,可分为无污染(微腐蚀)、弱度污染(弱腐蚀)、中等污染(中腐蚀)、严重污染(强腐蚀)四个等级,详见表 2-21。

表 2-21 污染土壤对工程材料的腐蚀性 单位:mg/L

腐蚀等级	腐蚀介质	环境类型Ⅰ	环境类型Ⅱ	环境类型Ⅲ
微	$SO_4{}^{2-}$	<200	<300	<500
弱	$SO_4{}^{2-}$	200~500	300~1 500	500~3 000
中	$SO_4{}^{2-}$	500~1 500	1 500~3 000	3 000~6 000
强	$SO_4{}^{2-}$	>1 500	>3 000	>6 000
微	Mg^{2+}	<1 000	<2 000	<3 000
弱	Mg^{2+}	1 000~2 000	2 000~3 000	3 000~4 000
中	Mg^{2+}	2 000~3 000	3 000~4 000	4 000~5 000
强	Mg^{2+}	>3 000	>4 000	>5 000
微	$NH_4{}^{+}$	<100	<500	<800
弱	$NH_4{}^{+}$	100~500	500~800	800~1 000
中	$NH_4{}^{+}$	500~800	800~1 000	1 000~1 500
强	$NH_4{}^{+}$	>800	>1 000	>1 500
微	OH^-	<35 000	<43 000	<57 000
弱	OH^-	35 000~43 000	43 000~57 000	57 000~70 000
中	OH^-	43 000~57 000	57 000~70 000	70 000~100 000
强	OH^-	>57 000	>70 000	>100 000
微	总矿化度	<10 000	<20 000	<50 000
弱	总矿化度	10 000~20 000	20 000~50 000	50 000~60 000
中	总矿化度	20 000~50 000	50 000~60 000	60 000~70 000
强	总矿化度	>50 000	>60 000	>70 000

按地层渗透水和土对混凝土结构的腐蚀性评价

腐蚀等级	pH(A)	pH(B)	侵蚀性(A)CO_2 /(mg·L^{-1})	侵蚀性(B)CO_2 /(mg·L^{-1})	HCO_3^-(A)/(mmoL·L^{-1})
微	>6.5	>5.0	<15	<30	>1.0
弱	6.5~5.0	5.0~4.0	15~30	30~60	1.0~0.5
中	5.0~4.0	4.0~3.5	30~60	60~100	<0.5
强	<4.0	<3.5	>60	—	—

土对钢结构腐蚀性评价

腐蚀等级	pH	氧化还原电位/mV	视电阻率/(Ω·m)	极化电流密度/(mA·cm^{-2})	质量损失/g
微	>5.5	>400	>100	<0.02	<1
弱	5.5~4.5	400~200	100~50	0.02~0.05	1~2
中	4.5~3.5	200~100	50~20	0.05~0.20	2~3
强	<3.5	<100	<20	>0.20	>3

2.2.2 噪声与粉尘污染评估

噪声和粉尘污染评估是指评价地下空间开发项目实施引起的声、粉尘环境质量的变化，并对周边环境带来的影响程度。

噪声污染评估包括声环境现状调查与评价的评估和环境影响预测与评价的评估，具体流程见图 2-23。

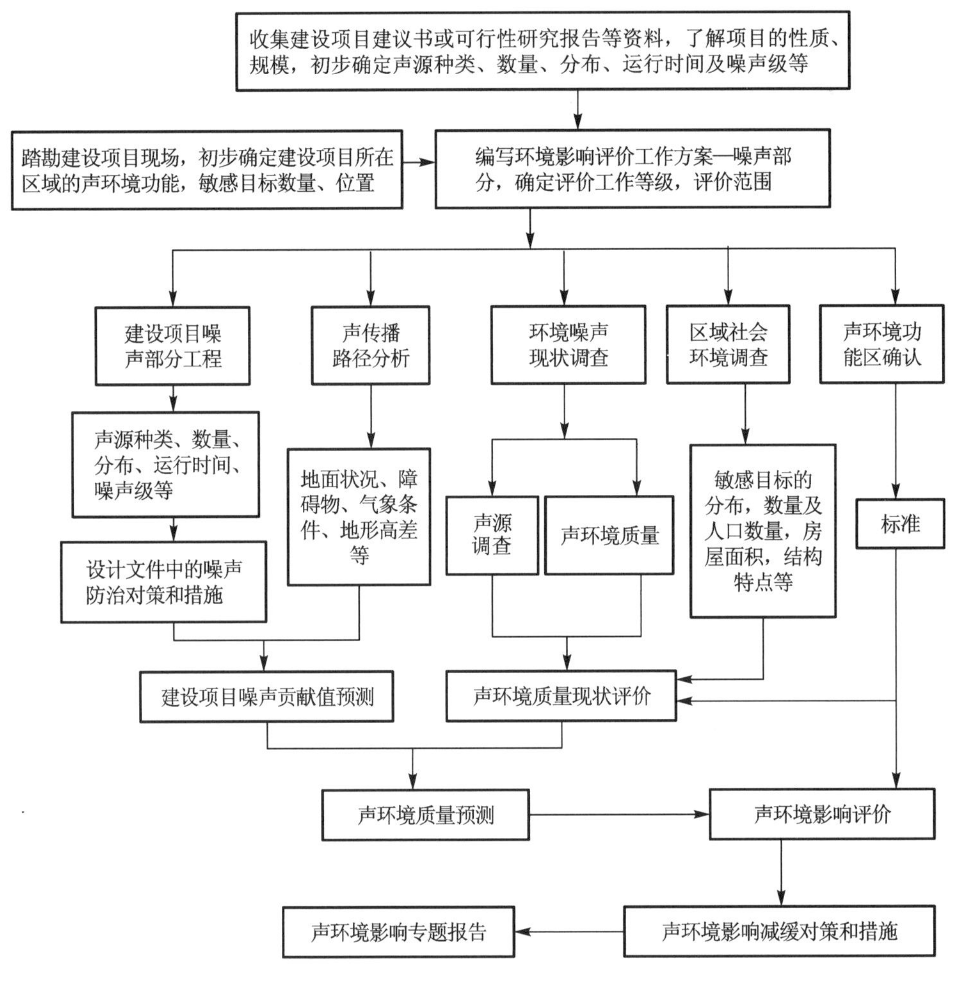

图 2-23 声环境影响评估工作程序

声环境影响评价工作首先明确评价等级，主要依据建设项目所在区域的声环境功能区类别、建设项目建设前后所在区域的声环境质量变化程度及受建设项目影响人口的数量来划分工作等级。

声环境影响评价工作等级一般分为三级：一级为详细评价；二级为一般性评价；三级为简要评价。评价范围内有适用于《声环境质量标准》(GB 3096—2008)规定的 0 类声环境功能区域，以及对噪声有特别限制要求的保护区等敏感目标，或建设项目建设前后评价范围内敏感目标噪声级增高量达 5dB(A)以上[不含 5 dB(A)]，或受影响人口数量显著增多时，按一级评价。建设项目所处的声环境功能区为 GB 3096 规定的 1 类、2 类地区，或建设项目建设前后评价范围内敏感目标噪声级增高量达 3～5 dB(A)[含 5dB(A)]，或受噪声影响人口数量增加较多时，按二级评价。建设项目所处的声环境功能区为 GB 3096 规定的 3 类、4 类地区,或建设项目建设前后评价范围内敏感目标噪声级增高量在 3 dB(A)以下[不含 3 dB(A)],且受影响人口数量变化不大时,按三级评价。

声环境影响评价范围依据评价工作等级确定,满足一级评价要求的,一般以建设项目边界向外 200 m 为评价范围。二级、三级评价范围可依据实际情况适当缩小。

声环境现状调查和评价的评估内容包括项目所在区域的主要气象特征,声环境功能区划、敏感目标和现状声源。基本调查方法有资料收集法、现场调查法、现场测量法。分别评价不同类别的声环境功能区内各敏感目标的超、达标情况,说明其受到现有主要声源的影响状况。

地下空间开发施工过程产生的噪声执行《建筑施工场界环境噪声排放标准》(GB 12523—2011)中相应的标准。

环境影响预测与评价的评估主要任务有以下三个方面:评估预测点选择、评价工作等级、相关规范要求的相符性。预测点应具有覆盖现状监测点和全部环境保护目标;评估预测模式选择的正确性、预测条件和参数选取的合理性。选取预测模式应有必要的模式验证结果和参数调整说明;评估预测结果的准确性。

地下空间开发过程中噪声影响预测通常将视为点源预测计算。根据点声源衰减模式,估算出离声源不同距离敏感区的噪声值。预测评价采用如下模式:

$$LA(r) = Laref(r_o) - (A_{div} + A_{bar} + A_{atm} + A_{exc}) \tag{2-18}$$

式中 $LA(r)$——距声源 r (m)处的 A 声级;

$Laref(r_o)$——参考位置 r_o(m)处的 A 声级;

A_{div}——声波几何发散引起的 A 声级衰减量;

A_{bar}——声屏障引起的 A 声级衰减量;

A_{atm}——空气吸收引起的 A 声级衰减量;

A_{exc}——附加衰减量。

2.2.2.1 几何发散

几何发散计算公式为:

$$L(r) = L(r_o) - 20\log\left(\frac{r}{r_o}\right) \tag{2-19}$$

2.2.2.2 空气吸收的衰减

空气吸收引起的衰减按下式计算:

$$A_{atm} = \alpha \frac{r - r_o}{100} \tag{2-20}$$

式中 r——预测点距声源距离,m;

r_o——参考点距声源的距离,m;

α——每 100 m 空气吸收系数。

2.2.2.3 附加衰减

附加衰减包括声波传播过程中由于云雾、温度梯度、风及地面效应引起的能量衰减。

当预测值高于项目所在区域声环境功能区标准值时,应采取相应降噪措施。地下空间开发噪声影响主要来自施工期,因此施工期间必须严格执行市文明施工的各项管理规定,合理安排场地及作业时间、优化施工工艺、加强临时防护和施工管理，使沿线敏感目标的噪声影响降至最低。

采取的措施主要有：尽可能减少机械作业，增加人工作业量；针对施工机械的噪声具有突发、无规则、不连续及高强度等特点，可采取合理安排施工工序，避免几种机械同时施工等措施加以缓解；合理安排施工时间，严格限制夜间高噪声机械施工；与施工场地距离小于 100 m 的居民区处，根据《声屏障声学设计和测量规范》，施工场地与居民楼间设置隔声屏障，采用折板型声屏障，高度 5 m，长度根据现场情况选取，可降噪 10 dB 以上；在休息日、午休时段停止高噪声机械施工；施工单位应选择低噪声的施工机械，并经常进行维修和保养；合理安排物料及工程废弃渣土、建筑垃圾运输的路线和时间，车辆应减速慢行，禁止鸣笛。

施工期环境噪声影响是短期行为，施工前张贴告示告知公众，与项目周边居民沟通，让居民了解项目施工时段，做好应对准备，施工期收集居民意见，对反馈的问题及时改进，并加强管理，采取防治措施可使影响降至最低程度。

2.2.3 固体废弃物影响评估

地下空间开发项目固体废弃物主要来自施工期的建筑垃圾、工程渣土和施工人员生活垃圾，为一般固废。其中建筑垃圾和工程渣土不仅会占用很多施工空间，还是造成扬尘和水体污染的主要污染源。

为减少施工期固体废物对周围环境的影响，须采取一定的防治措施。

1. 建筑垃圾和工程渣土处理

根据废料性质采取回收利用和开挖土方回填。对钢筋、木材等下脚料可分类回收，交废物收购站处理；对建筑垃圾，如混凝土废料、废砖、含砖、石、砂的杂土应集中堆放，定时清运；对开挖土方应设置临时堆放场，尽可能就地利用。对于不可利用的部分应由建设单位会同环卫主管部门制定处置、管理方案，不得倾入河道或混入居民生活垃圾中。

建设或施工单位应持渣土管理部门核发的处置证，向运输单位办理施工弃土、建筑垃圾托运手续。运输车辆在运输工程弃土、建筑垃圾时应随车携带处置证，接受渣土管理部门检查，运输路线应按渣土、公安、交通管理部门规定的线路走向。工程弃土和建筑垃圾须卸在指定收纳场内，并将收纳地管理单位签发回执，交托运单位送渣土管理处查验。

2. 生活垃圾处置

施工人员尽可能利用道路两旁已有垃圾处置设施。如施工人员较为集中时，生活垃圾需要加强管理，必要时增设垃圾筒，生活垃圾收集后集中储存，并定期外运，禁止随意堆放垃圾。

2.3 地下资源评估

2.3.1 地热资源评估

地热是贮存于地球内部的热能，来源于地球熔融岩浆和放射性元素衰变时发出的热量。地热资源是在当前技术经济条件和地质条件下，能够从地壳内科学、合理地开发出来的岩石热能量、地热流体热能量及其伴生的有用组成。

地热作为一种热能，存在于地壳中也有一定数量，是一种资源。对于地热资源的评价也像其他矿物燃料一样，要在一定的技术、经济和法律的条件下进行评定。评价主要内容包括地热资源类型、热储分布及特征，参数确定，如厚度、孔隙度、渗透率、比重等。现有的地热资源的评价方法有以下几种。

2.3.1.1 热储法

热储法的地热资源量按式(2-21)计算：

$$Q_R = \frac{V_{地下}}{V_{地上}} Ad(t_r - t_j) \tag{2-21}$$

式中 Q_R——地热资源量，kcal；

A——热储量面积，m^2；

d——热储厚度，m；

t_r——热储温度，℃；

t_j——基准温度(即当地地下恒温层温度或年平均气温)，℃；

$\frac{V_{地下}}{V_{地上}}$——热储岩石和水的平均热容量，$kcal/m^3 \cdot ℃$。由式(2-22)求出：

$$\frac{V_{地下}}{V_{地上}} = P_c \cdot C_c(1-\varphi) + P_w C_w \varphi \tag{2-22}$$

式中 P_c，P_w——岩石和水的密度，kg/m^3；

C_c，C_w——岩石及水的比热容，kcal/kg·℃；

φ——岩石的孔隙度。

将式(2-22)代入式 (2-21)，得：

$$Q_R = Ad[P_c C_c(1-\varphi) + P_w C_w \varphi](t_r - t_j) \tag{2-23}$$

热储法不但适用于非火山型地热资源量的计算，而且适用于与近期火山活动有关的地热资源量计算。不仅适用孔隙型热储，而且也适用于裂隙型热储。凡条件具备的地方，一律采用这种方法。

2.3.1.2 自然放热量推算法

在天然状态下，地球内部的热通过热传导、对流并以温泉、喷气孔等形式释放的热量称为自然放热量。用从地表测量获得的放热量来推算地下储藏的热量，是假定地下热量与自然放热量有成正比的倍数关系，一般从几倍到一千倍。这种方法比较粗略，但在进行地热资源规划时，仍不失为一种较好的方法。本标准规定用十倍。

自然放热量推算法的地热资源量按式 (2-24)计算：

$$Q_z = Q_d + Q_k + Q_h + Q_g + Q_p \tag{2-24}$$

式中 Q_z——计算区的总放热量；

Q_d——从热传导求出的放热量；

Q_k——从喷气孔求出的放热量；

Q_h——从河流求出的放热量(应扣除温泉水流入河中的流量)；

Q_g——从温泉求出的放热量；

Q_p——从冒气地面求出的放热量。

该式的量纲为 kcal/s。式 (2-24)比较完善地表达了一个地热区所要测量的内容，但一个地热区不一定都具有式 (2-24)所表达的内容，因此应有几项就测量几项。

2.3.1.3 水热均衡法

这一方法主要通过一汇水区(热水盆地或山间盆地)内的水热均衡计算,能够了解地下深部水,热储存量和汇水区外水热补给情况。这种方法对山区裂隙水、山间盆地比较适用。

1. 水均衡法

在一个汇水区内,水的收入量有:降水量 q_{vs}、深部的热水量及地下水补给量 q_{vr}。

汇水区的水支出量有:温泉水量 q_{vq}、河水流出量 q_{vh} 及实际蒸发量 q_{vz}。有式(2-25)的关系:

$$q_{vr} = q_{vq} + q_{vh} + q_{vz} - q_{vs} \tag{2-25}$$

上式各项的量纲均为 m^3/a。

2. 热均衡法

汇水区内的热收入量有:阳光照射量 Q_y、大地热流量 Q_d 及热异常区热储存量 Q_r。

汇水区内的热支出量有:向大气散发的热量 Q_f、温泉等热显示点的放热量 Q_q。有式(2-26)的关系:

$$Q_r = Q_f + Q_q - Q_y - Q_d \tag{2-26}$$

上式各项的量纲均为 kcal/a。

水热均衡法是建立在长期动态观测的基础上的。特别是在山区,热储厚度、分布以及有关参数都不清楚的情况下都可以使用。

3. 类比法

类比法又称比拟法,即利用已知地热田的地热资源量,去推算地热地质条件相似的地热田的地热资源量。这是一种较简便、粗略的地热资源评价方法。这种方法要求地质环境类似,地下温度和渗透性也类似。

4. 水文地质学计算法

水文地质计算法如静储量、动储量、弹性储量等都可用来进行地热资源评价,但其计算结果应换算成热量。该方法未考虑热储岩石的热量,计算结果显著偏小。

2.3.2 地下水资源评估

地下水资源评价是根据规定时段内水文、气象以及水文地质条件的变化规律,对地下水资源的质量、数量、时空分布特征和开发利用条件进行科学的、综合的全面地分析、计算和预测。

地下水资源评价分为区域性评价和水源地评价两种。本文阐述的地下水资源评价主要是指区域性地下水资源评价,评价的主要任务有以下 4 个方面。

(1) 地下水水量评价:区域地下水资源评价的主要任务是通过区域内地下水资源总补给量的分析计算,而后确定可开采量,并对能否满足用水部门的需求以及有多大的保证率,做出恰当的科学评价。

(2) 地下水水质评价:根据需水对象对水质的要求,分析评价区的水质,判别地下水的可用性,预测在开采期限内水质是否将发生变化,并提出水质监测与防护措施。

(3) 开采技术条件评价:分析论证在长期开采的条件下是否引起不良地质问题,并提出相关技术措施。通过供需平衡分析,预估近期和远期的可供水量,并与同期需水量相对比,反映水量余缺情况,进而分析论证是否需要人工补给地下水,提出相应的技术措施。

(4) 地下水开发利用评价:分析研究地下水开发的历史、现状和开发利用程度,分析地下水开发利用中存在的问题、出现问题的原因，提出解决这些问题的措施和建议。

地下水资源量评价工作的程序如图 2-24 所示，涵盖了从基础资料收集、分区确定、参数率定到各类资源量计算、可开采量评价、成果编制等相关工作的全过程。

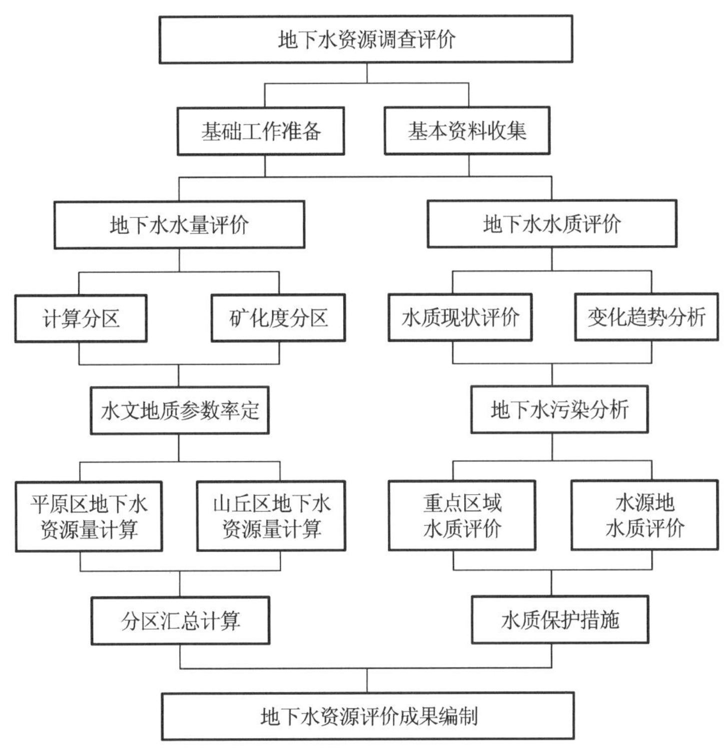

图 2-24 地下水资源评估流程

地下水资源评价的原则包括：地下水与大气水、地表水综合考虑的原则；地下水质、量、热统一考虑的原则；地下水补给、储存、排泄统一考虑的原则；地下水勘察、开采与管理统一考虑的原则。

2.3.2.1 地下水资源调查评价内容

地下水资源调查评价内容包括地下水数量评价和质量评价两方面。

1. 地下水水量评价

大体可划分为区域性的地下水资源量评价和局域（局部）水量评价两种规模或层次。

1）区域地下水资源量评价

区域地下水资源量评价包括地下水补给资源量、储存资源量、可开采资源量的评估和开采利用条件的分析。

（1）计算补给资源量。地下水补给资源量的计算应以地下水系统为单位来进行。补给资源量是天然条件或人为开采状态下，地下水系统从外界获得的有补给保证的水量。其数量用地下水系统各项补给量总和的多年平均值表示。

在未开发地区，地下水系统往往处于天然的宏观稳定状态，其多年补给量大体等于多年的排泄量。当某些补给项不易求得时，可用排泄量的多年均值替代，作为补给资源量。在开采条件下，地下水系统的天然补、排均衡关系会受到干扰，此时，不能以排泄量推算补给量。

（2）计算储存资源量。与补给资源量相类似，储存资源量同样是针对一个地下水系统的多年平均状态而言的。由于不同年份降水的丰、枯变动，储存量也有丰水年、平水年、枯水年的数量差异，而且还受人为开采的影响。作为储存量多年平均值的储存资源量，在计算时应充分考虑地下水动态的变化。计算储存量的方法目前主要为体积法。

(3) 评估可开采资源量。上述地下水资源量是地下水系统的资源拥有量的底数，由于受各种条件的限制，这些水量不可能全部开采出来。为了指导各种采供水活动，制订开采利用规划，在区域水量评价中还需对各地下水系统可供开发利用的水量做出进一步的估计和论证，这就涉及所谓可开采资源量的问题。

决定可开采资源量大小的因素有很多，其中地下水系统的供水功能(包括地下水资源的数量、分布埋藏条件)及人为开采水的技术能力都是重要的因素。除此之外，能够取出的水量并非都是允许的。在许多地区，稍大的开采强度就会引发明显的环境负效应，如地面沉降、地面塌陷、海水入侵及生态退化。可见，可开采资源量的大小还受环境条件的制约。所谓地下水可开采量，是指在可预见的时期内，通过经济合理、技术可行的措施，在不致引起生态环境恶化条件下允许从含水层中获取的最大水量。

(4) 开发利用条件分析。地下水资源开发利用条件分析包括：地下水资源时空分布特征的阐述(各类用水现状及开发前景、分区供水的需求预测控制)；采水工程措施及其效益评估；有关的政策性建议等多方面的内容。

在已开发地区，开发利用现状调查是一项基础性工作，包括用水现状调查和开采现状调查。用水现状调查一般先从用水行业入手，然后在各行业中选取有代表性的对象，进行实地调查。开采现状调查是对评价区内已有的地下水取水工程及取水情况的调查，包括民井、机井、地下水拦截工程等。调查时要了解工程的数目、设计年供水能力、实际取水能力、分布情况及地下水的动态变化。

区域水量评价的精度与该区水文地质条件研究程度、计算所采用的原始数据和水文地质参数有关。为了准确进行评价工作，要尽量收集、充分利用已有的地质，水文地质调查资料以及气象、水文和地下水动态观测资料；要收集地区的水利规划和国民经济发展规划资料。开采条件下的区域评价，还应注意收集有关开采量资料，必要时，可通过少量的勘探、试验工作，验证补充已有的资料。

2) 局域地下水水量评价

一般是在区域水量评价基础上，对地下水系统的某一子系统进行的水量计算和成井条件的分析论证。

(1) 地下水水量计算。局域水量评价与区域水量评价不同之处，不仅在于评价的范围小，时间序列短，更突出的是评价区的边界往往更具人为性，如按行政区界线，或人为圈划的均衡区边界来处理。因此计算出的补给量、储存量仅仅反映了系统某一局部的水量输入特征和储存状态，不能代表地下水系统水资源时空分布的全貌。

补给量的计算首先应根据评价区的水量均衡方程确定各补给项，包括来自大气降水、地表水的入渗补给等通过均衡区边界进入的水量。其他的补给项主要是周边的侧向径流进入量(依边界的划分有时包括底部相邻含水层的顶托越流补给)。

计算所得的各补给量相加就是该评价区在某一时间段和当时特定条件(自然状态或开采状态)的补给总量。储存量可利用同步期的地下水水位动态资料通过体积法或补给与排泄量之差推算得出。为了使计算结果反映评价区的平均状态，在资料允许的情况下，应分别计算不同季节、不同水平年的补给量和储存量，并对计算结果进行分析。

(2) 成井条件分析。局域水量评价除了充分查明评价区地下水补给、储存、排泄量的数量关系以论证补给、径流的强弱外，还需对成井条件做出分析。

成井条件分析包括两个方面：一是对评价区含水层的岩性、厚度、导水能力、补给条件进行具体分析，以确定最佳的打井地点和取水层位；二是确定拟建水源地的开采能力。

有关水源地开采能力的分析，一般有两种做法：一是根据钻探和抽水试验获取的水文地质资料，按拟建水源地的布井方案，采用解析法、数值法进行计算，以确定符合各项设计要求情况下的各井抽水量；二是根据实地较长时间的抽水，验证并调整方案中各井孔的抽水量，通过对比，选出最佳水量限额。无论采用哪一种方法，最终都应将井孔的开采总量与局域补给量进行比较，以不超过补给量为准。同时还应利用地下水水位动态资料论证开采期内可能产生的不良影响，如对邻近现有取水工程的干扰、可能引发的地质环境问题。

2. 地下水水质评价的内容

地下水水质评价包括：水质现状评价和水质预测评价；水自然环境评价和水污染环境评价；单指标评价（如水化学类型、总矿化度以及少量特异指标评价）和综合评价等。对于具体地区，可根据实际情况确定评价内容和方法。

区域性地下水水质评价内容通常包括地下水化学分类、地下水现状水质评价以及近期地下水水质动态变化趋势和地下水污染分析等。

1）基础资料收集

基础资料的收集包括历年地下水水质监测资料以及历史评价成果。若在地方病区，还应收集特征水质参数及对人体健康的影响、发病率等。深入调查主要污染物及其对地下水质的影响程度等。在此基础上确定地下水化学类型。

2）地下水现状水质评价

按照国家标准《地下水质量标准》(GB/T 14848—93)，对现状年各计算分区的地下水水质进行分类。通常评测 pH、矿化度(M)、总硬度（以 $CaCO_3$ 计）、氨氮、挥发性酚类（以苯酚计）、高锰酸盐指数、总大肠菌群等共 7 项主要指标。因地区差异，各地也可进一步选用评价氟化物（以 F 表示）、氯化物、氰化物、碘化物、砷、硝酸盐、亚硝酸盐、铬（六价）、汞、铅、锰、铁、镉、化学需氧量以及其他有毒有机物或重金属等水质监测项目。

3）地下水水质变化趋势分析

在广泛收集各有关部门地下水水质监测资料基础上，选用质量较好且具有代表性，尽可能多年份的地下水水质监测井进行地下水水质变化趋势分析。综合分析计算分区内地下水水质监测井各监测项目的变化趋势，作为相应分区的地下水水质变化趋势。

4）地下水污染分析

调查有可能造成地下水污染的污染源。污染源包括水质低劣的地表水体（如排污河道、渗井、纳污湖库塘坝等）、污灌区和农药化肥施用量较高的农田、废弃物堆放场等。地下水污染分析的重点区域是污染源附近，尤其是存在污染源的地下水水源地。个别区域还应调查分析海水入侵、地下咸水侵入、淡水含水层的情况，分析其变化趋势，绘出现状条件下咸淡水界线。

充分利用地下水水质现状评价和变化趋势分析成果，密切结合污染源种类、物质组成和地理分布特征，通过综合分析，确定地下水现状污染区域界线、主要污染项目和污染程度。

5）地下水水源地水质评价

对区域内重要水源地，特别是大型及特大型地下水水源地逐一进行水质评价。未形成超采区的，以生产井布井区为评价区；已形成超采区的，以相应超采区为评价区。评价内容包括地下水水质现状、变化趋势和地下水污染分析，选用监测井应适当加密，并要求充分收集“三致”物质的检出情况，必要时进行补充监测。

6）提出水质保护措施

根据评价区地下水水质现状、变化趋势分析和地下水污染分析成果，以及各大型及特大型地下水水源地水质评价成果，提出保护和改善地下水水质的保障措施。

2.3.2.2 地下水资源量评价方法

1. 地下水资源量评价

地下水资源量的评价方法很多，在实际应用中，应根据地下水资源量评价的对象、水源地水文地质条件、需水量、开采方案、研究程度等条件选用合适的评价方法。目前，常用的有水均衡法、解析法、数值法、随机模型法、开采试验法、水文分析法六大类，各种评价方法的对比参见表 2-22。

表 2-22 地下水资源量评价方法对比

评价方法	优 点	缺 点	适用条件
水均衡法	原理明确，计算公式简单，成果要求可粗可精，适应性强，在许多情况下都能运用	计算项目有时较多，有些均衡要素难于准确测定，对开采条件下各项要素的变化及边界条件的确定比较困难，有时计算结果精度不高	地下水的补给排泄条件较简单，水均衡要素容易确定，开采后变化不大的地区；用以验证其他评价方法的计算结果，论证取水量的保证程度
解析法	理论公式推导严密，只要介质条件、边界条件和取水条件符合选用公式的假定条件，则计算成果准确，可靠性强	计算条件要求苛刻，实际运用中，完全符合公式中假定条件的情况较少，往往只能在简化条件下计算得出近似解	介质条件为均质或简单非均质；边界条件可看作是无限、直线或简单的几何形态；补给条件为均匀连续补给
数值法	可解决许多复杂条件下的地下水资源评价问题，本身精度完全能满足生产要求，计算结果比简化条件下的解析解更精确，应用广泛	要求有较多的基础数据资料，计算精度对水文地质参数和边界条件依赖性强	适用于要求较高、水文地质条件复杂的大中型水源地的水资源评价，为地下水水资源管理和开发利用提供支持
随机模型法	建立在数理统计理论的基础上，考虑了一些随机因素的影响，便于解决一些复杂条件的水文地质问题，理论严谨	需要长系列地下水动态观测资料，对数据一致性要求较高，预报时段不能太长。根据现实物理背景下得出的统计规律，不能反映实际的地下水运动机理	水文地质边界条件较复杂，水文地质参数较少，对含水层内部结构尚不充分了解，但有较长时间地下水动态观测资料的地区。适用于中、短期的水量预报和水位预报
开采试验法	方法简单，求得的允许开采量可靠而且准确。无论是潜水还是承压水，无论是孔隙水还是裂隙水或岩溶水，都能应用	花费的人力物力较多，成本较高。不可用作区域性的地下水资源评价	适用于水文地质条件复杂，一时难以查清补给条件，而又急需做出评价，或对水量保证程度要求较高的中小水源地的水资源评价，主要用于中小水源地详勘阶段和开采阶段
水文分析法	方法简单，可直接测量地下水流量，是其他评价方法的补充	方法只适用于一些特定地区，有局限性。不适合于小范围的地下水资源评价	岩溶管道流区、具有全排型岩溶大泉的岩溶水系统和发育在基岩山区的裂隙水系统等区域性地下水资源评价

2. 地下水资源水质评价

由于评价因子与水质等级间的复杂的非线性关系，以及水体污染的随机性和模糊性，对于地下水水质评价至今仍没有一个被广泛接受的评价模型。目前常用的地下水水质评价方法主要有：单因子评价方法、综合指数法、人工神经网络模型、模糊综合评判法、灰色聚类法等。

1）单因子评价方法

单项因子评价是指分别对单个指标进行分析评价。该方法计算简便，且通过评价结果能直观地反映水质中哪一类或哪几类因子超标，同时可以清晰地判断出主要污染因子和主要污染区域。但由于此方法是对单个水质指标独立进行评价，因此得到的评价结果不能全面地反映地下水质量的整体状况，可能会导致较大的偏差。

2）综合指数法

综合指数法是指采用多个指标并赋予各指标不同的权重，经过算术平均、加权平均、连乘及指数等数学运算得到一个综合指数来判定地下水质标准。综合指数法在地下水水质评价中一直被广泛应用，该方法简洁易懂、运算方便、物理概念清晰，决策者和公众可以快捷明了地通过评价结果掌握水质信息。我国《地下水质量标准》(GB/T 14848—1993)中推荐使用的地下水质量评价方法——内梅罗指数法即是综合指数法的思路。

3）人工神经网络模型

20 世纪中期兴起的神经网络技术在地下水水质评价领域也被广泛应用。人工神经网络与传统的综合指标评价方法相比，主要具有以下优点：①通过模型的自学习和自适应能力，可自动获得水质参数间的合理权重，无须人为干预，因此评价结果具有客观性。②一旦对标准训练完毕，就可以用训练好的网络对实测样本进行评价，计算简便，可操作性强。③可以通过在训练过程中适当改变输入节点数和输出节点数来修改评价参数和等级，从而使模型的应用具有一定的灵活性。④基于大量成熟的计算机软件的支持，使工作效率得到极大提高。

4）模糊综合评判法

与传统的评价方法相比，模糊集理论更适应于水质污染级别划分的模糊性，更能客观地反映水质的实际状况。模糊综合评判法最主要的优点就是通过构造隶属函数可以很好地反映水质界限的模糊性。应用模糊综合评判法，最关键的问题是如何构造合理的隶属函数和权重矩阵。

5）灰色聚类法

灰色系统理论也被广泛应用于地下水水质综合评价中。灰色聚类法处理环境污染评价问题，不必事先给定一个临界判断，而可以直接得到聚类评价结果。灰色聚类法能对水环境进行评价，反映水质的综合状况，因而比指数法更全面直观、更有说服力，同时又比模糊综合评价简便，易于推广。灰色聚类法也存在着一些不足。例如，由于采用了“降半梯形”形式，每一评价级别仅与相邻级别间存在隶属关系，当污染物浓度分布过于离散时，可能会损失较多有用信息。灰色聚类方法在地下水水质评价过程中也需要考虑不同评价指标的赋权问题，不同的赋权方法直接影响评价结果。

2.3.3 地下空间资源规划利用合理性评估

地下空间的开发一旦实施，往往是不可逆的，一旦形成将不可能回到原来的状态，很难改造和消除，要想再开发也非常困难，它的存在势必影响将来附近地区的使用。这就要求对地下空间资源的开发利用展开合理性评估，进行长期分析预测，进行分阶段、分地区和分层次开发的全面规划，在此基础上，有步骤、高效益地开发利用。

地下空间资源规划合理性评估重点在于地下空间资源可供开发分布是否合理。在地下空间资源的总蕴藏量中，排除受到不良地质条件和水文地质条件、地下埋藏物、已开发利用的地下空间、建筑物基础和开敞空间的制约空间后，剩余的空间范围即为可供合理开发的资源蕴藏分布——这种调查评估地下空间资源分布的方法，可称为影响要素逐项排除法，如式(2-27)。

$$V_5 = V - (V_1 + V_2 + V_3 + V_4) \tag{2-27}$$

式中 V——评估范围内地下空间的总蕴藏空间；

V_1——地质条件和水文地质条件制约的空间；

V_2——受地下埋藏物制约的空间；

V_3——受已开发利用的地下空间制约的空间；

V_4——开敞空间和建筑物基础制约的空间；

V_5——可供合理开发利用资源的空间。

则可供合理开发的地下空间资源为各因素制约的空间，有可能是重叠的，如图 2-25 所示。例如：V_1与 V_2的空间位置可能重叠，即地下埋藏物所在区域也可能是工程地质条件和水文地质条件不良的地区；V_3与 V_4空间位置可能会重叠，保护、保留建筑物下部可能建有地下室。

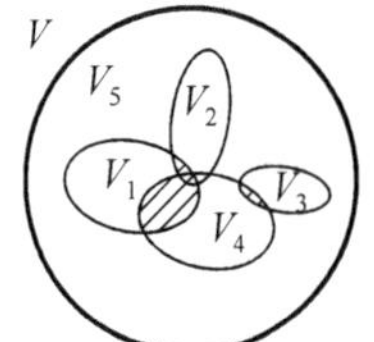

图 2-25 地下空间容量的组成关系图

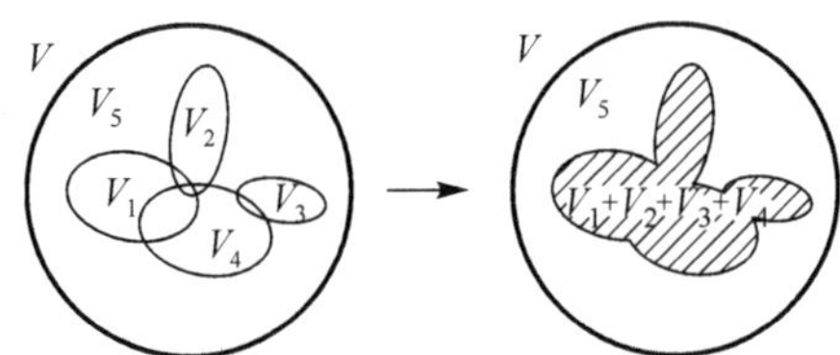

图 2-26 排除法评判步骤示意图

如图 2-26 所示，阴影部分为影响因素制约区称为“资源开发受制约区”，圆圈内空白部分为可供合理开发的资源蕴藏分布区。

在实际评价操作中，可采用制约区空间图形叠加法和排除法取得地下空间可供合理开发的资源分布及容量。即：按照各制约因素的影响深度范围进行层次划分，假定各层次内制约因素影响为均匀分布，对影响制约区进行图形叠加，则得到所有制约空间的总投影范围；用评估单元内资源天然总蕴藏量减去制约空间的位置和体积，则得到评估单元内可供合理开发的资源分布及容量。

参考文献

[1]《上海市地质环境图集》编纂委员会. 上海市地质环境图集[M]. 北京：地质出版社，2002.

[2] 上海地质矿产志编纂委员会. 上海地质矿产志[M]. 上海：上海社会科学院出版社，1999.

[3] 上海地图集编纂委员会. 上海市地图集[M]. [S. L.：s. n.]，1984.

[4] 上海市房屋土地资源管理局. 上海市地质环境状况公报(2000—2006)[M]. [S. L.：s. n.]，2007.

[5] 江苏省地质矿产局. 江苏省及上海市区域地质志[M]. 北京：地质出版社，1984.

[6] 上海市地质调查研究院. 上海市环境地质调查报告(1/20 万)[R]. [S. L.：s. n.]，1999.

[7] 上海市水文地质工程地质队. 上海市工程地质普查报告(1/10 万)[R]. [S. L.：s. n.]，1987.

[8] 上海市地质调查研究院. 上海市区域水文地质调查报告(1/20 万)[R]. [S. L.：s. n.]，1999.

[9] 上海市地质处.上海市地面沉降勘察研究报告(1962—1976)[R].[S. L. :s. n.],1979.
[10] 上海市环境地质站.上海市区与近郊区地面沉降总结(1977—1985)[R].[S. L. :s. n.],1987.
[11] 上海市环境地质站.上海市地面沉降勘察研究总结(1986—1990)[R].[S. L. :s. n.],1991.
[12] 严学新.上海城区建筑密度与地面沉降关系分析[J].水文地质工程地质,2002(6).
[13] 地质灾害危险性评估技术要求(试行).国土资源部国土资发《2004》69 号文[Z].2004.
[14] 上海市工程建设规范.建设项目地质灾害危险性评估技术规程:DGJ 08-2007—2006[S].[S. L. :s. n.],2007.
[15] 上海地质矿产局.上海市区域地质志[M].北京:地质出版社,1988.
[16] 上海市地质调查研究院.上海市环境地质调查(1/20 万)[R].[S. L. :s. n.],2000.
[17] 戴标兵,范庆国,赵锡宏.深基坑工程逆作法的研究[J].工业建筑,2005(9).
[18] 上海市房屋土地资源管理局.上海市地质环境状况公报(2000—2008)[R].[S. L. :s. n.],2009.
[19]《地质工程手册》编委会.地质工程手册[M].4 版.北京:中国建筑工业出版社,2009.
[20] 王雅峰.大庆市区地热资源评估及开发前景探讨[J].油气井测试,2003,12(1):69-72.
[21] 何满潮,李启民.地热资源梯级开发可持续应用研究[J].矿业研究与开发,2005,25(3).
[22] 吴立新,姜云,梁越.城市地下空间开发利用容量评估的基础研究[J].地理与地理信息科学,2004(4).
[23] 刘湘,祝文君.城市地下空间的自然资源学基础及其评估[J].地下空间,2004,24(4):543-547.
[24] 李相然,姜传胜,于凯.地下空间资源的物理场特点及其合理利用[J].国土与自然资源研究,2000,1(1):49-50.
[25] 束昱.地下空间资源的开发与利用[M].上海:同济大学出版社,2002.
[26] 曹灿霞,过静君,祝文君.航空遥感技术应用新领域——在浅层地下空间资源调查中应用的探讨[J].国土资源遥感,1994(2):34-40.
[27] 张伟,杨延军,姜伟.确定地下空间适用性的多层次评估方法[J].地下空间,2002,22(4):356-367.
[28] 张芳,朱合华,吴江斌.城市地下空间信息化研究综述[J].地下空间与工程学报,2006,2(1):5-9.
[29] 王海英,王明瑜.GPS,GIS 技术与 PMWIN 地下水模型技术在冀北坝上高原综合资源评估中联合应用[J].地下水,2005,27(5):392-395.

3 地下空间岩土工程勘察与方案设计

3.1 岩土工程勘察重要性

20世纪80年代初，国内勘察体制基本上沿用原有苏联模式，即工程地质勘察体制。其主要基于地质学科研究的范畴，一般仅提出工程地质条件和存在的地质问题，很少提及解决问题的治理办法。近年来，国内工程界推行西方发达工业国家的岩土工程体制，即以工程地质学、土力学、岩石力学及地基基础工程学为理论基础，重点解决在工程建设过程中出现的与岩体和土体有关的工程技术问题，属地质与工程紧密结合的新专业学科，其综合性很强：理论上，需工程地质、岩石力学、土力学、结构力学、土工试验、工程机械学科相互渗透和融汇；实践中，又需与设计、施工、监测、监理等多方进行密切配合；功能上，服务于工程建设的全过程。

随着我国国民经济不断高速发展，众多基础建设项目和现代化工程建筑不断兴建，基础和基坑开挖深度越来越深。岩土工程勘察作业是工程建设的一项基础性工作，是工程设计、施工的依据，其质量的优劣，对工程建设的质量、安全、工期和合理投资起着重要作用。由于工程项目行业类型，建筑工程重要性以及地基的复杂程度、工程地质条件差异较大等因素，对具体工程项目的勘察要求也各不相同。对于岩土工程勘察而言，因勘察工作的特殊性，如野外作业时勘探测试工作大部分位于地下，具有较强的隐蔽性，专业性较特殊。做好岩土工程勘察工作，查明建筑场地和评价其地质条件，为设计、施工提供所需的地质勘察资料，并对存在的岩土工程问题进行分析评价，提出基础工程、整治工程等的设计方案和施工措施，从而使建筑工程经济合理和安全可靠。

3.2 常用勘察手段与方法

工程地质勘探的主要目的是：通过采取岩、土体试样，查明岩土工程场地内地层结构，特别是特殊岩土的分布范围；采取岩、土体试样，通过试验手段确定场地内岩土体物理力学指标；通过地下水位量测、采取水样进行水质分析和水文地质试验等手段获取场地内地下水相关信息；开展物探测井、孔内原位测试获取岩土有关地质参数。其主要的勘探方法有井探、槽探、钻探、触探等。

(1) 井探。通过开挖探井的手段，由人工直接观察地层情况并进行岩土体物理特性与分层信息的描述，伴随开挖取出原状岩土体试样进行试验测试。

(2) 槽探。采用人力或机械手段开挖探槽，适用于覆盖层小于3 m的情况，常用于了解地质构造线、断裂破碎带的宽度、地层、岩性分界线及其延伸方向等工程地质信息。

(3) 钻探。作为岩土工程勘察中最常用的方法之一，其测试效果也是相对比较理想的，常用于标准贯入试验和波速测试。同时可以从钻孔中取出岩土体试样，用于测试岩土体物理力学性质，描述土层信息。

(4) 触探。常用的触探方法有动力触探和静力触探两类，试验直接将探杆压入土中，通过测量压入阻力判别土体性质。

动力触探：利用一定重量的穿心锤，以规定的落距打击连接触探器的探杆，测得贯入土中一定深度所需的锤击数，以判定土的性质的一种勘探方法。它适用于砂土、黏性土、人工填土和松散的碎石土等。

静力触探：利用压力装置将探头压入土层，用电阻应变仪或电位差计测出对探头的贯入阻力(包括探头的锥尖阻力和侧壁摩阻力),根据贯入阻力随深度的变化曲线,可以划分土类和土层变化。

3.2.1 原位测试

原位测试是岩土工程中了解岩土体性质的重要手段之一。测试是在岩土体原来所处的天然位置实施,即基本保持岩土体原有的天然结构、天然含水率及天然应力状态,测试结果对描述岩土体的工程性能是最为接近实际情况的。且原位测试有简单快捷,耗时较短,测试连续不间断等诸多优点,在实际岩土工程中的应用相对室内试验更为广泛。

常用的原位测试方法有:载荷试验(平板载荷试验 PLT 和螺旋板载荷试验 SPLT);静力触探试验(圆锥静力触探 CPT 和孔压静力触探 CPTU);圆锥动力触探(DPT);标准贯入试验(SPT);旁压试验(预钻旁压试验 PMT 和自钻旁压试验 SBP);扁铲侧胀试验(DMT);十字板剪切试验(VST);波速测试(WVT)等。

随着原位测试应用越来越多,其测试成果的应用经验也在不断积累完善。表 3-1 是国外一般界定原位测试适用获得的土体参数。表 3-2 是原位测试技术在国内的一般应用情况。

表 3-1　原位测试获得参数(根据 Rock and Soil Property 修改)

试验名称	K_0(静止侧压力系数)	φ'(无黏性土的内摩擦角)	c_u(黏性土的黏聚力)	σ_c(前期固结压力)	E'/G(变形模量)	E_u(回弹模量)
标准贯入	—	G	C	R	G	C
静力触探	—	G	C	—	G	—
扁铲	G, C	—	—	—	G	—
预钻孔旁压	—	G	C	—	G, R	C
载荷板试验	—	—	C	—	G, R	C
十字板剪切	—	—	C	—	—	—
自钻孔旁压	G, C	G	C	—	G, C	—

注:G=砂土、粗粒土,C=黏性土,R=岩石。

表 3-2　原位测试国内一般应用情况

试验名称	测试参数	主要试验目的
载荷试验(平板、螺旋板)	比例极限压力 p_0(kPa)、极限压力 p_u(kPa)和压力与变形关系	(1) 评定岩土承载力; (2) 估算土的变形模量; (3) 确定地基承载力
标准贯入试验	标贯击数 N	(1) 判别土层均匀性、软硬程度; (2) 估算砂土密度、承载力及压缩模量; (3) 估算单桩承载力
动力触探试验	动力触探击数 N_{10}, $N_{63.5}$, N_{120}(击)	(1) 判别土层均匀性和划分土层; (2) 估算地基土承载力和压缩模量; (3) 确定单桩承载力
静力触探试验	单桥 p_s(MPa),双桥 q_c(MPa)、f_s(kPa)、R_f(%),孔压 u(kPa)	(1) 判别土层均匀性、软硬程度; (2) 估算地基土承载力和压缩模量; (3) 估算单桩承载力

续表

试验名称	测试参数	主要试验目的
十字板剪切试验	不排水抗剪强度峰值 c_u(kPa)和残余值 c'_u(kPa)	(1) 测求饱和黏性土的不排水抗剪强度和灵敏度； (2) 计算边坡稳定性； (3) 判断黏土的应力历史； (4) 估算桩端极限承载力和桩侧极限摩擦阻力
旁压试验	初始压力 p_0(kPa)、临塑压力 p_f(kPa)、极限压力 p_L(kPa)和旁压模量 E_m(kPa)	(1) 测求地基土的承载力； (2) 测求地基土的变形模量； (3) 计算土的侧向基床系数； (4) 自钻式可确定土的原位水平压力和静止侧压力系数
扁铲侧胀试验	侧胀模量 E_D(kPa)、侧胀土性指数 I_D、侧胀水平压力指数 K_D 和侧胀孔压指数 U_D	(1) 划分土层和区分土类； (2) 计算土的侧向基床系数； (3) 估算地基土承载力和压缩模量； (4) 判别砂土液化

3.2.1.1 载荷试验

载荷试验包括:平板载荷试验和螺旋板载荷试验。

平板载荷试验一般用于测试浅层地基土的土体强度和变形特性。试验时需在测试土体顶面放置一规则形状的载荷板(又称承压板),通过逐级向载荷板施加荷载,测试载荷板的压力与变形规律。

通过载荷试验可确定地基土的临塑荷载、极限荷载,为评定地基土的承载力提供依据;确定地基土的变形模量;估算地基土的不排水抗剪强度;确定地基土的基床反力系数;估算地基土的固结系数。

载荷试验模拟的是建筑物基础对天然地层条件施加荷载的工作情况,与实际建筑物工作条件相似。所以,对于使用天然地基承载的建筑物,其地基承载力的确定方法比其他测试方法更接近实际,它适用于地表浅层地基土,特别适用于各种填土、含碎石的土。但是,由于静力载荷试验一般受荷面积较小,反映的限于承压板下不超过 2 倍承压板宽度(或直径)范围内地基土的特性。

1. 载荷试验的设备与试验技术要求

(1) 承主板尺寸:目前生产上常见的尺寸是 70.7 cm×70.7 cm 和 50 cm×50 cm,也有用 1 m× 1 m 或 31.6 cm×31.6 cm 的。对场地土层不均匀的情况,承压板面积不宜小于 5 000 cm^2,一般情况宜用 2 500～50 000 cm^2 的承压板面积。

(2) 为排除承压板周围超载的影响,当承压板在基坑底面时,试坑宽度应等于或大于承压板宽度的 3 倍,承压板与土层接触处,一般应铺设 1 cm 左右的中砂或粗砂。

(3) 加荷方式。

① 分级维持荷载沉降相对稳定法(常规慢速法)。分级加荷按等荷载增量均衡施加,荷载增量一般取预估试验土层极限荷载的 1/10～1/3,或临塑荷载的 1/5～1/4,当不易预估极限荷载时,可参考表 3-3 取用。

表 3-3　　荷载增量参考值

试验土层	荷载增量/kPa	试验土层	荷载增量/kPa
淤泥、流塑黏性土、松散粉细砂	≤15	坚硬黏性土、密实粉细砂、中粗砂	50～100
软塑黏性土、稍密粉细砂、新黄土	15～25	碎石土、软岩、风化岩	100～200
可塑-硬塑黏性土、中密粉细砂，黄土	25～50	—	—

对慢速法，当试验对象为土体时，每加一级荷载，自加荷开始按时间间隔 5 min、5 min、10 min、10 min、15 min、15 min，以后每隔 30 min，观测一次承压板沉降，直至在连续 2h 内每小时沉降量不超过 0.1 mm，即可施加下一级荷载；当试验对象是岩体时，间隔 1 min、2 min、2 min、5 min 测读一次沉降，以后每隔 10 min 测读一次，当连续 3 次读数差小于等于 0.01 mm 时，可认为沉降已达相对稳定标准，施加下一级荷载。

② 分级维持荷载沉降非稳定法(快速法)。分级加荷与慢速法相同，但每加一级荷载按时间间隔 15 min 观测一次沉降，每级荷载维持 2 h，不必等待沉降达稳定标准，即施加下一级荷载。

③ 等沉降速率法。控制承压板以一定的沉降速率沉降，测读与沉降相应的所施加的荷载，直至试验达破坏状态。

(4) 试验终止条件。一般应尽可能进行到试验土层达到破坏阶段，然后终止试验。当出现下列情况之一时，可认为已达到破坏阶段：

① 承压板周边的土出现明显侧向挤出，周边岩土出现明显隆起或径向裂缝持续发展；

② 本级荷载的沉降量大于前级荷载沉降量的 5 倍，荷载与沉降曲线出现明显陡降；

③ 在某级荷载下 24 h 沉降速率不能达到相对稳定标准；

④ 总沉降量与承压板直径(或宽度)之比超过 0.06。

2. 荷载试验的成果应用

根据试验结果，可绘制载荷试验压力 p(kPa)与相应的土体稳定沉降 s(mm)的关系曲线(即 p-s 曲线)按其所反映土体的应力状态，一般可划分为三个阶段：

(1) 第 I 直线变形阶段(从原点 O 到比例界限 p_0)，荷载与变形之间的关系成正比关系。

(2) 第Ⅱ局部剪切阶段(从比例界限 p_0 到极限界限 p_L) p-s 由直线转为曲线。

(3) 第Ⅲ破坏阶段(极限界限 p_L 以后)即使压力不增加，沉降量也会急剧增大，曲线出现陡降，地基完全破坏，失去稳定。

1) 确定地基土的承载力特征值

(1) 根据载荷试验结果，对载荷试验的原始数据进行检查、校核，绘制 $p-s$、$\lg p-\lg s$、$p-\triangle s/\triangle p$、$s-\lg t$ 等关系。

(2) 应根据 p-s 曲线拐点，必要时结合 s-$\lg t$ 曲线特征，根据比例界限压力和极限压力。当 $p-s$ 呈缓变曲线时，可取对应于某一相对沉降值(即 s/d，d 为承载板直径)的压力评定地基土承载力。

2) 确定地基土的变形模量 E_0、弹性模量 E 或压缩模量 E_s(螺旋板载荷试验)

(1) 土的变形模量应根据 $p-s$ 曲线的初始直线段，可按均质各向同性半无限弹性介质的弹性理论计算。

浅层平板载荷试验的变形模量 E_0(MPa)，可按式(3-1)计算：

$$E_0 = I_0 K(1-\nu^2)d \tag{3-1}$$

深层平板载荷试验和螺旋板载荷试验的变形模量 E_0(MPa),可按式(3-2)计算:

$$E_0 = \omega K d \tag{3-2}$$

式中 E_0—— 载荷试验的变形模量;

d—— 承压板直径(或方形承压板边长);

I_0—— 刚性承压板的形状系数,对于圆形刚性压板 $I_0 = 0.785(=\pi/4)$,对于方形刚性压板 $I_0 = 0.886$;

K——$p-s$ 关系直线段的斜率;

ν—— 土的泊松比(碎石土取 0.27,砂土取 0.30,粉土取 0.35,粉质黏土取 0.38,黏土取 0.42);

ω—— 与试验深度和土类有关的系数,可按表 3-4 选用。

表 3-4　　ω 系数

d/z	碎石土	砂土	粉土	粉质黏土	黏土
0.30	0.477	0.489	0.491	0.515	0.524
0.25	0.469	0.480	0.482	0.506	0.514
0.20	0.460	0.471	0.474	0.497	0.505
0.15	0.444	0.454	0.457	0.479	0.487
0.10	0.435	0.446	0.448	0.470	0.478
0.05	0.427	0.437	0.439	0.461	0.468
0.01	0.418	0.429	0.431	0.452	0.459

注:d/z 为承压板直径和承压板底面深度之比。

3) 估算地基土的不排水抗剪强度 c_u。

对饱和软黏性土,可用快速法载荷试验(不排水条件)所得的极限荷载 p_j 按下式估算土的不排水抗剪强度 c_u($\varphi_u=0°$):

$$c_u = \frac{p_j - p_z}{N_c} \tag{3-3}$$

式中 p_j——快速载荷试验所得极限荷载,kPa;

p_z——承压板周边外的超载或土的自重压力,kPa;

N_c——承载系数。对方形或圆形承压板,当周边无超载时,$N_c=6.14$;当承压板埋深大于或等于 4 倍板径或边长时,$N_c=9.470$;当承压板埋深小于 4 倍板径或边长时,N_c 由表 3-5 线性内插确定。

表 3-5　　N_c 值

D/B	0	1	1.5	2.0	2.5	3.0	3.5	4.0
N_c	6.14	8.07	8.56	8.86	9.07	9.21	9.32	9.40

4) 确定地基土基床反力系数 K_v

根据平板载荷试验力-曲线直线段的斜率,可以确定载荷试验基床反力系数 K_v(kN/m³);

$$K_v = \frac{p}{s} \tag{3-4}$$

式中，p/s 是 $p-s$ 关系曲线直线段的斜率。如 $p-s$ 关系曲线初始无直线段，p 值可取临塑荷载之半(kPa)，s 为相应于该 p 值的沉降值(m)。

当平板载荷试验未采用 0.305 m×0.305 m 承载板时，可按下式计算基准基床反力系数 K_{v1}(kN/m^3)：

对黏性土：

$$K_{v1}=\frac{b}{0.305}K_v \tag{3-5}$$

对粉性土、砂性土：

$$K_{v1}=\frac{4b^2}{(b+0.305)^2}K_v \tag{3-6}$$

式中，b 为承压板的直径或边长，m。

由基准基床反力系数 K_{v1} 可得地基土的基床反力系数 K_v(kN/m^3)：

对黏性土：

$$K_v=\frac{0.305}{B_f}K_{v1} \tag{3-7}$$

对砂土：

$$K_v=\left(\frac{B_f+0.305}{2B_f}\right)^2K_{v1} \tag{3-8}$$

式中，B_f 为基础宽度，m。

5) 估算地基土的固结系数 C_v

根据螺旋板载荷试验在一定荷载时的等时间间隔$\triangle t$ 的沉降值，可估算土的固结系数 C_v(cm^2/min)：

$$C_v=-\frac{5}{12}R^2\frac{\ln\beta}{\Delta t} \tag{3-9}$$

式中 R——螺旋板半径，cm；

β——S_{i-1}-S_i 关系图直线段的斜率，见图 3-1，S_{i-1} 和 S_i 分别为时间 t_{i-1} 和 t_i 时的沉降；

Δt——等时间间隔，min。

3.2.1.2 静力触探试验

静力触探是一种常用的原位测试方法，测试时将金属探头用静力贯入土层，根据测试得到的探头贯入阻力大小来反映土层剖面的连续变化，从而间接判断岩土体的物理力学性质。对一些岩土工程问题做出评价(如地基承载力、单桩承载力、砂土液化等)。

静力触探试验由于在贯入过程中可不间断地回馈试验数据，故能够快速地得到土层连续变化特性，得到连续的贯入阻力指标，在对土层扰动相对较小的情况

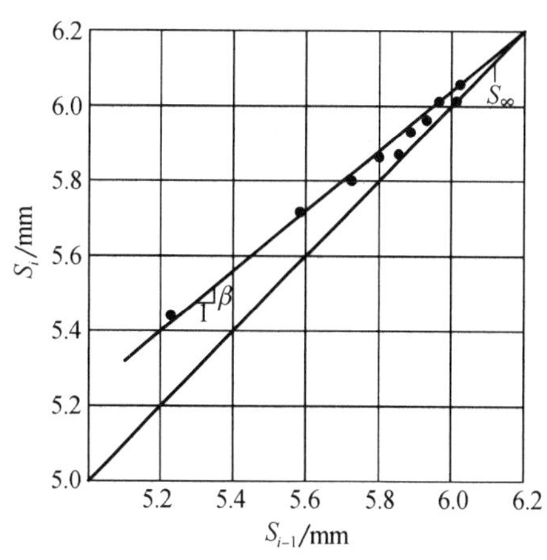

图 3-1 Asoka 图解法

下测试原状土的相关物理力学性质。适用于软土、一般黏性土、粉土、砂土和含少量碎石的土。可根据工程需要采用单桥探头、双桥探头或带孔隙水压力量测的单、双桥探头。

静力触探技术发展在我国已有60多年。1954年,陈宗基教授自荷兰引进机械式静力触探仪技术,并在黄土地区进行了试验研究。1964年,王钟琦等独立研制出我国第一台电测式触探仪。但20世纪80年代以后对探头传感器技术的改进却很少。目前,大量工程实践中主要使用的仍然是"单桥"探头和"双桥"探头,而且探头规格与国际通用规格也不相同,因此在静力触探技术的发展上,我国形成了与国际不同的技术标准(表3-6)。

表3-6　我国与国际CPT技术规格比较

机构名称		规格				
		锥角/(°)	锥底截面积/cm²	锥底直径/mm	摩擦筒(侧壁)长度/mm	摩擦筒(侧壁)面积/cm²
ISSMFE (IRTP,1989)		60	10	34.8～36.0	133.7	150
瑞典岩土工程协会推荐标准(SGF,1993)		60	10	35.4～36.0	133.7	150
瑞典岩土工程协会(NGF,1994)		60	10	34.8～36.0	133.7	150
ASTM (1995)		60	10	35.7～36.0	133.7	150
荷兰标准(1996)		60	10	35.7～36.0	未规定,按实际面积	
法国标准(NFP94-113,1989)		60	10	34.8～36.0	133.7	150
日本岩土工程协会(1994)		60	10	35.7	未规定	
中国	单桥	60	10	35.7	57	64
		60	15	43.7	70	96
		60	20	50.4	81	128
	双桥	60	10	35.7	178.3	200
		60	15	43.7	218.5	300
		60	20	50.4	189.3	300

1. 静力触探的设备及试验要点

1) 静力触探探头

常规的静力触探探头分单桥探头(测比贯入阻力)和双桥探头(测锥尖阻力、侧壁摩阻力)。

比贯入阻力 p_s 值是用单桥探头在贯入土层中测得锥底单位面积阻力,由探头尖端阻力与侧壁摩擦力共同作用的结果,计算方法如下:

$$p_s = \frac{p}{A} \tag{3-10}$$

式中 p_s——比贯入阻力，N/cm²；

p——总贯入阻力，N；

A——探头锥底投影面积，cm²。

锥尖阻力 q_c 和侧壁摩擦力 f_s 是用双桥探头在贯入土层中分别测得探头阻力和侧壁摩擦力，即：

$$q_c = \frac{Q_c}{A} \tag{3-11}$$

$$f_s = \frac{P_f}{F_s} \tag{3-12}$$

式中 q_c——锥头单位阻力，N/cm²；

Q_c——锥头总阻力，N；

f_s——摩擦筒侧壁单位摩擦力，N/cm²；

P_f——侧壁总摩擦力，N；

F_s——摩擦筒表面积，cm²。

探头圆锥底的截面积应采用 10 cm² 或 15 cm²，单桥探头侧壁高度应分别采用 57 mm 或 70 mm，双桥探头侧壁面积应采用 150～300 cm²，锥尖锥角应为 60°。

此外，还有一些多功能探头，即在一个探头内将多种传感器组合起来，以便获取更多的地下信息，如量测孔隙水压力、量测探头的偏斜角、量测波速反应、量测温度、量测土的密度和含水率等。其中，把双桥探头与测孔压传感器组合起来，即孔压静探探头，把双桥探头与波速测试结合，即为波速静探探头。

2）试验要点

探头须经过事先率定，检验合格才能使用。探头测力传感器应连同仪器、电缆进行定期标定，室内探头标定测力传感器的非线性误差、重复性误差、滞后误差、温度漂移、归零误差均应小于 1%FS，在现场检验归零误差小于 3%，绝缘电阻不应小于 500 MΩ。

深度记录的误差不应大于触探深度的±1%。探头应均匀垂直压入土中，贯入速率应为 1.2 m/min。当贯入深度超过 30 m 或穿过厚层软土后再贯入硬土层时，应采取措施防止孔斜或断杆，也可配置测斜探头，量测触探孔的偏斜角，校正土层界线的深度。孔压探头在贯入前，应在室内保证探头应变腔为已排除气泡的液体所饱和，并在现场采取措施保持探头的饱和状态，直至探头进入地下水位以下的土层为止，在孔压静探试验过程中不得上提探头。当在预定深度进行孔压消散试验时，应量测停止贯入后不同时间的孔压值，其计算时间间隔由密而疏合理控制，试验过程不得松动探杆。

3）静力触探试验装置

静力触探(CPT)技术的多功能化也是目前研究热点问题之一。下面介绍包括孔压静力触探(CPTU)、波速静探仪(SCPTU)、振动贯入触探仪(Vibrocone Penetration Test)、可视静探仪(Vision Penetrometer-VisCPT)等的多功能静力触探试验装置。

(1) 孔压静力触探。

孔压静力触探是在静力触探仪的基础上安装孔压传感器，从而可以在进行静力触探试验的同时进行孔压消散试验，以研究土体在贯入过程中的孔压增长和消散特性。

最早的电测式孔压静力触探是由挪威土工研究所(NGI)的 Janbu 和 Senneset(1974)研制成功的。与此同时，瑞典的 Torstensson(1975)和美国的 Wissa 等(1975)也研制出了能测孔压的 CPT。1980 年以后，出现了不少同时测孔压和侧阻力的研究成果，并在工程实践中应用。1989 年，ISSMFE 推荐采用透水石位于锥尖后的孔压量测，此后 CPTU 关于孔压测试位置主要以此为准。辉固(Fugro)公司在这方面领先开发了多功能静力触探，即四功能探头，测定锥尖阻力 q_c、侧摩阻力 f_s、孔隙压力 u 及探杆倾斜度。

(2) 波速静探仪。

在 CPTU 中增加检波器(geophone)或者加速度计(accelerator)，就可以在进行 CPTU 测试的同时进行土层的波速测试。与其他波速测试方法(如钻孔波速法和面波法)相比，这种方法最大的优点是可在同一孔中进行静力触探试验和波速测试，并且可以一次完成。与钻孔波速法一样，采用波速静探仪的波速测试方法也分为孔下检层法(downhole method)和跨孔法(crosshole method)，得到土的波速后用于分析判别场地类别、计算土层的剪切模量、判别液化等。

(3) 振动贯入触探仪。

振动贯入触探仪是在原有的 CPTU 触探仪基础上增加一个振动装置，这个装置可以使触探仪周围的土体发生液化，借助触探仪上的锥尖阻力、侧摩阻力和孔压的量测结果来研究砂土在动力荷载作用下的力学特性。

(4) 可视静探仪。

可视静探仪是在原有静探仪基础上安装摄像装置和图像处理系统，从而可对钻孔内周围的土体进行拍照和摄像。

(5) 静探旁压仪。

静探旁压仪是在原 CPT 基础上增加旁压仪的量测系统，可在进行 CPT 测试的同时进行旁压试验。

2. 静力触探试验的成果应用

静力触探成果指标可用于划分土层、判别土类、估算土的力学参数、估算地基土的承载力、判别场地地基液化、选择桩基持力层、判别沉桩可行性和估算单桩承载力，是原位试验中重要的试验指标之一。

1) 划分土层和判别土类

利用比贯入阻力 p_s-h 或锥尖阻力 q_c-h 的线型特征或数值变化幅度并结合 p_s 值(或 q_c 值)和摩阻比 R_f 大小进行土类划分，如表 3-7 所列。

表 3-7　不同土类的 q_c-h 曲线线型特征锥尖阻力 q_c 和摩阻比 R_f 的参考值

土类名称	q_c(100 kPa)	R_f /%	q_c-h 线型	土类名称	q_c(100 kPa)	R_f /%	q_c-h 线型
黏　土	10～15	4～6	平缓	淤泥质黏性土	<10	0.5～15	平缓
粉质黏土	15～30	2～4	平缓	粉细砂	30～200	1.5～5	起伏大
粉　土	30～100	0.8～2	起伏较大	(中密)	(50～150)		

2）估算单桩极限承载力

估算单桩极限承载力是静力触探指标最常用的应用手段之一，常用的计算方法如下所述。

(1)《高层建筑岩土工程勘察规程》(JGJ 72—2004)提出，按单桥探头 p_s 值确定混凝土预制桩单桩竖向极限承载力 R_j，该公式适用于沿海软土地区：

$$R_j = \alpha_b \cdot p_{sb} \cdot A_p + U_p \sum_{t=1}^{n} f_i l_i \tag{3-13}$$

式中 α_b——桩端阻力修正系数，按表 3-8 取用；

p_{sb}——桩端附近的静力触探比贯入阻力平均值(kPa)按下式计算：

当 $p_{sb1} \leqslant p_{sb2}$ 时，$p_{sb} = \dfrac{p_{sb1} + p_{sb2}\beta}{2}$

当 $p_{sb1} > p_{sb2}$ 时，$p_{sb} = p_{sb2}$

p_{sb1}——桩端全断面以上 8 倍桩径范围内的比贯入阻力平均值，kPa；

p_{sb2}——桩端全断面以下 4 倍桩径范围内的比贯入阻力平均值，kPa，如桩端持力层为密实的砂土层，其贯入阻力平均值 p_b 超过 20MPa 时，则需乘以表 3-9 中的系数 C 予以折减后，再计算 p_{sb2} 及 p_{sb1} 值；

β——折减系数，按 p_{sb2}/p_{sb1} 的值从表 3-10 中取用；

A_p——桩身横截面积，m^2；

U_p——桩身周边长度，m；

l_i——第 i 层土桩长，m；

f_i——用比贯入阻力 p_s 估算的桩周各层土的极限摩阻力(kPa)，一般按以下原则选择：①地表下 6 m 范围内的浅层土，一般取 $f_i = 15$ kPa；②黏性土：当 $p_s \leqslant 1\ 000$ kPa 时，$f_i = p_s/20$；当 $p_s > 1\ 000$ kPa 时，$f_i = 0.025p_s + 25$；③粉性土及砂性土：$f_i = p_s/50$。

表 3-8 桩端阻力修正系 α_b 值

桩长 l/m	$l<15$	$15 \leqslant l \leqslant 30$	$30 < l \leqslant 60$
α_b	0.75	0.75～0.90	0.90

表 3-9 系数 C

p_s/MPa	20～30	35	>40
系数 C	5/6	2/3	1/2

表 3-10 折减系数 β 值

p_{sb2}/p_{sb1}	<5	7.5	−12.5	≥15
β	1	5/6	2/3	1/2

用静力触探资料估算的桩端极限阻力值不宜超过 8 000 kPa，桩侧极限摩阻力不宜超过 100 kPa，对于比贯入阻力值为 2 500～6 500 kPa 的浅层粉性土及稍密的砂性土，计算桩端阻力和桩侧摩阻力时应结合经验，考虑数值可能偏大的因素。

(2) 按双桥探头 q_c 和 f_{si} 估算单桩竖向极限承载力 R_j，适用于一般黏性土和砂土：

$$R_j = \alpha \bar{q}_c A_p + U_p \sum_{t=1}^{n} f_{si} l_i \beta_i \tag{3-14}$$

式中 α——桩端阻力修正系数，打入桩对黏性土取 2/3，对饱和砂土取 1/2，钻孔灌注桩见表 3-11；

$\bar{q}_c$——桩端上、下探头阻力，取桩尖平面以上 $4d$（d 为桩的直径）范围内按厚度的加权平均值，然后再和桩端平面以下 d 范围内的 q_c 值进行平均，kPa；

f_{si}——第 i 层土的探头侧摩阻力，kPa；

β_i——第 i 层土桩身侧摩阻力修正系数，打入桩按下式计算：

黏性土：$\beta_i = 10.043 f_{si}^{-0.55}$；

砂性土：$\beta_i = 5.045 f_{si}^{-0.45}$。

钻孔灌注桩见表 3-11，其余符号同前。

表 3-11　混凝土钻孔灌注桩 α 与 β_i 取值

灌注桩直径 /cm	α	β_i	灌注桩直径 /cm	α	β_i
<65	$570.71(\bar{q}_c)^{-0.93}$	$21.22 f_{si}^{-0.75}$	≥65	$20.46(\bar{q}_c)^{-0.55}$	$3.49 f_{si}^{-0.4}$

（3）Almeida 等（1996）基于 8 个黏土场地的静探试验与桩荷载试验资料提出以净锥尖阻力 q_{net} 计算桩的侧摩阻力和桩端阻力。

桩端承载力：

$$q_p = \frac{q_t - \sigma_{v0}}{k_2} = \frac{q_{net}}{k_2} \tag{3-15}$$

式中，$k_2 = N_{kt}/9$，其中 N_{kt} 为圆锥系数，$N_{kt} = 10$（TC），$N_{kt} = 15$（DSS），$N_{kt} = 20$（TE）。

桩侧摩阻力：

$$f_p = \frac{q_t - \sigma_{v0}}{k_1} = \frac{q_{net}}{k_1} \tag{3-16}$$

式中，$k_1 = 12 + 14.9\log[(q_t - \sigma_{v0})/\sigma_{v0}]$。

（4）Eslami 和 Fellenius（1997）提出直接利用静探试验结果来估算桩的承载力。通过修正锥尖阻力 q_t 减去孔压值 u_2，使锥尖阻力转化为“有效”锥尖阻力 q_e。

桩端承载力：

$$q_p = C_p q_{eq} \tag{3-17}$$

式中 C_p——桩的相关系数，$C_p = 1$；

q_{ep}——q_c 在影响区域上有效锥尖阻力 q_e 的几何平均值。

桩侧摩阻力：

$$f_p = C_s q_e \tag{3-18}$$

式中 C_s——桩身相关系数，这个系数可以通过土层剖面图确定；

q_e——经过锥肩孔压修正和有效应力校正的有效锥尖阻力。

3）估算土体物理指标

通过将静力触探参数与大量室内土工试验进行对比分析，国内外已经建立了一些基于静探试验数据和土体物理指标的相关关系，通过对数据的总结分析，提出了一些经检验在软土地区使用的估算土体物理参数指标的经验公式。

(1) 细粒含量。

Robertson 和 Wride 于 1998 年提出通过土体类型指标参数 I_c 评估土体的细粒含量：

$$I_c = [(3.47 - \lg Q_{tn})^2 + (\lg F_r + 1.22)^2]^{0.5} \tag{3-19}$$

式中 Q_{tn}——标准化的锥尖阻力，按 $Q_{tn} = \left(\frac{q_t - \sigma_{v0}}{P_a}\right)\left(\frac{P_a}{\sigma'_{v0}}\right)^n$ 计算；

F_r——标准化的摩阻比，按 $F_r = \frac{f_s}{q_t - \sigma_{v0}} \times 100\%$ 计算；

P_a——标准大气压，kPa；

q_t——修正后的锥尖阻力，kPa。

n 值与土体类型相关，黏土 n 值接近 1，砂土 n 值接近 0.5。Robertson 于 2009 年提出当 $n<1$ 时，n 与 I_c 及 σ'_{v0} 的变化关系为：$n=0.381I_c+0.05(\sigma'_{v0}/P_a)-0.15$。另外，由于存在循环计算关系，Robertson 提出当 $\Delta n \leqslant 0.01$ 停止循环计算。

黏粒含量 F_c 有以下关系：

① 当 $I_c<1.26$ 时，$F_c(\%)=0$；

② 当 $1.26<I_c<3.5$ 时，$F_c(\%)=1.75\times I_c^{3.25}-3.7$；

③ 当 $I_c>3.5$ 时，$F_c(\%)=100$。

(2) 其他物理指标见表 3-12。

表 3-12　　其他物理指标经验公式

物理指标	经验公式	来源
土体容重	$\gamma/\gamma_w = 0.27(\lg R_f)+0.36[\lg(q_t/P_a)]+1.236$	Robertson(2010)
含水率	$\omega=-26.25\lg q_t+45.288$	结合土工试验
孔隙比	$e=1.351-0.813\lg q_t$	结合土工试验

注：R_f 为摩阻比(%)，其他参数同上。

4) 评定土体力学参数

(1) 黏性土的不排水抗剪强度 c_u，可用式(3-20)估算：

$$c_u = \frac{q_c - \sigma_0}{N_k} \tag{3-20}$$

式中 σ_0——探头贯入深度处土的原位总上覆应力，用竖向原位总上覆应力 σ_{v0} 或水平向原位总应力 σ_{h0} 或原位八面体应力 $\sigma_{0ct}=1/3(\sigma_{v0}+2\sigma_{h0})$；

N_k——锥头承载力系数，由经验取得，一般 $N_k=5\sim25$，对于大多数正常固结黏性土，可取 $N_k=10$。

也可用式(3-21)估算 c_u：

$$c_u = \frac{p_s}{N_c} \text{或} \frac{q_c}{N_c} \tag{3-21}$$

有关估算黏性土的不排水抗剪强度 c_u 的理论与经验关系式，可见表 3-13。

表 3-13　　　　由静力触探估算黏性土不排水抗剪强度

关系式	土类	来源	建议者
$c_u=0.0534p_s$	软黏土	理论	华东电力设计院
$c_u=0.071q_c+1.28$	$q_c<700$ kPa 滨海相软黏土	由十字板试验得(未修正)	同济大学
$c_u=0.0696p_s-2.7$	$p_s=300\sim1200$kPa 饱和软黏土	由十字板试验得(未修正)	武汉联合研究组 四川建研所
$c_u=0.04p_s+2$	$p_s<800$ kPa	—	铁道部《铁路工程地质原位测试规程》
$c_u=0.9(p_s-\sigma_{v0})/N_k$ $N_k=25.81-0.75S_t-2.25\ln I_p$	$S_t=2\sim7$ $I_p=12\sim40$ 的软黏土	—	铁道部《铁路工程地质原位测试规程》
$c_u=0.0564p_s+1.8$	$p_s<700$ kPa	由十字板试验得	铁四院一总队
$c_u=0.05p_s$	新港软黏土	—	铁三院
$c_u=0.0308p_s+4$	新港软黏土 $p_s=100\sim1500$ kPa	—	一航设计研究院
$c_u=0.0543q_c+4.8$	上海、广州软黏土 $q_c=100\sim800$ kPa	经验	四川建研所
$c_u=0.0579p_s-1.9$	$p_s=200\sim1100$ kPa	徐州饱和软黏土	江苏省第一工业设计院
$N_k=(q_c-\sigma_0)/c_u=4.5\sim5.8$	灵敏性黏土	经验	Ladanyi(1967)
$N_k=9$	—	经验	Meyerhof(1951)
$N_k=5.67R_f$	—	经验	Searle(1979)
$N_k=10+\beta\dfrac{A_f}{A_p}$；$\beta=\dfrac{1+c^2}{1+7c^2}$ (A_f摩擦筒面积，A_p锥头面积；c 黏聚力)	黏性土	—	Caguot & Kerisel(1956)
$N_k=5\sim21$ (N_k随 I_p增大而减小)	软-中等黏土	—	Baligh(1980)
$N_k=11\sim19$；平均 15	正常固结海相黏土	由十字板试验得(以 I_p修正)	Lunne & Kleven(1981)
$N_k=10$ $N_k=18$ 平均 $N_k=14$	$q_c<5$ bar $q_c>27$ bar 近海沉积黏土	—	Liems

注：1 bar=10 kPa。

(2) 砂土的强度参数：相对密度 D_r和内摩擦角 φ。

对中细石英砂(正常固结的干砂或饱和砂)，可得：

$$D_r=\frac{1}{2.91}\ln\left[\frac{q_c}{6.1\,(\sigma'_{v0})^{0.71}}\right]\times100\% \tag{3-22}$$

式中，q_c和 σ'_{v0}以 kPa 计。

或从式(3-23)求得 D_r：

$$D_r = \frac{1}{2.73}\ln\left[\frac{q_c}{172\,(\sigma'_{v0})^{0.51}}\right]\times 100\% \tag{3-23}$$

对于超固结砂土，可将其原位 q_c 按式(3-24)换算为等代的正常固结的锥尖阻力 q_{cnc}，然后再用正常固结砂土的经验关系评定 D_r。

$$\frac{q_{coc}}{q_{cnc}} = 1 + 0.75\left(\frac{K_{coc}}{K_{cnc}} - 1\right) \tag{3-24}$$

式中 q_{coc}——超固结比为 OCR 的砂土的锥尖阻力；

K_{coc}——超固结比为 OCR 的原位静止土压力系数；

K_{cnc}——正常固结的原位静止土压力系数；

$K_{coc}/K_{cnc} = (OCR)^{0.42}$。

确定砂土相对密度 D_r 后，可用图 3-2 评定砂土的内摩擦角 φ'，或由图 3-3 直接由 q_c-σ'_{v0}-φ' 确定 φ'。

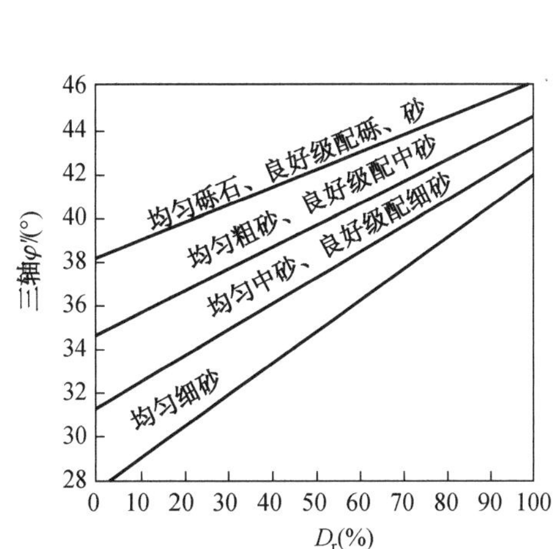

图 3-2 φ'-D_r 关系(Schmertman，1978)

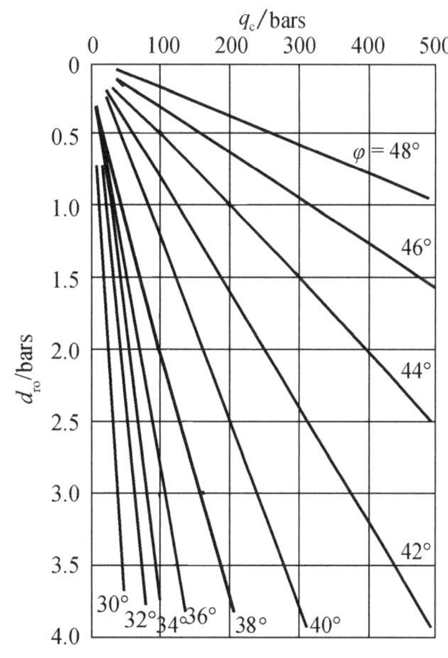

图 3-3 q_c-φ' 关系(Roberson 等，1983)

另外，也可按表 3-14 比贯入阻力 p_s 估算砂土内摩擦角 φ。

表 3-14 按比贯入阻力 p_s 估算砂土内摩擦角 φ

p_s/kPa	1 000	2 000	3 000	4 000	6 000	11 000	15 000	30 000
φ/(°)	29	31	32	33	34	36	37	39

或直接根据静探，由式(3-25)计算：

$$\varphi' = \arctan[0.1 + 0.38\lg(q_c/\sigma'_{v0})] \tag{3-25}$$

式中，q_c 和 σ'_{v0} 以 kPa 计。

5）估算土体变形参数

(1) 估算土的压缩模量 E_s。

上海市《岩土工程勘察规范》(DGJ 08-37—2012)提出土体压缩模量 E_s 与静力触探试验成果关系见表 3-15。

表 3-15　土层压缩模量 E_s 与静力触探试验成果关系

土性	关系	适用深度/m	适用范围值
一般黏性土	$E_s=3.3p_s+3.2$	15～70	$0.8\leqslant p_s\leqslant 5.0$(MPa)
	$E_s=3.7q_c+3.4$		$0.7\leqslant q_c\leqslant 4.0$(MPa)
砂质粉土及粉细砂	$E_s=(3\sim4)p_s$	20～80	$3.0\leqslant p_s\leqslant 25.0$(MPa)
	$E_s=(3.4\sim4.4)q_c$		$2.6\leqslant q_c\leqslant 22.0$(MPa)

另有国外学者提出的一些常用的关系式为：

$$E_s = \alpha q_c \tag{3-26}$$

式中，α 为随各种土类及 q_c 值而变化的经验系数，见表 3-16 与表 3-17。

表 3-16　各种黏性土的 α 值取值

土　类	q_c(100 kPa)	α
低塑性粉性土(CL)	＜7 7～20 ＞20	3～8 2～5 1～2.5
低塑性粉土和黏性土(ML)	＞20 ＜20	3～6 1～3
高塑性粉土和黏性土(MH,CH)有机质粉土(OL)	＜20 ＞12	2～6 2～8
泥炭和有机质黏性土(Pt^2OH)	$50<\omega<100$ $100<\omega<200$ $\omega>200$	1.5～4 1～1.5 0.4～1

表 3-17　砂性土 α 值取值

提出者	α	附　注
Buisman-De Beer Vesic	1.5 $2(1+D_r^2)$	正常固结砂土 细、中砂
Schmertmann Trofimenkof	2.5,3.5 3.0	α 基础形状变 原有苏联规范(中密-密实砂土)

Robertson(2009)提出以下经验公式直接利用静探试验数据对原位应力状态下的压缩模量进行评估：

$$E_s = \alpha_M (q_t - \sigma_{v0}) \tag{3-27}$$

式中，α_M 值与 q_t 有关，取值方法如下：

$$当\ I_c>2.2\ 时：\begin{cases}\alpha_M=q_t & (\alpha_M<14)\\ \alpha_M=14 & (\alpha_M>14)\end{cases}$$

当 $I_c < 2.2$ 时：$\alpha_M = 0.0188[10^{(0.55Ic+1.68)}]$

I_c为土体类型指标参数，计算方法见式(3-19)。

砂土也可按 p_s值估算压缩模量 E_s，见表 3-18。

表 3-18　　按比贯入阻力 p_s估算砂土的压缩模量 E_s

p_s /kPa	500	800	1 000	1 500	2 000	3 000	4 000	5 000
E_s /MPa	2.6～5.0	3.5～5.6	4.1～6.0	5.1～7.5	6.0～9.0	9.0～11.5	11.5～13.0	13.0～15.0

(2) 估算砂土的弹性模量

土的弹性模量与锥尖阻力的相关关系与应力应变历史，沉积时间和矿物组成有关。Robertson(2010)提出以下经验公式评估新近沉积非胶结石英砂的弹性模量(对应 0.1%应变)如下：

$$E = \alpha_E(q_t - \sigma_{v0}) \tag{3-28}$$

式中，$\alpha_E=0.015[10^{(0.55I_c+1.68)}]$，$I_c$为土体类型指标参数，见式(3-19)。

(3) 估算黏性土的剪切模量

剪切模量在小应变条件下是最大的，并随着剪切变形的增大而减小。在剪应变小于 10^{-3}%的时候，初始的剪切模量是固定的。将初始小应变条件下的剪切模量定义为 G_0。Mayne 和 Rix 提出以下经验公式评估黏性土的 G_0：

$$G_0 = 99.5P_a^{0.305}\frac{q_t^{0.695}}{e_0^{1.130}} \tag{3-29}$$

式中，P_a为标准大气压，单位与 q_t，G_0相同。

6) 判别场地地基液化

我国《岩土工程勘察规范》(GB 50021)推荐采用静力触探判别砂土液化的方法，该判别方法为铁道部科学研究院等提出，并已在国际专业会议上得到推荐应用。该方法主要根据唐山地震不同烈度地区 125 份试验资料，用统计方法的判别函数进行分析，在统计中考虑了砂层埋深、上覆非液化土层厚度、地下水位深度、震中距及比贯入阻力等 5 个因素。该方法已纳入铁道部《铁路工程抗震设计规范》和《铁路工程地质原位测试规程》，适用于饱和砂土和饱和粉土的液化判别。

对地面下 15 m 深度范围内的饱和砂土或饱和粉土，可采用单桥探头或双桥探头静力触探试验法判别。当实测计算比贯入阻力 p_{so}或实测计算锥尖阻力 q_{co}小于液化比贯入阻力临界值 p_{scr}或液化锥尖阻力临界值 q_{ccr}时，应判别为液化土。饱和土静力触探液化比贯入阻力临界值 p_{bcr}和液化锥尖阻力临界值 q_{ccr}分别按下列公式计算：

$$p_{scr} = p_{so}a_w a_u a_p \tag{3-30}$$

$$q_{ccr} = q_{co}a_w a_u a_p \tag{3-31}$$

$$a_w = 1 - 0.065(d_w - 2) \tag{3-32}$$

$$a_u = 1 - 0.05(d_u - 2) \tag{3-33}$$

式中　p_{scr}，q_{ccr}——分别为饱和土静力触探液化比贯入阻力临界值或锥尖阻力临界值，MPa；

p_{so}，q_{co}——分别为地下水位深度 d_w=2 m，上覆液化土层厚度 d_u=2 m 时，饱和砂土液化判别比贯入阻力基准值和液化判别锥尖阻力基准值，MPa，可按表 3-19 取值；

a_w——地下水位影响系数，地面常年有水且与地下水有水力联系时，取 1.13；

a_u——上覆非液化土层厚度修正系数，对深基础，取 1.0；

d_w——地下水位深度，m，按建筑使用期年平均最高水位采用，也可按近期年最高水位采用；

d_u——上覆非液化土层厚度，m，计算时宜将淤泥和淤泥质土层厚度扣除；

a_p——与静力触探摩阻比有关的土性修正系数，可按表 3-20 取值。

表 3-19 **p_{so}、q_{co} 值**

抗震设防烈度	7 度	8 度	9 度
p_{so}/MPa	5.0～6.0	11.5～13.0	18.0～20.0
q_{co}/MPa	4.6～5.5	10.5～11.8	16.4～18.2

表 3-20 **a_p 值**

土类	砂土	粉土		土类	砂土	粉土	
塑性指数	$R_f \leqslant 0.4$	$0.4 < R_f \leqslant 0.9$	$R_f > 0.9$	ap	1.0	0.6	0.45

对该判别式经在海城地震区，7 度、8 度、9 度三个烈度区计 9 个场地、21 个静力触探孔的资料检验，判别成功率为 91%。分析认为误判点(2 个孔)主要与地形等因素有关。

用该式如将粉土按极细砂考虑进行判别，则结果较为保守。

结合上海地区目前使用的地基液化判别方法，由于上海地区浅层砂质粉土与粉砂中夹有成层分布的黏性土，取土及土工试验过程中的取样代表性对液化判别结果影响很大。故采用与黏粒含量百分率 ρ_c 相关的液化判别方法

单桥静力触探试验比贯入阻力临界值计算：

$$p_{scr} = p_{s0}\left[1 - 0.06d_s + \frac{d_s - d_w}{a + b(d_s - d_w)}\right]\sqrt{\frac{3}{\rho_c(p_s, \Delta p_s)}} \tag{3-34}$$

双桥与孔压静力触探试验锥尖阻力临界值计算：

$$q_{ccr} = q_{c0}\left[1 - 0.06d_s + \frac{d_s - d_w}{a + b(d_s - d_w)}\right]\sqrt{\frac{3}{\rho_c(q_c, R_f)}} \tag{3-35}$$

式中 p_{scr}——比贯入阻力临界值；

p_{s0}——比贯入阻力基准值，对于 7 度基本地震烈度，可取 2.60 MPa；

d_s——静探试验点深度，m，深度为 15～20 m 时，取 d_s=15 m；

d_w——地下水年平均水位深度，m，可取 0.5 m；

a——系数，可取 1.0；

b——系数，可取 0.75；

$\rho_c(p_s, \Delta p_s)$——黏粒含量百分率，建议根据单桥静力触探试验曲线确定，或根据式 $\rho_c = 13.4 - 0.94(p_s + 3\Delta p_s)$ 估算，小于 3 时按 3 选用；

q_{ccr}——锥尖阻力临界值；

q_{c0}——锥尖阻力标准值，对于 7 度基本地震烈度，可取 2.35 MPa；

$\rho_c(q_c, R_f)$——黏粒含量百分率，建议根据双桥静力触探试验曲线估算，或根据式 $\rho_c = 7.28R_f + 0.58$ 估算，对于孔压静力触探试验，亦可根据上式与式 $\rho_c =$

$53.57B_q+7$ 综合确定。

7）估算土的固结系数$(C_v)_h$

利用孔压静力触探停止贯入后，孔压的消散曲线可以估算土的固结系数$(C_v)_h$（主要反映水平固结系数），其关系式为：

$$(C_v)_h = R\frac{r_0^2}{t_{50}}T_{50} \tag{3-36}$$

式中 R——再压缩比（即再压缩指数与初次压缩指数之比），一般为：1/10～1/4，软土约为1/6。

r_0——孔压探头的半径，cm；

t_{50}——超孔压消散50%的历时，s；

T_{50}——超孔压消散50%的时间因数，可根据土的孔隙水压力系数A_f、土的刚度指标I_t取值，见表3-21。

表3-21　T_{50}取值

I_t	A_f			
	1/3	2/3	1	4/3
10	1.145	1.593	2.095	2.622
50	2.487	3.346	4.504	5.931
100	3.524	4.761	6.447	8.629
200	5.025	6.838	9.292	12.790

土的孔隙水压力系数A_f，可参考表3-22取用。

表3-22　A_f值

饱和软黏土	A_f
较灵敏	1.5～3.0
正常固结	0.7～1.3
微超固结	0.3～0.7
重超固结	−0.5～0

土的刚度指数I_r为：

$$I_r = \frac{E_u}{3c_u} \tag{3-37}$$

式中 E_u——饱和软黏土的不排水模量；

c_u——饱和软黏土的不排水抗剪强度。

土的垂直固结系数$(C_v)_v$估算式为：

$$(C_v)_v = \frac{k_v}{k_h}(C_v)_h \tag{3-38}$$

式中 k_v——垂直向渗透系数；

k_h——水平向渗透系数。

8）判断土体应力历史

应用普通静探试验和孔压静探试验成果指标可计算土体的先期固结压力 σ'_p。

静探：

$$\sigma'_p = 0.33(q_c - \sigma_w) \tag{3-39}$$

Ⅰ型孔压静探（面单元）：

$$\sigma'_p = 0.47(u_1 - u_0) \tag{3-40}$$

Ⅱ型孔压静探（肩单元）：

$$\sigma'_p = 0.54(u_2 - u_0) \tag{3-41}$$

式中 q_c——经修正的锥尖阻力，kPa；

σ_w——总上覆土应力；

u_1，u_2——为孔压静探试验的锥尖和锥肩测定的孔隙水压力；

u_0——为原位静水压力。

9）静止土压力系数

静止土压力系数 $K_0 = \sigma'_{ho}/\sigma'_{vo}$，主要反映土体的原始应力状态。Kulhawy 和 Mayne (1990)提出下列经验公式直接通过静探试验数据评估超固结细粒土中的静止土压力系数：

$$K_0 = 0.1\frac{q_t - \sigma_{vo}}{\sigma'_{vo}} \tag{3-42}$$

式中 σ'_{vo}——有效上覆土应力。

10）评定地基土的承载力

国内在不同的地区和土类，不同的适用范围，对于地基土的承载力的评定积累了大量的经验，见表 3-23。

表 3-23 评定地基土承载力基本值 f_0 的经验关系

公式来源	经验关系 $f_0=f(p_s)$	适用范围 p_s/MPa	适用地区和土类
武汉联合试验组	$0.104p_s+25.9$	0.3～5	淤泥质土、一般黏性土、老黏土
	$0.083p_s+54.6$	0.3～3	淤泥质土、一般黏性土
	$0.097p_s+76$	3～6	老黏土
	$5.25\sqrt{p_s}-103$	1～10	中、粗砂
	$0.02p_s+59.5$	1～15	粉、细砂
铁道部《铁路工程地质原位测试规程》	$5.8\sqrt{p_s}-46$	0.35～5	$I_p>10$ 一般黏性土
	$0.89p_s^{0.63}+14.4$	≤24	$I_p\leq10$ 粉土及饱和砂土
	$0.112p_s+5$	<0.9	软土
	$1.4817p_s^{0.602}$	0.5～6	$I_p>10$ 新近沉积土
	$0.9993p_s^{0.629}$	0.5～10	$I_p\leq10$ 新近沉积土
	$0.05p_s+65$	0.5～5	新黄土（东南带）
	$0.05p_s+35$	1～5.5	新黄土（西北带）
	$0.04p_s+40$	1～6.5	新黄土（北部边缘）

续表

公式来源	经验关系 $f_0=f(p_s)$	适用范围 p_s /MPa	适用地区和土类
北京市勘察院	$114.8\lg p_s-219.8$ $0.0173p_s+159$	0.6～7 1.5～15	黏性土 黏性土与砂土
天津建筑设计院	$80.6p_s^{0.387}$	0.24～3.55	天津一般黏性土
上海市《岩土工程勘察规范》	$0.075p_s+38$	滨海平原:$p_s>1500$ 取 1 500; 湖沼平原:$p_s>2000$ 取 2 000	一般黏性土
	$0.070p_s+32$	$p_s>800$ 取 800	淤泥质土
	$0.005p_s+40$	$p_s>2500$ 取 2 500	粉性土
	$0.060p_s+30$	$p_s>1500$ 取 1 500	素填土
	$0.045p_s+22$	$p_s>1000$ 取 1 000	冲填土
交通部一航院	$6.91p_s^{0.416}$	≤5	天津一取黏性土
交通部三航院	$0.1p_s+25$	0.5～2.5	长江三角洲一般土
东北电力设计院	$5.8\sqrt{p_s}-31$	0.8～4.5	东北黏性土
江苏省建筑设计院	$0.084p_s+25$	0.35～5.7	南京黏性土
青岛市城建局	$0.074p_s+82$	1～5	青岛黏性土
兖州煤矿院	$0.1012p_s+59$	0.35～3	淮北黏性土
广东省航运规划设计院	$0.103p_s+27$ $0.14p_s-236$	0.15～6 >6	淤泥质土、一般黏性土
广东省航运规划设计院 郑州局武汉设计院	$0.103p_s+27$ $0.14p_s-236$ $0.088p_s+39$	0.15～6 >6	老黏土及砂 武汉地区黏性土
连云港规划设计院	$0.0807p_s+49$		滨海软土
铁一院	$5.8\sqrt{p_s}-70$	0.5～6	一般黏性土
铁二院	$6\sqrt{p_s}-44$		一般黏性土
四川综勘院	$249\lg p_s-589$	0.5～4	四川一般黏性土
建设部综勘院	$0.05p_s+73$	1.5～6	一般黏性土
轻工部第二设计院	$0.01p_s+150$	2.2～16	黏质粉土
郑州铁路局	$176.3\lg p_s-326$	0.2～20	东渤海区黄泛区黏质粉土及含礓石砂
河南省设计院	$150\lg p_s-355$	0.3～3.6	黏质粉土
建研院勘察所	$0.036p_s+4.48$	1～14	$I_p=6～10$ 黏质粉土
上海轻工业设计院	$0.07p_s+176$	1.4～14.5	黏质粉土,砂质粉土、砂
铁道部铁一院	$2.5\sqrt{p_s}-21$	<3.5	西北内陆盆地粉质黏土、粉细砂
铁道部铁三院	$0.89p_s^{0.63}+14.4$	<24	砂土
湖北电力设计院	$0.2381p_s^{0.54}+42$ $0.0197p_s+65.5$	5～16	中、粗砂 粉细砂
武汉冶金勘察公司	$0.02p_s+50$	>5	长江中下游粉、细砂 (地下水位以下)

续表

公式来源	经验关系 $f_0=f(p_s)$	适用范围 p_s /MPa	适用地区和土类
铁道部铁一院	$1.4\ p_s^{0.5885}$ $4.38\ p_s^{0.462}$	0.5～20 1～20	粉、细砂 中、粗砂
铁道部铁四院	$p_s/30$	<15	长江中下游砂土
陕西省综勘院	$0.070p_s+50.8$	—	黄土(关中、郑州)
铁道部铁一院	$0.05\ p_s+65$ $0.064p_s+29$ $0.04p_s+75$	—	东南带新黄土 侯月线新黄土 关中、山东新黄土
铁道部铁二院	$0.072p_s+42$	—	山东新黄土
一机部勘测公司	$0.08p_s+31$	—	关中新黄土
四机部勘测公司	$0.04p_s+68$	—	关中新黄土
西安冶金勘测公司	$0.032p_s+93$	—	关中新黄土
铁道部铁一院	$0.04p_s+40$	—	北部边缘带新黄土
铁道部铁一院 化工部勘察公司	$0.0386p_s+44$	—	神地一神木新黄土
	$0.126p_s-64$	—	山西黄土
湖北综合勘察院	0.65～0.7 $(0.061p_s+201)$	—	贵州红土
贵州省建筑设计院	$0.09p_s+90$	—	红土
昆明冶金勘察公司	$0.03p_s+180$	—	昆明红黏土
市政工程西北设计院	$0.516\ q_c+450$	0.3～3	甘肃低阶地黄土
市政工程西北设计院 武汉勘察院	$0.0603\ q_c+1790$	1～9	甘肃高阶地黄土
	$2.39\ p_s^{0.55}$	—	一般黏性土、淤泥质土

11）确定基床系数及其比例系数

2010 年，顾国荣建议按表 3-24、表 3-25 确定砂土和黏性土主要力学性指标。

表 3-24　　静力触探试验确定砂土主要力学性指标

单桥静力触探 p_s 值/MPa	≤2.6	$2.6<p_s\leq5$	$5<p_s\leq10$	>10
密实程度	松散	稍密	中密	密实
内摩擦角 φ(°)	<30	30～33	33～40	>40
基床系数 $k/(\mathrm{kN\cdot m^{-3}})$	<10 000	10 000～20 000	20 000～50 000	>50 000
比例系数 $m/(\mathrm{kN\cdot m^{-4}})$	<4 000	4 000～6 000	6 000～10 000	>10 000

表 3-25　　静力触探试验确定黏性土主要力学性指标

单桥静力触探 p_s 值/MPa	≤0.6	$0.6<p_s\leq1.0$	$1.0<p_s\leq2.0$	$2.0<p_s\leq5.0$	>5.0
液性指数 I_L	$I_L>1$	$0.75<I_L\leq1$	$0.25<I_L\leq0.75$	$0<I_L\leq0.25$	$I_L\leq0$
塑性状态	流塑	软塑	可塑	硬塑	坚硬
不排水抗剪强度 c_u /kPa	<30	30～50	50～100	100～250	>250
基床系数 $k/(\mathrm{kN\cdot m^{-3}})$	<5 000	5 000～15 000	15 000～30 000	30 000～50 000	>50 000
比例系数 $m/(\mathrm{kN\cdot m^{-4}})$	<2 000	2 000～4 000	4 000～6 000	6 000～8 000	>8 000

3.2.1.3 圆锥动力触探

圆锥动力触探是利用一定质量的重锤，将与探杆相连接的标准规格的探头打入土中，根据探头打入土中的难易程度（贯入度）来判别土层的变化，对土层进行力学分层，定性地评价土的均匀性，并定量地评定土的物理力学性质和土的工程性能。

圆锥动力触探一般分为轻型，重型和超重型 3 种。对难以取样的砂土、粉土、碎石类土等，对静力触探难以贯入的土层，动力圆锥触探是十分有效的勘探测试手段。

1. 圆锥动力触探分类

圆锥动力触探按贯入能力分为轻型、重型和超重型，见表 3-26。

表 3-26 圆锥动力触探的分类和规格

类 型		轻 型	重 型(DPH)	超重型(DPSH)
探头规格	直径/mm	10	74	74
	锥角/(°)	60	60	60
落 锤	锤质量/kg	10 ± 0.2	63.5 ± 0.5	120 ± 1
	落距/cm	50 ± 2	76 ± 2	100 ± 2
探杆直径/mm		25	42	60
触探指标 N		贯入 30 cm 击数 N_{10}	贯入 10 cm 击数 $N_{63.5}$	贯入 10 cm 击数 N_{120}
最大贯入深度/m		4～6	12～16	20
主要适用的岩土		浅部的填土、砂土、粉土、黏性土	砂土、中密以下的碎石土、极软岩	密室和很密的碎石土、软岩、极软岩

圆锥动力触探的贯入能力由能量指数 n_d 衡量：

$$n_d = \frac{M \cdot H}{A} \cdot g \tag{3-43}$$

式中 n_d——能量指数，J/cm²；

M——锤的质量，kg；

H——锤的落距，m；

A——探头截面积，cm²。

圆锥动力触探试验的主要技术要求应符合下列规定：

(1) 落锤方式对锤击能量的影响较大，测试时应采用固定落距的自动落锤锤击方式。

(2) 触探杆最大偏斜度不应超过 2%，锤击贯入应连续进行；同时防止锤击偏心、探杆倾斜和侧向晃动，保持探杆垂直度；锤击速率每分钟宜为 15～30 击。

(3) 每贯入 1 m，宜将探杆转动一圈半；当贯入深度超过 10 m，每贯入 20 cm 宜转动探杆一次。

(4) 对轻型动力触探，当 $N_{10}>100$ 或贯入 15 cm 锤击数超过 50 时，可停止试验；对重型动力触探，当连续三次 $N_{63.5}>50$ 时，可停止试验或改用超重型动力触探。

2. 圆锥动力触探的成果整理

圆锥动力触探试验成果分析应绘制锤击数随深度变化的曲线表示，或用平均每击贯入度随深度的变化曲线。

对探测深度较大的土层，应用试验成果时是否修正或如何修正，应根据建立统计关系时的具体情况确定。建设部、铁道部《铁路工程地质原位测试规程》(TB 10018—2003)、冶金部的动力触探规程均规定需进行杆长修正。考虑杆长修正，对击数的修正式如下：

$$N = \alpha_1 N^* \tag{3-44}$$

式中 N——杆长修正后的击数；

N^*——实测的击数；

α_1——杆长修正系数，分别见表 3-27 和表 3-28。

表 3-27 $N_{63.5}$ 杆长修正系数 α_1

l/m \ $N^*_{63.5}$	5	10	15	20	25	30	35	40	≥50
≤2	1.0	1.0	1.0	1.0	1.0	1.0	1.0	1.0	1.0
4	0.96	0.95	0.93	0.92	0.90	0.89	0.87	0.86	0.84
6	0.93	0.90	0.88	0.85	0.83	0.81	0.79	0.78	0.75
8	0.90	0.86	0.83	0.80	0.77	0.75	0.73	0.71	0.67
10	0.88	0.83	0.79	0.75	0.72	0.69	0.67	0.64	0.61
12	0.85	0.79	0.75	0.70	0.67	0.64	0.61	0.59	0.55
14	0.82	0.76	0.71	0.66	0.62	0.58	0.56	0.53	0.50
16	0.79	0.73	0.67	0.62	0.57	0.54	0.51	0.48	0.45
18	0.77	0.70	0.63	0.57	0.53	0.49	0.46	0.43	0.40
20	0.75	0.67	0.59	0.53	0.48	0.44	0.41	0.39	0.36

表 3-28 N_{120} 的杆长修正系数 α_1

l/m \ N^*_{120}	1	3	5	7	9	10	15	20	25	30	35	40
1	1	1	1	1	1	1	1	1	1	1	1	1
2	0.96	0.92	0.91	0.91	0.90	0.90	0.90	0.89	0.89	0.88	0.88	0.88
3	0.94	0.88	0.86	0.85	0.84	0.84	0.84	0.83	0.82	0.82	0.81	0.81
5	0.92	0.82	0.79	0.78	0.77	0.77	0.76	0.75	0.74	0.73	0.72	0.72
7	0.90	0.78	0.75	0.74	0.73	0.72	0.71	0.70	0.68	0.68	0.67	0.66
9	0.88	0.75	0.72	0.70	0.69	0.68	0.67	0.66	0.64	0.63	0.62	0.62
11	0.87	0.73	0.69	0.67	0.66	0.66	0.64	0.62	0.61	0.60	0.59	0.58
13	0.86	0.71	0.67	0.65	0.64	0.63	0.61	0.60	0.58	0.57	0.56	0.55
15	0.86	0.69	0.65	0.63	0.62	0.61	0.59	0.58	0.56	0.55	0.54	0.53
17	0.85	0.68	0.63	0.61	0.60	0.60	0.57	0.56	0.54	0.53	0.52	0.50
19	0.84	0.66	0.62	0.60	0.58	0.58	0.56	0.54	0.52	0.51	0.50	0.48

3. 圆锥动力触探的成果应用

根据圆锥动力触探试验指标和地区经验，可进行力学分层，评定土的均匀性和物理性质(状态、密实度)、土的强度、变形参数、地基承载力、单桩承载力，查明土洞、滑动面、软硬土层界面，检测地基处理效果等。

1）划分土层界线

结合场地的地质资料、依据动力触探动贯入阻力曲线，对场地土层进行力学分层。在分层的基础上，统计各土层动贯入阻力的平均值，分析研究各土层的工程性能。

2）确定砂土和卵石层的密实度

（1）北京市勘察院利用 N_{10} 评定砂土的密实度的经验见表 3-29。

表 3-29　　N_{10} 与砂土密实度的关系

N_{10}	＜10	10～20	21～30	31～50	51～90	＞90
密实度	疏 松	稍 密	中下密	中 密	中上密	密 实

（2）机械工业部第二勘察研究院根据探井中实测的孔隙比 e 与 $N_{63.5}$ 对比，得经验关系，见表 3-30。

表 3-30　　孔隙比 e 与 $N_{63.5}$ 的关系

土类	修正后的 $N_{63.5}$									
	3	4	5	6	7	8	9	10	12	15
中砂	1.14	0.97	0.88	0.81	0.76	0.73	—	—	—	—
粗砂	1.05	0.90	0.80	0.73	0.68	0.64	0.62	—	—	—
砾砂	0.90	0.75	0.65	0.58	0.53	0.50	0.47	0.45	—	—
圆砾	0.73	0.62	0.55	0.50	0.46	0.43	0.41	0.39	0.36	—
卵石	0.66	0.56	0.50	0.45	0.41	0.39	0.36	0.35	0.32	0.29

依据 $N_{63.5}$ 可用表 3-31 评定砂土的密实度。

表 3-31　　$N_{63.5}$ 与砂土密实度的关系

土类	$N_{63.5}$	密实度	孔隙比 e	土类	$N_{63.5}$	密实度	孔隙比 e
砾砂	＜5	松散	大于 0.65	粗砂	6.5～9.5	中密	0.70～0.60
	5～8	稍密	0.65～0.50		＞9.5	密实	＜0.60
	8～10	中密	0.50～0.45	中砂	＜5	松散	0.90
	＞10	密实	＜0.45		5～6	稍松	0.90～0.80
粗砂	＜5	松散	＞0.80		6～9	中密	0.80～0.70
	5～6.5	稍松	0.80～0.70		＞9	密实	＜0.70

（3）根据成都地区的工程实践经验，得 N_{120} 与卵石密实度的关系，见表 3-32。

表 3-32　　N_{120} 与卵石密实度的关系

N_{120}	3～6	6～11	11～14	14～20
密实度	稍 密	中 密	密 实	极 密
土的描述	卵石或砂夹卵石，圆砾	卵 石	卵 石	卵石或含少量漂石

3）评定地基土的承载力与变形模量

（1）轻型动力触探 N_{10} 的应用。

《建筑地基基础设计规范》(GBJ 7—89)规定可用 N_{10} 确定以黏性土和素填土为地基土的

承载力特征值 f_{ak}，见表 3-33 和表 3-34。

表 3-33　　N_{10} 与黏性土承载力特征值

N_{10}	15	20	25	30
f_{ak} /kPa	105	145	190	230

表 3-34　　N_{10} 与素填土承载力特征值

N_{10}	10	20	30	40
f_{ak} /kPa	85	115	135	160

注：本表只适用于黏性土与粉土组成的素填土。

上海市标准《岩土工程勘察规范》(DBJ 08—37—2012)对 N_{10} 与天然地基极限承载力标准值 f_k 有如下经验公式：

素填土：

$$f_k = 80 + 4.0N_{10} \tag{3-45}$$

冲填土：

$$f_k = 58 + 2.9N_{10} \tag{3-46}$$

(2) 重型动力触探 $N_{63.5}$ 的应用。

对中、粗、砾砂可参考表 3-35 评定地基承载力 f_{ak}。

表 3-35　　中粗、砾砂 $N_{63.5}$ 与 f_{ak} 的关系

$N_{63.5}$	3	4	5	6	8	10
f_{ak} /kPa	120	180	200	240	320	400

注：表列数值适用于冲积、洪积的砂土，但中、粗砂的不均匀系数不大于 6、砾砂的不均匀系数不大于 20。

对碎石土可参考表 3-36 评定地基承载力 f_{ak}。

表 3-36　　碎石土的 $N_{63.5}$ 与承载力特征值 f_{ak} 关系

$N_{63.5}$	3	4	5	6	8	10	12
f_{ak} /kPa	140	170	200	240	320	400	480

注：表列数值适用于冲积，洪积的碎石土，其 d_{60} 不大于 30 mm，不均匀系数不大于 120，密实度为稍密—中密。

B. 铁道部《动力触探技术规定》(TBJ 18—1987)和《铁路工程地质原位测试规程》(TB 10018—2003)提出用 $N_{63.5}$ 评定各类地基土的基本承载力 f_0，见表 3-37。

表 3-37　　采用 $N_{63.5}$ 评定各类地基土的基本承载力 f_0　　kPa

土类	$N_{63.5}$										
	2	3	4	5	6	7	8	9	10	12	14
粉细砂	80	110	142	165	187	210	232	255	277	321	—
中砂、砾砂	—	120	150	180	220	260	300	340	380	—	—
碎石土	—	140	170	200	240	280	320	360	400	480	540

续表

土类	$N_{63.5}$										
	16	18	20	22	24	26	28	30	35	40	—
粉细砂	—	—	—	—	—	—	—	—	—	—	—
中砂、砾砂	—	—	—	—	—	—	—	—	—	—	—
碎石土	600	660	720	780	830	870	900	930	970	1 000	

注：1. 上表适用于冲积，洪积层。
2. 动力触探深度为 1～20 m。
3. $N_{63.5}$需经过杆长修正。

湖北省《建筑地基基础技术规范》(DB 42—242—2003)对各类土提出的 $N_{63.5}$与 f_{ak}的关系，见表 3-38—表 3-40。

表 3-38　　碎石土承载力特征值 f_{ak}

$N_{63.5}$	3	4	5	6	7	8	9	10	11	12	13	14	16	18
f_{ak}/kPa	140	170	200	240	280	320	360	400	440	480	510	540	600	660

注：1. 本表一般适用于冲积和洪积的碎石土，其 d_{60}一般不大于 30 mm，不均匀系数不大于 120，密实度以稍密—中密为主。
2. 表中 $N_{63.5}$系经杆长修正后的锤击数标准值。

表 3-39　　中、粗、砾砂承载力特征值 f_{ak}

$N_{63.5}$	3	4	5	6	7	8	9	10
f_{ak}/kPa	120	150	200	240	280	320	360	400

注：1. 本表一般适用于冲积和洪积的砂土，且中、粗砂的不均匀系数不大于 6，砾砂的不均匀系数不大于 20。
2. 表中 $N_{63.5}$系经杆长修正后的锤击数标准值。

表 3-40　　砂土承载力特征值 f_{ak}

土类	$N_{63.5}$								
	10	15	20	25	30	35	40	45	50
中、粗砂	180	250	280	310	340	380	420	460	500
粉、细砂	140	180	200	230	250	270	290	310	340

(3) 超重型动力触探 N_{120}的应用。

按《铁路工程地质原位测试规程》(TB 10018—2003)对超重型动力触探 N_{120}可按下式换算成重型动力触探 $N_{63.5}$。

$$N_{63.5} = 3N_{120} - 0.5 \tag{3-47}$$

用换算得的 $N_{63.5}$，经过式(3-44)杆长修正后，用表 3-37 确定粉、细、中、砾砂和碎石土的承载力基本值。

按水利电力部动力触探试验规程，碎石土 N_{120}与 f_{ak}的关系，见表 3-41。

表 3-41　　碎石土 N_{120}与 f_{ak}的关系

N_{120}	3	4	5	6	8	10	12	14	≥16
f_{ak}/kPa	250	300	400	500	640	720	800	850	900

按中国建筑西南勘察院，成都地区卵石的 N_{120} 与 f_{ak} 和 E_0 关系，见表 3-42。

表 3-42　成都地区卵石 N_{120} 与 f_{ak} 和 E_0 关系

N_{120}	3	4	5	6	7	8	9	10	11	12	14	16
f_{ak} /kPa	240	320	400	480	560	640	720	800	850	900	950	1 000
E_0 /MPa	16.0	21.0	26.0	31.0	36.5	42.0	47.5	53.0	56.5	60.0	62.5	65.0

4）确定单桩承载力

一些地区利用动力触探和单桩静载荷试验建立了部分桩型的经验公式，见表 3-43。

表 3-43　利用动力触探确定桩基极限承载力 R_u　单位：kPa

地区	相关经验公式	持力层	备注
沈阳 成都	$R_u = 133 + 539N_{63.5}(r = 0.915, n = 22)$ $R_u = 299 + 126.1N_{120}(r = 0.79, n = 35)$	粗砂、圆砾 卵石	300 mm×300 mm、350 mm×350 mm 预制桩、部分振冲桩

(1)《建筑地基基础设计规范》(GB 50007—2011)在确定单桩竖向承载力特征值 R_a 时按下式估算：

$$R_a = u_p \sum q_{sia} l_i + q_{pa} \cdot A_p \tag{3-48}$$

式中　u_p——桩身周边长度，m；

q_{sia}——桩周土的摩擦力特征值，kPa；

l_i——按土层划分，第 i 层段内桩长，m；

q_{pa}——桩端端阻力特征值，kPa；

A_p——桩身横截面面积，m^2。

预制桩的 $N_{63.5}$ 与 q_{sia}，q_{pa} 的关系见表 3-44 与表 3-45。螺旋钻孔桩的 $N_{63.5}$ 与 q_{pa} 的关系见表 3-46。沉管桩的 $N_{63.5}$ 与 q_{pa} 的关系见表 3-47。挖孔桩 $N_{63.5}$ 与 q_{pa} 的关系见表 3-48。

表 3-44　预制桩 $N_{63.5}$ 与 q_{sia} 的关系

$N_{63.5}$	黏土、粉质黏土	粉土	粉、细砂	中、粗砂	砾砂、圆砾、卵石
1	7	7	7	—	—
2	10	10	10	10	10
3	13	14	13	15	17
4	20	18	17	22	24
6	25	23	20	27	36
8	30	27	23	31	48
10	35	30	26	34	60
12	—	—	30	37	65
14	—	—	34	40	70
16	—	—	37	45	75
18	—	—	40	50	80
20	—	—	—	60	90
25	—	—	—	80	110
30	—	—	—	100	130

表 3-45　预制桩 $N_{63.5}$ 与 q_{pa} 的关系

$N_{63.5}$	黏 土	粉 土	粉、细砂	中、粗砂	砾砂、圆砾、卵石
4	500	400	300	1 300	1 500
6	1 000	800	600	1 700	2 000
8	1 500	1 300	900	2 100	2 500
10	—	—	1 200	2 500	3 000
12	—	—	1 500	2 900	3 400
14	—	—	1 700	3 300	3 800
16	—	—	1 900	3 700	4 200
18	—	—	2 100	4 100	4 600
20	—	—	2 300	4 500	5 000
25	—	—	—	5 000	5 500

注：$N_{63.5}$取桩底标离上、下 1.5 m 范围 $N_{63.5}$平均值。

表 3-46　螺旋钻孔桩 $N_{63.5}$ 与 q_{pa} 的关系

$N_{63.5}$	黏性土	粉、细砂	中、粗砂	砾砂、圆砾，卵石
6	400	400	1 200	1 500
8	500	500	1 400	2 100
10	600	600	1 600	2 300
12	700	700	1 800	2 500
14	800	900	2 000	2 700
16	900	1 100	2 200	2 900
13	1 000	1 300	2 400	3 100
20	1 100	1 500	2 600	3 300

表 3-47　沉管桩 $N_{63.5}$ 与 q_{pa} 的关系

$N_{63.5}$	黏性土	粉、细砂	中、粗砂	砾砂、圆砾	卵 石
6	400	600	1 000	2 100	1 800
8	600	800	1 400	2 400	2 000
10	800	1 000	1 800	2 700	2 300
12	1 000	1 200	2 300	3 000	2 600
14	1 100	1 450	2 800	3 350	2 900
16	1 200	1 700	3 300	3 700	3 200
18	1 300	1 950	3 800	4 100	3 500
20	1 400	2 200	4 300	4 500	3 800

表 3-48　　挖孔桩 $N_{63.5}$ 与 q_{pa} 的关系

$N_{63.5}$	黏性土	粉、细砂	中、粗砂	砾砂、圆砾、卵石
6	400	300	1 000	1 200
8	500	500	1 200	1 500
10	600	700	1 400	1 800
12	700	800	1 600	2 100
14	800	900	1 800	2 400
16	900	1 000	2 000	2 700
18	1 000	1 100	2 200	3 100
20	1 100	1 200	2 400	3 500
25			3 500	4 500

注：挖孔桩还需按挖孔桩桩底直径 D(m)乘以修正系数($0.9D^{-\frac{1}{2}}$)。

对于钻孔桩，q_{pa} 考虑孔底虚土还需乘以虚土修正系数，见表 3-49。

表 3-49　　钻孔桩 q_{pa} 虚土修正系数

虚土厚度/cm	不处理	一般处理	低压注浆	高压注浆
0	1.0	1.0	1.2	1.5
$0<h\leqslant10$	0.4	0.6	1.2	1.5
$10<h\leqslant30$	0	0.4	1.2	1.5

表 3-49 中，一般处理指夯实、水撼、加素灰等。对于桩长小于 6 m 的高压注浆，用表 3-49 的虚土修正系数计算所得的 q_{pa} 不应大于(700＋430L)(kPa)，L 为桩长(m)。

对各类桩在使用表 3-44—表 3-48 时，还应考虑桩入土深度修正系数，见表 3-50。

表 3-50　　q_{pa} 桩入土深度修正系数

桩入土深度/m	3	4	5	6	9	12	15
修正系数	0.7	0.8	0.9	1.0	1.1	1.2	1.3

(2) 沈阳市桩基础试验研究小组通过对沈阳地区与桩的载荷试验的统计分析，得以下经验关系：

$$R_a = \alpha\sqrt{\frac{Lh}{s_p \cdot s}} \tag{3-49}$$

式中　R_a——单桩承载力特征值，kN；

L——桩长，m；

h——桩进入持力层的深度，m；

s_p——桩最后 10 击的平均每击贯入度，cm；

s——在桩尖以上 10 cm 深度内修正后的重型动力触探平均每击贯入度，cm；

α——经验系数，按表 3-51 选用。

表 3-51　　经验系数 α

桩类型	打桩机型号	持力层情况	α 值	桩类型	打桩机型号	持力层情况	α 值
管桩 φ320 mm	D_1-1200	中、粗砂	150	预制混凝土打入桩	D_2-1800	中、粗砂	100
打入式灌注桩	D_1-1800	圆砾、卵石	200		D_2-1800	圆砾、卵石	200

(3) 中国建筑西南勘察院根据成都地区 N_{120} 与桩的试桩对比统计(35 组),建议:

$$q_{pa} = 550N_{120} \tag{3-50}$$

5) 确定基床系数及其比例系数

2010 年,顾国荣建议按表 3-52 和表 3-53 确定砂土和黏性土的主要力学性指标。

表 3-52　　重型和超重型动探试验确定砂土主要力学性指标

重型动探 $N_{63.5}$ 值	≤5	5<N≤10	10<N≤20	>20
超重型动探 N_{120} 值	≤2	2<N≤5	5<N≤10	>10
密实程度	松散	稍密	中密	密实
内摩擦角 φ/(°)	<30	30~33	33~40	>40
基床系数 $k/(\mathrm{kN\cdot m^{-3}})$	<10 000	10 000~20 000	20 000~50 000	>50 000
比例系数 $m/(\mathrm{kN\cdot m^{-4}})$	<4 000	4 000~6 000	6 000~10 000	>10 000

表 3-53　　轻型试验确定黏性土主要力学性指标

轻型动探 N_{10} 值	≤10	10<N≤20	20<N≤30	30<N≤50	>50
液性指数 I_L	$I_L>1$	$0.75<I_L\leq1$	$0.25<I_L\leq0.75$	$0<I_L\leq0.25$	$I_L\leq0$
塑性状态	流塑	软塑	可塑	硬塑	坚硬
不排水抗剪强度 c_u/kPa	<30	30~50	50~100	100~250	>250
基床系数 $k/(\mathrm{kN\cdot m^{-3}})$	<5 000	5 000~15 000	15 000~30 000	30 000~50 000	>50 000
比例系数 $m/(\mathrm{kN\cdot m^{-4}})$	<2 000	2 000~4 000	4 000~6 000	6 000~8 000	>8 000

3.2.1.4 标准贯入试验

标准贯入试验与动力触探试验方法相近,不同的是其触探头不是圆锥探头,而是标准规格的圆筒形探头(由两个半圆管合成的取土器),称之为贯入器。利用规定的落锤能量(锤质量 63.5 kg,落距 76 cm),将贯入器打入土中,根据打入土中的贯入阻抗,判别土层的变化和土的工程性质。贯入阻抗用贯入器贯入土中 30 cm 的锤击数 N 表示(也称为标贯击数)。

标准贯入试验一般结合钻孔进行,操作简便,适用的土层范围相对较广,对不易钻探取样的砂土和砂质粉土尤为适用,对硬黏土及软岩也适用,而且贯入器能带上扰动土样,可直接对土进行鉴别描述及进行有关试验。

1. 标准贯入试验的技术要求

(1) 标准贯入试验孔采用回转钻进,并保持孔内水位略高于地下水位。当孔壁不稳定时,可用泥浆护壁,钻至试验标高以上 15 cm 处,清除孔底残土后再进行试验。

(2) 标准贯入试验应采用自动脱钩的自由落锤法,并减小导向杆与锤间的摩阻力,避免锤击时的偏心和侧向晃动,保持贯入器、探杆、导向杆连接后的垂直度,锤击速率应小于 30

击/min。

(3) 将贯入器垂直打入试验土层中，先打入 15 cm 不计击数，继续贯入土中 30 cm，记录其每打入 10 cm 的锤击数，累计打入 30 cm 的锤击数，即为标准贯入击数 N。当累计击数已达 50 击，而贯入度未达 30 cm，应终止试验，记录实际贯入度 ΔS 及累计锤击数 n，按下式计级贯入 30 cm 的锤击数 N：

$$N = \frac{30n}{\Delta S} \tag{3-51}$$

式中，ΔS 为对应锤击数 n 的贯入度，cm。

4) 提出贯入器，将器中土样取出进行鉴别描述、记录，将扰动土样带至实验室进行有关试验。

2. 标准贯入试验的成果应用

标准贯入试验锤击数 N 值，可对砂土、粉土、黏性土的物理状态，土的强度、变形参数、地基承载力、单桩承载力，砂土和粉土的液化，成桩的可能性等做出评价。应用 N 值时是否修正和如何修正，应根据建立统计关系时的具体情况确定。

1) 评定砂土、粉土、黏性土的物理状态

(1) 砂土的相对密度 D_r，从表 3-54 可由 N 判定 D_r。

表 3-54　　直接按 N 值判定砂土的紧密程度

<table>
<tr><th colspan="2">紧密状态</th><th rowspan="3">D_r</th><th colspan="7">N</th></tr>
<tr><th rowspan="2">国际标准</th><th rowspan="2">国内标准</th><th rowspan="2">国际标准</th><th rowspan="2">地基基础规范</th><th rowspan="2">南京水科所江苏水利厅</th><th colspan="3">原水电部水科所</th><th rowspan="2">冶金勘察规范</th></tr>
<tr><th>粉砂</th><th>细砂</th><th>中砂</th></tr>
<tr><td>极松</td><td rowspan="2">松散</td><td rowspan="2">0～0.2</td><td>0～4</td><td rowspan="2">≤10</td><td rowspan="2"><10</td><td rowspan="2"><4</td><td rowspan="2"><13</td><td rowspan="2"><10</td><td rowspan="2"><10</td></tr>
<tr><td>松</td><td>4～10</td></tr>
<tr><td>稍密</td><td>稍密</td><td>0.2～0.33</td><td>10～15</td><td>10～15</td><td rowspan="2">10～30</td><td rowspan="2">>4</td><td rowspan="2">13～23</td><td rowspan="2">10～26</td><td>10～15</td></tr>
<tr><td>中密</td><td>中密</td><td>0.33～0.67</td><td>15～30</td><td>15～30</td><td>15～30</td></tr>
<tr><td>密实</td><td rowspan="2">密实</td><td rowspan="2">0.67～1</td><td>30～50</td><td rowspan="2">>30</td><td>30～50</td><td rowspan="2"></td><td rowspan="2">>23</td><td rowspan="2">>26</td><td rowspan="2">>30</td></tr>
<tr><td>极密</td><td>>50</td><td>>50</td></tr>
</table>

(2) 1948 年，Terzaghi 和 Peck 提出的 N 与黏性土的稠密状态关系见表 3-55。

表 3-55　　N 与稠密状态和 q_u 的关系

N	<2	2～4	4～8	8～15	15～30	>30
稠密状态	极软	软	中等	硬	很硬	坚硬
q_u /kPa	<25	25～50	50～100	100～200	200～400	>400

(3) 冶金部武汉勘察公司的 N 与液性指标 I_L 经验关系见表 3-56。

表 3-56　　N 与液性指标 I_L 经验关系

N	<2	2～4	4～8	8～15	15～30	>30
I_L	>1	1～0.75	0.75～0.5	0.5～0.25	0.25～0	<0
稠密状态	流动	软塑	软可塑	硬可塑	硬塑	坚硬

2）评定土的强度参数

(1) 砂土的内摩擦角 φ。

根据 Gibbs 和 Holtz 于 1957 年统计建立的回归方程：

$$N = 4.0 + 0.015\frac{2.4}{\tan\varphi}\left[\tan^2\left(\frac{\pi}{4}+\frac{\varphi}{2}\right)\cdot e^{\pi\tan\varphi}-1\right]+\sigma_{v0}\tan^2\left(\frac{\pi}{4}+\frac{\varphi}{2}\right)\cdot e^{\pi\tan\varphi}\pm 8.7 \tag{3-52}$$

式中，σ_{v0} 为上覆压力，t/m^2。

式(3-52)的 N，σ_{v0}，φ 关系见图 3-4。

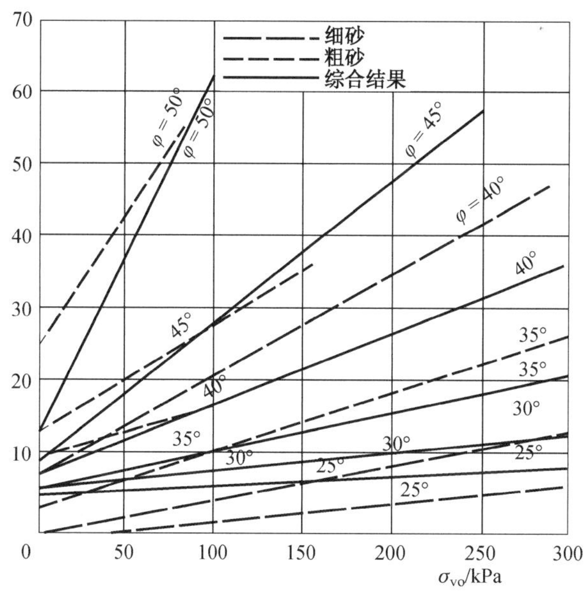

图 3-4　砂土的 N-φ 的统计关系

Peck 的经验关系为：

$$\varphi = 0.3N + 27 \tag{3-53}$$

Meyerhof 的经验关系为：

$$\varphi = \frac{5}{6}N + 26\frac{2}{3} \quad (4 \leqslant N \leqslant 10) \tag{3-54}$$

$$\varphi = \frac{1}{4}N + 32.5 \quad (N > 10) \tag{3-55}$$

当式(3-54)和式(3-55)用于粉砂应减 5°，用于粗砾砂应加 5°。

(2) 评定黏性土的不排水抗剪强度 c_u(kPa)。

根据 Terzagh 和 Peck 的研究，可按以下经验关系评定 c_u。

对黏土：

$$c_u = 12.5N \tag{3-56}$$

对粉质黏土：

$$c_u = 10N \tag{3-57}$$

对粉土：

$$c_u = 6.7N \tag{3-58}$$

3）评定土的变形参数（E_S或 E_0）

（1）希腊 Schulfze 和 Menzenbach 对砂、砾石的经验关系：

当 $N \geqslant 15$

$$E_s = 4.0 + c(N - 6) \tag{3-59}$$

N<15

$$E_s = c(N + 6) \tag{3-60}$$

或
$$E_s = c_1 + c_2 N \tag{3-61}$$

式中 E_s——压缩模量，MPa；

c, c_1, c_2——系数，见表 3-57 和表 3-58。

表 3-57　　不同土类的 c 值

土　类	含砂粉土	细砂	中砂	粗砂	含砾砂土	含砾砾石
c	0.3	0.35	0.45	0.7	1.0	1.2

表 3-58　　不同土类的 c_1 和 c_2 值

土　类	细　砂		砂土	黏质砂土	砂质黏土	粉砂
	地下水位以上	地下水位以下				
c_1	5.2	7.1	3.9	4.3	3.8	2.4
c_2	0.33	0.49	0.45	1.18	1.05	0.53

（2）我国一些勘察单位的 N 与 E_0 或 E_S 经验关系见表 3-59。

表 3-59　　N 与 E_0 或 E_S 经验关系　　单位：MPa

单　位	关　系　式	土　类
冶金部武汉勘察院	$E_s = 1.04\,N + 4.89$	中南、华东地区黏性土
湖北省水利电力勘察设计院	$E_0 = 1.066\,N + 7.431$	黏性土、粉土
武汉城市规划设计院	$E_0 = 1.41\,N + 2.62$	武汉地区黏性土、粉土
西南综合勘察院	$E_0 = 0.276\,N + 10.22$	唐山粉细砂
上海岩土勘察院	$E_s = (1 - 1.2)\,N$	砂质粉土及粉细砂
	$E_s = (1.5 - 2)\,N$	中、粗砂

4）评定地基承载力

（1）将标准贯入试验锤击数修正后，可用 N 值确定砂土与黏性土的承载力特征值，见表 3-60和表 3-61。

表 3-60　　N 值与砂土承载力特征值 f_{ak} 关系　　单位：kPa

土类	N			
	10	15	30	50
中、粗砂	180	250	340	500
粉、细砂	140	180	250	340

注：N 值应经式修正，即：$N = \mu - 1.645\sigma$，其中 μ 为算术平均值；σ 为标准差。

表 3-61　　N 值与黏性土承载力特征值 f_{ak} 关系

N	3	5	7	9	11	13	15	17	19	21	23
f_{ak}/kPa	105	145	190	235	280	325	370	430	515	600	680

(2) 国内一些勘察单位 N 值与 f_{ak} 的经验关系见表 3-62。

表 3-62　　国内一些勘察单位 N 值与 f_{ak} 的经验关系

单　位	f_{ak} 经验关系/kPa	土 类	备注
江苏省水利勘测总队	$28.3N$	黏性土、粉土	N 不作杆长修正
冶金部武汉勘察公司	$4.9+35.8N$	中南、华东地区 黏性土、粉土	$N=3-23$
武汉市建筑规划设计院等	$80+20.2N$ $152.6+17.48N$	一般黏性土 老黏性土	$3\leqslant N<18$ $18\leqslant N<22$
铁道部第三勘测设计院	$72+9.4N^{1.2}$ $-212+222N^{0.3}$ $-803+850N^{0.1}$	粉土 粉细砂 中粗砂	—
纺织工业部设计院	$N/(0.00308N+0.01504)$ $105+10N$	粉土 细、中砂	—
冶金部长沙勘察公司	$360+33.4N$ $387+5.3N$	红土 老黏土	$8\leqslant N<37$
武汉建筑软弱地基基础设计规定(WBJ 1—1—92)	$14.89+26.05N$ $42.21N-298.8$	武汉地区黏性土	$N<15$ $N\geqslant 15$

(3) Terzaghi 的经验关系(安全系数取 3):

对于条形基础:

$$f_{ak}=12N\ (\text{kPa}) \tag{3-62}$$

对于独立方形基础:

$$f_{ak}=15N\ (\text{kPa}) \tag{3-63}$$

5) 估算单桩承载力

(1) Schmertmann 于 1997 提出的方法,见表 3-63。

表 3-63　　用 N 估算桩端承力 P_b 和桩侧阻力 P_f

土　类	q_c/N	摩阻比 R_f/%	P_b/kPa	P_f/kPa
各种密度的砂土(地下水位以上及以下)	3.5	0.6	$0.19N$	$32N$
黏土、粉砂、砂混合、粉砂及泥炭土	3.0	2.0	$0.4N$	$16N$
可塑黏土	1.0	5.0	$0.5N$	$7N$
含贝壳的砂、软岩	4.0	0.25	$0.1N$	$36N$

注:用于打入混凝土桩,$N=5-60$。当 $N<5$,用 $N=0$;$N>60$,用 $N=60$。

(2) 采用标准贯入试验可按下式估算预制桩、预应力管桩和沉管灌注桩单桩竖向极限承载力。

$$Q_u = \beta_s u \sum q_{sis} l_i + q_{ps} A_p \tag{3-64}$$

式中　q_{sis}——第 i 层土的极限侧阻力，按表 3-64 采用；

q_{ps}——桩端极限端阻力，按表 3-65 取值；

β_s——桩侧阻力修正系数，当 $10 \leqslant h \leqslant 30$ 取 1.0，$h>30$ 时取 1.1～1.2，其中 h 为土层埋深。

表 3-64　　第 i 层土的极限侧阻力 q_{sis}

土的类别	平均标准贯入实测击数/击	极限侧阻力 q_{sis}/kPa
淤泥	<1～3	10～16
淤泥质土	3～5	18～26
黏性土	5～10	20～30
	10～15	30～50
	15～30	50～80
	30～50	80～100
粉土	5～10	20～40
	10～15	40～60
	15～30	60～80
	30～50	80～100
粉、细砂	5～10	20～40
	10～15	40～60
	15～30	60～90
	30～50	90～100
中砂	10～15	40～60
	15～30	60～90
	30～50	90～110
粗砂	15～30	70～90
	30～50	90～120
砾砂(含卵石)	>30	110～140
全风化岩	40～70	100～160
强风化软质岩	>70	160～200
强风化硬质岩	>70	200～240

注：表中数据对无经验的地区应先用试验桩资料进行验证。

表 3-65　　桩端极限端阻力 q_{ps}　　单位：kPa

<table>
<tr><th rowspan="2">桩入土深度/m</th><th colspan="6">标准贯入实测击数</th></tr>
<tr><th>10</th><th>20</th><th>30</th><th>40</th><th>50</th><th>70</th></tr>
<tr><td>15</td><td>1 800</td><td>4 000</td><td>6 000</td><td>7 800</td><td>8 200</td><td>9 000</td></tr>
<tr><td>20</td><td>2 000</td><td>4 400</td><td>6 600</td><td>8 200</td><td>8 600</td><td rowspan="4">11 000</td></tr>
<tr><td>25</td><td>2 200</td><td>4 800</td><td>7 000</td><td>8 600</td><td>9 000</td></tr>
<tr><td>30</td><td>2 400</td><td>5 000</td><td>7 400</td><td>9 000</td><td>9 400</td></tr>
<tr><td>>30</td><td>2 600</td><td>6 000</td><td>7 800</td><td>9 400</td><td>10 000</td></tr>
</table>

5）判别砂土或粉土液化

在可能出现液化的场地应根据相关要求初步判别，认为需进一步进行液化判别时，可采用标准贯入试验判别法判别地面下 15 m 深度范围内的液化；当采用桩基或埋深大于 5 m 的深基础时，尚应判别 15～20 m 范围内土的液化。当饱和土标准贯入锤击数（未经杆长修正）小于液化判别标准贯入锤击数临界值时，应判为液化土。当有成熟经验时，尚可采用其他判别方法。

在地面下 15 m 深度范围内，液化判别标准贯入锤击数临界值 N_{cr} 可按下式计算：

$$N_{cr} = N_0[0.9 + 0.1(d_s - d_w)]\sqrt{\frac{3}{\rho}} \quad (d_s \leqslant 15) \tag{3-65}$$

$$N_{cr} = N_0(2.4 - 0.1d_s)\sqrt{\frac{3}{\rho}} \quad (15 \leqslant d_s \leqslant 20) \tag{3-66}$$

式中 N_0——液化判别标准贯入锤击数基准值，按表 3-66 采用；

d_s——饱和土标准贯入点深度，m；

d_w——地下水位深度，m，宜按建筑使用期内年平均最高水位采用，也可按近期内年最高水位采用；

ρ——黏粒含量百分率，当小于 3 或为砂土时，均应采用 3。

表 3-66　　标准贯入锤击数基准值

设计地震分组	烈度			设计地震分组	烈度		
	7	8	9		7	8	9
第一组	6(8)	10(13)	16	第二、三组	8(10)	12(15)	18

注：括号内数值用于设计基本地震加速度为 $0.15g$ 和 $0.30g$ 的地区。

对存在液化土层的地基，应探明各液化土层的深度和厚度，应按下式计算每个钻孔的液化指数 I_{LE}，并按表 3-67 综合划分地基的液化等级，作为预估液化危害性及采取工程措施的依据。

$$I_{LE} = \sum_{i=1}^{n}\left(1 - \frac{N_i}{N_{cri}}\right)d_i W_i \tag{3-67}$$

式中 n——在判别深度范围内每一个钻孔标准贯入试验点的总数；

N_i，N_{cri}——分别为所考虑土层的第 i 点标准贯入锤击数实测值和液化临界值。当实测值大于临界值时应取临界值的数值；

d_i——第 i 个标准贯入点所代表的分层厚度，m。可采用与该标准贯入试验点相邻的上、下两标准贯入试验点深度差的一半，但上界不小于地下水位深度，下界不大于液化深度；

W_i——d_i厚度中点深度处的层位影响权函数值，m^{-1}。若判别深度为 15 m，当该层中点深度不大于 5 m 时应采用 10，等于 15 m 时应采用零值，5～15 m 时应按线性内插法取值；若判别深度为 20 m，当该层中点深度不大于 5 m 时应采用 10，等于 20 m 时应采用零值，5～20 m 时应按线性内插法取值。

表 3-67　　地基液化等级

液化等级	轻微	中等	严重
判别深度为 15 m 的液化指数	$0<I_{LE}\leqslant 5$	$5<I_{LE}\leqslant 15$	$I_{LE}>15$
判别深度为 20 m 的液化指数	$0<I_{LE}\leqslant 6$	$6<I_{LE}\leqslant 18$	$I_{LE}>18$

3.2.1.5　旁压试验

旁压试验是将圆柱形旁压器竖直地放入土中，利用弹性膜在土中的扩张，对周围土体施加均匀压力，测得压力与径向变形的关系，通过压力与变形的关系得到地基土在水平方向上的应力-应变关系，从而估算土的强度、变形等岩土工程参数。试验包括：预钻式旁压试验、自钻式旁压试验和压入式旁压试验。适用于黏性土、粉土、砂土、碎石土、残积土、极软岩和软岩。

1. *旁压试验的技术要求*

(1) 旁压试验点宜根据静力触探试验曲线选择有代表性的位置和深度进行，旁压器的测量腔应在同一土层内；试验点垂直间距不宜小于 1 m。

(2) 预钻式旁压试验应保证成孔质量，采用泥浆护壁，钻孔直径与旁压器直径应良好配合，防止孔壁坍塌；自钻式旁压试验的自钻钻头、钻头转速、钻进速率、刃口距离、泥浆压力和流量等应符合有关规定。

(3) 加荷等级可采用预期临塑压力的 1/7～1/5，初始阶段加荷等级可取小值，必要时，可作卸荷再加荷试验，测定再加荷旁压模量。

(4) 每级压力应维持 1 min 或 2 min 后再施加下一级压力，维持 1 min 时，加荷后 15 s、30 s、60 s 测读变形量，维持 2 min 时，加荷后 15 s、30 s、60 s、120 s 测读变形量。

(5) 当量测腔的扩张体积相当于量测腔的固有体积时，或压力达到仪器的容许最大压力时，应终止试验。

2. *旁压试验的资料整理*

旁压试验可理想化为圆柱孔穴扩张课题，为轴对称平面应变问题。典型的旁压曲线，压力 p -体积变化量 V 曲线，见图 3-5。

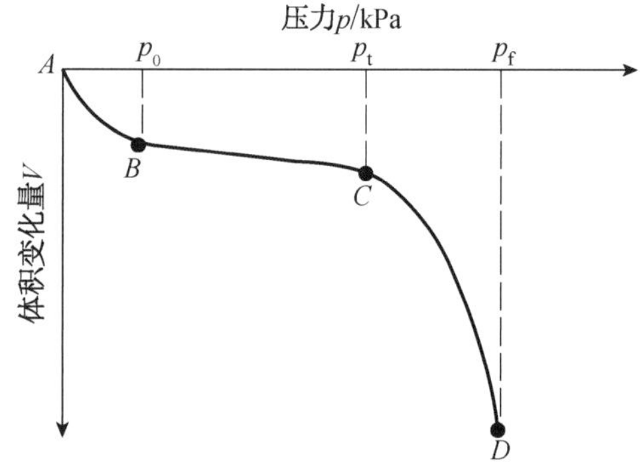

图 3-5　典型的旁压试验

旁压曲线可分为三段：

(1) AB 段：初始段，反映孔壁扰动土的压缩；

(2) BC 段：似弹性阶段，压力与体积变化成直线关系；

(3) CD 段：塑性阶段，压力与体积变化成曲线关系，随着压力的增大，体积变化越来越大，最后急剧增大，达破坏极限。

AB 与 BC 段的界限压力 p_0 相当于初始水平应力；BC 与 CD 段的界限压力 p_f 相当于临塑压力；CD 段末尾渐近线的压力 p_l 为极限压力。

旁压试验的试验数据是压力表读数 p_m 和旁压器的体积变形量(或量管水位下降体积值) V_m，资料整理时要分别对 p_m 和 V_m 做有关的校正。

1) 压力校正

校正后的压力 p 为：

$$p = (p_m + p_w) - p_i \tag{3-68}$$

式中 p——校正后的压力，kPa；

p_m——压力表读数，kPa；

p_w——静水压力，kPa；

p_i——弹性膜约束力，kPa，由各级总压力（$p_m + p_w$）所对应的体积查弹性膜约束力校正曲线取得。

2）体积校正

校正后的体积变形量 V 为

$$V = V_m - \alpha(p_m + p_w) \tag{3-69}$$

式中 V——校正后的体积变形量，cm^3；

V_m——与压力，（$p_m + p_w$）对应的实测体积变形量；

α——仪器综合变形校正系数，cm^3/kPa。

然后，绘制 p-V 曲线（即旁压曲线），同时也可绘制各级压力下 30～60 s 的体积变形增量 ΔV_{60-30} 与压力的曲线，或各级压力下 30～120 s 的体积变形增量 ΔV_{120-30} 与压力的曲线。

（4）确定各特征压力（p_0，p_f，p_l）。

（1）延长 p-V 曲线直线段与 V 坐标轴相交得截距 V_0，p-V 曲线上与 V_0 相应的压力即 p_0，这压力相当于旁压仪所处深度的原位初始水平压力。

（2）以 p-V 曲线直线的终点或 $p-\Delta V_{60-30}$ 关系线上的拐点对应的压力即 p_f。

（3）p-V 曲线上与 $V = 2V_0 + V_c$ 对应的压力即 p_l（V_c 为旁压器量测腔的固有体积），或作 $p-1/V$（压力大于 p_f 的数据）关系（近似直线），取 $\dfrac{1}{2V_0 + V_c}$ 对应的压力为 p_l。

另外，可定义净极限压力 p_l^*：

$$p_l^* = p_l - p_0 \tag{3-70}$$

p_l^* 对孔壁的钻进扰动不怎样敏感，可作为土的强度的度量。

3. *旁压试验的应用*

旁压试验成果一般应用于确定土的临塑压力和极限压力，估算地基土的承载力，估算土的旁压模量 E_M、旁压剪切模量 G_M 及侧向基床反力系数 K_M，估算软黏性土的不排水抗剪强度和砂土的内摩擦角。自钻式旁压试验可以用于确定土的原位水平应力（或静止侧压力系数 K_0）。

1）评定地基土的承载力

（1）临塑压力法。

地基承载力极限值 f_k 为：

$$f_k = p_l^* = p_l - p_0 \tag{3-71}$$

（2）极限压力法。

地基承载力特征值 f_{ak} 为：

$$f_{ak} = \frac{p_l - p_0}{K} \tag{3-72}$$

当基础埋深较深时：

$$f_{ak} = p_f \tag{3-73}$$

$$f_{ak} = \frac{p_l}{K} \tag{3-74}$$

式中 f_{ak}——地基承载力特征值，未作深度修正；

K——安全系数，其取值见表 3-68。

表 3-68　安全系致 K 值

规　程	土　类	K 值	规　程	土　类	K 值
JGJ 69-90 型	当 p_l/p_f<1.7 时	2	SD 128-86 型 YSJ 224-91 型 YBJ 23-81 型	黄土 黄土状粉质黏土 填土	2.7 2.1 2.5
SD 128-86 型 YSJ 224-91 型 YBJ 23-81 型	黏土 粉质黏土 粉土	2.6 2.6 3.0	铁路工程地基土旁压测试技术规则	淤泥、软土、软岩、黄土	2.0

由于在旁压曲线上确定的 p_0 的试验误差较大，有时会得出不合理的结果。《PY 型预式旁压试验规程》(JGJ 69—90)对 p_0 规定用经验关系来估计：

$$p_0 = K_0 \gamma Z + u_0 \tag{3-75}$$

式中 K_0——试验深度处静止侧压力系数，按地区经验确定，对于正常固结和轻度超固结的土类，砂土和粉土取 0.5，可塑的黏性土取 0.6，软塑黏性土、淤泥和淤泥质土取 0.7；

γ——土的重力密度，等于质量密度 ρ 与 g 的乘积($\gamma=\rho \cdot g$)，地下水位以下取有效重力密度；

Z——试验点深度，m；

u_0——静水压力。

2) 确定旁压模量 E_M 和旁压剪切模量 G_M

依据似弹性阶段直线的斜率，由圆柱扩线轴对称平面应变问题的弹性解可得旁压模量 E_M 和旁压剪切模量 G_M：

$$E_M = 2(1+\mu)\left[V_c + \frac{V_0 + V_f}{2}\right]\frac{\Delta p}{\Delta V} \times 10^{-3} \tag{3-76}$$

$$G_M = \left(V_c + \frac{V_0 + V_f}{2}\right)\frac{\Delta p}{\Delta V} \times 10^{-3} \tag{3-77}$$

式中 E_M——旁压模量，MPa；

G_M——旁压剪切模量，MPa；

μ——土的泊松比(碎石土取 0.27，砂、砂土取 0.30，粉土取 0.35，粉质黏土取 0.38，黏土取 0.42)；

V_c——旁压器量测腔的固有体积，cm^3；

V_0——与压力 p_0 对应的体积变形量，cm^3；

V_f——与临塑压力 p_f 对应的体积变形量，cm^3；

$\Delta p/\Delta V$——旁压曲线似弹性直线的斜率，Δp 以 kPa 计，ΔV 以 cm^3 计。

也可用下式计算似弹性模量 E：

$$E = 2(1+\mu)(V_c + V_0)\frac{\Delta p}{\Delta V} \times 10^{-3} \tag{3-78}$$

参数说明同前。

3）估算土的强度参数

（1）黏性土的不排水抗剪强度 c_u。

表 3-69 列出了黏性土不排水抗剪强度的有关理论公式及经验公式。

表 3-69　　评定黏性土不排水抗剪强度的方法

方　法	关　系　式	说　明
理论关系	$c_u = p_l - p_0$	
理论关系	$c_u = p_l^* / \left[1+\ln\left(\frac{G}{G_0}\right)\right]$	G 可由卸荷再加荷得
理论关系	塑性阶段 $p-\ln\left(\frac{\Delta V}{V}\right)$ 直线斜率	—
Menard(1970)	$c_u = p_l^* / 5.5$	—
Cassen(1972)	$c_u = p_l^* / (5.5 \sim 1.5)$	—
Amar 和 Jezeguel(1972)	$p_l < 300$ kPa, $c_u = p_l^* / 5.5$ $p_l > 300$ kPa, $c_u = p_l^* / 10 + 25$	—
Lukas 等(1976)	$c_u = p_l^* / 5.1$	Chicago 硬黏土
R·J·Mair(1987)	$c_u = p_l^* / 6.2$	—
Baguelia 等(1978)	$c_u = 0.67 p_l^{-0.75}$	—

注：c_u，p_f，p_0，p_l，p_l^* 以 kPa 计。

（2）砂土的有效内摩擦角 φ'。

Menard 研究中心于 1970 年提出的关于砂土的有效内摩擦角 φ' 建议：

$$\varphi' = 5.77\ln\left(\frac{p_l^*}{250}\right) + 24 \tag{3-79}$$

式中，p_l^* 为净极限压力，$p_l^* = p_l - p_0$。

Muller 于 1970 年提出：

均质湿砂土：

$$\varphi' = 5.77\ln\left(\frac{p_l^*}{180}\right) + 24 \tag{3-80}$$

非均质干砂土：

$$\varphi' = 5.77\ln\left(\frac{p_l^*}{350}\right) + 24 \tag{3-81}$$

Calhoon 于 1970 年建议由 E_M 和 p_l 确定砂土 φ'，如图 3-6 所示。

4）估算土的变形参数

（1）*Menard* 关系式：

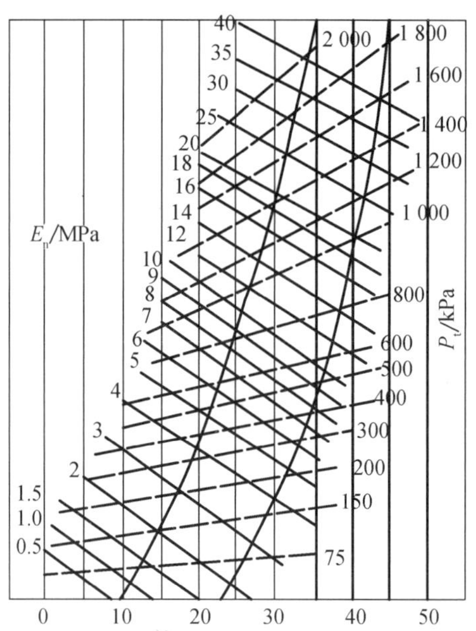

图 3-6　由 E_M 和 p_l 确定 φ'

$$E=\frac{E_M}{\alpha} \tag{3-82}$$

式中　E——土的弹性模量；

E_M——旁压模量；

α——土的结构系数，按表 3-70 取值。

表 3-70　土的结构系数

土　类	泥炭		黏土		粉土		砂土		砂砾	
	E_M/p_l^*	α	E_M/p_l^*	α	E_M/p_l^*	α	E_M/p_l^*	α	E_M/p_l^*	α
超固结土	—	1	>16	1	>14	2/3	>12	1/2	>10	1/3
正常固结土			9～16	2/3	8～14	1/2	7～12	1/3	6～10	1/4
扰动土			7～9	1/2	—	1/2	—	1/3	—	1/4
岩石	破碎情况		极破碎		轻微破碎、强风化			未风化		
	α		1/3		2/3			1/2		

(2)《铁路工程地基土旁压测试技术规则》编制组通过旁压试验与平板载荷试验对比，得出变形模量 E_0。

对黄土：
$$E_0=3.723+0.005\,32G_M \tag{3-83}$$

对黏性土：
$$E_0=1.836+0.002\,86\,G_M \tag{3-84}$$

对硬塑、半坚硬黏性土：
$$E_0=1.026+0.004\,80\,G_M \tag{3-85}$$

通过与室内土工试验 E 对比得压缩模量 E_s。

对黄土：

$$埋深 \leqslant 3.0\ \text{m}: E_s = 1.797 + 0.001\ 73G_M \tag{3-86}$$

$$埋深 > 3.0\ \text{m}: E_s = 1.485 + 0.001\ 436G_M \tag{3-87}$$

对黏性土：

$$E_s = 2.092 + 0.002\ 52\ G_M \tag{3-88}$$

式中 E_0，E_s——变形模量，压缩模量，MPa；

G_M——旁压剪切模量，kPa；

C——国内一些单位关于旁压试验与土的变形参数经验关系见表 3-71。

表 3-71 旁压试验成果与土的变形参数关系

提出者	关系式	适用条件
祝华龙 (1989)	$E_0=(0.943+24.27\ p_l^*/E_M)E_M$ $E_0=(25.25\ p_l^*/E_M+0.006\ 9\ V_0-0.093\ 65)E_M$ $E_0=[61.1(p_l^*/E_M)^{1.5}+0.006\ 5\ V_0-0.089\ 4]E_M$ $E_0=(43.77\ p_l^*/E_M+0.005\ 0\ V_0-0.059\ 5)E_M$	一般黏性土 一般土 黏性土、砂土 黄土状土
铁道部科学研究院西北所等	$E_0=5.3G_M$ $E_0=2.9G_M$ $E_0=4.8G_M$	新黄土 流塑-硬塑黏性土 硬塑-半坚硬黏性土
北京市勘察院	$E_0=1.152E_M-0.838\ 5$	北京黏性土
铁道部科学习究院西北所	$E_s=1.8G_M$ $E_s=1.4G_M$ $E_s=2.5G_M$ $E_s=3.5G_M$	新黄土，G_M<10 MPa 新黄土，$G_M\leqslant$15 MPa 流塑-硬塑黏性土 硬塑-半坚硬黏性土
IGJ 69—90	$E_s=0.82E_M+4.78$	江苏溧阳下蜀黏土
上海岩土勘察院	$E_s=(0.7\sim1)E_m$ $E_s=(1.2\sim1.5)E_m$ $E_s=(2\sim2.5)E_m$ $E_s=(3\sim4)E_m$	一般黏性土 粉性土 粉细砂 中、粗砂

注：1. V_0——旁压曲线相应于 p_0 的初始体积变形量，cm^3；

2. E_0，E_s，G_M，E_M，p_l^* 以 MPa 计。

5）估算浅基础的沉降

Menard 用旁压试验成果估算浅基础的沉降 S，当基础埋深 $h>B$ 时，其计算式为：

$$S = \frac{z}{9E_d}q^*B_0\left(\lambda_d\frac{B}{B_0}\right)^\alpha + \frac{\alpha}{E_c}q\cdot\lambda_c B \tag{3-89}$$

式中 E_d——基底以下 16R 范围土层平均旁压模量（R 为基础半宽或半径）；

E_c——基底以下 1R 土层的旁压模量；

q^*——基底的净压力，$q^*=q-q_0$，q 和 q_0 分别表示基底压力和基底的上覆压力；

B——基础宽度或直径（$B=2R$）；

B_0——参考基础宽度（采用 0.6 m）；

α——结构系数，随土类和 E_M/p_l^* 变化，见表 3-70；

λ_d，λ_c——形状系数，随 L/B 变化，见表 3-72。

表 3-72 λ_d 和 λ_c 形状系数

L/B	1		2	3	5	20
	圆形	方形				
λ_c	1	1.1	1.2	1.3	1.4	1.5
λ_d	1	1.12	1.53	1.78	2.14	2.65

式(3-89)中第一项是应力偏量产生的剪切变形，第二项是应力球张量产生的体积压缩变形。应用该式要把基底以下 16R 范围内划分 R 厚度的土条，则：

$$\begin{cases} E_0 = E_1 \\ E_d = \dfrac{4}{\dfrac{1}{E_1} + \dfrac{1}{0.85E_2} + \dfrac{1}{E_{3-5}} + \dfrac{1}{2.5E_{6-8}} + \dfrac{1}{2.5E_{9-16}}} \end{cases} \tag{3-90}$$

式中 E_1——基底以下(0－1)R 间土层的旁压模量；

E_2——基底以下(1－2)R 间土层的旁压模量；

E_{3-5}——基底以下(3－5)R 间土层的旁压模量；

E_{6-8}——基底以下(6－8)R 间土层的旁压模量；

E_{9-16}——基底以下(9－16)R 间土层的旁压模量。

其中，$E_{3-5} = 3/\left(\dfrac{1}{E_3} + \dfrac{1}{E_4} + \dfrac{1}{E_5}\right)$，即用调和平均值，其余 E_{6-8} 和 E_{9-16} 可类推。当基础埋深 $h = B/2$ 时，计算的沉降要增加 10%。

6）确定基床系数及其比例系数

2010 年，顾国荣建议按表 3-73 和表 3-74 确定砂土和黏性土主要力学性指标。

表 3-73 旁压试验确定砂土主要力学性指标

旁压 p_l 值/kPa	≤300	300<p_l≤500	500<p_l≤1 000	>1 000
密实程度	松散	稍密	中密	密实
内摩擦角 φ/(°)	<30	30～33	33～40	>40
基床系数 k/(kN·m^{-3})	<10 000	10 000～20 000	20 000～50 000	>50 000
比例系数 m/(kN·m^{-4})	<4 000	4 000～6 000	6 000～10 000	>10 000

表 3-74 旁压试验确定黏性土主要力学性指标

旁压 p_l^* 值/kPa	≤250	250<p_l^*≤400	400<p_l^*≤800	800<p_l^*≤100	>1 000
液性指数 I_L	I_L>1	0.75<I_L≤1	0.25<I_L≤0.75	0<I_L≤0.25	I_L≤0
塑性状态	流塑	软塑	可塑	硬塑	坚硬
不排水抗剪强度 c_u/kPa	<30	30～50	50～100	100～250	>250
基床系数 k/(kN·m^{-3})	<5 000	5 000～15 000	15 000～30 000	30 000～50 000	>50 000
比例系数 m/(kN·m^{-4})	<2 000	2 000～4 000	4 000～6 000	6 000～8 000	>8 000

3.2.1.6 扁铲侧胀试验

扁铲侧胀仪(DMT)是意大利学者 Marchetti 于 20 世纪 70 年代发明的一种原位测试仪器。因其操作简单,重复性好,人为影响因素少而颇受国内外岩土工程界青睐。

扁铲侧胀仪是用静力或锤击方法将扁铲状探头贯入土中一定深度,施加压力使之侧向膨胀,量测不同侧向位移时的侧向压力,从而计算测试参数,适用于一般黏性土、粉土、黄土和松散-中密的砂土,不适用于含碎石土及风化岩。

1. 仪器设备及基本技术要求

1) 仪器设备

扁铲侧胀仪主要由探头、气压源、控制箱、气-电管路和辅助装置组成。

(1) 扁铲探头端部呈楔形,平面呈板状,长 230~240 mm,宽 94~96 mm,厚 14~16 mm。扁铲的一侧面装有一片可膨胀的直径为 60 mm 的圆形钢质膜片,通过穿在杆内的一根柔性气-电管路与地面的控制箱连接。

(2) 控制箱内安装气压控制管路、控制电路及各种指示开关。

(3) 气-电管路有厚壁、小直径、耐高压的尼龙管、内穿铜质导线、两端装由连通触头的接头组成。为扁铲侧胀仪试验输送气压和传递信号。

(4) 试验用压力源为高压氮气源。

2) 基本技术要求

(1) 试验时,测定三个钢膜位置的压力 A、B、C。

A 压力(经修正得 P_0):使膜片中心离开基座,水平地压入周围土中 0.05(+0.02、−0.00)mm时作用在膜片内测得气压。

B 压力(经修正得 P_1):继 A 压力后再水平地压入土中 1.10 mm 时的压力值。

C 压力(经修正得 P_2):继 A、B 压力后,缓慢排气,使膜片回缩触着基座时作用在膜片内的压力值。

一般地,三个压力读数 A、B、C 可在贯入后 1 min 内完成。

(2) 由于膜片的刚度,需通过在大气压下标定膜中心外移 0.05 mm 和 1.10 mm 所需要的压力 ΔA 和 ΔB。应重复多次,取其平均值。

A 压力修正为 P_0(膜中心外移量为 0):

$$P_0 = 1.05(A - Z_m + \Delta A) - 0.05(B - Z_m - \Delta B) \tag{3-91}$$

B 压力修正为 P_1(膜中心外移量为 1.10 mm):

$$P_1 = B - Z_m - \Delta B \tag{3-92}$$

C 压力修正为 P_2(膜中心外移又收缩到初始位移 0.05 mm 位置):

$$P_2 = C - Z_m + \Delta A \tag{3-93}$$

其中,Z_m 为大气压下压力表的零读数。

(3) 试验方法。

将扁铲侧头压入预定深度后充气,使钢膜水平扩张,在 2 min 内记录扩张过程中 A、B 位置和回复过程中 C 位置的压力,再压至下一测点,测点间距以 20 cm 为宜。试验全部结束时,应重新检验 AA 和 AB 值。

如要估算原位的水平固结系数 C_h,可进行扁胀消散试验,从卸除推力开始,记录压力 C 随时间 t 的变化，记录时间按 1 min、2 min、4 min、8 min、15 min、30 min……安排，直到 C 压力消散超过 50%为止。

3）试验操作要点

（1）扁铲侧胀试验设备包括贯入系统、控制量测系统和压力源。贯入系统可采用静力触探贯入设备，对贯入设备的要求同静力触探相同；控制量测系统由扁铲形探头、压力、位移控制单元和气电管路等组成；压力源一般采用高压氮气。

（2）扁铲形探头长 230 mm，宽 95 mm，厚 15 mm，钢膜直径为 60 mm，不应有明显的弯曲，在平行于轴线长度内，弯曲度不大于 0.3%，探头前缘偏离轴线不应大于 2 mm。

（3）试验前应检查膜片、控制量测系统和压力源，保证系统的正常运行。

（4）膜片在每个孔的试验前后必须标定，标定应重复 3～4 次操作，记录 ΔA 和 ΔB 的平均值。膜片合格的率定值可为 $\Delta A=5\sim25$ kPa，$\Delta B=10\sim110$ kPa，当率定值不在此范围时，膜片不得使用。

（5）新膜片需先消除残余应力，当新膜片的 ΔB 大于 110 kPa 时，应对膜片进行老化处理，直到 ΔB 达到使用范围。

（6）试验时采用静力匀速压入，贯入速率约为 20 mm/s，试验间距宜取 20 cm，C 值可每隔 1～2 m 测读一次。

（7）到达测试点，应在 5 s 内，开始匀速加压及泄压试验，测读钢膜片中心外扩 0.05 mm、1.10 mm 时的 A 和 B 压力值，每个间隔时间约为 15 s。另根据需要测读钢膜片中心外扩后恢复到 0.05 mm 时的 C 压力值，砂土中约为 30～60 s。

（8）测读 A 压力时，探头在预定深度时，蜂鸣器及检流计接通，关闭排气阀，根据时间要求均匀缓慢加压，当蜂鸣器及检流计断开的瞬间，记取 A 压力。

（9）继续加压至蜂鸣器及检流计接通的瞬间，记取 B 压力，并即刻打开排气阀快速卸压，防止膜片损坏。

（10）如需记读 C 压力，则在读取 B 压力后，打开慢速排气阀缓慢卸压，蜂鸣器及检流计从接通到断开，然后再到接通的瞬间，记读 C 压力。A、B、C 值可根据土性及已测点值预估，以控制加压及卸压速率。

2. 基本原理及资料整理

扁胀试验时，膜向外扩张，可假设为无限弹性介质中在圆形面积上施加均布荷载 ΔP，令弹性介质的弹性模量为 E，泊松比为 ν，膜中心的外移量为 S，则：

$$S=\frac{4R\Delta P}{\pi}\times\frac{1-\nu^2}{E} \tag{3-94}$$

式中，R 为膜的半径，取值 30 mm。

如将 $E/(1-\nu^2)$ 定义为扁胀模量 E_D，S 为 1.10 mm，则

$$E_D=34.7\Delta P=34.7(P_1-P_0) \tag{3-95}$$

同样的，可得：

扁胀指数：
$$I_D=\frac{P_1-P_0}{P_0-u_0} \tag{3-96}$$

水平应力指数：
$$K_D=\frac{P_0-u_0}{\sigma'_{v0}} \tag{3-97}$$

扁胀孔压指数：
$$U_D=\frac{P_2-u_0}{P_0-u_0} \tag{3-98}$$

式中，u_0为静水压力，σ'_{vo}为有效上覆土压力，利用DMT参数（E_0，I_D，K_D，U_D）可判断地基土特性，进行岩土工程评价。

资料整理，包括P_0、P_1、P_2的计算及其随深度变化的曲线，E_0、I_D、K_D、U_D与深度的变化曲线。

3. 扁胀试验的成果应用

扁铲侧胀试验一般应用于划分土层、判别土类，估算静止侧压力系数、估计水平基床系数，估算黏性土的不排水抗剪强度，估算土的压缩模量，判别地基土的液化等。

1）划分土类

1980年，Marchetti提出依据扁胀指数I_D划分土类（表3-75）；1981年Marchetti和Crapps根据扁胀指数I_D和扁胀模量E_D确定土类及其状态或密实度；1983年Davidson和Boghrat提出用扁胀指数I_D和扁胀仪贯入土中1 min后超孔压的消散百分率来划分土类。

表3-75　按I_D划分土类型

I_D值	$\leqslant 0.1$	$0.1<I_D\leqslant 0.35$	$0.35<I_D\leqslant 0.6$	$0.6<I_D\leqslant 0.9$	$0.9<I_D\leqslant 1.2$	$1.2<I_D\leqslant 1.8$	$1.8<I_D\leqslant 3.3$	$3.3<I_D$
土类	泥炭及灵敏性黏土	黏土	粉质黏土	黏质粉土	粉土	砂质粉土	粉质砂土	砂土

2）估算静止侧压力系数

采用DMT参数E_D、I_D、K_D、U_D，由经验公式建立与土参数的关系（表3-76）。

表3-76　土的参数与DMT参数的关系

土的参数	经验公式
静止侧压力系数K_0	$K_0=\left(\frac{K_D}{1.5}\right)^{0.47}-0.6$　（$I_D\leqslant 1.2$）　（Marchetti，1980） $K_0=0.34K_D^{0.54}$　（$c_u/\sigma'_{vo}\leqslant 0.5$ 新近沉积土）　（Lunne，1990） $K_0=0.68K_D^{0.54}$　（$c_u/\sigma'_{vo}>0.8$ 老黏土）　（Lunne，1990）
内摩擦角φ'（纯砂）	$\varphi'\approx 28°+14.6\lg K_D-2.1\lg^2 K_D$　（Marchetti，1997）
不排水抗剪强度c_u	$c_u=0.22(0.5K_D)^{1.25}\times\sigma'_{v0}$　（Marchetti，1980） $c_u=\frac{P_1-(K_0\sigma'_{v0}+u_0)}{N_c}$　（Roque等，1988） $c_u=(p_0-u_0)/10$　（Schmertmann，1991）
压缩模量E_s	$E_s=R_M\times E_D$ 式中：$R_M=0.14+2.36\lg K_D$　（$I_D\leqslant 0.6$） $R_M=0.5+2\lg K_D$　（$I_D\geqslant 3.0$） $R_M=0.14+0.15(I_D-0.6)+\{2.5-[0.14+0.15(I_D-0.6)]\}\lg K_D$ （$0.6<I_D<3.0$） $R_M=32+2.18\lg K_D$　（$K_D>10$） $R_M\geqslant 0.85$　$R_M<0.85$
弹性模量E	$E=FE_D$　F为经验系数，因土类和模量类型而异

续表

土的参数	经验公式
先期固结压力 σ'_p	$\sigma_p'=0.51(p_0-u_0)$
应力历史 OCR	无胶结黏性土　$OCR=0.5K_D^{1.56}$　$(I_D\leqslant 1.2)$
	新近沉积黏土　$OCR=0.3K_D^{1.17}$　$(c_u/\sigma'_{vo}\leqslant 0.8)$ 老黏土　$OCR=2.7K_D^{1.7}$　$(c_u/\sigma'_{vo}>0.8)$

3）估算地基承载力

DMT 的压力增量为 ΔP 时，变形量为 1.05 mm，相对变形为 1.05/60=0.017 5，与通常的荷载试验的承载力取值标准 0.015～0.02 相近。故可采用 $f=\Delta P$ 作为地基承载力估算值。如上海地区采用下式：

$$f_0 = n\times \Delta P \tag{3-99}$$

式中，黏土 $n=1.14$（相对变形约为 0.02），粉质黏土 $n=0.86$（相对变形约为 0.015）。

4）判别砂土液化

扁铲侧胀试验的试验参数 Δp 与土体的相对密度、现场应力、土的应力历史、胶结作用以及土体透水性等有关。Δp 是能综合反映土体物理力学性质较理想的指标，且在试验过程中的稳定性好，可靠性较高。扁铲侧胀试验参数 Δp 能较好地反映土体的强度特征，因此可用于地基液化判别中。

参照临界动剪应力比的拟合结果及静探试验与标贯试验液化判别式，基于扁铲侧胀试验，可按式(3-100)判别地基液化：

$$\Delta p_{cr} = \Delta p_0\left[1-0.06d_s+\frac{(d_s-d_w)}{a+b(d_s-d_w)}\right]\sqrt{\frac{3}{\rho_c I_D}} \tag{3-100}$$

式中　Δp_{cr}——扁铲侧胀试验 Δp 液化临界值；

Δp_0——扁铲侧胀试验 Δp 标准值，对于 7 度基本地震烈度，可取 0.3 MPa；

$\rho_c(I_D)$——黏粒含量百分率，可按下式取值：$\rho_c=14-2.7I_D$；

I_D——偏胀指数；

d_s——静探试验点深度，m，深度为 15～20 m 时，取 $d_s=15$ m；

d_w——地下水年平均水位深度，m，可取 0.5 m。

5）侧向受荷桩的设计

1989 年，Robertson 等对侧向受荷桩做了如下假设：桩为一弹性梁（梁的弹性模量为 E、截面惯性矩为 I）。土的抗力由均匀分布的非线性弹簧模拟。

$$P/P_u = 0.5\left(\frac{y}{y_c}\right)^{0.33} \tag{3-101}$$

式中　P——桩每单位长度上的侧向抗力；

P_u——桩每单位长度上的极限侧向抗力；

y——桩单元体的水平变位；

y_c——相应于 $P=0.5P_u$ 桩单元体的极限水平变位。

6）确定基床系数及其比例系数

2010年,顾国荣建议按表3-77和表3-78确定砂土和黏性土主要力学性指标。

表3-77 扁铲试验确定砂土主要力学性指标

扁铲 K_D 值	≤1.5	$1.5<K_D\leq 2.5$	$2.5<K_D\leq 4.5$	>4.5
密实程度	松散	稍密	中密	密实
内摩擦角 φ/(°)	<30	30~33	33~40	>40
基床系数 k/(kN·m^{-3})	<10 000	10 000~20 000	20 000~50 000	>50 000
比例系数 m/(kN·m^{-4})	<4 000	4 000~6 000	6 000~10 000	>10 000

表3-78 扁铲试验确定黏性土主要力学性指标

扁铲 K_D 值	≤0.5	$0.5<K_D\leq 1.0$	$1.0<K_D\leq 2.5$	$2.5<K_D\leq 4.0$	>4.0
液性指数 I_L	$I_L>1$	$0.75<I_L\leq 1$	$0.25<I_L\leq 0.75$	$0<I_L\leq 0.25$	$I_L\leq 0$
塑性状态	流塑	软塑	可塑	硬塑	坚硬
不排水抗剪强度 c_u/kPa	<30	30~50	50~100	100~250	>250
基床系数 k/(kN·m^{-3})	<5 000	5 000~15 000	15 000~30 000	30 000~50 000	>50 000
比例系数 m/(kN·m^{-4})	<2 000	2 000~4 000	4 000~6 000	6 000~8 000	>8 000

3.2.1.7 十字板剪切试验

十字板剪切试验是一种用十字板测定软黏性土抗剪强度的原位试验。将十字板头由钻孔压入孔底软土中,以均匀的速度转动,通过一定的测量系统,测得其转动时所需之力矩,直至土体破坏,从而计算出土的抗剪强度。常用的试验手段包括:钻孔十字板剪切试验和贯入十字板剪切试验,可用于测定饱和软黏性土($\phi\approx 0$)的不排水抗剪强度和灵敏度。所测得的抗剪强度值,相当于试验深度处于天然土层在天然压力下固结的不排水抗剪强度。它避免了土样扰动及天然应力状态的改变,是一种有效的现场测试方法。

1. 十字板剪切试验的设备及技术要求

(1) 十字板头规格。常用的十字板为矩形,高径比(H/D)为2,常用的十字板头规格和相应规格的十字板常数值如表3-79。

表3-79 常用的十字板头规格和相应规格的十字板常数值

十字板规格 D(mm)×H(mm)	转盘半径 R/mm	十字板常数 K/cm^{-2}	板厚 t/mm
50×100	200	0.043 6	2~3
75×150	200	0.012 9	2~3

对于不同的土可选用不同大小的十字板头,一般在软黏土中75 mm×150 mm的较为合适,在稍硬土中可用50 mm×100 mm的。

(2) 轴杆。一般使用的轴杆直径为20 mm。按轴杆与十字板头的连接方式,广泛使用的是离合式,也有采用套筒式。

(3) 测力装置。一般采用电测式仪,可通过传感器在地面用电子仪器测量十字板头的剪切扭力,不必进行钻杆和轴杆校正,常同电测静触探仪结合使用。

(4) 按合理间距埋入地锚(2～4 个),安装槽钢及两用仪,调平(用罗盘或水平尺检查)。

(5) 将电缆穿过探杆和回转装置的中心孔与已连接传感器的十字板引出的电缆接通,接线方式与率定时一致。

(6) 将探杆从回转装置的中心孔穿过并与十字板头拧紧,在加压装置作用下将十字板压入土中预定深度,并用卡盘卡住。钻孔十字板剪切试验时,十字板插入孔底以下的深度应大于5 倍钻孔直径,以保证十字板能在不扰动土中进行剪切试验。

(7) 十字板插入土中试验深度后,至少应静止 2～3 min 后方可开始试验,扭剪速率应控制在 6°/min～12°/min,以便能在不排水条件下进行剪切试验,测记每扭转 1°的扭矩。当扭矩出现峰值或稳定值后,要继续测读 1 min,并在 2 min 内测得峰值,得到原状土剪损的总作用力 p_f 值。

(8) 顺时针方向连续转动 6 圈,使十字板头周围土体充分扰动,测定重塑土的峰值或稳定扭矩。此时应保持十字板头在同一位置。

(9) 完成一次试验后,松开钻杆夹具。根据需要将十字板压至另一深度测试,要求同前。试验完毕,逐节提取钻杆、十字板,清洗、上油,检查各部件是否完好。

(10) 对开口钢环式十字板剪切仪,应修正轴杆与土层间的摩阻力。

2. 十字板剪切试验的成果应用

除测定土体的不排水抗剪强度和灵敏度之外,十字板剪切试验也可用于估算地基承载力、判定软黏土的固结历史、验算饱和软黏土边坡的稳定性等。

1) 评定现场土的不排水抗剪强度 c_u

十字板剪力试验换算抗剪强度的公式为:

$$c_u = 10K\alpha R_Y \tag{3-102}$$

相应地

$$c'_u = 10K\alpha R_e \tag{3-103}$$

式中 c_u和 c'_u——分别为原状土、重塑土的抗剪强度,kPa;

K——十字板常数,即 $K=\dfrac{2R}{\pi D^2\left(\dfrac{D}{3}+H\right)}$(一般取 $H=2D$,则 $K=\dfrac{6R}{7\pi D^3}$,R 为转盘半径);

α——传感器率定系数,N · cm/$\mu\varepsilon$;

R_Y,R_e——分别为原状土、重塑土剪切破坏时的读数,$\mu\varepsilon$;

D,H——分别为剪损圆柱土体直径和高度,cm。

现场十字板不排水抗剪强度一般偏高,应用于实际工程时,应按式(3-104)及图 3-7 进行修正:

$$c_u(\text{使用值}) = \mu \cdot c_u(\text{测定值}) \tag{3-104}$$

式中,μ 为修正系数,随土的塑性指数 I_p 而异(图 3-7)。图 3-7 中曲线 2 适用于液性指数大于 1.1 的土,曲线 1 适用于其他软黏土。

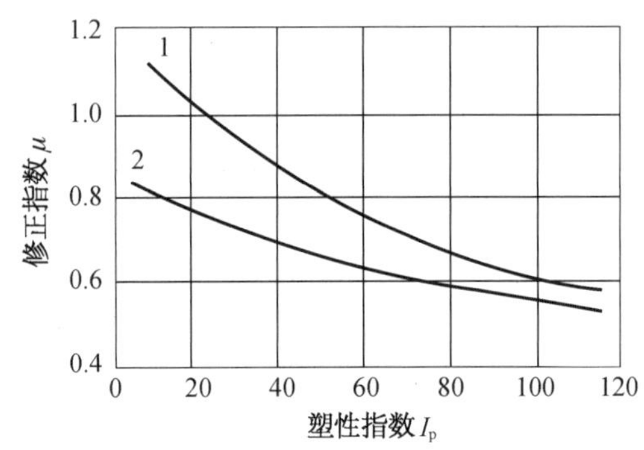

图 3-7 十字板抗剪强度的修正系数 μ

2) 评定土的灵敏度 S_t

土的灵敏度 S_t 为:

$$S_t = \frac{c_u}{c'_u} \tag{3-105}$$

式中 c_u——原状土不排水抗剪度，kPa；

c'_u——扰动土不排水抗剪强度，kPa。

3）评定软土地基承载力（$\varphi=0$）

按中国建筑科学研究院、华东电力设计院的经验，地基承载力特征值 f_{ak} 可按式（3-106）估算：

$$f_{ak} = 2c_u + \gamma \cdot h \tag{3-106}$$

式中 c_u——十字板剪切不排水抗剪强度，kPa；

γ——土的重度，kN/m^3；

h——基础埋深，m。

4）估算土的液性指数 I_L

从式（3-107）可估算土的液性指数 I_L：

$$I_L = \lg \frac{13}{\sqrt{c'_u}} \tag{3-107}$$

式中，c'_u 为扰动的十字板不排水抗剪强度，kPa。

5）估计土的应力历史

利用十字板不排水抗剪强度 c_u 与深度 h 的关系曲线，可判定土的固结应力历史。若 c_u-h 大致呈一通过地面原点的直线，可判定土为正常固结土；若 c_u-h 直线不通过原点，而与纵坐标的向上延长轴线相交，则可判定为超固结土。

还可估算土的先期固结压力 σ'_p

$$\sigma'_p = 3.54c_u \tag{3-108}$$

6）估算软土地区堤坎的临界高度 H_c

可按式（3-109）估算软土地区堤坎的临界高度 H_c：

$$H_c \approx Kc_u \tag{3-109}$$

式中 H_c——临界高度，m；

K——系数，m^3/kN，一般取 0.3；

c_u——修正后的原状土不排水抗剪强度，kPa。

3.2.2 室内试验

3.2.2.1 概述

对于基坑工程来说，室内外试验为工程设计、分析计算提供了基本参数。作为确定岩土材料参数两个重要的方法，原位测试与室内试验均具有各自的优势和不足。室内试验的优点是：试验条件比较容易控制、边界条件明确、应力应变条件可以控制、可以大量取样等，但其主要缺点是：试样尺寸小，不能反映宏观结构和非均质性对岩土性质的影响；试样不可能真正保持原状，有些岩土也很难取得原状试样。基于以上原因，虽然多样化的岩土工程原位测试方法对工程应用来说更具有现实意义，但目前大多数岩土材料的物理力学指标仍需要通过室内试验取得，两者是相互补充、相辅相成的。目前，基坑工程设计中的稳定性分析、土压力计算等所依据的岩土的主要指标（密度、孔隙比、天然含水量、界限含水量、抗剪强度、压缩模量等）多数是通过室内试验取得，对于取样困难、易受扰动的土类，宜通过原位测试确定有关指标。

土的室内试验可分为基本物理性质试验（包括相对密度、含水量、密度等）、物理状态指标试验（包括颗粒分析试验、液限、塑限、缩限、有机质含量等）以及工程性质试验（包括渗透性试验、固结试验、强度试验等）。其中，土的特性指标试验相对较为简单，在对应的规范要求中叙述较为清楚，本节主要讨论其他两类试验，特别着重讨论土的工程性质试验中的强度试验，并简要介绍与地下空间开发相关的细粒土（黏性土、粉土）强度试验等成果在使用中应注意的问题。具体的岩土指标的试验方法可参阅有关标准和文献。

尽管通过室内试验确定的参数被广泛应用于设计计算分析中，但这些参数由于受到诸多因素的影响，故需要考虑这些参数的代表性问题，其主要影响因素包括：

(1) 实际工程中土的受力性状是十分复杂的，根据当前土力学的发展现状，尚无法完全模拟所有状态。因此，在应用土的试验参数时，必须清楚：作为设计计算依据所采用的土的各类参数，都是在高度简化的条件下测定的，这种情况在设计计算中必须要充分考虑。

(2) 虽然国家有各种试验方法标准，但由于试验设备、具体试验操作人员的习惯、试验技巧等方方面面的因素，试验结果也会有很大的差别，而这种差别有时甚至大于分析计算方法所带来的差异。这一点也需要设计计算人员有所考虑，特别是在设计人所不熟悉的新地区开展工作，更是要考虑这一因素。

(3) 样本数量有限。按照规范要求，一层土只要取几个或最多几十个土样，但土的性质在空间上的变异性则可能很大。

(4) 取土方法和运输、储存过程中对土样的扰动。很多室内试验需要取到高质量的原装土样，但由于取样、运输、制样、试验操作等一系列过程均会对土造成一定的扰动，这种扰动直接影响试验结果。

综上所述，岩土材料试验需针对工程问题事前设计并避免分散布置，测定主要和关键地层的典型参数，针对具体工程，结合实际工况、应力历史、应力状态及其变化和环境条件，选用不同的试验方法。

3.2.2.2 基本物理性质指标

在土的基本物理性质指标中，通过室内试验实测得到的是土的含水量、相对密度（土粒比重）、质量密度（或重度），这些基本物理指标试验列于表 3-80 中。

表 3-80 基本物理指标

指标名称	符号	单位	物理意义	试验项目方法	取土要求
含水量	w		土中水的质量与土粒质量之比 $w=\frac{m_w}{m_s}\times 100\%$	含水量试验 烘干法 酒精燃烧法 比重瓶法 炒干法	保持 天然 湿度

续表

指标名称	符号	单位	物理意义	试验项目方法	取土要求
土粒比重（相对密度）	d_s	—	土粒质量与同体积的4℃时水的质量之比 $d_s=\frac{m_s}{V_s\rho_w}$（$\rho_w$ 为水的密度）	比重试验 比重瓶法 浮称法 虹吸筒法	扰动土
质量密度（天然密度）	ρ	g/cm^2	土的总质量与其体积之比即单位体积的质量 $\rho=m/v$（注意与土的重度 γ 相区别，其定义为单位体积的重量，单位为 kN/m^3）	密度试验 环刀法 蜡封法 注砂法	Ⅰ～Ⅱ级土试样

通过上述3个试验指标，可以换算其他6类物理性质指标（一般称为“换算指标”），包括：孔隙比 e、孔隙率 n、饱和度 S_r、干密度 ρ_d 和干重度 γ_d、饱和密度 ρ_{sat} 和饱和重度 γ_{sat}、浮重度 γ' 和浮密度 ρ'。众多教科书和手册均给出了不同指标之间的换算方法。上述9个物理指标并不是孤立存在的，有些指标之间相互影响、相互制约。

为了满足设计、数值分析等工作的要求，在工程勘察报告中通常给出的物理性质指标一般包括天然密度、含水量两个试验指标和饱和度、孔隙比两个换算指标。

3.2.2.3 抗剪强度试验及成果使用

1. 抗剪强度试验原则

土在荷载作用下可以发挥的最大抵抗力为土的强度。在基坑工程中，土的强度多指土的抗剪强度。在选择土的抗剪强度试验时，需要考虑以下因素：

(1) 荷载性质：静力或动力；

(2) 实际工程中荷载持续时间：长期（排水条件）或短期（不排水条件）；

(3) 所需的参数：峰值或极限（残余）强度；

(4) 采取不扰动取样的可能性，以及开展原位试验的必要性；

(5) 工程中由于土所处的应力状态的不同，可能导致应力路径和破坏面不同，因此，应该有针对性地选取直接剪切试验、三轴压缩试验、三轴伸长试验来确定相应的强度参数。

2. 抗剪强度试验方法

1) 试验方法分类

在地下工程基坑设计中边坡或基底的稳定性验算和支护结构的土压力计算所需的土的抗剪强度指标（摩擦角、黏聚力）是关键参数，可通过多种试验方法确定。可根据剪切类型（不固结不排水剪、固结不排水剪和固结排水剪）、试验方式（直剪、单剪、三轴）、控制形式（应力控制、应变控制）等对它们进行分类。不同试验得出的参数有很大的差别，在基坑工程中应注意其适用性。工程中多采用静三轴试验和直剪试验，根据其具体采用的试验方法、试验条件又可分为如图3-8所示的几种。

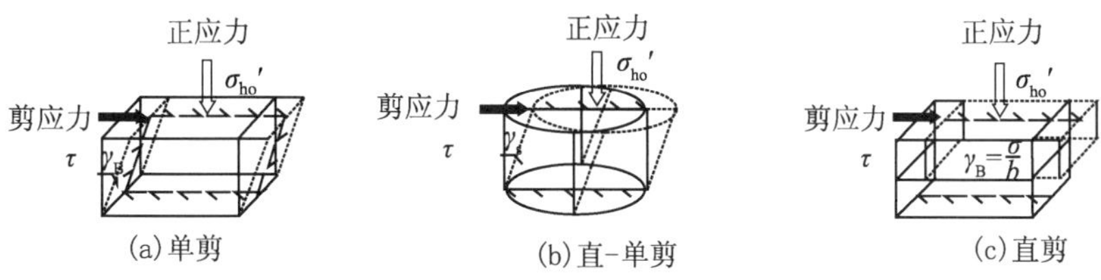

(a)单剪　(b)直-单剪　(c)直剪

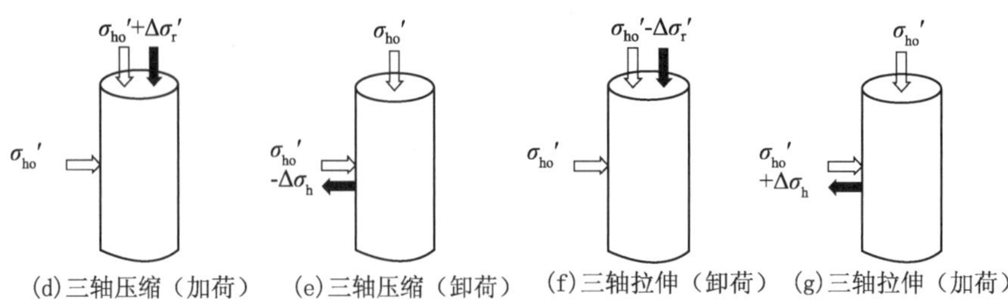

(d)三轴压缩（加荷） (e)三轴压缩（卸荷） (f)三轴拉伸（卸荷） (g)三轴拉伸（加荷）

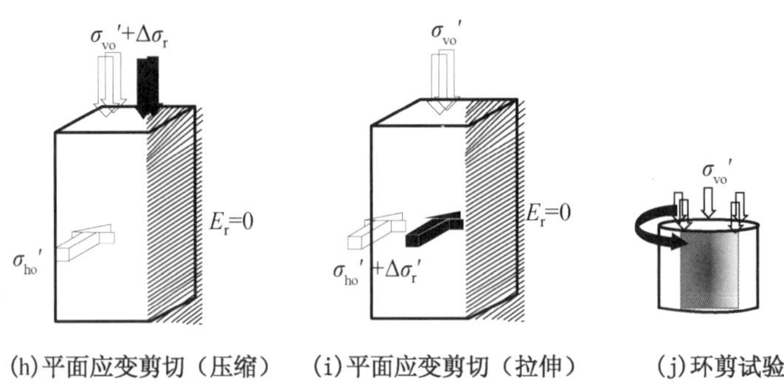

(h)平面应变剪切（压缩） (i)平面应变剪切（拉伸） (j)环剪试验

图 3-8 剪切试验方法

2）静三轴试验应力路径

静三轴试验的应力路径在三轴仪上按一定规律变化室压和轴向应力，通常可以完成以下几种路径。

(1) 各向等压试验(HC)：$\sigma_1 = \sigma_2 = \sigma_3$；

(2) 常规三轴压缩试验(CTC)：围压 $\sigma_2 = \sigma_3 =$ 常数；

(3) 常规三轴伸长试验(CTE)：轴向应力 $\sigma_3 =$ 常数；

(4) 主应力 p 为常数的三轴压缩试验(TC)：轴向应力增加、围压减小；

(5) 主应力 p 为常数的三轴伸长试验(TE)：轴向应力减小、围压增加；

(6) 减压三轴压缩试验(RTC)：轴向应力 $\sigma_1 =$ 常数；

(7) 减压三轴伸长试验(RTE)：围压 $\sigma_1 = \sigma_2 =$ 常数；

(8) 比例加载试验(PL)：$\sigma_1/\sigma_3 =$ 常数。

上述各种试验的应力状态特性见表 3-81 所列。

表 3-81 不同应力路径的三轴试验应力特点(李广信，2004)

试验	HC	CTC	CTE	TC	TE	RTC	RTE	PL
名称	静水压缩	常规三轴压缩	常规三轴伸长	三轴压轴	三轴伸长	减压三轴压缩	减压三轴伸长	三轴等比实验
主要应力特点	三个主应力相等	围压不变	轴向应力不变	平均主应力不变	平均主应力不变	轴向应力不变	围压不变	常应力比 $\sigma_1/\sigma_3=k$

续表

试验	HC	CTC	CTE	TC	TE	RTC	RTE	PL
σ_1	$=\sigma_c$	$=\sigma_a$	$=\sigma_c$	$=\sigma_a$	$=\sigma_c$	σ_a	$=\sigma_c$	$=\sigma_a$
σ_2	$=\sigma_c$	$=\sigma_c$	$=\sigma_c$	$=\sigma_c$	$=\sigma_a$	$=\sigma_c$	$=\sigma_c$	$\sigma_c=\sigma_1/k$
σ_3	$=\sigma_c$	$=\sigma_c$	$=\sigma_a$	$=\sigma_c$	$=\sigma_a$	$=\sigma_c$	$=\sigma_a$	$\sigma_c=\sigma_1/k$
$\Delta\sigma_1$	>0	>0	>0	>0	>0	$=0$	$=0$	>0
$\Delta\sigma_2$	>0	$=0$	>0	$=-\Delta\sigma_1/2$	>0	<0	$=0$	$\Delta\sigma_1/k$
$\Delta\sigma_3$	>0	$=0$	$=0$	$=-\Delta\sigma_1/2$	$-2\Delta\sigma_1$	<0	<0	$\Delta\sigma_1/k$
Δp	>0	>0	>0	$=0$	$=0$	<0	<0	>0
$b\theta$	—	0(−30°)	1(30°)	0(−30°)	1(30°)	0(−30°)	1(30°)	0(−30°)

3. 静三轴试验装置及成果使用

1）常用的静三轴试验

通过静三轴试验(TXL)每取得一组抗剪强度指标，需要采用3个及以上、同一位置上的土样制备的试样。静三轴试验因采取的试验方法不同，取得的抗剪强度指标也不同。常用的静三轴试验主要包括以下3种，试验装置及试验成果见图3-9—图3-13。

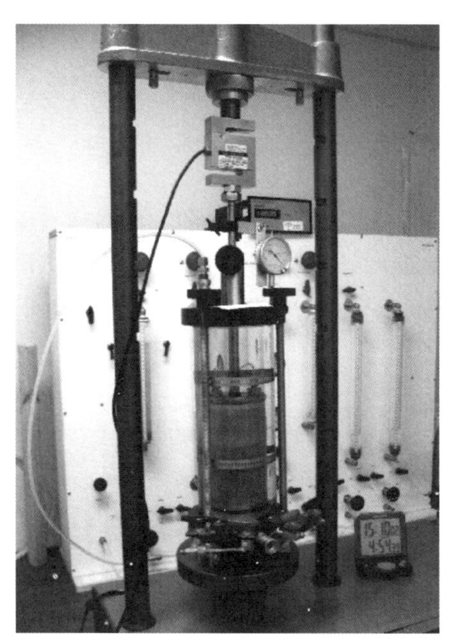

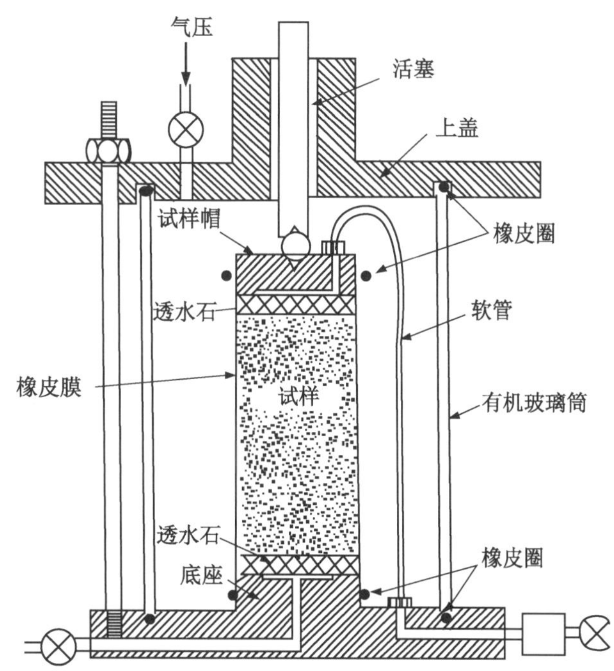

图3-9　静三轴试验装置

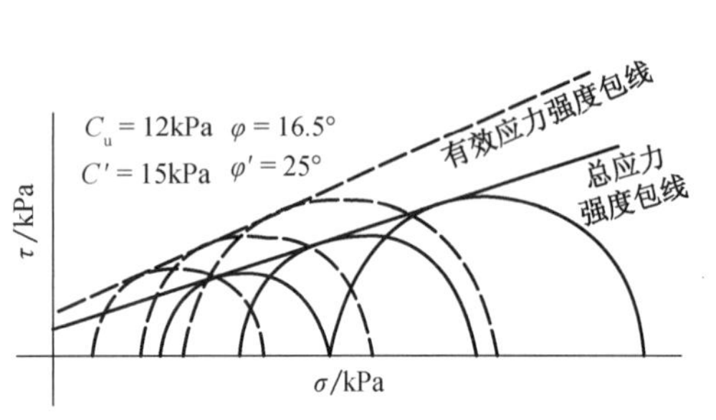

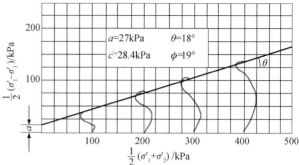

图 3-10 固结不排水剪(CU)试验结果

图 3-11 有效应力路径图

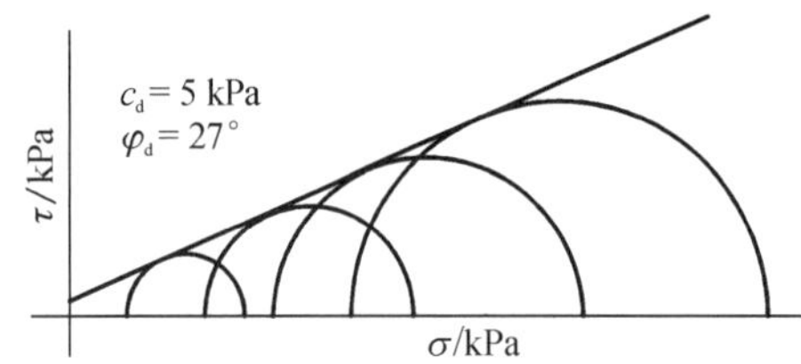

图 3-12 固结排水剪(CD)试验结果

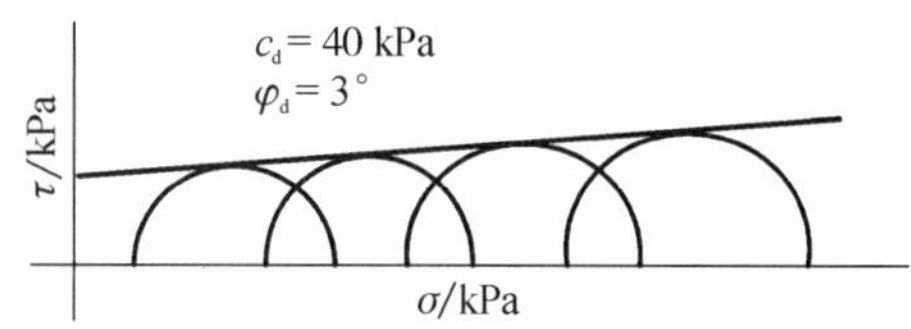

图 3-13 不固结不排水剪(UU)试验结果

(1) 固结不排水剪(CU):试样饱和后,先在排水条件下施加不同的围压($\sigma_1 = \sigma_2 = \sigma_3$)进行固结,其后关闭排水阀,在不排水条件下增加轴向压力($\Delta\sigma_1$),至试样发生剪切破坏,剪切过程中量测孔隙水压力(u)。通过 CU 试验可获得总应力指标(ϕ 和 c)和有效应力指标(φ' 和 c')。

(2) 固结排水剪(CD):试样饱和后,先在排水条件下施加不同的围压($\sigma_1 = \sigma_2 = \sigma_3$)进行固结,其后继续在排水条件下增加轴向压力($\Delta\sigma_1$),至试样发生剪切破坏。通过 CD 试验可获得有效应力指标(ϕ' 和 c')。

(3) 不固结不排水剪(UU):试样饱和后,在不排水条件下,直接增加轴向压力(σ_1),至试样发生剪切破坏。通过 UU 试验可获得不排水抗剪强度 c_u。

2) 不同固结条件下的三轴试验

在工程应用研究中,静三轴试验可设置不同的固结条件,获得特定工况下的抗剪强度指标(表 3-82)。我国的三轴压缩试验标准见《土工试验方法标准》(GB 50123—1999),美国和英国的相关标准包括 ASTM D4767(CU 黏性土)、ASTM D2850-03a(UU 黏性土)、ASTM D3080(DS 黏性土)和 BS 1377。

表 3-82　　不同固结条件下的 CU、CD 试验

方法类别	代号	说　明
CU	CIU	等向固结不排水剪:固结阶段 σ_3 相等(I:isotropic,各向同性)
	CKU	不等向固结不排水剪:固结阶段 $\sigma_1/\sigma_3=K$
	CK_oU	不等向固结不排水剪:固结阶段 $\sigma_1/\sigma_3=K_o$
CD	CID	等向固结排水剪:固结阶段 σ_3 相等(I:isotropic,各向同性)
	CKD	不等向固结排水剪:固结阶段 $\sigma_1/\sigma_3=K$
	CK_oD	不等向固结排水剪:固结阶段 $\sigma_1/\sigma_3=K_o$

3）静三轴试验成果的使用

通过对实际工程不同工况的分析，合理选取静三轴试验在不同固结条件下的试验成果，（表 3-83）。通常 CD 试验方法适用于砂类土，CU 和 UU 试验方法较适用于正常固结的黏性土。对于以黏土、软黏土为主的基坑的短期支护（如 3 个月内）工程，一般可采用总应力法和不排水抗剪强度指标进行分析。如遇有裂隙和层状的黏土地层，宜同时进行总应力和有效应力分析（Puller，2003）。

表 3-83　　静三轴试验指标的使用（Hunt，1984）

<table>
<tr><th>种类</th><th>方法</th><th>测定指标</th><th>说　明</th></tr>
<tr><td rowspan="3">静三轴压缩试验</td><td>CD</td><td>φ'，c'（有效应力指标）</td><td>取得有效应力指标的相对最可靠方法。适于排水条件好的土体，施工速度慢，在施工期不产生超孔隙水压力</td></tr>
<tr><td>CU</td><td>φ，c（总应力指标）
φ'，c'（有效应力指标）</td><td>适于在一定应力条件下已固结排水、但应力增加时不排水的土体。因土样扰动引起含水量 w 下降，取得的抗剪强度值高于实际</td></tr>
<tr><td>UU</td><td>c_u（不排水抗剪强度）</td><td>测定压缩状态下不排水抗剪强度的最典型室内试验方法。适于渗透系数小的饱和黏土在施工加荷速度快、超孔隙水压力难以消散的工况。$c_u=0.5q_u$（q_u：无侧限抗压强度）</td></tr>
<tr><td>静三轴拉伸试验</td><td>CD
CU
UU</td><td>φ'，c'（有效应力指标）
φ，c（总应力指标）
c_u（不排水抗剪强度）</td><td>由于土的各向异性，正常固结黏土的不排水（总应力）试验指标约为静三轴压缩试验的 1/3～1/2</td></tr>
</table>

4. 直剪试验装置及成果使用

1）直剪试验装置

在直剪试验（DS）中，将取自同一位置的土样制备成 3 个或以上试样进行剪切试验（成果与静三轴 CD 试验类似），强制试样产生一个水平破坏面（图 3-14，与实际破坏面可能不符），取得不同加荷速率下的抗剪强度指标。排水条件在剪切过程中不受控制，故试验结果一般视为排水条件下的指标，如剪切速率高则具有 CU 的特性。我国《建筑基坑支护技术规程》（JGJ 120—99）规定“当有可靠经验时可采用直接剪切试验”。

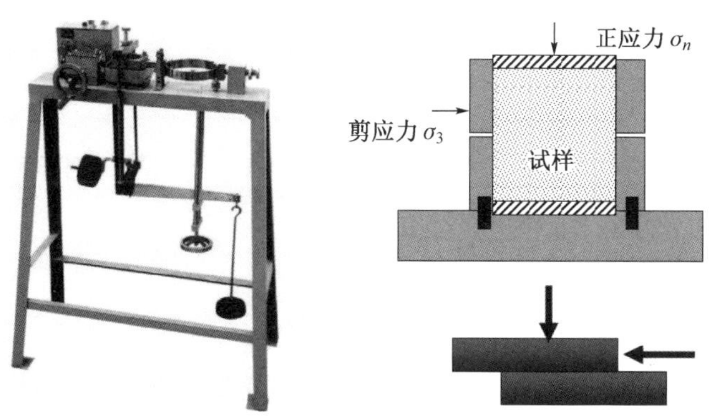

图 3-14　直剪（DS）试验装置示意图

2）直剪试验成果使用

直剪试验宜根据不同的工况分析需要进行设计，通过分析合理选用相应试验结果（表 3-84）。

表 3-84　　直剪试验不同方法的适用性

方法	测定参数	试验条件	说　明
快剪	φ'，c' φ'_r（残余抗剪强度参数）	在施加竖向压力后，立即快速施加水平剪应力	强制的破坏边界条件（单剪 simple shear 为随动边界条件），排水不可控。土层破裂面方位与试验破裂面相同时可参考使用； 可用于砂土及渗透系数 $k>10^{-6}$ cm/s 的黏土；对软黏土不适用 对于同一种土，其值低于静三轴压缩试验、高于静三轴拉伸试验。适于测定不扰动土样的残余强度（φ'_r）
固结快剪		允许试样在竖向压力下排水固结，然后快速施加水平剪应力	
慢剪		允许试样在竖向压力下排水固结，然后缓慢地施加水平剪应力	

5. 残余抗剪强度指标

残余强度试验仪器应能使试样产生大位移，能满足这一要求的环剪仪并未普及。目前，大多利用直剪仪，对试样进行反复剪切。残余抗剪强度指标（φ_r，c_r）通过 3～4 个试样、在不同的竖向压力 p 下进行的剪切试验取得（图 3-15）。对于正常固结黏土，其峰值强度与残余强度无明显差别。对于超固结黏土，峰值强度比残余强度大，超固结比 OCR 愈大，其差值愈大。

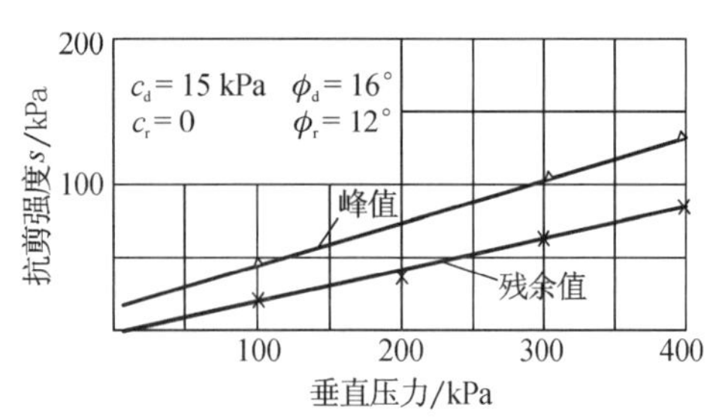

图 3-15　抗剪强度与垂直压力关系曲线

3.2.2.4　变形参数试验及成果使用

在基坑工程中，采用数值分析方法计算基坑的变形问题越来越普遍，因此采用合理的试验方法确定变形特性指标尤其重要。变形指标主要包括变形模量（某些情况下称为杨氏模量或弹性模量）、压缩模量、回弹模量等。

杨氏模量是指材料的弹性模量，指材料在单向受拉或受压且应力和应变呈线性关系时，截面上的正应力与对应的正应变的比值。对不存在弹性阶段的材料采用初始弹性模量 E_0（应力应变曲线上原点处的切线模量）或割线模量（应力应变曲线上原点与某点的连线倾角的正切），表 3-85 为土的杨氏模量和泊松比经验值。

表 3-85　　不同土的变形参数典型值（Lambe，Whitman，1969）

土　类		割线杨氏模量/MPa	泊松比
黏性土	灵敏性软土	2.5～15	0.4～0.5
	硬-坚硬	15～50	—
	坚硬	50～100	—
	黄土	16～60	0.1～0.3
	粉土	2～20	0.3～0.35
细砂	松散	8～12	0.25
	中密	12～20	
	密实	20～30	
中砂、粗砂	松散	10～30	0.2～0.35
	中密	30～50	0.3～0.4
	密实	50～80	
碎石	松散	30～80	—
	中密	80～100	
	密实	100～200	

压缩模量是土在侧向不能自由膨胀条件下竖向应力与竖向应变之比，一般采用固结试验来测定(试验装置见图 3-16)。压缩试验的试样处于单向变形条件，其应力条件却是三向的。

变形模量是土在侧向自由膨胀条件下应力与应变之比，应力是单向的，而变形是三向的。它可通过载荷试验、旁压试验得到，也可根据弹性理论建立变形模量和压缩模量的关系：

$$E=\left(1-\frac{2\nu^2}{1-\nu}\right)E_s \tag{3-110}$$

式中，E_s为压缩模量；E 为变形模量；ν 为泊松比。

图 3-16　固结仪

实测资料表明，E 与 E_s的比值不像理论得到的在 0～1 之间变化(表 3-86)。产生上述差别的原因在于土的结构性，老黏土和红黏土的结构性很强，E/E_s的经验平均值都大于 2；新沉积的黏性土和塑性指数小于 10 的粉土的结构性较弱，其平均值在 1 左右；冲填土因年代最新，几乎无结构性，其比值小于 1，与理论推导一致。以上主要是由于在钻探取土的过程中扰动了土的结构，在试验切土时又进一步扰动了土的结构，致使室内压缩试验的结果不能反映原状土的压缩特性。

表 3-86　　E/E_s 关系统计(高大钊，2008)

土的种类		E/E_s 一般变化范围	E/E_s 平均值	频　率
老黏土		1.45～2.80	2.11	13
红黏土		1.04～4.87	2.36	29
一般黏性土	$I_p>10$	1.60～2.80	1.35	84
	$I_p<10$	0.54～2.68	0.98	21
新近沉积黏性土		0.35～1.94	0.93	25
淤泥及淤泥质土		1.05～2.97	1.90	25

20 世纪 60 到 70 年代左右，北京市勘察设计研究院的张国霞(全国勘察大师)等在搜集大量室内试验数据和多层混合结构沉降观测数据的基础上，建立了室内压缩模量与反分析得到的不同土类的原位压缩模量(当时称为“倒算模量”)之间的关系(图 3-17)。由此可见，室内压

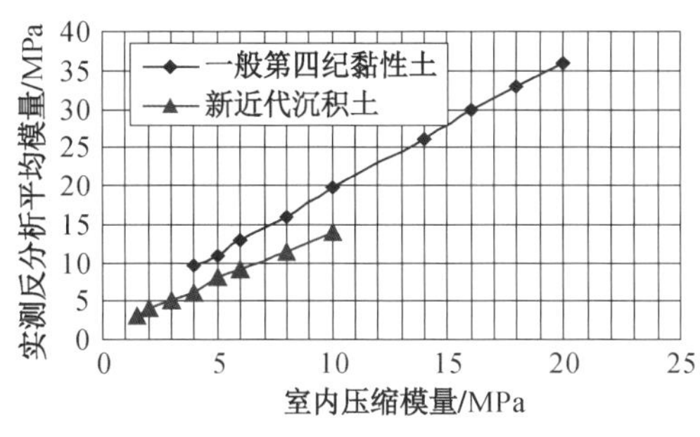

图 3-17　北京地区室内试验压缩模量与工程反分析得出压缩模量之间的关系

缩模量比建筑物实测反分析平均模量小。同时，对于第四纪黏性土和近代沉积土，即使在室内压缩模量相同的情况下，近代沉积土实测的平均模量较小，在实际工程中引起的沉降要大。因此，如果不注意二者的差别，可能对工程性状造成误判，出现不良后果。

除了采用室内固结试验确定变形指标以外，一般还可通过现场试验确定土的变形模量。通常有三种方法：①现场载荷试验；②旁压试验；③根据标准贯入试验或触探资料间接推算它们与变形模量的统计关系，这种方法在生产实践中简单可行，是发展的方向之一。

3.2.2.5 其他指标试验

1. 无侧限单轴抗压强度试验

1）抗剪强度

地基土的强度和基坑稳定性分析主要取决于土的不排水强度(c_u)，它主要通过原位测试的相关关系确定。当采用室内试验评价时，可采用无侧限单轴抗压强度(q_u)试验结果。这种试验实际上是三轴压缩试验的一个特例，使试样在无侧向变形限制的条件下进行单轴压缩，所加荷载的极限值即为无侧限抗压强度。

无侧限单轴抗压强度(q_u)可采用三轴UU试验来确定，根据轴向应力(σ)-轴向应变(ε)曲线图确定(图3-18)。对于较硬的黏性土，试样破坏时会出现明显的破裂面，因此也会出现峰值应力，此时取峰值应力作为无侧限抗压强度 q_u，如图3-18中曲线1。而对于饱和软黏土，一般不会出现明显的破裂面，曲线上也无明显的峰值，此时则取与轴向应变20%(有时采用15%)相应的应力作为无侧限抗压强度 q_u，如图3-18中曲线2。

在不排水条件下，总应力的改变量只引起超孔隙水压力的变化，对有效应力不产生影响，有效应力不发生变化，此时，$\varphi \approx 0$，无侧限抗压强度 q_u 与土的不排水强度 c_u 之间存在以下关系：

$$q_u = 2c_u \tag{3-111}$$

表3-87为对应于不同的稠度指标，黏性土的无侧限抗压强度 q_u 值。

表3-87 黏性土的硬度指标与无侧限抗压强度 q_u 的关系(Das,2002)

稠度	q_u /kPa
极软	0～25
软	25～50
中等	50～100
硬	100～200
坚硬	200～400
极硬	＞400

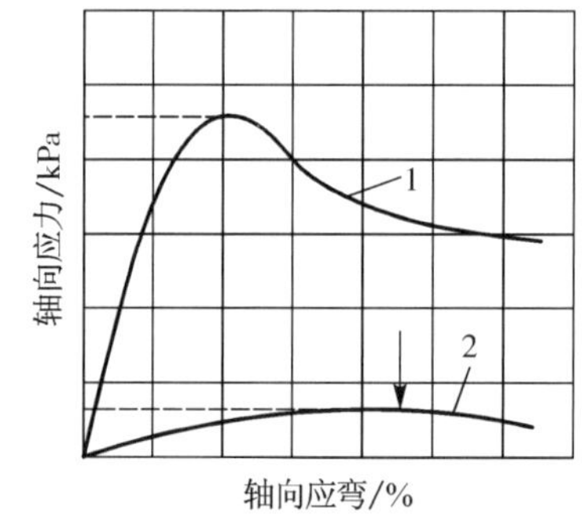

图3-18 无侧限单轴抗压强度试验轴向应力与轴向应变关系曲线

2）灵敏度

原状黏性土的无侧限抗压强度 q_u 与其试样重塑后强度 q'_u 之比值为灵敏度($S_t = q_u / q'_u$)。结构性愈强的土，其灵敏度愈大，故具有高灵敏度的土质边坡在快速施加剪应力时易发生破坏。国内外对灵敏度的分级对照可参见表3-88。

表 3-88 土的灵敏度分级对照

S_t	Skempton(1953)和 Bjerrum(1954)分级	国内《软土地区工程地质勘察规范》(JGJ 83—91)
<2	不灵敏	—
2～4	较不灵敏	中灵敏性
4～8	灵敏	高灵敏性
8～16	很灵敏	极灵敏性
16～32	轻微流性	流　性
32～64	中等流性	
>64	流性	

注:判定软土的结构性应采用现场十字板剪切试验,也可采用无侧限抗压强度的试验方法。无侧限抗压强度试验土样应用薄壁取土器取样。

2. 通过击实试验取得最优含水量

在基底和边坡的土层压实设计与施工质量控制中,需要根据土的最大干密度(ρ_d)和最优含水率(w_{opt}),做出正确的方案设计和控制施工质量。通过标准击实方法测得土的干密度与含水率的关系(图 3-19),获得最大干密度 ρ_{dmax} 和控制含水量。相关试验标准可参见《土工试验方法标准》(GB/T 50123—1999)。

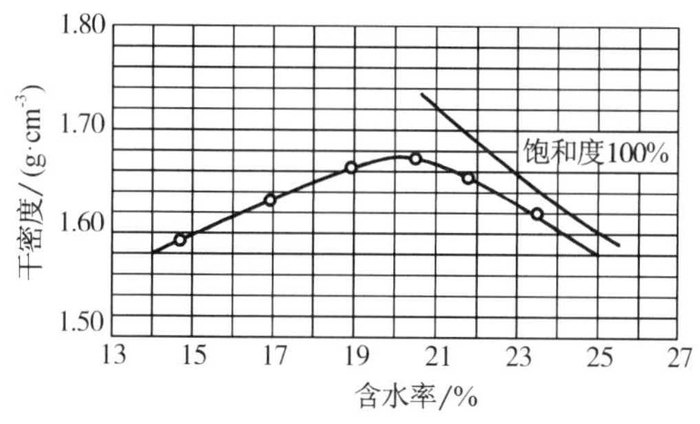

图 3-19 干密度与含水率的关系曲线

3. 土的流变试验

土的流变性质是土的力学性质的时间效应,即土的应力、应变、强度与时间变化的关系。包括蠕变、松弛、流动及长期强度四个方面。通过试验研究这些特性和规律,借以评价地基土、土坡、路堤以及土工构筑物的长期稳定和变形。

1) 蠕变试验

土在荷载作用下,应变 ε 随时间 t 而逐渐增加的现象。用蠕变试验可以测定土的蠕变、流动和长期强度特性。

蠕变试验有剪切蠕变试验和压缩蠕变试验两种方法。在剪切蠕变试验中,一般采用直剪或单剪试验;在压缩蠕变试验中,一般采用单轴压缩或三轴压缩试验。

2) 松弛试验

对土的试样施加一定方向的外力 p,使其产生应变 ε_0,然后保持其应变 ε_0 恒定不变,测定其初始应力 σ_0 随时间 t 的变化。

4. 静止侧压力系数 K_0

K_0 可通过静止侧压力系数测定仪(图 3-20)和三轴仪试验进行测定($K=\sigma'_h/\sigma'_{vo}$)。

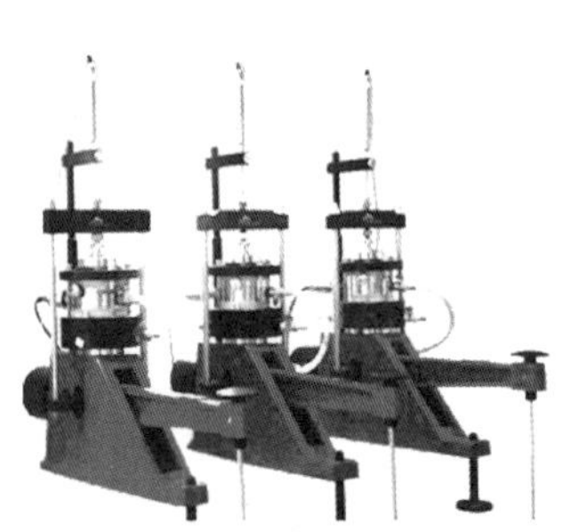

图 3-20　K_0 固结仪

用三轴仪测定 K_0 值时，通过侧向变形指示器等装置控制试样的直径。在 K_0 值试验过程中，始终保持试样直径(D_0)不变。

对于天然土或击实非饱和土，采用 UU 试验方法测孔隙压力。对于饱和土和非饱和土，也可采用 CD 试验方法测定排水条件下的 K_0。

正常固结沉积黏土的 K_0 一般介于 0.4～0.7 之间，砂土约为 0.4，自然沉积的超固结土的水平应力可以大于竖向应力，故 K_0 常大于 1.0，可以达到 3。Brooker 与 Ireland 关于 K_0 与应力历史(超固结比)的统计研究结果可用公式 $K_0=(1-\sin\varphi')\times OCR^{\sin\varphi'}$ 表达(图 3-21)。

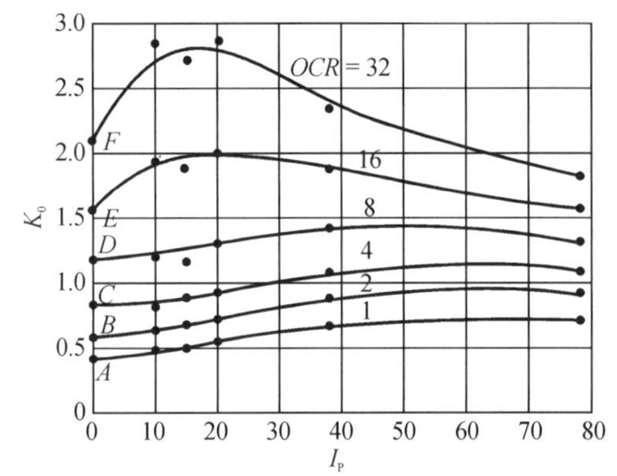

图 3-21　不同土类静止土压力系数 K_0 与 OCR 的关系(Brooker & Ireland, 1965)

3.2.2.6　试验误差与土性指标的变异性

大多数岩土作为天然形成的材料，其本身具有一定的变异性，不同试验也具有一定的变异性，见表 3-89 和表 3-90。在对地层进行岩土工程分层以及在工程分析和判断中，必须注意变异性的影响。

1. 不同试验方法导致的变异

表 3-89　不同室内试验方法取得特性指标的变异性 (Phoon and Kulhawy, 1999)

试验方法	特性(指标)	土的类别	变异系数	
			平均值	范围值
界限含水量试验	塑性指数	细粒土	24%	5%～51%
三轴压缩	有效内摩擦角	黏性土、淤泥	24%	7%～56%
直剪试验	抗剪强度 c_u	黏性土、淤泥	20%	19%～20%
三轴压缩	抗剪强度 c_u	黏性土、淤泥	19%	8%～38%
直剪试验	有效内摩擦角	砂土	14%	13%～14%
		黏性土	14%	6%～22%
		黏性土、淤泥	13%	3%～29%
界限含水量试验	塑限	细粒土	10%	7%～18%
三轴压缩	有效内摩擦角	砂土、淤泥	8%	2%～22%
界限含水量试验	液限	细粒土	7%	3%～11%
容重	密度	细粒土	1%	1%～2%

2. 不同土类的变异性

表 3-90　　不同试验取得土的强度指标的变异性（Phoon and Kulhawy, 1999）

试验种类		试验、测试指标	土类	变异系数	
				范围值	估计均值
室内试验强度指标	CU	抗剪强度，c_u	黏土	20%～55%	40%
	CIU			20%～40%	30%
	UU			10%～30%	20%
室内试验强度指标		φ'	黏土、砂土	5%～15%	10%
室内标准贯入试验		N	—	25%～50%	14%
室内旁压试验		p_L	黏土	10%～35%	25%
			砂土	20%～50%	35%
		E_M	砂土	15%～65%	40%
侧胀仪 DLT		A、B	黏土	10%～35%	25%
		A、B	砂土	10%～50%	35%
		I_D	—	20%～60%	40%
		K_D	砂土	20%～60%	—
		E_D	—	15%～45%	—
旁压试验		p_L	黏土	10%～35%	25%
			砂土	20%～50%	35%
		E_M	砂土	15%～65%	40%
静探试验		q_c	黏土	20%～40%	30%
			砂土	20%～60%	40%
十字板剪切试验		抗剪强度指标 c_u	黏土	10%～40%	25%
室内试验指标		天然含水量	黏土、粉土	8%～30%	20%
		液限	—	6%～30%	—
		塑限	—	6%～30%	—

3. 土颗粒形状与级配对抗剪强度的变异性影响

土的颗粒形状与级配情况（钻探记录中有一定描述）对强度指标有一定的影响，见表3-91。

表 3-91　　颗粒形状与级配对硅质砂砾强度的影响　（BS 8002—1994）

颗粒描述	细分	摩擦角增量
颗粒形状	圆形	$A=0$
	亚圆形	$A=2$
	角状	$A=4$
级配	均质土（$d_{60}/d_{10}<2$）	$B=0$
	中等级配（$2\leqslant d_{60}/d_{10}\leqslant 6$）	$B=2$
	良好级配（$d_{60}/d_{10}>6$）	$B=4$

4. 超固结比对黏土强度的影响

超固结比为土层所经历应力历史的一个指标，为历史上经历过的最大覆盖压力与现状应力之比，其与以往的地下水位波动和因后期剥蚀而减小的覆盖压力相关。超固结比等级划分见表 3-92。

对于超固结黏土，峰值强度比残余强度大，超固结比 OCR 愈大，其差值愈大。正常固结土在受荷时的强度可以随时间增长提高，而超固结土在卸荷作用下会随时间的增长而产生强度损失(开挖或发生大应变)，因此对于超固结土开挖边坡的长期稳定问题的分析中，用残余强度指标 φ_r 和 c_r 作为计算参数。

土层的超固结比对其抗剪强度具有重要的影响(图 3-22)。

表 3-92　　超固结比等级划分

超固结比(OCR)	$OCR = p_c'/\sigma'_{vo}$
正常固结	$OCR \approx 1$ 但 < 1.5
轻微超固结	$OCR = 1.5 \sim 4$
严重超固结	$OCR > 4$

注：p_c' 为有效前期固结压力，σ'_{vo} 为现状有效覆盖压力。

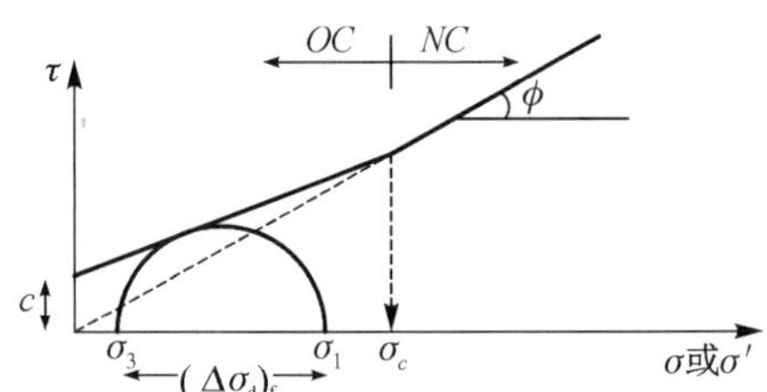

图 3-22　CD 试验的强度包线(OC=超固结，NC=正常固结)

3.3 勘察依据

地下空间开发的勘察目的在于查明建筑场地和评价其地质条件，其主要完成的任务有：

(1) 场地稳定性的评价，查明建筑场区的地形、地貌特征，研究地区内的崩塌、滑坡、岸边冲刷、泥石流、古河道、墓穴及地震等不良地质现象，判断其对建筑场地稳定性的危害程度，对建筑场地的适宜性进行技术论证。

(2) 查明地基土层的地质构造、形成年代、成因、土质类型、厚度及埋藏与分布情况，测定各土层的物理力学指标，为岩土工程设计提供地层和地下水空间分布的几何参数、岩土体工程性状的设计参数。

(3) 对场地地基做出岩土工程评价，确定地基(天然地基或桩基)的承载力，对建(构)筑物的沉降与整体倾斜进行必要的分析预测。对基础方案、地下工程施工进行论证，提出建议。

(4) 对施工过程中可能出现的各种岩土工程问题(如基坑支护、土方与挖土、降水、沉桩等)及对场地环境可能产生的变化及其对工程的影响做出预测，并提出相应的防治措施和合理的施工方法。

(5) 指导地下工程在运营、使用期间的长期观测，如建筑物的沉降、变形观测等工作。

(6) 勘察方案设计主要依据工程场地的岩土工程勘察等级结合具体场地的自身情况综合确定，其中场地岩土工程勘察等级应根据岩土工程的重要性等级、场地的复杂程度和地基的复杂程度来综合分析确定。

3.3.1 工程重要性等级

根据工程的规模和特征，以及由于岩土工程问题造成工程破坏或影响正常使用的后果，可按表 3-93 划分为 3 个工程重要性等级。

表 3-93　工程重要性等级

工程重要性等级	破坏后果	工程类型
一级	很严重	重要工程
二级	严重	一般工程
三级	不严重	次要工程

工程重要性等级划为一级的有：属于重要的工业与民用建筑物；20 层以上的高层建筑；体型复杂的 14 层以上高层建筑；对地基变形有特殊要求的建筑物；单桩承受的荷载在 4 000 kN 以上的建筑物。其他岩土工程是：有特殊要求的深基开挖及深层支护工程；有强烈地下水运动干扰的大型深基开挖工程；有特殊工艺要求的超精密设备基础、超高压机器基础；大型竖井、巷道、平洞、隧道、地下铁道、地下洞室、地下储库工程等地下工程；深埋管线、涵道、核废料深埋工程；深沉井、沉箱；大型桥梁、架空索道、高填路堤、高坝等。

工程重要性等级划为二级的有：一般的工业与民用建筑；公共建筑（大型剧场、体育场、医院、学校、大饭店等）、设有特殊要求的工业厂房、纪念性或艺术性建筑物等。

工程重要性等级划为三级的有：次要的建筑物及其他工程。

3.3.2　场地复杂程度分级

场地等级根据场地复杂程度分为以下三级。

1. 一级场地

符合下列条件之一者为一级场地（复杂场地）：

(1) 对建筑抗震危险的地段；

(2) 场地不良地质现象强烈发育（如泥石流沟谷、雪崩、岩溶、滑坡、潜蚀、冲刷、融冻等）；

(3) 地质环境已遭受或可能遭受强烈破坏的场地（如过量开采地下油、地下气、地下水而形成大面积地面沉降、地下采空区引起地表塌陷等）；

(4) 地形地貌复杂；

(5) 有影响工程的多层地下水、岩溶裂隙水或其他水文地质条件复杂，需专门研究的场地。

2. 二级场地

符合下列条件之一者为二级场地（中等复杂场地）：

(1) 对建筑抗震不利的地段；

(2) 场地不良地质现象一般发育；

(3) 地质环境已经或可能受到一般破坏；

(4) 地形地貌较复杂；

(5) 基础位于地下水位以下的场地。

3. 三级场地

符合下列条件之一者为三级场地（简单场地）：

(1) 场地处于地震设防烈度等于或小于 6 度，或对建筑抗震有利的地段；

(2) 场地不良地质现象不发育；

(3) 场地地质环境基本未受破坏；

(4) 地形地貌简单；

(5) 地下水对工程无影响。

3.3.3 地基复杂程度分级

地基等级根据地基的复杂程度分为以下三级。

1. 一级地基

符合下列条件之一者为一级地基(复杂地基):

(1) 岩土类型多,很不均匀,性质变化大,需特殊处理;

(2) 严重湿陷、膨胀、盐渍、污染的特殊性岩土,以及其他情况复杂,需作专门处理的岩土。

2. 二级地基

符合下列条件之一者为二级地基(中等复杂地基):

(1) 岩土类型较多,不均匀,性质变化较大;

(2) 不满足复杂地基条件的特殊性岩土。

3. 三级地基

符合下列条件者为三级地基(简单地基):

(1) 岩土类型单一,性质变化不大;

(2) 无特殊性岩土。

3.3.4 场地勘察等级

根据工程重要性等级、场地等级和地基等级,可按下列条件划分岩土工程勘察等级。

(1) 甲级:在工程重要性、场地复杂程度和地基复杂程度等级评定中有一项或多项为一级。

(2) 乙级:除勘察等级为甲级和丙级以外的勘察项目。

(3) 丙级:工程重要性、场地复杂程度和基础复杂程度等级均为三级。

注意:建筑在岩质地基上的一级工程,当场地复杂程度等级和地基复杂程度等级均为三级时,岩土工程勘察等级可定为乙级。

3.4 勘察技术要求与工作量的布置

3.4.1 基本要求

勘察方案的工作量布置针对不同的勘察阶段也有不同的要求。地下空间开发项目勘察阶段的划分应与设计阶段相适应,宜分为可行性研究勘察(或简称选址勘察)、初步勘察(简称初勘)、详细勘察(简称详勘)和施工勘察。对于场地较小且无特殊要求的工程可合并勘察阶段。当建筑物平面布置已经确定,且场地或附近已有岩土工程资料时,可根据实际情况,直接进行详细勘察。各勘察阶段的工作量布置安排具体如下。

3.4.1.1 可行性研究勘察(选址勘察)

选址勘察的目的是为了取得若干个可选场址方案的勘察资料,其主要任务是对拟选场址的场地稳定性和建筑适宜性做出评价,以选出最佳的场址方案。

选址勘察主要侧重于搜集区域地质、构造、地层、地形地貌、地震和附近地区的岩土工程资料及当地的建筑经验,并在分析已有资料的基础上,通过踏勘,了解场地的地层、岩性、地质构造、地下水及不良地质现象等工程地质条件。对倾向于选取的场地,如工程地质条件资料不能满足要求时,可根据具体情况进行工程地质测绘及少量必要的勘察工作,当有两个或两个以上拟选场地时,应进行比选分析。

3.4.1.2 初步勘察

初勘是在选址勘察的基础上，在初步选定的场地上进行的勘察，其任务是满足初步设计的要求，对场地内建筑地段的稳定性做出岩土工程评价，并进行下列主要工作：

(1) 搜集拟建工程的有关文件、工程地质和岩土工程资料以及工程场地范围的地形图；

(2) 初步查明地质构造、地层结构、岩土工程特性、地下水埋藏条件；

(3) 查明场地不良地质作用的成因、分布、规模、发展趋势，并对场地的稳定性做出评价；

(4) 对抗震设防烈度等于或大于 6 度的场地，应对场地和地基的地震效应做出评价；

(5) 季节性冻土地区，应调查场地的土的标准冻结深度；

(6) 初步判断水和土对建筑材料的腐蚀性；

(7) 高层建筑初步勘察时，应对可能采取的地基基础类型、基坑开挖与支护、工程降水方案进行初步分析评价。

初步勘察的勘察工作应符合下列要求：

(1) 勘探线应垂直地貌单元、地质构造和地层界限布置；

(2) 每个地貌单元均应布置勘探点，在地貌单元交接部位和地层变化较大的地段，勘探点应予加密；

(3) 在地形平坦地区，可按网络布置勘探点；

(4) 对岩质地基，勘探线和勘探点的布置，勘探孔的深度，应根据地质构造、岩体特性、风化情况等，按地方标准或当地经验确定；

(5) 初步勘察阶段勘探线、勘探点间距可根据场地复杂程度按表 3-94 确定，局部异常地段应予加密。

表 3-94　　勘探线、勘探点间距

地基复杂程度等级	线距 /m	点距 /m
一级(复杂)	50～100	30～50
二级(中等复杂)	75～150	40～100
三级(简单)	150～500	75～200

注:1. 表中间距不适用于地球物理勘探；
2. 控制性勘探点宜占勘探点总数的 1/5～1/3，且每个地貌单元均应有控制性勘探点。

初步勘察勘探孔深度可按表 3-95 确定。

表 3-95　　勘探孔深度

工程重要性等级＼勘探孔类别	一般性勘探孔 /m	控制性勘探孔 /m
一级(重要工程)	≥15	≥30
二级(一般工程)	10～15	15～30
三级(次要工程)	6～10	10～20

注:1. 勘探孔包括钻孔、探井和原位测试孔等；
2. 特殊用途的钻孔除外。

当遇到下列情形之一时，应适当增减勘探孔深度：

(1) 当勘探孔的地面标高与预计整平地面标高相差较大时，应按其差值调整勘探孔深度；

(2) 在预定深度内遇基岩时，除控制性勘探孔仍应钻入基岩适当深度外，其他勘探孔达到确认的基岩后即可终止钻进；

(3) 在预定深度内有厚度较大，且分布均匀的坚实土层(如碎石土、密实砂、老沉积土等)时，除控制性勘探孔应达到规定深度外，一般性勘探孔的深度可适当减小；

(4) 当预定深度内有软弱土层时，勘探孔深度应适当增加，部分控制性勘探孔应穿透软弱土层或达到预计控制深度；

(5) 对重型工业建筑应根据结构特点和荷载条件适当增加勘探孔深度。

初步勘察采取土试样和进行原位测试应符合下列要求：

(1) 采取土试样和进行原位测试的勘探点应结合地貌单元、地层结构和土的工程性质布置，其数量可占勘探点总数的1/4～1/2；

(2) 采取土试样的数量和孔内原位测试的竖向间距，应按地层特点和土的均匀程度确定；每层土均应采取土试样或进行原位测试，其数量不宜少于6个。

初步勘察应进行下列水文地质工作：

(1) 调查含水层的埋藏条件，地下水类型、补给排泄条件，各层地下水位，调查其变化幅度，必要时应设置长期观测孔，监测水位变化；

(2) 当需绘制地下水等水位线图时，应根据地下水的埋藏条件和层位，统一量测地下水位；

(3) 当地下水可能浸湿基础时，应采取水试样进行腐蚀性评价。

3.4.1.3 详细勘察

详细勘察的任务是针对具体建筑物地段的地质地基问题，为施工图的设计和合理选择施工方法提供依据，为不良地质现象的整治设计提供依据。

1. 详细勘察的主要工作

(1) 在本勘察阶段工作进行之前，应取得附有坐标及地形的建筑物总平面布置图，各建筑物的室内外地坪高程，建筑物的性质、规模、结构特点，可能采取的基础形式，拟定尺寸、埋置深度、基底荷载、地下设施等。

(2) 判明建筑场地内及其附近有无影响工程稳定性的不良地质现象，查明不良地质现象的成因、类型、分布范围、发展趋势及危害程度，并提出评价与整治所需的岩土技术参数和整治方案建议。

(3) 查明建筑物范围内的地层结构，各层岩土的类别、成分、厚度、坡度，岩土的物理力学性质和工程特性，计算和评价地基的稳定性和承载能力。

(4) 对需要进行沉降计算的一级重要建筑物及部分二级建筑物，要提供地基变形计算参数，预测建筑物的沉降、差异沉降或整体倾斜。

(5) 查明埋藏的河道、沟浜、墓穴、防空洞、孤石等对工程不利的埋藏物。

(6) 对抗震设防烈度大于或等于6度的场地，应划分场地土类型和场地类别。场地土的类型，主要决定于土的刚度，宜根据土层剪切波速按表3-96划分。

表3-96　场地土的类型划分

土的类型	岩土名称和性状	土层剪切波速范围/$m \cdot s^{-1}$
岩石	坚硬、较硬且完整的岩土	$v_s>800$
坚硬土或软质岩石	破碎和较破碎的岩石或软和较软的岩石，密实的碎石土	$800 \geq v_s>500$

续表

土的类型	岩土名称和性状	土层剪切波速范围/($m \cdot s^{-1}$)
中硬土	中密、稍密的碎石土，密实、中密的砾、粗、中砂，$f_{ak}>150$ 的黏性土和粉土，坚硬黄土	$500 \geqslant v_s > 250$
中软土	稍密的砾、粗、中砂，除松散外的细、粉砂，$f_{ak} \leqslant 150$ 的黏性土和粉土，$f_{ak}>130$ 的填土，可塑新黄土	$250 \geqslant v_s > 150$
软弱土	淤泥和淤泥质土，松散的砂，新近沉积的黏性土和粉土，$f_{ak} \leqslant 130$ 的填土，流塑黄土	$v_s \leqslant 150$

注：f_{ak}为由载荷试验等方法得到的地基承载力特征值(kPa)；v_s为岩土剪切波速。

(7) 查明地下水(潜水与承压水)的埋藏条件。当基坑降水设计时应查明水位变化幅度与规律，测定地层的渗透系数等参数。

(8) 在季节性冻土地区，提供场地土的标准冻结深度。

(9) 判定环境水和土对建筑材料的腐蚀性。

(10) 详细勘察应论证地下水在施工期间对工程和环境的影响。对情况复杂的重要工程，需论证使用期间水位变化和需提出抗浮设防水位时，应进行专门研究。

2. 勘探点布置要求

详细勘察勘探点布置和勘探孔深度，应根据建筑物特性和岩土工程条件确定，并应符合下列规定：

1) 勘探点宜按建筑物周边线和角点布置，对无特殊要求的其他建筑物可按建筑物或建筑群的范围布置。

2) 同一建筑范围内的主要受力层或有影响的下卧层起伏较大时，应加密勘探点，查明其变化。

3) 重大设备基础应单独布置勘探点；重大的动力机器基础和高耸构筑物，勘探点不宜少于 3 个。

4) 勘探手段宜采用钻探与触探相配合，在复杂地质条件、湿陷性土、膨胀岩土、风化岩和残积土地区，宜布置适量探井。

详细勘察的勘探点间距可按表 3-97 选用。

表 3-97　勘探点间距

地基复杂程度等级	间距/m
一级	10～15
二级	15～30
三级	30～50

3. 勘探孔深度确定

详细勘察阶段的勘探孔深度由建筑物的荷载、结构特点、岩土层的岩土技术性质、拟采取的基础设计等因素确定。

(1) 对按承载力计算的地基，勘探孔深度的确定以控制住地基主要持力层为原则。当基础底面宽度 b 不大于 5 m 时，自基础底面算起的勘探孔深度，对条形基础一般可为$\geqslant 3.0b$，对单独柱基为 $1.5b$，但不应小于 5 m。

(2) 对高层建筑和需作变形验算的地基，控制性勘探孔的深度应超过地基变形计算深度；高层建筑的一般性勘探孔应达到基底下 0.5～1.0 倍的基础宽度，并深入稳定分布的地层。

(3) 对仅有地下室的建筑或高层建筑的裙房，当不能满足抗浮设计要求，需设置抗浮桩或锚杆时，勘探孔深度应满足抗拔承载力评价的要求。

(4) 当有大面积地面堆载或软弱下卧层时，应适当加深勘探孔的深度。

详细勘察的勘探孔深度，除应符合上述要求外，还应符合下列规定：

(1) 地基变形计算深度，对中、低压缩性土可取附加压力等于上覆土层有效自重压力 20% 的深度；对于高压缩性土层可取附加压力等于上覆土层有效自重压力 10%的深度。

(2) 建筑总平面内的裙房或仅有地下室部分(或当基底附加压力 $p_0 \leqslant 0$ 时)的控制性勘探孔的深度可适当减小，但应深入稳定分布地层，且根据荷载和土质条件不宜少于基底下 0.5～1.0 倍基础宽度。

(3) 当需进行地基整体稳定性验算时，控制性勘探孔深度应根据具体条件满足验算要求。

(4) 当需确定场地抗震类别而邻近无可靠的覆盖层厚度资料时，应布置波速测试孔，其深度应满足确定覆盖层厚度的要求。

(5) 大型设备基础勘探孔深度不宜小于基础底面宽度的 2 倍。

(6) 当需进行地基处理时，勘探孔的深度应满足地基处理设计与施工要求；当采用桩基时，勘探孔的深度应满足对桩基础的要求。

4. 详细勘察取样和测试的要求

(1) 取土试样和进行原位测试的孔(井)数量应按地基土的均匀程度、建筑物的特点和设计的专门要求等因素确定，一般宜占勘探孔总数的 1/2～2/3，对工程重要性等级为一级的建筑物每幢不得少于 3 个。在某些情况下，对由独立墩台支承的线状构筑物、独立的高耸构筑物或勘探孔总数不多的单幢重要建筑物，全部勘探孔可为取土试样和进行原位测试的孔。

(2) 取土试样和进行原位测试点的竖向间距，在地基主要受力层内宜为 1～2 m，但对每一主要工程地质单元层(岩土技术层)或每幢独立的重要建筑物下的每一主要土层的土试样数不应少于 6 件，同一土层的孔内原位测试数据不应少于 6 个(组)，当采用连续记录的静力触探或动力触探为主要勘察手段时，每个场地不应少于 3 个孔。

(3) 在地基主要持力层内，对厚度大于 50 cm 的夹层或透镜体，应采取土试样或进行孔内原位测试，以获取岩土技术性质数据。

(4) 由于土质不均或结构松散等原因难以取得质量等级符合要求的试样时，应增加取土试样或原位测试数量。可选用最适宜的原位测试方法或进行多种原位测试方法确定其岩土技术性质，以获得所需的岩土技术参数。为了确定这类土的承载力和变形计算参数，必要时应进行载荷试验。

3.4.1.4 施工勘察

施工勘察是指直接为施工服务的各项勘察。它不仅包括施工阶段的勘察工作，还包括可能在施工完成后进行的勘察工作(如检验地基加固效果等)。当遇下列情况之一时，应配合设计、施工单位进行施工勘察。

(1) 对重要建筑物的复杂地基，应在施工开挖基槽后进行验槽；

(2) 基槽开挖后，地质条件与原勘察资料不符时，并可能影响工程进度和质量时；

(3) 深基础施工需进行监测工作；

(4) 地基处理、加固需进行检验工作；

(5) 地基中溶洞、土洞发育,需进一步查明及处理;

(6) 施工中出现边坡失稳,需要进行观测及处理。

3.4.1.5 高层建筑详细勘察

高层建筑物和构筑物的基础都有荷载大、刚性强、埋置深及基底面积大的特点,除应符合上述详细勘察的勘探点布置、勘探孔深度确定的要求外,还应满足下列要求。

(1) 勘探点应按建筑物周边线布置,角点和中心点应有勘探点。

(2) 在平面上勘探点的间距要小于对一般建筑物采用的间距,以满足掌握地层结构在纵横两个方向的变化和分析横向倾斜可能性的需要,其间距宜取 15~35 m;对预期要采用桩基的高层建筑,勘探点的间距一般为 10~30 m;当基础为单桩荷载近千吨至数千吨的大直径钢筋混凝土灌注桩(包括嵌岩桩)时,必要时可一桩一孔或一桩多孔。除此,对单幢高层建筑的勘探点不应少于 4 个,其中控制性勘探点不宜少于 3 个。

(3) 当采用箱形基础或筏板基础时,控制性勘探孔深度应大于压缩层的下限,一般性勘探孔深度应适当大于主要受力层的深度,亦可按下式计算:

$$Z = d + \alpha\beta b \tag{3-112}$$

式中 Z——勘探孔深度,m;

d——箱基或筏基的埋深,m;

β——与高层建筑层数或基地压力有关的经验系数,对勘察等级为甲级的高层建筑可取 1.1,对勘察等级为乙级的可取 1.0;

b——箱基或筏基宽度,对圆形基础或环筏基础按最大直径考虑;对形状不规则的基础,按面积等代成方形、矩形或圆形面积的宽度或直径考虑,m;

α——与压缩层深度有关的经验系数,可根据基础下主要土层的性质由表 3-98 取值。

表 3-98 经验系数 α 值

孔勘探孔类别	土的类别				
	碎石土	砂 土	粉 土	黏性土(含黄土)	软 土
控制孔	0.5~0.7	0.7~0.9	0.9~1.2	1.0~1.5	2.0
一般孔	0.3~0.4	0.4~0.5	0.5~0.7	0.6~0.9	1.0

注:表中 α 值,当土的堆积年代老、密实或在地下水位以上时取小值,反之取大值。

(4) 当采用桩基础或墩基础时,勘探点的布置应控制持力层层面坡度、厚度及岩土性状,其间距宜为 10~30 m,相邻勘探点的持力层层面高差不应超过 1~2 m。当层面高差或岩土性质变化较大时,应适当加密勘探点。当岩土条件复杂时,每个大口径的桩或墩宜布置 1 个勘探点。

(5) 控制性勘探孔的深度应达到压缩层计算深度或在桩尖下取基础底面宽度的 1.0~1.5 倍,当在该深度范围内遇坚硬岩土层时,可终止勘探。一般性勘探孔深度宜进入持力层 3~5 m。大口径桩或墩,其勘探孔深度应达到桩尖下桩径的 3 倍。

(6) 根据地方经验和岩土条件选择原位测试方法配合钻探。

(7) 高层建筑的详细勘察应判明深基坑的稳定性及其对相邻工程的影响,并应提出设计计算需要的岩土技术参数和支护方案建议。

(8) 当基础埋深低于地下水位时,应根据施工降水和邻近工程保护的需要,提供降水设计所需的计算参数和方案建议,必要时应进行抽水试验等水文地质测试。

(9) 地下空间项目除了应满足以上对普通建筑物、构筑物的要求之外,还应结合其工程自身的特性满足相关要求。

3.4.2 地下洞室勘察

可行性研究勘察应通过搜集区域地质资料,现场踏勘和调查,了解拟选方案的地形地貌、地层岩性、地质构造、工程地质、水文地质和环境条件,做出可行性评价,选择合适的洞址和洞口。

初步勘察应采用工程地质测绘、勘探和测试等方法,初步查明选定方案的地质条件和环境条件,初步确定岩体质量等级(围岩类别),对洞址和洞口的稳定性做出评价,为初步设计提供依据。

1. 初步勘察

1) 初步勘察时,工程地质测绘和调查应初步查明的问题

(1) 地貌形态和成因类型;

(2) 地层岩性、产状、厚度、风化程度;

(3) 断裂和主要裂隙的性质、产状、充填、胶结、贯通及组合关系;

(4) 不良地质作用的类型、规模和分布;

(5) 地震地质背景;

(6) 地应力的最大主应力作用方向;

(7) 地下水类型、埋藏条件、补给、排泄和动态变化;

(8) 地表水体的分布及其与地下水的关系,淤积物的特征;

(9) 洞室穿越地面建筑物、地下构筑物、管道等既有工程时的相互影响。

2) 勘探与测试应符合的要求

(1) 采用浅层地震剖面法或其他有效方法圈定隐伏断裂、构造破碎带,查明基岩埋深、划分风化带。

(2) 勘探点宜沿洞室外侧交叉布置,勘探点间距宜为 100～200 m,采取试祥和原位测试勘探孔不宜少于勘探孔总数的 2/3;控制性勘探孔深度,对岩体基本质量等级为Ⅰ级和Ⅱ级的岩体宜钻入洞底设计标高下 1～3 m;对Ⅲ级岩体宜钻入 3～5 m,对Ⅳ级、Ⅴ级的岩体和土层,勘探孔深度应根据实际情况确定。

(3) 每一主要岩层和土层均应采取试样,当有地下水时应采取水试样;当洞区存在有害气体或地温异常时,应进行有害气体成分、含量或地温测定;对高地应力地区,应进行地应力测量。

(4) 必要时,可进行钻孔弹性波或声波测试,钻孔地震 CT 或钻孔电磁波 CT 测试。

(5) 详细勘察应采用钻探、钻孔物探和测试为主的勘察方法,必要时可结合施工导洞布置洞探,详细查明洞址、洞口、洞室穿越线路的工程地质和水文地质条件,分段划分岩体质量等级(围岩类别),评价洞体和围岩的稳定性,为设计支护结构和确定施工方案提供资料。

2. 详细勘察

1) 工作内容

(1) 查明地层岩性及其分布,划分岩组和分化程度,进行岩石物理力学性质试验。

(2) 查明断裂构造和破碎带的位置、规模、产状和力学属性,划分岩体结构类型。

(3) 查明不良地质作用的类型、性质、分布，并提出防治措施的建议。

(4) 查明主要含水层的分布、厚度、埋深，地下水的类型、水位、补给排泄条件，预测开挖期间出水状态、涌水量和水质的腐蚀性。

(5) 城市地下洞室需降水施工时，应分段提出工程降水方案和有关参数。

(6) 查明洞室所在位置及邻近地段的地面建筑和地下构筑物、管线状况，预测洞室开挖可能产生的影响，提出防护措施。

(7) 详细勘察可采用浅层地震勘探和孔间地震 CT 或孔间电磁波 CT 测试等方法，详细查明基岩埋深、岩石风化程度，隐伏体(如溶洞、破碎带等)的位置，在钻孔中进行弹性波波速测试，为确定岩体质量等(围岩等级)，评价岩体完整性，计算动力参数提供资料。

(8) 详细勘察时，勘探点宜在洞室中线外侧 6～8 m 交叉布置，山区地下洞室按地质构造布置，且勘探点间距不应大于 50 m；城市地下洞室的勘探点间距，岩土变化复杂的场地宜小于 25 m，中等复杂的宜为 25～40 m，简单的宜为 40～80 m。

(9) 采集试样和原位测试勘探孔数量不应少于勘探孔总数的 1/2。

(10) 详细勘察时，第四系中的控制性勘探孔深度应根据工程地质、水文地质条件、洞室埋深、防护设计等需要确定；一般性勘探孔可钻至基底设计标高下 6～10 m。

2) 室内试验和原位测试

详细勘察的室内试验和原位测试，除应满足勘察的要求外，对城市地下洞室尚应根据设计要求进行下列试验：

(1) 采用承压板边长为 30 cm 的载荷试验测求地基基床系数。

(2) 采用热源法或热线比较法进行热物理指标试验，计算热物理参数：导温系数、导热系数和比热容。

(3) 需提供动力参数时，可采用压缩波波速 v_p 和剪切波波速 v_s 计算求得，必要时，可采用室内动力性质试验，提供动力参数。

(4) 施工勘察应配合导洞或毛洞开挖进行，当发现与勘察资料有较大出入时，应提出修改设计和施工方案的建议。

当洞室可能产生偏压、膨胀压力、岩爆和其他特殊情况时，应进行专门研究。

3) 地下洞室土木工程勘察报告

详细勘察阶段地下洞室土木工程勘察报告，除满足规范对于土木工程勘察报告的要求之外，尚应包括下列内容：

(1) 划分围岩类别。

(2) 提出洞址、洞口、洞轴线位置的建议。

(3) 对洞口、洞体的稳定性进行评价。

(4) 提出支护方案和施工方法的建议。

(5) 对地面变形和既有建筑的影响进行评价。

3.4.3 隧道工程与轨道交通工程的勘察

隧道工程与轨道交通工程的勘察内容在不同阶段应符合各阶段相应的规定，具体如下 。

1. 在可行性研究勘察阶段

(1) 充分搜集并利用工程沿线已有勘察资料，利用勘探孔与拟建线路的轴线距离宜小于等于 50 m。

(2) 勘探孔间距宜为 400～500 m,且沿线每一地貌单元或工程地质单元不应少于 1 个勘探孔。

(3) 勘探孔深度不宜小于 50 m,且应穿越软土层进入中低压缩土层。

2. 初步勘察阶段

(1) 盾构法隧道的勘探孔宜在隧道边线外侧小于等于 10 m 的范围内交叉布置,孔位应尽量避开结构线可能调整的范围。勘探孔间距宜为 100～200 m,当地基土分布复杂或设计有特殊要求时,勘探孔可适当加密。勘探孔深度不宜小于隧道底以下 2.5 倍隧道直径。

(2) 地下车站勘探孔间距宜为 100 m,且每个车站不宜少于 3 个勘探孔;工作井及单独布置的风井不宜少于 1 个勘探孔;车站与工作井勘探孔深度不宜小于 2.5 倍开挖深度,且满足基础设计要求。

(3) 沉管法隧道勘探孔可沿隧道轴线或边线布设,间距宜为 100～200 m,且每个拟建工点均应有勘探点;勘探孔深度不宜小于隧道底板以下 1.0 倍底板宽度且不宜小于河床下 40 m。

3. 盾构法详细勘察阶段

(1) 勘探孔应在隧道边线外侧 3～5 m(水域 6～10 m)范围内交叉布置。

(2) 当上行、下行隧道内净距离大于等于 15 m 时或当上行、下行隧道外边线总宽度大于等于 40 m 时,宜按单线分别布置勘探孔。

(3) 勘探孔间距(投影距)宜为 50 m,水域段勘探孔间距(投影距)不宜大于 40 m;当地层变化较大且影响设计和施工时,应适当加密勘探孔。

(4) 连接通道位置应单独布置横剖面,且不少于 2 个勘探孔。

(5) 一般性勘探孔深度不宜小于隧道底以下 1.5 倍隧道直径,控制性勘探孔深度不宜小于隧道底以下 2.5 倍隧道直径。

(6) 连接通道位置勘探孔深度宜为隧道底以下 2～3 倍隧道直径,施工工法有特殊要求时,可适当加深。

(7) 在隧道开挖范围内取土样和原位测试点间距宜为 1～2 m。

4. 地下车站与工作井详细勘察阶段

(1) 车站、工作井勘探孔间距宜为 20～35 m,车站端头部位应设置横剖面,且不少于 2 个勘探孔,工作井不宜少于 2 个勘探孔。

(2) 车站与工作井一般性勘探孔深度不宜小于 2.5 倍开挖深度,并应同时满足不同基础类型及施工工法对孔深的要求;控制性勘探孔深度应满足变形验算要求。

(3) 车站端头部位、工作井盾构进出洞端宜选取 2 个钻探孔在隧道开挖面的上下 2 m 范围内连续取土。

(4) 可采用综合勘探方法探明车站、工作井部位的暗浜(塘)的分布。遇明浜(塘)时,应量测河床断面及淤泥厚度。

5. 沉管法隧道详细勘察阶段

(1) 勘探孔可沿隧道轴线和边线布设,当沉管隧道宽度小于等于 30 m 时,宜沿隧道边线布置;当宽度大于 30 m 时,宜在隧道边线及中心线布置,孔距宜为 35～50 m。采用桩基础时,孔距宜小于等于 35 m。工程需要时,可根据设计要求在成槽浚挖范围内适当布孔。

(2) 一般性勘探孔深度不宜小于隧道底以下 0.6 倍底板宽度且不小于河床下 30 m,控制性勘探孔深度不宜小于隧道底板下 1.0 倍底板宽度且不小于河床下 40 m。采用桩基础时,孔深按桩基勘察要求进行。

(3) 对明开挖的区间隧道、地铁出入口通道，当地基土分布较稳定且隧道总宽度小于等于 20 m 时，可按轴线投影布置，孔距(投影距)宜为 20～35 m。隧道总宽度大于 20 m 时，宜沿其两侧边线分别布置勘探孔，孔距宜小于等于 35 m。

(4) 穿越河床的隧道应进行专项的水文分析及河势调查工作，对沉管法隧道尚应进行专项的河床冲、淤速率调查。

6. 工程需要时，应进行下列室内特殊试验和原位测试项目

(1) 进行室内渗透试验及现场抽(注)水试验，提供土层的渗透系数。

(2) 工程影响范围内有承压含水层分布时，应测定承压水头。

(3) 进行无侧限抗压强度试验、三轴压缩试验、十字板剪切试验，提供软黏性土的不排水抗剪强度指标。

(4) 进行颗粒分析试验，提供颗粒分析曲线、土的不均匀系数 d_{60}/d_{10} 及 d_{70}。

(5) 车站应布置土层电阻率测试，测试深度宜至结构底板下 5 m，接地有特殊要求时，可根据设计深度要求进行。

(6) 布置旁压试验、扁铲侧胀试验等，提供土的静止侧压力系数、基床系数；必要时，宜进行波速测试、室内土的动力试验，以提供地基土的动力参数。

(7) 采用冻结法施工时应测定相关土层的热物理指标。必要时宜进行专项勘察，提供各工况下相关土层的强度参数。

3.4.4 基坑工程勘察

对岩质基坑，应根据场地的地质构造、岩体特征、风化情况、基坑开挖深度等，按当地标准或当地经验进行勘察。

当基坑开挖深度大于 3 m 时，应按基坑工程要求进行勘察。基坑工程勘察宜结合建筑工程勘察同时进行。勘探孔宜布置在基坑周边或基坑围护体附近，基坑主要转角处宜有勘探孔。

需进行基坑工程的项目，勘察时应包括基坑工程勘察的内容。在初步勘察阶段，应根据岩土工程条件，初步判定开挖可能发生的问题和需要采取的支护措施；在详细勘察阶段，应针对基坑工程设计的要求进行勘察；在施工阶段，必要时尚应进行补充勘察。

基坑工程勘察的范围和深度应根据场地条件和设计要求确定。安全等级为一、二级的基坑工程，勘探孔间距宜为 20～35 m；安全等级为三级的基坑工程，勘探孔间距宜为 30～50 m。当相邻勘探孔揭露的土层变化较大并影响到基坑围护设计和施工方案选择时，应加密勘探孔，但孔距不宜小于 10 m。

勘察深度宜为开挖深度的 2～3 倍，在此深度内遇到坚硬黏性土、碎石土和岩层，可根据岩土类别和支护设计要求减少深度，勘探孔深度应满足围护结构稳定性验算的要求。勘察的平面范围宜超出开挖边界外开挖深度的 2～3 倍。在深厚软土区，勘察深度和范围尚应适当扩大。在开挖边界外，勘察手段以调查研究、搜集已有资料为主，宜沿基坑周边布置小螺纹钻孔，复杂场地和斜坡场地应布置适量的勘探点。

当场地内存在对基坑安全有较大影响的暗浜时，宜采用小螺纹钻孔予以查明。当地表或地下存在障碍物而无法按要求完成浅层勘探时，应提出施工勘察的建议。

在受基坑开挖影响和可能设置支护结构的范围内，应查明岩土分布，分层提供支护设计所

需的抗剪强度指标。土的抗剪强度试验方法，应与基坑工程设计要求一致，符合设计采用的标准，并应在勘察报告中说明。

当场地水文地质条件复杂，在基坑开挖过程中需要对地下水进行控制(降水或隔渗)，且已有资料不能满足要求时，应进行专门的水文地质勘察。

当基坑开挖可能产生流砂、流土、管涌等渗透性破坏时，应有针对性地进行勘察，分析评价其产生的可能性及对工程的影响。当基坑开挖过程中有渗流时，地下水的渗流作用宜通过渗流计算确定。

基坑工程勘察，应进行环境状况的调查，查明邻近建筑物和地下设施的现状、结构特点以及对开挖变形的承受能力。在城市地下管网密集分布区，可通过地理信息系统或其他档案资料了解管线的类别、平面位置、埋深和规模，必要时应采用有效方法进行地下管线探测。

基坑工程勘察，应根据开挖深度、岩土和地下水条件以及环境要求，对基坑边坡的处理方式提出建议。

基坑工程勘察应针对以下内容进行分析，提供有关计算参数和建议：

(1) 边坡的局部稳定性、整体稳定性和坑底抗隆起稳定性；

(2) 坑底和侧壁的渗透稳定性；

(3) 挡土结构和边坡可能发生的变形；

(4) 降水效果和降水对环境的影响；

(5) 开挖和降水对邻近建筑物和地下设施的影响。

岩土工程勘察报告中与基坑工程有关的部分应包括下列内容：

(1) 与基坑开挖有关的场地条件、土质条件和工程条件；

(2) 提出处理方式、计算参数和支护结构选型的建议；

(3) 提出地下水控制方法、计算参数和施工控制的建议；

(4) 提出施工方法和施工中可能遇到的问题的防治措施的建议；

(5) 对施工阶段的环境保护和监测工作的建议。

3.5 地下空间开发勘察需解决的主要技术问题

3.5.1 桩基工程分析

桩基工程勘察需要重点解决的技术问题一般包括两方面内容：其一，通过调查、收集资料、现场勘测等综合手段与方法，获取场地重要的基础性资料；其二，根据获取的基础性资料，进行地基基础方案的分析与评价，并提出合适的结论与建议。

3.5.1.1 基础性资料

1. 充分了解工程特点、设计意图

包括建(构)筑物结构特点、荷载条件(荷载均匀性)、基础形式、变形及变形差控制标准、地坪标高、地坪堆载等。

对松软土地区而言，荷载分布的均匀性及变形控制指标是关键，如荷载差异大的高层与裙房采用统一底板结构时，对差异沉降的控制较严格；少量特殊工程其设计提出的变形控制标准较规范更加严格，岩土工程师要充分了解设计意图，尤其是特殊的设计要求，否则地基基础方案的分析评价缺乏针对性，难以满足设计要求。如上海地区临近轨道交通建造高层建筑时，为了减少建筑物沉降对轨道交通工程的拖带影响，相关管理部门严格控制高层建筑的最终沉降量小于等于 5 cm，而常规高层的桩基沉降量的控制标准为 15 cm，显然不同的变形控制标准，使得桩基方案发生变化。又如上海光源工程，其建筑荷载不大，但工艺对变形控制极为严格，除了采取可调节的装置等措施外，容许软土地基变形小于等于 1 cm，因此该类建筑物的桩基方案分析评价具有特殊性。假如岩土工程师不了解此类情况，则勘察报告推荐的桩基方案难以成立。

2. 查明建设场地工程地质与水文地质条件

包括地形地貌、成因、地层分布均匀性、固结历史、物理力学参数(不同荷载条件下强度与变形特征)、地下水位与水质、天然气分布等；另外，要重视分析、预测外部环境变化对场地地基土条件性质的改变及对工程的不利影响。

3. 重视资料收集

岩土工程是半理论半经验的学科，由于土层变异性，使得任何一种理论计算方法都与实际边界条件有差异，导致计算结果与实测结果有差距，有时甚至差异很大，如软土地基桩基沉降计算值与实测值就有较大的差异。因此，了解当地的工程建筑经验、前期研究成果及类似地层组合的桩基承载力检测与沉降监测资料十分重要。

4. 重视环境条件调查

包括对周边建(构)筑物基础形式、地下构筑物及地下管线的调查，并调查临近在建或拟建工程的施工工艺、与本工程的施工顺序等。周边环境条件有时与工程方案选择密切相关，如环境敏感区域，桩型通常选择非挤土的灌注桩；如临近保护建筑的高层建筑，为避免建筑物过大沉降对地铁隧道的不利影响，需要严格控制建筑物沉降，选择深部密实的砂层作为桩基持力层。随着城市化建设发展，尤其在中心城区密集建筑群地区进行工程勘察时，要重视环境岩土问题。

3.5.1.2 桩基工程方案分析评价

桩基工程分析评价内容一般包括：桩型选择、桩基持力层选择、单桩承载力估算、沉降预测、沉桩可行性分析、设计与施工需注意的问题、检测与监测建议等。针对松软土地区土层的特点，承载力随时间增长效应、沉降量预测、沉降与时间关系、预制桩沉桩时孔隙水压力积聚引发的挤土效应等需要重点分析。

1. 桩型选择

软土地区一般采用的桩型包括混凝土预制桩、灌注桩和钢管桩。钢管桩因价格昂贵，在工程中很少使用，上海地区金茂大厦(88 层)、环球金融中心(101 层)建设时，考虑桩入土深度很大(>80 m)，混凝土预制桩无法沉入预定深度，限于当时大直径超长灌注桩的桩身质量尤其是孔底沉淤等问题未得到有效解决，因此均采用了昂贵的钢管桩。因混凝土预制桩具有桩身质量易控制、每立方混凝土提供的承载力高、造价相对经济等诸多优点，当周边环境条件许可且沉桩可行时，一般首选预制桩方案(混凝土方桩或 PHC 管桩)。钻孔灌注桩在许多城市建筑密集区应用很广泛，主要考虑其无挤土效应与振动的不利影响。钻孔灌注桩的后注浆工艺，对减少孔底沉淤、控制桩基沉降有利，随着该工艺日趋成熟，使得大直径灌注桩得以广泛使用，如上海中心大厦选用大直径钻孔灌注桩，并采用后注浆工艺。在厚层软土地区，沉管灌注桩、灌注扩底桩的应用受到限制。

2. 桩基持力层选择

比选桩基持力层时宜综合考虑多种因素，主要包括以下几个方面。

(1) 桩基持力层的性质。持力层的土层性质是一个重要的因素，在现行相关的技术标准及规范中均有规定，如《建筑桩基技术规范》(JGJ 94—2008)规定：软土中的桩基宜选择中、低压缩性土层作为桩端持力层；上海市《地基基础设计规范》(DGJ 08-11—1999)规定：桩基宜选择压缩性较低的黏性土、粉性土、中密或密实的砂土作为持力层，不宜将桩端悬在淤泥质土层中。实际工程中，遇到巨厚的软土层(厚度≥40～50 m)时，也有选择深部可塑状的黏性土作为高层或桥梁桩基持力层的成功案例。如上海地区经验，一般选择 $w<35\%$ 和 $e<1$ 的黏性土⑤$_3$或⑧$_2$层作为桩基持力层。

(2) 在软土地区选择桩基持力层时，需要同时满足上部荷载对桩基承载力和容许变形的要求，且一般以变形为控制指标，即在许多情况下桩基承载力已经满足要求，但持力层下分布一定厚度的软土层，其最终沉降量偏大，不能满足要求，需要重新选择深部持力层。

(3) 具体工程勘察时，应根据荷载条件、设计排桩对单桩承载力的要求、变形控制标准，结合地层分布特点进行多种方案的比选；在采用预制桩方案时，需考虑沉桩可行性，值得注意的是预制桩的沉桩设备与技术能力是不断发展的，需要岩土工程师动态了解其发展状况，否则给出的建议缺乏时效性。

(4) 在满足工程安全的前提下，经济合理因素不可忽视。如上海地区在正常地层组合条件下，常采用 ϕ600PHC 桩(AB 型)预制桩，以第⑦层中密～密实的粉土或砂土作为桩基持力层(p_s＝10～15 MPa)，桩入土深度 35 m 左右，进入⑦层持力层 3～5 m，目前沉桩设备可行，且单桩承载力≈桩身结构强度，该方案用“等强度概念”选择确定的持力层与桩端入土深度，基础造价经济合理，被广泛运用。

3. 单桩承载力估算

影响桩基承载力发挥的因素很多，包括桩基持力层的选择、桩侧土层的组合及其他非土性因素(如桩身质量等)。目前，软土地区确定单桩承载力的方法包括：根据土性条件查表确定承载力参数、根据静探与标贯成果估算等。考虑到施工工艺与质量对单桩承载力的影响大，勘察报告应根据规范要求，建议进行一定数量的静载荷试验以最终确定单桩承载力。上海软土地区推荐用静力触探成果预测承载力参数，其预测精度相对高。

在软土地区分析评价桩基承载力时要注意如下问题。

(1) 摩擦桩承载力随时间增长的现象早已为建筑工程界所注意，在软黏土中体现得尤为明显。20 世纪 40 年代以来，不少国家开展了桩基承载力时效的试验研究，我国亦于 20 世纪 60 年代进行了一系列的室内外试验研究，根据不同土质、不同桩型、不同尺寸的桩承载力时效试验观测结果，得到单桩极限承载力比初始值增长 40%～400%，达到稳定值所需要的时间由几十天到数百天不等。

(2) 预制桩布桩过密、沉桩速率过快，易对土体产生显著扰动，软土的触变特性，导致土体强度急剧降低，土体强度的重新恢复则需要很长时间。过快的沉桩速率导致规范规定的间隙时间(28 d)后试桩结果所得的承载力显著小于计算值。岩土工程师宜根据土性条件，建议控制预制桩布桩密度和沉桩速率。

(3) 灌注桩的承载力与施工质量密切相关，桩侧泥皮过厚、桩身夹泥或桩底沉淤过大均导致单桩承载力偏低。对大直径的灌注桩，桩身范围内有厚层粉土或砂土时，泥浆配比十分重要，如果不能严格确保施工质量，则实际工程中常出现静载荷试验确定的承载力显著小于按规范所得的计算值。

4. 桩基沉降量预测

1) 影响桩基沉降的因素

影响桩基沉降的因素很多，包括荷载大小、加荷的速率、桩基持力层及压缩层深度范围内的土层性质、桩型、桩长、布桩面积系数、施工质量与施工流程等。软土地区采用以变形控制为主的设计原则,如何较为准确的预测桩基沉降量是人们长期关注的热点问题。影响桩基沉降量预测精度的因素主要包括计算方法中采用的应力分布模式、土层的压缩模量取值与实际的差异程度,选用的沉降计算修正系数是否合适等。

(1) 压缩模量取值方法对沉降的影响。

由于钻探取样进行室内试验获取的压缩模量不可避免地受到土样扰动的因素,尤其是粉性土或砂土的室内试验压缩模量较离散且与实际差异大,如稍密的粉砂与密实的粉砂,其标准贯入击数可能相差数倍,而室内试验获取的压缩模量可能接近。因此,目前工程界推荐对黏性土采用室内试验确定不同压力条件下的压缩模量,对无法或难以采取原状土的粉土与砂土样,则建议采用原位测试成果资料估算压缩模量。

(2) 不同沉桩速率对沉降的影响。

软土具有明显的触变特性、低渗透性。在软土中沉桩速率越快,对土体扰动程度越大,重塑固结引起的沉降增量也越大;另外过快的沉桩速率,超孔隙水压力剧增,挤土效应易造成桩间脱节,引发非土性因素的沉降。

(3) 不同加荷速率对沉降的影响。

不同加载速率对桩基础最终沉降量的影响常被忽略,这个现象在对建筑物进行沉降观测和分析中发现并被提出。如上海某两栋结构和体型完全相同的高层住宅楼,其土层条件、布桩面积系数、沉桩速率和基础施工时间均基本相同,但上部结构建造时间有一定的差异,分别为1.2 年和 1.9 年,后期沉降观测发现,上部结构建造时间短的建筑物沉降明显大,两者比值结果达 1.5。

2) 桩基沉降估算方法

桩基工程的沉降量分析方法包括等代墩基模式、弹性理论法等。目前,技术标准或规范推荐半经验半理论的方法,如上海市工程建设规范《地基基础设计规范》(DGJ 08—11—1999)采用了以 Mindlin 应力公式为依据的单向压缩分层总和法并乘以相应经验系数公式计算地基沉降量。

桩基沉降分析估算中应注意的问题有:

(1) 因勘察阶段通常荷载条件等不明确,勘察报告对沉降计算假定的边界条件应进行明确阐述,且假定的边界条件要与地区经验、类似工程具有相符性,防止误导设计。

(2) 因勘察阶段布桩方式与数量无法确定,因此桩基沉降通常假定为实体深基础考虑。软土地区一般不考虑沿桩身的扩散(桩侧有厚度较大的粉土、砂土时除外)。

(3) 对荷载差异大或地层差异大等情况,应建议设计采取适当措施控制过大的差异沉降;当同一建(构)筑物位于不同地层单元时,应建议按变形协调的原则进行设计。工程实践中一般通过控制总沉降量来控制差异沉降。

(4) 要考虑软土触变性对沉降的影响,避免发生密集群桩沉桩速率过快,使得软土受到显著扰动或桩接头脱开,桩基沉降明显增大的情况。

(5) 要考虑软土流变特性对沉降的影响,当桩身压缩层内以黏性土为主时,其竣工时沉降量仅占总沉降量的 20%~30%,固结稳定的时间长达十年以上。

(6) 要充分重视同类经验类比,合理确定沉降计算经验系数,以提高预测精度。

5. 需要注意的其他问题

当出现实际桩基沉降量远大于预测值与地区经验值,且需要参与分析处理时,需要充分了解施工情况，如对预制桩需要了解布桩密度、沉桩速率、桩接头焊接效果等，对灌注桩需要了解泥浆配比、孔底沉淤等；更进一步的可了解上部建筑的加荷速度等，大量工程实践证明，上述的诸多因素均可能显著加剧桩基沉降。

当场地涉及大面积堆土与地坪堆载或大面积降水时，有引发桩侧负摩阻力问题的可能，导致桩基承载力降低，桩基沉降量增加。勘察时需要详细了解是否有大面积堆土或堆载、堆土的范围、厚度、时间、成分、土性均匀性及荷载的均匀性。负摩阻力发生与持力层选择有关，目前准确估算中性点有难度，但勘察报告至少应提醒设计方注意该问题的不利影响。

在工业区进行改造建设时，应注意原生产或储存过程中废液的泄漏，可能造成场地地下水(土)对建筑材料的腐蚀性。当勘察初步判定地基土(水)对桩材料具有腐蚀性，应提出进一步勘察的建议，以确定污染土(水)空间分布范围，提出防腐设计建议。对桩基工程，一般宜采取以下措施进行防腐处理：桩表面涂保护层、增大截面法(钢管桩增加壁厚)、选用抗腐蚀的水泥等。

3.5.2 基坑工程分析

基坑工程勘察需要重点解决的技术问题一般包括三个方面内容：第一，通过调查、收集资料、现场勘测等综合手段与方法，获取场地重要的基础性资料，得到对于本工程有利与不利的地质条件现状；第二，根据获取的基础性资料，进行基坑围护方案的分析与评价，并提出适宜于相应地层条件、满足安全性要求的方案建议；第三，根据对场地周边环境的复杂程度调查，得到工程影响范围内重要建筑物、构筑物与道路管线的环境影响要求，提出合适的保护措施与监测方案建议。从勘察阶段起，解决以上三点重要的技术问题，保障基坑工程在确保自身工程安全的前提下，满足建设方对经济性的要求和对周边工程的保护。

3.5.2.1 基础性资料

基坑工程勘察之前的工作主要是搜集相关资料，了解基坑工程的要求及设计意图，并依据这些资料结合相关规程、规范编制勘察纲要。具体应搜集的资料有：建筑物总平面布置图，其中应附有场地的地形和标高，拟建建筑物位置与建筑红线的关系，附近已有建筑物和各种管线位置等；基坑的平面尺寸、设计深度，拟建建筑物结构类型、基础形式；场地及其附近地区已有的勘察资料、建筑经验及周边环境条件等资料。

基坑工程的岩土工程勘察需要获取的基础性资料主要包括：查明场地的地层结构与成因类型、分布规律及其在水平和垂直方向的变化；尤其需查明软土和粉土夹层或交互层的分布与特性；提供各有关土层的物理力学性质指标及基坑支护设计施工所需的有关参数；查明地下水的类型、埋藏条件、水位及土层的渗流情况，提供基坑地下水治理设计所需的有关资料；查明基坑周边的建筑物、地下管线、道路、地下障碍物的现状及地下空间可占用与否等环境条件资料。

3.5.2.2 方案分析与评价

由于不同地区、不同场地的岩土工程条件、施工经验及其他条件的差异，对基坑围护方案的类型及其使用条件要求也存在一定的差异。

1. 行业规范对基坑围护结构选择的要求

行业标准《建筑基坑工程技术规范》(YB 9258—97)对常见的基坑围护结构选择的适用条件和注意事项的要求，详见表3-99。

表 3-99　行业规范中的基坑围护结构型式及使用条件

序号	围护结构型式	适用条件和注意事项
1	放坡开挖	基坑周围场地允许； 邻近基坑边无重要建筑物及地下管线； 开挖深度超过 4～5 m 时，宜采用分级放坡； 地下水位较高或单一放坡不满足基坑稳定性要求时，宜采用深层搅拌桩，高压喷射注浆墙等措施进行截水或挡土； 对基坑边土体水平位移控制要求较高，或软塑至流塑状土质不宜采用此法开挖
2	水泥重力式挡墙	基坑周围不具备放坡条件，但具备重力式挡墙的施工宽度； 邻近基坑无重要建筑物或地下管线； 土层较差且厚度较大时，特别是软塑至流塑土质，可选择水泥重力式挡土结构，设计与施工时应确保重力式挡土结构的整体性； 对基坑边土体水平位移控制要求较高时不应采用此法； 一般开挖深度小于 6 m，要注意整体性的验算
3	悬臂式排桩支护结构	基坑周围不具备放坡或施工重力式挡土墙的宽度； 开挖深度不大，或邻近基坑边无建筑物及地下管线，可选用此结构； 采用的桩型包括人工挖孔桩、灌注桩、钢筋混凝土板桩和钢板桩等，变形较大的坑边可选用双排桩； 土质好时，可加大开挖深度，要注意对地下水的控制对基坑边土体水平位移控制要求较高时，不宜采用此法
4	支撑（锚）式排桩式挡土结构	基坑周围施工场地狭小，邻近基坑边有建筑物或地下管线需要保护； 基坑平面尺寸较小，或邻近基坑边有深基础建筑物，或基坑用地红线以外不允许占用地下空间，可选择基坑内支撑排桩式支护型式； 基坑周边土层较好，且邻近基坑边无深基础建筑物或基坑用地红线以外允许占用地下空间，可选择拉锚排桩式支护型式； 内支撑的构件常用钢筋混凝土或组合型钢，对于平面尺寸较大，形状比较复杂和环境保护要求较严格的基坑，宜采用现浇混凝土支撑结构； 在软土地质条件下，优先考虑内支撑； 主要做好桩间水的控制工作
5	墙式挡土结构（有撑、锚）	基坑周围施工场地狭小，邻近基坑边有建筑物或地下管线需要保护； 地下连续墙宜考虑兼做地下室外墙永久结构的全部或一部分使用； 地下连续墙可结合逆作法或半逆作法进行施工； 可广泛用于开挖深度大，土体变形控制要求严格的基坑工程； 在岩溶溶洞条件下，应慎重对待
6	喷锚支护结构	基坑外的地下空间允许锚杆占用，适用于无流砂、含水量不高、不是淤泥等流塑土层的基坑支护，开挖深度不大于 18 m； 在城市内，或基坑周围有需保护建筑物，对周边变形控制较严格的基坑，应慎用喷锚支护结构
7	土钉支护	土层内富含地下水或可塑以下软弱土层不宜采用土钉墙支护； 土钉墙不宜用于对基坑边土体变形有严格要求的基坑支护工程； 应特别注意相邻建筑物及地下管线因变形可能引起不良后果； 注意验算整体稳定性； 遇到较深软弱土夹层时，可将预应力锚杆与土钉混合使用
8	组合式支护结构	单一支护结构型式难以满足工程或经济要求时，可考虑组合式支护结构； 组合式支护结构型式应根据具体工程条件与要求，确定能充分发挥所选结构单元特长的最佳组合型式； 组合式支护结构应考虑各结构单元之间的变形协调问题，采取有效的构造措施保证支护结构的整体性

续表

序号	围护结构型式	适用条件和注意事项
9	大型内支撑（包括环形等）桩墙结构	基坑周边相邻有重要建(构)筑物； 地下水较高时，应设止水结构； 基坑尺寸较大，基坑平面尺寸规则； 地基土质较软弱
10	基坑工程逆作法	可按施工程序不同分为全逆作法、半逆作法或部分逆作法； 较深基坑对周边变形有严格要求的基坑； 逆作法为立体交叉作业，应预先做好施工组织方案； 以地下室的梁板作支撑，自上而下施工，挡土结构变形小，节省临时支护结构，节点处理较困难
11	支护结构与坑内土质加固的复合式支档	邻近有重要建筑物或地下结构需要保护； 被动区土质差，或可能发生管涌、滑动等失稳； 土体加固可用注浆法、喷射注浆、深层搅拌法，根据施工条件选择合适方法； 加固区深度与宽度应通过计算分析比较后确定，可进行坑内或坑外土体加固
12	地面拉结与支护桩结构	施工方便，造价较低，但不宜于基坑周边变形控制较严或有重要建筑物的场地； 可与混凝土灌注桩或 H 型钢桩配合，周边有拉结条件的场地； 采用锚桩等地面拉结固定方式，固定点应设置在基坑边土体移动范围外的稳定土层中
13	拱圈支护结构	基坑周围施工场地适合拱圈布置，邻近基坑边无重要建筑物； 拱圈的布置与构造应符合圆环受力的特点； 开挖方案应考虑土体自主性能及不影响拱圈受力的均匀性； 基坑平面尺寸近方形或圆形； 拱脚的稳定性至关重要，设计与施工中应予足够重视，有可靠的保护措施

注：1. 支护结构的选择，需结合场地工程地质、水文地质条件、基坑条件、施工条件、工程经验综合分析确定。
2. 地方规范对基坑围护结构选择的要求。

2. 基坑围护型式及适用条件

上海市标准《基坑工程技术规范》(YB 9258—97)对常见的基坑围护结构选择的适用条件和注意事项的要求，详见表 3-100。

表 3-100　上海标准中基坑围护的型式及适用条件

序号	类型	支护工艺	适用条件
1	复合土钉支护	复合土钉支护由土钉、喷射混凝土面层、原状土层、隔水帷幕(超前支护)四部分组成。土钉可采用钢管土钉或钢筋土钉。隔水帷幕应采用双轴或三轴水泥土搅拌桩	适用于开挖深度不大于 5.0 m 的环境保护等级为三级的基坑工程； 适用于黏性土、粉质黏土、淤泥质土、粉土、粉砂等；不适用于淤泥、浜填土及较厚的填土。仅局部区域有浜填土时，需经地基加固处理后方可采用； 土钉不应超越用地红线，同时不应击入邻近建(构)筑物基础之下
2	水泥土重力式围护墙	水泥土重力式围护墙宜采用双轴水泥土搅拌桩或三轴水泥土搅拌桩等形式	采用水泥土重力式围护墙的基坑开挖不宜超过 7 m

续表

序号	类型	支护工艺	适用条件
3	板式支护体系围护墙	板式支护体系由围护墙、支撑与围檩或土层锚杆以及隔水帷幕等组成； 板式支护体系围护墙包括地下连续墙、灌注桩排桩、型钢水泥土搅拌墙、钢板桩及混凝土板桩等结构形式； 采用板式支护体系的基坑应设置可靠的隔水帷幕	围护墙结构的选型应根据工程地质与水文地质条件、环境条件、施工条件，以及基坑使用要求、开挖深度与规模等因素，通过技术与经济比选确定

基坑工程应具体结合项目场地地质资料与周边环境，根据拟建建筑的性质，使用要求以及施工条件等因素，对比各种基坑围护方案，选取适合该项目各项条件的基坑围护方案，并最终通过技术和经济的对比分析确定合适的基坑工程围护方案。其中，技术分析主要是针对设计计算的分析，包括围护结构的内力和变形计算分析、基坑整体稳定性分析验算、坑底抗隆起稳定性分析验算、抗倾覆稳定性分析验算、抗水平滑动稳定性分析验算、抗渗流稳定性分析验算及抗承压水稳定性验算等。

3.5.2.3 环境影响分析

基坑工程的建设往往会对周边的环境造成不利的影响，因此基坑工程的勘察尚应对基坑周围环境对变形的控制提出要求，为后期基坑工程进行变形控制设计及保护措施设计提供依据。

上海市《岩土工程勘察规范》(DGJ 08—37—2021)对周边环境保护提出要求如下：

(1) 建设单位委托岩土工程勘察时，应明确周边环境调查要求，并提供包括场地内及周边的地下管线与地下设施、建(构)筑物基础形式、保护建筑等资料；港口和水利工程还需提供相关的海、江、河的水文资料和岸带冲淤情况等。

(2) 勘察期间对周边环境的调查，除收集建设单位提供的相关周边环境资料外，尚需调查建设场地周围的建(构)筑物、道路、河流、堆土或其他堆载的分布，邻近工程建设情况等，必要时宜结合照片进行文字说明。

(3) 当建设场地周边有涉及优秀历史建筑、有精密仪器与设备的厂房、其他采用天然地基或短桩基础的重要建筑物、轨道交通设施、隧道、防汛墙、共同沟、原水管、自来水总管、煤气总管等重要建(构)筑物和设施时，建设单位应委托专业单位进行专项调查，并提供专项调查报告。

同时，上海市《基坑工程技术规范》(YB 9258—97)针对基坑周边不同的环境，根据基坑周围环境的重要性程度及其与基坑的距离，将基坑环境保护等级分为三级，如表 3-101 所列。

表 3-101　　基坑工程的环境保护等级

环境保护对象	保护对象与基坑的距离关系	基坑工程的环境保护等级
优秀历史建筑、有精密仪器与设备的厂房，其他采用天然地基或短桩基础的重要建筑物、轨道交通设施、隧道、防汛墙、原水管、自来水总管、煤气总管、共同沟等重要建(构)筑物或设施	$s \leqslant H$	一级
	$H < s \leqslant 2H$	二级
	$2H < s \leqslant 4H$	三级
较重要的自来水管、煤气管、污水管等市政管线、采用天然地基或短桩基础的建筑物等	$s \leqslant H$	二级
	$H < s \leqslant 2H$	三级

注：1. H 为基坑开挖深度，s 为保护对象与基坑开挖边线的净距。
2. 基坑工程环境保护等级可依据基坑各边的不同环境情况分别确定。
3. 位于轨道交通设施、优秀历史建筑、重要管线等环境保护对象周边的基坑工程，应遵照政府有关文件和规定执行。

在基坑周围环境没有明确的变形控制标准时，可根据基坑的环境保护等级确定基坑变形的设计控制指标，如表 3-102 所列。

表 3-102　基坑变形设计控制指标

基坑环境保护等级	围护结构最大侧移	坑外地表最大沉降
一级	0.18%H	0.15%H
二级	0.3%H	0.25%H
三级	0.7%H	0.55%H

注：H 为基坑开挖深度，m。

对于有周围环境保护要求的基坑工程，需根据项目周边环境的情况布置监测点，布置于周边环境保护重点处，监测基坑开挖施工对周边环境的影响，勘察报告需根据具体的保护要求提出建议监测方案，确保在基坑工程对周边环境造成影响时及时发现报警，并采取对应的保护措施，保障周边环境的安全。

参考文献

[1] 中华人民共和国国家标准. 岩土工程勘察规范：GB 50021—2001[S]. 北京：中国建筑工业出版社，2009.
[2] 中华人民共和国国家标准. 建筑地基基础设计规范：GB 50007—2011[S]. 北京：中国建筑工业出版社，2011.
[3] 中华人民共和国行业标准. 高层建筑岩土工程勘察规程：JGJ 72—2004[S]. 北京：中国建筑工业出版社，2004.
[4] 杨嗣信. 高层建筑施工手册[M]. 北京：中国建筑工业出版社，2001.
[5] 江正荣. 建筑施工工程师手册[M]. 北京：中国建筑工业出版社，2009.
[6]《建筑施工手册》编写组. 建筑施工手册[M]. 5 版. 北京：中国建筑工业出版社，2012.
[7] 中华人民共和国国家标准. 建筑抗震设计规范：GB 50011—2010[S]. 北京：中国建筑工业出版社，2010.
[8] 上海市标准. 岩土工程勘察规范：DBJ 08-37—2012[S]. 上海：2012.
[9] 龚晓南. 地基处理手册[M]. 3 版. 北京：中国建筑工业出版社，2008.
[10] 刘国彬，王卫东. 基坑工程手册[M]. 2 版. 北京：中国建筑工业出版社，2009.
[11]《地质工程手册》编委会. 地质工程手册[M]. 4 版. 北京：中国建筑工业出版社，2009.
[12] 袁聚云，钱建固，张宏鸣，等. 土质学与土力学[M]. 4 版. 北京：人民交通出版社，2009.

4　地下空间开发勘察工程实例

4.1 上海中心勘察

4.1.1 工程概况

"上海中心大厦"位于上海浦东新区陆家嘴中心区，即原"陆家嘴高尔夫球场"。场地位于东泰路、陆家嘴环路、银城中路和花园石桥路四条道路所组成的范围，整个基地面积约 30 368 m^2，总建筑面积约为 520 000 m^2，其中地上建筑面积约 380 000 m^2。

场地位于上海浦东新区陆家嘴金融贸易区核心地段，为陆家嘴金融区最重要的标志性功能性建筑区，与金茂大厦、环球金融中心成"品"字形分布。塔楼建筑高度为 632 m，目前是我国第一高楼。场地地理位置详见图 4-1。

图 4-1　上海中心大厦场地地理位置图

本工程本项目由 1 幢 122 层塔楼（结构高度 565.6 m、建筑顶高度 632.0 m）和 1 个 5 层商业裙房（高度 35 m）组成，整个场地下设 5 地下室，基础埋深为 25～30 m 。本工程原拟建建筑物的层数、结构类型、基础型式、基础埋深、基础底面荷载等详见表 4-1，本工程建筑效果图详见图 4-2。

表 4-1　建筑物性质一览表

建筑物名称	层数/高度	结构类型	基础型式	基础埋深/m	基础底面荷载标准值		有无地下室
					最大/kPa	一般/kPa	
上海中心大厦塔楼	122 层/632.0 m	矩形框架-核心筒	桩筏基础	30	2 500	2 200（投影区） 1 300（底板扩大区）	5 层地下室
上海中心大厦裙房	5 层/35.0 m	框架-剪力墙	桩筏基础	25～30	250	220	5 层地下室

图 4-2 建筑效果图

依据工程重要性等级、场地和地基复杂程度等级，确定本工程勘察等级为甲级。

4.1.2 工程特点、勘察目的及勘察工作量布置原则

4.1.2.1 工程特点

本工程具有如下特点：

(1) 本场地位于上海浦东陆家嘴金融贸易区核心地段，塔楼建筑高度为 632 m，目前是我国第一高楼。上海为软土地区，在此之前世界上从无在软土地基上建筑高度大于 600 m 以上的超高层建筑物的先例。因此，本工程塔楼地基基础设计和抗震设防要求远超一般超高层建筑要求。

(2) 场地紧邻上海金茂大厦和上海环球金融中心等多幢超高层建筑，周围环境复杂，桩基设计与基坑围护设计方案确定时要重视对周围环境的影响。

(3) 本工程主楼区基底荷载很大，裙房及纯地下室区域处于抗浮状态，核心筒与周边荷载差异很大，控制基础的不均匀沉降以及由风荷载、地震荷载引起地基变形等问题难度大。

(4) 本工程基坑范围大，基坑埋深达 25～30 m，属深大基坑。基坑东侧、北侧边线至周边道路中心，周边道路下均有市政管线，并距离金茂大厦和环球金融中心地下室较近，所以要非常重视深大基坑开挖对周围道路、地下管线以及邻近建筑等的影响。

(5) 根据项目场地的土层条件，如何合理选择桩基持力层，以满足地基变形与强度之要求；如何选择合理桩型及沉桩设备，控制和减少对周边环境影响问题以及针对场地巨厚的第四纪松散覆盖层；如何对超高层建筑物的地基土进行地震反应分析等都是本工程需要解决的主要问题。

4.1.2.2 勘察工作量布置原则

1. 勘探工作量布置主要原则

(1) 整个场地呈四边形，塔楼扩大区亦呈方形，故塔楼区与裙房、纯地下室区均采用方格网状布置勘探孔，塔楼及底板扩大区域勘探孔间距控制较密，裙房及纯地下室区勘探孔间距控制相对略稀从而达到了突出主楼同时兼顾裙房的原则。

(2) 塔楼中心点勘探孔考虑结构抗震设计需要，布置超深勘探孔(达到基岩面)，以了解本场地第四纪沉积层厚度。

(3) 裙房区域考虑有可能采用逆作法，按桩端最大入土深度考虑勘探孔深度。

(4) 对场地内地质调查勘探孔尽量予以利用。

2. 主要勘探孔平面位置及孔深

方案按“方格网”状布置勘探孔，塔楼及底板扩大区域勘探孔间距控制在 25 m 左右，裙房及纯地下室区勘探孔间距控制在 25～35 m 之间，满足规范要求，同时达到突出主楼同时兼顾裙房的原则。小螺纹钻孔沿基坑周边及基坑开挖分区线布置，孔距小于 15.0 m，遇暗浜时控制其边界孔距 2.0～3.0 m。

122 层塔楼控制性勘探孔深度为 185.0 m(塔楼中心点孔深 290.0 m，达到基岩面)，一般性勘探孔深度为 100.0 m；5 层裙房勘探孔深度为 80.0～85.0 m(纯地下室区域勘探孔深度与裙房相同)。

3. 其他试验孔深度及要求

(1) 十字板剪切试验：在场地基坑周边共布置 4 个十字板剪切试验孔，孔深21.0～24.0 m(至第⑥层终止)，提供第②～$⑤_{1b}$层原位应力条件下的不排水抗剪强度和重塑土抗剪强度。

(2) 注水试验：共布置 4 个现场注水试验孔，孔深 50.0～60.0 m，提供第②～第$⑦_2$层渗透系数，为基坑降水设计提供较为准确的渗透系数。

(3) 旁压试验：在场地塔楼区域共布置 2 个旁压试验孔，试验深度 120.0 m，提供第②～$⑨_3$层地基土旁压模量、水平基床系数等参数。

(4) 电阻率测试：在场地内选择 2 个勘探孔进行电阻率测试，测试深度 40.0 m，以提供地表至基坑开挖以下 10 m 深度范围内各土层电阻率。

(5) 承压水水位观测试验：当时在拟建场地布置 2 个承压水观测孔，以测量勘察期间第⑦层土中承压水水位埋深和变化情况。

(6) 波速试验：根据国家标准《建筑抗震设计规程》(GB 50011—2001)第 4.1.3 条，布置 2 个波速试验孔，孔深 171.0～185.0 m，提供各土层剪切波速及场地基本周期，以满足抗震时程分析需要。

(7) 地脉动试验：超高层建筑需了解表层土层及场地及下部土层振动特性。本工程选择两个钻孔进行地脉动试验，分别在孔口和孔内 30 m，45 m，60 m，88 m 布置观测点，以获取地脉动的卓越周期。

勘探点平面布置图如图 4-3 所示。

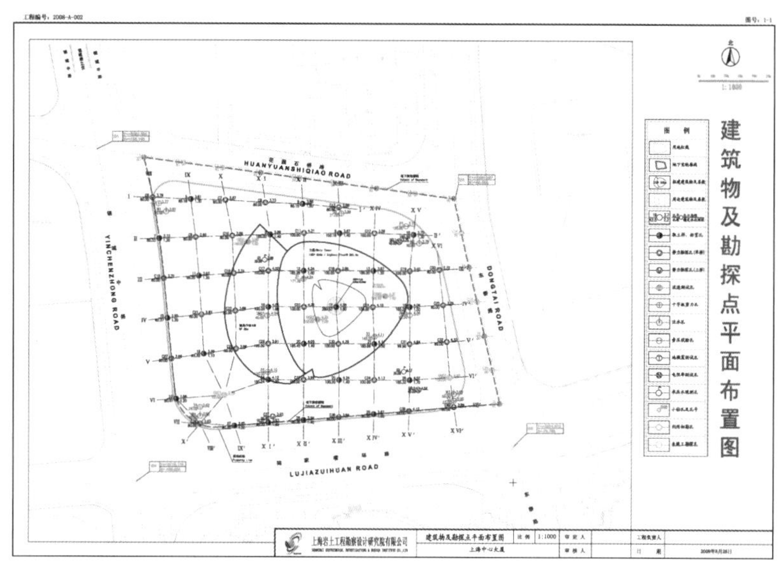

图 4-3 勘探点平面布置图

4.1.3 场地工程地质、水文地质条件及周边环境

4.1.3.1 地形、地貌

上海中心大厦项目当时在详勘期间场地内以绿地草坪为主，地势较为平坦，场地自然标高一般 3.5～4.8 m。场地地貌属滨海平原地貌类型。施工期间场地状况详见图 4-4。

图 4-4 施工期间拟建场地现状

4.1.3.2 地基土的构成

勘察探明，场地属正常地层分布区，浅部土层分布较稳定，中下部土层除局部区域有夹层或透镜体分布外，一般分布较稳定。塔楼中心实施的勘探孔在 289.57 m 深度范围内揭示，本场地第四纪覆盖层厚度为 274.80 m，属第四纪下更新世 Q_1 至全新世 Q_4 沉积物，主要由黏性土、粉性土、砂土组成，一般具有成层分布特点；深度 274.8 m 以下为花岗岩层（燕山期侵入岩）。根据土的成因、结构及物理力学性质差异，第四纪土层可划分为 14 个主要层次（上海市统编地层第⑧层黏性土层缺失）。其中第⑤、⑦、⑨层根据土的成因、土性特征分为若干亚层和次亚层和透镜体（第⑤$_{1a}$、⑤$_{1b}$；第⑦$_1$、⑦$_2$、⑦$_3$层；第⑨$_1$、⑨$_{2-1}$、⑨$_{2t}$、⑨$_{2-2}$、⑨$_3$、⑨$_{3t}$层）。

地基土的剖面图、静力触探成果及钻孔标准贯入试验成果如图 4-5—图 4-7 所示。

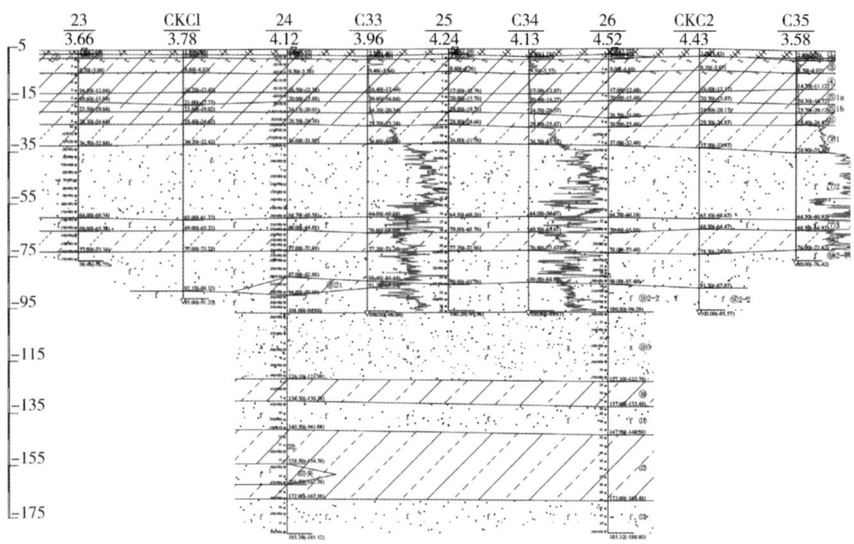

图 4-5　场地剖面图

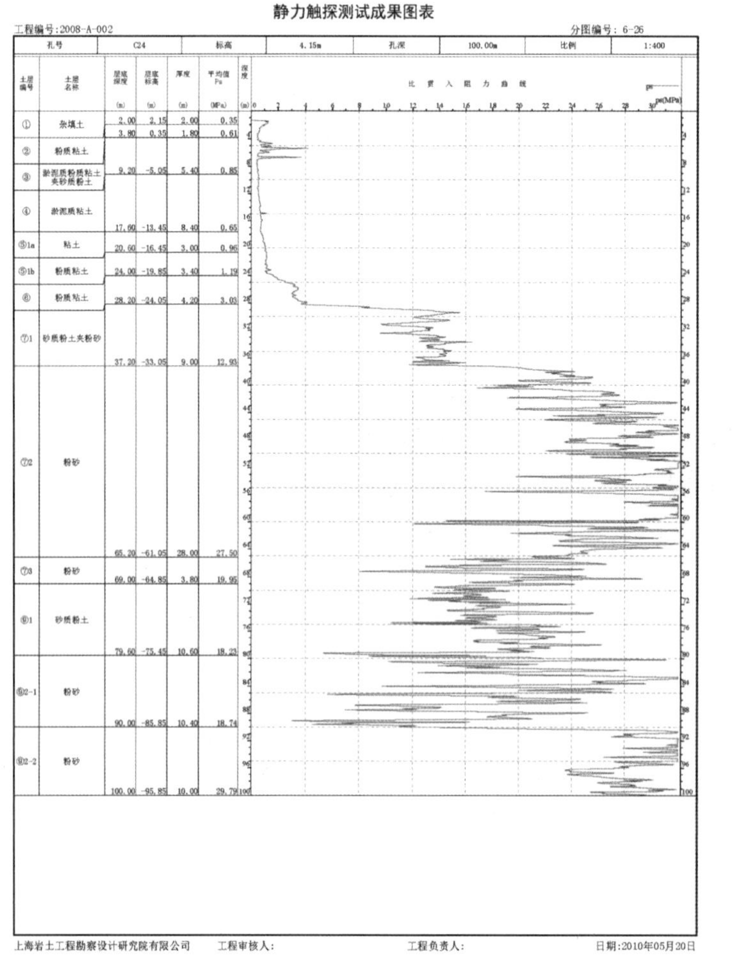

静力触探测试成果图表

工程编号:2008-A-002　　　　分图编号: 6-26

孔号	C24	标高	4.15m	孔深	100.00m	比例	1:400

土层编号	土层名称	层底深度 (m)	层底标高 (m)	厚度 (m)	平均值 Ps (MPa)
①	杂填土	2.00	2.15	2.00	0.35
		3.80	0.35	1.80	0.61
②	粉质粘土				
③	淤泥质粉质粘土夹砂质粉土	9.20	-5.05	5.40	0.85
④	淤泥质粘土	17.60	-13.45	8.40	0.65
⑤1a	粘土	20.60	-16.45	3.00	0.96
⑤1b	粉质粘土	24.00	-19.85	3.40	1.19
⑥	粉质粘土	28.20	-24.05	4.20	3.03
⑦1	砂质粉土夹粉砂	37.20	-33.05	9.00	12.93
⑦2	粉砂	65.20	-61.05	28.00	27.50
⑦3	粉砂	69.00	-64.85	3.80	19.95
⑨1	砂质粉土	79.60	-75.45	10.60	18.23
⑨2-1	粉砂	90.00	-85.85	10.40	18.74
⑨2-2	粉砂	100.00	-95.85	10.00	29.79

比贯入阻力曲线　ps(MPa)

上海岩土工程勘察设计研究院有限公司　　工程审核人:　　工程负责人:　　日期:2010年05月20日

图 4-6　场地静力触探成果

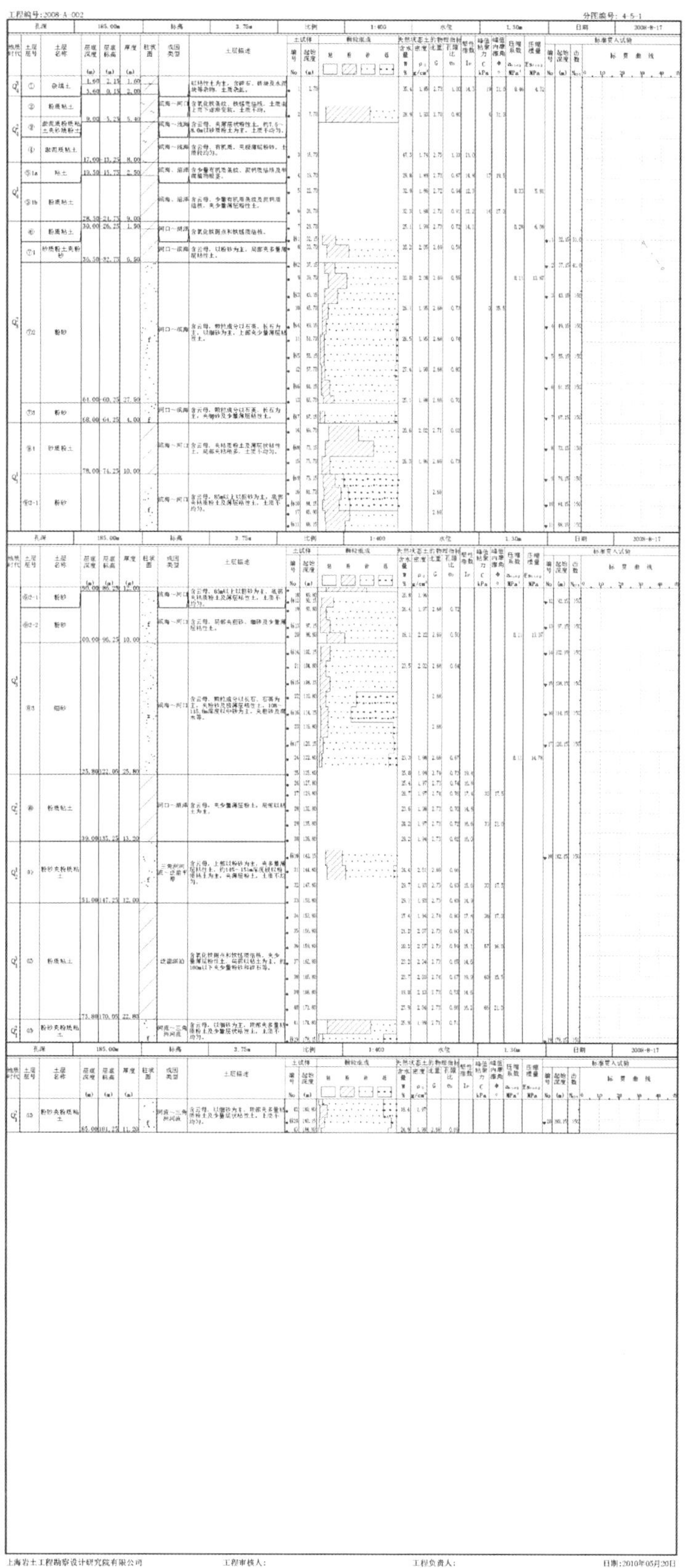

图 4-7　场地钻孔标准贯入试验成果

4.1.3.3 水文地质条件

上海地下水按形成时代、成因和水理特征可划分为潜水含水层、第Ⅰ至第Ⅴ承压含水层，对上海中心大厦有影响的地下水类型主要为潜水和第Ⅰ承压水(本场地第Ⅰ第Ⅱ承压含水层连通)。

场地浅部地下水属潜水类型，受大气降水及地表径流补给。上海市年平均高水位埋深为 0.50 m，低水位埋深为 1.50 m，勘察期间所测得的地下水静止水位埋深一般在 1.00～1.70 m 之间，其相应标高一般在 2.91～2.25 m 之间。

场地内承压水主要为深部第⑦、⑨、⑪、⑬、⑮层中赋存的承压水，对本工程有直接影响的为第⑦层中赋存的承压水。本勘察当时在场地内设置了 2 个承压水观测孔，以观测施工期间第⑦层中承压水水头埋深。受场地周边高层建筑深基坑及市政工程降水影响，勘察期间测得第⑦层承压水头埋深 12.3～14.2 m(低于上海市承压含水层水位埋深的，其变化幅度一般在 3.0 m～11.0 m)，相应标高－8.31～－10.03 m。

本场地深部第⑦层是上海地区的第一承压含水层、第⑨层是上海地区的第二承压含水层。拟建场地由于第⑧层黏性土层缺失，第⑦层与第⑨层承压水相互连通，水量补给丰富。据上海地区已有工程的长期水位观测资料，承压含水层水位年呈周期性变化，水位埋深的变化幅度一般在 3.0～11.0 m。

根据多年来的观察，上海地区承压水位有下降趋势。根据陆家嘴地区承压水长期观测资料与众多工程勘察期间测得的结果，陆家嘴地区第Ⅰ承压含水层承压高水位埋深一般在 6～10 m(相应标高－2.0～－6.0 m)，从不利条件角度考虑，承压水水头埋深可按 6.0 m 计算。

4.1.3.4 不良地质现象

场地表层分布厚度较大的杂填土，其厚度一般在 2.0 m 左右，局部区域因地势较高，杂填土厚度达 4.0～4.2 m。表层 0.5～1.5 m 深度范围内杂填土中夹大量碎砖、碎石等杂物，土质不均匀，在施工前需对原有建筑物基础及杂填土进行必要的清理，以消除其不利影响。

4.1.3.5 周边环境

本工程基础方案及基坑围护方案选择除与场地工程地质条件、水文地质条件及不良地质现象等有关外，还与周边环境条件密切相关。与本工程密切相关的周边环境主要有以下几个方面。

1. 场地周边高层及地下室

场地地处陆家嘴金融中心核心区，北侧为 88 层金茂大厦，其地下室距本场地基坑边界最近距离约 16 m；东侧为 101 层环球金融中心，其地下室距本场地基坑边界最近距离约 21 m；南侧为盛大金磐住宅小区，其地下室距本场地基坑边界最近距离约 60 m；西侧为在建太平金融大厦，其地下室距本场地基坑边界最近距离约 50 m。

2. 周边道路

工程周边道路分别为东泰路、陆家嘴环路、银城中路和花园石桥路，道路宽度均约为 24 m。

3. 地下管线

工程地下室边线距离四周道路较近，北侧及东侧地下室边线分布至花园石桥路和东泰路中心。本场地周边花园石桥路、东泰路、陆家嘴环路、银城中路均分布有较多地下管线，如煤气、上水、电力、信息等各类市政管线。其中，场地北侧分布一条东西向的非开挖信息管，管顶埋深 0.5～7.0 m，应引起重视。

4.1.4 地基土的分析与评价

4.1.4.1 场地稳定性和适宜性

场地地基土组成为黏性土、粉土和砂土，层位分布基本稳定，无滑坡、崩塌、陡坎等不良地质作用。综合分析场地的工程地质条件和上海市区域地质资料，本场地属稳定场地，适宜建造本工程。

4.1.4.2 桩基分析与评价

1. 桩型比选

桩型选择主要受场地周边环境和沉桩可行性两大因素决定。为合理选择桩型，结合本工程地层条件对各种方案优、缺点进行比较，详见表 4-2。

表 4-2　备选桩型优、缺点比较

比较项目	桩型		
	灌注桩	钢管桩	预制桩(含 PHC 桩)
造价	相同条件下，基础造价相对较高	相同条件下，基础造价高	每 m^3 混凝土提供的承载力高，基础造价经济
挤土效应	无挤土效应	挤土效应较明显	挤土效应明显
沉桩可行性	在厚层密实砂土层中成桩速度慢，并在密实的砂层(第⑦、⑨层)中摩阻力难以充分发挥。且由于孔壁土松动及孔壁泥皮过厚和孔底沉渣较厚，往往单桩承载力达不到设计要求	钢管桩贯入能力强，但当桩端入土深度较大，且需穿越一定厚度较密实的密砂层时，沉桩有一定难度，且容易产生因锤击数过大造成桩身疲劳损失，单桩承载力有一定差异	贯入能力有限，当桩端入土深度较大，且需穿越一定厚度较密实的粉(砂)性土层时，沉桩难度较大，进入密实的砂土深度有限
桩身质量控制	与施工质量有关，只要严格控制，质量有保证	其质量相对宜控制	除焊接严格控制外，其质量相对容易控制
桩基施工应注意问题及相关措施	应选择质量较高的施工队伍，改进施工工艺并采取一定的质量保证措施(如采用后注浆方案)	采用合适的施工机械，做好施工监测工作	加强桩身强度、桩端加钢桩靴

2. 桩型选择

1) 122 层塔楼

超高层建筑垂直荷载很大，对单桩竖向承载力很高。为满足布桩要求，通常需扩大底板。其中核心筒区及核心筒外延至部分投影区(简称塔楼核心区)荷载很大，基础底板除核心区以外区域(简称塔楼底板扩展区)与核心区比较，荷载相对较小。

本工程塔楼为 122 层建筑，层数及高度均超过金茂大厦和环球金融中心。超高层建筑对单桩承载力要求较高，一般需选择第⑨层作为桩基持力层(第⑨层层面埋深76.0～80.0 m，为考虑塔楼核心筒与外围框架柱及裙房之间的差异沉降，塔楼的扩展区也可选用第$⑦_2$层作为桩基持力层)。预制桩沉桩难度较大，从沉(成)桩可行性、场地周边环境条件、单桩桩身变形及目前的灌注桩施工水平等因素综合分析，本工程宜优先采用灌注桩方案(后注浆)，桩径可选择 850～1 100 mm；如采取有效措施，减少沉桩对周围环境的影响(噪音、振动、挤土等)，也可考虑采用钢管桩方案，桩径可选择 900～1 000 mm，但应充分考虑钢管桩的沉桩可行性及因沉桩施工过程总锤击数过大造成钢管桩桩身疲劳损伤引起单桩桩身变形大及周边土体扰动大等问题。

2）5层裙房及纯地下室

裙房、地下室柱网尺寸大，一般采用独立承台下桩基方案，每个承台下布桩数量较少。采用预制桩侧向挤土效应相对塔楼并不明显，但本工程基础底板埋深 25～30 m，为获得较高的单桩承载力或抗拔力，应保证一定的有效桩长，故桩端入土深度一般需在 50 m 以上，预制方桩和 PHC 桩沉桩较困难。综合考虑周边环境、沉桩可行性，本工程裙房及纯地下室宜比选钻孔灌注桩或钢管桩两种桩型。当采用灌注桩时，桩径可选择 650～700 mm；考虑采用后注浆工艺，灌注桩桩径亦可采用 ϕ800 mm 或 ϕ850 mm。当采用钢管桩时，桩径可选择 700～900 mm。根据同类工程经验，为施工便利，裙楼与塔楼同桩型的可能性较大。

综合分析本工程拟建建筑性质、周边环境条件及沉（成）桩可行性，建议选择灌注桩方案，并采用后注浆工艺。

3. 桩基持力层选择

1）122层塔楼

本工程塔楼建筑总高度达 632 m，结构高度为 565.6 m。塔楼基础底面荷载标准值投影区为 2 200 kN/m^2，考虑基础底面后扩大荷载为 1 300 kN/m^2，建筑垂直荷载很大，受风荷载等因素影响水平作用力亦大，因此，布桩时除考虑单桩竖向承载力极高要求外，还需考虑桩的水平荷载要求；塔楼对沉降量控制要求十分严格，同时还需考虑塔楼核心筒与外围框架柱及裙房之间的差异沉降影响。根据本工程地层组合及类同工程经验，分析认为：

（1）根据邻近金茂大厦、环球金融中心等类同超高层建筑的工程经验，为控制沉降，并获得较高的单桩承载力以及抗震设计需要，122层塔楼核心区宜以第⑨层作为桩基持力层为宜。

（2）为减少塔楼核心筒与外围框架柱及裙房之间的差异沉降，其塔楼的扩展区可选择第⑦$_2$层或第⑨$_1$层作为桩基持力层。选择第⑦$_2$层作为桩基持力层时，桩端入土深度宜为 62.0～64.0 m；选择第⑨$_1$层桩作为桩基持力层时，端入土深度宜为 74.0 m 左右。

（3）第⑨$_{2-1}$层灰色粉砂，密实，低等压缩性，塔楼范围该层层面埋深为 77.0～80.0 m，静力触探 p_s平均值 18.62 MPa，标准贯入击数 N 平均值大于 50 击。该层中上部夹多量中粗砂及砾砂，下部 84.0～89.0 m 深度段局部夹黏性土较多，一般夹黏层厚度约 2～5 cm，局部黏性土夹层厚度达 20～30 cm。第⑨$_{2-1}$层虽局部区域中下部夹黏较多，但由于其埋藏深度大，对塔楼沉降量影响较小，另外塔楼（包括扩展区）为筏板基础，基础刚度大，能协调不均匀沉降，故该层仍可比选作为本工程塔楼核心区及扩展区的桩基持力层。本工程在场地东北角布置的前期试桩即选择该层作为桩基持力层，桩型为 ϕ1 000 mm 灌注桩，桩端入土深度 87.4 m 左右（桩端标高－83.7 m）。勘察查明塔楼西侧扩展区在的 87.0～94.6 m 深度范围分布有第⑨$_{2t}$层粉质黏土夹黏质粉土，土质相对软弱，为避开该软弱层，桩端入土调整为 82.0～84.0 m 为宜（相应桩端标高－78.0～－80.0 m）。

（4）第⑨$_{2-2}$层灰色粉砂，密实，低等压缩性，层面埋深 88.0～90.0 m（层面埋深－84.0～86.0 m），静力触探 p_s平均值 21.87 MPa，标准贯入击数 N 平均值大于 50 击。根据金茂大厦（88层）和环球金融中心（101层）沉降观测，基础外围沉降小，而中部核心筒区域沉降量大，因此控制塔楼尤其是核心区的沉降量是关键。本工程为 122 层超高层建筑，需严格控制沉降，可考虑采用第⑨$_{2-2}$层作为塔楼核心筒区桩基持力层，桩端入土深度可为 92.0 m 左右（相应桩端标高－88.0 m 左右）。因塔楼底板扩展区在 87.0～94.6 m 深度范围呈透镜体状分布有第⑨$_{2t}$层粉质黏土夹黏质粉土，为避开该软弱层，选择第⑨$_{2-2}$层作为桩基持力层时桩端入土深度需至

96.0 m 左右(相应桩端标高－92.0 m 左右)，桩端深于核心区，既不经济也不合理，故塔楼扩展区不建议选择该层作为桩基持力层。

根据邻近超高层建筑桩基工程经验并结合各土层在塔楼区分布特点、土性特征及桩基持力层选择需满足的主要条件，本工程 122 层塔楼桩基比选方案详见表 4-3。

表 4-3　　塔楼桩基比选方案一览表

序号	分区	桩型	桩基持力层	桩端入土深度 (桩端标高)	桩基持力层分析
方案一	核心区	ϕ1 000～1 100 mm 灌注桩	⑨$_{2-2}$	92.0 m (－88.0 m)	(1) 扩展区⑨$_{2t}$埋深相对较浅，桩端应距离该层一定距离； (2) 对控制核心区与扩展区不均匀沉降较为有利
	扩展区	ϕ1 000 mm 灌注桩	⑨$_{2-1}$	82.0～84.0 m (－80.0～－78.0 m)	
方案二	核心区	ϕ1 000 mm 灌注桩	⑨$_{2-1}$	82.0～84.0 m (－80.0～－78.0 m)	(1) 扩展区⑨$_{2t}$埋深相对较浅，桩端应距离该层一定距离； (2) 核心区与扩展区易产生不均匀沉降
	扩展区	ϕ1 000 mm 灌注桩	⑨$_{2-1}$	82.0～84.0 m (－80.0～－78.0 m)	
方案三	核心区	ϕ1 000 mm 灌注桩	⑨$_{2-1}$	82.0～84.0 m (－80.0～－78.0 m)	对控制核心区与扩展区不均匀沉降较为有利
	扩展区	ϕ850～1 000 mm 灌注桩	⑨$_{1}$	74.0 m (－70.0 m)	
方案四	核心区	ϕ1 000 mm 灌注桩	⑨$_{2-1}$	82.0 m (－78.0 m)	对控制核心区与扩展区不均匀沉降较为有利
	扩展区	ϕ850～1 000 mm 灌注桩	⑦$_{2}$	62.0～64.0 m (－60.0～－58.0 m)	
方案五	核心区	ϕ900～1 000 mm 钢管桩	⑨$_{2-1}$	82.0～84.0 m (－80.0～－78.0 m)	(1) 钢管桩沉桩施工有一定难度，沉桩施工对周边环境影响较大； (2) 核心区与扩展区易产生不均匀沉降
	扩展区	ϕ900～1 000 mm 钢管桩	⑨$_{2-1}$	82.0～84.0 m (－80.0～－78.0 m)	
方案六	核心区	ϕ900～1 000 mm 钢管桩	⑨$_{2-1}$	82.0～84.0 m (－80.0～－78.0 m)	(1) 钢管桩沉桩施工有一定难度，沉桩施工对周边环境影响较大； (2) 对控制核心区与扩展区不均匀沉降较为有利
	扩展区	ϕ900～1 000 mm 钢管桩	⑨$_{1}$	74.0～76.0 m (－72.0～－70.0 m)	
方案七	核心区	ϕ900～1 000 mm 钢管桩	⑨$_{2-1}$	82.0 m (－78.0 m)	(1) 钢管桩沉桩施工有一定难度，沉桩施工对周边环境影响较大； (2) 对控制核心区与扩展区不均匀沉降较为有利
	扩展区	ϕ900～1000 mm 钢管桩	⑦$_{2}$	62.0～64.0 m (－60.0～－58.0 m)	

本工程塔楼核心区和底板扩展区具体采用第⑨$_{1}$、⑨$_{2-1}$还是⑨$_{2-2}$层作为持力层，需根据设计对单桩承载力要求、沉降量控制以及抗震、抗风等综合计算后确定。

2) 5 层裙房

本工程裙房为 5 层建筑，下设 5 层地下室，底板埋深 25～30 m，基底荷载标准值 220 kPa，扣除地下水浮力即主要承受抗拔力。但考虑本工程裙房一般柱网尺寸大，单柱荷重较大，采用承台下布桩，对单桩承载力的要求较高。同时裙房区域有可能采用逆作法施工，逆作法施工围护体系的立柱桩需要提供很高的单桩承载力。由于底板埋深 25～30 m，为获得较高的单桩承载力或抗拔力，须有足够的有效桩长，故宜选择第⑦$_2$层中下部或第⑨$_1$层作为桩基持力层。本工程裙房桩基方案详见表 4-4。

表 4-4　　裙房桩基方案一览表

序号	桩型	桩基持力层	桩端入土深度（桩端标高）	桩基持力层分析
方案一	ϕ650～700 mm 灌注桩 ϕ800～850 mm 灌注桩（后注浆）	⑦$_2$	56.0～60.0 m (−56.0～−52.0 m)	—
方案二	ϕ800～850 mm 灌注桩	⑨$_1$	74.0 m (−70.0 m)	—
方案三	ϕ700 mm 钢管桩	⑦$_2$	56.0～60.0 m (−56.0～−52.0 m)	钢管桩沉桩施工有一定难度，沉桩施工对周边环境影响较大
方案四	ϕ700 mm 钢管桩	⑨$_1$	74.0 m (−70.0 m)	钢管桩沉桩施工有一定难度，沉桩施工对周边环境影响较大

3）纯地下室

对无上部结构的纯地下室区域，底板埋深 25～30 m，所受浮力大，所需单桩抗浮力要求高。考虑便于施工，其桩型和桩端入土深度宜与 5 层裙房相同。

4. 单桩竖向承载力估算

根据类似工程试桩资料、上海市工程建设规范《地基基础设计规范》(DGJ 08—11—1999)及行业标准《建筑桩基技术规范》(JGJ 94—2008)，综合分析土工试验及原位测试相关成果，推荐的各层土的桩侧极限摩阻力标准值 f_s 和桩端极限端阻力标准值 f_p 详见表 4-5。

表 4-5　　桩极限摩阻力标准值 f_s 及桩端极限端阻力标准值 f_p 值

层序	土层名称	层底埋深 /m	静探 p_s 值 / MPa	预制桩（钢管桩）		钻孔灌注桩		抗拔承载力系数
				f_s /kPa	f_p /kPa	f_s /kPa	f_p /kPa	λ
②	粉质黏土	2.7～4.5	0.64	15	—	15	—	0.6
③	淤泥质粉质黏土	7.3～10.0	0.82	6 m 以上 15 6 m 以下 30	—	6 m 以上 15 6 m 以下 25	—	0.6
④	淤泥质黏土	15.8～18.0	0.62	25	—	20	—	0.6
⑤$_{1a}$	黏土	19.4～21.5	0.98	40	—	35	—	0.70
⑤$_{1b}$	粉质黏土	23.5～28.5	1.34	55	—	45	—	0.70
⑥	粉质黏土	28.1～30.5	3.08	80	—	60	—	0.80
⑦$_1$	砂质粉土夹粉砂	34.8～40.5	12.33	100	—	60	—	0.70
⑦$_2$	粉砂	63.0～65.5	26.91	120	10 000	70	2 500	0.70

续表

层序	土层名称	层底埋深/m	静探 p_s值/MPa	预制桩(钢管桩)		钻孔灌注桩		抗拔承载力系数
				f_s/kPa	f_p/kPa	f_s/kPa	f_p/kPa	λ
⑦$_3$	粉砂	67.2～71.6	17.16	110	8 000	70	2 200	0.70
⑨$_1$	砂质粉土	76.0～80.5	16.34	110	8 000	70	2 500	0.75
⑨$_{2-1}$	粉砂	87.0～92.1	18.62	110	9 000	70	2 500	0.75
⑨$_{2t}$	粉质黏土夹黏质粉土	91.2～100.8	7.44	80	—	60	—	0.75
⑨$_{2-2}$	粉砂	98.5～101.5	21.87	120	10 000	70	2 500	0.75

注:1. 上表中各土层的 f_s和 f_p值除以安全系数 2 即为相应的特征值。
2. 对钻孔灌注桩,上表中各土层的 f_s和 f_p值适用于桩径不大于 850 mm 的情况,当桩径大于 850 mm 时,上表中 f_s和 f_p值宜适当折减。
3. 对钢管桩,应考虑敞口钢管桩的桩端闭塞效应和侧阻挤土效应。

根据表 4-5 中建议的各层土的桩侧极限摩阻力标准值 f_s和桩端极限端阻力标准值 f_p值,估算的预制桩的单桩竖向承载力见表 4-6 和表 4-7。

表 4-6 塔楼单桩竖向承载力估算值

方案序号	分区	桩型	桩规格/mm	桩端入土深度/m	桩顶入土深度/m	桩长/m	持力层	单桩极限承载力标准值 R_k/kN	单桩竖向承载力设计值 R_d/kN	单桩竖向承载力特征值 R_a/kN
方案一	核心区	常规灌注桩	ϕ1 000	92.0	30.0	62.0	⑨$_{2-2}$	15 390	9 600	7 690
		灌注桩+底注浆	ϕ1 000	92.0	30.0	62.0	⑨$_{2-2}$	27 900	17 430	13 950
	扩展区	常规灌注桩	ϕ1 000	82.0	30.0	52.0	⑨$_{2-1}$	13 210	8 250	6 600
		灌注桩+底注浆	ϕ1 000	82.0	30.0	52.0	⑨$_{2-1}$	24 910	15 560	12 450
方案二	核心区	常规灌注桩	ϕ1 000	82.0	30.0	52.0	⑨$_{2-1}$	13 190	8 240	6 590
		灌注桩+底注浆	ϕ1 000	82.0	30.0	52.0	⑨$_{2-1}$	24 930	15 580	12 460
	扩展区	常规灌注桩	ϕ1 000	82.0	30.0	52.0	⑨$_{2-1}$	13 210	8 250	6 600
		灌注桩+底注浆	ϕ1 000	82.0	30.0	52.0	⑨$_{2-1}$	24 910	15 560	12 450
方案三	核心区	常规灌注桩	ϕ1 000	82.0	30.0	52.0	⑨$_{2-1}$	13 190	8 240	6 590
		灌注桩+底注浆	ϕ1 000	82.0	30.0	52.0	⑨$_{2-1}$	24 930	15 580	12 460
	扩展区	常规灌注桩	ϕ850	74.0	30.0	44.0	⑨$_1$	9 480	5 920	4 740
		灌注桩+底注浆	ϕ850	74.0	30.0	44.0	⑨$_1$	17 250	10 780	8 620
		常规灌注桩	ϕ1 000	74.0	30.0	44.0	⑨$_1$	11 450	7 150	5 720
		灌注桩+底注浆	ϕ1 000	74.0	30.0	44.0	⑨$_1$	21 240	13 270	10 620
方案四	核心区	常规灌注桩	ϕ1 000	82.0	30.0	52.0	⑨$_{2-1}$	13 190	8 240	6 590
		灌注桩+底注浆	ϕ1000	82.0	30.0	52.0	⑨$_{2-1}$	24 930	15 580	12 460
	扩展区	常规灌注桩	ϕ850	64.0	30.0	34.0	⑦$_2$	7 600	4 750	3 800
		灌注桩+底注浆	ϕ850	64.0	30.0	34.0	⑦$_2$	15 600	9 750	7 800
		常规灌注桩	ϕ1 000	64.0	30.0	34.0	⑦$_2$	9 250	5 780	4 620
		灌注桩+底注浆	ϕ1 000	64.0	30.0	34.0	⑦$_2$	19 540	12 200	9 770

续表

方案序号	分区	桩型	桩规格/mm	桩端入土深度/m	桩顶入土深度/m	桩长/m	持力层	单桩极限承载力标准值 R_k/kN	单桩竖向承载力设计值 R_d/kN	单桩竖向承载力特征值 R_a/kN
方案五	核心区	敞口钢管桩	ϕ900	82.0	30.0	52.0	⑨$_{2-1}$	17 500	10 930	8 750
	扩展区	敞口钢管桩	ϕ900	82.0	30.0	52.0	⑨$_{2-1}$	17 540	10 960	8 770
方案六	核心区	敞口钢管桩	ϕ900	82.0	30.0	52.0	⑨$_{2-1}$	17 500	10 930	8 750
	扩展区	敞口钢管桩	ϕ900	74.0	30.0	44.0	⑨$_1$	15 080	9 420	7 540
方案七	核心区	敞口钢管桩	ϕ900	82.0	30.0	52.0	⑨$_{2-1}$	17 500	10 930	8 750
	扩展区	敞口钢管桩	ϕ900	64.0	30.0	34.0	⑦$_2$	13 350	8 340	6 670

表 4-7　　裙房、地下室单桩竖向承载力估算值

方案序号	桩型	桩规格/mm	桩端入土深度/m	桩顶入土深度/m	桩长/m	持力层	单桩极限承载力标准值 R_k/kN	单桩竖向承载力设计值 R_d/kN	单桩竖向承载力特征值 R_a/kN	单桩竖抗承向承载力特征值 $R_{d'}$/kN
方案一	常规灌注桩	ϕ650	58.0	25.0	33.0	⑦$_2$	5 300	3 310	2 650	2 130
	灌注桩+底注浆	ϕ650	58.0	25.0	33.0	⑦$_2$	10 680	6 670	5 340	3 390
	常规灌注桩	ϕ700	58.0	25.0	33.0	⑦$_2$	5 780	3 610	2 890	2 300
	灌注桩+底注浆	ϕ700	58.0	25.0	33.0	⑦$_2$	11 770	7 350	5 880	3 660
	常规灌注桩	ϕ800	58.0	25.0	33.0	⑦$_2$	6 770	4 230	3 380	2 660
	灌注桩+底注浆	ϕ800	58.0	25.0	33.0	⑦$_2$	14 090	8 800	7 040	4 210
	常规灌注桩	ϕ850	58.0	25.0	33.0	⑦$_2$	7 270	4 540	3 630	2 840
	灌注桩+底注浆	ϕ850	58.0	25.0	33.0	⑦$_2$	15 300	9 560	7 650	4 490
方案二	常规灌注桩	ϕ800	74.0	25.0	49.0	⑨$_1$	9 580	5 980	4 790	4 020
	灌注桩+底注浆	ϕ800	74.0	25.0	49.0	⑨$_1$	15 800	9 870	7 900	5 560
	常规灌注桩	ϕ850	74.0	25.0	49.0	⑨$_1$	10 260	6 410	5 130	4 300
	灌注桩+底注浆	ϕ850	74.0	25.0	49.0	⑨$_1$	17 060	10 660	8 530	5 930
方案三	敞口钢管桩	ϕ700	58.0	25.0	33.0	⑦$_2$	10 330	6 450	5 160	3 640
方案四	敞口钢管桩	ϕ700	74.0	25.0	49.0	⑨$_1$	13 490	8 430	6 740	5 480

单桩竖向承载力设计值应考虑两个方面的内容：即地基土对桩的极限支承和桩身结构强度。单桩竖向承载力设计值应根据这两个方面分别进行计算，取其小值。关于桩身结构强度可按有关规范确定。钻孔灌注桩桩身强度可根据上海市标准《地基基础设计规范》(DGJ 08—11—1999)第 6.2.6 条确定。对表 4-6 和表 4-7 中单桩承载力估算做如下说明：

(1) 单桩竖向承载力特征值 R_a 为安全系数 $K=2$ 时的值。

(2) 表中单桩承载力未考虑桩身强度、施工质量等因素的影响。

(3) 灌注桩桩端注浆水泥量(t)宜不小于桩径(m)的 4 倍，并分二次注浆。

(4) 对桩径大于 850 mm 的灌注桩，未考虑 f_s 和 f_p 值的折减。

(5) 根据上海地区工程经验，后注浆灌注桩桩端极限阻力 f_p 可按预制桩 f_p 取值，桩端以上(20～30)d 范围内的 f_s 值后注浆侧阻力增强系数宜取 2.0。

(6) 钢管桩单桩承载力按《建筑桩基技术规范》(JGJ 94—2008)计算，并考虑敞口钢管桩的桩端闭塞效应和侧阻挤土效应进行折减。

(7) 塔楼核心区以钻探 17# 为计算孔，塔楼扩展区以钻探 24# 为计算孔，裙房、地下室以静探 C22 为计算孔。

建议进行单桩竖向抗压静载荷试验，确定单桩竖向极限承载力标准值；基桩的抗拔极限承载力标准值应通过现场单桩上拔静载荷试验确定。

5. 成(沉)桩可行性及设计施工中应注意的问题

1) 钻孔灌注桩成桩可行性

钻孔灌注桩成桩范围内均为粉性土、砂土，本工程采用灌注桩方案，成桩无困难。

2) 钻孔灌注桩施工中应注意的问题

钻孔灌注桩施工对周边环境影响小，但其单桩承载力与施工质量密切相关，故施工时须严格按照相关规程执行，并应注意如下问题：

(1) 第①层杂填土较厚，夹碎石等杂物，成分复杂，灌注桩施工时宜增加护筒长度。

(2) 钻孔灌注桩在第③、④、$⑤_{1a}$、$⑤_{1b}$、⑥层等黏性土中钻进时，易产生缩孔，建议通过试成桩确定钻进速率、泥浆比重等各项参数，以确保成桩质量。

(3) 当钻孔灌注桩遇到中密～密实的第⑦、⑨层砂性土层时，钻进速度较缓慢，钻孔施工时间长，孔壁的密实砂土由于应力释放、泥浆的渗透浸润等影响，往往造成桩身局部夹泥或产生较厚的泥皮，使单桩承载力差异性较大。

(4) 钻孔灌注桩施工时，因第$⑨_{2-1}$层土性不均，80.0～84.0 m 深度范围夹多量砾砂，砾石粒径 0.5～1.5 cm，引起钻进困难，并应采取相应措施。

(5) 按现有实际施工水平(设备及技术)，对桩长较长的大直径灌注桩，孔底清淤较困难，孔壁泥皮厚，故应进行施工工艺的改良(采用后注浆工艺等)，并选择信誉好有资质的施工单位，以保证钻孔灌注桩的施工质量。

(6) 应采取措施，减少成孔泥浆对环境的不利影响。

(7) 因场地内密实砂层较厚，静探护管需长时间水冲下压，C17、C34 孔位置因螺栓脱扣造成护管无法拔出(C17 孔护管深度段 35.0～64.0 m，C33 孔护管深度段 60.0～85.0 m)，灌注桩施工时应予以注意；DMD1# 地脉动测试孔实施时，因地脉动测试需孔径较大(ϕ200 mm)，钻机水冲头因扭矩过大在 55.0 m 深度位置脱落，灌注桩施工时亦应予以注意。

4.1.5 基坑围护方案及设计参数

1. 基坑围护总体方案

本工程 5 层地下室基坑开挖深度 25.0～30.0 m，坑底置于第⑥层或第$⑦_1$层中，属一级深基坑。具有基坑面积大，开挖深度大，周围环境复杂等特点。为确定技术可行、经济合理，既安全又成熟的围护方案，必须从多方面进行比较，综合考虑。

1) 顺作法方案

顺作法设计施工方案的优点是施工工艺成熟，施工方式简单、便捷，目前绝大部分基坑均采用此种围护方式。顺作法可采用“整体开挖”方案，亦可采用塔楼、裙房分块施工方案，即塔楼、裙房均采用顺作法施工，但塔楼区域先施工，裙房区域待塔楼结构出地面后再行施工的方案，一方面可以加快塔楼施工进度，另一方面也可减少基坑开挖对周边环境的影响。

2）逆作法方案

逆作法设计施工方案的优点是利用了刚度较大的地下室楼板结构体系作支撑，节省了临时支撑。因支撑体系刚度大，围护体系及土体变形小，有利于周边环境的安全。本工程塔楼为超高层建筑，故主楼区域不适合逆作法施工。

3）顺逆结合方案

顺逆结合方案即塔楼区域顺作先施工，待塔楼区域结构出地面后，裙房区域采用逆作法再行施工。该方案结合了顺作法和逆作法的优点，既加快了主楼施工进度，缩短了工程工期，又加强了环境保护力度。

具体施工方案的选择可结合场地工程地质条件、施工条件及周边环境保护要求等综合确定。

2. 基坑周边围护墙方案

1）地下连续墙方案

地下连续墙分临时性围护结构地下连续墙和“两墙合一”地下连续墙。开挖深度25.0 m以上的深大基坑，上海地区的传统围护形式是采用地下连续墙结构。根据上海地区的工程经验和技术水平，基坑开挖达到25.0 m的地下连续墙，采用“两墙合一”形式，即地下连续墙即作为基坑围护结构，同时也作为永久性地下室外墙，技术已较为成熟，关键是根据地下室面积、造价和施工进度综合考虑。

“两墙合一”地下连续墙相比于临时性地下连续墙，可以节约部分地下室外墙的费用，并且可以充分利用红线内的地下空间，但设计与施工难度较大，对施工进度有一定影响，同时存在地墙与主体结构差异沉降控制的问题。

2）钻孔灌注桩加搅拌桩方案

如采用大直径钻孔灌注桩排桩作为受力围护结构，考虑其本身不具有挡水效果，须在外侧施工一道专门的防水墙(桩)，一般采用水泥土搅拌桩作为隔水帷幕墙。

3）各围护方案优缺点比较及本工程围护方案建议

大直径钻孔灌注桩排桩辅以水泥土搅拌桩止水，是上海地区传统的基坑围护形式，适用深度随着工程经验的积累已有较大的发展，但应用于25.0 m深的深大基坑还未有已完成的工程实例，特别是水泥土搅拌桩用于深大基坑隔水的不确定因素较大，考虑本工程基坑的重要性，不建议选择钻孔灌注桩加搅拌桩方案进行基坑围护。

地下连续墙刚度大，止水效果好，可以大大减少地下水渗漏问题，同时地下连续墙方案工法成熟，成墙质量可靠，施工风险较小，对周边环境的影响也较小。故建议本工程基坑围护体系采用地下连续墙围护方案。地下连续墙埋设深度应通过对坑底土的稳定、抗倾覆、抗管涌等验算项目后确定，地下连续墙的厚度应满足变形控制、抗裂缝验算等要求；围护结构支撑系统可采用数道钢筋混凝土水平支撑，同时辅以降、排水措施。

本工程基坑分块施工，塔楼区基坑先进行施工，裙房及纯地下室区域后进行施工。因此，本工程地下室还需考虑各块基坑之间相互协调问题。

3. 基坑围护设计参数

基坑围护设计参数见表4-8。

表 4-8　　基坑围护设计参数一览表

项目		层序									
		②	③	④	⑤1a	⑤1b	⑥	⑦1	⑦2	⑦3	⑨1
重度	$\gamma/(\mathrm{kN\cdot m^{-3}})$	18.4	17.7	16.7	17.6	18.4	19.8	—	—	—	—
固结快剪	C/kPa	19	7	13	16	14	44	—	—	—	—
	$\varphi/(°)$	17.0	18.0	10.5	13.0	19.5	15.5	—	—	—	—
慢剪	C/kPa	—	—	—	—	—	—	0	0	0	0
	$\varphi/(°)$	—	—	—	—	—	—	35.0	36.0	35.5	35.0
标贯试验估算砂土有效内摩擦角	$\varphi'/(°)$	—	—	—	—	—	—	40.0	50.0	45.0	45.0
三轴(CU)	C_{cu}/kPa	19	10	12	16	19	49	—	—	—	—
	$\varphi_{cu}(°)$	19.9	19.5	13.3	18.2	20.3	20.9	—	—	—	—
	C'/kPa	3	4	3	4	3	—	—	—	—	—
	$\varphi'/(°)$	29.1	31.3	24.7	29.3	30.4	—	—	—	—	—
三轴(UU)	C_u/kPa	55	30	27	44	81	165	—	—	—	—
	$\varphi_u/(°)$	0.0	0.0	0.0	0.0	0.0	0.0	—	—	—	—
静止侧压力系数建议值	K_0	0.49	0.47	0.58	0.54	0.48	0.46	0.37	0.34	0.36	0.38
现场十字板剪切试验	$(C_u)_V$/kPa	43.8	35.2	38.6	50.1	57.7	—	—	—	—	—
无侧限抗压强度	q_u/kPa	—	44	46	71	108	246	—	—	—	—
水平向基床系数(建议值)	$K_H/(\mathrm{kN\cdot m^{-3}})$	8 000	5 500	5 000	10 000	15 000	50 000	80 000	150 000	100 000	100 000
垂直向基床系数(建议值)	$K_V/(\mathrm{kN\cdot m^{-3}})$	6 000	5 000	5 000	10 000	12 000	30 000	40 000	40 000	35 000	35 000
比例系数(建议值)	$m/(\mathrm{kN\cdot m^{-4}})$	3 000	2 000	1 500	2 500	3 500	6 000	8 000	10 000	9 000	9 000
渗透系数(建议值)	$k/(\mathrm{cm\cdot s^{-1}})$	3.0E-6	2.0E-5	5.0E-6	8.0E-6	2.0E-5	5.0E-6	2.0E-4	5.0E-4	4.0E-4	2.0E-4

注：1. 根据工程经验，土的抗剪强度取值应和地基土的实际应力状态相适应。因此，用于基坑工程的抗剪指标，设计应结合工程经验慎重选用。
2. 表中直剪固快指标为峰值最小平均值，其他指标均为算术平均值。
3. 表中砂土有效内摩擦角根据《高层建筑岩土工程勘察规程》(JGJ 72—2004)8.7.4 条文说明，按照公式 $\varphi'=\sqrt{20N}+15$ 估算，N 为标准贯入实测击数。
4. 基床系数宜根据实际应变控制标准并结合工程经验酌情选用。

4. 基坑开挖、围护设计时应注意的岩土工程问题

1）边坡稳定性

基坑开挖后，形成临空面，一侧受水土压力的影响，具有向坑内滑动的趋势。因此，需要进行基坑稳定性分析，同时注意加强围护。

2）浅层杂填土

本场地第①层杂填土较厚、成分复杂，围护结构施工时应采取适当加固措施，确保其坑壁稳定性。

3）软土流变问题

由于基坑周边以第③、④、⑤$_1$等软弱黏性土层为主，有较明显触变及流变特性，在动力作用下土体强度极易降低，因此在开挖过程中应尽量减少土体扰动。

4）基坑回弹

本工程基坑开挖深度较大，坑底置于第⑥层或第⑦$_1$层中，开挖时坑底土体会有一定的回弹，应注意土体回弹对基坑支护结构、周围邻近已有建筑物、地下管线等产生的不利影响，同时应注意土体回弹可能引起的桩基拉裂问题。为减少基坑回弹，可通过对承压水减压措施减少回弹量。

5）坑外地表变形

基坑工程开挖过程中，由于土体开挖，坑内水位下降，坑内土体释放后土体应力不平衡，造成周边土体应力需要重新调整以达到新的应力平衡，这一过程是通过周边土体发生一定的位移来实现的，具体表现为：基坑周围土体发生沉降和侧移；基坑坑底隆起变形；基坑降水引起地表沉降。

基坑周边土体的位移带动相邻既有建筑物、道路和地下构筑物等发生变形，较大的变形会影响它们的正常使用。基坑开挖中应充分利用土体时空效应规律，严格掌握施工工艺要点：沿纵向按限定长度逐段开挖，在每个开挖段分层、分小段开挖，随挖随撑，按规定时限开挖及安装支撑并施加预应力，按规定时间施工底板，减少暴露时间。

6）流砂、管涌现象

本场地第③层夹层薄状粉性土、第⑦$_1$层为粉（砂）性土，透水性较好。若降水和止水措施不当，极易产生流砂、管涌等不良地质现象，施工时应注意地下连续墙的施工质量，确保围护墙具有良好的止水性能，同时采取适当的降水和止水措施。

7）坑内地下水的疏干

上海地下水水位高，一般潜水高水位埋深为 0.5 m。基坑开挖需要疏干坑内地下水，使地下水位降至开挖面下 0.5 m，坑内降水可采用一级、多级井点降水或真空管井降水。

8）基坑突涌

拟建场地内承压水主要为赋存于第⑦、⑨、⑪、⑬、⑮层中赋存的承压水，对本工程有直接影响的为第⑦层中赋存的承压水。受场地周边高层建筑深基坑及市政工程降水影响，勘察期间测得第⑦层承压水头埋深为 12.3～14.2 m，相应标高－10.03～－8.31 m。

根据多年来的观察，上海地区承压水位有下降趋势。根据陆家嘴地区承压水长期观测资料与众多工程勘察期间测得的结果，陆家嘴地区第Ⅰ承压含水层承压高水位埋深一般在 6～10 m（相应标高－6～－2 m），从不利条件角度考虑，承压水高水头埋深可按 6.0 m 计算。

拟建场地承压含水层顶板埋深约 29.0 m，本工程裙房基坑开挖深度约 25.0 m，其下卧隔水层厚度仅为 3.0～4.0 m，塔楼区核心筒基坑开挖深度约 30.0 m，已揭穿⑦$_1$层砂质粉土，并且工程场地内分布的第Ⅰ、Ⅱ承压含水层（第⑦、⑨层）相连通，水量极为丰富。

根据上海市工程建设规范《岩土工程勘察规范》（DGJ 08-37—2002）第 11.3.3 条验算，按上海地区最高的承压水位埋深 3.0 m 或按陆家嘴地区最高的承压水位埋深 6.0 m，土的饱和重度为 18 kN/m^3 计算；本工程基坑底板区域开挖深度 25～30 m，P_{cz}/P_{wy} 均远小于 1.05，基坑开挖时可能会造成基坑突涌，因此必须在施工时采取必要的措施，需降低承压水位。

本次详勘场地勘探孔施工后均已采用水泥浆或膨胀黏土球封孔，但基坑开挖时仍应注意底部第⑦层承压水顺勘探孔位置突涌。

5. 基坑降水

拟建场地下伏巨厚的复合承压含水层，由第一承压含水层与第二承压含水层组成。其中，第一承压含水层由第⑦$_1$、⑦$_2$、⑦$_3$层组成，第二承压含水层由第⑨$_1$、⑨$_2$、⑨$_3$层组成。由于本场地内缺失具相对隔水性能的第⑧层，第一、第二承压含水层相互连通，形成了总厚度约为 100 m的复合承压含水层，其顶板埋深约 29.0 m，上覆隔水性较好的第⑥层黏性土（相对隔水层或弱透水层）。

本工程基坑开挖深度 25～30 m，坑底已经接近或深入到第⑦$_1$层（第一承压水含水层上段）。因坑底以下的承压含水层厚度将近 100 m，若要隔断承压含水层则需花费巨大代价，且在技术上也是不可行的。因此，在本工程的基坑开挖过程中，基坑降水包括浅层潜水控制和旨在防止基坑突涌、坑内流砂的深层承压水控制两部分内容。根据地下水控制对象的差异，应分别采取具有针对性的基坑降水措施。

1）潜水控制措施

本工程基坑开挖深度为 25～30 m。另外，考虑基坑底部的集水井和电梯井等局部落深区域，基坑开挖深度将更大。根据一般的设计要求，地下水位需降到基坑开挖面以下 0.5～1.0 m。

在制订疏干降水设计方案时，疏干井长度应适当，应避免过长进入承压含水层将潜水含水层与承压含水层连通，也不能太短而达不到疏干的效果。建议疏干井深度以进入第⑥层顶以下的长度不超过 2 m 为控制标准，宜采用真空降水管井降水。

2）承压水控制措施

本场区内承压含水层顶板埋深约 29 m。根据上海地区已有工程的长期水位观测资料，该承压含水层水位呈年周期性变化，水位埋深一般在 3～11 m 之间；根据最新观测资料，陆家嘴地区的承压水位埋深在 6～10 m（标高－6～－2 m）。

本场区内承压含水层顶板埋深约 29 m。根据上海地区已有工程的长期水位观测资料，该承压含水层水位呈年周期性变化，水位埋深一般在 3～11 m 之间；根据最新观测资料，陆家嘴地区的承压水位埋深在 6～10 m（标高－6～－2 m）。

根据以往的基坑工程经验，承压水问题在本次基坑工程中相当突出。本工程的承压水控制能否成功关系基坑工程的成败，因此建议专业的承压水降水单位进行现场的水文地质抽水试验，掌握基坑降水设计所需的承压含水层水文地质参数和井流参数，以及承压水降水对周边环境的不利影响。

另外，本工程位于陆家嘴中心区域，周围的环境比较复杂，基坑周围有多条繁忙的道路，道路下面埋藏有多条地下管线，道路周边还分布有多座建筑。本基坑深度较深，由于基坑开挖周期较长，承压水降水的周期也较长。为了减小承压水控制对周围环境的影响，应严格根据开挖工况控制承压水头的高度，做到在保证基坑安全的前提下少抽水，体现“按需减压降水”的设计精神；并应在技术经济对比分析的前提下，适量增加隔水帷幕的埋置深度，并严格保证隔水帷幕的防渗性能。建议进行专项基坑承压水控制与环境影响评估，以便为经济合理的隔水帷幕插入深度确定提供依据，并评估基坑承压水控制对周围环境的影响程度。

此外，为了减小承压水控制对周围环境的影响范围和程度，还可以制订专项的承压水回灌预案，确保降压安全。在基坑开挖施工过程中承压水较容易冲破地层薄弱处形成坑内流砂与突涌破坏。因此，应加强对基坑坑底，尤其是地下连续墙附近角隅处的观察，发生情况应立即采取措施，做到信息化施工。

6. 基坑开挖监测

施工期间为确保基坑围护结构及周边环境的安全，必须对基坑进行监测，建议监测内容包括但不限于以下项目。

(1) 水平垂直位移量测：对围护墙顶、立柱顶端、地下管线及邻近构筑物的水平位移及沉降进行监测。

(2) 测斜：建议在围护墙内及墙后土体内埋设测斜管进行测斜。

(3) 支撑内力测试：每道支撑选择主要受力杆件量测轴力。

(4) 围护墙结构受力和变形特征的监测。

(5) 基坑坑底回弹的监测。

(6) 地下水位观测：建议布置坑外地下水位观测井。

总之，做到信息化施工，以确保周围建(构)筑物的安全和施工的顺利进行。

4.1.6 小结

本场地属稳定场地，根据场地的工程地质条件，适宜建造本工程超高层建(构)筑物。场地表层第①层杂填土厚度较大、成分复杂，桩基及基坑围护结构施工时应采取适当措施。

本次详勘在场地处未发现暗浜分布。经查阅《上海市河流历史图》，在北侧基坑边线范围有暗浜分布。由于受施工场地条件限制，北侧基坑边线范围未能进行小螺纹孔施工，可待施工条件具备后进行补充勘察。

场地位于中心城区，场地周边管线分布较为复杂，桩基、基坑开挖时应予以注意。本工程地下室边线距离四周道路较近，北侧及东侧地下室边线分布至花园石桥路和东泰路中心。本场地周边花园石桥路、东泰路、陆家嘴环路、银城中路均分布有较多地下管线，如煤气、上水、电力、信息等各类市政管线。其中，场地北侧分布一条东西向的非开挖信息管，管顶埋深 0.5～7.0 m，应引起重视。场地内管线等地下障碍物的分布情况可详见物探报告，周边市政道路地下管线可查阅相关管线图确定。

场地类别为Ⅳ类，抗震设防烈度为 7 度，设计基本地震加速度为 0.10 g，拟建场地在深度 20.0 m 范围内无饱和砂质粉土和砂土层分布，故在抗震设防烈度为 7 度时，可不考虑场地地基土地震液化影响。本工程抗震设计所需的相关参数可参阅专项地震安全性评估报告。

场地潜水高地下水埋深可取地表面下 0.5 m，低地下水埋深取地表面下 1.5 m，设计可根据安全需要选择合适的地下水位埋深；对本工程有直接影响的承压水为第⑦层中的承压含水层，受场地周边高层建筑深基坑及市政工程降水影响，勘察期间测得第⑦层承压水头埋深为 12.3～14.2 m(相应标高－10.03～－8.31 m)。

根据上海地区经验，承压水水位埋深呈年周期性变化，一般为 3.0 m～11.0 m。根据多年来的观察，上海地区承压水位有下降趋势。根据陆家嘴地区承压水长期观测资料与众多工程勘察期间测得的结果，陆家嘴地区第Ⅰ承压含水层承压高水位埋深一般在 6 m～10 m（相应标高－6.0～－2.0 m），从不利条件角度考虑，本工程最高承压水水头埋深可按 6.0 m 考虑。

场地地下水和土对混凝土无腐蚀性；地下水对钢结构有弱腐蚀性；地下水在长期浸水环境下对钢筋混凝土结构中的钢筋无腐蚀性。

根据场地的周边环境条件、场地地层条件及沉桩可行性分析，本工程超高层建筑及裙房（含局部纯地下室）建议采用灌注桩方案，并采用后注浆工艺。

本工程 122 层塔楼核心区可比选第⑨$_{2-1}$、⑨$_{2-2}$层作为桩基持力层，扩展区可比选第⑦$_2$、⑨$_1$、⑨$_{2-1}$层作为桩基持力层；5 层裙房及纯地下室建议选择第⑦$_2$层作为抗拔桩桩端置入层；当裙房、纯地下室采用逆筑法施工时，建议选择第⑨$_1$层作为桩基持力层。建议通过静载荷试验确定单桩竖向承载力后进行布桩；建议进行试成桩，以确定施工参数。

本工程基坑开挖深度为 25.0～30.0 m，根据场地现状及工程经验，基坑围护结构宜采用地下连续墙，围护结构的支撑系统可采用数道钢筋混凝土水平支撑。同时采取适宜的降水、排水措施。本工程基坑施工需考虑第⑦层承压含水层突涌问题，采取深井降水降压等措施。

场地周围环境条件复杂，在桩基及基坑施工时建议安排岩土工程监测工作，做到信息化施工，以确保桩基、基坑施工安全与周围环境的安全。

考虑本工程基坑范围及开挖深度均很大，场地地下水变化及承压含水层等水文地质特性对设计、施工影响很大，要进行专门的水文地质勘察工作。

4.2 上海轨道交通 10 号线勘察

4.2.1 工程概况

上海市轨道交通 10 号线是《上海市城市轨道交通系统规划方案》中规划的市区级轨道线网中地铁类线路之一。一期工程线路起点为高速铁路客站站、终点为新江湾城站，全长 32.76 km。线路具体走向为：高速铁路客站—星站路—吴中路—虹井路—延安西路—虹桥路—淮海路—复兴路—河南路—武进路—四平路—淞沪路—新江湾城，连接闵行、长宁、徐汇、卢湾、黄浦、虹口、杨浦 7 个区。一期工程均采用地下线方案，共包括 30 个车站、29 个区间。

本节将对上海轨道交通 10 号线陕西南路站—马当路站区间当时的勘察方案进行具体的介绍。该隧道区间线路长约 1 354 m，拟采用单圆盾构方案，隧道直径约 6.5 m，据设计方提供的线路掘进纵断面图，隧道轨面设计标高为－19.180～－10.854 m，隧道盾构底面埋深 16～24 m。

4.2.2 勘察工作量布置原则

针对上述目的及勘察技术要求，布置勘察工作量如下：

详勘区间隧道勘探孔孔距为小于 50 m（投影距），一般在隧道边界线外侧 3～5 m 处布置；旁通道区域，在隧道两侧各布置 1 个勘探孔。局部受场地条件限制，孔位做适当调整。

一般性勘探孔深度达隧道底标高以下 1.5～2.0 倍的隧道直径，控制性孔达隧道底标高以下 2.5 倍隧道直径；旁通道区域孔深按照设计要求适当加深。钻探孔与静力触探孔比例约为 1∶1，控制性孔约占总孔数的 1/3；本区间段共布置钻探孔 14 个、静探孔 10 个、十字板剪切试验孔 2 个；利用初勘时钻探孔 3 个、静探孔 3 个（孔号前冠以“Q”或“R”）。同时利用本工程陕西南路站静探孔 1 个（孔号：C207）、注水试验孔 1 个（孔号：W1）；马当路站静探孔 1 个（孔号：C101）、注水试验孔 1 个（孔号：W2）。

根据上海市工程建设规范《岩土工程勘察规范》(DGJ 08-37—2002)第 6.7.4 条的有关规定，选取部分钻孔在隧道穿越范围内，取土间距适当加密（间距为 1～2 m）。

局部勘察孔布置图如图 4-8 所示。

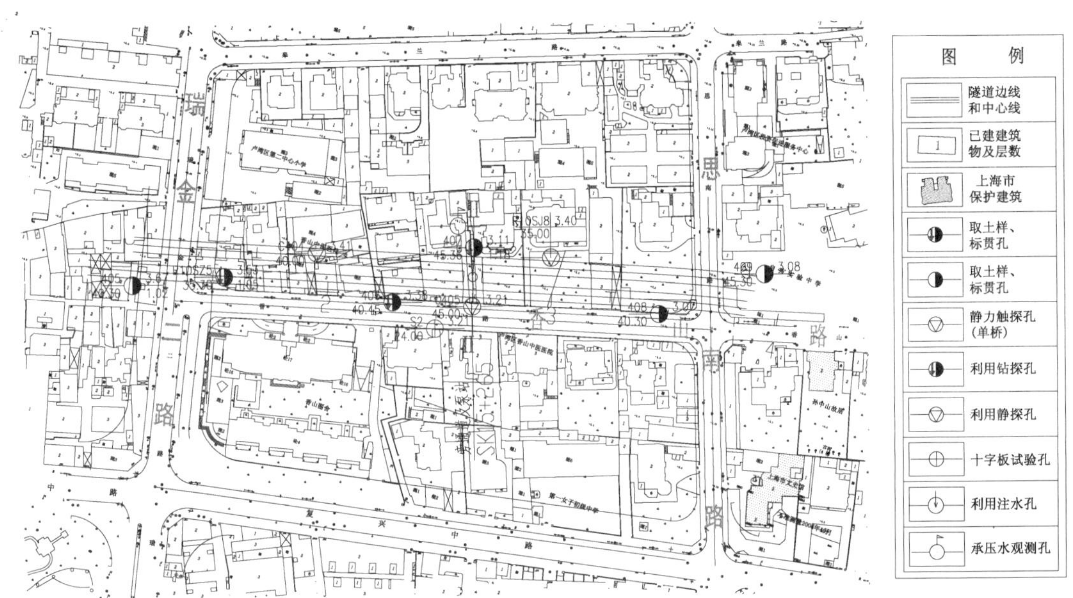

图 4-8 局部勘探点布置图

4.2.3 场地工程、水文地质条件及周边环境

1. 地形、地貌及周边环境

场地属滨海平原地貌类型。地势较为平坦，地面标高（吴淞高程）一般在 2.68～3.73 m 之间。拟建区间自陕西南路站开始，自西向东经茂名南路、瑞金二路、思南路、重庆南路、淡水路，至马当路站。沿线多以 3～4 层老式住宅为主，地面道路交通繁忙、地下管线众多，周边环境复杂。

2. 地基土的构成与特征

勘察探明，拟建场地自陕西南路至旁通道位置为正常地层分布区，旁通道位置以东至淡水路为古河道沉积区。拟建区间沿线在正常地层分布区范围土层分布稳定，古河道沉积区约 25 m深度以下土层起伏变化较大，在本勘察所揭露深度 45.45 m 范围内分属第四纪上更新世 Q3 至全新世 Q4 沉积物，主要由黏性土、砂土组成，一般具有成层分布特点。根据土的成因、结构及物理力学性质差异可划分为 7 个主要层次，其中第⑤层可分为第$⑤_{1-1}$、$⑤_{1-2}$、$⑤_{3-1}$、$⑤_{3-2}$层等亚层和次亚层，第⑦层可分为$⑦_1$、$⑦_2$两个亚层。拟建场地沿线地层分布主要有以下特点：

(1) 第①层杂填土，上部约 1 m 夹多量碎石、砖块，土质杂乱；下部以黏性土为主，夹少量杂质。

(2) 第②层褐黄～灰黄色粉质黏土，含氧化铁条纹和铁锰质结核，局部区域以黏土为主，土质自上而下变软。

(3) 第③层灰色淤泥质粉质黏土、第④层淤泥质黏土，分布较为稳定，流塑，属软弱黏性土。

(4) 第$⑤_{1-1}$、第$⑤_{1-2}$层为软黏性土层，软塑～流塑，在拟建区间沿线分布较稳定。

(5) 第$⑤_{3-1}$层灰色粉质黏土，该层主要在古河道沉积区分布，层厚及层面埋深均变化较大；拟建区间重庆南路附近该层夹多量层状黏质粉土，土质不均匀。

(6) 第$⑤_{3-2}$层灰色砂质粉土夹粉质黏土，夹多量黏质粉土，局部区域以粉质黏土为主，土质不均匀；该层主要在重庆南路以东区域分布。

(7) 第⑥层暗绿～灰绿色粉质黏土，硬塑～可塑，含氧化铁斑点和铁锰质结核，底部夹薄层粉性土；该层仅在正常地层分布区分布。

(8) 第$⑦_1$、第$⑦_2$层草黄～灰色粉砂、粉细砂，中密～密实，在正常地层分布区分布稳定，层面起伏平缓；古河道沉积区大部分在深度 45.30 m 尚未揭露此两层。

土层静力触探曲线与钻孔柱状图分别如图 4-9 和图 4-10 所示。

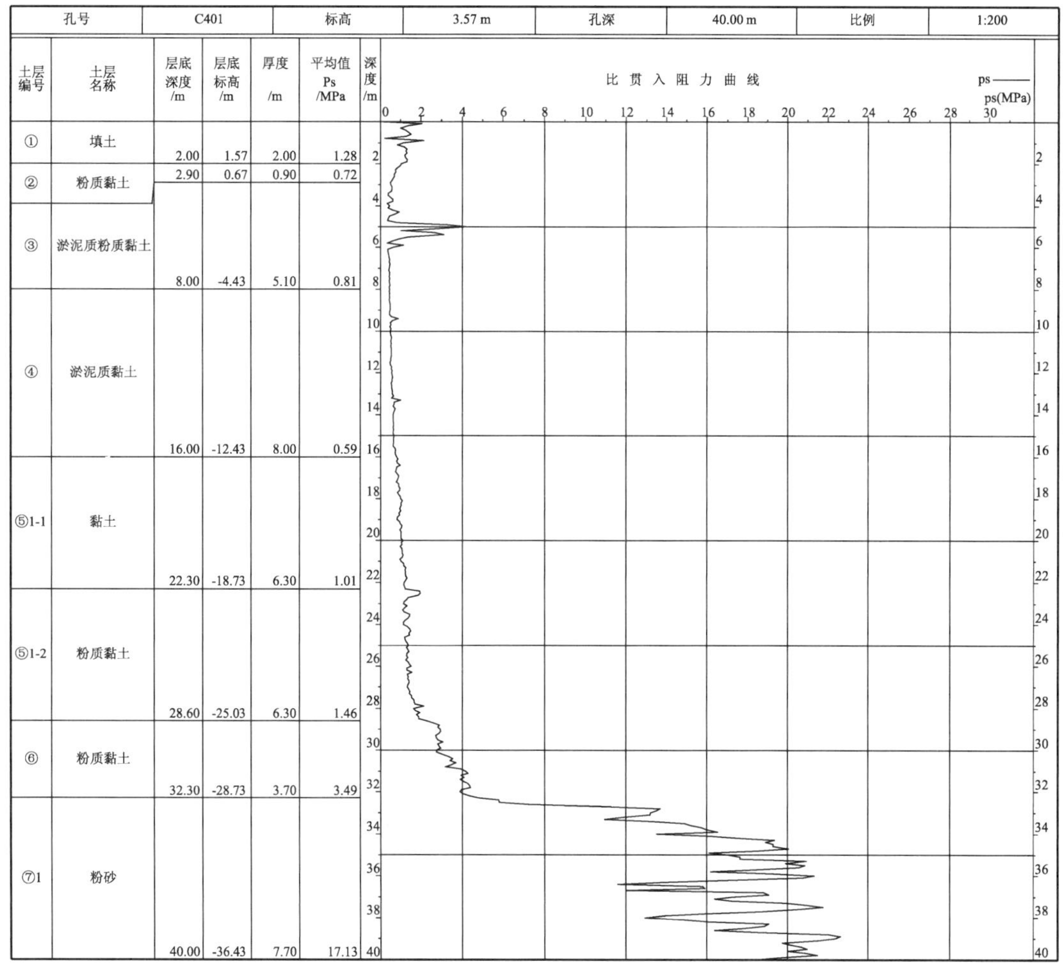

孔号	C401	标高	3.57 m	孔深	40.00 m	比例	1:200

土层编号	土层名称	层底深度/m	层底标高/m	厚度/m	平均值 Ps/MPa
①	填土	2.00	1.57	2.00	1.28
②	粉质黏土	2.90	0.67	0.90	0.72
③	淤泥质粉质黏土	8.00	-4.43	5.10	0.81
④	淤泥质黏土	16.00	-12.43	8.00	0.59
⑤1-1	黏土	22.30	-18.73	6.30	1.01
⑤1-2	粉质黏土	28.60	-25.03	6.30	1.46
⑥	粉质黏土	32.30	-28.73	3.70	3.49
⑦1	粉砂	40.00	-36.43	7.70	17.13

图 4-9 静力触探曲线图

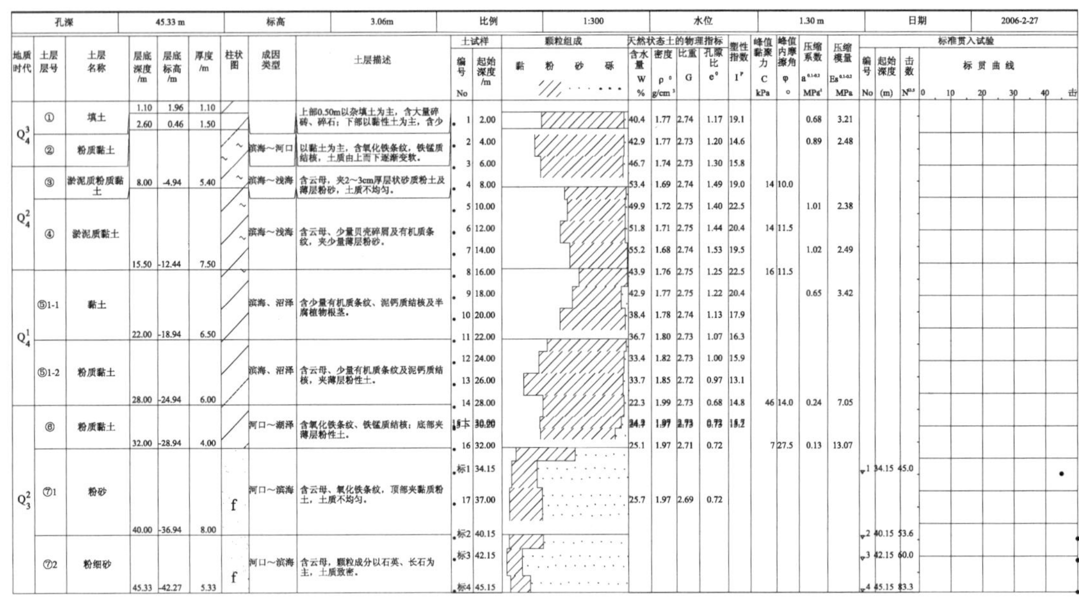

图 4-10 钻孔柱状图

3. 地基土的物理力学性质

1）地基承载力参数

地基承载力特征值 f_{ak} 是按照国家标准《建筑地基基础设计规范》(GB 50007—2002)第5.2.3条和上海市工程建设规范《岩土工程勘察规范》(DGJ 08-37—2002)第13.3.4条文说明确定。各土层地基承载力见表4-9。

表 4-9 地基承载力一览表

层序	土层名称	静探 p_s 值 /MPa	土的重度 γ/ (kN·m^{-3})	固结快剪强度指标		地基承载力设计值	地基承载力特征值
				C/kPa	φ/(°)	f_d/kPa	f_{ak}/kPa
②	粉质黏土	0.60	18.1	21	18.0	90	75
③	淤泥质粉质黏土	0.58	17.4	12	20.0	80	65
④	淤泥质黏土	0.55	16.6	14	11.0	75	60

注：1. 表中承载力值仅供评价土性之用，设计时应根据实际基础的形状、尺寸、埋深并考虑下卧层强度影响进行计算；
2. 上表中承载力值未经变形验算。

2. 垂直向基床系数试验成果

采用室内三轴固结不排水剪切试验方法进行地基土垂直向基床系数测定。三轴固结不排水剪切强度试验是在有围压的条件下进行，围压荷载模拟了土体的侧向受力情况，其试验成果详见表4-10。

表 4-10 垂直向基床反力系数一览表

层序	土层名称	弹塑性阶段 $P>P_f$		
		应变 5%	应变 10%	应变 15%
②	粉质黏土	23 586	16 520	12 829
③	淤泥质粉质黏土	16 376	11 199	7 862
④	淤泥质黏土	23 087	11 750	7 345

续表

层序	土层名称	弹塑性阶段 $P>P_f$		
		应变 5%	应变 10%	应变 15%
⑤$_{1-1}$	黏土	46 328	28 322	19 997
⑤$_{1-2}$	粉质黏土	68 933	43 071	29 884
⑤$_{3-1}$	粉质黏土	110 959	73 421	54 882
⑥	粉质黏土	96 678	55 747	38 493

由于室内三轴试验受试样的尺寸效应和加荷速率快速的原因，其基床反力系数偏大。从工程应用角度分析，基坑开挖时土体变形一般近于弹塑性阶段，加荷性质属慢速过程，因此，使用时应根据荷载性质和应变条件做适当修正。

4.2.4 水文地质条件

上海第四纪松散沉积物厚度 200～300 m，地下水类型主要为松散岩类孔隙水。孔隙水按形成时代、成因和水理特征可划分为潜水含水层、承压含水层，对本工程有影响的地下水类型可分为潜水和承压水。

1. 潜水

潜水一般分布于浅部土层中，补给来源主要有大气降水入渗及地表水侧向补给，其排泄方式以蒸发消耗为主。浅部土层中的潜水位埋深，一般离地表面 0.3～1.5 m，年平均地下水水位离地表面 0.5～0.7 m。由于潜水与大气降水和地表水的关系十分密切，故水位呈季节性波动。勘察期间所测得的地下水静止水位埋深一般在 0.70～1.38 m 之间(部分钻探孔因位于马路或人行道上，需及时回填，未测得静止水位)，其相应标高一般在 2.65～1.76 m 之间。

2. 承压水

对本工程有重要影响的为第⑦层中承压含水层，在旁通道(SK15＋265)附近、隧道边缘外侧设置承压水观测孔，以观测施工期间第⑦层中承压水。勘察期间测得第⑦层承压水埋深为 10.80～11.56 m。

根据上海地区的区域资料，第Ⅰ承压含水层(第⑦层)承压水埋深一般在 3～11 m，低于潜水水位，并呈周期性变化。设计可根据安全原则，结合上海地区工程经验，选择合适的承压水水位埋深值。

3. 土层渗透系数

根据陕西南路站及马当路站现场钻孔降水头注水试验资料及本次室内渗透试验，有关土层渗透系数见表 4-11。

表 4-11　钻孔降水头注水试验成果一览表

层序	土层名称	现场注水试验渗透系数 $K/(\mathrm{cm\cdot s^{-1}})$		室内土工试验渗透系数/$(\mathrm{cm\cdot s^{-1}})$
		范围值	平均值	
②	粉质黏土	1.48×10^{-5}	1.48×10^{-5}	$K_V=1.04\times10^{-6}$ $K_H=1.31\times10^{-6}$
③	淤泥质粉质黏土	1.36×10^{-5}～ 1.40×10^{-5}	1.38×10^{-5}	$K_v=2.89\times10^{-6}$ $K_H=5.28\times10^{-6}$
④	淤泥质黏土	8.17×10^{-6}～ 9.59×10^{-6}	8.88×10^{-6}	$K_v=2.28\times10^{-7}$ $K_H=3.61\times10^{-7}$

续表

层序	土层名称	现场注水试验渗透系数 $K/(cm \cdot s^{-1})$		室内土工试验渗透系数 $/(cm \cdot s^{-1})$
		范围值	平均值	
⑤$_{1-1}$	黏土	1.56×10^{-5}	1.56×10^{-5}	$K_v = 3.19 \times 10^{-6}$ $K_H = 6.54 \times 10^{-6}$
⑤$_{1-2}$	粉质黏土	1.14×10^{-5} ~ 1.48×10^{-5}	1.35×10^{-5}	$K_v = 1.00 \times 10^{-5}$ $K_H = 1.84 \times 10^{-5}$
⑤$_{3-1}$	粉质黏土	1.28×10^{-5}	1.28×10^{-5}	$K_v = 7.59 \times 10^{-6}$ $K_H = 1.36 \times 10^{-5}$
⑤$_{3-2}$	砂质粉土夹粉质黏土	1.15×10^{-5}	1.15×10^{-5}	$K_v = 1.30 \times 10^{-5}$ $K_H = 1.85 \times 10^{-5}$
⑥	粉质黏土	—	—	$K_v = 7.04 \times 10^{-7}$ $K_H = 5.21 \times 10^{-7}$
⑦$_1$	粉砂	1.02×10^{-4}	1.02×10^{-4}	$K_v = 3.99 \times 10^{-4}$ $K_H = 6.04 \times 10^{-4}$
⑦$_2$	粉细砂	1.35×10^{-4} ~ 1.77×10^{-4}	1.56×10^{-4}	$K_v = 4.19 \times 10^{-4}$ $K_H = 6.59 \times 10^{-4}$

4.2.5 不良地质现象

1. 浅层沼气

浅层沼气是地下空间开发所可能遇到的地质灾害之一。当隧道推进作业时,由于浅层沼气释放,可能造成下伏土层失稳,使已建好的隧道产生位移、断裂,造成无可挽回的重大经济损失。据有关资料所述上海地区浅层沼气最浅仅 8 m,最深 30 m 左右,浅层沼气主要有两个层位:

(1) 20 m 以上气层,分布在地质历史时期海侵最大时形成沉积层内(海相层),一般呈交互状的扁豆体出现,以贝壳、贝壳砂层为主储气层,构成本市埋藏最浅的储气层;

(2) 25 m 左右气层,为上部海相层沉积,受中部陆相层顶部起伏的控制,主要储气层为砂层,一般呈透镜体或单向尖灭体出现。

本勘察施工过程中未发现有沼气逸出现象。

2. 浅层杂填土

根据勘察资料,场地第①层填土以杂填土为主,夹碎石、砖块、有机质等杂物,成分较为复杂。

3. 地下障碍物

拟建场地位于上海中心城区,地下管线、沿线建筑物基础对工程影响较大。根据工程物探报告,本区间段涉及的主要地下障碍物有复兴公园泵站、重庆南路高架桩基等,详细资料设计可查阅相应物探报告。

4.2.6 地基土的分析与评价

1. 场地稳定性和适宜性

根据场地的工程地质条件和上海市区域地质资料,本场地属稳定场地,适宜本工程建设。

2. 隧道盾构掘进涉及岩土工程问题分析评价

1) 不同土层对隧道掘进的影响

掘进区间工程地质剖面图如图 4-11 所示。

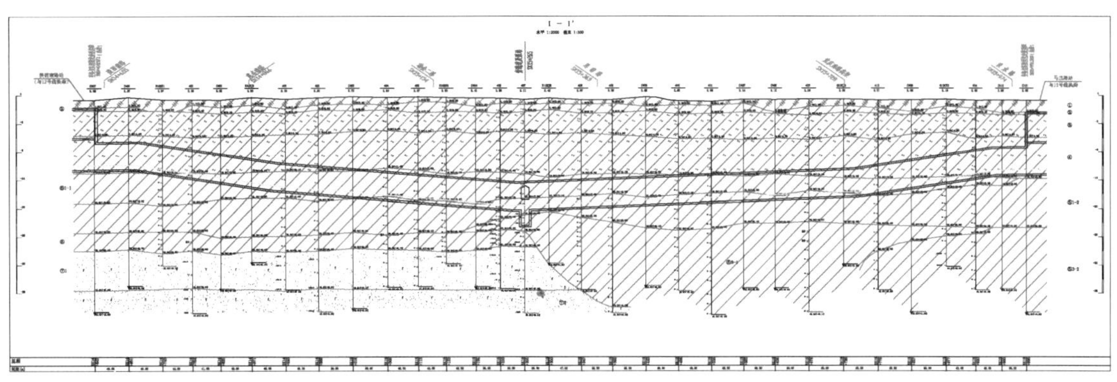

图 4-11 掘进区间工程地质剖面图

本线路里程为 SK14＋642—SK15＋996，隧道掘进主要在第④层淤泥质黏土、第$⑤_{1-1}$层黏土、第$⑤_{1-2}$层粉质黏土之中。第④、$⑤_{1-1}$、$⑤_{1-2}$层土属高含水量、高压缩性、低强度、低渗透性的饱和软黏性土，具有较高的灵敏度和触变特性，在动力作用下极易破坏土体结构，使土体强度骤然降低，易造成开挖面的失稳。

第④层淤泥质黏土、第$⑤_{1-1}$层黏土、第$⑤_{1-2}$层粉质黏土，黏聚力高，易黏着盾构设备或造成管路堵塞，使掘进困难。

本区间局部地段分布的地下障碍物，如复兴公园泵站、重庆南路高架桩基础等，需注意避让或采用其他有效措施进行处理；另外拟建区间沿线分布有较多市保护建筑（孙中山故居等），需采取一定措施防止隧道施工对邻近保护建筑造成不利影响。

3. 隧道施工应注意的问题

本工程隧道上方为中心城区，地表建筑物和地下管线较为密集，隧道施工时还应注意下列问题。

（1）盾构选型：为满足开挖面稳定要求，防止渗水引起流砂、流土并引起地面沉降过大，盾构选型宜参照上海市工程建设规范《地基基础设计规范》（DGJ 08-11—1999）条文说明表 9.7.11，并结合类同工程经验确定。同时，施工时应根据不同的地层分布情况注意及时调整盾构施工参数（如盾构工作姿态、顶力、注浆量等）。

（2）控制地面沉降：盾构施工引起的地层损失和盾构隧道周围受扰动或受剪切破坏的重塑土再固结，是导致地面沉降的主要原因。按已建的 R1、R2 线施工经验，可采用同步注浆和二次注浆的方法进行加固处理，可有效控制过大的地面沉降。

（3）纵向不均匀沉降的控制：为控制隧道纵向不均匀沉降的影响，应注意盾构工作井、地铁车站、隧道区间连接。工程经验表明，区间隧道两端与车站相连处，由于二者结构、施工方法、施工时间的不同，必将产生一定的差异沉降，故设计中在隧道与车站接头处宜处理成刚性连接，并在洞门一定距离处，设两条变形缝，以适应一定的弯曲变形，并采取严格的防水措施。另外，在土层特征发生突变处宜设置变形缝。

第⑦层为承压含水层，施工期间测得旁通道（SK15＋265）附近第⑦层中承压水埋深为 10.80～11.56 m。在隧道设计、施工时须予以重视，应考虑其不利影响，采取有效的防范措施。

4. 盾构有关设计、施工参数

表 4-12　隧道、基坑围护设计参数一览表

层序	重度	直剪固快		慢剪		三轴(UU)		三轴(CU)			
	γ/(kN·m^{-3})	C/kPa	φ/(°)	C/kPa	φ/(°)	C_u/kPa	φ_u/(°)	C_{cu}/kPa	φ_{cu}/(°)	C'/kPa	φ'/kPa
②	18.1	21	16.5	—	—	72	0.0	18	18.2	4	30.0
③	17.4	11	16.0	—	—	34	0.0	10	17.2	5	28.8
④	16.6	13	10.5	—	—	32	0.0	12	13.1	4	24.4
⑤$_{1-1}$	17.8	15	12.5	—	—	61	0.0	19	16.8	1	28.0
⑤$_{1-2}$	18.1	14	19.0	—	—	76	0.0	22	22.7	4	32.0
⑤$_{3-1}$	18.1	15	18.0	—	—	107	0.0	21	21.7	4	31.7
⑤$_{3-2}$	18.1	10	18.0	—	—	—	—	—	—	—	—
⑥	19.6	44	14.5	—	—	149	0.0	43	19.7	—	—
⑦$_1$	19.0	—	—	0	33.0	—	—	—	—	—	—
⑦$_2$	19.0	—	—	0	33.5	—	—	—	—	—	—

层序	静止侧压力系数(建议值)	无侧限抗压强度	现场十字板剪切试验	回弹模量			垂直基床系数	水平基床系数	比例系数	渗透系数(建议值)
	K_0	q_u/kPa	$(C_u)V$/kPa	$E_{0.2\sim0.025}$/MPa	$E_{0.3\sim0.025}$/MPa	$E_{0.4\sim0.050}$/MPa	K_V/(kN·m^{-3})	K_H/(kN·m^{-3})	m/(kN·m^{-4})	k/(cm·s^{-1})
②	0.47	—	37.6	—	—	—	6 000	8 000	3 000	2.0E-6
③	0.50	35	33.3	16.5	—	—	5 000	5 500	2 000	1.0E-5
④	0.57	46	32.4	10.0	12.0	—	5 000	5 000	1 500	8.0E-6
⑤$_{1-1}$	0.50	80	49.9	—	12.0	21.5	10 000	10 000	2 500	1.0E-5
⑤$_{1-2}$	0.47	94	85.0	—	—	31.0	12 000	15 000	3 500	1.5E-5
⑤$_{3-1}$	0.45	117	—	—	—	40.0	15 000	20 000	5 000	1.0E-5
⑤$_{3-2}$	0.42	—	—	—	—	—	20 000	35 000	5 500	6.0E-5
⑥	0.45	—	—	—	—	—	30 000	50 000	5 500	8.0E-6
⑦$_1$	0.35	—	—	—	—	—	35 000	70 000	7 000	1.0E-4
⑦$_2$	0.30	—	—	—	—	—	40 000	100 000	10 000	2.0E-4

注:1. 根据工程经验,土的抗剪强度取值应和地基土的实际应力状态相适应。因此,用于基坑工程的抗剪指标,设计应结合工程经验慎重选用。
2. 表中直剪固快指标为峰值最小平均值。

4.2.7 小结

场地属稳定场地,场地类别为Ⅳ类,抗震设防烈度为7度,设计基本地震加速度为0.10g,拟建场地在深度20.0 m范围内无饱和砂质粉土和砂土层分布,故在抗震设防烈度为7度时,可不考虑场地地基土地震液化影响。

场地浅部地下水属潜水类型,补给来源为大气降水及地表径流,建议地下水高水位埋深取0.5 m,低水位埋深取1.5 m。设计时可根据具体设计对象的特征,按不利原则考虑分别采用最高、最低水位。

埋深在 4 m 范围内的地下水水温受气温变化影响，4 m 以下水温较稳定，一般为16℃～18℃。

根据旁通道附近承压水观测资料，勘察期间测得第⑦层承压水水位埋深值为 10.80～11.56 m。根据工程经验，上海地区承压水水位埋深年呈周期性变化，其水位埋深一般在 3～11 m。设计宜根据安全原则选择合适的水位埋深值。

场地浅部地下水及土对混凝土无腐蚀性，对钢结构有弱腐蚀性。区间段勘察时未发现有沼气逸出现象。

本区间段为地下隧道，拟采用盾构法施工工艺，盾构掘进主要涉及第④层、第$⑤_{1-1}$层以及第$⑤_{1-2}$层。为确保盾构掘进面的稳定，施工设备选型及施工工艺等应充分考虑前述各类地层特性的影响。

场地位于上海中心城区，地下管线、沿线建筑物基础对工程影响较大，施工时应予以注意。详细资料设计可查阅相应物探报告。

本区间段旁通道及泵站涉及的土层主要为第$⑤_{1-1}$、$⑤_{1-2}$和第$⑤_{3-1}$层。其中第$⑤_{3-1}$层土性不均，夹多量层状黏质粉土，透水性较高，旁通道及泵站施工过程中应采取深井降水降压等措施，防止粉性土流砂或管涌引发开挖面失稳和地面沉降。经验算第⑦层承压水有产生坑底承压含水层突涌的可能，需考虑第⑦层承压含水层突涌问题，施工时宜采取相应的降水减压措施。旁通道施工时洞口区域应加强围护，以保证施工安全。

场地周围环境条件复杂，在隧道施工时，建议安排岩土工程监测工作，做到信息化施工，同时，设计、施工时应充分考虑上海软土地质特点及环境条件，并借鉴已建类同工程经验，采取相应的防范措施和监测措施，以确保隧道与周围环境的安全。

4.3 上海轨道交通 17 号线勘察总体

4.3.1 前言

1. 工程概况

上海轨道交通 17 号线工程线路起自青浦区东方绿舟，止于闵行区虹桥火车站，沿途经青浦区和闵行区 2 个行政区。

具体线路走向为：沪青平公路（起于沪青平公路南侧）—淀山湖大道—盈港路—崧泽大道—诸陆东路—申兰路（终于虹桥交通枢纽）。其敷设方式为东方绿舟站至朱家角站采用高架线路，朱家角站后设高架至地下的过渡段及地下区间至淀山湖大道站，淀山湖大道站至汇金路站采用地下线路；汇金路站后设地下至高架的过渡段及高架区间至赵巷站，赵巷站至徐盈路站采用高架线路，徐盈路站后设高架至地下过渡段，随后线路以地下线方式沿崧泽大道敷设，直至虹桥火车站站，线路全长 35.30 km，其中高架线 18.28 km，地下线16.13 km，过渡段 0.89 km；共设站点 13 座，其中高架站 6 座，地下站 7 座（1 座地下站已建成），平均站间距 2.897 km。

全线设徐泾车辆段 1 座，选址于崧泽大道以南、徐盈路以西地块，占地约 32.94 ha，接轨于徐泾北城站；设朱家角停车场 1 座，选址于沪青平公路以南、朱家角镇复兴路以东地块，占地约17.68 ha，接轨于朱家角站。另设 1 座控制中心、2 座主变电站及配套系统工程。

轨道交通 17 号线工程线路走向图、站点设置情况见图 4-12。

17 号线各标段的范围及其各标段的设计、勘察单位详见表 4-13。

表 4-13　　各标段划分及设计、勘察单位

<table>
<tr><th>标段</th><th>勘察单位</th><th colspan="2">范围</th><th>设计单位</th><th>备注</th></tr>
<tr><td>1 标</td><td>上海广联建设发展有限公司</td><td colspan="2">徐泾车辆段</td><td>上海市隧道工程轨道交通设计研究院</td><td>另含主变电站 1 座及全线控制中心 1 座</td></tr>
<tr><td>2 标</td><td>上海市隧道工程轨道交通设计研究院</td><td colspan="2">朱家角停车场</td><td>上海市隧道工程轨道交通设计研究院</td><td>次出入口需考虑跨金家桥江的桥梁 1 座</td></tr>
<tr><td rowspan="3">3 标</td><td rowspan="3">上海岩土工程勘察设计研究院有限公司</td><td>里程</td><td>CK0+000—CK3+050</td><td rowspan="2">华东建筑设计研究院有限公司(高架车站)
上海市城市建设设计研究总院(高架区间)</td><td rowspan="3">包括 2 个高架车站、1 个高架区间，以及出入场线</td></tr>
<tr><td rowspan="2">起止</td><td>东方绿舟站(含车站及站后折返)—朱家角站(含)</td></tr>
<tr><td>朱家角停车出入场线</td><td>上海市政工程设计研究总院(集团)有限公司</td></tr>
<tr><td rowspan="2">4 标</td><td rowspan="2">上海市民防地基勘察院有限公司</td><td>里程</td><td>CK3+050—CK8+365</td><td rowspan="2">上海市城市建设设计研究总院(地下结构)
上海市政工程设计研究总院(集团)有限公司(高架区间)</td><td rowspan="2">含 1 个区间，为高架区间和地下区间，合计5 315 m</td></tr>
<tr><td>起止</td><td>朱家角站(不含)—淀山湖大道站(不含)</td></tr>
<tr><td rowspan="2">5 标</td><td rowspan="2">上海市隧道工程轨道交通设计研究院</td><td>里程</td><td>CK8+365—CK12+900</td><td rowspan="2">上海市城市建设设计研究总院</td><td rowspan="2">包括 2 座车站、1 个区间，合计 4 535 m。漕盈路站东侧含 1 座地面主变电站</td></tr>
<tr><td>起止</td><td>淀山湖大道站(含)—漕盈路站(含)</td></tr>
<tr><td rowspan="2">6 标</td><td rowspan="2">上海岩土工程勘察设计研究院有限公司</td><td>里程</td><td>CK12+900—CK17+768</td><td rowspan="2">上海市城市建设设计研究总院</td><td rowspan="2">包括 1 座车站、2 个区间，合计 4 868 m</td></tr>
<tr><td>起止</td><td>漕盈路站(不含)—青浦站—汇金路站(不含站，含部分折返线)</td></tr>
<tr><td rowspan="2">7 标</td><td rowspan="2">上海市岩土地质研究院有限公司</td><td>里程</td><td>CK17+768—CK24+979</td><td rowspan="2">上海市城市建设设计研究总院(汇金路站)
华东建筑设计研究院有限公司(其他高架车站)
上海市政工程设计研究总院(集团)有限公司(高架区间)</td><td rowspan="2">包括 3 座车站、2 个区间，合计 7 211 m</td></tr>
<tr><td>起止</td><td>汇金路站(含)—赵巷站—嘉松中路站(含部分)</td></tr>
<tr><td rowspan="2">8 标</td><td rowspan="2">上海市政工程设计研究总院(集团)有限公司</td><td>里程</td><td>CK24+979—CK30+785</td><td rowspan="2">华东建筑设计研究院有限公司(高架车站)
上海市政工程设计研究总院(集团)有限公司(高架区间)</td><td rowspan="2">包括 2 座车站、3 个区间，合计5 806 m</td></tr>
<tr><td>起止</td><td>嘉松中路站(含部分)—徐泾北城站—徐盈路站—蟠龙路站(不含)及徐泾车辆段出入段线</td></tr>
<tr><td rowspan="2">9 标</td><td rowspan="2">上海市城市建设设计研究总院</td><td>里程</td><td>CK30+785—CK34+514</td><td rowspan="2">上海市隧道工程轨道交通设计研究院</td><td rowspan="2">包括 2 座车站、2 个区间以及中国博览会北站—虹桥火车站区间 1 座中间风井，合计 3 729 m</td></tr>
<tr><td>起止</td><td>蟠龙路站(含)—中国博览会北站—虹桥火车站(不含)</td></tr>
</table>

2. 详勘总体工作目的和技术要求

为在岩土工程勘察工作中进行规范化、标准化管理，本项目中的勘察总体单位，主要负责勘察的总体管理。

本次勘察总体管理的技术要求如下：

(1) 在岩土工程勘察工作中进行规范化、标准化管理，进行质量、进度、投资控制；

(2) 提供技术支持，审查各单位各工点岩土工程勘察报告，确保设计使用的岩土工程参数的合理性和正确性，以规避与岩土有关的风险；

(3) 统一不同单位提供的勘察报告的土层划分与定名、岩土参数取值及评价标准，为设计和施工单位提供更为完整的成果资料，便于工程参与各方的使用和工程质量的控制。

3. 工作阶段及工作内容

详勘总体工作覆盖本工程详勘整个过程，主要分4个阶段，各阶段主要工作内容如下：

1) 第一阶段(勘察前期技术要求的编制及各工点勘察纲要的审查)

为保证轨道交通17号线岩土工程详勘工作的保质、高效、规范、有序进行，编制《上海轨道交通17号线岩土工程详细勘察纲要》(总体)和《上海轨道交通17号线工程详勘阶段岩土工程勘察技术要求及资料整理标准》(试行稿)。勘察施工前对各工点的勘察纲要进行审查。

2) 第二阶段(勘察施工过程中勘察质量、进度控制及协调、管理工作)

图 4-12 上海轨道交通17号线工程线路走向图、站点设置图

(1) 对各分项工程勘察实施过程的质量进行野外巡查与监督，对土工试验进行抽查，对发现的问题及时责令整改，确保第一手资料的准确性。

(2) 做好各勘察单位之间的沟通与协调、勘察单位与设计单位的沟通与协调、勘察单位与项目公司的沟通与协调工作。对项目公司的要求，及时、准确地通知各勘察单位；对各勘察单位反映的问题，及时与项目公司协商，提出解决方案，保障勘察施工顺利进行，并合理控制工程进度。

(3) 做好各分项工程勘察工作量的变更审核工作，协助业主做好投资控制工作。

3) 第三阶段(详勘报告的审查)

对各分项工程每个工点的详勘报告进行审查、咨询和把关，提供有益意见，并协调做好各分项工程勘察资料的衔接和相互利用工作。

4）第四阶段（后期）

（1）在工程勘察完成后，对整个线路进行勘察资料的汇总整理工作，提出设计、施工需注意的关键问题，以规避风险，提高勘察工作质量。

（2）做好各分项工程勘察单位参与后期的施工交底、验槽以及与勘察有关的专题讨论会的协调工作。

4.3.2 详勘总体完成工作量

1. 勘察前期勘察纲要、技术要求审查编制

由勘察、设计总体单位于2013年9月编制《上海轨道交通17号线岩土工程详细勘察纲要》（总体）、《上海轨道交通17号线工程详勘阶段岩土工程勘察技术要求、资料整理标准》（试行稿），并对各工点的勘察纲要进行了审查，对勘察单位布置的勘探孔孔深、孔距及原位测试等进行逐项核查，为保证轨道交通17号线岩土工程详勘工作的保质、高效、规范、有序的进行提供了坚实基础。

2. 勘察施工过程中勘察质量、进度控制及协调、管理工作

1）勘察施工室内、外检查

根据项目公司要求，勘察、设计总体单位于2013年9月中旬开始对17号线详勘工作进行质量抽检，对勘探野外施工进行巡查并对各勘察单位的室内土工试验进行了抽查。其中7标段汇金路站（含）—赵巷站—嘉松中路站（含），因涉及盈港路道路改扩建工程，勘察已于勘察总体工作开展前完成，故未进行前期勘察施工过程管理工作。

2）进度控制及协调、管理工作

为保证工程进度，勘察施工过程中，设计总体单位每周组织1次详勘例会，要求各分项勘察单位每周汇报工作进展情况，并及时上报项目公司，确保工程顺利进行。

3）详勘报告的审查

（1）审查要点。

① 是否符合现行规范、规程以及国家和上海市的强制性条文；

② 土层分层及参数的合理性；

③ 结论建议合理性；

④ 如发现有异常，调用原始资料一起分析；

⑤ 当发现地层异常且原有资料尚不能客观反映场地条件时，提出补勘建议。

（2）审查内容。

各详勘报告的审查内容主要包括文字报告、勘探点平面布置图、剖面图、静探曲线及其他原位测试成果。

4.3.3 全线工程地质条件和岩土工程问题分析

1. 工程地质条件

轨道交通17号线工程起点为青浦区东方绿舟，止于闵行区虹桥火车站，沿途经青浦区和闵行区2个行政区，全线路共涉及上海湖沼平原I_1区和滨海平原Ⅱ区两大地貌单元，本工程于里程CK30＋670（位于徐盈路站—蟠龙路站区间段蟠龙路站西侧）向东进入滨海平原Ⅱ区地貌单元，以西则属湖沼平原I_1区地貌单元（图4-13）。

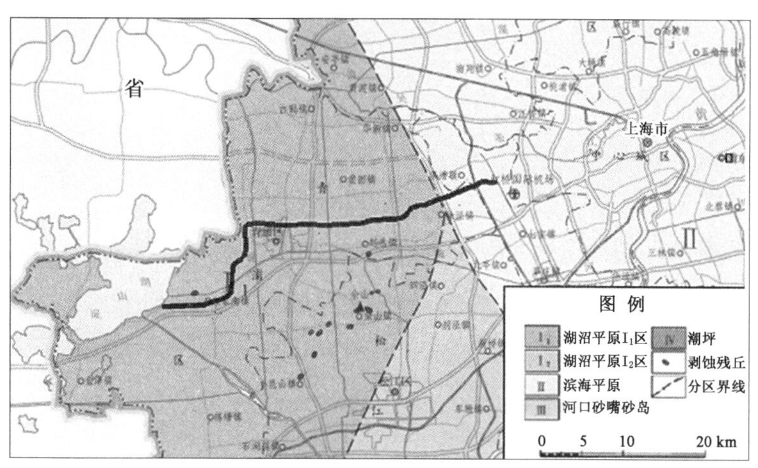

图 4-13 本工程沿线地貌图

2. 环境条件

沿线附近主要为农田、居民住宅、厂房、公路、河道等，根据沿线周围环境的复杂程度，可分为复杂、一般、简单三类。

(1) 周围环境复杂：线路主要沿城市主干道行进，道路交通流量较大，道路两侧存在众多地下管线和民宅。

(2) 周围环境一般：线路沿线道路、民房、河道相对较少，距周围建(构)筑较远。

(3) 周围环境简单：线路沿线主要为农田、果园，地势平坦，周围较空旷。

按照国标《城市轨道交通地下工程建设风险管理规范》(GB 50652—2011)，对本工程周边环境条件按 C1、C2 进行分级。

全线各主要建构筑物周边环境调查、复杂程度分类及环境条件分级见表 4-14。

表 4-14　　主要建构筑物周边环境条件一览表

工点建构筑物	性质	环境概况简述	环境复杂程度	环境条件分级
东方绿洲站	高架车站	车站及站后折返北侧为沪青平公路，公路外边线距车站最近约 12 m，道路下有雨水、污水及通信等各类市政管线。本工程人行天桥南北向跨越沪青平公路，并在道路隔离栏中设有墩台，墩台距离道路下地下管线较近。拟建场地沿线有多处东西向架空线缆，与本次拟建车站及部分墩台距离很近，线缆的高度对高架车站的设计、施工均有一定影响	一般	C2
东方绿舟站—朱家角站	高架区间	沿线依次跨越鱼塘、淀山港、洋宏建材公司及万宝纸品加工厂单层厂房、复兴路、淀山变电站 2 层设备楼、沙家埭村部分 1～2 层民宅、南大港、油车港、上海金浦电器配件有限公司及上海电表厂有限公司等 2～3 层厂房。拟建区间北侧为沪青平公路，墩号 Q01D027～Q01D063 段公路外边线距墩台最近约 4 m，道路下有雨水、污水及通信等各类市政管线；淀山港及油车港驳岸距区间墩台较近；淀山变电站 2 层设备楼距区间墩台最近约 5 m。拟建场地沿线还有多处东西向架空线缆，与本次拟建区间部分墩台距离很近	一般～复杂	C2

续表

工点建构筑物	性质	环境概况简述	环境复杂程度	环境条件分级
朱家角站	高架车站	车站北侧为沪青平公路，公路外边线距车站最近约 20 m，道路下有雨水、污水及通信等各类市政管线。本工程人行天桥南北向跨越沪青平公路，并在道路隔离栏中设有墩台，墩台距离道路下地下管线较近。拟建场地有多处南北向架空线缆穿越，线缆的高度对高架车站的设计、施工均有一定影响	一般	C2
朱家角站—淀山湖大道站	高架—盾构区间	周边主要为林地、鱼塘、少量厂房等，高架段沿途跨越珠溪路（朱枫公路）、沪青平公路等，道路下有各类地下管线。地下段在区间北段进入淀山湖大道范围内，道路宽度较大，下有各类地下管线。本区间跨越或穿越的主要河流为：朱泖河、小港、东后浦河、斜沥港（两次跨越）、淀浦河、横港村江、朝新河、淀山湖大道、丁家港，此外还跨越数个较大鱼塘、藕池等明浜	一般～复杂	C2
淀山湖大道站	地下车站	位于淀山湖大道道路中央绿化带下方，西邻丁家港，东邻南蒋墩港。拟建场地现状为道路、农田、绿化。车站出入口均位于淀山湖大道两侧，车站周边为待建设用地；淀山湖大道两侧地下管线较多	简单	C2
淀山湖大道站—漕盈路站	盾构区间	沿淀山湖大道行进转向北接入盈港路，沿盈港路行进穿越漕盈路后至漕盈路站西端头井，沿线以农田、绿化、苗圃、鱼塘、村庄为主，需穿越黄泥娄、南蒋墩港、新塘港、后横江、北蒋墩港、西大盈港和杨里泾港等主要河流及西大盈港桥。淀山湖大道及盈港路车流量均较大，道路两侧地下管线较多	一般～复杂	C1～C2
漕盈路站	地下车站	车站主体位置基本位于盈港路北侧，西邻漕盈路，东临老西大盈港，北侧青浦客运站站房，层高为 3 层，沿街底层为商铺，南侧为佳邸别墅，层高 2 层。主变电站站址位于漕盈路站东端头井北侧，主要为道路、空地等，东侧离老西大盈港约 34 m。盈港路两侧地下管线较多	一般	C1
漕盈路站—青浦站	盾构区间	自西向东沿盈港路下穿城西河、淀湖路、胜利路、万寿路、城中北路、东大盈港、青安路、跃进河、外青松公路至青浦站。沿线地面道路交通繁忙、地下管线众多	复杂	C1～C2
青浦站	地下车站	青浦站主体结构位于盈港东路上，场地东侧邻近中横泾港（最近距离约 16 m），南侧为上海林腾龙无纺布有限公司厂房，西侧为外青松公路上。道路下管线众多	复杂	C1
青浦站—汇金路站	盾构区间	自西向东沿盈港东路下穿中横泾港、华青路、汤家浜、华浦路、千步泾、华乐路、G1501 高架、古安路、崧文路至汇金路站折返线。沿线地面道路交通繁忙、地下管线众多	复杂	C1～C2
汇金路站	地下车站	位于现状盈港东路、汇金路交叉口，汇金路以西盈港东路两侧以住宅、商业为主，夏阳河桥桩底标高－20.59 m；汇金路以东为规划盈港东路，目前以农田为主，零星分布有农舍、厂房、浜塘等；除现状盈港东路两侧距离建筑物较近、十字路口处地下管线较为密集外（根据物探成果），总体较为空旷	简单	C1

续表

工点建构筑物	性质	环境概况简述	环境复杂程度	环境条件分级
汇金路站—赵巷站	明挖—高架区间	途径现状盈港路、农田、芦苇、浜塘、河道等，沿线周边分布有农舍、厂房等，总体较为空旷	简单	C2
赵巷站	高架车站	车站主体位于盈港东路上，西临赵重公路，周边无河道。由于盈港东路为市政道路，所以施工阶段无地下管线，地上也无高压线	简单	C2
赵巷站—嘉松中路	高架区间	途径现状盈港路、农田、芦苇、浜塘、河道等，沿线周边农舍、厂房等零星分布，总体较为空旷	简单	C2
嘉松中路站	高架车站	车站主体位于盈港路上，西临佳迪路，东临嘉松中，周边无河道。拟建场地周围除有零星的民宅分布外(最近距离大约为 22 m)，总体较为空旷	简单	C2
嘉松中路站—徐泾北城站	高架区间	沿线穿越新通波塘、和西小汾泾、沈家浜、上达河等，局部属临岸场地；经调查，沿线局部有暗浜分布；西段紧邻盈港东路，东段紧邻崧泽大道，地下管线密布	一般～复杂	C2
徐泾北城站	高架车站	拟建场地东南侧紧邻上达河，东南角倾入现状河道内，属临岸场地，北侧为崧泽大道，地下管线较为密集	复杂	C2
徐泾北城站—徐盈路站及徐泾车辆段出入段线	高架区间及出入段线	沿线穿越上达河、范家浜，局部属属临岸场地；经调查，沿线局部有疑似暗浜分布；北侧紧邻崧泽大道，地下管线密布，其中超高压电缆距离场地约 10 m	一般～复杂	C2
徐盈路站	高架车站	拟建场地南侧主要为农田、荒地，环境条件较为简单，北侧为崧泽大道，地下管线较为密集，环境条件复杂，东侧为新泾港	复杂	C2
徐盈路站—蟠龙路站	高架—盾构区间	沿线穿越新泾港、官路浜、官路支河、火车浜，南侧与蟠龙港(连庵桥港)平行且在盾构井附近相交，属临岸场地。沿线局部有暗浜分布。线路北侧紧邻崧泽大道，地下管线密布，其中超高压电缆一般距离结构边线距离较近，A5 立交区与线路相交；盾构穿越 A5 立交，盾构离立交桩基最近处约 1.2 m	一般～复杂	C1～C2
蟠龙路站	地下车站	车站所在场地目前为厂房，计划拆迁。拆迁后影响范围内无须保护建筑物。崧泽高架桥与基坑平面距离超过 50 m	简单	C1
蟠龙路站—中国博览会北站	盾构区间	主要位于崧泽高架南侧，沿线横向道路为蟠龙路，沿线邻近崧泽高架和蟠龙路有各种地下管线，沿线有非开挖的电力管线(局部位于区间上方)；西侧靠近蟠龙路站处为企事业单位；沿线大部分区域除分布有管线外，主要为荒地、农田及在建工地	一般～复杂	C1～C2
中国博览会北站	地下车站	位于崧泽大道南侧，基坑边线与道路边线最近距离约 8.0 m；拟建场地内企事业单位基本已拆除；崧泽大道道路南侧地下管线密布，分布有非开挖的电力管线；东侧为诸光路(规划地道)，道路下分布有管线	复杂	C1

续表

工点建构筑物	性质	环境概况简述	环境复杂程度	环境条件分级
中国博览会北站—虹桥火车站站	盾构区间	沿线沿现状崧泽大道南侧由西往东先后穿沪杭铁路外环线、嘉闵高架(华翔路)、苏虹路、申滨路及申长路,沿线穿越河流有洋泾港、小涞港和新角浦港,拟建区间隧道在诸光路处下穿规划诸光路地道,苏虹路、申滨路附近下穿轨道交通 2 号线;在小涞港东侧沿线分布密集的厂房。CK34+200—CK34+514 范围上部为"虹桥综合交通枢纽中央轴线地下空间工程",线路两侧有钻孔灌注桩	一般～复杂	C1～C2
朱家角停车场及出入场线	停车场	现状有沙家埭村部分民房(拆迁中)位于地块内,周边有金家桥江(油车港)、小洋泾江、上荡村江等河道,场区内以树木苗圃等为主,分布较密。场地西北侧已建青浦供电分公司淀山 110 kV 变电站,由其向东引出 3 路 35 kV 高压线穿过场地范围	复杂	C1
徐泾车辆段	车辆段	拟建建筑距北侧崧泽大道约 55 m,距西侧徐乐路约 150 m,距南侧上达河约 33 m,距东侧规划后的新泾港河道约 35 m	简单	C2

3. 沿线地基土分布特征

本工程沿线共涉及上海湖沼平原 I_1 区和滨海平原 Ⅱ 区两大地貌单元,土层分布复杂,为反映全线地基土分布特征,按 200～400 m 间距选择有代表性勘探孔绘制全线工程地质剖面图 13 张。

本工程共分为 9 标段,由 7 家勘察单位完成,各单位土层编号均按上海市统编土层号,仅在亚层、次亚层的编号上有一定差异,在绘制沿线地质纵断面图时进行了统一,具体为:

(1) 第 1～6 和第 8～9 标段由勘察总体单位管理下实施。

(2) 7 标段于 2012 年规范修编前完成,对于土层编号按现行规范调整。

(3) 滨海平原和湖沼平原交界地带地层复杂,对于部分土层如第⑤层中各亚层编号根据地貌单元作了适当调整。

4. 工程地质分区

本工程沿线经过湖沼平原相 I_1 区、滨海平原相 Ⅱ 区两大地貌单元,且受古河道切割范围大,地层分布十分复杂,故针对地铁工程特点对沿线进行工程地质分区,从本工程地质条件以及建(构)筑物特点,对本次轨道交通建设影响较大的土层主要包括:

(1) 第$②_3$层砂质粉土,主要分布在 3～9 m 深度,松散～稍密状态,静探比贯入阻力 3～4MPa,为上海地区苏州河故河道沉积层,易液化,对天然地基、基坑以及工程桩施工影响较大。

(2) 第$⑥_2$层砂质粉土～粉砂,主要分布在 10～30 m 深度,中密～密实状态,静探比贯入阻力 3～8MPa,为微承压含水层,对车站基坑以及工程桩施工影响较大。

(3) 第⑦层砂质粉土～细砂,主要分布在 25～60 m 深度,中密～密实状态,静探比贯入阻力 5～15MPa,为上海地区第一层承压含水层,对车站基坑以及工程桩施工影响较大,是良好的桩基持力层。

以上述土层分布特点为基础,结合滨海相与湖沼相整体地质单元划分,提出分区原则如下:

(1) Ⅰ-1 区:为湖沼平原相,有厚层第$⑥_2$层分布,第⑦层分布稳定。

(2) Ⅰ-2 区:为湖沼平原相,有厚层第$⑥_2$层分布,第⑦分布不稳定。

(3) Ⅱ-1 区:为湖沼平原相,无第$⑥_2$层分布,第⑦层分布稳定。

(4) Ⅱ-2 区:为湖沼平原相,无第⑥$_2$层分布,第⑦分布不稳定。

(5) Ⅲ区:为湖沼平原相,地表下 50 m 以浅有基岩分布。

(6) Ⅳ-1 区:为滨海平原相,正常地层沉积区(第⑦层分布稳定),浅部有第②$_3$层。

(7) Ⅳ-2 区:为滨海平原相,正常地层沉积区(第⑦层分布稳定),浅部无第②$_3$层。

(8) Ⅴ区:为滨海平原相,古河道沉积区(第⑦层分布不稳定),浅部有第②$_3$层。

本工程沿线地质分区区段划分详见表 4-15。

表 4-15　地质分区区段划分

地质分区	地质分区号	主要特征	主要分布区域
湖沼平原相	Ⅰ-1	有厚层第⑥$_2$层分布,第⑦层分布稳定	-CK0+278—-CK0+123、CK1+069—CK1+509、CK5+146—CK5+360、CK7+378—CK7+623、CK8+629—CK8+816、CK9+235—CK10+654、CK10+907—CK11+114、CK11+329—CK13+050、CK13+203—CK21+602、CK21+655—CK21+839、CK22+019—CK22+179、CK23+481—CK23+813、CK23+881—CK23+993、CK24+074—CK24+662、CK24+749—CK25+208、CK27+344—CK27+768、CK28+004—CK28+728
	Ⅰ-2	有厚层第⑥$_2$层分布,第⑦层分布不稳定	CK13+050—CK13+203、CK25+208—CK25+441、CK26+747—CK27+344、CK27+768—CK28+004、CK28+728—CK29+385
	Ⅱ-1	无第⑥$_2$层分布,第⑦层分布稳定	-CK0+123—CK1+069、CK1+509—CK2+822、CK3+443—CK3+610、CK3+729—CK5+146、CK5+360—CK7+378、CK7+623—CK8+629、CK8+816—CK9+235、CK10+654—CK10+907、CK11+114—CK11+329、CK21+602—CK21+655、CK21+839—CK22+019、CK22+179—CK23+481、CK23+813—CK23+881、CK23+993—CK24+074、CK24+662—CK24+749、CK26+165—CK26+448
	Ⅱ-2	无第⑥$_2$层分布,第⑦分布不稳定	CK2+822—CK3+443、CK25+441—CK26+165、CK26+448—CK26+747、CK29+385—CK30+670
	Ⅲ	地表下 50 m 以浅有基岩分布	CK3+610—CK3+729
滨海平原相	Ⅳ-1	正常地层沉积区(第⑦层分布稳定),浅部有第②$_3$层	CK31+079—CK31+234、CK31+395—CK32+147、CK32+480—CK34+151
	Ⅳ-2	正常地层沉积区(第⑦层分布稳定),浅部无第②$_3$层	CK30+670—CK31+079、CK31+234—CK31+395、CK34+151—CK34+236
	Ⅴ	古河道沉积区(第⑦层分布不稳定),浅部有第②$_3$层	CK32+147—CK32+480

部分地质分区典型的静探曲线如图 4-14—图 4-16 所示。

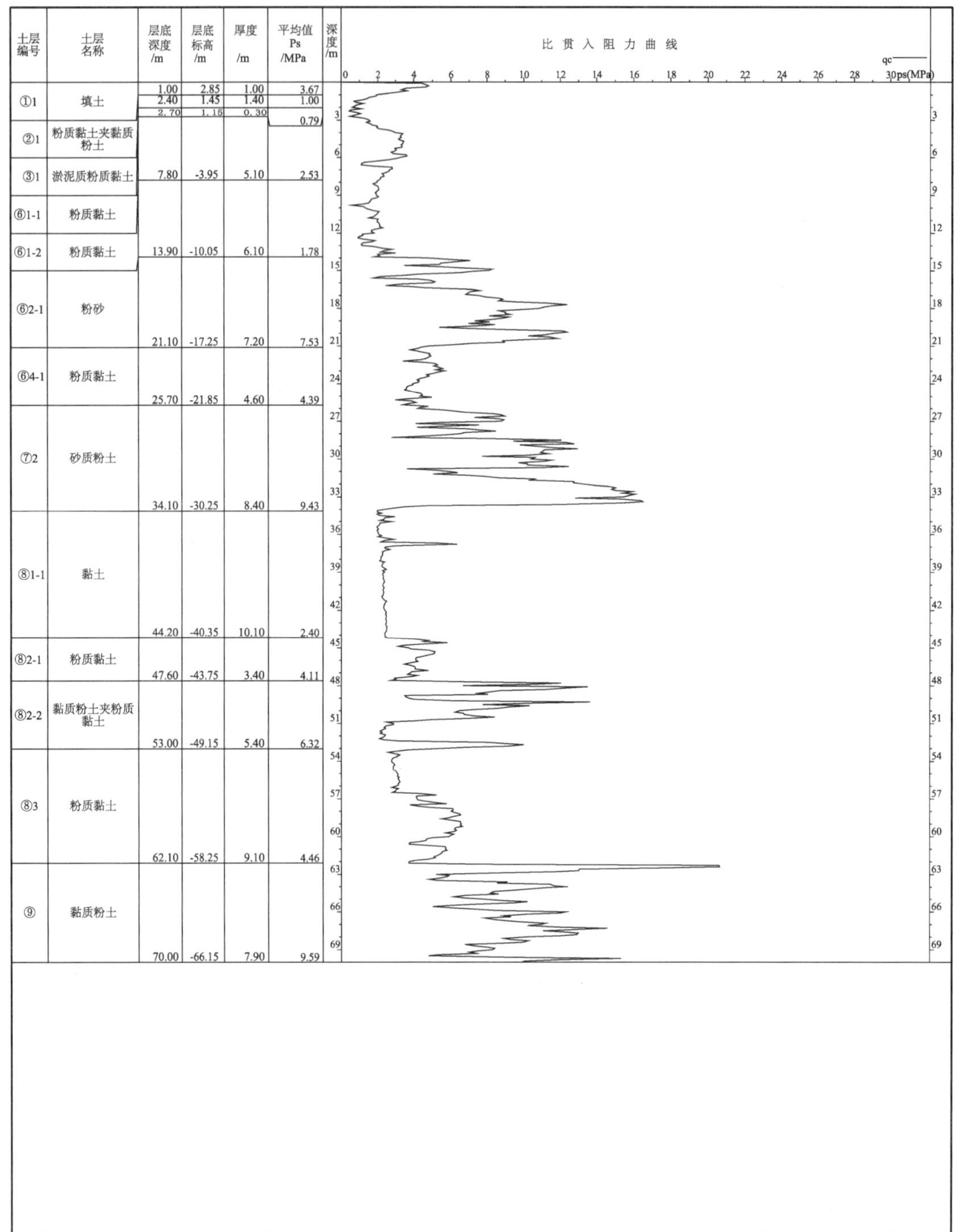

图 4-14　Ⅰ-1 区典型静探曲线

5. 全线场地及地基的地震效应

本工程沿线基岩埋深 200～300 m，岩性主要以侏罗纪的安山岩为主，局部为中生代燕山期花岗岩侵入体。本工程 CK3＋610—CK3＋729 区段基岩埋深约 46 m。近场区内有多条断裂与本工程线路相交，但这些断裂全新世以来没有活动的迹象，且本区覆盖层较厚，故不会对地表有破坏。

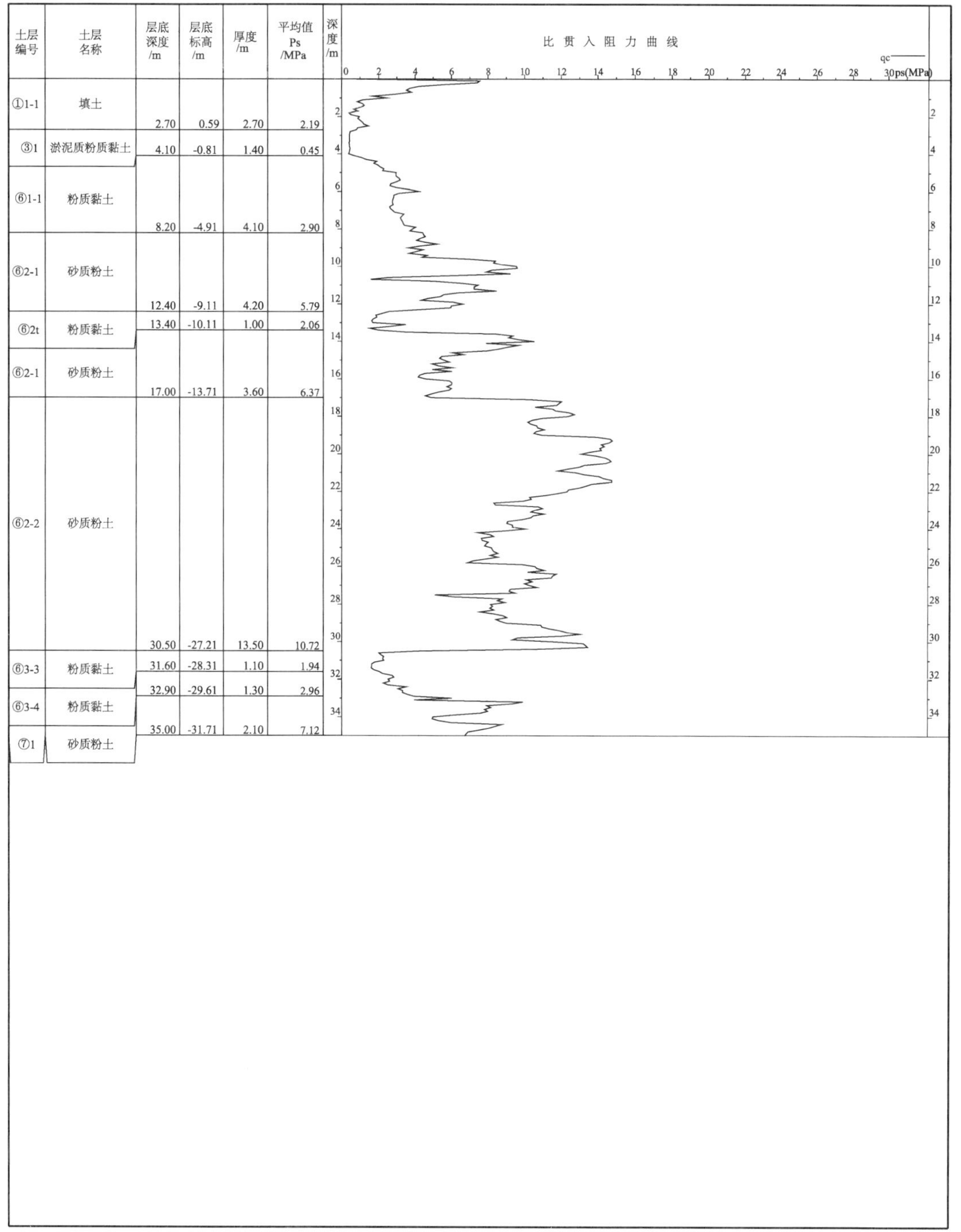

图 4-15　Ⅰ-2 区典型静探曲线

上海市轨道交通 17 号线工程场地地震安全性评价工作：

本项目的区域位于华北地震区中的长江下游—黄海地震带内。公元 499 年至 2012 年 10 月间，区域内共记载（或记录）到破坏性地震 100 次，其中 4.7～4.9 级的地震 25 次，5.0～5.9 级地震 51 次，6.0～6.9 级地震 23 次，1 次 7.0 级地震。本项目的区域地震活动水平为中等强度，区内地震活动大致呈现北强南弱、东强西弱（或海域强、陆地弱）的态势。

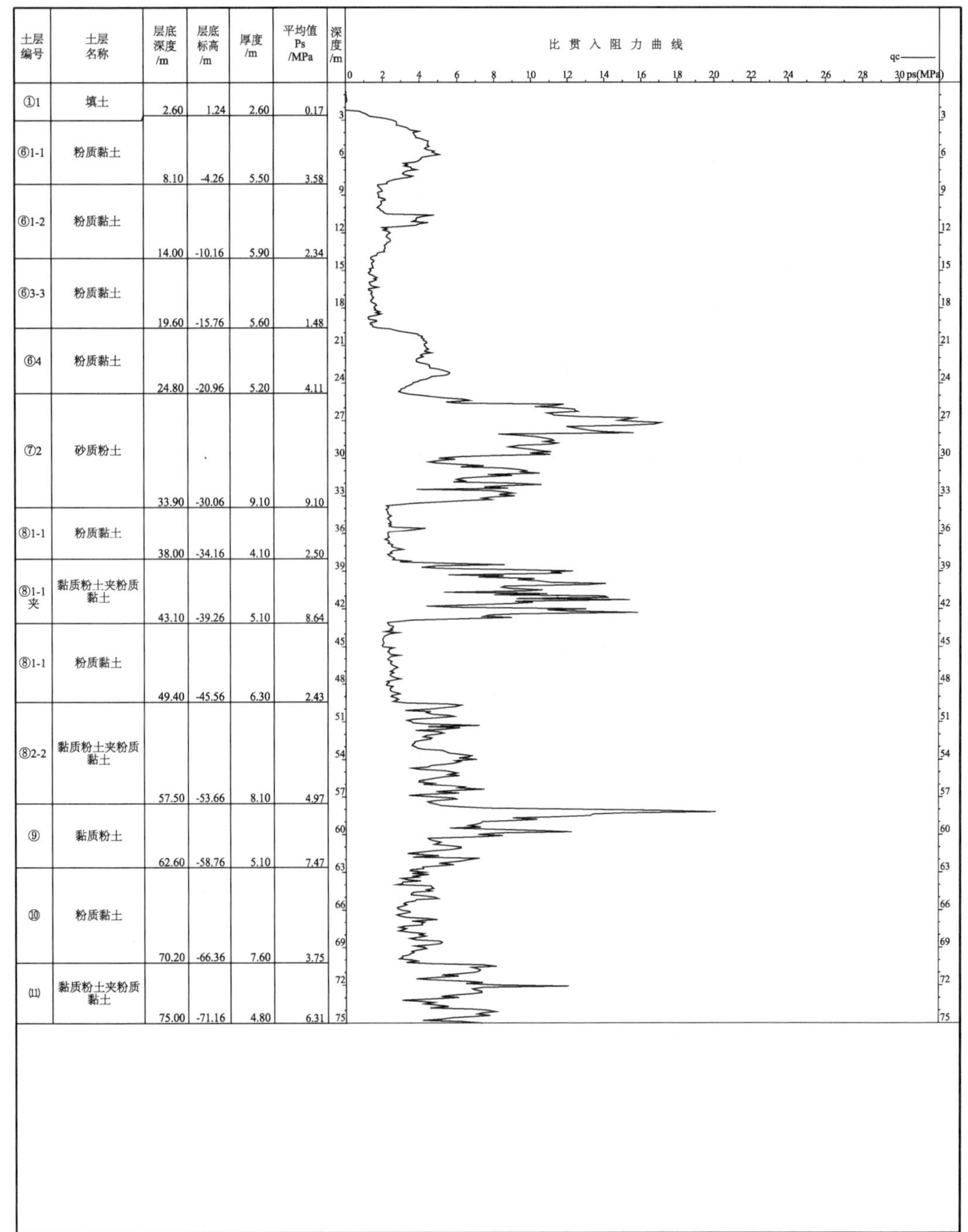

土层编号
土层名称
层底深度/m
层底标高/m
厚度/m
平均值Ps/MPa
深度/m
比贯入阻力曲线
qc
ps(MPa)
①1 填土 2.60 1.24 2.60 0.17
⑥1-1 粉质黏土 8.10 -4.26 5.50 3.58
⑥1-2 粉质黏土 14.00 -10.16 5.90 2.34
⑥3-3 粉质黏土 19.60 -15.76 5.60 1.48
⑥4 粉质黏土 24.80 -20.96 5.20 4.11
⑦2 砂质粉土 33.90 -30.06 9.10 9.10
⑧1-1 粉质黏土 38.00 -34.16 4.10 2.50
⑧1-1夹 黏质粉土夹粉质黏土 43.10 -39.26 5.10 8.64
⑧1-1 粉质黏土 49.40 -45.56 6.30 2.43
⑧2-2 黏质粉土夹粉质黏土 57.50 -53.66 8.10 4.97
⑨ 黏质粉土 62.60 -58.76 5.10 7.47
⑩ 粉质黏土 70.20 -66.36 7.60 3.75
⑾ 黏质粉土夹粉质黏土 75.00 -71.16 4.80 6.31

图 4-16　Ⅱ-1 区典型静探曲线

历史上近场区范围内记载有 $M\geqslant4$ 级地震 11 次，其中 $M\geqslant5$ 级地震有 1 次，即 1731 年 11 月昆山淞南 5 级地震。近代从 1970 年 1 月至 2012 年 10 月期间，记录到 $MS\geqslant0.1$ 级的地震有 65 次，其中最大地震为 1991 年 2 月 17 日青浦 MS3.0 级地震。

场地从 1500 年至 2012 年 10 月期间遭遇过 26 次 4 度以上的地震影响，其中有 1 次地震的影响烈度为 6 度，9 次地震的影响烈度为 5 度，其余 16 次地震的影响烈度为 4 度。上述地震对本工程场地的最高地震影响烈度为 6 度。

区域主要的地震构造形式为盆地构造、NNW 构造带、弧形构造、活动断裂。全区已知的活动性断裂构造共计 49 条。大部分为第四纪早期活动断裂，只有少数断裂为晚更新世活动断裂或全新世活动断裂。

近场区内分布有 16 条主要断裂，分别为：①太仓—奉贤断裂；②枫泾—川沙断裂；③南通—上海断裂；④苏州—西塘断裂；⑤廊下—大场断裂；⑥常熟—孙小桥—嵊山断裂；⑦大场—江湾断裂；⑧卖花桥—吴泾和马桥—金汇断裂；⑨张堰—南汇断裂；⑩青浦—龙华断裂；⑪青浦—陈家镇断裂；⑫白鹤—姚家港断裂；⑬昆山—嘉定断裂，⑭吴江—黄渡断裂；⑮黎里—练塘断裂；⑯淞南断裂。其中除太仓—奉贤断裂为晚更新世断裂外，其余 15 条断裂均为早第四纪断裂。

用本区衰减关系进行地震危险性分析，计算结果表明，在 50 年超越概率 10%的水准下，工程场地 13 个控制点的自由基岩面水平向峰值加速度为 $0.081g$～$0.086g$；工程场地 13 个控制点的地表水平向加速度峰值为 $0.107g$～$0.127g$。本工程场址的基本烈度确定为 7 度。分析表明，对工程场地峰值加速度产生影响较大的，主要为近场地震。

按上海市工程建设规范《建筑抗震设计规程》(DGJ 08-9—2013)和国家标准《建筑抗震设计规范》(GBJ 50011—2010)的有关条文判别：本工程沿线场地的抗震设防烈度为 7 度，设计基本地震加速度为 $0.10g$，所属的设计地震分组为第一组。

1) 场地液化

本工程沿线浅部(20 m 以上)砂土、粉土分布主要有如下特点：

(1) 第②$_3$层砂质粉土：赵巷站以西(赵重公路西侧)、嘉松中路站东侧(嘉松中路以西)、嘉松中路站—徐泾北城站区间不连续分布于嘉松中路、沈家浜以东—徐泾城北站地段；蟠龙路站以东—中国博览会北站—虹桥火车站区间沿线浅部有该层分布，层底埋深一般不超过 10 m。

(2) 第③$_2$层砂质粉土：嘉松中路站—徐泾北城站(CK25+430—CK26+130)、徐盈路站—蟠龙路站区间(CK29+530—CK30+160)有该层分布，局部较厚(层底埋深大于 20 m)。另中国博览会站浅部有第③$_1$夹层黏质粉土层分布。

2) 场地液化等级分布

根据各工点的液化判别结果，本工程沿线赵巷站以西(赵重公路西侧)局部区域、赵巷站—嘉松中路站之间局部区域、嘉松中路站—徐泾北城站区间区域第②$_3$层与第③$_2$层饱和砂质粉土为轻微液化—中等液化土层。其余各工点均为不液化土层或无成层的饱和砂质粉土或砂土分布，详见表 4-16。

表 4-16　　液化区域一览表

里程	平均液化指数	液化程度
CK21+613—CK21+675	2.70	轻微液化
CK22+910—CK24+987	4.20	轻微液化
CK24+990—CK25+060	6.44	中等液化
CK25+430—CK26+120	5.44	轻微液化
CK26+590—CK26+695	4.13	轻微液化
CK26+985—CK27+100	6.77	中等液化

4.3.4 本项目各类建(构)筑物

本工程涉及高架车站、高架区间、地下车站、地下区间、过渡段、停车场、车辆段、联络通道等多种建(构)筑物。对各建(构)筑物的岩土工程问题评价如下。

1. 高架段

本工程全线共设高架车站6座,区间线路部分为高架区间,高架段主要构筑物性质如表4-17所列。

表4-17 高架车站性质一览表

车站名称	结构类型	车站长/高/宽/m	车站型式	基础型式
东方绿舟站	框架	151.60/18.00/22.52	二层岛式高架	桩基
朱家角站	框架	146.80/21.64/23.70	三层岛式高架	桩基
赵巷站	框架	145.00/25.60/23.95	三层侧式高架	桩基
嘉松中路站	框架	148.15/25.44/23.05	三层侧式高架	桩基
徐泾北城站	框架	151.60/24.02/18.00	二层岛式高架	桩基
徐盈路站	框架	151.20/22.50/22.34	三层岛式高架	桩基

2. 地下段(车站、区间风井)

淀山湖大道站、漕盈路站、青浦站、汇金路站、蟠龙路站及中国博览会北站均为地下车站,除汇金路站埋深较浅为9~11 m外,其他车站埋深均在16.5 m左右。另外还有4个地下中间风井,埋深为25.2~31.2 m。各地下车站及中间风井性质见表4-18。

表4-18 车站及区间风井建(构)筑物性质一览表

车站及区间风井名称	层数	车站长宽/(m×m)	底板埋深/m	施工方式
淀山湖大道站	地下岛式2层	527×22	主体16.5 端头井19.0 附属结构9.4	主体及端头井采用地下连续墙围护,附属结构采用钻孔灌注桩或SMW工法围护,均采用明挖顺作法施工
漕盈路站	地下岛式2层	284×19.6	主体16.25 端头井20.0 附属结构9.4	主体及端头井采用地下连续墙围护,附属结构采用SMW工法围护,均采用明挖顺作法施工
青浦站	地下岛式2层	167×22	16.4	地下连续墙围护,明挖顺作法施工
汇金路站	地下岛式2层	435×16~26	9~11	地下连续墙围护,明挖顺作法施工
蟠龙路站	地下岛式2层	252×22	16.0	地下连续墙围护,明挖顺作法施工
中国博览会北站	地下岛式2层	330×23.2	主体16.5 端头井18.2 附属结构11	地下连续墙围护,明挖顺作法施工
淀山湖大道站—漕盈路站区间风井	地下3层	33×30	28.8	地下连续墙围护,明挖顺作法施工

续表

车站及区间风井名称	层数	车站长宽/(m×m)	底板埋深/m	施工方式
漕盈路站—青浦站区间风井	地下3层	46×29	26.3 北侧附属结构16	地下连续墙围护，明挖顺作法施工
青浦站—汇金路站区间风井	地下3层	36×29	25.2	地下连续墙围护，明挖顺作法施工
中国博览会北站—虹桥火车站站中间风井	地下3层	36×27	31.2	地下连续墙围护，明挖顺作法施工

3. 地下段(盾构区间、旁通道)

本工程在淀山湖大道站至汇金路站、蟠龙路站—虹桥火车站站区间，均采用盾构法施工，盾构段顶板设计标高−20.4～−4.7 m，底板设计标高−27.0～−11.3 m，盾构直径约7.4 m。该隧道的结构特点有：

(1) 沿线掘进标高变化大，隧道结构砌置于不同性质土层中；

(2) 隧道附加荷载相对较小；

(3) 地铁隧道的抗纵向变形能力很脆弱，在隧道纵向变形或曲率半径达到一定的量值后，易发生管片环缝张开量过大而漏水或管片纵向受拉破坏，进而威胁到轨道交通的安全运营。

4. 过渡段

本工程涉及多处过渡段，过渡段包括敞开段及暗埋段。敞开段两端(与高架段衔接处及与暗埋段衔接段)约50 m范围设置抗拔桩，桩长约20 m；暗埋段埋深9～17 m与盾构段连接。

线路沿线在地下段与高架段均有长400～600 m过渡段(敞开段与暗埋段)，敞开段至暗埋段基坑开挖深度不断增加，围护结构可根据基坑开挖深度及周围环境的不同选择重力式挡墙、钻孔灌注桩或地下连续墙等。同时需注意软土及地下水的不良影响，为防止基坑失稳、减小基坑施工时对周围环境的影响，必须考虑基坑施工的时空效应，并采取措施保证支护结构的稳定性，减小结构变形。不仅要对围护结构的变形、抗倾覆、抗滑移稳定性进行验算，同时还应对抗渗流或抗管涌以及坑底土体回弹、隆起、涌水和结构物抗浮进行验算。基坑开挖时，基坑边不宜大面积堆载，同时应加强基坑变形监测，做到信息化施工，以确保基坑和周围建(构)筑物及地下管线的安全。

5. 车辆段与停车场

本工程设徐泾车辆段和朱家角停车场。

徐泾车辆段各类建筑物及其主要特点如下：

(1) 运用联合库、停车列检库、双周双月检库、工程车库、洗车库为大跨度排架结构的大型单层厂房，单柱荷重较大，一般采用桩基。

(2) 变电站、门卫等一般为1层建筑，建筑面积不大，荷重轻，一般采用天然地基。

(3) 地面停车线一般采用天然地基，对明、暗浜区进行地基处理；但对沉降控制较严格，必要时采用地基处理进行地基加固。

朱家角停车场各类建筑物及其主要特点如下：

(1) 停车列检库为排架结构，工程车库、综合楼、物资分库、洗车库为框架结构，拟采用桩基。

(2) 材料棚、混合变电所、水处理用房为框架结构，可采用桩基或天然地基。

(3) 停车场设出入口两处，次出入口需考虑跨金家桥江（油车港）的桥梁，该桥跨径为13 m＋16 m＋13 m，桥宽约13 m，属小桥，拟采用桩基础。

(4) 易燃品库、门卫等一般采用天然地基。

4.3.5 岩土工程风险提示及评估

根据国家标准《城市轨道交通地下工程建设风险管理规范》(GB 50652—2011)，结合桩基施工方面的岩土工程风险，主要从基坑围护结构施工、基坑降排水及开挖、盾构区间施工、工程桩施工等分部工程评估本工程的主要岩土工程风险。

1. 基坑围护结构施工

1) 搅拌桩

搅拌桩施工主要的岩土工程风险事件为：

(1) 施工速度慢，喷浆量易增加，主要易发生在浅部有较厚粉性土、砂土分布区域，如Ⅰ区。

(2) 土黏性大，搅拌桩带土明显，主要易发生在浅部黏性土分布厚度较大，且黏性较大区域，如Ⅰ、Ⅱ-1区。

2) 灌注桩

灌注桩施工主要的岩土工程风险事件为原土造浆质量差，塌孔、漏浆，主要易发生在浅部有较厚粉性土、砂土分布区域，如Ⅰ区。

3) 地连墙

地连墙施工主要的岩土工程风险事件为：

(1) 渗水、流砂、管涌，主要易发生在浅部有较厚粉性土、砂土分布区域，如Ⅰ区。

(2) 成槽易扩孔，主要易发生在软弱黏性土分布较厚区域，如Ⅲ、Ⅳ-1、Ⅴ区。

4) 坑内加固

坑内加固施工主要用于基坑开挖深度较大，而坑底土性较差的情况下，当坑底土性较好时比如⑥2层较厚的Ⅰ区，坑内加固会使原有土体结构性破坏，强度降低，反而得不偿失。

2. 基坑降排水及开挖施工

1) 疏干降水

当坑底位于含水层中时，疏干降水施工容易效果不理想，如Ⅳ-2区。

2) 减压降水

当承压含水层厚时，减压降水效果难以保证，有突涌可能，如Ⅰ-1、Ⅱ-1区。

3) 立柱桩

当坑底为软土时，易发生立柱桩变形过大现象，如位于滨海平原区的Ⅳ、Ⅴ区。

4) 土方开挖

当坑壁土性较差时，易发生临时边坡失稳现象，如Ⅱ-1、Ⅳ-2区。

5）支撑

位于古河道中的可能，坑壁及坑底土性均较差，基坑开挖过程中围护结构变形往往较大，如Ⅴ区。

3. 盾构区间施工

1）盾构推进

盾构推进施工主要的岩土工程风险事件为：

(1) 引起较大后期沉降，主要易发生盾构周围土性较为软弱的Ⅳ、Ⅴ区。

(2) 开挖面失稳、渗水、流砂，主要易发生在盾构范围内分布有粉性土、砂土的Ⅰ区。

2）进出洞

进出洞施工主要的岩土工程风险事件为：

(1) 流砂、管涌，主要易发生在进出洞分布有粉性土、砂土的Ⅰ区。

(2) 土体失稳坍塌，主要易发生进出洞土性较为软弱的Ⅲ、Ⅳ、Ⅴ区。

4. 工程桩施工

主要考虑钻孔灌注桩施工，其主要的岩土工程风险事件为：

(1) 施工坍孔、沉渣过厚、充盈系数过大，主要易发生在灌注桩孔壁粉性土、砂土厚度较大的Ⅰ区。

(2) 施工缩颈，主要易发生在灌注桩孔壁土性较为软弱的Ⅳ、Ⅴ区。

5. 本工程岩土工程风险评估

伴随着各地地铁建设及其安全风险管理工作的不断开展，安全风险评估的各类技术及方法得到广泛应用，有些技术方法逐渐成熟，为保证地铁建设的安全、有序、快捷起到了越来越大的作用。为此，根据应用较典型技术方法的一般分类，将安全风险评估技术方法主要分为定性方法、半定量半定性方法、定量方法。

本工程岩土工程风险评估采用较为常用的半定量半定性方法中的风险评价矩阵法。

风险因素、风险事件识别有头脑风暴法、专家调查法、核对表法、检查表法，其中风险工程分级的基本方法是风险评估矩阵。各阶段风险可能性和后果的判断、定级与各阶段所识别的风险因素及风险的危害性和环境的易损性、风险控制能力有关。

风险评价是评估危险源所带来的风险大小及确定风险是否可容许的全过程。根据评价结果对风险进行分级，按不同级别的风险有针对性地采取风险控制措施。

1）风险大小的计算

根据风险的概念，用某一特定危险情况发生的可能性和它可能导致后果的严重程度的乘积来表示风险的大小，可以用以下公式表达：

$$R = p \times f \tag{4-1}$$

式中 R——风险的大小；

p——危险情况发生的可能性；

f——后果的严重程度。

2）风险等级的划分

风险评估矩阵各阶段风险可能性和后果的判断、定级与各阶段所识别的风险因素及风险的危害性和环境的易损性、风险控制能力有关。

安全风险评估矩阵根据风险发生的可能性和后果，形成如表 4-19 所列的判断矩阵。

表 4-19 安全风险评估矩阵

风险等级		风险损失等级				
		1. 可忽略	2. 需考虑	3. 严重	4. 非常严重	5. 灾难性
风险可能性等级	A:可能性小	一级	一级	二级	三级	四级
	B:较可能发生	一级	二级	三级	三级	四级
	C:可能发生	一级	二级	三级	四级	五级
	D:很可能发生	二级	三级	四级	四级	五级
	E:极可能发生	二级	三级	四级	五级	五级

安全风险事件发生可能性等级,宜结合安全风险因素特点和相互作用关系、工程经验、接受能力综合确定,分为五个等级,如表 4-20 所列。

表 4-20 安全风险事件发生可能性等级标准

风险等级	A	B	C	D	E
描述	可能性小	较可能发生	可能发生	很可能发生	极可能发生

安全风险事件发生的后果,宜结合社会的接受水平和产生的实际经济损失、工期损失、社会影响综合确定,分为 5 个等级,如表 4-21 所列。

表 4-21 安全风险事件后果等级标准

等级	1	2	3	4	5
描述	可忽略	需考虑	严重	非常严重	灾难性

3）本工程岩土工程风险等级

(1) 岩土工程风险事件的可能性等级。

根据本工程详勘成果、本报告地质分区及岩土工程风险分析、已开工标段试桩资料及工程经验,采用风险评价矩阵法的评价标准对各地质分区各种岩土工程风险事件的发生概率进行分析,结果见表 4-22。

表 4-22 各地质分区岩土工程风险事件发生可能性

分部工程	分项工程	岩土工程风险事件	地质分区							
			Ⅰ-1	Ⅰ-2	Ⅱ-1	Ⅱ-2	Ⅲ	Ⅳ-1	Ⅳ-2	Ⅴ
基坑围护施工	搅拌桩	施工速度慢,喷浆量易增加	很可能	很可能	较可能	较可能	很可能	可能	可能性小	可能
		土黏性大,搅拌桩带土明显	很可能	较可能	很可能	可能性小	可能性小	较可能	较可能	较可能
	灌注桩	原土造浆质量差,塌孔、漏浆	极可能	很可能	可能	较可能	可能	可能性小	可能性小	可能性小
	地连墙	渗水、流砂、管涌	极可能	很可能	可能性小	较可能	较可能	很可能	可能性小	很可能
		成槽易扩孔	较可能	可能	可能	较可能	很可能	很可能	可能性小	很可能
	坑内加固	坑内加固破坏土体结构性	很可能	可能	较可能	较可能	较可能	可能性小	可能性小	可能性小

续表

分部工程	分项工程	岩土工程风险事件	地质分区							
			Ⅰ-1	Ⅰ-2	Ⅱ-1	Ⅱ-2	Ⅲ	Ⅳ-1	Ⅳ-2	Ⅴ
降排水	疏干降水	效果不理想	较可能	较可能	可能	较可能	可能	可能性小	很可能	较可能
	减压降水	承压含水层厚,防止突涌	很可能	可能	很可能	可能性小	可能	较可能	较可能	可能性小
基坑开挖	立柱桩	立柱桩变形过大	可能性小	可能性小	较可能	较可能	较可能	很可能	很可能	极可能
	土方开挖	临时边坡失稳	可能性小	可能性小	很可能	很可能	可能	可能	很可能	可能
	支撑	围护结构变形大	可能性小	可能性小	较可能	可能	较可能	可能	可能	很可能
盾构区间	盾构推进	引起较大后期沉降	可能性小	可能性小	较可能	较可能	可能	可能	很可能	很可能
		开挖面失稳、渗水、流砂	极可能	很可能	可能	可能	可能性小	可能性小	可能性小	可能性小
	进出洞	流砂、管涌	极可能	可能性小	可能	可能	可能性小	较可能	可能性小	较可能
		土体失稳坍塌	可能性小	较可能	较可能	较可能	可能	可能	可能	可能
工程桩施工	钻孔灌注桩成桩	施工坍孔、沉渣过厚、充盈系数过大	极可能	很可能	可能	可能	较可能	较可能	可能性小	较可能
		施工缩颈	可能性小	可能	较可能	较可能	可能	很可能	很可能	极可能

(2)岩土工程风险事件后果等级。

根据表4-22评判岩土工程风险事件后果等级,如表4-23所列。

表4-23　岩土工程风险事件后果等级

分部工程	分项工程	岩土工程风险事件	后果等级
基坑围护施工	搅拌桩	施工速度慢,喷浆量易增加	2需考虑
		土黏性大,搅拌桩带土明显	2需考虑
	灌注桩	原土造浆质量差,塌孔、漏浆	3严重
	地连墙	渗水、流砂、管涌	4非常严重
		成槽易扩孔	2需考虑
	坑内加固	坑内加固破坏土体结构性	2需考虑
降排水	疏干降水	效果不理想	2需考虑
	减压降水	承压含水层厚,防止突涌	5灾难性的
基坑开挖	立柱桩	立柱桩变形过大	2需考虑
	土方开挖	临时边坡失稳	4非常严重
	支撑	围护结构变形大	3严重
盾构区间	盾构推进	引起较大后期沉降	3严重
		开挖面失稳、渗水、流砂	3严重
	进出洞	流砂、管涌	3严重
		土体失稳坍塌	3严重
工程桩施工	钻孔灌注桩成桩	施工坍孔、沉渣过厚	3严重
		施工缩颈	3严重
		充盈系数过大	2需考虑

(3) 各地质分区岩土工程事件风险等级。

基于各岩土工程风险事件发生可能性及后果等级(表 4-22 和表 4-23),依据表 4-19 评价不同地质分区下不同岩土工程事件类型的风险等级,如表 4-24 所列。

表 4-24　各地质分区岩土工程风险事件风险等级

分部工程	分项工程	岩土工程风险事件	地质分区							
			Ⅰ-1	Ⅰ-2	Ⅱ-1	Ⅱ-2	Ⅲ	Ⅳ-1	Ⅳ-2	Ⅴ
基坑围护施工	搅拌桩	施工速度慢,喷浆量易增加	三级	三级	二级	二级	三级	二级	一级	二级
		土黏性大,搅拌桩带土明显	三级	二级	三级	一级	一级	二级	二级	二级
	灌注桩	原土造浆质量差,塌孔、漏浆	四级	四级	三级	三级	三级	二级	二级	二级
	地连墙	渗水、流砂、管涌	五级	四级	三级	三级	三级	四级	三级	四级
		成槽易扩孔	二级	二级	二级	二级	三级	三级	一级	三级
	坑内加固	坑内加固破坏土体结构性	三级	二级	二级	二级	二级	一级	一级	一级
降排水	疏干降水	效果不理想	二级	二级	二级	二级	二级	一级	三级	二级
	减压降水	承压含水层厚,降水要求高	五级	五级	五级	四级	五级	四级	四级	四级
基坑开挖	立柱桩	立柱桩变形过大	一级	一级	二级	二级	二级	三级	三级	三级
	土方开挖	土体滑坡	三级	三级	四级	四级	四级	四级	四级	四级
	支撑	围护结构失稳破坏	二级	二级	三级	三级	三级	三级	三级	四级
盾构区间	盾构推进	引起较大后期沉降	二级	二级	三级	三级	三级	三级	四级	四级
		开挖面失稳、渗水、流砂	四级	四级	三级	三级	三级	二级	二级	二级
	进出洞	流砂、管涌	四级	四级	三级	三级	三级	三级	二级	三级
		土体失稳坍塌	二级	三级	三级	三级	三级	三级	三级	三级
工程桩施工	钻孔灌注桩成桩	施工坍孔、沉渣过厚	四级	四级	三级	三级	三级	三级	二级	三级
		施工缩颈	二级	二级	三级	三级	三级	四级	四级	四级
		充盈系数过大	三级	三级	二级	二级	二级	二级	一级	二级

4.3.6 小结

(1) 场地属稳定场地,适宜建造本工程。

(2) 场地除部分浅部 10 m 以内有第⑥$_1$或第⑥$_2$层土分布,或 50 m 深度范围内有基岩分布区域场地类别有可能为Ⅲ类外,其他大部分区域场地类别为Ⅳ类(见表 4-15),抗震设防烈度为 7 度,设计基本地震加速度为 0.10g。本工程沿线赵巷站以西(赵重公路西侧)、赵巷站—嘉松中路站之间局部区域、嘉松中路站—徐泾北城站区间 CK24+990—CK25+060、CK25+430—CK26+120、CK26+590—CK26+695、CK26+985—CK27+100 地段第②$_3$层与第③$_2$

层饱和砂质粉土为轻微～中等液化土层。其余各工点均为不液化土层或无成层的饱和砂质粉土或砂土分布。

(3) 场地地下水位埋深值可采用年平均值 0.5 m，低水位埋深为 1.5 m。工程沿线承压水主要为第⑥$_2$层、第⑦层、第⑨层承压水。承压水水位一般呈周期变化，据上海地区工程经验，其水位埋深在 3～11 m。根据相应的验算项目按不利原则考虑，如地下车站抗浮验算及基坑突涌可能性评价时，应按高水位考虑。

根据各工点采集地下水(地表水)进行的腐蚀性分析报告，场地地下水(地表水)和土对混凝土有微腐蚀性；地下水(地表水)对钢结构有弱腐蚀性[除徐盈路站(含)—蟠龙路站地下水对钢结构有中腐蚀性外]；在长期浸水环境下对钢筋混凝土结构中的钢筋有微腐蚀性；在干湿交替环境下对钢筋混凝土结构中的钢筋有弱腐蚀性。

(4) 高架区间及车站桩基对单桩承载力要求高，根据不同场地地质条件比选第⑦$_1$、⑦$_2$、⑧$_{1-2}$、⑧$_{2-1}$、⑧$_{2-2}$、⑧$_{2-3}$、⑧$_{2-3}$、⑨、⑩层等作为桩基持力层层厚为桩基持力层。桩型一般采用钻孔灌注桩(部分区域可比选预制桩)。桩基设计参数详见各工点报告。单桩承载力应根据单桩静载荷试验确定，加强施工质量的监理，并对桩身质量进行检测。

(5) 地下区间隧道主要在第③$_1$、③$_3$、④、⑤$_1$、⑥$_1$、⑥$_2$、⑥$_3$、⑥$_4$层中掘进。区间隧道设计和施工所需参数见各工点报告。

(6) 本工程地下车站均为地下两层，基坑开挖深度大，基坑围护方案建议采用地下连续墙。

(7) 轨道交通建设时，以及进出洞施工是风险较大的关键节点，设计和施工时应注意风险提示，采取相应的防范措施。

(8) 设计、施工时应充分考虑上海青浦区及虹桥地区地质特点及环境条件，并借鉴已建类同工程经验，采取相应的防范措施和监测措施。

(9) 由于场地条件限制等原因，蟠龙站、朱家角停车场详勘工作未完成，部分工点仍有未完成勘探孔，建议待场地条件允许时，及时进行施工。

(10) 本工程岩土工程风险评估，淀山湖大道站、漕盈路站、青浦站、汇金路站基坑围护体施工岩土风险大；淀山湖大道站、中国博览会北站降排水、基坑开挖施工岩土风险大；淀山湖大道站—汇金路站大部分区域盾构区间施工岩土风险大；汇金路站—赵巷站、嘉松中路站两侧一定区域、徐泾北城站—徐盈路站及以东一定区域工程桩施工(钻孔灌注桩)岩土风险大。另外，本工程为湖沼相土层中首次进行轨道交通地下段设计施工，存在较多不确定性以及经验不足等问题。

(11) 本工程部分工点桩基建议 ϕ800 mm 和 ϕ1 200 mm 灌注桩均可增大试桩静载荷设计加荷量，若试桩成功，可相应减短桩长。通过经济效益分析，仅赵巷站经桩基优化后，就可节约桩基费用 7.8%。根据初步设计图纸，本工程高架段桩数约 7 165 根，按照每根优化 3 m 桩长估算，高架段可节省桩长进尺为 21 495 m，并可缩短桩基施工时间。

5　旁压试验在地下空间开发中的应用

在岩土工程勘察过程中，为了取得工程设计所需要的反映地基岩土体物理、力学、水理性质指标，以及含水层参数等定量指标，要求对上述性质进行准确的测试工作，这种测试仅靠勘探中采取岩土样品在实验室内进行实验往往是不够的。实验室一般使用小尺寸试件，不能完全确切地反映天然状态下的岩土性质，特别是对难于采取原状结构样品的岩土体。因而有必要在现场进行原位测试，即在工程地质勘察现场，在不扰动或基本不扰动土层的情况下对土层进行测试，以获得所测土层的物理力学性质指标及划分土层的一种岩土工程勘察技术。本章主要以旁压试验成果及静力触探成果为主要研究对象。

在国内，旁压试验成果主要可用于：确定土的临塑压力和极限压力，以评定地基土的承载力；自钻式旁压试验可确定土的原位水平应力或静止侧压力系数；估算土的旁压模量、旁压剪切模量、侧向基床反力系数；估算软黏性土不排水抗剪强度以及估算地基土强度、单桩承载力和基础沉降量等。

在国外工程设计中旁压试验成果已被广泛应用。但在上海地区多年来仍以常规勘察手段为主。近年来，随着国外设计工程的增多，旁压试验已在许多勘察工程中采用，试验深度也已突破 120 m，其成果的应用问题已提到日程上来。

静力触探作为一种轻便、快速、效率高的原位测试技术，在土体工程勘察和岩土工程检测方面得到了广泛的应用。在工程设计中，可以根据地基土的物理力学指标进行设计，所以不少研究者根据各地区的工程资料，采用统计分析的方法，获得静力触探参数与土的各种工程性质指标之间的相关关系，以利于静探成果指标的应用。

上海市地基多属于软土，为静力触探工作提供了便利，在以往的工程勘察中，积累了大量的经历触探参数数据。但是，上海地区土体常规指标与静力触探参数尚未有明确的相关关系，如何通过统计分析获得上海地区行之有效的静力触探经验公式，对静力触探成果指标的应用提出建议是本章研究的内容。

本章主要内容侧重于旁压试验成果在桩基工程沉降量计算方面的应用以及静力触探成果与土体常规指标和抗剪强度指标的关系，以及在桩基承载力验算上的应用。

5.1 旁压试验机理

近二十年来，原位测试技术在国内外发展很快，已成为工程勘察中不可或缺的手段，旁压试验是其中之一。自 1956 年 Menard 旁压仪问世以来，旁压试验技术无论在实践上还是理论上都已积累了相当丰富的经验和成果。旁压试验测试方法简便、迅速，拥有自身突出的优点，与触探等原位测试方法相比，它能获得柱状孔穴在膨胀的整个过程中压力和体积变化的关系；与载荷试验相比，它能探查不同深度土层的力学性质；与室内土工试验相比，它没有取土的扰动过程，免除了运输的周转。因此，这种试验是有很大的技术和经济潜力的，而且它也越来越多地受到土木工程界中从事地质勘察和地基基础的勘察、设计、施工及科研部门的重视。

旁压试验(Pressuremeter Test，PMT)，也称横压试验。它是利用旁压仪探头对预压孔的孔壁施加横向水平压力，使孔壁向外膨胀，直至破坏，从而得到压力与钻孔体积增量之间的关系，并据此推求地基土的力学性质指标所进行的一种原位测试试验。根据成孔方式的不同，主要分预钻式和自钻式两大类。预钻式旁压仪要求预先在地基中钻一个符合要求的竖向钻孔，然后将旁压器放到试验标高处进行试验；而自钻式旁压仪则是将旁压器以静压方式压入土中，利用钻头破碎进入刃具的土，用泥浆将碎土冲到地面。

近年来，旁压试验已经成为一种比较成熟的原位测试手段和方法，在国内外岩土工程勘测中都得到了迅速的发展，其试验成果也在国内外工程设计中被广泛应用。旁压试验作为基础工程原位测试的一种方法有许多优点。它以原位试验为依据，这样就满足了现代土力学的一个重要的必备条件。旁压仪在破裂或极限压力之外还可测得土的变形特性，不像其他原位试验(贯入试验或十字板试验)只能获得单方面的数据。由于旁压测试是以大体积土的试验为依据的，旁压试验能很好地模拟实际基础的受力性状。另外，由于旁压试验适用于大部分土，这也是其被广泛应用的一个重要原因。旁压试验所得结果常常能直接用来预测地基特性，并且可以直接根据旁压的结果进行设计而不需要计算土的黏聚力 c 和内摩擦角 φ，避免一些不必要的累积误差。

5.1.1 试验基本原理

旁压试验可理想化为圆柱孔穴扩张问题，属于轴对称平面应变问题。其原理是通过向圆柱形旁压器内分级充气加压，在竖直的孔内使旁压膜侧向膨胀，并由该膜(或护套)将压力传递给周围土体，使土体产生变形至破坏，从而得到压力与扩张体积(或径向位移)之间的关系，根据这种关系对地基土的承载力(强度)、变形性质等进行评价。典型的旁压曲线(压力 p 与体积 V)如图 5-1 所示，可划分为三段：

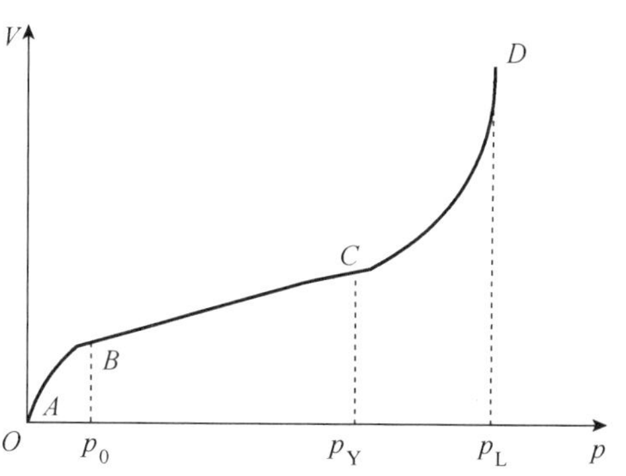

图 5-1 典型旁压曲线

(1) Ⅰ段(曲线 AB)：初始阶段，反映孔壁受扰动后土的压缩与恢复；

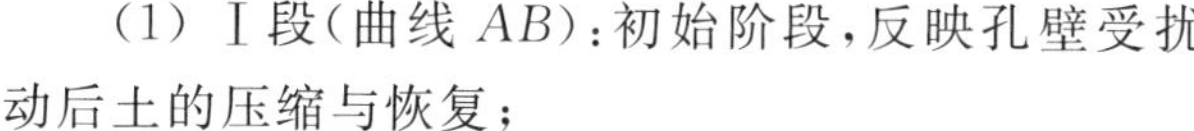

(2) Ⅱ段(直线 BC)：似弹性阶段，此阶段内压力与体积变化量大致呈直线关系，土体处于弹性阶段；

(3) Ⅲ段(曲线 CD)：塑性阶段，随着压力增大，孔周土体由弹性进入塑性，体积变化量逐渐增加，最后急剧增大，直至达到破坏。

5.1.2 试验仪器设备

旁压仪按照钻入方式分为三种：①预钻式旁压仪，预先在地基中钻一符合要求的竖向钻孔，然后将旁压器放到试验标高处进行试验；②自钻式旁压仪，将旁压器以静压方式压入土中，利用钻头破碎进入刃具的土，用泥浆将碎土冲到地面；③压入式旁压仪，压入式旁压仪的下端增加一只圆锥头，用静力触探设备以静压方式压入土中，达到预定深度时进行旁压试验。本模型以预钻式旁压仪的研究为主，后两种旁压仪不作过多的介绍。

旁压仪试验装置的雏形早在 1933 年就由德国工程师 Kogler 提出。他用高为 125 cm，直径为 15～20 cm 的橡皮膜气囊，撑持在上、下两个金属圆盘中间的钢制构架上，用压缩空气使橡皮膜膨胀，压迫孔壁，由此可以得到压力和进入气囊的空气量之间的关系。但由于当时材料和工艺上的一些问题，以及实验结果判释上的困难，这种装置没有能付诸工程中实用。直到 1956 年 Menard 工程师所创制的三腔式旁压仪问世，这种原位测试技术才开始在工程中被采用。

Menard 旁压仪是预钻式旁压仪的代表。它的测试和应用主要有以下一些特点：

(1) 由于旁压探头中上、下护腔的作用，量测腔周围土体的受力情况可作为平面问题处理。

(2) 仪器本身的性能已比较稳定可靠。它的工作压力已由初期的 10 bars(1 bar＝0.1 MPa)增至现在的不同档次,各部组件也已规格化。它既可适用于勘探土质地基如黏性土和砂性土,也可用于软岩等比较坚硬的地层,其测试深度可达 30 m 左右。

(3) 在测试方法上建立了一套标准化的操作规程。旁压试验需测算的 3 个主要参量是:旁压模量 E_m、屈服压力 p_Y 和极限压力 p_L,其计算和绘图工作全部可用计算机完成。

(4) 在测试结果的应用方面,Menard 等人建立了比较完整的、可用于各类基础在不同土质条件下的相关公式、图表和曲线,对推广和发展旁压试验的技术,起了一定的促进作用。

我国旁压仪研制工作从 20 世纪 60 年代开始,20 世纪 80 年代开始应用于工程,目前国内普遍采用的预钻式旁压仪主要有两种型号:PY 型和较新的 PM 型。旁压试验所需的仪器设备主要由旁压器、变形测量系统和加压稳压装置等部分组成。以预钻式 PM 型旁压仪为例介绍试验的主要仪器设备如下。

1. 旁压器

旁压器又称旁压仪,是旁压试验的主要部件,整体呈圆柱形状,内部为中空的优质铜管,外层为特殊的弹性膜。根据试验土层情况,旁压器外径上可以方便地安装橡胶保护套或金属保护套(金属铠),以保护弹性膜不直接与土层中的锋利物体接触,延长弹性膜的使用寿命。

旁压器为外套弹性膜的三腔式圆柱形结构,以 PM-1 型旁压器为例,其三腔总长450 mm,中腔为测试腔,长 250 mm,初始体积为 491 mm^3(带有金属保护套则为 594 mm^3),上、下腔为保护腔,各长 100 mm,上、下腔之间有铜管连接,而与中腔隔离。PY 型旁压器与 PM 型结构相似,技术指标略有差异。图 5-2 为 PM-1 型旁压器及其操作系统的原理图,旁压器的主要技术指标如表 5-1 所列。

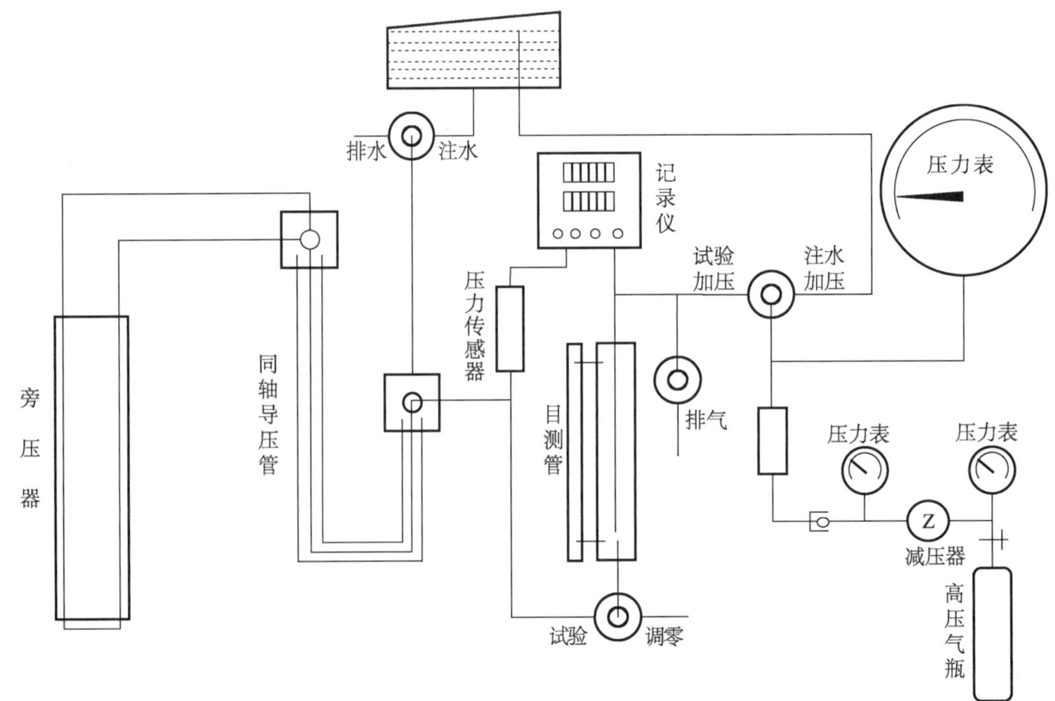

图 5-2 PM-1 型旁压仪系统原理图

2. 变形测量系统

变形测量系统由不锈钢储水筒、目测管、位移和压力传感器、显示记录仪、精密压力表、同轴导压管及阀门等组成，用于向旁压器注水、加压，并测量、记录旁压器在压力作用下的径向位移，即土体的侧向变形。精密压力表和目测管是在记录仪有故障时应急使用。

3. 加压稳压装置

加压稳压装置由高压储气瓶、精密调压阀、压力表及管路等组成，用来在试验中向土体分级加压，并在试验规定的时间内自动精确稳定各级压力。

表 5-1　PM-1 型旁压仪主要技术指标

序号	名称		指标	
			PM-1A	PM-1B
1	旁压器	标准外径/mm	ϕ50	ϕ90
		带保护套外径/mm	ϕ53	ϕ95
		测量腔有效长度/mm	340	335
		旁压器总长/mm	820	910
		测量腔出初始体积 V_c/cm^3	667.3	2 130
		V_c用位移值 S 表示/cm	34.75	35.29
2	精度	压力/%	1	1
		旁压器径向位移/mm	<0.05	<0.1
3	其他	测管截面积/cm^2	19.2	60.36
		最大试验压力/MPa	2.5	2.5
		主机外形尺寸/(cm×cm×cm)	23×36×85	23×36×85
		主机质量/kg	25	26

5.1.3 试验技术要求和试验方法

完整的旁压试验过程包括试验前准备、仪器校正、预钻成孔以及试验等步骤。

1. 试验前准备工作

试验前准备工作的目的是检查和准备旁压仪器设备，确保试验时仪器正常工作，主要包括以下工作。

(1) 加水：向水箱注满蒸馏水或干净的冷开水，旋紧水箱盖。为防止水中生成沉积物而影响管道的畅通，试验用水严禁使用不干净水。

(2) 连通管路：用同轴导压管将仪器主机和旁压器相连，并用专用扳手旋紧，连接好气源导管。

(3) 注水：打开高压气瓶阀门并调节其上减压器，使其输出压力为 0.15 MPa 左右。将旁压器竖直于地面，通过调节控制面板上的阀门，给旁压器和连接的导管注水，直至水上升至(或稍高于)目测管的“0”位为止。在此过程中，应不断晃动、拍打导压管和旁压器，以排除管路中滞留的空气。

(4) 调零：把旁压器竖直提高，使其测试腔的终点与目测管“0”刻度相齐平，然后调零，把旁压器放好待用。

检查传感器和记录仪的连接等是否处于正常工况，并设置好试验时间标准。

2. 仪器校正

试验前，应对仪器进行弹性膜(包括保护套)约束力校正和仪器综合变形校正。

弹性膜约束力校正：将旁压器竖立于地面，按试验加压步骤适当加压(0.05 MPa 左右)使其自由膨胀。先加压，当测水管水位降至近 36 cm 时，退压至零。如此反复 5 次以上，再进行正式校正。其具体操作、观测时间等均按下述正式试验步骤进行。压力增量采用 10 kPa，按 1 min的相对稳定时间，测记压力及水位下降值，并据此绘制弹性膜约束力校正曲线图，如图 5-3 所示。

仪器综合变形校正：连接好合适长度的导管，注水至要求高度后，将旁压器放入校正筒内，在旁压器收到刚性限制的状态下进行。按试验加压步骤对旁压器加压，压力增量为 100 kPa，逐级加压至 800 kPa 以上后终止校正试验。各级压力下的观测时间等均与正式试验一致。根据所测压力与水位下降值绘制其关系曲线，曲线应为一斜线，如图 5-4 所示。其直线对横轴 p 的斜率 $\Delta S/\Delta p$ 即为仪器综合变形校正系数 α。

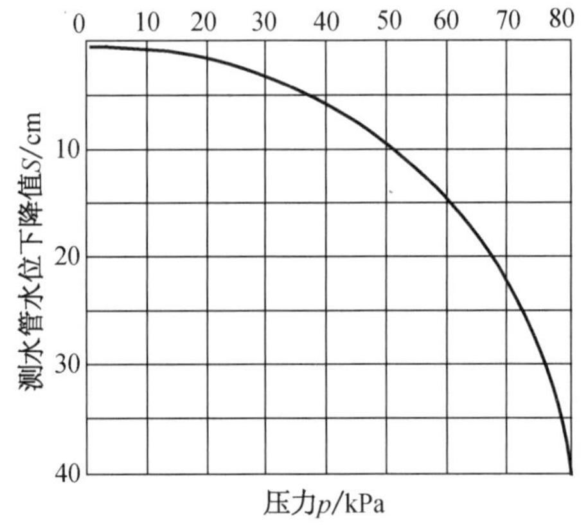

图 5-3　弹性膜约束力校正曲线示意图

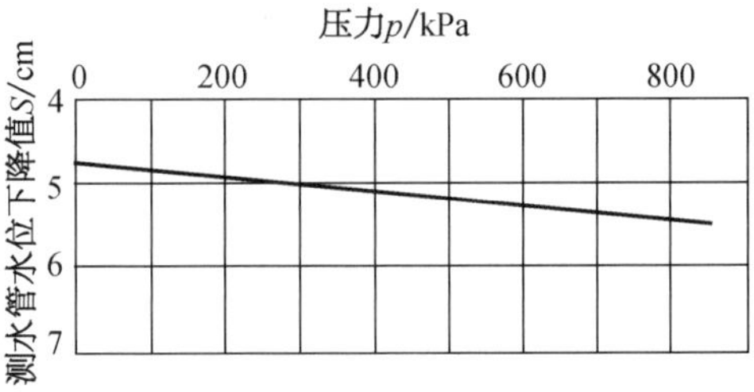

图 5-4　仪器综合变形校正曲线示意图

3. 预钻成孔

旁压试验可靠性的关键在于成孔质量的好坏，针对不同性质的土层及深度，应选用与其相应的提土器或相应的钻机钻头，例如，对于钻孔孔壁稳定性差的土层宜采用泥浆护壁钻进。同时，孔径应根据土层情况和选用的旁压器外径确定，一般要求比所用旁压器外径大 2～3 mm，孔径太小，使放入旁压器发生困难，或因放入而扰动土体；孔径太大会因旁压器体积容量的限制而过早地结束试验。钻孔深度应以旁压器测试腔中点处为试验深度。预钻成孔的孔壁要求垂直、光滑，孔形圆整，并尽量减少对孔壁土体的扰动，同时保持土层的天然含水率。

值得注意的是试验必须在同一土层，否则不但试验资料难以应用，且当上、下两种土层差异过大时会造成试验中旁压器弹性膜的破裂，导致试验失败。另外，试验点的垂直间距应根据地层条件和工程要求确定，但不宜小于 1 m，旁压孔与已有钻孔的水平距离不宜小于 1 m。对于在试验钻孔中取过土样或进行过标贯试验的孔段，由于土体已经受到不同程度的扰动不宜进行旁压试验。

4. 试验

成孔后应尽快进行试验，试验时，用钻杆(或连接杆)连接好旁压器，将旁压器小心地放置于试验位置。通过高压气瓶上的减压阀调整好输出压力，使其压力比预估的最高试验压力高

0.1～0.2 MPa，在加压过程中，当测管水位下降接近 40 cm 时或水位急剧下降无法稳定时，应立即终止试验以防弹性膜胀破。

加压过程中压力增量等级和观察时间标准可根据现场情况及有关旁压试验规程选取确定，其中压力增量建议选取预估临塑压力 p_Y 的 1/7～1/5，如不易预估，根据我国行业标准《PY 型预钻式旁压试验规程》(JGJ 69—90)，可参考表 5-2 确定。

各级压力下的观测时间，可根据土的特征等具体情况，采用 1 min 或 2 min，按下列时间顺序记录测量管的水位下降值 S。

（1）观测时间为 1 min 时：15 s，30 s，60 s；

（2）观测时间为 2 min 时：15 s，30 s，60 s，120 s。

表 5-2　　旁压压力增量建议值

土 的 特 性	压力增量/kPa
淤泥、淤泥质土、流塑状的黏性土、松散的粉细砂	≤15
软塑状态的黏性土、疏松的黄土、稍密饱和粉土、稍密很湿的粉或细砂、稍密的粗砂	15～25
可塑-硬塑状态的黏性土、一般性质的黄土、中密-密实的饱和粉土、中密-密实很湿的粉或细砂、中密的粗砂	25～50
硬塑-坚硬状态的黏性土、密实的粉土、密实的中粗砂	50～100

5.2 上海地区旁压试验测试成果

5.2.1 上海地区土层特性

上海地处长三角洲前缘，基岩埋藏于地表以下 200～300 m。上海地区浅层土为第四纪沉积层，地质年代较近，固结度低，土质相对较弱。土层分布一般呈水平状，局部地段受古河道冲刷和切割作用，土层和土性变化较大，各土层的主要物理力学性质指标如表 5-3 所列。

表 5-3　　地基土层主要物理力学性质指标

层序	土名	含水率 w/%	孔隙比 e	压缩模量 $E_{s0.1\sim0.2}$/MPa	静探 P_s/MPa	标贯/(击·30 cm^{-1})
②-1	褐黄色黏性土	26～40	0.75～1.1	3.5～6.5	0.70～1.3	2～5
②-3	灰色粉性土	32～40	0.78～1.1	5.0～11.0	1.8～6.5	4～12
③	灰色淤泥质粉质黏土	38～45	0.98～1.3	2.8～3.9	0.55～1.5	1～4
④	灰色淤泥质黏土	41～55	1.2～1.5	1.7～2.7	0.40～0.70	<1～2
⑤-1	褐灰色粉质黏土夹黏土	30～40	0.97～1.2	3.2～4.2	0.7～1.3	3～5
⑤-2	灰色粉性土～粉砂	28～35	0.8～1.0	5.9～11.0	3.0～9.0	8～25
⑤-3	灰色粉质黏土	29～38	0.85～1	4.6～5.8	1.3～2.5	5～9
⑥	暗绿色粉质黏土	21～27	0.6～0.8	6.0～9.0	2.0～3.8	10～18
⑦-1	草黄色砂质粉土	25～34	0.6～0.9	7～14	6.5～13	15～35

续表

层序	土名	含水率 w/%	孔隙比 e	压缩模量 $E_{s0.1\sim0.2}$ /MPa	静探 P_s/MPa	标贯/（击·30 cm^{-1}）
⑦-2	青灰色粉细砂	20～33	0.58～0.9	9～19	11～30	30～>50
⑧-1	灰色黏性土	30～41	0.85～1.1	4.5～8	1.5～2.8	7～13
⑧-2	灰色黏性土夹粉砂	22～37	0.7～1	5.5～11	2.5～5	10～25
⑨-1	青灰色粉砂夹粉质黏土	19～32	0.52～0.8	10～20	12～30	35～>50
⑨-2	灰白色中细砂(含砾)	15～29	0.5～0.8	11～23	15～>30	45～>50

上海地区的桩基一般选择压缩性较低的黏性土、粉性土、中密或密实的砂土作为持力层。桩基持力层不宜将桩端悬在淤泥质土层中。据上述土层特性，第⑤-2层灰色粉性土、粉砂，第⑤-3层灰色黏性土和第⑥层暗绿色黏性土一般可作为小高层或高层建筑物的桩基持力层；第⑦层砂性土和第⑧-2层粉质黏土与粉砂互层或第⑨层砂性土一般可作为高层或超高层建筑物的桩基持力层。

5.2.2 旁压试验测试成果

经过对上海地区的20项工程的回归统计分析：旁压试验（p_Y-p_0）、旁压模量 E_m 与深度分布关系详见图5-5和图5-6。

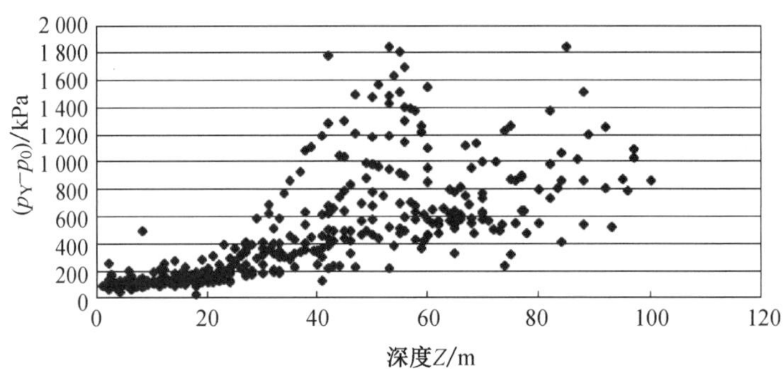

图5-5 旁压试验（p_Y-p_0）-深度（Z）关系分布图

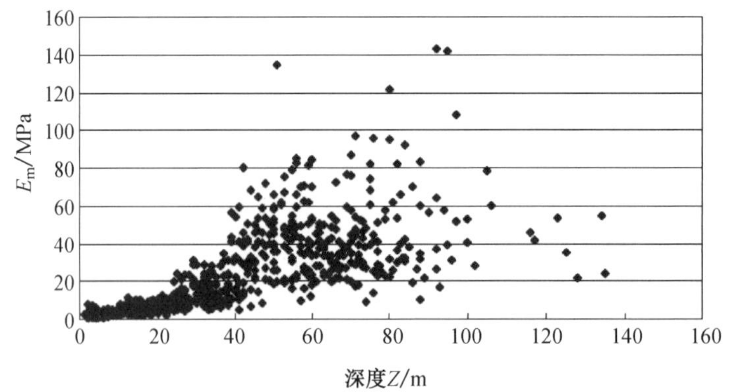

图5-6 旁压模量（E_m）-深度（Z）分布图

各层地基土的旁压试验成果主要指标平均值详见表 5-4。

表 5-4　　旁压试验成果主要指标平均值

层序	土名	p_0 /kPa	p_Y /kPa	p_l /kPa	E_m /MPa
②$_1$	褐黄色黏性土	30	150	320	4.2
②$_3$	灰色粉性土	50	190	420	6.5
③	灰色淤泥质粉质黏土	60	145	280	2.8
④	灰色淤泥质黏土	130	220	380	4.3
⑤$_1$	褐灰色粉质黏土夹黏土	220	360	620	7.0
⑤$_2$	灰色粉性土～粉砂	270	455	830	12.5
⑤$_3$	灰色粉质黏土	288	410	810	9.5
⑥	暗绿色粉质黏土	290	620	1260	17.5
⑦$_1$	草黄色砂质粉土	360	1 000	2 100	22.5
⑦$_2$	青灰色粉细砂	520	1 700	3 600	45.3
⑦$_3$	青灰色砂质粉土	670	1 500	3 000	38.5
⑧$_1$	灰色黏性土	490	700	1 350	15.0
⑧$_2$	灰色黏性土夹粉砂	570	880	1 580	21.0
⑨$_{-1}$	青灰色粉砂夹粉质黏土	740	1 520	3 200	39.0
⑨$_{-2}$	灰白色中细砂(含砾)	880	2 200	4 450	50.0

5.2.3 旁压模量

旁压模量是反映土体中压力和体变(应变)之间关系的一个重要指标,它与旁压曲线斜率的倒数 $\Delta p/\Delta V$ 成正比,即

$$E_m = 2(1+\mu)(V_c + V_m) \cdot \frac{\Delta p}{\Delta V} \tag{5-1}$$

式中 E_m——旁压模量,kPa;

ν——土的泊松比;

V_c——旁压器固有的原始体积,cm^3;

$V_m = (V_0 + V_Y)/2$;

$\Delta p = (p_Y - p_0)/2$;

$\Delta V = (V_Y - V_0)/2$;

p_0——由经验确定的侧向压力或由旁压曲线通过作图法确定的原位侧向压力,kPa;

p——由旁压试验曲线确定临塑压力,kPa;

V_0——p_0所对应的扩张体积,cm^3;

V——p_y所对应的扩张体积,cm^3。

1. 旁压模量与土的变形模量之间的关系

旁压曲线反映了旁压孔周土体变形过程中应力和变形之间的关系。由于旁压模量 E_m 是从该曲线的线性区段(类似弹性区)的斜率 $\Delta p/\Delta V$ 推求出来的,它不同于其他试验(载荷试验、无侧限试验和三轴压缩试验等)得到的模量,如在一般情况下它的数值远比载荷试验测得的变形模量 E 值小,主要是由于其应力路径不同,其他试验的应力路径的 β 值皆小于 45°,而

旁压试验应力路径的 β 值为 90°，可能在土中出现拉应力。由于实际土体并非理想的弹性体，它的抗拉性能 E^- 要比抗压性能 E^+ 相差很多，实际上旁压模量 E_m 是综合土体拉伸和压缩的性能，变形模量 E 值反映了土体的压缩性质，它相当于旁压试验中的 E^+。

由 Lame 方程可得：

$$u_{0m} = \frac{\Delta p r_0}{2G_m} \tag{5-2}$$

$$u_0 = \frac{\Delta p r_0}{2G} \tag{5-3}$$

$$E = \frac{u_{0m}}{u_0} E_m \tag{5-4}$$

式中 Δp——旁压孔壁压力的增量，其值为 $p - p_0$；

r_0——旁压孔的半径。

其原因是：实际土体 $E^+ > E^-$；竖向和水平变形模量不等；可能存在孔壁扰动使土的强度有所降低。

从公式中比值 $u_{0m}/u_0 \geqslant 1$，它与下列因素有关：

(1) 土越紧密，孔隙比 e 越小，比值越接近 1，如第⑥层硬土等；

(2) 颗粒越细，前期固结压力($OCR>1$)和内聚力越大，其抗拉性能就越好，则比值也越接近 1，如第⑤、⑥、⑧层黏性土等；

(3) 土的深度越深，土的静止侧压力越大，则比值也越接近 1；

(4) 孔壁因钻进等原因产生的扰动越小时，则比值也越接近 1。

Menard 提出了土的结构系数 a 的概念，$E_m = aE$，其 a 值如表 5-5 所列。

表 5-5　　土的结构系数 a 一览表

土名	E_m/p_l 和 a	土的状态	
		超固结土	正常固结土
淤泥质土	E_m/p_l	—	—
	a	—	1
黏性土	E_m/p_l	>16	9～16
	a	1	2/3
砂质粉土	E_m/p_l	>14	8～14
	a	2/3	1/2
粉细砂	E_m/p_l	>12	7～12
	a	1/2	1/3
含砾中粗砂	E_m/p_l	>10	6～10
	a	1/3	1/4

2. 土的水平模量和竖向模量基本一致

土层中垂直方向和水平方向的力学性质一般是有所不同的，而旁压模量代表的是水平方向的力学性质，它与垂直方向的力学性质之间差异是否明显，根据轴对称问题的广义胡克定律，用极坐标表示时，有：

$$\varepsilon_\theta = -\frac{1}{E_H}(\sigma_\theta - \mu_H\sigma_r) + \frac{\mu_v}{E_v}\sigma_z \tag{5-5}$$

$$\varepsilon_\theta = -\frac{\mu_v}{E_v}\sigma_z + \frac{\mu_v}{E_H}(\sigma_\theta + \sigma_r) \tag{5-6}$$

$$\varepsilon_r = -\frac{1}{E_H}(\sigma_r - \mu_H\sigma_\theta) + \frac{\mu_v}{E_v}\sigma_z \tag{5-7}$$

根据理论证明,旁压模量只和水平方向的力学参量模量和泊松比有关,把水平方向模量的 E_m 当作竖向模量来估算地基土竖直方向的变形时要注意土的力学性质在这个方向的差异。根据上海地区已进行过水平方向和垂直方向压缩试验的工程资料统计,结果如图 5-7 所示。

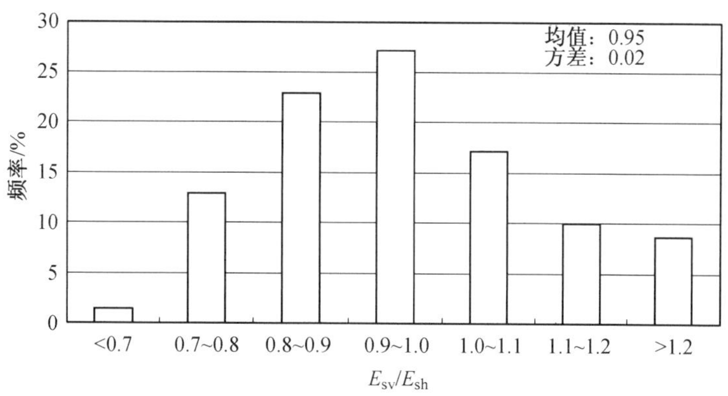

图 5-7 压缩模量 E_{sv}/E_{sh} 分布频图

由图可见,上海地区常见地层的水平向的压缩模量 E_{sh} 和垂直向压缩模量 E_{sv} 的差别不会超过 5%,用水平向压缩模量 E_{sh} 或旁压模量 E_m 来估算竖向变形时所产生的误差不会超过容许的范围。

3. 旁压模量与其他原位试验的经验关系

旁压试验成果指标 P_f, P_l, E_m 是工程设计中的重要指标,它可以确定土的强度和变形指标,尤其当在砂层中难以取得原状土时,为工程设计提供较为可靠的参数。

1) 旁压试验成果指标 P_f, P_l, E_m 与标贯 N 经验关系

通过大量数据分析统计,旁压试验成果指标 P_y, P_l, E_m 与标贯 N 大致呈对数或线性关系,其关系式如下:

$$P_y = 1\ 049\ln(N) - 2\ 560\ (\text{kPa}) \tag{5-8}$$

$$P_l = 2\ 170\ln(N) - 5\ 387(\text{kPa}) \tag{5-9}$$

$$E_m = 1.1\ N - 8.6\ (\text{MPa}) \tag{5-10}$$

以上公式适用于第⑦、⑨层砂性土。

2) 旁压模量 E_m 与静探 P_s 经验关系

静力触探比贯入阻力 P_s 与深度变化曲线可以直观地划分土层,且是选择桩基持力层、估算单桩承载力,判定沉桩的可能性以及查明土层均匀性的一种有效的方法,适用各种土性,一般数据可靠,重现性好,是上海地区应用最广泛的主要原位试验之一,且具有大量静探孔资料,

本课题通过 P_s 值与旁压模量 E_m 按分层统计，建立了相应经验关系，各层土的旁压模量 E_m 与静探 P_s 经验关系详见表 5-6 和图 5-8。

表 5-6　　旁压模量 E_m 与静探 P_s 经验关系

层序	土　层　名　称	E_m 与 P_s 经验关系	P_s 值适用范围/MPa
②-1	褐黄色黏性土	$E_m=6.78P_s-2.58$	0.75～1.5
②-3	灰色粉性土、粉砂	$E_m=1.30P_s+3.50$	1.5～5.0
③	灰色淤泥质粉质黏土	$E_m=7.41P_s-1.82$	0.5～1.2
④	灰色淤泥质黏土	$E_m=5.93P_s+0.83$	0.45～0.80
⑤-1	褐灰色黏性土	$E_m=6.84P_s+0.78$	0.75～1.60
⑤-2	灰色粉性土	$E_m=1.32P_s+5.00$	2.5～7.0
⑤-3	灰色、褐灰色黏性土	$E_m=2.53P_s+5.68$	1.2～2.2
⑥	暗绿色黏性土	$E_m=7.05P_s-1.71$	1.8～4.0
⑦-1	草黄、灰色黏性土、粉砂	$E_m=(1.44P_s+9.43)\times0.8$	5.0～12.0
⑦-2	灰色粉细砂	$E_m=(1.52P_s+12.67)\times0.8$	12.0～30.0
⑦-3	灰色粉砂夹薄层黏性土	$E_m=(1.52P_s+7.80)\times0.8$	10.0～22.0
⑧-1	灰色黏性土夹粉砂	$E_m=4.50P_s+10.54$	1.5～3.0
⑧-2	灰色粉质黏土、粉砂互层	$E_m=3.00P_s+12.68$	2.5～5.0
⑨-1	青灰色粉细砂夹黏性土	$E_m=(1.91P_s+8.93)\times0.8$	11.0～30.0
⑨-2	青灰色粉细砂夹中、粗砂	$E_m=(2.85P_s-17.57)\times0.8$	15.0～35.0

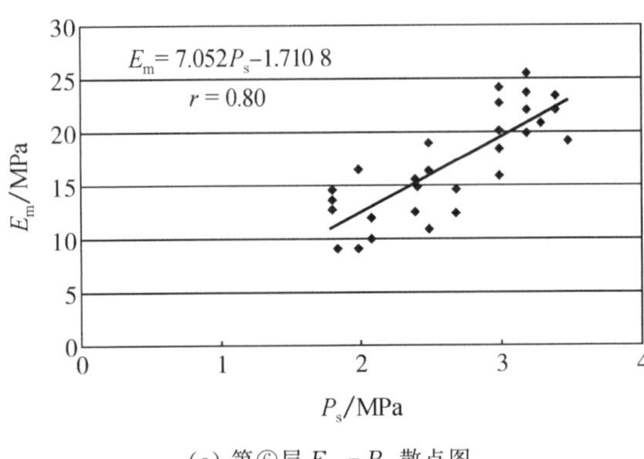

(a) 第⑥层 E_m-P_s 散点图

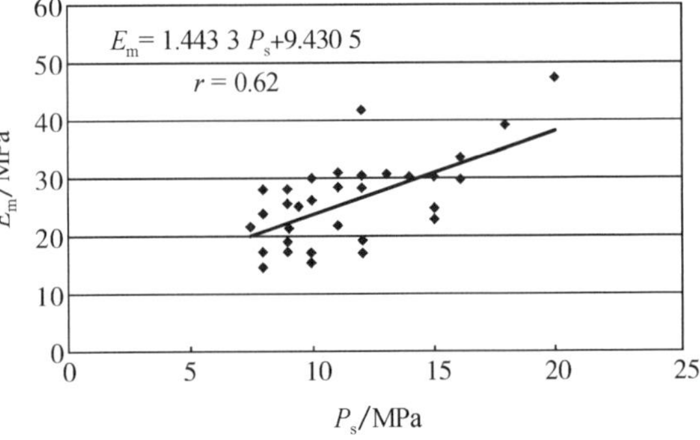

(b) 第⑦-1层 E_m-P_s 散点图

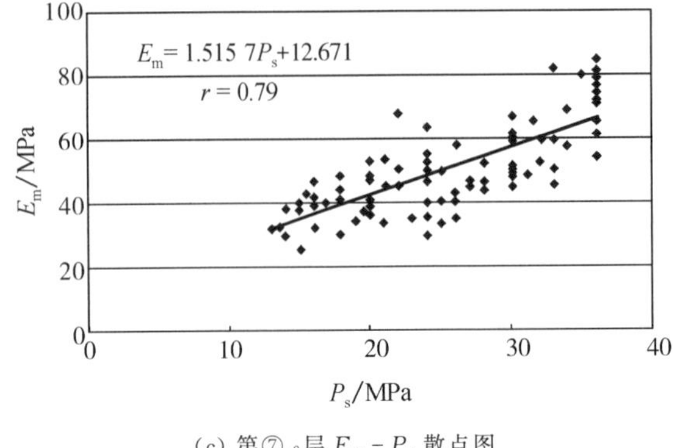

(c) 第⑦-2层 E_m-P_s 散点图

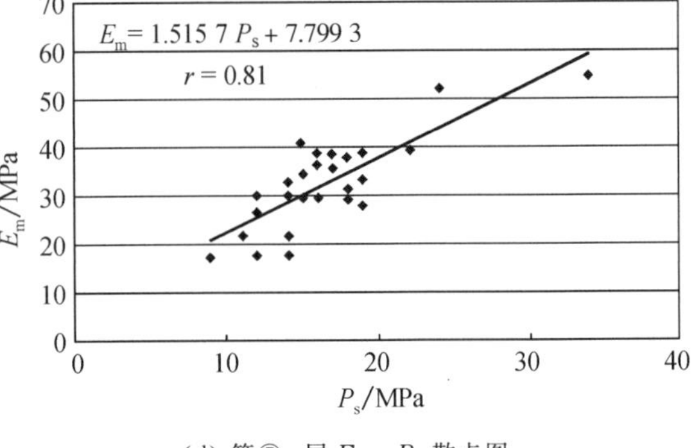

(d) 第⑦-3层 E_m-P_s 散点图

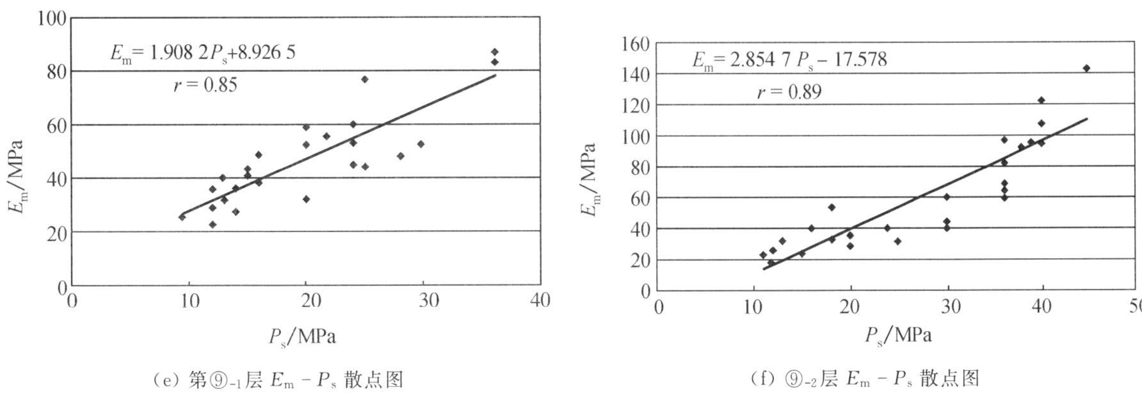

(e) 第⑨$_{-1}$层 $E_m - P_s$ 散点图　　(f) ⑨$_{-2}$层 $E_m - P_s$ 散点图

图 5-8　旁压模量 E_m 与静探 P_s 经验关系(典型地层)

5.3　旁压试验成果在桩基沉降量计算中的应用

5.3.1　桩基土分类

上海地区位于东海之滨，属长江三角洲冲积平原，与工程密切相关的地基土均系第四纪的河相、湖相、滨海相、浅海相的沉积物，其地基土一般由黏性土、粉土和砂类土构成。根据本次已测的沉降观测资料的 185 幢住宅楼和办公楼工程的地质资料分析，一般认为持力层土性对桩基沉降具有最显著的影响，但通过大量工程的沉降计算和分析，其桩基沉降量不仅与桩端下土性有关，还与其桩侧土性相关，当桩穿越一定厚度的硬塑黏性土或中密以上粉性土、砂土时，由于土体应力扩散的不同，对沉降有显著的影响，因此，本书可对桩基土类型划分主要依据其桩端持力层土性划分为 4 种类型，并考虑桩侧土的土性分为 8 种亚类型，详见表 5-7。

表 5-7　　桩基土分类

桩基土类型		桩端持力层性质	桩侧土性质
Ⅰ	$Ⅰ_s$	持力层下为软塑～可塑状的黏性土	桩侧土为软塑～可塑状的黏性土
	$Ⅰ_h$	持力层下为软塑～可塑状的黏性土	桩侧土有层厚≥0.25B 的硬塑状的黏性土或中密～密实砂质粉土或砂土
Ⅱ	$Ⅱ_s$	持力层下有层厚 0.25B～0.5B 的硬塑状的黏性土或中密～密实砂质粉土或砂土	桩侧土为软塑～可塑状的黏性土
	$Ⅱ_h$	持力层下有层厚 0.25B～0.5B 的硬塑状的黏性土或中密～密实砂质粉土或砂土	桩侧土有层厚≥0.25B 的硬塑状的黏性土或中密～密实砂质粉土或砂土
Ⅲ	$Ⅲ_s$	持力层下有层厚 0.5B～1B 的硬塑状的黏性土或中密～密实砂质粉土或砂土	桩侧土为软塑～可塑状的黏性土
	$Ⅲ_h$	持力层下有层厚 0.5B～1B 的硬塑状的黏性土或中密～密实砂质粉土或砂土	桩侧土有层厚≥0.25B 的硬塑状的黏性土或中密～密实砂质粉土或砂土
Ⅳ	$Ⅳ_s$	持力层下有层厚≥1B 的硬塑状的黏性土或中密～密实砂质粉土或砂土	桩侧土为软塑～可塑状的黏性土
	$Ⅳ_h$	持力层下有层厚≥1B 的硬塑状的黏性土或中密～密实砂质粉土或砂土	桩侧土有层厚≥0.25B 的硬塑状的黏性土或中密～密实砂质粉土或砂土

注：表中 B 为等效基础宽度。

5.3.2 桩基工程变形特性

上海软土地基中桩基沉降具有一定的规律性，通过长期沉降观测，资料表明，桩基沉降与地基土性、建筑物荷载大小密切相关，一般来说，桩基沉降分为三个阶段，竣工时沉降量(包括瞬时沉降和部分固结沉降，施工时间通常在 1 年至 2 年半)、主固结沉降和次固结沉降，但在实际工程中很难区分和分别计算，据初步研究，其桩基沉降特性主要与桩基持力层以下土性有关，为能较正确反映桩基沉降的特性，根据桩基土类型按不同时段(即竣工时，竣工后 1 年，竣工后 3 年，竣工后 5 年，竣工后 7 年)分别统计近 185 幢高层建筑物的实测沉降量与推算最终沉降量之比(%)以及相应的沉降速率，其统计结果见表 5-8。

表 5-8　　各种桩基类型土的主要沉降特性

类型	A_0 /%	k_0 /(mm · d^{-1})	A_1 /%	k_1 /(mm · d^{-1})	A_3 /%	k_3 /(mm · d^{-1})	A_5 /%	k_5 /(mm · d^{-1})	A_7 /%	k_7 /(mm · d^{-1})
Ⅰ	29～52 42	0.08～0.23 0.13	48～75 62	0.05～0.14 0.08	75～92 85	0.03～0.09 0.05	84～97 92	0.01～0.06 0.03	97～100 99	0.003～0.02 0.01(稳定)
Ⅱ	35～70 47	0.07～0.17 0.10	49～82 65	0.03～0.08 0.05	71～93 86	0.01～0.05 0.03	85～98 94	0.01～0.03 0.015	96～100 99	0.001～0.02 0.002(稳定)
Ⅲ	53～73 64	0.07～0.11 0.09	70～84 78	0.03～0.06 0.04	90～96 94	0.01～0.04 0.02	92～99 98	0.004～0.02 0.01(稳定)	—	—
Ⅳ	60～83 72	0.05～0.11 0.07	76～92 84	0.01～0.03 0.02	88～97 95	0.004～0.02 0.01(稳定)	94～99 99	0.001～0.004 0.002	—	—

注：A_n＝竣工后几年沉降量/最终沉降量；k_n 为相应沉降速率。

由表 5-8 可见，桩基沉降速率与桩基土类型密切相关，当桩基持力层以下土层以黏性土为主时(Ⅰ、Ⅱ类桩基土)，其竣工时沉降量占总沉降量百分比较小(平均值分别为 42%和 47%)，相对应不同时段的沉降速率较大，所需的沉降稳定时间较长(一般需要 7 年)；如桩基持力层以下土层以砂土或砂土与黏性土互层为主时(Ⅲ、Ⅳ类桩基土)，其竣工时沉降量占总沉降量百分比较大(平均值分别为 64%和 72%)，相对应不同时段的沉降速率较小，沉降稳定时间较短(一般为 3～5 年)。

5.3.3 常用桩基沉降量计算方法与沉降量实测值的对比分析

沉降量的估算是工程设计的一项重要指标，目前常用的沉降计算方法很多，如上海规范方法、桩基规范方法、实体深基础-Mindlin 法；其沉降计算指标一般均采用压缩模量 E_s 值，本次对上述三种方法进行了计算并与实测沉降量进行了计算分析比较(图 5-9)，各种方法计算精度如表 5-9 所列。

由以下图表可见，上海规范方法计算值明显大于实测值，其平均值达 1.95。虽然采用实体深基础-Mindlin 法和桩基规范方法估算桩基沉降量较接近实测值或略大于实测值，平均误差在 25%左右，但如果仔细分析桩侧土与桩端土时，会发现当桩侧土和桩端以下土层均为软塑～可塑黏性土，其计算沉降量明显偏小，平均偏小约 15%；当桩侧土存在着一定厚度的硬塑黏性土或中密以上粉性土、砂土且桩端以下为中密以上的砂土、粉性土时，其计算沉降量明显偏大，平均偏大约 60%；可能会造成某些工程设计偏保守或沉降量偏大等。造成上述方法计

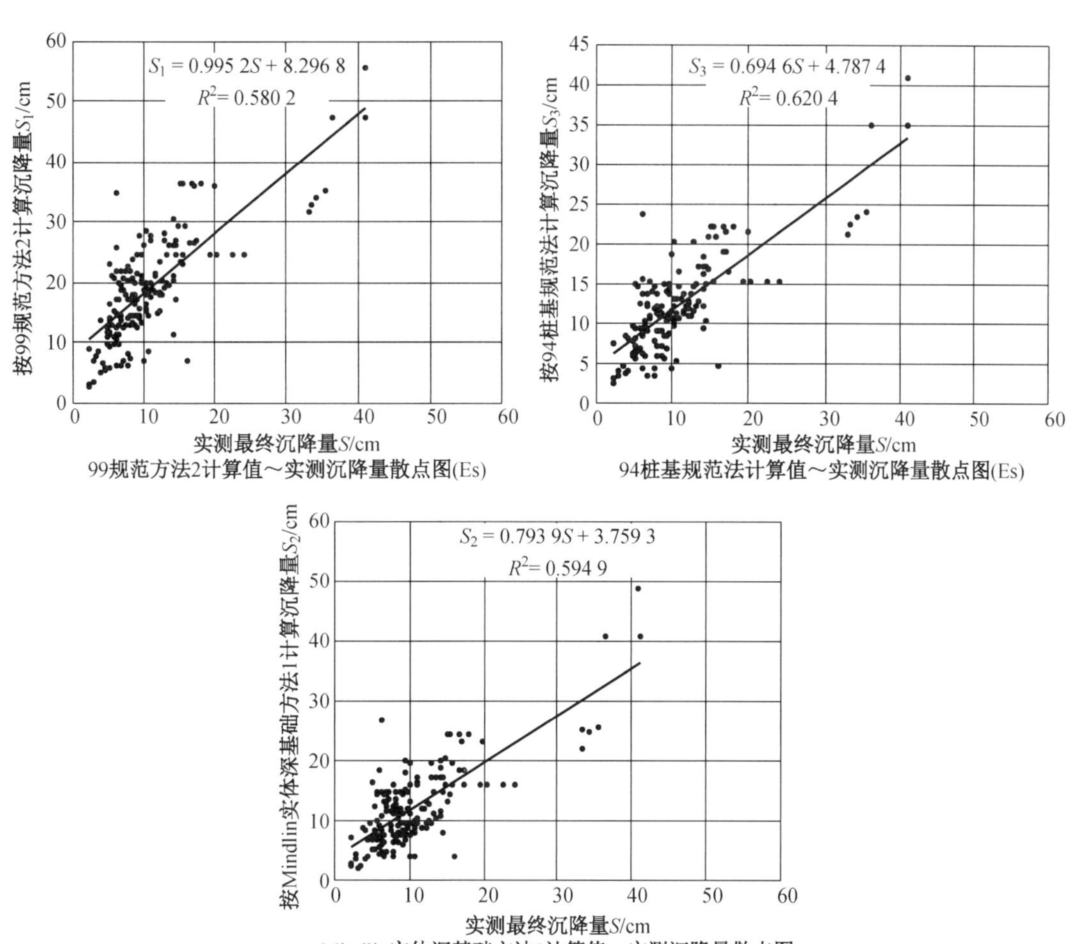

图 5-9　常用桩基沉降计算方法的计算值-实测值散点图

表 5-9　　常用桩基沉降计算方法实测值比较

序号	计算方法	(计算值/实测值)均值	方差	相对误差/%					
				S=5	S=10	S=15	S=20	S=25	S=35
1	上海规范方法	1.95	0.53	165	82	55	41	32	23
2	实体深基础-Mindlin 法	1.25	0.31	55	17	5	−2	−6	−10
3	桩基规范方法	1.25	0.25	65	17	2	−7	−11	−17

注:计算精度=(计算值－实测最终沉降量)/实测最终沉降量×100;S 为最终沉降量(cm)。

算精度差的原因有:

没有考虑桩侧土的作用,即沿桩身的压力扩散角,而实际上尽管上海浅层软土的内摩角较小,但或多或少存在着一定的桩身摩擦力,且随桩的深度增加,土质逐渐变硬,摩擦力也逐渐增大。目前由于施工技术有了很大的提高,沉桩设备能量大的柴油锤已达

D100,液压锤已有 30 t,静压桩设备最大压力已达 800 t,与十多年前情况完全不同(原受沉桩设备影响,大部分桩基工程只能采用第⑥层硬土为桩基持力层),一般高层建筑物或超高层建筑物均穿过第⑥层硬土,至第$⑦_1$层砂质粉土或进入第$⑦_2$层粉细砂,部分工程甚至穿过第$⑦_1$层砂质粉土和第$⑦_2$层粉细砂而进入第⑨层粉细砂。这样导致计算所得的作用在实体深基础底面(即桩端平面处)的有效附加压力偏大,相应地桩端平面处以下土中的有效附加压力也偏大。

在计算桩端平面处以下土中的有效附加压力时,采用了弹性理论中的 Mindlin 和 Boussinesq 应力解,与土性(土层的软弱、土颗粒的粗细等)无关,可能使实际土体中的应力与计算值不相符,也导致计算应力偏小或偏大,在软黏性土和密实砂土中尤为突出。

确定地基土的压缩模量是一个关键性的问题,据目前的勘察水平,深层地基土的压缩模量很难正确确定,因为原状土样的采取受到很大的限制,特别是粉性土、砂土扰动程度更大,导致地基土的压缩模量偏小或失真。如第$⑦_1$层砂质粉土,其比贯入阻力平均值 $P_{s1}=9$ MPa,标贯击数平均值 N_1 为 28 击,属中密状态;第$⑦_2$层粉细砂,其比贯入阻力平均值为 $P_{s2}=22$ MPa,标贯击数平均值 N_2 大于 50 击,属密实状态;两者力学指标比值 $P_{s2}/P_{s1}=2.44$,$N_2/N_1>1.79$,存在着明显差异,但由室内土工试验测得相同压力段的压缩模量基本相同,甚至个别工程第$⑦_2$层压缩模量(相同压力段)小于第$⑦_{-1}$层。

上海地区第⑤层和第⑧层黏性土由于具有一定的地质年代,一般具有超压密性($OCR>1$),尤其是第⑧层黏性土地质时代属 Q_3,据一些工程试验数据(采用薄壁取土器),其 $OCR=1.25\sim1.4$。如不考虑这些因素,势必造成沉降量估算值偏大。

由上模型分析可知,虽然地基土中的应力采用了 Mindlin 解使计算桩基沉降量与实测值总体上比较接近,但存在两种不符的情况:当桩侧土和桩端以下土层较为软弱时,其计算的沉降量与实测值相比一般明显偏小;当桩侧土和桩端以下土层较佳时,其计算的沉降量与实测值相比一般明显偏大。目前,采用 Mindlin 解计算桩基沉降量与土性好坏相关性较差,但据大量桩基工程的实测沉降数据分析,桩基沉降量和变形特征与地基土层土性密切相关,比如上海市中心的 43 层某饭店,桩端入土深度为 39 m,桩基持力层为第$⑦_2$层粉细砂,桩端下第$⑦_2$层粉细砂厚度为 18 m,其下为第⑧层黏性土,厚度约为 10 m,基底有效附加压力为 400 kPa,推算最终实测沉降量为 11.0 cm,按 Mindlin 解计算值为 14.2 cm。而在上海浦东新区,其体型、荷载、桩型、桩端入土深度等基本相似,但桩端下均为密实砂性土,推算最终实测沉降量为 4.3 cm,按 Mindlin 解计算值为 11.9 cm。由此可见,其两者实测沉降量比值为 2.56,而两者沉降量的计算值比值仅为 1.19。

旁压模量指标能正确反映地基土的力学性质,与土的力学性质成正比,如前述的第$⑦_{-2}$层旁压模量与第$⑦_{-1}$层旁压模量比值为 2.06,基本符合实际土性情况。为寻找采用旁压模量计算沉降量的方法,要求建立计算模式达到简单、合理而实用的有效方法,本书选择国外和国内在工程实践中最广泛应用的等代墩基(实体深基础)模式,主要按下列四种方法计算:Menard 的两分区沉降计算法、考虑压力扩散角经验方法、实体深基础-Mindlin 法、实体深基础-Boussinesq 法。其中,后两种方法是为便于与常用桩基沉降量计算的分析与比较,采用了我国工程界中常用的两种不同应力方式的等代墩基计算方法。

1. 计算模式

1) Menard 两分区沉降计算法

Menard 两分区沉降计算法以下简称"建议方法 1",如图 5-10 所示,有:

$$S = S_1 + S_2 \tag{5-11}$$

圆形基础：

$$S_1 = \frac{2(1-2\mu)PR}{3E} \tag{5-12}$$

$$S_2 = \frac{(1+3\mu)PR_0}{3E_m} \tag{5-13}$$

方形基础：

$$S_{方} = \lambda_1 S_1 + \lambda_2 S_2 \tag{5-14}$$

式中 S_1——Ⅰ区土体压缩变形；

S_2——Ⅱ区土体剪切变形，体积不发生变化；

λ_1，λ_2——形状系数；

R——基础宽度；

R_0——基础参考宽度，为 0.30 m；

E——变形模量；

E_m——旁压模量；

P——基底附加应力。

2）考虑压力扩散角方法

考虑压力扩散角方法以下简称“建议方法 2”，该方法假设：当桩端进入可塑状态以上黏性土～硬层或砂土时，应考虑荷载沿桩身的压力扩散角（但不考虑第②、③、④层土层的压力扩散角）；其桩尖下的附加压力也按压力扩散角计算；压缩层厚度由桩端全断面算起，算到附加压力等于土的自重压力的 20%处。其计算模式见图 5-11。

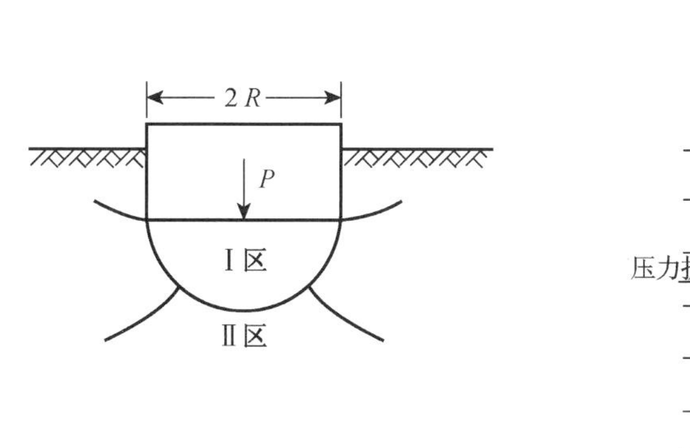

图 5-10 两个变形区

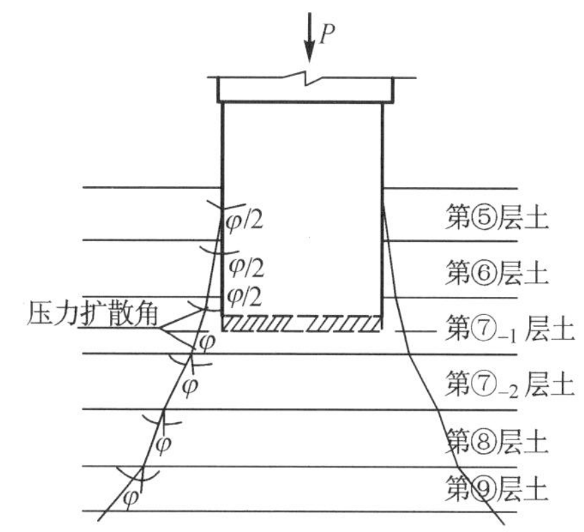

图 5-11 考虑扩散角计算模式

计算公式采用分层总和法：

$$S = \sum \Delta P_i / E_i \cdot h_i \tag{5-15}$$

式(5-15)中 ΔP_i 为按压力扩散角计算的有效附加压力;其桩端下扩散角可按表 5-10 确定,桩端以上土层以桩端下的扩散角的 50%计算。

表 5-10　各土层压力扩散角建议值

层序	土　名	压力扩散角 φ/(°)	静探 P_s /MPa
②-3	灰色粉性土	10～15	1.5～4
⑤-1	褐灰色粉质黏土夹黏土	5～10	0.8～1.5
⑤-2	灰色粉性土	20～25	4～8
⑤-3	灰色粉质黏土	15～20	1.5～3
⑥	暗绿色粉质黏土	20～30	2～4
⑦-1	草黄色砂质粉土	25～30	8～12
⑦-2	青灰色粉细砂	30～45	12～30
⑦-3	青灰色砂质粉土	25～35	8～20
⑧-1	灰色黏性土	20～25	1.5～3
⑧-2	灰色黏性土夹粉砂	20～30	2～5
⑨-1	青灰色粉砂夹粉质黏土	30～45	12～30
⑨-2	灰白色中细砂(含砾)	35～45	12～30

3) 按实体深基础-Mindlin 法计算

按实体深基础-Mindlin 法计算,以下简称"建议方法 3",其计算地基中某点的竖向附加应力值,将各根桩在该点所产生的附加应力,逐根叠加计算;附加荷载由桩端阻力和桩侧摩阻力共同承担。桩端阻力假定为集中力,桩侧摩阻力假定为沿桩身均匀分布和沿桩身线性增长分布两种形式组成。附加荷载的桩端阻力比和桩基沉降计算经验系数根据当地工程的实测资料统计确定。

4) 按实体深基础-Boussinesq 法计算

按实体深基础-Boussinesq 法计算,以下简称"建议方法 4",其假定条件:将承台、桩群与桩间土作为实体深基础,桩端下地基土中的附加压力采用 Boussinesq 公式得到矩形面积上均匀荷载作用下角点竖向附加应力;压缩层厚度由桩端全断面算起,算到附加压力等于土的自重压力的 20%处,计算公式按采用分层总和法并乘以上海规范方法的经验系数,压缩模量采用 $E=E_m/(f \cdot a)$。该方法与上海规范方法的区别仅是采用模量的不同。

2. 计算参数的选取

旁压模量是计算桩基沉降量的一个重要指标,通过以上分析模型,根据上海地区的土性和旁压试验的特点提出相应的修正系数 f 和土层结构系数 a,建议按表 5-11 采用。

表 5-11　　计算参数修正系数 f 及各土层结构系数 a 建议值

层序	土名	修正系数 f	结构系数 a
②-1	褐黄色黏性土	1	1
②-3	灰色粉性土、粉砂	1	1～0.75
③	灰色淤泥质粉质黏土	1	1
④	灰色淤泥质黏土	1.5	1
⑤-1	褐灰色粉质黏土夹黏土	1.5	1
⑤-2	灰色粉性土	1	0.75
⑤-3	灰色粉质黏土	1.5	1
⑤-4	灰绿色粉质黏土	1.5	1
⑥	暗绿色粉质黏土	1.5	1
⑦-1	草黄～灰色砂质粉土	1	0.5～0.75
⑦-2	青灰色粉细砂	1	0.5
⑧-1	灰色黏性土	1.5	1
⑧-2	灰色黏性土夹粉砂	1～1.5	0.75～1
⑨-1	青灰色粉砂夹粉质黏土	1	0.5
⑨-2	灰白色中细砂(含砾)	1	0.5～0.33

变形模量 E 与旁压模量之 E_m 间关系为

$$E = \frac{E_m}{f \cdot a} \tag{5-16}$$

3. 计算结果与实测沉降量的对比分析

按上述四种方法对 185 幢高层建筑物按旁压模量进行了计算，将四种方法计算结果与建筑物的实测沉降量作了对比，四种方法的计算值与实测值之间均有波动，直观比较这四种方法，沉降计算精度差异十分明显和突出，表现出不同的规律和特征。见图 5-12 和表 5-12。

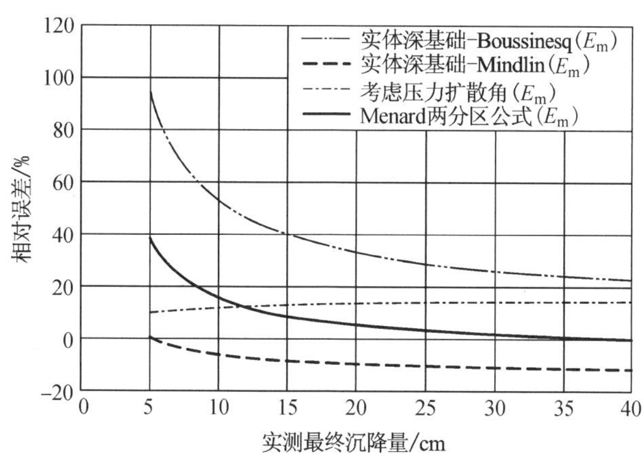

图 5-12　四种建议计算方法的计算值相对误差-实测值关系图

表 5-12　　四种建议计算方法与实测值比较

序号	计算方法	（计算值/实测值）均值	方差	计算精度/%					
				$S=5$	$S=10$	$S=15$	$S=20$	$S=25$	$S=35$
1	Menard 两分区法	1.17	0.10	38	16	9	6	3	1
2	压力扩散角法	1.15	0.04	11	13	14	14	14	14
3	实体深基础-Mindlin 法	0.98	0.09	1	−6	−9	−10	−10	−11
4	实体深基础-Boussinesq 法	1.60	0.16	94	54	40	33	29	25

注：S 为最终沉降量（cm）。

将四种沉降计算方法与相应实测沉降量作如下分析：

（1）“建议方法 1”：其计算值与实测值之比平均值为 1.17，方差为 0.10，变异系数为 27%，计算值与实测值之比小于 0.8 的约占 9.5%，计算值与实测值之比大于 1.3 的约占 32%，其计算精度能满足工程设计要求的约占 57.5%，相对误差随深度增加而逐渐增大，造成其偏大、偏小的原因可能是本方法未能考虑桩侧土的性质（压力扩散问题）以及实际土层的各向异性和不均匀等因素。

（2）“建议方法 2”：其计算值与实测值之比平均值为 1.15，方差为 0.04，变异系数为 17%，计算值与实测值之比小于 0.8 的约占 3.5%，计算值与实测值之比大于 1.3 的约占 12%，其计算精度能满足工程设计要求的约占 84.5%，相对误差趋于一个较稳定的数值（约为 +14%），与其他三种方法相比，其计算值更接近于实测值，该方法的优点是充分考虑了桩侧土和桩端土的性质，根据不同土性采用不同的压力扩散角求得相应的附加压力，更符合桩基的实际应力状态。

（3）“建议方法 3”：其计算值与实测值之比平均值为 0.98，方差为 0.09，变异系数为 31%，计算值与实测值之比小于 0.8 的约占 32.5%，计算值与实测值之比大于 1.3 的约占 19%，其计算精度能满足工程设计要求的约占 48.5%，相对误差的大小与土性相关，当桩端下土质较好时，其相对误差较小，并趋于一个较为稳定的相对误差；约有 1/3 工程计算值明显偏小，可能是由于 Mindlin 求得应力解，在软土中偏小，这是由于预制桩沉桩后由于土体扰动，造成土体重固结，根据沉桩过程中孔隙水压力观测资料，其完全消散时间较长，土体强度恢复较慢，会对桩身产生负摩阻力，因此实际的土中的附加应力大于计算值，导致计算沉降量明显偏小。

（4）“建议方法 4”：其计算值与实测值之比平均值为 1.60，方差为 0.16，变异系数为 25%，计算值与实测值之比小于 0.8 的约占 1.0%，计算值与实测值之比大于 1.3 的约占 77%，其计算精度能满足工程设计要求的仅占 22%，造成其偏大原因可能本方法未能考虑桩侧土的性质（压力扩散问题）以及采用 Boussinesq 应力解可能与实际土层中的应力不一致。

由上面分析可知，持力层对桩基沉降量具有最显著的影响，如按各种桩基土类型进行计算值与实测值比较，详见图 5-13—图 5-20。

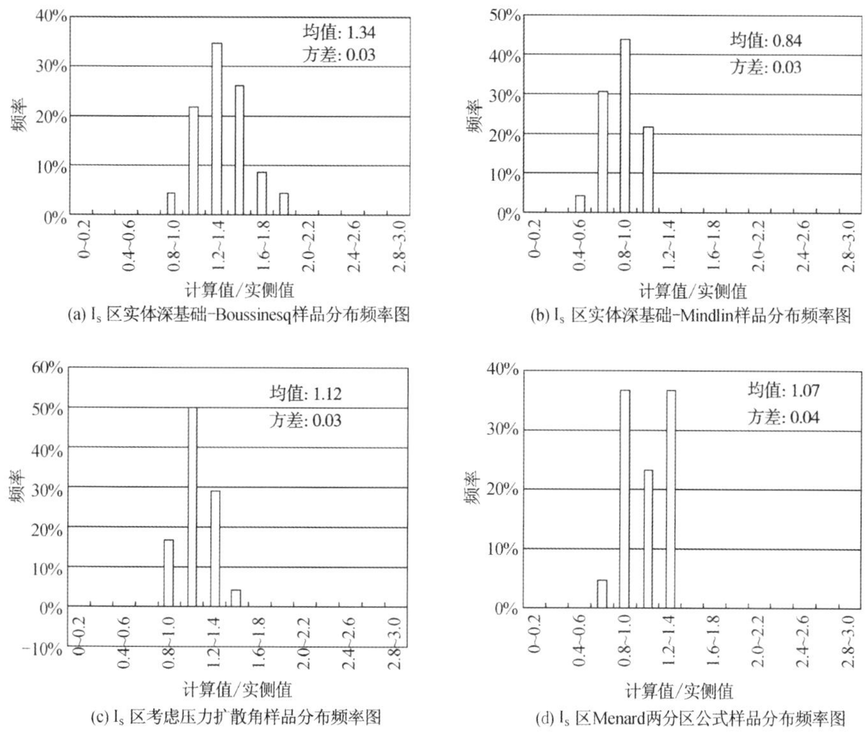

(a) I_s 区实体深基础-Boussinesq样品分布频率图

(b) I_s 区实体深基础-Mindlin样品分布频率图

(c) I_s 区考虑压力扩散角样品分布频率图

(d) I_s 区Menard两分区公式样品分布频率图

图 5-13 I_s 区沉降计算值/实测值频率图

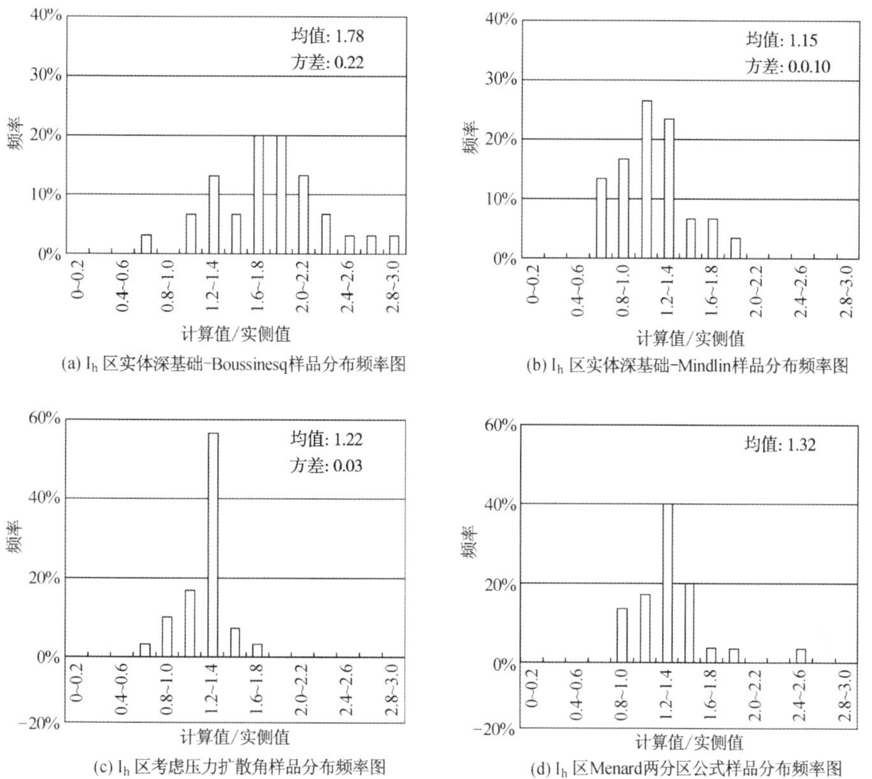

(a) I_h 区实体深基础-Boussinesq样品分布频率图

(b) I_h 区实体深基础-Mindlin样品分布频率图

(c) I_h 区考虑压力扩散角样品分布频率图

(d) I_h 区Menard两分区公式样品分布频率图

图 5-14 I_h 区沉降计算值/实测值频率图

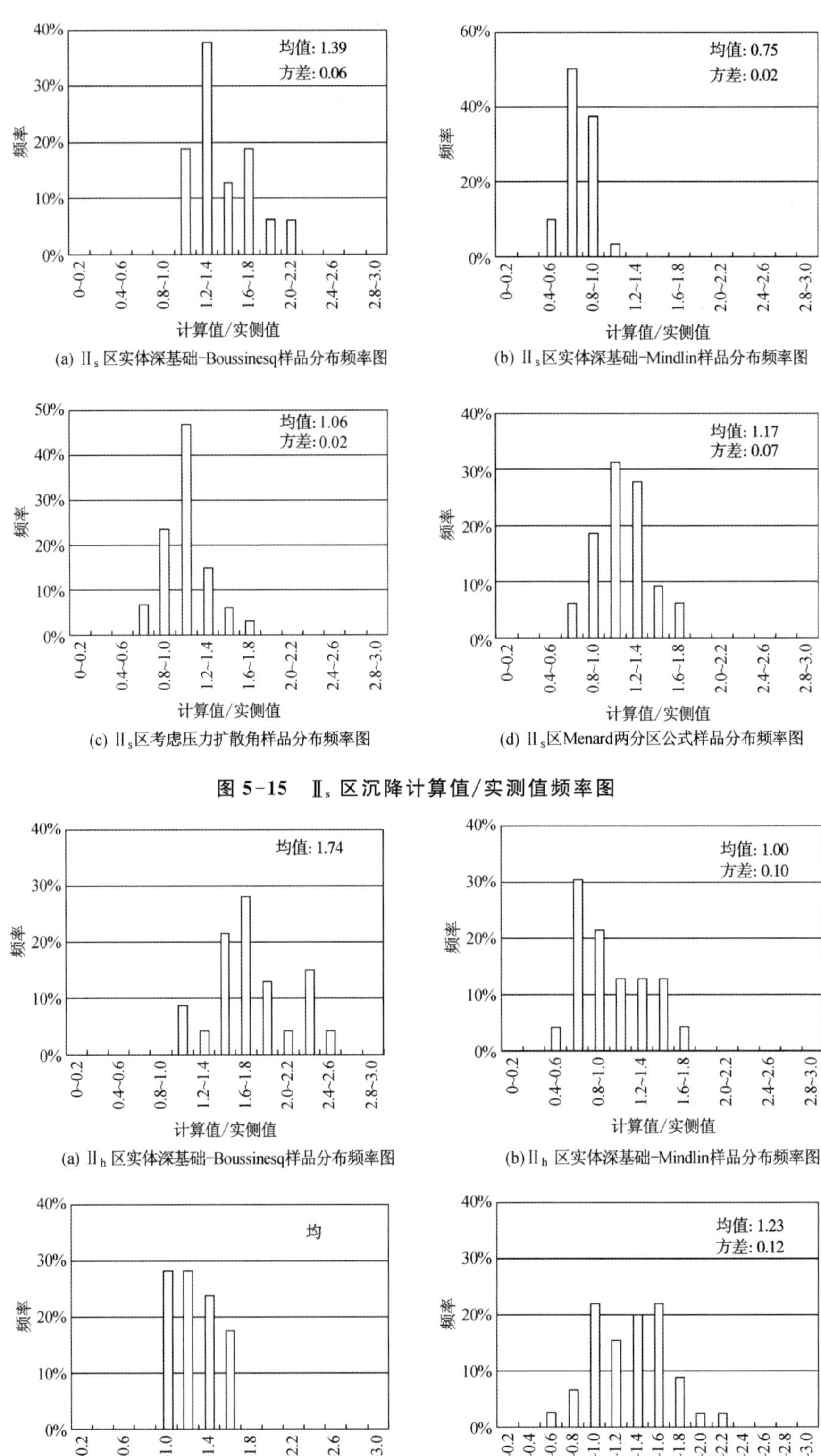

图 5-15　Ⅱs 区沉降计算值/实测值频率图

图 5-16　Ⅱh 区沉降计算值/实测值频率图

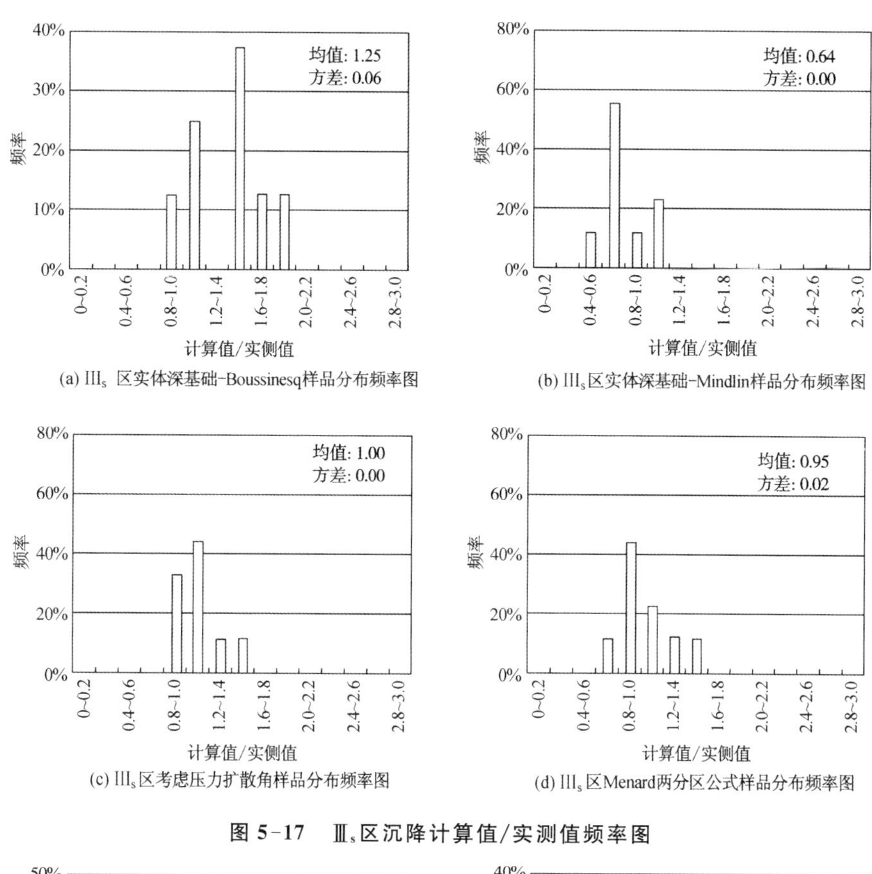

(a) $Ⅲ_s$ 区实体深基础-Boussinesq样品分布频率图

(b) $Ⅲ_s$ 区实体深基础-Mindlin样品分布频率图

(c) $Ⅲ_s$ 区考虑压力扩散角样品分布频率图

(d) $Ⅲ_s$ 区Menard两分区公式样品分布频率图

图 5-17 $Ⅲ_s$ 区沉降计算值/实测值频率图

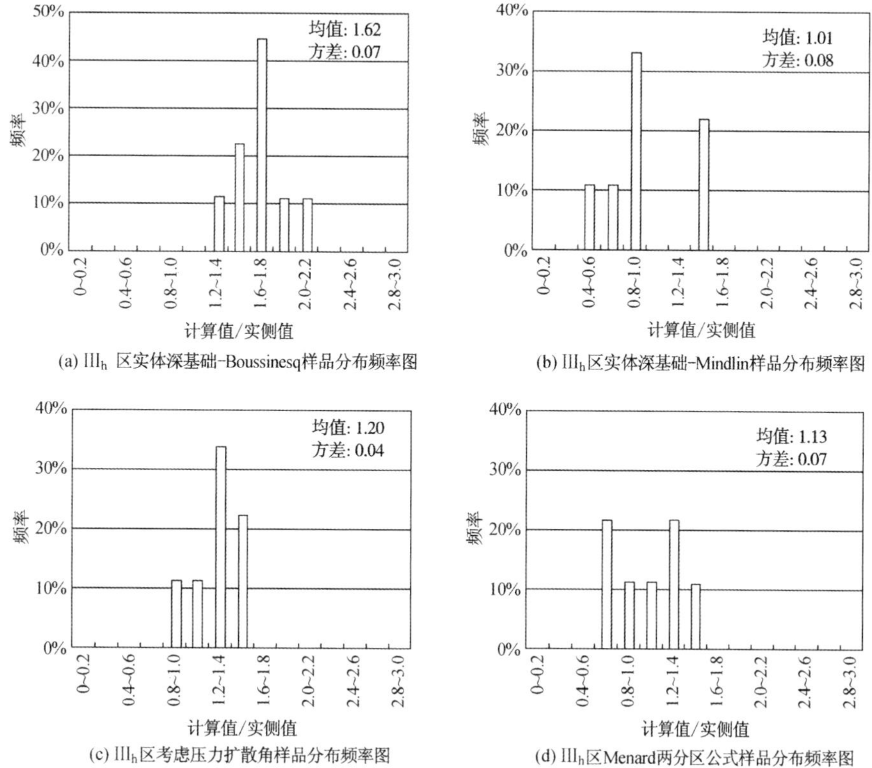

(a) $Ⅲ_h$ 区实体深基础-Boussinesq样品分布频率图

(b) $Ⅲ_h$ 区实体深基础-Mindlin样品分布频率图

(c) $Ⅲ_h$ 区考虑压力扩散角样品分布频率图

(d) $Ⅲ_h$ 区Menard两分区公式样品分布频率图

图 5-18 $Ⅲ_h$ 区沉降计算值/实测值频率图

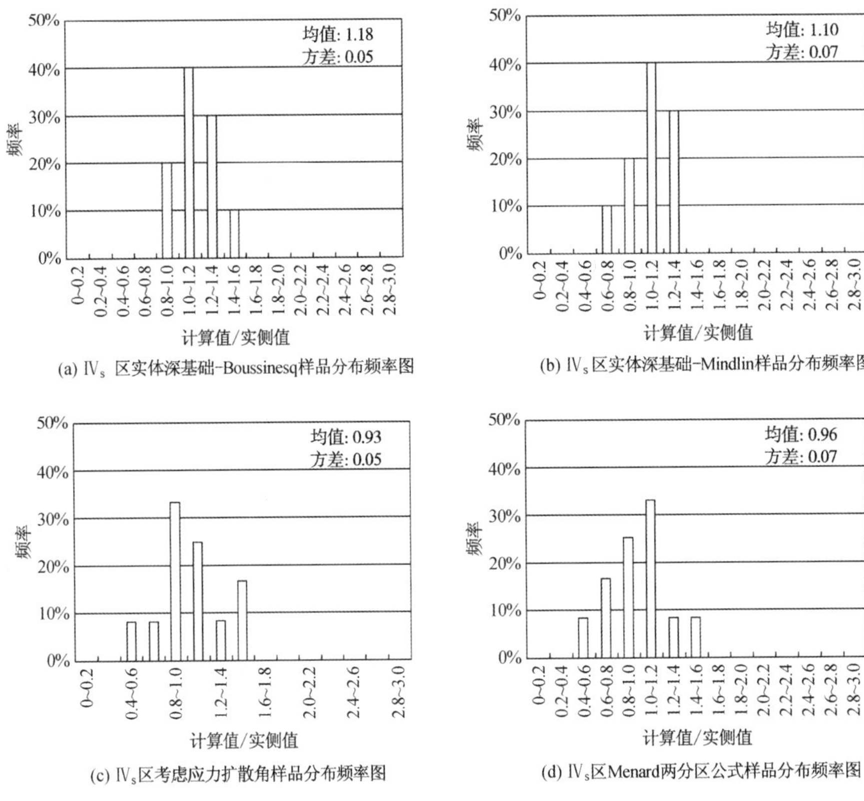

(a) IV_s 区实体深基础-Boussinesq样品分布频率图

(b) IV_s 区实体深基础-Mindlin样品分布频率图

(c) IV_s 区考虑应力扩散角样品分布频率图

(d) IV_s 区Menard两分区公式样品分布频率图

图 5-19 IV_s 区沉降计算值/实测值频率图

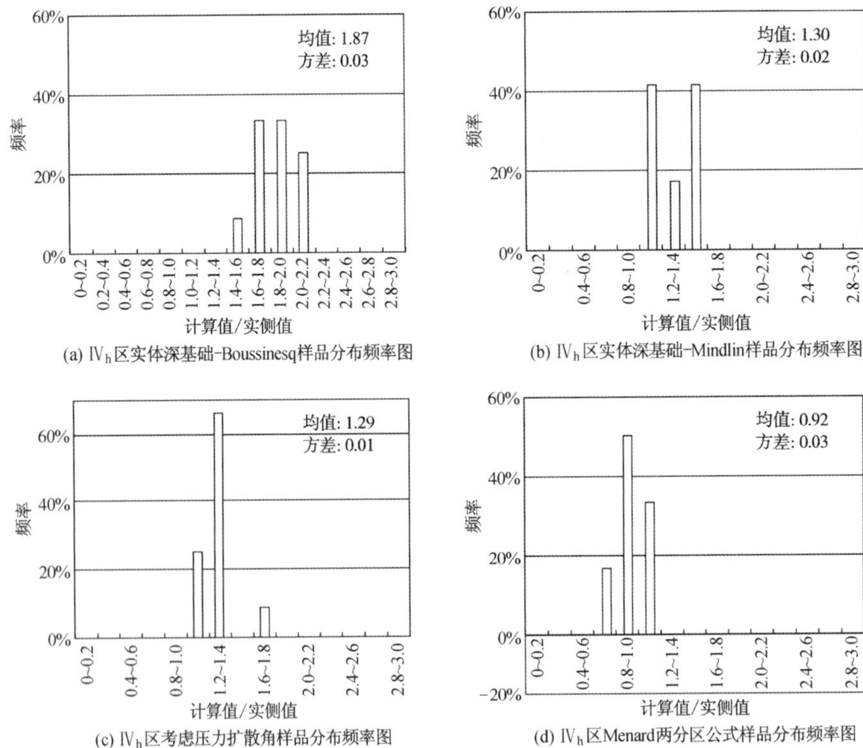

(a) IV_h 区实体深基础-Boussinesq样品分布频率图

(b) IV_h 区实体深基础-Mindlin样品分布频率图

(c) IV_h 区考虑压力扩散角样品分布频率图

(d) IV_h 区Menard两分区公式样品分布频率图

图 5-20 IV_h 区沉降计算值/实测值频率图

桩侧土的性质对桩基沉降量计算精度的影响十分大，为进一步分析桩侧土性质对桩基沉降量的影响，原因就显得十分必要，桩侧土对桩基沉降的影响，主要表现在桩侧土的应力扩散往往使计算桩端下的附加应力偏大，导致桩基沉降量估算值明显偏大，主要表现特征是随桩长越长或桩侧土越好，其影响越大。本书按桩侧土与桩端土的不同，进行分别统计与比较，可见表 5-13。

表 5-13　　桩侧土对桩基沉降的影响比较

桩基土类型	计算值/实测值(平均值)及方差							
	建议方法 1		建议方法 2		建议方法 3		建议方法 4	
	平均值	方差	平均值	方差	平均值	方差	平均值	方差
I_s	1.07	0.04	1.12	0.03	0.84	0.03	1.34	0.03
I_h	1.32	0.10	1.22	0.03	1.15	0.10	1.78	0.22
II_s	1.17	0.04	1.06	0.02	0.75	0.02	1.39	0.06
II_h	1.23	0.12	1.14	0.04	1.00	0.10	1.74	0.14
III_s	0.95	0.02	1.00	0.04	0.64	0.08	1.25	0.06
III_h	1.13	0.07	1.20	0.04	1.01	0.08	1.62	0.07
IV_s	0.96	0.07	0.93	0.05	1.10	0.07	1.18	0.05
IV_h	0.92	0.03	1.29	0.01	1.30	0.02	1.87	0.03

通过计算值与实测值比较和分析，可以认为：

(1) 采用旁压模量作为桩基计算指标比常规土工试验得到的 E_s 其计算精度明显提高，如建议方法 4 与上海规范方法相比，计算值与实测值之比的均值由原来 1.95 降为 1.60，方差由 0.53 降为 0.16。

(2) 桩基沉降量计算除考虑桩端以下土层特性外，尚须考虑桩侧土的影响，由以上建议的四种方法计算结果分析比较，认为采用建议方法 2，既考虑桩端土的性质又考虑了桩侧土的影响，其计算值与实测值较为接近，误差小，精度高。

(3) 桩端下土体中的附加压力的计算也是造成桩基沉降量的计算值与实测值产生偏差的另一个重要因素，目前在桩基附加压力计算中常用的是 Mindlin 方法和 Boussinesq 方法，一般认为，Mindlin 方法计算桩基附加应力是一种有效的改进，比 Boussinesq 方法更接近实际。但它未能充分考虑不同的土性。

5.3.4 小结

本节通过总结上海地区大量的旁压试验成果和计算沉降量，基本解决了桩基沉降计算中的难题——提高了变形指标可信度，并充分考虑了桩侧土对沉降量的影响因素，提出了采用旁压试验参数来简单、实用、有效地考虑桩侧土压力扩散角的计算模式，经与大量工程的实测沉降量比较，与上海地区的工程经验是相符且其精度更高，能满足工程设计要求。

5.4 基于旁压试验弹塑性本构模型(EPM)的构建

孔扩张机理与岩土工程中的许多实际问题具有相似性，如沉桩的挤土效应、锚杆的工作特性、静力触探的贯入机理以及旁压试验等，因此在岩土界得到了关注和应用。但由于土体是一种非常复杂的天然材料，具有许多其他材料所没有的特点，因而土体中的孔扩张问题更具复杂性和多样性，比如，硬黏土、结构性黏土、紧密砂土等具有剪胀性。许多模型证明，岩土类材料的剪胀性选取以及屈服准则的选取对孔扩张问题有很大的影响。目前的孔扩张理论中一般均采用摩尔-库仑屈服准则而不能考虑主应力的影响，Matsuoka 等基于空间准滑动面(SMP)理论所建立的 SMP 屈服准则属于三剪应力屈服条件，与基于单剪强度理论 Mohr-Coulomb 破坏准则相比，SMP 破坏准则能较好地解释土体的破坏，其优越性得到岩土科研工作者的广泛关注，并在不同领域得到推广使用。另外，在平面应变条件下，该准则形式简单，所需参数少，便于工程应用。目前，分析中常用的剪胀模式均假设土体受力过程中剪胀特性不发生变化(剪胀角或剪胀参数为常值)，不能反映剪胀特性与土体的应力状态的依赖关系。而 Rowe 基于能量原理得到的砂土及摩擦-黏性材料的应力-剪胀方程能够体现土体的剪胀性与应力状态的依赖关系，且其准确性已由大量的试验数据所证明。本节将旁压试验看作柱孔扩张问题，采用空间准滑动面理论和 Rowe 剪胀方程，基于旁压试验拟合的椭圆关系曲线，建立土体弹塑性阶段应力增量与应变增量之间的关系矩阵，从而构建基于旁压试验的土体弹塑性本构模型(EPM)。

5.4.1 空间滑动面理论

在大量土的本构模型(例如剑桥模型)中所使用的应力参量都是 p 和 q，用主应力表示如下：

$$p=\frac{1}{3}(\sigma_1+\sigma_2+\sigma_3)=\frac{1}{3}\sigma_{ij} \tag{5-17}$$

$$q=\frac{1}{\sqrt{2}}\sqrt{(\sigma_1-\sigma_2)^2+(\sigma_2-\sigma_3)^2+(\sigma_1-\sigma_3)^2}=\sqrt{\frac{3}{2}s_{ij}\sigma_{ij}} \tag{5-18}$$

$$s_{ij}=\sigma_{ij}-p\delta_{ij} \tag{5-19}$$

式中，s_{ij} 为偏应力张量；δ_{ij} 为 Kronecker 参数。

在通常情况下，这些模型的三维化是通过假设其屈服面在π平面上为圆形来实现的，即模型的剪切屈服和剪切破坏均采用广义 Mises 准则。但试验结果表明，广义 Mises 准则过高估计了土体三轴拉伸条件下的强度，并导致在平面条件下错误的中主应力比。1974 年日本名古屋工业大学 Matsuoka 和 Nakai 首先针对无黏性土提出空间准滑动面理论(Spatial Mobilized Plane，SMP)，简称 SMP 准则，既能较好地符合 Mohr-Coulomb 准则，又能克服偏平面内 Mohr-Coulomb 强度准则的奇异性与 Drucker-Prager 准则的拉压强度相等性，同时能够反映中主应力的影响。且在平面应变条件下，SMP 准则形式简单，所需参数较少，便于工程应用。大量模型表明，与基于单剪强度理论 Mohr-Coulomb 破坏准则相比，SMP 破坏准则能较好地解释土体的破坏，且与试验结果相符合。

SMP 准则的优越性得到岩土科研工作者的广泛关注，并在不同领域得到推广使用。姚仰平等基于 SMP 准则提出了一个新的变换应力法，将本构模型与 SMP 准则相结合并进行了三维化处理，考虑了应变增量方向与应力方向的共轴性。罗汀等根据 SMP 准则针对平面应变条件下所提出的应力条件，建立了平面应变条件下无黏性土的抗剪强度表达式，进而导出了同时适用于无黏性土与黏性土的统一表达式。栾茂田等基于推广的 SMP 准则建立了平面应变条件等各种应力状态下一般黏性土的强度参数算式，对平面应变状态下的强度参数与三轴应力状态下的强度参数进行了对比，建立了一般应力条件下与三轴应力条件下强度参数之间的相互关系。李亮等基于SMP破坏准则建立了土体弹塑性动力本构模型，较为准确地描述饱和砂土在单调加载和循环加载条件下的反应性质。师子刚等利用SMP准则能合理反应土破坏特性的优越性，借用应力变换三维方法，将土的三重屈服面应力-应变模型和SMP准则相结合，使得原有的模型在不做任何假设的条件下，采用统一的塑性系数，由三轴压缩应力状态简单地转化到一般应力状态。综上可见，SMP准则的合理性和实用性已经在实践中得到证明。

1. SMP破坏准则

空间准滑动面理论认为在三向主应力状态中，当由三个主应力所形成的三个剪应力达到某一组合时土体发生剪切破坏，属于三剪应力屈服条件。该理论认为土体是否屈服是由空间准滑动面上的剪应力与正应力的比值确定的。主应力空间中空间准滑动面位置如图5-21所示。该强度理论包含了三个主应力Mohr圆所形成的剪切角，SMP准则可表示为

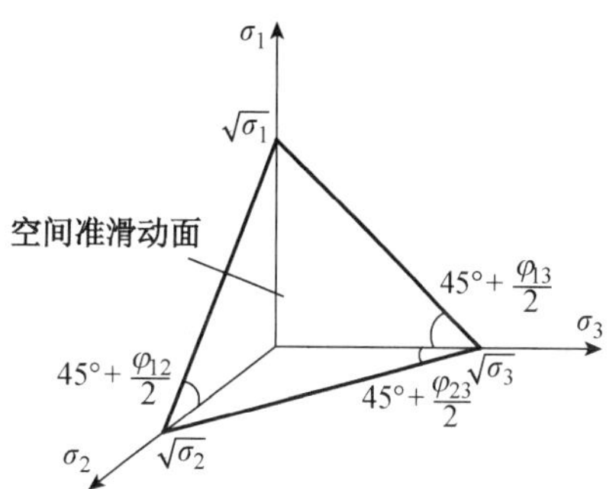

图5-21　空间准滑动面(SMP)

$$\tan^2\varphi_{12}+\tan^2\varphi_{13}+\tan^2\varphi_{23}=\frac{1}{4}(k_f-9) \tag{5-20}$$

式中，k_f为材料常数，在三轴压缩条件下有：

$$k_f=8\tan^2\varphi_{TC}+9 \tag{5-21}$$

3个强度剪切角分别为

$$\tan^2\varphi_{12}=\frac{\sigma_1-\sigma_2}{2\sqrt{\sigma_1\sigma_2}},\ \tan^2\varphi_{13}=\frac{\sigma_1-\sigma_3}{2\sqrt{\sigma_1\sigma_3}},\ \tan^2\varphi_{23}=\frac{\sigma_2-\sigma_3}{2\sqrt{\sigma_2\sigma_3}} \tag{5-22}$$

对于纯摩擦型的无黏性土，SMP准则认为，每个应力Mohr圆的切线都通过坐标原点，如图5-22所示。SMP准则同时考虑了三个剪应力效应，因而能够考虑中主应力的影响。在普通三维应力空间的二平面上，SMP为连续闭合的凸曲线。图5-23给出了SMP准则与Mohr-Coulomb准则在偏平面上的曲线形状。由图5-23可见，在偏平面上，SMP准则是外接于Mohr-Coulomb准则的曲边三角形。

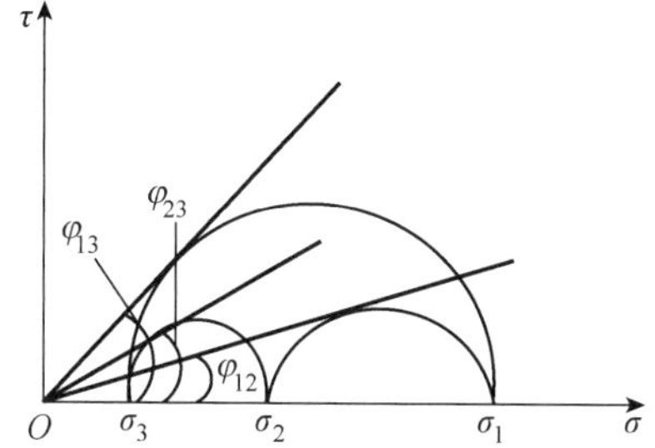

图5-22　SMP准则

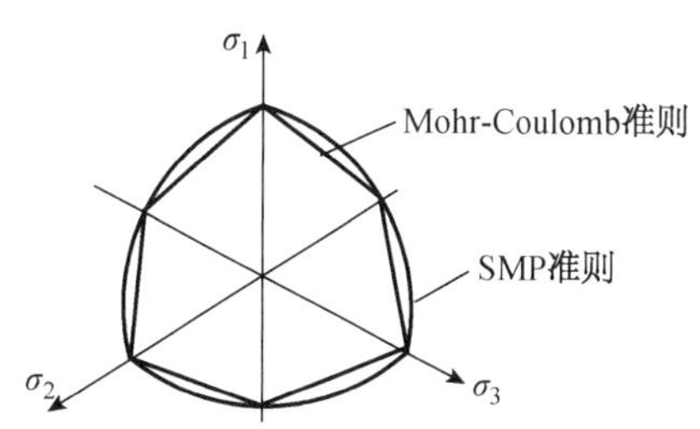

图5-23　偏平面上Mohr-Coulomb准则和SMP准则

SMP破坏准则亦可如下式表示：

$$\frac{\tau_{SMP}}{\sigma_{SMP}}=\sqrt{\frac{I_1I_2-9I_3}{9I_3}}=\text{常数(constant)} \tag{5-23}$$

式中，τ_{SMP} 和 σ_{SMP} 分别为空间准滑动面上的剪应力和正应力，I_1，I_2 和 I_3 分别为第一、第二和第三应力不变量，其表达形式如下：

$$\left.\begin{aligned} I_1&=\sigma_1+\sigma_2+\sigma_3\\ I_2&=\sigma_1\sigma_2+\sigma_2\sigma_3+\sigma_1\sigma_3\\ I_3&=\sigma_1\sigma_2\sigma_3 \end{aligned}\right\} \tag{5-24}$$

2. 平面应变条件下 SMP 破坏准则

平面应变状态是实际工程中广泛存在着的一种应力状态，如大坝、挡土墙和条形式基础等。根据 SMP 准则，对于无黏性土，在平面应变状态下破坏时，在 τ-σ 空间上两个 Mohr 圆的公切线恰好通过坐标原点，如图 5-24 所示。佐武根据 SMP 准则与相关联流动法则指出平面应变条件下的应力条件为

$$\sigma_2=\sqrt{\sigma_1\sigma_3} \tag{5-25}$$

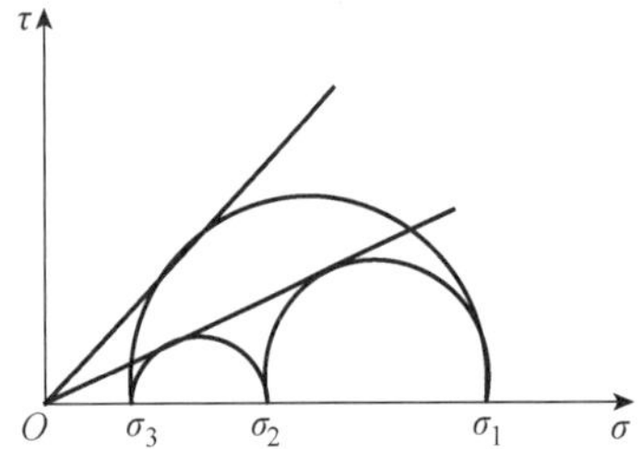

图 5-24　平面应变状态下无黏性土的极限应力状态

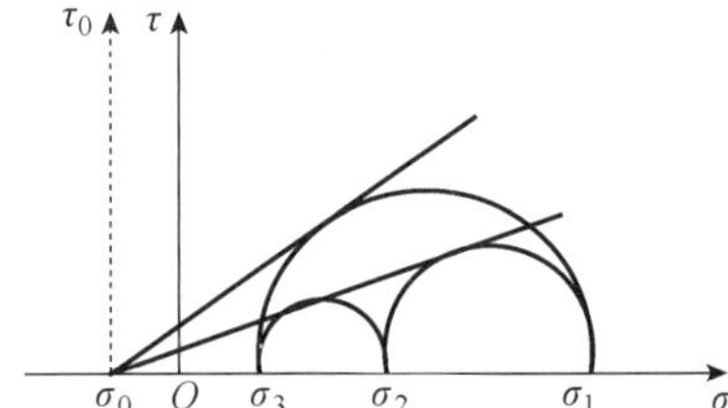

图 5-25　平面应变状态下一般黏性土的极限应力状态

式(5-25)同 Green 在 1972 年提出的平面应变破坏应力条件正好一致。在平面应变条件下，松冈中井的试验也证实该公式在土体破坏时的正确性。将式(5-25)代入 SMP 破坏准则推导可得平面应变状态下无黏性土的 SMP 准则为

$$\frac{\sigma_1}{\sigma_3}=\frac{1}{4}\left(\sqrt{8\tan^2\varphi+9}+\sqrt{8\tan^2\varphi+6-2\sqrt{8\tan^2\varphi+9}}-1\right)=R_{ps} \tag{5-26}$$

式中，$R_{ps}=\sigma_1/\sigma_3$ 为平面应变条件下土体破坏时大主应力与小主应力之比；φ 为三轴压缩状态下的内摩擦角。

根据 SMP 准则，一般黏性土在平面应变状态下破坏时，在 τ-σ 空间上极限应力 Mohr 圆的公切线恰好通过黏结应力点 σ_0，且 $\sigma_0=c/\tan\varphi$，如图 5-25 所示。对于一般黏性土，在平面应变条件下破坏时，各个主应力满足下列关系：

$$\sigma_2+\sigma_0=\sqrt{(\sigma_1+\sigma_0)(\sigma_3+\sigma_0)} \tag{5-27}$$

基于关系式(5-27)，可以建立在平面应变状态下一般黏性土的 SMP 破坏准则：

$$\frac{\sigma_1+\sigma_0}{\sigma_3+\sigma_0}=\frac{1}{4}\left(\sqrt{8\tan^2\varphi+9}+\sqrt{8\tan^2\varphi+6-2\sqrt{8\tan^2\varphi+9}}-1\right)^2=R_{ps} \tag{5-28}$$

式中，R_{ps} 为平面应变条件下土体破坏时大主应力与小主应力之比；φ 为三轴压缩状态下的内

摩擦角。

由于基于空间准滑动面概念所提出的 SMP 准则，同时考虑了 3 个剪应力的共同效应，因此能够反应中主应力对砂土抗剪强度的影响。而在岩土工程中经常采用的 Mohr-Coulomb 破坏准则，认为只有大主应力和小主应力所形成的最大剪应力决定着土的强度，因此没有考虑中主应力 σ_2 的影响。SMP 破坏准则在这方面的优越性在实践中已经得到证明和推广。

5.4.2 应力-剪胀关系

应力-剪胀关系主要描述内摩擦角和剪胀角之间的关系。Taylor，Rowe，Josselin de Jong 和 Bolton 介绍了与土体应力-剪胀行为相关的本质特征。Rowe 分析了紧密粒状土体的受力平衡条件和变形相容条件，根据变形总是沿着能量耗散 $dW=\sigma_1 d\varepsilon_1^p+k\sigma_3 d\varepsilon_3^p$（平面应变，$k=1$；三轴条件，$k=2$）最小的路径进行，经过推导得到 Rowe 剪胀模型。Rowe 剪胀模型的能量耗散为应力在塑性应变上做的功，而塑性应变可理解为剪切过程中不可恢复的滑动变形以及体积胀缩。因此，Rowe 剪胀模型实际上考虑了土体变形过程中的摩擦和剪胀效应。尽管 Josselin de Jong 对能量最小假设有质疑，但也确实证明了 Rowe 结论的正确性。Cole，Bolton 等通过大量的三轴和平面应变试验模型得到了相同的一般性结论。考虑粗粒土颗粒破碎耗能，迟世春等采用 Hardin 建议的公式来度量颗粒破碎及其耗能，根据 Rowe 最小能比原理，对 Rowe 剪胀模型进行修正。

根据 Rowe 原理，由颗粒间滑动接触面上剪力和法向力平衡，可得：

$$\sigma_1'=\sigma_3'\frac{\tan(\varphi'+\beta)}{\tan\beta}+\frac{c'}{\sin\beta\cos\beta(1-\tan\varphi'\tan\beta)} \tag{5-29}$$

式中，φ' 为等效内摩擦角，只依赖于矿物学形状（mineralogy shape）和颗粒表面的粗糙程度；β 为颗粒滑动方向和大主应力方向的夹角。

Rowe 得到关于 β 的能量比方程（5-29），在滑移角 β 等于 $\pi/4-\varphi'/2$ 时达到最小能量比；利用单位体积作用在系统上的功和系统消耗的功的定义，证明了式（5-30）：

$$\frac{\sigma_1'}{\sigma_3'}\frac{1}{1-\frac{d\varepsilon_v}{d\varepsilon_1}}=\tan^2\left(\frac{\pi}{4}+\frac{\varphi}{2}\right)+\frac{2c}{\sigma_3'}\tan\left(\frac{\pi}{4}+\frac{\varphi}{2}\right) \tag{5-30}$$

Rowe 又引入剪胀率 D，$D=1-d\varepsilon_v/d\varepsilon_1$，将式（5-30）表达为

$$D=\frac{\frac{\sigma_1'}{\sigma_3'}}{\tan^2\left(\frac{\pi}{4}+\frac{\varphi}{2}\right)+\frac{2c}{\sigma_3'}\tan\left(\frac{\pi}{4}+\frac{\varphi}{2}\right)} \tag{5-31}$$

上式对于纯摩擦材料可以简单地表达为

$$\frac{\sigma_1'}{\sigma_3'}=\tan^2\left(\frac{\pi}{4}+\frac{\varphi}{2}\right)\left(1-\frac{d\varepsilon_v}{d\varepsilon_1}\right) \tag{5-32}$$

式（5-32）通常表达为 $R=KD$，其中 K 为常值，D 是塑性应变增量比的函数，代表土体的剪胀反应。

5.4.3 本构模型建立

对于弹性阶段，假设土体符合广义胡克定律，可以建立应力与应变之间关系的刚度矩阵，对于塑性阶段，通过对旁压试验的数理统计发现，在弹塑性阶段，旁压试验压力与体应变基本符合椭圆关系，如图5-26所示。

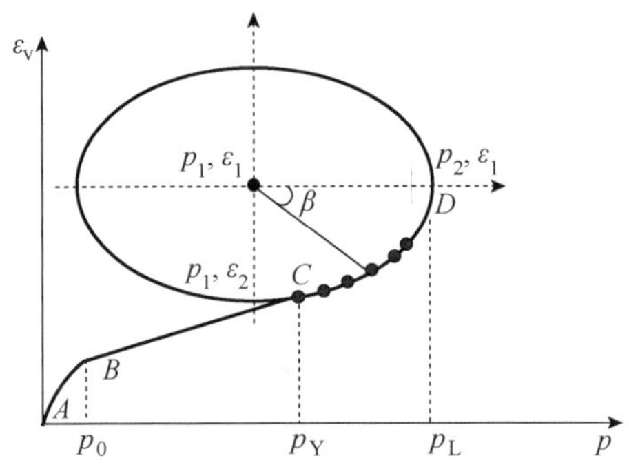

图 5-26 旁压试验曲线段拟合椭圆曲线

得到旁压试验曲线椭圆拟合方程：

$$\frac{(p-p_1)^2}{(p_2-p_1)^2}+\frac{(\varepsilon_1-\varepsilon_v)^2}{(\varepsilon_1-\varepsilon_2)^2}=1 \tag{5-33}$$

式中 p——旁压侧压力；

ε_v——体应变，$\varepsilon_v=\Delta V/V$；

p_1，p_2，ε_1，ε_2——根据旁压试验曲线拟合的椭圆方程参数。

式(5-33)用参数方程表达为

$$\left.\begin{aligned} p &= (p_2-p_1)\cos\beta+p_1 \\ \varepsilon_v &= \varepsilon_1-(\varepsilon_1-\varepsilon_2)\sin\beta \end{aligned}\right\} \tag{5-34}$$

其中，对于旁压试验塑性段曲线而言 $\arccos\frac{(p_L-p_1)}{(p_2-p_1)}\leqslant\beta\leqslant\arccos\left(\frac{p_Y-p_1}{p_2-p_1}\right)$。

旁压试验可以按平面应变轴对称问题考虑，假定土体进入塑性时符合 SMP 准则和 Rowe 塑性流动法则可推导出塑性阶段的应力-应变关系为：

$$\left.\begin{aligned} d\varepsilon_r &= \frac{1}{h-1}\left(\frac{\gamma_1}{E}-\frac{\varepsilon_1-\varepsilon_2}{p_2-p_1}\cot\beta\right)d\sigma_r \\ d\varepsilon_\theta &= \frac{h}{(1-h)(1+\alpha)}\left(-\frac{\gamma_1}{E}-\frac{\varepsilon_1-\varepsilon_2}{p_2-p_1}\cot\beta\right)d\sigma_\theta \end{aligned}\right\} \tag{5-35}$$

式中 $d\varepsilon_r$——径向应变增量；

$d\varepsilon_\theta$——环向应变增量；

$d\sigma_r$——径向应力增量；

$d\sigma_\theta$——环向应力增量；

$\gamma_1=h(1-\gamma-\alpha\nu)+1-\nu+\alpha$；

$\alpha=(1-R)/R$，R 为塑性屈服时大、小主应力之比，即 $R=\sigma_1/\sigma_3$；

h——塑性流动参数；

$$h=\frac{\sigma_1/\sigma_3}{\tan^2\left(\frac{\pi}{4}+\frac{\varphi}{2}\right)+\frac{2c'}{\sigma_3}\tan\left(\frac{\pi}{4}+\frac{\varphi}{2}\right)}$$

ν——泊松比。

式(5-35)用矩阵形式表达为

$$\begin{Bmatrix} d\varepsilon_r \\ d\varepsilon_\theta \end{Bmatrix}=\boldsymbol{K}^P\begin{Bmatrix} d\sigma_r \\ d\sigma_\theta \end{Bmatrix} \tag{5-36}$$

式中 $\boldsymbol{K}^P$—— 塑性区土体应力增量为应变增量关系的柔度矩阵；

$$\boldsymbol{K}^P=\begin{bmatrix}\dfrac{1}{h-1}\left(\dfrac{\gamma_1}{E}-\dfrac{\varepsilon_1-\varepsilon_2}{p_2-p_1}\cot\beta\right) & 0\\ 0 & \dfrac{h}{(1-h)(1+\alpha)}\left(-\dfrac{\gamma_1}{E}-\dfrac{\varepsilon_1-\varepsilon_2}{p_2-p_1}\cot\beta\right)\end{bmatrix}$$

$\boldsymbol{K}^P$ 描述了土体进入塑性后应力增量和应变增量的关系，在弹性阶段土体的应力-应变服从广义胡克定律，因此，便可建立土体的弹塑性应力-应变关系，即弹塑性本构关系。同时，由于塑性区的柔度矩阵 $\boldsymbol{K}^P$ 表达式明确，参数较少，与其他本构模型相比更方便计算。总结本模型基于旁压试验的弹塑性本构模型参数包括：p_1，p_2，ε_1，ε_2，E，R_{ps}，c，φ 和 ν 等 9 个参数，其中 p_1，p_2，ε_1 和 ε_2 由旁压试验曲线拟合确定，E，R_{ps}，c，φ 和 ν 等参数均可由旁压试验推出，各参数的取值下模型将进行详细介绍。

5.4.4 小结

空间准滑动面理论认为在三向主应力状态中，当由三个主应力所形成的三个剪应力达到某一组合时土体发生剪切破坏，属于三剪应力屈服条件，故包含了中主应力对土体强度的影响，能很好地反映土体的实际状态。另外，在形式上它能够较好地符合 Mohr-Coulomb 准则，又能克服偏平面内 Mohr-Coulomb 准则的奇异性与 Drucker-Prager 准则的拉压强度相等性。硬性土、结构性黏土、砂土等天然材料具有受剪时体积发生变化即剪胀的特点，而且还具有受力屈服后强度软化的特性，Rowe 的应力剪胀方程以能量比最小原理为基础，并被大量的试验所证明，可以描述土体的剪胀特性及剪胀与土体强度依赖关系。

本节利用空间准滑动面理论和 Rowe 剪胀理论，对旁压试验弹塑性阶段按照柱孔扩张理论进行分析，在大量旁压试验数据统计的基础上，将弹塑性阶段压力与体应变采用椭圆关系拟合，最终建立弹塑性阶段应变增量与应力增量的关系矩阵；在弹性阶段，假设土体符合广义胡克定律，这样，构建了基于旁压试验的土体弹塑性本构模型，该模型参数较少，且表达式明确，且大部分参数都可通过旁压试验得到，便于实际工程应用。

5.5 基于旁压试验的弹塑本构模型的验证及应用

上一节中基于旁压试验，利用空间准滑动面准则和 Rowe 剪胀理论建立了土体弹塑性本构模型，接下来本节将对本模型进行初步验证，同时对本模型中的参数进行敏感性分析，为后续模型的应用和参数的选取建立基础。

5.5.1 模型验证

上海复兴路某地块的旁压试验曲线如图 5-27 所示，试验深度 4.0 m，通过旁压曲线可以得到临塑压力 $p_Y=152$ kPa，极限压力 $p_L=260$ kPa，旁压模量 $E_m=2.74$ MPa，不排水抗剪强度 $C_u=26$ kPa。

将弹塑性阶段的体应变 ε_v 和旁压力曲线 p 用曲线表示，如图 5-27 所示。该曲线可以用椭圆方程较好地拟合，拟合曲线如图

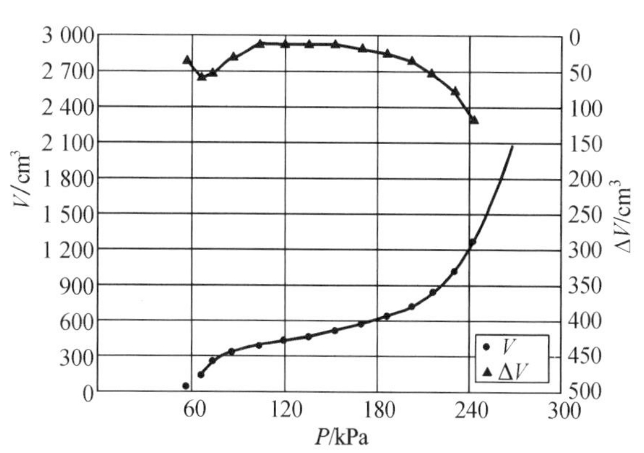

图 5-27 旁压试验曲线

5-28 所示，拟合方程如下：

$$\frac{(p-143)^2}{(247-143)^2}+\frac{(0.75-\varepsilon_v)^2}{(0.75-0.26)^2}=1 \tag{5-37}$$

其中，p 为旁压侧压力；ε_v 为体应变，$\varepsilon_v=\Delta V/V$；$p_1=143\ \text{kPa}$，$p_2=247\ \text{kPa}$，$\varepsilon_1=0.75$，$\varepsilon_2=0.26$。

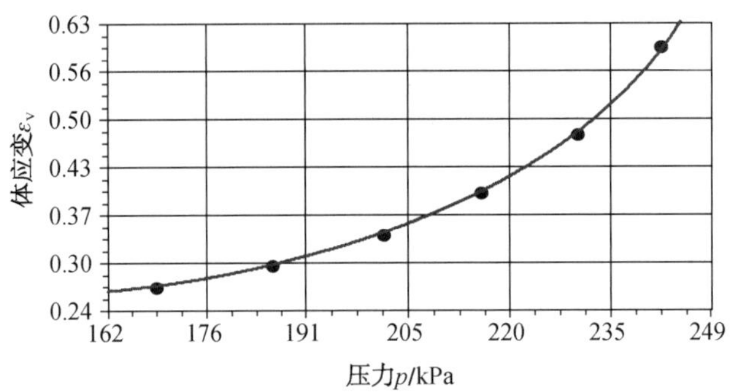

图 5-28 旁压试验拟合曲线

假定土体在到达临塑压力前处于完全弹性阶段，符合广义胡克定律，应力增量与应变增量满足如下关系：

$$\begin{bmatrix} d\varepsilon_r \\ d\varepsilon_\theta \end{bmatrix}=\boldsymbol{K}^e\begin{bmatrix} d\sigma_r \\ d\sigma_\theta \end{bmatrix} \tag{5-38}$$

其中，$\boldsymbol{K}^e=\dfrac{1}{E}\begin{bmatrix} 1 & -v \\ -v & 1 \end{bmatrix}$。

当旁压力继续加大进入弹塑性阶段，采用基于旁压试验的本构模型，建立应力增量与应变增量之间关系：

$$\begin{bmatrix} d\varepsilon_r \\ d\varepsilon_\theta \end{bmatrix}=\boldsymbol{K}^P\begin{bmatrix} d\sigma_r \\ d\sigma_\theta \end{bmatrix} \tag{5-39}$$

其中：$\boldsymbol{K}^P=\begin{bmatrix} \dfrac{1}{h-1}\left[\dfrac{\gamma_1}{E}-\dfrac{(\varepsilon_1-\varepsilon_2)}{(p_2-p_1)}\cot\beta\right] & 0 \\ 0 & \dfrac{h}{(1-h)(1+\alpha)}\left[-\dfrac{\gamma_1}{E}-\dfrac{(\varepsilon_1-\varepsilon_2)}{(p_2-p_1)}\cot\beta\right] \end{bmatrix}$。

由于旁压试验只能得到旁压模量 E_m 和旁压剪切模量 G_m，无法直接得到土体弹性模量，因此建立弹性模量与旁压模量换算经验系数 $k(k=E/E_m)$，从而可以在模型中直接使用旁压模量 E_m。根据旁压试验及拟合曲线可以得到模型参数：$p_1=143\ \text{kPa}$，$p_2=247\ \text{kPa}$，$\varepsilon_1=0.26$，$\varepsilon_2=0.75$，$E_m=2.74\ \text{MPa}$，$R=1.9$，$c=20\ \text{kPa}$，$\varphi=17°$，$k=5.0$。

采用 Matlab 计算过程如下：

模拟计算各级压力$[p_i](i=1, 2, \cdots, n)$，其中 p_1 取实际旁压试验第一级压力，p_n 取实际旁压试验最后一级压力。

将计算压力$[p_i]$等分成 n 份，则得到压力增量 $\Delta p=(p_n-p_1)/n$；

当 $p_i < p_Y$ 时，根据式(5-38) 计算应变增量$[d\varepsilon_r, d\varepsilon_\theta]^T$，并由此得到体应变增量 $d\varepsilon_v = d\varepsilon_r + d\varepsilon_\theta$，则旁压腔体积增量 $\Delta V = V_0 \times d\varepsilon_v$。

当 $p_i \geqslant p_Y$ 时，采用式(5-39) 计算应变增量$[d\varepsilon_r, d\varepsilon_\theta]^T$，并由此得到体积增量 ΔV。

根据计算得到的体积增量 ΔV 得到体积变化$[V_i](i=1, 2, \cdots, n)$，联合压力$[p_i]$即可绘制模拟旁压试验曲线。

根据上述计算参数和计算过程得到模拟旁压试验曲线与实际旁压曲线对比如图 5-29 所示。从图 5-29 可见，本模型计算结果与旁压试验结果可以很好地吻合，初步证明本模型的正确性。

5.5.2 参数敏感性分析

上模型已经初步验证本模型的正确性，下面将对本模型中参数的敏感性进行分析，确定每个参数对计算结果的影响，以便于后续计算中参数的选取。

1. 旁压模量与弹性模量换算经验参数 k

同样采用上模型中的计算模型，在其他计算参数不变的情况下，计算参数 $k(k=E/E_m)$不同值时的结果，如图 5-30 所示。

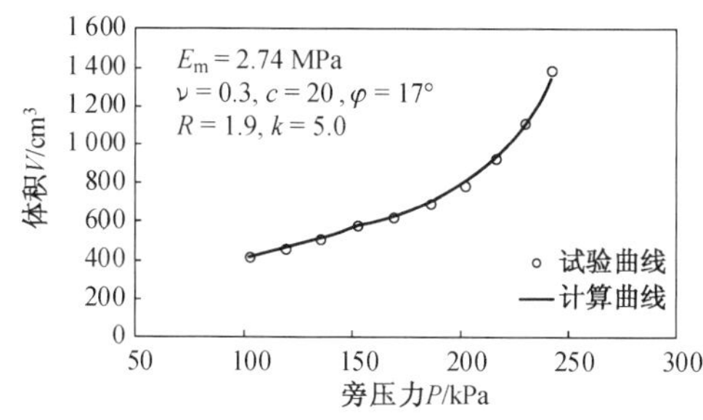

图 5-29 计算旁压试验曲线与试验曲线对比

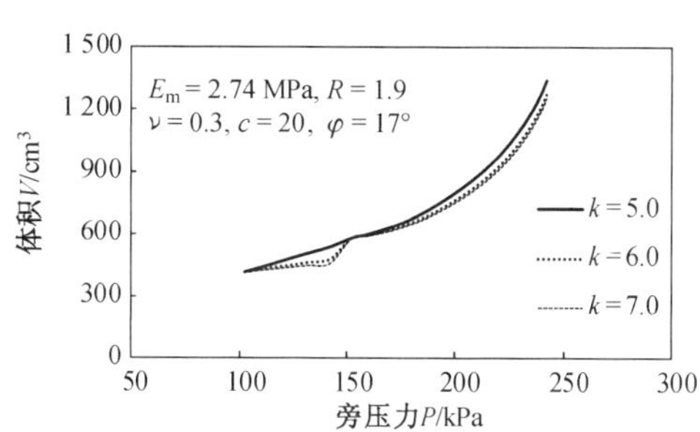

图 5-30 k 对计算结果的影响

从图中可以看到，k 对计算结果影响较小，并且对弹性阶段的影响大于弹塑性阶段。

2. SMP 屈服准则主应力比 R

分别计算 R 取 1.9，1.95 和 2.0 时的情况，结果如图 5-31 所示。从图中可以看到，R 的取值对计算结果影响较大，并且主要影响弹塑性阶段，在弹性阶段无影响。

3. 土体黏聚力 c

分别取黏聚力 c 等于 20 kPa，30 kPa 和 40 kPa 进行计算，计算结果如图 5-32 所示。从图中可以看到，土体黏聚力 c 对计算结果影响较大，并且主要影响弹塑性阶段，在弹性阶段基本无影响。

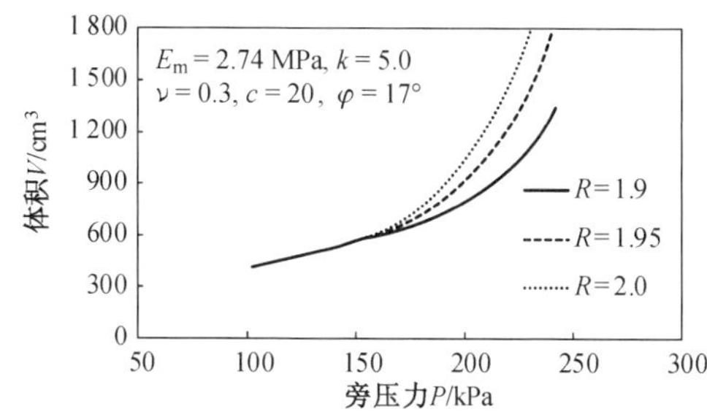

图 5-31 主应力 R 对计算结果的影响

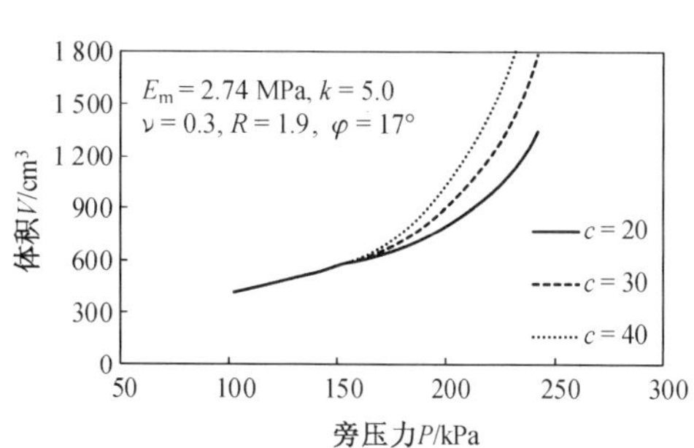

图 5-32 土体黏聚力 c 对计算结果的影响

4. 土体内摩擦角 φ

分别取土体内摩擦角 φ 等于 15°,16°,17°,其他参数不变的情况下进行计算,计算结果如图 5-33 所示。从图中可以看到,土体内摩擦角对计算结果有较大影响,并且主要影响弹塑性阶段,对弹性阶段基本无影响。

5. 土体泊松比 ν

在其他参数不变的情况下,分别取土体泊松比 ν=0.2,0.3,0.4 进行计算,计算结果如图 5-34所示。从图中可以看到,土体泊松比对计算结果影响较小。

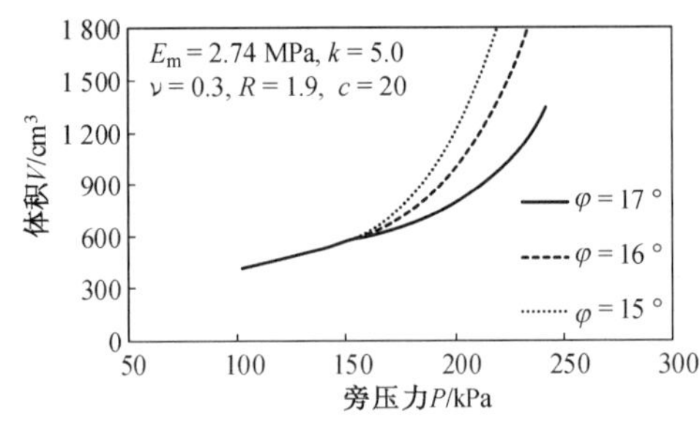

图5-33 土体内摩擦角 φ 对计算结果的影响

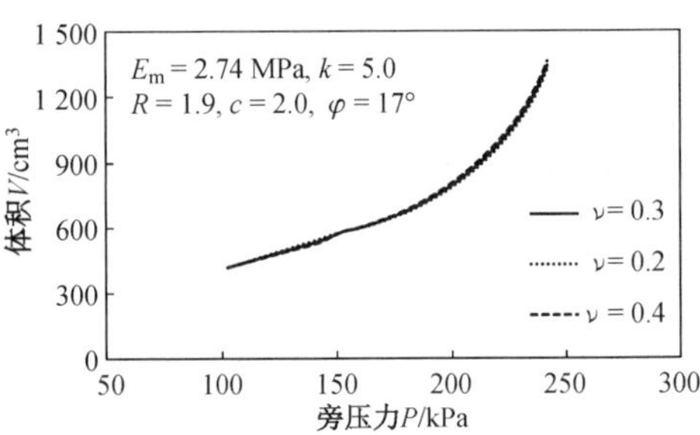

图 5-34 土体泊松比 ν 对计算结果的影响

5.5.3 小结

根据上一节中建立的基于旁压试验的弹塑性本构模型,本章对此模型进行初步验证以及进行模型参数敏感性分析。选取上海某工程旁压试验,选取实际旁压试验参数,采用上述模型进行模拟旁压试验过程,计算结果表明采用本模型计算曲线与实际旁压曲线吻合较好,初步证明了本模型的正确性。同样的计算模型,在其他参数不变的情况,分别选取模型参数的不同值进行参数敏感性分析,分析结果表明,参数 k 和 ν 对计算结果影响较小,敏感性较差,但是对于弹性和弹塑性阶段均有影响;R,c,φ 对于计算结果影响较大,敏感性较强,但主要影响弹塑性阶段,对于弹性阶段无影响。

5.6 基于旁压试验本构模型在有限元分析中的应用

在前文中,本模型结合旁压试验机理和数理统计规律,利用柱孔扩张理论,提出了基于旁压试验的弹塑性本构模型,并建立了弹塑性阶段应力增量与应变增量的单刚矩阵;通过第 4 章的模型验证工作和参数敏感性分析,对本模型的正确性进行了初步验证,进而在第 5 章中,通过大量旁压试验数据的数理统计,提出了本模型中上海地区典型土层的参数取值规律;本节将利用上述模型成果,通过编制自定义材料子程序 UMAT,将基于旁压试验的本构模型整合于通用的有限元程序 ABAQUS 中,从而实现本模型在数值模拟中应用,并与 ABAQUS 中自带本构模型计算结果进行对比,一方面进一步验证本模型的正确性,也方便本模型在实际工程计算分析中的应用。

5.6.1 ABAQUS 中自定义材料 UMAT

ABAQUS 是由达索 SIMULIA 公司进行开发、维护及售后的有限元分析软件,是世界上最著名的非线性有限元分析软件之一,得到了全球工程界和学术界的广泛接受和认可。

ABAQUS 是一套功能强大的工程模拟有限元软件,其解决问题的范围从相对简单的线性分析到许多复杂的非线性问题。ABAQUS 包括一个丰富的、可模拟任意几何形状的单元库,并拥有各种类型的材料模型库,可以模拟典型工程材料的性能,其中包括金属、橡胶、高分子材料、复合材料、钢筋混凝土、可压缩超弹性泡沫材料以及土壤和岩石等地质材料。作为通用的模拟工具,ABAQUS 除了能解决大量结构(应力/位移)问题,还可以模拟其他工程领域的许多问题,例如热传导、质量扩散、热电耦合分析、声学分析、岩土力学分析(流体渗透/应力耦合分析)及压电介质分析。

ABAQUS 为用户提供了广泛的功能,且使用起来又非常简单。大量的复杂问题可以通过选项块的不同组合很容易模拟出来。例如,对于复杂多构件问题的模拟是通过把定义每一构件的几何尺寸的选项块与相应的材料性质选项块结合起来。在大部分模拟中,甚至高度非线性问题,用户只需提供一些工程数据,像结构的几何形状、材料性质、边界条件以及载荷工况。在一个非线性分析中,ABAQUS 能自动选择相应的载荷增量和收敛限度。他不仅能够选择合适参数,而且能连续调节参数以保证在分析过程中有效地得到精确解。用户通过准确的定义参数就有个很好的控制数值计算结果。

ABAQUS 被广泛地认为是功能最强的有限元软件,可以分析固体力学、结构力学系统,特别是能够驾驭非常庞大复杂的问题和模拟高度非线性问题。ABAQUS 不但可以做单一零件的力学和多物理场的分析,同时还可以做系统级的分析和模型。ABAQUS 的系统级分析的特点相对于其他的分析软件来说是独一无二的。由于 ABAQUS 优秀的分析能力和模拟复杂系统的可靠性,使得 ABAQUS 在各国的工业和模型中被广泛采用。ABAQUS 产品在大量的高科技产品模型中都发挥着重要作用。

1. UMAT 子程序格式

用户自定义材料子程序 UMAT 是 ABAQUS 提供给用户定义自己的材料属性的二次开发接口。它的主要任务是根据 ABAQUS 主程序传入的应变增量更新应力增量和状态变量,并给出材料的雅可比(Jacobian)矩阵 $\partial\Delta\sigma/\partial\Delta\varepsilon$,供 ABAQUS 求解使用,ABAQUS 使用用户自定义材料 UMAT 求解问题流程如图 5-35 所示。

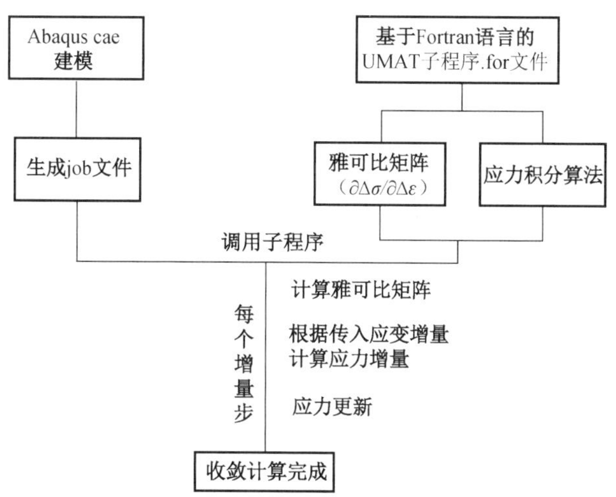

图 5-35 ABAQUS 使用用户自定义材料程序 UMAT 求解过程示意图

UMAT 子程序须采用 Fortran 语言编写,由于 ABAQUS 与 UMAT 中存在数据交换,在 UMAT 子程序的开头必须定义相应的变量,定义语句有固定的格式,具体如下:

```
      SUBROUTINE UMAT(STRESS,STATEV,DDSDDE,SSE,SPD,SCD,
     1 RPL,DDSDDT,DRPLDE,DRPLDT,STRAN,DSTRAN,
     2 TIME,DTIME,TEMP,DTEMP,PREDEF,DPRED,MATERL,NDI,NSHR,
NTENS,
     3 NSTATV,PROPS,NPROPS,COORDS,DROT,PNEWDT,CELENT,
     4 DFGRD0,DFGRD1,NOEL,NPT,KSLAY,KSPT,KSTEP,KINC)
C
      INCLUDE 'ABA_PARAM.INC'
C
      CHARACTER*80 MATERL
      DIMENSION STRESS(NTENS),STATEV(NSTATV),
     1 DDSDDE(NTENS,NTENS),DDSDDT(NTENS),DRPLDE(NTENS),
     2 STRAN(NTENS),DSTRAN(NTENS),TIME(2),PREDEF(1),DPRED(1),
     3 PROPS(NPROPS),COORDS(3),DROT(3,3),
     4 DFGRD0(3,3),DFGRD1(3,3)
```

2. UMAT 子程序中的主要变量说明

UMAT 子程序中的变量包括 ABAQUS 主程序传入模型的信息变量以及 UMAT 子程序中必须更新的变量。

1) ABAQUS 传入的模型信息变量

NDI:正应力或者正应变分量个数,与所选单元类型有关;

NSHR:剪应力分量个数;

NTENS:应力分量或应变分量总个数,NDI+NSHR;

NSTATV:单元积分点上的状态变量个数;

NPROPS:用户自定义材料模型的参数个数;

PROPS(NPROPS):材料参数数组;

STRAN(NTENS):增量步开始时的应变数组,包括塑性和弹性应变;

DSTRAN(NTENS):应变增量数组;

TIME(1):当前增量步开始的分析步内时间;

TIME(2):当前增量步开始的总时间;

DTIME:增量步的时间增量步长;

MATERL:用户自定义材料名;

COORDS:当前积分点的坐标数组;

NOEL:当前单元编号;

NPT:当前积分点号;

KSTEP:当前分析步次序编号;

KINC:当前增量步次序编号。

2) UMAT 子程序中必须更新的变量

DDSDDE(NTENS,NTENS):雅可比矩阵,雅可比矩阵的正确定义对问题的求解速度和稳定性十分关键,但只要求解收敛,雅可比矩阵的具体数据只影响收敛速度,而对计算结果没有影响。

STRESS(NTENS):应力张量,增量步开始时由 ABAQUS 传入,需要在 UMAT 中更新为增量步结束时的值。

STATEV(NSTATV)：与求解过程有关的状态变量数组，状态变量通常用来存储塑性应变，硬化参数或其他与本构模型有关的参变量，这些变量随求解过程而更新。

5.6.2 基于旁压试验弹塑性本构模型的 UMAT 子程序编写

在上模型中已经基于旁压试验的椭圆形曲线建立了弹塑性本构模型，本节将具体分析本模型如何在 ABAQUS 的用户自定义子程序 UMAT 中进行编写和应用。

1. 模型基础

如前模型所述，本模型弹性计算部分采用广义胡克定律，其弹性矩阵可表示为

$$[\boldsymbol{D}]_{\mathrm{e}}=\begin{bmatrix}\lambda+2G & \lambda & 0 & 0\\ \lambda & \lambda+2G & 0 & 0\\ 0 & 0 & G & 0\\ 0 & 0 & 0 & G\end{bmatrix} \tag{5-40}$$

式中，λ 为拉密常数；G 为弹性剪切模量。

假定土体进入塑性时符合平面应变 SMP 准则，则屈服函数可表达为(不考虑初始应力 σ_θ)

$$\frac{\sigma_{\mathrm{r}}}{\sigma_\theta}=R_{\mathrm{ps}} \tag{5-41}$$

式中，R_{ps} 为屈服时大、小主应力之比。

$$R_{\mathrm{ps}}=\frac{1}{4}\left(\sqrt{8\tan^2\varphi+9}+\sqrt{8\tan^2\varphi+6-2\sqrt{8\tan^2\varphi+9}}-1\right)^2$$

土体屈服后进入弹塑性阶段，根据旁压试验的椭圆形试验曲线可以建立弹塑性增量矩阵为

$$[\boldsymbol{D}]_{\mathrm{p}}=\begin{bmatrix}\dfrac{E(h-1)(p_1-p_2)}{-(p_1-p_2)\gamma_1+E(\varepsilon_1-\varepsilon_2)\cot\beta} & 0\\ 0 & \dfrac{E(h-1)(p_1-p_2)\gamma_1}{h[(p_1-p_2)\gamma_1+E(\varepsilon_1-\varepsilon_2)\cot\beta]}\end{bmatrix} \tag{5-42}$$

式中　$\gamma_1=h(1-\nu-\alpha\nu)+1-\nu+\alpha$，$\alpha=\dfrac{1-R}{R}$。

$[\boldsymbol{D}]_{\mathrm{p}}$ —— 表达塑性区土体应力增量与应变增量关系的刚度矩阵；

R—— 屈服时大小主应力之比；

h—— 塑性流动参数；

ν—— 泊松比；

E—— 弹性模量；

p_1，p_2，ε_1，ε_2—— 旁压试验拟合参数。

2. 应力积分算法

UMAT 子程序的任务是根据传入的应变增量计算应力增量，并给出雅可比矩阵 $\partial\Delta\sigma/\partial\Delta\varepsilon$。对于弹塑性模型，要保证更新后的应力状态满足一定的要求。对于本模型来说，如果在增量过程中发生了屈服，那么更新后的应力状态点应该落在屈服面上，塑性应变的大小根据弹塑性应力-应变关系来确定。本模型采用的应力积分算法是回退算法，具体步骤分两步，一是弹性预测，二是对弹性预测的应力进行修正，保证应力状态点不超过屈服面，若满足屈服

条件则进入塑性计算。

5.6.3 旁压本构模型在 ABAQUS 中应用

根据上模型中编写的 UMAT 子程序，在 ABAQUS 中进行建模，并分别采用弹性模型、摩尔-库仑模型以及本模型进行计算，对比三种模型计算结构的差异。

1. 竖向力作用

1）计算模型

在 ABAQUS 中建模如下所示，模型尺寸 20 m×10 m，采用平面应变 CPE4R 单元，表面施加竖向均布力，大小分别为 10 kPa，20 kPa，50 kPa，100 kPa，200 kPa 和 400 kPa，分为 7 个计算步进行施加，计算模型如图 5-36 所示。

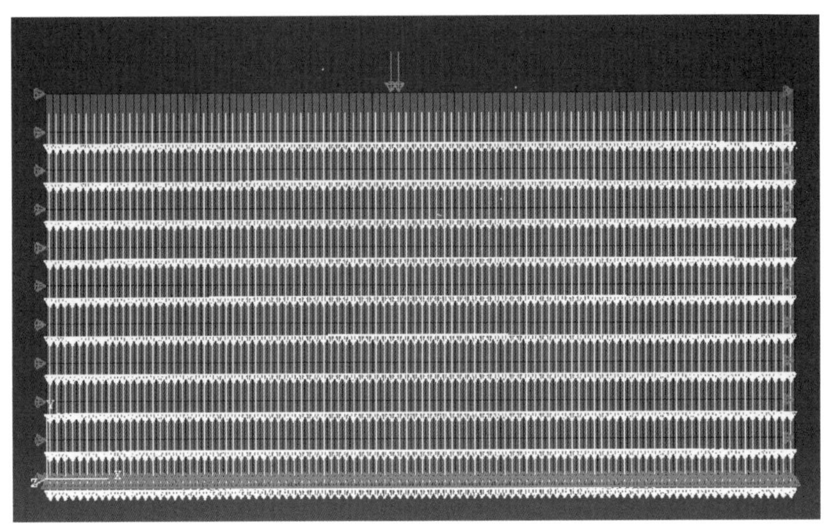

图 5-36　竖向力作用时计算模型

2）计算结果

在分析时分别采用弹性材料、摩尔-库仑材料以及自定义材料进行计算，计算结果位移云图如图 5-37—图 5-39 所示，选取荷载中心距地表 1 m 处的位移随时间变化如图 5-40 所示。

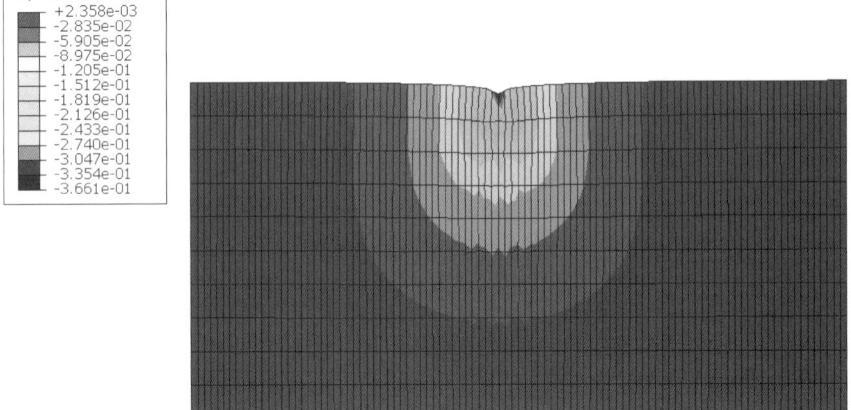

图 5-37　弹性模型计算位移云图

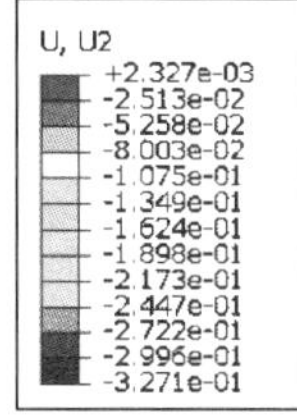

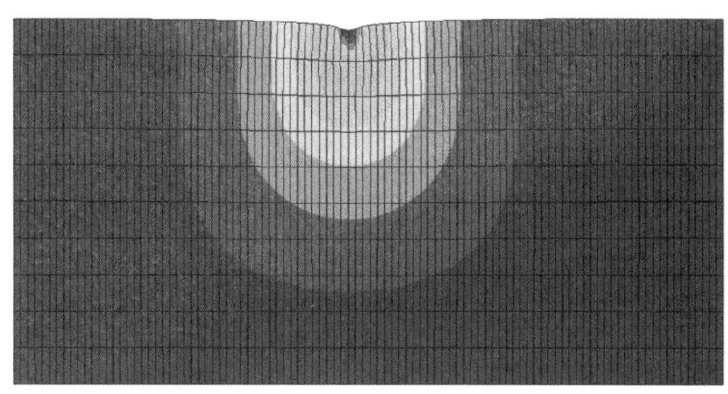

图 5-38　本模型计算位移云图

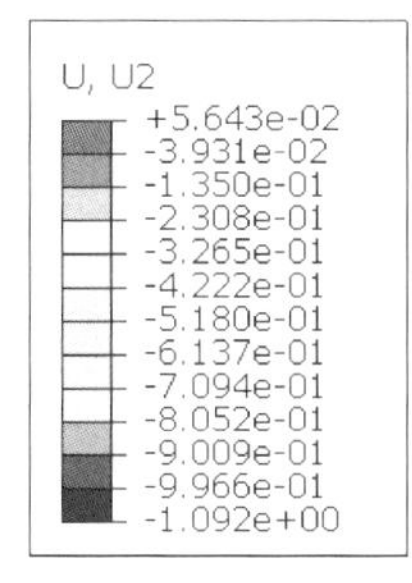

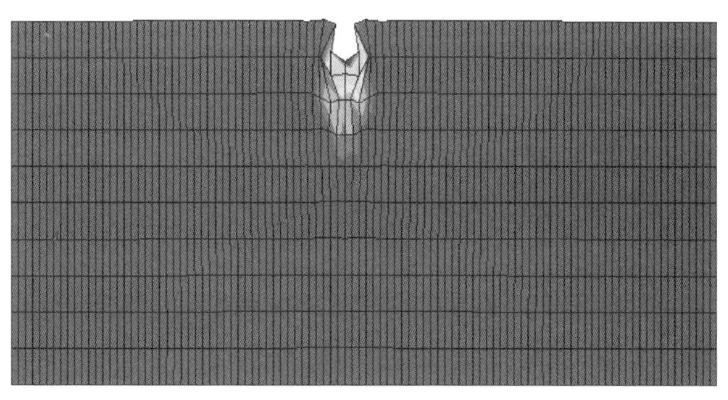

图 5-39　摩尔-库仑模型计算位移云图

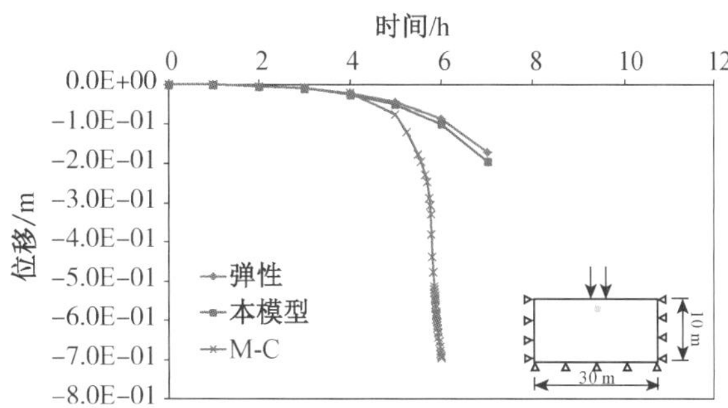

图 5-40　3 种模型计算位移-计算步曲线对比

对比图 5-37—图 5-39 可以看到，本模型与弹性模型计算结果相似，摩尔-库仑模型由于进入塑性破坏最终位移偏大，从图 5-40 和图 5-41 可以看到在荷载水平较低(小于 100 kPa)时，3 种模型计算结果相同，此时材料均处于弹性阶段，此后当荷载继续增大，摩尔-库仑模型计算位移急剧增大，材料塑性破坏，本模型进入弹塑性阶段，计算位移较弹性大但是较摩尔-库仑模型小，并未完全塑性破坏，此计算结果也基本吻合了本模型的建立假设。

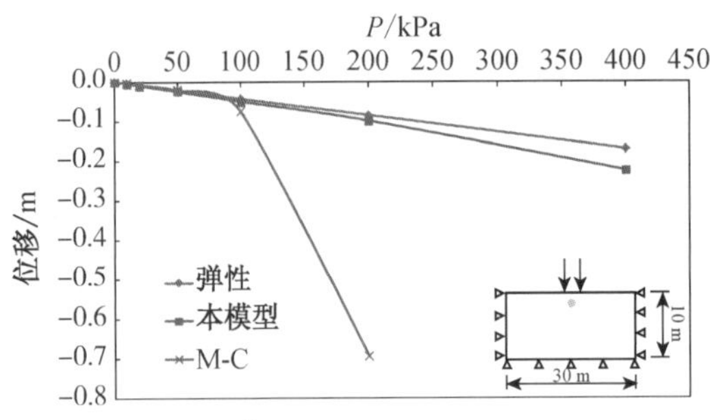

图 5-41　3 种模型计算位移-荷载曲线对比

2. 水平荷载算例

1）计算模型

上一节中对比分析了在竖向荷载作用下 3 种模型的计算结果，下面将分析水平荷载作用时的情况，模型依旧采用前模型中的简易二维平面应变模型，竖向荷载改为水平荷载，分别施加均布荷载 10 kPa，20 kPa，30 kPa，40 kPa，50 kPa 和 60 kPa，分为 7 个计算步施加，计算模型如图 5-42 所示。

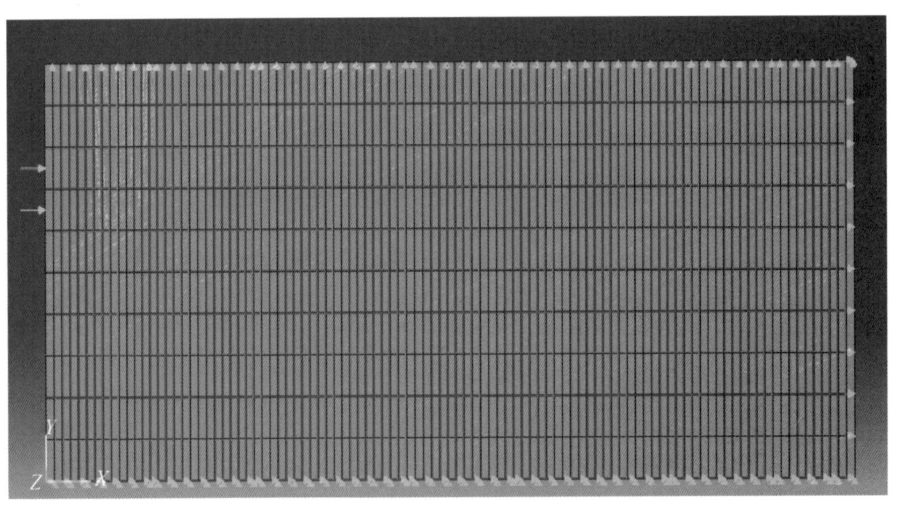

图 5-42　水平荷载计算模型

2）计算结果

分别采用弹性材料、摩尔-库仑材料以及基于旁压试验的本构模型进行计算，最终计算位移云图如图 5-43—图 5-45 所示，荷载作用中心距离表面 1 m 处的位移随荷载变化如图 5-46 所示。

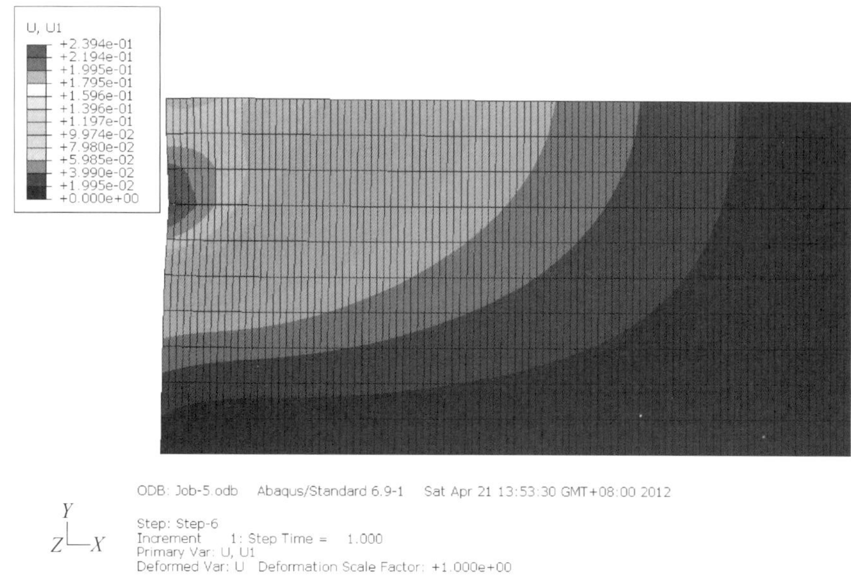

图 5-43 弹性模型计算位移云图

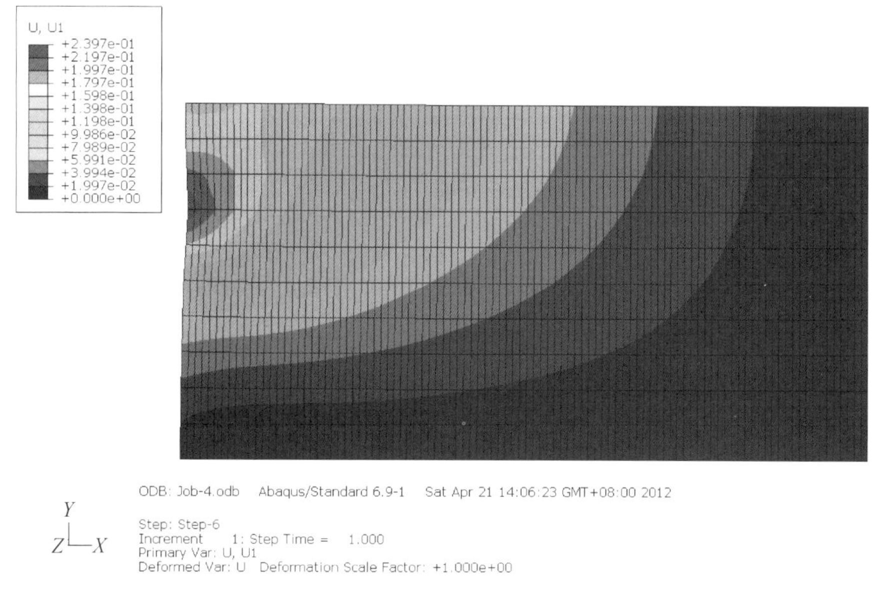

图 5-44 摩尔-库仑模型计算位移云图

对比图 5-43—图 5-45 可以看到，在水平荷载作用下，3 种模型计算结果类似，其中弹性最小、摩尔-库仑模型其次、本模型计算结果最大，且均未出现塑性破坏；从图5-46可以看到，在荷载水平较小（小于 40 kPa）时，3 种模型计算结果相同，均处于弹性阶段，随着荷载增大，摩尔-库仑模型和本模型进入弹塑性阶段，位移较弹性大，但在相同荷载水平下，本模型计算结果较摩尔-库仑模型大，这与竖向荷载作用时的结果略有不同。

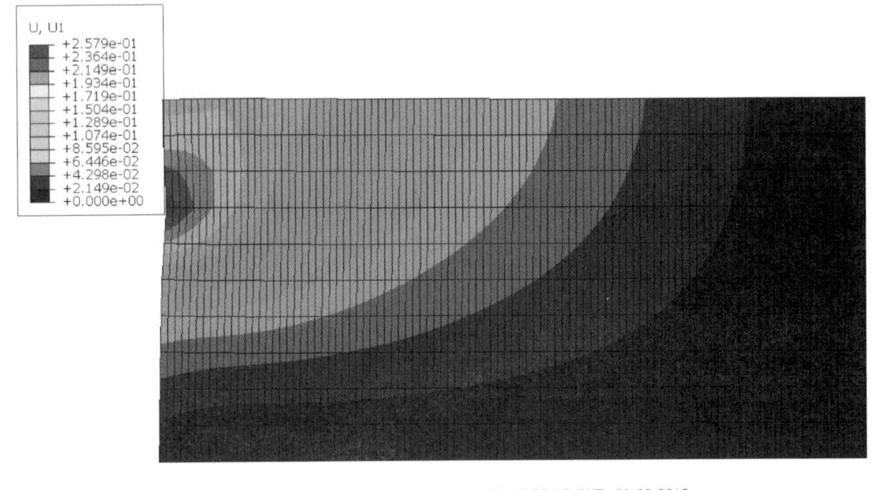

图 5-45 本模型计算位移云图

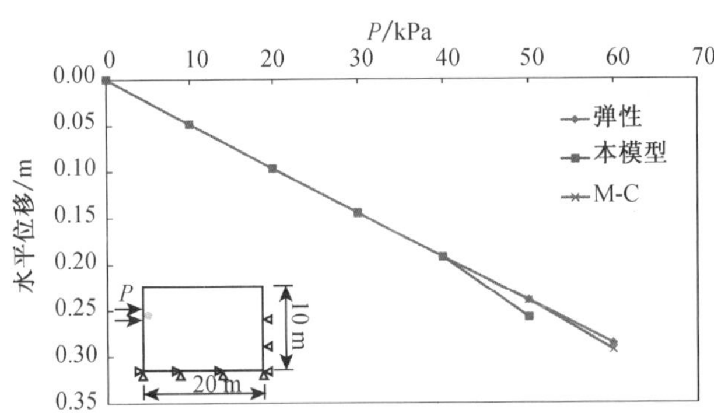

图 5-46 3 种模型计算位移-荷载曲线对比

5.6.4 小结

本节借助现有的通用有限元程序 ABAQUS，将前模型建立的基于旁压试验的弹塑性本构模型编入用户自定义材料子程序 UMAT 中，从而实现本模型在有限元程序中的应用和计算。

经过编译和调试，基于本模型的用户子程序 UMAT 可在 ABAQUS 中进行分析计算，结果收敛性较好。接下来建立简易二维平面应变模型，分别采用弹性、摩尔-库仑以及本模型进行计算，计算结果表明在竖向荷载作用下，本模型计算结果较弹性大，较摩尔-库仑模型小，并且不会出现类似摩尔-库仑模型的塑性破坏现象，在水平荷载作用下，本模型计算结构较弹性和摩尔-库仑材料均大，进入弹塑性后位移发展较摩尔-库仑材料快，不论在竖向和水平荷载作用时本模型位移分布与弹性材料类似。上述计算结果表明，基于本模型的 UAMT 子程序可在 ABAQUS 中进行有限元计算，并且计算结果较合理，与模型推导的假设相符合，这为后续应用本模型进行工程实例分析建立了基础。

5.7 本章小结

本章以旁压试验为切入点，利用空间准滑动面理论和 Rowe 剪胀理论，构建了基于旁压试验的土体弹塑性本构模型；通过室内试验和现场原位试验，建立基于旁压试验弹塑性模型土体参数扰动前后关系，从而建立了能够反映土体扰动的弹塑性本构模型；并借助通用有限元程序 ABAQUS，将基于旁压试验的弹塑性本构模型编译为用户自定义材料子程序 UMAT，从而将模型用于实际工程计算。

本书收集了十几个典型工程项目，总计约 250 个静探孔（钻孔）地质资料以及约 100 根工程试桩资料，经过数理统计、理论分析和试算验证，建立了静力触探与土体常规物理指标和抗剪强度指标的统计关系，并修正了现有桩基承载力计算公式，得到的主要结论如下：

(1) 空间准滑动面理论认为在三向主应力状态中，当由三个主应力所形成的 3 个剪应力达到某一组合时土体发生剪切破坏，属于三剪应力屈服条件，故包含了中主应力对土体强度的影响，能很好地反映土体的实际状态。另外，在形式上它能够较好地符合 Mohr-Coulomb 准则，又能克服偏平面内 Mohr-Coulomb 准则的奇异性与 Drucker-Prager 准则的拉压强度相等性。硬性土、结构性黏土、砂土等天然材料具有受剪时体积发生变化即剪胀的特点，而且还具有受力屈服后强度软化的特性，Rowe 的应力剪胀方程以能量比最小原理为基础，并被大量的试验所证明，可以描述土体的剪胀特性及剪胀与土体强度依赖关系。利用空间准滑动面理论和 Rowe 剪胀理论，对旁压试验弹塑性阶段按照柱孔扩张理论进行分析，在大量旁压试验数据统计的基础上，将弹塑性阶段压力与体应变采用椭圆关系拟合，最终建立弹塑性阶段应变增量与应力增量的关系矩阵；在弹性阶段，假设土体符合广义胡克定律，从而构建了基于旁压试验的土体弹塑性本构模型，该模型参数较少，且表达式明确，且大部分参数都可通过旁压试验得到。

(2) 选取上海某工程旁压试验，选取实际旁压试验参数，采用基于旁压试验的弹塑性模型进行模拟旁压试验过程，计算结果表明采用本模型计算曲线与实际旁压曲线吻合较好，初步证明了本模型的正确性。同样的计算模型，在其他参数不变的情况，分别选取模型参数的不同值进行参数敏感性分析，分析结果表明，参数 k 和 ν 对计算结果影响较小，敏感性较差，但是对于弹性和弹塑性阶段均有影响；R，c，φ 对于计算结果影响较大，敏感性较强，但主要影响弹塑性阶段，对于弹性阶段无影响。

(3) 借助通用有限元程序 ABAQUS，将前模型建立的基于旁压试验的弹塑性本构模型编译为用户自定义材料子程序 UMAT，从而实现本模型在有限元程序中的应用和计算。经过编译和调试，基于本模型的用户子程序 UMAT 可在 ABAQUS 中进行分析计算。接下来建立简易二维平面应变模型，分别采用弹性、摩尔-库仑以及本模型进行计算，计算结果表明在竖向荷载作用下，本模型计算结果较弹性大，较摩尔-库仑模型下，并且不会出现类似摩尔-库仑模型的塑性破坏现象，在水平荷载作用下，本模型计算结构较弹性和摩尔-库仑材料均大，进入弹塑性后位移发展较摩尔-库仑材料快，不论在竖向和水平荷载作用时本模型位移分布与弹性材料类似。

参考文献

[1] 郑颖人,孔亮. 岩土塑性力学[M]. 北京:中国建筑工业出版社,2010.

[2] 龚晓南. 土塑性力学[M]. 杭州:浙江大学出版社,1997.

[3] Bishop R F, Hill R, Mott N F. The theory of indentation and hardnesstests[A]//Proceeding of Physics Society[C]. 1945, 57: 147-159.

[4] Hughes J M O, Wroth C P, Windle D. Pressuremeter tests in sands[J]. Geotechnique, 1977, 27(4): 455-477.

[5] Yu H S. Cavity expansion theory and its application to the analysis of pressuremeters[D]. Oxford University, 1990:122.

[6] Yu H S, Houlsby G T. Finite cavity expansion in dilatant soil: loading analysis[J]. Geotechnique, 1991, 4(2): 173-183.

[7] Baguelin F, Jezequel J F, Shields D H. The pressuremeter and foundation engineering (Series on Rock and Soil Mechanics)[M]. Switzerland :Trans Tech Pubn, 1978.

[8] Manassero M. Stress-strain relationships from drained self-boring pressuremeter tests in sand[J]. Geotechnique, 1989, 39(2): 293-308.

[9] Yu H S. State parameter from self-boring pressuremeter tests in sands[J]. Journal of Geotechnical Engineering ASCE, 1994, 120(12): 2118-2135.

[10] Yu H S. Cavity Expansion Methods in Geomechanics [M]. The Netherland: Kluwer Academic Publishers, 2000.

[11] 唐贤强,谢瑛,谢树彬,等. 地基工程原位测试技术[M]. 北京:中国铁道出版社,1993.

[12] 黄熙龄,等. 旁压试验及粘性土变形模量的测定[A]//中国土木工程学会第一届土力学及基础工程学术会议[C]. 1964.

[13] 徐超,石振明,高彦斌,等. 岩土工程原位测试[M]. 上海:同济大学出版社,2005.

[14] 孙勇. 旁压机理的实验分析[D]. 长沙:长沙铁道学院,1986.

[15] 姜前,陈映南,蒋崇伦. 旁压试验的临界深度[J]. 勘察科学技术,1989(3):10-13.

[16] 姜前,陈映南,蒋崇伦. 旁压土体应力路径及非线性分析[J]. 长沙铁道学院学报,1988,6(2):1-8.

[17] 张喜珠. 旁压试验换算曲线法在工程勘察中应用[J]. 勘察科学技术,2004(3):42-46.

[18] 陈泰昌. 旁压试验规程背景概述[J]. 勘查科学技术,1987(3):11-13.

[19] 陈追田,周国金. 旁压试验 V_0 问题讨论[J]. 岩土工程界,2007,10(11):57-58.

[20] 沈国荣. 旁压结果预估基础的沉降和承载力[D]. 成都:西南交通大学,1986.

[21] 赵善锐. 旁压试验及其工程应用[M]. 成都:西南交通大学出版社,1987.

[22] 朱小林,陈文才,张剑锋. 利用旁压试验分析设计横向受荷桩[J]. 岩土工程学报,1991,13:1-10.

[23] 中华人民共和国国家标准. 岩土工程勘察规范:GB 50021—2001[S]. 北京:中国建筑工业出版社,2009.

[24] 张新兵,陈映南,姜前,等. 用有限元方法分析旁压试验特征值[J]. 长沙铁道学院学报,1995,12(3):17-24.

[25] 徐芝纶. 弹性力学[M]. 北京:人民教育出版社,1979.

[26] Baguelin F, Jezequel J F, Shields D H. The pressuremeter and foundation engineering (Series on Rock and Soil Mechanics)[M]. Switzerland : Trans Tech Pubn, 1978.

[27] Manassero M. Stress-strain relationships from drained self-boring pressuremeter tests in sand[J]. Geotechnique, 1989, 39(2): 293-308.

[28] Yu H S. State parameter from self-boring pressuremeter tests in sands[J]. Journal of Geotechnical Engineering ASCE, 1994, 120(12): 2118-2135.

[29] Gibsonv R E, Anderson W F. In situ measurement of soil properties with the pressuremeter[J]. Civil Engineering Public Works Review, 1961,56:615-618.

[30] Prevost J H, Hoeg K. Analysis of pressuremeter in strain softening soil[J]. Journal of geoteehnieal engineering, ASCE. 1975, 101(GT8):717-732.

[31] Yeung S K, Carter J P. Interpretation of the pressuremeter test in clay allowing for membrane end effects and material non-homogeneity[A]//Proceedings of 3rd International Symposium on Pressuremeters[C]. Oxford, 1990: 199-208.

[32] Jewell R J, Fahey M, Wroth C P. Laboratory studies of the pressuremeter test in sand [J]. Geotechnique, 1980, 30(4): 507-531.

[33] Laier J E. Effects of pressuremeter probe length/diameter ratio and borehole disturbance on pressuremeter test results in dry sand[D]. Florida: University of Florida, 1973.

[34] Fahey M A. Study of thepressuremeter test in dense sand [D]. Cambridge: University of Cambridge, 1980.

[35] Ajalloeian R, Yu H S. Chamber studies of the effects of pressuremeter geometry on test results in sand [J]. Geotechnique, 1998, 48(5): 621-636.

[36] Rowe P W. The stress-dilatancy relation for static equilibrium of an assembly of particles in contact [A]//Proceedings of the Royal Society[C]. 1962, 269: 500-527.

[37] Rowe P W. Stress-dilatancy, earth pressure and slopes[J]. Journal of Soil Mech. Found. Div., ASCE, 1963, 89(SM3): 37-61.

[38] Matsuoka H, Nakai T. Stress-deformation and strength characteristics of soil under three difference principal stresses[J]. Proc. of Japan Society of Civil Engineers, 1974, 232: 59-70.

[39] Matsuoka H, Sun D A. Extension of spatially mobilized plane (SMP) to friction and cohesive materials and its application to cemented sands[J]. Soils and foundations, 1995, 35(4): 63-72.

[40] Nakai T, Matsuoka H. A generalized elastoplastic constitutive model for clay in three dimensional stresses[J]. Soil and foundation, 1986, 26(3): 81-98.

[41] Matsuoka H. Prediction of plane strain strength for soils from triaxial compression[A]//Proc. of 10th International Conference on Soil Mechanics and Foundation Engineering[C]. Stockholm, 1981, 5: 672-683.

[42] Matsuoka H, Yao Y P, Sun D A. Thecam-clay models by the SMP criterion[J]. Soils and Foundations, 1999, 39(1): 81-95.

[43] 连镇营,韩国城,姚仰平. 基于 SMP 准则的改进剑桥模型及其在基坑工程中应用[J]. 大连理工大学学报,2002,42(1):93-97.

[44] 罗汀,姚仰平,松岗元. 基于 SMP 准则的土的平面应变强度公式[J]. 岩土力学,2000,21(4):390-393.

[45] 栾茂田,许成顺,刘占阁,等. 一般应力条件下土的抗剪强度参数探讨[J]. 大连理工大学学报,2004,44(2):271-276.

[46] 李亮,赵成刚. 基于 SMP 破坏准则的土体弹塑性动力本构模型[J]. 工程力学,2005,22(3):139-143.

[47] 师子刚,罗汀. 土的三重屈服面应力——应变模型与 SMP 准则的结合[J]. 岩土力学,2006,27(1):127-131.

[48] Stake M. Stress-deformation and strength characteristics of soils under three difference principal stresses (Discussion)[J]. Proc of Japan Soc of Civil Eng., 1976, 246: 137-138.

[49] Taylor D W. Fundamentals of Soil Mechanics[M]. New York: John Wiley & Sons, 1948.

[50] Josselin de Jong G. Rowe's stress-dilatancy relation based on friction[J]. Geotechnique, 1976, 26(3): 527-534.

[51] Bolton M D. The strength and dilatancy of sands[J]. Geotechnique, 1986, 36(1): 65-78.

[52] 郝冬雪. 孔扩张理论研究及自钻式旁压试验数值分析[D]. 大连理工大学,2008.

[53] 费康,张建伟. ABAQUS 在岩土工程中的应用[M]. 北京:中国水利水电出版社,2010.

6　地下空间检测与监测方法及应用

6.1 静力试桩

桩基是一种应用十分广泛的基础型式，如何正确评价桩的承载能力，选择合理的设计参数是一个关系到桩基是否安全与经济的重要问题。桩的静荷载试验是获得桩竖向抗压、抗拔以及水平向承载力的最基本而且最可靠的方法，主要包括桩的竖向抗压静载荷试验、竖向抗拔静载荷试验以及水平向静载荷试验等。

6.1.1 竖向抗压静载荷试验

6.1.1.1 概述

单桩竖向抗压静载试验，就是采用接近于竖向抗压桩实际工作条件的试验方法。荷载作用于桩顶，桩顶产生位移(沉降)，可得到单根试桩 Q-s 曲线，还可获得每级荷载下桩顶沉降随时间的变化曲线，当桩身中埋设有量测元件时，还可以直接测得桩侧各土层的极限摩阻力和端承力。

一个工程中应取多少根桩进行静载试验，各个部门规范没有统一规定，《建筑地基基础设计规范》(GB 50007—2002)规定：同一条件下的试桩数量不宜少于总桩数的 3%，并不少于 3 根；《港口工程桩基规范》(JTJ 222—83)规定：工程桩总数在 500 根以下时，试桩不少于 2 根，每增加 500 根宜增加一根试桩；《建筑桩基技术规范》(JGJ 94—2008)规定：同一条件下的试桩数量不宜小于总桩数的 1%，且不应少于 3 根。总桩数在 50 根以内时，不应少于 2 根；《公路桥涵施工技术规范》(JTJ 041—2000)规定：在相同地质情况下，按总桩数的 1%计，并不得少于 2 根。

实际测试时，可根据工程具体情况参考相关规范进行。

6.1.1.2 试验装置、仪表和量测元件

1. 试验加载装置

一般选用单台或多台同型号的千斤顶并联加载。千斤顶加载反力装置可根据现有条件选取下述 3 种型式之一。

1) 锚桩横梁反力装置

一般锚桩至少需要 4 根。用灌注桩作锚桩时，其钢筋笼要通长配置。如用预制长桩，要加强接头的连接。锚桩按抗拔桩的规定计算确定，并应对试验过程中锚桩上拔量进行监测。横梁的刚度、强度与锚桩拉筋断面在试验前要进行验算，试验布置如图 6-1 所示。在大承载力桩试验中，横梁自重很大，需要以其他工程桩作支承点，且基准梁亦应放在其他工程桩上较为稳妥。该方案不足之处是进行大吨位灌注桩试验时无法随机抽样。

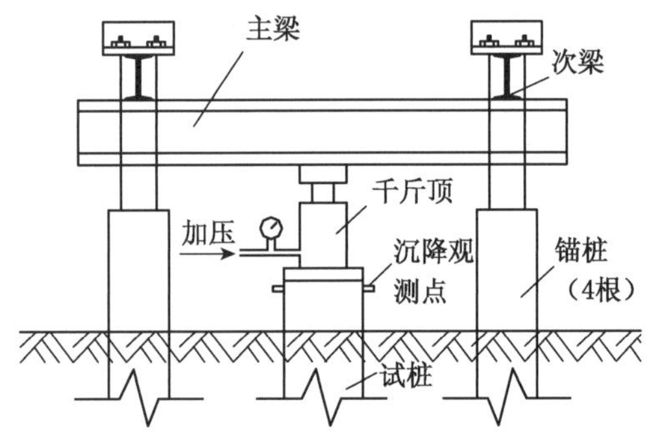

图 6-1　锚桩横梁反力装置示意图

2) 堆重平台反力装置

堆载材料一般为铁锭、混凝土块或沙袋，堆载重量不得小于预估试桩破坏荷载的 1.2 倍。堆载最好在试验前一次加上，并均匀稳固放置于平台上，如图 6-2 所示。在软土地基上大量堆

载将引起地面较大下沉，基准梁要支撑在其他工程桩上，并远离沉降影响范围。作为基准梁的工字钢应尽量长些，但其高跨比宜大于 1/40。堆载的优点是可对试桩随机抽样，适合不配或少配筋的桩。

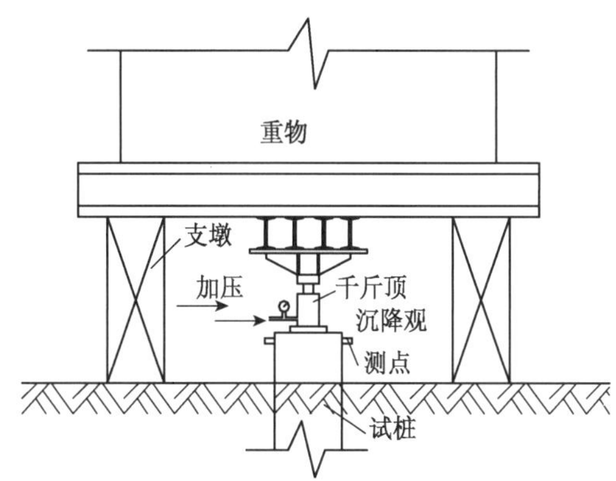

图 6-2 堆重平台反力装置示意图

3）锚桩堆重联合反力装置

当试桩最大加载重量超过锚桩的抗拔能力时，在锚桩上或横梁上配重，由锚桩与堆载共同承受千斤顶反力。

千斤顶应严格进行物理对中。多台千斤顶并联加载时，其上、下部应设置足够刚度的钢垫箱，并使千斤顶合力通过试桩中心。

2. 测试仪表

荷载可用并联于千斤顶的高精度压力表测定油压，压力表的精度等级一般为 0.4 MPa，并根据事先标定的千斤顶率定曲线换算荷载。重要的桩基试验还需在千斤顶上放置应力环或压力传感器实行双控校正。

沉降测量一般采用百分表或电子位移计，设置在桩的 2 个正交直径方向，对称安装4 个；小直径桩可安装 2 个或 3 个。沉降测定平面离开桩顶的距离不应小于 0.5 倍桩径。固定和支承百分表的夹具和横梁在构造上应确保不受气温、振动及其他外界因素的影响而发生竖向变位。为了防止堆载引起的地面下沉影响测读精度，应用水准仪对基准梁系统进行监控。

各行业部门对试桩、锚桩和基准桩之间的中心距离有不同的规定，《建筑桩基技术规范》(JGJ 94—2008)规定，如表 6-1 所示。

表 6-1 基准桩中心至试桩、锚桩中心(或压重平台支承边)的距离

	基准桩与试桩	基准桩与锚桩(或压重平台支承边)
锚桩承载梁反力装置	$\geqslant 4d$	$\geqslant 4d$
压重平台反力装置	≥2.0 m	≥2.0 m

注：表中为试桩的直径或边长 $d \leqslant 800$ mm 的情况；若试桩直径 $d>800$ mm 时，基准桩中心至试桩中心(或压重平台支承边)的距离不宜小于 4.0 m。

3. 桩身量测元件

国内桩身埋设的测试元件用得较多的是电阻式应变计和振弦式钢筋应力计，用屏蔽导线

引出。在国外，以美国材料及试验学会(ASTM)推荐的量测钢管桩桩身应变的方法较为常用，即沿桩身的不同标高处预埋不同长度的金属管及测杆，用千分表量测杆趾部相对于桩顶处的下沉量。经计算求得应变与荷载，如图6-3所示。

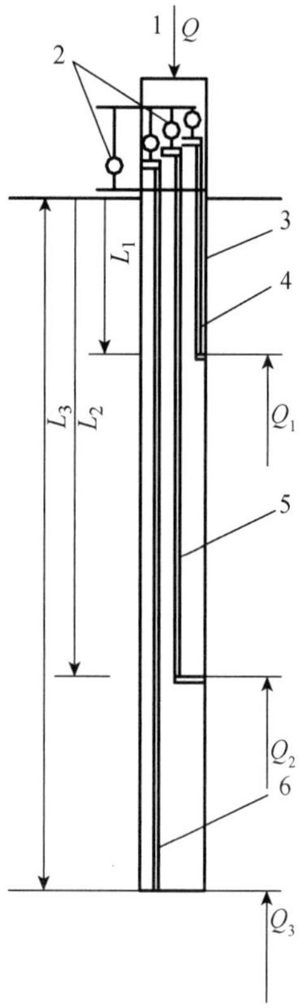

图 6-3　测杆式应变计

6.1.1.3　试验方法

1. 试桩要求

为了保证试验能真实地反映实际工作条件，试桩必须满足如下几点要求：

(1) 试桩成桩工艺和质量控制标准应与工程桩一致。

(2) 灌注桩试桩顶部应凿除浮浆，在顶部配置加密钢筋网 2～3 层，或以薄钢板护筒作成加强箍与桩顶混凝土浇成整体，桩顶用高标号砂浆抹平。

(3) 预制桩桩顶如出现破损，其顶部应外加封闭箍后浇捣高强细石混凝土予以加强。

(4) 为安置沉降测点和仪表，试桩顶部露出试验坑地面高度不宜小于 60 cm。

(5) 从预制桩打入和灌注桩成桩到开始试验的时间间隔，在满足桩身强度达到设计要求的前提下：对于砂性土，不应少于 7 d；对于粉土，不应少于 10 d；对于非饱和黏土，不应少于 15 d；对于饱和黏土，不应少于 25 d。

2. 加载方法

一般采用慢速维持荷载法，即逐级加载，每一级荷载达到相对稳定后，再加下一级荷载，直至破坏，然后卸载至零。我国沿海软土地区也较多采用快速维持荷载法，即每隔 1 h 加一级荷载。快速法所得的极限荷载所对应的沉降值比慢速法的偏小百分之十几。

另外还有多循环加卸载法(每级荷载达到相对稳定后卸载到零)及等贯入速率法。此法的加荷速率常取 0.5 mm/min，加载至总贯入量为 50～70 mm，或荷载不再增大为止。

3. 慢速维持荷载法

1) 加载总量要求

进行单桩竖向抗压静载试验时，试桩的加载量应满足以下要求：

(1) 对于以桩身承载力控制极限承载力的工程桩试验，加载至设计承载力的 1.5～2.0 倍。

(2) 对于嵌岩桩，当桩顶沉降量很小时，最大加载量不应小于设计承载力的 2 倍。

(3) 当堆载为反力时，堆载重量不应小于试桩预估极限承载力的 1.2 倍。

2) 荷载分级

按试桩的预计最大试验加载力等分为 10～15 级进行逐级等量加载。亦可将沉降变化较小的第一、二级加载合并，预估的最后一级加载和在试验过程中提前出现临界破坏那一级荷载亦可分成二次加载，这对判定极限承载力精度将有所帮助。

3) 测读桩沉降的间隔时间

(1) 下沉未达稳定不得进行下一级加载。

(2) 每级加载的观测时间规定为：每级加载完毕后，每隔 15 min 测一次；累计 1 h 后，每隔

30 min 观测一次。

4）稳定标准

每级加载过程中，每一小时的下沉量不超过 0.1 mm，并连续出现两次（由 1.5 h 内连续 3 次观测值计算），认为已达到相对稳定，可加下一级荷载。

5）加载终止条件

（1）总位移量大于或等于 40 mm，本级荷载下沉量大于或等于前一级荷载下沉量的 5 倍时，加载即可终止。取终止时荷载小一级的荷载为极限荷载。

（2）总位移量大于或等于 40 mm，本级荷载加上后 24 h 未达稳，加载即可终止。取此终止时荷载小一级的荷载为极限荷载。

（3）施工过程中的检验性试验，一般加载应继续到桩的 2 倍设计荷载为止。如果桩的总沉降量不超过 40 mm，及最后一级加载引起的沉降不超过前一级加载引起的沉降的 5 倍，则该桩可予以检验。

6）卸载规定

每级卸载值为加载增量的 2 倍。卸载后隔 15 min 测读一次，读二次后，隔半小时再读一次，即可卸下一级荷载。全部卸载后，隔 3～4 h 再读一次。

6.1.1.4 试验资料整理

为了便于应用与统计，试验成果应整理成表格形式，并应对成桩和试验过程中出现的异常现象作必要说明。

绘制有关试验成果曲线，一般绘制 Q-s（按整个图形比例横：竖＝2：3，取 Q 和 s 的坐标比例）、s-log$t$、s-log$Q$ 曲线以及其他进行辅助分析所需曲线，图 6-4 是最典型的 Q-s 曲线。

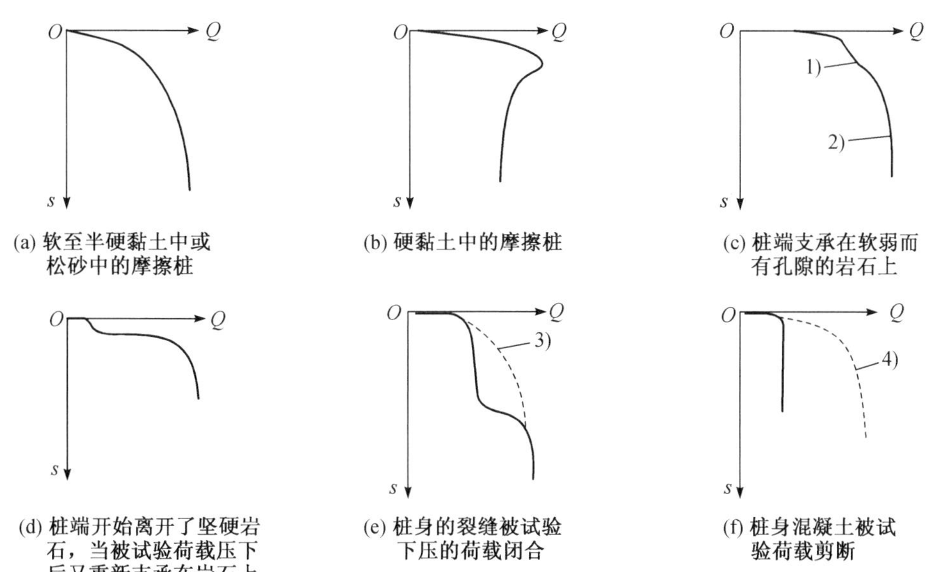

图 6-4　典型的单桩竖向抗压静载荷试验曲线

6.1.1.5 单桩竖向极限承载力的确定

1. 试桩竖向极限承载力的确定

在工程实践中，除了遵循有关的规范规程外，可参照下列标准确定极限承载力。

（1）当 Q-s 曲线的陡降段明显时，取相应于陡降段起点的荷载。

（2）对于缓变型 Q-s 曲线，一般可取 $s=40$ mm 对应的荷载。

（3）对于长桩（$L>40$），一般可取桩沉降 $s=2QL/3E_cA_p+20$ mm 所对应的荷载。

（4）取 s-$\log t$ 曲线尾部出现明显向下弯曲的前一级荷载。

（5）对于摩擦型灌注桩，取 s-$\log Q$ 曲线出现陡降直线段的起始点所对应的荷载值。

（6）对于大直径钻孔灌注桩，取桩顶沉降 $s_b=0.025D$ 所对应的荷载为极限荷载。国内建议取 $s=0.05D$ 所对应的荷载为极限承载力。

（7）当桩顶沉降量尚小，但因受荷条件的限制而提前终止试验时，其极限承载力一般应取最大加荷值。在桩身材料破坏的情况下，其极限承载力可取破坏前一级的荷载值。

2. 单桩竖向抗压极限承载力标准值的确定

单桩竖向抗压极限承载力的标准值应根据试桩位置、实际地质条件、施工情况等综合确定，当各试桩条件基本相同时，单桩竖向抗压极限承载力标准值可按下面的方法确定。

1）计算试桩结果的统计特征值

（1）确定正常条件下几根试桩的极限承载力实测值 Q_{ui}；

（2）计算几根试桩实测极限承载力平均值 Q_{um}；

$$Q_{um}=\frac{1}{n}\sum_{i-1}^{m}Q_{ui} \tag{6-1}$$

（3）计算每根试桩的极限承载力实测值与平均值之比 a_i：

$$a_i=\frac{Q_{ui}}{Q_{um}} \tag{6-2}$$

（4）计算 a_i 的标准差 S_n：

$$S_n=\sqrt{\sum_{i-1}^{n}\frac{(a_i-1)^2}{(n-1)}} \tag{6-3}$$

2）确定单桩竖向抗压极限承载力标准值 Q_{uk}

$$\text{当 } S_n\leqslant 0.15 \text{ 时，}\quad Q_{uk}=Q_{um} \tag{6-4}$$

$$\text{当 } S_n>0.15 \text{ 时，}\quad Q_{uk}=\lambda Q_{um} \tag{6-5}$$

单桩竖向抗压极限承载力标准值折减系数 λ 可由变量 a_i 的分布，按下面的方法确定：

（1）当试桩数 $n=2$ 时，按表 6-2 确定；

（2）当试桩数 $n=3$ 时，按表 6-3 确定；

表 6-2　单桩竖向抗压极限承载力折减系数 $\lambda(n=2)$

a_2-a_1	0.21	0.24	0.27	0.30	0.33	0.36	0.39	0.42	0.45	0.48	0.51
λ	1.00	0.99	0.97	0.96	0.94	0.93	0.91	0.90	0.90	0.88	0.85

表 6-3 单桩竖向抗压极限承载力折减系数 λ(n=3)

a_2	a_3-a_1							
	0.30	0.33	0.36	0.39	0.42	0.45	0.48	0.51
0.84							0.93	0.92
0.92	0.99	0.98	0.98	0.97	0.96	0.95	0.94	0.93
1.00	1.00	0.99	0.98	0.97	0.96	0.95	0.93	0.92
1.08	0.98	0.97	0.95	0.94	0.93	0.91	0.90	0.88
1.16							0.86	0.84

(3) 当试桩数 $n\geqslant4$ 时,按下式计算:

$$A_0+A_1\lambda+A_2\lambda^2+A_3\lambda^3+A_4\lambda^4=0 \tag{6-6}$$

$$A_0=\sum_{i=1}^{n-m}a_i^2+\frac{1}{m}\left(\sum_{i=1}^{n-m}a_i\right)^2 \tag{6-7}$$

$$A_1=-\frac{2n}{m}\sum_{i=1}^{n-m}a_i \tag{6-8}$$

$$A_2=0.127-1.127n+\frac{n^2}{m} \tag{6-9}$$

$$A_3=0.147(n-1) \tag{6-10}$$

$$A_4=-0.042(n-1) \tag{6-11}$$

取 $m=1,2,\cdots$,满足式(6-6)的 λ 即为所求。

6.1.2 单桩竖向抗拔静载荷试验

6.1.2.1 概述

高耸建(构)筑物往往承受较大的水平力,导致部分桩承受上拔力,多层地下室的底板也会承受较大水浮力,而抗拔桩是重要的措施。迄今为止,桩基础上拔承载力的计算还没有从理论上得到很好解决,现场原位抗拔试验就显得相当重要。

6.1.2.2 试验装置、仪表和量测元件

1. 试验加载装置

单桩竖向抗拔承载力试验装置如图 6-5 所示,一般采用千斤顶加载,其反力装置一般采用两根锚桩和承载梁组成,试桩和承载梁用拉杆连接,将千斤顶置于两根试桩之上,顶推承载梁,引起试桩上拔。应尽量利用工程桩为反力锚桩,若灌注桩作锚桩,宜沿桩身通长配筋,以免出现桩身的破损。

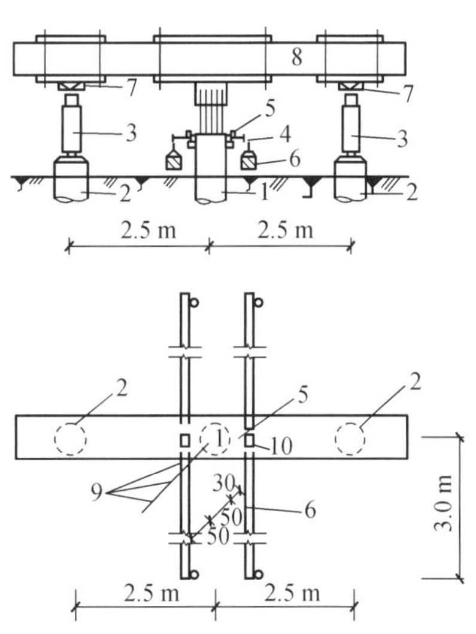

1—试桩;2—锚桩;3—液压千斤顶;4—表座;5—测微表;6—基准;7—球铰;8—反力梁;9—地面变形测点;10—10 cm×10 cm 薄铁板

图 6-5 单桩竖向抗拔静载荷试验示意图

2. 测试仪表、元件

荷载可用并联于千斤顶上的高精度压力表测定油压，并根据率定曲线核算荷载。也可用放置在千斤顶上的应力环、压力传感器直接测定。上拔量一般用百分表量测，其布置方法与单桩抗压试验相同。桩身量测元件与单桩抗压试验相同。

6.1.2.3 试验方法

1. 试验要求

试桩应按最大加载力计算桩身钢筋，且钢筋应沿桩身通长布置。从成桩到开始试验的间隔：在桩身强度达到设计要求的前提下，对于砂性土，不应少于 10 d；对于粉土和黏性土，不应少于 15 d；对于淤泥或淤泥质土，不应少于 25 d。

2. 加载和卸载方式

抗拔试验一般采用慢速维持荷载法。施加的静拔力必须作用于桩的中轴线。加载应均匀、无冲击。每级加载为预计最大荷载的 1/15～1/10，达到相对稳定后加下一级荷载，直到试桩破坏，然后逐级卸载到零。也可结合工程桩实际受荷情况采用多循环加载法，即每级荷载上拔量达到相对稳定后卸载到零，然后再加下一级荷载。

3. 变形观测

进行单桩竖向抗拔静载试验时，除了要对试桩的上拔量进行观测外，尚应对桩周地面土的变形情况以及桩身外露部分裂缝开展情况进行观测记录。

试桩的上拔量观测，应在每级加载后间隔 5 min，10 min，15 min 各测读一次，以后每隔 15 min 测读一次，累计 1 h 后每隔 30 min 测读一次，每次测读值记录在试验记录表中。

4. 上拔稳定标准

单桩竖向抗拔静载试验上拔量相对稳定标准应以 1 h 内的变形量不超过 0.1 mm，并连续出现两次为准。

5. 终止加载条件

试验过程中，当出现下列情况之一时，即可终止加载：

(1) 桩顶荷载为桩受拉钢筋总极限承载力的 0.9 倍；

(2) 某级荷载作用下，桩顶上拔位移量为前一级荷载作用下的 5 倍；

(3) 建筑部门试桩的累计上拔量超过 100 mm，桥桩则规定累计上拔量超过 25 mm。

6.1.2.4 试验资料整理

单桩竖向抗拔静载试验报告的资料整理应包括以下一些内容：

(1) 单桩竖向抗拔静载试验概况试验记录、汇总，整理成表格形式，并对试验过程中出现的异常现象作补充说明；

(2) 绘制单桩竖向抗拔静载试验上拔荷载(U)和上拔量(Δ)之间的 U-Δ 曲线以及 Δ-lg$t$ 曲线；

(3) 当进行桩身应力、应变量测时，尚应根据量测结果整理出有关表格，绘制桩身应力、桩侧阻力随桩顶上拔荷载的变化曲线；必要时绘制桩土相对位移 Δ'-U/U_u(U_u为桩的竖向抗拔极限承载力)曲线，以了解不同入土深度对抗拔桩破坏特征的影响。

6.1.2.5 确定单桩竖向抗拔承载力

对于陡变形 U-Δ 曲线，取陡升起始点荷载为极限承载力，对于缓变形 U-Δ 曲线，根据上拔量和 Δ-lg$t$ 曲线变化综合判定，一般取 Δ-lg$t$ 曲线尾部显著弯曲的前一段荷载为极限荷载承载力。

6.1.3 单桩水平静载试验

6.1.3.1 概述

单桩水平静载试验采用接近于水平受荷桩实际工作条件的试验方法达到下列目的。

1. 确定试桩承载能力

检验和确定试桩的水平承载能力是试验的主要目的，试桩的水平承载力可直接由水平荷载和水平位移曲线判定，亦可根据实测桩身应变来判定。

2. 确定试桩在各级荷载下弯矩分布规律

当桩身埋设有量测元件时，可以较精确求得各级水平荷载作用下桩身弯矩的分布情况，从而为检验桩身强度、推求不同深度弹性地基系数提供依据。

3. 确定弹性地基系数

进行水平荷载作用下单桩分析时，弹性地基系数的选取至关重要。目前常用的 C 法、M 法、K 法各自假定了地基反力系数沿深度不同分布的模式，因此都有一定的适用范围。通过试验，可选择比较符合实际情况的计算模式及地基系数。

4. 推求实际地基反力系数

弹性地基系数虽然使用比较方便，但误差较大。实际地基反力系数沿深度的分布模式是比较复杂的，且随侧向位移的变化是非线性的。因此，通过试验直接获得不同深度处抗力和侧向位移之间的关系，用它分析工程桩的受力情况更符合实际要求。

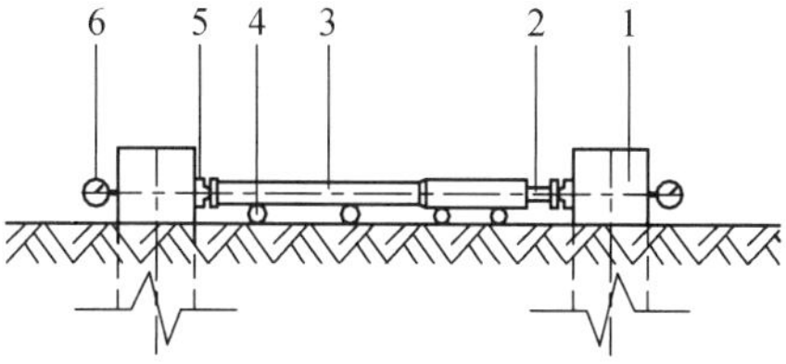

1—桩；2—千斤顶及测力计；3—传力杆；4—滚轴；5—球支座；6—百分表

图 6-6 单桩水平静载荷试验装置

6.1.3.2 试验装置

单桩水平静载试验装置通常包括加载装置、反力装置、量测装置三部分，如图 6-6 所示。

1. 加载装置

试桩时一般采用卧式千斤顶加载，用测力环或测力传感器确定施加荷载值，对往复式循环试验可采用双向往复式油压千斤顶。水平荷载试验，特别是悬臂较长的试桩，作用点位移较大，所以要求千斤顶有较大行程。为保证千斤顶施加作用力水平通过桩身轴线，千斤顶与试桩接触面处安置球形铰座。

在试桩时，为防止力作用点处产生局部挤压破坏，须用钢垫板进行局部补强。

2. 反力装置

反力装置的选用应充分利用试桩周围的现有条件，但必须满足其承载能力大于最大预估荷载的 1.2～1.5 倍，其作用力方向上刚度不应小于试桩本身的刚度。

最常用的方法是利用试桩周围的工程桩或垂直加载试验用的锚桩作为反力墩。可根据需要把 2 根甚至 4 根桩连成一整体作为反力座，有条件时也可利用周围现有结构物作反力座，必要时可浇筑专门的支座来作反力架。

3. 量测装置

桩顶水平位移量测桩的水平位移采用大量程百分表来量测。每一试桩应在荷载作用平面和该平面以上 50 cm 左右各安装 1 只或 2 只百分表，下表量测桩身在地面处的水平位移，上表量测桩顶水平位移，根据两表位移差与两表距离的比值求出地面以上桩身的转角。如果桩身露出地面较短，也可只在荷载作用水平面上安装百分表量测水平位移。

6.1.3.3 试验方法

1. 试桩要求

(1) 试桩位置应根据场地地质、设计要求综合选择具有代表性的地点；

(2) 试桩周边 2～6 m 范围内布置钻孔，并取土样进行土工试验；

(3) 试桩数量一般不少于 2 根；

(4) 成桩到开始试验时间间隔，砂性土中打入桩不应少于 7 d；黏性土中打入桩不应少于 14 d；钻孔灌注桩成桩后一般不少于 28 d。

2. 加载、卸载方式

实际工程中，桩的受力情况十分复杂。为模拟实际荷载的形式，国内外出现了众多的加载方式，各部门采用的方法很不统一。一般可划分为单循环连续加卸载法和多循环加卸载法。

《建筑桩基技术规范》(JGJ 94—2008)均采用单向多循环加载法，取预计最大试验荷载的 1/15～1/10 作为每级加载量。一般可采用 2.5～20 kN。

每级荷载施加后，恒载 4 min 后测读水平位移，然后卸载到零，停 2 min 后测读残余水平位移，至此完成一个加、卸载循环，如此循环 5 次便完成一级荷载的试验观测。为了保证试验结果的可靠性，加载时间尽量缩短，测量位移的时间间隔应准确，试验不得中途停歇。

3. 终止试验条件

当试验过程出现下列情况之一时，即可终止试验：

(1) 桩顶水平位移超过 30～40 mm，软土均取 40 mm；

(2) 桩身已断裂；

(3) 桩侧地表明显裂纹或隆起；

(4) 已达到试验要求的最大荷载或最大位移量。

6.1.3.4 单桩水平荷载和极限荷载的确定

1. 绘制荷载试验曲线

绘制单桩水平静载试验水平力(H)-时间(t)-位移(X)、水平力-位移梯度($H-\Delta X/\Delta H$)、水平力-位移双对数($\lg H-\lg X$)曲线。其中，$H-t-X$ 曲线(图 6-8)和 $H-\Delta X/\Delta H$ 曲线(图 6-9)是比较常用的。

当桩身埋设量测元件时，尚应绘制各级荷载作用下地面以下不同深度处的 $q-y$ 曲线。

2. 单桩水平临界荷载的确定方法

单桩水平临界荷载(桩身受拉区混凝土明显退出工作前的最大荷载)，一般按下列方法综合确定：

(1) 取 $H-t-X$ 曲线出现突变点的前一级荷载为水平临界荷载 H_{cr}，如图 6-8 所示；

(2) 取 $H-\Delta X/\Delta H$ 曲线第一直线段的终点所对应的荷载为水平临界荷载 H_{cr}，如图 6-9 所示；

(3) 当桩身埋设有量测元件时，取 $H-\sigma_g$ 第一突变点所对应的荷载为水平临界荷载 H_{cr}，如图 6-7 所示。

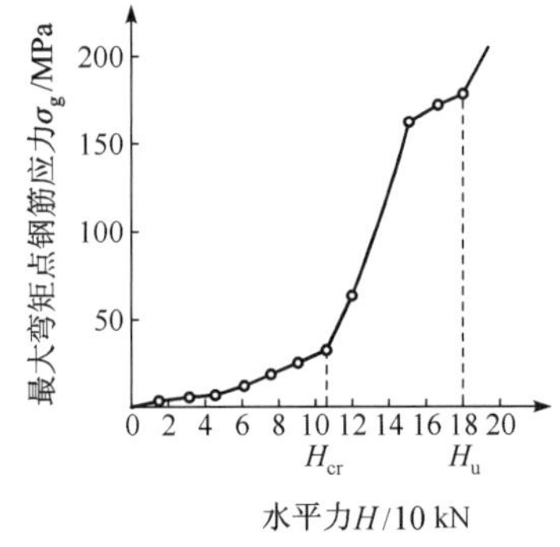

图 6-7 根据 $H-\sigma_g$ 确定单桩的水平临界荷载

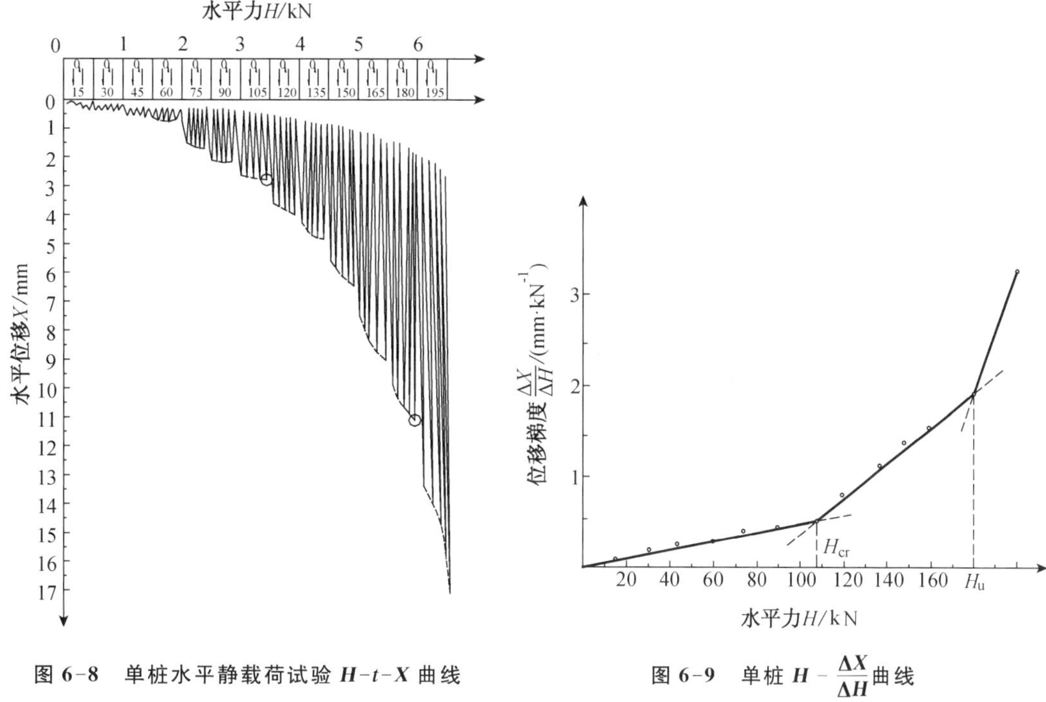

图 6-8 单桩水平静载荷试验 H-t-X 曲线

图 6-9 单桩 $H-\frac{\Delta X}{\Delta H}$ 曲线

3. 单桩水平极限荷载的确定方法

(1) 取 H-t-X 曲线明显陡降的前一级荷载为极限荷载 H_u；

(2) 取 H-$\Delta X/\Delta H$ 曲线第二直线段的终点所对应的荷载为极限荷载 H_u；

(3) 取桩身折断或钢筋应力达到流限的前一级荷载为极限荷载 H_u；

(4) 当试验项目对加荷方法或桩顶位移有特殊要求时，可根据相应的方法确定水平极限荷载 H_u。

6.1.4 自平衡测试技术

6.1.4.1 概述

自平衡检测即用桩侧阻力作为桩端阻力的反力测试桩的承载力，最早由日本的中山(Nakayama)和藤关(Fujiseki)所提出，称为桩端加载试桩法，并在 1973 年取得了对钻孔桩的测试专利；随后，Gibson 和 Devenney 在 1973 年采用类似的技术测定在钻孔中混凝土与岩石间的胶结应力。1978 年 Sumii 获得了对于预制桩的测试专利，但限于当时的科学技术水平和桩基工程发展现状，自平衡测试技术并未得到应有的重视和认可。

美国学者 Osterberg 于 1985—1987 年期间，在分析、总结前人经验的基础上，对自平衡测试技术进行了系统的研究、开发，并于 1989 年进行了首次钻孔桩商业试验，自平衡测试技术才真正开始走向实际工程应用，因此又名 Osterberg-Cell 载荷试验或 O-Cell 载荷试验。3 年后，O-Cell 载荷试验方法逐渐被美国工程界接受，美国深基础协会(DFI)为此授予 Dr. Osterberg “杰出贡献奖”，并称试桩已进入了“Osterberg 新时期”。至今，该法已在美国、英国、日本、加拿大、新加坡、菲律宾及我国香港等 10 余个国家和地区得到推广应用。

在我国，清华大学李广信教授在 1983 年首次将此法介绍到国内，并做了大量的模型试验和理论研究，但因自平衡试桩法作为一种新兴的测试技术其自身并不完善以及限于当时国内环境、技术、信息等条件的限制，并未引起国内工程界的注意。浙江省建筑科学研究院史佩栋教授在《工业建筑》1996 年第 12 期“国际科技交流”专栏发表了《国外高层建筑深基础及基坑支护技术若干新进展》一文，并报道了美国、日本、英国、加拿大、新加坡等国和我国香港特别行政区等地区正在广泛应用的自平衡试桩法之后，引起了广泛关注。随后，国内多家单位对自平衡试桩法展开了大量的理论研究和模型试验。1996 年，东南大学土木工程学院率先开始实用性研究，并于 1999 年制定了江苏省地方标准《桩承载力自平衡测试技术规程》(DB32/T 291—1999)。目前，该法已在北京、上海、天津、重庆、广东、广西、江苏、浙江、江西、安徽、福建、河南、河北、云南、贵州、四川、辽宁、吉林、黑龙江、湖南、湖北、山西、山东、青海、新疆等省市应用。除江苏省外，江西省也制定了自己的地方标准。

应用 10 余年来，试桩类型已包括钻孔灌注桩、打入式钢管桩、打入式预制混凝土桩及矩形(或条形)“壁板桩”等多种桩型，试桩最大深度为 90 m，最大直径 3 m，最大荷载 133 000 kN。

自平衡测试方法具有以下优点：

(1) 自平衡测试设备装置较简单，不占用场地，不需运入数百吨或数千吨堆载物料，也不需构筑笨重的反力架，试桩准备工作省时省力。

(2) 自平衡测试技术利用桩的侧阻力与端阻力互为反力，因而可直接测得桩的侧阻力与端阻力，采用合理的荷载转换方法，可同时得到桩的竖向抗压承载力和竖向抗拔承载力。

(3) 试验费用较低，自平衡载荷试验方法与传统静载荷试验方法相比可节省试验总费用的 30%～60%，具体比例视工程条件而定。

(4) 试验后试桩仍可作为工程桩使用。

自平衡与常规的静载试验比较，目前还存在以下不足：

(1) 自平衡法所测的桩侧摩阻力是向下的，亦即是负摩擦力，这与实际工程中竖向抗压桩的摩阻力方向相反，与竖向抗拔桩的受力机理也有所区别。

(2) 测试设备。目前还没有专用成熟的检测设备，大都在利用传统的静载荷试验设备进行试验，测试设备有待进一步完善。

(3) 试验质量。由于自平衡法的载荷箱的安装要求很高，且上、下荷载箱的位移精确测量困难，如何确保试验质量有待继续努力。

(4) 检测规程。目前还没有成熟通用的“自平衡检测技术规程”。

因此，扶持、改进和提高自平衡载荷测试技术对于提高载荷试验技术水平是很有现实意义的。

6.1.4.2 测试原理和设备

自平衡测试法最初是应用在桩基试验和检测上，它的技术原理是利用试桩自身反力平衡的原则，在桩端附近或桩身截面处预先埋设单层或多层荷载箱，试验时，通过荷载箱对上、下段桩身施加荷载；一方面迫使上段桩身上抬，使桩侧摩阻力徐徐发挥，同时迫使下段桩下沉，使下段桩桩侧阻力及桩端阻力徐徐发挥，从而达到试桩自身反力平衡加载的目的。

自平衡测试法不需要压重平台或反力架，也不是从桩顶加载，自平衡测试法与传统静载试验的加载方式及桩身受力对比见图 6-10。自平衡测试系统的硬件主要包括荷载箱、测控系统、油压加载系统、位移与力传感器量测系统等，如图 6-11 所示。

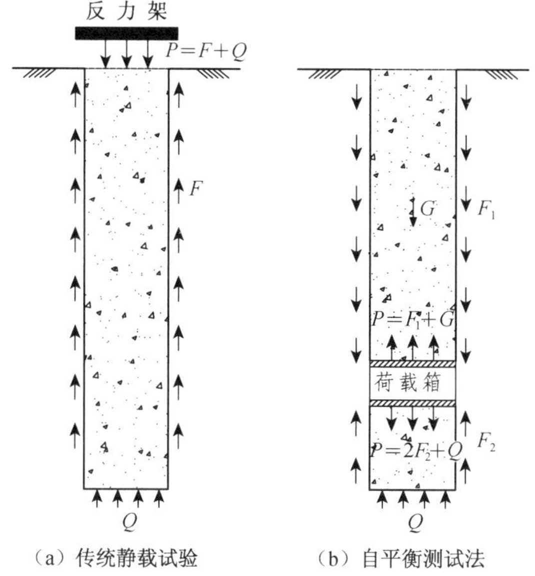

图 6-10 传统静载试验与自平衡测试法桩身受力对比示意图

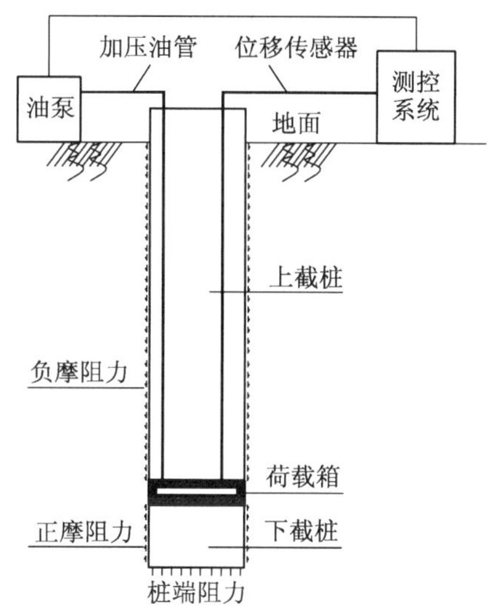

图 6-11 自平衡法试验布置图

自平衡测试法的主要装置是一种经特别设计可用于加载的荷载箱。它主要由活塞、顶盖、底盖及箱壁 4 个部分组成。在顶、底盖上布置位移棒，将荷载箱与钢筋笼焊接成一体放入桩底后，即可浇捣混凝土成桩。桩身混凝土严格按照施工规范一次浇捣成型。

试验时，在地面上通过油泵加压，随着压力增加，顶、底盖脱开，桩侧阻力及桩端阻力随之发生作用。由于加载装置简单，可多根桩同时进行测试。

经与中国科学院武汉岩土力学研究所共同合作，在传统静载仪的基础上，国网北京电力建设研究院成功研制开发出可用于自平衡试验量测的自平衡测试仪（EPCRI-ZPH），如图 6-12 所示。该测试仪主要通过液压传感器和数字式位移传感器自动监测荷载与位移，精确控制油泵进行自动加载、补载，能实现自平衡试验、单桩竖向抗压、单桩竖向抗拔和岩石锚杆抗拔等多种试验工况。该设备对目前工程中常用的静载仪进行了技术更新与改进，在试验中设备可自动维持荷载、自动判稳、自动保存数据、实时绘制 Q-s、s-lg$Q$、s-lg$t$ 以及拟合曲线；并具有在试验出现异常时报警、保存数据，异常解除后恢复试验的功能（如断电、调表等）。

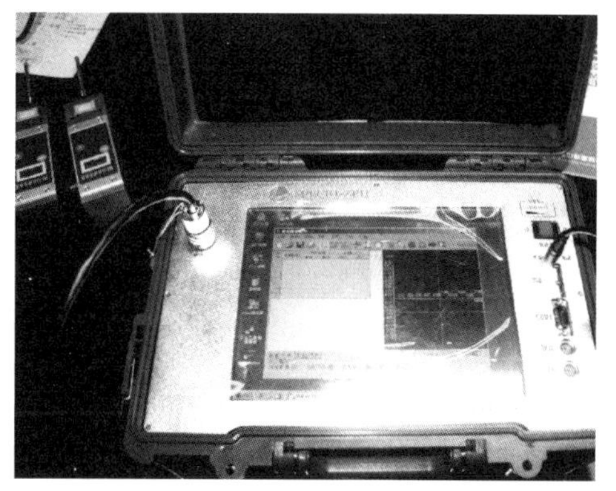

图 6-12 自平衡测试仪（EPCRI-ZPH）

6.1.4.3 荷载箱埋设技术

荷载箱的埋设位置是自平衡试桩法能否成功完成的一个重要关键技术，对此应根据试桩实际的地质条件及试验目的，按照荷载箱上下段桩身反力平衡原则，将荷载箱放置于桩端及桩身不同位置，如图 6-13 所示。

对于桩侧阻力与桩端阻力大致相等，或端阻力大于侧阻力而试桩的目的在于测定侧阻力极限值的情况，可按图 6-13(a)方式布置，这也是 Osterberg 试桩法最常用的型式，放置荷载箱前先在孔底稍做注浆或用少量混凝土找平。

对于输电线路基础中的抗拔桩，由于抗拔桩需要测出整个桩身的侧阻力，故荷载箱必须布置在桩端，若桩端反力不足以提供平衡反力，可进行桩底压浆或增加桩长，荷载箱以下桩段采用扩大头等处理措施，以此来增加桩端阻力，如图 6-13(b)和图 6-13(c)所示。

图 6-13(d)是将荷载箱放置于桩身中某一位置，若此位置合适，则当荷载箱以下的桩侧阻力与桩端阻力之和达到极限值时，荷载箱以上的桩侧阻力同时达到极限值。

图 6-13(e)适用于当有效桩顶标高位于地面以下有一定距离时(如高层建筑的地下室、地下变电站桩基)，此时可将输压管及位移棒引至地面方便地进行测试，此布置形式可消除多余的上部桩身侧阻力的影响。

当桩端阻力明显大于桩侧阻力时，若必须测出桩端阻力极限值时，可采取如下措施：将现场的吊车或其他机械设备置于试桩顶部，以提供反力；在试桩附近设置若干地锚以补充反力；在桩顶架设补充反力架，如图 6-13(f)所示；在土层变化不大的情况下，将试桩打深一些以增加桩侧阻力。

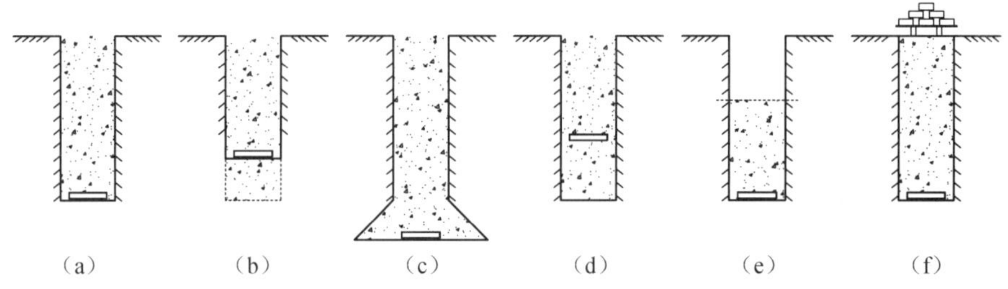

图 6-13　荷载箱埋设位置

总之，荷载箱的位置应根据土质情况、试验目的和要求等予以确定，这不仅有寻找平衡点的理论问题，还需要相当丰富的实践经验，是一个系统工程。

为了保证自平衡试验测试的成功，在钻孔灌注桩施工及载荷箱埋设时，应采取以下施工措施。

(1) 钻孔时严格掌握钻压、钻进速度，防止偏孔、斜孔；保证孔内泥浆面不低于护筒底，防止反串塌孔。终孔后进行二次清孔、测定孔底沉渣厚度、孔底泥浆比重，以保证桩端承载力的发挥和桩身混凝土浇筑的顺利进行。

(2) 在地面上绑扎和焊接钢筋笼，钢筋应力计、导线等按预先设计的位置提前绑扎好，位移棒外护管、位移棒与荷载箱连接采用围焊，并与钢筋笼绑扎成整体，确保护管不渗泥浆和水泥浆。

(3) 在荷载箱与钢筋笼处上下增加喇叭筋，对导管起导向作用，便于导管顺利通过荷载箱，同时喇叭筋对桩身上下混凝土起加强作用，防止因荷载箱处桩身轴力较大，造成桩身局部破坏，影响试验。

(4) 荷载箱与钢筋笼焊接时，将荷载箱放在平整场地上，用吊车将上节钢筋笼(护管)吊起与荷载箱上板焊接(所有主筋围焊，并确保钢筋笼与荷载箱起吊时不会脱离)，再点焊喇叭筋，喇叭筋上端与主筋、下端与荷载箱内圆边缘点焊；然后荷载箱底板与下节钢筋笼连接，焊接下喇叭筋（要求同上），以确保荷载箱与钢筋笼连接成整体，防止吊装过程中造成荷载箱脱落。

（5）桩身混凝土浇筑前，检查桩径、桩长、油管长度、护管距离。

（6）荷载箱以下桩身混凝土坍落度要求大于 200 mm，便于浮浆在荷载箱处上翻。

（7）在桩身混凝土浇筑过程中，当混凝土面接近荷载箱底面时，放慢导管提升速度，当荷载箱埋深大于 2.5 m 时，导管底端方可拔过荷载箱顶面。

（8）混凝土浇筑过程中制作两组试块，以便测试前测试混凝土强度。

（9）桩身浇筑结束后，对油管、导线、钢管封头进行保护。

6.1.4.4 自平衡测试准则

1. 测试时间

根据《建筑基桩检测技术规范》(JGJ 106—2003)规定：承载力检测前桩的休止应保证受检桩的混凝土龄期达到 28 d 或预留同条件养护试块强度达到设计强度，当无成熟的地区经验时，可参考表 6-4 规定的时间。

表 6-4 休止时间

土的类型		休止时间/d
砂土		7
粉土		10
黏性土	非饱和	15
	饱和	25

注：对于泥浆护壁钻孔灌注桩，宜适当延长休止时间。

2. 加载方式

单桩竖向抗压静载试验宜采用慢速维持荷载法，即逐级加载，每级荷载作用下，上、下两段桩均达到相对稳定后方可加下一级荷载，直到试桩破坏，当一段桩已达破坏，而另一段桩未破坏时，应继续加至二段桩均破坏，然后分级卸载到零。当有成熟的地区经验时，也可采用快速维持荷载法，快速维持荷载法的每级荷载维持时间至少为 1 h，是否延长维持荷载时间应根据位移收敛情况确定。

单桩竖向抗拔静载试验宜采用慢速维持荷载法。需要时，也可采用多循环加、卸载方法。

3. 加卸载与位移观测

加卸载分级、位移观测间隔时间及位移相对稳定标准可根据工程具体情况和试验目的，参考相应部门规范执行，如对于《建筑基桩检测技术规范》(JGJ 106—2003)，规定如下。

1）试验加卸载方式应符合下列规定

（1）加载应分级进行，采用逐级等量加载；分级荷载宜为最大加载量或预估极限承载力的 1/10，其中第一级可取分级荷载的 2 倍。

（2）卸载应分级进行，每级卸载量取加载时分级荷载的 2 倍，逐级等量卸载。

（3）加卸载时应使荷载传递均匀、连续、无冲击，每级荷载在维持过程中的变化幅度不得超过分级荷载的±10%。

（4）每级加载为预估加载值的 1/15～1/10，第一级按 2 倍荷载分级加载。

2）慢速维持荷载法试验步骤应符合下列规定

（1）每级荷载施加后按第 5 min，15 min，30 min，45 min，60 min 测读桩顶沉降量，以后每隔 30 min 测读一次。

（2）位移相对稳定标准：每 1 h 内的位移变化量不超过 0.1 mm，并连续出现两次（从分级荷载施加后第 30 min 开始，按 1.5 h 连续 3 次每 30 min 的位移观测值计算）。

（3）当位移变化速率达到相对稳定标准时，再施加下一级荷载。

（4）卸载时，每级荷载维持 1 h，按第 15 min，30 min，60 min 测读桩顶沉降量后，即可卸下一级荷载。卸载至零后，应测读桩顶残余沉降量，维持时间为 3 h，测读时间为第 15 min 和第30 min，以后每隔 30 min 测读一次。

3）终止加载条件

当出现下列情况之一时，即可终止加载。

（1）某级荷载作用下，桩顶沉降量大于前一级荷载作用下沉降量的 5 倍。注：当桩顶沉降能相对稳定且总沉降量小于 40 mm 时，宜加载至桩顶总沉降量超过 40 mm。

（2）某级荷载作用下，桩顶沉降量大于前一级荷载作用下沉降量的 2 倍，且经 24 h 尚未达到相对稳定标准。

（3）已达到设计要求的最大加载量。

（4）当荷载-沉降曲线呈缓变型时，可加载至桩顶总沉降量 60～80 mm；在特殊情况下，可根据具体要求加载至桩顶累计沉降量超过 80 mm。

（5）桩顶总下沉量小于 40 mm，但荷载已达荷载箱加载极限，或两段桩累计位移已超过荷载箱行程，加载即可终止。

4. 成果整理和承载力确定

单桩竖向静载试验记录同传统静载荷试验方法，一般应绘制 Q-$s_{上}$，Q-$s_{下}$，$s_{上}$-$\lg t$，$s_{下}$-$\lg t$，$s_{上}$-$\lg Q$ 和 $s_{下}$-$\lg Q$ 曲线。在实际工程测试时，上述曲线及相应表格均由计算机自动生成。

当进行桩身应力、应变测定时，应整理出有关数据的记录表和绘制桩身轴力分布、侧阻力分布，桩顶荷载-沉降、桩端阻力-沉降关系等曲线。

根据位移随荷载的变化特性确定极限承载力，可根据工程具体情况并参考执行标准确定。如对于《建筑基桩检测技术规范》(JGJ 106—2003)，陡变型 Q-s 曲线取曲线发生明显陡变的起始点；对于缓变型 Q-s 曲线，上段桩极限侧阻力取对应于向上位移 $s^{+}=40$ mm 的荷载；下段桩极限承载力值取 $s^{-}=40$ mm 的荷载；当桩长大于 40 m 时，宜考虑桩身弹性压缩量；对于大直径桩的 $s=0.05D$ 的对应荷载。

根据沉降随时间的变化特征确定极限承载力：取 s-$\lg t$ 曲线尾部出现明显弯曲的前一级荷载值。根据上述准则，可求得桩上、下段极限承载力实测值 Q_{u}^{+} 和 Q_{u}^{-}。

检测报告一般应包含以下内容：

（1）委托方名称，工程名称、地点，建设、勘察、设计、监理和施工单位，基础、结构形式，层数，设计要求，检测目的，检测依据，检测数量，检测日期；

（2）地质条件描述；

（3）受检桩的桩号、桩位和相关施工记录；

（4）自平衡检测方法，检测仪器设备，检测过程叙述；

（5）各桩的检测数据，实测与计算分析曲线、表格和汇总结果，承载力确定方法；

（6）与检测内容相应的检测结论。

6.1.4.5 简化转换方法

1. 概述

桩承载力自平衡测试法具有显著的优越性，但传统静载荷方法在荷载传递、桩土作用机理上与单桩的实际受荷情况基本一致，是最基本而且可靠的测试方法。自平衡法测试结果有向上、向下两个方向的荷载-位移曲线，而传统静载桩只有向下的荷载-位移曲线。因此分析自平衡法桩上、下桩段的受力特性，将自平衡法测试结果等效成传统静载荷结果（等效桩顶加载曲线），有一个转换方法的问题，这是该项技术推广应用的一个关键问题。

传统静载荷试验的荷载作用于桩顶，桩侧摩阻力由桩顶向下逐渐发展，而在自平衡法中，上段桩的摩阻力由荷载箱处向上发展且方向向下。由于作用力的作用点不同，自平衡法上段桩（托桩）受力机理与传统抗拔桩的受力机理也不相同。

从理论上分析这个问题是十分复杂的。两种情况下的荷载-位移曲线的影响因素可能包括：桩身轴向的拉压变形对荷载点位移的影响；桩身在不同荷载作用下的侧向胀缩变形对桩土间正应力及摩阻力的影响；桩体在土中不同运动方式引起土的应力路径的不同；由于二者的边界条件不同而引起的土变形的剪胀和剪缩，应变硬化和应变软化的不同；等等。例如，在桩体相对地基土向上运动时，常常伴随着地表的隆起和开裂，从而减少了桩体上部的摩阻力。

因此，有必要对托桩摩阻力传递机理进行研究，以便进一步了解自平衡法的机理。

2. 单桩荷载传递机理的一般认识

在自平衡试桩试验中，桩侧摩阻力为负摩阻力，而且是外力作用于桩身底部引起的，这种负摩阻力不仅和一般关心抗压桩的正摩阻力有所不同，和抗拔桩的负摩阻力也有所不同；对于抗压桩、抗拔桩与自平衡测试桩的荷载传递机理，如图 6-14 所示。

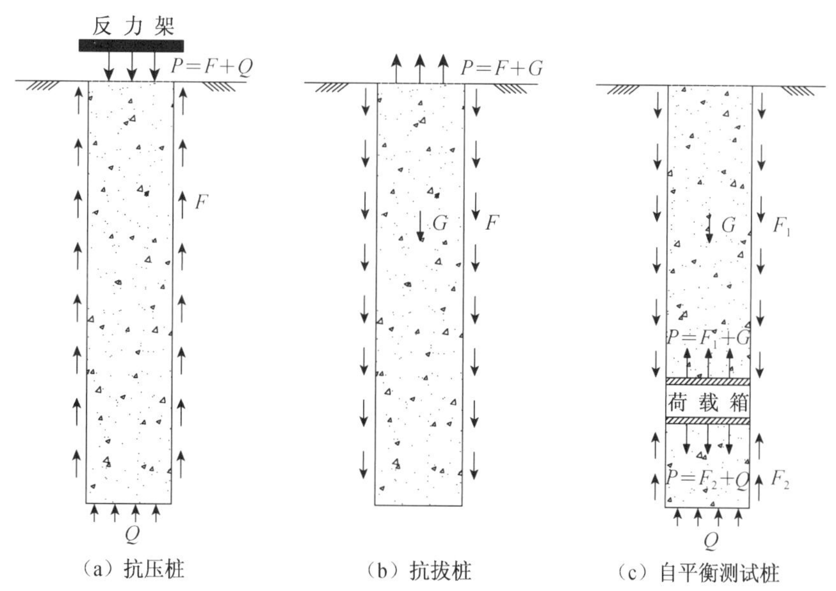

图 6-14 荷载传递示意图

1）抗压桩荷载传递机理

对于承受竖向压力的抗压桩，轴向荷载施加于单桩桩顶，最初的几级荷载作用下，由于桩身混凝土的弹性压缩，桩身产生相对于土层的向下位移，由此桩侧表面产生向上的摩阻力，桩身荷载通过发挥出来的桩侧摩阻力从上至下逐渐传递到桩周土层中，从而使得桩身轴力沿深度逐渐减小，此时桩顶荷载由桩侧摩阻力提供；随着荷载增大，桩侧摩阻力从桩顶土层到桩端逐渐发挥。

桩端有位移时桩端阻力就发挥作用；沉渣厚，桩端力在沉渣压实过程中逐渐发挥作用；而后随着荷载增大，桩身混凝土表现为弹塑性性质，桩端力也由于桩侧摩阻力的逐步发挥而进一步发挥。如桩端持力层较坚实，桩端与桩顶沉降变大，桩体与桩侧土体产生较大的滑移，摩阻力达到极限；若再加大荷载，桩底持力层破坏或桩身破坏，单桩承载力达到极限状态。

图 6-15 为抗压桩桩土之间荷载传递图，由图可以得出，任一深度 z 桩身截面的荷载为

$$Q(z) = Q_0 - U\int_0^z q_s(z)\mathrm{d}z \tag{6-12}$$

任一深度 z 处的竖向位移为

$$s(z) = s_0 - \frac{1}{E_p A_p}\int_0^z Q(z)\mathrm{d}z \tag{6-13}$$

桩侧单位面积上的荷载传递量为

$$q_s(z) = -\frac{1}{U}\frac{\mathrm{d}Q(z)}{\mathrm{d}z} \tag{6-14}$$

将式(6-13)代入式(6-14)可得

$$q_s(z) = \frac{E_p A_p}{U}\frac{\mathrm{d}^2 s(z)}{\mathrm{d}z^2} \tag{6-15}$$

式中 E_p——桩身弹性模量；

A_p——桩身截面积；

U——桩身周长。

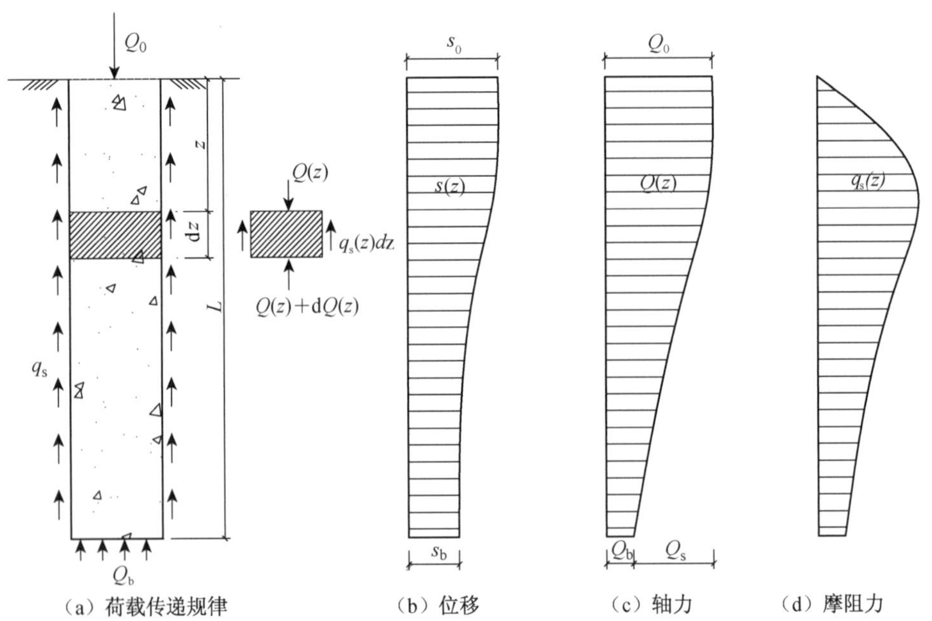

图 6-15 抗压桩桩土间荷载传递图

2）自平衡测试桩荷载传递机理

对于自平衡测试，荷载箱内千斤顶施加的荷载分别作用于单桩自平衡点的下段桩桩顶和上段桩桩底，其荷载传递机理分上段桩与下段桩进行分析。

对于上段桩，最初的几级荷载作用下，由于桩身混凝土的弹性压缩，桩产生相对于土层的向上位移，由此桩侧表面产生向下的摩阻力，桩身荷载通过发挥出来的桩侧摩阻力从下层到上层逐渐传递到桩周土层中去，从而使桩身轴力沿深度向上逐渐减少，荷载由桩侧摩阻力和桩身自重提供，Q-s^+ 曲线表现出一定的弹性，如图 6-16 中的 OA 段。

随着荷载增大，桩侧摩阻力从上段桩桩底土层到桩顶土层逐渐发挥。此时的摩阻力是负摩阻力，与抗压桩时不同。负摩阻力的分布因为土层是上部松散下部紧密而大体上呈现上部摩阻力小，下部摩阻力大，桩身的变形和轴力的分布与压桩时都是不同的。各截面位移则是从下向上逐渐减小，桩土间位移也是如此。下部土层首先发挥摩阻力，随着荷载增大，下部土层逐渐屈服，轴力向上传递，由于桩顶是临空面，其上并无土层支撑，在变形发展过程中，上部土层越来越松散，上部桩土间摩阻力相对较小，此时桩顶、桩底位移变大，桩侧与土体之间产生较大的滑移，摩阻力达到极限，如图 6-16 中的 AB 段。

对于下段桩，荷载传递与压桩基本相同，但由于上下段桩与周围土层组成一个有机的受力整体，上下段桩必然互相影响。在最初的几级荷载时，由于荷载箱与桩端之间存在一定的虚接触，以及下段桩底部可能存在着沉渣，因此在很大的荷载增量下，曲线的斜率并不大，如图 6-16 中的 OC 段。由于下段桩的桩身一般较短，由此表现出的端阻的性质要比侧阻的性质多，因此在桩侧土层屈服阶段也比较短，如图 6-16 中的 CD 段。随着荷载的增加，桩底的端阻力特性逐渐发挥出来，如图 6-16 中的 DE 段。

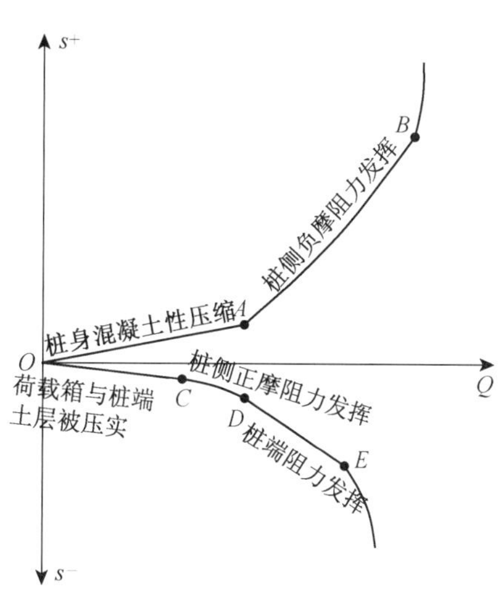

图 6-16 自平衡测试桩典型的 Q-s 曲线

6.1.5 工程实例

6.1.5.1 工程概况

500 kV 世博输变电工程位于上海市北京西路、南北高架、山海关路和大田路所围区域，综合性试桩工程采用钻孔灌注桩。为确定桩的极限承载力，使设计既安全可靠又经济合理，根据国家有关规范规定和工程的需要，设置了 3 根 ϕ950 桩底注浆钻孔灌注桩（T7，T8，T9）进行竖向抗压载荷试验，并在桩体内埋置了应变计，实测在每级荷载作用下各应变计的应变，以便可求得在各级荷载作用下各桩截面的桩身轴力值及轴力、摩阻力随荷载和深度变化的传递规律。

其中 T7 和 T8 采用传统的锚桩法，T9 采用自平衡法[采用了双荷载箱，上荷载箱的作用是消除标高－33.4 m 以上桩段土层的影响，以保证可以利用下荷载箱测出标高－33.4 m 以下桩段（有效桩长 55.8 m）的承载力]，试桩参数详见表 6-5。

表 6-5　　试桩参数

试桩编号	桩型及规格	孔口标高 /m	桩长 /m	桩长 /有效桩长 /m	桩端持力层	荷载箱位置	预估加载值 /kN
T7，T8	ϕ950 钻孔灌注桩	2.8	89.7	89.7	粗砂	19 000	19 000
T9	ϕ950 钻孔灌注桩	2.8	89.7	89.7/55.8	粗砂	上 −33.4	上 2×5 000
						下 −80.0	下 2×9 500

根据地质地层分布情况从上到下描述如下：

①$_1$人工填土：松散，填土厚度在 1.0～3.0 m 深度范围内。② 灰黄色粉质黏土：很湿～饱和，可塑，厚度 0.4～2.4 m，锥尖阻力 q_c一般为 0.66 MPa。③ 灰色淤泥质粉质黏土：饱和，流塑，含腐殖质，厚度 4.1～8.6 m，锥尖阻力 q_c一般为 0.55 MPa。④ 灰色淤泥质黏土：饱和，流塑，含腐殖质，厚度 5.3～9.0 m，锥尖阻力 q_c一般为 0.53 MPa。⑤$_{1-1}$灰色黏土：局部为粉质黏土。很湿，软塑～可塑，夹砂质粉土，厚度 2.7～5.9 m，锥尖阻力 q_c一般为 0.72 MPa。⑤$_{1-2}$灰色粉质黏土：很湿，软塑，夹砂质粉土，厚度 3.6～7.1 m，锥尖阻力 q_c一般为 0.98 MPa。⑥$_1$暗绿～草黄色粉质黏土：可塑～硬塑，湿，厚度 2.7～5.0 m，锥尖阻力 q_c一般为 1.94 MPa。⑦$_1$草黄～灰色砂质粉土、粉砂：饱和，稍密～中密，浅层含较多的黏性土，薄层以下为粉砂，厚度 4.5～8.2 m，标贯击数 36～38 击，锥尖阻力 q_c一般为 9.71 MPa。⑦$_2$灰色粉砂：饱和，中密～密实，夹少量的黏性土，含云母，厚度 6.2～11.6 m，标贯击数均在 36～66 击，锥尖阻力 q_c一般 19.28 MPa。⑧$_1$灰色粉质黏土：很湿，软塑～可塑，含少量腐殖质，厚度 12.9～16.5 m，锥尖阻力 q_c一般 1.41 MPa。⑧$_2$灰色粉质黏土与粉砂互层：很湿，可塑，稍密，浅层夹薄层粉砂，层底夹多量薄层粉细砂，厚度 7.4～15.5 m，锥尖阻力 q_c一般 2.35 MPa。⑧$_3$灰色粉质黏土与粉砂互层：很湿，可塑，稍密～中密，层底含多量厚层细砂，厚度 2.2～6.7 m，锥尖阻力 q_c一般 6.00 MPa。⑨$_1$灰色中砂：饱和，中密～密实，夹砾砂和少量黏性土，含云母，层厚 8.0～9.7 m，标贯击数均在 50 击以上，锥尖阻力 q_c一般 11.06 MPa。⑨$_2$灰色粗砂：饱和，密实，夹砾砂和细砂，含云母，含块石。该层水平和垂直分布变化较大，可见厚度 23.80 m，标贯击数均在 50 击以上。⑩ 青灰色黏质粉土：中密，夹杂色条纹，可见结核硬块，部分为砂质粉土。

6.1.5.2　测试结果

T7 桩最大加载量为 19 000 kN，第一级为 3 000 kN，500 kN 为一级，在每一级加载过程中桩身沉降稳定较快，在加载至 19 000 kN 时一切正常；在所有 s-lg$t$ 曲线没有明显下弯趋势，各级在持续了 120 min 沉降达到相对稳定，桩顶总沉降量仅为 38.11 mm，桩底总沉降量仅为 2.82 mm。荷载卸至零时桩身总沉降量为 8.3 mm，回弹率为 76%。最大加载 19 000 kN 沉降已达到稳定，实测该桩的极限承载力为 19 000 kN。

T8 桩最大加载量为 20 000 kN，500 kN 为一级，第一级为 3 000 kN，在每一级加载过程中桩身沉降稳定较快，在加载至 20 000 kN 时一切正常；在所有 s-lg$t$ 曲线没有明显下弯趋势，各级在持续了 120～150 min 沉降达到相对稳定，桩顶总沉降量为 49.80 mm，桩底总沉降量仅为 5.82 mm。荷载卸至零时桩身总沉降量为 8.3 mm，回弹率为 71%。最大加载为 20 000 kN 沉降已达到稳定，实测该桩的极限承载力为 20 000 kN。

T9 试桩抗压试验于 2005 年 12 月 5 日开始加载，12 月 7 日结束。上荷载箱 2×500 kN 为一级，第一级为 2×1 000 kN，最大加载量为 2×5 500 kN。最大加载 2×5 500 kN 时，沉降已达到相对稳定，实测的地面下 33.5 m 抗拔极限承载力大于 5 500 kN。下荷载箱 2×850 kN 为一级，第一级为 2×1 700 kN，最大加载量为 2×10 200 kN。最大加载为 2×10 200 kN 时，沉降已达到相对稳定，实测的地面下 33.5 m 以下桩段极限承载力为 21 830 kN，相应的位移为 36.50 mm。

现场实测数据和曲线详见表 6-6—表 6-9 和图 6-18—图 6-28。

表 6-6　　T7 桩竖向抗压静载荷试验时间和沉降量汇总

序号	荷载 /kN	历时 /min		沉降 /mm	
		本级	累计	桩端	桩顶
0	0	0	0	0	0
1	3 000	120	120	0.20	2.88
2	4 500	120	240	0.30	4.39
3	6 000	120	360	0.41	6.36
4	7 500	120	480	0.54	8.89
5	9 000	120	600	0.75	11.44
6	10 500	120	720	1.07	15.02
7	12 000	120	840	1.31	18.6
8	13 500	120	960	1.53	22.19
9	15 000	120	1 080	1.81	26.13
10	16 500	120	1 200	2.13	29.94
11	18 000	120	1 320	2.46	34.48
12	19 000	120	1 440	2.82	38.11
13	16 500	60	1 500	2.78	36.66
14	13 500	60	1 560	2.39	33.33
15	10 500	60	1 620	2.09	30.21
16	7 500	60	1 680	1.67	25.38
17	4 500	60	1 740	1.43	20.35
18	0	180	1 920	0.42	8.76

注：桩顶最大沉降量为 38.11 mm；桩端最大沉降量为 2.82 mm；桩顶最大回弹量为 29.35 mm；桩端最大回弹量为 29.35 mm；回弹率为 77%。

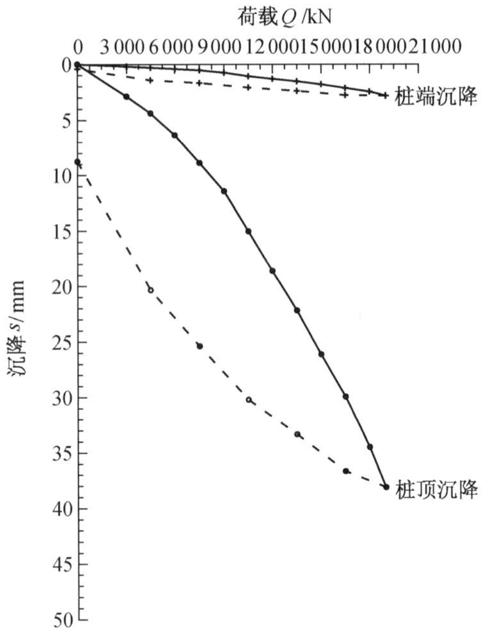

荷载/kN	3 000	4 500	6 000	7 500	9 000	10 500	12 000	13 500	15 000	16 500	18 000	19 500	21 000
桩顶沉降量/mm	2.88	4.39	6.36	8.89	11.44	15.02	18.60	22.19	26.13	29.94	34.48	38.11	36.66
桩端沉降量/mm	0.20	0.30	0.41	0.54	0.75	1.07	1.31	1.53	1.81	2.13	2.46	2.82	2.78

图 6-17　T7 号试桩 Q-s 关系曲线

表 6-7　　T8 桩各级荷载下沉降量汇总

序号	荷载/kN	历时/min		沉降/mm	
		本级	累计	桩端	桩顶
0	0	0	0	0	0
1	3 000	120	120	0.57	3.50
2	4 500	120	240	0.57	5.87
3	6 000	120	360	0.51	8.55
4	7 500	120	480	0.61	11.54
5	9 000	120	600	0.70	14.60
6	10 500	120	720	0.77	18.03
7	12 000	150	870	1.01	21.61
8	13 500	150	1 020	1.19	25.27
9	15 000	150	1 170	1.31	30.27
10	16 500	150	1 320	1.58	35.10
11	18 000	150	1 470	1.98	40.98
12	20 000	150	1 620	2.72	49.80

续表

序号	荷载/kN	历时/min		沉降/mm	
		本级	累计	桩端	桩顶
13	16 500	60	1 680	2.53	48.26
14	13 500	60	1 740	1.96	44.33
15	10 500	60	1 800	1.44	40.53
16	7 500	60	1 860	1.22	35.33
17	4 500	60	1 920	1.05	29.28
18	0	180	2 100	0.34	14.43

注：桩顶最大沉降量为 49.80 mm；桩端最大沉降量为 2.72 mm；桩顶最大回弹量为 35.37 mm；桩端最大回弹量为 2.38 mm；桩身回弹率为 70%。

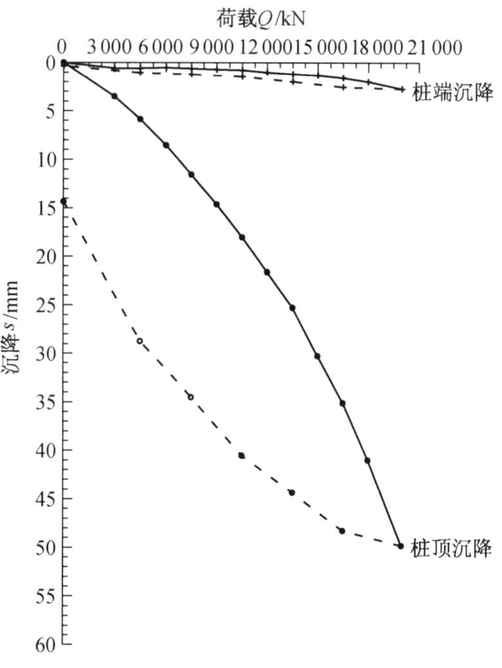

荷载/kN	3 000	4 500	6 000	7 500	9 000	10 500	12 000	13 500	15 000	16 500	18 000	20 000
桩顶上拔量/mm	3.50	5.87	8.55	11.54	14.60	18.03	21.61	25.27	30.27	35.10	40.98	49.80
桩端上拔量/mm	0.57	0.57	0.51	0.61	0.70	0.77	1.01	1.19	1.31	1.58	1.98	2.72

图 6-18　T8 号试桩 Q-s 关系曲线

表 6-8　T9 桩上荷载箱向上位移量汇总

序号	荷载/kN	历时/min		向上位移/mm	
		本级	累计	本级	累计
0	0	0	0	0	0
1	2×1 000	120	120	0.42	0.42
2	2×1 500	120	240	0.30	0.72

续表

序号	荷载/kN	历时/min		向上位移/mm	
		本级	累计	本级	累计
3	2×2 000	120	360	0.53	1.26
4	2×2 500	120	480	0.92	2.18
5	2×3 000	120	600	1.01	3.19
6	2×3 500	120	720	1.36	4.55
7	2×4 000	120	840	1.41	5.96
8	2×4 500	120	960	1.61	7.56
9	2×5 000	120	1 080	2.25	9.82
10	2×5 500	120	1 200	2.0	11.82
11	2×4 500	60	1 260	−1.23	10.58
12	2×3 500	60	1 320	−1.26	9.32
13	2×2 500	60	1 380	−1.66	7.66
14	2×1 500	60	1 440	−1.00	6.66
15	2×0	60	1 620	−1.10	5.56

注：最大位移量为 11.82 mm；最大回弹量为 6.26 mm。

表 6-9　　T9 桩下荷载箱下沉降量汇总

序号	荷载/kN	历时/min		沉降/mm	
		本级	累计	本级	累计
0	0	0	0	0	0
1	2×1 700	120	120	−1.58	−1.58
2	2×2 550	120	240	−1.28	−2.86
3	2×3 400	120	360	−1.88	−4.74
4	2×4 250	120	480	−1.96	−6.70
5	2×5 100	120	600	−2.13	−8.83
6	2×5 950	120	720	−2.98	−11.80
7	2×6 800	240	960	−3.64	−15.44
8	2×7 650	180	1 140	−3.79	−19.23
9	2×8 500	150	1 290	−3.54	−22.77
10	2×9 350	180	1 470	−4.63	−27.39
11	2×10 200	180	1 650	−4.87	−32.27
12	2×8 500	60	1 710	2.13	−30.14
13	2×6 800	60	1 770	2.55	−27.59
14	2×5 100	60	1 830	2.85	−24.74
15	2×3 400	60	1 890	2.61	−22.14
16	2×0	180	2 070	3.61	−18.53

注：最大沉降量为 32.27 mm；最大回弹量为 13.74 mm。

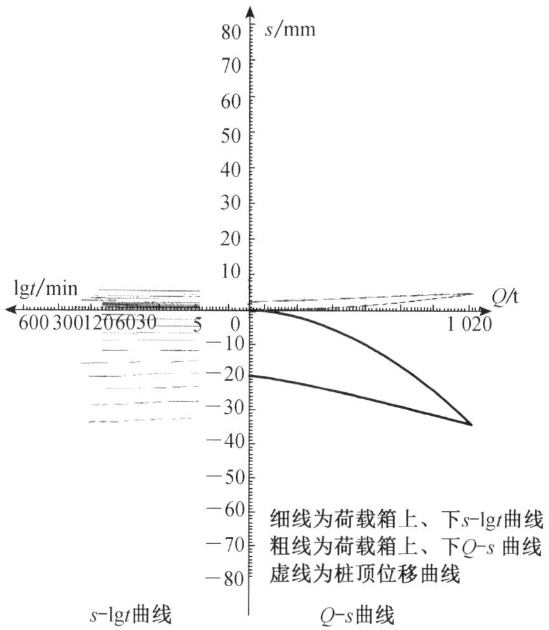

图 6-19 T9 号试桩 Q-s、s-lg$t$ 关系曲线

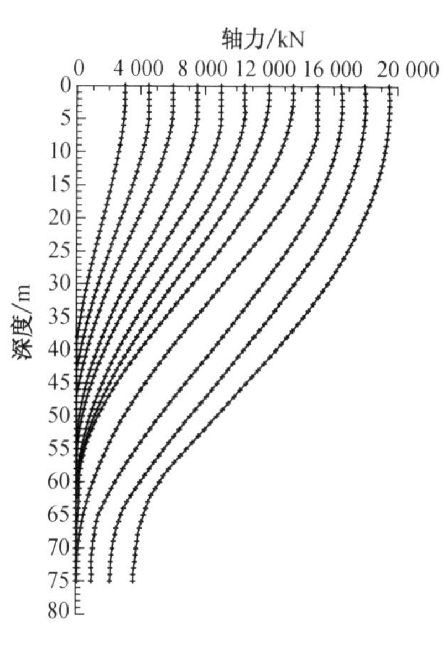

图 6-20 T7 号试桩桩身轴力沿深度分布图

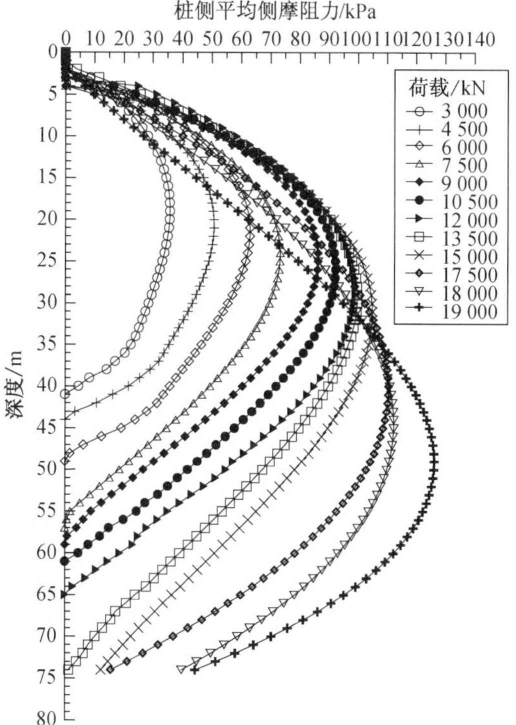

图 6-21 T7 号桩桩侧平均摩阻力沿深度分布图

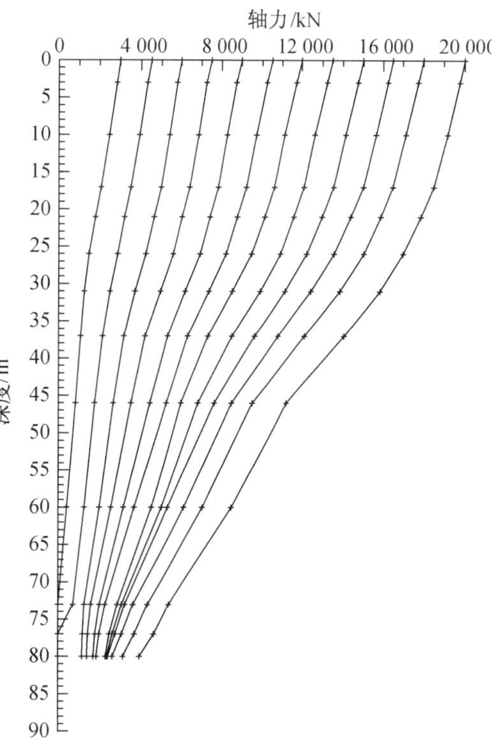

图 6-22 T8 号试桩桩身轴力沿深度分布图

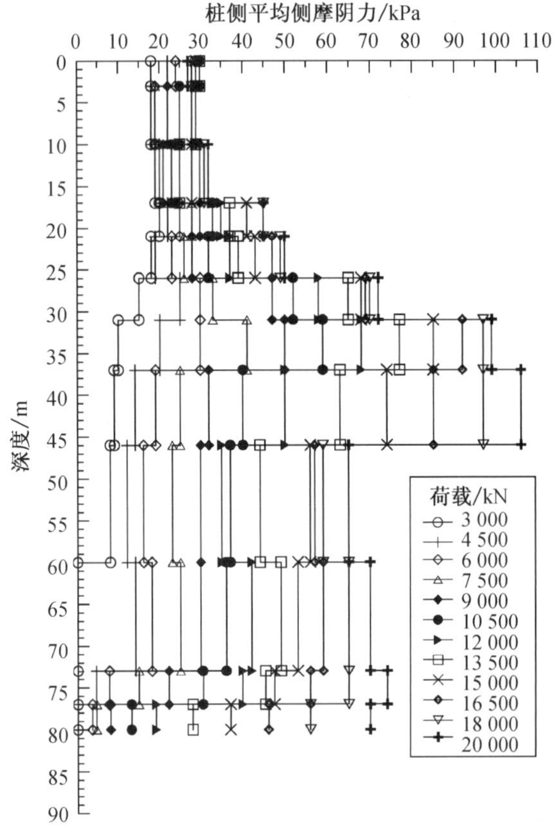

图 6-23　T8 号桩桩侧平均摩阻力沿深度分布图

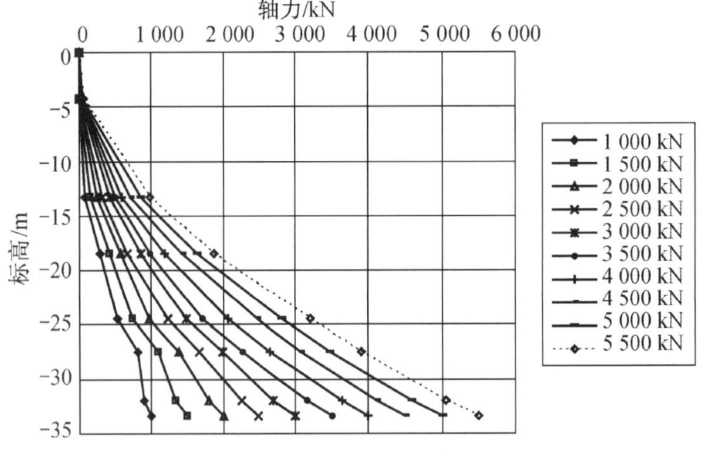

图 6-24　T9 号桩(上荷载箱)加载轴力分布图

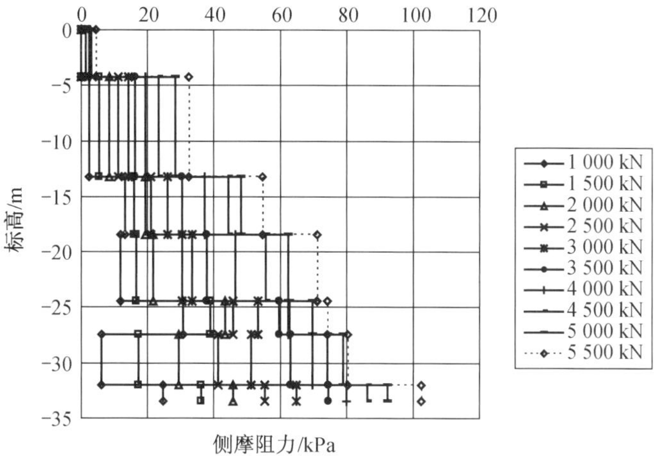

图 6-25　T9 号桩(上荷载箱)桩侧摩阻力深度分布图

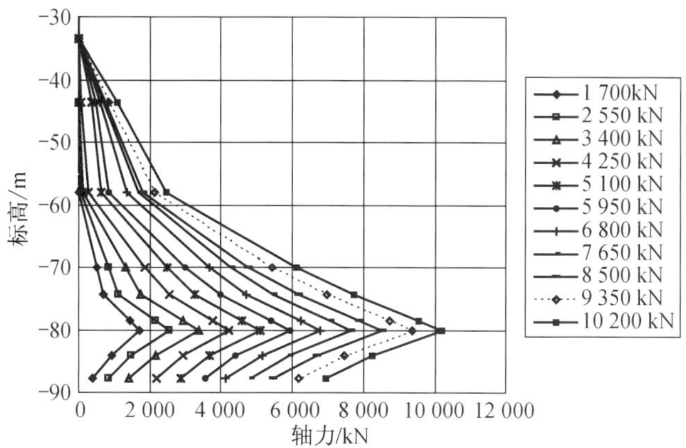

图 6-26　T9 号桩(下荷载箱)加载轴力分布图

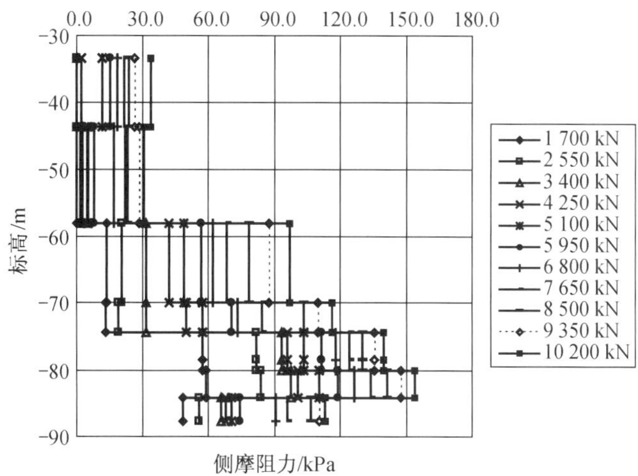

图 6-27　T9 号桩(下荷载箱)桩侧摩阻力深度分布图

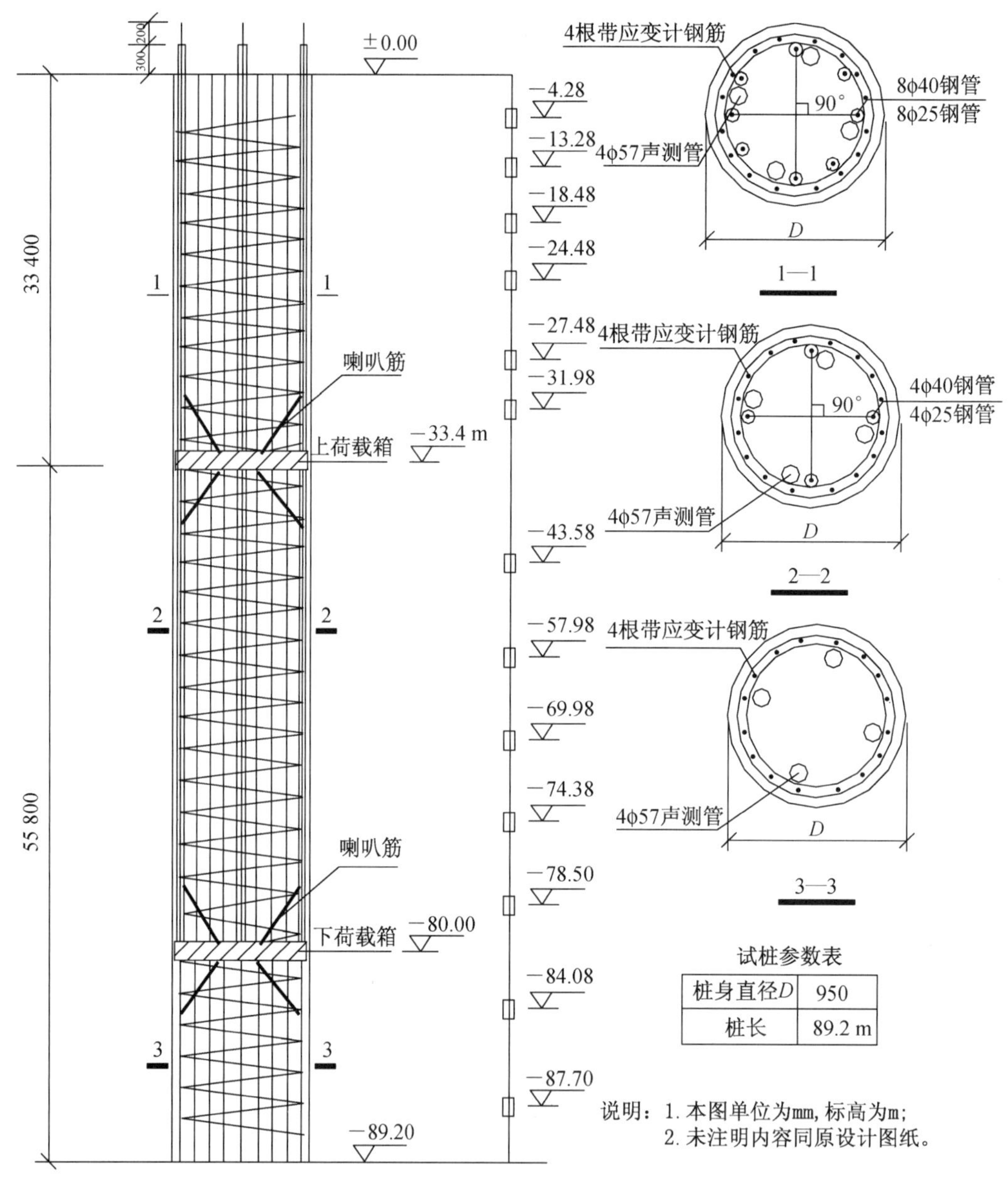

试桩参数表

桩身直径D	950
桩长	89.2 m

图 6-28　T9 号桩荷载箱及应变计位置图

6.1.5.3 结论

1）竖向抗压载荷试验

竖向抗压载荷试验结论详见表 6-10。

表 6-10 ϕ950 灌注桩单桩竖向抗压极限承载力及相应最大沉降量

试桩编号	最大加载量/kN	单桩抗压极限承载力/kN	桩顶最大沉降量/mm	备 注
T7	19 000	19 000	38.11	桩底注浆
T8	20 000	20 000	49.80	桩底注浆
T9	2×10 200	21 830	36.50	桩底注浆
建议值	—	19 500	—	桩底需注浆

注：试桩的抗压极限承载力统计：取平均值 Q_{um} 为 19 500 kN，标准差 S_n 为 0.12<0.15，故单桩竖向抗压极限承载力标准值为 $Q_{uk}=Q_{um}=19\ 500$ kN。

2）应变测试结论

从 T7 桩桩身轴力和桩侧摩阻力汇总表可知试桩在 40～50 m 以下的桩身应变趋缓，应变发展较均匀，底部轴力较小。在加荷量达到 15 000 kN 前，摩阻力在桩身中上部发挥最大。随着荷载的增加，中上部桩侧摩阻力有所减少，最大摩阻力下移到中下部的 50 m 左右，土层的摩阻力达到 120 kPa。在最大荷载作用下，端阻力有发展扩大趋势并得到进一步发挥。经计算 T7 桩在加荷至 19 000 kN 时，试桩平均端阻力达到 3 850 kN，占总荷载的 20%左右。

从 T8 号桩桩身轴力和桩侧摩阻力汇总表中可知，随着荷载的增加，各层土的桩侧摩阻力逐渐增大，上部土层的摩阻力首先达到峰值，并逐渐往下传递。随着桩顶荷载的增大达到最大试验荷载，上部土层(0～40 m)的摩阻力充分发挥，距桩顶顶部 80 m 以下桩侧阻力未完全发挥，桩端阻力未到极限。

从 T9 号桩(自平衡试桩)桩身轴力和桩侧摩阻力汇总表中可知，随着荷载的增加，各层土的桩侧摩阻力逐渐增大，且荷载箱处的摩阻力最大，并逐渐往上、往下传递。即使桩顶荷载的增大达到最大试验荷载，桩顶和桩端土层的摩阻力也均未达到极限。

6.2 桩基动力测试

6.2.1 低应变动测

根据《建筑基桩检测技术规范》(JGJ 106—2003)定义，低应变动测为：在桩顶施加低能量荷载，实测桩顶速度(或同时实测力)的响应，通过时域和频域分析，判定桩身完整性的检测方法。本节仅讨论弹性波反射法，即通过对反射信号进行分析计算，判断桩身混凝土的完整性，判定桩身缺陷的程度及其位置。

6.2.1.1 基本原理

一维波动方程基本模型假定：

(1) 桩身为一维线弹性杆件，即满足胡克定律；

(2) 桩身材料均匀、截面恒定，即截面积 A、弹性模量 E、质量密度 ρ 为定值；

(3) 杆件变形时横截面保持平面，且彼此平行；

(4) 杆件横截面上应力分布均匀；

(5) 不考虑桩身材料的内阻尼及桩周土体对沿桩身传播的应力波的影响。

杆件受轴向力 F 作用时，沿杆件轴向产生位移 u，则质点运动速度 $v=\partial u/\partial t$，质点运动加速度 $a=\partial^2 u/\partial t^2$，应变 $\varepsilon=\partial u/\partial x$，应力 $\sigma=F/A$（图 6-29）。

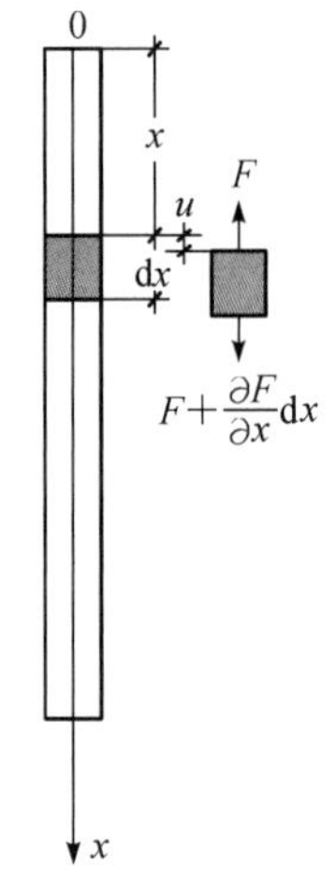

图 6-29 直杆的纵向振动模型

6.2.1.2 检测系统

弹性波反射法的检测系统由激振锤、传感器、放大器、滤波器、积分器、数据采集装置、波形显示纪录装置等组成，目前通常使用的桩基动测仪均集放大、滤波、积分、数据采集、纪录、分析、波形显示等于一体，其检测框图如图 6-30 所示。

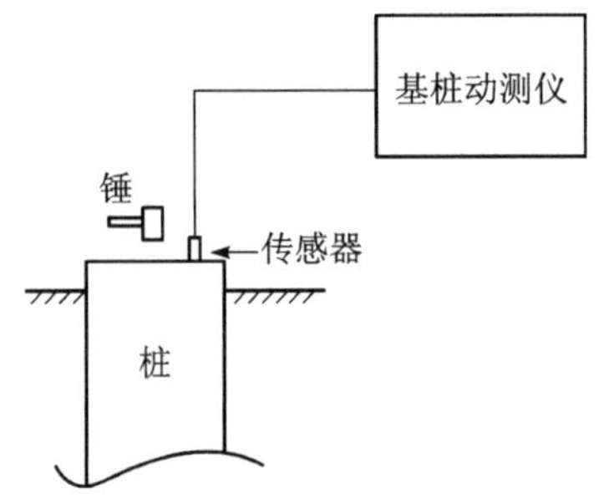

图 6-30 弹性波反射法检测框图

检测系统组成部分的技术性能指标应达到下列要求。

1. 激振锤

工程检测中常用的激振锤有手锤、特制的力锤、力棒、大铁锤、穿心锤、铁球等，锤垫多选用工程塑料、高强尼龙、铝、铜、橡皮等材料，锤体的质量在几百克至几百千克不等。

大量的现场试验和理论分析表明，只有在桩顶施加合适的激振信号，才有可能得到正确的波形；激振锤施加于桩顶的力为一瞬态脉冲信号，理想的脉冲信号为一广谱信号，即在我们需要研究的频率范围内都有能量分布，且大小大致相同。

但实际上脉冲宽度受锤重、锤头或锤垫的材料的软硬程度及其厚度的影响，锤越重、锤头或锤垫的材料越软脉冲宽度越宽，反之越窄。脉冲宽度越窄，频率范围越宽、能量越分散；脉冲宽度越宽，频率范围越窄、能量越集中。

冲击能量的大小对检测的结果也有较大的影响，能量小则弹性波会很快衰减，从而无法检测到深部缺陷及桩顶反射信号，当冲击能量太大时，脉冲宽度会很宽，激振信号的高频成分会缺失，又会造成浅部缺陷及微小缺陷被掩盖。

也就是说，我们无法找到一种理想的锤，使其激发的脉冲信号的频谱为广谱，且有足够的能量；因此，在工程检测中，不能用一种锤来检测所有的桩，应通过现场试验选择不同材质的锤头、锤垫及冲击能量；一般而言对于长度较短的桩，应选择较窄的脉冲宽度；对于长度较长的桩，应选择较宽的脉冲宽度及较大的冲击能量，以检测较深部位的缺陷及桩底反射信号，并辅以较窄的脉冲宽度，以检测浅部的缺陷；对于缺陷深度与频率的关系，大致遵循下列关系：

$$L_n=\frac{\bar{c}}{2f_1} \tag{6-16}$$

式中 L_n——缺陷深度，m；

$\bar{c}$——完整桩的平均速度，m/s；

f_1——缺陷桩的基频，Hz。

假定$\bar{c}=4\ 000$ m/s，$L_n=1$ m，则 $f_1=2\ 000$ Hz，由此可见，对于浅于 1 m 的缺陷，激振信号的高频成分必须高于 2 000 Hz，且有一定的能量；否则会出现漏检的情况。

2. 传感器

低应变动测宜采用加速度传感器[普通的压电加速度计或内置集成道路式阻抗变换器的压电加速度传感器(简称内装式加速度传感器)]，频率范围宜为 5～5 000 Hz，电荷灵敏度宜为 30～100 PC/g，电压灵敏度以大于 100 mV/g，量程宜大于 100g，横向灵敏度小于 5%且越小越好。

根据加速度传感器的结构特点和动态性能，当加速度传感器的可用上限频率在其安装频率的 1/5 以下时，可保证较高的冲击测量精度，且在此范围内，相位误差几乎可以忽略；所以应当尽量选用自振频率较高的加速度传感器。

对于桩顶瞬态响应的测量，习惯上是将实测的加速度信号积分成速度信号，并据此进行分析、判读。实践表明：除采用小锤硬碰硬敲击外，速度信号中的有效高频成分一般在 2 000 Hz 以内。但这并不是说，加速度计的频响线性段达到 2 000 Hz 就足够了，这是因为，加速度原始信号比积分后的速度信号中要包含更多的高频成分，高频成分的多少取决于它们在频谱上占据的频带宽窄和能量大小。信号的积分在频域上可表示为：速度频谱＝加速度频谱/$2\pi f$，亦即速度谱的谱值与相应的频率成反比，对高频信号的抑制相当明显。当加速度计的频响线性段较窄时，就会造成信号失真。所以，在±10%幅频误差内，加速度计幅频线性段的高限不宜小于 5 000 Hz。

3. 基桩动测仪

根据产品标准《基桩动测仪》(JG/T 3055—1999)，基桩动测仪的主要技术性能如表 6-11 所列。

表 6-11 基桩动测仪主要技术性能

项目			级别		
			1	2	3
A/D转换器	分辨率/bit		≥8	≥12	≥16
	单通道采样频率/kHz		≥20		≥25
加速度测量子系统	频率响应	幅频误差≤±5%/Hz	5～2 000	3～3 000	2～5 000
		幅频误差≤±10%/Hz	3～3 000	2～5 000	1～8 000
	幅值非线性	振动	≤5%		
		冲击	≤10%	≤5%	
	冲击测量时零漂		≤2%FS	≤1%FS	≤0.5%FS
	传感器安装谐振频率①/kHz		≥5	≥10	
速度测量子系统	频率响应②	幅频误差≤10%/Hz	15～1 000	10～1 200	不适用
		相频非线性误差≤10°	$3f_n$～$0.5f_H$③	不适用	不适用
	幅值非线性		≤10%		不适用
	传感器安装谐振频率①/kHz		≥2		

续表

<table>
<tr><th colspan="4" rowspan="2">项目</th><th colspan="3">级别</th></tr>
<tr><th>1</th><th>2</th><th>3</th></tr>
<tr><td rowspan="6">应变测量子系统④</td><td rowspan="2">传感器静态性能</td><td colspan="2">非线性、滞后、重复性</td><td colspan="3">≤0.5%FS</td></tr>
<tr><td colspan="2">零点输出</td><td>≤±10%FS</td><td colspan="2">≤±5%FS</td></tr>
<tr><td rowspan="3">应变信号适调仪</td><td colspan="2">电阻平衡范围</td><td>≥±1.0%</td><td colspan="2">≥±1.5%</td></tr>
<tr><td colspan="2">零漂</td><td>≤±1%FS/2 h</td><td>≤±0.5%FS/2 h</td><td>≤±0.2%FS/2 h</td></tr>
<tr><td colspan="2">误差小于≤5%时的频率范围上限/Hz</td><td>≥1 000</td><td>≥1 500</td><td>≥2 000</td></tr>
<tr><td colspan="3">传感器安装谐振频率①/kHz</td><td colspan="3">≥2</td></tr>
<tr><td rowspan="5">动态力测量子系统</td><td rowspan="2">传感器静态性能</td><td colspan="2">非线性、滞后、重复性</td><td colspan="3">≤0.5%FS</td></tr>
<tr><td colspan="2">零点输出(应变式)</td><td>≤±10%FS</td><td colspan="2">≤±5%FS</td></tr>
<tr><td colspan="3">幅值非线性</td><td>≤5%</td><td colspan="2">≤2%</td></tr>
<tr><td colspan="2" rowspan="2">传感器安装谐振频率①/kHz</td><td>应变式</td><td>≥1.5</td><td colspan="2">≥2</td></tr>
<tr><td>压电式</td><td>≥5</td><td colspan="2">≥10</td></tr>
<tr><td colspan="4">单通道采样点数</td><td colspan="3">≥1 024</td></tr>
<tr><td colspan="4">系统动态范围/dB</td><td>≥40</td><td>≥66</td><td>≥80</td></tr>
<tr><td colspan="4">输出噪声有效值/mV_{rms}</td><td>≤20</td><td>≤2</td><td>≤0.5</td></tr>
<tr><td colspan="4">衰减挡(或程控放大)误差</td><td>≤2%</td><td>≤1%</td><td>≤0.5%</td></tr>
<tr><td colspan="2" rowspan="2">任意两通道间的一致性误差</td><td colspan="2">幅值/dB</td><td>≤±0.5</td><td>≤±0.2</td><td>≤±0.1</td></tr>
<tr><td colspan="2">相位/ms</td><td>≤0.1</td><td colspan="2">≤0.05</td></tr>
</table>

注:① 指传感器的安装方式与实际使用接近时,在实验室内测得的第一谐振频率。
② 对于“动力参数法”测量,其频响范围可为 10～300 Hz,对于“稳态机械阻抗法”测量,其相频非线性误差可不予考虑。
③ f_n 指速度计在相位差为 90°时所对应的固有频率;f_H 为频率范围上限。
④ 当不采用前端放大或六线制接线法时,应给出电缆电阻对桥压影响的修正值。

4. 桩头处理

桩顶条件和桩头处理好坏直接影响测试信号的质量,因此,要求受检桩桩顶的混凝土质量、截面尺寸应与桩身设计条件基本相同。灌注桩应凿除桩顶浮浆或松散、破损部分,并露出坚硬的混凝土表面,桩顶表面应平整干净且无积水,妨碍正常测试的桩顶外露钢筋应割掉。对于预应力管桩,应在焊锚固钢筋或填芯前进行测试;当法兰盘与桩身混凝土之间结合紧密时,可不进行处理,否则,应采用电锯将桩头锯平。对于预制方桩,应在凿桩头或焊锚固钢筋前进行测试;若桩头破损时应凿除破损部分,并露出坚硬的混凝土表面。对于需要处理的桩头,应把激振点和传感器安装位置凿成大小合适的平面,平面应平整并与桩身轴线基本垂直。

如若桩头存在松散、破损混凝土或法兰盘与桩身混凝土有缝隙、脱开,会形成一个或多个不连续界面,敲击桩头产生的弹性波在这些界面上多次反射,影响弹性波向下传播,这种杂波幅值很大，与正常信号叠加后，会掩盖桩下部的信息，如图 6-31 所示。

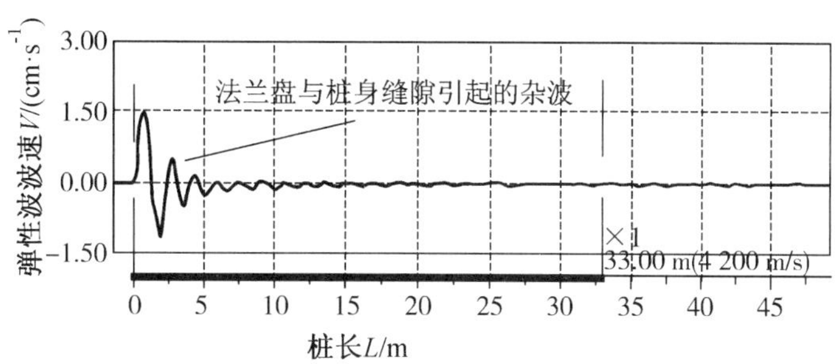

图 6-31　预应力管桩法兰盘与桩身混凝土有缝隙时测得的曲线

当预应力管桩桩顶已焊锚固钢筋后，敲击点和传感器的位置无法远离锚固钢筋，敲击时锚固钢筋产生振动，与正常信号叠加后，同样会掩盖桩下部的信息，如图 6-32 所示。

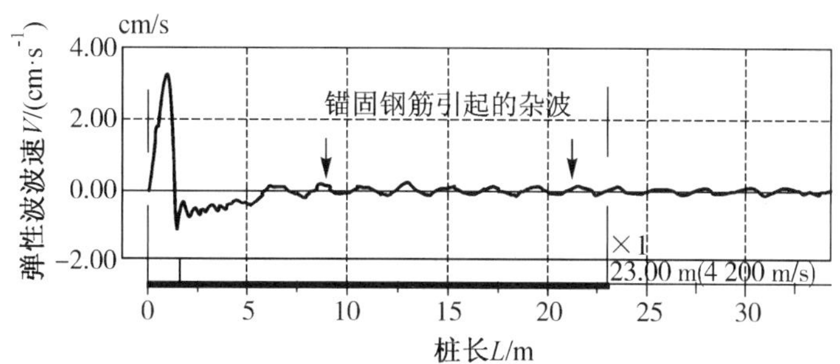

图 6-32　预应力管桩桩顶已焊锚固钢筋后测得的曲线

当桩头与承台或垫层相连时，相当于桩头处存在很大的截面阻抗变化，对测试信号会产生影响。因此，测试时桩头应与混凝土承台断开；当桩头侧面与垫层相连时，除非对测试信号没有影响，否则应断开。

5. 传感器安装及激振

传感器用耦合剂黏结时，黏结层应尽可能薄；必要时可采用冲击钻打孔安装方式，但传感器底安装面应与桩顶面紧密接触。

相对桩顶横截面尺寸而言，激振点处为集中力作用，在桩顶部位可能出现与桩的横向振型相应的高频干扰。当锤击脉冲变窄或桩径增加时，这种由三维尺寸效应引起的干扰加剧；传感器安装点与激振点距离和位置不同，所受的干扰程度各异。初步研究表明：实心桩安装点在距桩中心约 2/3 半径 R 时，所受干扰相对较小；空心桩安装点与激振点平面夹角等于或略大于 90°时也有类似效果，该处相当于横向耦合低阶振型的驻点。另应注意，加大安装与激振两点距离或平面夹角将增大锤击点与安装点响应信号的时间差，造成波速或缺陷定位误差。传感器安装点、锤击点标准见图 6-33。

激振点与传感器安装点应远离钢筋笼主筋，其目的是减少外露钢筋对测试产生的干扰，若外露主筋过长而影响正常测试时，应采取措施。

敲击时应尽量使力垂直作用在桩顶，有利于抑制质点的横向振动；应避免二次冲击，防止后续波的干扰。当桩径较大时，若桩身存在局部缺陷，则不同测点获得的信号有差异，应视桩径大小选择 2～4 个测点，测点按圆周均匀分布。

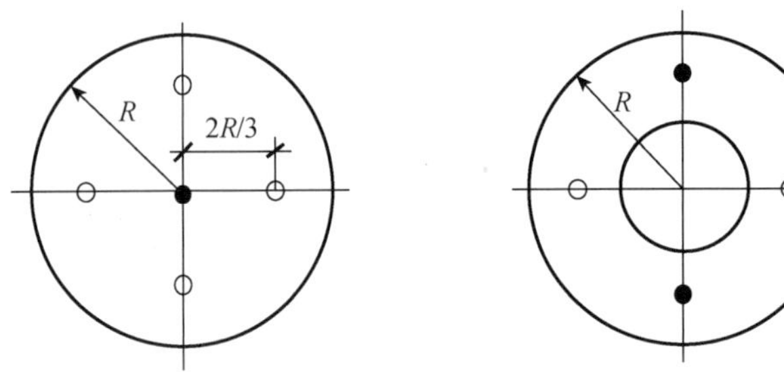

○传感器安装点　●激振锤击点

图 6-33　传感器安装点、激振点布置示意图

现场测试时必须对测试信号进行及时分析，反复测试，获得比较准确的第一手资料，不将难题留到室内分析时。对测试时现场的异常情况，如附近有无法排除的振动源、桩身倾斜、截去的桩长、钻孔灌注桩表面渗水、有空洞、预应力管桩内水位高低等，应进行详细记录，以便室内分析。

6.2.1.3　测试数据的分析、处理

1. 桩身波速

根据反射波与入射波的波形特征、幅值、相位、频率的比较，对桩身完整性进行分析，若完整桩桩底反射信号明显，则桩身纵波的速度 c 可由式(6-17)和式(6-18)计算得：

$$c = \frac{2L}{t} \tag{6-17}$$

$$c = 2L \cdot \Delta f \tag{6-18}$$

式中　c——桩身纵波波速，m/s；

L——完整桩桩长，m；

t——纵波从桩顶传播至桩底再反射至桩顶的时间，s；

Δf——完整桩频谱曲线中相邻波峰之间的频差，Hz。

图 6-34 为一桩径为 800 mm、长 69.2 m、混凝土强度等级为 C40 的钻孔灌注桩，用质量为 100 kg 的铁球激振，测得时域曲线上桩底反射明显，频域曲线上桩底反射信号的频差同样明显，纵波传播时间 $t=37.1$ ms，频差 $\Delta f=27.04$ Hz；根据式(6-17)和式(6-18)得：$c=\frac{2L}{t}=$ 3 742 m/s，$c=2L\cdot\Delta f=$3 730 m/s，二者基本一致。该桩判断为完整桩。

对于某工程项目的平均纵波速度，可选取该工程项目中有代表性的若干根完整桩的检测结果，按式(6-19)计算：

$$\bar{c} = \frac{1}{n}\sum_{i=1}^{n} c_i \tag{6-19}$$

式中　$\bar{c}$——n 根完整桩桩身纵波波速的平均值，m/s；

c_i——第 i 根完整桩的纵波波速，m/s，且 $\frac{|c_i-\bar{c}|}{\bar{c}}\leqslant 5\%$；

n——完整桩的数量，$n\geqslant 5$。

当无法按上述方法确定平均波速时，可根据本地区的经验确定。

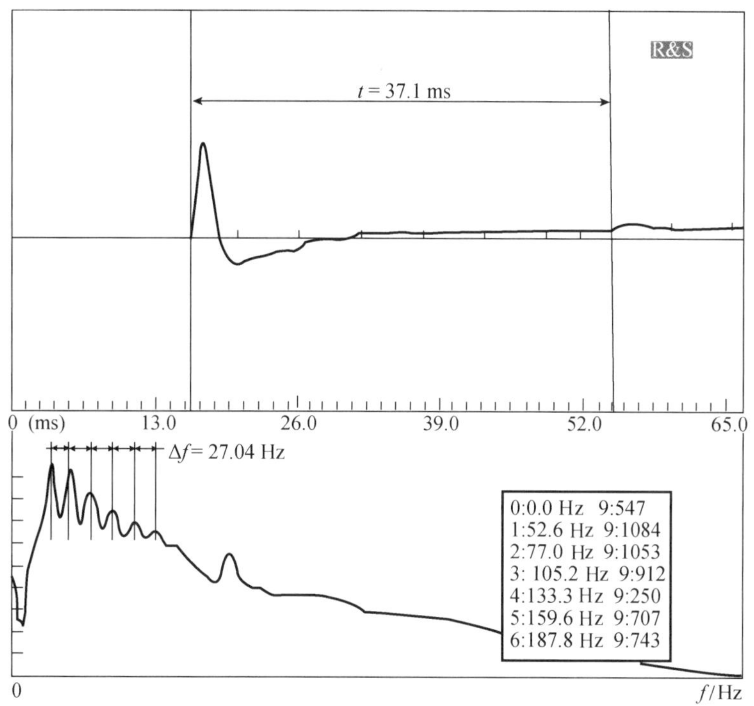

图 6-34 完整桩典型的速度时域、频域曲线

2. 桩身缺陷位置计算

桩身缺陷位置的计算公式如下：

$$x = \frac{1}{2}\bar{c} \cdot t_x \tag{6-20}$$

$$x = \frac{\bar{c}}{2\Delta f_x} \tag{6-21}$$

式中 x——桩身缺陷至桩顶间的距离，m；

t_x——纵波从桩顶传播至缺陷处再反射至桩顶的时间，s；

Δf_x——缺陷桩频谱曲线中相邻波峰之间的频差，Hz。

注意：如果桩底反射信号可以辨别，则式(6-20)、式(6-21)中的 $\bar{c}$ 改为该桩的纵波波速。

图 6-35 为一桩径为 800 mm、长 46.0 m、混凝土强度等级为 C30 的钻孔灌注桩，从时域曲线上可以明确看出缺陷位置的多次反射信号，$t_x = 4.63$ ms，$x = \frac{1}{2}\bar{c} \cdot t_x = 7.9$ m（$\bar{c}$ 取项目的平均值 3 400 m/s）；频域曲线上也有明显峰-谷起伏，且峰-谷间的差距较大，其第一个峰 $f = 32.6$ Hz，为缺陷以上部分桩身的有阻尼自由振动的自振频率，第二个峰 $f_1 = 227.9$ Hz，为缺陷桩的基频，$f_2 = 439.5$ Hz 为 f_1 的二次反射频率，$f_3 = 651.0$ Hz 为 f_1 的三次反射频率，$\Delta f_x = 217$ Hz；$x = \frac{\bar{c}}{2\Delta f_x} = 7.8$ m。时域和频域计算的结果基本相同，该桩判断为桩顶下7.9 m 左右桩身严重缩径。

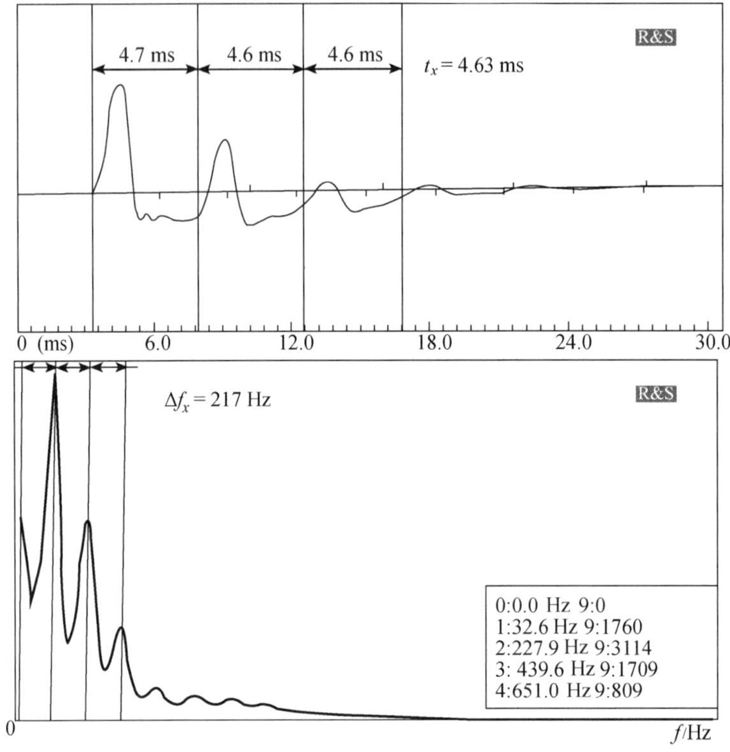

图 6-35 缺陷桩典型的速度时域、频域曲线

3. 桩身完整性类别判定

桩身完整性类别应结合缺陷出现的深度、测试信号衰减特性以及设计桩型、成桩工艺、地质条件、施工情况等，按表 6-12 所列实测时域或频域信号特征进行综合分析判定。

表 6-12 桩身完整性类别判定

桩身完整性类别	分类原则	时域信号特征	频域信号特征
Ⅰ	无任何不利缺陷，桩身结构完整	$2L/c$ 时刻前无缺陷反射波，有桩底反射波；波形规则、波列清晰、完整桩之间波形特征相似	幅频曲线正常，桩底谐振峰基本等间距，其相邻频差 $\Delta f \approx c/2L$，完整桩之间幅频曲线特征相似
Ⅱ	有轻度不利缺陷，但不影响或基本不影响原设计的桩身结构承载力	$2L/c$ 时刻前有轻度缺陷反射波，有桩底反射波；桩底反射波受轻度缺陷反射波的干涉，反射波的规律不如完整桩	桩底谐振峰排列基本等间距，其相邻频差 $\Delta f \approx c/2L$，轻微缺陷产生的谐振峰之间的频差 $\Delta f' > c/2L$
Ⅲ	有明显不利缺陷，影响原设计的桩身结构承载力	有明显缺陷反射波，其他特征介于Ⅱ类和Ⅳ类之间	

续表

桩身完整性类别	分类原则	时域信号特征	频域信号特征
Ⅳ	有严重不利缺陷，严重影响原设计的桩身结构承载力	$2L/c$ 时刻前缺陷反射波强烈，且有二次甚至多次重复反射；无桩底反射； 或因桩身浅部严重缺陷使波形呈现低频大振幅衰减振动，无桩底反射	幅频曲线有十分深凹的峰-谷状多次起伏，缺陷谐振峰排列基本等间距，相邻频差 $\Delta f'>c/2L$，无桩底谐振峰； 或因桩身浅部严重缺陷只出现单一谐振峰，无桩底谐振峰

注：对同一场地、地质条件相近、桩型成桩工艺相同的基桩，因桩端部分桩身阻抗与持力层阻抗相匹配导致实测信号无桩底反射波时，可按本场地同条件下有桩底反射波的其他桩的实测信号判定桩身完整性类别。

4. 桩身完整性的综合分析

在低应变检测时，大部分桩仅依据时域、频域曲线就能判定桩身结构完整性，但部分桩仅凭曲线可能无法正确判定其完整性，这就需要结合现场情况、借助其他手段进行综合分析、相互印证。

(1) 某工程采用桩型为 PHC AB500 100 111010，桩顶低于自然地面 2.0 m 左右，基坑开挖时把挖出的土堆在基坑边上，使土体向坑内滑移同时挤压桩身，桩顶偏位达 1 m 左右，桩面明显向坑内倾斜。低应变测试曲线中[图 6-36(a)—图 6-36(c)]未发现明显的同向反射信号，似乎桩身结构均较完整，但它们都有一个明显的特征，即桩顶下 11 m 以上范围内均有许多小的反射信号；后采用测斜仪对它们进行倾斜测试，结果发现[图 6-36(d)和图 6-36(e)]桩身倾斜不是整体倾斜，而在桩顶下 12 m 左右有一个明显的拐点(上部垂直度在 7%左右、下部垂直度在 1%左右)，据此判断该桩应是缺陷桩。那么低应变时域曲线中为什么未出现足够大的缺陷反射信号呢？其原因可能是：桩在偏移过程中上部桩身产生许多微小的裂缝(这也是在桩顶下 11 m 以上范围内均有许多小的反射信号的原因)，由于这些微小裂缝的存在，应力波在向下传播过程中衰减很快，以致并不太深的缺陷也无法发现。

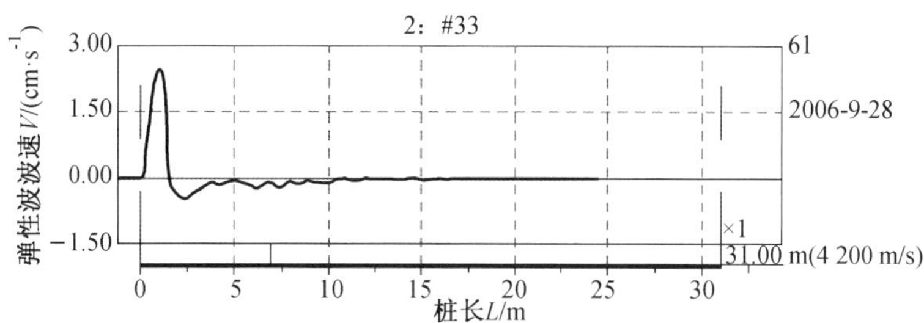

(a) 61# 桩的速度时域曲线

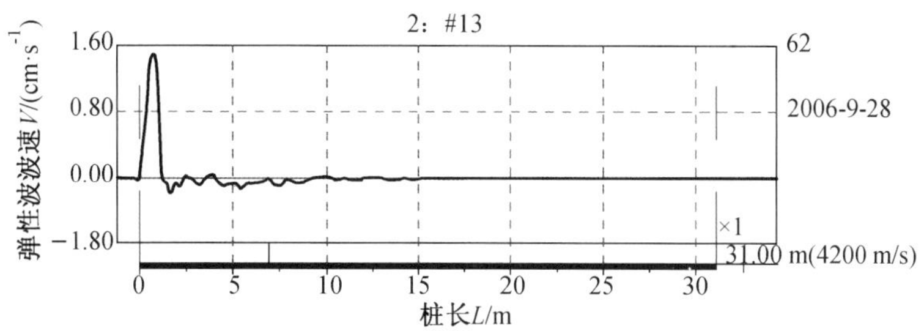

(b) 62# 桩的速度时域曲线

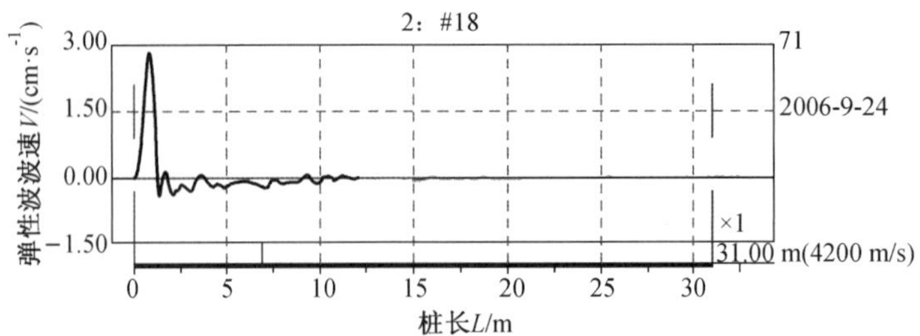

(c) 71# 桩的速度时域曲线

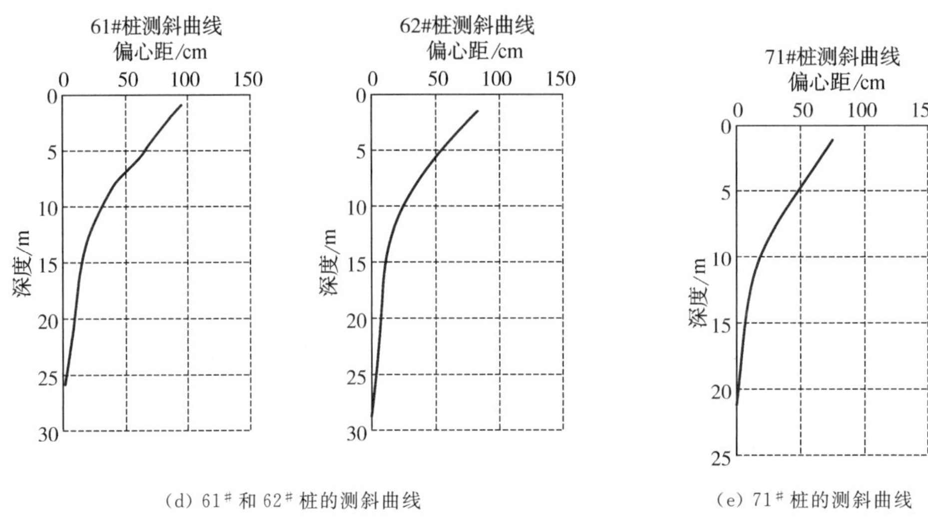

(d) 61# 和 62# 桩的测斜曲线　　(e) 71# 桩的测斜曲线

图 6-36　低应变测试曲线

(2) 某工程地质条件均匀，采用桩型为 JZHb-235-1314B，低应变动测曲线见图 6-37。从曲线上可以明显看出在上下节桩接桩处有一同向反射信号，而且 394# 桩的反射信号的幅度要

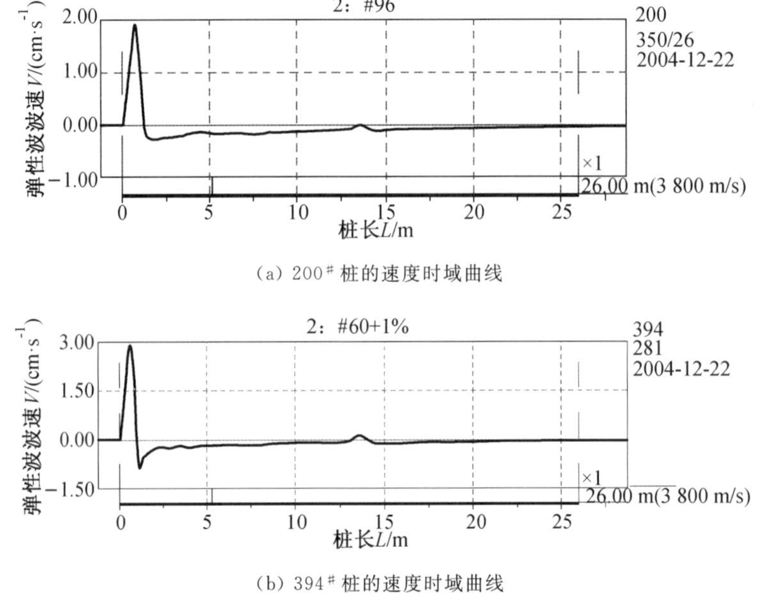

(a) 200# 桩的速度时域曲线

(b) 394# 桩的速度时域曲线

图 6-37　低应变测试曲线

大于 200# 桩，就曲线而言判定其接桩处存在缺陷应没有异议。在对这两根桩进行抗拔静载荷试验验证时，200# 桩在加载至 200 kN 时，上拔量急剧增加，荷载不能维持，据此判断该桩接桩处焊缝脱开无疑；按理说 394# 桩的反射信号的幅度要大于 200# 桩，由此推断 394# 的情况也应相同；但 394# 桩加载至 450 kN 时，最大上拔量仅 11.93 mm，该桩接桩处焊缝未脱开，不影响原设计的桩身承载力。

注意，预制方桩上下节桩间一般采用 4 根角铁焊接的连接方式，当上下节桩的端面不太平整（二者之间的接触面较小），且未按要求用楔形铁板垫密实；这样在接桩处存在一个低阻抗界面，当二者之间的接触面小到一定程度时，其反射信号与断桩相差无几，以致无法区分，这时需要采用抗拔、抗压静载荷试验、高应变动测等方法进行验证。

6.2.2 高应变动测

所谓高应变动测法，广义地讲，是指所有能使桩土间产生永久性位移的动力检测桩基承载力的方法；毋庸置疑，这类方法要求给桩土系统施加较大能量的瞬时荷载，以保证桩土间产生一定的相对位移。自 19 世纪人们开始采用打桩公式计算桩基承载力以来，这种方法已包括以下几种。

（1）打桩公式法：用于预制桩施工时同步测试，采用刚体碰撞过程中的动量与能量守恒的原理，根据打桩时测得的贯入度与打桩所消耗的能量建立关系式，推算桩的极限承载力。

（2）锤击贯入法：曾在我国许多地方得到应用，仿照静载荷试验获得动态打击力与相应沉降之间的 $Q_d-\sum e$ 曲线，通过动静对比系数计算承载力，也有人采用波动方程法和经验公式法计算承载力。

（3）Smith 波动方程法：设桩为一维弹性杆件，桩土间符合牛顿黏弹性体和理想弹塑性体模型，将锤、冲击块、锤垫、桩垫、桩等离散化为一系列单元编程求解离散系统的差分方程组，得到打桩反应曲线，根据实测惯入度，考虑土的吸着系数，求得桩的极限承载力。

（4）动静法（Statnamic）：其意义在于延长冲击力的作用时间（～100 ms），使之更接近于静载荷试验状态。

（5）波动方程半经验解析法，也称 CASE 法：将桩假定为一维弹性杆件，土体静阻力不随时间变化，动阻力仅集中在桩尖。根据应力波理论，同时分析桩身结构完整性和桩土系统承载力。

（6）波动方程拟合法，即 CAPWAP 法：其模型较为复杂，只能编程计算。

其中，CASE 法和 CAPWAP 法是目前最常用的两种高应变动测法，也是狭义的高应变动测法，同时也是我国目前主要规范中推荐的高应变动测方法。

6.2.2.1 检测系统及现场测试技术

高应变的检测系统由锤、主机、力传感器及加速度传感器组成。

1. 桩基动测仪、传感器

根据产品标准《基桩动测仪》（JG/T 3055－1999），基桩动测仪与传感器的主要技术性能必须满足表 6-11 的规定，在此不作赘述。

2. 锤

高应变检测用锤应材质均匀、形状对称、锤底平整，高径（宽）比不得小于 1，并采用铸铁或铸钢制作。在能采用打桩机械的情况下宜首选打桩机械，但导杆式柴油锤由于荷载上升时间过于缓慢，容易造成响声信号失真而不宜采用。在进行承载力检测时，锤的重量应大于预估单桩极限承载力的 1%～2%，以 2% 为佳。锤重及落距的选择还宜满足实测单击惯入度在 2～

6 mm 的条件。

3. 传感器的安装

每次检测时应在桩身两侧对称安装 2 只加速度传感器和 2 只应变传感器，对于大直径的桩采用 4 只加速度传感器和 4 只应变传感器更佳，它们与桩顶的距离不宜小于 2 倍桩径(或桩边长)。应变传感器的中心位置应与加速度传感器处在同一个截面处，同一侧的应变传感器与加速度传感器间的水平距离不宜大于 100 mm。传感器安装处的桩身表面必须平整，且该截面附近无明显缺损或截面突变；固定传感器的螺栓应与桩轴线垂直，固定后的应变传感器及加速度传感器应紧贴桩身，传感器中心轴线应与桩的中心轴线平行；应变传感器在安装过程中要对其初值进行监测，不得超过该传感器的允许初始变形值。传感器安装示意见图 6-38。

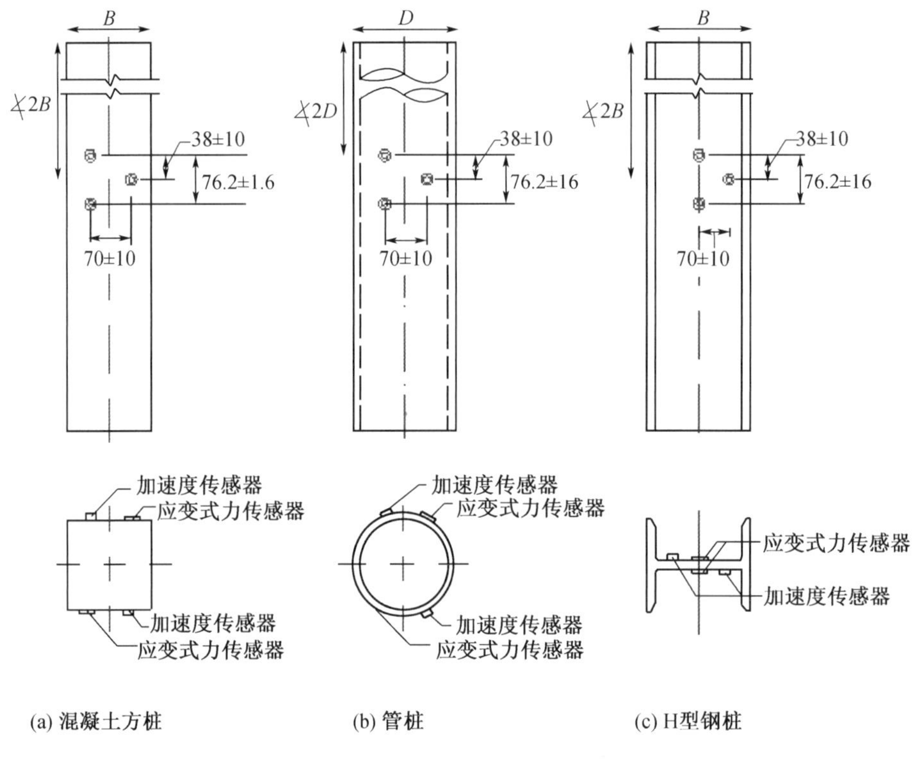

图 6-38　传感器安装示意图

4. 桩头处理

桩顶必须保持平整，露出地面长度应满足上述安装传感器及锤击的需要；对于预制桩，如桩头破坏，应按原设计要求修复；对于灌注桩，应凿除桩顶强度较低的混凝土，所有主筋均需接至桩顶保护层下，并在此范围内设置加强箍筋及 3～5 层钢筋网片，桩顶混凝土强度与桩身混凝土强度相同，接桩处的桩身面积应与下部桩身截面积相同(注意：不是设计截面积)，且中心轴线应重合。

钻孔灌注桩的加固长度以大于 2 倍的桩径为佳，以方便传感器安装，混凝土强度相同及面积相同则满足传感器安装附近无明显阻抗变化的条件。

5. 锤垫

在检测时在锤与桩顶间应设置垫层，对于用打桩机进行检测时垫层宜采用打桩时采用的垫层；而采用自由锤进行测试时，垫层宜采用厚度相同材质均匀的纤维板、石棉板、木板，或均匀铺设黄砂，对于锤击时易在桩顶产生水平向拉力的橡胶板等则不应作为垫层使用。

6. 试打桩与打桩监控

目前，普遍采用的静载荷试验、低应变动测、高应变动测等桩基检测手段均着重于施工验收方面，等检测时发现质量问题回头再处理时，则大大增加了工程造价和延误了工期。而试打桩与打桩监控可以在施工过程中对桩身应力进行监测，评估打桩设备的匹配能力，对设计的桩长与承载力进行校核，它同时可以选择合理的收锤标准减少打桩时的破损率，进而提高施工质量及工作效率。试打桩与打桩监控是信息化施工不可或缺的重要环节，应大力推广。

1）试打桩

（1）为选择工程桩的桩型、桩长和桩端持力层进行试打桩时，应符合下列规定：

A. 试打桩位置的工程地质条件应具有代表性。

B. 试打桩过程中，应按桩端进入的土层逐一进行测试；当持力层较厚时，应在同一土层中进行多次测试。

（2）桩端持力层应根据试打桩的承载力与贯入度的关系，结合场地岩土工程勘察报告综合判定。

（3）采用试打桩判定桩的承载力时，应符合下列规定：

A. 判定承载力时应采用本场地初、复打试验所确定的桩在地基土中的时间效应系数，复打试验应采用实测曲线拟合法计算单桩承载力，必要时应采用静载荷试验校核，复打或静载荷试验应有一定的数量及具有代表性。

B. 采用地区经验时时间效应系数应取低值，也就是说，对承载力随休止时间增加而增长的估计不应过高，并应进行复打或静载荷试验校核，复打试验应采用实测曲线拟合法计算单桩承载力，复打或静载荷试验应有一定的数量及具有代表性。

C. 初打至复打的休止时间应符合表 6-13 的要求。

表 6-13　　初打至复打休止时间

土的类别		休止时间 /d
砂土		7
粉土		10
黏性土	非饱和	15
	饱和	25

注：对于泥浆护壁的灌注桩，宜适当延长休止时间。

2）打桩监控

打桩监控包括监测锤击能量、桩身锤击拉应力和桩身压应力。锤击能量、桩身锤击拉应力和桩身压应力可由公式计算得到。

打桩监控可在试打桩或工程桩施工过程中进行。在试打桩时，可对打桩机械的锤型、落距、垫层材料等选择是否合适做出科学的判断，可根据监测数据对打桩机械的锤型、落距、垫层材料等进行调整，使其适合实际工程情况，提高施工质量及效率。

桩身锤击拉应力宜在预计桩端进入软土层或桩端穿过硬土层进入软弱夹层时测试。一般桩较长，锤击数小，桩底反射强，但桩锤能正常爆发起跳时，打桩拉应力很强。

桩身锤击压应力宜在桩端进入硬土层或桩周土阻力较大时测试，但注意桩身最大锤击压应力虽然在多数情况下出现在桩顶但也有出现在桩端的情况。

6.2.2.2 测试数据的分析、处理

1. 锤击信号的选取

可靠的信号是得出正确分析计算结果的基础。除柴油锤施打的长桩信号外，力的时程曲线必须最终归零。对于混凝土桩，高应变测试信号质量不但受传感器安装好坏、锤击偏心程度和传感器安装面处混凝土是否开裂的影响，也受混凝土的不均匀性和非线性的影响。这种影响对应变式传感器测得的力信号尤其敏感。混凝土的非线性一般表现为：随应变的增加，弹性模量减小，并出现塑性变形，使根据应变换算到的力值偏大且力曲线尾部不归零。锤击偏心是指两侧力信号之一与力平均值之差超过或低于平均值的 30%。通常锤击偏心很难避免，因此严禁用单侧力信号代替平均力信号。

从一阵锤击信号中选取分析用信号时，除要考虑有足够的锤击能量使桩周岩土阻力充分发挥外，还应注意下列问题：①连续打桩时桩周土的扰动及残余应力；②锤击使缺陷进一步发展或拉应力使桩身混凝土产生裂隙；③在桩易打或难打以及长桩情况下，速度基线修正带来的误差；④对桩垫过厚和柴油锤冷锤信号，加速度测量系统的低频特性所造成的速度信号误差或严重失真。

在多数情况下，高应变测试曲线，力和速度信号第一峰应基本成比例，但在以下几种情况也会造成比例失调：①桩浅部阻抗变化；②土阻力影响；③采用应变式传感器测力时，测点处混凝土的非线性造成力值明显偏高；④锤击力波上升缓慢或桩很短时，土阻力波或桩底反射波的影响。除对第②种情况属正常，第③种情况可适当减小力值，避免计算的承载力过高外，其他情况均需采取措施进行避免。对于第①种情况：预制桩通常桩身阻抗比较均匀，只有当桩身存在裂缝时才会产生阻抗变化，对于这种情况应截去裂缝以上桩身桩头加固后进行测试，或更换试桩，否则只能判断该桩浅部桩身存在裂缝而无法判定其竖向承载力。钻孔灌注桩桩身阻抗变化大的情况时有发生，在传感器安装时应避开阻抗变化的位置，最好的办法是在选择试桩时或桩头处理前先用低应变检查桩身浅部的均匀性，然后进行桩头处理及高应变动测。对于第④种情况：锤击力波上升缓慢不外乎是由于锤、锤垫、桩头三方面的因素造成的。锤：上面已经谈到导杆式柴油锤就会引起上述情况，因此不宜采用，锤过重、落距过大也会造成这种情况，可通过减小锤重、落距的办法来解决；采用多片组合锤时，单片厚度太薄或已变形、垫入其他物体、拉杆未紧固等情况均会造成锤击力波上升缓慢等情况，需通过更换变形的钢板、薄钢板、去除异物、紧固拉杆等来解决，或更换一体锤。锤垫：锤垫过厚也会引起上述情况，则需减薄锤垫就可解决。桩头：桩头松软也会造成锤击力波上升缓慢，这种情况很少见，仅发生在少数未经处理的钻孔灌注桩的身上，因此，对于钻孔灌注桩的桩头必须进行处理后方能进行高应变动测。对于很短的桩无法满足一维弹性杆件的假设，不宜采用高应变动测进行承载力检测。

2. 桩身平均波速的确定

桩身平均波速可根据下行波起升沿的起点到上行波下降沿的起点之间的时差与已知桩长确定（图 6-39）；桩底反射信号不明显时，可根据桩长、混凝土波速的合理取值范围以及邻近桩的桩身波速值综合确定。

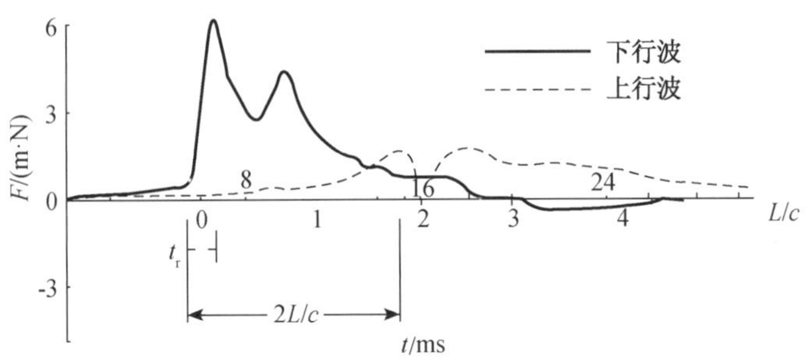

图 6-39　桩身平均波速的确定

3. 通过静载荷试验确定CASE阻尼系数

上海某工程，桩规格为PHC-400(80)-1213B，桩侧土层依次为粉质黏土、淤泥质粉质黏土、淤泥质黏土、粉质黏土、粉质黏土、砂质粉土，桩端持力层为砂质粉土，静载荷试验结果单桩极限承载力为1 800 kN，两周后进行高应变动测，采用40 kN重锤，实测曲线见图6-40，$F(t_1)=2\,943$ kN，$V(t_1)=3.26$ m/s，$F(t_1+2L/c)=304$ kN，$V(t_1+2L/c)=-0.23$ m/s，$z=938$ kN·s/m，且令R_S等于静载荷试验结果(即$R_S=1\,800$ kN)，即可求CASE阻尼系数$J_C=0.533$。

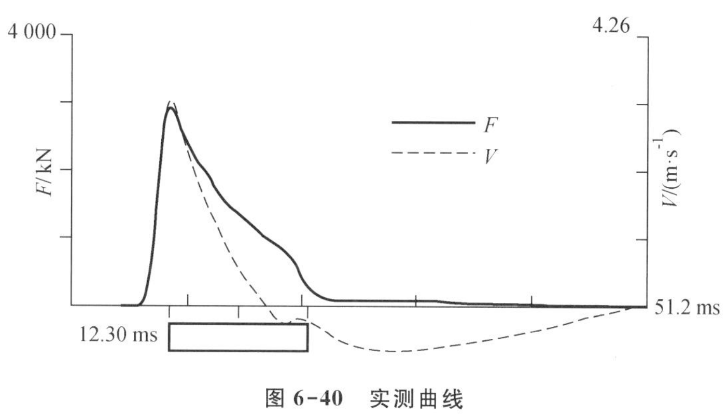

图6-40 实测曲线

4. 实测曲线拟合法计算承载力的例子

将上例的测试数据采用实测曲线拟合法进行承载力分析，分析结果如下(图6-41)，与静载荷试验结果很接近。

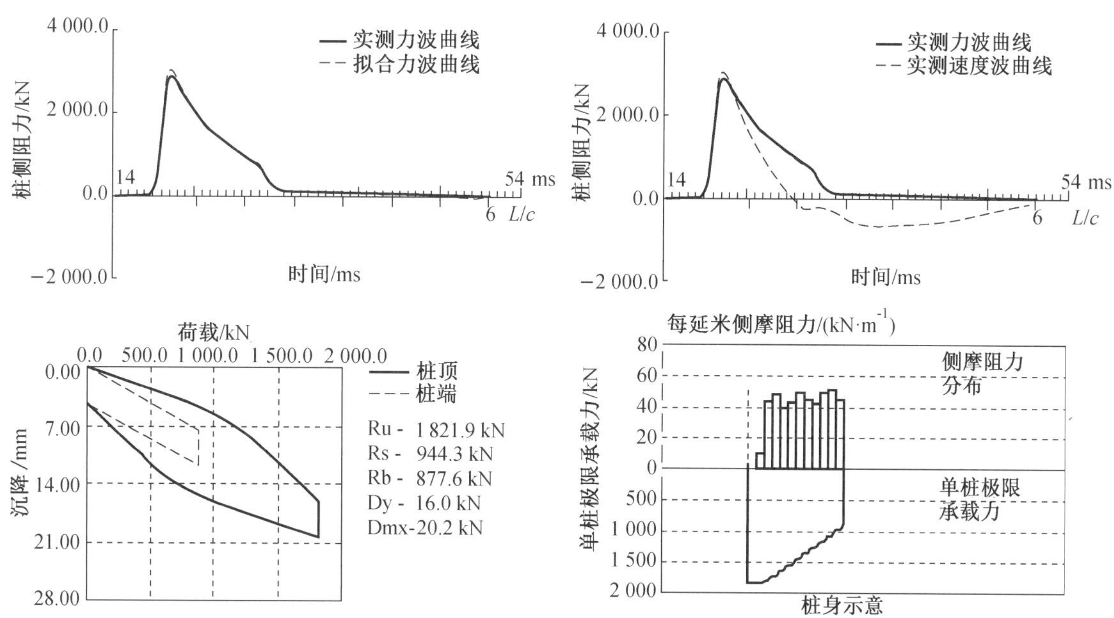

图6-41 实测曲线拟合结果

5. 土参数变化对拟合曲线影响的例子

在上例的基础上，独立改变主要的拟合参数，观察这些土参数单独改变时对拟合曲线的影响，其结果如图6-42所示(图中虚线为计算曲线、实线为实测曲线)。

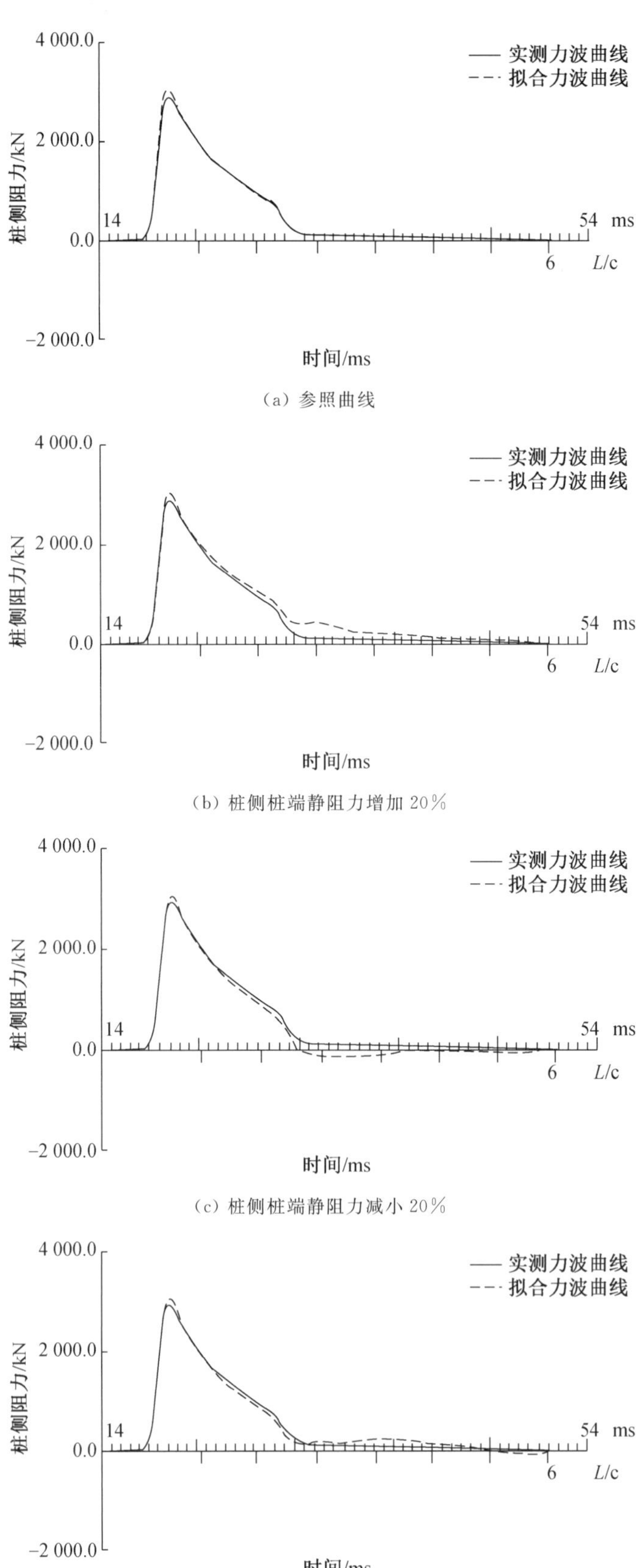

(a) 参照曲线

(b) 桩侧桩端静阻力增加 20%

(c) 桩侧桩端静阻力减小 20%

(d) 总阻力不变,桩端阻力增加 20%

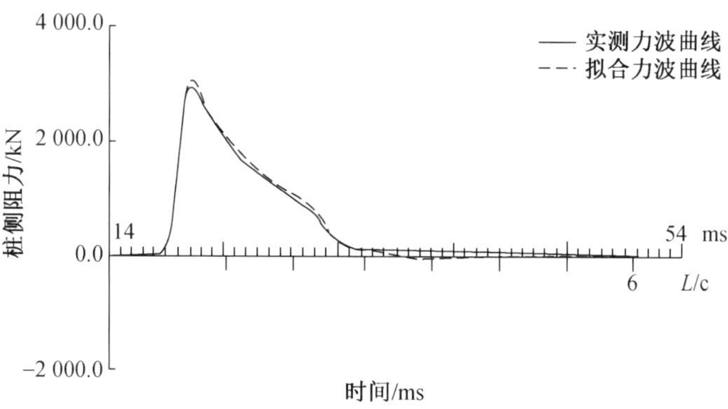

(e) 总阻力不变,桩端阻力减小 20%

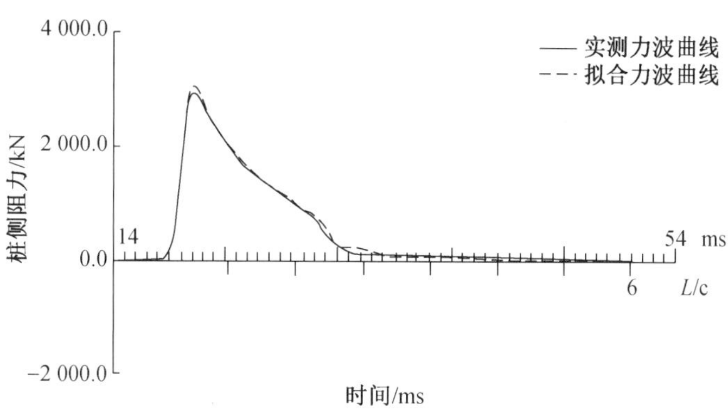

(f) 桩侧桩端阻尼增加 20%

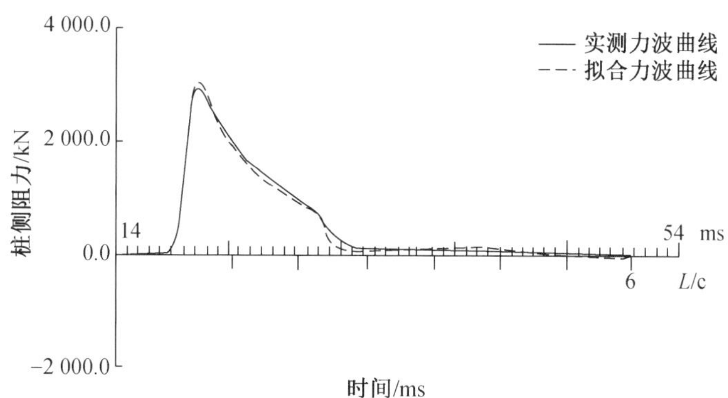

(g) 桩侧桩端阻尼减小 20%

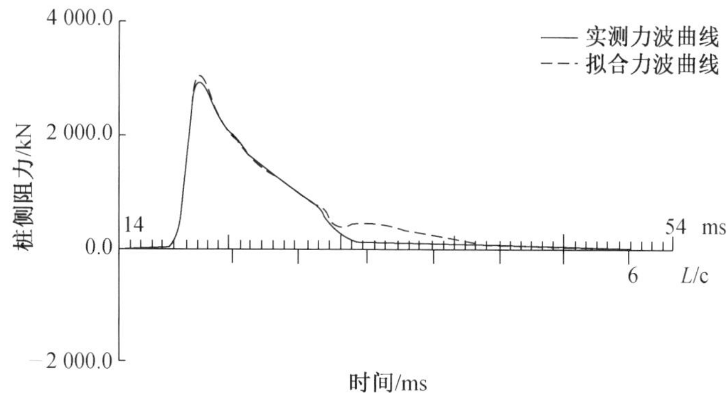

(h) 桩侧辐射阻尼系数增加一倍

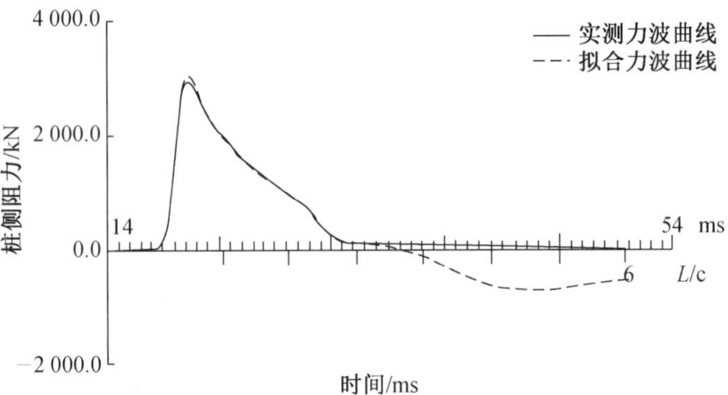

(i) 桩侧阻力卸载比由 0 增加至 1

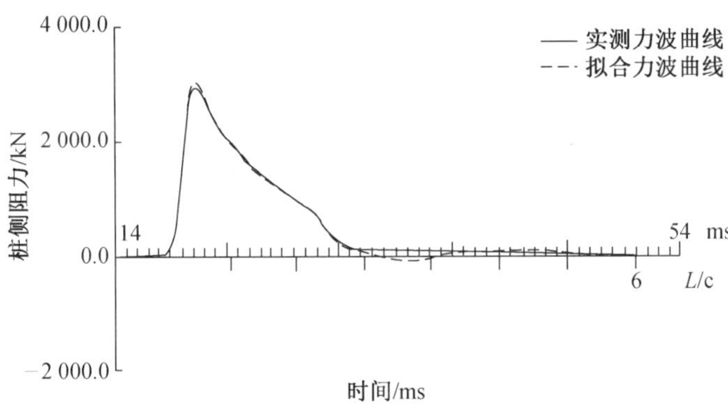

(j) 桩侧弹限减小 50%

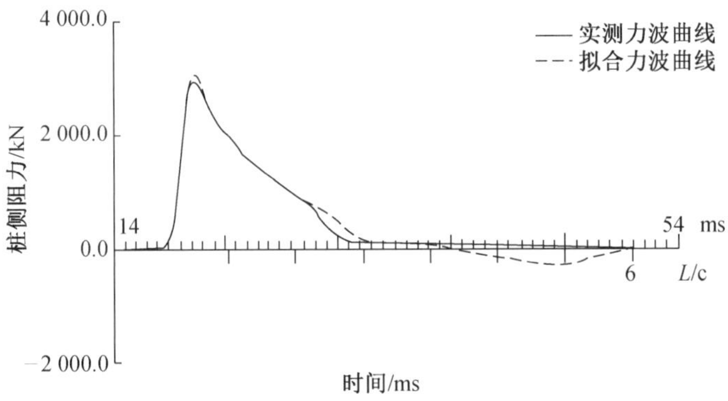

(k) 桩端弹限减小 50%

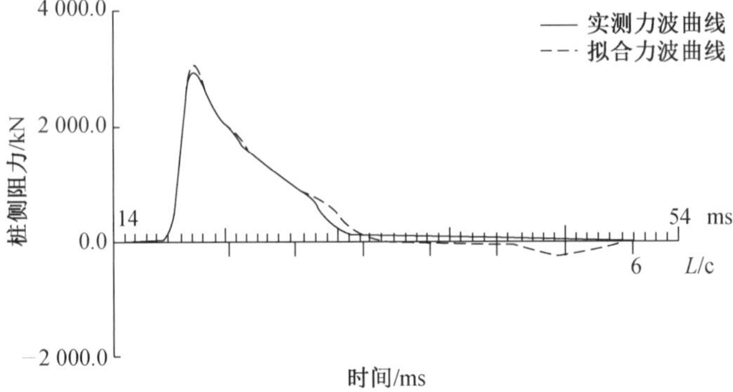

(l) 桩侧、桩端弹限均减小 50%

图 6-42 成果曲线

6.3 混凝土灌注桩超声波检测

混凝土灌注桩超声波检测法是在桩身内埋设若干根平行于桩的纵轴线的声测管道，将超声探头通过声测管直接伸入桩身混凝土内部，逐点、逐段向桩身混凝土发射并接收超声波，通过实测超声波在混凝土介质中传播的声时、波幅衰减和频率等声学参数的相对变化来判定桩身完整性的检测方法。其基本原理与上部结构构件的超声波探伤原理相同，但由于桩的混凝土灌注条件与上部结构的成型条件完全不同，尤其是水下灌注时差异更大，混凝土的配合比、混凝土的离析程度、声测管的平行度等许多因素，都会严重影响对缺陷和均匀性的判断，因此，灌注桩的超声波检测必须有一套适合其特点的方法和判据，而不能完全沿用上部结构检测的现有方法。

6.3.1 检测系统

超声波透射法检测系统由超声波检测仪、声波发射与接收换能器、换能器升降设备、声测管和耦合剂等组成，其检测系统见图 6-43。

6.3.1.1 超声波检测仪

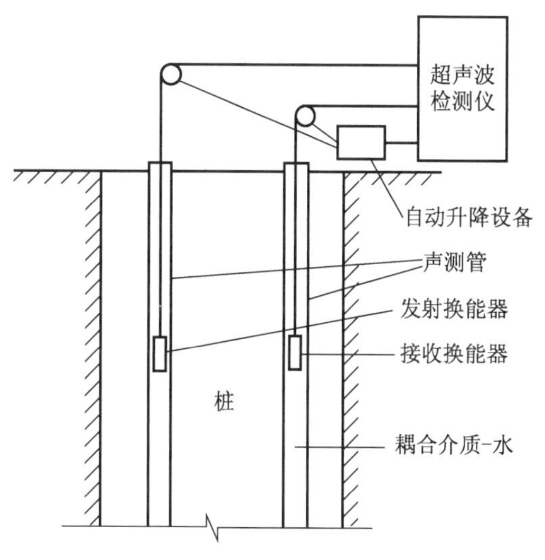

图 6-43 超声波检测系统示意图

目前，国内检测机构使用较多的是智能型数字声波仪，一般由计算机、高压发射与控制、程控放大与衰减、A/D 转换与采集四大部分组成，部分仪器具有换能器升降控制系统。高压发射电路受主机同步信号控制，产生受控高压脉冲激励发射换能器，电声转换为声波脉冲传入被测介质，接收换能器接收到穿过被测介质的声波信号后转换为电信号，经程控放大与衰减对信号做自动调整，将接收信号调到最佳电平，输送到高速 A/D 采集板，经 A/D 转换后的数字信号以 DMA 方式送入计算机，进行各种信息处理。计算机数字信号处理包括频谱分析、平滑、滤波、积分、微分等，还可用计算机软件自动进行声时和波幅的判读，并可依据各种规程的要求，编制相应的数据处理软件，对测试数据进行分析，得出检测结果，从而提高检测工作的效率。

中国工程建设标准化协会标准《超声法检测混凝土缺陷技术规程》(CECS:21—2000)对混凝土声波仪的技术要求做了较详细的规定：

(1) 具有波形清晰、显示稳定的示波装置，波形显示幅度分辨率应不低于 1/256，并具有可显示、存储和输出打印数字化波形的功能，波形最大存储长度不宜小于 4 kbytes；

(2) 具有手动游标测读和自动游标测读方式，声时最小分度为 0.1 μs。当自动测读时，在同一测试条件下，1 h 内每隔 5 min 测读一次声时的差异应不大于±2 个采样点；

(3) 自动测读方式下，在显示的波形上应有光标指示声时、波幅的测读位置；

(1) 具有最小分度为 1 dB 的衰减系统；

(5) 接收放大器频响范围 10～500 kHz，总增益不小于 80 dB，接收灵敏度(在信噪比为 3∶1时)不大于 50 μV；

(6) 宜具有幅度谱分析功能(FFT 功能);

(7) 电源电压波动范围在标称值±10%的情况下能正常工作;

(8) 连续正常工作时间不少于 4 h。

6.3.1.2 换能器

埋管超声波检测的换能器均采用圆柱状径向振动的换能器,换能器根据其能量转换方向的不同,又分为发射换能器和接收换能器,发射换能器为实现声能向电能转换,接收换能器为实现电能向声能转换。两种换能器的基本结构是相同的,一般情况下可以互换使用,但有的接收换能器为了增加接收灵敏度而增设了前置放大器,这时,收、发换能器就不能互换使用。

目前,工程中常用的径向换能器主要有增压式、圆环式及一发双收式。

1. 增压式径向换能器

增压式径向换能器的构造原理如图 6-44 所示,在一金属管内侧紧贴若干等距离排列的压电陶瓷圆片,各圆片之间用串联、并联或串并混合等方式联结,由引出电缆引出。整个换能器用绝缘材料密封。当声波作用于换能器圆柱表面时,整个圆管表面所承受的声压总力加到压电陶瓷圆片周边,使其周边受到的声压提高,故名增压式。反过来,在电脉冲激励下,各压电片作径向振动,共同作用,并将振动传给金属圆管,这比单片陶瓷片反射效率高。

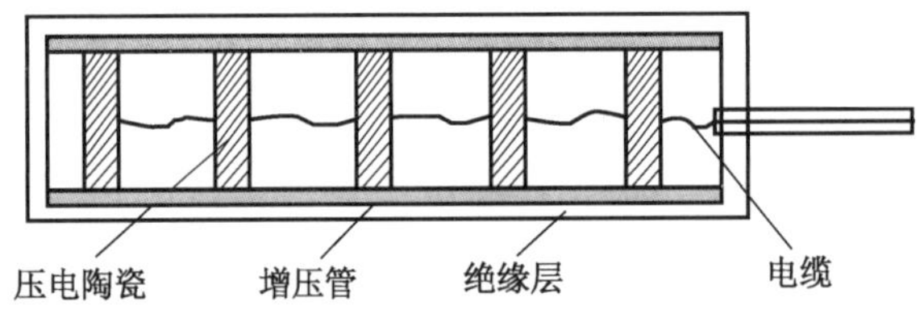

图 6-44 增压式换能器

2. 圆环式径向换能器

圆环式径向换能器是采用圆环式压电陶瓷片代替普通圆片式压电陶瓷制作的径向换能器,其结构如图 6-45 和图 6-46 所示。由于圆环压电陶瓷片比普通的压电陶瓷片具有更高的径向灵敏度,这样就不必采用多片连接的方式,从而减小换能器的尺寸。而且,这类换能器还在接收压电陶瓷圆环上端设置密封的前置放大器,将接收信号在没有导线、仪器等干扰的情况下进行前置放大,提高了测试系统的信噪比和接收灵敏度,增强了高频换能器在大距离检测时的适用性,同时有利于换能器在声测管中的移动,也减小了声测管的尺寸,降低了检测成本,同时也提高了检测精度。

图 6-45 圆环式径向换能器的外观

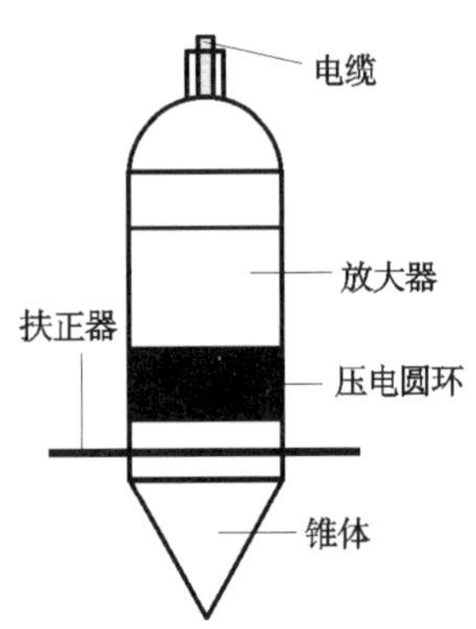

图 6-46 圆环式径向换能器构造

圆环式径向换能器下方的锥形铜头可以旋下，套上一个扶正器再拧紧。所谓扶正器就是用 1～2 mm 厚的橡皮剪成一齿轮形，套在换能器上，齿轮的外径略小于声测管的内径，这样既保证换能器在声测管中能居中，又保证换能器在声测管中上下移动时不与管壁碰撞而损坏，软的橡皮齿又不至于阻碍换能器通过管中某些狭窄部位。

3. 一发双收换能器

一发双收换能器是由一个发射、两个接收的压电陶瓷圆环串在一根轴线上构成，其结构如图 6-47 和图 6-48 所示，它用于在一个孔中测量，也称为单孔换能器。发射压电圆环 F 与接收压电圆环 S_1 间距 l 取决于孔壁介质的波速、孔径的大小，目的是使 F 发射的透过孔中水层沿孔壁传播的波先于从 F 直接经水中传到 S_1 的波。孔壁介质波速越低，要求 l 越长，市售的换能器 l 一般为 50 cm 左右，S_1 和 S_2 间的距离通常为 20 cm 左右。

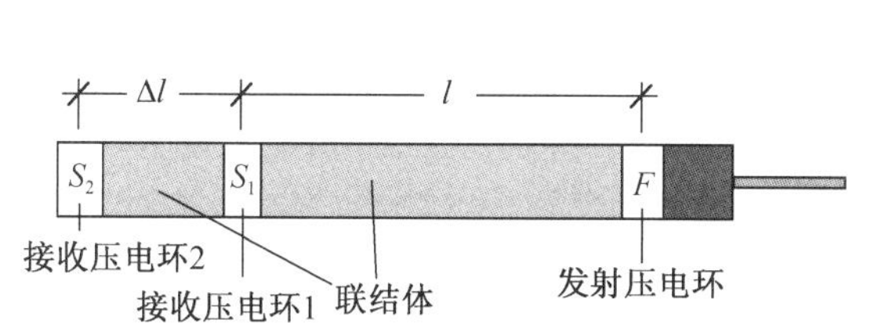

图 6-47 一发双收换能器构造

图 6-48 一发双收换能器的外观

4. 自动升降设备

自动升降设备是在桩身混凝土质量检测时，由超声波检测仪控制换能器升降的设备。配置自动升降设备的超声波检测系统可实现自动检测，以减轻劳动强度提高检测效率。

5. 声测管

声测管是预留的声波换能器的通道，需预先埋设在灌注桩中；通常是将声测管固定在钢筋笼内侧，随钢筋笼一段一段地下入桩孔中，然后灌注混凝土。

(1) 对声测管的总要求是：连接牢靠不脱开，密封良好不漏水，连接平整不打折，管与管之间相互平行，管内无异物保证畅通。

(2) 对声测管的材料要求是：有足够的机械强度，保证在混凝土灌注过程中不变形，并与混凝土黏结良好，不至于在混凝土与声测管之间形成缝隙，影响测试。目前一般均采用钢管，但在短桩中也有采用 PVC 塑料管或金属波纹管。

(3) 对声测管的内径要求是：声测管的内径应能保证换能器上下移动顺畅，一般以比换能器外径大 10～20 mm 为宜。

(4) 对声测管的连接要求是：有足够的强度，保证声测管不应受力而弯曲脱开；连接应有足够的水密性，保证在钻孔中的水压下不渗漏。目前主要的连接方法有螺纹连接与套管连接两种。

① 螺纹连接：每根钢管两侧均做成外螺纹，另外备一套筒，其内螺纹与钢管的外螺纹相配，从而将两段钢管相连接起来。注意加工螺纹时不能将金属丝等异物留在管内，为了保证水密性，螺纹应缠生料带或带漆麻丝。

② 套筒连接：准备一个长度大于 10 cm 的钢套筒，套筒内径略大于声测管外径，将两声测管套起来，用电焊将钢套筒与声测管上下两端焊接起来。需要注意的是，既要保证焊缝饱满不

漏水，又不能将声测管焊通，阻塞换能器的上下移动。

(5) 声测管的数量和布置。

声测管的数量根据桩径的大小来决定，《建筑基桩检测技术规范》(JGJ 106—2003)规定：D(桩径)≤800 mm，埋设 2 根管；800 mm<D≤2 000 mm，埋设 3 根管；D>2 000 mm，埋设 4 根管。声测管应沿桩截面外侧呈对称状态布置，如图 6-49 所示。

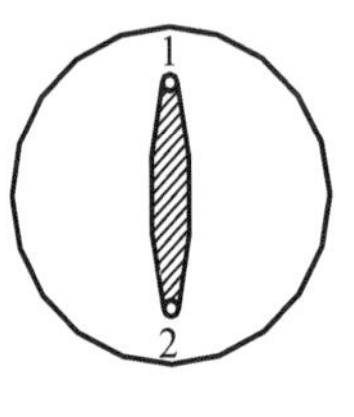

(a) D≤800 mm

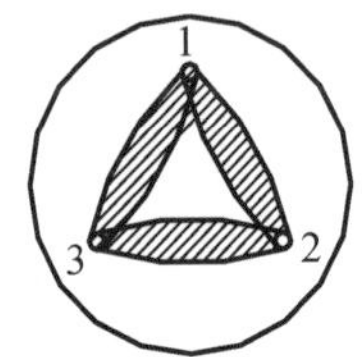

(b) 800 mm<D≤2 000 mm

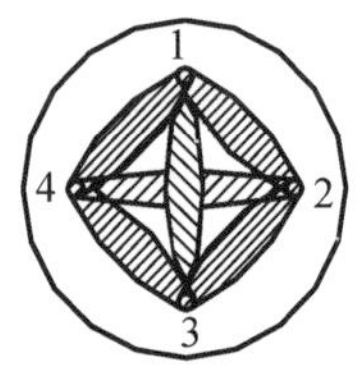

(c) D>2 000 mm

图 6-49　声测管布置图

6.3.2　现场检测

6.3.2.1　混凝土的龄期

超声波检测的主要目的是检测桩身混凝土的完整性，而分析方法主要是通过相对比较进行判断，因此，原则上只要求混凝土硬化并达到一定强度即可进行测量，而不必一定要达到设计强度或 28 d 龄期。《建筑基桩检测技术规范》(JGJ 106—2003)规定：当采用低应变或声波投射法检测时，受检桩混凝土强度至少达到设计强度的 70%，且不小于 15 MPa。混凝土达到设计强度的 70%一般需要 14 d 左右。

6.3.2.2　检测前的准备工作

(1) 了解灌注桩的有关技术资料、施工工艺、施工情况及地质资料等，这些资料将有助于对桩身缺陷的范围、性质做出判断。

(2) 将伸出桩顶的声测管切割至同一标高，测量孔口标高，以此作为计算各测点高程的基础。

(3) 用一段与换能器相同桩径的圆钢作疏通吊锤，检查声测管的畅通情况。

(4) 向声测管内灌满清水待检；对于长桩建议该步骤在下声测管过程中进行，以减小声测管内外的压力差，增加声测管的成活率。

(5) 给各声测管编号，用钢卷尺测量桩顶各声测管之间的净距，并作记录。

6.3.2.3　现场检测步骤

1. 常规对测

将发射、接收换能器分别置于两个声测管中，从管底或管顶开始以一定间距进行等高程对测(图 6-50)。测点间距各测试规程规定有所不同，《建筑基桩检测技术规范》(JGJ 106—2003)规定：测点间距不宜大于

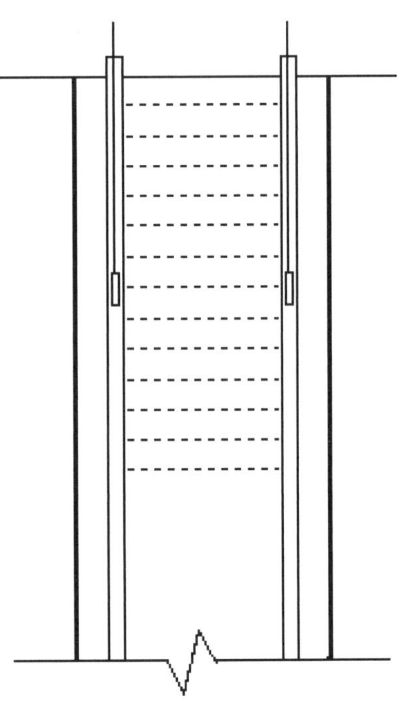

图 6-50　常规对测

250 mm。一对声测管测完后再换另一对声测管进行测试。

测试的参数包括声时、振幅和主频率，重点是声时和振幅，并对波形进行存储。

在现场检测时应注意观察声时、振幅及记录波形的变化，发现异常情况时应局部加密(即测点间距减小至 50～100 mm)，一方面验证常规对测的结果，另一方面可以借此确定异常部位的位置(深度)；在确定此处异常后，应进一步采用斜、交叉测量方法进行探测，以进一步确定缺陷的位置、判断其性质及严重情况。

2. 斜、交叉测量

所谓斜、交叉测量(图 6-51)就是将收、发换能器错开一定距离进行测量，错开的距离一般为 1～2 m，如果接收到的信号足够大，错开距离大一些有利于对缺陷的判断；斜测间距宜为 100～200 mm，通过斜、交叉测量可以进一步确定缺陷的位置，判断其性质及严重情况。

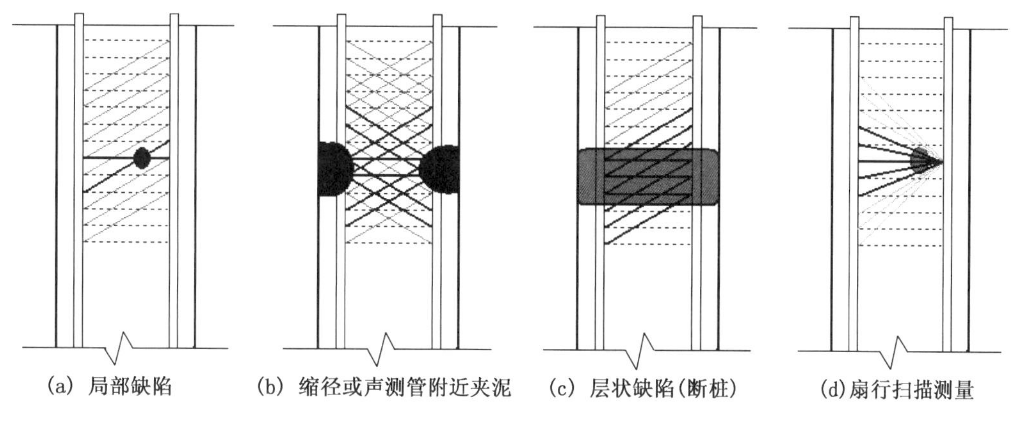

图 6-51 灌注桩的斜、交叉测量

(1) 局部缺陷：如图 6-51(a)所示，在对测中发现某测线测值异常(图中用粗实线表示，下同)，进行斜测时，如果在多条斜测线中仅有一条测线测值异常，其余均正常，则可以判断这只是一个局部的缺陷，位置就在两条实线的交叉点处。

(2) 缩径或声测管附件夹泥：如图 6-51(b)所示，在对测中发现某些测线值异常，则对其进行斜测。如果斜测测线中通过异常对测点收、发处测线的测值异常，而穿过两声测管连线中间部位的测线的测值正常时，则可判断桩中心部位混凝土结构正常，缺陷可能出现在桩的边缘、声测管附近，可能是缩径或声测管附近夹泥。

(3) 层状缺陷(断桩)：如图 6-51(c)所示，在对测中发现某些测线值异常，进行斜测时，如果斜测测线中不但通过异常对测点收、发处测线的测值异常，而且穿过两声测管连线中间部位的斜测测线的测值也异常时，则可判定整个断面的缺陷，如夹泥、混凝土疏松等，即断桩。

(4) 扇形扫描测量：如图 6-51(d)所示，为了减少换能器升降次数，作为一种辅助手段，也可进行扇形扫描测量，一只换能器固定某一高程不动，另一只换能器逐点移动，测线呈扇形。需要注意的是，扇形测量中的测距是各不相同的，虽然波速可以计算，相互比较，但振幅测值却没有相互可比性，只能根据相邻测点振幅的突变来发现振幅是否异常，进而判断测线是否遇到缺陷。

6.3.3 数据处理

声波检测中测试的声学参数主要是波速、振幅，必要时也测试主频和观察波形。

6.3.3.1 声速

声测管及耦合水的声时修正值 t'：

$$t' = \frac{D-d}{v_t} + \frac{d-d'}{v_w} \tag{6-22}$$

式中 t'——声时修正值，μs，精确到 0.1 μs；

D——声测管的外径，mm；

d——声测管的内径，mm；

d'——换能器的外径，mm；

v_t——声波在声测管管壁厚度方向的传播速度，km/s，精确至小数点后 3 位；

v_w——声波在水中的传播速度，km/s，精确至小数点后 3 位。

声波在混凝土中的传播速度 v_i：

$$v_i = \frac{l}{t_i - t_0 - t'} \tag{6-23}$$

式中 v_i——声波在混凝土中的传播速度，km/s，精确至小数点后 3 位；

l——两个检测管外壁间混凝土的距离，mm；

t_i——第 i 个测点声时原始测试值，μs；

t_0——仪器系统延迟时间，μs；

t'——声时修正值，μs。

6.3.3.2 振幅

信号首波幅值由下式计算：

$$A_{pi} = 20\lg\frac{a_i}{a_0} \tag{6-24}$$

式中 A_{pi}——第 i 测点信号首波波幅值，dB；

a_i——第 i 测点信号首波峰值，V；

a_0——零分贝信号幅值，V。

6.3.3.3 声波在混凝土中的振动频率

目前，我们使用的仪器均有频谱分析功能，声波在混凝土中的振动频率 F_i 可直接通过频谱分析得到。

6.3.3.4 波形记录与观察

实测波形的形态能综合反映发、收换能器之间声波能量在混凝土中各种传播路径上总的衰减情况，现场检测时应全部记录各测点的波形曲线，分析对比混凝土质量正常的波形曲线与异常的波形曲线，可作为对桩身混凝土完整性的辅助判断。

6.3.4 数据分析和判断

6.3.4.1 概率法

1. 概率法基本原理

正常情况下，由随机误差引起的混凝土质量波动是符合正态分布的，这可以从混凝土试件抗压强度的试验结果得到证实，由于混凝土质量（强度）与声学参数存在相关关系，可大致认为正常混凝土的声学参数的波动也服从正态分布规律。

混凝土构件在施工过程中，可能因为外界环境恶劣及人为因素导致各种缺陷，这种缺陷由过失误差引起，缺陷处的混凝土质量将偏离正态分布，与其对应的声学参数也同样会偏离正态分布。

具体做法是：根据抽样（测试）结果，确定抽样母体的正常随机波动、离散水平，再按正常波动水平推算一个点或相邻点在正常波动情况下可能出现的最低值，这个值就是临界值。因为若低于这个值，则说明这样的低值不可能是由正常波动引起的，而是过失误差导致的，那么这样的低值就是异常值。

2. *灌注桩声波检测时声速临界值的计算方法*

（1）将同一检测剖面各测点的声速值 v_i 由大到小依次排序，即

$$v_1 \geqslant v_2 \geqslant \cdots \geqslant v_i \geqslant v_{n-k} \geqslant \cdots \geqslant v_{n-1} \geqslant v_n \quad (k=0,1,\cdots,n) \tag{6-25}$$

式中 v_i——按序排列后的第 i 个声速测量值；

n——检测剖面测点数；

k——从零开始逐一去掉 v_i 序列尾部最小数值的数据个数。

（2）从零开始逐一去掉式 v_i 序列尾部最小数值后余下的数据进行统计。当去掉最小数值的数据个数为 k 时，对包括 v_{n-k} 在内的余下数据 $v_1 \sim v_{n-k}$ 按下列公式进行统计计算：

$$v_0 = v_m - \lambda \cdot S_x \tag{6-26}$$

$$v_m = \frac{1}{n-k}\sum_{i=1}^{n-k} v_i \tag{6-27}$$

$$s_x = \sqrt{\frac{1}{n-k-1}\sum_{i=1}^{n-k}(v_i - v_m)^2} \tag{6-28}$$

式中 v_0——异常判断值；

v_m——$(n-k)$个数据的平均值；

s_x——$(n-k)$个数据的标准差；

λ——由表 6-14 查得的与$(n-k)$相对应的系数。

表 6-14　λ-$(n-k)$对应系数

n−k	20	22	24	26	28	30	32	34	36	38
λ	1.65	1.69	1.73	1.77	1.80	1.83	1.86	1.89	1.92	1.94
n−k	40	42	44	46	48	50	52	54	56	58
λ	1.96	1.98	2.00	2.02	2.04	2.05	2.07	2.09	2.10	2.11
n−k	60	62	64	66	68	70	72	74	76	78
λ	2.13	2.14	2.15	2.17	2.18	2.19	2.20	2.21	2.22	2.23
n−k	80	82	84	86	88	90	92	94	96	98
λ	2.24	2.25	2.26	2.27	2.28	2.29	2.30	2.30	2.31	2.32
n−k	100	105	110	115	120	125	130	135	140	145
λ	2.33	2.34	2.36	2.38	2.39	2.41	2.42	2.43	2.45	2.46
n−k	150	160	170	180	190	200	220	240	260	280
λ	2.47	2.50	2.52	2.54	2.56	2.58	2.61	2.64	2.67	2.69

(3) 将 v_{n-k} 与异常判断值 v_0 进行比较，当 $v_{n-k} \leqslant v_0$ 时，v_{n-k} 及其以后的数据均为异常，去掉 v_{n-k} 及其以后的异常数据；再用数据 $v_1 \sim v_{n-k-1}$ 并重复式(6-26)—式(6-28)的计算步骤，直到余下的全部数据满足：

$$v_i > v_0 \tag{6-29}$$

此时，v_0 为声速的异常判断临界值 v_c。

(4) 声速异常时的临界值判据为

$$v_i \leqslant v_c \tag{6-30}$$

当式(6-30)成立时，声速可判为异常。

6.3.4.2 声速低限值法

当检测剖面 n 个测点的声速值普遍明显偏低、离散性很小且混凝土龄期大于 28 d 时，宜采用声速低限值判据：

$$v_i < v_L \tag{6-31}$$

式中 v_i——第 i 测点声速，km/s；

v_L——声速低限值，km/s，由预留同条件混凝土试件的抗压强度与声速对比试验结果，结合本地区实际经验确定。

当上式成立时，可直接判断为声速低于低限值异常。

6.3.4.3 PSD 判据(斜率法判据)

PSD 判据的全称是：声时-深度曲线相邻两点之间的斜率与声时差之积。

PSD 值按下列公式计算：

$$PSD = K \cdot \Delta t \tag{6-32}$$

$$K = \frac{t_{ci} - t_{ci-1}}{z_i - z_{i-1}} \tag{6-33}$$

$$\Delta t = t_{ci} - t_{ci-1} \tag{6-34}$$

式中 t_{ci}——第 i 测点声时，μs；

t_{ci-1}——第 $i-1$ 测点声时，μs；

z_i——第 i 测点深度，m；

z_{i-1}——第 $i-1$ 测点深度，m。

PSD 实际上是把相邻两测点声时突变放大，显然，在缺陷边缘处，由于声时值变化大，PSD 值也大，而正常混凝土处，声时变化不大，PSD 值则小，于是在 PSD 很大的地方，有可能是缺陷的边缘。这样根据 PSD 值在某深度处的突变，结合波幅变化情况，就可以进行异常的判定。

值得注意的是，对于某些缓变型的缺陷，由于这种情况下波速是一种缓变的变化，PSD 值并不大，所以不能反映出来。

斜率法的一个优点是：由于将声学参数声时变为没有物理意义的 PSD 值作为判断依据，而 PSD 值的大小主要取决于相邻测点的声时差值，对于因声测管不平行造成的测试误差对判断的干扰有削弱作用。

6.3.4.4 波幅判据

接收首波波幅是判定混凝土灌注桩桩身缺陷的另一重要参数,首波波幅对缺陷的反应比声速更敏感,但波幅的测试值受仪器设备、测距、耦合状态等许多非缺陷因素的影响,因而其测值没有声速稳定。且桩身混凝土声波波幅与正态分布的偏离较远,因此采用基于正态分布规律来计算波幅临界值可能缺乏可靠的理论依据。

因此,《建筑基桩检测技术规范》(JGJ 106—2003)中规定:波幅的临界值判据按应下列公式计算:

$$A_{\mathrm{m}} = \frac{1}{n}\sum_{i=1}^{n} A_{\mathrm{p}i} \tag{6-35}$$

$$A_{\mathrm{p}i} < A_{\mathrm{m}} - 6 \tag{6-36}$$

式中 A_{m}——波幅平均值,dB;

n——检测面测点数。

当上式成立时,波幅可判定为异常。

6.3.4.5 主频判据

声波接收信号的主频漂移程度反映了声波在桩身混凝土中传播时的衰减程度,而这种衰减程度又能体现混凝土质量的优劣。声波接收信号的主频漂移越大,该测点的混凝土质量就越差。但接收信号的主频受测试系统状态、耦合状况、测距等许多非缺陷因素的影响,其波动特征与正态分布也存在偏差,测试值没有声速稳定,对缺陷的敏感性不及波幅,在一般的工程检测中,主频判据用得不多,只作为声速、波幅等主要声参数判据之外的一个辅助判据。

6.3.4.6 实测声波波形

实测声波波形可以作为判断桩身混凝土缺陷的一个参考,前面讨论的声速和波幅只与接收波的首波有关,接收波的后续部分是发、收换能器之间各种路径声波叠加的结果,目前作定量分析比较困难,但后续波的强弱在一定程度上反映了发、收换能器之间声波在桩身混凝土内各种声传播路径上总的能量衰减。

6.3.4.7 桩身混凝土完整性的综合判断

相对于其他判据来说声速的测试值是最稳定的,可靠性也最高,而且测试值是有明确物理意义的,与混凝土强度有一定的相关性,是进行综合判断的主要参数,波幅的测试值是一个相对比较量,本身没有明确的物理意义,其测试值受许多非缺陷因素的影响,测试值没有声速稳定,但它对桩身混凝土缺陷很敏感,是进行综合判断的另一重要参数。PSD 突出了声时的变化,对缺陷较敏感,是进行综合判断的又一重要参数。主频判据及实测声波波形可作为综合判断的一个辅助判据。

综合分析往往贯穿于检测过程的全过程,因为检测过程中本身就包含了综合分析的内容,如对平测普查结果进行综合分析后找出异常测点进行加密测量、斜测、扇形扫描等,而不是说在现场检测完成后才进行综合分析。

现场检测和综合分析可按下列步骤:

(1) 采用平测法对桩的各检测剖面进行全面普查。

(2) 对各检测剖面的测试数据进行综合分析确定异常测点。

(3) 对各剖面的异常测点采用加密平测、交叉斜测、扇形扫描等手段进行加密检测。

(4) 综合各个检测剖面加密测试结果推断桩身缺陷的范围和程度。

(5) 在对缺陷的范围和程度进行推断的基础上,结合桩的使用要求、基础类型、缺陷的部位等因素,按表 6-15 的描述对桩身完整性类别进行判断。

表 6-15 桩身完整性类别

类别	分类原则	声学特征
Ⅰ	无任何不利缺陷,桩身结构完整	各检测剖面的声学参数均无异常,无声速低于低限值异常
Ⅱ	有轻度不利缺陷,但不影响或基本不影响原设计的桩身结构承载力	某一检测剖面个别测点的声学参数出现异常,无声速低于低限值异常
Ⅲ	有明显不利缺陷,影响原设计的桩身结构承载力	某一检测剖面连续多个测点的声学参数出现异常;两个或两个以上检测剖面在同一深度测点的声学参数出现异常;局部混凝土声速出现低于低限值异常
Ⅳ	有严重不利缺陷,严重影响原设计的桩身结构承载力	某一检测剖面连续多个测点的声学参数出现明显异常;两个或两个以上检测剖面在同一深度测点的声学参数出现明显异常;桩身混凝土声速出现普遍低于低限值异常或无法检测首波或声波接收信号严重畸变

6.3.5 工程实例

1. 例一

某工程 1—2 号桩,桩径 ϕ800 mm、桩长 45 m、混凝土强度设计值为水下 C25,共埋设3 根声测管,由于工程进度的要求测试时混凝土龄期为 10 d。典型的接收波形及各剖面声速(v)、波幅(A)曲线见图 6-52 和图 6-53。检测结果桩身混凝土质量正常、无缺陷。

2. 例二

某工程 S26 号桩,桩径 ϕ850 mm、桩长 70.12 m、混凝土强度设计值为水下 C30,共埋设 3 根声测管,由于工程进度的要求测试时混凝土龄期为 14 d。典型的接收波形及各剖面声速(v)、波幅(A)曲线见图 6-54—图 6-56。

检测结果如下:

(1) AB 剖面:54.41~58.41 m 之间严重缺陷;

(2) BC 剖面:52.66~57.91 m 之间严重缺陷;

(3) AC 剖面:52.16~57.16 m 之间严重缺陷;

(4) 综合判断:该桩在 54.41~58.41 m 之间存在严重层状缺陷。

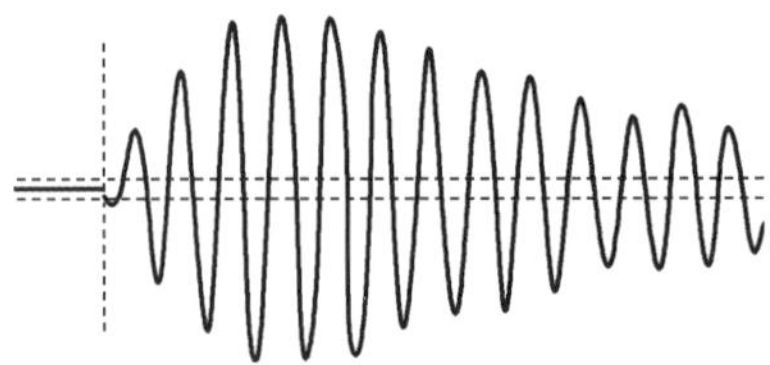

图 6-52 典型的接收波形

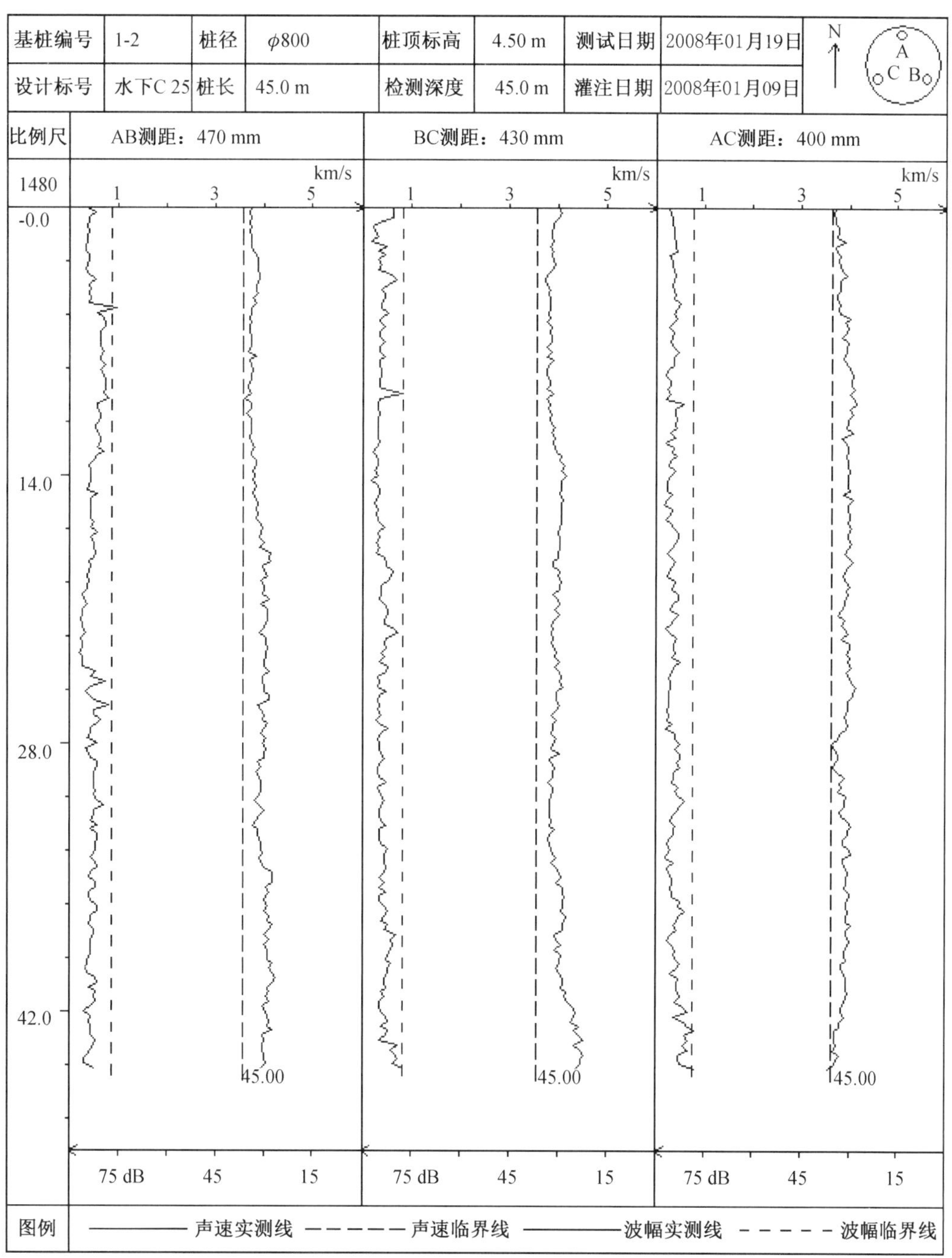
基桩编号
1-2
桩径
φ800
桩顶标高
4.50 m
测试日期
2008年01月19日
设计标号
水下C 25
桩长
45.0 m
检测深度
45.0 m
灌注日期
2008年01月09日
N
A
C
B
比例尺
1480
AB测距：470 mm
BC测距：430 mm
AC测距：400 mm
km/s
1
3
5
-0.0
14.0
28.0
42.0
45.00
75 dB
45
15
图例
声速实测线
声速临界线
波幅实测线
波幅临界线

图 6-53　各剖面声速(v)、波幅(A)曲线

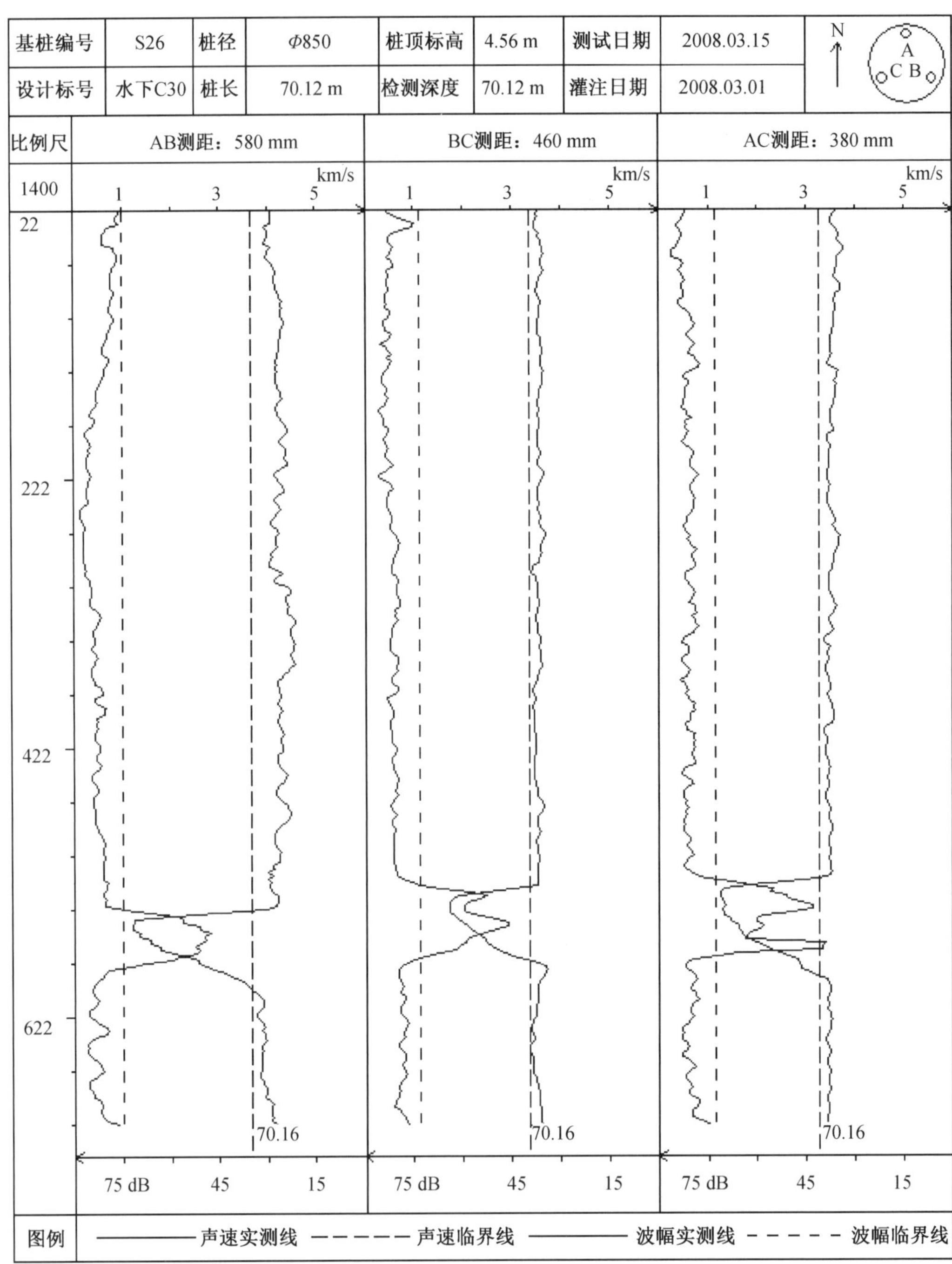
基桩编号
S26
桩径
Φ850
桩顶标高
4.56 m
测试日期
2008.03.15
设计标号
水下C30
桩长
70.12 m
检测深度
70.12 m
灌注日期
2008.03.01
N
A
C B
比例尺
AB测距：580 mm
BC测距：460 mm
AC测距：380 mm
1400
km/s
1
3
5
22
222
422
622
70.16
75 dB
45
15
图例
声速实测线
声速临界线
波幅实测线
波幅临界线

图 6-54 各剖面声速(v)、波幅(A)曲线

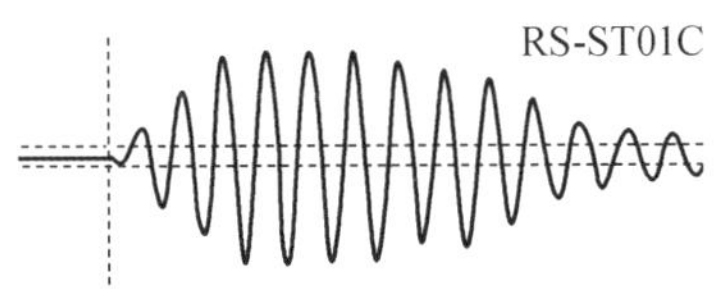

图 6-55 正常测点典型的接收波形

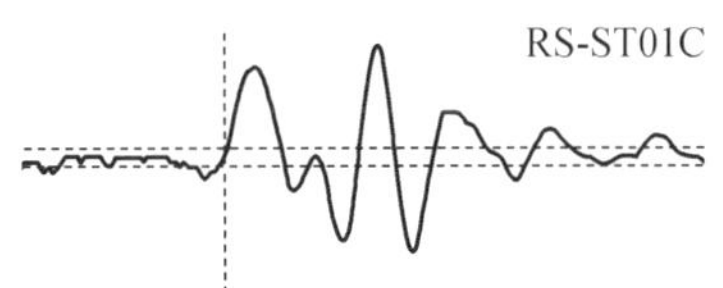

图 6-56 异常测点典型的接收波形

6.4 地球物理探测方法及应用

6.4.1 地下空间地球物理探测概念

地球物理探测是以地下物体的物理性质的差异为基础，通过探测地表或地下地球物理场的分布情况，分析其变化规律，来确定被探测地质体在地下赋存的空间范围（大小、形状、埋深）和物理性质，达到寻找地下目的物或解决水文、环境、工程问题为目的的一类探测方法。

这种物理性质差异有密度、磁性、导电性（电阻率）、弹性（波阻抗）等，相应于这些差异，有不同的物理场。这些场为重力场、地磁场、电流场、电磁场、弹性波场。

这些场可分为天然地球物理场和人工激发的地球物理场两大类。天然存在和自然形成的地球物理场有地球的重力场、地磁场、电磁场、大地电流场等。人工激发的有电场、电磁场、弹性波场等。这些场可以分为正常场和异常场。

正常场是指场的强度、方向等量符合区域范围内总体趋势、正常水平的场的分布特征，异常场是有探测对象所引起的局部地球物理场，往往叠加于正常场之上，以正常场为背景的场的差异和变化。地球物理探测就是寻找这样的异常场，达到探测的目的。

6.4.2 地球物理探测方法及特点

根据探测对象的物理性质，可将物探分为重力、磁法、电法、电磁法、电磁波法、地震、地球物理测井等多种方法。

6.4.2.1 重力勘探

重力勘探是研究由地下岩层与其相邻层之间、各类地质体与围岩之间的密度差而引起的重力场的变化（即“重力异常”）来勘探矿产、划分地层、研究地质构造的一种物探方法。重力异常是由密度不均匀引起的重力场的变化，并叠加在地球的正常重力场上。

重力观测的方法主要有动力法和静力法两种。动力法是观测物体的运动，直接测定的量是时间。静力法是观测物体的平衡，直接测量的量是线位移或角位移。静力法只能用于重力的相对测定，是目前重力勘探中用于重力测定的唯一方法。

6.4.2.2 磁法勘探

磁法勘探是研究由地下岩层与其相邻层之间、各类地质体与围岩之间的磁性差异而引起的地磁场强度的变化（即“磁异常”）来勘探矿产、划分地层、研究地质构造的一种物探方法。磁异常是由磁性矿石或岩石在地磁场作用下产生的磁场叠加在正常场上形成的，与地质构造及某些矿产的分布有着密切的关系。

磁法勘探按观测磁场的方式可以分为地面磁测和航空磁测两类基本方法。

6.4.2.3 电法勘探

电法勘探是以岩石、矿物等介质的电学性质为基础，研究天然的或人工形成的电场、磁场的分布规律,勘探矿产、划分地层、研究地质构造、解决水文工程地质问题的一类物探方法,也是物探方法中分类最多的一大类探测方法。按照电场性质的不同,可分为直流电法和交流电法两类。本节电法勘探指的是直流电法,交流电法则称为电磁法勘探。

直流电法勘探主要包括电剖面法、电测深法、充电法、激发极化法及自然电场法等。前几种方法是探测、分析人工向地下供入直流电形成的电场,而自然电场法则是探测天然电场。

1. 电剖面法

电极之间的距离保持不变、电极装置沿测线的不同测点进行观测,由于电极间距离不变,因而勘探的深度也是不变的。用此方法可以探明同一深度内岩层沿水平方向电性的变化,以了解地下相应深度范围内地质体的分布情况。按电极排列方式不同,电剖面法可分为四极对称剖面法、联合剖面法、中间梯度法、偶极剖面法和纯异常剖面法等。

2. 电测深法

用改变电极距的方法探测同测点在不同深度视电阻率的变化,以研究和确定不同电性岩层的电阻率值和埋藏深度。根据供电电极和测量电极之间的相对位置和电极排列方式的不同,电测深法可分为四极对称测深(又名垂向电测深)、不对称测深、轴向和偶极测深等装置类型。

3. 充电法

充电法指直接向天然出露或人工揭露的良导电性勘探对象供电,使之成为新电流源,在地面或钻孔内观测这种充电体的电场,根据电场的分布特点来研究充电体本身以及周围的地质分布情况的方法。例如,将食盐盐包(其水溶液为低阻体)放在地下水中并使它带电,则可以根据地面上电场的分布形态了解地下水的流向和流速。充电法在地面上观测电场的方法通常有电位法、电位梯度法和直接追索等位线法三种。

4. 激发极化法

激发极化法是基于研究岩石或矿石在外电场作用下所产生的次生极化(激发极化)电场,来勘探金属矿产、查找地下水、研究地质构造的一种电探方法。激发极化法可以采用电阻率法的各种装置进行,实际工作中经常采用中间梯度装置。

5. 自然电场法

自然电场法是基于研究地壳内因各种物理和化学作用形成的自然电场,从而达到勘探矿产和解决水文工程地质问题的一种电探方法。

电剖面法和电测深法是以研究岩石电阻率为基础的电探方法,故统称为电阻率法。充电法、激发极化法以及自然电场法,则是以研究电位为基础的电探方法。

6.4.2.4 电磁法勘探

电磁法勘探,即交流电法勘探,是以地下岩土体的导电性、导磁性和介电性差异为基础,通过研究天然的或人工的电磁场的分布来寻找矿产资源会解决地质问题的一类电法勘探方法。

电磁法勘探种类较多,按场源的形式可分为人工场源(或称主动场源)和天然场源两大类。人工场源类电磁法包括电磁回线法、电磁偶极剖面法、无线电波透射法、甚低频法、瞬变电磁法、可控源音频大地测深法、地质雷达法等。天然场源类电磁法包括天然音频地磁法、大地电磁法等。

6.4.2.5 地震勘探

地震勘探是一种使用人工方法激发地震波,观测其在岩体内的传播情况,以研究、探测岩体地质结构和分布的物探方法。地震波自震源向各方传播，在存在波速或波阻抗差异的岩层、各类目的体分界面上会发生反射和折射，然后返回地面，引起地面振动。通过仪器设备（地震仪、检波器等）记录振动（地震记录），通过分析解释地震记录的特性（传播时间、振幅、相位及频率等），就能确定分界面的埋藏深度、岩石的组成成分和物理力学性质。

按照质点运动的特点和波的传播规律，地震波常可以分为体波和面波。体波包括纵波和横波两种。面波主要有瑞雷波和勒夫波等类型。

根据所利用弹性波的类型不同，地震勘探的工作方法可分为反射波法、折射波法、透射波法和瑞雷波法。

1. 反射波法

反射波法是指由地面测线上的各测点观测接收各类波阻抗界面反射波旅行时，根据旅行时与地面各接收点间的位置关系（时距曲线），确定波在介质中的传播速度、反射界面的埋深和形态，以解决与地层、构造、岩溶等有关的地质问题的方法。

2. 折射波法

由震源产生向地下半无限空间入射的地震波，当地震波遇到上覆介质波速低于下伏介质波速的界面时地震波沿界面滑行并返回地面，这种波称为折射波。界面滑行波使界面附近的v1 介质中的质点发生振动，并返回地面，这种波称为折射波，或称首波。根据旅行时与地面各接收点间的位置关系，便可求得形成折射波的地层界面的埋藏深度和起伏形态。

3. 透射波法

透射波法在工程中一般在两钻孔、平硐或平行的两侧壁之间使用（这时亦称为穿透波法），可以测定钻孔、平硐或平行的两侧壁之间地质体的波速和形状、位置分布。

4. 瑞雷波法

瑞雷波法亦称面波法，是研究地震瑞雷面波在地表和地下一定范围内层状介质中传播特征和频散现象以解决工程地质问题的探测方法。由于瑞雷波的传播速度取决于地表及地下相邻地层的横波传播速度、频率和层厚等，研究其变化规律便能了解地层的瑞雷波速度和厚度分布情况。一般可分为稳态瑞雷波法和瞬态瑞雷波法两类。

6.4.3 地球物理探测技术在地下空间应用

6.4.3.1 线路和场地勘察与评价

线路和场地勘察与评价，尤其是对一些工程地质条件复杂、地质构造发育地区，在大型水利和变电站、核电站等场地选择铁路、公路、地铁、输油气管线的线路选择，都需利用工程地球物理技术查清不良地质体、不良地层、基岩厚度、断层分布、障碍物的分布等不良地质环境，对线路和场地进行选择和评价。

在这一领域，常用的方法有地震、雷达、高密度电法等；地震一般常用于探测地质构造，雷达及高密度电法用于探测浅层的范围比较小的障碍物。

在沿海某地要建造一跨海大桥，需要事先了解拟建桥址轴线附近海底的地质构造和海底第四系覆盖层情况，为大桥基础设计提供依据。探测方法采用水上反射地震技术。

测线沿大桥轴线方向布设，工作装置如图 6-57 所示。震源采用锤击方法，偏移距为 30 m，道间距为 10 m。采用走航式连续测量方法。定位方式为 GPS 实时差分技术，以满足定位精度。

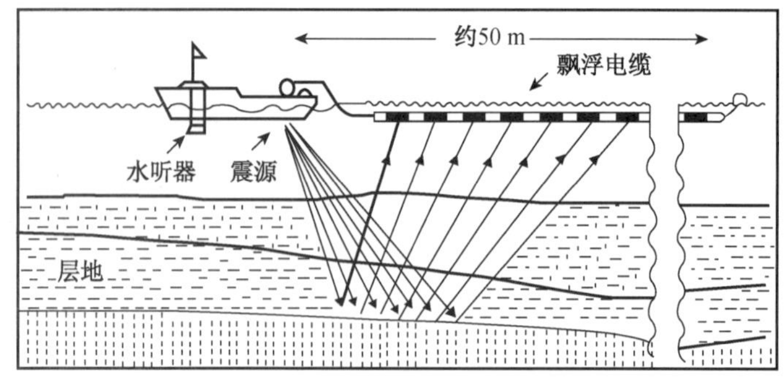

图 6-57 水上地震勘探布线装置示意图

图 6-58 为设计桥梁轴线位置测线的地震映像时间剖面图，图中可见两组能量很强的反射同相轴，依据验证钻孔资料，分别对应为江底和基岩面的起伏变化，江底的反射时间在 8.5～26 ms，基岩面的反射时间在 25～42.5 ms，基岩面最大埋深约 32 m。此次物探工作，查明了勘查区域海底基岩面的起伏变化情况，第四系覆盖层的厚度变化情况，及轴线上地质构造的发育情况，为大桥选址提供了基础资料。

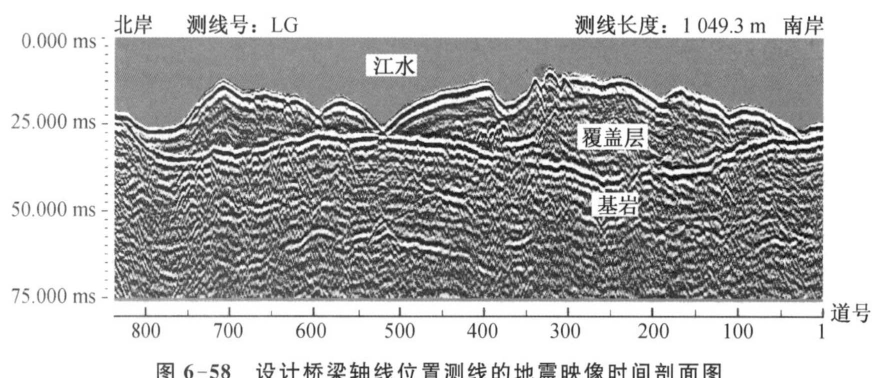

图 6-58 设计桥梁轴线位置测线的地震映像时间剖面图

图 6-59 为在第四系覆盖层比较厚的地区地震勘查结果。从实测的地震剖面中可以清晰地分辨出地下各种不同土质的分布情况，也说明地震可以在地层变化比较复杂地区清楚地划分出地层单元的变化，如古河道、古池塘等不良地质体。

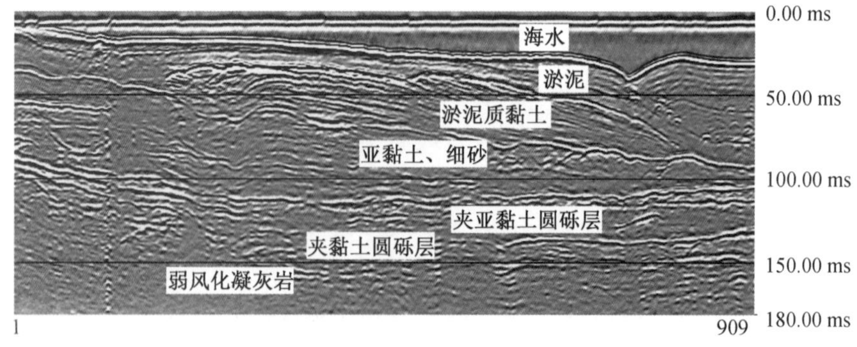

图 6-59 某测线水域地震反射波时间剖面图

图 6-59 为某测线水域地震反射波时间剖面图，图中可见 5～6 组能量较强的反射同相轴，据附近钻孔资料，分别对应海水、淤泥、淤泥质黏土、黏土、细砂、亚黏土、黏土圆砾交互层和基岩顶界面的起伏变化。图中可见第一层圆砾反射时间在 93～116 ms，第二层圆砾在 135 ms

附近，基岩面的反射时间在 96～158 ms，基岩最大埋深在 145 m 左右。

6.4.3.2 基岩及溶洞探测

某地拟建一座跨河大桥，建桥场地地貌特征：河床宽 150 m，桥的跨度 400 m，地质结构简单，上覆第四系，由卵石、砂及黏土组成，基岩为灰岩、泥灰岩组成。基岩里溶洞发育，因此在大桥设计时，应查清第四系覆盖厚度及溶洞发育情况。

根据场地地球物理条件及现场情况，采用高密度电法作为探测的主要方法。下图为实测高密度电法视电阻率断面图，在图中可以看到河床底部为高阻层，从上向下，电阻率变化比较大，到基岩后，电阻率相对比较均匀，但在局部出现低阻异常。根据异常特征及钻孔验证，这些低阻异常对应的是溶洞。图 6-60 为实测视电阻率断面图及相应的地质解释断面。

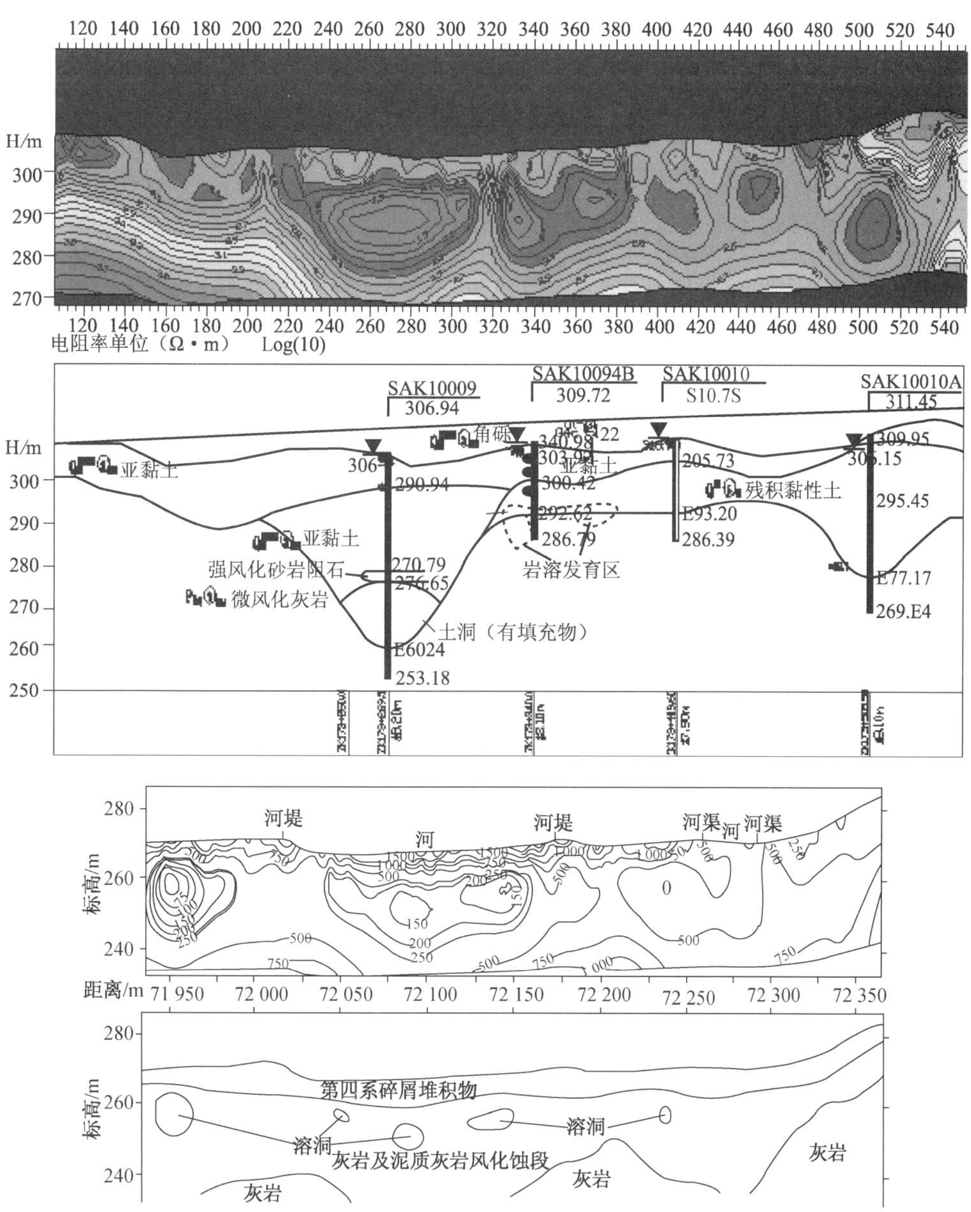

图 6-60 高密度电法的实测电阻率等值线图及地质解释剖面

6.4.3.3 面波进行基岩界面探测

某市污水处理厂要铺设排(集)污干管,部分地段采用顶管施工工艺。顶管需要在第四系上覆土层中顶进,而根据该工程地质勘察报告,发现顶管施工标段内下伏石灰岩顶面埋深起伏变化很大,从 3 m 到十几米不等(该段绝大部分设计顶管底界面埋深为 8~9 m),因此对顶管施工影响较大。在施工之前需查明顶管施工路段内的基岩面埋深变化情况,为工程施工和管理提供依据。

根据工程地质勘察报告,并结合现场已开挖顶管工作井的施工情况可以发现,场地自上而下地层主要为:填土、粉质黏土、粉细砂、灰岩。此次工作内容为查明道路下方的石灰岩顶面埋深变化情况,而石灰岩与覆盖层中不同成分的土层之间存在较大的物性参数差异,包括密度、波速和电性参数等差异,具备较好的地球物理探测条件。经现场方法适用性试验,最终确定采用多道瞬态瑞雷面波法探测该工程的基岩面埋藏深度。在需要探测下伏石灰岩顶面埋深的道路上,沿设计污水顶管两侧边线分别各布置 1 条瑞雷面波测线,每条测线长度均为 4.74 km。

通过对瑞雷面波进行一系列的处理和分析,得到面波层速度彩色剖面图。从面波层速度彩色剖面图中可看出,覆盖层中不同成分的土层的面波层速度有所不同,覆盖层的速度一般在 100~350 m/s 之间;灰岩的层速度一般大于 400 m/s,随埋藏深度不同有一定变化。

通过结合钻探验证孔资料,探明了路段的顶管施工影响区域的基岩面埋藏深度,如图 6-61 所示。

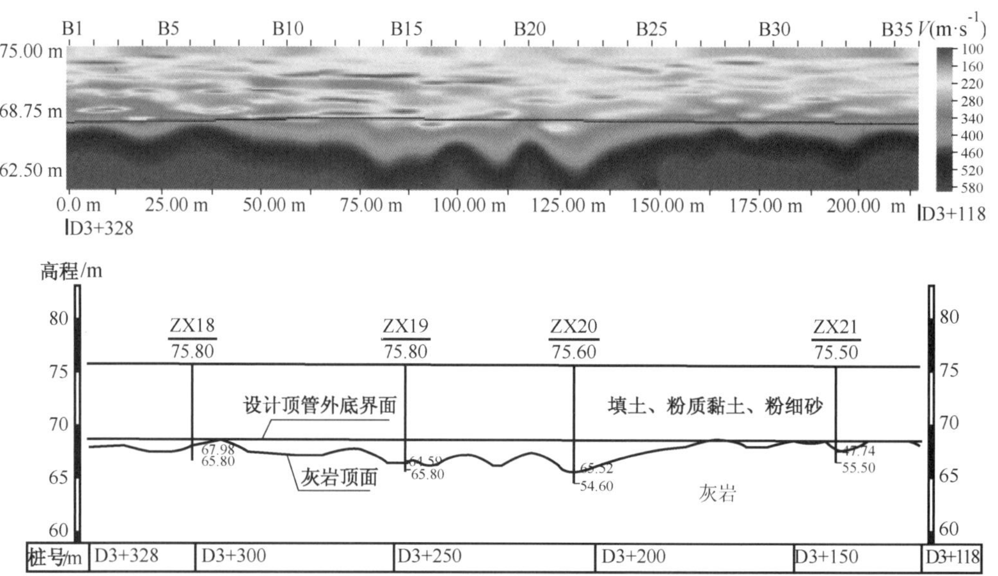

图 6-61 广西某工程基岩面探测面波实测剖面及解释成果图

6.4.3.4 面波进行地基加固效果检测

在一些建筑施工过程中,常常由于地形原因,需要对场地进行回填。为保证地基的承载力,对回填部分需进行加固。在某地拟建一座大型工厂,场地占地面积一千多亩,属丘陵地形。浅层范围内地层包括第四系全新统、上更新统沉积物。由于本工程场地原始地表起伏大,对山丘进行挖除,并对低洼处进行了回填,回填至统一标高,回填深度最大达到约 14.0 m,并进行强夯加固。加固时对不同回填土深度采用不同能级强夯进行处理。由于在一个场地内,回填的厚度不同,施工单位、施工工艺也有差别,需要对加固效果进行检测。现在常用检测方法有载荷试验、原位测试等，但这些方法成本较高，因此通常这些方法的检测数量一般都不大，覆盖面比较小。通过瞬态面波技术可以方便快捷地对全区进行强夯加固效果检测，了解加固深度，还可以通过面波速度与横波的关系，了解加固土体的密实度。

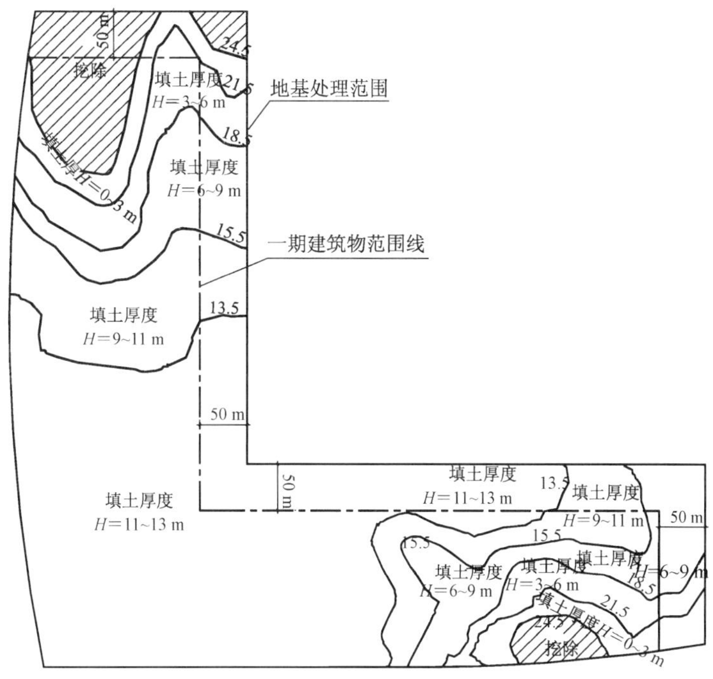

图 6-62　场地平面示意图（阴影部分为挖方）

检测点布设原则是涵盖整个强夯区域，尽量均匀布设，点位一般设在拟建建筑范围，一个单体建筑至少有 3 个检测点。为了解强夯地基加固的效果，对全区各测点在夯击前后各进行一次面波测试。通过前后两次波速变化情况，检测加固效果。

根据频散曲线特征可以判断出夯击影响深度，图 6-63 是测区内某点的实测频散曲线，图中深色曲线为夯前频散曲线，浅色曲线为夯后实测曲线，从图中可以看出夯击后上部波速有了明显增加，8 m 后两条曲线趋于重合，该深度即为夯击影响深度或者加固深度。

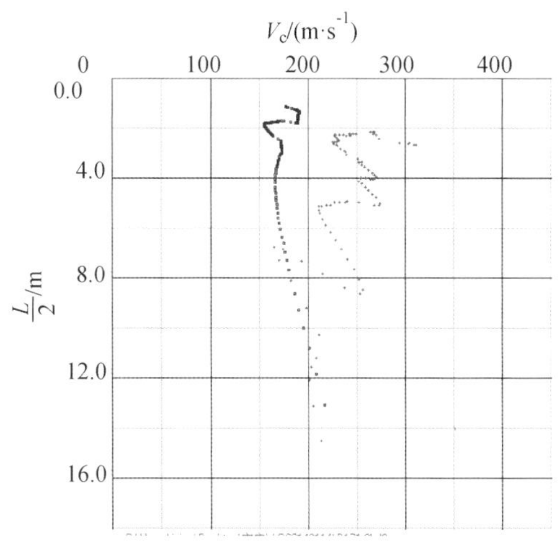

图 6-63　强夯前后的单点实测频散曲线（浅色为强夯后的结果）

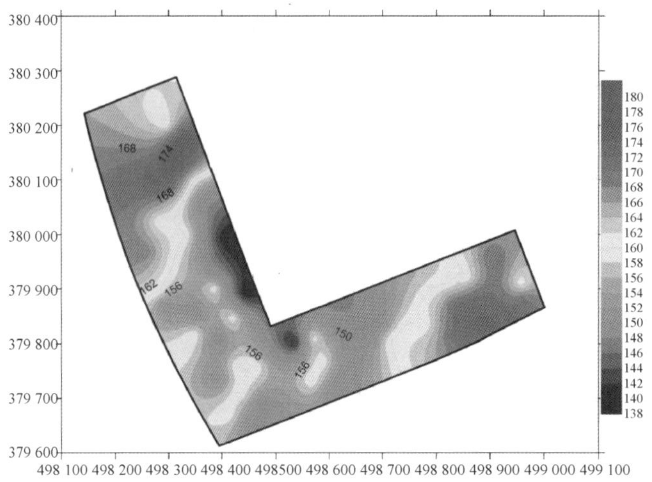

图 6-64 夯击前面波速度分布平面图

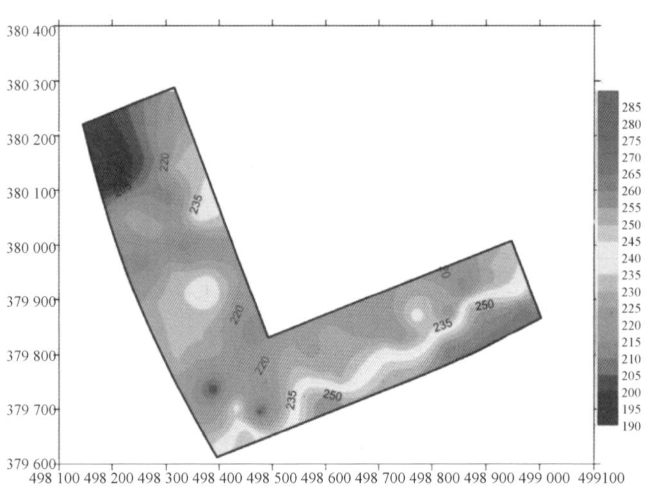

图 6-65 夯击加固后回填部分面波平均波速平面等值线

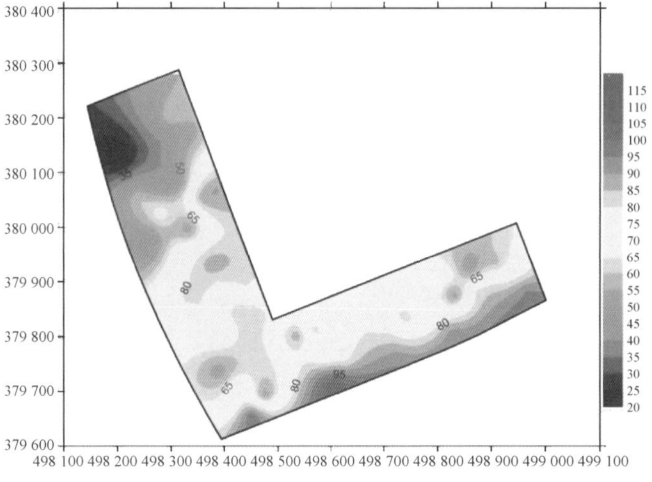

图 6-66 夯击加固后回填部分面波波速增量平面等值线

将加固前的波速与加固后的波速进行比较，各点夯击前后的波速增量绘制成图，可以比较清楚地看到整个区域的加固效果。整体上分析，通过航迹各点的面波速度均有明显的增加，增加幅度在 50～80 之间。此图说明夯击加固效果明显，但局部还欠均匀，可能与回填厚度、回填土质及夯击质量有关系。

6.4.3.5 地下障碍物探测

地下障碍物是旧建筑物的桩基、深埋管线、人防工程、炸弹等物体。近几年来，旧城区改造工作大力发展，在拆迁过程中上部结构虽然已经拆除，但基础仍在，况且大部分旧建筑的基础资料不全，有些基本没有。在市政建设方面，现在非开挖技术应用得非常普遍，这些管线一般均比较深，但基础资料归档工作非常欠缺，线路的平面位置、埋深等资料不全，而且相当不准确。20 世纪六七十年代在城市中建有大量的人防工程，现在这些工程基本都已弃用，资料已无法寻找。这些遗留物现已成为地铁、市政建设的重大隐患。对这些障碍物的调查也是工程地球物理探测的一项重要内容对象。

在这一领域，常用的方法有地质雷达、高密度电法、磁测、超声波等。

上海某区一地块要进行商业开发，拟建一商业中心，但在该地块内有一早年间的人防通道，施工前查明该人防通道的范围及埋深。经现场踏勘，根据现场情况，采用面波法进行探测。测线垂直于场地长轴布设。图 6-67 是实测面波视速度-深度剖面，从图中可以清晰地看到在测线中部有一高速区，说明在这一场地内，面波对人防通道的反映良好。

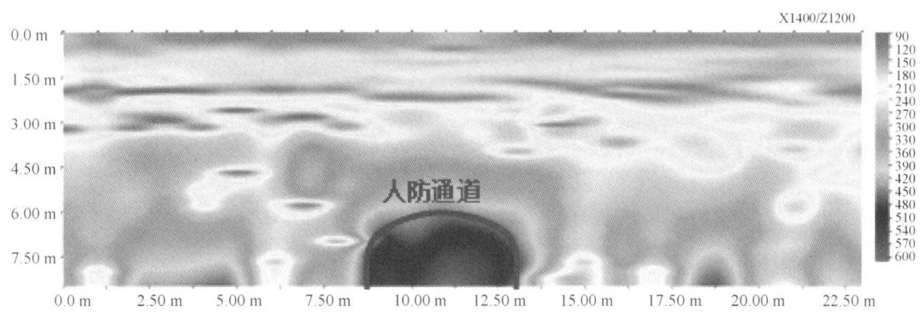

图 6-67 某人防通道瑞雷波面探测视层速度剖面图

6.4.3.6 地下桩基探测

在一些工程建设中，经常会碰到一些已经拆除的废旧建筑，但桩基础却留在了地下，为后面建筑施工留下隐患。尤其是顶管、盾构等地下隐蔽施工工程，这些遗留桩基如果处在施工轴线上，将会给施工带来很大影响。因此在设计或施工阶段需要查明遗留桩基的平面位置和桩底深度。

对遗留桩基的探测一般采用雷达和井中磁梯度法进行。雷达用于探测桩基的平面位置，这是基于一般桩身混凝土结构与其周围的土在电阻率、密度、介电常数等物性方面都有很大的差异。井中磁梯度探测用于探测桩长。因为无论是钻孔灌注桩还是预制混凝土桩，其结构都是钢筋混凝土结构，其钢筋为强磁性物体，这是可以用磁测探测桩长的地球物理前提。

在某市拟建造的一地铁线路从一已经拆除的建筑物下方穿过，在确定地铁线路时，必须先了解下面的基础形式，即有无桩基础，转化基础的位置及桩长。图 6-68 是测线布置图。

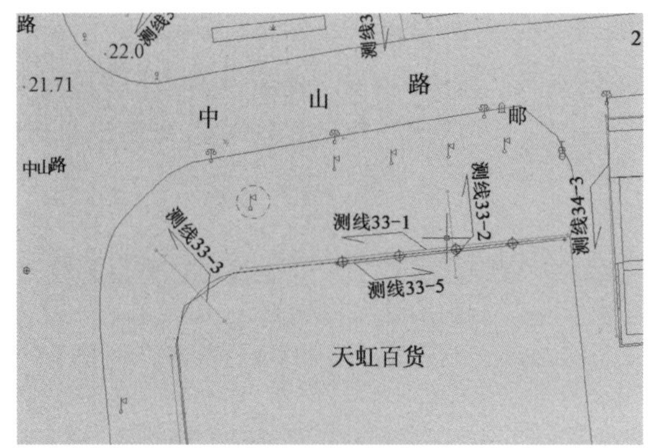

图 6-68　某建筑探测雷达测线布置图

雷达采用连续工作方式进行，图 6-69 是雷达实测剖面曲线，在剖面上可以清楚地分辨出地下 4 根桩基的位置。

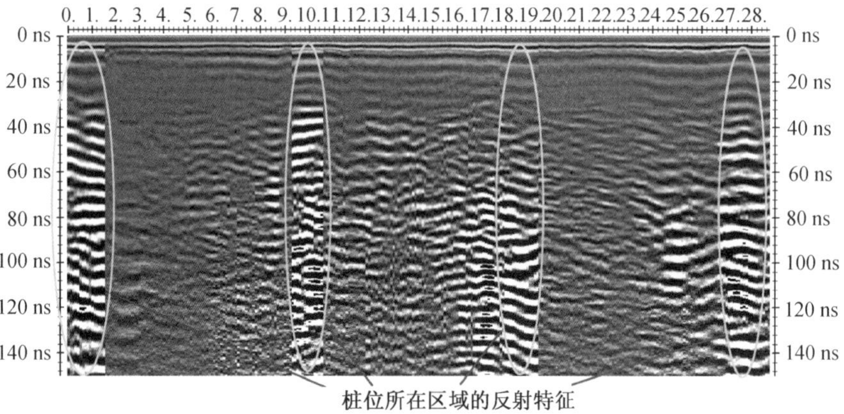

图 6-69　雷达实测剖面曲线图

在探明桩基的平面位置后，再利用孔中磁测探测桩身长度。即在桩的旁侧打一直径 10 cm 的钻孔，进行孔中磁法测量，根据磁异常特征，判别桩身长度。图 6-70 是实测孔中磁梯度曲线。根据磁测曲线可以判定出桩顶和桩底位置。

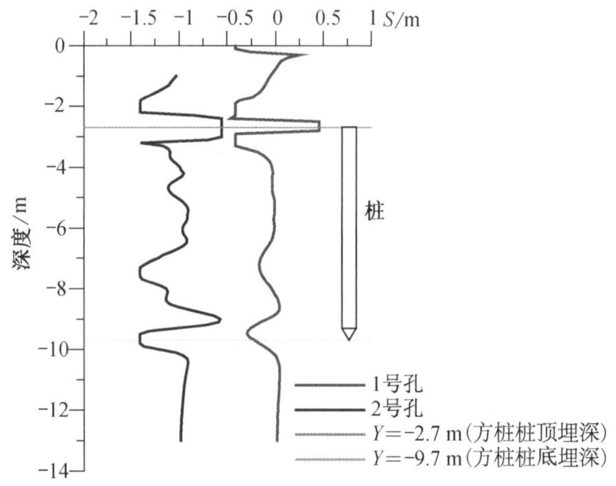

图 6-70　实测孔中磁梯度曲线

另外由于城市的快速发展，地下空间也日益显得拥挤，除地铁外，一些大型管道铺设得越来越深，这些管道又是非常重要的城市设施，如大型原水管道、合流污水管道、航油管等。这些管道有时埋深达一二十米，在其附近施工稍有不慎就会造成难以估计的后果。

在某地有一深埋的通往机场的航油管道，新设计的地铁线路与航油管道线路交叉，在地铁线路定位之前需详细了解该管道的空间分布情况。由于管道埋深非常深，一般的管线探测方法无法达到相应的探测深度，图 6-71 是采用此梯度探测的实测曲线。根据孔中磁梯度探测，清楚地探明了该管道的空间位置。

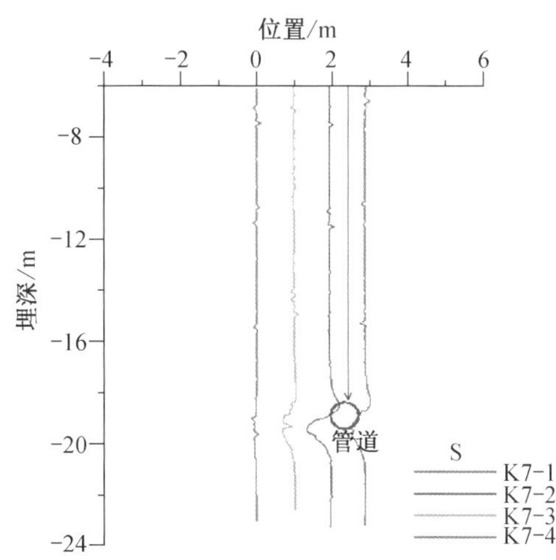

图 6-71　某 ϕ813 非开挖天然气顶管探测(埋深 22.1 m)

6.4.3.7　地质灾害评估

在一些大型基本工程建设中，前期必须对拟建场地及周边环境进行地质灾害评估。通过对工程选址区域的工程地质遇到的问题的调查，如滑坡、溶洞、暗浜、地面沉降、坝基漏水等，制订相应的防治措施，使工程的百年大计落到实处，而在这一过程中，工程地球物理起着非常重要的作用。这些调查的内容也是工程地球物理研究的对象。

在这一领域，常用的方法有地质雷达、高密度电法、面波法、浅层地震等。

1. 堤坝隐患探测

在浙江有一座集防洪"灌溉"供水等功能于一体的中型水库，大坝为均质坝，全长 2 007 m，顶宽 4 m，坝体主要由土壤填筑而成，夹有砂土透镜体。河槽坝段坝后常年存在渗水明流，后来坝前坡出现严重的冒泡现象。水库安全鉴定时先期开展了具有扫描功能的高密度电法进行探测。

地球物理特征，根据现场踏勘结合工程经验类比，确定坝体填土正常的背景值。砂黏土、壤土的电阻率一般为 20～30 Ω·m，含水中细砂的电阻率一般为 40～60 Ω·m，含水量较少砂类土的电阻率一般为 70 Ω·m 以上。

高密度探测结果解释：高密度探测时，在河槽坝段布置了两幅横剖面，用以查明坝基渗漏的原因。从高密度电法成像图可以发现在坝体中存在较多的砂土透镜体。建库时河槽坝段坝基砂清除不彻底，坝基分布着较厚的砂土，坝基砂是造成坝基渗漏的主要原因。经后期钻孔验证，坝顶为碎石土，坝基为中粗砂，坝体内部存在 5 m 左右的中粗砂透镜体。

图 6-72 为高密度电法的实测剖面图。图中可见一高阻异常。开挖验证证明在异常部位，坝体结构复杂，坝身材料疏松，夹有近 5 m 后的砂砾层。

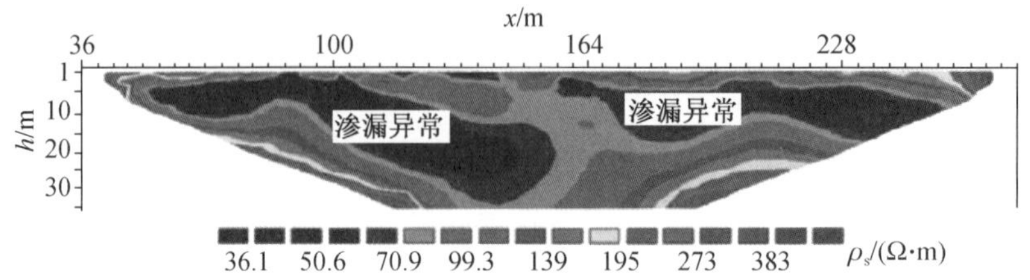

图 6-72　高密度电法的实测剖面图

2. 隧道超前预报技术

在岩溶发育山区，容易发生涌水事故，含水性的预报又是难中之难，而地质雷达在探测地下水方面有其独到之处，加之岩溶山区隧道开挖的推进速度较慢，用雷达进行地质超前预报，完全可以满足施工需求。在实际工程应用中，地质雷达对岩溶发育预报的准确性是大家关注的焦点。图 6-73 是地质雷达工作原理示意图。

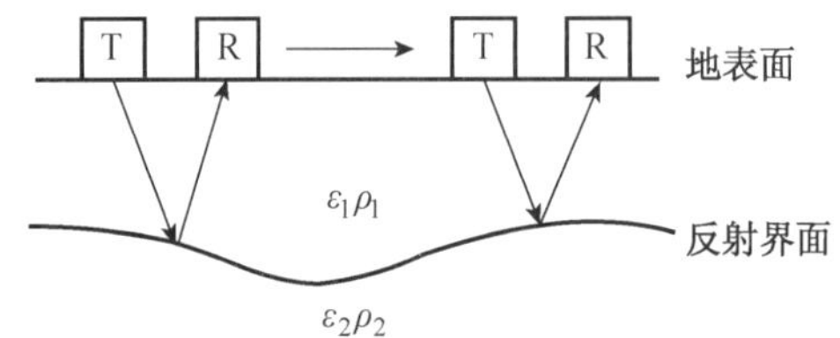

注：T为发射天线，R为接收天线，ε为介电常数，ρ为电阻率。

图 6-73　地质雷达工作原理示意图

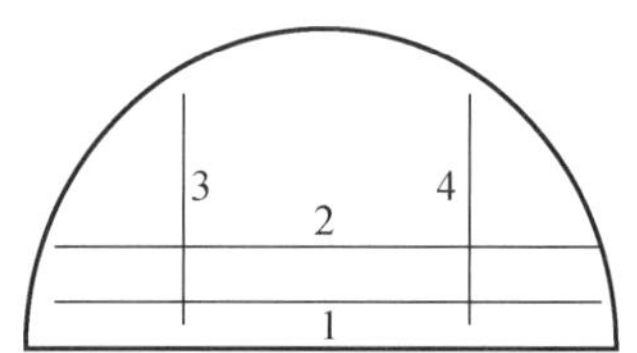

图 6-74　隧道内测线布设示意图

图 6-74 为某公路隧道的探测天线，其频率为 50 MHz，收发距为 1 m，100 MHz，收发距为 0.5 m。

图 6-75 是施工预报中遇到的一些典型雷达图像。

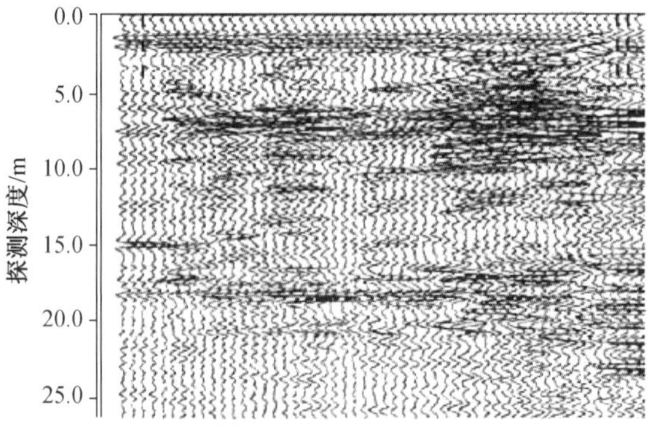

图 6-75　裂隙发育的雷达图像

探测部位出露岩层为中厚—厚层状白云岩，层间泥质充填，底部岩体较破碎，节理、裂隙发育，拱顶处岩体完整性相对较好，掌子面渗水，岩体湿润程度较高。

此次探测深度约为 25 m，从图 6-75 中可以明显看出在 2～10 m 范围内，反射波同相轴错断，波形较杂乱，反射界面不连续，局部雷达波振幅较强，推断该处节理、裂隙发育，岩体较破碎，有泥质充填现象，且局部岩体的湿润程度较高（即相对介电常数变化较大），导致反射波振幅增大。

探测区域出露岩层为薄至中厚层状大冶组灰岩，层间平直，有黏土充填，岩体破碎，节理裂隙发育且较多被方解石充填，岩体湿润。

由图 6-76 可见，4～15 m 范围内（图中圈注部分）雷达反射波较强，波形杂乱无章，存在明显的异常，经现场多次测试，重复性极好。该地段现场地质情况较差，掌子面有大量泥质黏土充填，且处于易出现溶蚀的灰岩地段，而前方异常区的范围较大，结合现场地质情况和雷达反射波图像，推断掌子面前方出现溶洞的可能性极高。图 6-76 所示异常区内波形杂乱，相对介电常数不稳定，推断该溶洞可能为充填型溶洞，且充填物质不均匀。

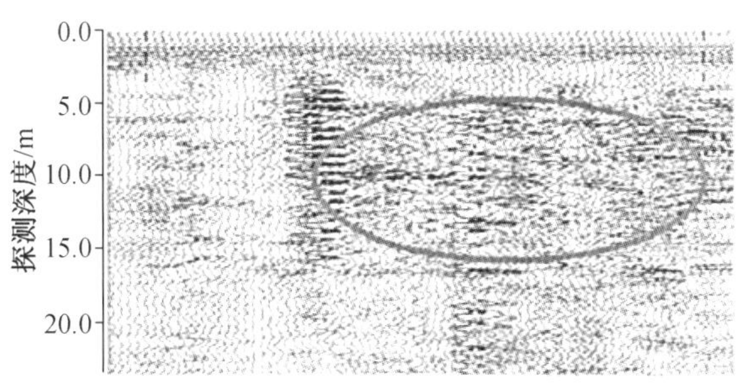

图 6-76 实测图像

3. 关于岩石完整性的判别

探测区域岩层为中厚层状白云岩，层间结合较好，方解石脉充填，局部少量泥质充填，掌子面较干燥，节理、裂隙发育。

由图 6-77 可见，2～9 m 范围内雷达图像简单清晰，几乎没有明显的反射波信号，而 10 m 以后又出现较明显的反射信号，显然该处并不是由于强吸收导致的信号衰减，推断该范围内电导率较小，相对介电常数变化不大，因此该处应为较完整的干燥岩体。9 m 之后，反射波同相轴出现错断现象，且波形较为杂乱，推断该范围内裂隙较发育，岩体较破碎，由于图像中没有出现明显的强反射区，因此推断该掌子面前方 25 m 范围内，岩体较干燥，无明显的含水现象。

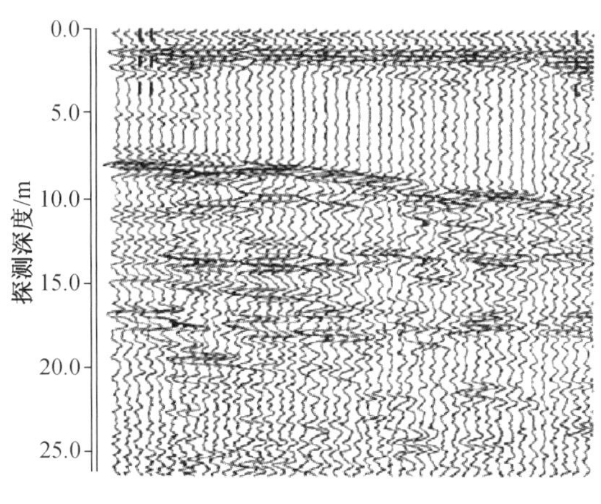

图 6-77 雷达实测图像

6.4.3.8 工程检测

工程构筑物的检测,地下埋设物的检测,也是工程地球物理的重要研究领域。它发挥了工程地球物理高分辨率的特点。现在检测领域不断拓宽,研究对象有:桩基、墩台、大型立柱、钢结构混凝土初砌、桥梁结构、锚杆、锚索、地下管线及钢筋腐蚀程度等。

工程检测分为两大部分,一部分为已建工程的整体质量检测,另一范畴为无损检测。无损检测我们常接触到的有桩检和房检。另一类无损检测常用于钢结构检测,其中我们经常接触到的有大型钢体结构的焊接质量、钢管桩、PHC 管桩的焊接质量等。对这些大型钢体结构焊接质量的检测方法有我们熟悉的超声技术,相当于我们桩检的超声探测仪。超声检测主要是通过超声衍射进行测量,而与我们桩检的对穿走时,尚有差别,但基本原理基本相同。

此外,还有磁粉检测、涡流检测、射线检测等,这些检测都是用于检测金属材料。

1. 锚杆锚固质量的检测(反射波法)

锚杆缺陷包括长度短缺、空浆、不密实。锚杆注浆密实度好,波形就规则,频率相对较高,振幅较小,衰减快且有规律。当应力波从正常的锚杆部位传到空浆部位,波阻抗相对变小,其反射系数为负值,空浆部位的反射波和入射波相位相反,锚杆底部若和岩体接触得不紧密,底部反射会明显且和入射波相位相反。应力波传播到不密实部位通常表现为波幅的突然衰减。应力波反射法就是在实测波形中找出不符合衰减规律的波,如相对前后波幅突然增大或减小的波,结合仪器给定的其他参数,综合判断锚杆质量。

在工程建设中,为了锚固围岩,在左右岸边坡等位置设计砂浆锚杆一万余根,锚杆长度为 2.6~4.0 m,检测工作是应力波反射法,端发端收方式,对锚杆工程进行了抽查检测,共计检测锚杆 408 根,检测出不合格锚杆 38 根,不合格率 9.3%。通过对波形规则且杆底反射清晰的锚杆(设计长度已知)进行反算,本次测试工作锚杆波速统一取 4 900 m/s。

(1) 优良类锚杆。检测波形规则、振幅较小、衰减较快且有规律(图 6-78)。杆底反射处有微弱的底部反射,推断没有空浆或不密实,底部和岩体结合紧密,实测锚杆长度满足设计要求的,质量分类可以判定为优。

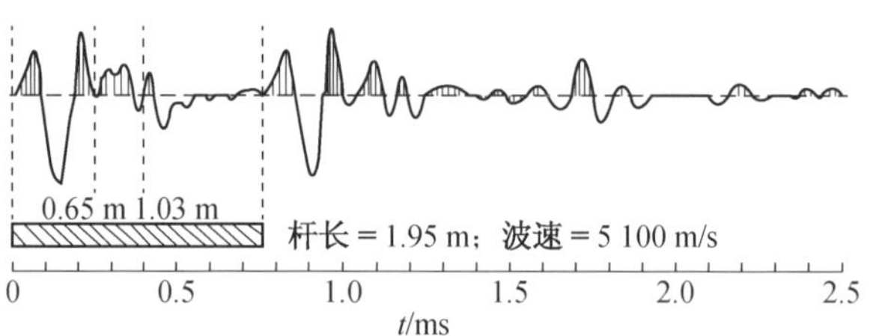

图 6-78 优良类锚杆监测波形

(2) 合格类锚杆。检测波形较规则,除底部有微弱的反射外,图 6-79 所示空浆部位也有较弱的反射,波幅较前波幅大且相位和入射波相位相反,推断为空浆。锚杆长度符合设计要求,质量分类可以判定为合格。

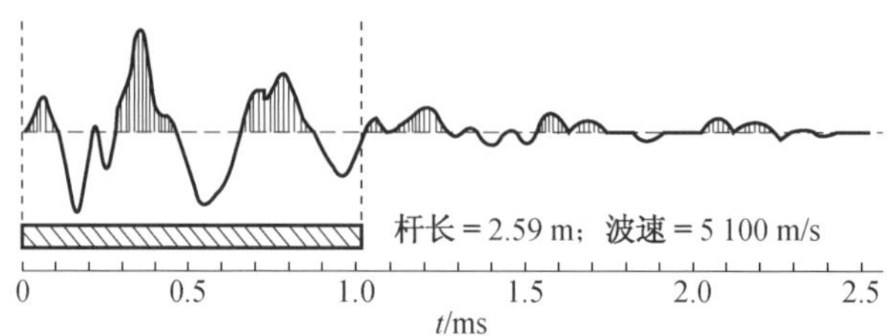

图 6-79 合格类锚杆监测波形

(3) 不合格类锚杆。检测波形较规则，底部都有较强的反射，推断为锚杆底部和岩体结合不好，图 6-80 所示空浆部位有较强的反射，波幅较前波幅大且相位和入射波相位相反，推断为有较明显的空浆，锚杆长度符合设计要求，质量分类判定为不合格。

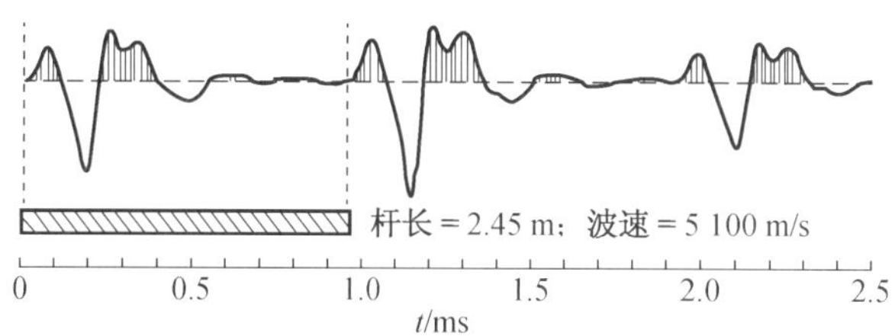

图 6-80　不合格类锚杆监测波形

如图 6-78—图 6-80 所示，分别是锚固质量良好、一般、很差的检测曲线。在曲线上波的能量衰减较快，底端反射微弱，说明锚固质量好；波的衰减较慢，反射明亮，最后趋近于零，说明锚固质量一般；波的衰减慢，底端反射清晰，锚固质量很差。

2. 水下工程质量检测

某市拟在长江边围建一大型水库，工程总体布置方案，环库大堤由部分岛塘和北堤、东堤组成。新建北堤、东堤深槽段采用抛填砂袋构筑堤基，即在高程 −6.0 m 以下堤身内外侧直接分层抛填袋装砂形成堤基。为切实了解分层抛填袋装砂的施工质量是否达到设计要求，需查明水下抛填袋装砂的平整度、厚度及分布情况。

探测工作采用水域走航式地震反射波方法。现场探测时，垂直堤坝测线布设 35 条和平行于堤坝轴线测线 4 条，以准确描述水下抛填袋装砂的形状和状态。

图 6-81 是其中一条垂直于堤坝走向测线的测量结果。砂袋体内部部分区段砂袋搭接不甚理想，形成较明显的反射同相轴；砂袋体表面起伏变化较大，局部有较深的凹槽存在。

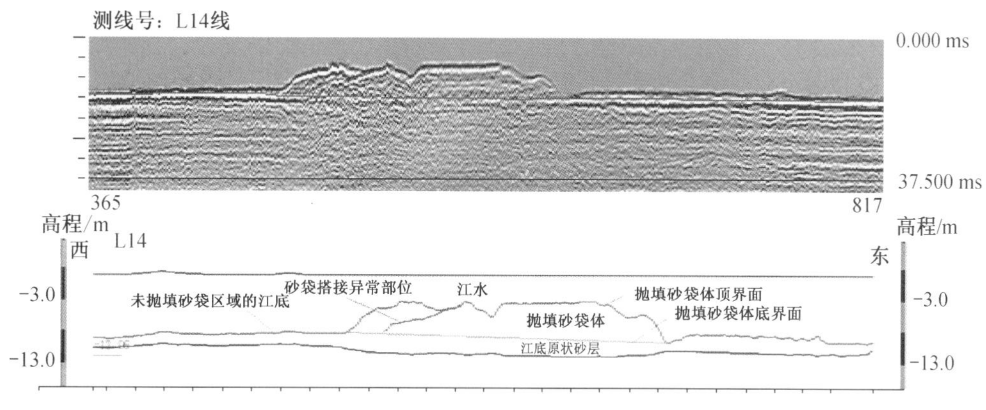

图 6-81　堤坝走向测线的测量结果

结合实际测线的航迹图，将测线处地震映像剖面解释的抛填砂袋体的表面起伏成果用 Surfer 软件生成测区抛填砂袋体表面起伏形态三维成果分布图(图 6-82)，更直观地反映了测区的砂袋体表面形态探测成果。

在垂直于堤轴线方向的 35 条测线地震映像剖面中发现，抛填砂袋体内部空洞或搭接异常部位 27 处，沿堤轴线方向的 4 条测线地震映像剖面中发现，抛填砂袋体内部空洞或搭接异常部位 15 处。此次物探工作圈定出 42 处砂袋体内部空洞或搭接异常部位。

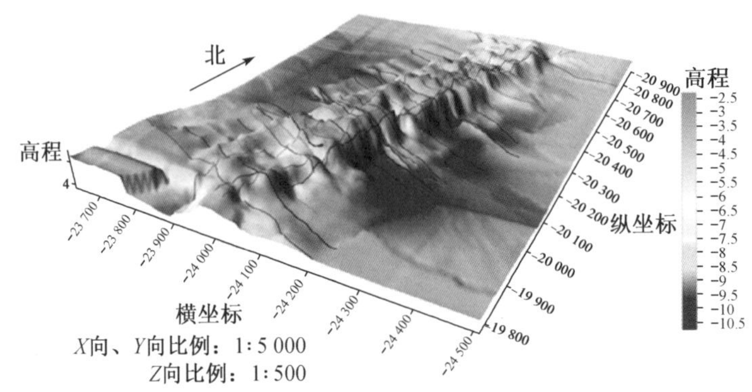

图 6-82　侧区内抛填砂袋体表面起伏形态三维成果分布图

3. 旧桥病害诊断(声波层析成像技术)

某地一大桥为三跨预应力混凝土连续钢构桥，检查发现在中跨中合龙段底板、底面出现裂缝，横隔板也出现裂缝，且裂缝有发展趋势，为了解大桥结构健康情况，需要对大桥进行全面系统的检查，了解裂缝深度、结构强度等，为下一步大桥维护方案制订提供依据。

根据大桥的结构情况，最后决定采用超声 CT 技术对该桥进行检测，了解检测区混凝土结构强度的相对关系、均匀性和缺陷。

观测系统如图 6-83 所示。

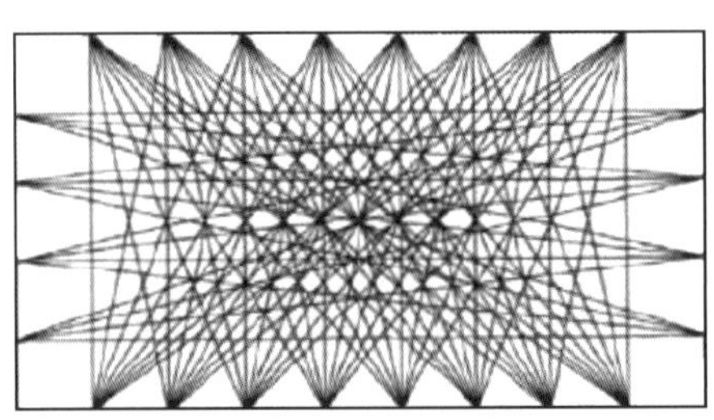

图 6-83　观测系统

通过测量，得到整个桥各面的波速分布情况，如图 6-84 所示。

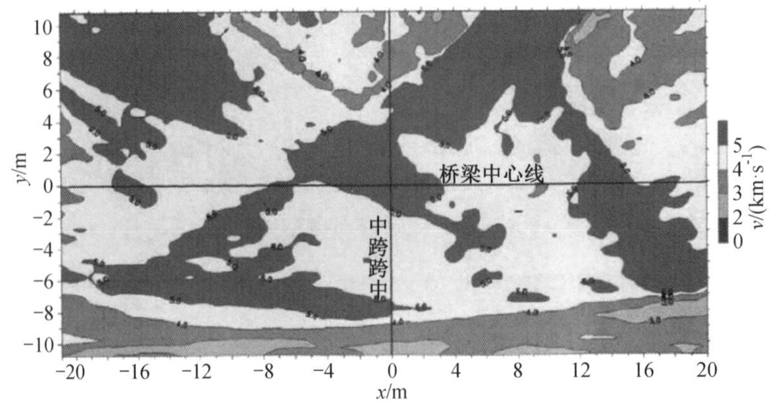

图 6-84　顶板检测结果图

图 6-84 为顶板检测结果，波速值较高。中心带连续性好，质量均匀。但在顶板两翼，波速低。右翼有一宽 2～3 m 的低速带，应加固处理。

图 6-85 为桥梁底板的检测结果，平均波速低，底板两翼与腰板结合部位存在较大范围的条带形的速低带，说明混凝土质量差。

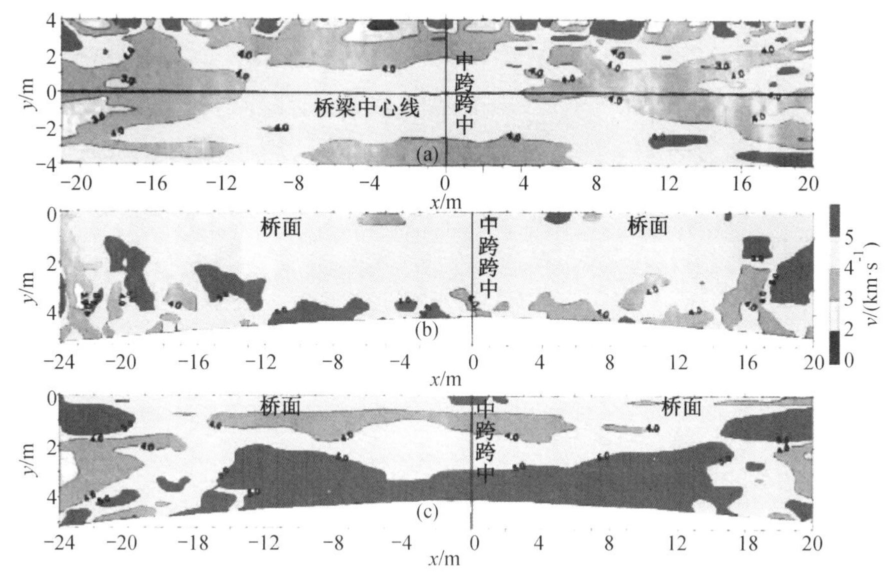

图 6-85　桥梁底板的检测结果图

4. 地基加固效果检测

某在建地铁隧道工程在施工过程中由于客观因素导致隧道及周边土体塌陷，为保障周边环境安全，在损坏地段抢险时，曾注入了将近千吨的各种浆液，以及数量相当多的沙袋，当初抢险过程中在两个区域进行了注浆，在远区段的浅层注浆区内，注浆深度为 10 m 左右；在塌陷施工场地的深层注浆区域内，注浆深度为 25 m 左右。对现有施工场地注浆实际影响范围的探测，以瑞雷面波法探测为主，高密度电阻率为辅，结合钻探验证的原则进行。从各种方法探测结果来看，瑞雷面波法依据地层面波拟层速度的横向与纵向的变化对比，得到了较好的探测效果，同时高密度电法成果亦有一定反映，二者结果大体一致，具有可比性。

图 6-86 为测线测区内其中一条面波探测结果，从图中可看出：注浆区域地层的面波层速度与周围地层有明显差别，速度明显高了很多。在探测深度范围内，层速度一般大于285 m/s。

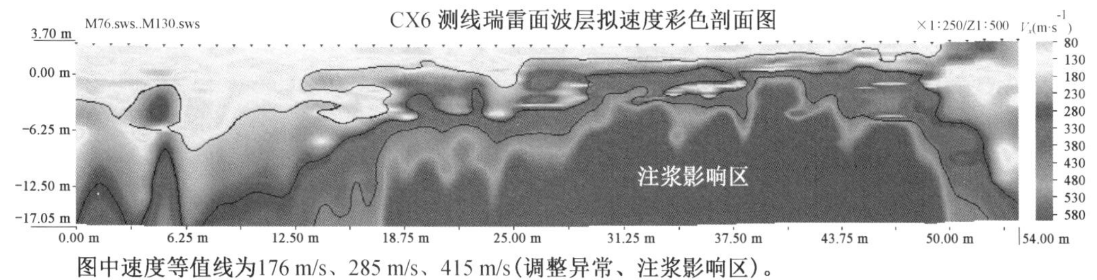

图 6-86　某隧道修复工程注浆影响区域面波实测成果图

在此测线距起点 47 m 处布置了一个钻探验证孔 B3,钻孔芯样说明,在 4.6~17.2 m 均含水泥浆,并且大部分地段搅拌较好,注浆体搅拌胶结较好。

5. 新建码头工程中抛石层厚度检测

某新建码头工程位于长江边水域,拟建码头长 710 m,宽 20 m。由于历史上该水域曾多次沿江边采用抛填块石的方法进行护堤,因此水底有大量块石存在。码头施工需要在该水域打桩,为了保证桩基施工的安全、顺利进行,业主要求在桩基施工之前,查清新建码头工程施工范围内的水底抛石分布情况,进而进行清理。

本次勘探工作采用水域高密度地震映像勘探方法,物探工作的重点是调查水下地形的起伏和变化情况,抛石的分布、埋深和厚度情况。现场探测时,平行于江边布置了 9 条东西向的主测线,垂直于江边布置了 19 条南北向的联络测线,并布置了一定数量的穿插测线,实际完成外业勘探测线长度超过 10 km。

图 6-87 是其中一条平行于江边测线 WL8 的探测成果图,根据江底抛石引起的散射、绕射等特征,进行了抛石区的圈定和抛石顶底界面的划分。WL8 测线下方江底抛石分布从西到东方向依次被划分为 A,B,C,D,E 5 个区域。其中,B 区为丁字坝抛石区,该区为高密度抛石区,最大抛石厚度约 8.5 m,丁字坝底界面抛石宽度 WL8 线处约 80 m;E 区为钢板桩码头抛石区,该区为高密度抛石区,最大抛石厚度约 10.5 m,底界面抛石宽度 WL8 线处约 106 m;A 区和 C 区为一般抛石区,两区抛石厚度相对较薄,A 区宽度约 50 m,厚度约 3.0 m;C 区宽度约 410 m,厚度 0.5~3.0 m;D 区为基本无抛石区,该区江水深度大,仅在与 C 区相邻位置有少量抛石,其余部分基本无抛石。

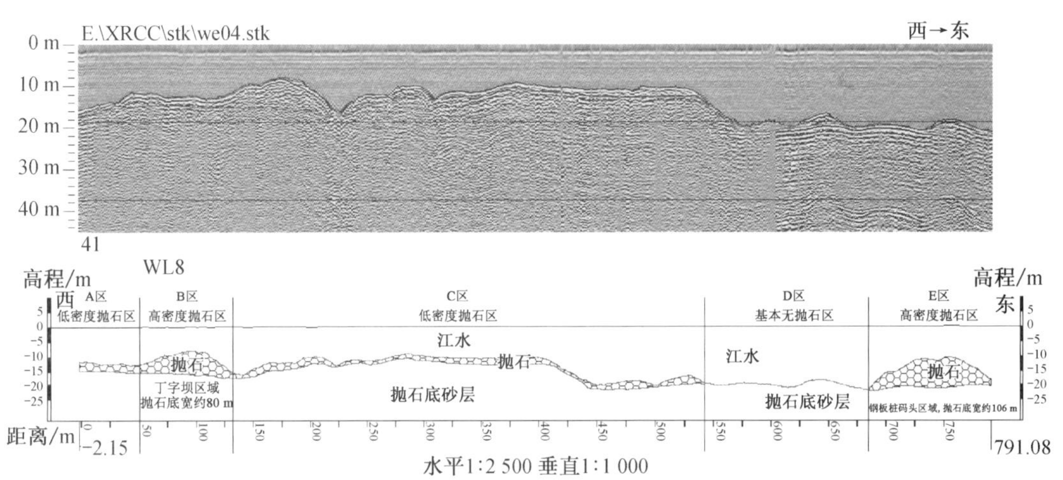

图 6-87 平行于江边测线 WL8 的探测成果图

结合实际测线的航迹图,在测线覆盖整个测区的情况下,地震数据解释成果按坐标数据用 Surfer 软件分别形成测区内水底地形,抛石底界面和抛石厚度的二维和三维分布图(图 6-88 和图 6-89),更直观地表示了测区的水底起伏和抛石分布情况。

6.4.3.9 水上物探

水上物探也是工程物探的范围,其特殊性在于其工作领域在水域、河流或海上。其常用的物探方法有水上地震、水上磁测、浅层剖面、旁侧声呐、双频测深和多波束测量。

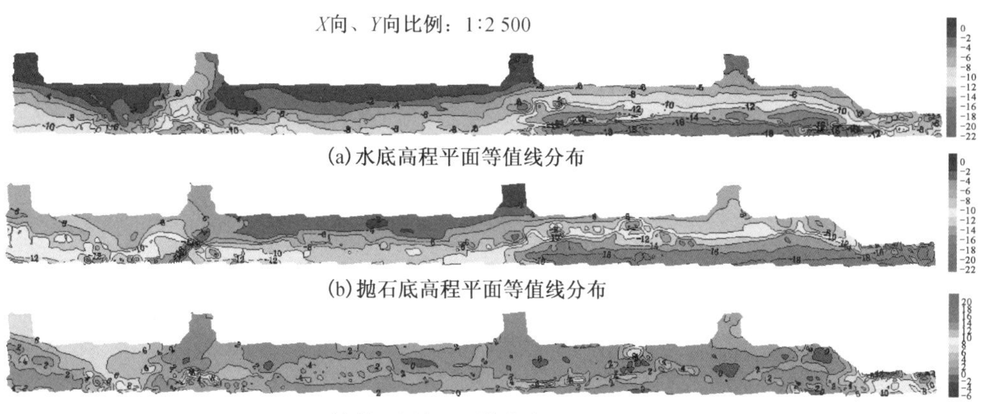

(a) 水底高程平面等值线分布

(b) 抛石底高程平面等值线分布

(c) 抛石厚度平面等值线分布

图 6-88 测区内水底高程、抛石底高程、抛石厚度平面等值线分布图

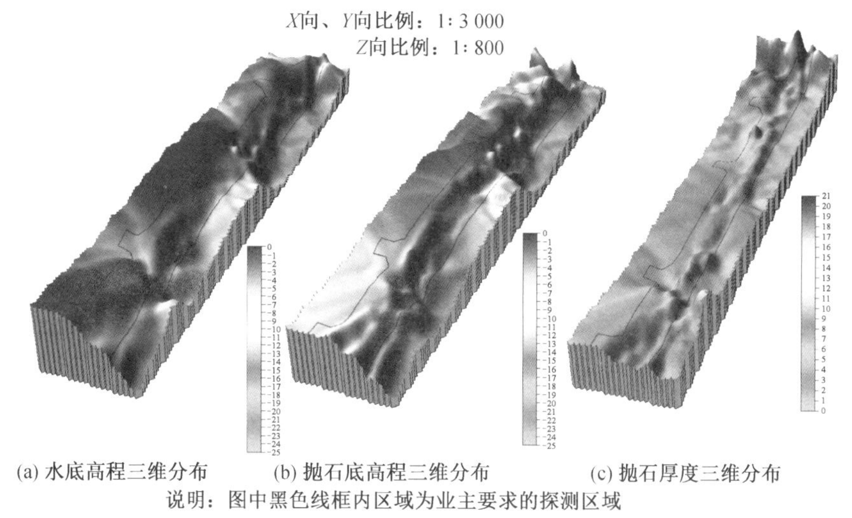

(a) 水底高程三维分布　(b) 抛石底高程三维分布　(c) 抛石厚度三维分布

说明：图中黑色线框内区域为业主要求的探测区域

图 6-89 测区内水底高程、抛石底高程、抛石厚度三维分布图

其中，水上地震主要是解决水下 50 m 以下地层及构造的分布情况，而浅地层剖面主要解决 50 m 以上的地层及不良地质体的分布情况。磁测则是用于寻找沉船、海底光缆、电磁等。旁侧声呐则侧重于了解水底地貌特征及寻找水底的异常物体(如沉船)等。多波束测深在一个断面内可以形成上百个测点的条幅式测深数据，能获得较宽的海底扫幅和较高的测点密度，得到面积性的测深数据。双频测深一次只能获得一条线的数据，多波束与旁侧声呐的区别在于：旁侧声呐的成果是影像的概念而没有深度数据，多波束得到的是一定范围内各点的水深数据没有影像成分。

在上海轨道交通及地面交通的建设中，一些线路要穿越黄浦江，在确定线路时，需要对拟选线路的水域地下障碍物及地形等情况探查清楚。工作方法选择有双频测深、浅层地震、浅地层剖面、旁侧声呐、高精度磁测、多波束等。

1. 双频测深

双频测深的工作原理是利用换能器在水中发出声波，当声波遇到障碍物而反射回换能器时，根据声波往返的时间和所测水域中声波传播的速度，就可以求得障碍物与换能器之间的距离。水深测量采用的是回声测深仪的方法，这样就可以确定水底点的高程：

$$G_i = H - (D + \Delta D) \tag{6-37}$$

式中，G_i 为水底点高程；H 为水面高程；D 为测量水深；ΔD 为换能器的静吃水深度（换能器到水面的距离）。

采用南方 SDE-28 测深仪，可以得到如图 6-90 所示的成果图件。

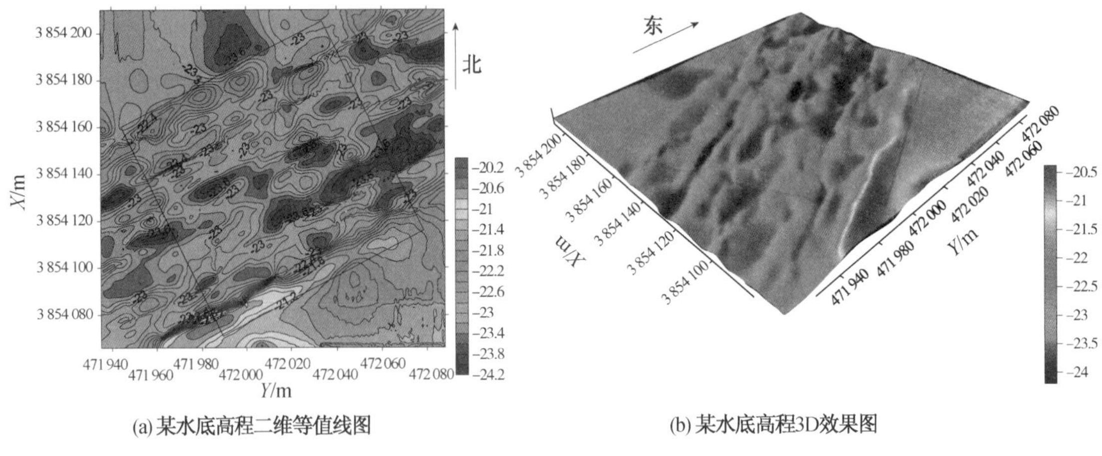

图 6-90　成果图件

2. 水上浅层地震

利用气动机械声波为震源，在水中激发产生地震波，当地震波遇到不同的物体或界面（密度和波速发生变化）时，便产生反射和透射波，并由固定在船侧或拖曳在船尾的水听器接收反射回波，并经电缆将反射信号传递给仪器进行录制，经过处理，根据反射波的走时，利用波速进行时-深转换，求得不同反射波深度范围，从而达到确定水底异常体或地层界面的目的。

浅层地震采用多道工作方式进行，为避免气泡效应，采用气动机械声波水域高分辨率连续冲击震源激发，多道水上漂浮电缆接收。

采用 SWS-6 多功能地震仪及 QD-1 型船载连续冲击震源船，可以得到如图 6-91 所示的成果图。

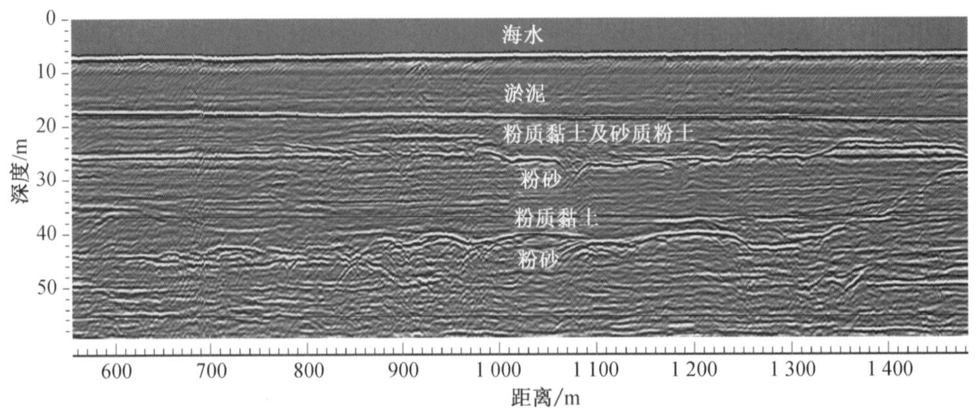

图 6-91　某工程水底地层浅层地震探测成果剖面

3. 浅地层剖面测量

浅地层剖面是利用声波在水中和水下地层中的传播和反射特性来探测水底地层构造。发射机给声发射换能器一强功率电脉冲，从而在水中产生一个短促的声脉冲，当此探测脉冲在向下传播途中遇到海底和各地层界面时，由于界面两侧声阻抗的不同，有一部分能量被反射回来，并被接收换能器所接收，反射声信号在换能器中被转换成电信号，传入主机，经对反射波的相位、振幅、频率等信号进行处理、成图，反映出水底地形、地貌及水底浅部地层的结构、分层、透镜体、古河道及障碍物的分布情况。

采用美国 EdgeTech 3200-XS 浅地层剖面仪可以得到如图 6-92 所示的成果图。

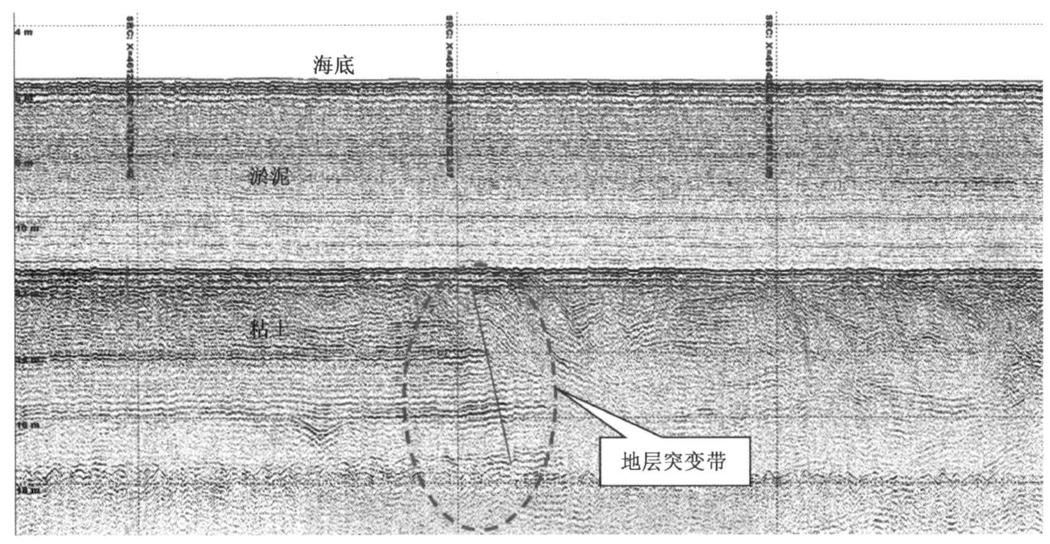

图 6-92　某工程水底地层浅剖探测成果剖面

4. 旁侧声呐

旁侧声呐是利用专用的探头发射声呐信号。声呐探头发出的信号呈扇形向下传播，扇形在水平角方向为 0.6°～1.9°，而在垂直角方向为 32°，当声呐信号到达江底时，就会产生反射和散射。接收器接收来自江底的返回声呐，仪器设备根据接收到的声呐信号的时间及角度，经过计算机处理就可以描绘出该扇形区域江底的相对深度变化，从而得到水底的地貌起伏情况和存在江底(海底)的沉船及其他近表面人工物体等的具体位置、形态和尺寸。

采用美国 Klein 3 000 旁侧声呐扫描系统可以得到如图 6-93 所示的成果图。

5. 水域高精度磁法

根据铁磁性物体的磁场的分布特征来测定异常位置、大小，通过用专门的仪器来测量、记录测区内磁场分布，根据所测得的磁场分布特征就可以推断出地下各种地质体的形状、位置和产状。对于沉船、铁锚、金属管线等人工强磁性体，可通过研究地质背景磁场上存在的局部磁异常特征，以确定目标物体的形态和大小。

采用美国 G882 SX 海洋光泵磁力仪可以得到如图 6-94 所示的成果图。

6. 多波束测量

多波束测深系统的工作原理是利用发射换能器阵列向海底发射宽扇区覆盖的声波，利用接收换能器阵列对声波进行窄波束接收，通过发射、接收扇区指向的正交性形成对海底地形的照射脚印，对这些脚印进行恰当的处理，一次探测就能给出与航向垂直的垂面内上百个甚至更

图 6-93　某工程水底地形地貌旁侧声呐探测成果剖面

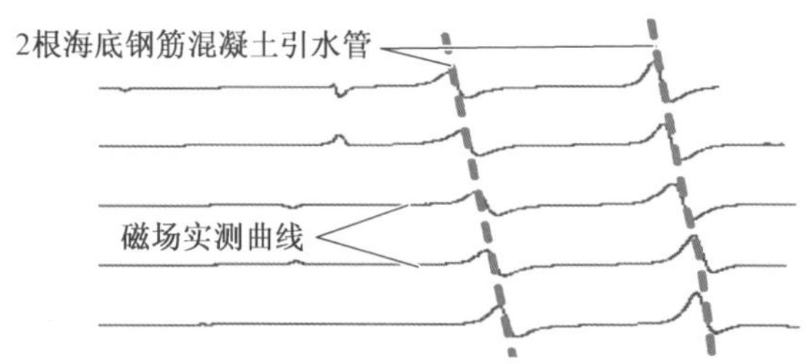

图 6-94　某海域海底深埋管道磁法探测成果图

多的海底被测点的水深值，从而能够精确、快速地测出沿航线一定宽度内水下目标的大小、形状和高低变化，比较可靠地描绘出海底地形的三维特征。

采用德国 ATLAS FANSWEEP 20 多波束测深系统可以得到如图 6-95 所示的成果图。

6.4.3.10　其他工程实例

1. 城市塌陷区探测

在上海浦东国际机场 4 号跑道和 5 号跑道之间下立交处，存在一根 ϕ800 雨水管，该雨水管在下立交两侧接头处发生渗漏。需对已发生渗漏区域进行探测，以确定渗漏的影响范围，为该区域的修复工作提供资料。

根据该区域的现场特点，采用地质雷达法、高密度电阻率法、跨孔电阻率 CT 法等多种方法相结合来达成探测目标。

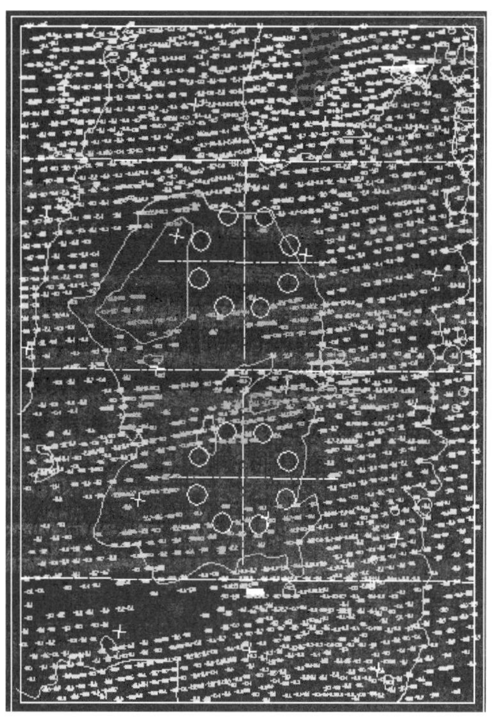

图 6-95　某跨海大桥桥墩附近水底
地形多波束实测成果

根据现场环境情况，现场布置雷达测线 10 条，总长度约 500 m，雷达测线测点间距 10 cm，高密度电阻率法测线 10 条，总长度约 500 m，测点间距 1 m，跨孔电阻率 CT 法测孔 4 对（共 6 个孔），单孔深度为 15.0 m，如图 6-96 所示。

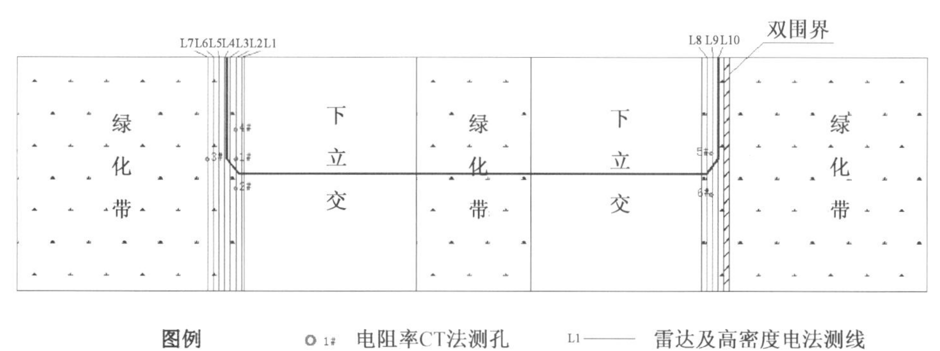

图 6-96　物探工作测线布置示意图

测线 02：该测线同雷达测线 02，位于测区东侧，电极距 1.0 m，总电极数 50 个，剖面长度 50.0 m，如图 6-97 所示。

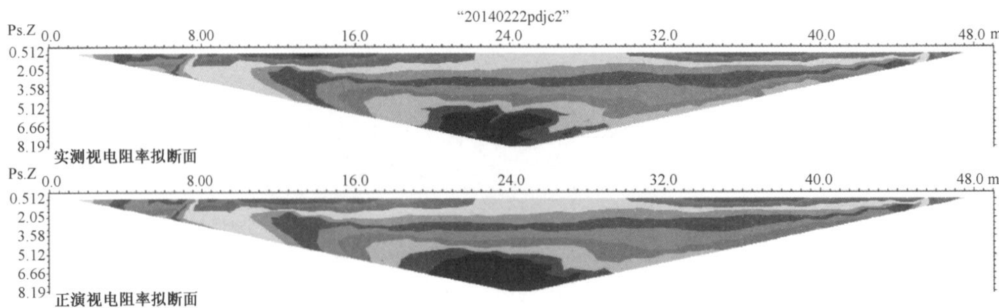

图 6-97 高密度电法探查剖面

本次物探工作共布置电阻率 CT 钻孔 6 个,共 4 个电阻率 CT 剖面(图 6-98),探测成果如图 6-99 所示。

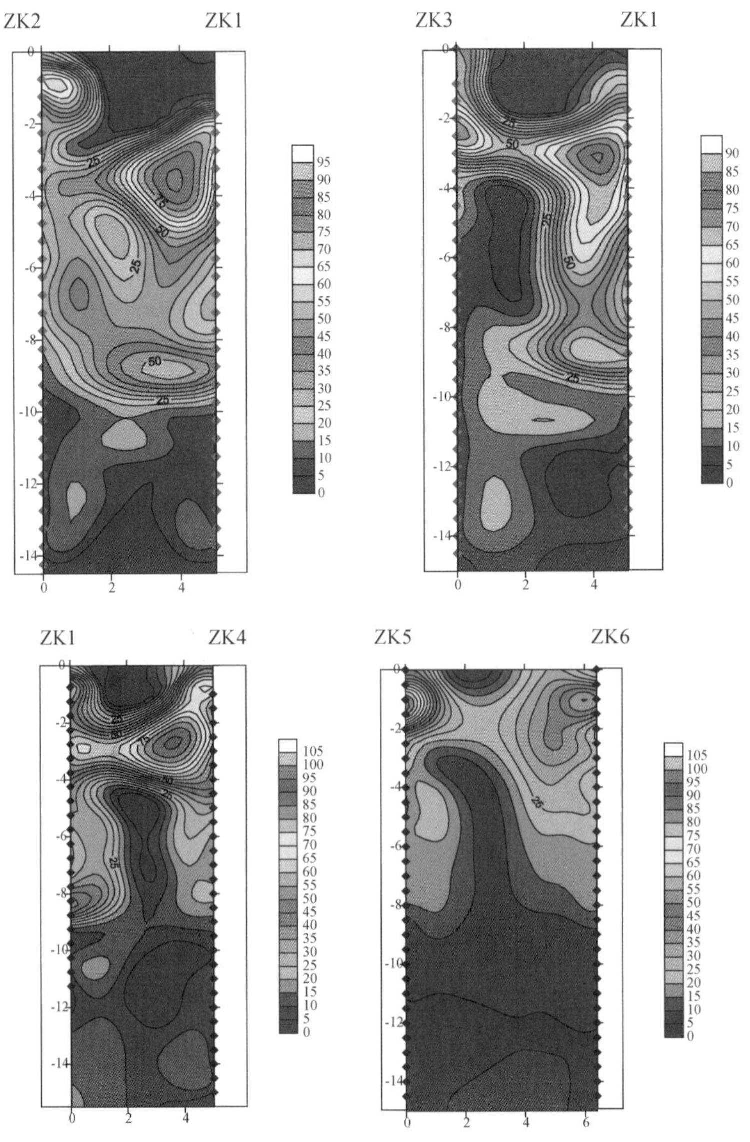

图 6-98 电阻率 CT 剖面

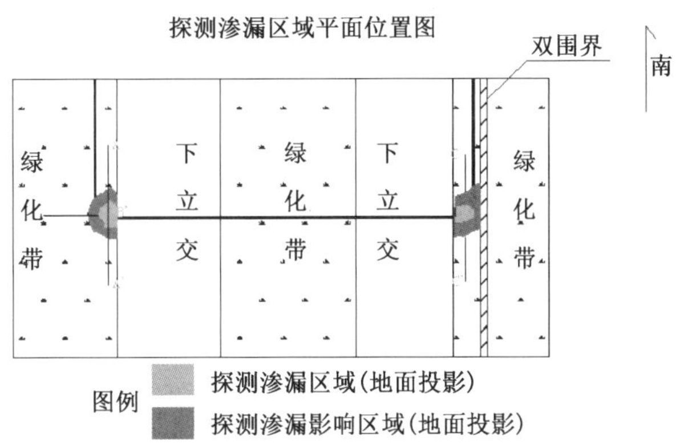

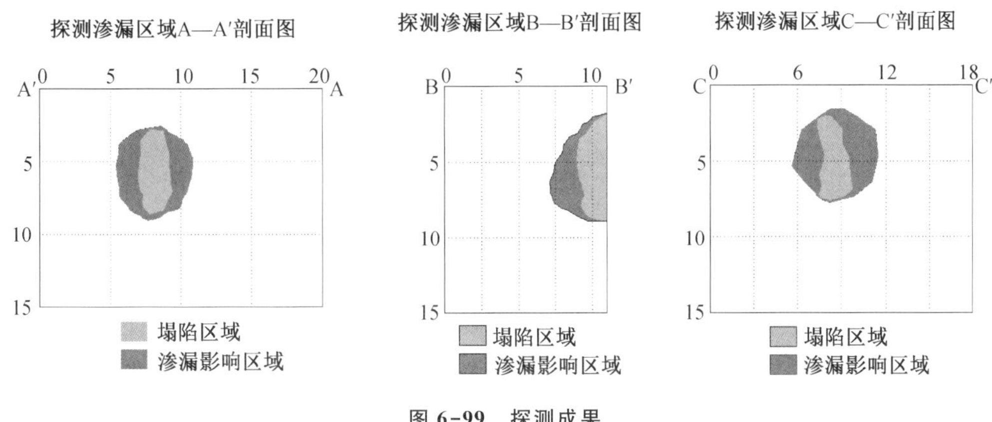

图 6-99 探测成果

2. 黄山新苑塌陷区探查

工区位置位于浦东金桥路博山东路。

测线布设:现场布置高密度电阻率法测线 4 条,总长度约 100 m,测点间距 0.5 m,跨孔电阻率 CT 法测孔 4 组(共 4 个孔),单孔深度为 16 m,电极距 0.5 m,每对测孔射线对 1 024 对,如图 6-100 所示。

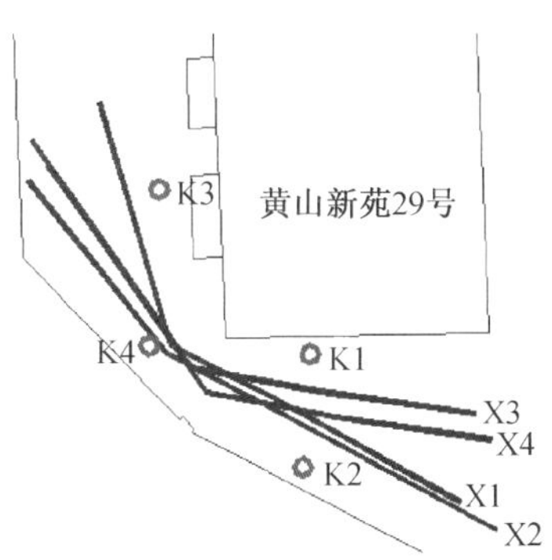

图 6-100 测线布设图

实测高密度电法剖面:对于测线 X1,电极距 0.5 m,总电极数 64 个,剖面长度 31.5 m,如图 6-101 所示;对于测线 X2,电极距 0.5 m,总电极数 64 个,剖面长度 31.5 m,如图 6-102 所示。

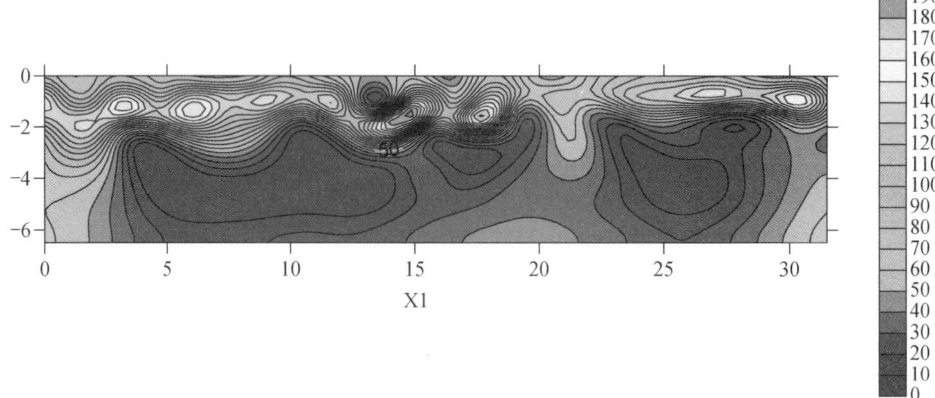

图 6-101　X1 剖面

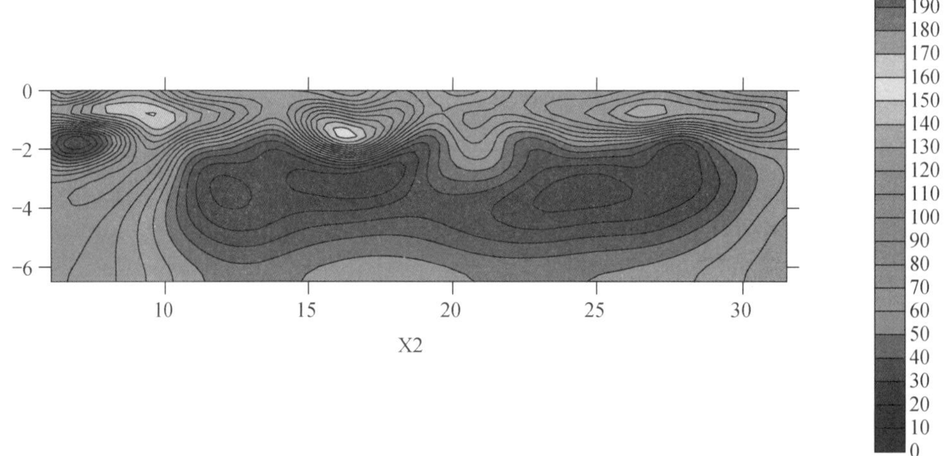

图 6-102　X2 剖面

本次探查的电阻率 CT 剖面如图 6-103 所示，探查结果如图 6-104 所示。

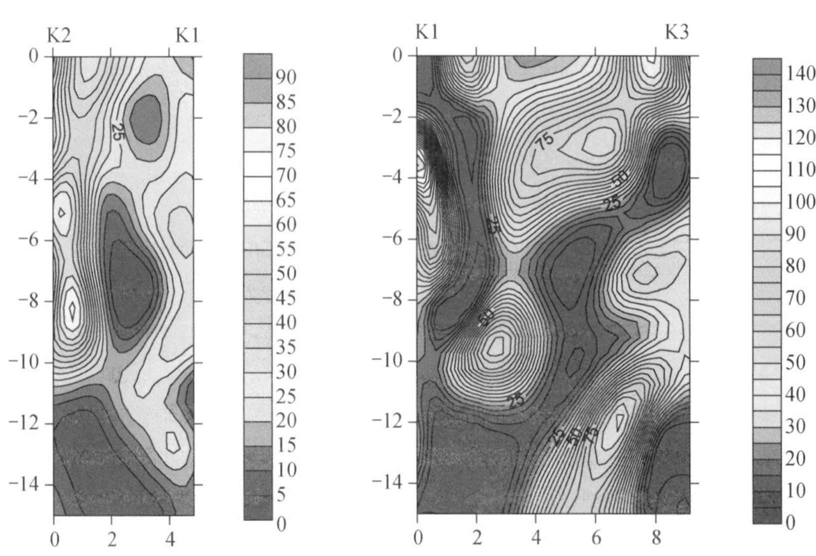

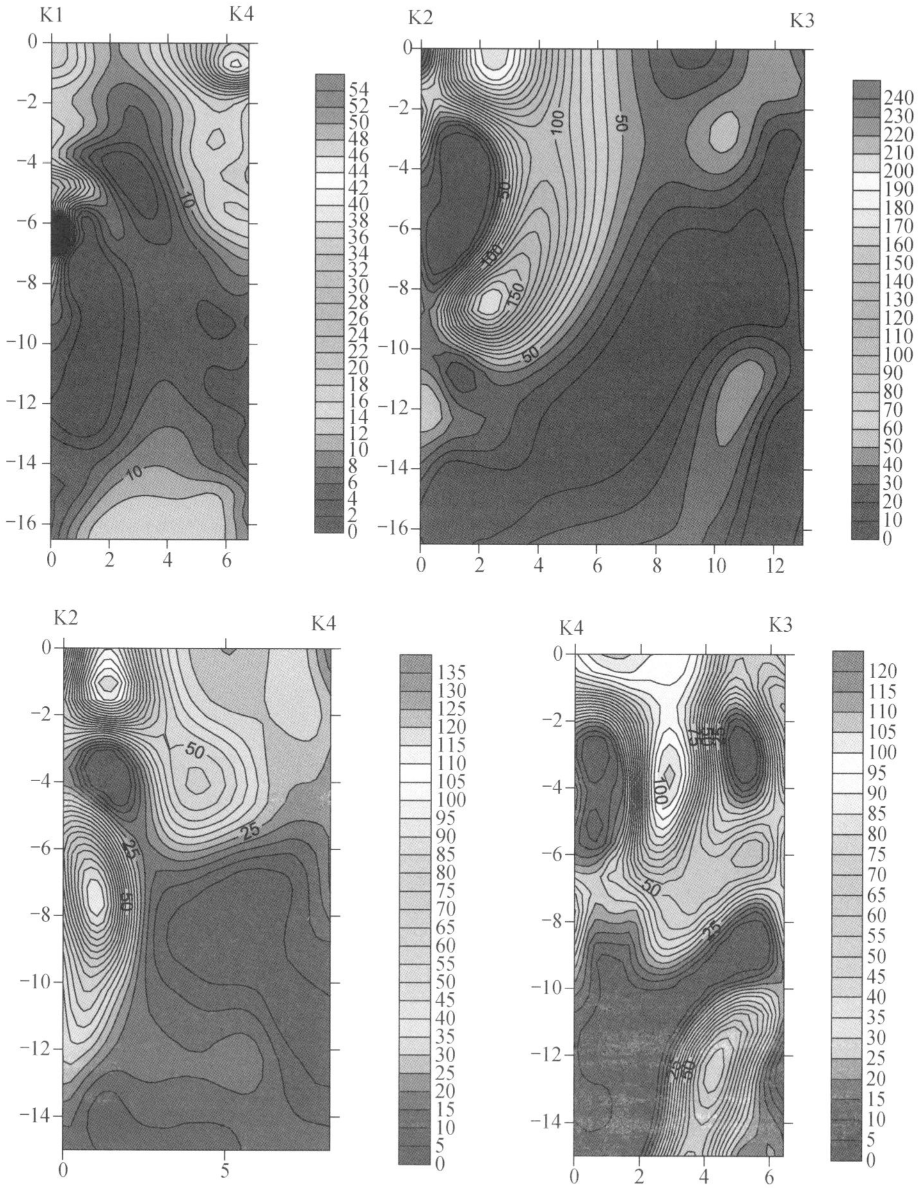

图 6-103 电阻率 CT 剖面

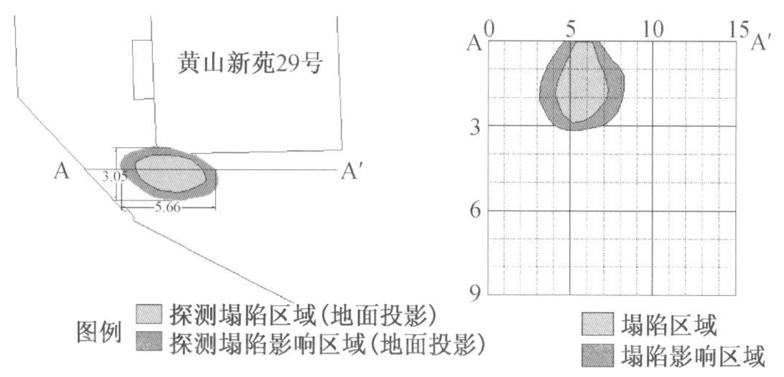

图 6-104 探查结果

3．土壤污染调查

崇明一加油站几年前已经废弃，现在需要对其是否产生污染进行调查。工作方法为高密度电法和雷达，如图 6-105 所示。

测线平行布设，受地形限制，不很规则。

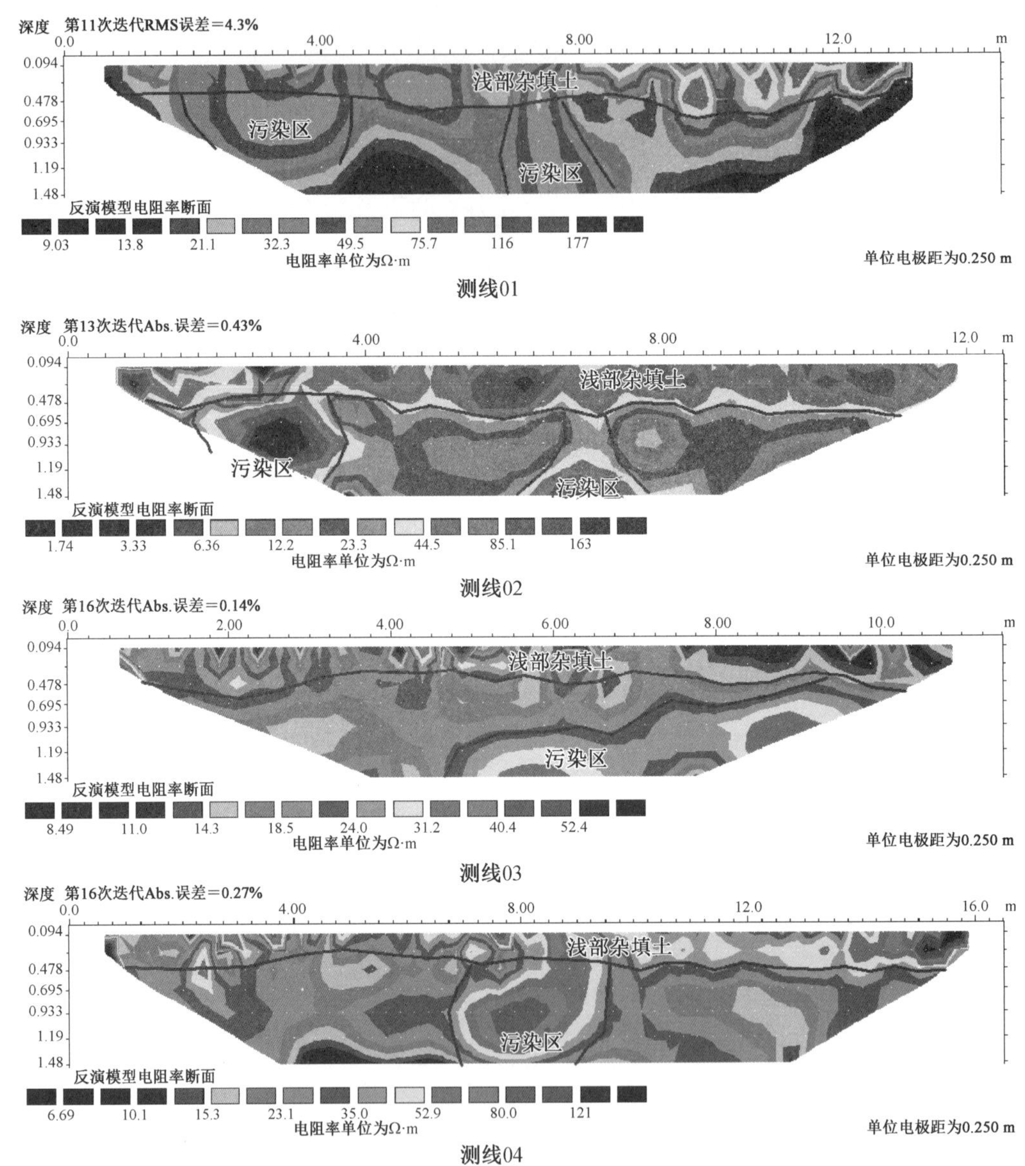

图 6-105 高密度电法剖面

4．地墙渗漏检测

根据现场条件，共在坑外布置 10 个钻孔（孔编号：D1～D10），孔深均与地墙深度一致，为 40 m；北区试验区基坑内布置 1 条 24 m 长测线（测线 1），南区坑内布置 1 条 31 m 长测线（测线 2）。钻孔及测线位置见图 6-106。

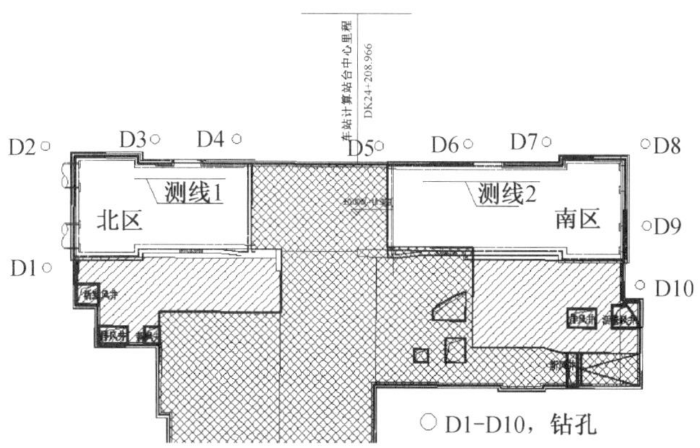

图 6-106 钻孔及测线位置

现场检测前，首先在 D1～D10 检测孔外侧的监测孔内注入足够的食盐，并同时在基坑内部进行降水，然后在每组检测钻孔间进行井间电阻测试，以测试每组钻孔间的地层电阻率分布情况。

受现场道路交通影响，本次探测工作共完成 D2—D3，D3—D4，D5—D6，D6—D7，D7—D8，D9—D10 共 6 对孔—孔剖面，以及基坑内测线 1 和测线 2 的探测工作。D1—D2，D4—D5，D8—D9 剖面由于横跨整个机动车道而无法探测。

D2—D3 孔剖面位于北端头井的东侧，图 6-107 中在 25～28 m 处有一椭圆形低阻区，较其周围电阻率值偏低 10 Ω · m 左右。

D3—D4 孔剖面位于标准段的北端外侧，图 6-107 中部在深度 20～25 m 处有一低阻异常区，异常形态呈竖向扁椭圆状。

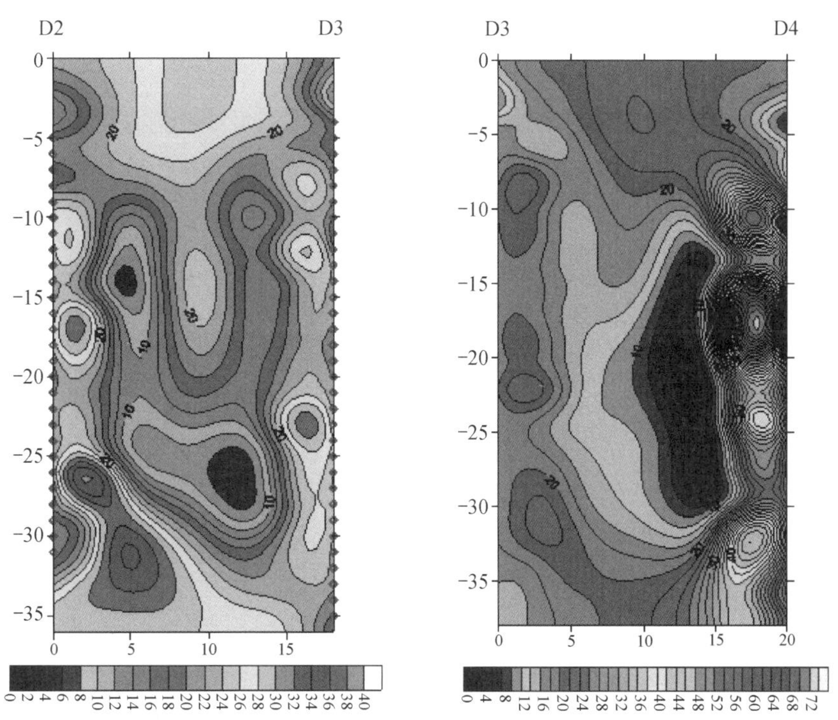

图 6-107 检测结果图 1

如图 6-108 所示，D5—D6 孔剖面位于车站主体的中部外侧，该剖面的电阻率变化不大，没有非常明显的低阻异常区。

如图 6-108 所示，D6—D7 孔剖面位于标准段的南端外侧，在异常剖面上有两个低阻异常带，呈竖向分布。根据现场情况分析，剖面左侧的异常为局部干扰所致。

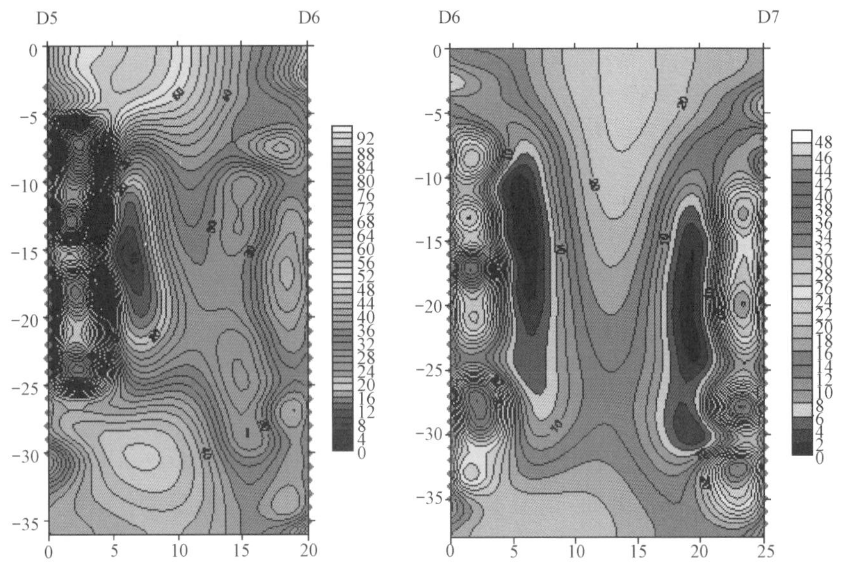

图 6-108　检测结果图 2

如图 6-109 所示，D7—D8 孔剖面位于南端头井的东侧，图中部在深度约 20 m 处，有一明显的低阻异常区。根据异常特征，并结合全断面电阻率分布，判断该处土层含水量偏高。

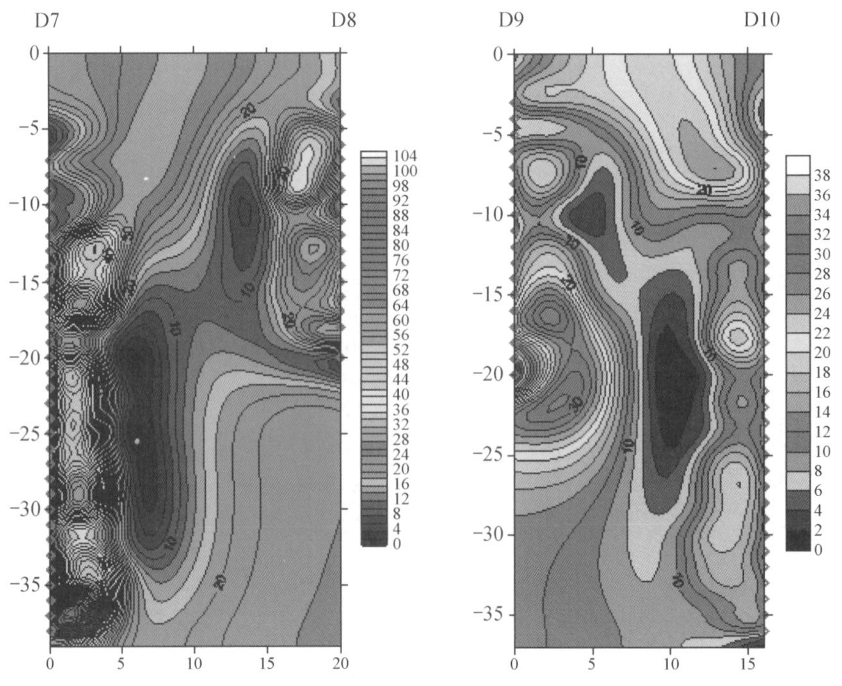

图 6-109　检测结果图 3

D9—D10 孔剖面位于南端头井的南侧，在图中部深度 20～25 m 处有一低阻异常区，较其周围电阻率偏低 10 Ω·m 左右。

测线 1 位于北侧标准段基坑内部底板上，平行于地墙，距离地墙约 3.5 m。图 6-110 中左半侧剖面在深度 4 m 以下有一长约 10 m 的低阻异常区，说明该段的含水率较其他地方要高，即该范围内降水效果较其他地方要差。

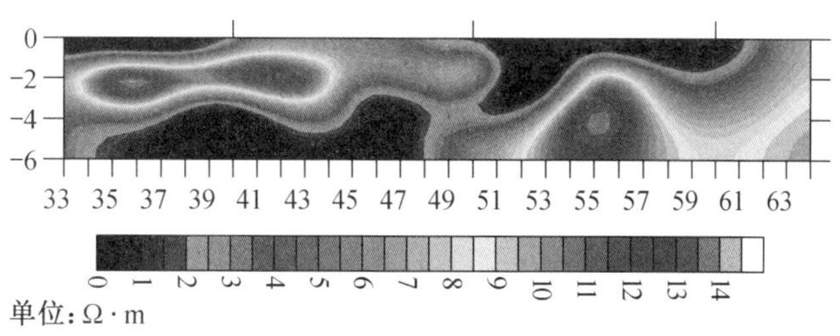

图 6-110　测线 1 结果

测线 2 位于南侧标准段基坑内部底板上，平行于地墙，距离地墙约 4 m。图 6-111 中，在测线 15～25 m 范围内，深度 6 m 以下有一长约 10 m 的低阻异常区，说明该段的含水率较其他地方要高，即该范围内降水效果较其他地方要差。

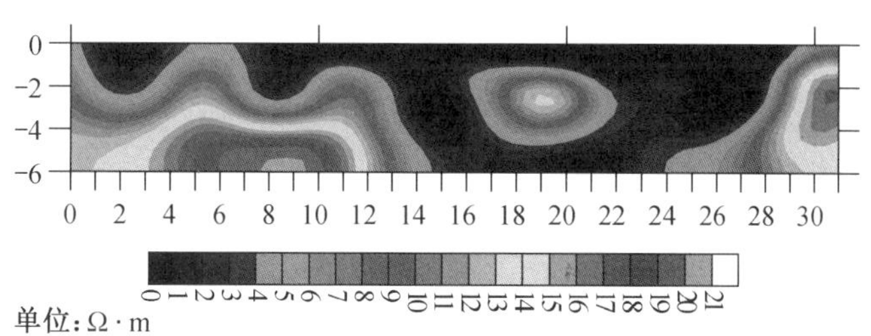

图 6-111　测线 2 结果

通过对上述所有坑外孔中及坑内底板上测线的探测数据进行综合分析后，确定了探测范围内地墙上的 4 处异常区域（异常 1～异常 4），在这些异常区域，基坑内、外可能存在一定的水力联系。具体异常位置及深度见图 6-112。

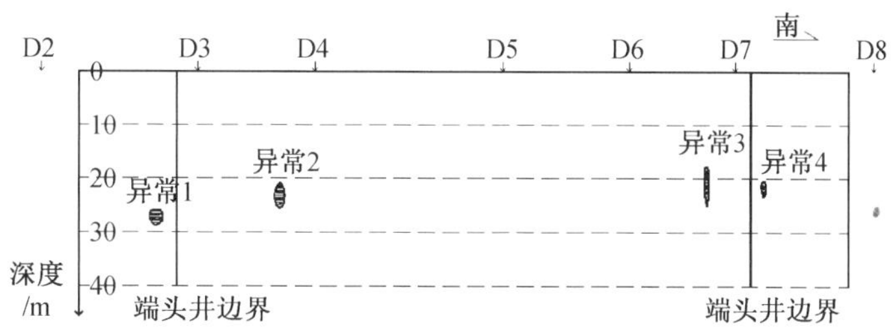

图 6-112　异常位置及深度图

6.5 岩土工程监测

6.5.1 岩土工程监测概述

20 世纪 80 年代以来，随着我国城市建设高峰的到来，地下空间的开发力度越来越大，尤其是高层建筑和地下工程得到了迅猛发展，地下室由一层发展到多层，相应的基坑开挖深度也从地表以下 6 m 左右发展到 12～13 m，个别工程甚至达到 30 m。建筑、轨道交通、越江隧道、综合交通枢纽、地下变电站等建设工程中的基坑工程占了相当的比例。上海地区建筑物如上海中心地下室基坑开挖深度已超过 30 m，轨道交通车站由于存在多线换乘，上海地区新开工线路的车站基坑开挖深度往往都超过 20 m，13 号线淮海中路车站的开挖深度达到了 33 m。近几年来，深基坑工程在总体数量、开挖深度、平面尺寸以及使用领域等方面都得到高速的发展，以深基坑工程监测为代表的岩土工程监测也得到广泛的运用。

近年来，随着深基坑工程施工过程中经验的积累，基坑工程设计、施工技术水平也在不断提高。然而在深基坑开挖的施工过程中，往往由于工程的实际情况和设计预计工况存在一定的差异，施工的不可预见性、地质条件变异性大、周围环境的错综复杂，设计值不能全面、准确地反映工程可能面临的各种变化，深基坑施工所造成的基坑坍塌、建(构)筑物倾斜或开裂、道路沉降、管线爆裂等事故屡有发生，造成了巨大的经济损失，在社会上引发了很严重的负面影响。

岩土工程的失稳破坏，都有从渐变到突变的发展过程，一般仅依靠人们的直觉是难以发现的，必须依靠埋设精密的监测仪器进行周密监测，在理论的分析指导下有计划地开展现场岩土工程监测就有很大的实际意义。

相比于岩土工程悠久的历史，岩土工程监测的起步较晚，从 20 世纪 80 年代初开始，经过科技攻关和工程实践经验的积累，岩土工程监测设计和监测方法得到很大的发展，相继提出了关于综合考虑水文地质条件、工程特点和性质、监测空间范围和监测频次等要求的岩土工程监测布置原则和方法。在充分比选了岩土工程监测仪器的使用效果和技术性能后，逐步制定了监测仪器的技术指标、适用条件及标准化的质量控制措施。相继编制了各种建(构)筑物和地下工程的监测规程、规范、指南和手册。

自 20 世纪 90 年代中后期以来，上海相继颁布实施的上海工程建设规范《基坑工程设计规程》(DGJ 08-61—1997)、《地基基础设计规范》(DGJ 08-11—1999)、《基坑工程施工监测规程》(DG/TJ 08-2001—2006)都对现场监测做了具体规定，将其作为基坑工程施工中必不可少的组成部分。而在地铁、隧道和合流污水工程等大型构筑物安全保护区内的基坑，相关部门都颁布了有关文件确定其环境保护的标准和要求。基坑工程监测已成为建设管理部门强制性指令措施，受到业主、监理、设计、施工和相关管线单位高度重视。

进入 21 世纪后，岩土工程监测手段的硬件和软件迅速发展，岩土工程监测的领域不断扩大，监测自动化系统、数据整编和分析系统、安全评估和预报系统也在不断地完善。岩土工程设计采用新的设计理论和方法以来，岩土工程监测作为必要的手段，成为提供设计依据、优化设计方案和可靠度评价不可缺少的手段，成为施工质量风险控制的重要一环。

6.5.2 岩土工程监测目的及主要手段

鉴于岩土工程如果发生事故往往会给人们生命和财产带来巨大损失的事实，岩土工程师对岩土工程安全措施进行了广泛深入的研究，为正确地进行设计、施工和运行提供了越来越成熟的技术方法和准确可靠的依据，使得岩土工程的风险控制得到了有效的保障，而贯穿在工程设计、施工和运行全过程的岩土工程监测，则是工程安全的重要保证。

以深基坑开挖施工为例，基坑开挖后基坑内外的土体将由原来的静止土压力状态向被动或主动土压力状态转变，应力状态的改变引起围护结构承受侧向荷载并导致围护结构和土体发生变形，围护结构的内力（围护桩和墙的内力、支撑轴力或土锚拉力等）和变形（深基坑坑内土体的隆起、基坑支护结构及其周围土体的沉降和侧向位移等）中的任一量值超过容许的范围，将造成基坑的失稳破坏或对周围环境造成不利影响，深基坑开挖工程往往在建筑密集的市中心，施工场地四周有建筑物和地下管线，基坑开挖所引起的土体变形将在一定程度上改变这些建筑物和地下管线的正常状态，当土体变形过大时，会造成邻近结构和设施的失效或破坏。同时，基坑相邻的浅基础建筑物又相当于基坑边的集中超载，基坑周围的管线渗漏常引起地表浅层水土的流失，这些因素又是导致土体变形加剧的原因。基坑工程坐落于力学性质相当复杂的地层中，在基坑围护结构设计和变形预估时，一方面，基坑围护体系所承受的水土压力等荷载存在着较大的不确定性；另一方面，设计时对地层和围护结构一般都做了较多的简化和假定，与工程实际有一定的差异；加之基坑开挖与围护结构施工过程中，存在着时间和空间上的延迟过程，以及降雨、地面堆载和挖机撞击等偶然因素的作用，使得在基坑工程设计时，对结构内力计算以及结构和土体变形的预估与工程实际情况有较大的差异，并在相当程度上仍依靠经验。因此，在深基坑施工过程中，只有对基坑支护结构、基坑周围的土体和相邻的构筑物进行全面、系统的监测，才能对基坑工程的安全性和对周围环境的影响程度有全面的了解，以确保工程的顺利进行，在出现异常情况时及时反馈，并采取必要的工程应急措施，甚至调整施工工艺或修改设计参数。

此外，快速发展的城市轨道交通其质量安全工作格外引人注目，原建设部副部长黄卫指出，发展城市轨道交通要把质量和安全放在特别突出的位置。他认为，目前我国轨道交通的发展规模和速度在全世界都是史无前例的。由于建设规模比较大、建设速度比较快，当前已经出现了一些值得高度重视的问题。如：很多城市同时上马城市轨道交通项目，存在建设和运营技术力量不足、高端人才和富有经验的技术骨干缺乏的现象；一些城市轨道交通项目上马后急于交付使用，建设周期太短，很多线路存在边设计、边勘测、边施工的现象，抢工期、抢进度问题比较突出，工程质量和安全隐患不断增加。近年来，已有不少地方的城市轨道交通在建设过程中发生了质量和安全事故，造成人员伤亡和经济损失。

与工业与民用建筑相比，由于轨道交通工程施工工艺的特殊性、地质条件复杂性，加之城市轨道交通常常从密集城市建筑群中穿越，轨道交通工程施工期不发生任何险情的概率很小；如果为了杜绝风险事件的发生，采取极为保守的设计原则与施工措施，则工程造价极高，不符合我国国情，且也是不必要的。工程建设期间实施岩土工程监测可以通过对监测数据的动态分析预先发现险情，及时向相关方报警，以便采取积极措施，将损失降低到最小限度。

因此，基坑监测应达到如下目的。

1. 对基坑围护体系及周边环境安全进行有效监护

在深基坑开挖与支护施筑过程中，必须在满足支护结构及被支护土体的稳定性，避免破坏和极限状态发生的同时，不产生由于支护结构及被支护土体的过大变形而引起邻近建筑物的倾斜或开裂，邻近管线的渗漏等。从理论上说，如果基坑围护工程的设计是合理可靠的，那么表征土体和支护系统力学形态的一切物理量都随时间而渐趋稳定，反之，如果测得表征土体和支护系统力学形态特点的某几种或某种物理量，其变化随时间并不是渐趋稳定，则可以断言土体和支护系统不稳定，支护必须加强或修改设计参数。在工程实际中，基坑在破坏前，往往会在基坑侧向的不同部位上出现较大的变形，或变形速率明显增大。在20世纪90年代初期，基坑失稳引起的工程事故比较常见，随着工程经验的积累，这种事故越来越少。但由于支护结构及被支护土体的过大变形而引起邻近建筑物和管线破坏则仍然时有发生，而事实上大部分基坑围护的目的也就是出于保护邻近建筑物和管线。因此，基坑开挖过程中进行周密的监测，可以保证在建筑物和管线变形处在正常范围内时基坑的顺利施工，在建筑物和管线的变形接近警戒值时，有利于采取对建筑物和管线本体进行保护的技术应急措施，在很大程度上避免或减轻破坏的后果。

2. 为信息化施工提供参数

基坑施工总是从点到面、从上到下分工况局部实施。基坑工程监测不仅即时反映出开挖产生的应力和变形状况，还可以根据由局部和前一工况的开挖产生的应力和变形实测值与预估值的分析，验证原设计和施工方案正确性，同时可对基坑开挖到下一个施工工况时的受力和变形的数值和趋势进行预测，并根据受力和变形实测和预测结果与设计时采用的值进行比较，必要时对设计方案和施工工艺进行修正。

3. 验证有关设计参数

因基坑支护结构设计尚处于半理论半经验的状态，土压力计算大多采用经典的侧向土压力公式，与现场实测值相比较有一定的差异，基坑周围土体的变形也还没有成熟的计算方法。因此，在施工过程中需要知道现场实际的受力和变形情况。支护结构上所承受的土压力及其分布，受地质条件、支护方式、支护结构刚度、基坑平面几何形状、开挖深度、施工工艺等的影响，并直接与侧向位移有关，而基坑的侧向位移又与挖土的空间顺序、施工进度、时间和空间因素等有复杂的关系，现行设计分析理论尚未完全成熟。基坑围护的设计和施工，应该在充分借鉴现有成功经验和吸取失败教训的基础上，根据自身的特点，力求在技术方案中有所创新、更趋完善。对于某一基坑工程，在方案设计阶段需要参考同类工程的图纸和监测成果，在竣工完成后则为以后的基坑工程设计增添了一个工程实例。现场监测不仅确保了本基坑工程的安全，在某种意义上也是一次1∶1的实体试验，所取得的数据是结构和土层在工程施工过程中的真实反映，是各种复杂因素影响和作用下基坑系统的综合体现，因而也为基坑工程领域的科学和技术发展积累了第一手资料。

6.5.3 监测仪器埋设方法及技术要求

6.5.3.1 深层侧向位移孔(测斜孔)

1. 深层侧向位移孔(测斜孔)的埋设方法

测斜孔的埋设主要有钻孔安装埋设法和绑扎安装法等。

1) 钻孔安装埋设法

测斜管钻孔安装埋设法适用于土体、搅拌桩、地基加固体、钻孔灌注桩、基岩中的埋设等。

钻孔安装埋设要求选用合适的钻具，钻孔应保持垂直，上部有填土层或松散不稳定土层时，应下套管护孔，成孔后应用清水洗孔至孔底无淤泥和孔内无稠浆。

成孔过程中要有土层分层、厚度、深度和土性描述的记录。

(1) 安装前检查。

测斜管有PVC、ABS和铝合金类型，测斜管应根据不同工程监测性质来选型。一个测斜孔的测斜管应为一个厂家同一批产品，避免厂家产品混淆，接口导槽错位对不起来；检查测斜管顶、底盖是否配套；检查固定螺丝与测斜管是否配套，螺丝不宜过长或过短，因过长量测时有可能损坏电缆线，过短有可能使测斜管连接不牢，出现脱落现象；安装时需检查测斜管的垂直度，如有明显弯曲、扭曲或有缺陷的要更换；检查测斜管接口平面是否平，如不平的话，在现场应进一步加工，使其平面平整。

(2) 安装。

测斜管采取逐根连接法安装。连接时上下管口要听到碰撞响声时方可固定。为防止泥浆渗入管内，测斜管接头处的均要采取有效的密封措施。安放过程中遇管子上浮，可在管内注清水，边注水边放管。当测斜管放到位后，及时用模拟探头检查管内导槽通畅程度，如通畅可回填料，如有问题，应拔出重新安放，直至达到导槽通畅。

(3) 回填。

回填前，测斜管要定位，必须将测斜管内壁上两对凹槽的任何一对调整到垂直于量测方向，然后才能回填。

管壁外和钻孔间隙用中粗砂填实或用水泥与膨润土、黏性土拌合材料注浆。以砂为填料时，回填速不宜过快，一边回填一边轻轻摇动管子或冲水，直至填满填实为止；水泥浆料配比，需经过试验，试验取决于场区土层的物理力学性质和水文地质条件。

2) 绑扎安装法

绑扎安装法主要指测斜管在地下连续墙和钻孔灌注桩中的埋设方法。

工程的基坑围护结构多采用灌注桩形式。测斜管将随钢筋笼一起用混凝土浇筑好，所以测斜管宜采用 PVC 工程塑料或铝合金材料制成，直径宜为 45～90 mm，管内须有两组相互垂直的纵向导槽，导槽扭度不应大于 1/100。

埋设测斜孔时应符合下列步骤和要求：

(1) 对接。

根据招标设计要求，围护结构为钻孔灌注桩结构。当钢筋笼制作完成后，下槽前，安装人员宜在邻近钢筋笼位置，按设计长度连接测斜管，对接时必须听到两管口碰撞响声后方能固定接头处，对接后，套上底盖固定，并严格密封各接头处。

(2) 进笼。

将连接好后的测斜管穿入钢筋笼内，插入后将测斜管用铅丝或尼龙扎带固定在外侧主钢筋内侧面，固定时，使测斜管槽口一侧必须垂直于量测方向，测斜管固定底位置为钢筋笼底 0.5～1.0 m 位置处，顶部为钢筋笼上 0.5 m，并置于注浆管不宜碰到的位置。

(3) 进槽。

测斜管随钢筋笼下入槽中固定后，宜用时用模拟探头进行探摸，确认管内通畅，宜及时在管内注满清水，加顶盖密封。在灌混凝土前测斜顶需做好孔口处的保护装置工作。

在槽段灌混凝土时，安装人员需到现场配合，做好测斜管的保护工作，在灌混凝土结束后 1 h，安装人员需打开管口盖，进行二次探摸，检查是否有水泥浆渗入管内，如发现有泥浆渗入，应采取洗孔方式将浆冲出，要求管内清水溢出为止，然后加盖密封保护。

(4) 注意事项。

在槽段工作时要注意人身安全。在测斜管内通畅检测后，如不符合监测质量要求时，应及时在邻近槽段上补设，管口要封盖保护。测斜管保持垂直，其中一组导槽应与需要监测的方向保持一致。做好测斜管的标识、标记、编号安放的槽段和埋设日期记录的工作。

3）监测孔布设时间

围护结构体的测斜孔布设时间根据灌注桩的施工进度进行布设，灌注桩施工结束后达到一定的硬度进行初值的施测。灌注桩必须达到一定的硬度后才可以进行基坑开挖，保证围护结构体的支护作用。

4）监测孔的布置

围护结构体（坡/墙）深层水平位移监测孔的布置根据设计说明文件及布置原则。

2. 深层侧向位移孔（测斜孔）的技术要求

（1）布置在基坑平面上挠曲计算值最大的位置，如悬臂式结构的长边中心，设置水平支撑结构的两道支撑之间。孔与孔之间布置间距宜为 20～50 m，每侧边至少布置 1 个监测点。

（2）基坑周围有重点监护对象［如建（构）筑物、地下管线］时，离其最近的围护段。

（3）基坑局部挖深加大或基坑开挖时围护结构暴露最早、得到监测结果后可指导后续施工的区段。

（4）监测点布置深度宜与围护体入土深度相同。

6.5.3.2 水位监测孔

1. 水位监测孔的埋设方法

坑外地下水位孔的埋设通常采用钻孔埋设法。水位监测孔的布置根据设计说明文件及布置原则进行布置，埋设深度根据设计要求及水文地质要求来进行埋设。水位监测孔的布设在施工前一星期内布设完全，并测好初值。

1）安装前检查

（1）检查水位管滤网包扎是否符合质量要求，一般要求水位管滤网孔径宜为 8 mm，按间距 50 mm 呈梅花状分布，外包 40 目二层滤网，滤网包扎长度一般不小于 3 m。

（2）检查水位管顶、底盖是否配套，目测水位管是否有明显弯曲和质量缺陷，如有应更换该管。

（3）检查固定螺丝与水位管是否配套，螺丝不宜过长或过短，因过长量测时有可能损坏导线，过短有可能使水位管连接不牢，出现脱管现象。

（4）检查回填砂、封孔材料是否足量。

2）安装

套上水位管底盖固定后，将水位管下放至孔内，然后逐根连接并放入孔内，直至达到预定深度。

3）回填

（1）水位管外壁与钻孔间隙回填干净中粗砂。潜水位观测孔填砂至孔口 0.5 m，改用黏土泥球或水泥封至地面；承压水观测孔，被测含水层应与其他含水层间采取有效隔水措施，所测含水层以上应用膨润土泥球、黏性土泥球或注入水泥土浆封孔至地面。

（2）为保证观测质量，待水位管埋设完毕后，需用清水洗孔，要求孔内清水流出管口 5 min 以上。地下水位管埋设宜高出地面 100～200 mm，以防地表水流出。

（3）待安装检查符合质量要求后，孔口加盖，做好观测点编号、埋设日期记录和醒目标识，及必要的保护措施。

2. 水位管构造与埋设

水位管选用直径 50 mm 左右的钢管或硬质塑料管，管底加盖密封，防止泥砂进入管中。下部留出 0.5～1 m 的沉淀段（不打孔），用来沉积滤水段带入的少量泥砂。中部管壁周围钻出

6～8 列直径为 6 mm 左右的滤水孔，纵向孔距 50～100 mm。相邻两列的孔交错排列，呈梅花状布置。管壁外部包扎过滤层，过滤层可选用土工织物或网纱。上部管口段不打孔，以保证封口质量。

3. 水位孔的技术要求

(1) 检验降水效果的水位孔布置在降水区内，采用轻型井点管时可布置在总管的两侧，采用深井降水时应布置在两孔深井之间。潜水水位观测管埋设深度不宜小于基坑开挖深度以下 3 m。微承压水和承压水层水位孔的深度应满足设计要求。

(2) 保护周围环境的水位孔应围绕围护结构和被保护对象(如建筑物、地下管线等)或在两者之间进行布置，其深度应在允许最低地下水位之下或根据不同水层的位置而定，潜水水位观测管埋设深度宜为 6～8 m。潜水水位监测点间距宜为 20～50 m，微承压水和承压水层水位监测点间距宜为 30～60 m，每测边监测点至少 1 个。

(3) 水位孔一般用小型钻机成孔，孔径略大于水位管的直径，孔径过小会导致下管困难，孔径过大会使观测产生一定的滞后效应。成孔至设计标高后，放入裹有滤网的水位管，管壁与孔壁之间用净砂回填过滤头，再用黏土进行封填，以防地表水流入。承压水水位管安装前须摸清承压水层的深度，水位管放入钻孔后，水位管滤头必须在承压水层内。承压水面层以上一定范围内，管壁与孔壁之间采取特别的措施，隔断承压水与上层潜水的连通。

6.5.3.3 分层沉降标(磁环)孔

1. 沉降管与磁环的埋设

(1) 方法一：用钻机在预定孔位上钻孔，孔深由沉降管长度而定，孔径以能恰好放入磁环为佳。然后放入沉降管，沉降管连接时要用内接头或套接式螺纹，使外壳光滑，不影响磁环的上、下移动。在沉降管和孔壁间用膨润土球充填并捣实，至底部第一个磁环的标高再用专用工具将磁环套在沉降管外送至填充的黏土面上，施加一定压力，使磁环上的三个铁爪插入土中，然后再用膨润土球充填并捣实至第二个磁环的标高，按上述方法安装第二个磁环，直至完成整个钻孔中的磁环埋设。

(2) 方法二：在沉降管下孔前将磁环按设计距离安装在沉降管上，磁环之间可利用沉降管外接头进行隔离，成孔后将带磁环的沉降管插入孔内。磁环在接头处遇阻后被迫随沉降管送至设计标高。然后将沉降管向上拔起 1 m，这样可使磁环上、下各 1 m 范围内移动时不受阻，然后用细砂在沉降管和孔壁之间进行填充至管口标高。

2. 分层沉降标(磁环)的技术要求

(1) 分层垂直位移监测孔：监测孔应布置在邻近保护对象处，竖向监测点(磁环)宜布置在土层分界面上，在厚度较大土层中部应适当加密，监测孔深度宜大于 2.5 倍基坑开挖深度，且不应小于基坑围护结构以下 5～10 m。

(2) 坑底回弹监测孔：监测点宜按剖面布置在基坑中部，剖面间距 30～50 m，数量不少于 2 条，剖面上监测点间距 10～20 m，数量不少于 3 个。

6.5.3.4 孔隙水压力监测孔

1. 安装前的准备

将孔隙水压力计前端的透水石和开孔钢管卸下，放入盛水容器中热泡，以快速排除透水石中的气泡，然后浸泡透水石至饱和，安装前透水石应始终浸泡在水中，严禁与空气接触。

2. 钻孔埋设

孔隙水压力计钻孔埋设有两种方法。第一种方法为一孔埋设多个孔隙水压力计，孔隙水压力计间距大于1.0 m,以免水压力贯通。此种方法的优点是钻孔数量少,比较适合于提供监测场地不大的工程,缺点是孔隙水压力计之间封孔难度很大,封孔质量直接影响孔隙水压力计埋设质量,成为孔隙水压力计埋设好坏的关键工序,封孔材料一般采用膨润土泥球。埋设顺序为:①钻孔到设计深度;②放入第一个孔隙水压力计,可采用压入法至要求深度;③回填膨润土泥球至第二个孔隙水压力计位置以上0.5 m;④放入第二个孔隙水压力计,并压入至要求深度;⑤回填膨润土泥球……以此反复,直到最后一个。第二种方法采用单孔法即一个钻孔埋设一个孔隙水压力计。该方法的优点是埋设质量容易控制,缺点是钻孔数量多,比较适合于能提供监测场地或对监测点平面要求不高的工程。具体步骤为:①钻孔到设计深度以上0.5～1.0 m;②放入孔隙水压力计,采用压入法至要求深度;③回填1 m以上膨润土泥球封孔。

6.5.3.5 土压力监测孔

1. 钻孔法

钻孔法是通过钻孔和特制的安装架将土压力计压入土体内。具体步骤为:①先将土压力盒固定在安装架内;②钻孔到设计深度以上0.5～1.0 m;放入带土压力盒的安装架,逐段连接安装架压杆,土压力盒导线通过压杆引到地面;③通过压杆将土压力盒压到设计标高;④回填封孔。

2. 挂布法

挂布法用于量测土体与围护结构间接触压力。具体步骤为:①先用帆布制作一幅挂布,在挂布上缝有安放土压力盒的布袋,布袋位置按设计深度确定;②将包住整幅钢笼的挂布绑在钢筋笼外侧,并将带有压力囊的土压力盒放入布袋内,压力囊朝外,导线固定在挂布上通到布顶;③挂布随钢筋笼一起吊入槽(孔)内;④混凝土浇筑时,挂布将受到侧向压力而与土体紧密接触。

6.5.3.6 支撑内力监测

1. 钢筋混凝土支撑

目前,钢筋混凝土支撑杆件,主要采用钢筋计监测钢筋的应力,然后通过钢筋与混凝土共同工作、变形协调条件反算支撑的轴力。当监测断面选定后监测传感器应布置在该断面的4个角上或4条边上以便必要时可计算轴力的偏心距,且在求取平均值时更可靠(考虑个别传感器埋设失败或遭施工破坏等情况),当为了使监测投资更为经济或同工程中的监测断面较多,每次监测工作时间有限时也可在个监测断面上上下对称、左右对称或在对角线方向布置两个监测传感器。

钢筋计与受力主筋一般通过连杆电焊的方式连接。因电焊容易产生高温,会对传感器产生不利影响。所以,在实际操作时有两种处理方法。其一,有条件时应先将连杆与受力钢筋碰焊对接(或碰焊),然后再旋上钢筋计。其二,在安装钢筋计的位置上先截下一段不小于传感器长度的主筋,然后将连上连杆的钢筋计焊接在被测主筋上。钢筋计连杆应有足够的长度,以满足规范对搭接焊缝长度的要求。在焊接时,为避免传感器受热损坏,要在传感器上包上湿布并不断浇冷水,直到焊接完毕后钢筋冷却到一定温度为止。在焊接过程中还应不断测试传感器,看看传感器是否处于正常状态。

钢筋计电缆一般为一次成型,不宜在现场加长。如需接长,应在接线完成后检查钢筋计的绝缘电阻和频率初值是否正常。要求电缆接头焊接可靠,稳定且防水性能达到规定的耐水压要求。做好钢筋计的编号工作。

2. 钢支撑

对于钢结构支撑杆件，目前较普遍的是采用轴力计(也称反力计)和表面应变计两种形式。轴力计可直接监测支撑轴力，表面应变计则是通过量测到的应变再计算支撑轴力。

1）轴力计安装

将轴力计圆形钢筒安装架上没有开槽的一断面与支撑固定头断面钢板焊接牢固，电焊时安装架必须与钢支撑中心轴线与安装中心点对齐。待冷却后，把轴力计推入焊好的安装架圆形钢筒内并用圆形钢筒上的 4 个 M10 螺丝把轴力计牢固地固定在安装架内，然后把轴力计的电缆妥善地绑在安装架的两翅膀内侧，确保支撑吊装时轴力计和电缆不会掉下来。起吊前，测量一下轴力计的初频，是否与出厂时的初频相符合(≤±20 Hz)。钢支撑吊装到位后，在轴力计与墙体钢板间插入一块 250 mm×250 mm×25 mm 钢板，防止钢支撑受力后轴力计陷入墙体内，造成测值不准等情况发生。在施加钢支撑预应力前，把轴力计的电缆引至方便正常测量的位置，测试轴力计初始频率。在钢支撑施加预应力同时测试轴力计，看其是否正常工作。待钢支撑预应力施加结束后，测试轴力计的轴力，检验轴力计所测轴力与施加在钢支撑上的预顶力是否一致。

2）表面应变计安装

在钢支撑同一截面两侧分别焊上表面应变计，应变计应与支撑轴线保持平行或在同一平面上。焊接前先将安装杆固定在钢支座上，确定好钢支座的位置，然后将钢支座焊接在钢支撑上。待冷却后将安装杆从钢支座取出，装上应变计。调试好初始频率后将应变计牢固在钢支座。需要注意的是，表面应变计必须在钢支撑施加预顶力之前安装完毕。

6.5.3.7 围檩内力监测

围护支护系统中围檩有钢筋混凝土围檩和钢围檩之分，钢筋混凝土围檩内力传感器安装同钢筋混凝土支撑，采用钢筋计监测钢筋的应力，然后通过钢筋与混凝土共同工作、变形协调条件反算围檩内力。钢围檩内力传感器安装采用表面应变计，通过监测钢围檩应变，计算钢围檩内力。传感器安装方法同上。

6.5.3.8 立柱内力监测

立柱内力监测主要用于逆作法施工，监测点宜布置在受力较大的立柱上。传感器安装部位宜设置在坑底以上立柱长度的 1/3 处，每个截面内不应少于 4 个传感器。

6.5.3.9 围护墙内力监测

围护墙内力监测断面应选在围护结构中出现弯矩极值的部位。在平面上，可选择围护结构位于两支撑的跨中部位、开挖深度较大以及水土压力或地表超载较大的地方。在立面上，可选择支撑处和每层支撑的中间，此处往往发生极大负弯矩和极大正弯矩。若能取得围护结构弯矩设计值，则可参考最不利工况下的最不利截面位置进行钢筋计的布设。围护墙内力测试传感器采用钢筋计，安装方法同钢筋混凝土支撑。当钢筋笼绑扎完毕后，将钢筋计串联焊接到受力主筋的预留位置上，并将导线编号后绑扎在钢筋笼上导出地表，从传感器引出的测量导线应留有足够的长度，中间不宜有接头，在特殊情况下采用接头时，应采取有效的防水措施。钢筋笼下沉前应对所有钢筋计全都测定核查焊接位置及编号无误后方可施工。对于桩内的环形钢筋笼，要保证焊有钢筋计的主筋位于开挖时的最大受力位置，即一对钢筋计的水平连线与基坑边线垂直，并保持下沉过程中不发生扭曲。钢筋笼焊接时，要对测量电缆遮盖湿麻袋进行保护。浇捣混凝土的导管与钢筋计位置应错开以免导管上下时损伤监测传感器和电缆。电缆露出围护结构，应套上钢管，避免日后凿除浮渣时造成损坏。混凝土浇筑完毕后，应立即复测钢筋计，核对编号，并将同立面上的钢筋计导线接在同一块接线板不同编号的接线柱，以便日后监测。

6.5.4 监测方法及精度分析

6.5.4.1 深层侧向位移监测

1. 监测内容

围护墙体和土体的深层侧向位移，目前围护墙体内测斜一般用在地下连续墙、混凝土灌注桩、水泥土搅拌桩、型钢水泥土复合搅拌桩等围护形式上。深层侧向位移监测为重力式、板式围护体系一、二级监测等级必测项目，重力式、板式围护体系三级监测等级选测项目。

2. 仪器、设备简介

1）测斜仪的用途及原理

测斜仪是一种能有效且精确地测量深层水平位移的工程监测仪器，应用其工作原理可以监测土体、临时或永久性地下结构（如桩、连续墙、沉井等）的深层水平位移。测斜仪分为固定式和活动式两种。固定式是将测头固定埋设在结构物内部的固定点上；活动式即先埋设带导槽的测斜管，间隔一定时间将测头放入管内沿导槽滑动测定斜度变化，计算水平位移。

2）测斜仪的分类及特点

活动式测斜仪按测头传感器不同，可细分为滑动电阻式、电阻应变片式、钢弦式及伺服加速度计式 4 种。上海地区用得较多的是电阻应变片式和伺服加速度计式测斜仪，电阻应变片式测斜仪优点是产品价格便宜，缺点是量程有限，耐用时间不长；伺服加速度计式测斜仪优点是精度高、量程大和可靠性好等，缺点是抗震性能较差，当测头受到冲击或受到横向振动时，传感器容易损坏。

3）测斜仪的组成

（1）探头：装有重力式测斜传感器。

（2）测读仪：是二次仪表，需和测头配套使用，其测量范围、精度和灵敏度根据工程需要而定。

（3）电缆：连接探头和测读仪的电缆起向探头供给电源和给测读仪传递监测信号的作用，同时也起到收放探头和测量探头所在测点与孔口距离。

（4）测斜管：测斜管一般由塑料管或铝合金管制成。常用直径为 50～75 mm，长度每节 2～4 m，管口接头有固定式和伸缩式两种，测斜管内有两对相互垂直的纵向导槽。测量时，测头导轮在导槽内可上下自由滑动。

3. 测试方法

测斜管应在工程开挖前 15～30 d 埋设完毕，在开挖前的 3～5 d 内复测 2～3 次，待判明测斜管已处于稳定状态后，取其平均值作为初始值，开始正式测试工作。每次监测时，将探头导轮对准与所测位移方向一致的槽口，缓缓放至管底，待探头与管内温度基本一致、显示仪读数稳定后开始监测。一般以管口作为确定测点位置的基准点，每次测试时管口基准点必须是同一位置，按探头电缆上的刻度分划，均速提升。每隔 500 mm 读数一次，并作记录。待探头提升至管口处。旋转 180°后，再按上述方法测量测，以消除测斜仪自身的误差。

4. 测试数据处理

通常使用的活动式测斜仪采用带导轮的测斜探头，探头两对导轮间距 500 mm，以两对导轮之间的间距为一个测段。每一测段上、下导轮间相对水平偏差量 δ 可通过下式计算得到。

$$\delta = l \times \sin\theta \tag{6-38}$$

式中 l——上、下导轮间距；

θ——探头敏感轴与重力轴夹角。

测段 n 相对于起始点的水平偏差量 Δ_n，由从起始点起连续测试得到的 δ_i 累计而成，即

$$\Delta_n = \sum_{i=0}^{n}\delta_i = \sum_{i=0}^{n} l \times \sin\theta_i \tag{6-39}$$

式中 δ_0——起始测段的水平偏差量，mm；

Δ_n——测点 n 相对于起始点的水平偏差量，mm。

1）测斜管形状曲线

测斜仪单次测试得到的是测斜仪上、下导轮间相对水平偏差量，按式(6-39)计算得到的是测点 n 相对于起始点的水平偏差量，如果将起始点设在测斜管的一端(孔底或孔口)，以上、下导轮间距(0.5 m)为测段长度，则将每个测段 Δ_n 沿深度连成线就构成了测斜管形状曲线。

2）测斜管水平位移曲线(侧向位移曲线)

若将测段 n 第 j 次与第 $j-1$ 次的水平偏差量之差表示为 ΔX_{nj}（$\Delta X_{nj}=\Delta_n^j-\Delta_n^{j-1}$），则 ΔX_{nj} 即为测段 n 本次水平位移量，ΔX_{nj} 沿深度的连线就构成了测斜管本次水平位移曲线。

若将测点 n 第 j 次与初次的水平偏移量之差表示为 ΔX_n（$\Delta X_n=\Delta_n^j-\Delta_n^0$），则 ΔX_n 即为测段 n 累计水平位移量，ΔX_n 沿深度的连线就构成了测斜管累计水平位移曲线。用公式可表示为

$$\Delta X_n = \Delta_n^j - \Delta_n^0 = l\sum_{i=0}^{n}(\sin\theta_i - \sin\theta_0) \tag{6-40}$$

式(6-40)即为以测斜管底部测斜仪下导轮为固定起算点(假设不动)深层侧向变形计算公式。如果以测斜管顶部为固定起算点，因为测斜仪测出的是以测斜管顶部上导轮为起算点，因此深层侧向变形计算还要叠加上导轮(管口)水平位移量 X_0。计算公式为

$$\Delta X_n = X_0 + l\sum_{i=0}^{n}(\sin\theta_i - \sin\theta_0) \tag{6-41}$$

在实际计算时，因读数仪显示的数值一般已经是经计算转化而成的水平量，因此只需按仪器使用说明书中告知的计算式计算即可，不同厂家生产的测斜仪其计算公式各不相同。要注意的是，读数仪显示的数值一般取 $l=500$ mm 作为计算长度。

6.5.4.2 地下水位监测

1. 监测内容

基坑工程地下水位监测包含坑内、坑外水位监测。由于上海地区除浅层潜水外，在局部⑤层存在微承压水层和⑦层位置存在承压水层，上海水文地质的这一特性，决定了在上海部分地区深基坑施工过程中除浅层水位观测外，还需观测深层承压水位。通过坑内水位观测可以检验降水方案的实际效果，如降水速率和降水深度。通过坑外水位观测可以控制基坑工程施工降水对周围地下水位下降的影响范围和程度，防止基坑工程施工中的水土流失。坑外水位监测为基坑监测必测项目。

2. 仪器、设备简介

1）水位计用途及原理

水位计是观测地下水位变化的仪器；它可用来监测由降水、开挖以及其他地下工程施工作业所引起的地下水位的变化。

2）水位仪的组成

水位测量系统由三部分组成：第一部分为地下埋入材料部分——水位管；第二部分为地表测试仪器——钢尺水位计，由探头、钢尺电缆、接收系统、绕线架等部分组成；第三部分为管口水准测量，由水准仪、标尺、脚架、尺垫等组成。

(1) 钢尺水位计：探头外壳由金属车制而成，内部安装了水阻接触点。当触点接触水面时，接收系统蜂鸣器发出蜂鸣声，同时峰值指示器中的电压指针发生偏转。测量电缆部分由钢尺和导线采用塑胶工艺合二为一。既防止了钢尺的锈蚀，又简化了操作过程，读数方便、准确。

(2) 水位管：潜水水位管一般由 PVC 工程塑料制成，包括主管和束节及封盖。主管管径 50～70 mm，管头 50 cm 打有 4 排直径为 7 mm 的孔。束节套于两节主管的接头处，起着连接、固定作用，埋设时应在主管管头滤孔外包上土工布，起到滤层的作用。承压水水位管一般采用 PPR 管，接口采用热熔技术，管子之间完全融合在一起，可有效阻隔上层水的渗透。

3）水位计的使用

水位测量时，拧松水位计绕线盘后面螺丝，让绕线盘转动自由后，按下电源按钮把测头放入水位管内，手拿钢尺电缆，让测头缓慢地向下移动，当测头的触点接触到水面时，接收系统的音响器便会发出连续不断的蜂鸣声。此时读出钢尺电缆在管口处的读数。

3. 监测技术

1）测试方法

先用水位计测出水位管内水面距管口的距离，然后用水准测量的方法测出水位管管口绝对高程，最后通过计算得到水位管内水面的绝对高程。

2）测试数据处理

水位管内水面应以绝对高程表示，计算式如下：

$$D_s = H_s - h_s \tag{6-42}$$

式中 D_s——水位管内水面绝对高程，m；

H_s——水位管管口绝对高程，m；

h_s——水位管内水面距管口的距离，m。

由式(6-42)可以分别算出前后两次水位变化即本次变化和累计水位变化：

$$\Delta h_s^i = D_s^i - D_s^{i-1} \tag{6-43}$$

$$\Delta h_s = D_s^i - D_s^0 \tag{6-44}$$

式中 D_s^i——第 i 次水位绝对高程，m；

D_s^{i-1}——第 $i-1$ 次水位绝对高程，m；

D_s^0——水位初始绝对高程，m；

Δh_s——累计水位差，m。

4. 注意事项

(1) 水位管的管口要高出地表并做好防护墩台，加盖保护，以防雨水、地表水和杂物进入管内。水位管处应有醒目标志,避免施工损坏。

(2) 水位管埋设后每隔 1 d 测试一次水位面,观测水位面是否稳定。当连续几天测试数据稳定,可进行初始水位高程的测量。

(3) 在监测了一段时间后。应对水位孔逐个进行抽水或灌水试验,看其恢复至原来水位所需的时间,以判断其工作的可靠性。

(4) 坑内水位管要注意做好保护措施,防止施工破坏。

(5) 坑内水位监测除水位观测外,还应结合降水效果监测,即对出水量和真空度进行监测。

6.5.4.3 土体分层垂直位移监测

1. 监测内容

坑内、外土体深层垂直位移。坑内土体深层垂直位移亦称坑内土体回弹或坑底隆起。基坑在开挖后由于上部土体开挖卸载,深层土体应力释放向上隆起,另外,由于基坑内土体开挖后,支护内外的压力差使其底部产生侧向位移,导致靠近围护结构内侧的土体向上隆起,严重者产生塑性破坏。深大基坑由于卸载多,基坑内外压差大,因而就有必要对基坑回弹进行监测。土体分层垂直位移监测为重力式围护体系一、二级监测等级、板式围护体系一级监测等级选测项目。

2. 仪器、设备简介

1) 分层沉降仪的用途及原理

分层沉降仪是通过电感探测装置,根据电磁频率的变化来观测埋设在土体不同深度内的磁环的确切位置,再由其所在位置深度的变化计算出地层不同标高处的沉降变化情况。分层沉降仪可用来监测由开挖引起的周围深层土体的垂直位移(沉降或隆起)。

2) 分层沉降仪的组成

分层沉降测量系统由三部分构成:第一部分为埋入地下的材料部分,由沉降导管、底盖和沉降磁环等组成;第二部分为地面测试仪器——分层沉降仪,由测头、测量电缆、接收系统和绕线盘等组成;第三部分为管口水准测量,由水准仪、标尺、脚架、尺垫等组成。

分层沉降仪的组成如下:

(1) 导管:采用 PVC 塑料管,管径 53 mm 或 70 mm。

(2) 磁环:沉降磁环由注塑制成,内安放稀土高能磁性材料,形成磁力圈。外安装弹簧片,弹簧片张开后外径约 200 mm,磁环套在导管处,弹簧片与土层接触,随土层移动而位移。

(3) 测头:不锈钢制成,内部安装了磁场感应器,当遇到外磁场作用时,便会接通接收系统,当外磁场不作作用时,就会自动关闭接收系统。

(4) 电缆:由钢尺和导线采用塑胶工艺合二为一,既防止了钢尺锈蚀,又简化了操作过程,测读更加方便、准确。钢尺电缆一端接入测头,另一端接入接收系统。

(5) 接收系统:由音响器和峰值指示组成,音响器发出连续不断的蜂鸣声响,峰值指示为电压表指针指示,两者可通过拨动开关来选用,不管用何种接收系统,测读精度是一致的。

(6) 绕线盘:由绕线圆盘和支架组成。

3) 分层沉降仪的使用方法

测量时,拧松绕线盘后面螺丝,让绕线盘转动自由后,按下电源按钮,手持测量电缆,将测头放入沉降管中,缓慢地向下移动。当测头穿过土层中的磁环时,接收系统的蜂鸣器便会发出连续不断的蜂鸣声。若是在噪声较大的环境中测量，蜂鸣声不能听清时可用峰值指示，只要把仪器面板上的选择开关拨至电压挡即可测量。方法同蜂鸣声指示。

3. 监测技术

1）测试方法

监测时应先用水准仪测出沉降管的管口高程，然后将分层沉降仪的探头缓缓放入沉降管中。当接收仪发生蜂鸣或指针偏转最大时，就是磁环的位置。捕捉响第一声时测量电缆在管口处的深度尺寸，每个磁环有两次响声，两次响声间的间距十几厘米。这样由上向下地测量到孔底，这称为进程测读。当从该沉降管内收回测量电缆时，测头再次通过土层中的磁环，接收系统的蜂鸣器会再次发出蜂鸣声。此时读出测量电缆在管口处的深度尺寸，如此测量到孔口，称为回程测读。磁环距管口深度取进、回程测读数平均数。

2）测试数据处理

分层沉降标（磁环）位置应以绝对高程表示，计算式如下：

$$D_c = H_c - h_c \tag{6-45}$$

式中 D_c——分层沉降标（磁环）绝对高程，m；

H_c——沉降管管口绝对高程，m；

h_c——分层沉降标（磁环）距管口的距离，m。

由式(6-45)可以分别算出磁环前后两次位置变化即本次垂直位移量和累计垂直位移量：

$$\Delta h_c^i = D_c^i - D_c^{i-1} \tag{6-46}$$

$$\Delta h_c = D_c^i - D_c^0 \tag{6-47}$$

式中 D_c^i——第 i 次磁环绝对高程，m；

D_c^{i-1}——第 $i-1$ 次磁环绝对高程，m；

D_c^0——磁环初始绝对高程，m；

Δh_c^i——本次垂直位移，mm；

Δh_c——累计垂直位移，mm。

4. 注意事项

(1) 深层土体垂直位移的初始值应在分层标埋设稳定后进行，一般不少于一周。每次监测分层沉降仪应进行进、回两次测试，两次测试误差值不大于 1.0 mm，对于同一个工程应固定监测仪器和人员，以保证监测精度。

(2) 管口要做好防护墩台或井盖，盖好盖子，防止沉降管损坏和杂物掉入管内。

6.5.4.4 孔隙水压力监测

1. 监测内容

用于量测基坑工程坑外不同深度土的孔隙水压力。由于饱和土受荷载后首先产生的是孔隙水压力的变化，随后才是颗粒的固结变形，孔隙水压力的变化是土体运动的前兆。静态孔隙水压力监测相当于水位监测。潜水层的静态孔隙水压力测出的是孔隙水压力计上方的水头压力，可以通过换算计算出水位高度。在微承压水和承压水层，孔隙水压力计可以直接测出水的压力。结合土压力监测，可以进行土体有效应力分析，作为土体稳定计算的依据。不同深度孔隙水压力监测可以为围护墙后水、土压力分算提供设计依据。孔隙水压力监测为重力式围护体系一、二级监测等级、板式围护体系一级监测等级选测项目。

2. 仪器、设备简介

1）孔隙水压力计

目前，孔隙水压力计有钢弦式、气压式等几种形式，基坑工程中常用的是钢弦式孔隙水压力计，属钢弦式传感器中的一种。孔隙水压力计由两部分组成，第一部分为滤头，由透水石、开孔钢管组成，主要起隔断土压的作用；第二部分为传感部分，其基本要素同钢筋计。

2）测试仪器、设备

目前，常用的测试仪器和设备是数显频率仪。

3. 监测技术

1）测试方法

孔隙水压力计测试方法相对比较简单，用数显频率仪测读、记录孔隙水压力计频率即可。

2）测试数据处理

孔隙水压力计算式如下：

$$u = k(f_i^2 - f_0^2) \tag{6-48}$$

式中 u——孔隙水压力，kPa；

k——标定系数，kPa/Hz^2；

f_i——测试频率，Hz；

f_0——初始频率，Hz。

4. 注意事项

(1) 孔隙水压力计应按测试量程选择，上限可取静水压力与超孔隙水压力之和的1.2倍。

(2) 采用钻孔法施工时，原则上不得采用泥浆护壁工艺成孔。如因地质条件差不得不采用泥浆护壁时，在钻孔完成之后，需要清孔至泥浆全部清洗为止。然后在孔底填入净砂，将孔隙水压力计送至设计标高后，再在周围回填约 0.5 m 高的净砂作为滤层。

(3) 在地层的分界处附近埋设孔隙水压力计时应十分谨慎，滤层不得穿过隔水层，避免上下层水压力的贯通。

(4) 孔隙水压力计在安装过程中，其透水石始终要与空气隔绝。

(5) 在安装孔隙水压力计过程中，始终要跟踪监测孔隙水压力计频率，看是否正常，如果频率有异常变化，要及时收回孔隙水压力计，检查导线是否受损。

(6) 孔隙水压力计埋设后应量测孔隙水压力初始值，且连续量测 1 周，取 3 次测定稳定值的平均值作为初始值。

6.5.4.5 土压力监测

1. 监测内容

基坑工程土压力监测主要用于量测围护结构内、外侧的土压力。结合孔隙水压力监测，可以进行土体有效应力分析，作为土体稳定计算的依据。不同深度土压力监测可以为围护墙后水、土压力分算提供设计依据。土压力监测为板式围护体系一、二级监测等级选测项目。

2. 仪器、设备简介

1）土压力计(盒)

土压力盒有钢弦式、差动电阻式、电阻应变式等多种，目前基坑工程中常用的是钢弦式。土压力盒又有单膜和双膜两类，单膜一般用于测量界面土压力，并配有沥青压力囊；双膜式一般用于测量自由土体土压力。

2）测试仪器、设备

目前，常用的测试仪器和设备是数显频率仪。

3. 监测技术

1）测试方法

土压力测试方法相对比较简单，用数显频率仪测读、记录土压力计频率即可。

2）土压力计算式如下：

$$P = k(f_i^2 - f_0^2) \tag{6-49}$$

式中 P——土压力，kPa；

k——标定系数，kPa/Hz^2；

f_i——测试频率；

f_0——初始频率。

4. 注意事项

(1) 压力盒固定在安装架时，压力盒侧向的固定螺丝不能拧得太紧，以免造成压力盒内钢弦松弛。

(2) 压力盒沉放过程中，始终要跟踪监测土压力盒频率，看是否正常，如果频率有异常变化，要及时收回，检查导线是否受损。

(3) 压力盒沉放到位施压前，到检查压力盒是否垂直，压力盒面的方向是否与被测土压力的方向垂直。

(4) 采用挂布法安装时，由于土压力盒挂在钢筋笼外侧，因此在钢笼下槽过程中，要格外小心压力囊经过导墙时受挤压、摩擦而破损漏油。挂布一定要兜住钢笼外侧，防止混凝土浇筑时水泥浆液流到挂布外侧裹住土压力盒。

6.5.4.6 支撑轴力监测和混凝土构件内力监测

选用振弦式频率读数仪观测，采取直读法测读。仪器读数精度为±0.1 Hz；观测精度：支撑轴力/锚索拉力观测精度为±1 kN。

将钢弦式频率接收仪与传感器的导线接通，显示的频率稳定后，该频率值为本次频率测试值。

初始值即为安装前的传感器频率测试值。

1. 钢筋混凝土支撑轴力计算

钢筋混凝土支撑轴力计算如下：

$$N_c = \sigma_s\left(\frac{E_c}{E_s}A_c + A_s\right) = \bar{\sigma}_{js}\left(\frac{E_c}{E_s}A_c + A_s\right) \tag{6-50}$$

$$\bar{\sigma}_{js} = \frac{1}{n}\sum_{j=1}^{n}\left[\frac{k_j(f_{ji}^2 - f_{j0}^2)}{A_{js}}\right] \tag{6-51}$$

式中 N_c——支撑轴力，kN；

σ_s——钢筋应力，kN/mm^2；

$\bar{\sigma}_{js}$——钢筋计监测平均应力，kN/mm^2；

k_j——第 j 个钢筋计标定系数，kN/Hz^2；

f_{ji}——第 j 个钢筋计监测频率，Hz；

f_{j0}——第 j 个钢筋计安装后的初始频率，Hz。

A_{js}——第 j 个钢筋计截面积，mm^2。

E_c——混凝土弹性模量，kN/mm^2；

E_s——钢筋弹性模量，kN/mm^2；

A_c——混凝土截面积，mm^2，$A_c = A_b - A_s$，A_b 为支撑截面积，mm^2；

A_s——钢筋总截面积，mm^2。

2. 钢支撑轴力计算

钢支撑轴力计算如下：

$$N = k(f_i^2 - f_0^2) \tag{6-52}$$

式中 N——钢支撑轴力，kN；

k——轴力计标定系数，kN/Hz^2；

f_i——轴力计监测频率，Hz；

f_0——轴力计安装后的初始频率，Hz。

6.5.4.7 水平和垂直位移

1. 基准点、工作基点的选点埋设

基准点必须埋设在远离施工影响区外，尽可能选择相对僻静，受外界干扰小，利于长期保存和观测的位置，每个工程基准点不应少于 3 个。大型的工程项目，其水平位移基准点应采用带有强制归心装置的观测墩，垂直位移基准点宜采用双金属标或深埋钢管标。

水平位移监测工作基点应选在相对比较稳定且方便使用的位置，如基坑四周角点处。工作基点间应相互通视，方便工作基点间校核。工作基点埋设宜采用强制归心观测墩，以减小对中带来的误差。

垂直位移监测工作基点应选在相对比较稳定且方便使用的位置，一般布设在受施工影响区外延。可根据监测点布设情况，尽可能布设多个工作基点，有利于缩短水准路线，方便工作基点间校核。工作基点埋设在具有浅基础的建构筑物上，如可利用路灯灯杆底的固定螺杆、建筑物上的沉降标等。

2. 水平和垂直位移监测基准网

水平位移基准网建立，应根据现场情况，选择合适的观测方法（表 6-16），再确定基准网的布设形式及观测方法。

表 6-16　观测方法的选用

现场情况	水平位移观测方法	基准网建立形式	基准网观测方法
现场场地开阔，通视条件较好	准直线法	基线边控制	测距法
现场场地狭窄，通视条件较差	支导线法	导线网控制	附合精密导线网

附合精密导线测量必须采用“三联脚架法”组织进行施测。每次施测前，必须对仪器、脚架、基座棱镜进行检校（如脚架的螺旋、仪器和基座的气泡及对点器等），满足要求后，方可进行导线测量。相关精度指标及测量要求须满足表 6-17 的要求。

表 6-17　　水平位移监测基准网的主要技术要求

等级	相邻基准点的点位中误差/mm	平均边长 L/m	测角中误差/(″)	测边相对中误差	水平角观测	
					1″级仪器	2″级仪器
一等	1.5	≤300	0.7	≤1/300 000	12	—
		≤200	1.0	≤1/200 000	9	—
二等	3.0	≤400	1.0	≤1/200 000	9	—
		≤200	1.8	≤1/100 000	6	9
三等	6.0	≤450	1.8	≤1/100 000	4	9
		≤350	2.5	≤80 000	4	6
四等	12.0	≤600	2.5	≤1/8 000	4	6

注：1. 水平位移监测基准网的相关指标，是基于相应等级相邻基准点的点位中误差的要求确定的。
2. 具体作业时，也可根据监测项目的特点在满足相邻基准点的点位中误差要求前提下，进行专项设计。
3. GPS 水平位移监测基准网，不受测角中误差和水平角观测测回数指标的限制。

垂直位移监测基准网可采用闭合或附合水准路线形式布设，相关精度指标及测量要求须满足表 6-18 的要求。

表 6-18　　垂直位移监测基准网的主要技术要求

等级	相邻基准点高差中误差/mm	每站高差中误差/mm	往返较差或环线闭合差/mm	检测已测高差较差/mm
一等	0.3	0.07	$0.15\sqrt{n}$	$0.2\sqrt{n}$
二等	0.5	0.15	$0.30\sqrt{n}$	$0.4\sqrt{n}$
三等	1.0	0.30	$0.60\sqrt{n}$	$0.8\sqrt{n}$
四等	2.0	0.70	$1.40\sqrt{n}$	$2.0\sqrt{n}$

注：表中 n 为测站数。

水平和垂直位移基准网完成建网后第一次复测时间间隔为 15 d，以后复测时间间隔为 30 d。当对变形监测成果产生怀疑时，将马上进行检核监测基准网。

3. 水平和垂直位移观测

1）水平位移观测

（1）外业观测。

利用监测工作点形成的测量基线，使用 2″以上全站仪，采取准直线法和支导线法等测量各监测点的水平位移变化值。

① 准直线观测法。

视准线法不需测角、也不需测距，只需将轴线用全站仪投射至位移点的旁边，并量取位移点离轴线的偏距 d，通过两次偏距的比较来发现水平位移量 Δd。

每条视准线上必须有两个及以上的工作基点进行检核。

② 支导线法。

以水平位移基准网上各工作点采用支导线法直接进行墙顶水平位移点的水平位移测量。施测前，必须对相邻 4 个工作基点间距离进行检核。满足要求后，方可进行水平位移测量。

注：各监测变形点设站，均须采用基座脚架对中、整平，严禁使用对中杆。每次测量前，必须对基座的长气泡及对点器进行检查。注意全站仪仪器设置中，温度和气压改正。

(2) 内业计算。

① 准直线法。

视准线水平位移，按式(6-53)计算：

$$S = S_i - S_0 \tag{6-53}$$

式中 S——水平位移，mm；

S_i——觇牌任一时刻观测值，mm；

S_0——觇牌初始值，mm。

② 准直线法。

通过支导线测得各测点坐标，计算各测点坐标，其本次变化量为 $X_n - X_{n-1}$，累计量为 $X_n - X_1$，X_n 为第 n 次测量值。

2) 垂直位移观测

(1) 外业观测工作要点。

① 观测前对水准仪及配套因瓦尺进行全面检验。每一区段不同期观测固定同一台仪器及标尺；观测人员相对固定，按照相同的水准观测路线与观测方法。

② 观测时，尽可能固定测站及水准尺位；水准观测线路上中间转点宜采用埋钉设标法固定。

③ 每次作业前对水准仪 i 角进行测量与校正，确保水准仪的 i 角小于等于±10″时才进行作业。

④ 水准观测应在标尺分划成像清晰而稳定时进行，下列情况不进行观测：

A. 日出后与日落前 30 min 内；

B. 太阳中天前后各约 2 h 内(可根据地区、季节和气象情况，适当增减中午间歇时间)；

C. 标尺分划线的影像跳动而难于照准时或气温突变时；

D. 风力太大而使标尺与仪器不能稳定时。

⑤ 水准测量的观测方法如下：

A. 往测：奇数站为后—前—前—后；偶数站为前—后—后—前；

B. 返测：奇数站为前—后—后—前；偶数站为后—前—前—后；

C. 每测段的往测和返测的测站数应为偶数，由往测转向返测时，两根标尺必须互换位置，并应重新整置仪器。

⑥ 水准观测过程应符合下列规定：

A. 观测前，应使仪器与外界气温趋于一致；

B. 在连续各测站上安置水准仪的三脚架时，应使其中两脚与水准路线的方向平行，而第三脚轮换置于路线方向的左侧与右侧；

C. 同一测站上观测时，不得两次调焦，转动仪器的倾斜螺旋和测微鼓时，两支标尺须互换位置，并应重新整置仪器；

D. 水准测量的测站观测限差不得超过规范规定。

(2) 内业计算。

沉降观测水准路线均应起止于基准点或工作基点，水准平差可采用简易平差法，按监测基准网点最新成果计算各沉降点高程。

6.5.4.8 建筑物倾斜监测

建构筑物主体倾斜观测应测定建构筑物顶部相对于底部固定点或上层相对于下层观测点的倾斜度、倾斜方向及倾斜速率。刚性建构筑物的整体倾斜，可以通过测量顶面或基础的差异沉降来间接确定；高耸的建筑物宜采用投点法进行监测。

1. 差异沉降观测法

差异沉降观测法适用于刚性建构筑物的整体倾斜，通过观测其基础的差异沉降间接确定建构筑物的倾斜。

观测方法与监测点的布设形式详见建构筑物的沉降监测。

建构筑物倾斜度 α 为

$$\alpha = \frac{S_a - S_b}{L} \tag{6-54}$$

式中 S_a，S_b——建构筑物倾斜方向上点 a 和点 b 两点的沉降量，mm；

L——点 a 和点 b 两点间的距离。

2. 投点观测法

观测时，应在底部观测点位置安置水平读数尺等量测设施。在每测站安置经纬仪或全站仪投影时，应按正倒镜法测出每对上下观测点标志间的水平位移量。

主体倾斜观测点和测站点的布设应符合下列要求：

(1) 当从建构筑物外部观测时，测站点的点位应选在与倾斜方向成正交的方向线上，距照准目标 1.5～2.0 倍目标高度的固定位置；当利用建构筑物内部通道观测时，可将通道底部中心作为观测点。

(2) 对于整体倾斜，观测点积底部固定点应沿着对应测站点的建构筑物主体成竖直直线，在顶部和底部上下对应布设；对于分层倾斜，应按分层部位上下对应布设。

6.5.5 工程监测典型案例剖析

大量的工程实践表明，由于地下工程施工工艺的特殊性、地质条件复杂性，加之绝大多数深大基坑常常位于城市繁华地区，地下工程施工时不发生任何险情的概率很小；如果为了杜绝风险事件的发生，采取极为保守的设计原则与施工措施，则工程造价极高，不符合我国国情，且也是不必要的。工程建设期间实施监测可以通过对监测数据的动态分析预先发现险情，及时向相关方报警，以便采取积极措施，将损失降低到最小限度。因此，工程监测犹如保护地下工程施工安全的“眼睛”，开展监测工作是保证工程安全建设的必要措施，具有十分现实而深远的意义。

下面从几个典型的工程案例中，分析工程监测的重要性，既包含了事故发生与险情处理案例，也包括由于监测及时报警，避免险情发生或扩大的案例。

1. 繁华城区超高层建筑的信息化监测成功案例

1) 基本情况

上海环球金融中心基坑面积为 3 万 m^2，塔楼地上 101 层，地下 3 层，地面以上高度 492 m。由于其所处的特殊地理位置及周边环境的复杂性，设计上采用临时分隔墙将基坑分为塔楼区和裙房区，塔楼区先期采用顺作法施工，裙房区后期采用逆作法施工。

环球金融中心的基坑面积达 22 468 m^2、开挖深度最深达 26 m，卸土方量逾 40 万 m^3，工程规模国内罕见，加上其所处的地理位置十分敏感，水文及地质条件十分复杂，工程中塔楼部分采用了 100 m 直径圆形地下连续墙(图 6-113)。

陆家嘴地区第⑦$_1$层承压含水层埋深较浅，且与第⑨层承压含水层连通，其最高水头高度可到地面以下 3～4 m，而本基坑最深处达 26 m，需要降深近 15 m 的水头高差。

图 6-113 环球金融中心塔楼 100 m 直径超大圆基坑

2）对策措施

(1) 在中心城区采用 100 m 直径圆形地下连续墙，当时在国内尚属首次，如此大直径的圆形基坑实际变形和受力是否还具有圆形特点，无相关工程经验可循，需要通过监测手段予以证实。对超大深圆形基坑应如何布置监控项目，怎么布置监测点，监测系统本身是否可靠，监测警戒指标怎么确立等问题都没有可以参考的经验，都是需要克服和解决的难关。整个监测方案的确定经过科技委专家多次审查，进行了 3 次方案修改和调整。塔楼区最终确定五大类 12 项监测项目，包括了墙体、土体测斜，墙体、围檩的钢筋应力和混凝土应力的对比试验，土压力、孔隙水压力、地下水位、基坑回弹等监测内容；塔楼区埋设了约 1 500 个监测元件，历时近 14 个月，提交监测日报 266 次，总采集数据量超过 70 万个。形成了一套体系较为完备的圆形超深基坑监测工程的四维预警监控控制系统，为国内类似工程的监测设计、实施和风险控制提供了珍贵的资料。

在整个监测过程中提供及时、准确、全面的监测数据，配合设计单位采用数据计算方法，实测了圆形支护围护墙的环向位移、环向应力，研究了整幅地墙在不同深度的整圆性特征，首次证明了圆形支护在直径超过 100 m 情况仍然具有较好拱效应的结论，仍能充分发挥混凝土材料的抗压性能，突破了圆形围护超过 80 m 就失去了“圆的作用”的传统观念；证明了在圆形围护结构开挖过程中严格遵循设计的“对称、均衡、分层”开挖要求的重要性，才能最大限度地保证圆形支护的均匀受力，并在具体开挖施工步序上加以严格控制，参照实际监测的数据，确定下步开挖的区域、开挖分层的厚度，对圆形深基坑施工过程进行了平面弹塑性和空间非线性弹性有限元数值模拟，确定了 30 mm 变形警戒值的设计取值标准，实践证明由于实现了变形的信息化监控，使得整个基坑各测点的变形比较协调，变化规律基本一致，在一定程度上保证了整个基坑的均衡受力，至浅基坑施工结束，圆形地墙的最大变形量为 30.1 mm，与设计计算的 30 mm 警戒值几乎相等，取得了相当好的变形控制成果，充分验证了设计计算的准确性，保证了基坑施工的安全。另从经济性角度出发，说明了圆形支护在相同开挖深度的前提下，对于控制变形（仅约 3 cm）、缩短工期（整个 18 m 深、100 m 直径圆形基坑的开挖时间不到 4 个月，不到类似规模非圆形基坑开挖工期的一半）具有相当卓越的表现，实现了经济、可靠、实用的目标。

(2) 陆家嘴地区第⑦$_1$层承压含水层埋深较浅，其最高水头高度可到地面以下 3～4 m，而本基坑最深处达 26 m（图 6-114），在陆家嘴地区缺失第⑧层硬土隔水层的地质条件下，大规模降低承压水头压力引起地下水渗流场变化可能对周围环境和基坑本身造成的具体影响无先例可循。更为不利的是由于总承包方的变动，使得基坑将在开挖至坑底最不利的工况条件下闲置近 3 个月，而降水作业却一刻不能停止。

图 6-114　环球金融中心塔楼挖深 26 m 的坑中坑

本工程最高峰时，须同时开启 7 口减压井同时抽水，日抽水量达 6 000 m^3。从降水试验开始，随着开挖深度逐渐加深，基础底板浇筑、地下结构施工等整个地下工程的实施，减压井开启数量经历由少到多，又逐步减少直至最后全部关闭的过程，为此建立了一套包括量测承压水位、孔隙水压力、围护变形、基坑回弹、环境地表沉降等完整承压水变化和影响的监测系统，并进行数据采集和分析，得到大量诸如基坑降水引起的基坑外侧相邻地面沉降的时空分布规律、基坑变形回弹等方面数据信息，为国内类似规模和水文地质条件工程提供宝贵的设计数据和经验。

(3) 在以往深基坑开挖过程中，能完整保全基坑内回弹监测孔不足 10%，而大直径圆形基坑开挖过程涉及承压水降水则几乎没有，基坑内回弹孔的保护需要多方面的配合，而且准确量测难度也相当高。本工程采用先进的监测手段、及时的跟踪测量，系统地掌握了开挖过程中基坑的回弹规律，为减压井开启时机的把握、进行圆形基坑的回弹量及回弹速率研究提供第一手丰富的实测资料，这对今后工程设计和工程研究的意义十分重大。

3）成功经验

本工程中所研究的监测成果已广泛应用于在建的其他大型的监测工程，诸如地墙竖向应力、坑外分层沉降、基坑内坑底回弹测试、逆作法施工过程、承压水降压过程中的成功经验和实测数据，也在上海中心（基坑深度 32 m，面积 3 万 m^2）、证大商务中心（基坑深度 16.6 m，面积 2.9 万 m^2）等工程得到成功运用。同时在上海市工程建设规范《基坑工程施工监测规程》的编制过程中，也部分运用了本工程的监测成果。

2. 某区间隧道成功穿越民宅案例

1）基本情况

某地铁区间隧道，线路呈西北-东南走向，盾构机出车站端头井一段距离后，要斜穿几幢建造于 20 世纪 60 年代的 4～5 层民宅，该民宅基础形式均为条形基础。其中某幢 5 层民宅存在较为明显的向北倾斜，盾构机从建筑物侧面下方通过。该民宅基础埋深 2.0 m，距离隧道顶的最小距离为 5.4 m。区间隧道掘进主要在第④层灰色淤泥质黏土和第$⑤_{1-1}$灰色黏土之中，土层透水性差，属高含水量、高灵敏度、高压缩性、低强度的饱和软黏土。如图 6-115 和图 6-116 所示。

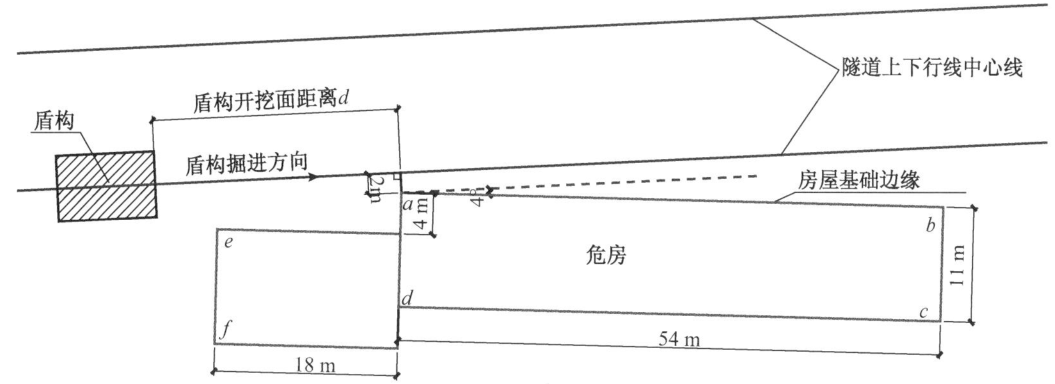

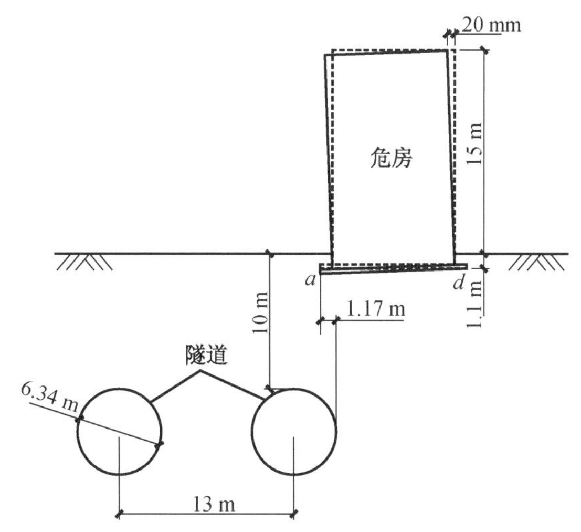

图 6-115 隧道与危房的相对关系图

2）对策措施

在淤泥质黏土的地层中进行盾构推进，如果施工措施欠妥，土体扰动大，结果将不堪设想。为了确保盾构掘进开挖面稳定，正确控制挖土速度，不断优化掘进施工参数，有效控制土体沉降和变形，最大限度减少对盾构推进对环境（尤其是倾斜民宅）的不利影响，盾构施工引入了信息化监测手段，用以反馈指导施工。

图 6-116 盾构穿越的倾斜民宅照片

根据本工程的周围环境、盾构施工本身的特点、相关工程的经验及有关文件中对监测工作的具体要求，本工程监测的重点范围为：横向为距两条隧道中心线向外 30 m 范围，纵向为盾构推进施工段前 20 环、后 30 环长度范围。监测项目包括周边建（构）筑物垂直位移监测、隧道沿线地表纵横向剖面监测等 8 项内容，并根据盾构施工的区域和影响范围，分区段分步实施。

为了及时准确地给盾构推进和注浆参数控制提供第一手监测数据，监测人员每 30 min 报出 1 份数据，1 天出 48 份监测报告，同时测点根据专家组的意见随时调整。最紧张时连续24 h 每 5 min 上报 1 次数据，1 天出速报 290 份。历时 16 个月的监测过程中，提供监测资料达到 3 000 余份。

专家组根据监测数据不断调整施工参数和措施，最后，盾构穿越施工对倾斜居民楼的变形影响控制在允许范围之内。

3）成功经验

从该案例可以看出，及时有效的监控量测工作为此次盾构推进成功穿越倾斜民宅，为地铁施工积累了宝贵的第一手资料，同时也很好地体现了信息化施工监测在保证工程顺利推进过程中的重要作用。

从监测的技术和管理层面上，我们应当从众多事故及险情中吸取的经验包括：建设单位和总包重视了监测的作用，选用了优秀的监测单位，同时，监测单位能够根据工程实际条件，制定有针对性的监测方案，并派出合格的监测队伍进行监测，监测过程中严格对数据进行把关，有效地与建设单位和总包单位进行沟通协调，就可以切实对轨道交通顺利施工起到“保驾护航”的重要作用。

3. 某地铁车站基坑坍塌事故案例

1）基本情况

某地铁车站呈南北走向。车站总长约 934.5 m，工程范围为车站主体工程及附属工程

(15 个出入口、1 个紧急疏散口、7 个风亭)等土建工程。车站按明挖顺作法施工,共分 8 个独立的基坑。发生事故的基坑为北 2 基坑。

北 2 基坑起止里程为 K0＋348.484～K0＋454.684,长 106 m,宽 21.05 m,位于道路东侧非机动车道和绿化带内,在施工前将原道路向西改移。西侧连续墙外侧面距道路最小距离为 5.8 m(改移后道路横断面宽度为 19.2 m);南侧距店面房(2 层)22 m;东侧紧邻河道,距河道最小距离为 10 m,距居民楼房(4 层)33.4 m。平面图和地质剖面图见图 6-117 和图 6-118。

基坑开挖深度 16.1 m,属于一级基坑,围护结构为地下连续墙,墙厚 800 mm,地墙深度为 31.5～34.5 m。标准段钢支撑设计为 4 层,端头井位置钢支撑设计为 5 层。

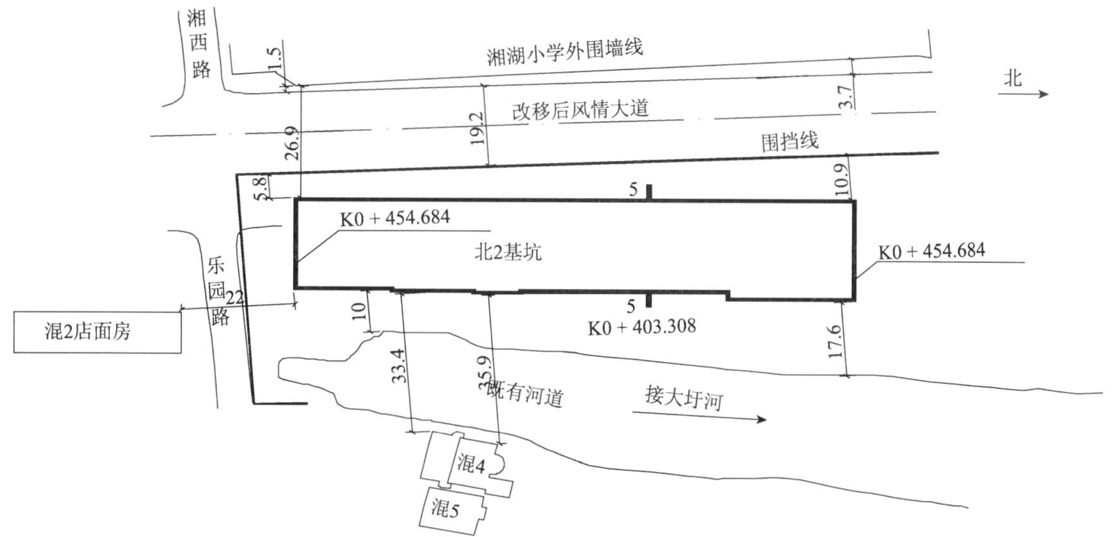

图 6-117　基坑平面示意图

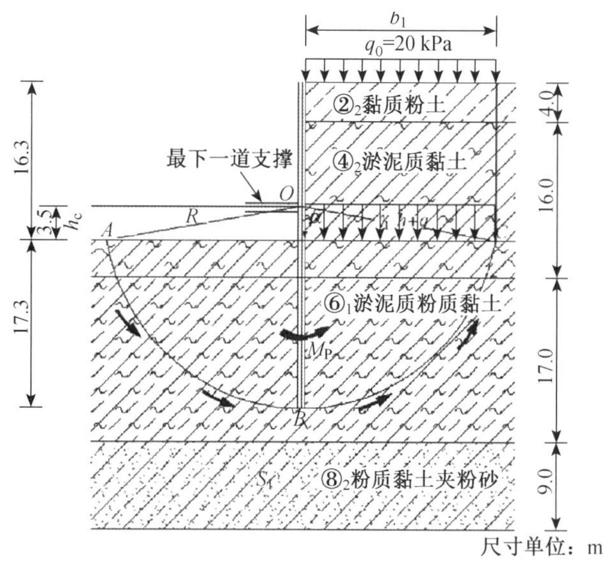

图 6-118　基坑剖面示意图

2）事故经过

2008 年 11 月某日，该地铁车站基坑工程发生塌陷事故（图 6-119），基坑钢支撑崩坏，地下连续墙变形断裂，基坑内外土体滑裂。造成基坑西侧路面长约 100 m、宽约 50 m 的区域塌陷，下陷最大深度达 6 m，自来水管、排污水管断裂。事故造成在西侧路面行驶的 11 辆汽车下沉陷落（车上人员 2 人轻伤，其余人员安全脱险），在基坑内进行挖土和底板钢筋施工的施工人员 21 人死亡。

图 6-119　地铁塌方事故现场图片

在事故发生前几个月，塌方现场南侧的道路曾出现开裂、凹陷现象，一个月前，路面出现了裂缝，高差达到 10 cm 左右。从监测日报及周报的数据看，实际监测点数量相对设计和施工方案均有所减少，部分监测点遭受破坏未恢复。从电脑恢复的数据来看，11 月 15 日监测组针对风情大道进行了 11 个点的监测，且监测数据表明最大路面沉降达到 316 mm，另外测斜管 CX49 最大变形 94.5 mm，测斜管 CX45 达 61 mm，均大大超过报警值。

3）经验教训

从该案例可以看出，监测方案未满足规范和设计要求，使监测工作的范围和参数大打折扣；即使是有限的测点布置中，尚有多处测点破坏严重且未修复，造成多处监控盲区；测试数据失真的情况下，过大的沉降和测斜数据仍不能引起施工和建设单位的高度注意，没能发现隐患，及时采取补救措施，导致丧失了最佳抢险时机。

4. 测斜数据在基坑监测中发挥重要作用的案例

1）及时发现隐患并成功抢险的某工程

（1）基本情况

位于昆山市的某项目，采用复合土钉墙围护，开挖深度 6 m，基坑西侧为重要的交通要道，马路下距离围护边线仅 2 m 就有一条维系整个城市通信的地下光缆。西侧局部深坑的开挖深度 6.8 m，邻近有 P07 测斜孔。如图 6-120 所示。

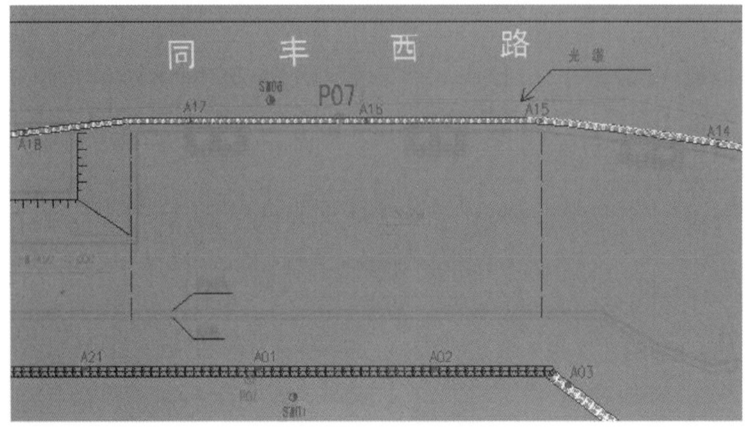

图 6-120　场地平面分布图

(2) 险情经过

2005 年 10 月 14 日，基坑西侧开挖至接近坑底位置后，西部的围护顶部、测斜孔及同丰西路管线测点均有相当明显的数据变化。变形量较大的管线测点为 X3，X4，X5(光缆测点)，D3，D4(电力电缆)，均超过 −10 mm 的报警值，最大的 X4 测点沉降量达到了 −26.5 mm；围护顶面 A17 测点的沉降量也达到了 −12.6 mm；测斜 P07 孔数据 14 日下午变化增量为 16.5 mm，监测单位在 10 月 14 日发出了监测报警工作联系单。如图 6-121 所示。

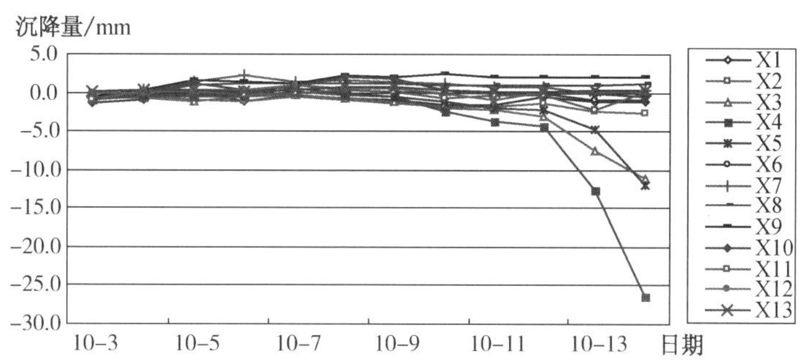

(a) 同丰西路光缆沉降变化曲线

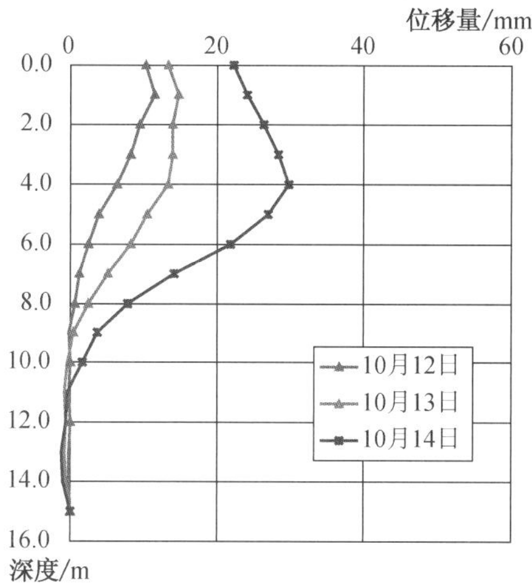

(b) P07 孔最近 3 d 侧向位移曲线图

图 6-121　至 10 月 14 日部分测点的数据变化图

15 日上午 9:30 的变化增量达 40.5 mm，变形速率急增，监测增加观测频率，现场启动抢险应急预案。表 6-19 为在抢险过程中测斜 P07 孔的数据变化情况。

表 6-19　　抢险过程中 P07 孔侧向位移变化速率汇总

时间	位移增量/mm	时间间隔/h	速率/(mm·h^{-1})	抢险措施
9:30	40.5	20	2.0	—
11:30	5.4	2	2.7	—
12:30	3.0	1	3.0	—
14:00	2.0	1.5	1.3	基坑回填
15:00	1.0	1	1.0	回填 2/3 开挖深度后回填结束
17:00	1.1	2	0.55	—
20:00	0.4	3	0.13	—

监测至中午 12:30，P07 孔的变化速率达 3.0 mm/h，且西侧马路上已出现明显的圆弧形裂缝，而基坑内部施工大底板的进度跟不上，抢险指挥部决定实施基坑回填后再行加固的方案。

基坑回填至下午 14:00 时，P07 孔的变形速率已明显回落至 1.3 mm/h；坑内回填土高度达到 2/3 的开挖深度后回填结束，变形速率已减小为 1.0 mm/h，到晚上 20:00 时速率仅为 0.13 mm/h，围护体变形已趋于稳定，抢险暂告结束。

2）监测已发现隐患，基坑仍然坍塌的某工程

（1）基本情况

某基坑普遍开挖深度约为 9 m，东北角（有一测斜孔 P06 孔）有局部深坑落深约 2 m，工程采用 SMW 工法加三道锚杆的围护形式，型钢深度 16 m。如图 6-122 所示。

图 6-122　基坑开挖情况图

（2）事故经过

2010 年 1 月 23 日晚上约 21:00，靠近本基坑东北角突然发生塌陷，引起坑外地表的沉陷、临房倾斜、地坪开裂等情况，所幸基坑东北角外侧是绿化带，离开马路尚有一定距离，未对外界环境造成明显影响。如图 6-123 所示。

图 6-123　基坑发生塌陷的东北角

在发生事故前5日，基坑东北角已经由于变形量较大，监测单位已加密监测频率，至1月22日，监测频率加密至2～4 h/次，表6-20为基坑塌陷前24 h监测的频率和位移增量的变化速率。

表6-20　基坑坍塌前P06孔侧向位移变化速率汇总

日期	时间	次数	增量最大值的变化速率/(mm·h^{-1})
2010-01-22	17:00	138	2.35
	20:00	139	4.45
	22:00	140	4.10
	24:00	141	3.25
2010-01-23	3:00	142	1.20
	8:00	143	0.70
	12:00	144	0.80
2010-01-23	15:00	145	1.07
	17:00	146	1.15

分析表6-20，P06孔在1月22日晚上20:00的变化速率已达4.45 mm/h的惊人数字，但相关单位仍未引起足够重视，虽然1月23日的变形速率略有减小，但这与锚杆的受力特性有关，并不能说明险情已得到缓解，最终在晚上21:00发生了事故。

3）经验教训

从该以上两个案例可以看出：

（1）监测数据对于及时发现工程隐患，化解险情具有极其重要的作用。在这两个案例中由于采用测斜孔对围护体变形进行加密监测，具有采集和处理速度快、受限条件少、精度高、能反映整个剖面不同深度变化量的优势。

（2）工程风险的发展趋势取决于相关方的重视程度，第一个案例由于建设单位等各方相当重视监测数据，采取及时有效的措施后缓解了险情，而第二个案例则由于有关单位存在侥幸心理，认为撑一下能过去，导致丧失了最佳抢险时机，结果导致基坑塌陷，局势失控。

（3）在上海软土地区，坑内存在局部深坑且靠近围护墙很近的情况时，应特别重视该区域的变形，这两个案例都存在类似情况。

（4）上海地区采用锚杆支护的工程必须慎重。在变形较大时，锚杆的锚固力很有可能因与土体发生过大的相对位移而失效，而这种围护形式又有别于内支撑情况，锚杆锚固力的减小可能会引起围护体系突然垮塌而酿成事故。

参考文献

[1] 中国建筑科学研究院，等. 建筑桩基技术规范：JGJ 94—2008[S]. 北京：中国建筑工业出版社，2008.

[2] Nakayama J, Fujiseki K Y. A pile load testing method[R]. Japanese Patent, 1973-27007.

[3] Fujioka T, Arai K, Arai A, et al. Development of anew pile load testing method[J]. Soil Mechanics & Foundation Engineering, 1991, 39:27-32.

[4] Deep Foundation Testing. Equipment and Technical Services Specializing in Osterberg Cell Technology

(Optimized for Netscape)[Z].
[5] Jori O. New device for load testing driven piles and drilled shaft separates friction and end bearing[J]. Piling and Deep Foundations,1989,172:421-427.
[6] 李广信,黄锋,帅志杰.不同加载方式下桩的摩阻力的试验研究[J].工业建筑,1999,29(12):19-22.
[7] 史佩栋.国外高层建筑深基础及基坑支护技术若干新进展[J].工业建筑,1996,26(12):56-60.
[8] 史佩栋.关于 Osterberg 静载荷试桩法的进一步探讨[J].工业建筑,1998,28(2):56-58.
[9] 史佩栋,陆怡.Osterberg 静载荷试桩法 10 年的发展[J].工业建筑,1999,29(12):17-18,52.
[10] 龚维明,蒋永生,翟晋.桩承载力自平衡测试法[J].岩土工程学报,2000,22(5):532-536.
[11] 龚维明,戴国亮.桩承载力自平衡测试理论与实践[J].建筑结构学报,2002,23(1):82-88.
[12] 龚维明,翟晋,薛国亚.桩承载力自平衡测试法的理论研究[J].工业建筑,2002,32(1):37-40.
[13] 龚维明,戴国亮.桩承载力自平衡测试技术计工程应用[M].北京:中国建筑工业出版社,2006.
[14] 中华人民共和国住房和城乡建设部.建筑基桩检测技术规范:JGJ 106—2014[S].北京:中国建筑工业出版社,2014.
[15] 上海市建筑科学研究院.建筑基桩检测技术规程:DGJ 08-218—2003[S].上海,2003.
[16] 上海市岩土工程勘察设计研究院有限公司.基坑工程施工监测规程:DG/TJ 08-2001—2006[S].上海,2006.
[17] 程乾生.信号数字处理的数学原理[M].北京:石油工业出版社,1979.
[18] 王雪峰,无世明.基桩动测技术[M].北京:科学出版社,2001.
[19] 陈凡,徐天平,陈久照,等.基桩质量检测技术[M].北京:中国建筑工业出版社,2003.
[20] 罗骐先.桩基工程检测手册[M].北京:人民交通出版社,2010.
[21] 徐攸在.桩的动测新技术[M].北京:中国建筑工业出版社,2002.
[22] GRL.CAPWAP 操作说明书[R].1996.
[23] 何樵登,熊维纲.应用地球物理教程——地震勘探[M].北京:地质出版社,1991.
[24] 罗孝宽,郭绍雍.应用地球物理教程——重力磁法[M].北京:地质出版社,1991.
[25] 傅良魁.应用地球物理教程——电法 放射性 地热[M].北京:地质出版社,1991.
[26] 中国水利电力物探科技信息网.工程物探手册[M].北京:中国水利水电出版社,2011.
[27] 上海市地质调查研究院.上海地球物理勘探技术应用与发展[M].上海:上海科学技术出版社,2010.
[28] 刘云祯.工程物探新技术[M].北京:地质出版社,2006.
[29] 单娜琳,程志平,刘云祯.工程地震勘探[M].北京:冶金工业出版社,2006.
[30] 胡绕,HuRao.综合物探方法在浅基岩地区顶管工程勘察中的应用[J].工程地球物理学报,2013,10(3):425-429.
[31] 黄永进.工程物探技术在城市轨道交通建设中的应用[C]//全国工程物探与岩土工程测试学术交流会.2011.
[32] 胡绕.磁梯度法在解决工程建设难题中的应用[C]//全国工程物探与岩土工程测试学术交流会.2011.
[33] 黄永进,胡绕.高密度地震映像法在青草沙水库堤基检测中的应用[J].工程地球物理学报,2010,07(4):428-432.
[34] 王水强,黄永进,唐坚.一个应用综合物探方法检测地下注浆效果的实例[J].上海地质,2005(4):38-40.
[35] 陆礼训,王水强,胡绕,等.高精度磁法用于海底深埋管线探测[J].港工技术,2015(4):99-101.
[36] 马文亮,卢秋芽.多波束在海底复杂地形条件下大比例尺测量方法探讨[J].上海国土资源,2006(1):19-22.
[37] 张辉,杨青,胡饶,等.电法勘探在探测加油站石油烃污染中的应用[J].物探与化探,2013,37(6):1114-1119.
[38] 刘建航,侯学渊.基坑工程手册[M].2版.北京:中国建筑工业出版社,2009.
[39] 夏才初,李永盛.地下工程测试理论与监测技术[M].上海:同济大学出版社,1999.
[40] 夏才初,等.土木工程监测技术[M].北京:中国建筑工业出版社,2001.
[41] 林宗元.岩土工程试验监测手册[M].沈阳:辽宁科学技术出版社,1994.

[42] 吴睿，夏才初，等．软土水利基坑工程的设计与应用[M]．北京：中国水利水电出版社，2002.
[43] 陈永奇，吴子安，吴中如．变形监测分析与预报[M]．北京：测绘出版社，1997.
[44] 上海市建设工程安全质量监督总站．软土地区城市轨道交通工程施工监测技术应用指南[M]．上海：同济大学出版社，2010.
[45] 南京水利科学研究院勘测设计院，常州金土木工程仪器有限公司．岩土工程安全监测手册[M]．北京：中国水利水电出版社，2008.
[46] 褚伟洪，黄永进，张晓沪．上海环球金融中心塔楼深基坑施工监测实录[J]．地下空间与工程学报，2005，4：627-633.

7　地下空间岩土信息系统开发与应用

7.1 引 言

近年来，随着我国经济快速发展和城市化进程加快，城市用地日益紧张，地面交通难以适应发展的要求。上海作为一个超大规模的国际性大都市，城市的发展也将依赖交通状况的进一步改善。2010 年上海在世博会前已建成 11 条轨道交通线路，运营里程达到 400 km，到 2020 年上海将建成 970 km 的城市轨道交通网络。

然而，地铁作为重要的民生工程和城市的生命线，快速发展的背后，运营和风险管控的压力随之而来。地铁带动房产开发的潜在规律导致在已建地铁周边将不可避免新建大量建筑物，尤其近几年随着城市经济、人口总量的增加，市政建设与民用建筑的建设正如火如荼地开展，经常出现已建地铁周边既有新建地铁，又有新挖基坑和桩基施工。面对大规模的城市建设，尤其是软土地区的城市，如何保障轨道工程以及运营轨道的安全具有非常重要的现实意义与指导作用，并显得非常必要和紧迫。

为了有效控制轨道建设期或运营期的地质风险，首要工作就是建立轨道地质状况和数据的有效通道，使专家或者管理决策者在发现问题时第一时间掌握地质风险来源。地铁建设时均严格按照线路规划—勘察—设计—施工这一流程进行建设，每条轨道交通线路均有比较完整的勘察报告。然而，由于各类勘察工程年代久远、分散保管、文档纸质存储等原因，已有资料的借阅、查询与分析使用都很不方便，管理手段亦显陈旧。因此，现有的管理手段中缺乏管控地质风险的有效通道。基于数据库和 GIS 等信息技术建立的轨道交通基础数据库完全可以承担这样的任务。轨道交通基础数据库是将与地铁有关的工程地质、水文地质数据、结构数据、地铁监测数据等进行集成的一个综合数据库管理系统。这一系统的建立不仅立足于资料、数据的信息化，同时规范数据格式，制定数据标准，间接地促进轨道交通建设相关专业的规范化进程，从而成为城市地铁在建设和运营维护工作中不可或缺的有力工具。

随着更多的地铁线路开通，运营压力将随运营线路、运营里程增长而逐步加剧。地铁运营管理中“数字地铁”变得日益迫切和必要。“数字地铁”是指在地铁运营管理中，充分利用数字化信息处理技术和网络通信技术，对地铁信息按照统一的规范关联地理信息，形成数字信息，并对此进行管理、分析和辅助决策的电子信息系统。它有助于将地铁与城市其他各种信息资源加以整合利用，对地铁信息化的跨越式发展、科学化管理、提高面对紧急事件的处理能力等具有深远的社会效益和经济效益。

为了确保轨道交通的安全使用，需对地铁保护区范围内新建工程成立专门的设计审查机制，以确保设计的合理性。同时在施工过程中委派专业的监测单位进行地铁和监测监护。但由于建设步伐远快于理论研究速度，导致设计与监测存在较大脱节，且监测工作的信息化水平较低，导致监测数据的可视化、反分析和风险评估能力未能充分体现，因此政府和建设单位虽然在监测工作里投入了大量资金，但往往只起到了保险功能，未能真正利用监测数据或凭借系统平台进一步优化设计、指导施工，进而控制工程风险。因此，建立系统化的监测平台，将地铁保护区内重点工程设计、施工和监测信息系统化归档，并与实时远程监测系统相结合，辅以数据分析、数值反演或风险控制等理论分析工具，并对新建工程进行风险评估和对在建工程进行跟踪监控，这对于城市地铁科学化管控风险是非常必要的。

7.2 系统基本构架

轨道交通岩土工程专家系统将上海市城市地理信息、轨道交通线路走向、地铁空间结构、地层、钻孔等信息根据空间位置进行有机整合，实现对城市轨道交通所涉及的地层、钻孔、结构等基础地理数据的可视化管理和分析；在基础数据和功能之上，系统结合了隧道监护分析功能，包括收敛数据和长期沉降数据的管理、查询和统计分析，同时加入了风险评估系统，提供前期风险评估功能，包括风险辨识、风险评估、风险控制与生成报告等；配套外部应用模块方面，系统提供了与外部模块联合应用的支持能力，包括有限元扩展程序和天安监测系统。通过有效的功能整合，建立专家机制，为工程设计、管理提供服务。

7.2.1 系统基本组成构架

7.2.1.1 系统框架

从工程应用的角度出发，系统总体框架自下而上分为轨道交通工程基础数据、风险分析预测及专家专项咨询三大平台，如图 7-1 所示。

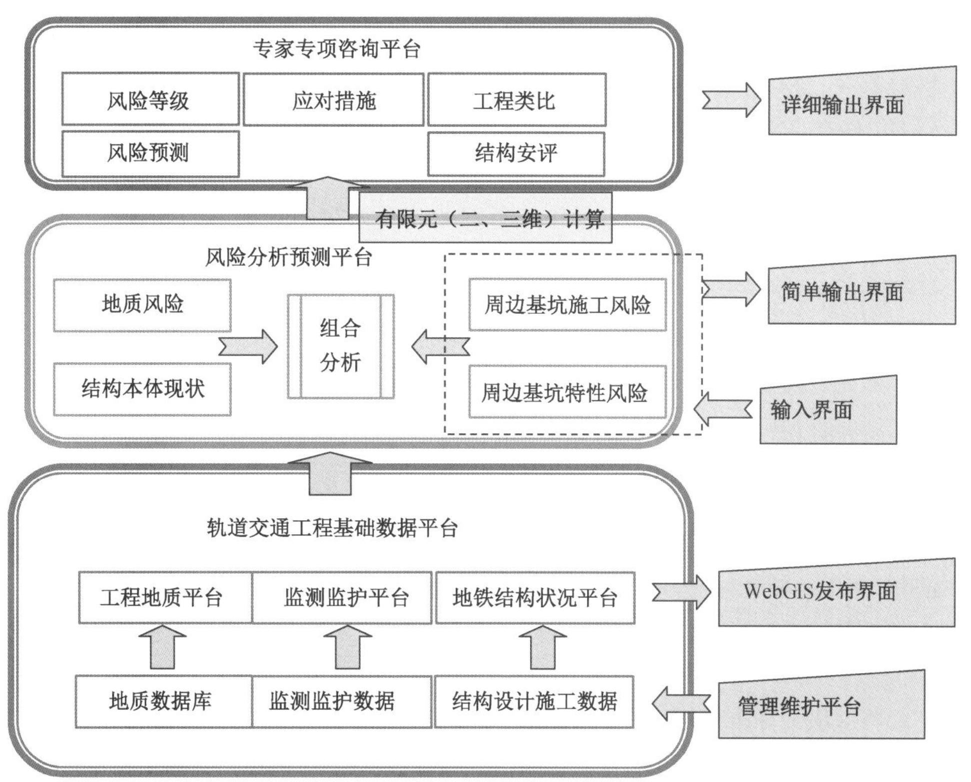

图 7-1 系统技术框架

从软件开发技术角度层面来说，系统采用了多种技术来完成所需模块与功能，包括 GIS 空间数据库、GIS 可视化与分析、数据报表与表格系统、数据曲线系统、系统集成界面框架、网络通信技术、第三方数据交换 XML 技术以及有限元二次开发技术等。通过对多种技术的综合应用满足专业可视化和分析的需求。综上所述，本系统又可划分为四个独立的部分，如图 7-2 所示。

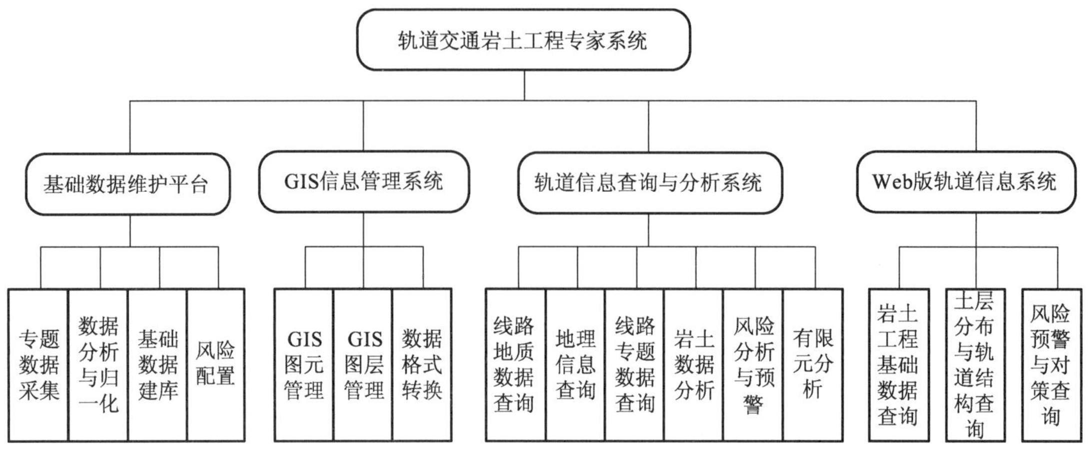

图 7-2　系统功能框架

(1) 基础数据维护平台：该平台是基础数据输入与维护的平台，后台专业管理人员通过该平台将专业数据(如勘察报告、沉降数据等)导入基础数据库中。基础数据维护平台包括多种工具与数据库，如城勘数据维护、收敛数据维护、风险评估配置维护等。

(2) GIS 信息管理系统：该系统是进行 GIS 显示和分析的基础系统，管理地图，显示所有的图元和图层，为基础地图服务。

(3) 轨道信息查询与分析系统：该系统是专业分析人员的主要客户端工具，通过该系统可以进行多种专业的查询分析。系统提供多种数据表格和数据曲线，并提供地图的叠加显示，为用户提供岩土分析的科学依据。此外，通过该系统可以链接到其他第三方应用如有限元分析系统。

(4) Web 轨道信息系统：该系统是基于 Web 网站为用户提供查询分析的工具。系统提供了地图与数据的查询，是一个简化版查询工具。提供 Web 服务，方便了远程和外网的访问，用户可以不在企业网络之内，同时也不必安装客户端。

7.2.1.2　系统功能模块

根据轨道交通岩土工程专家系统的架构，从突出功能特色角度，系统可划为三大功能模块，分别为基础查询模块、有限元快速分析模块和风险分析模块。基础查询模块位于底层，是其他两个模块应用的基础。

1. 基础查询模块

基础查询模块是专家系统提供咨询服务的基础，由各专业数据组成的数据库、相关查询功能以及可视化界面构成。由于数据查询是大多数用户最常用的功能，直接面向对象，因此，系统的主体门户界面根据基础查询模块的功能需求建立。如图 7-3 所示，界面左侧为数据操作对象导航窗口，上方为操作功能任务栏，右侧大部分区域为用户实际操作区域，包括地图、报表、表格、曲线等形式。

为了实现包括地质分区、地铁结构特点查询、沉降查询、收敛查询等功能，需要收集大量的资料，并将其按照统一的数据格式进行整合，收集及整合的资料内容如表 7-1 所列。

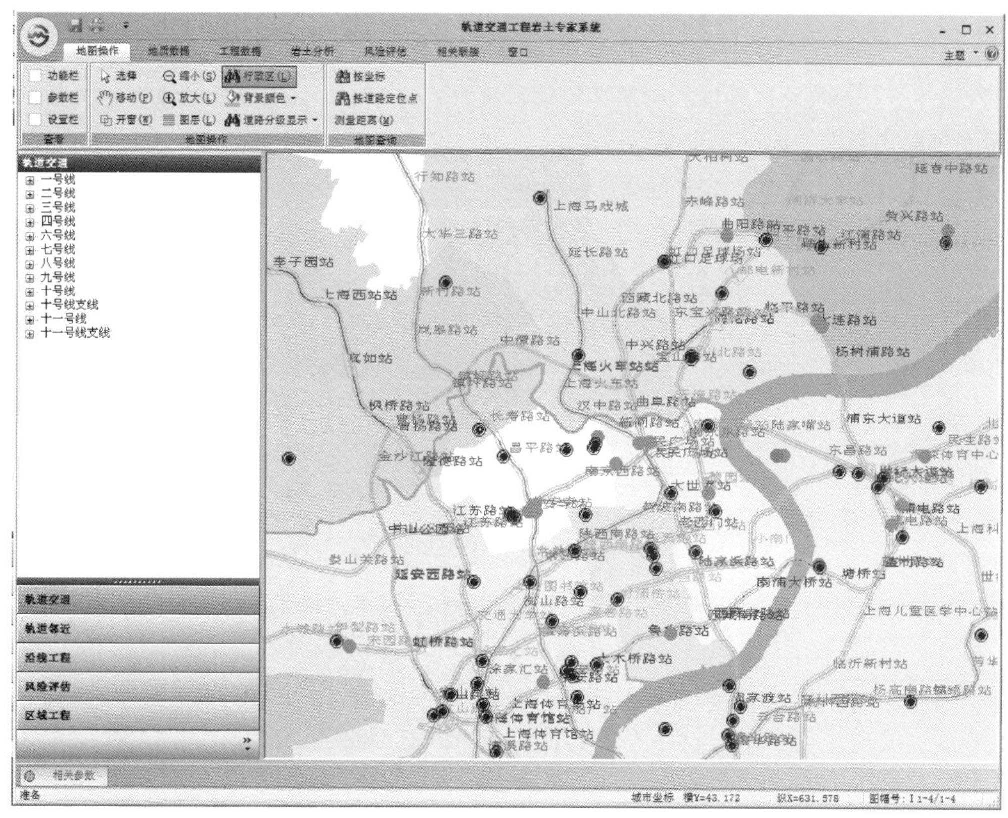

图 7-3 系统界面

表 7-1 基础资料数据收集及整合统计

查询内容	数据收集与整合
地质查询	继承《轨道交通地质查询系统》全部地层数据，包括：地图数据；轨道交通地理数据；钻孔数据；土的试验数据；水文和地质分区其他数据
地铁结构查询(6号线)	根据6号线断面结构图，全线结构断面分类归一； 根据6号线总图里程归一
沉降查询(6号线)	2007.10 长期沉降成果数据； 2008.05 长期沉降成果数据； 2008.11 长期沉降成果数据； 2009.05 长期沉降成果数据； 2009.10 长期沉降成果数据； 2010.04 长期沉降成果数据； 2010.09 长期沉降成果数据
隧道收敛查询(6号线)	2007 年度收敛监护成果数据； 2008 年度收敛监护成果数据
监测数据查询	基于天安监测系统个别分析工程案例监测成果数据
沿线工程查询	沿线岩土工程地理信息查询； 沿线基坑工程地理信息查询

2. 有限元快速分析模块

依托基础数据库,系统集成开发了一套快速评价邻近基坑开挖对地铁隧道结构变形影响的分析软件——基坑开挖环境影响快速评估系统(图 7-4),作为系统相对独立的外部功能模块,可在系统主界面相关链接菜单内启动。

该软件利用脚本程序对 ABAQUS 前后处理进行二次开发,实现了二维、三维一整套自动化基坑有限元建模和结果分析的功能,大大提高了有限元分析的效率。同时,通过建立的统一的数据格式,可调用主系统内部的地质数据和结构数据进行快速计算分析,评估基坑开挖对地铁的影响。

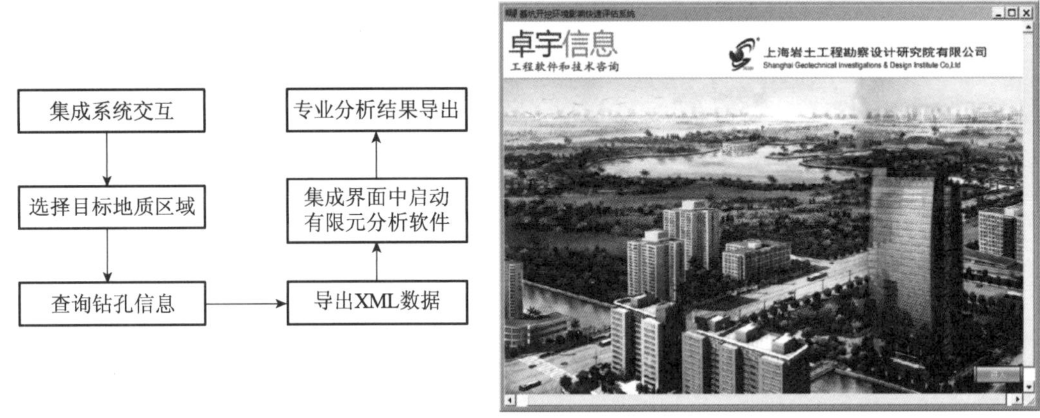

图 7-4 有限元快速分析模块

3. 风险分析模块

风险分析模块的实质是通过对当前岩土现状的分析,对评估对象某些风险事件发生的可能性、严重性给予评分,并根据层次分析法进行分析计算,得出评估对象风险大小的结论,并给出风险处理建议,最后形成相应的风险评估报告。

风险分析模块中包含评估概念,其层次依次如下。

(1) 风险评估工程:对运营轨道交通结构周边基坑工程进行评估,需要建立对应的评估概念,用来表示该工程评估过程中的信息,称之为风险评估工程。它包括了诸如对应的基坑工程、评估工程名称、基坑基本信息、轨道基本信息等。

(2) 风险评估方案:针对同一个基坑工程,在不同的时间、条件或不同的人的背景下,可能会有不同的评估策略,产生不同的评估结果。这样一次评估对应一个评估方案,包含了评估事件、评估备注信息等。

(3) 风险因素:当建立了风险评估方案之后,可以对风险事件及风险源进行选择和评分,选择流程为先由系统根据工程参数进行自动筛选,然后由人工补充选择。所选中的风险因素都进入风险评估方案中保存。

(4) 评估结果:根据风险评估模型和层次分析法,对风险因素进行计算评分之后,评估结果被保存到数据库中,供后期查询和风险处理措施制定时使用。

(5) 处理措施:根据选择的风险因素系统给出对应的风险处理措施,并可以将修改后的内容保存到数据库中。

整体的风险分析模块划分如图 7-5 所示。

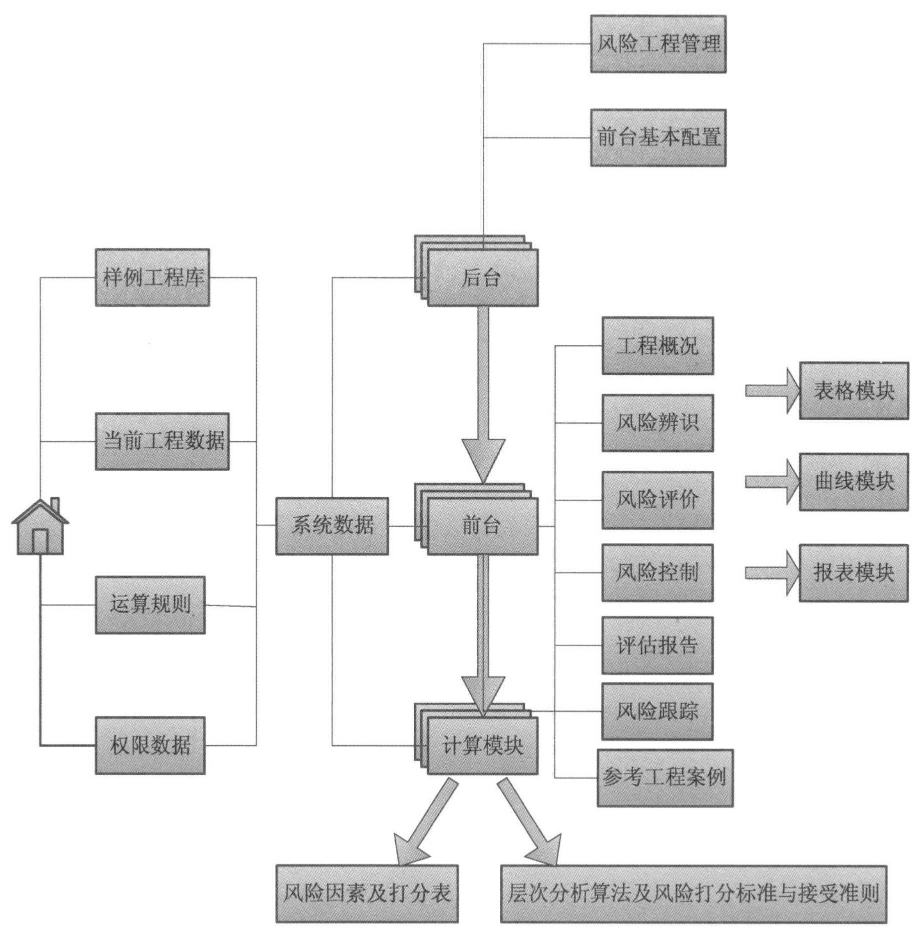

图 7-5 风险评估模块组成架构

7.2.2 系统数据库管理

7.2.2.1 后台管理

系统数据库由专用后台客户端进行数据输入、数据管理和系统运行参数配置。系统前台面向使用用户，一般只具有分析和使用的权限，而后台客户端则具有全部数据管理的权限，由专业人员和管理员进行使用和配置。下面介绍数据维护的一些概念。

数据输入指输入专业基本数据，包括文档数据、表格数据等，这些数据进入数据库中以记录或文件形式存在。当前台集成系统或 Web 系统需要显示数据时，通过数据中间层转换成对应的表现形式，如地图和曲线等。

数据管理是指对系统运行数据的维护，包括基础数据的编辑、删除等。比如，风险评估系统中对风险事件模板的维护。

系统运行参数配置是指对系统进行过程计算或输出进行参数设置，来改变计算或输出结果的过程。

轨道专家系统的全部数据现在由四个工具进行维护，关系如图 7-6 所示。

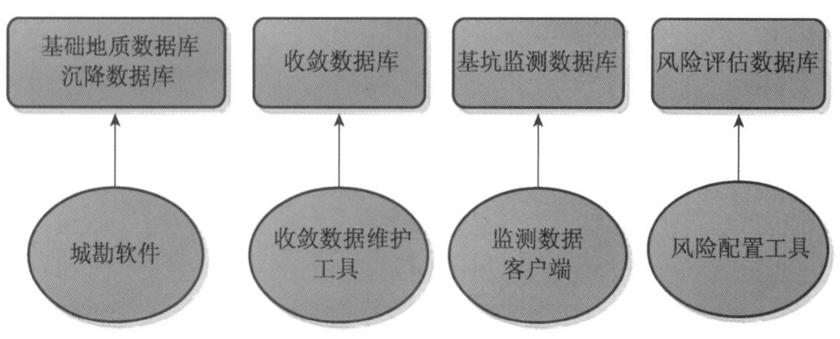

图 7-6 维护工具组成示意图

对于基础数据和沉降数据通过“城勘软件”将勘察报告的所有内容全部录入数据库。通过专业技术人员对历史报告的再次鉴定与调整使数据更完整精确。对于有电子版的勘察数据可直接导入数据库,使原始数据也能保存。数据录入界面如图 7-7 所示。

岩土工程勘察数据处理系统专业版 - 剖面孔数据

工程管理(F) 编辑(E) 查看(V) 数据维护(D) 窗口(W) 帮助(H)

剖面孔数据

剖面列表: I, II, III, IV, V, VI, 1, 2, 3, 4, 5, 6, 7, 8, 9, 10, 11, 12, 13, 14, 15, 16, 17

	1	2	3	4	5	6	7	8	9	10	11	12
孔号	2	C3	034	5	043	C6	073	9	86-1	11	091	C12
间距(m)	31.50	12.50	13.00	8.50	14.00	24.50	9.50	6.50	21.50	12.00	21.00	0.00
孔深(m)	35.45	25.00	4.10	45.45	4.60	25.00	3.20	35.00	4.00	25.00	4.20	35.00
标高(m)	5.57	5.06	4.68	5.28	5.32	5.16	4.15	4.28	4.94	4.87	4.96	4.47
水位(m)	0.75			0.90				0.40		0.75		
孔属性	1	2	10	1	10	2	10	1	10	1	10	2
①-1层	2.20	1.70	1.50	2.20	2.20	1.70	1.10	1.20	1.30	1.30	1.30	1.20
①-2层	0.00	0.00	0.00	0.00	0.00	0.00	0.00	0.00	0.00	0.00	0.00	0.00
②层	3.80	3.70	3.50	3.90	4.10	3.60	2.70	2.80	3.50	3.50	3.60	3.20
④层	16.20	15.70		16.00		15.80		14.10		15.50		15.10
⑤-2-1层	17.50	17.80		18.45		18.60		16.00		17.00		17.30
⑤-2-2层	23.50	23.90		23.00		23.60		22.20		22.50		22.70
⑤-3层	27.30			27.00				26.00				26.20
⑥层	30.50			30.30				29.40				29.30
⑦-1层				40.45								
⑦-2层												
20												
21												
22												

如需帮助,请按F1键 工程编号 2002-G-253 分期号 大写 改写 数字 审核

图 7-7 勘察数据录入界面

对于收敛数据,通过收敛数据维护工具进行维护,该工具提供了贴近原始报告的输入界面,更加易于使用。后台管理人员还可以使用该工具进行任务、区间和测量界面的管理,除此之外,该工具还提供了一些统计功能,界面如图 7-8 所示。

监测数据的输入和管理是通过天安监测软件的桌面客户端来完成。通过客户端用户可以建立基坑测点,对应 CAD 地图,导入测点结果数据和测点原始数据并进行脚本计算等,同时该客户端还可以显示数据历史曲线和报告,运行界面如图 7-9 所示。

图 7-8 收敛数据录入界面

打开Excel　提交数据　数据类别: 累计值

	日期\测点	WY1	WY2	WY3	WY4	WY5	WY6	WY7	WY8	WS1	WS2	WS3	WS4
1	2009/11/22				-4.45	-4.36	-4.86	-3.68					
2	2009/11/23	-5.12		-3.96	-8.7	-9.17	-7.32	-7.79					
3	2009/11/24	-5.12		-4.2	-9.34	-9.89	-7.39	-9.19					
4	2009/11/25	-5.12		-4.56	-10.1	-10.78	-7.39	-9.15	-9.93				
5	2009/11/26	-10.16		-4.56	-9.32	-9.58	-7.39	-7.24	-8.94				
6	2009/11/27	-9.79	-6.92	-10.07	-8.98	-9.58	-7.39	-7.24	-6.73				
7	2009/11/28	-9.64	-6.92	-10.21	-10.85	-9.99	-6.57	-6.18	-8.14				
8	2009/11/29	-8.87	-6.92	-11.32	-8.55	-8.79	-3.82	-3.78	-8.31				
9	2009/11/30	-8.69	-6.92	-9.54	-8.88	-9.53	-7.02	-5.54	-8.85				
10	2009/12/1	-8.69	-6.92	-9.72	-8.99	-9.96	-7.56	-7.71	-8.86				
11	2009/12/2	-8.69	-6.92	-9.97	-9.08	-9.96	-7.52	-8.38	-8.97				
12	2009/12/3	-9.89	-6.92	-11.16	-10.1	-11.54	-7.98	-9.12	-9.84				
13	2009/12/4	-9.51	-6.92	-11.01	-10	-11.35	-8.27	-9.64	-9.8				
14	2009/12/5	-8.83	-6.92	-10.37	-9.77	-10.95	-8.03	-9.28	-9.68				
15	2009/12/6	-9.76	-6.92	-11.04	-10.3	-11.49	-8.5	-9.53	-10.23				
16	2009/12/7	-10.09	-6.92	-11.37	-10.3	-11.49	-9.13	-10.06	-10.22				
17	2009/12/8	-9.32	-10.88	-10.2	-9.66	-10.77	-8.23	-9.85	-9.74				
18	2009/12/9	-9.93	-10.85	-10.18	-9.67	-11.18	-8.27	-9.62	-10.4				
19	2009/12/10	-9.49	-10.27	-10.38	-10.03	-11.61	-8.45	-9.7	-9.76				
20	2009/12/11	-10.81	-11.5	-10.84	-10.29	-11.63	-8.72	-9.7	-9.94				
21	2009/12/12	-9.73	-11.21	-10.57	-10.07	-11.24	-8.67	-10.06	-9.83				
22	2009/12/13	-11.17	-14.72	-13.38	-12.37	-14.91	-10.73	-10.95	-11.57				
23	2009/12/14	-13.85	-16.14	-14.7	-13.61	-15.81	-11.78	-13	-12.51				

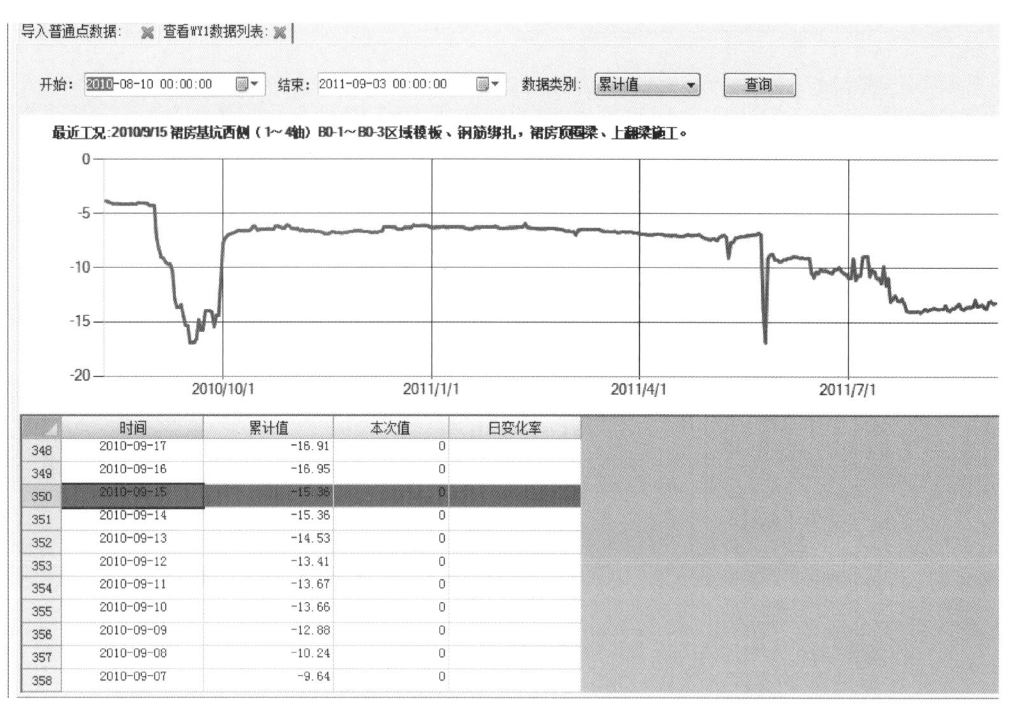

图 7-9 监测数据录入界面

7.2.2.2 数据管理

系统日常维护或分析使用的数据具体如表 7-2 所列。

表 7-2 系统基础数据分类

数据库模块	数据分类	详细内容
基础地质数据	原有地质报告	各线路的各区间和车站的原勘察报告文字部分
	场地分层	录入各报告中场地分层情况,各土层的编号、名称等
	各勘探孔基本数据	各报告中勘探孔的基本数据逐一输入,其中包括孔号、孔位坐标(上海城市坐标)、孔口标高、分层深度、终孔深度等
	原位测试数据	各类原位测试数据的录入,其中包括标贯试验成果、静力触探试验成果、十字板剪切试验成果等
	室内土工试验数据	原勘察报告中所附的室内土工试验成果表,包括颗粒组成、含水量、比重、孔隙比、液塑限、压缩模量、剪切试验成果、三轴试验、静止侧压力系数等
轨道结构	轨道结构数据	里程,所处区间,类型,断面形式,施工方法,地面标高,隧道埋深,上下行线中心距,隧道壁厚,隧道宽度,隧道外径,图片文件
监护数据	轨道沉降数据	测量任务,轨道,上/下行,测量区间,测量环路,里程,变形值,时间等
	轨道收敛数据	测量任务,轨道,上/下行,测量区间,测量环路,里程,角度,角度变形值,时间等

续表

数据库模块	数据分类	详细内容
风险评估	风险因素模板	风险事件(源),可能性,严重性,地质分区影响,排序,分类信息等
	风险计算配置	风险计算矩阵,地质分区可能性矩阵,风险处理措施列表
监测数据	测点结果管理	测点管理,结果值

7.3 基础查询模块

基础查询模块是轨道交通岩土工程专家系统的基础模块,也是核心模块,是系统重点开发的部分。它以建立综合轨道交通沿线地质、水文、地铁结构、监测监护等各个专业资料的基础数据库为前提,通过地理信息系统(GIS)、数据库、界面开发等计算机技术,形成了丰富的资料查询手段和数据分析可视化工具。

7.3.1 基础功能

1) 地图操作

地形图除了具有一般的移动、放大、缩小、开窗放大的功能外,还具有地图背景颜色的修改功能。放大工具用于获得地图或布局的近距离视图,缩小工具用于获得更大范围内的地图显示视图,开窗工具用来快速放大地图的某一矩形区域。为了更清晰地显示地图中的各项内容,轨道交通地质信息管理与分析系统特别提供了背景颜色的修改功能。用户只要点击【基本操作】栏的【背景颜色】按钮,即可选择合适的地图背景显示颜色。

2) 设置地图显示内容

地形图上的显示内容是以图层的方式来表现的,有时为使研究对象更明确,可以关掉一些不需要的图层。单击【基本操作】栏的【图层】按钮,在【可见】栏中单击选择即可实现,如图 7-10 所示。

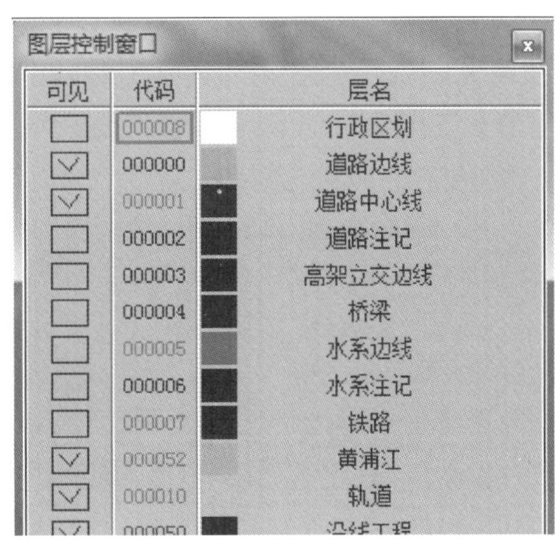

图 7-10 图层菜单

3) 定位查找

系统提供了按坐标(城市坐标,单位:m)或道路定位地形图的查找功能。选择按坐标定位的方式,系统将以输入的坐标点为窗口中心,在窗口中新的位置重画地图。若用户选择按道路定位的方式,系统可以按单条道路、交叉道路或十字路为参考对象,以查找点作为窗口中心,在窗口中新的位置重画地图。

(1) 按坐标查找

单击【地图操作】面板中【按坐标】按钮,弹出查找坐标点的对话框,如图 7-11 所示,分别输入 X 轴和 Y 轴坐标(城市坐标),系统自动在地图窗口定位至该坐标。

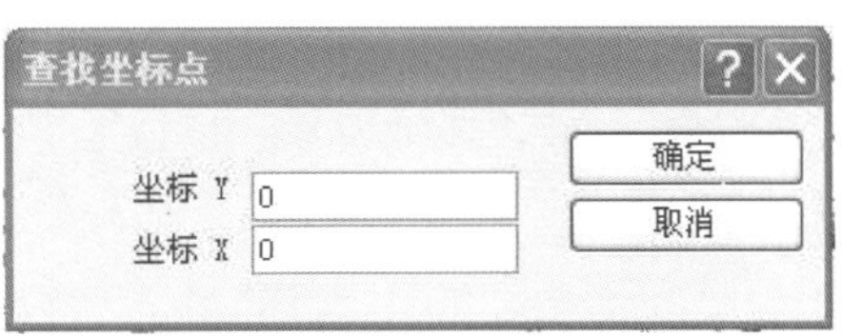

图 7-11 按坐标查找

(2) 按道路查找

单击【地图操作】面板的【按道路定位点】按钮，弹出路名定位的对话框，如图 7-12 所示，可选择按单条道路、交叉道路或十字路为参考对象，在下拉菜单中选择道路名称，确认后单击“定位”，系统自动在地图窗口定位至新的位置。

4) 测量距离

单击【地图操作】面板的【测量距离】按钮，在地图上选取任意两点，如图 7-13 所示，可测量两点之间的直线距离。

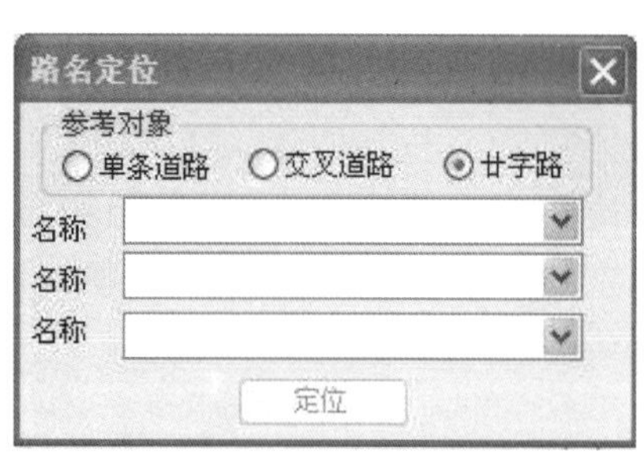

图 7-12　按道路查找

图 7-13　测量距离界面

5) 浮动的弹出式窗口

将操作平台按线路进行分类，并利用多窗口方式，使线路上的工程信息在同一个窗口中显示，使信息量的显示最大化。

6) 车站或区间定位

从左侧树状菜单中选择需要查询的车站或区间隧道点击后地图即能定位到相应位置。以上海市地铁 7 号线镇坪路站为例，如图 7-14 所示。

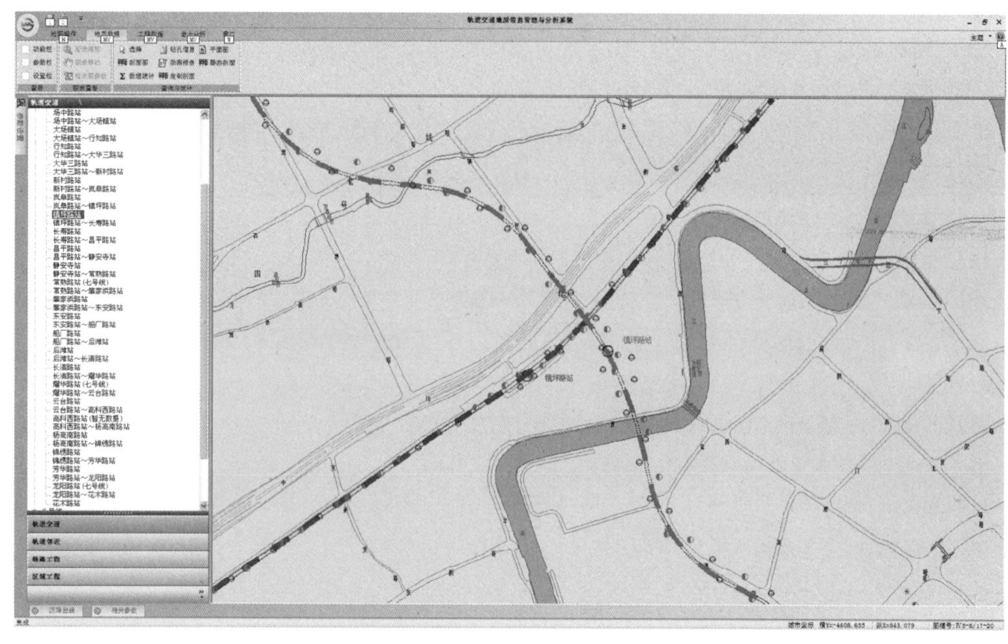

图 7-14　上海市地铁 7 号线镇坪路站定位示意图

7.3.2 轨道交通地质数据查询

查询与统计是在对原始数据进行归一化整理与数据库接口的基础上，对数据库中存储的各类原始数据或图片进行直接或间接查询，或者对原始数据进行统计分析，自动生成报表、图形和岩土工程试验和原位测试成果图表（含水量、静探比贯入阻力曲线等）。

信息查询与统计的具体功能包括工程定位、勘察报告查询、钻孔信息查询、工程数据查询、土层物理力学指标统计和任意连线剖面图查询 6 个功能。查询得到的图表可直接用于存储或打印。

1）勘察报告查询

首先从左侧轨道交通地质数据列表中选择需要查询的工程（车站或区间隧道），然后从【地质数据】主菜单中点击【勘察报告】按钮，可弹出 PDF 格式显示的当前工程的原始勘察报告。以上海市地铁 7 号线肇嘉浜路站为例，其工程勘察报告（详勘）查询如图 7-15 所示。

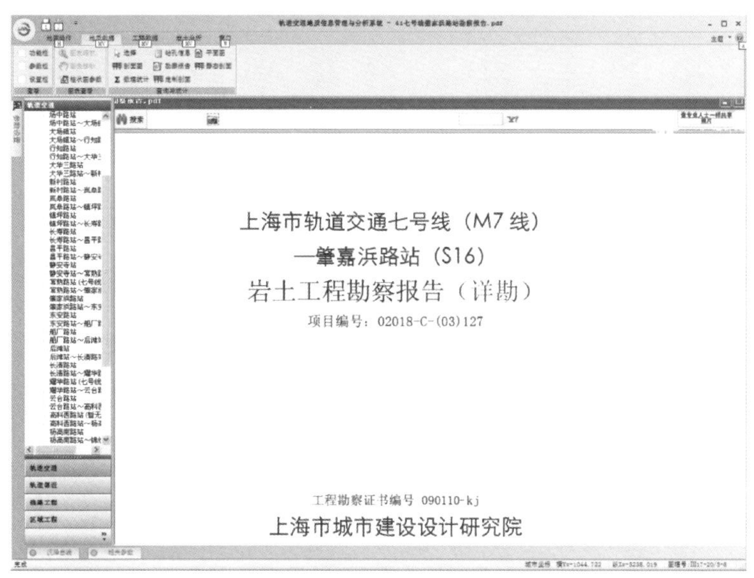

图 7-15 上海市地铁 7 号线肇嘉浜路站勘察报告查询示意图

2）钻孔信息查询

首先从左侧轨道交通地质数据列表中选择需要查询的工程（车站或区间隧道），然后从【地质数据】主菜单中点击【数据浏览】按钮，再从屏幕上用鼠标选取需要查询的钻孔，即可弹出 PDF 格式显示的当前钻孔的钻孔柱状图和静探曲线数据。以地铁 7 号线肇嘉浜路站为例，其钻孔信息查询如图 7-16 和图 7-17 所示。

3）土层物理力学指标区域统计

首先从左侧轨道交通地质数据列表中选择需要查询的工程（车站或区间隧道），然后从【地质数据】主菜单中点击【数理统计】按钮，再框选或单击需要参加统计的钻孔，弹出所选钻孔编号，点击确定后显示所选钻孔的物理力学指标统计表。以上海市地铁 10 号线三门路—江湾体育场站区间为例，其钻孔土层物理力学指标统计如图 7-18 和图 7-19 所示。

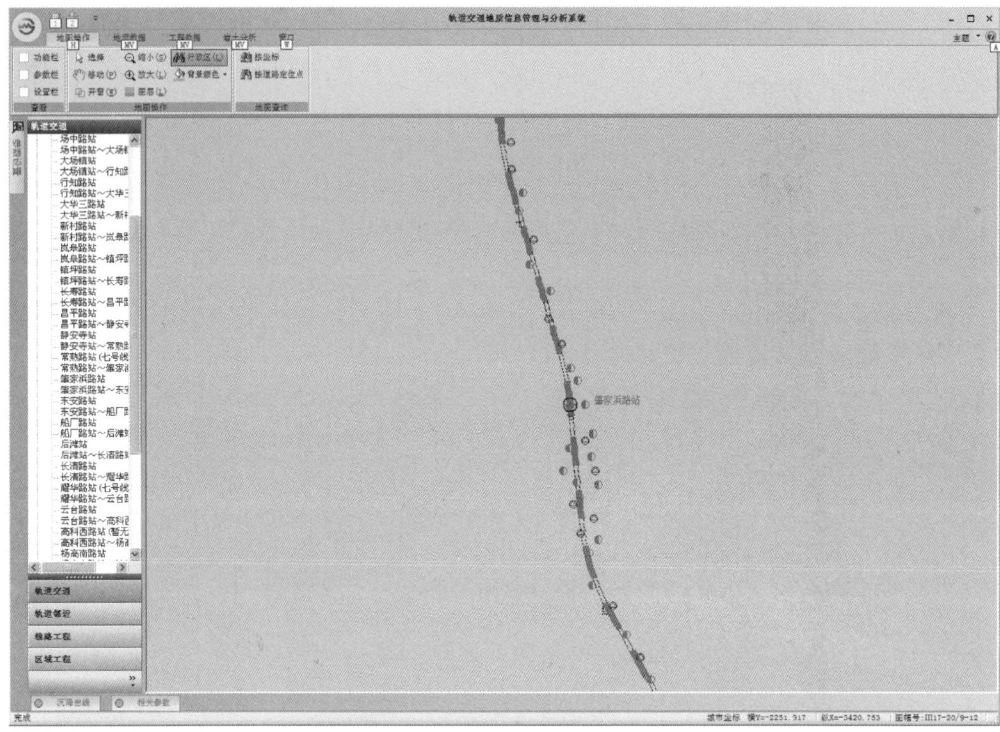

图 7-16　上海市地铁 7 号线肇家浜路站钻孔信息查询过程示意图

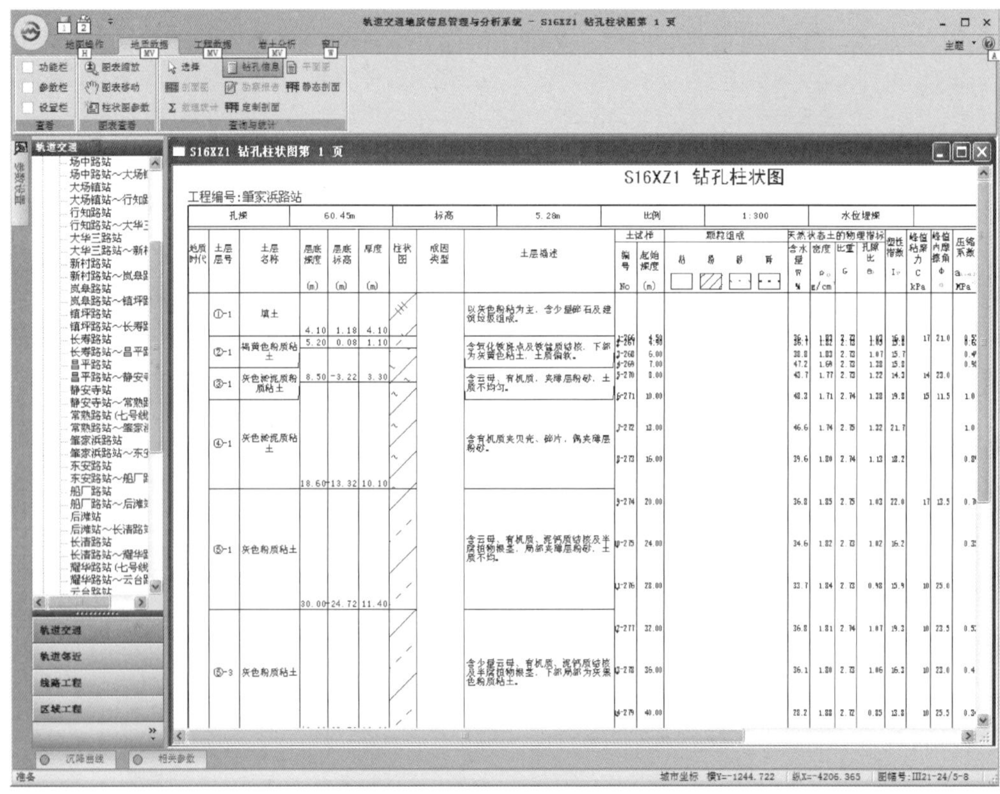

图 7-17　上海市地铁 7 号线肇家浜路站钻孔信息查询结果示意图

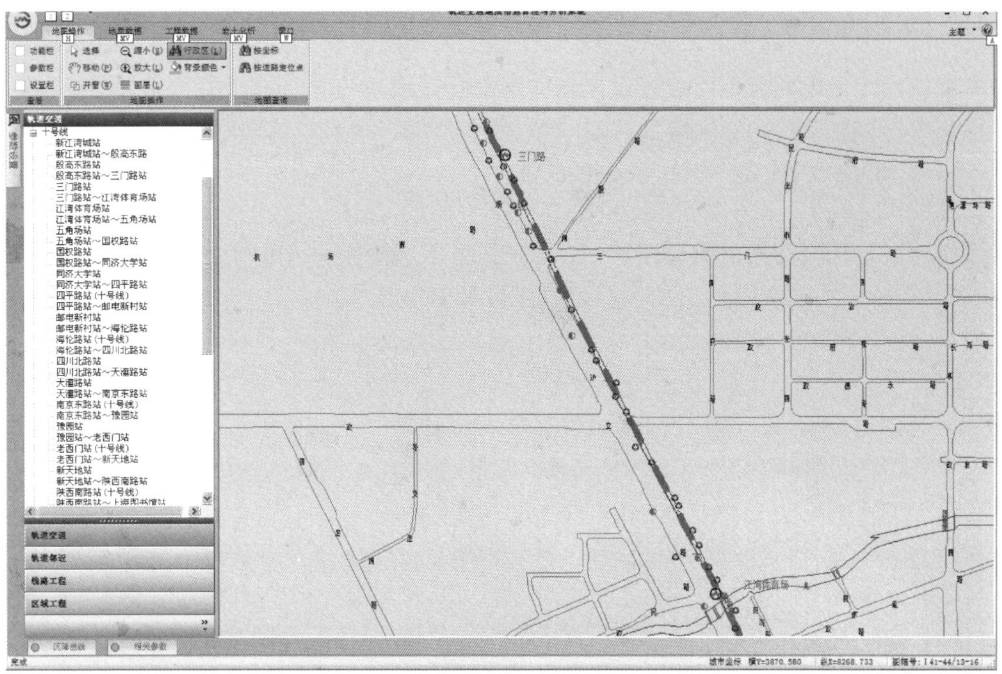

图 7-18　上海市地铁 10 号线三门路—江湾体育场站区间统计示意图

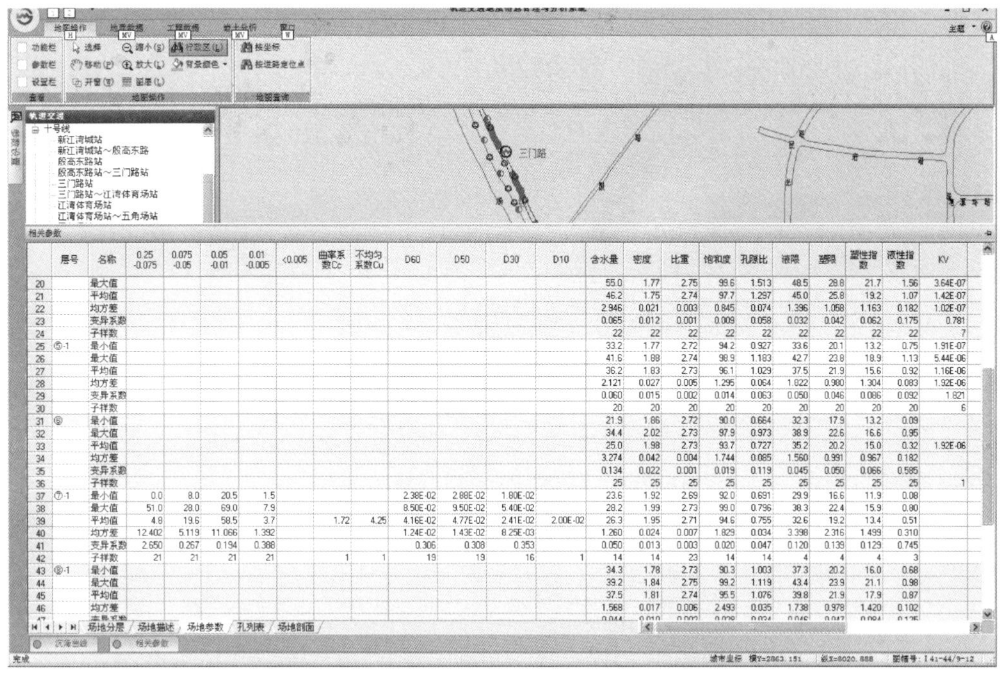

相关参数

	层号	名称	0.25-0.075	0.075-0.05	0.05-0.01	0.01-0.005	<0.005	曲率系数Cc	不均匀系数Cu	D60	D50	D30	D10	含水量	密度	比重	饱和度	孔隙比	液限	塑限	塑性指数	液性指数	KV
20		最大值												55.0	1.77	2.75	99.6	1.513	48.5	28.8	21.7	1.56	3.64E-07
21		平均值												46.2	1.75	2.74	97.7	1.297	45.0	25.8	19.2	1.07	1.42E-07
22		均方差												2.946	0.021	0.003	0.845	0.074	1.396	1.058	1.163	0.182	1.02E-07
23		变异系数												0.065	0.012	0.001	0.009	0.058	0.032	0.042	0.062	0.175	0.781
24		子样数												22	22	22	22	22	22	22	22	22	7
25	⑤-1	最小值												33.2	1.77	2.72	94.2	0.927	33.6	20.1	13.2	0.75	1.91E-07
26		最大值												41.6	1.88	2.74	98.9	1.183	42.7	23.8	18.9	1.13	5.44E-06
27		平均值												36.2	1.83	2.73	96.1	1.029	37.5	21.9	15.6	0.92	1.16E-06
28		均方差												2.121	0.027	0.005	1.295	0.064	1.022	0.980	1.304	0.083	1.92E-06
29		变异系数												0.060	0.015	0.002	0.014	0.063	0.050	0.046	0.086	0.092	1.821
30		子样数												20	20	20	20	20	20	20	20	20	6
31	⑥	最小值												21.9	1.86	2.72	90.0	0.664	32.3	17.9	13.2	0.09	
32		最大值												34.4	2.02	2.73	97.9	0.973	38.9	22.6	16.6	0.95	
33		平均值												25.0	1.98	2.73	93.7	0.727	35.2	20.2	15.0	0.32	1.92E-06
34		均方差												3.274	0.042	0.004	1.744	0.085	1.560	0.991	0.967	0.182	
35		变异系数												0.134	0.022	0.001	0.019	0.119	0.045	0.050	0.066	0.585	
36		子样数												25	25	25	25	25	25	25	25	25	1
37	⑦-1	最小值	0.0	8.0	20.5	1.5				2.38E-02	2.88E-02	1.80E-02		23.6	1.92	2.69	92.0	0.691	29.9	16.6	11.9	0.08	
38		最大值	51.0	28.0	69.0	7.9				8.50E-02	9.50E-02	5.40E-02		28.2	1.99	2.73	99.0	0.796	38.3	22.4	15.9	0.80	
39		平均值	4.8	19.6	58.5	3.7		1.72	4.25	4.16E-02	4.77E-02	2.41E-02	2.00E-02	26.3	1.95	2.71	94.6	0.755	32.6	19.2	13.4	0.51	
40		均方差	12.402	5.119	11.066	1.392				1.24E-02	1.43E-02	8.25E-03		1.260	0.024	0.007	1.829	0.034	3.398	2.316	1.499	0.310	
41		变异系数	2.650	0.267	0.194	0.388				0.306	0.308	0.353		0.050	0.013	0.003	0.020	0.047	0.120	0.139	0.129	0.745	
42		子样数	21	21	21	21		1	1	19	19	16	1	14	14	23	14	14	4	4	4	3	
43	⑧-1	最小值												34.3	1.78	2.73	90.3	1.003	37.3	20.2	16.0	0.68	
44		最大值												39.2	1.84	2.75	99.2	1.119	43.4	23.9	21.1	0.98	
45		平均值												37.5	1.81	2.74	95.5	1.076	39.8	21.9	17.9	0.87	
46		均方差												1.568	0.017	0.006	2.493	0.035	1.738	0.978	1.420	0.102	

图 7-19　上海市地铁 10 号线三门路—江湾体育场区间数理统计结果示意图

4）地质剖面图查询

任意连线剖面图(含地铁结构)可以让人们直观地了解地铁沿线区域的地层状况、地铁构筑物具体所处的位置,对于分析运营期地铁沉降时的地层影响、周边环境开发可能引发对地铁线路影响给出了形象的展示。通过鼠标在屏幕上任意点取一系列点,根据钻孔信息和模糊地质解译能力,可以实时、动态生成任意连线的、包含地层与地下构筑物信息的剖面图(图 7-20、图 7-21),扩展了传统操作中仅提供勘察报告中剖面图的功能。

具体操作步骤为:用光标沿线路点击 3 个以上的点,点击右键结束,如图 7-22 所示;系统会自动将连线附近的孔列出供选择后,自动生成剖面,如图 7-23 所示;系统将自动形成剖面图,如图 7-24 所示,所显示的剖面图可以直接进行编辑与打印。

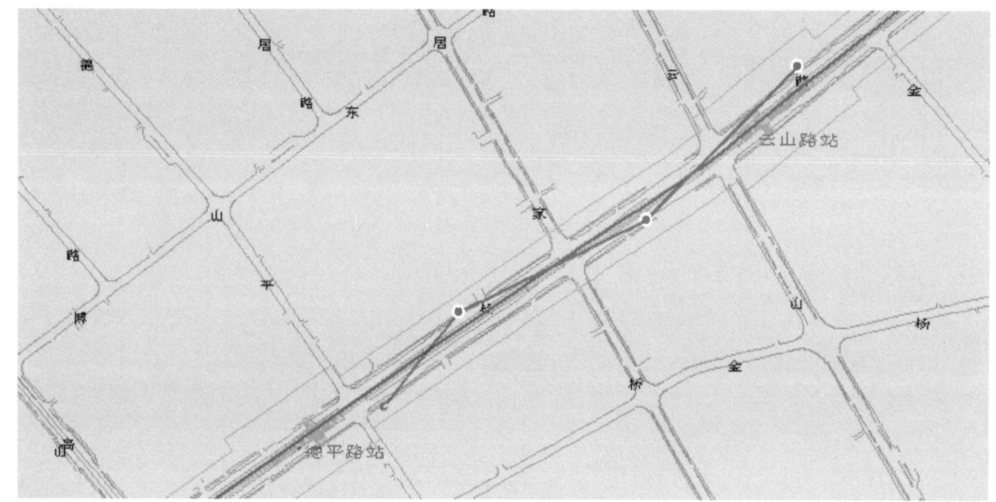

图 7-20　动态纵剖面选择界面

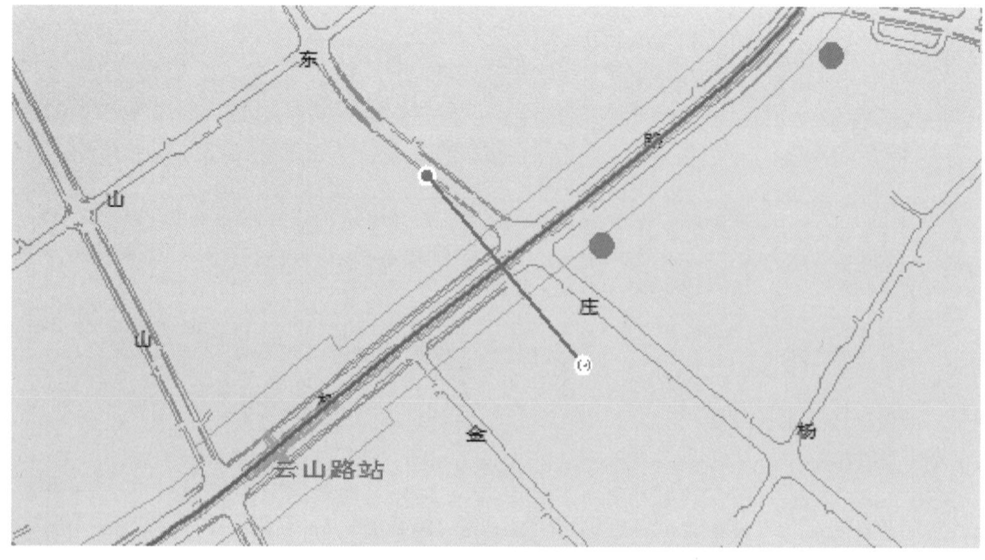

图 7-21　动态横剖面选择界面

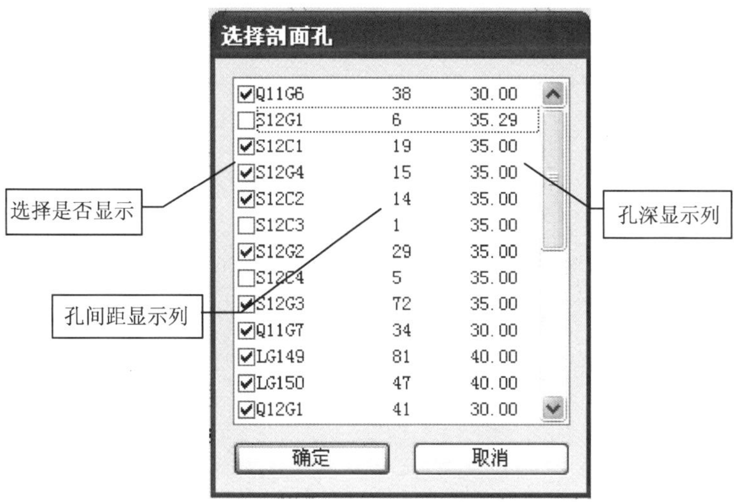

图 7-22 剖面孔选择

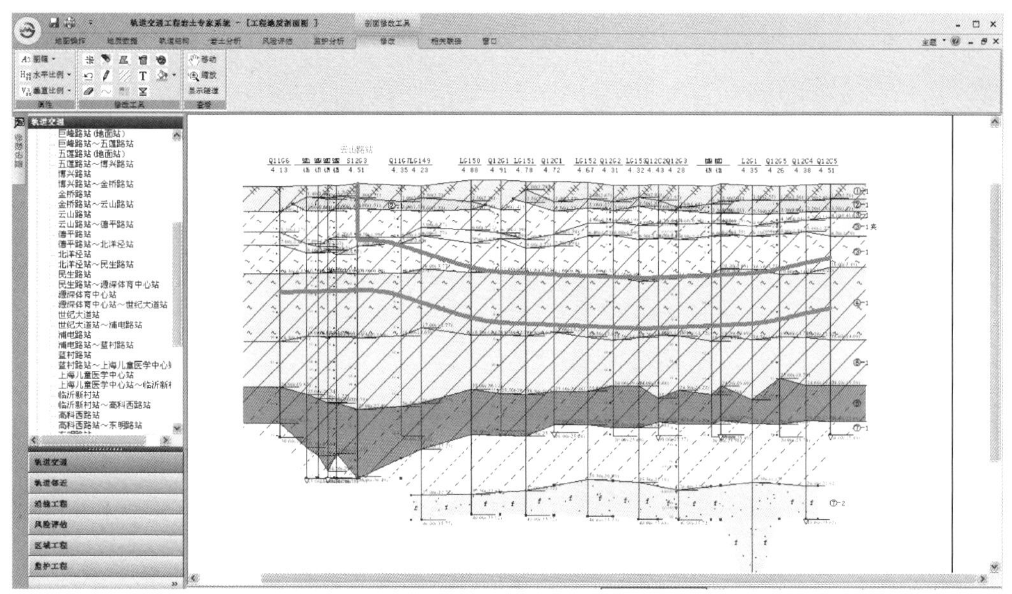

图 7-23 纵剖面图生成界面

5）工程地质分区

该功能可显示整条线路上不同的地质分区，分区方法按照上海市《岩土工程勘察规范》（DGJ 08-37—2012）。只要单击【岩土分析】功能面板下的【工程地质分区】按钮，即可显示如图 7-25 所示的界面，地图上用不同的颜色段在线路上将不同的分区表示出来，并弹出地质分区说明及色块参照表。当光标移动到分区色块上时，会显示该分区的指标值，也可通过图层控制打开工程地质分区图层显示地质分区。

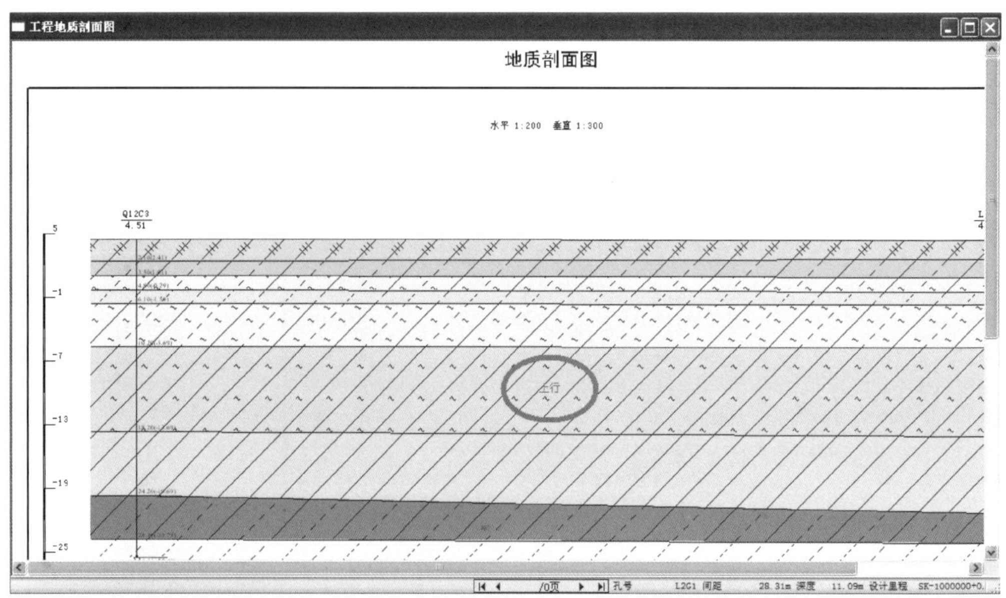

图 7-24 横剖面图生成界面

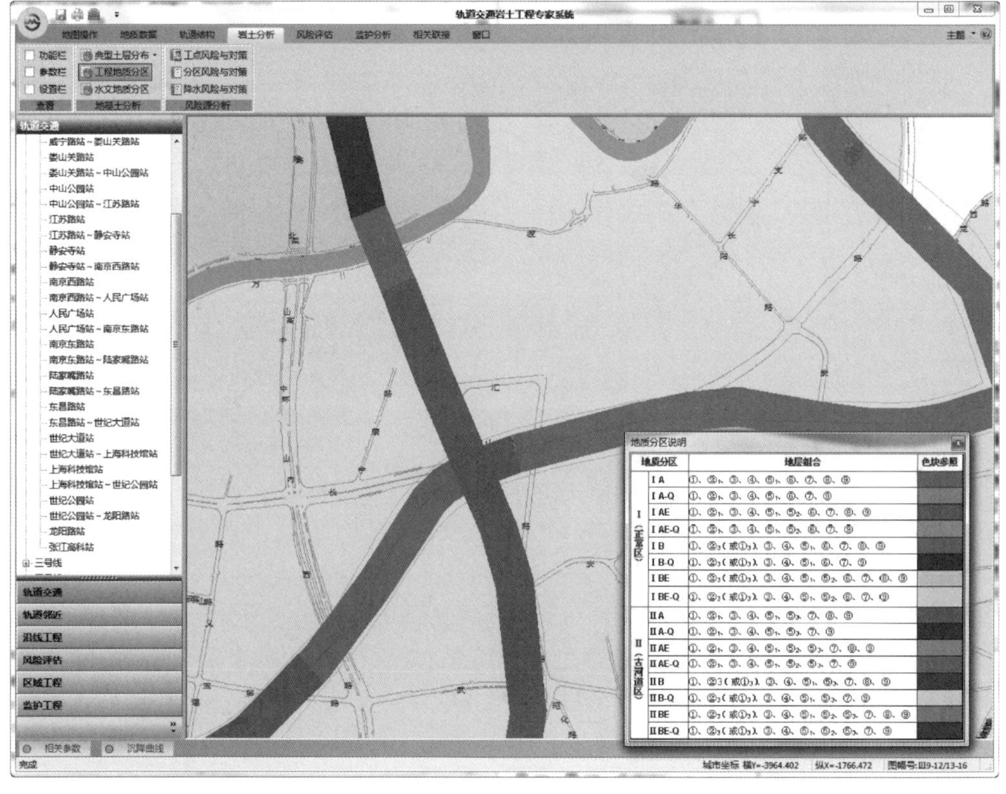

图 7-25 工程地质分区显示

6）典型土层分布

根据轨道线路的特点，本系统中列出了第①$_3$层、第②$_3$层、第⑤$_2$层、第⑥层的沿线分布图。点击【岩土分析】功能面板下的【典型土层分布】按钮，选择下拉菜单中需要查询的土层，即可看到线路上显示该层的分布，如图 7-26 所示。

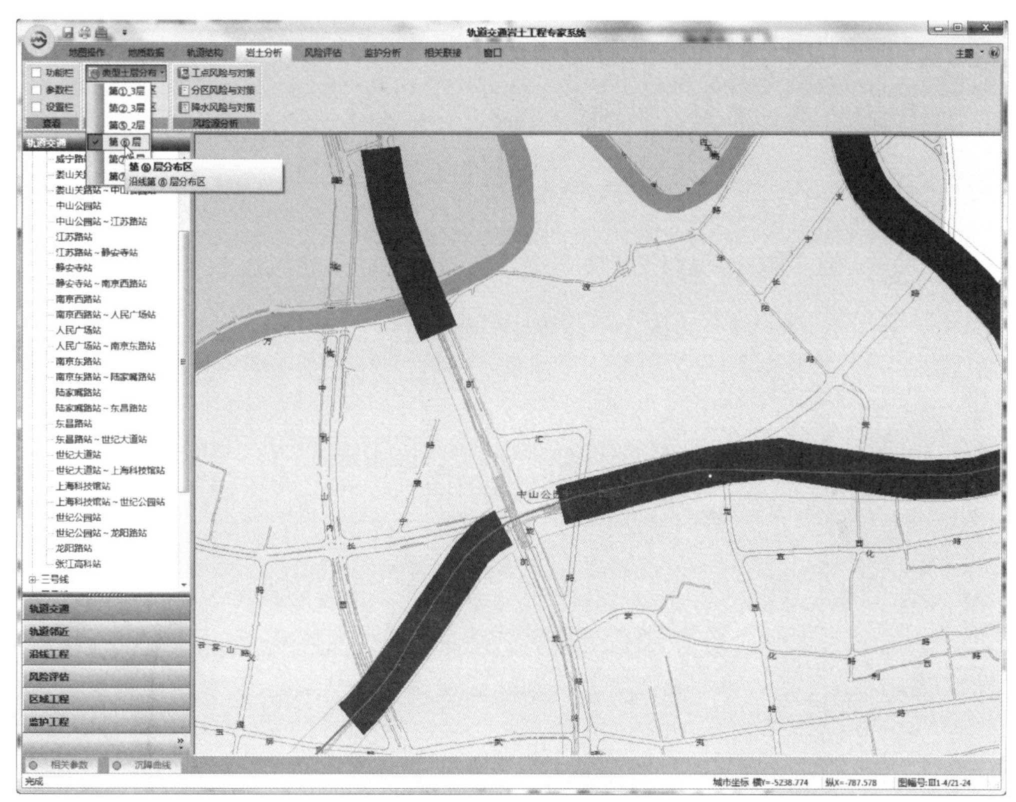

图 7-26　典型土层分布显示

7）水文地质分区

该功能可显示整条线路上不同的水文地质分区，点击【岩土分析】功能面板的【水文地质分区】按钮，该地图上用不同的颜色段在线路上将不同的分区表示出来，并弹出水文地质分区说明及色块参照表。当光标移动到分区色块上时，会显示该分区的指标值。也可通过图层控制打开水文地质分区图层显示地质分区，如图 7-27 所示。

7.3.3　监测资料查询

监测数据的查询通过在系统主界面按地图中重大工程标示点击后链接进入外部远程监测平台实现。具体操作时，需先进入沿线工程，选择基坑工程（目前系统中仅有上海中心和金桥埃蒙顿广场有监测数据），单击工程进行定位，此时工程图元闪烁，如图 7-28 所示。

光标悬浮至图元中心位置，显示该工程基本信息，如图 7-29 所示。

点击图元即可进入天安远程监测系统，通过 Web 平台查看基坑围护结构、地表沉降、地下管线以及周边建筑物的实时监测值，如图 7-30 所示。

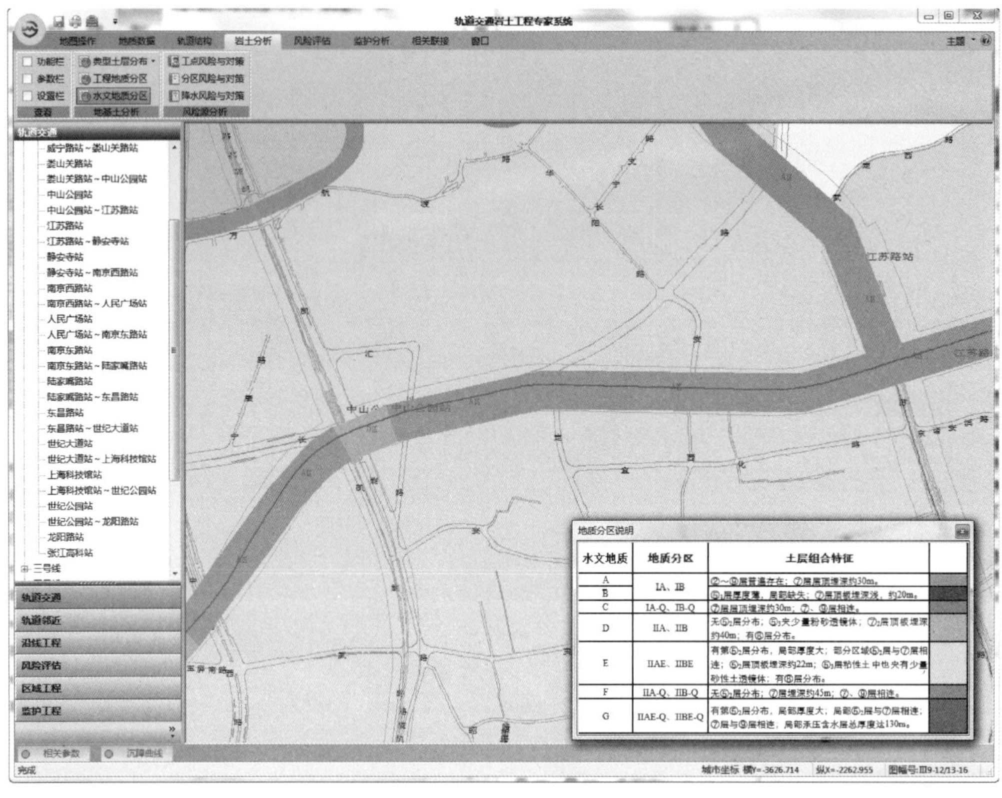

图 7-27　水文地质分区显示

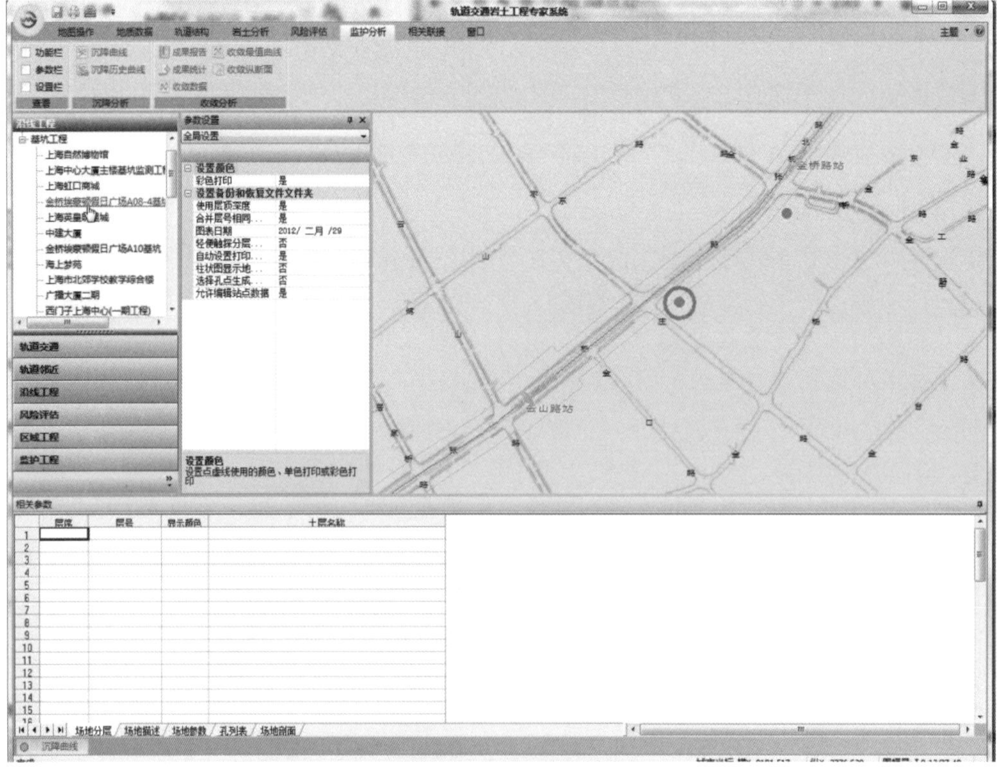

图 7-28　选择(定位)基坑工程

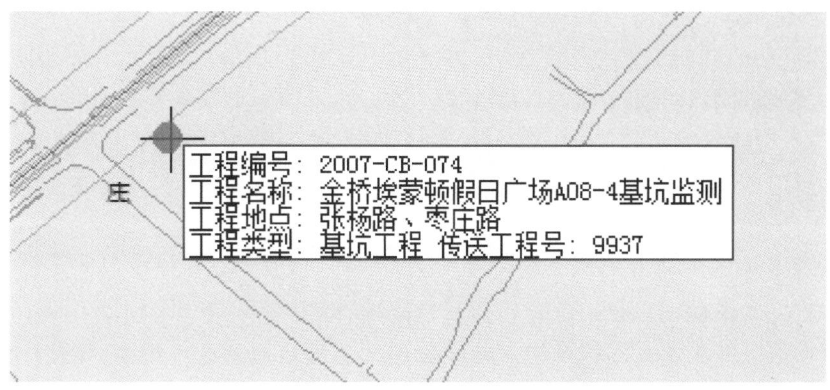

图 7-29 工程基本信息

图 7-30 外部远程监测平台

7.4 有限元快速分析模块

本模块的功能基于快速评估基坑开挖引起的变形问题的基本需求，尽可能满足大多数环境条件和工况的计算边界，并能够向一般的工程设计人员提供全面的分析结果。具体而言，本模块具有如下功能特点。

7.4.1 建模参数化和自动化

有限元数值分析第一步就是根据已知资料建立正确的计算模型。计算模型的好坏直接影响计算结果的准确性。然而,对于人工来说,正确建模的过程往往不可复制,尤其碰到较复杂的基坑工程、复杂的几何关系或工况条件,在处理三维模拟问题时,建模过程难免会出现一些细小的问题,影响计算收敛性。那么,排查错误就会耽误更多属于分析评估阶段的时间。为解决这一问题,本模块针对各种基坑周边环境条件,开发了参数化、自动化建模功能,消除一般工程分析人员利用 ABAQUS 计算分析基坑在建模过程中的障碍,将正确建模的过程变得可以复制。

1. 基坑本体模型参数化

完整的基坑本体模型包含的信息包括开挖范围、围护结构、水平内支撑。基坑开挖范围由边界尺寸和开挖深度决定。围护结构定义参数包含围护结构的插入深度、等效计算厚度,围护结构材料参数(弹性模量和泊松比)。而水平内支撑的定义则需要定义水平内支撑的深度、间距或者计算刚度。

1) 2D 模型

在二维计算中,由于模型根据实际基坑在一个方向的剖面而定,并且采用 1/2 对称模型,用户只需输入基坑深度和剖面方向的长度,即能创建定制尺寸的基坑模型,同时根据基坑围护方案,输入围护计算深度和计算等效厚度(对于连续墙即墙体厚度,对于排桩或重力式挡墙需等效处理),如图 7-31 所示,并按图 7-32 输入基坑支撑道数和支撑参数(加撑深度、支撑刚度)。

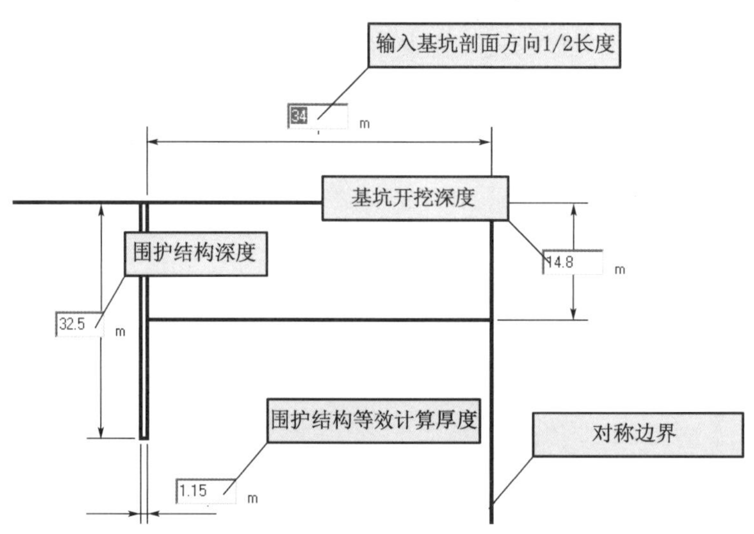

图 7-31　基坑定义参数

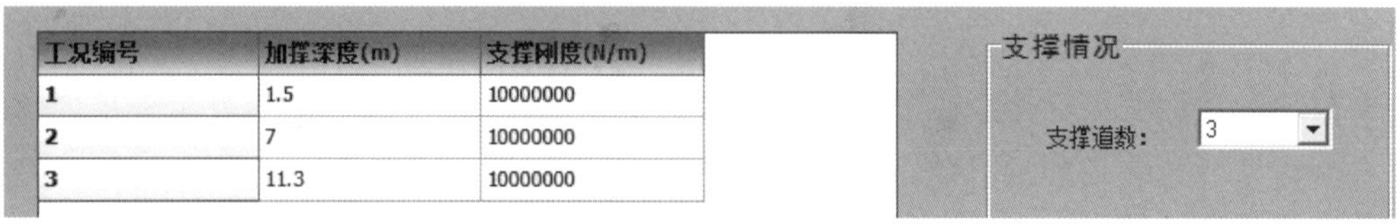

工况编号	加撑深度(m)	支撑刚度(N/m)
1	1.5	10000000
2	7	10000000
3	11.3	10000000

支撑情况

支撑道数: 3

图 7-32　2D 基坑模型支撑定义

除了上述参数,在二维平面应变分析中,考虑到简便的二维计算往往应用于较严格的定量分析，因此，用户还需定义围护结构和土体的相互作用参数。如图 7-33 所示，用户可以选择围护墙体与坑内土体或坑外土体是存在接触关系(contact)还是绑定关系(tie)。如果选择前者，则允许围护墙体与土体在受力过程中产生相对滑动。通过定义土体和围护墙体的平均摩擦系数、允许弹性滑移变形、允许极限剪应力控制二者之间的滑动程度。

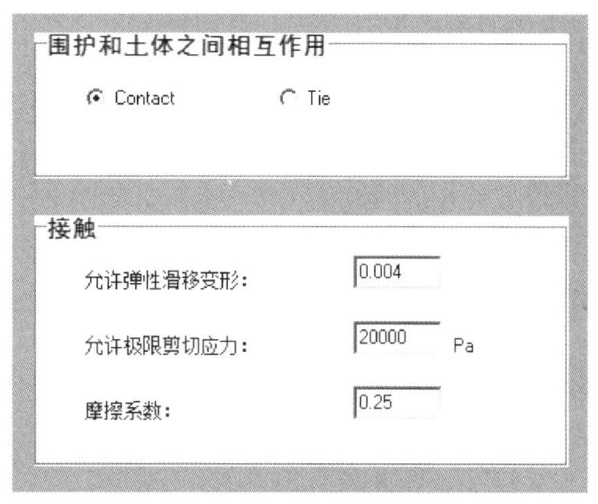

图 7-33 2D 基坑围护与土体作用参数定义

至此，完整的基坑单体模型随即建立，软件会根据用户输入参数，自动生成二维计算模型示意图，其效果见图 7-34，其中，图 7-34(a)表示围护插入较深的深窄基坑(如地铁车站)，而图 7-34(b)则表示一般大面积开挖但挖深较浅的基坑工程。

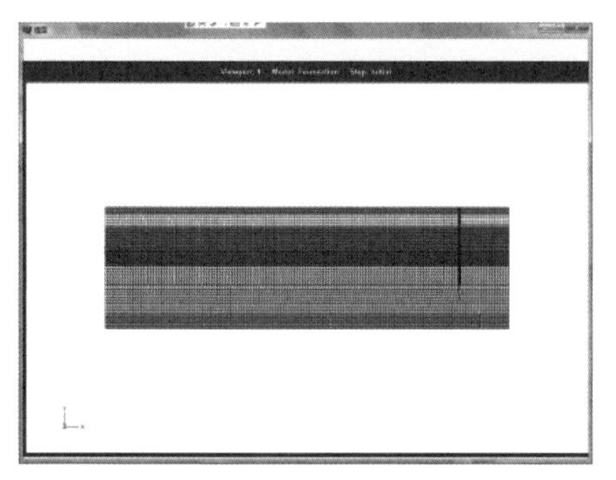

(a) 基坑剖面一（深窄基坑）

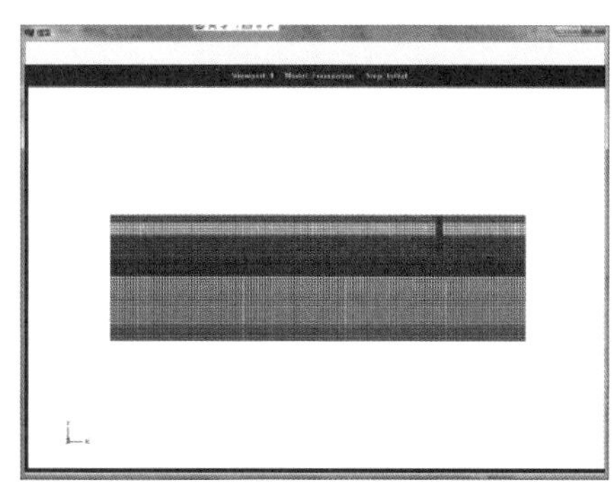

(b) 基坑剖面二（浅宽基坑）

图 7-34 2D 基坑模型生成效果

2) 3D 模型

在处理三维空间问题时，用户需定义根据在整体坐标下输入基坑四个角点的坐标形成基坑边界，定义基坑开挖深度，如图 7-35(a)所示。同时，对应于水平面内每条基坑边界，按实际

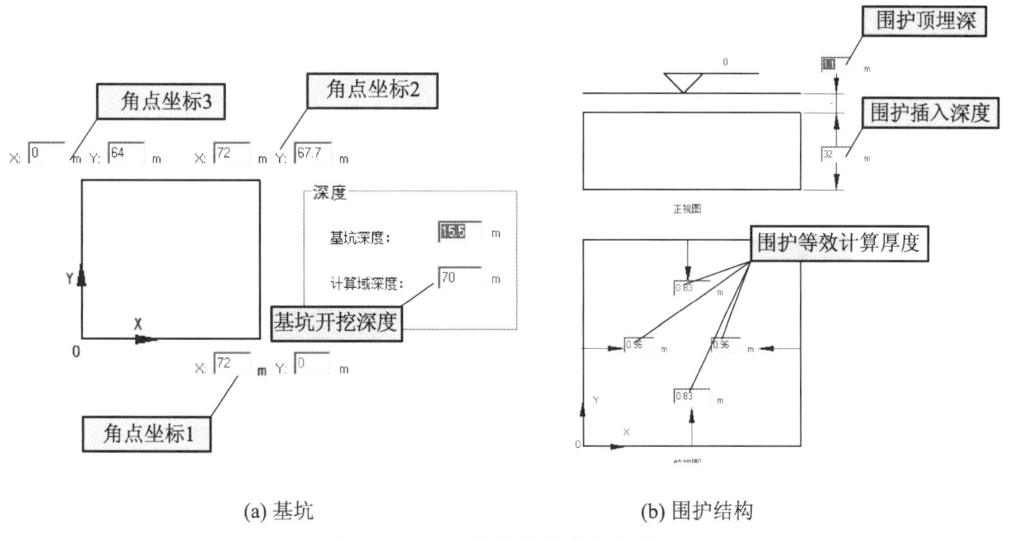

(a) 基坑

(b) 围护结构

图 7-35 3D 基坑模型定义参数

基坑围护方案定义围护结构顶面埋深和插入深度,以及每条围护边的计算等效厚度。

通过定义基坑和围护结构空间关系,利用基坑参数化建模功能,即可形成不同规模、不同平面形状、不同挖深的基坑本体模型,如图 7-36 所示,包括规则的正方形基坑、地铁车站长矩形基坑、近三角形基坑、不规则四边形基坑,以及浅基坑、深基坑等,多样化的基坑形式可满足大多数基坑工程的计算条件。

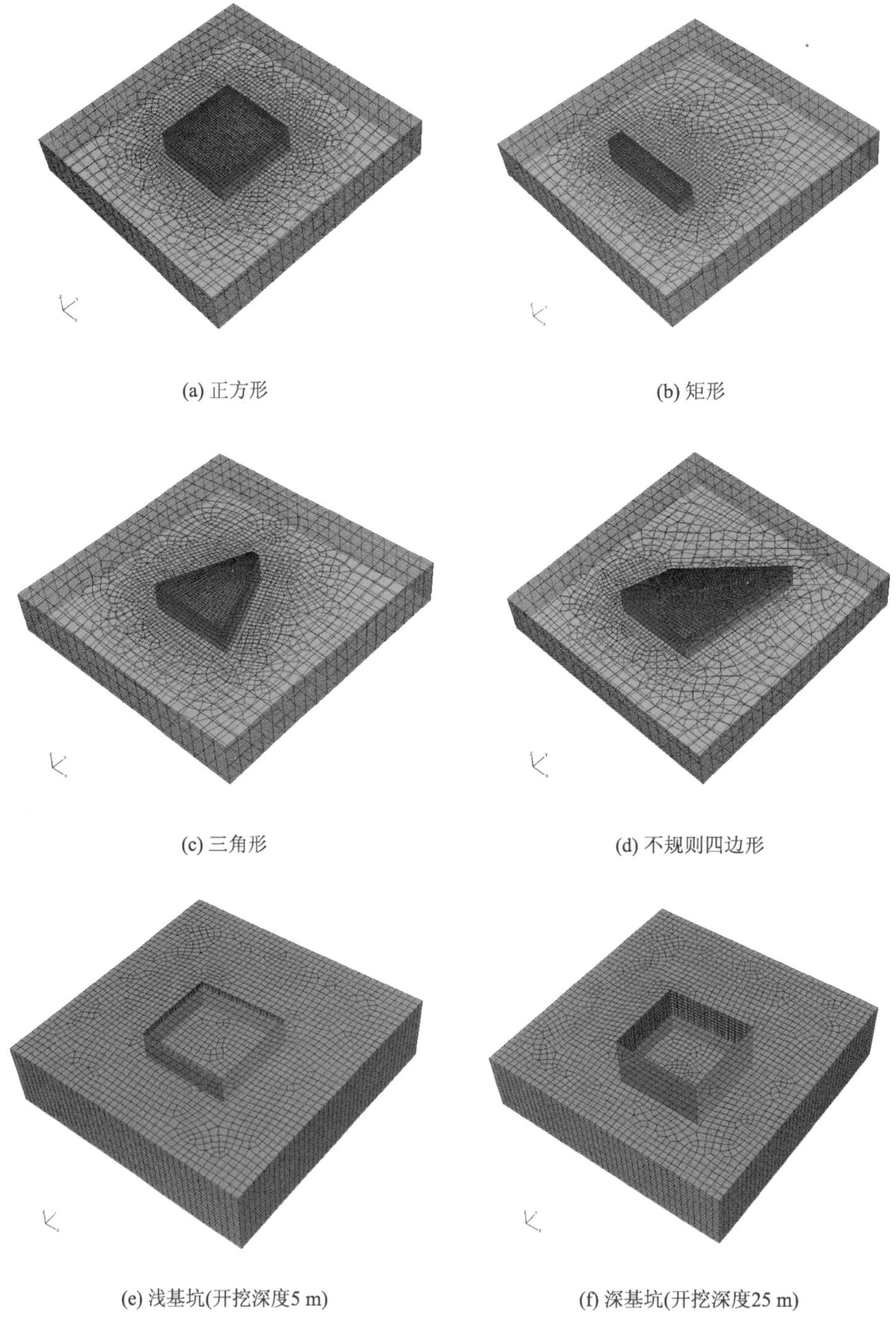

(a) 正方形　(b) 矩形

(c) 三角形　(d) 不规则四边形

(e) 浅基坑(开挖深度5 m)　(f) 深基坑(开挖深度25 m)

图 7-36　3D 基坑模型生成效果

三维计算条件下内支撑定义参数与二维计算条件略有不同，除了同样确定基坑的内支撑道数、加撑深度、支撑刚度，还需定义每条基坑边界处支撑的水平间隔，将支撑点作用力效果离散化，以反映水平内支撑体系的空间效应。通过自由定义每道支撑的间隔参数，近似满足较复杂的内支撑承载条件，如图 7-37 所示。

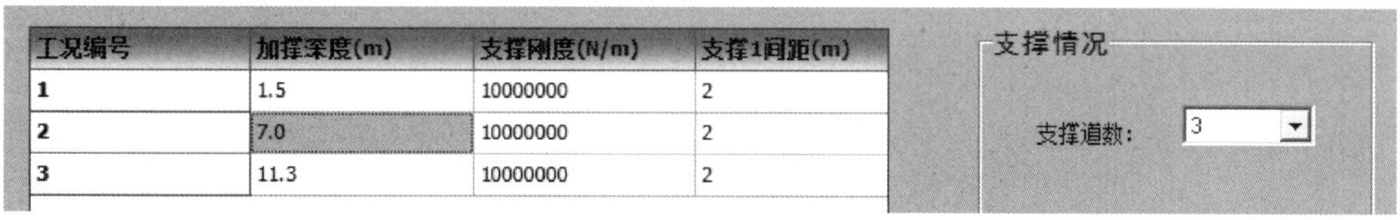

工况编号
加撑深度(m)
支撑刚度(N/m)
支撑1间距(m)
1
1.5
10000000
2
2
7.0
10000000
2
3
11.3
10000000
2
支撑情况
支撑道数:
3

图 7-37　3D 基坑内支撑定义

2. 隧道模型参数化

城市地铁的日趋密集增加了基坑环境的复杂性，隧道区间或者地下车站往往是邻近基坑工程环境安全重点评估的对象。为了满足众多工程对地铁安全评估的需求，本软件集中开发了较为全面的隧道参数化建模功能，包括二维和三维两种情况。用户可以在界面选择是否在计算中考虑周边的隧道，并确定需要计算评估的隧道数量，如图 7-38 所示。目前程序最多支持两条区间隧道的分析。

周边环境
周边轨道交通
有无隧道:
有
无
隧道数量:
1

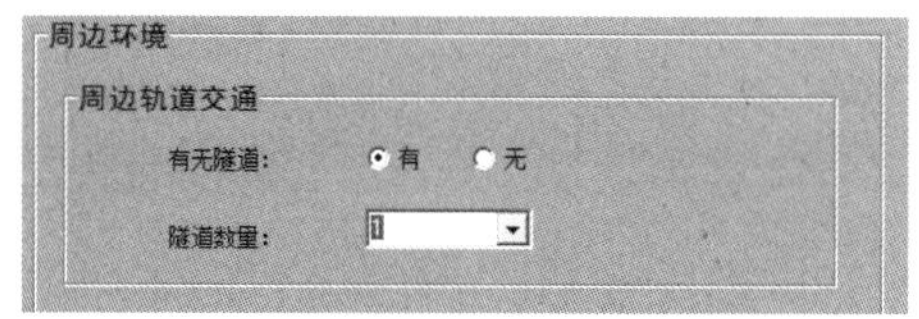

图 7-38　隧道分析选择界面

1）2D 模型

在二维计算模块中，区间隧道在轴线方向同样简化成平面应变问题。隧道由线弹性本构的混凝土管片组成。管片与土体采用绑定关系约束。用户定义时，需要确定隧道断面形式、埋深、隧道与基坑的相对位置关系，即输入如图 7-39 所示界面的隧道中心埋深、隧道轴线与围护结构距离，并进行隧道断面结构的详细定义。软件支持目前常见的三种结构形式的隧道断面，分别为圆形隧道、双圆隧道和矩形隧道。

隧道轴线与围护结构距离
11
m
隧道中心埋深
17
32.5
m
隧道断面参数
隧道定义

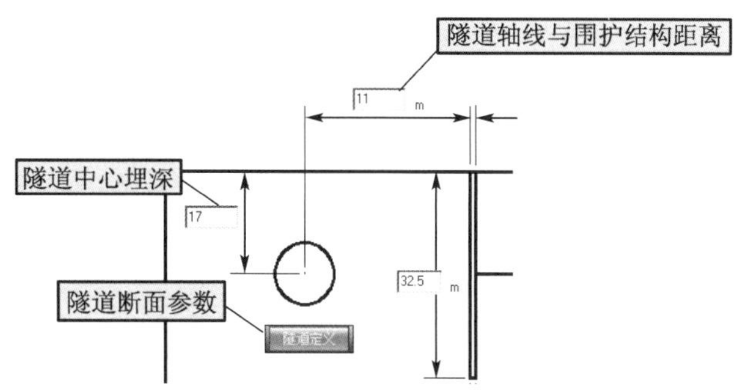

图 7-39　隧道分析选择界面

（1）圆形断面

单圆隧道最为简单，只需定义隧道外径和管片厚度，如图 7-40 所示。

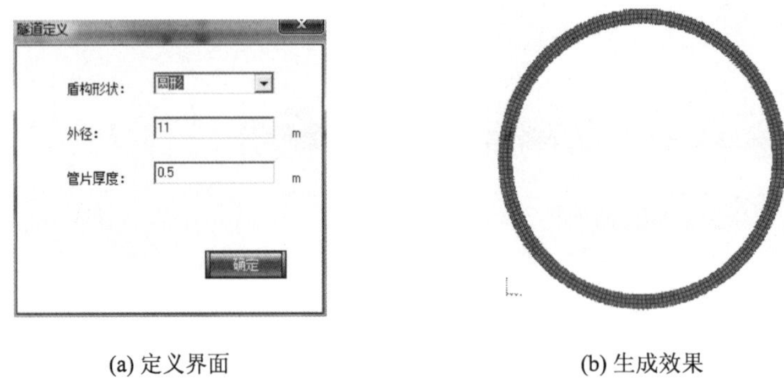

(a) 定义界面 (b) 生成效果

图 7-40 圆形隧道定义

（2）双圆断面

相比圆形隧道，双圆隧道还需定义上、下行隧道的中心间距，并确定隧道中部是否考虑隔墙。隔墙在计算中用二维梁单元表示，并能够考虑隔墙的厚度，如图 7-41 所示。

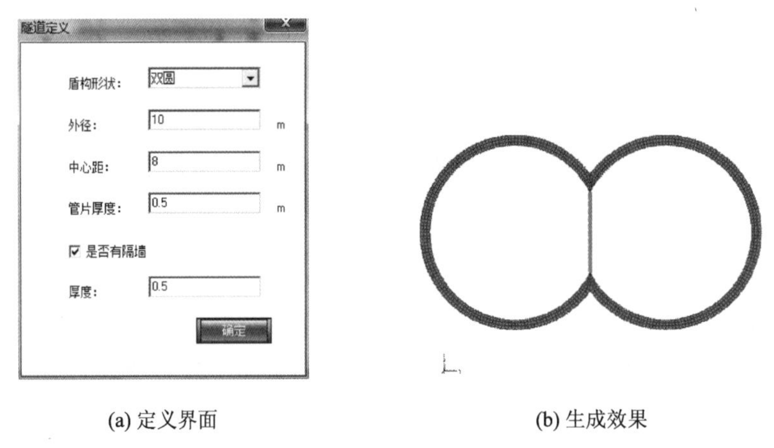

(a) 定义界面 (b) 生成效果

图 7-41 双圆隧道定义

（3）矩形断面

如图 7-42 所示。矩形隧道的定义类似于双圆隧道，同样可以考虑存在上、下行隧道时，定义二者之间的隔墙。矩形断面定义合适的高度和宽度，不仅可以模拟区间隧道，还可以用于模拟狭长的地铁车站结构。

2）3D 模型

三维模型的建立主要需解决如何反映隧道在轴线方向形态变化的问题。本软件主要通过以下两个途径实现：

在隧道起始点建立平面 X-Y 局部坐标系，并定义三个插值点 $P1$，$P2$ 和 $P3$，将 $P1$ 定为原点。利用用户输入的 $P2$ 和 $P3$ 在局部坐标系内的坐标，利用三点进行样条曲线的差值计算，生成样条曲线，从而近似反映隧道局部轴线在水平面上的弯曲。特别说明的是，当 $P2$ 和 $P3$ 的 Y 坐标同时为零时，隧道轴线呈直线状态，隧道长度即为 $P2$ 和 $P3$ 的横坐标之差，如图 7-43 所示。

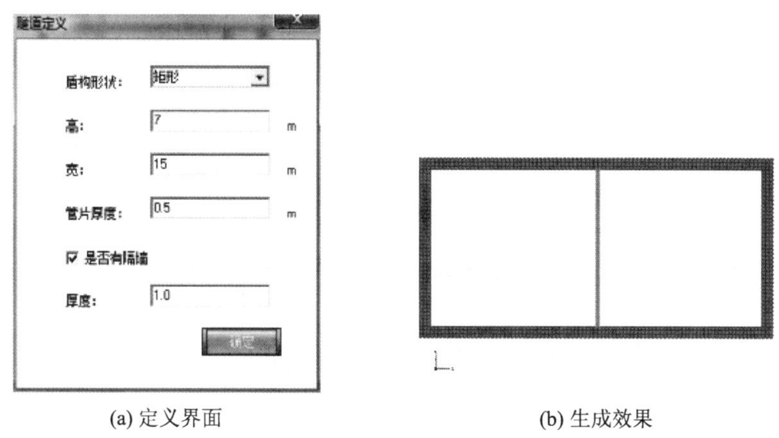

(a) 定义界面　　(b) 生成效果

图 7-42　矩形隧道定义

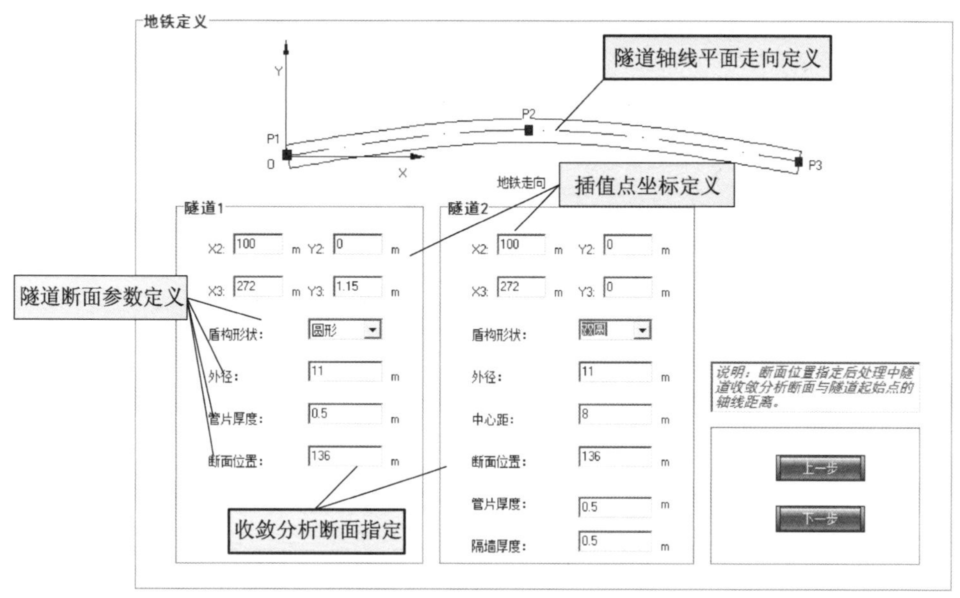

图 7-43　3D 隧道断面及平面形态定义

对于一些从地面轻轨转为地铁的过渡段或从江底隧道转为一般隧道的过渡段，隧道轴线与水平面一般呈一定的夹角，或者两条隧道之间存在一定的夹角。对于上述情况，本软件通过设置如图 7-44 所示的界面，要求用户输入隧道建模起点在整体坐标系内的坐标及隧道轴线与空间 3 个平面 X-Y，X-Z，Y-Z 之间的夹角，利用这些参数定义隧道在空间内的姿态。

此外，3D 模型同样包含了包括圆形、双圆形和矩形 3 种断面形态的隧道模型，用户在图 7-44 所示的隧道断面参数定义位置输入包括盾构的形状、外径、管片厚度及隔墙信息。对于三维隧道模型，本软件同时设置了一个分析隧道轴线方向关键位置的断面，用于后期提取该断面在基坑开挖过程中的形状收敛变化，即在隧道内部建立随动坐标系，反映隧道管片在随动坐标系下的变形情况。用户可以根据需要，选择需要重点关注的断面位置，如离基坑距离最近或处于基坑长边中央等，通过输入该断面到隧道起点位置的距离定义。

通过图 7-43 和图 7-44 两个界面参数的定义，软件生成模型功能经过识别，调用 ABAQUS CAE 进程，生成计算所需的各种隧道，如图 7-45—图 7-47 所示，其中包括三方面

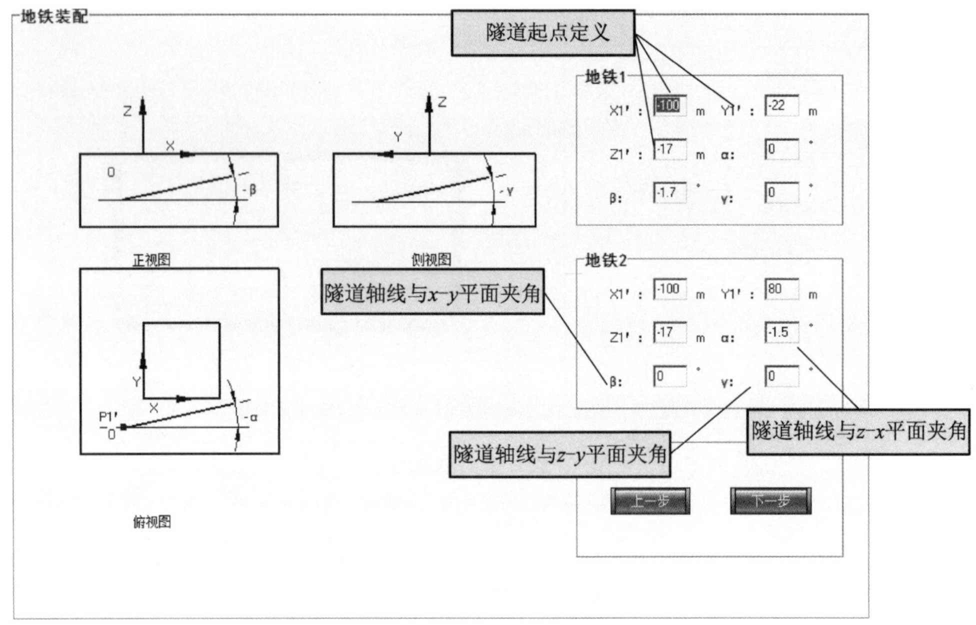

图 7-44　3D 隧道空间姿态定义

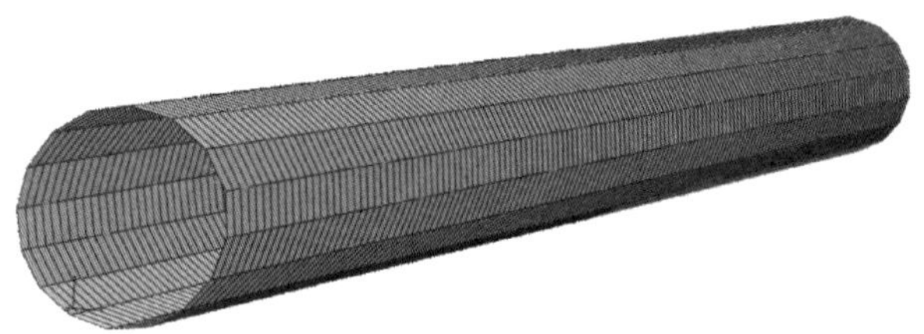

(a) 单圆隧道区间模型

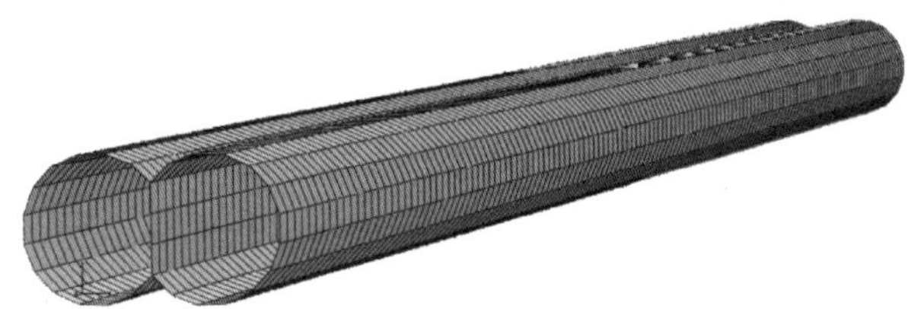

(b) 双圆隧道区间模型

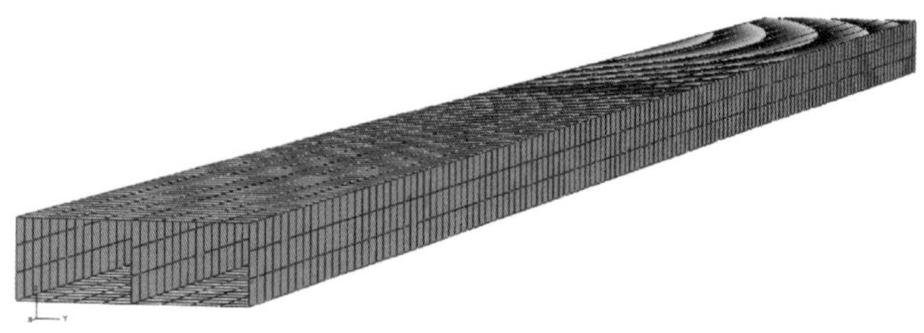

(c) 矩形隧道区间模型

图 7-45　3D 隧道基本模型生成效果示意图

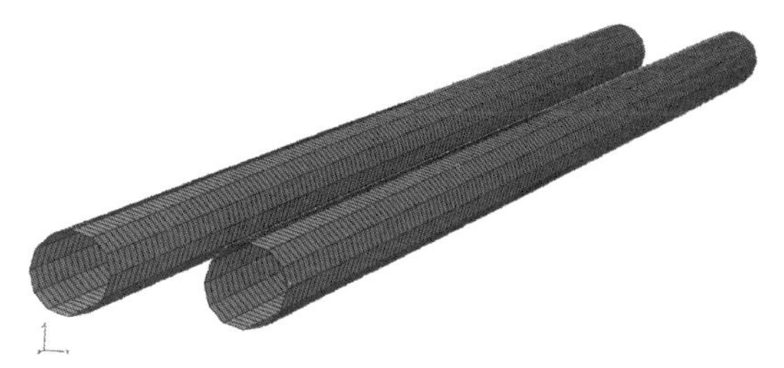

(a) 上下行并行单圆隧道模型

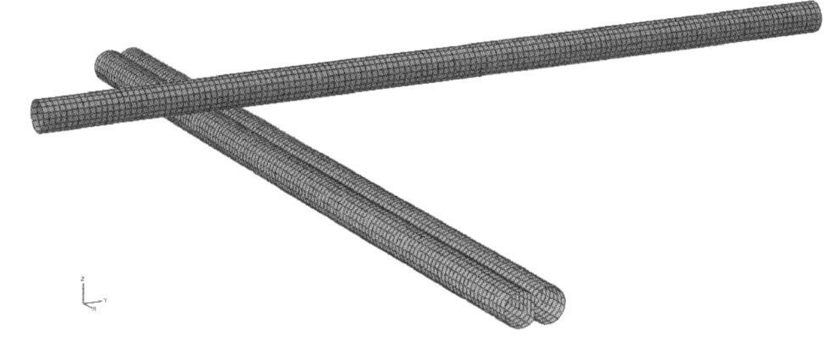

(b) 上下层垂直交汇隧道模型

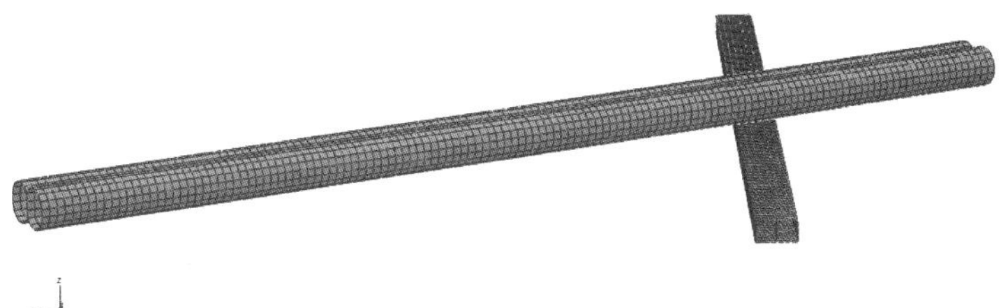

(c) 上下层斜交隧道模型

图 7-46 3D 隧道组合模型生成效果示意图

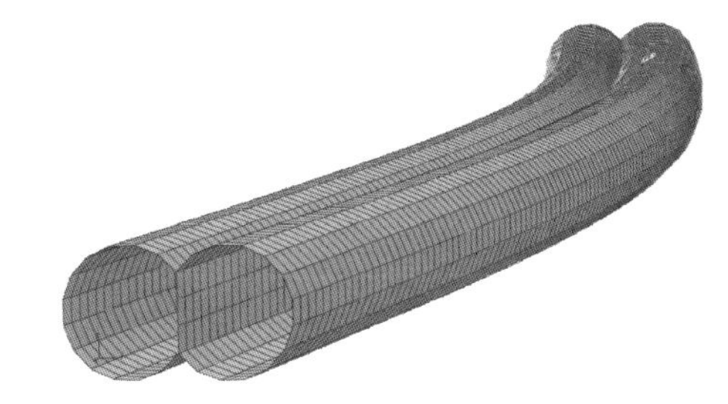

(a) 曲线形态隧道模型

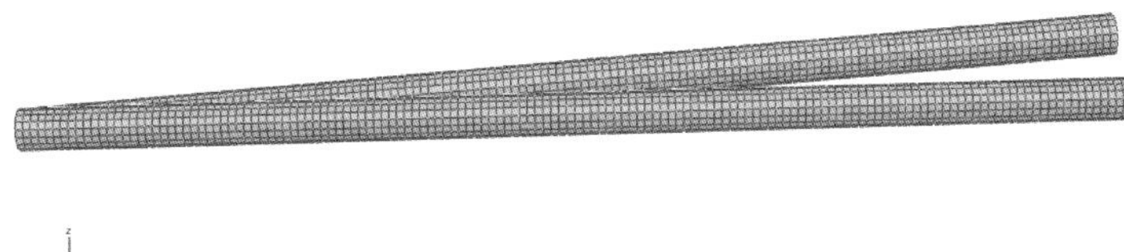

(b) 倾斜隧道模型

图 7-47 3D 隧道特殊形态模型生成效果示意图

的应用：①基本的单圆、双圆及矩形隧道区间模型；②各种隧道的空间组合模型，包括上下行并行单圆隧道、上下层垂直交汇隧道、上下层斜交隧道；③特殊形态的隧道，包括平面内弯曲或有一定仰角的倾斜隧道。

3. 坑边建筑物模型参数化

基坑二维平面应变分析方法由于简单灵活，常常在基坑设计计算过程中被用于快速分析评估环境影响。为了拓展二维分析功能，本软件利用 Embedded 约束方法，增加了在整体模型中添加基坑周边建筑物结构模型的功能。如图 7-48 所示，当用户选择周边有建筑物时，即可在后续界面进行建筑物的定义。

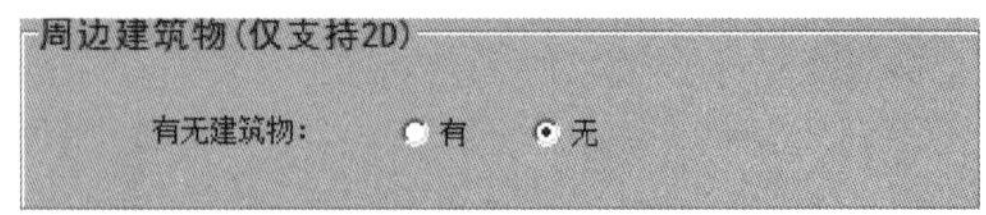

图 7-48 周边建筑物定义选择界面

软件默认用户评估的建筑物为基本的框架结构，由一般的柱墙、梁板、桩基础组成，全部组件都用梁单元模拟，之间采用刚性连接，而桩基础与土体连接方式采用 Embedded 约束。如图 7-49 所示，用户通过输入框架结构建筑物的高度、宽度、跨数、层数、梁板或柱墙厚度，以及桩

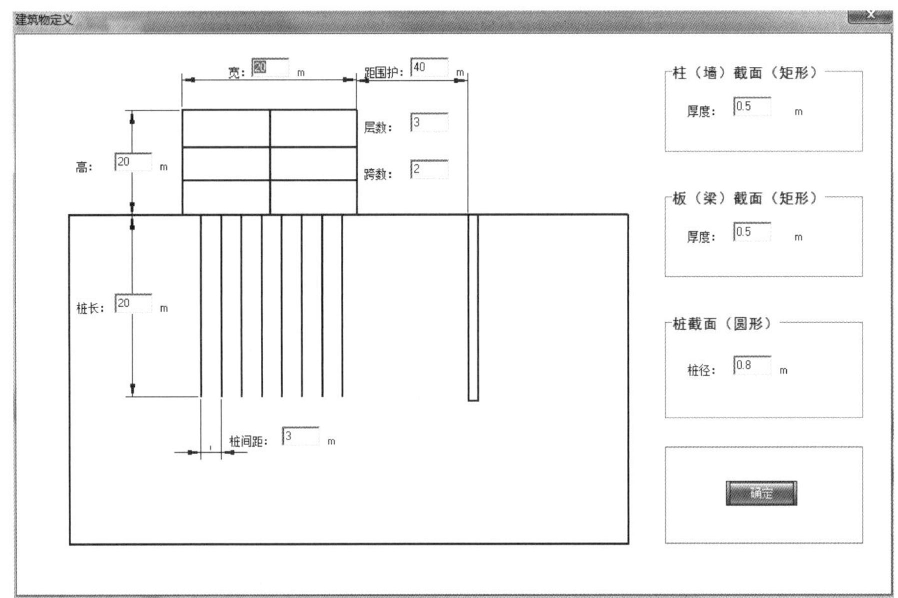

图 7-49 周边建筑物定义界面

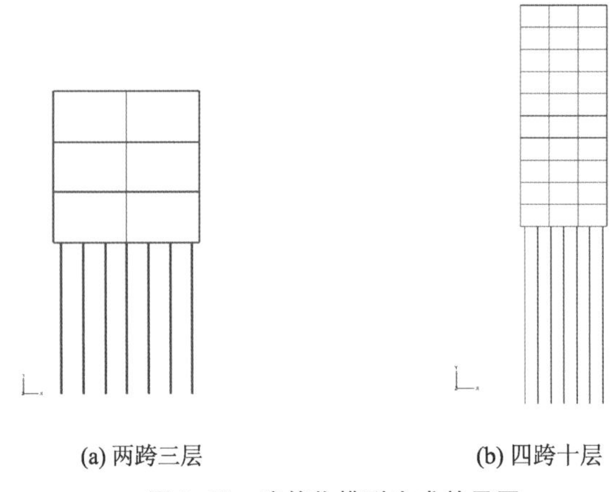

(a) 两跨三层 (b) 四跨十层

图 7-50 建筑物模型生成效果图

基础的桩长、桩径、桩间距等参数，即可定义不同形式的建筑物结构模型。同时定义建筑物边缘与坑边围护结构的距离，建立建筑物与基坑的关系。图 7-50 为建筑物模型的生成效果图。

4. 工况荷载设置自动化

基于 ABAQUS 有限元平台进行基坑分析，除了几何定义、网格划分、材料定义，工况荷载的定义是不可缺少的环节。其中包括模型地应力的施加、开挖荷载的定义(挖土工序和分步支撑)以及基坑外围地表的施工荷载。通常除了定义坑外施工荷载可以在 ABAQUS CAE 中设置，地应力的施加和开挖荷载的定义都需要对 ABAQUS 生成的计算文件 INP 中添加特殊的关键字，以实现地应力平衡、土层分步开挖、支撑分步激活等功能。这对于整个建模过程来说，是比较烦琐且容易出现错误的环节。

1) 地应力平衡

地应力通过设置土层重度，施加重力实现，且不考虑结构自重。为了平衡模型分层重力，消除初始位移的影响，就需要在计算 INP 文件添加定义初始应力的一行关键字，即“ * initial conditions, type=stress, geostatic”，所定义的地应力参数需根据土层重度换算。软件通过建立一个修改文档关键字的附属程序 EDIT KEYWORDS. EXE，自动换算参数，添加关键字。

2) 土层分步开挖

通过定义坑内土体开挖深度，自动将模型中坑内土体划分为数层，层数为用户定义的支撑道数。程序默认每开挖一层土，施工一道水平支撑。土体开挖同样需要修改 INP 关键字，需在每一个开挖分析步中添加“ * element remove”等命令行，同时，对于定义了土体和围护结构相互接触关系，在每层土体开挖的过程中，需要取消坑内土体和围护结构的接触定义，这一过程同样需要添加关键字。借助修改关键字子程序，软件可自动实现。

3) 支撑分步激活

由于基坑模型中内支撑的模拟通过定义水平向的弹簧单元实现。二维模型相对简单，对于三维模型，如果人工定义每道支撑所在位置的弹簧单元，工作量较大。同时，为了实现分步激活，需要将所有弹簧按深度分组，添加到“ * element remove”包含的单元集合中。这一步同样非常烦琐。而利用参数化功能，本软件通过脚本子程序和修改关键字子程序，自动完成上述过程的定义。

7.4.2 后处理分析自动化

ABAQUS 有限元计算结束后，大量的单元或者节点的计算结果保存在结果文件 ODB 中，利用其自身的后处理工程可以查看应力变形等计算结果。本软件在计算分析界面提供了直接启动结果文件的功能，方便用户直接调用 ABAQUS 的后处理功能。

然而，对于基坑工程，ABAQUS 自身的后处理功能很难快速直观地显示用户所需的计算结果，用户需要进行大量的操作，或者数据提取才能得出结果。同时，对于一般不熟悉 ABAQUS 的工程技术人员，结果文件更是难以分析。为了解决效率问题，本软件进行了大量的后处理二次开发，将基坑有限元分析后处理过程简单化、过程化、自动化。

总体来说，基坑有限元计算结果的后处理主要包括位移变形和内力分析两部分内容，其分析功能具备云图显示、曲线生成、最值统计 3 种结果表现方式，分析对象包括土体、围护结构、隧道以及建筑物，所有结果都按照每一步土体开挖工况输出。本软件支持的全部后处理功能详见表 7-3。

表 7-3 软件支持的后处理内容汇总

分析对象	分析项目或方法			
	位移或变形分析		内力分析	
	2D	3D	2D	3D
土体	① 整体模型变形云图(X 方向、Y 方向); ② 地表沉降曲线; ③ 坑底土体回弹曲线	① 整体模型云图(X 方向、Y 方向、Z 方向); ② 地表沉降曲线(四条边)	—	—
基坑围护结构	① 变形云图(X 方向、Y 方向); ② 侧向变形曲线; ③ 侧向变形最值统计	①变形云图(X 方向、Y 方向、Z 方向); ② 侧向变形曲线(四条边); ③ 侧向变形最值统计	① 剪力沿深度分布曲线; ② 弯矩沿深度分布曲线	① 剪力分布云图; ② 弯矩分布云图
隧道	① 位移云图(X 方向、Y 方向); ② 断面收敛云图(圆形径向,双圆或矩形局部 X 方向、Y 方向); ③ 位移展开曲线(X 方向、Y 方向); ④ 最大位移最值统计; ⑤ 收敛位移展开曲线(圆形径向,双圆或矩形局部 X 方向、Y 方向); ⑥ 最大收敛位移最值统计	① 位移云图(X 方向、Y 方向、Z 方向); ② 断面收敛云图(圆形径向,双圆或矩形局部 X 方向、Y 方向); ③ 位移展开曲线(X 方向、Y 方向); ④ 最大位移最值统计; ⑤ 收敛位移展开曲线(圆形径向,双圆或矩形局部 X 方向、Y 方向); ⑥ 最大收敛位移最值统计	① 管片剪力沿展开曲线分布曲线; ② 最大剪力最值统计; ③ 管片弯矩沿展开曲线分布曲线; ④ 最大弯矩最值统计	① 管片剪力分布云图; ② 管片弯矩分布云图
建筑物	变形云图(X 方向、Y 方向)	—	—	—

1. 开挖过程中位移或变形分析

1) 土体

在如图 7-51 所示的变形云图界面内,控制选项控制云图结果的显示。其中,当实体选项中选择整体,输出整体变形云图,即可直观反映出基坑外围土体在开挖过程中的变形形态。通过选择不同的分析步,可实现土体变形结果在不同开挖步下的转换。方向选项可实现不同方向变形结果的切换。

软件默认有两种显示云图的方式,一种是直接在控制选项右侧黑色窗体中直接显示,另外一种需点击右下角的【查看大图】按钮,随即弹出白色背景、分辨率较高的显示效果。

图 7-52 为常规二维的既有隧道和建筑物都存在的计算模型在基坑开挖到底时的土体侧向和竖向的变形云图。在三维分析中,整体模型与工况相关的变形云图如图 7-53 所示,其中仅截取了基坑开挖到底的土体变形云图,与二维计算不同,水平方向包含 X 和 Y 两个方向。

通过查看云图,分析人员可了解整体计算模型的变形趋势和变形影响范围,并且把握土体变形随开挖进程的发展规律。

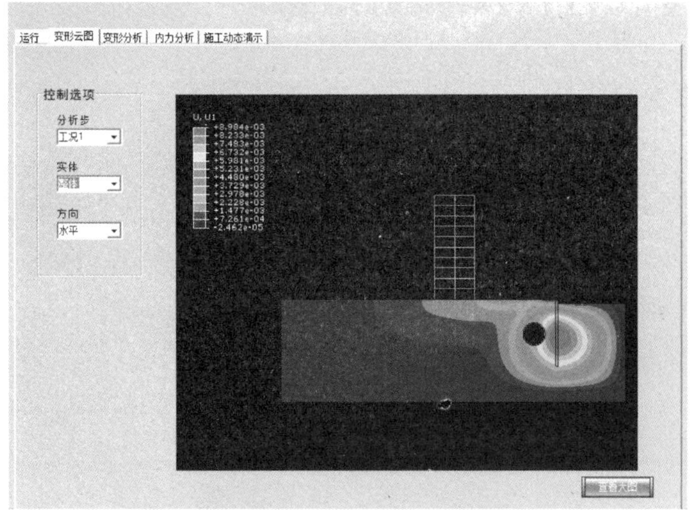

图 7-51　变形云图显示界面

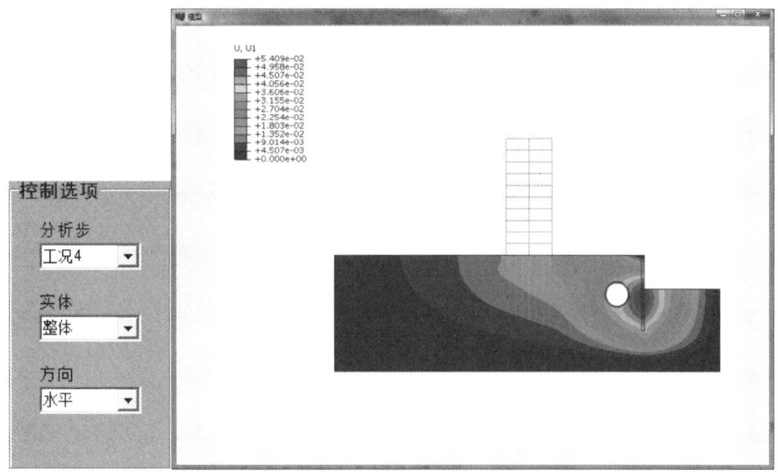

(a) 侧向云图

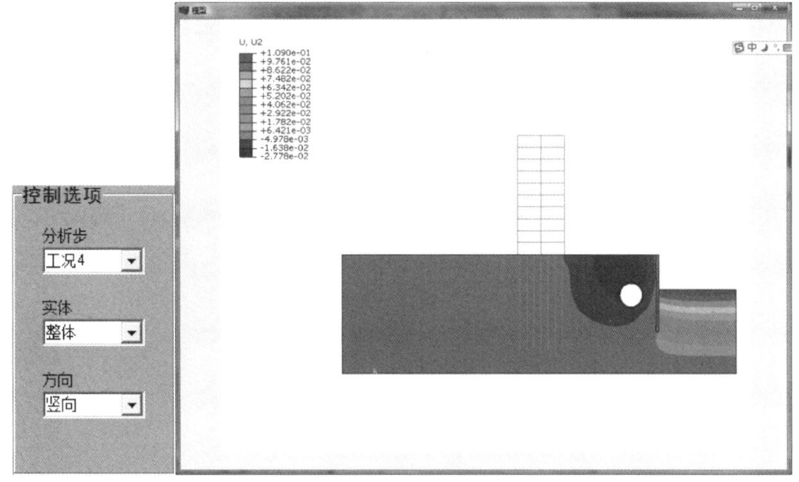

(b) 沉降云图

图 7-52　土体变形云图(2D 开挖到底)

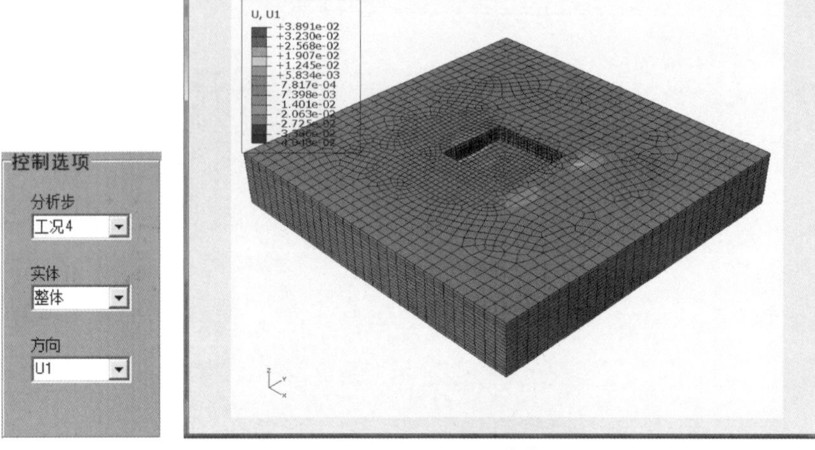

(a) *X*方向

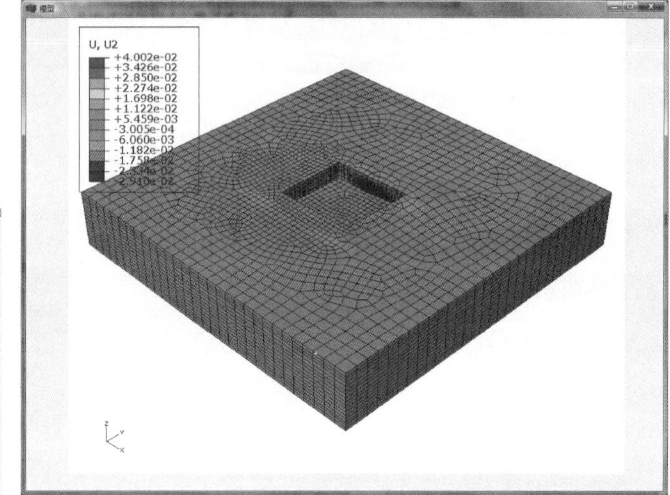

(b) *Y*方向

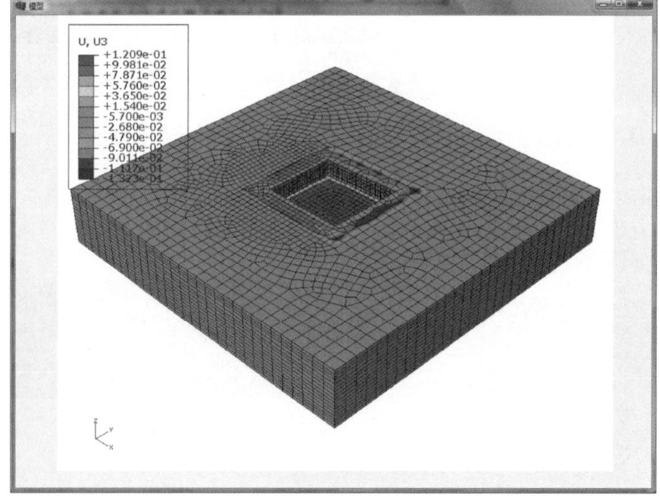

(c) *Z*方向

图 7-53　土体变形云图(3D 开挖到底)

本软件设置提取基坑一侧土体地表沉降的功能，利用后处理脚本控制 Path 输入地表单元节点位移，并利用 C＋＋编程控制自动生成墙背土体单元节点竖向位移随计算点与围护水平距离变化曲线，并能够统计其最值和对应发生位置。用户在变形分析界面选择“土体变形”为分析对象，选择“地表沉降为”分析指标，并通过分析步选项，选择是单独显示某个开挖工况结果还是显示全部开挖工况结果，确定后即可生成坑外地表沉降曲线，并通过界面左下角的最值统计功能，得到坑外地表沉降最大值和发生位置。

图 7-54 显示的曲线由坑边存在建筑物的模型计算产生，建筑物的桩基增加了土体的刚度，抑制了土体沉降的发展，因此，曲线形态上表现出在建筑物位置发生突然减小的特点。

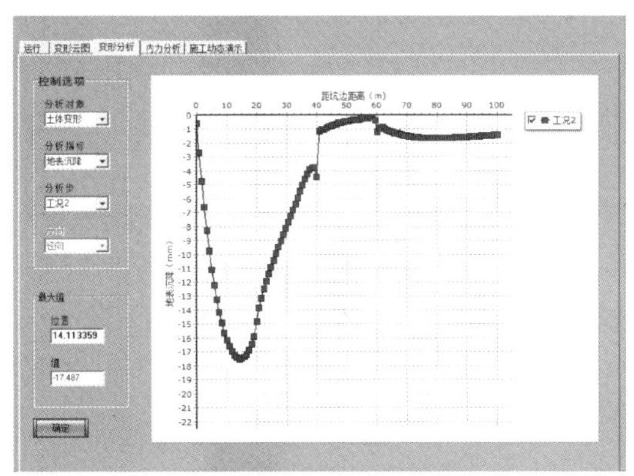

(a) 单独开挖工况

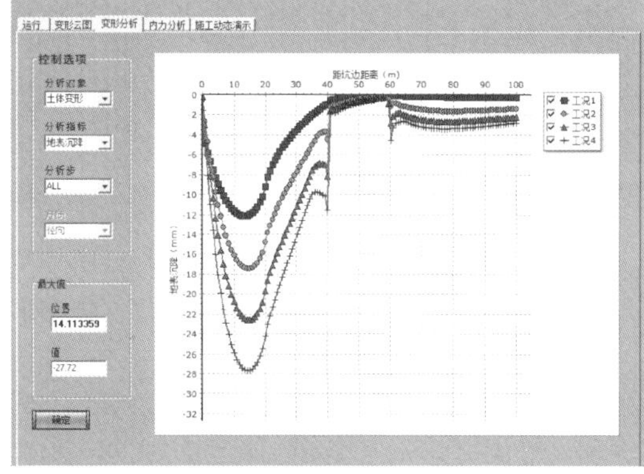

(b) 全部开挖工况

图 7-54　地表沉降曲线显示(2D)

在三维计算分析模块下，坑外地表沉降曲线拓展为基坑四周四个方向，每条沉降曲线计算点沿着每条围护边中点垂直于围护边的路径上选取，选取最大范围为距围护中心 100 m。由于三维单元网格不及二维网格精细，曲线数据点较稀疏，如图 7-55 所示。

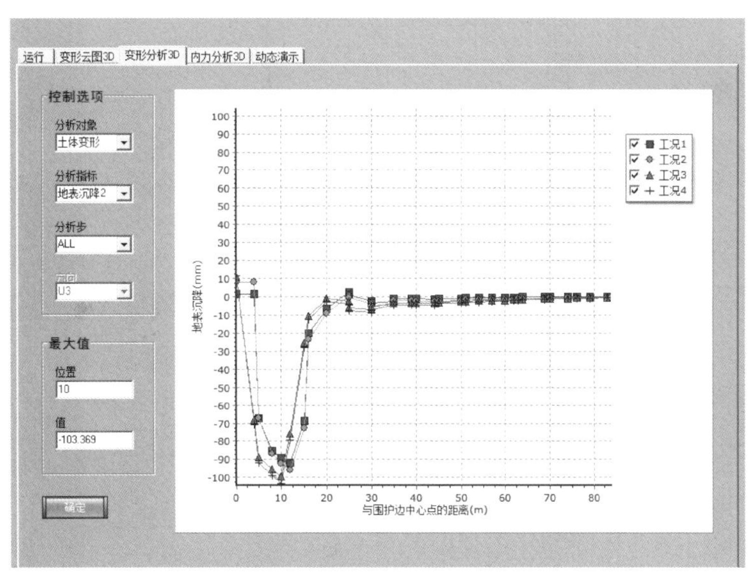

图 7-55　地表沉降曲线显示(3D)

二维平面应变模型具备了生成基坑坑底回弹曲线的功能。该功能提取每个工况下基坑底部土体节点竖向位移，并绘制坑底回弹量随计算点与基坑边界距离变化曲线，如图 7-56 所示，用户同样可控制每种工况下的计算结果是单独显示还是共同显示。

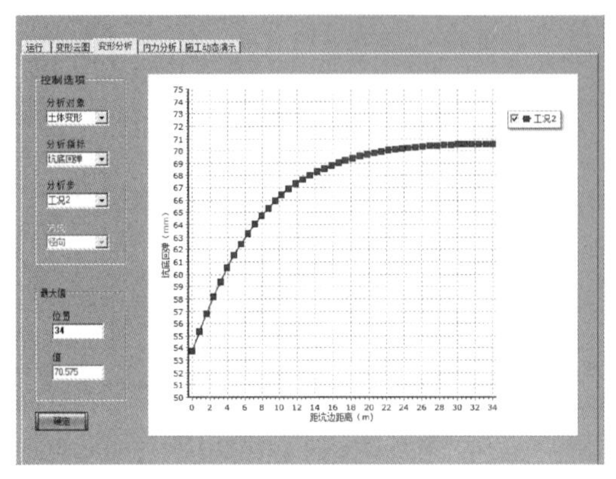

(a) 单独开挖工况

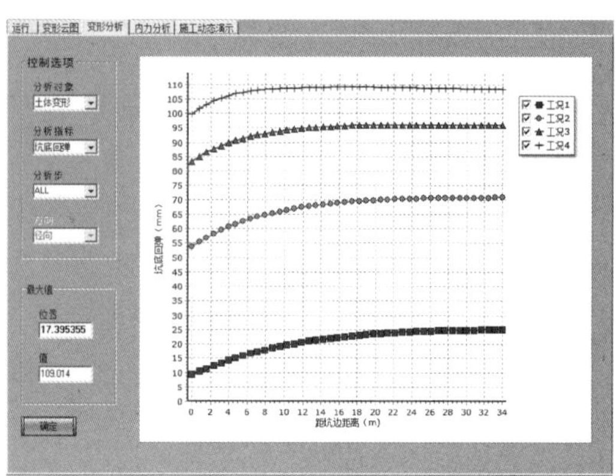

(b) 全部开挖工况

图 7-56 坑底回弹曲线显示(2D)

2）围护结构

在二维计算模型后处理脚本程序运行结束后，进入变形云图界面，选择实体类型为围护，即可分工况查看水平和竖向的围护结构的云图。图 7-57 为后处理后的云图效果。

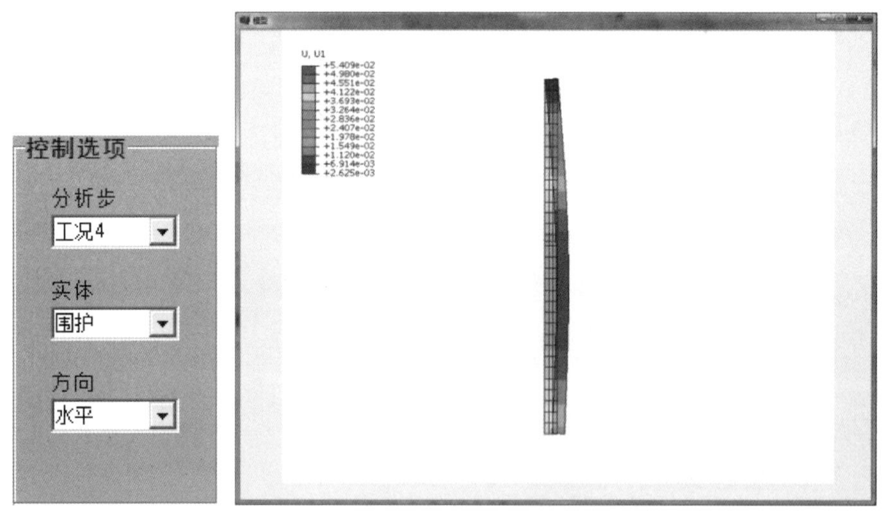

图 7-57 围护侧向变形云图(2D 开挖到底)

在三维分析过程中，围护变形云图主要侧重 X 和 Y 两个方向，如图 7-58 所示。为了建立围护和隧道之间的关系，分析实体中增加了“围护＋隧道”，可单独显示隧道和基坑，如图 7-59 所示。

围护结构侧向变形是反映基坑变形的重要指标，也是实际工程中基坑变形监测的重点。不同形态的侧向变形沿深度分布曲线反映出不同的基坑变形规律，如悬臂式开挖，侧向变形曲线呈现倒三角相态；带支撑开挖，呈现最大侧向变形发生在坑底位置；围护墙深度不够时，呈现踢脚式变形形态。因此，在基坑变形分析计算时，得到较准确的基坑围护侧向变形曲线是基坑有限元后处理的关键。

如图 7-60(a)所示，通过在变形分析界面中选择"围护变形"为分析对象，即可得到不同工况下的围护侧向变形曲线，该曲线可以针对每个工况单独显示，也可以控制全部显示。在二维计算分析模块中，软件在曲线界面可集成显示最大开挖深度和支撑设置深度，如图中长虚线和短实线所示。同时，自动绘制曲线的同时，界面左下角随即得到最大侧向位移值和其发生的深度。

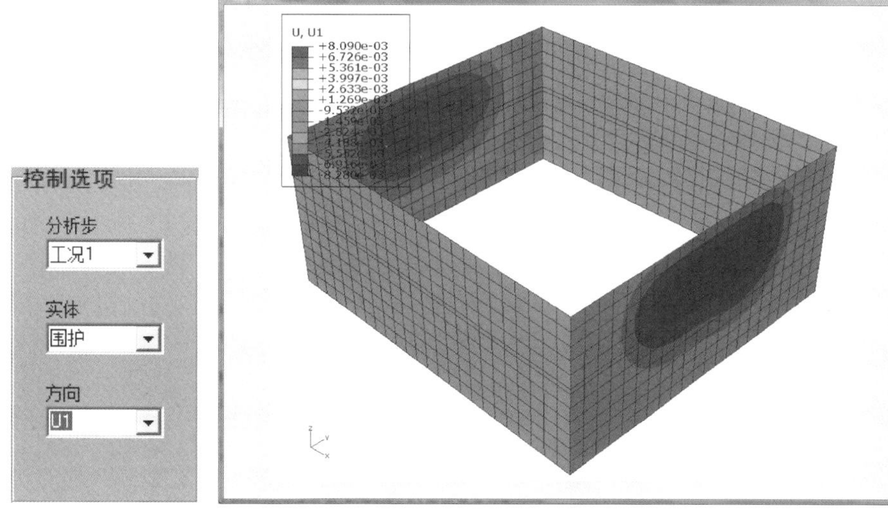

(a) X方向

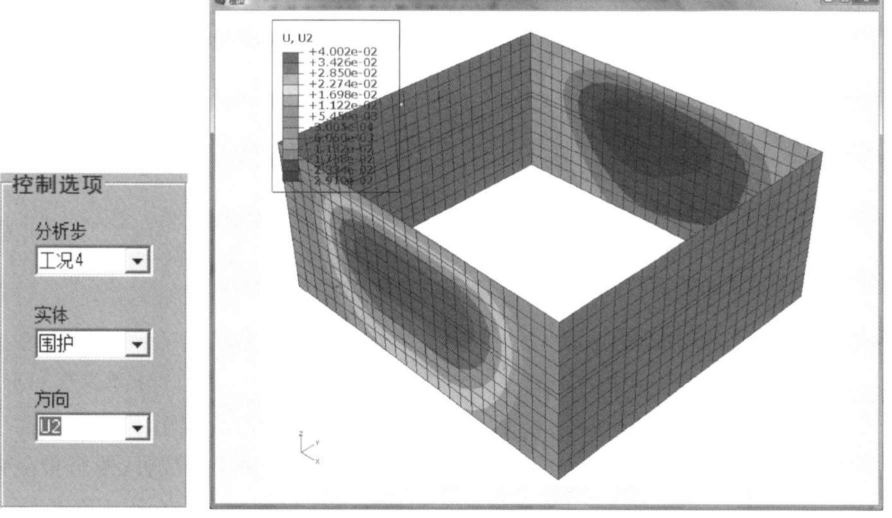

(b) Y方向

图 7-58　围护侧向变形云图(3D 开挖到底)

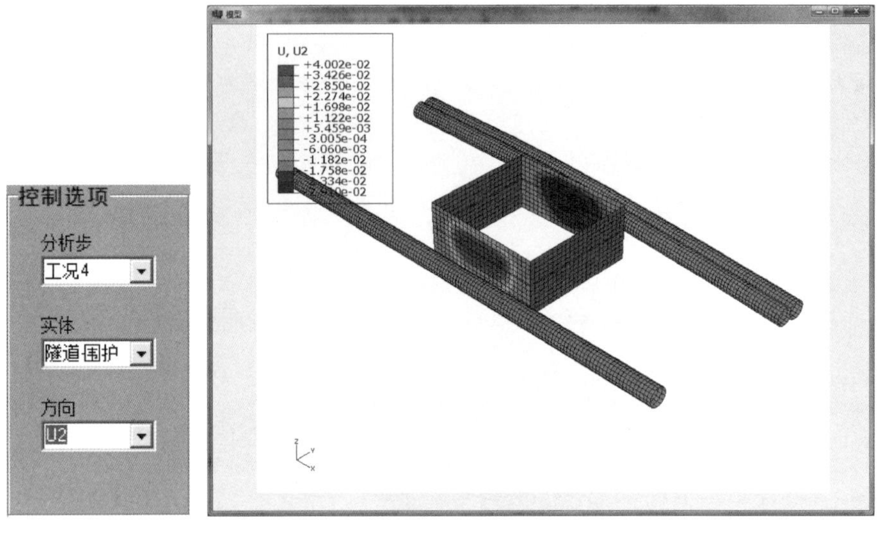

图 7-59 围护和隧道侧向变形云图(3D)

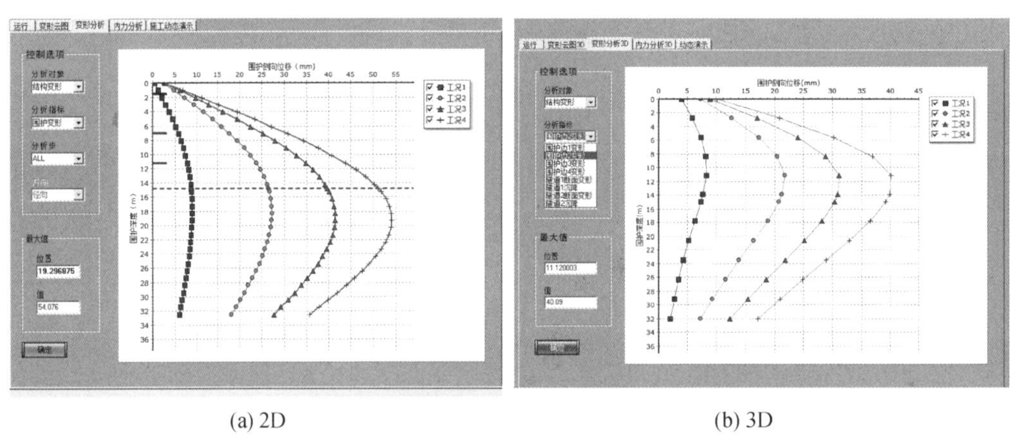

(a) 2D (b) 3D

图 7-60 围护侧向变形沿深度分布曲线

在三维计算中,由于本软件基坑形状限定为四边形,围护侧向变形沿深度分布曲线共计 4 条,如图 7-60(b)所示。用户通过选择分析对象,即可得到不同围护边结构的侧向变形沿深度分布曲线。

3) 隧道

隧道变形分析是本软件后处理分析开发的重点,也是软件主要解决的问题。根据一般地铁监护工程的监测对象,其变形问题主要可分为隧道在土体中的位移分析和隧道自身断面的变形分析,即通常所谓的断面收敛分析。收敛分析结果以云图浏览、自动生成曲线和最值统计 3 种形式输出。

(1) 隧道在土体中位移分析

在二维计算模块中,用户可在变形分析界面选择【隧道】,显示不同工况、不同方向的隧道位移计算结果。以单圆隧道和双圆隧道为例(矩形隧道和双圆隧道类似,不作特殊说明),如图 7-61 所示,图中云图控制设置一定的变形放大系数,并将变形后的模型和不变形模型叠合显

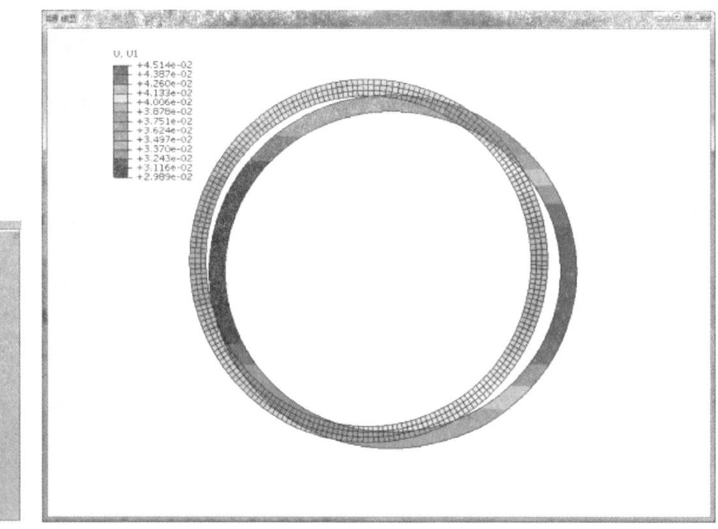

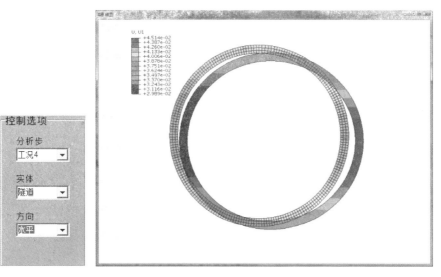

(a) 单圆隧道(外径11 m)

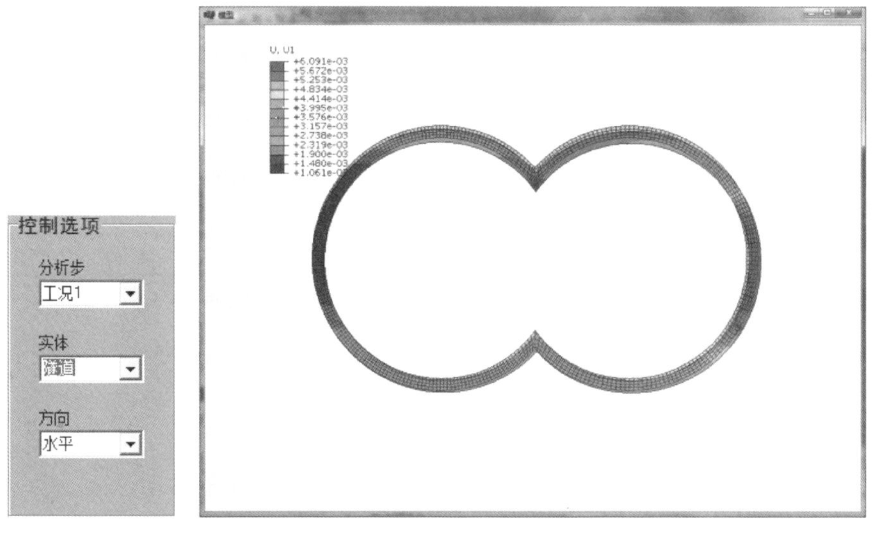

(b) 双圆隧道(外径11 m，中心距8 m)

图 7-61　隧道位移云图(2D 水平方向，开挖到底)

示，从而直观显示隧道在土中的位移效果。

在三维计算模块中，隧道位移在模型空间内分为 3 个方向（X，Y 和 Z），对应于计算值 $U1$，$U2$ 和 $U3$，如图 7-62 所示。用户可通过在实体内选择定义的不同隧道；通过选择方向，实现不同方向结果的切换；通过选择分析步，实现不同工况下结果的切换。图中仅以单圆和双圆在基坑开挖到底时，X 方向($U1$)的位移结果云图为例。

为了定量分析隧道在断面或者在轴线方向的位移变化情况，本软件开发了位移曲线自动生成的功能。

在二维计算中，仅能反映隧道位移沿隧道环向距离变化情况。对此，软件内部默认采用图 7-63 所示的路径定义。断面位移曲线即以按此路径展开的距离为坐标横轴。

如图 7-64 所示，以单圆和双圆断面的隧道产生的沉降分析为例，当用户在变形分析界面选择分析对象为“结构变形”，并选择分析指标“隧道变形”，即可得到断面在水平或者竖向，隧道位移沿断面展开距离变化曲线，其中竖向位移($U2$)即代表隧道沉降，图中为开挖四步工况下的计算结果。在生成曲线的同时，软件随即自动显示沉降或侧向移动最大值及其发生位置。

针对三维计算条件，在沿隧道轴线方向上的沉降变化分布相比断面沉降更为直观，通常是地铁监护重点监测的指标。因此，在三维计算条件下，不考虑某环断面范围的沉降，而是直接输出整条隧道各环管片在轴线方向上的沉降分布曲线，如图 7-65 所示，仅以单圆隧道和双圆隧道为例。

在生成曲线的同时，软件随即自动显示沉降最大值及其发生位置。

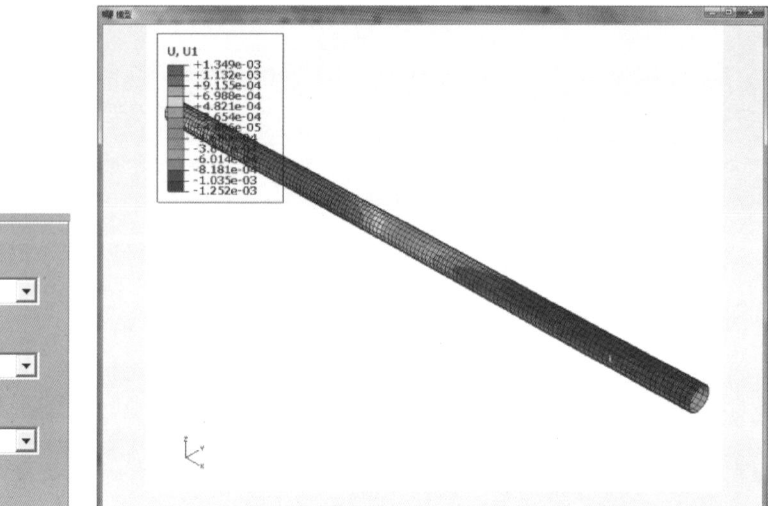

(a) 单圆隧道(外径11 m)

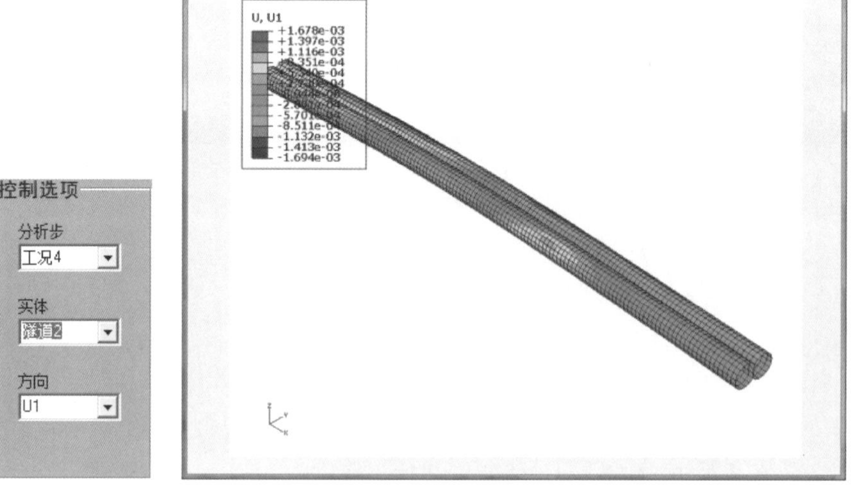

(b) 双圆隧道(外径11 m，中心距8 m)

图 7-62　隧道位移云图(3D X 方向，开挖到底)

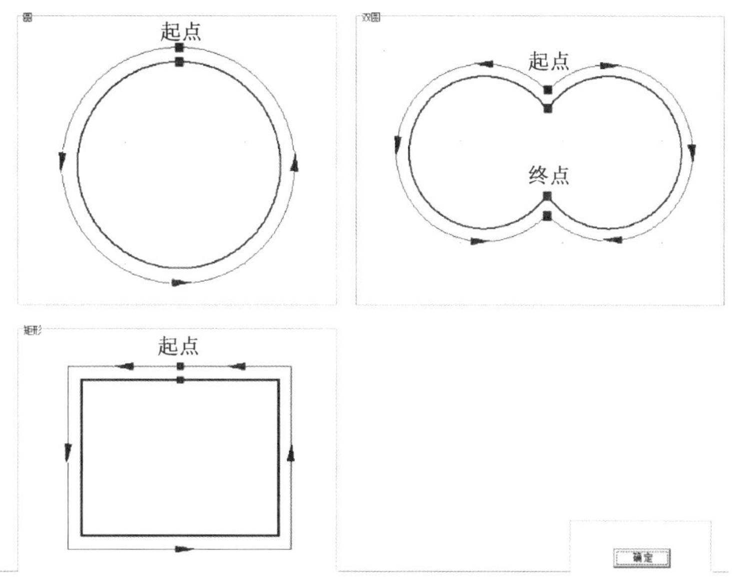

图 7-63　隧道展开距离示意图

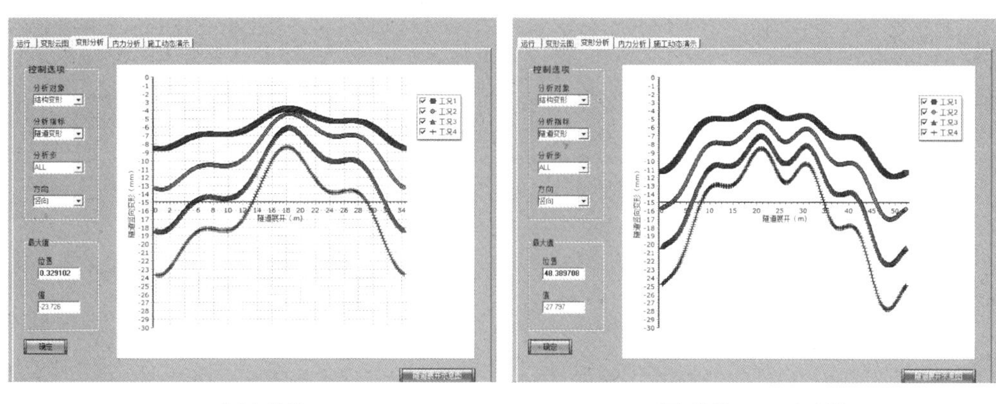

(a) 单圆(外径11 m)　　(b) 双圆(外径11 m，中心距8 m)

图 7-64　隧道沉降沿断面展开距离的分布曲线(2D)

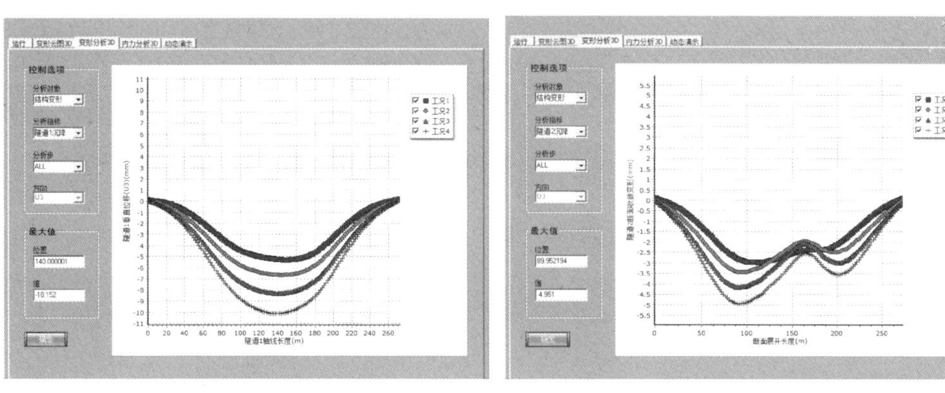

(a) 单圆(外径11 m)　　(b) 双圆(外径11 m，中心距8 m)

图 7-65　隧道沉降沿轴线距离的分布曲线(3D)

(2) 隧道断面收敛分析

隧道断面收敛监测是地铁监护工作的重要组成部分,其主要目的在于监测隧道断面的形状相比设计条件的差异变化,如局部的拉伸或者压缩。一旦这种差异变化超过隧道管片结构承受的限值,就会发生开裂或漏水等现象,对隧道结构安全造成威胁。

为了评估地铁周边基坑开挖对隧道收敛变形的影响,本软件在 2D 和 3D 后处理部分,都开发了断面收敛分析功能。该功能通过在后处理脚本程序中建立以隧道内部不动点为原点的局部随动坐标系,对于圆形隧道,建立柱坐标系,而双圆和矩形断面建立直角坐标系,然后将计算得到的节点位移结果转化到新坐标系下,从而消除隧道在土体中的刚体位移,得到隧道断面节点的差异变形结果。

收敛分析结果同样以云图浏览、曲线生成和最值统计 3 种形式输出。

在二维计算分析中,如图 7-66 所示,以典型的单圆断面和双圆断面为例。对于单圆断面,

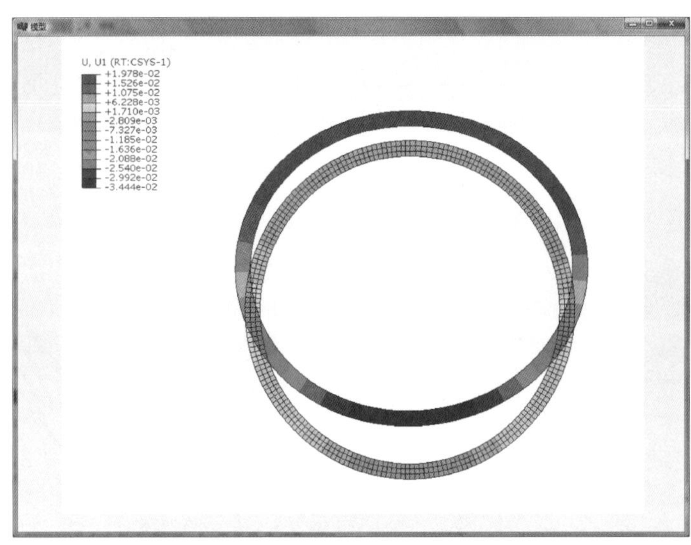

(a) 单圆径向收敛(外径11 m)

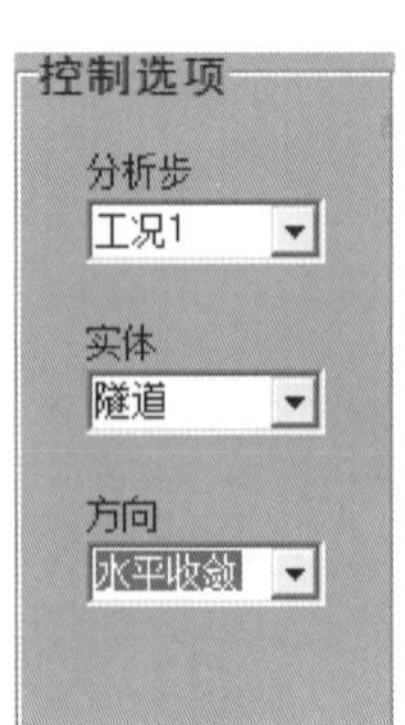

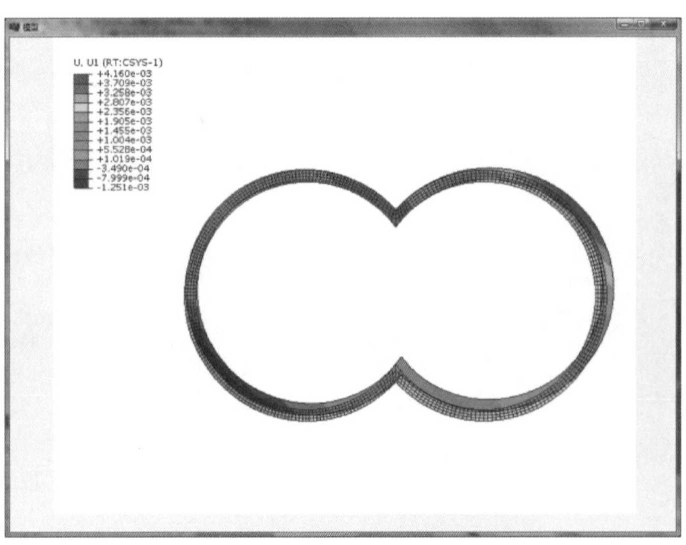

(b) 双圆水平收敛(外径11 m,中心距8 m)

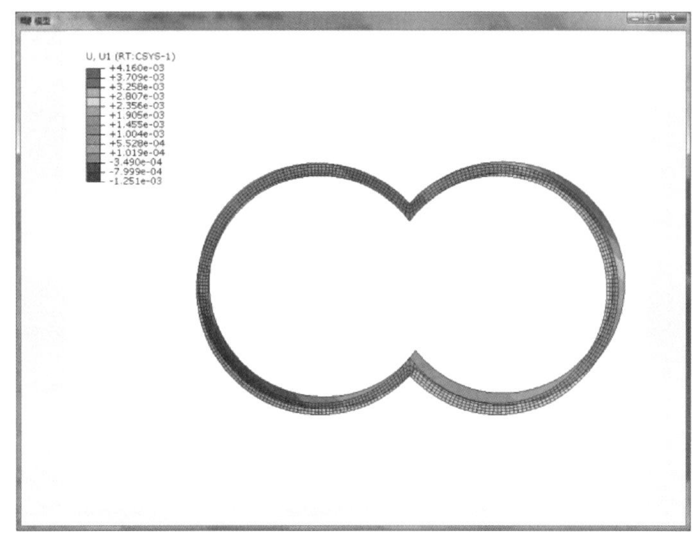

(c) 双圆竖向收敛(外径11 m，中心距8 m)

图 7-66　隧道断面收敛变形云图(2D,开挖到底)

在局部柱坐标系下只分析径向位移结果，通过坐标转换，可以得到隧道各个角度下径向位移结果，正值表示断面拉升，负值表示断面压缩；对于双圆或者矩形隧道，局部坐标系选择在隧道隔墙顶部，即隧道顶部中央的节点，将其视为不动点，输出 X 和 Y 两个方向的相对位移结果。

在三维计算模块，后处理程序控制输出用户在地铁定义界面指定的隧道收敛分析断面所在环的收敛分析结果，如图 7-67 所示，以单圆隧道和双圆隧道为例，同样按照输出 2D 收敛分析结果的方法，得到分析断面在局部随动坐标系下的变形结果。单圆隧道默认输出径向位移结果，而双圆和矩形隧道输出 X 和 Y 两个方向的收敛结果。

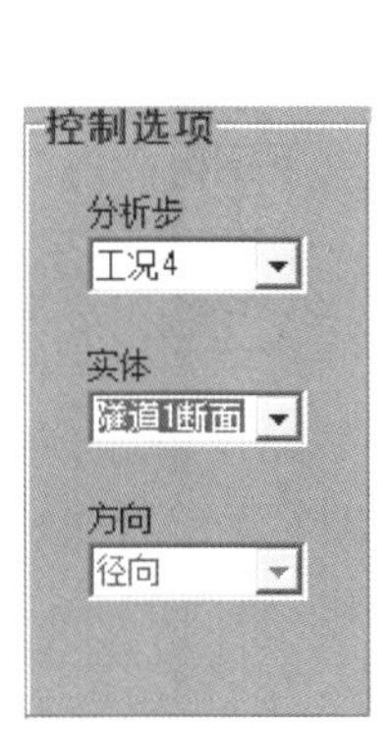

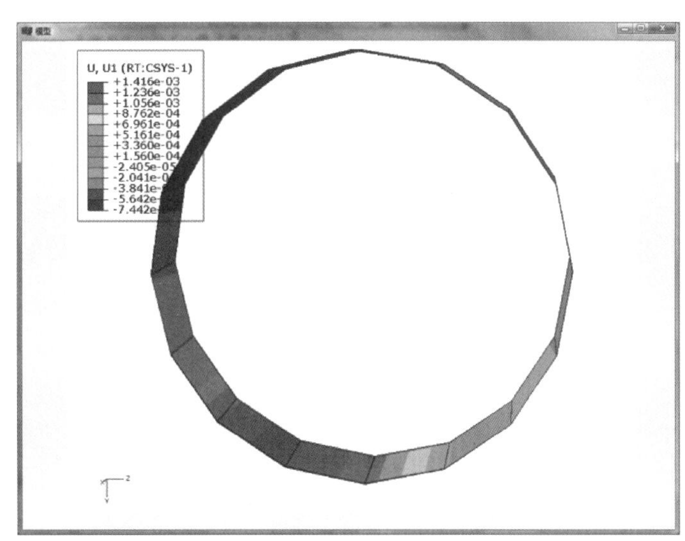

(a) 单圆(外径11 m)

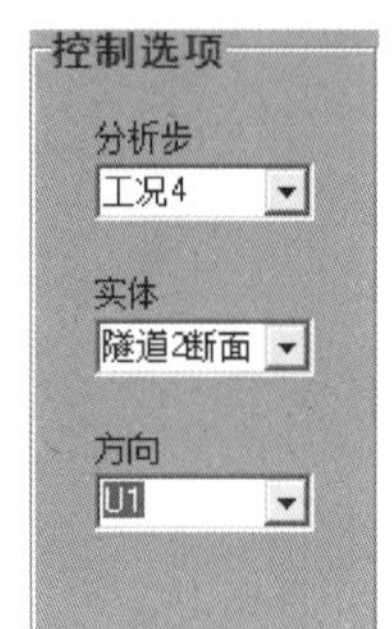

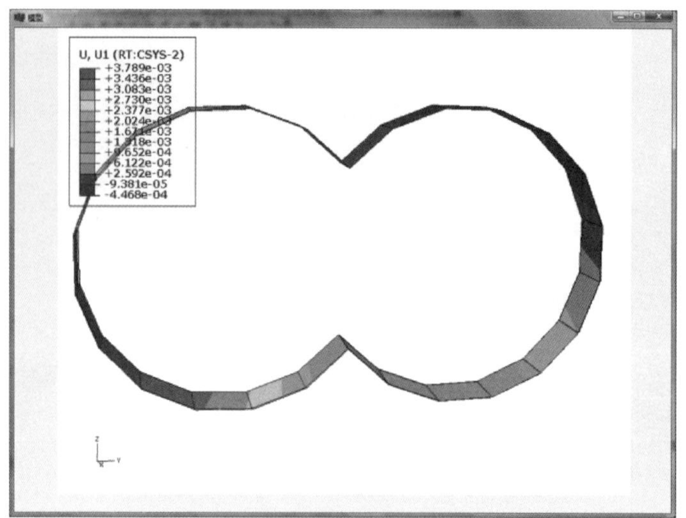

(b) 双圆水平收敛(外径11 m，中心距8 m)

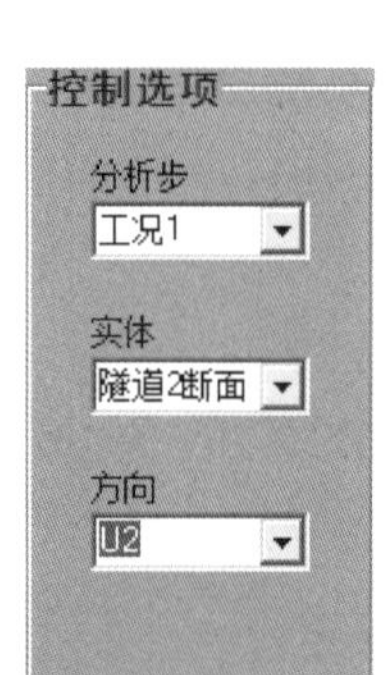

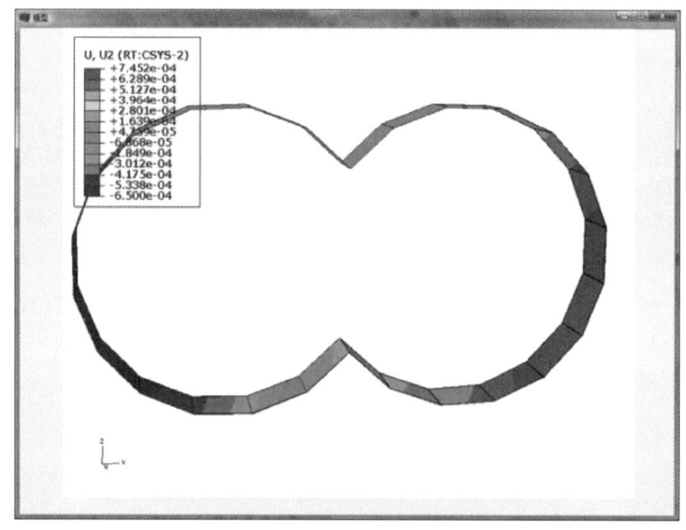

(c) 双圆竖向收敛(外径11 m，中心距8 m)

图 7-67　隧道断面收敛变形云图(2D，开挖到底)

本软件同时具备将断面收敛结果曲线化的功能，在变形分析界面，选择“隧道变形”为分析指标，并确定分析步和输出方向，即可生成隧道断面节点收敛值沿隧道展开距离的分布曲线。

以单圆和双圆隧道为例，在二维计算分析过程中，生成如图 7-68 所示的收敛变形曲线。单圆模型包括各工况下断面径向收敛曲线；双圆或矩形模型包括断面水平 X 和竖向 Y 收敛曲线，在生成收敛曲线的同时，软件统计变形最大值和其发生的位置。

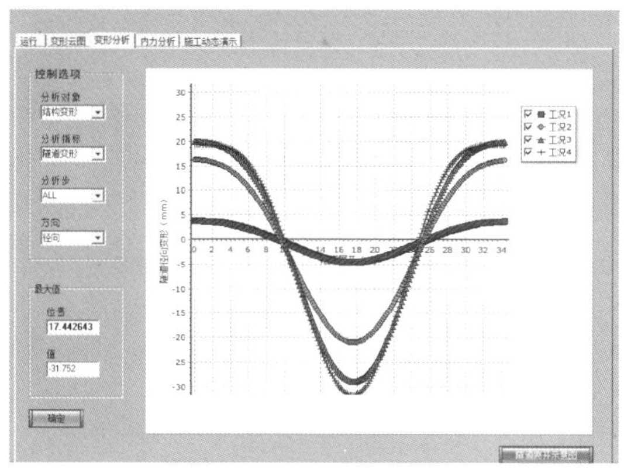

(a) 单圆径向收敛(外径11 m)

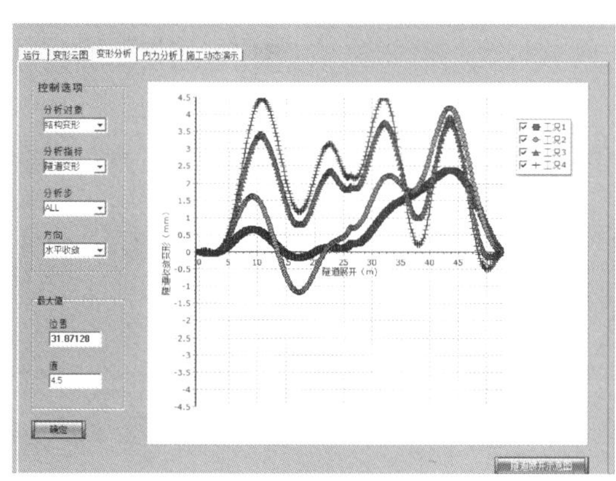

(b) 双圆水平收敛

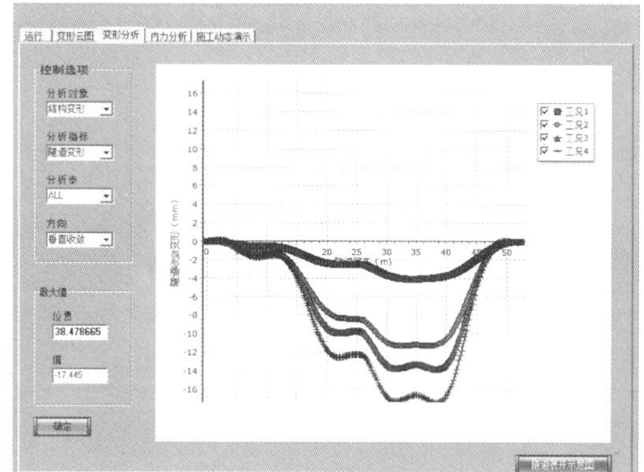

(c) 双圆竖向收敛(外径11 m,中心距8 m)

图 7-68 隧道断面收敛变形曲线(2D)

三维模型分析时,在变形分析 3D 界面选择“结构变形”为分析对象,选择分析的断面,如“隧道 1 断面变形”,确定所要分析的工况,点击确定后随即生成断面收敛变形曲线,如图 7-69 所示。在此,以单圆隧道和双圆隧道为例,对于单圆隧道,与二维模型分析一致,只计算其径向收敛值,对于双圆或矩形,收敛结果分水平方向和竖直方向两种结果,如图中曲线所示。

在自动生成曲线的同时,同样在界面显示计算工况下隧道断面产生的最大收敛变形值及其发生的位置。

4) 建筑物

在二维计算分析模块中,同样需要评估建筑物的位移或变形程度。本软件通过输出建筑物位移云图反映其变形情况,如图 7-70 所示。

2. 开挖过程中内力分析

基坑开挖过程中,围护结构或隧道管片结构内力势必会随着位移变形产生变化,一旦结构内力,如剪力或者弯矩,达到围护结构或者管片材料的强度,就会发生结构破坏的情况。同时一般围护结构的设计计算,都需要得到其内力值,以便在安全限度之内进行设计计算。因此,计算结构内力在开挖过程中的发展变化就显得非常必要。

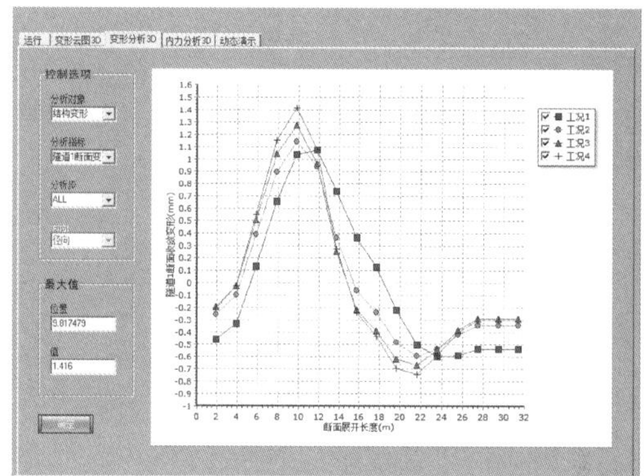

(a) 单圆径向收敛(外径11 m)

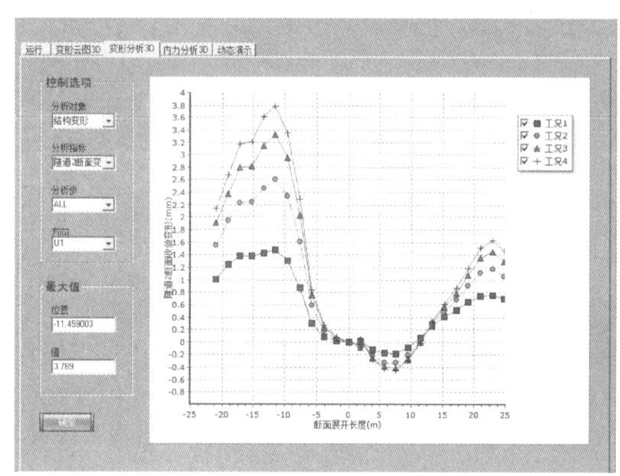

(b) 双圆水平收敛

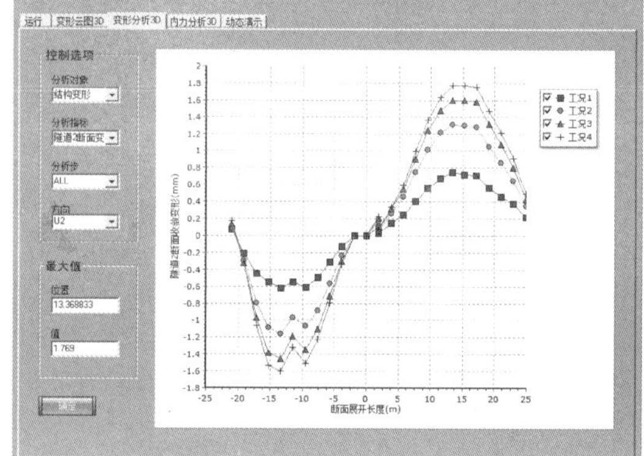

(c)双圆竖向收敛(外径11 m,中心距8 m)

图 7-69 隧道断面收敛变形云图(3D)

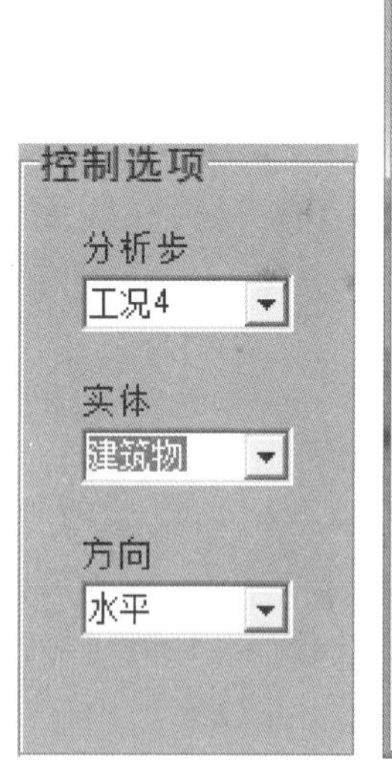

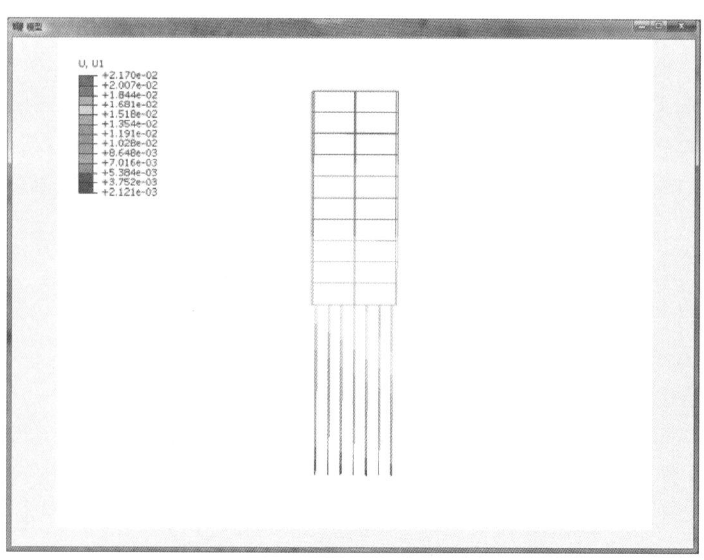

图 7-70 建筑物变形云图(2D,开挖到底)

有限元计算结果一般只能得到单元或节点的应力或应变，内力结果往往需要利用后处理进行积分得到。本软件通过后处理脚本控制结果输出方法，实现了二维和三维两种条件下内力结果的输出。对于二维计算条件，由于该种方法应用广泛，软件精细化处理其计算结果，将围护结构或隧道结构计算得到的内力结果转化为直观显示的内力沿深度或展开距离的分布曲线。而对于三维计算条件，通过提取整体围护结构或者整体隧道结构，在不同工况下的剪力或弯矩分布云图，以此反映结构内力随开挖过程推进的变化规律。

1）围护结构

（1）剪力

如图 7-71 所示，在内力分析界面，选择“围护”为分析对象，输出内力“剪力”，并指定分析工况，随即生成围护剪力沿深度分布曲线，并统计最值。

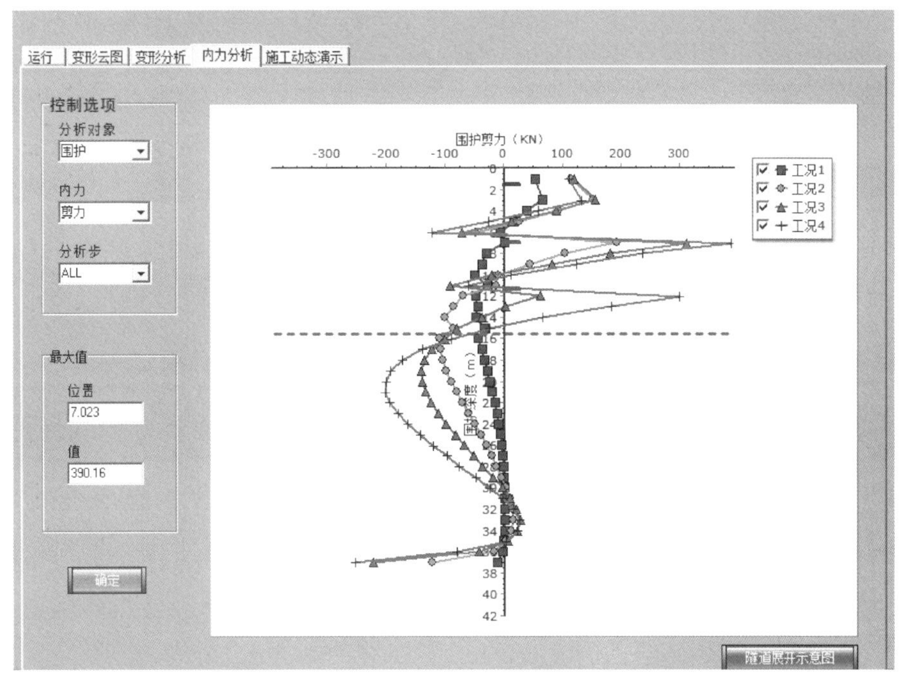

图 7-71　围护剪力沿深度分布曲线(2D)

在三维分析模块下输出围护结构的剪力时，需要在内力分析 3D 界面选择输出所需方向的剪力，如图 7-72 所示。

（2）弯矩

弯矩输出与剪力输出类似，二维计算条件和三维计算条件下的输出结果分别如图 7-73 和图 7-74 所示。

2）隧道管片

（1）剪力

如图 7-75 所示，以单圆隧道和双圆隧道为例。当用户选择“隧道”为内力分析对象时，在二维计算条件下，输出图 7-75 所示的剪力分布曲线，坐标横轴为隧道展开距离，其展开方向与变形分析保持一致，在自动生成剪力分布曲线的同时，统计显示剪力最大值及其发生的位置。

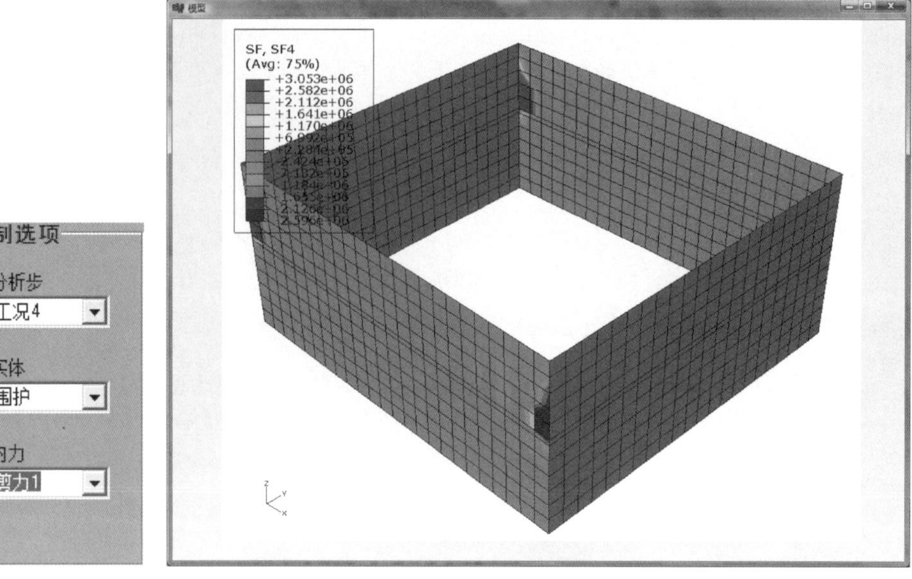

图 7-72　围护剪力分布云图(3D)

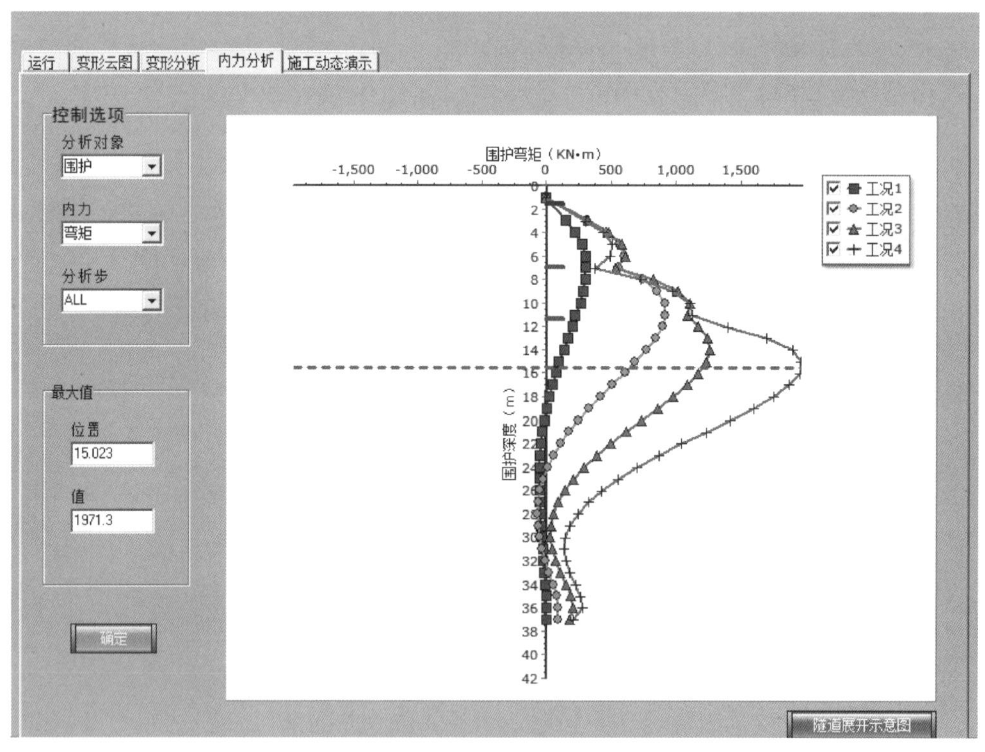

图 7-73　围护弯矩沿深度分布曲线(2D)

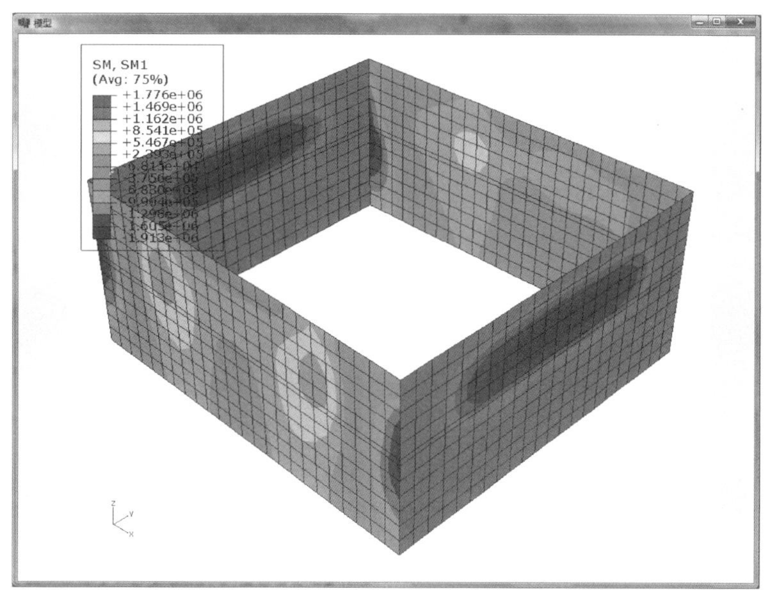

控制选项
分析步
工况4
实体
围护
内力
弯矩1

图 7-74　围护弯矩分布云图(3D)

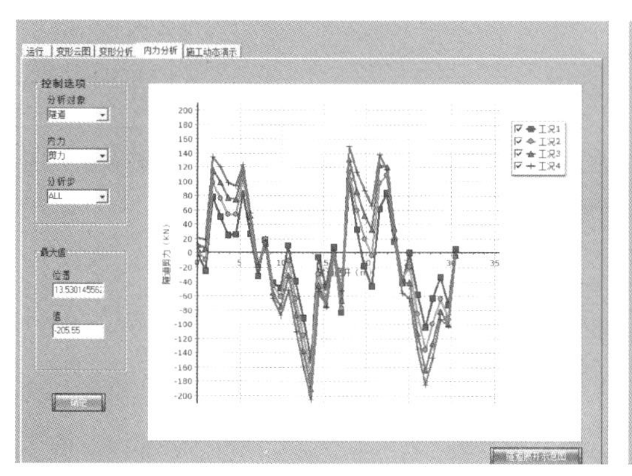

(a) 单圆(外径11 m)

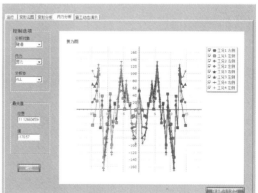

(b) 双圆(外径11 m，中心距8 m)

图 7-75　隧道剪力分布曲线(2D)

在三维计算条件下，软件直接输出整条隧道的剪力云图，如图 7-76 所示，剪力 1(SF4)沿壳单元定义的 1 方向，剪力 2(SF5)沿壳单元界面定义 2 方向。图 7-76(b)为双圆隧道的情况。

(2) 弯矩

如图 7-77 所示，以单圆隧道和双圆隧道为例。当用户选择“隧道”为内力分析对象时，在二维计算条件下，可输出如图 7-77 所示的各工况下的弯矩分布曲线，并统计断面结构最大弯矩值及该值出现的位置，如图中界面左下角所示。图 7-77(b)所示隧道断面为双圆断面的情况，结果以隧道隔墙轴线为轴对称输出。

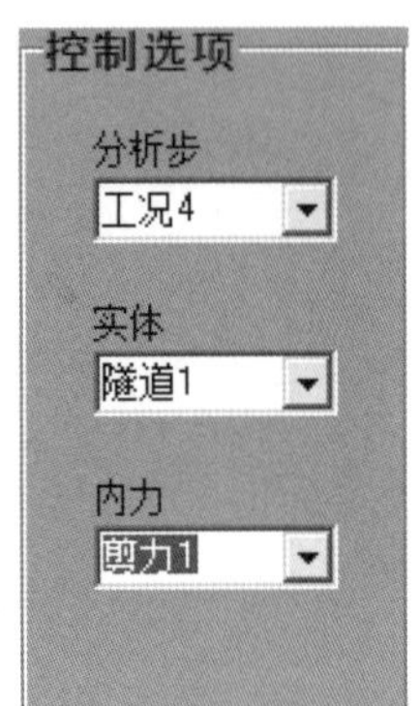

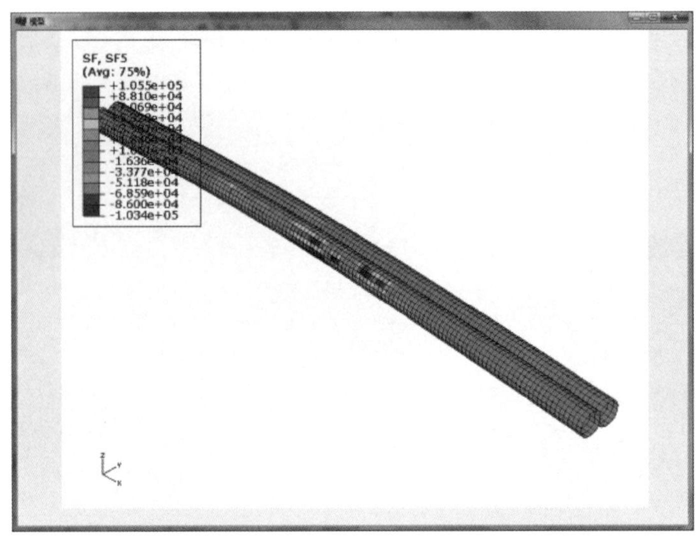

(a) 单圆(外径11 m)

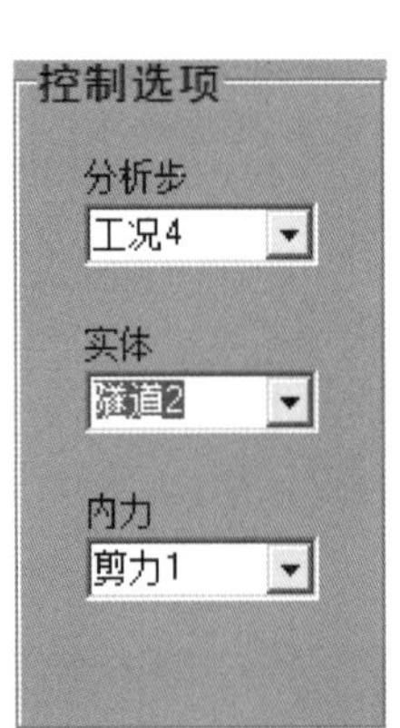

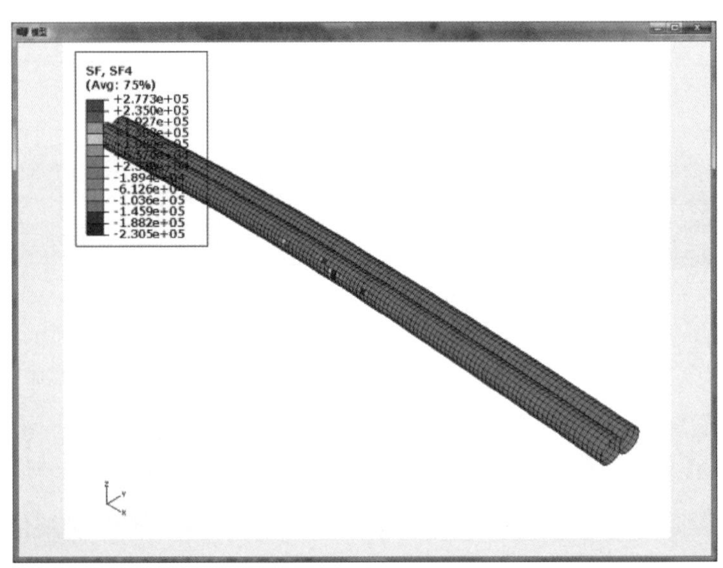

(b) 双圆(外径11 m，中心距8 m)

图 7-76 隧道剪力分布云图(3D,开挖到底)

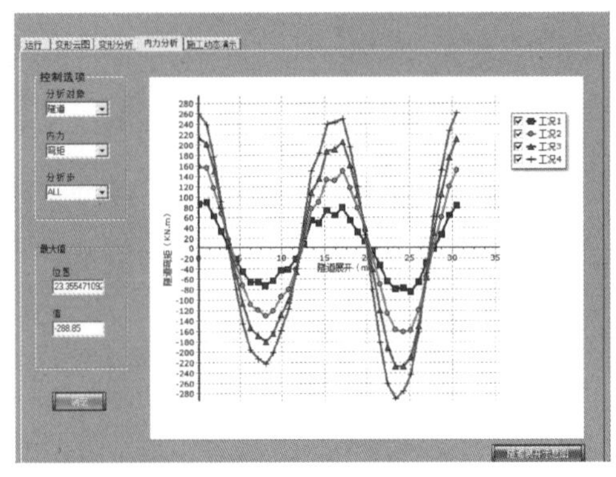

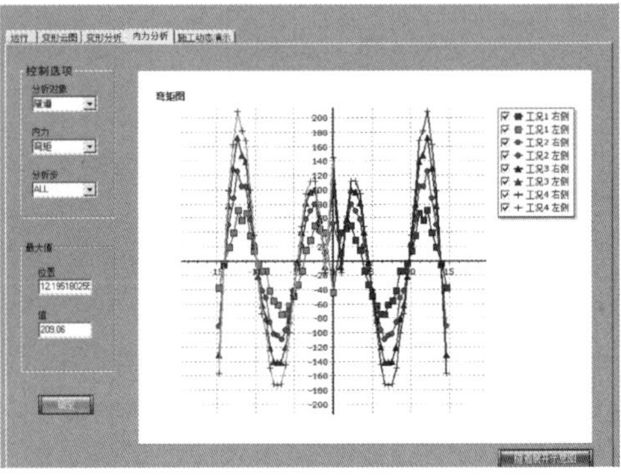

(a) 单圆(外径11 m)　　(b) 双圆(外径11 m，中心距8 m)

图 7-77 隧道剪力分布曲线(2D)

三维计算模块下，与剪力输出一致，直接输出整条隧道的弯矩云图，以单圆隧道和双圆隧道为例，如图 7-78 所示。三维情况下，弯矩输出同样包含两个方向的结果，分别代表壳单元定义的 1 方向和 2 方向，显示该方向的积分计算结果。

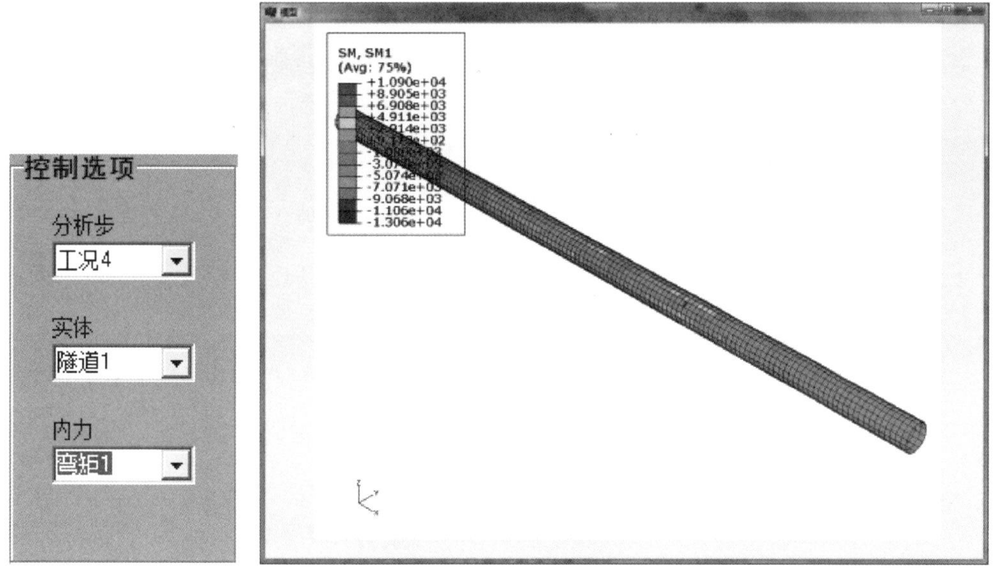

(a) 单圆(外径11 m)

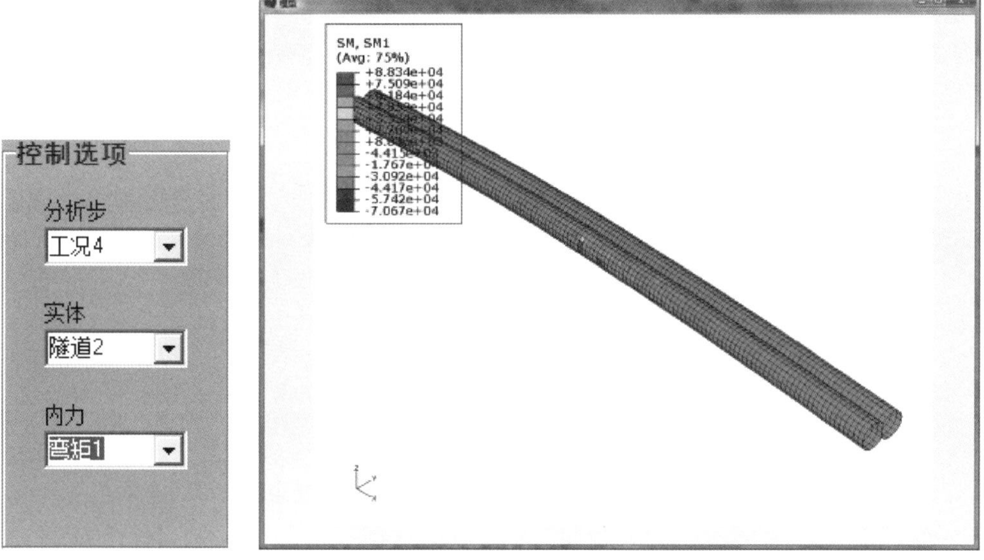

(b) 双圆(外径11 m，中心距8 m)

图 7-78 隧道剪力分布云图(3D，开挖到底)

此外，内力云图输出具备隧道和围护结构联合显示的功能，如图 7-79 所示。

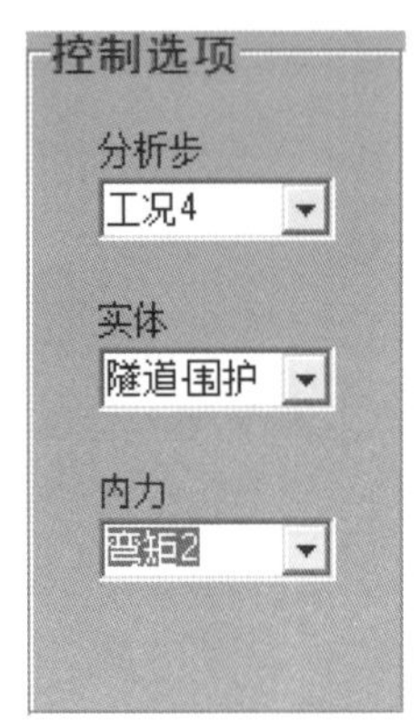

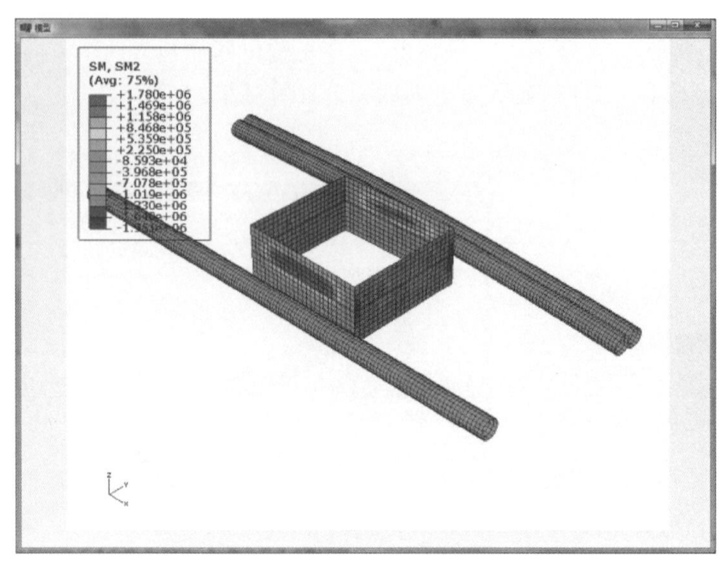

图 7-79　隧道和围护结构联合内力输出

3. 开挖施工动态演示

为了生动直观展示所建基坑模型变形计算结果，本软件借助后处理脚本语言控制输出整体变形计算结果在各个开挖分析步下的演示视频，如图 7-80 所示。用户需在界面选择分析步以及计算结果的输出方向。通过施工动态演示，将用户定义的计算模型在设定的开挖工况下的变形状态以动态的形式展现出来，有助于计算分析人员更准确地把握整体模型的变形趋势。

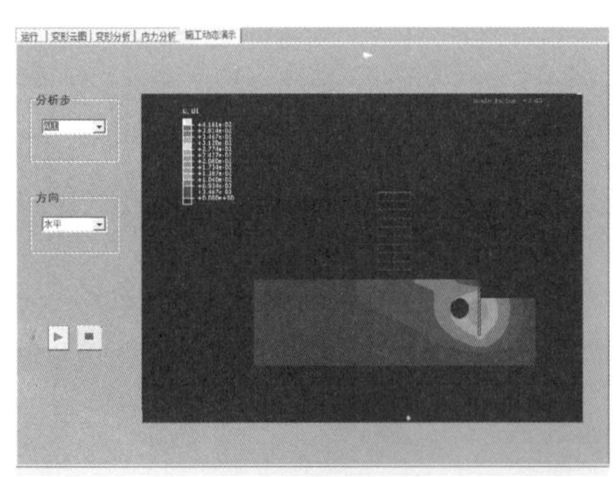

(a) 2D视频界面

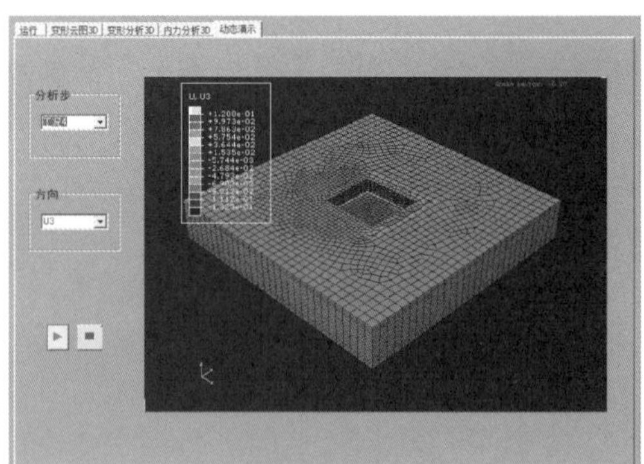

(b) 3D视频界面

图 7-80　开挖过程变形云图动态演示界面

7.4.3　与轨道专家系统平台的交互

1. 交互模型设计

与以往有限元分析软件不同，本软件除了作为单独的基坑专项有限元分析程序以外，还作为轨道交通工程岩土专家系统的外挂程序，实现系统中的某些特定功能，包括既有地铁线路周边新建基坑对地铁影响的有限元数值评估，以及为地铁风险评价预估分析提供分析参数。同时，专家系统作为本软件底层的数据平台，提供了包括地铁结构参数、土体参数等重要的计算信息。因此，二者存在交互应用关系，其具体模型如图 7-81 所示。

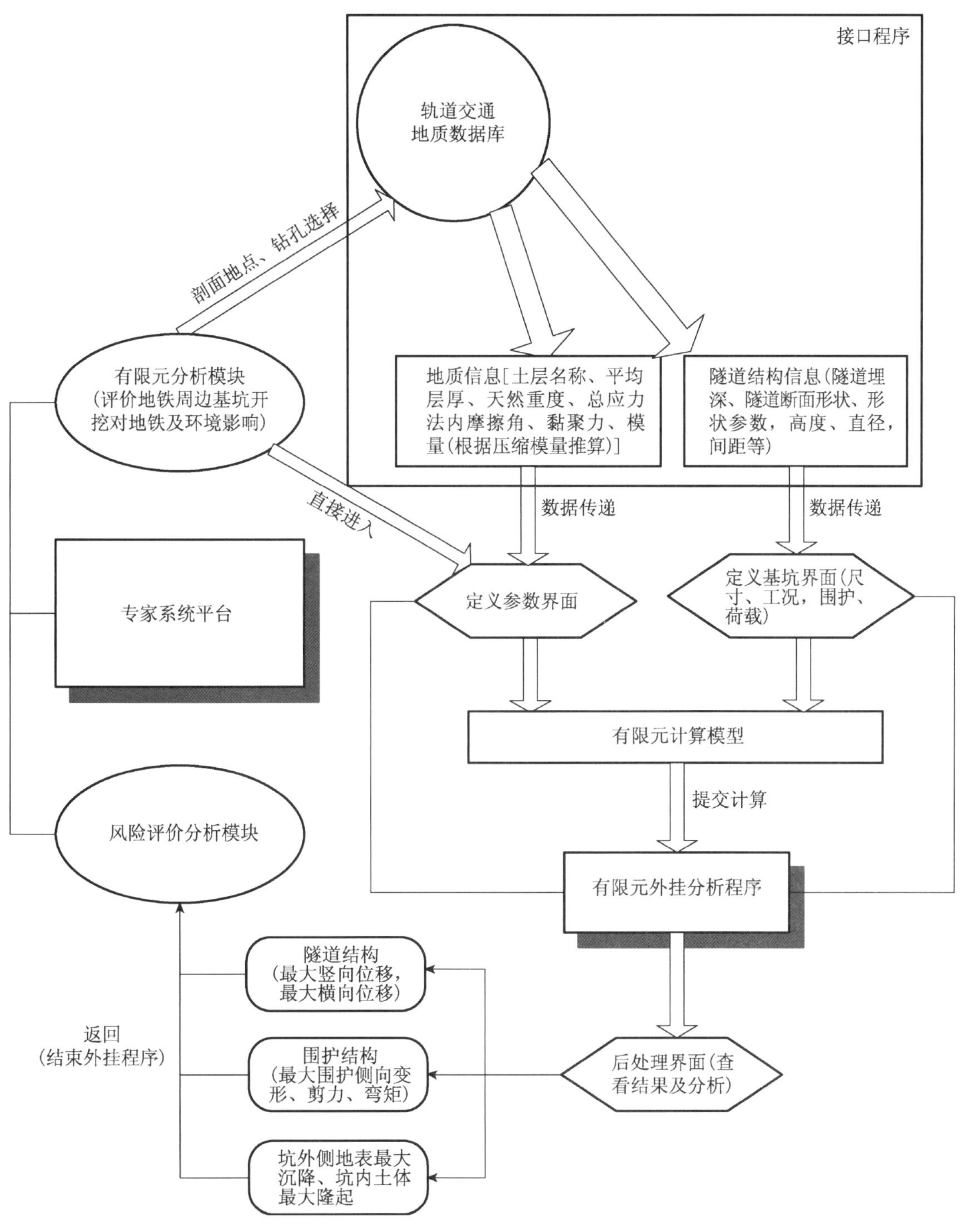

图 7-81　交互模型框架图

与轨道专家系统的交互功能集成于本软件的 2D 分析模块。当用户在轨道专家系统通过划定计算剖面和钻孔数理统计功能,确定计算地点、地铁结构信息、地质信息后,在专家系统界面选择启动外挂程序后,本软件通过参数化调用处理,直接进入 2D 基坑剖面定义界面,并将地铁结构参数,包括隧道埋深、隧道断面形状、形状参数(高度、外径或间距),以及地质信息,包括土层名称、土层厚度、重度、摩尔库仑模型参数,传递到软件界面之上,从而建立地质模型和轨道环境模型。当用户继续定义基坑和围护方案、开挖工况后,即可进行有限元分析计算。

当计算结束,并完成后处理后,用户在确认计算结果无误的条件下,可进行导出结果操作。如图 7-82 所示,点击导出结果按钮,将图 7-82 所示的返回计算指标,包括隧道结构变形指标(最大竖向位移、最大横向位移)、围护结构变形和内力指标(最大围护侧向变形、剪力和弯矩)、坑外地表最大沉降、坑内土体的最大隆起位移等参数保存形成结果文件,以供专家系统中风险模块调用。

图 7-82 导出结果功能示意图

2. 数据传递

专家系统启动外挂软件进行分析计算时,很多作为计算参数的数据从专家系统数据平台传递到外挂软件界面。总的来说,传递的数据主要分为两大类,一类是地铁隧道结构信息,另一类是土层参数信息,具体传递流程如图 7-83 所示。

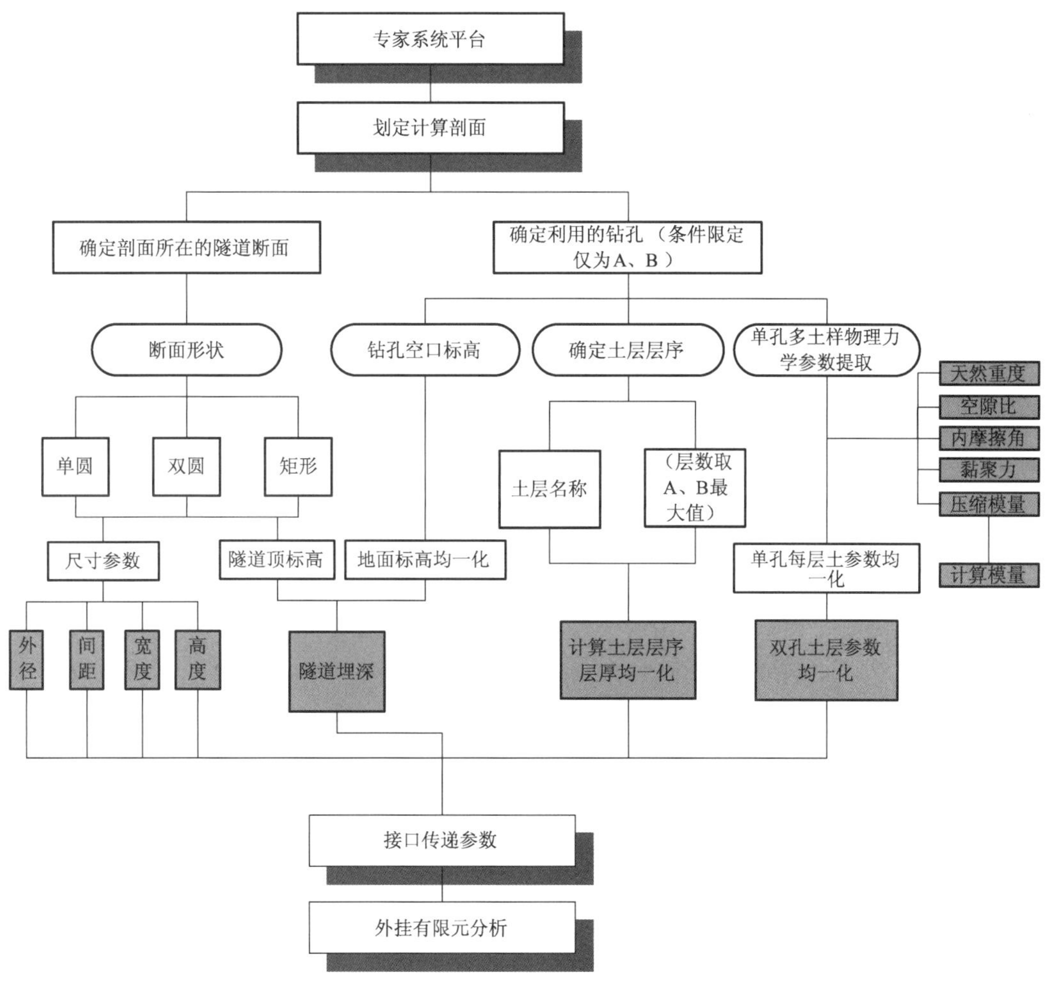

图 7-83　数据传递流程

7.5　风险分析模块

在上海软土地区运营的轨道交通周边进行基坑开挖，必然对地铁结构产生影响导致结构的内力与变形发展，从而使地铁的安全运营存在较大隐患，故此类基坑工程在设计、施工过程中不可避免会遇到诸多岩土工程风险。对运营地铁安全保护区内的基坑工程，如果在前期规划、勘察、设计阶段就能快速预测到后期的岩土工程风险，可以为工程管理和决策、工程项目保险、概算和投资控制等重大决策性问题提供一个可资参考的依据，从而有效控制工程风险，保障地铁运营安全。

7.5.1　风险分析流程

本系统针对运营地铁结构周边的基坑工程进行风险评估，考虑因地质条件、运营结构本体状况（含结构病害、桩基拖带等因素对结构的影响）、施工、设计管理不当可能引发的风险。套用层次分析法模型，可将运营地铁监护工程的风险评估分为图 7-84 所示的层次，将基坑施工对运营地铁结构影响的风险分析划分为四个模块进行分析辨识，列出可能影响结构安全的风险因素，并对其进行打分，以相对固化评价标准，简化今后的具体工程风险评估流程。

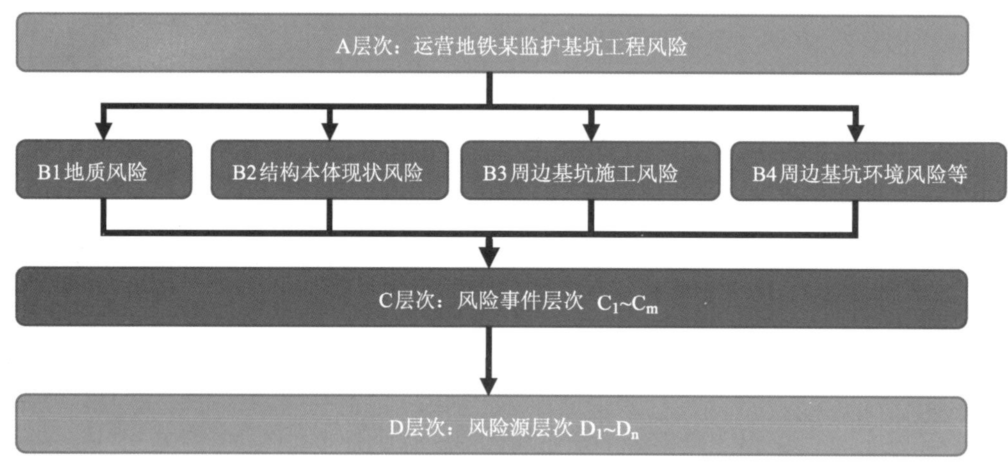

图 7-84 运营地铁基坑监护工程风险层次划分示意图

针对具体工程的评估，首先根据工程的具体特性，结合基坑变形估算、桩基变形估算等确定底层风险事件及风险源，并对其发生概率及发生后产生的后果进行打分，根据打分结果按照层次分析法由底层逐层递推计算直至得到工程总的风险等级，计算结束。具体步骤如下。

(1) 第一步：新建评估工程，输入工程相关信息，以便开展评估；

(2) 第二步：基于前期积累的工程地质数据、运营地铁结构现状数据、建设工程数据等，根据工程位置，从系统中快速辨识并建立风险辨识表，采用系统自动与人工相结合的方式辨识风险源、确定风险等级；

(3) 第三步：结合层次分析法对各层次风险因素的权重进行系统自动计算，得出各层次风险因素的风险系数，并根据风险等级的评定标准来判断各风险因素的风险等级，并进行风险集成以确定工程总的风险大小；

(4) 第四步：根据风险事件，基于工程风险对策库给出风险控制对策以供参考，并根据实时监测数据进行风险跟踪。

程序框架见图 7-85。

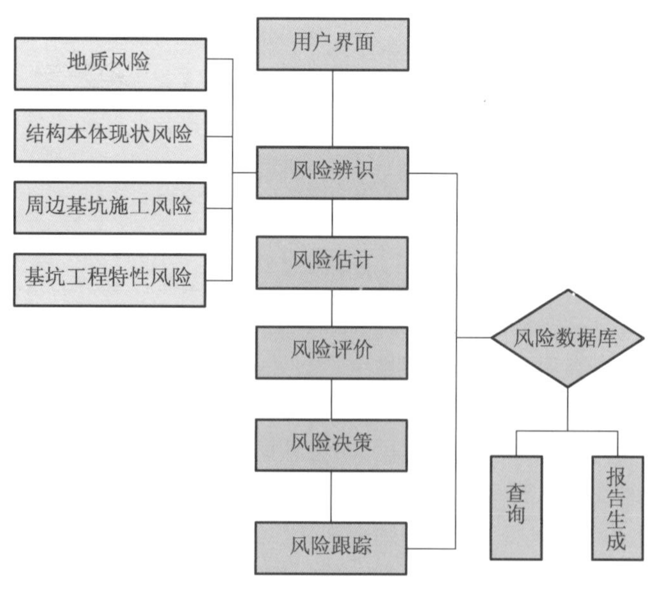

图 7-85 程序框架图

7.5.2 轨道交通基坑工程风险分析

1. 风险源辨识

风险源是导致风险事件发生的主要因素，引发轨道交通基坑工程风险的风险源在地层条件（客观存在）、勘察、设计、施工等环节方面都可能存在。根据自身的特点和前述的技术思路，本专家系统风险模块的风险事件将分别从地质条件、运营地铁结构本体现状、基坑施工、基坑工程特性四个部分阐述。根据上海地区长期的工程实践经验，对引发影响运营地铁结构安全的基坑工程风险事件的主要风险源进行系统辨识如下。

1）地质条件风险源辨识

综合考虑浅部土层、中部地层对地下工程的影响，上海中心城区地质分区可分成 3 个区（Ⅰ，Ⅱ，Ⅲ），每个区再分为若干个亚区。

（1）Ⅰ区：浅部分布厚层粉性土、砂土，位于吴淞江故河道、黄浦江江滩土分布区。

（2）Ⅱ区：浅部无厚层粉土层分布，且除Ⅲ区以外区域。

（3）Ⅲ区：浅部土质相对差的区域，如漕河泾、金桥等地区。

各分区地层组合下基坑工程主要风险点见表 7-4。

表 7-4　地质分区对应基坑工程主要风险

<table>
<tr><th colspan="2">地质分区</th><th>特点</th><th>主要风险</th></tr>
<tr><td rowspan="3">Ⅰ</td><td>ⅠA</td><td>1. 浅部分布厚层粉性土、砂土；
2. ⑥,⑦层正常分布</td><td rowspan="3">流砂、管涌、地基液化；
承压水问题；
沉桩困难等</td></tr>
<tr><td>ⅠB</td><td>1. 浅部分布厚层粉性土、砂土；
2. 古河道区，⑥,$⑦_1$层缺失</td></tr>
<tr><td>ⅠBE</td><td>1. 浅部分布厚层粉性土、砂土；
2. 古河道区，⑥,$⑦_1$层缺失；
3. 有$⑤_2$层</td></tr>
<tr><td rowspan="5">Ⅱ</td><td>ⅡA′</td><td>1. 软土区；
2. ⑥,⑦层埋藏较浅</td><td rowspan="5">基坑回弹偏大；
承压水问题；
管涌、沉桩困难等</td></tr>
<tr><td>ⅡA</td><td>1. 软土区；
2. ⑥,⑦层正常分布</td></tr>
<tr><td>ⅡAE</td><td>1. 软土区；
2. ⑥,⑦层正常分布；
3. 有$⑤_2$层</td></tr>
<tr><td>ⅡB</td><td>1. 软土区；
2. 古河道区，⑥,$⑦_1$层缺失</td></tr>
<tr><td>ⅡBE</td><td>1. 软土区；
2. 古河道区，⑥,$⑦_1$层缺失；
3. 有$⑤_2$层</td></tr>
</table>

续表

地质分区		特点	主要风险
Ⅲ	ⅢA′	1. 软土区，土性相对较差； 2. ⑥，⑦层埋藏较浅	围护位移大； 承压水问题； 管涌； 基坑回弹偏大； 沉桩困难等； 特别是软土流变性和触变性突出
	ⅢA	1. 软土区，土性相对较差； 2. ⑥，⑦层正常分布	
	ⅢAE	1. 软土区，土性相对较差； 2. ⑥，⑦层正常分布； 3. 有$⑤_2$层	
	ⅢB	1. 软土区，土性相对较差； 2. 古河道区，⑥，$⑦_1$层缺失	
	ⅢBE	1. 软土区，土性相对较差； 2. 古河道区，⑥，$⑦_1$层缺失； 3. 有$⑤_2$层	

根据大量工程经验，浅部软弱土、厚层粉性土、砂土及其他不良地质现象等风险因素将会造成基坑开挖期间围护变形大、坑底隆起大、流砂管涌、周边环境变形大等工程事故，进而影响运营地铁结构的安全。基于前述对于基坑施工风险事件与土层相关关系的对照，可归纳出对运营地铁周边基坑工程风险有重要影响的地质风险因素如下。

(1) 浅部分布软弱土层

① 风险事件及危害：软土问题，特别是高含水量、高灵敏度、高压缩性、弱透水性、强度低和流变的特性，其厚度对桩基施工、基坑围护和回弹存在不同程度的风险。

② 风险源：

A. 场地局部有$①_2$层浜底淤泥分布；

B. 场地分布较厚第③层淤泥质粉质黏土层夹粉性土或薄层粉砂；

C. 场地分布较厚第④层土含水量高，十分软弱。

(2) 浅部粉性土、砂土

① 风险事件及危害：在灌注桩施工中易产生缩颈和坍孔的风险；在震动下易产生液化，在动水作用下易产生流砂或管涌，基坑围护及开挖时应注意相应风险。

② 风险源：

A. 场地第$①_1$ 层人工填土较厚；

B. 场地第$①_3$层江滩土较厚；

C. 场地第$②_3$层粉性土、粉砂较厚。

(3) 中深部土层软弱或有厚砂层分布

① 风险事件及危害：中深部土层软弱或砂层分布较厚，需考虑承压水、坑底隆起、桩基拖带沉降等工程风险。

② 风险源：

A. $⑤_2$，$⑦_2$直接相连；

B. ⑥，$⑦_1$层缺失，存在较厚$⑤_3$层黏性土；

C. 桩基持力层为第⑦层时，有第$⑧_1$层软弱下卧层存在。

(4) 不良地质现象

① 风险事件及危害:不良地质现象的存在,若未提前探明并采取处理措施,易造成施工期间突发事故或对工程进展造成阻碍,如沼气突然逸出、爆燃,桩基或开挖受地下障碍物影响等。

② 风险源:

A. 地下障碍物复杂,如废弃建构筑物、拔桩处理等;

B. 有沼气囊存在。

2. 运营地铁结构本体现状风险

对于运营地铁结构本身来讲,结构刚度、使用年限、结构病害状况等都可能使得结构对周边工程扰动表现出不同的敏感性。对于运营地铁结构本体现状风险的辨识从监护工程影响范围内的地铁结构类型、结构服役时间、结构病害、结构及运营线路变形现状 4 个方面进行分析。

(1) 结构类型对工程扰动的敏感性

① 风险事件及危害:刚度较小或刚度突变的部位对变形或差异变形的适应能力差,易发生风险。如车站结构适应不均匀沉降的能力较强,隧道结构次之,井接头、旁通道等部位较差。

② 风险源:基坑工程邻近的运营地铁的如下结构:有(无)地下车站,单(双)圆隧道,旁通道、出入口、风井、泵站等附属结构,高架结构,矩形段,井接头,引导段。

(2) 结构服役时间与设计基准期比例

① 风险事件及危害:结构建成投入运营的时间越长,适应差异变形的能力越差,工程导致结构病害或损伤的风险越高。

② 风险源:服役时间/设计基准期(50 年或 100 年)。

服役时间/设计基准期≤0.2;

服役时间/设计基准期为 0.2～0.5;

服役时间/设计基准期≥0.5。

(3) 结构既有病害

① 风险事件及危害:结构病害越多、程度越严重,受外界扰动而出现事故的风险越高。在上海地铁结构现状调查中,渗漏水病害最常见,其中渗水病害最多,其次为湿迹、滴漏,漏泥砂情况极少见。结构损伤病害,盾构隧道此类病害裂缝最多,其次为缺角、缺损,结构变形病害当前较为少见。

② 风险源。

上海地铁结构常见病害如下:

A. 结构渗漏水(结构湿迹、渗水、滴漏、结构滴漏大于 60 滴/min 或漏泥砂);

B. 结构损伤(缺角、裂缝、缺损);

C. 结构变形(管片错台、道床与管片脱开、管片接缝张开)。

(4) 结构及运营线路变形现状

① 风险事件及危害:结构既有变形越大,对二次变形的容许度越低,工程风险越高。

② 风险源。

部分根据上海地铁运营线路及隧道结构保护要求及现场报警值确定如下:

A. 隧道长期沉降监测的问题沉降段(曲率半径≤3 000 m 或倾斜率≥1.6‰或沉降速率≥0.1 mm/d);

B. 桩基拖带沉降显著;

C. 结构最终绝对沉降或隆起≥20 mm；

D. 结构最终水平位移量≥20 mm；

E. 施工引起的地铁结构变形速率≥0.5 mm/d；

F. 两轨道横向高差≥4 mm；

G. 轨向偏差和高低差≥4 mm/10 m；

H. 结构纵向差异沉降≥0.4‰；

I. 隧道收敛变形≥10 mm。

3）基坑工程风险源辨识

地铁监护基坑工程的施工风险主要考虑可能影响运营地铁结构安全的风险事件。风险辨识主要从基坑工程施工工艺工序方面考虑，按照桩基础、围护施工、地基加固、降水、土方开挖及支撑、主体结构几个阶段对工程风险进行辨识。

（1）桩基施工风险

对于工程桩施工，预制桩和灌注桩其风险源与风险事件有一定差别。

① 预制桩风险源辨识。

A. 风险事件及危害：主要风险事件包括沉桩导致邻桩上抬，管桩偏斜、断裂，桩基差异沉降大，桩架倾覆并侵入高架或地面运营线路限界等可能对运营轨道交通结构的安全造成影响。

B. 风险源分析。

(a) 沉桩导致邻桩上抬。说明沉桩产生较为强烈的挤土效应，若运营地铁结构距离挤土影响区较近，隔离措施不利，则不可避免地受到影响。

(b) 管桩偏斜、断裂。预制桩在沉入时，因地基土因素发生偏斜比较常见，一旦桩发生偏斜，则影响承载力发挥，当倾斜严重时，则导致桩身断裂，无法使用等。由此而产生的纠偏、补桩作业不但进一步扰动地基土，而且会延长工期，对地铁结构的变形控制产生不利影响。

(c) 桩基差异沉降大。将使地铁结构的拖带沉降不均匀，影响结构安全。

(d) 桩架倾覆并侵入高架或地面运营线路限界。预制桩施工桩架较高，在作业时如操作不当导致桩架倾覆砸中或侵入临近高架或地面运营轨道交通结构，则将造成灾难性后果。

② 灌注桩风险源辨识。

A. 风险事件及危害：钻孔灌注桩由于其施工工艺较复杂，大量工程经验表明，若控制措施不当，会导致桩身夹泥、桩身表部泥皮过厚、孔底沉淤过大等现象，造成承载力低、桩基沉降大等严重后果。

B. 风险源分析。

(a) 桩身缩颈。灌注桩施工过程中，桩身部分范围缩颈后，整个桩身直径出现很大变化，对确保桩身强度、承载力发挥不利。

(b) 孔壁坍塌。坍孔在灌注桩施工中较常见，如处理措施不当，同样也易导致桩身质量差、承载力发挥不利等后果。

(c) 桩底沉渣厚度大。桩底沉渣厚度大，直接影响了灌注桩成桩之后的端阻力发挥情况，使得承载力达不到设计要求，另外加大桩基沉降。

（2）围护施工风险

① 风险事件及危害：靠地铁侧基坑围护结构通常采用地下连续墙，若其施工不利可对地

铁结构造成较大不利影响。

② 风险源分析：

A. 地墙施工槽壁坍塌，造成的水土流失影响；

B. 机械故障或施工控制不利导致的地墙施工超时，对结构变形控制不利；

C. 地铁侧围护墙加固未按要求跳浜对环境的影响极大。

(3) 地基加固施工风险

① 风险事件及危害：加固施工操作不当，对周边环境可造成较大影响，进而威胁地铁结构安全。

② 风险源分析：

A. 三轴搅拌桩机架倾覆并侵入高架或地面运营线路限界；

B. 三重管旋喷桩加固压力控制不当，环境影响大；

C. 未按要求加固，水泥掺量不足，对变形控制不利。

(4) 降水施工风险

① 风险事件及危害：降水施工中环境影响控制、开挖期间承压水控制等效果不好，将会对环境造成不利影响且延误工期，进而影响地铁结构安全。

② 风险源分析：

A. 地下水位降不下去；

B. 疏不干；

C. 降水井抽出的水夹带泥砂；

D. 断电后 10 min 内承压水位恢复幅度大。

(5) 土方开挖及支撑施工风险

① 风险事件及危害：土方开挖与支撑是基坑工程的高风险阶段，软土地区基坑的环境影响较大亦较难控制，因而该阶段也是保证地铁结构安全的关键阶段。

② 风险源分析：

A. 围护位移大；

B. 围护漏水；

C. 基坑发生流砂、管涌；

D. 承压水风险；

E. 基坑产生局部坍塌、滑坡；

F. 坑底回弹量大；

G. 未按时空效应开挖支撑，存在超挖；

H. 施工进度慢；

I. 遇地下障碍物；

J. 土方或建筑材料堆放在基坑旁造成坑边超载；

K. 垫层、底板浇筑不及时；

L. 逆作法顶板、中板等浇筑不及时；

M. 爆破法拆除混凝土支撑前未采取隔离防护措施；

N. 爆破法拆除混凝土支撑未在列车停运期间进行。

(6) 主体结构施工风险辨识

① 风险事件及危害：底板形成后，因结构刚度较大，主体结构施工期间对环境影响不大，

对地铁结构安全影响较小。

② 风险源:裂缝及渗漏水,特别是在承压水地区,若封堵不力,造成的大量水土流失可威胁周边环境安全。

3) 基坑工程特性风险

基坑工程特性风险主要考虑设计选型及参数选择等因素引起的风险变化。

(1) 基坑面积风险

① 风险事件及危害:基坑面积越大,工程风险越高,对环境影响越大。

② 风险源。基坑面积不同,风险等级不同,按以下标准来划分风险等级:

A. 基坑面积≤0.5 万 m^2;

B. 基坑面积为 0.5 万~1 万 m^2;

C. 基坑面积≥1 万 m^2。

(2) 基坑相对开挖深度

① 风险事件及危害:基坑越深,工程及环境影响风险越高,考虑运营地铁结构埋深因素,以基坑开挖深度与运营地铁结构埋深的比值作为衡量指标。

② 风险源。根据基础开挖深度与运营地铁结构埋深的比值来衡量:

A. 基坑开挖深度与运营地铁结构埋深的比值≤0.7;

B. 基坑开挖深度与运营地铁结构埋深的比值 0.7~1.0;

C. 基坑开挖深度与运营地铁结构埋深的比值≥1.0。

(3) 基坑与运营地铁结构的水平距离

① 风险事件及危害:根据基坑位移场研究,距离基坑围护越近,变形影响越大。

② 风险源。根据运营地铁结构距基坑水平距离与基坑开挖深度的关系衡量:

A. 运营地铁结构距基坑水平距离≤H(H 为开挖深度);

B. 运营地铁结构距基坑水平距离为 H~$2H$;

C. 运营地铁结构距基坑水平距离≥$2H$。

(4) 基坑设计选型

① 风险事件及危害:围护结构刚度不同,抵抗侧向压力作用下的变形能力不同,对应的风险不同。围护结构刚度越大,风险越低。

② 风险源:

A. 地下连续墙;

B. 灌注桩排桩;

C. 水泥土重力式围护墙;

D. 型钢水泥土搅拌墙。

2. 风险分析

1) 专家打分

专家对底层风险因素的打分分两部分,具体表现为:对风险发生概率(即风险发生可能性)进行打分;对风险发生后的后果进行打分。

(1) 对风险发生可能性 P 进行打分

根据风险发生的可能性大小,将风险发生概率人为地在 1~5 之间分成 5 个级别,其具体的打分标准以及相应范围内分值的定性解释如表 7-5 所列。

表 7-5　风险发生概率的估算方法

等级	事故描述	概率区间	打分估值	说　明
一级	不可能	＜0.01％	1	风险极难出现一次
二级	很少发生	0.01％～0.1％	2	风险不大会出现
三级	偶尔发生	0.1％～1％	3	风险可能会发生
四级	可能发生	1％～10％	4	风险会不止一次地发生
五级	频繁	＞10％	5	风险会频频发生

(2) 对风险发生后的后果非效用值进行打分

根据风险发生后可能对工程本身、施工用设施与设备、施工机具、现场参建人员以及第三者造成的损伤或损失等风险评估目标的影响程度，将风险发生后的后果人为地在 1～5 之间分成 5 个级别的非效用值。风险发生后的后果非效用值具体的打分标准及其相应范围内分值的定性解释如表 7-6 所列。

表 7-6　风险影响的严重程度的估算方法

等级	描述	打分估值	说　　明
一级	可忽略	1	风险并不导致明显损失或延误
二级	需考虑	2	风险导致少量损失(十万元以内)及/或 2 天内的延误
三级	严重	3	风险导致可补偿的损失(一百万元以内)及/或 2 周内的延误
四级	非常严重	4	风险导致相当大而可补偿损失(一千万元以内)及/或 3 个月内的延误
五级	灾难性	5	风险导致不可补偿的损失(人员伤亡，一千万元以上)及/或超过 3 个月的延误

2) 各因素权重确定

风险辨识完成后，即可进行风险因素权重的确定，步骤如下：

(1) 对各层次风险因素间进行重要性比较，形成判断矩阵；

(2) 计算判断矩阵的特征向量，即各层次风险因素的相对权重向量；

(3) 进行风险判断矩阵的一致性检验。

3. 风险等级评价

风险评级方法是根据风险的频率及影响程度，将二者相乘，得出风险系数，并对应相应的风险等级及接受准则，见表 7-7。

表 7-7　风险接受准则

等级	风险系数	状态	接受准则	控制对策
Ⅰ一般	1～5	一般	可容许的	风险是可容忍的，实施常规工程监测
Ⅱ中等	5～9	中等	有条件接受	实施常规风险控制，加强工程监测
Ⅲ严重	9～15	严重	不可接受的	采取专项风险处理措施，加强工程监测
Ⅳ极高	15～25	极高	拒绝接受	应规避或采取专项风险处理措施降低风险

若以风险矩阵的方式表达，则如表 7-8 所列。

表 7-8　　风险评价矩阵

风险		事故损失				
		1. 可忽略的	2. 需考虑的	3. 严重的	4. 非常严重	5. 灾难性
发生概率	1. $P<0.01\%$	一般	一般	中等	中等	中等
	2. $0.01\%\leqslant P<0.1\%$	一般	中等	中等	严重	严重
	3. $0.1\%\leqslant P<1\%$	中等	中等	严重	严重	极高
	4. $1\%\leqslant P<10\%$	中等	严重	严重	极高	极高
	5. $P\geqslant 10\%$	中等	严重	极高	极高	极高

4. 风险控制措施

根据风险分析评价的结果，综合考虑各种风险因素对项目总体目标的影响，确定风险应对措施，提出风险消除、风险减少、风险转嫁和风险自留的初步办法，并将其列入风险管理阶段要进一步考虑的各种方法之中。针对高风险因素的风险特点，提出相应的控制措施建议。

根据系统特点，采用系统自动识别及人工筛选编辑相结合的方式给出风险控制措施。为实现风险措施的系统自动识别，针对基坑工程常见风险事件及其风险控制措施进行了梳理对应。

7.6　工程应用实例

有限元快速分析模块和风险分析模块集中了本系统主要采用的理论研究方法，是系统重点开发的功能模块。本章节选取中建大厦、万向大厦和天目西路 146(A)-3 地块 3 个典型的地铁周边深基坑工程案例，介绍以上 2 个模块在具体工程中的应用情况。

7.6.1　有限元快速分析模块应用

1. 二维计算实例

1）工程概况

中建大厦工程位于浦东新区陆家嘴竹园商贸区 2-11-5 地块，中建大厦由 4 层地下室、2 层商业裙房及一幢 32 层的办公塔楼组成，建筑高度 166 m；基地面积为 9 189.8 m^2，总建筑面积 93 089.79 m^2。基础形式采用厚板式基础＋桩基，工程桩采用 ϕ850 钻孔灌注桩，有效桩长约 32 m。基坑平面为不规则“L”形，南北跨度最大处约 53 m，东西约为 116 m，基坑平均开挖深度为 17 m，见图 7-86 和图 7-87。

在东侧距离基坑边界约 15 m 的位置下方为正在运营的地铁区间，该区间隧道顶埋深约 7 m，为单圆隧道，外径 6.2 m，管片厚度为 0.3 m。

围护采用 1.0 m 厚地下连续墙兼做地下室外墙，顺作法施工。支撑体系采用四道钢筋混凝土支撑，支撑布置采用对撑、角撑、边桁架相结合的形式，采用 ϕ850 钻孔灌注桩作为立柱桩。围护结构、支撑体系平面布置图和断面图见图 7-88。

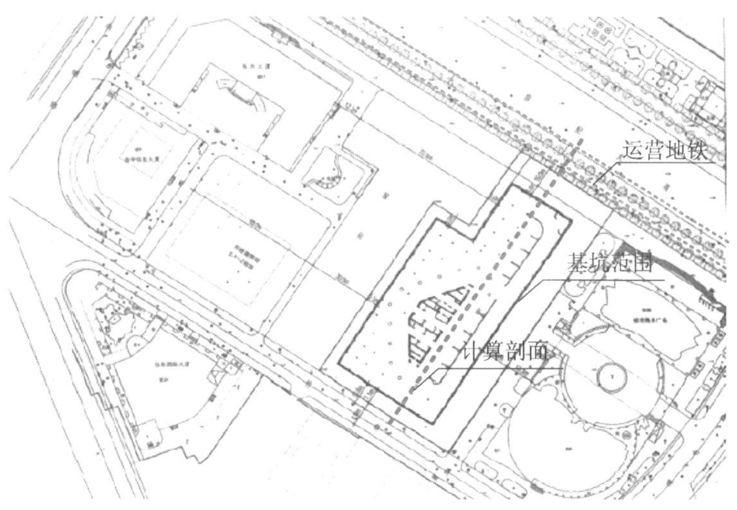

图 7-86 中建大厦平面位置及计算断面

图 7-87 现场基坑鸟瞰图

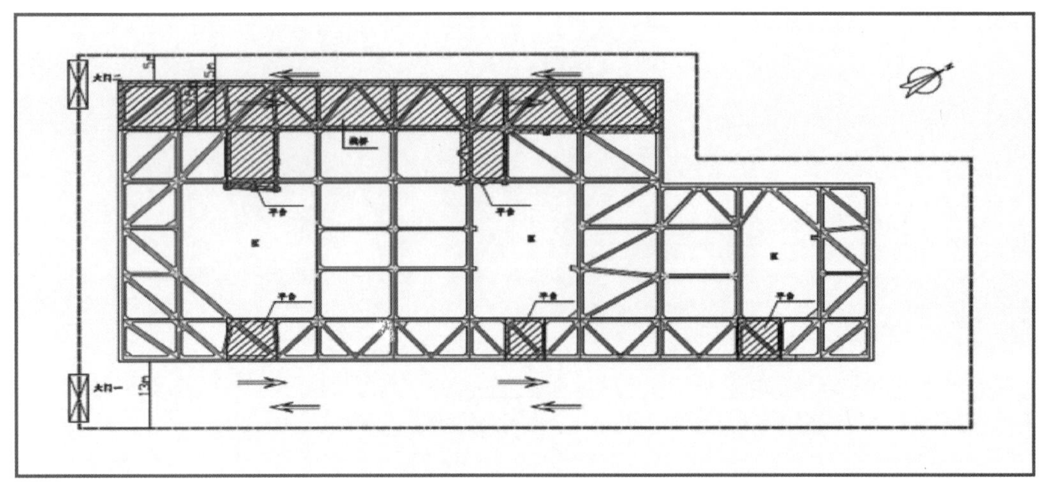

(a) 平面布置图

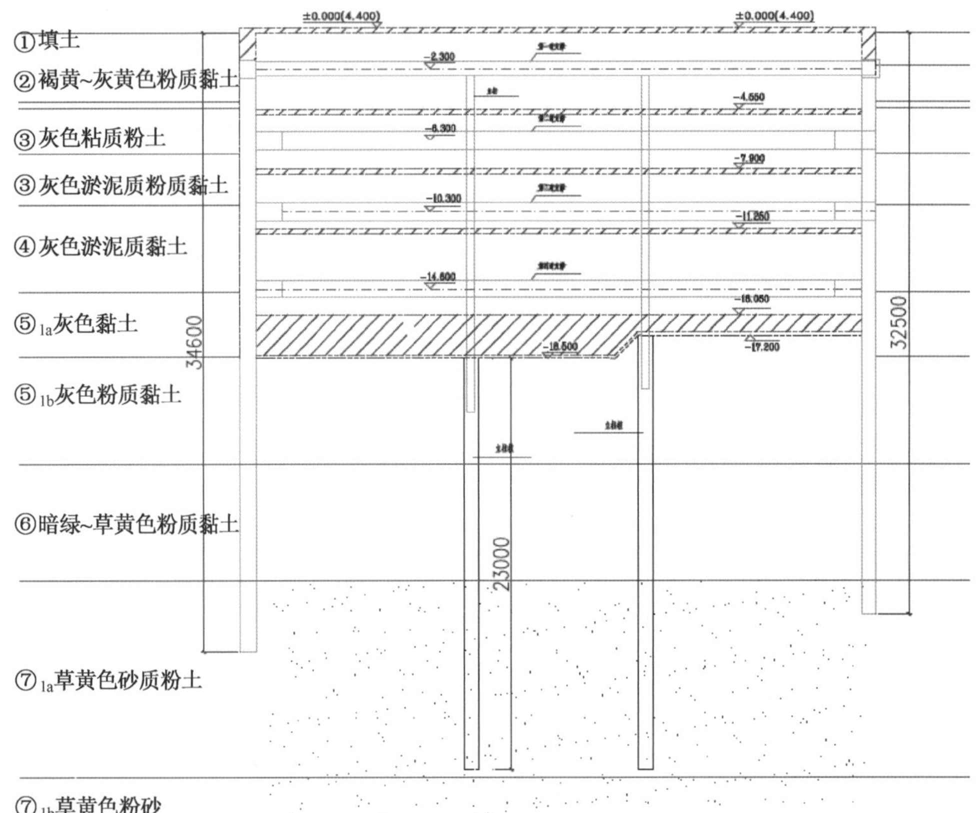

(b) 断面布置图

图 7-88 围护结构布置形式

2）土层参数

根据中建大厦地勘资料，土层参数见表 7-9。

表 7-9　　中建大厦基坑土体计算参数

层号	土层名称	厚度/m	γ/(kN·m^{-3})	黏聚力 c/kPa	内摩擦角 φ/(°)	静止侧压力系数/K	压缩模量 $E_s(0.1\sim0.2)$/MPa
①	填土	1.8					
②	粉质黏土	2.0	18.4	23.5	19	0.48	4.57
③	灰色淤泥质粉质黏土	0.4	17.6	20.5	12	0.48	3.03
$③_{夹}$	夹灰色黏质粉土	2.5	18.6	30.5	5	0.37	8.67
③	灰色淤泥质粉质黏土	2.9	17.6	20.5	12	0.48	3.03
④	灰色淤泥质黏土	4.9	16.8	11	13	0.55	2.11
⑤	灰色黏土	3.6	17.5	10	14	0.55	2.66
⑤	灰色粉质黏土	6	18.3	16	15	0.48	4.09
⑥	暗绿～草黄色粉质黏土	6.5	19.6	18	52	0.61	7.82
$⑦_{1a}$	草黄色砂质粉土	11	18.9	18.9	35	0.37	10.34
$⑦_{1b}$	草黄色粉砂土	20.3	19	19	36	—	—

3）模型建立、计算及提交后处理

已知基坑形式、围护方案以及土层参数，即可进行自动化的有限元分析。

（1）步骤一：填写基本信息，如图 7-89 所示。

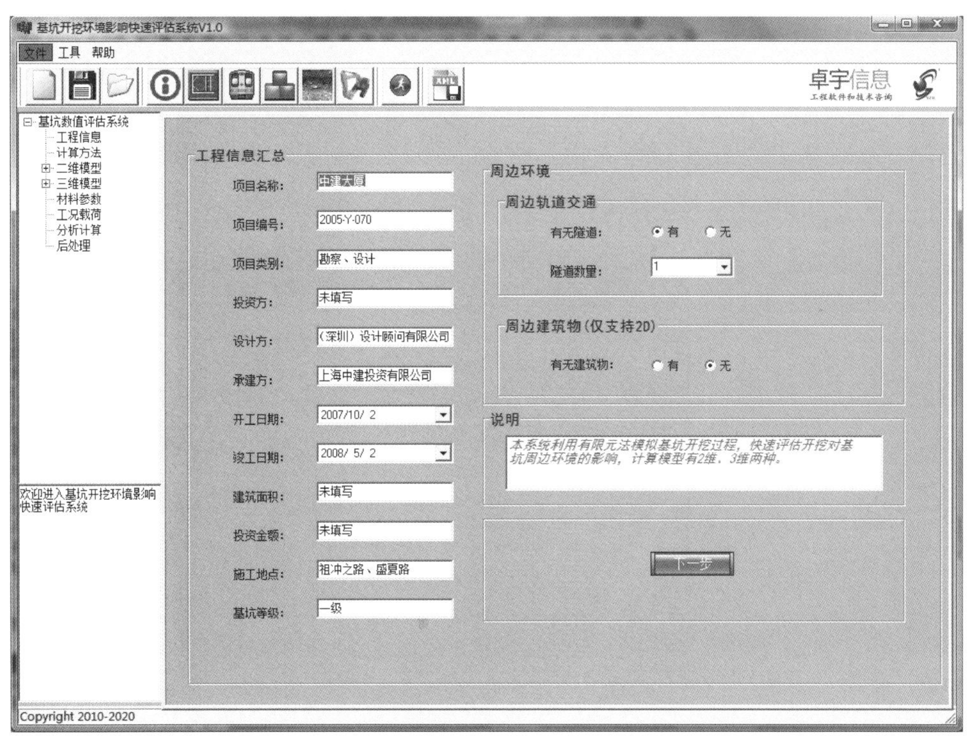

图 7-89　填写基本信息

(2) 步骤二:选择计算方法,如图 7-90 所示。

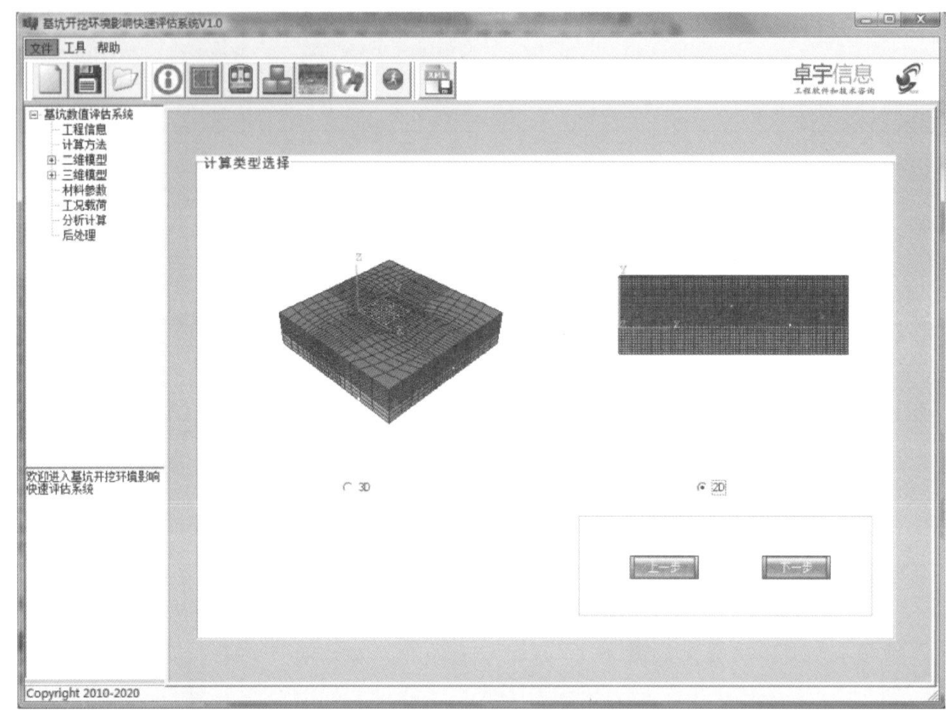

图 7-90　选择计算方法

(3) 步骤三:定义计算剖面,如图 7-91 所示。

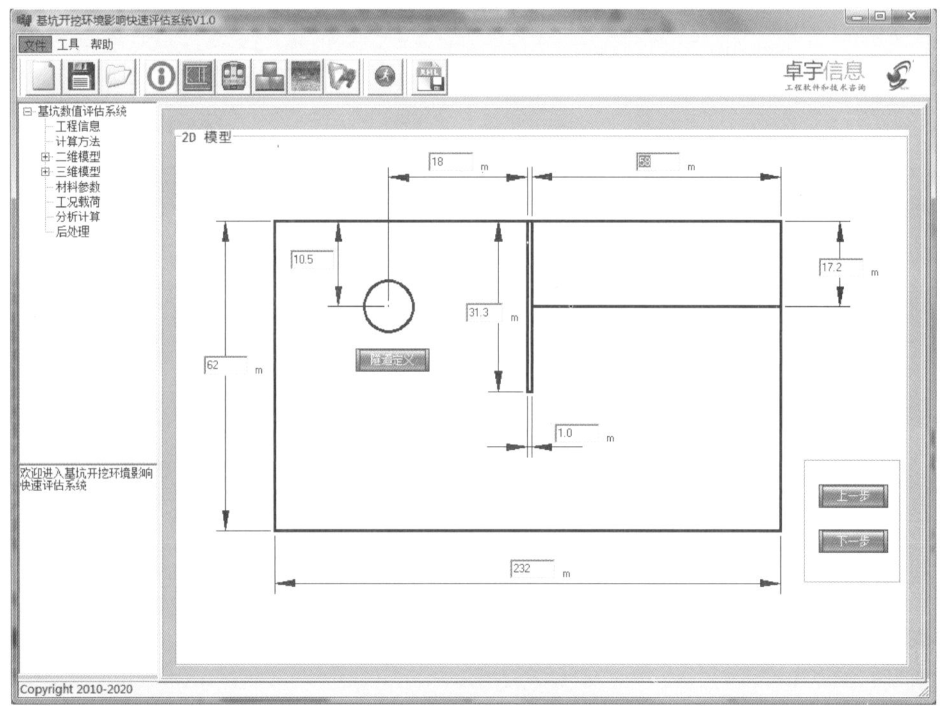

图 7-91　定义计算剖面

(4) 步骤四:定义隧道断面、围护与土体接触参数,如图 7-92 所示。

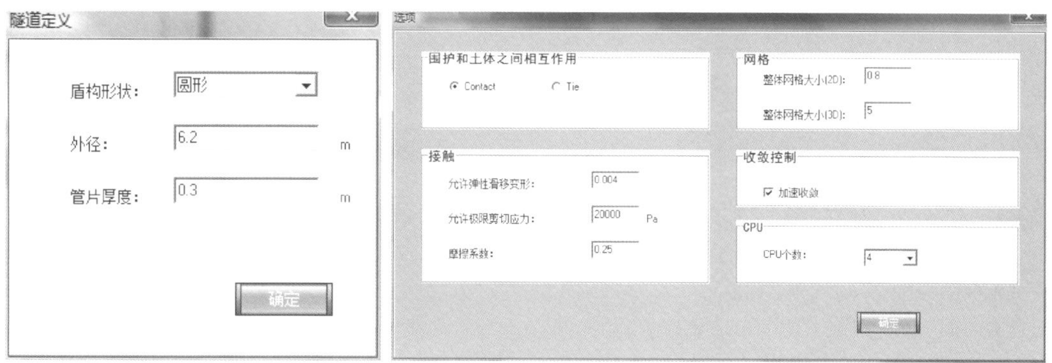

图 7-92　定义隧道断面、围护与土体接触参数

(5) 步骤五:选择土体本构模型,定义计算材料参数,如图 7-93 所示。

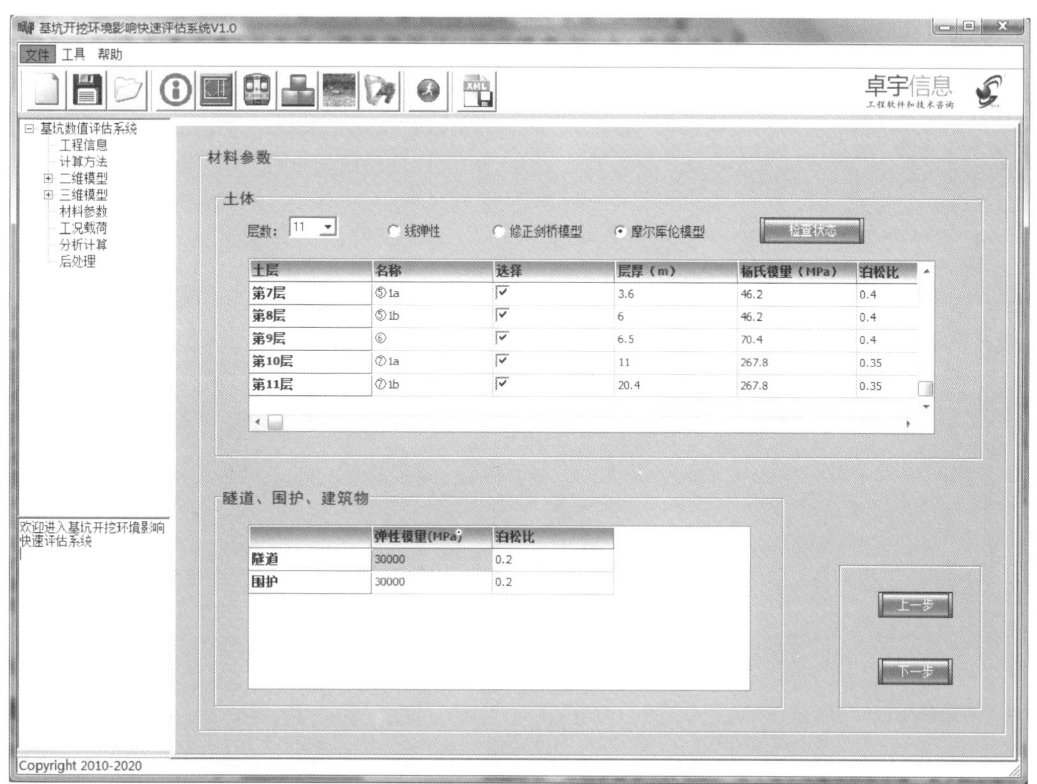

图 7-93　选择土体本构模型,定义计算材料参数

(6) 步骤六:定义工况荷载,如图 7-94 所示。

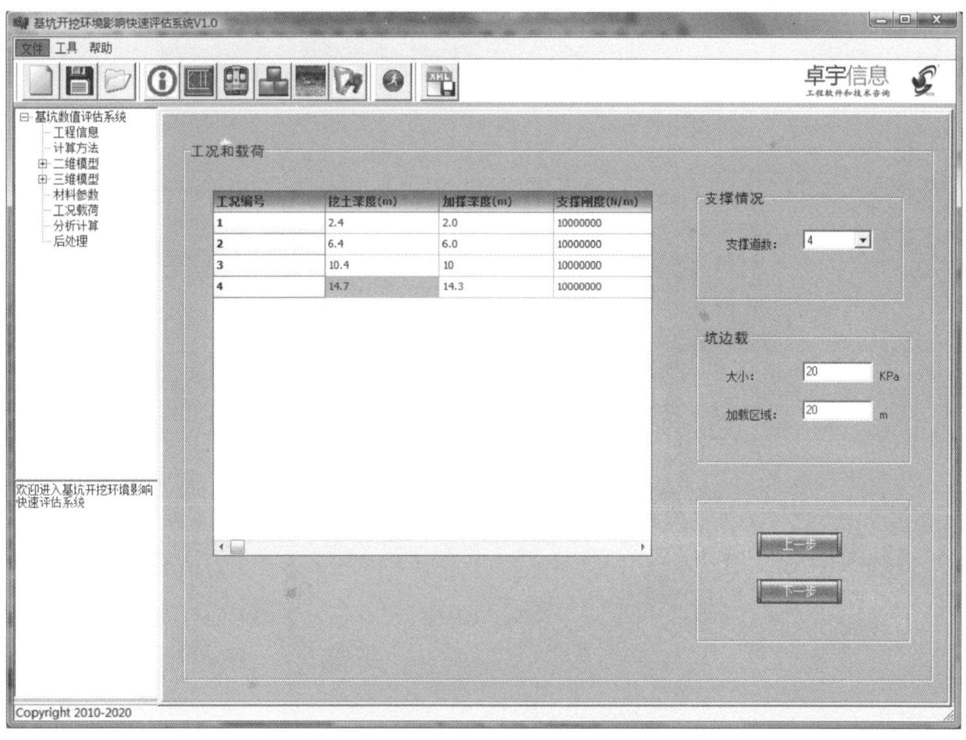

图 7-94 定义工况荷载

(7) 步骤七:生成计算模型,如图 7-95 所示。

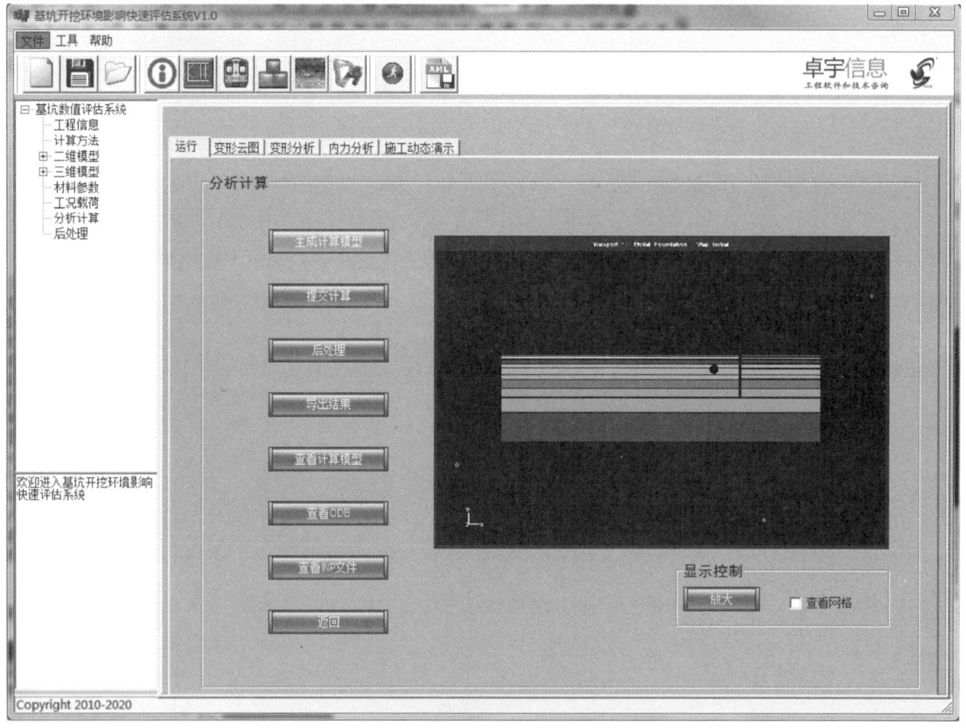

图 7-95 生成计算模型

（8）步骤八：提交计算和后处理，如图 7-96 所示。

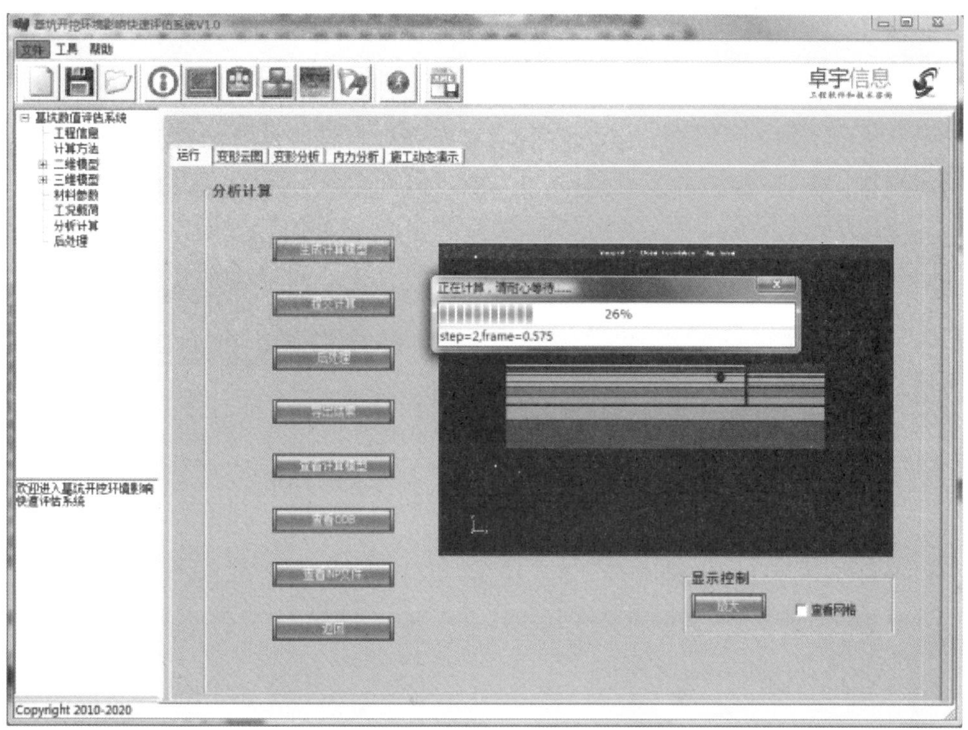

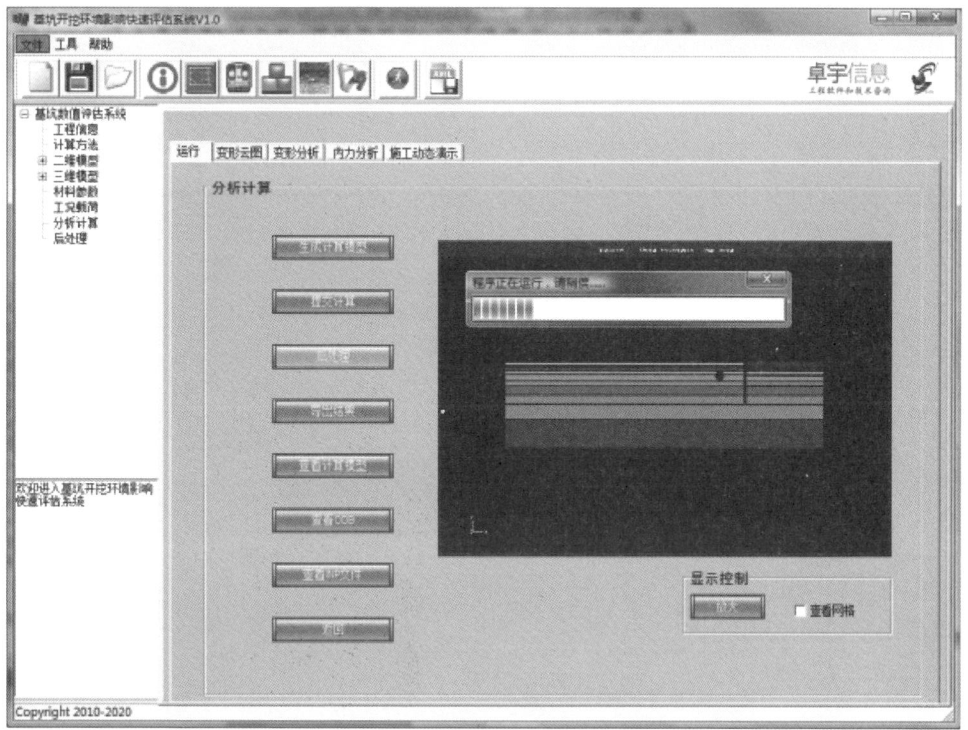

图 7-96 提交计算和后处理

4）有限元计算结果

(1) 土体变形分析，如图 7-97—图 7-99 所示。

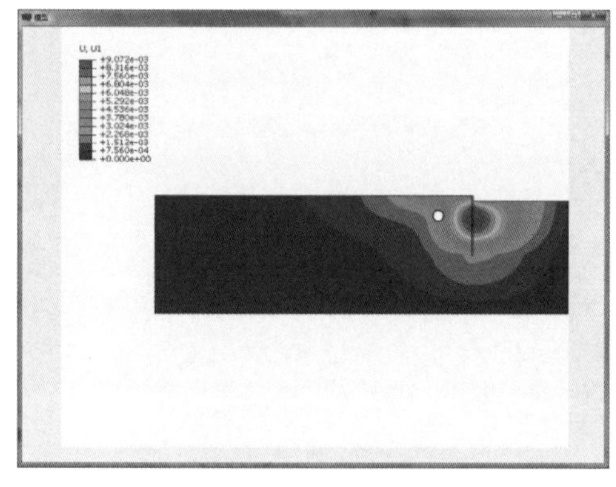

(a) 工况一(开挖至2.4 m)

(b) 工况二(开挖至6.4 m)

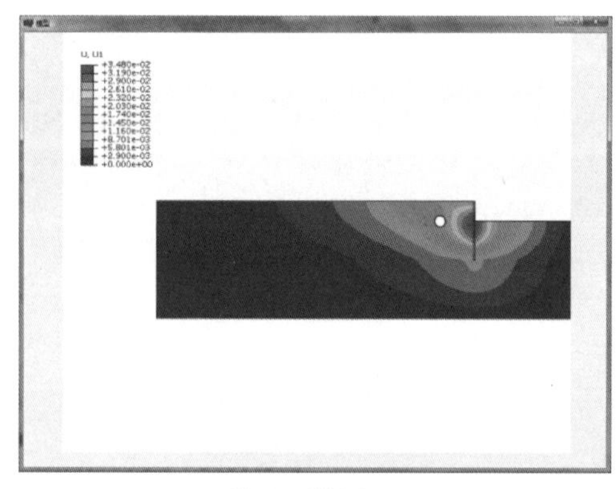

(c) 工况三(开挖至10.4 m)

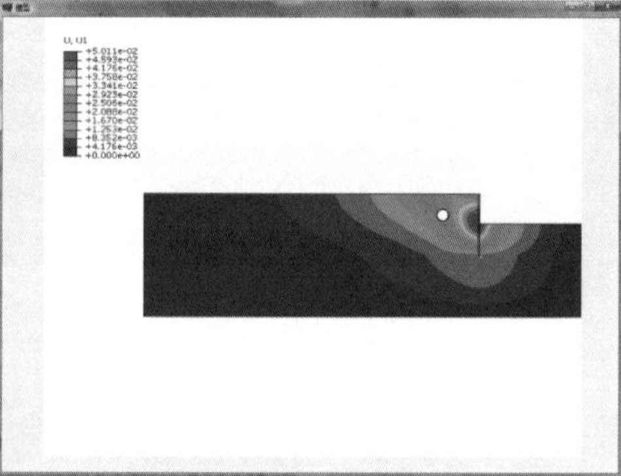

(d) 工况四(开挖至14.7 m)

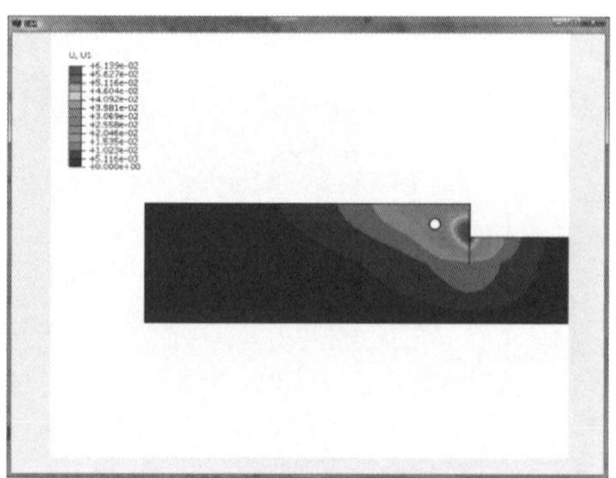

(e) 工况五(开挖到底，至17.2 m)

图 7-97　变形云图(水平位移)

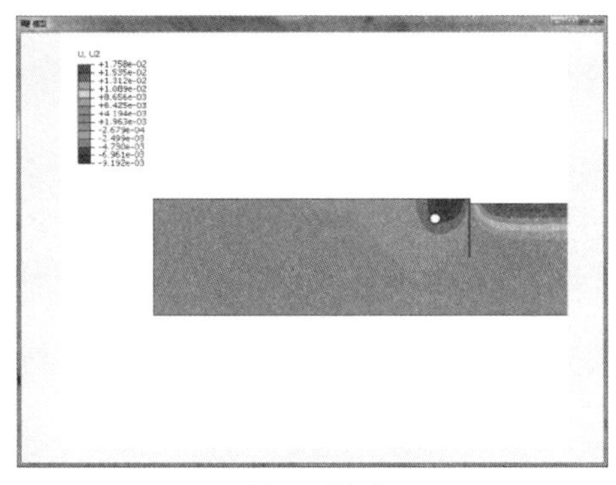

(a) 工况一(开挖至2.4 m)

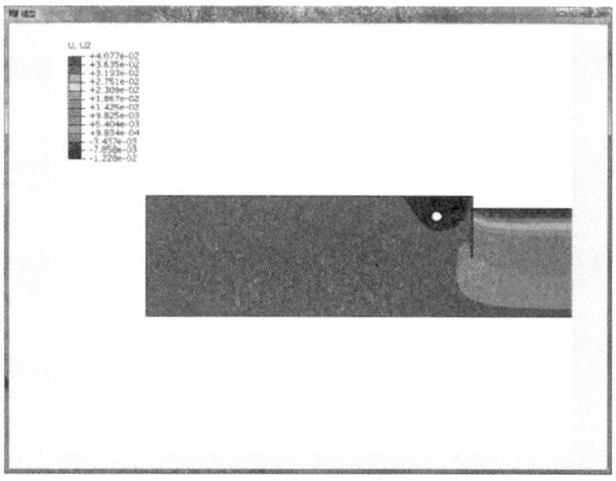

(b) 工况二(开挖至6.4 m)

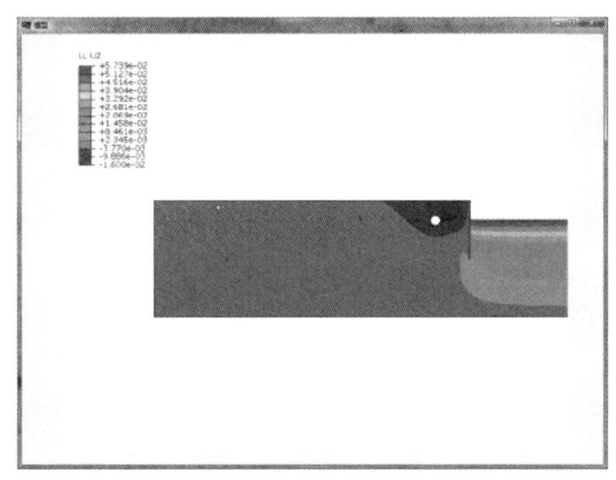

(c) 工况三(开挖至10.4 m)

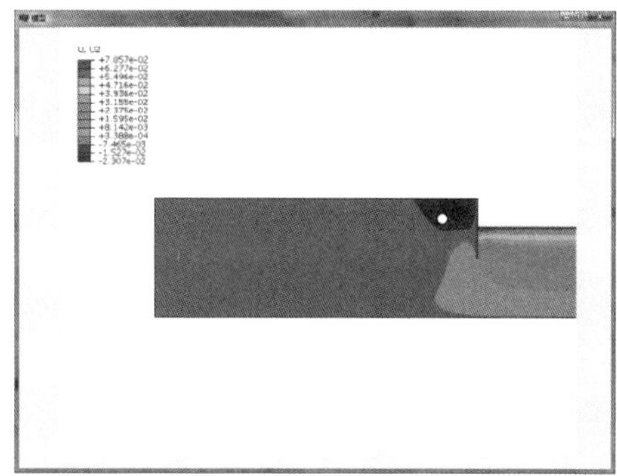

(d) 工况四(开挖至14.7 m)

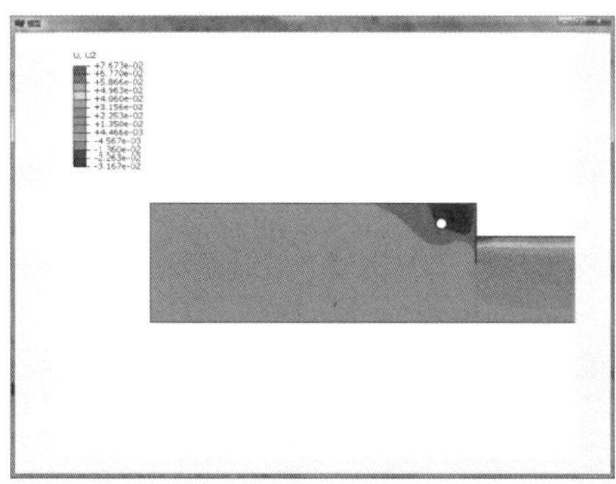

(e) 工况五(开挖到底，至17.2 m)

图 7-98 变形云图(竖向位移)

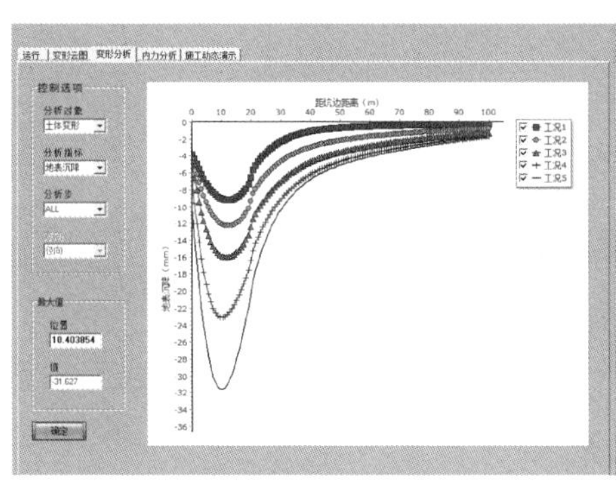

(a) 地表沉降

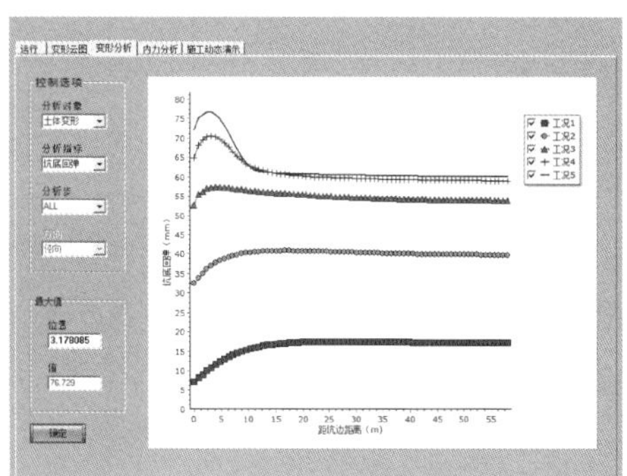

(b) 坑底回弹

图 7-99 地表沉降和坑底回弹分析图

(2) 围护结构变形分析,如图 7-100 和图 7-101 所示。

(a) 工况一(开挖至2.4 m)

(b) 工况二(开挖至6.4 m)

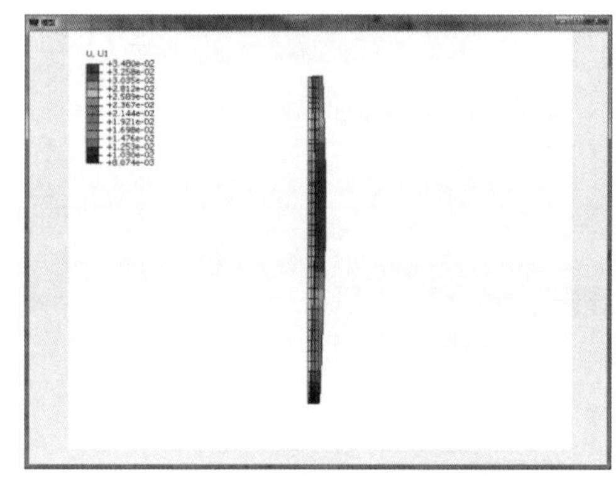

(c) 工况三(开挖至10.4 m)

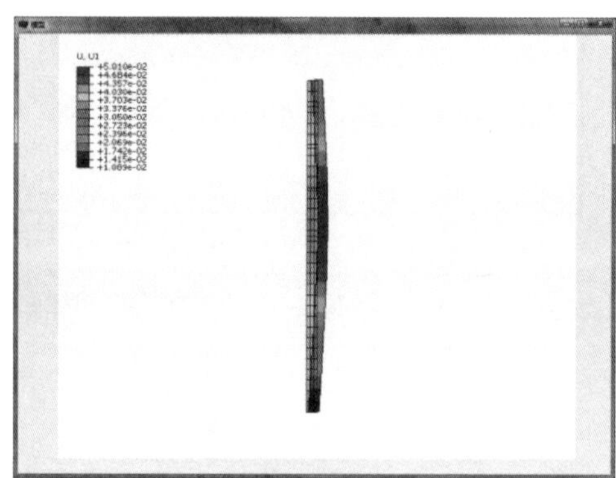

(d) 工况四(开挖至14.7 m)

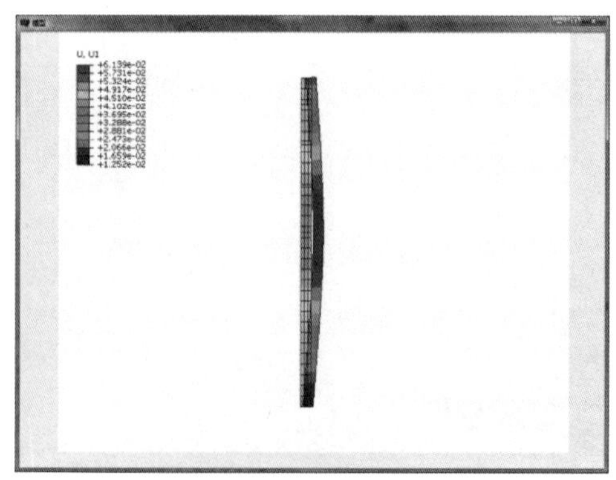

(e) 工况五(开挖到底,至17.2 m)

图 7-100　变形云图(水平位移)

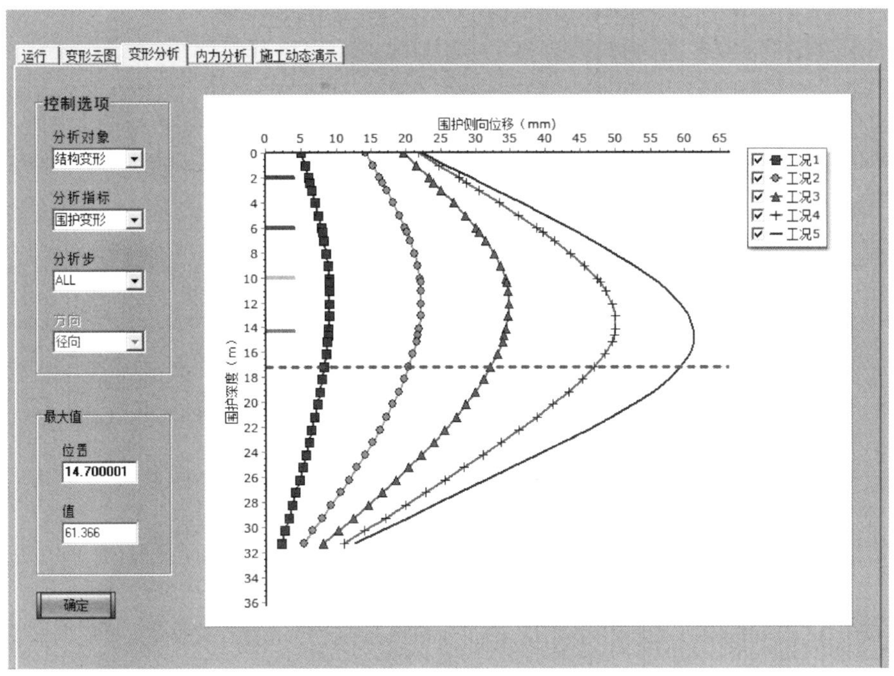

图 7-101　侧向位移分析

(3) 隧道位移分析，如图 7-102—图 7-104 所示。

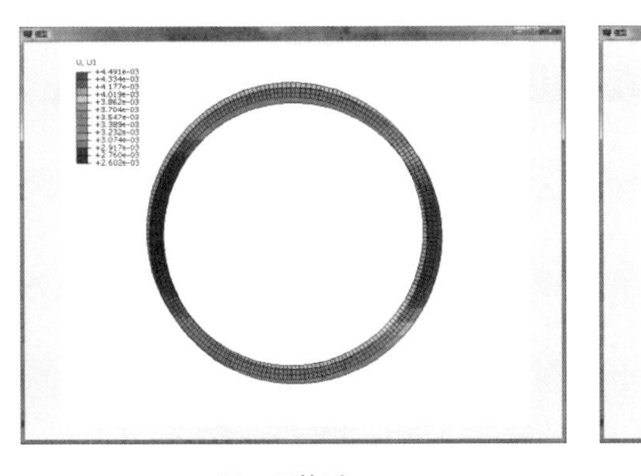

(a) 工况一(开挖至2.4 m)

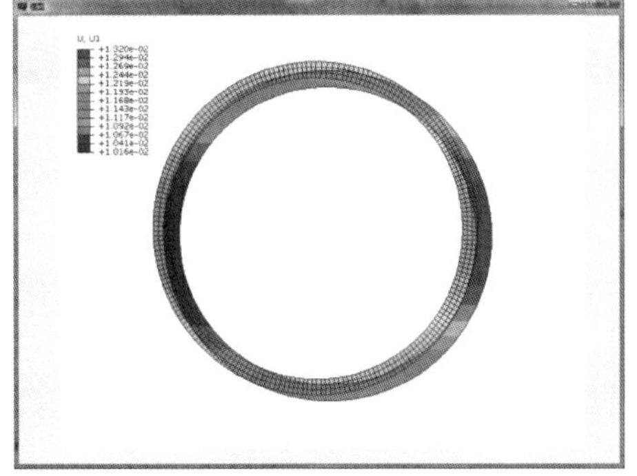

(b) 工况二(开挖至6.4 m)

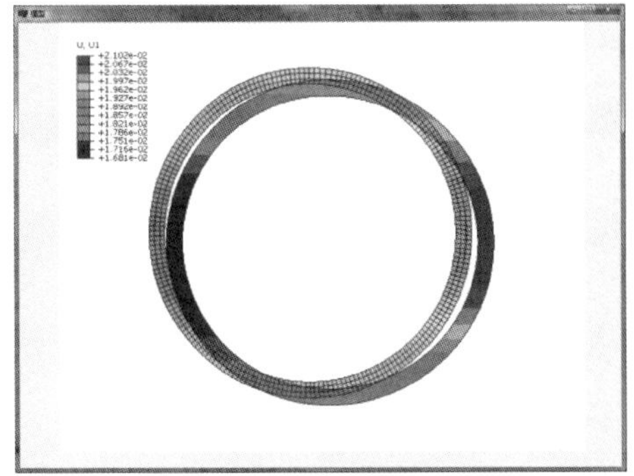

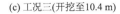

(c) 工况三(开挖至10.4 m)

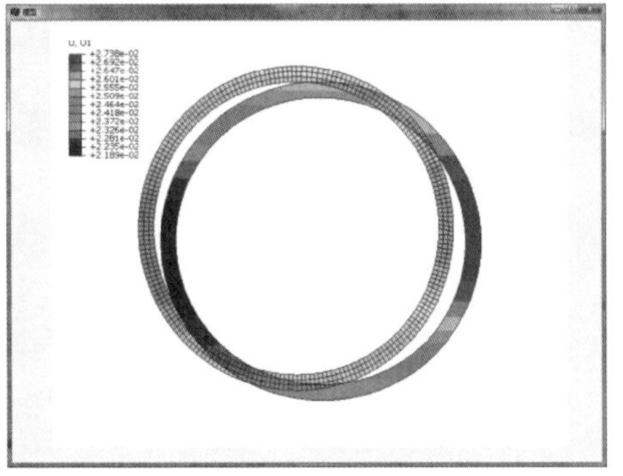

(d) 工况四(开挖至14.7 m)

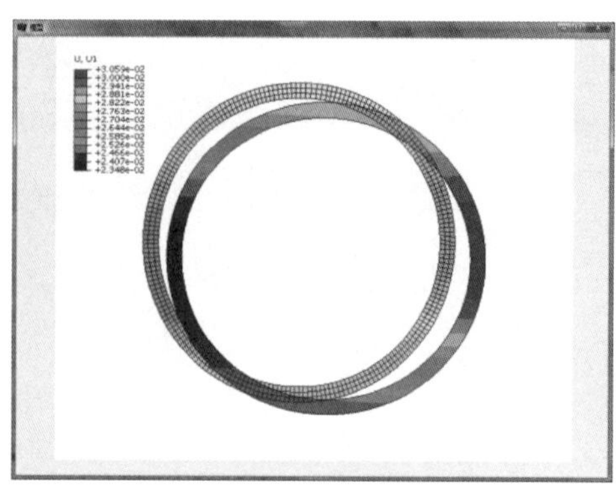

(e) 工况五(开挖到底，至17.2 m)

图 7-102　变形云图(水平位移)

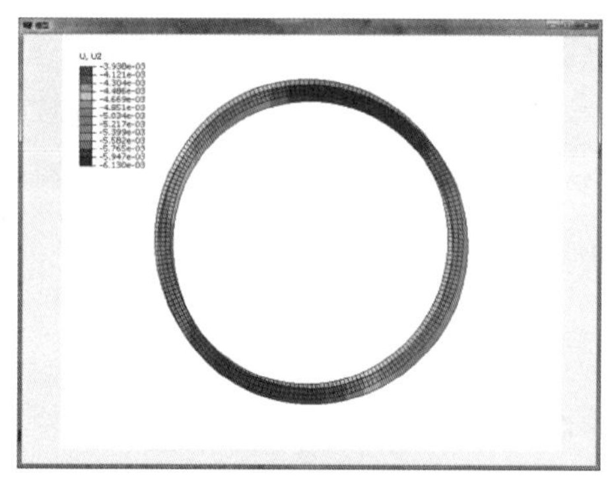

(a) 工况一(开挖至2.4 m)

(b) 工况二(开挖至6.4 m)

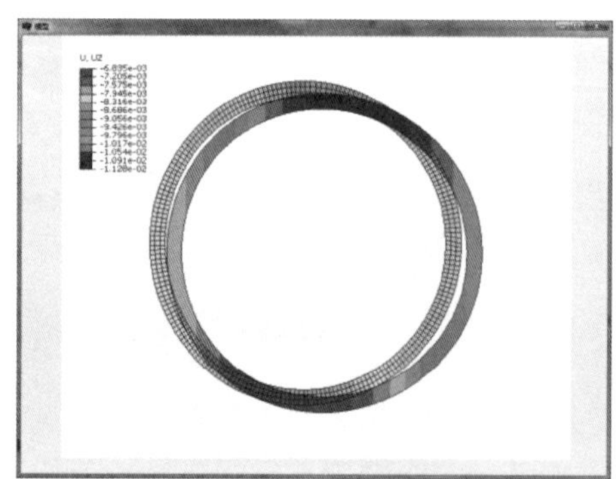

(c) 工况三(开挖至10.4 m)

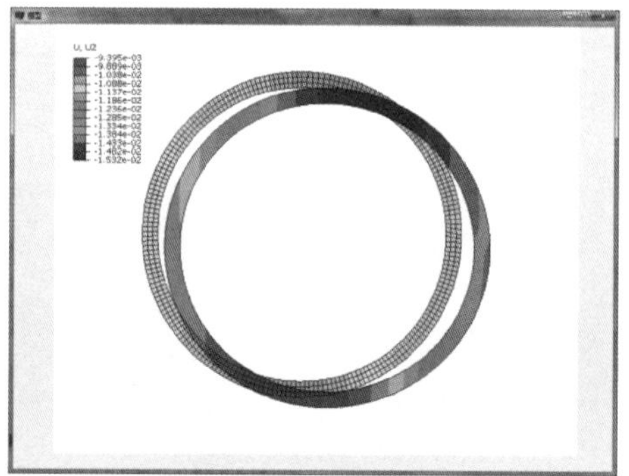

(d) 工况四(开挖至14.7 m)

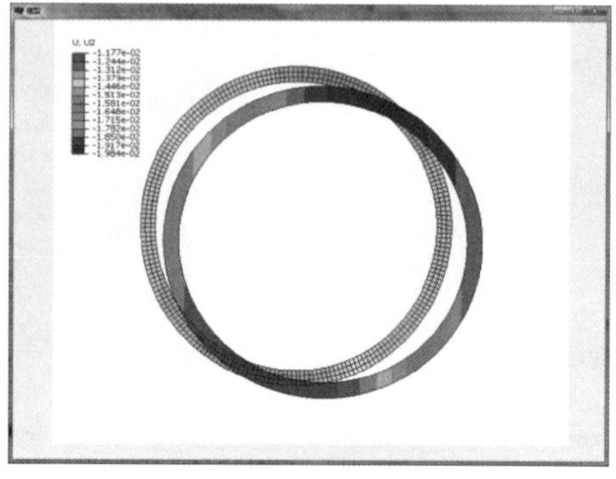

(e) 工况五(开挖到底，至17.2 m)

图 7-103　变形云图(竖向位移)

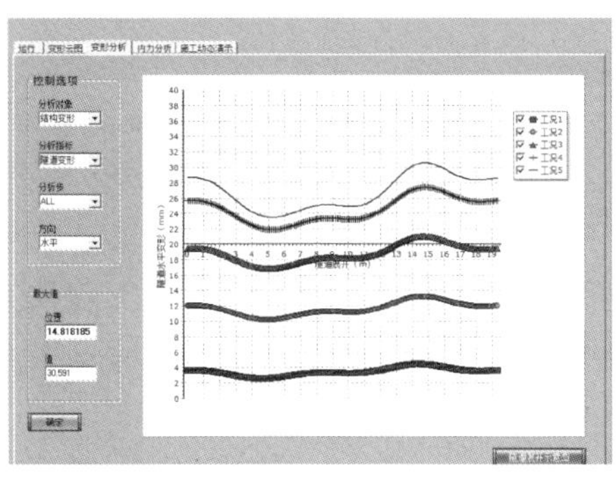

(a) 水平位移

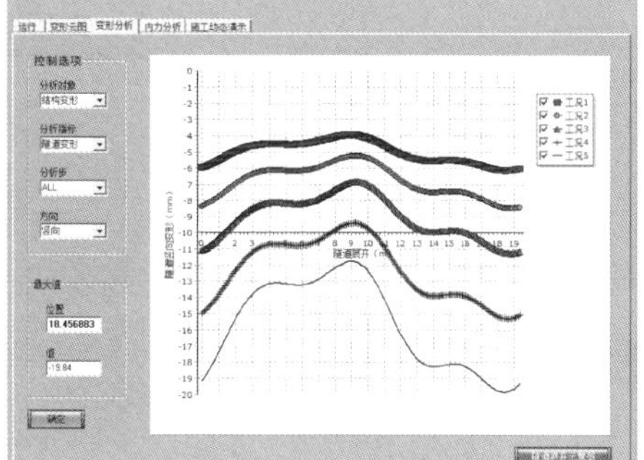

(b) 竖向位移

图 7-104　隧道位移分析

(4) 隧道断面收敛分析,如图 7-105 和图 7-106 所示。

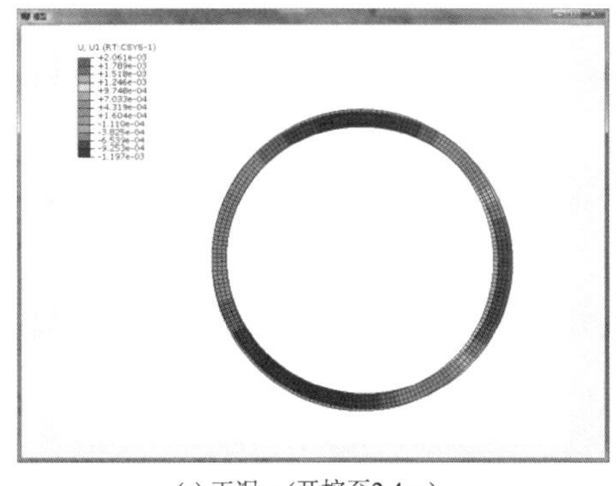

(a) 工况一(开挖至2.4 m)

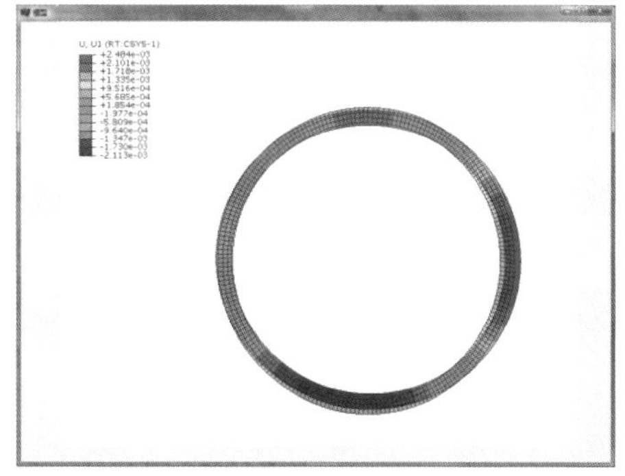

(b) 工况二(开挖至6.4 m)

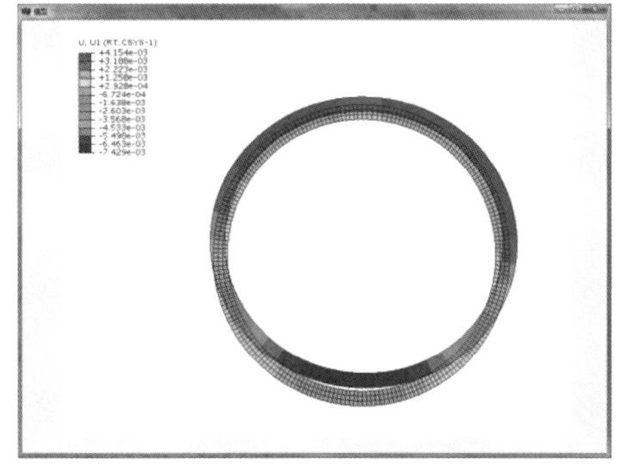

(c) 工况三(开挖至10.4 m)

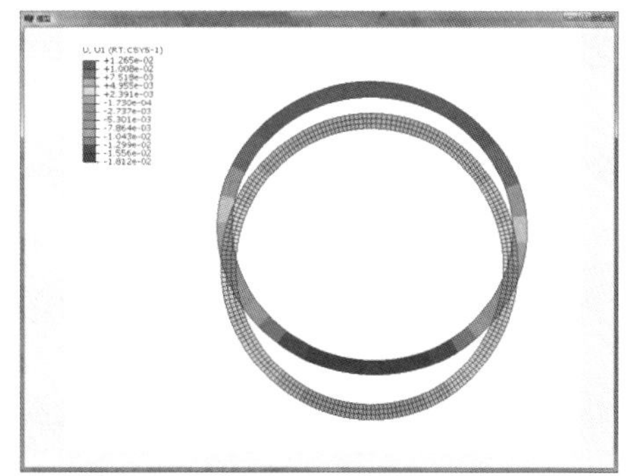

(d) 工况四(开挖至14.7 m)

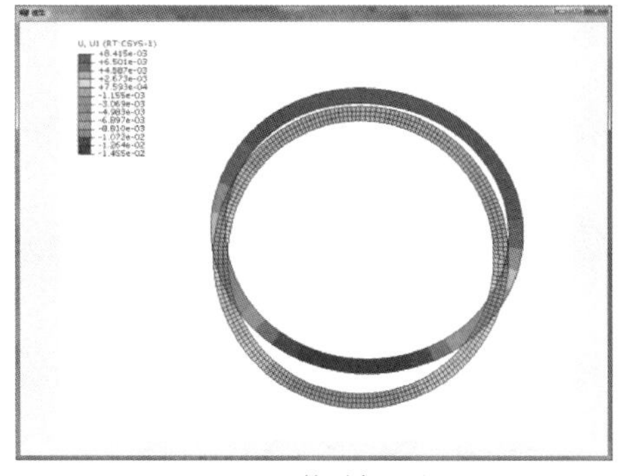

(e) 工况五(开挖到底，至17.2 m)

图 7-105　变形云图(径向收敛位移)

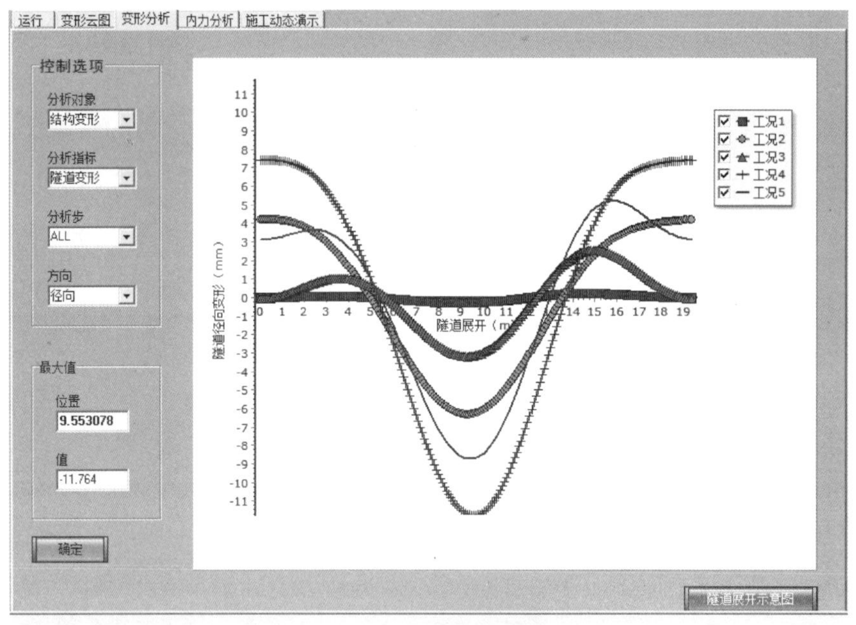

图 7-106　径向收敛位移分析

（5）围护结构内力分析(剪力和弯矩)，如图 7-107 所示。

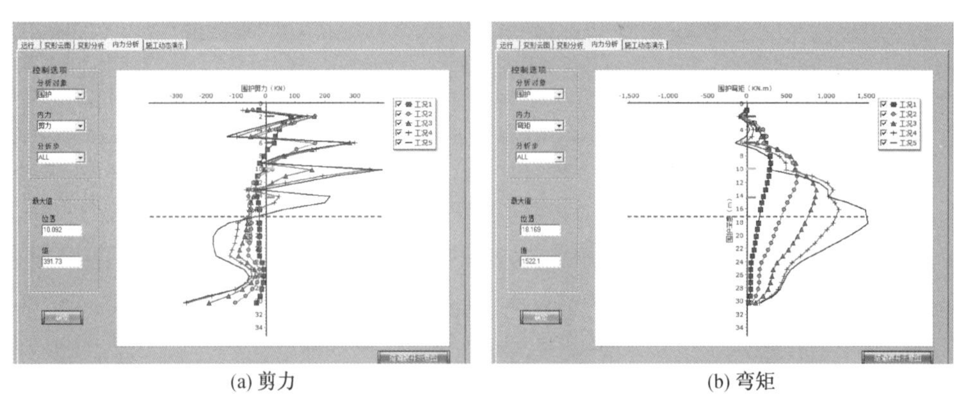

(a) 剪力　　(b) 弯矩

图 7-107　围护结构内力分析

（6）隧道管片内力分析(剪力和弯矩)，如图 7-108 所示。

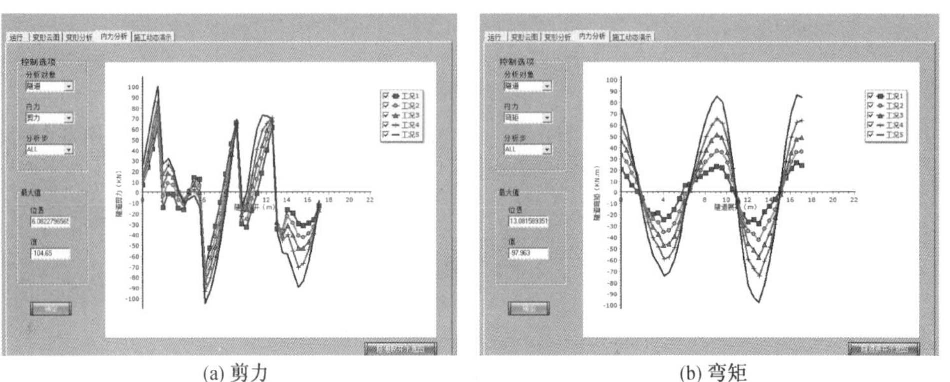

(a) 剪力　　(b) 弯矩

图 7-108　隧道管片内力分析

5）主要结论

通过对中建大厦基坑的二维有限元分析，模拟全工况基坑开挖施工对周边环境的影响，得到以下主要计算结论。

（1）地表沉降在基坑开挖过程中最大值为－31.6 mm，发生位置距基坑 10.4 m。

（2）坑底回弹在基坑开挖过程中最大值为 76.7 mm，发生位置距基坑边 3.2 m。

（3）隧道最大沉降在开挖过程中最大值为－19.8 mm，距隧道顶顺时针展开距离 18.4 m。

（4）隧道在基坑开挖过程中的最大侧移为 30.6 mm，距隧道顶顺时针展开距离 14.8 m。

（5）隧道断面径向收敛位移在开挖过程中最大值为－11.8 mm，距隧道顶顺时针展开距离 9.6 m。

（6）围护侧向变形在基坑开挖过程中最大值为 61.4 mm，其发生深度为 14.7 m。

（7）围护剪力在基坑开挖过程中的最大值为 359.3 kN，其发生深度为 10.1 m。

（8）围护弯矩在基坑开挖过程中的最大值为 2 084 kN・m，其发生深度为 16.2 m。

（9）隧道剪力在基坑开挖过程中的最大值为 105 kN，距隧道顶顺时针展开距离 6.1 m。

（10）隧道弯矩在基坑开挖过程中的最大值为 98.0 kN・m，距隧道顶顺时针展开距离 13.1 m。

2. 三维计算实例

1）工程概况

万向大厦基坑围护工程位于上海市浦东陆家嘴地区，东邻海关大厦，南至陆家嘴西路，西侧距黄浦江约 200 m，由上海万向集团投资兴建。本工程总建筑面积为 42 217.66 m^2，地上塔楼 19 层、裙房 3 层，地下 3 层，为混凝土框架-核心筒结构。塔楼开挖深度约 14.35 m，裙房开挖深度约 14.85 m，集水坑加深 2.0 m。

本工程设计的±0.000 相当于绝对标高＋4.500 m，天然地面平均绝对标高＋4.300 m，相对标高－0.200 m。本工程底板面标高为－13.60 m，核芯筒区域筏板厚度 1 800 mm，垫层厚度 100 mm，基坑底面标高－14.50 m；周边框架部分基础为承台-基础梁-筏板形式，筏板厚度 800 mm，基础梁高度 1 000～1 300 mm，其中基础边梁高度 1 300 mm，垫层厚度100 mm，坑底面标高－14.00 m。

本工程采用钻孔灌注桩作为围护结构，三轴水泥土搅拌桩作为止水帷幕，坑内周边采用旋喷桩加固，坑内设 3 道钢筋混凝土水平支撑。

根据相关图纸，本工程地下室东侧距海关大厦的 4 层裙房约 14.8 m，该建筑为桩基础；地下室西侧距上海浦江桥隧运营管理有限公司延东分公司的 5 层楼约 38.8 m。本工程南北两侧均有延安东路隧道，是重点保护对象，南侧距延安东路隧道南线（边线）16.4～17.9 m，隧道中心线绝对标高－11.9～－14.0 m；地下室北侧距延安东路隧道北线（边线）仅 4.9～12.7 m，隧道中心线绝对标高－11.7～－13.8 m，隧道中心线略低于本工程坑底（绝对标高－10.50 m）。

根据上海市建设委员会科技委员会 1999 年编写的《隧道工程》资料，延安东路隧道为盾构法施工的圆形隧道，外径 11 m，内径 9.9 m。隧道由 8 块钢筋混凝土管片拼装组成圆环，每环宽 1 m，设计强度 50 MPa，抗渗等级为 S8。

本工程地下室形状基本呈 70 m×70 m 的方形，约 5 000 m^2。基坑采用钻孔灌注桩作为围护结构，桩径为 1 200 mm 和 1 050 mm，桩长为 30～34 m；基坑止水帷幕采用深 22.8 m 的三轴水泥土搅拌桩，桩径为 850 mm，中心间距为 1 200 mm；钻孔灌注桩与三轴水泥土搅拌桩间隙采用深约 22.8 m 压密注浆充填。坑内周边采用直径为 800 的旋喷桩加固，桩中心间距 600 mm，加固宽度约 6.2 m。

基坑内设三道钢筋混凝土支撑，第一道支撑结合挖土栈桥布置，圈梁及支撑轴线标高为 −1.75 m，−7.20 m，−12.00 m；支撑的截面面积分别为：第一道支撑（0.9 m×0.8 m）、栈桥处（0.9 m×0.9 m）、第二道支撑（1.2 m×0.8 m）、第三道支撑（1.0 m×0.8 m）。支撑及栈桥下设立柱，立柱坑底以下为钻孔灌注桩，基坑底面以上为型钢格构柱，格构柱插入灌注桩内 3 m。

万向大厦基坑平面图和剖面图分别如图 7-109 和图 7-110 所示。

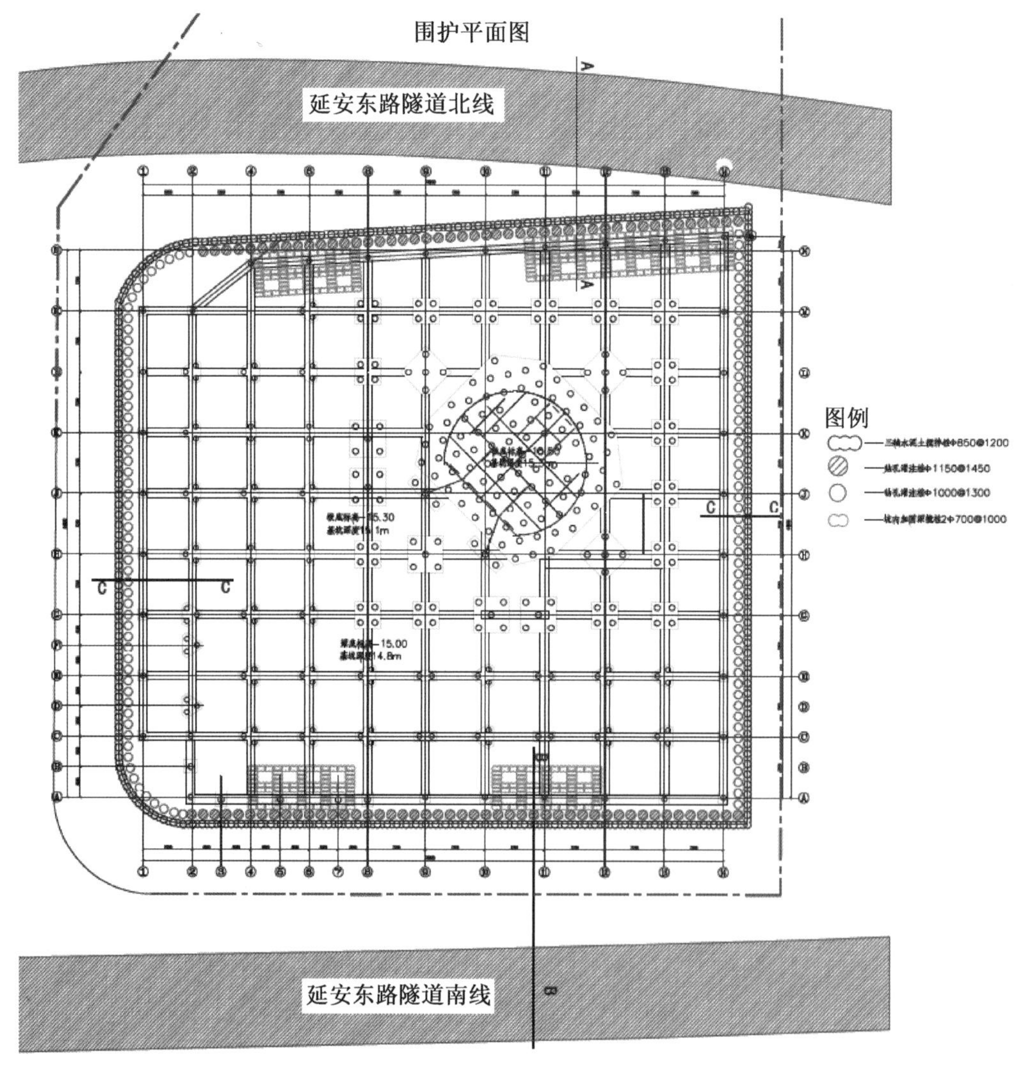

图 7-109　万向大厦基坑平面图

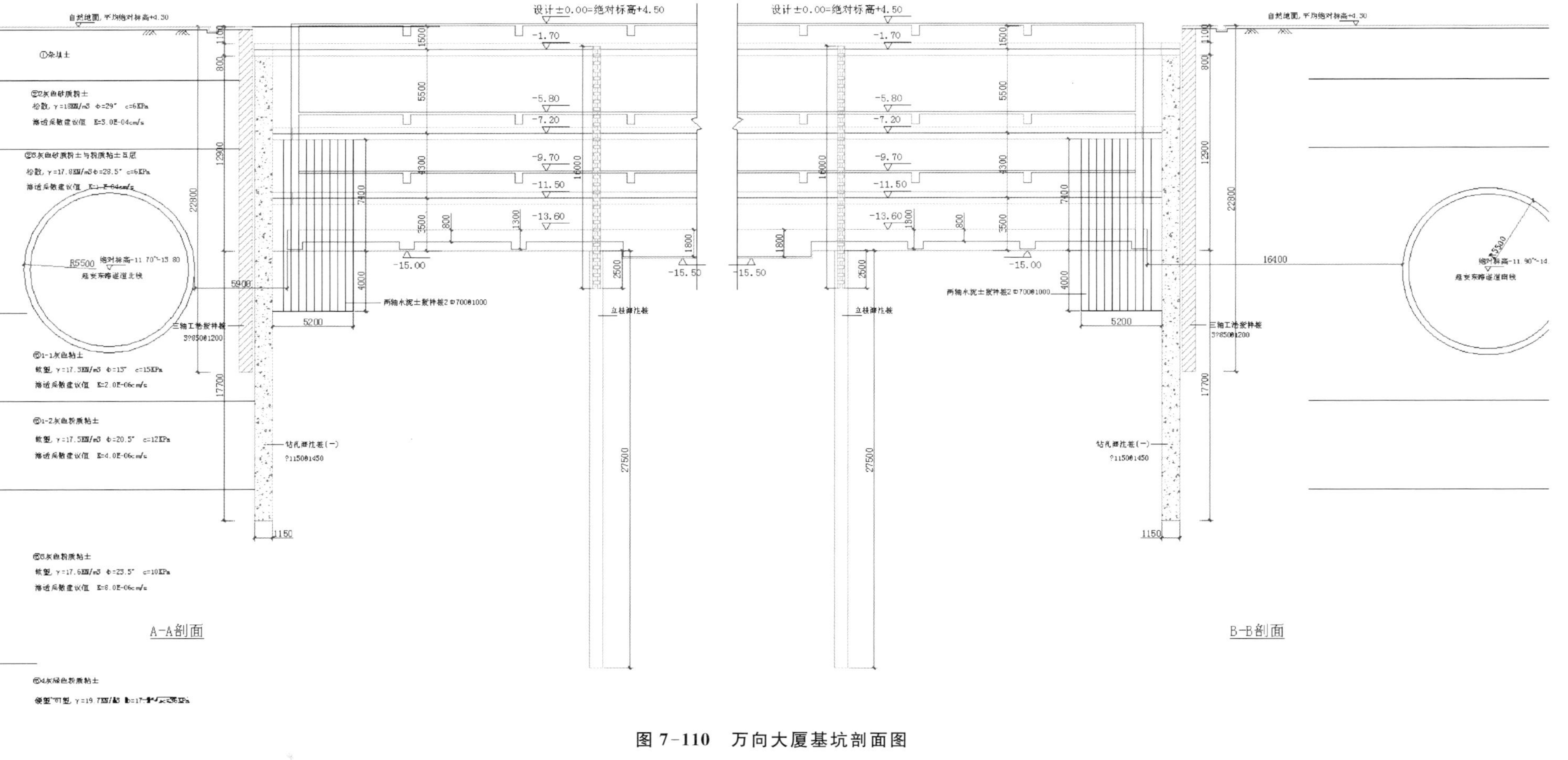

图 7-110　万向大厦基坑剖面图

2）土层参数

本案例采用修正剑桥模型参数进行计算，其主要参数如表 7-10 所列。

表 7-10　　万向大厦基坑土体计算参数

层序	土名	层厚/m	孔隙比 e	天然容重 $\gamma/(kN\cdot m^{-3})$	压缩参数 λ	回弹参数 κ	泊松比 ν	临界状态线斜率 M
①$_1$	填土	3	—	18	0.11	0.007	0.4	0.8
②$_2$	灰色砂质粉土	5	0.94	18	0.13	0.008	0.4	0.6
②$_3$	灰色砂质粉土与粉质黏土互层	9.75	1.00	17.8	0.1	0.008	0.4	0.55
⑤$_{1-1}$	灰色黏土	6.65	1.17	17.3	0.086	0.008	0.4	1.1
⑤$_{1-2}$	灰色粉质黏土	6	1.09	17.5	0.075	0.007	0.4	1.0
⑤$_3$	灰色粉质黏土	11.9	1.1	17.6	0.090	0.005	0.4	1.0
⑤$_4$	灰绿色粉质黏土	2.2	0.7	19.7	0.090	0.004	0.4	1.0
⑦$_1$	灰绿色砂质粉土	3.4	0.7	19.2	0.010	0.003	0.4	1.0

3）模型建立、计算及提交后处理

已知基坑形式、围护方案以及土层参数，即可进行自动化的有限元分析。

（1）步骤一：填写基本信息，如图 7-111 所示。

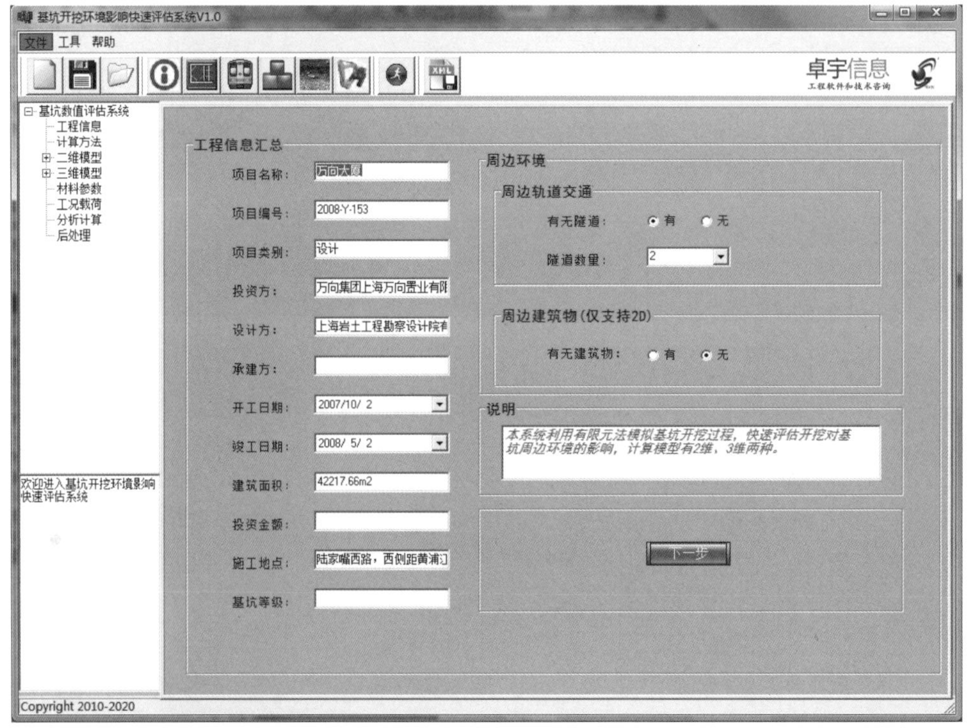

图 7-111　填写基本信息

(2) 步骤二:选择计算方法,如图 7-112 所示。

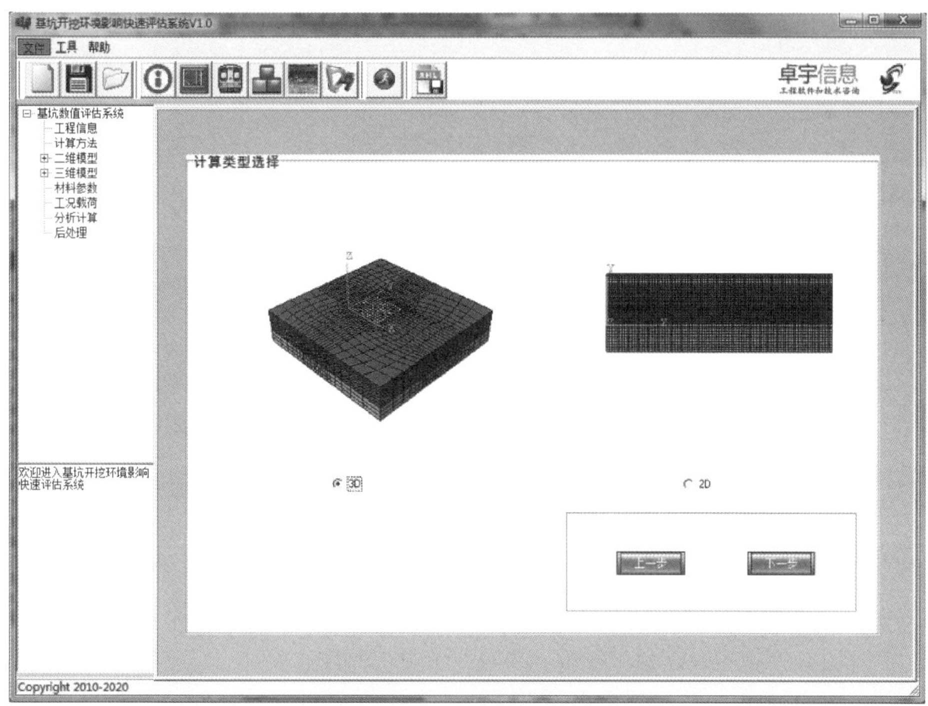

图 7-112 选择计算方法

(3) 步骤三:选择计算模板,如图 7-113 所示。

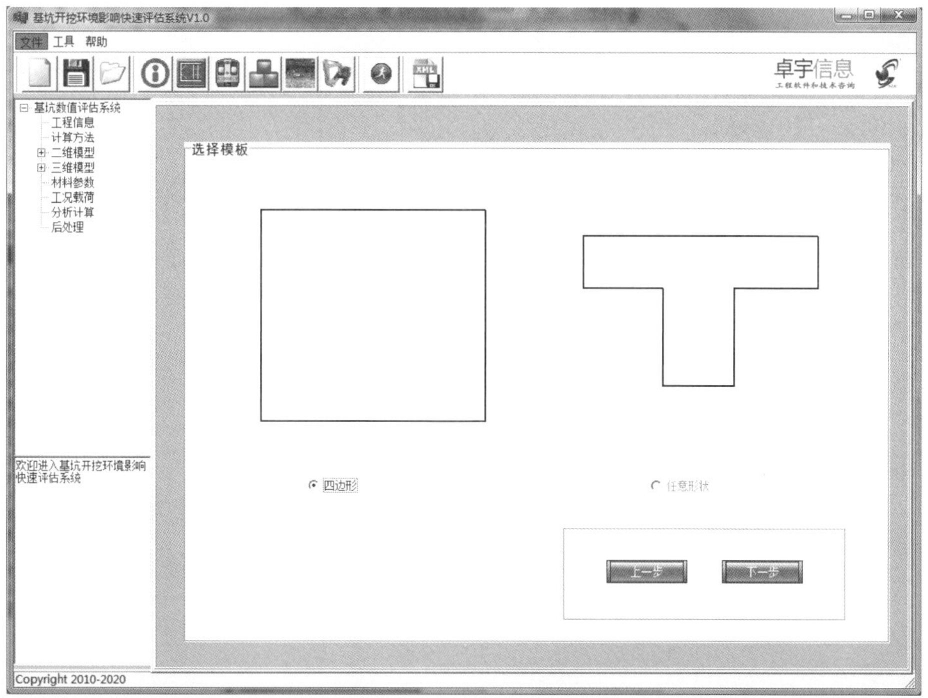

图 7-113 选择计算模板

(4) 步骤四:定义基坑和计算域范围,如图 7-114 所示。

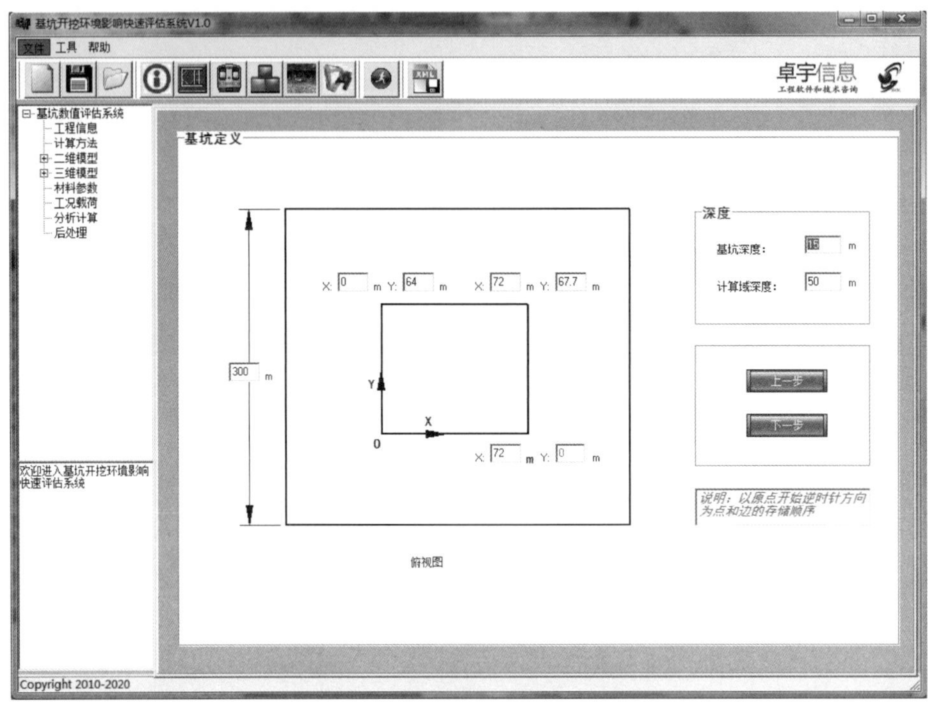

图 7-114 定义基坑和计算域范围

(5) 步骤五:输入围护结构参数,如图 7-115 所示。

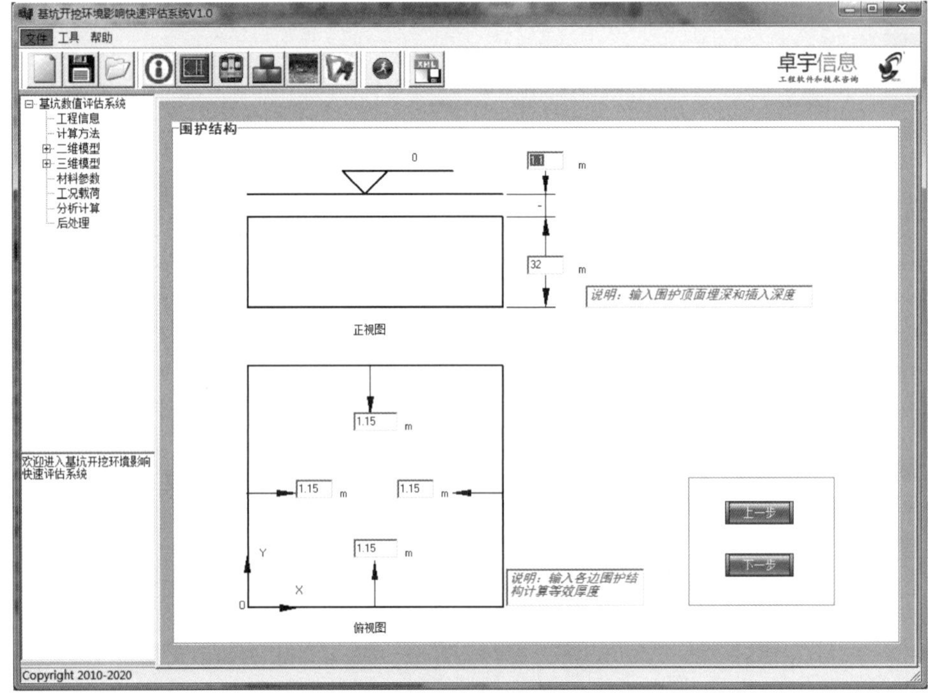

图 7-115 输入围护结构参数

(6) 步骤六:输入隧道轴线和断面参数,如图 7-116 所示。

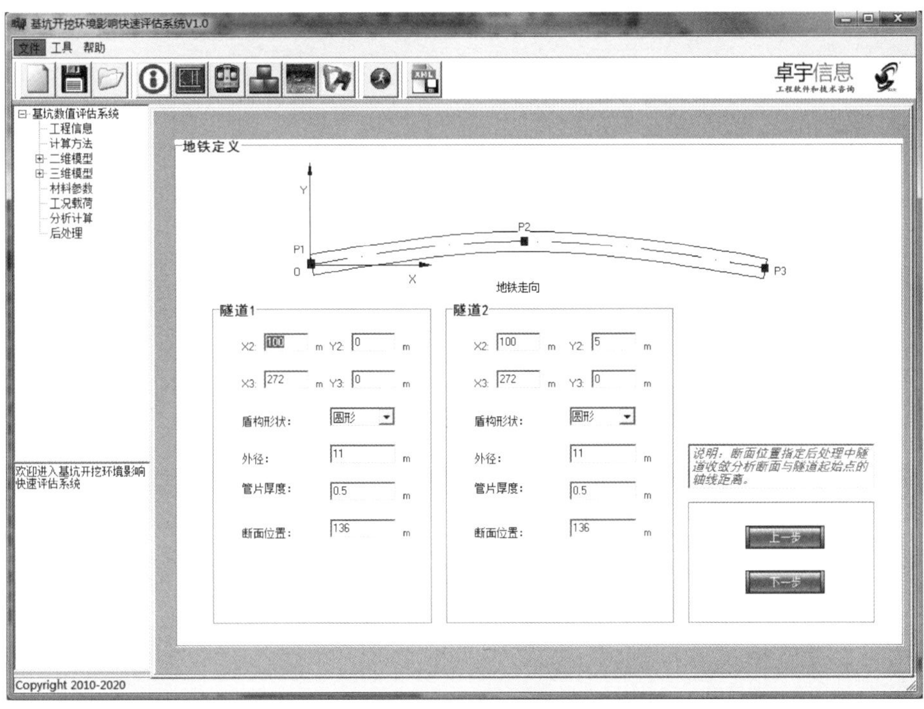

图 7-116　输入隧道轴线和断面参数

(7) 步骤七:输入隧道在计算域的位置参数,如图 7-117 所示。

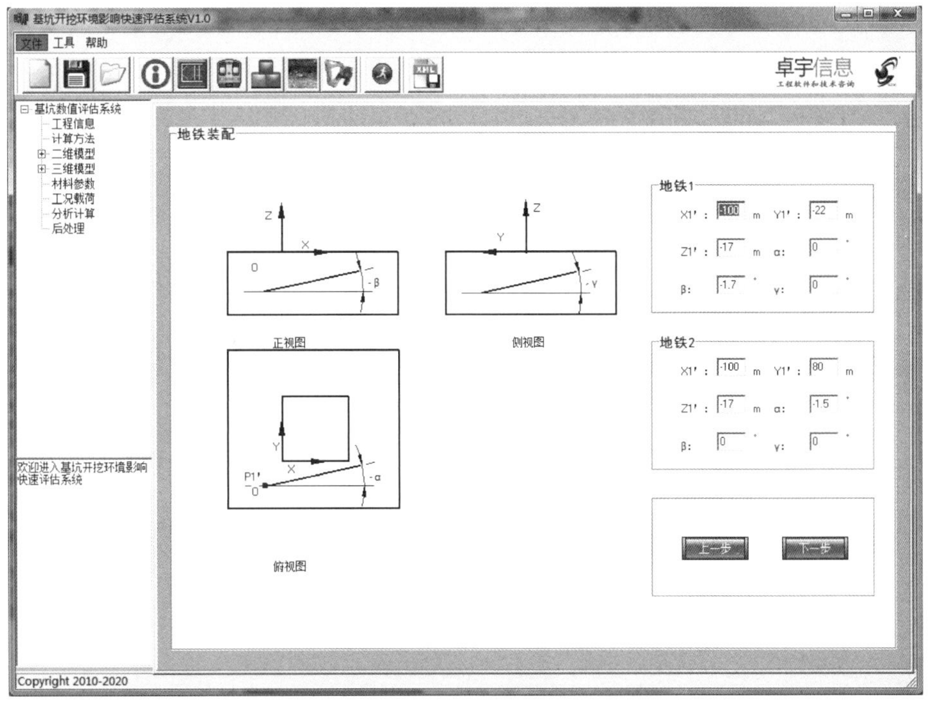

图 7-117　输入隧道在计算域的位置参数

（8）步骤八：选择土体本构模型，定义计算材料参数，如图 7-118 所示。

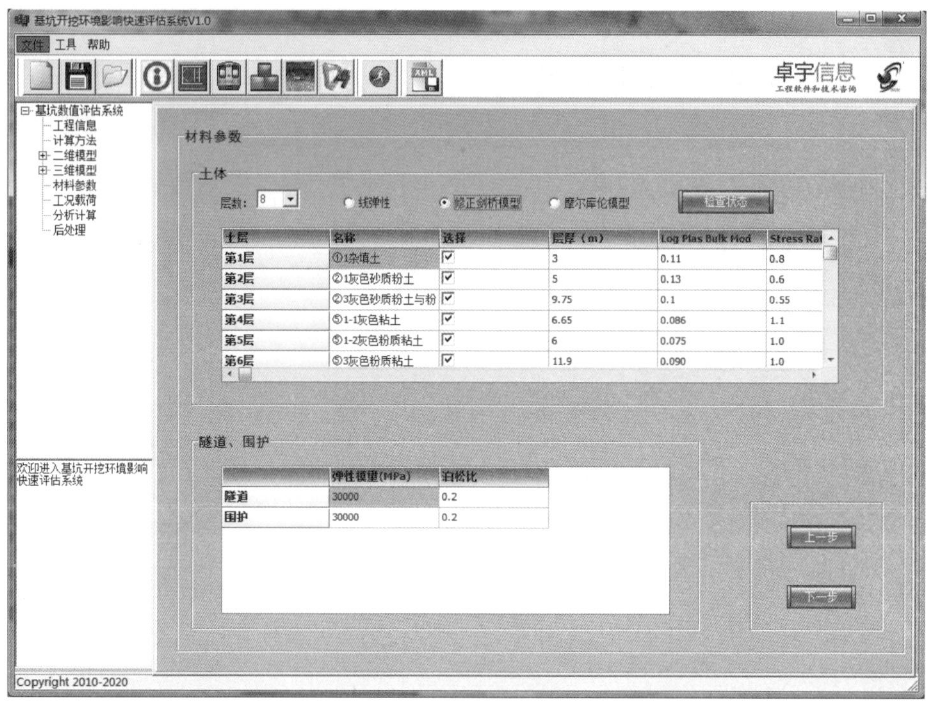

图 7-118　选择土体本构模型，定义计算材料参数

（9）步骤九：定义工况荷载，如图 7-119 所示。

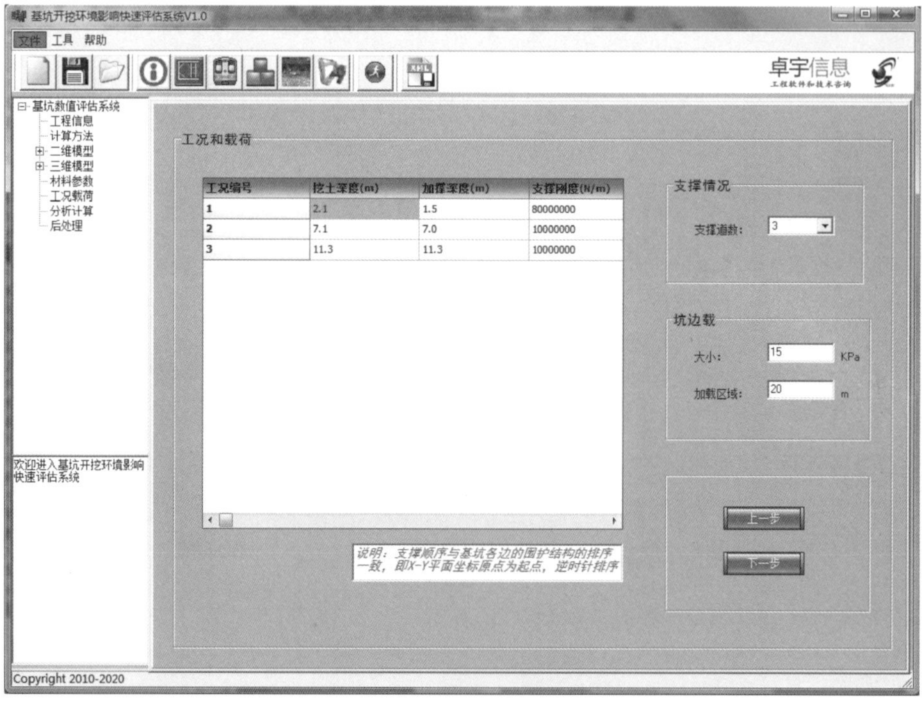

图 7-119　定义工况荷载

(10) 步骤十:生成计算模型,如图 7-120 所示。

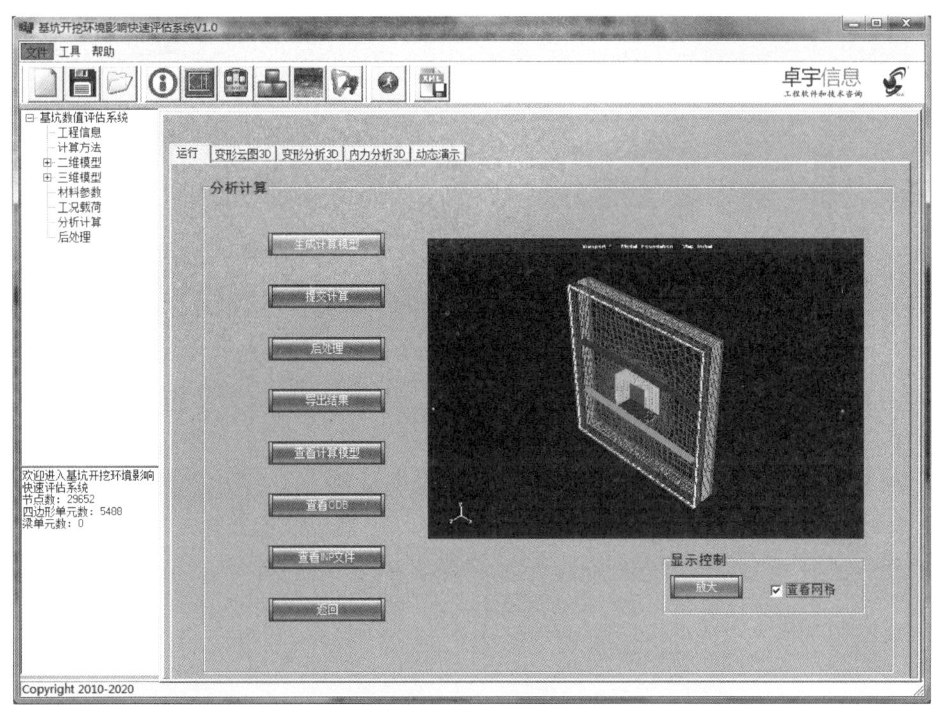

图 7-120　生成计算模型

(11) 步骤十一:提交计算,如图 7-121 所示。

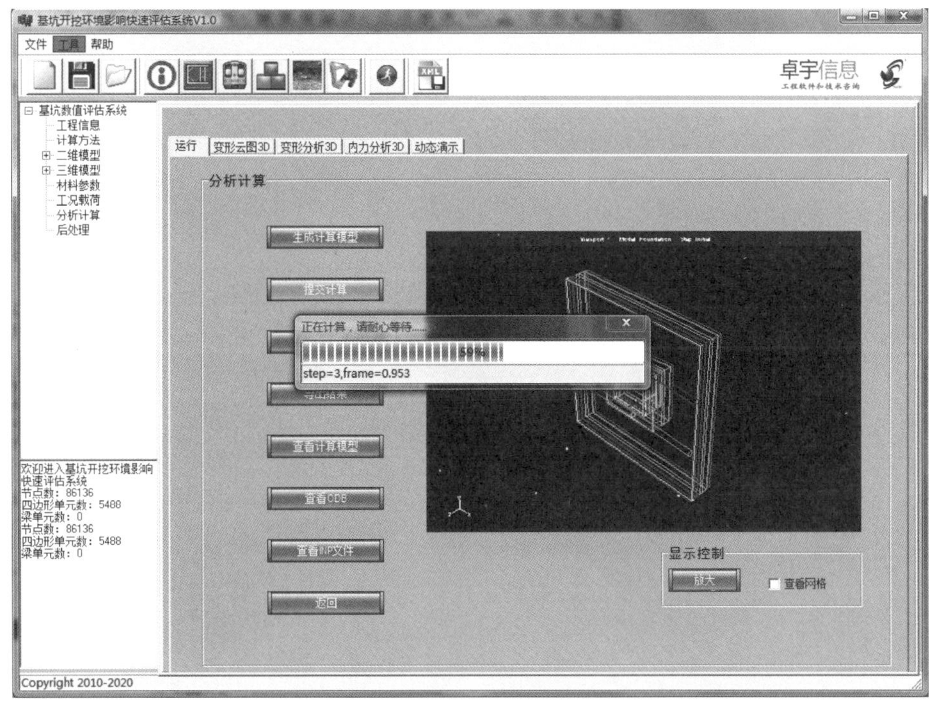

图 7-121　提交计算

(12) 步骤十二:提交后处理,如图 7-122 所示。

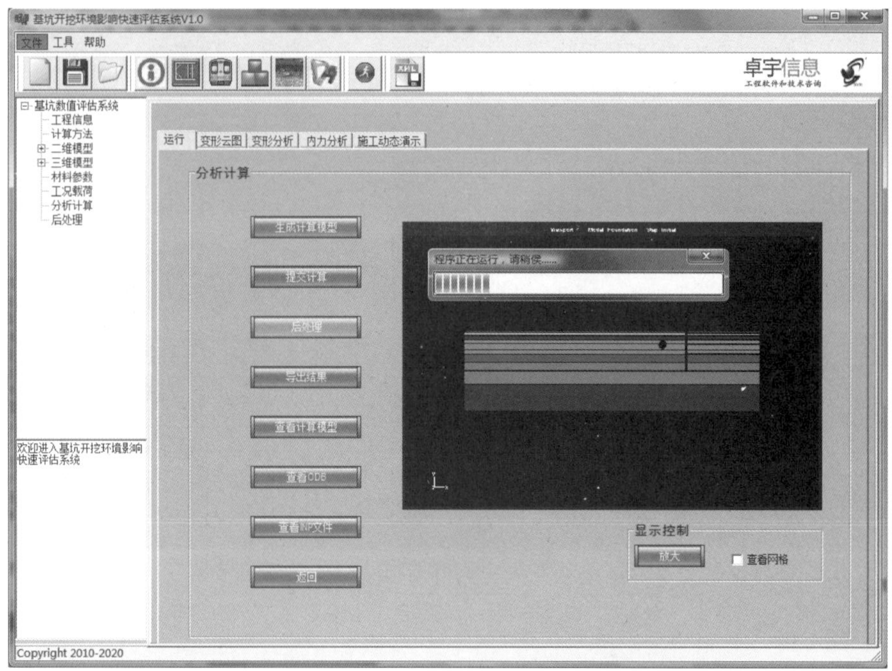

图 7-122　提交后处理

4) 有限元计算结果

(1) 土体变形分析,如图 7-123—图 7-127 所示。

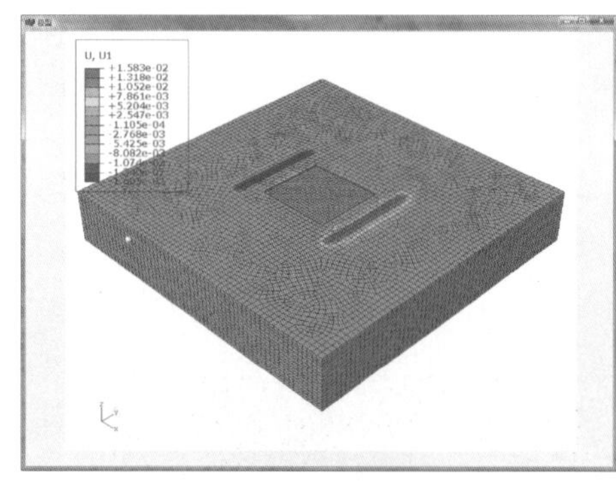

(a) 工况一(开挖至2.1 m)

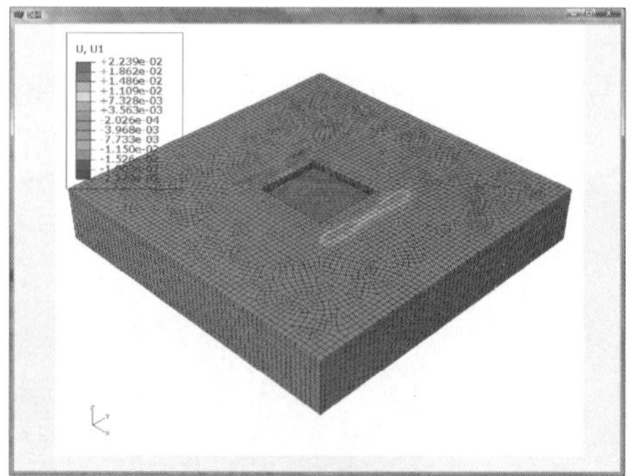

(b) 工况二(开挖至7.3 m)

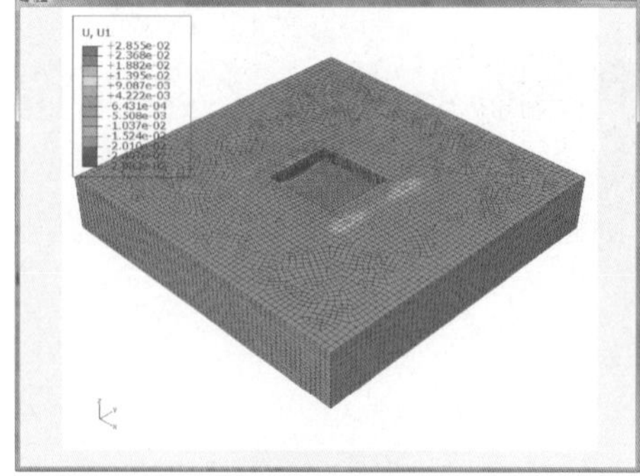

(c) 工况三(开挖至11.3 m)

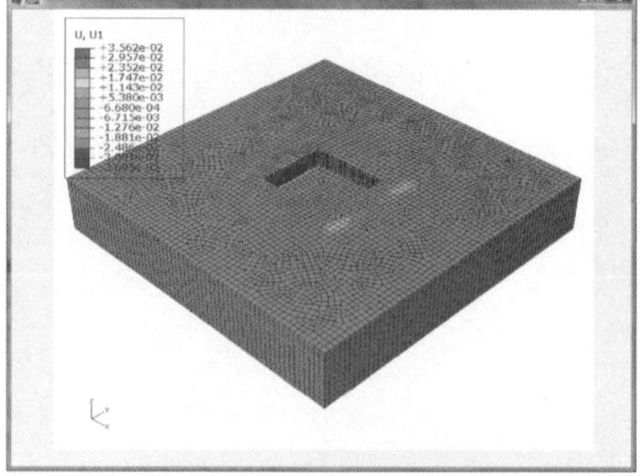

(d) 工况四(开挖到底，至14.85 m)

图 7-123　变形云图(水平 *X* 方向位移)

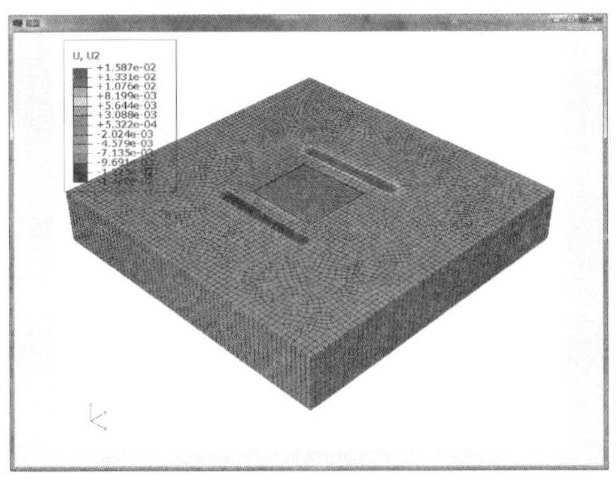

(a) 工况一(开挖至2.1 m)

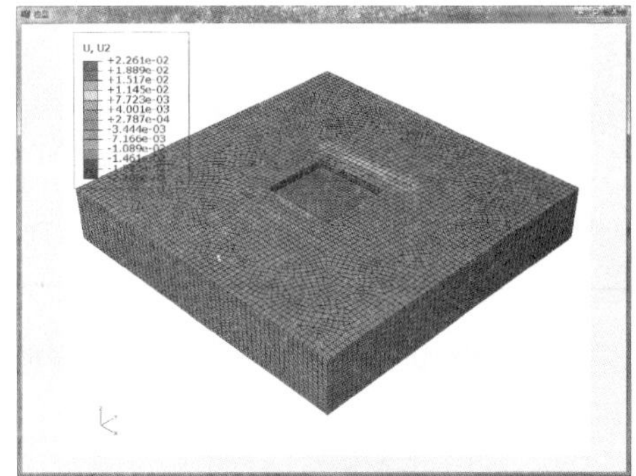

(b) 工况二(开挖至7.3 m)

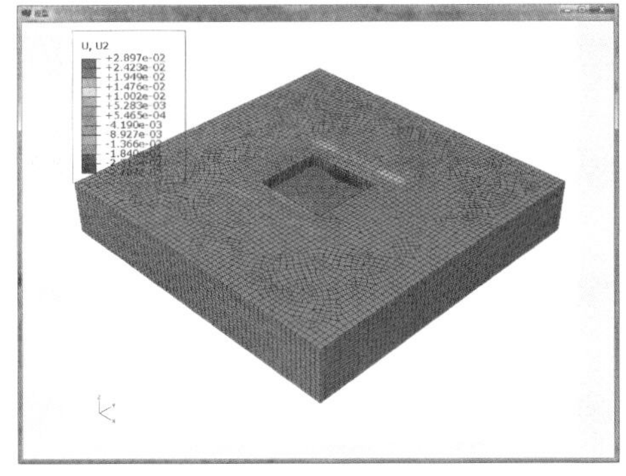

(c) 工况三(开挖至11.3 m)

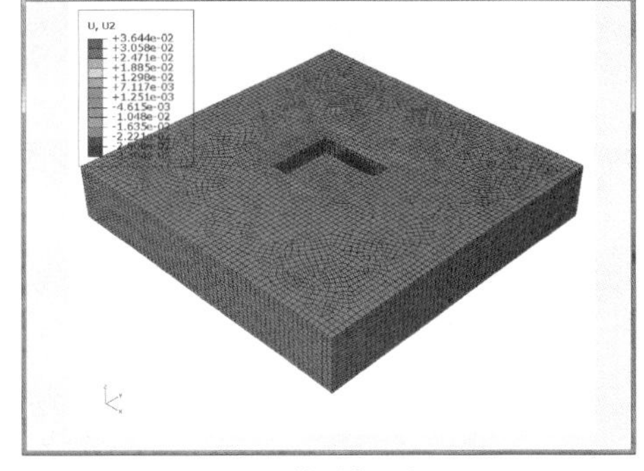

(d) 工况四(开挖到底，至14.85 m)

图 7-124　变形云图(水平 *Y* 方向位移)

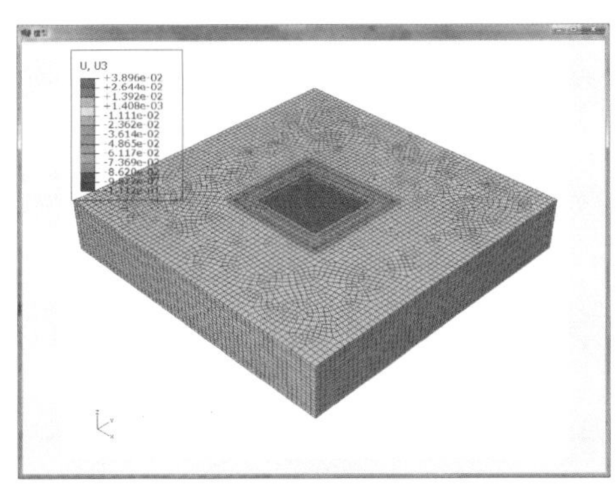

(a) 工况一(开挖至2.1 m)

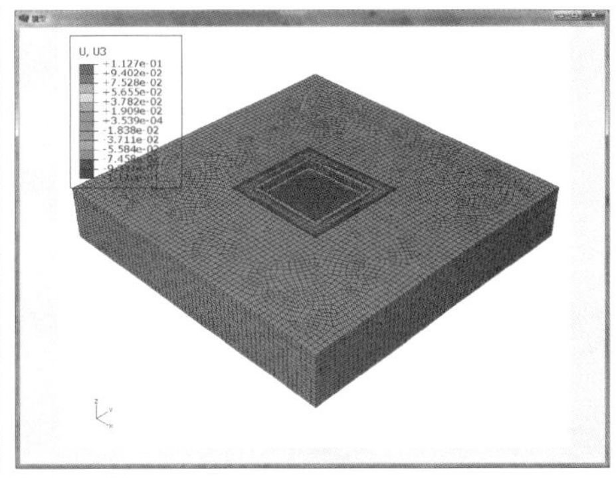

(b) 工况二(开挖至7.3 m)

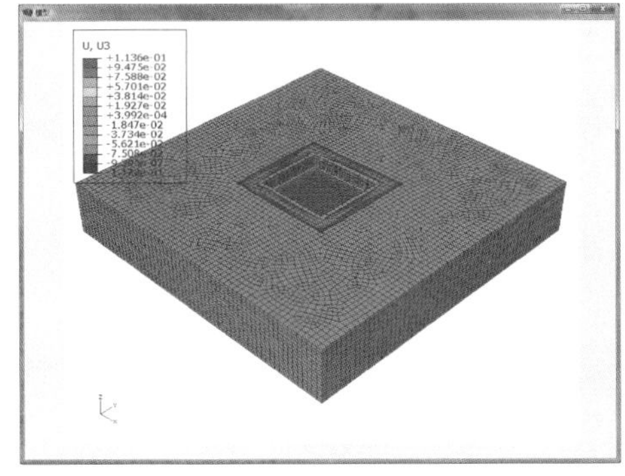

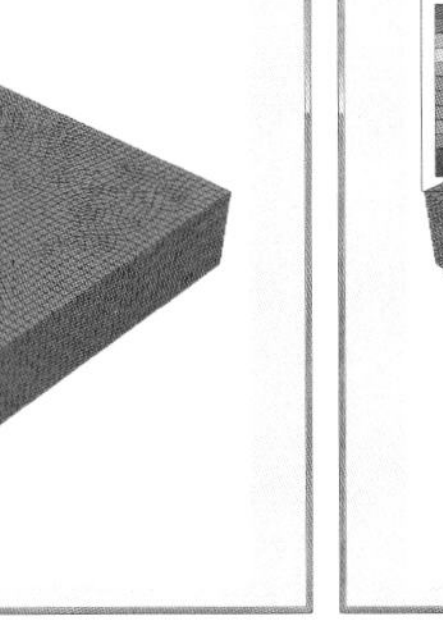

(c) 工况三(开挖至11.3 m)

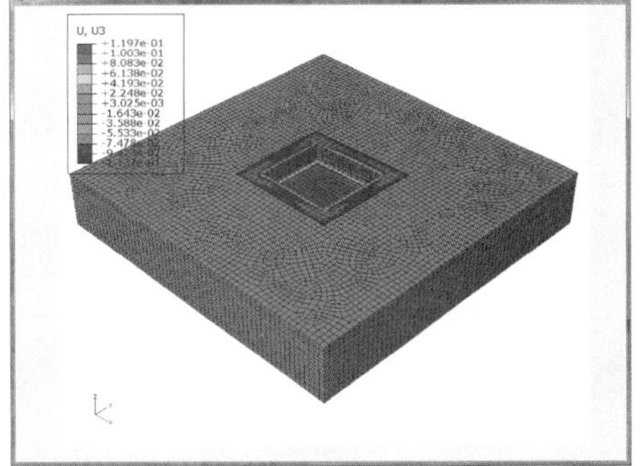

(d) 工况四(开挖到底，至14.85 m)

图 7-125　变形云图(竖向 *Z* 方向位移)

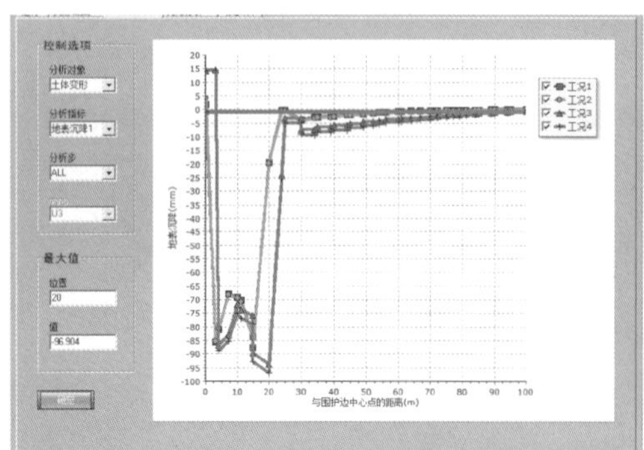

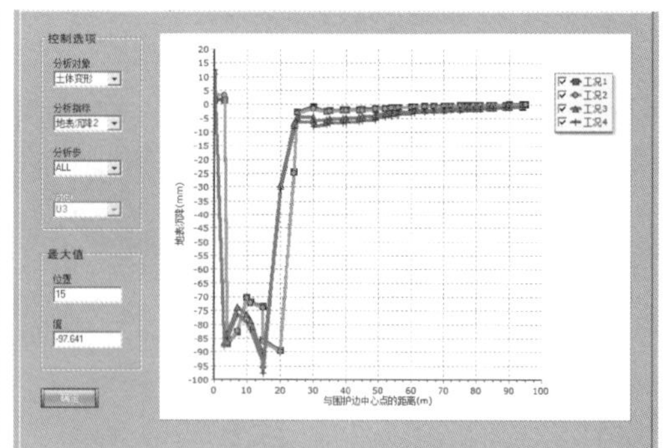

图 7-126　地表沉降分析(从基坑左下角角点逆时针数第一、二条边)

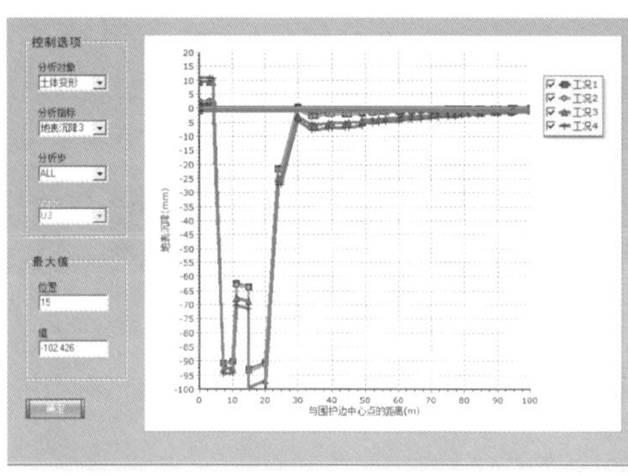

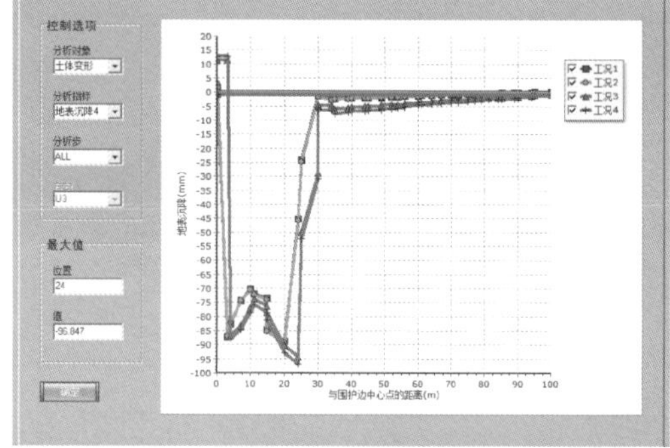

图 7-127　地表沉降分析(从基坑左下角角点逆时针数第三、四条边)

(2) 围护结构变形分析,如图 7-128—图 7-131 所示。

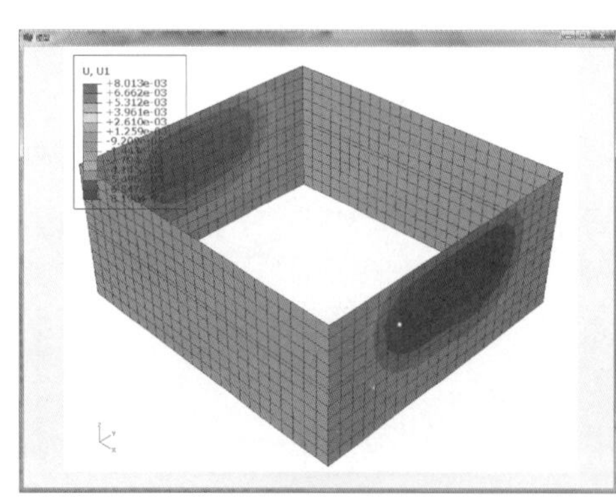

(a) 工况一(开挖至2.1 m)

(b) 工况二(开挖至7.3 m)

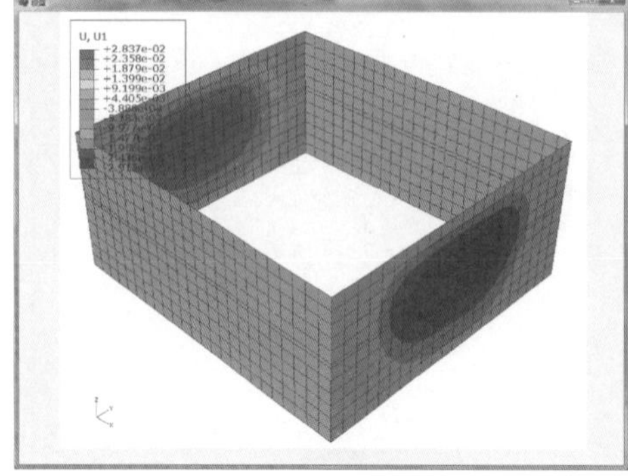

(c) 工况三(开挖至11.3 m)

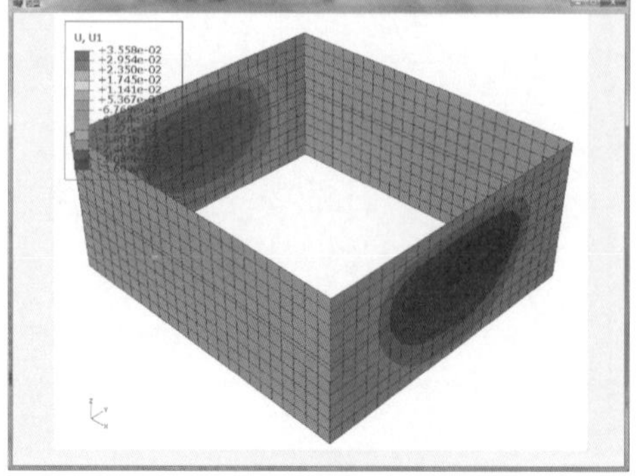

(d) 工况四(开挖到底,至14.85 m)

图 7-128　变形云图(水平 *X* 方向位移)

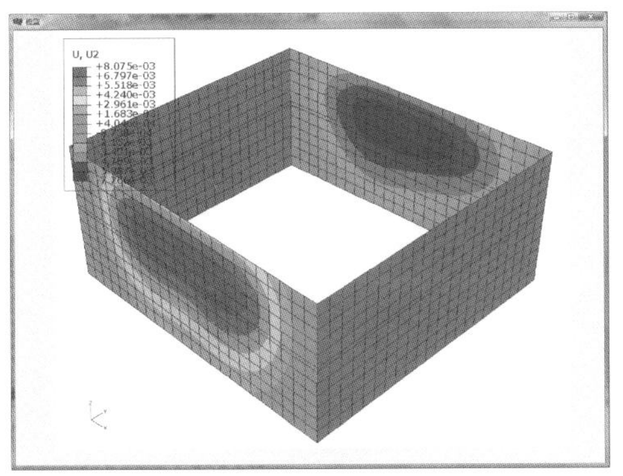

(a) 工况一(开挖至2.1 m)

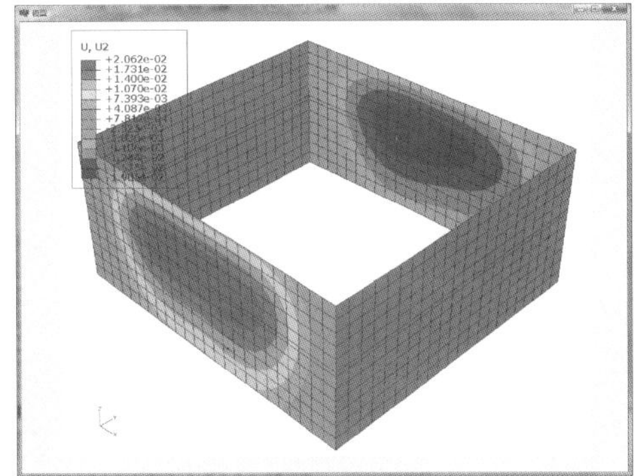

(b) 工况二(开挖至7.3 m)

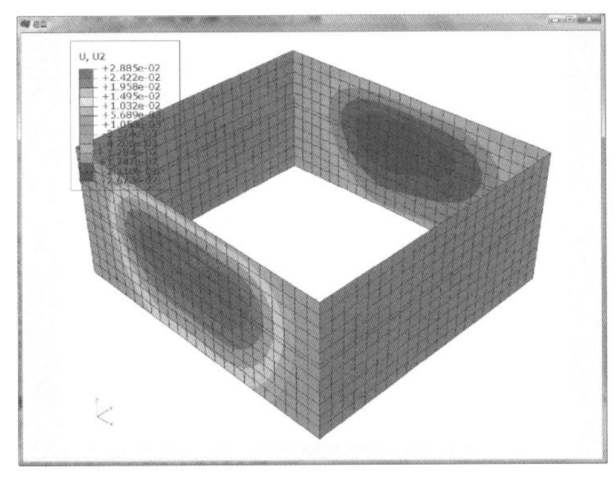

(c) 工况三(开挖至11.3 m)

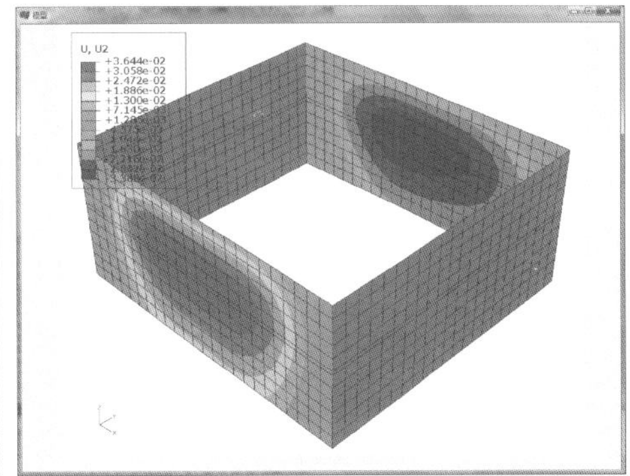

(d) 工况四(开挖到底，至14.85 m)

图 7-129 变形云图(水平 *Y* 方向位移)

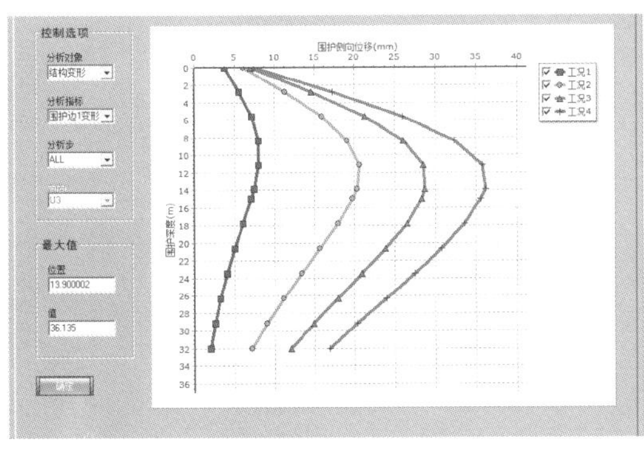

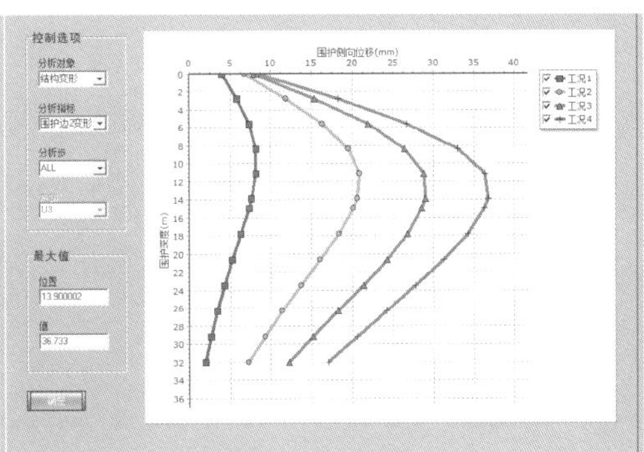

图 7-130 侧向位移分析(从基坑左下角角点逆时针数第一、二条边)

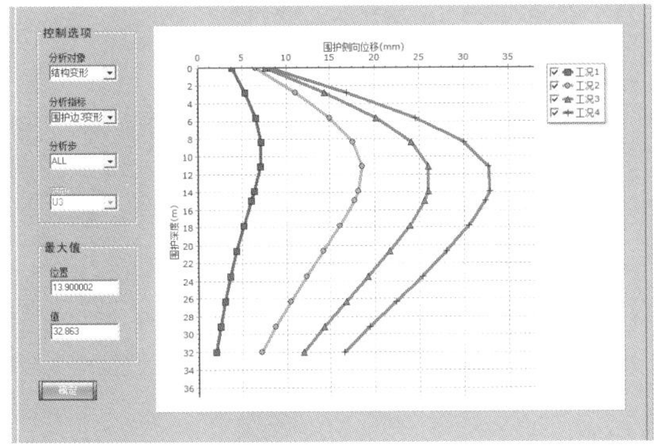

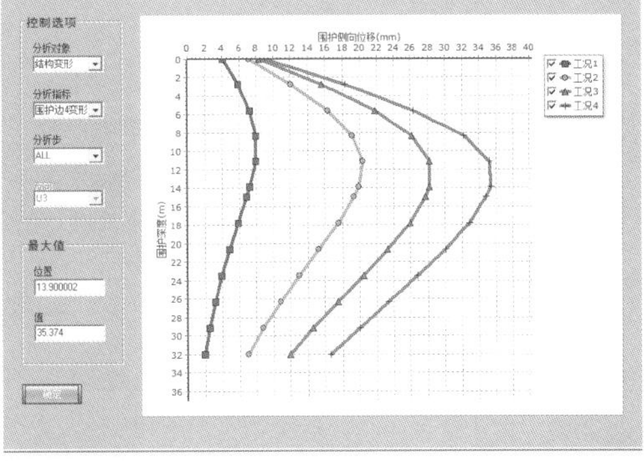

图 7-131 侧向位移分析(从基坑左下角角点逆时针数第三、四条边)

(3) 围护结构弯矩分布云图，如图 7-132 和图 7-133 所示。

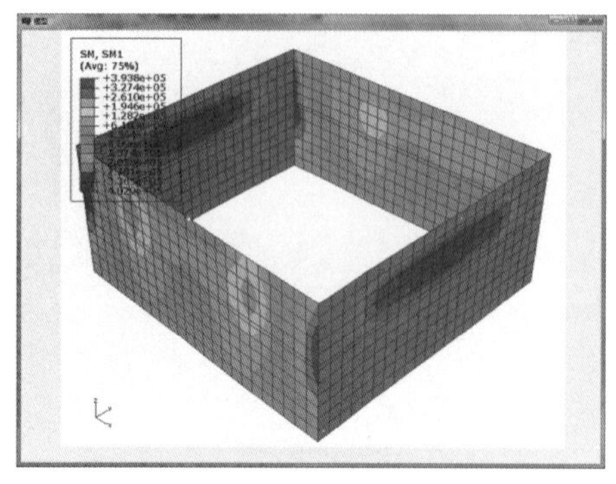

(a) 工况一(开挖至2.1 m)

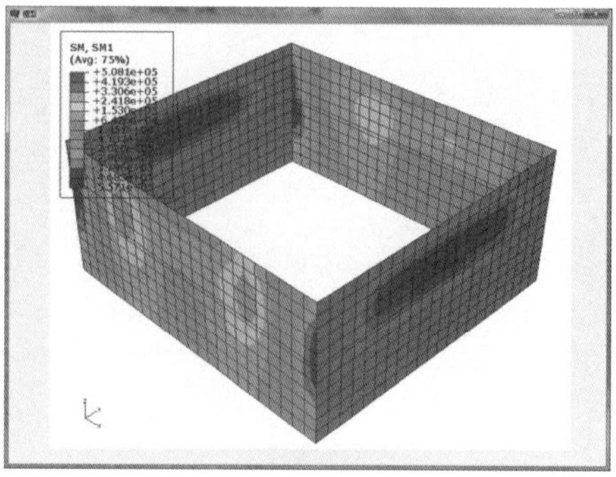

(b) 工况二(开挖至7.3 m)

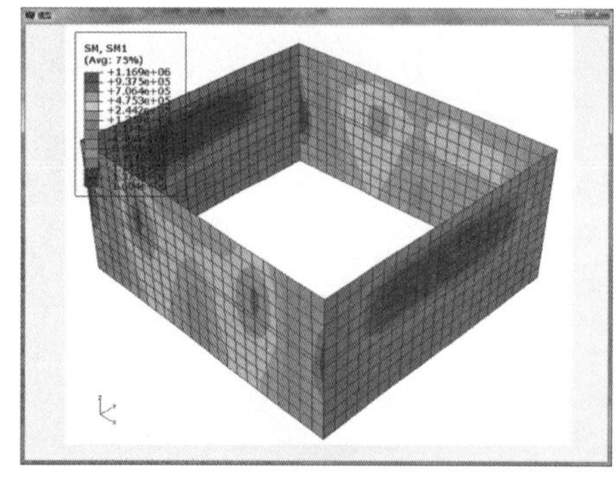

(c) 工况三(开挖至11.3 m)

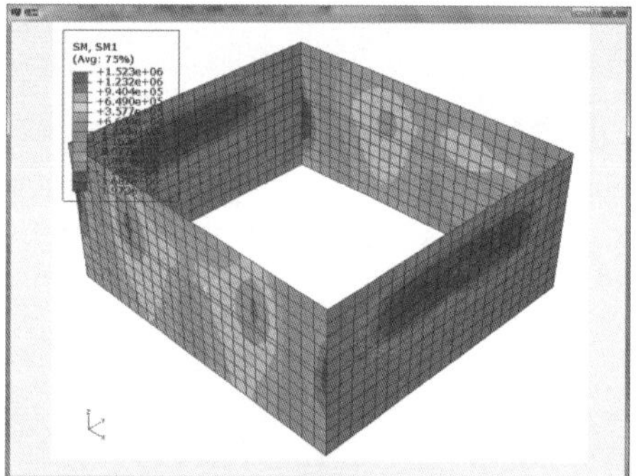

(d) 工况四(开挖到底，至14.85 m)

图 7-132　*X* 方向受弯

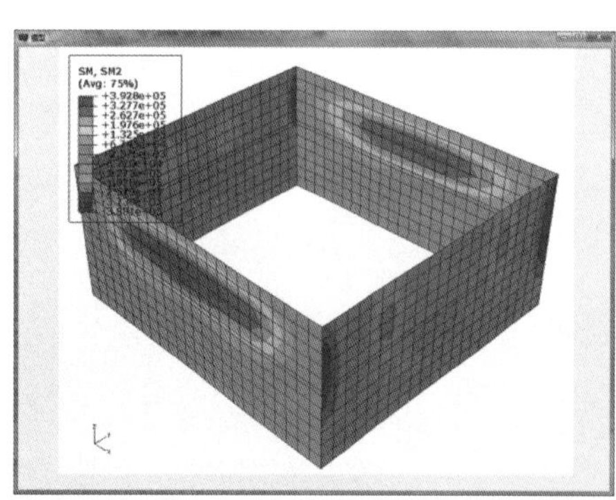

(a) 工况一(开挖至2.1 m)

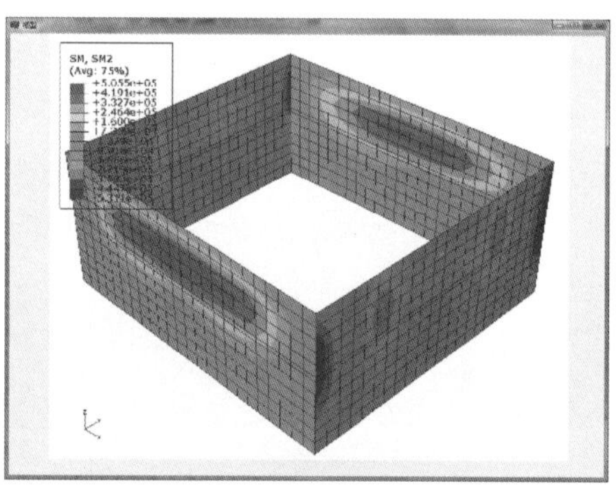

(b) 工况二(开挖至7.3 m)

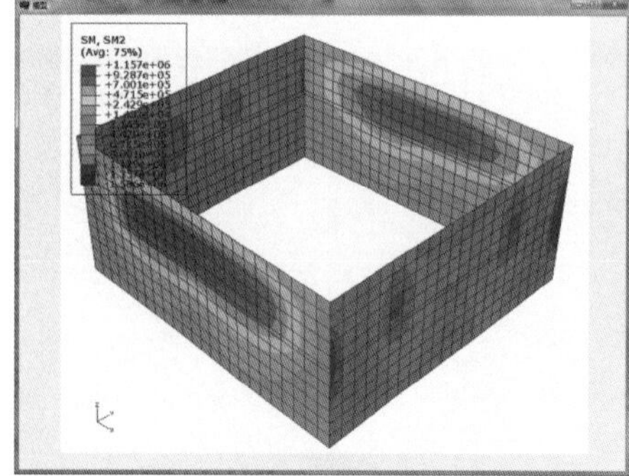

(c) 工况三(开挖至11.3 m)

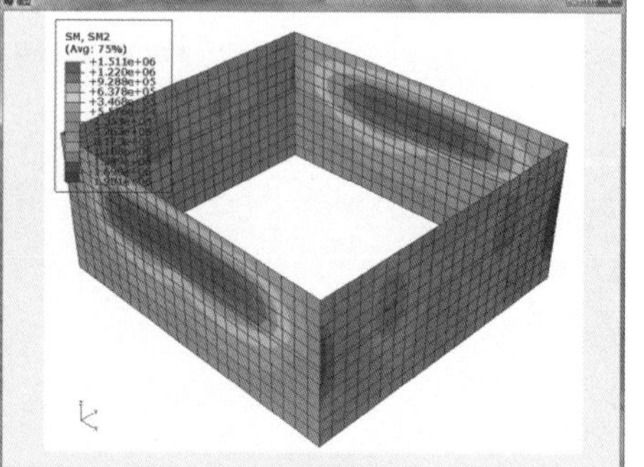

(d) 工况四(开挖到底，至14.85 m)

图 7-133　*Y* 方向受弯

（4）北侧隧道位移分析，如图 7-134—图 7-137 所示。

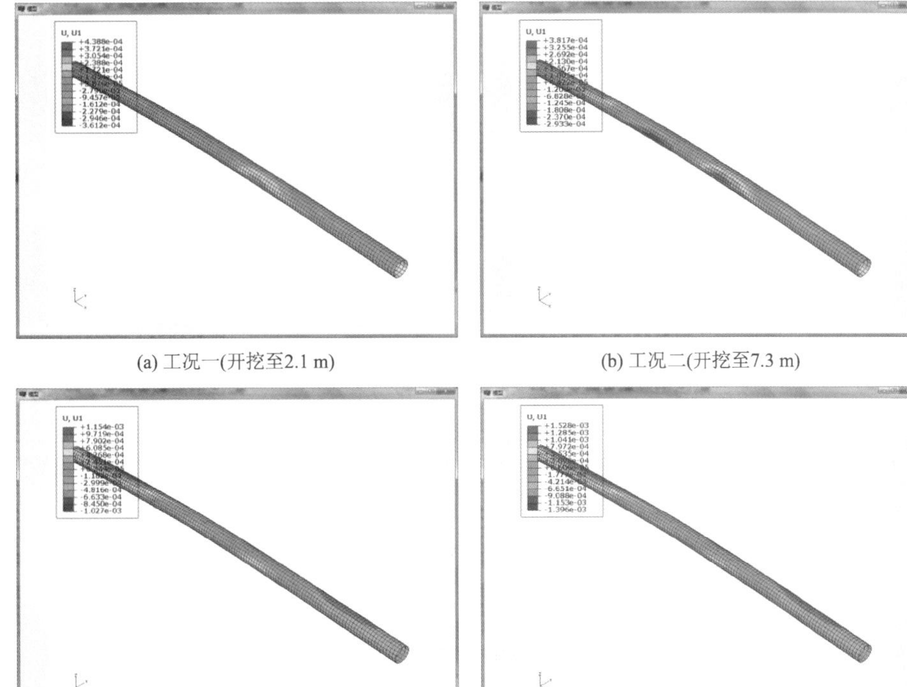

(a) 工况一(开挖至2.1 m)　(b) 工况二(开挖至7.3 m)

(c) 工况三(开挖至11.3 m)　(d) 工况四(开挖到底，至14.85 m)

图 7-134　变形云图(水平 *X* 方向位移)

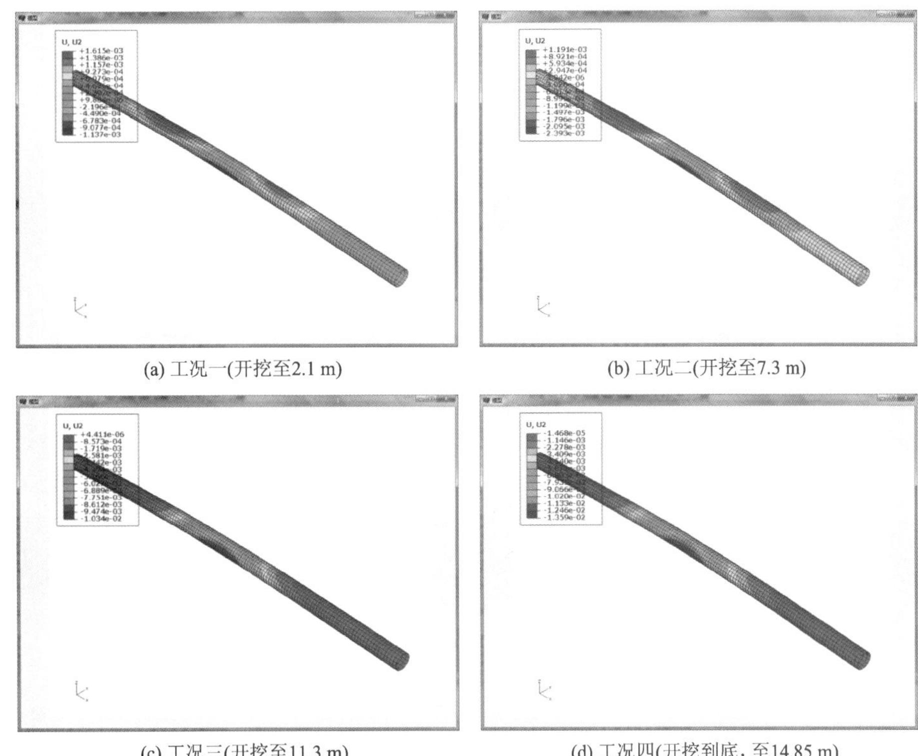

(a) 工况一(开挖至2.1 m)　(b) 工况二(开挖至7.3 m)

(c) 工况三(开挖至11.3 m)　(d) 工况四(开挖到底，至14.85 m)

图 7-135　变形云图(水平 *Y* 方向位移)

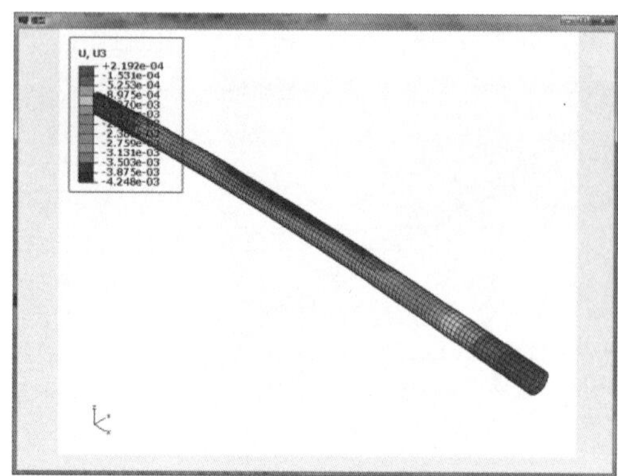

(a) 工况一(开挖至2.1 m)

(b) 工况二(开挖至7.3 m)

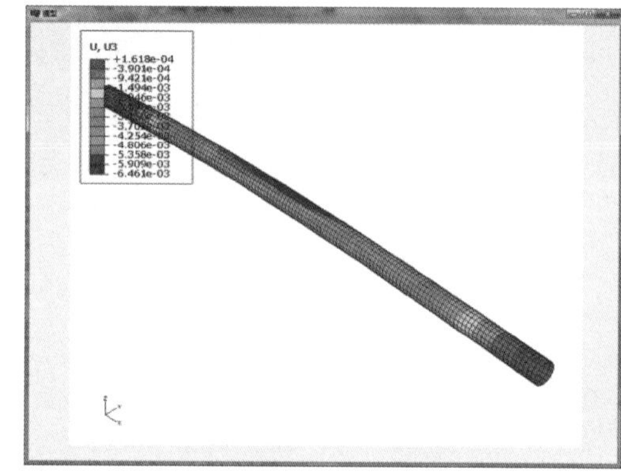

(c) 工况三(开挖至11.3 m)

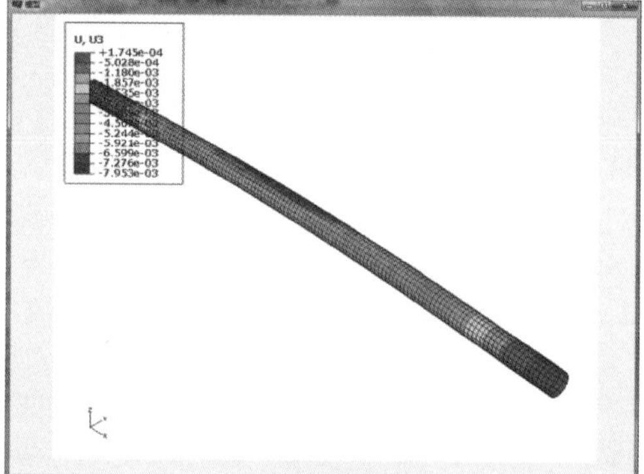

(d) 工况四(开挖到底，至14.85 m)

图 7-136 变形云图(竖向 Z 方向位移)

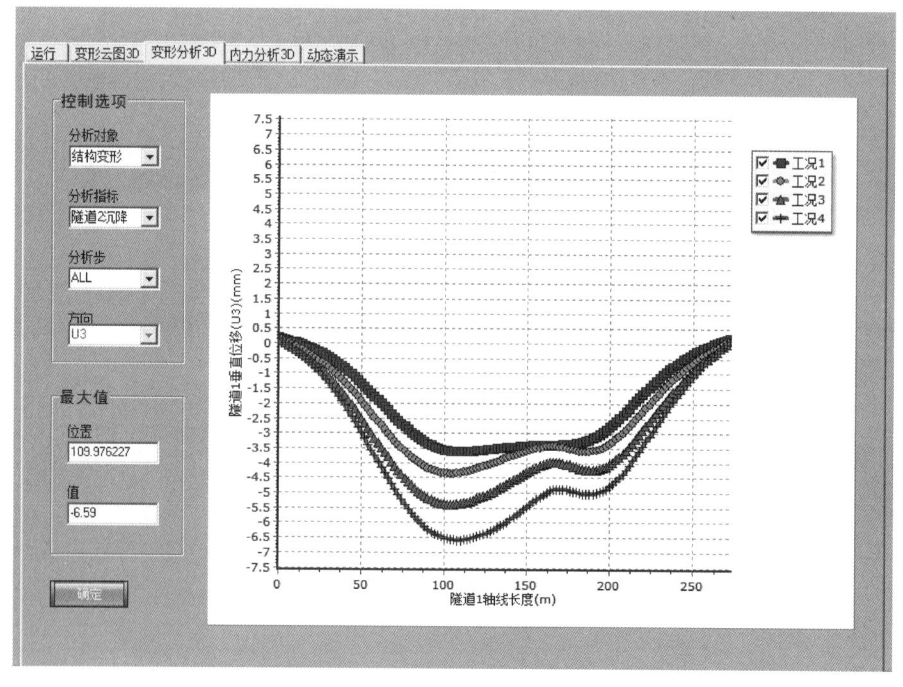

图 7-137 隧道位移分析(沉降)

(5) 北侧隧道断面收敛分析，如图 7-138 和图 7-139 所示。

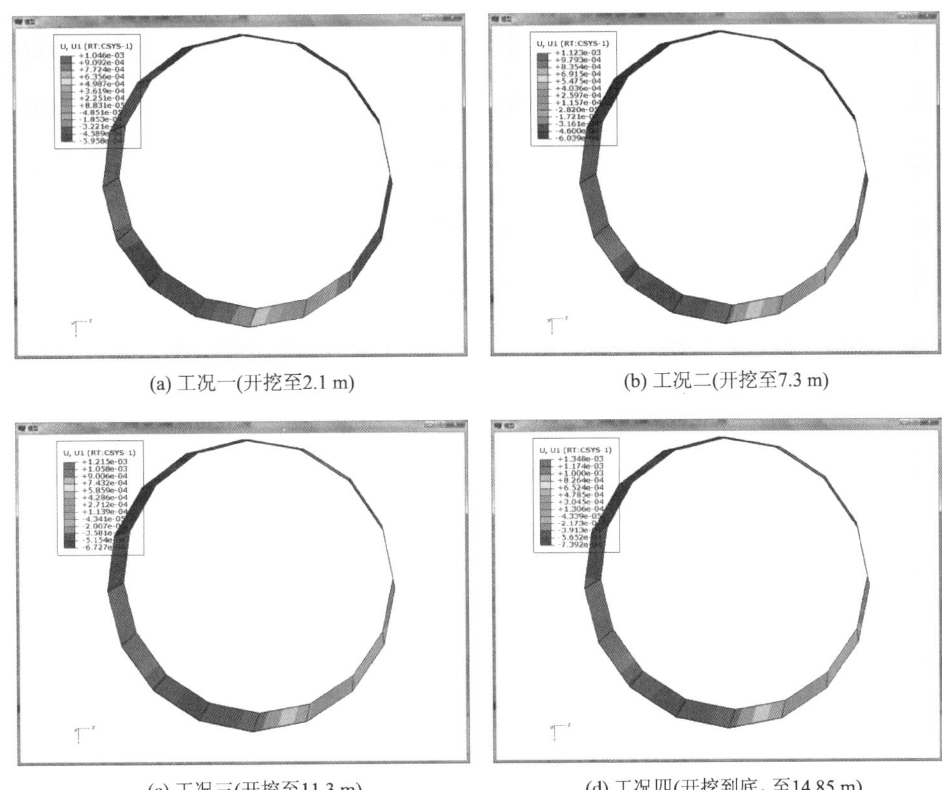

(a) 工况一(开挖至2.1 m)

(b) 工况二(开挖至7.3 m)

(c) 工况三(开挖至11.3 m)

(d) 工况四(开挖到底，至14.85 m)

图 7-138　变形云图(径向收敛位移)

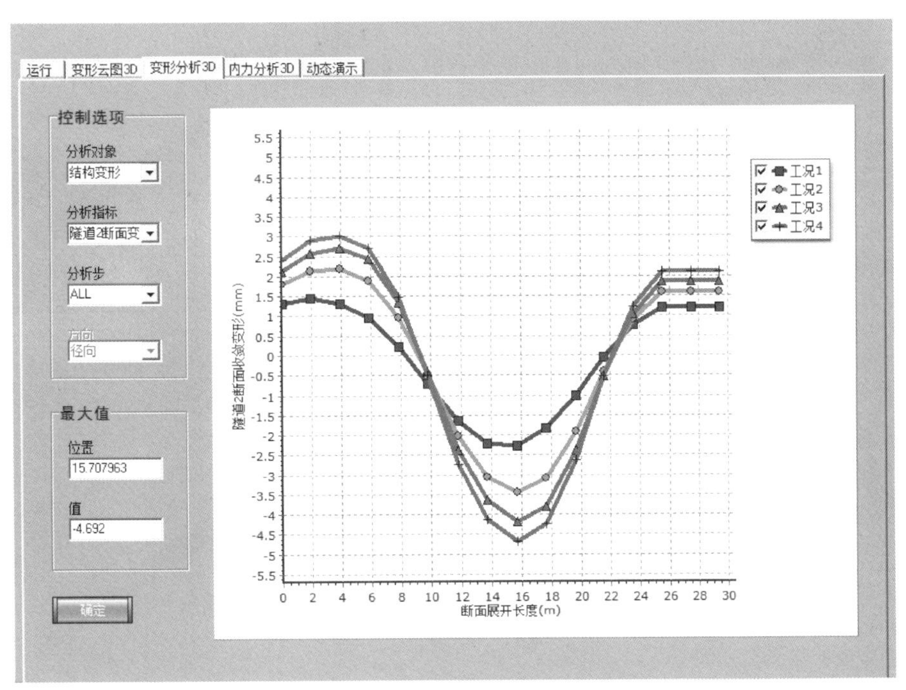

图 7-139　径向收敛位移分析

（6）北侧隧道管片内力，如图 7-140 和图 7-141 所示。

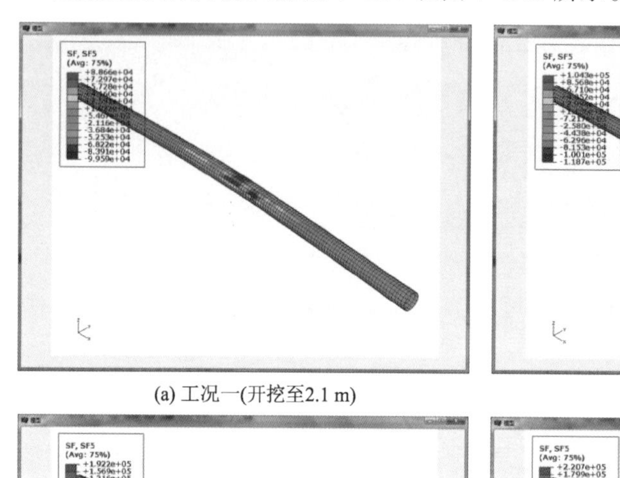

(a) 工况一(开挖至2.1 m)

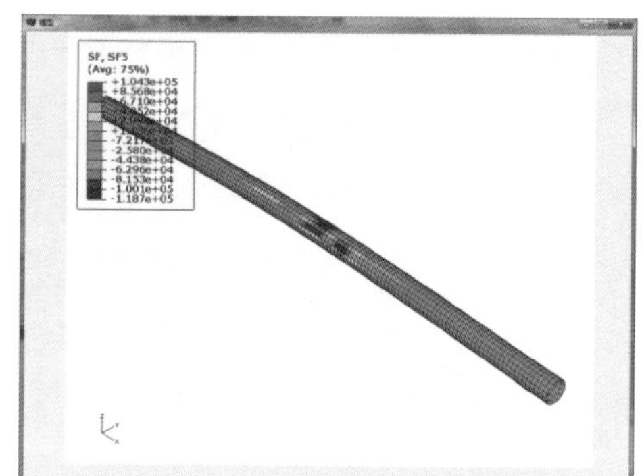

(b) 工况二(开挖至7.3 m)

(c) 工况三(开挖至11.3 m)

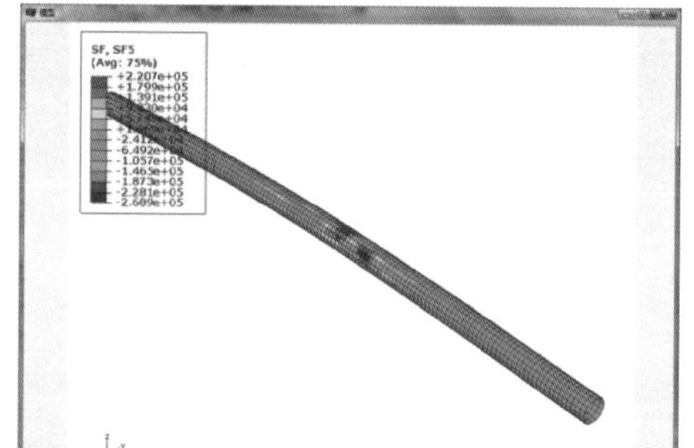

(d) 工况四(开挖到底，至14.85 m)

图 7-140　剪力

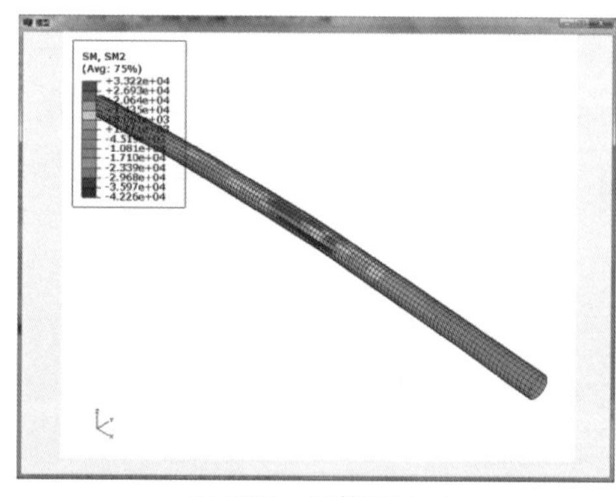

(a) 工况一(开挖至2.1 m)

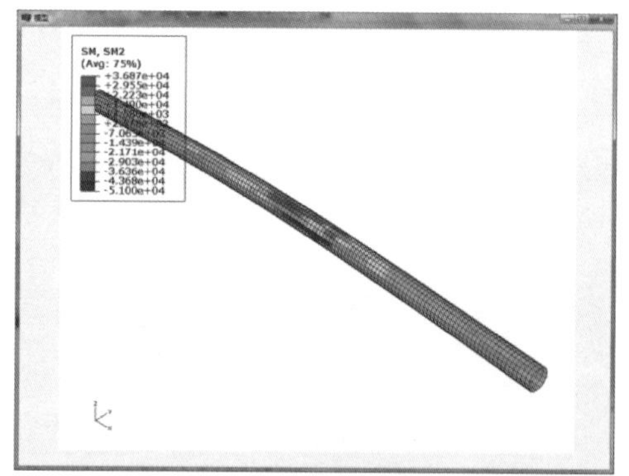

(b) 工况二(开挖至7.3 m)

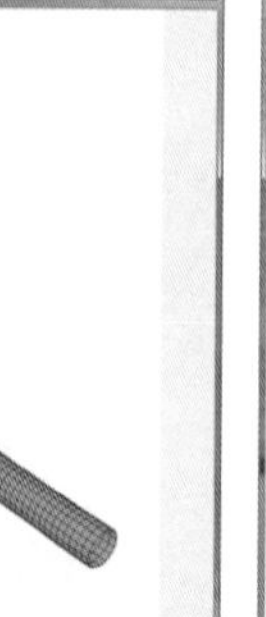

(c) 工况三(开挖至11.3 m)

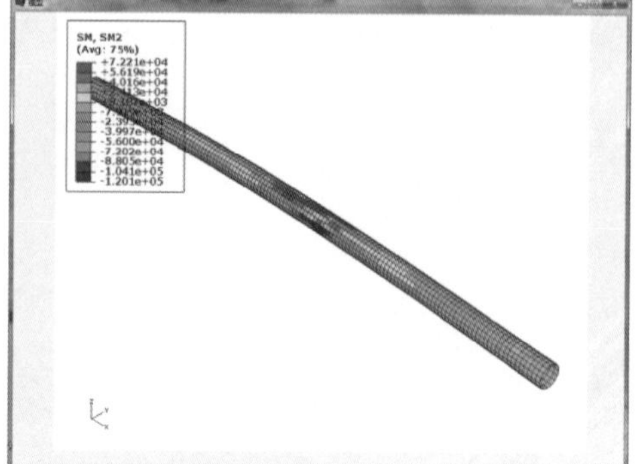

(d) 工况四(开挖到底，至14.85 m)

图 7-141　弯矩

（7）南侧隧道位移分析，如图 7-142—图 7-145 所示。

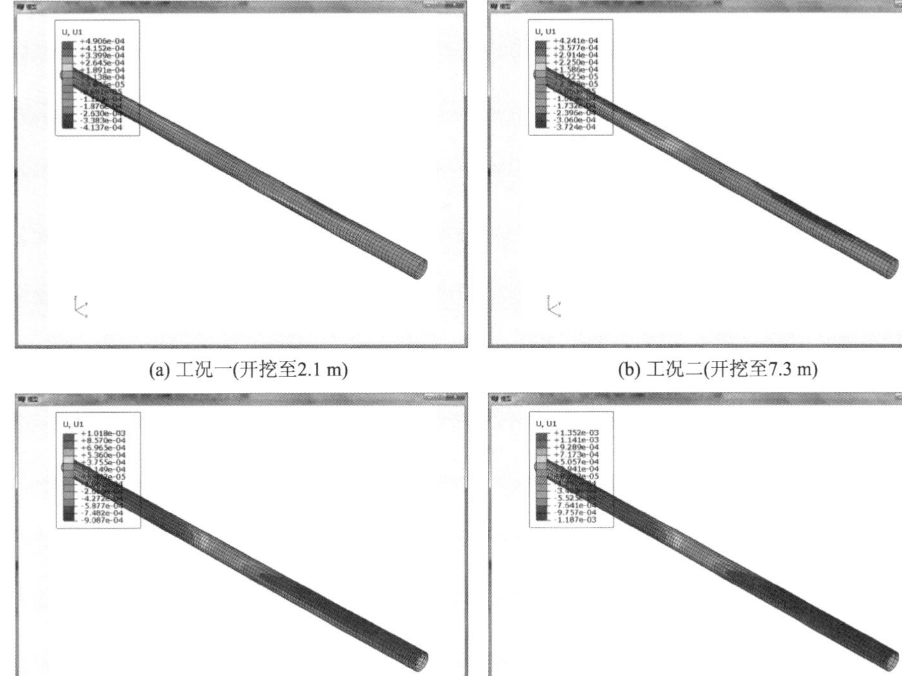

(a) 工况一(开挖至2.1 m)　(b) 工况二(开挖至7.3 m)

(c) 工况三(开挖至11.3 m)　(d) 工况四(开挖到底，至14.85 m)

图 7-142　变形云图（水平 *X* 方向位移）

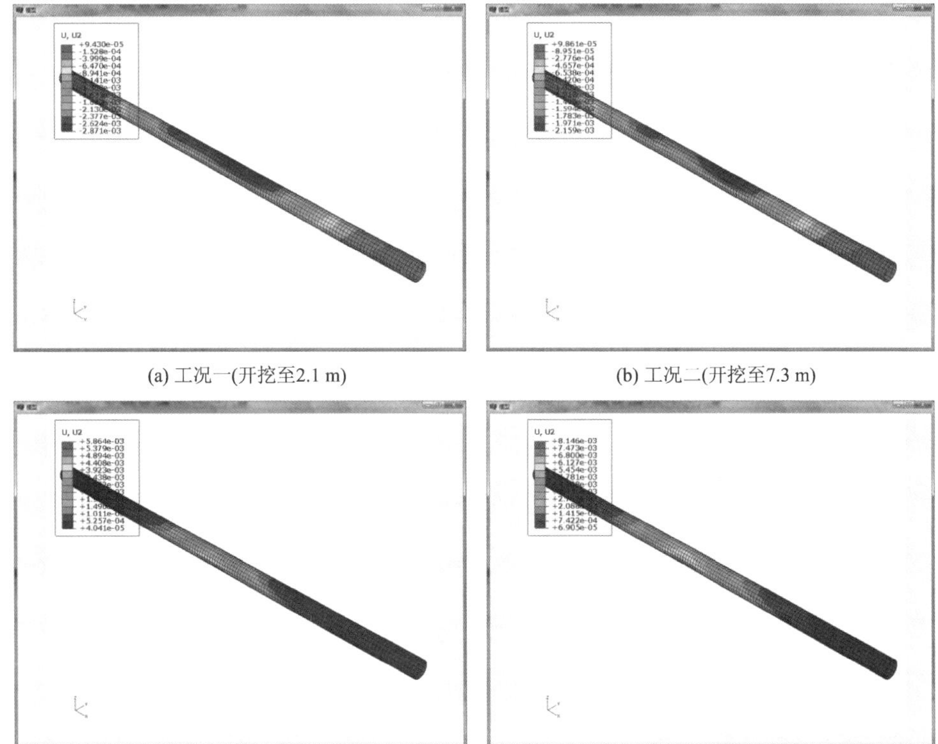

(a) 工况一(开挖至2.1 m)　(b) 工况二(开挖至7.3 m)

(c) 工况三(开挖至11.3 m)　(d) 工况四(开挖到底，至14.85 m)

图 7-143　变形云图（水平 *Y* 方向位移）

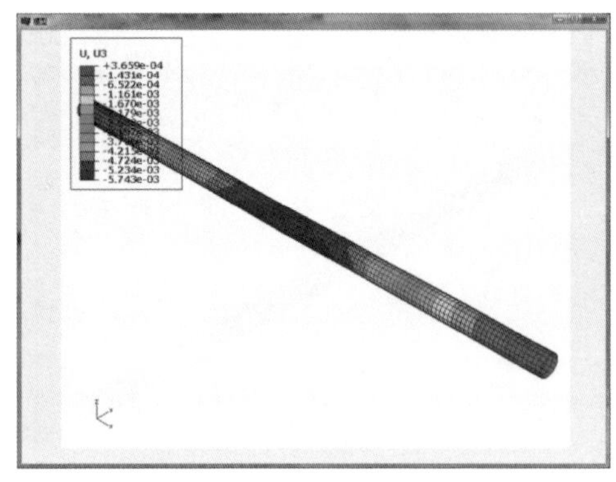

(a) 工况一(开挖至2.1 m)

(b) 工况二(开挖至7.3 m)

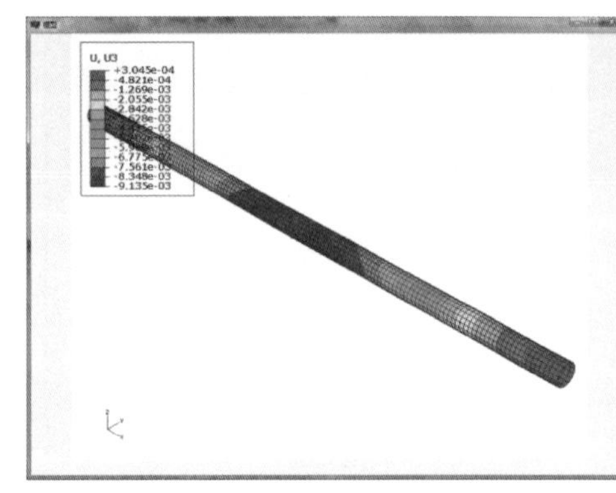

(c) 工况三(开挖至11.3 m)

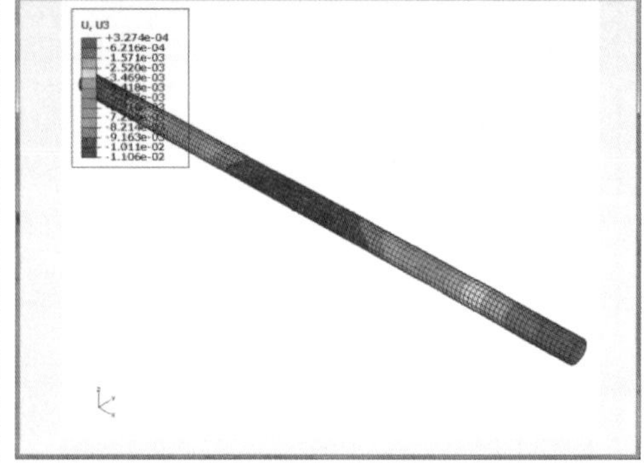

(d) 工况四(开挖到底，至14.85 m)

图 7-144 变形云图(竖向 Z 方向位移)

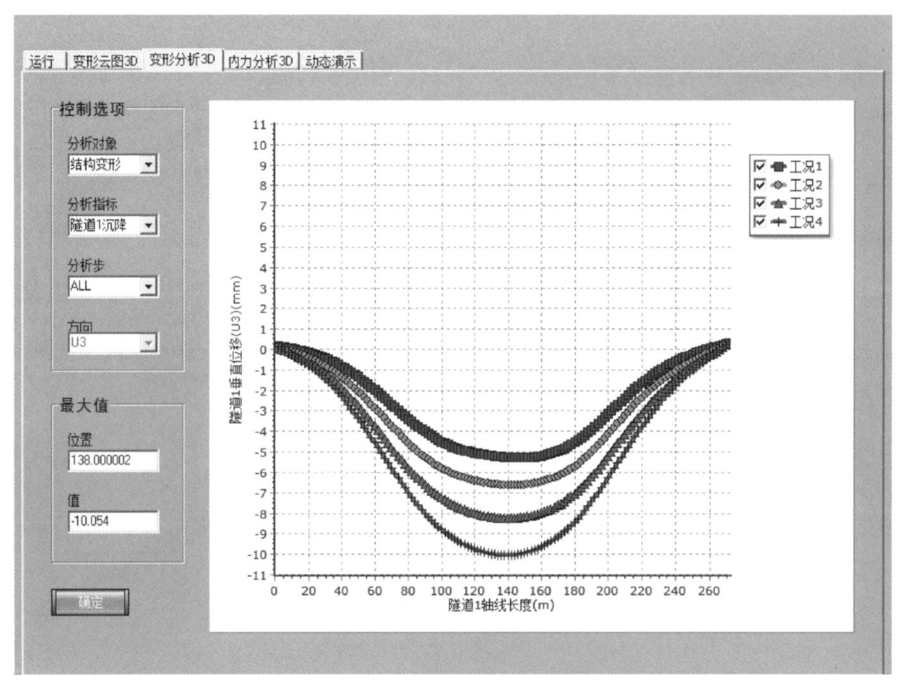

图 7-145 隧道位移分析(沉降)

（8）南侧隧道断面收敛分析，如图 7-146 和图 7-147 所示。

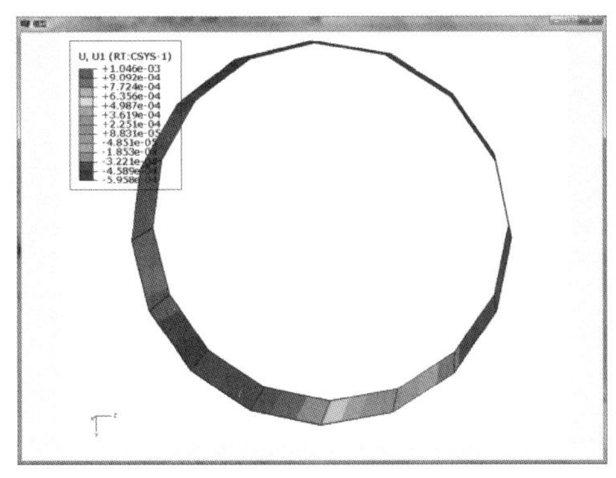

(a) 工况一(开挖至2.1 m)

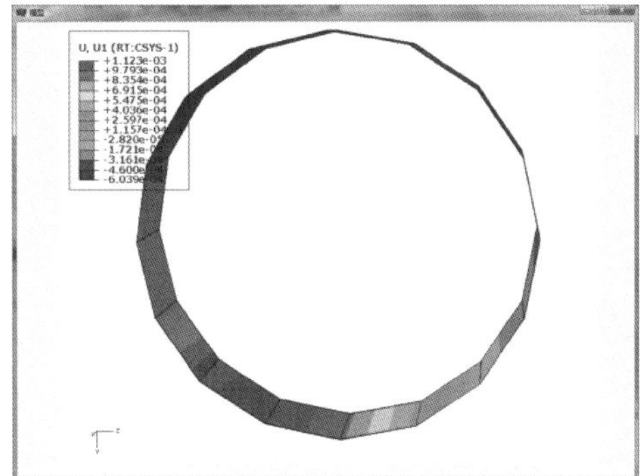

(b) 工况二(开挖至7.3 m)

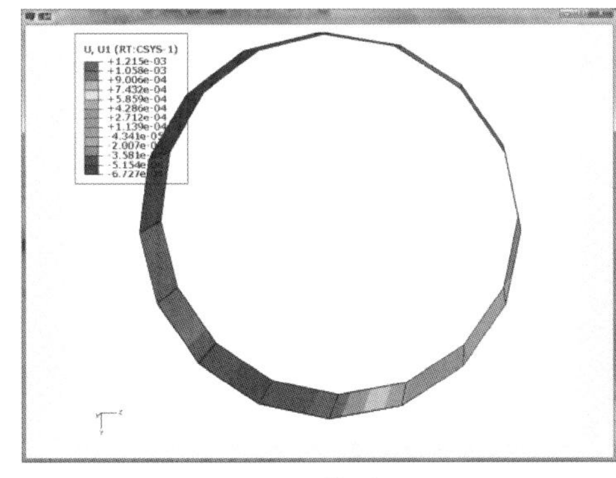

(c) 工况三(开挖至11.3 m)

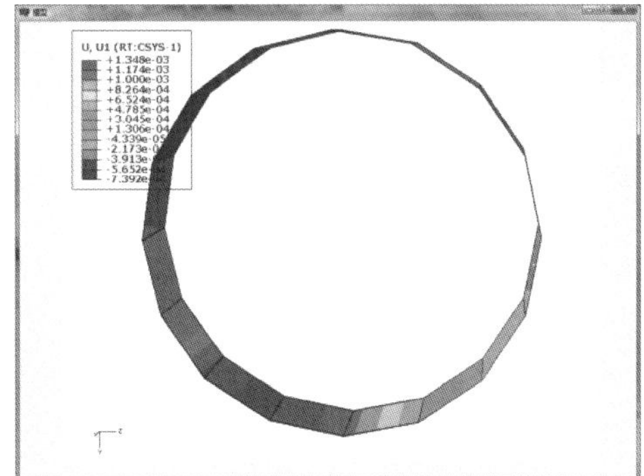

(d) 工况四(开挖到底，至14.85 m)

图 7-146　变形云图(径向收敛位移)

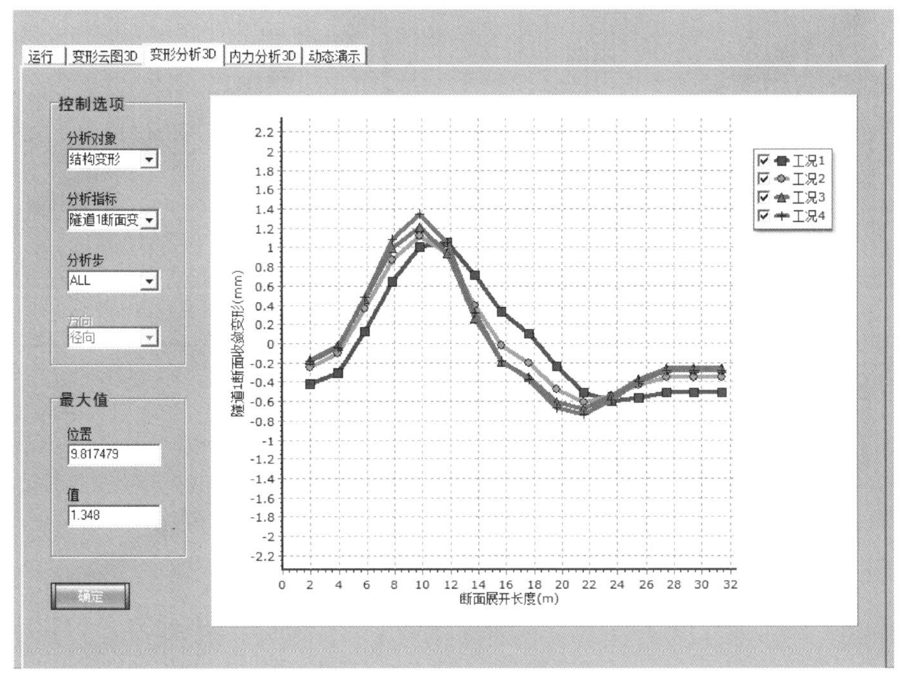

图 7-147　径向收敛位移分析

(9) 南侧隧道管片内力,如图 7-148 和图 7-149 所示。

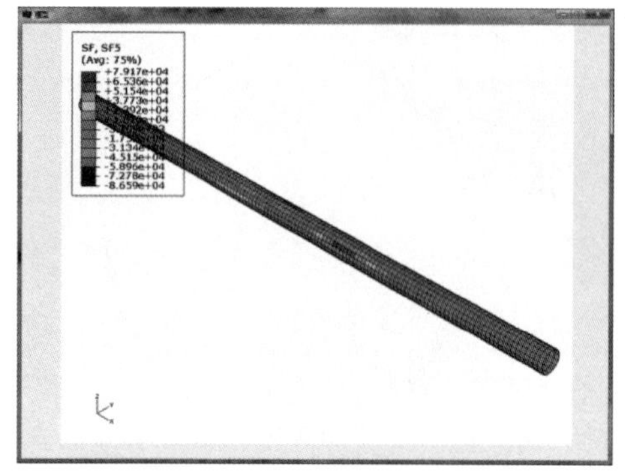

(a) 工况一(开挖至2.1 m)

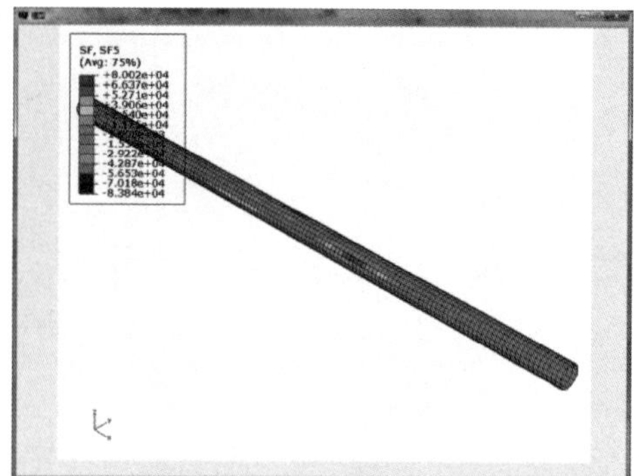

(b) 工况二(开挖至7.3 m)

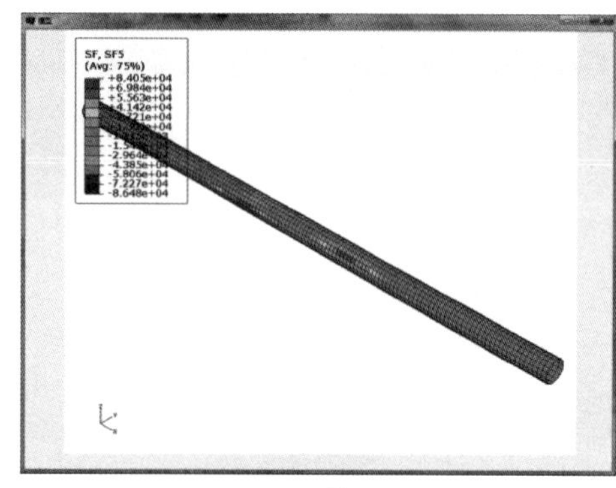

(c) 工况三(开挖至11.3 m)

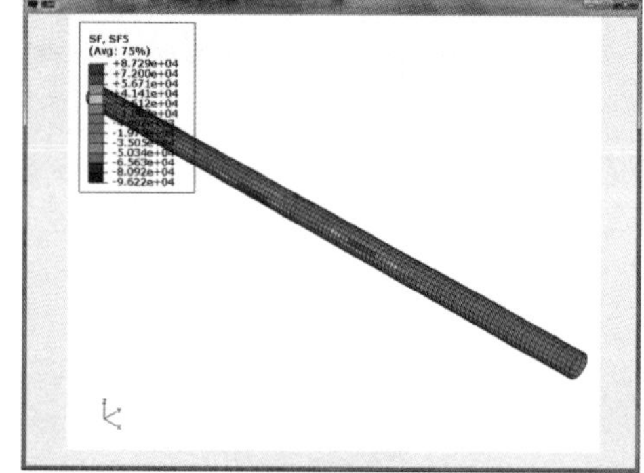

(d) 工况四(开挖到底,至14.85 m)

图 7-148　剪力

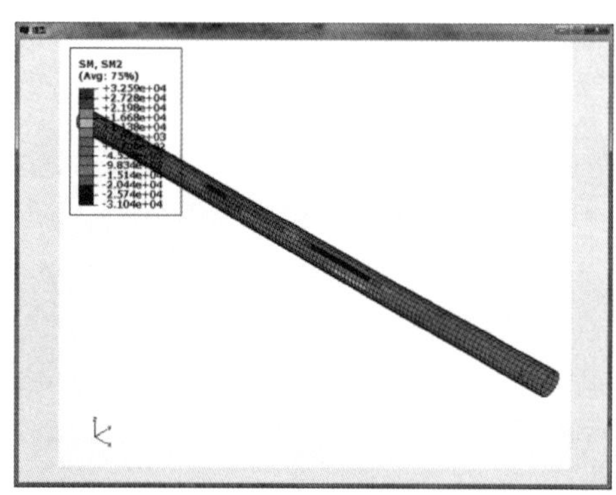

(a) 工况一(开挖至2.1 m)

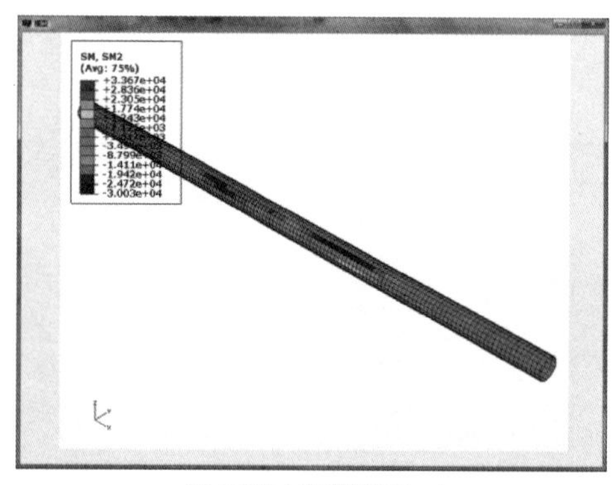

(b) 工况二(开挖至7.3 m)

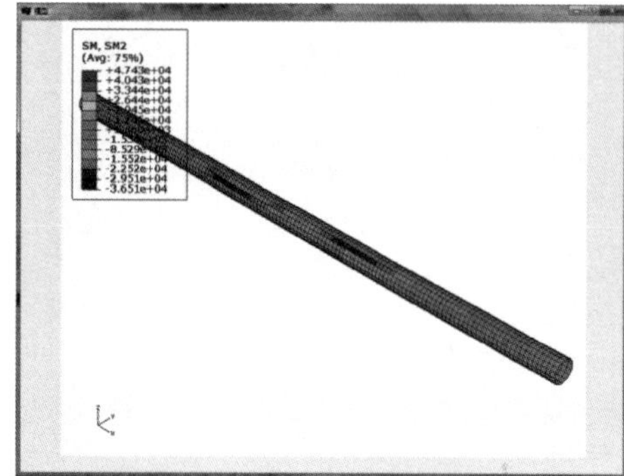

(c) 工况三(开挖至11.3 m)

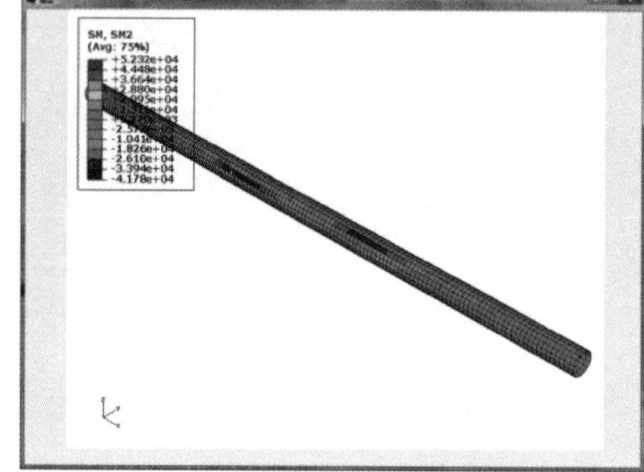

(d) 工况四(开挖到底,至14.85 m)

图 7-149　弯矩

5）主要结论

通过对万向大厦基坑的三维有限元分析，模拟全工况基坑开挖施工对周边环境的影响，得到以下主要计算结论。

(1) 地表沉降在基坑开挖过程中最大值为－102.4 mm，发生位置垂直于基坑左下角角点逆时针数第三条边，位置距基坑 15 m。

(2) 北侧隧道最大沉降在开挖过程中最大值为－6.6 mm，距离隧道定义起点 110 m。

(3) 南侧隧道在基坑开挖过程中的最大侧移为－10.0 mm，距离隧道定义起点 138 m。

(4) 靠近围护中央的北侧隧道断面径向收敛位移在开挖过程中最大值为－4.7 mm，距隧道顶顺时针展开距离 14.7 m。

(5) 靠近围护中央的南侧隧道断面径向收敛位移在开挖过程中最大值为 1.4 mm，距隧道顶顺时针展开距离 9.8 m。

(6) 围护侧向变形在基坑开挖过程中最大值为 36.7 mm，其发生深度为 13.9 m，位于从基坑左下角角点逆时针数第二条边。

7.6.2 风险分析模块应用

1. 工程概况

天目西路 146(A)－3 地块位于上海市闸北区恒丰路西南、普济路东南，邻近恒丰路下有轨道交通 1 号线区间隧道穿过。工程主楼结构距轨道交通 1 号线区间隧道边最近距离约14.8 m，裙楼结构与轨道交通 1 号线区间隧道净距约 7.9 m，二者相对位置关系如图 7-150 所示。

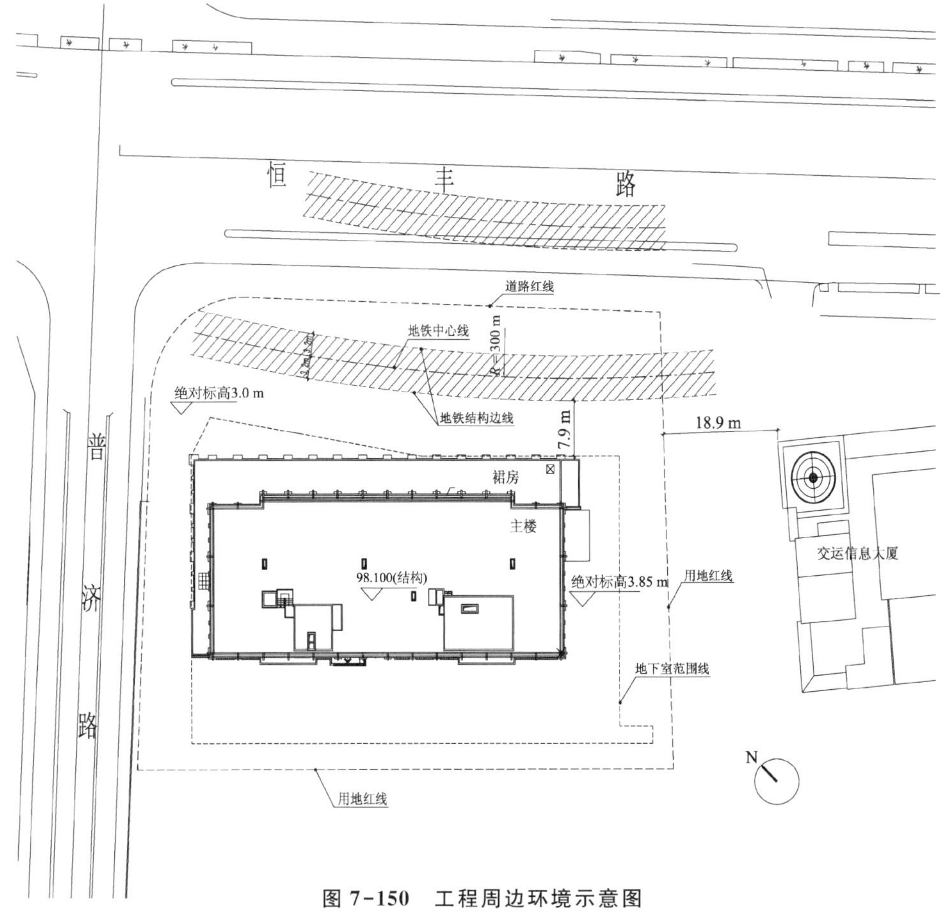

图 7-150 工程周边环境示意图

基坑开挖面积约 3 000 m^2，挖深约 10 m，局部有落深约 3.5 m 的深坑（远离地铁侧）。围护结构采用地下连续墙，地铁侧厚 1.0 m，地墙与轨道交通 1 号线区间隧道净距约 7.2 m，其余厚 0.8 m，采用两道井字形对撑，地铁侧坑内水泥土加固宽 10.0 m，坑底以下加固深度为 4.0 m，坑底以上以 4.5 m 为间距跳格加固。

场地地质条件如表 7-11 所列。

表 7-11 地层参数统计

层序	层名	层底标高 /m	重度 /（kN · m^{-3}）	压缩性	强度指标		P_S /MPa
					c /kPa	φ /(°)	
②$_1$	粉质黏土	1.06～−0.52	18.7	中	15	28	1.09
②$_3$	砂质粉土	−6.22～−12.05	18.4	中	5	30.5	1.38
④	淤泥质黏土	−13.38～−14.94	17	高	14	14	0.5
⑤	粉质黏土	−21.68～−22.44	18.0	高	17	17.5	0.81
⑥	粉质黏土	−25.48～−26.66	19.6	中	47	15.5	2.76
⑦$_1$	砂质粉土	−29.20～−30.56	18.9	中	5	29	10.67
⑦$_2$	粉细砂	−38.70～−41.06	19.3	中	—	—	16.40
⑧$_1$	粉质黏土	−51.36～−53.36	18.2	中	23	19	1.97
⑧$_2$	粉质黏土、粉砂互层	−62.30～−63.76	18.6	中	23	21	3.24
⑨$_1$	粉细砂	−73.42～−73.46	19.5	中	2	33	14.09
⑨$_2$	粗砂	−83.42～−83.56	21.2	低	—	—	—
⑩	粉质黏土	−85.86～−86.12	20.5	中	42	20	—

坑底基本处于②$_3$砂质粉土层下部，该层土土质不均，透水性强，埋深浅，厚度大，极易发生流砂、管涌等现象。

该工程位于上海市轨道交通 1 号线汉中路—上海火车站区间隧道安全保护区内，基坑对应的隧道段长度约为 70 m，平面内有 300 m 的转弯半径，是 1 号线转弯半径最小处。地铁 1 号线建于 1994 年年底，运营时间已超过 12 年。施工前，对隧道上下行受影响范围内的隧道段状况进行了详细地检查，总体上使用状况基本正常，无明显的滴、漏、渗水现象。

2. 风险辨识

1）评估关键点

根据本工程具体情况，工程对地铁设施的影响，主要来自以下两个方面：

（1）基坑施工。槽壁加固、地墙、挖土等分项施工对地铁影响的方式、程度不同，因而其相应的控制方法亦各不相同。其中开挖对地铁设施的影响最大，主要源于侧墙水平变形以及坑底隆起，但由于较小的基坑开挖面、密集群桩以及坑内加固等原因，后者的影响相对有限。此外，基坑所设计的栈桥面积过大，格构柱过密，将影响到开挖效率。

（2）工程桩基长期沉降。桩基受荷后，将影响周围地层应力分布，初期由孔隙水压力承担，从而引起地层固结沉降，进而拖带隧道下沉。

2）辨识结果

根据分析结果，对本工程风险进行辨识，辨识可知风险事件及风险源，如图 7-151 所示。

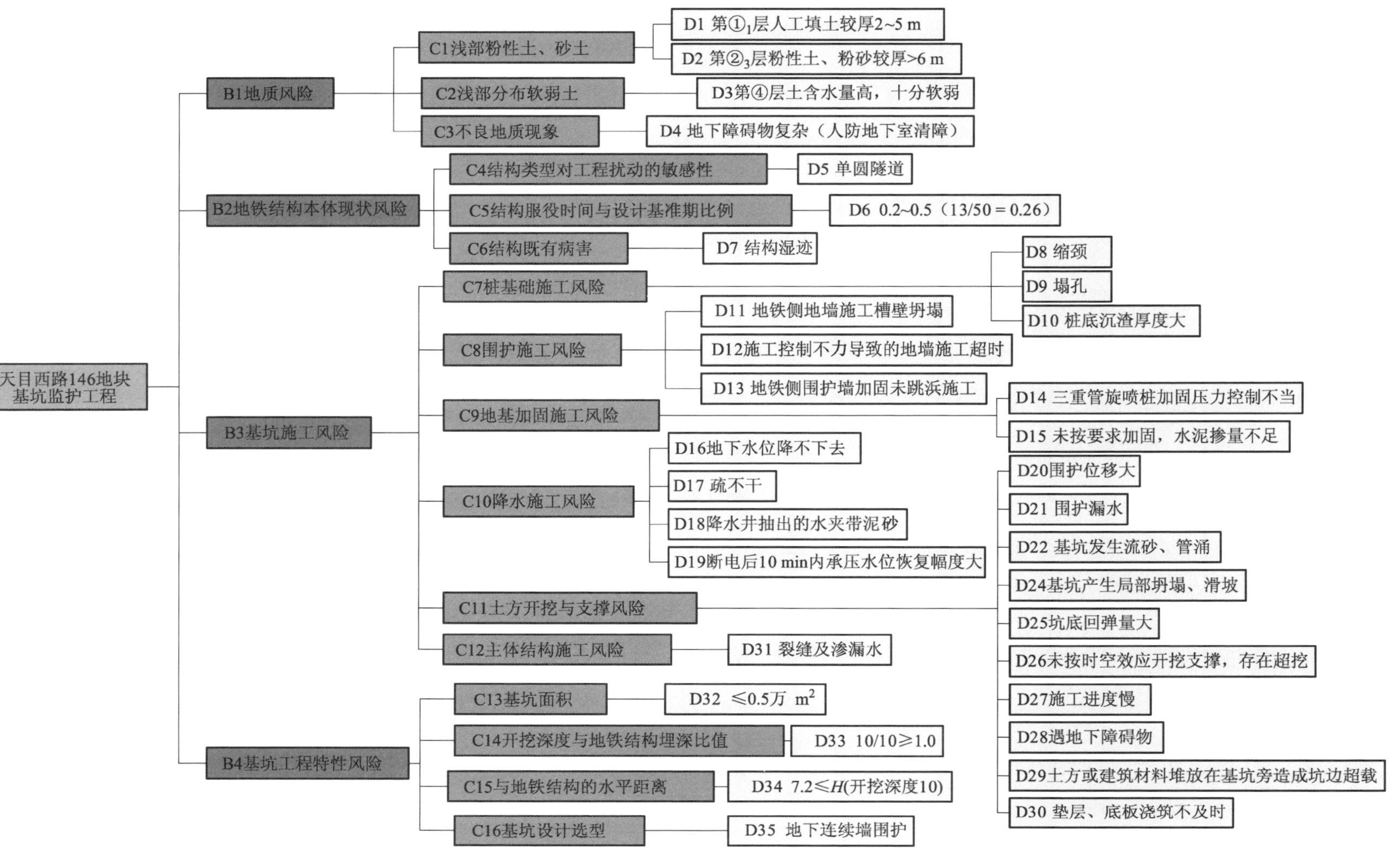

图 7-151 风险辨识示意图

3. 风险分析

1）专家打分及权重确定

针对各风险因素发生可能性 P 及发生后果严重程度 C 进行打分，并根据判断矩阵，确定各层次因素权重，结果见表 7-12。

表 7-12　专家打分及权重确定

<table>
<tr><th>B 层次分项</th><th>C 层次风险事件</th><th>D 层次风险源</th><th>发生可能性</th><th>严重程度</th><th>D 层次权重</th><th>C 层次权重</th><th>B 层次权重</th></tr>
<tr><td rowspan="4">B1 地质风险</td><td rowspan="2">C1 浅部粉性土、砂土</td><td>D1 第①1 层人工填土较厚 2～5 m</td><td>2</td><td>2</td><td>0.17</td><td rowspan="2">0.43</td><td rowspan="4">0.06</td></tr>
<tr><td>D2 第②3 层粉性土、粉砂较厚>6 m</td><td>3</td><td>3</td><td>0.83</td></tr>
<tr><td>C2 浅部分布软弱土</td><td>D3 第④层土含水量高，十分软弱</td><td>3</td><td>3</td><td>1.00</td><td>0.43</td></tr>
<tr><td>C3 不良地质现象</td><td>D4 地下障碍物复杂（人防地下室清障）</td><td>2</td><td>2</td><td>1.00</td><td>0.14</td></tr>
<tr><td rowspan="3">B2 地铁结构本体现状风险</td><td>C4 结构类型对工程扰动的敏感性</td><td>D5 单圆隧道</td><td>3</td><td>4</td><td>1.00</td><td>0.19</td><td rowspan="3">0.12</td></tr>
<tr><td>C5 结构服役时间与设计基准期比例</td><td>D6　0.2～0.5(13/50=0.26)</td><td>2</td><td>4</td><td>1.00</td><td>0.08</td></tr>
<tr><td>C6 结构既有病害</td><td>D7 结构湿迹</td><td>4</td><td>2</td><td>1.00</td><td>0.73</td></tr>
<tr><td rowspan="8">B3 基坑施工风险</td><td rowspan="3">C7 桩基础施工风险</td><td>D8 缩颈</td><td>2</td><td>3</td><td>0.10</td><td rowspan="3">0.07</td><td rowspan="8">0.56</td></tr>
<tr><td>D9 塌孔</td><td>3</td><td>3</td><td>0.36</td></tr>
<tr><td>D10 桩底沉渣厚度大</td><td>2</td><td>3</td><td>0.54</td></tr>
<tr><td rowspan="3">C8 围护施工风险</td><td>D11 地铁侧地墙施工槽壁坍塌</td><td>3</td><td>4</td><td>0.26</td><td rowspan="3">0.18</td></tr>
<tr><td>D12 施工控制不力导致的地墙施工超时</td><td>3</td><td>4</td><td>0.10</td></tr>
<tr><td>D13 地铁侧围护墙加固未跳浜施工</td><td>2</td><td>4</td><td>0.64</td></tr>
<tr><td rowspan="2">C9 地基加固施工风险</td><td>D14 三重管旋喷桩加固压力控制不当</td><td>2</td><td>4</td><td>0.67</td><td rowspan="2">0.16</td></tr>
<tr><td>D15 未按要求加固，水泥掺量不足</td><td>2</td><td>4</td><td>0.33</td></tr>
</table>

续表

B层次分项	C层次风险事件	D层次风险源	发生可能性	严重程度	D层次权重	C层次权重	B层次权重
B3 基坑施工风险	C10 降水施工风险	D16 地下水位降不下去	2	3	0.12	0.16	0.56
		D17 疏不干	2	3	0.06		
		D18 降水井抽出的水夹带泥砂	2	4	0.26		
		D19 断电后 10 min 内承压水位恢复幅度大	1	4	0.56		
	C11 土方开挖与支撑施工风险	D20 围护位移大	2	4	0.17	0.35	
		D21 围护漏水	3	3	0.02		
		D22 基坑发生流砂、管涌	3	4	0.03		
		D23 承压水风险	2	4	0.09		
		D24 基坑产生局部坍塌、滑坡	1	5	0.30		
		D25 坑底回弹量大	2	4	0.17		
		D26 未按时空效应开挖支撑,存在超挖	2	4	0.09		
		D27 施工进度慢	4	4	0.04		
		D28 遇地下障碍物	3	3	0.04		
		D29 土方或建筑材料堆放在基坑旁造成坑边超载	2	3	0.02		
		D30 垫层、底板浇筑不及时	2	4	0.04		
	C12 主体结构施工风险	D31 裂缝及渗漏水	2	3	1.00	0.09	
B4 基坑工程特性风险	C13 基坑面积	D32 ≤0.5 万 m^2	2	4	1.00	0.05	0.26
	C14 开挖深度与地铁结构埋深比值	D33 10/10≥1.0	3	4	1.00	0.10	
	C15 与地铁结构的水平距离	D34 7.2≤H(开挖深度 10 m)	3	4	1.00	0.43	
	C16 基坑设计选型	D35 地下连续墙围护	1	5	1.00	0.42	

程序实现风险辨识并打分的示意图见图 7-152。

风险辨识

	选择	编号	风险事件	条件	P	C
1	☑	B1-1	第①$_1$层人工填土较厚	2~5m	2	2
2	☐	B1-2	局部有①$_2$层浜底淤泥分布	<1m	0	0
3	☐	B1-3	第①$_{-3}$层江滩土较厚	<2m	0	0
4	☑	B1-4	第②$_3$层粉性土、粉砂较厚	>6m	3	3
5	☑	B1-5	地下障碍物复杂，如废弃建构筑物、拔桩处理等		2	2
6	☐	B1-6	第③层淤泥质粉质黏土层夹粉性土或薄层粉砂		0	0
7	☑	B1-7	第④层土含水量高，十分软弱		3	3
8	☐	B1-8	⑤$_2$、⑦$_2$直接相连		0	0
9	☐	B1-9	⑥、⑦$_1$层缺失，但存在较厚⑤$_3$层黏性土		0	0
10	☐	B1-10	桩基持力层为第⑦层时，有第⑧$_1$层软弱下卧层存在		0	0
11	☐	B1-11	有沼气囊存在		0	0
12						

B1地质风险 / B2运营地铁结构体现状风险 / B3基坑施工风险

风险辨识

	选择	编号	风险事件	条件	P	C
1	☑	B4-1	基坑面积	≤0.5万m^2	2	4
2	☑	B4-2	开挖深度与结构埋深的比值	≥1.0	3	4
3	☑	B4-3	与地铁结构的距离	≤H(开挖深度)	3	4
4	☑	B4-4	基坑设计选型	地下连续墙围护	1	5
5						
6						
7						
8						
9						
10						
11						

B3基坑施工风险 / B4基坑工程特性风险

风险辨识

	选择	编号	风险事件	条件	P	C	与地质分区相关
1	☐	B3-1	沉桩导致邻桩上抬		0	0	
2	☐	B3-1	管桩偏斜、断裂		0	0	√
3	☐	B3-1	桩基差异沉降大		0	0	√
4	☐	B3-1	桩架倾覆并侵入高架或地面运营线路限界		0	0	
5	☑	B3-1	缩颈		2	3	√
6	☑	B3-1	坍孔		3	3	√
7	☑	B3-1	桩底沉渣厚度大		2	3	√
8	☑	B3-2	地铁侧地墙施工槽壁坍塌		3	4	
9	☑	B3-2	机械故障或施工控制不力导致的地墙施工超时		3	4	
10	☑	B3-2	地铁侧围护墙加固未按要求跳浜施工		2	4	
11	☐	B3-3	三轴搅拌桩机架倾覆并侵入高架或地面运营线		0	0	
12	☑	B3-3	三重管旋喷桩加固压力控制不当		2	4	
13	☑	B3-3	未按要求加固，水泥掺量不足		2	4	
14	☑	B3-4	地下水位降不下去		2	3	
15	☑	B3-4	疏不干		2	3	
16	☑	B3-4	降水井抽出的水夹带泥砂		2	4	
17	☑	B3-4	断电后10分钟内承压水位恢复幅度大		1	4	
18	☑	B3-5	围护位移大		2	4	
19	☑	B3-5	围护漏水		3	3	
20	☑	B3-5	基坑发生流砂、管涌		3	4	
21	☑	B3-5	承压水风险		2	4	
22	☑	B3-5	基坑产生局部坍塌、滑坡		1	5	
23	☑	B3-5	坑底回弹量大		2	4	
24	☑	B3-5	未按时空效应开挖支撑，存在超挖		2	4	
25	☑	B3-5	施工进度慢		4	4	
26	☑	B3-5	遇地下障碍物		3	3	
27	☑	B3-5	土方或建筑材料堆放在基坑旁造成坑边超载		2	3	
28	☑	B3-5	垫层、底板浇筑不及时		2	4	
29	☐	B3-5	逆作法顶板、中板等浇筑不及时		0	0	
30	☐	B3-5	爆破法拆除混凝土支撑前未采取隔离防护措施		0	0	
31	☐	B3-5	爆破法拆除混凝土支撑未在列车停运期间进行		0	0	
32	☑	B3-6	裂缝及渗漏水		2	3	

B1地质风险 / B2运营地铁结构体现状风险 / B3基坑施工风险 / B4

风险辨识

	选择	编号	风险事件	条件	P	C	与地质分区相关
1	☑	B2-1	结构类型	单圆隧道	3	4	
2	☑	B2-2	服役时间/设计基准期(50年或100年)	0.2~0.5	2	4	
3	☑	B2-3	结构湿迹		4	2	
4	☐	B2-3	结构渗水		0	0	
5	☐	B2-3	结构滴漏		0	0	
6	☐	B2-3	结构滴漏大于60滴/min或漏泥砂		0	0	
7	☐	B2-3	结构缺角		0	0	
8	☐	B2-3	结构裂缝		0	0	
9	☐	B2-3	结构缺损		0	0	
10	☐	B2-3	管片错台		0	0	
11	☐	B2-3	道床与管片脱开		0	0	
12	☐	B2-3	管片接缝张开		0	0	
13	☐	B2-4	隧道长期沉降监测的问题沉降段(曲率半径≤3		0	0	
14	☐	B2-4	桩基拖带沉降显著		0	0	
15	☐	B2-4	结构最终绝对沉降或隆起≥50%×10mm		0	0	
16	☐	B2-4	结构最终水平位移量≥50%×10mm		0	0	
17	☐	B2-4	施工引起的地铁结构变形速率≥0.5mm/d		0	0	
18	☐	B2-4	两轨道横向高差≥4mm		0	0	
19	☐	B2-4	轨向偏差和高低差≥4mm/10m		0	0	
20	☐	B2-4	结构纵向差异沉降≥0.4%		0	0	
21	☐	B2-4	隧道收敛变形≥50%×20mm		0	0	
22							

B1地质风险 / B2运营地铁结构体现状风险 / B3基坑施工风险 / B4基

图 7-152 程序风险辨识及打分示意图

2）风险集成

根据表 7-12 打分结果，从底层开始向上逐层进行风险系数的集成，各层风险系数如表 7-13 所示。风险集成在程序中由后台进行自动计算。

表 7-13 各层风险系数

<table>
<tr><th>总风险系数</th><th>C层次风险事件</th><th>D层次风险源</th><th>风险系数</th><th>风险系数</th><th>风险系数</th></tr>
<tr><td rowspan="4">B1 地质风险</td><td rowspan="2">C1 浅部粉性土、砂土</td><td>D1 第①$_1$层人工填土较厚 2～5 m</td><td rowspan="2">8.2</td><td rowspan="4">7.9</td><td rowspan="10">8.0</td></tr>
<tr><td>D2 第②$_3$层粉性土、粉砂较厚>6 m</td></tr>
<tr><td>C2 浅部分布软弱土</td><td>D3 第④层土含水量高，十分软弱</td><td>9.0</td></tr>
<tr><td>C3 不良地质现象</td><td>D4 地下障碍物复杂(人防地下室清障)</td><td>4.0</td></tr>
<tr><td rowspan="3">B2 地铁结构本体现状风险</td><td>C4 结构类型对工程扰动的敏感性</td><td>D5 单圆隧道</td><td>12.0</td><td rowspan="3">8.8</td></tr>
<tr><td>C5 结构服役时间与设计基准期比例</td><td>D6 0.2～0.5(13/50=0.26)</td><td>8.0</td></tr>
<tr><td>C6 结构既有病害</td><td>D7 结构湿迹</td><td>8.0</td></tr>
<tr><td rowspan="3">B3 基坑施工风险</td><td rowspan="3">C7 桩基础施工风险</td><td>D8 缩颈</td><td rowspan="3">7.1</td><td rowspan="3">7.4</td></tr>
<tr><td>D9 塌孔</td></tr>
<tr><td>D10 桩底沉渣厚度大</td></tr>
</table>

续表

<table>
<tr><th>总风险系数</th><th>C 层次风险事件</th><th>D 层次风险源</th><th>风险系数</th><th>风险系数</th><th>风险系数</th></tr>
<tr><td rowspan="21">B3 基坑施工风险</td><td rowspan="3">C8 围护施工风险</td><td>D11 地铁侧地墙施工槽壁坍塌</td><td rowspan="4">9.5</td><td rowspan="21">7.4</td><td rowspan="25">8.0</td></tr>
<tr><td>D12 施工控制不力导致的地墙施工超时</td></tr>
<tr><td>D13 地铁侧围护墙加固未跳浜施工</td></tr>
<tr><td rowspan="2">C9 地基加固施工风险</td><td>D14 三重管旋喷桩加固压力控制不当</td></tr>
<tr><td>D15 未按要求加固，水泥掺量不足</td><td rowspan="2">8.0</td></tr>
<tr><td rowspan="4">C10 降水施工风险</td><td>D16 地下水位降不下去</td></tr>
<tr><td>D17 疏不干</td><td rowspan="3">5.4</td></tr>
<tr><td>D18 降水井抽出的水夹带泥砂</td></tr>
<tr><td>D19 断电后 10 min 内承压水位恢复幅度大</td></tr>
<tr><td rowspan="11">C11 土方开挖与支撑施工风险</td><td>D20 围护位移大</td><td rowspan="11">7.5</td></tr>
<tr><td>D21 围护漏水</td></tr>
<tr><td>D22 基坑发生流砂、管涌</td></tr>
<tr><td>D23 承压水风险</td></tr>
<tr><td>D24 基坑产生局部坍塌、滑坡</td></tr>
<tr><td>D25 坑底回弹量大</td></tr>
<tr><td>D26 未按时空效应开挖支撑，存在超挖</td></tr>
<tr><td>D27 施工进度慢</td></tr>
<tr><td>D28 遇地下障碍物</td></tr>
<tr><td>D29 土方或建筑材料堆放在基坑旁造成坑边超载</td></tr>
<tr><td>D30 垫层、底板浇筑不及时</td></tr>
<tr><td>C12 主体结构施工风险</td><td>D31 裂缝及渗漏水</td><td>6.0</td></tr>
<tr><td rowspan="4">B4 基坑工程特性风险</td><td>C13 基坑面积</td><td>D32 ≤0.5 万 m^2</td><td>8.0</td><td rowspan="4">8.8</td></tr>
<tr><td>C14 开挖深度与地铁结构埋深比值</td><td>D33 10/10≥1.0</td><td>12.0</td></tr>
<tr><td>C15 与地铁结构的水平距离</td><td>D34 7.2≤H(开挖深度 10 m)</td><td>12.0</td></tr>
<tr><td>C16 基坑设计选型</td><td>D35 地下连续墙围护</td><td>5.0</td></tr>
</table>

4）风险评价

风险评价结果如图 7-153 和表 7-14 所示。

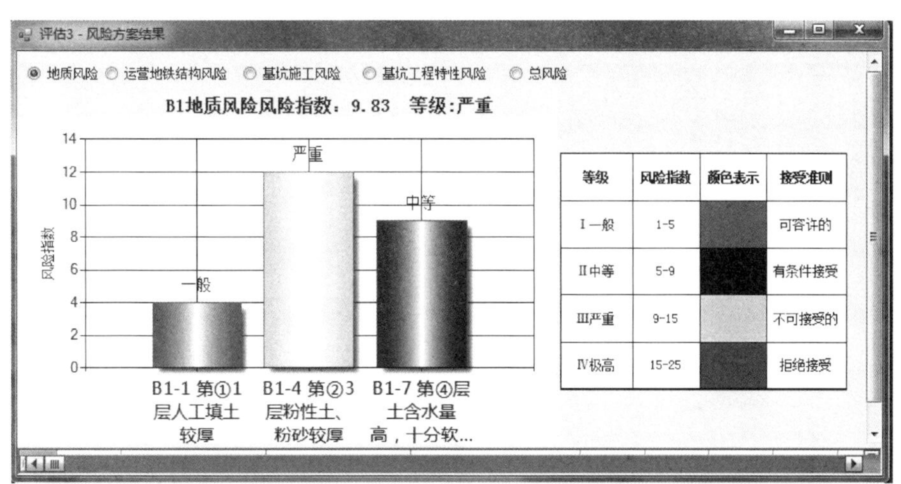

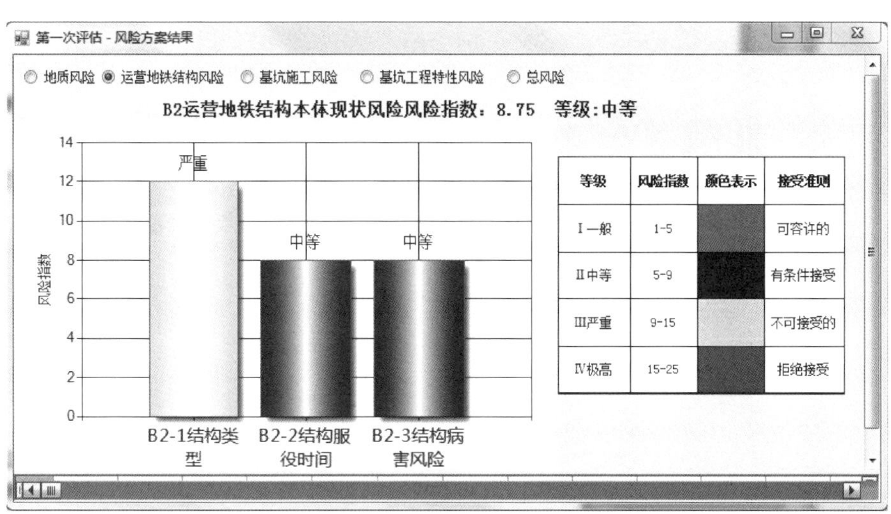

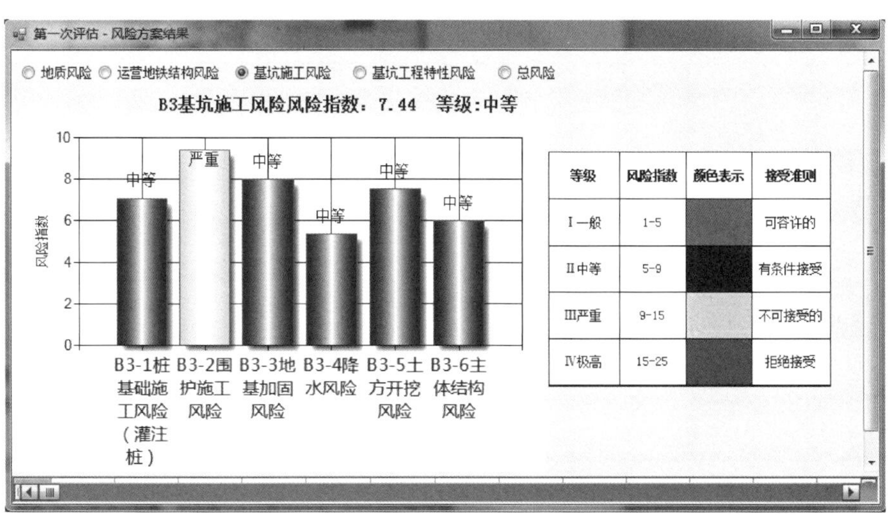

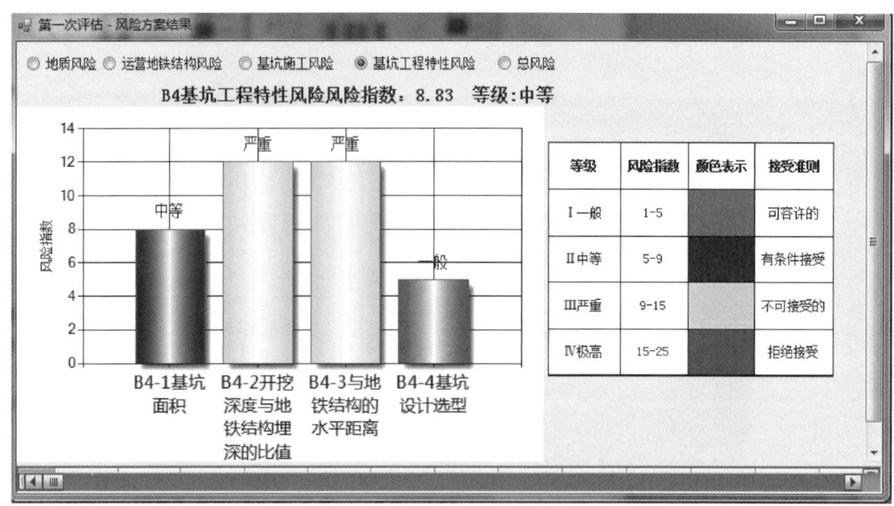

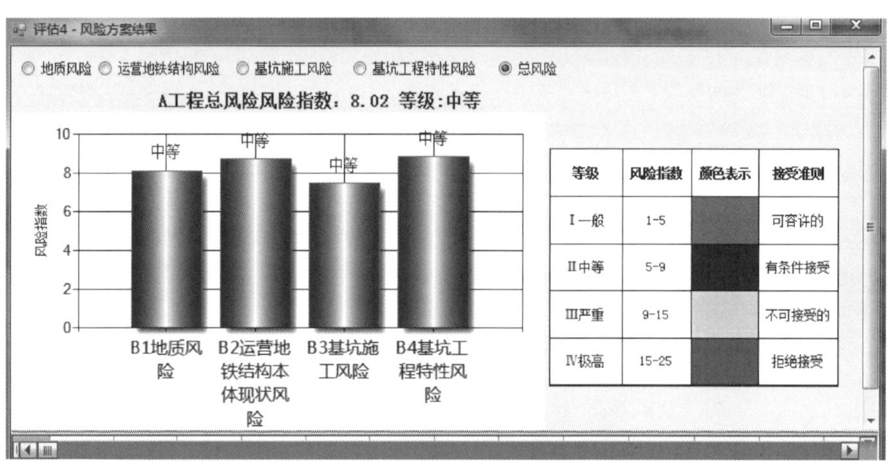

图 7-153 风险评价

表 7-14 风险评价表

类别	地质风险			总地质风险			
	浅部粉性土、砂土	不良地质现象	浅部分布软弱土				
风险指数	8.2	4.0	9.0	7.9			
风险类别	中等	一般	严重	中等			
类别	地铁结构本体风险			总结构本体风险			
	结构类型	服役时间	结构既有病害				
风险指数	12.0	8.0	8.0	8.8			

续表

风险类别	严重	中等	中等	中等			
类别	基坑施工风险						总施工风险
	桩基础	地下连续墙	地基加固	降水	土方开挖	主体结构	
风险指数	7.1	9.5	8.0	5.4	7.5	6.0	7.4
风险类别	中等	严重	中等	中等	中等	中等	中等
类别	基坑工程特性风险				总工程特性风险		总风险
	基坑面积	开挖深度与地铁结构埋深的比值	与地铁结构的水平距离	基坑设计选型			
风险指数	8.0	12.0	12.0	5.0	8.8		8.0
风险类别	中等	严重	严重	中等	中等		中等

本基坑工程施工邻近运营地铁隧道结构，风险等级中等，在确保运营地铁隧道安全的前提下可有条件地接受部分工程风险，基坑施工期间，应对工程环境影响给予密切关注，严格控制变形，采取充分的风险控制措施及预警措施。

5）风险控制

程序根据前期风险辨识结果，给出简化的风险处置措施建议，如图 7-154 所示。

	8)根据前一段开挖期间监测到的岩土变位等各种行为表现，及时比较勘察、设计预期的性状与监测结果的差别，对原设计成果进行评价并判断施工方案的合理性。 9)通过反分析方法计算和修正岩土力学参数，预测下阶段施工可能出现的新行为、新动态，对后续的开挖方案与步骤提出建议，对可能出现的险情进行及时的预报，当有异常情况时立即采取必要的工程措施，以确保工程安全。
坑底回弹量大	1)合理全面评估周边环境条件 2) 对地层采用有效的加固处理方法 3)垫层、底板及时浇筑 4)因卸荷而引起坑底土体的上隆，在施工前进行理论计算和预测 5)做好施工监测
遇地下障碍物	1)采用先进的勘探技术，或多种勘探技术综合应用，及时查出不良地层或障碍物 2)及时处理施工过程中遇到的石头、混凝土等大块障碍物
裂缝及渗漏水	1)大面积地下室合理考虑后浇缝的留置位置、方法及后浇缝处的防水处理 2)合理设计混凝土配合比，并严格计量控制，混凝土的早期干缩可通过在混凝土终凝前，对暴露表面进行二次抹压和凝固后的浇水养护等来解决。 3)合理处理结构构件的支承连接构造，以及配置必要的构造钢筋。缩短结构的长度或设置结构的伸缩缝，以及施工过程设置后浇带等亦是防止因干缩导致结构开裂的有效措施。 4)选用水化热较低的水泥品种；通过掺用外加剂来减少水泥用量，混凝土浇筑采取分层、分块方案 5)适当增加钢筋配置和通过养护控制内外温差等技术措施。 6)施工过程必须严格控制施工荷载，必要时采取临时加固措施或通过与设计人员协商，采取结构的局部加强措施。 7)一旦发现混凝土结构的受力裂缝，应立即采取防止裂缝进一步开裂而导致结构、构件破坏的临时紧急措施，并会同有关方面的人员，具体分析研究裂缝的性质、原因和解决办法 8) 地下室防水材料的选用应考虑技术能力、施工季节等因素 9)根据裂缝渗漏水量和水压大小，采取促凝胶浆等材料堵漏。

4.2 施工参数的试验

对于安全区内各类施工，在没有类似工程经验可供参考的情况下，可采取非原位的方法在非地铁侧做试验积累施工参数，其一，可间接了解施工对周围环境的影响程度；其二，可从侧面了解机械性能以及施工单位组织管理能力、重视程度。

4.3 对运营地铁结构变形进行跟踪监测

1. 常规监测：包括竖向位移监测、水平位移监测以及管片收敛变形监测。
2. 自动化监测：包括

当发生下列情况时，应及时报警，并采取可靠应急措施，保障地铁线路的安全：

（1）地铁结构位移、沉降或隆起速率达到0.5mm/day。
（2）靠近地铁一侧的基坑围护结构位移达到1.0mm/day。
（3）监测值超过日监控指标或总变形控制量的1/2时。
（4）其他危及地铁结构和运营安全的事情发生时。

4.4 加强运营地铁结构使用状况巡检

基坑施工期间，应组织项目组人员对基坑所对应的隧道段进行设施结构、使用状况、病害检查，发现问题及时上报。

图 7-154　程序自动生成的风险措施建议

基于程序建议进行二次编辑，可形成完整的风险控制措施。

(1) 采取可靠的设计施工措施减小对隧道的影响

① 建筑荷载与桩基工程:工程桩基采用钻孔灌注桩,承压桩桩径取 850 mm,桩深达到稳定的第⑨层,单桩竖向承载力设计值不超过 3 500 kN,必须严格控制建筑工后长期沉降对 1 号线隧道结构的拖带影响。设计施工应通过优化调整建筑荷载和桩基(数量、桩径、桩深、控制桩底沉渣等)措施。工程实施和建筑长期沉降引起的地铁变形须小于地铁保护标准。

② 工程桩基施工:工程采用钻孔灌注桩,靠近地铁附近的单桩施工时间应严格控制在 16 h内,并备有可靠措施防止塌孔。

③ 基坑围护结构:基坑开挖深度约为 10 m,局部有落深。靠地铁侧,采用厚 1 000 mm 的地下墙,墙深 22 m,其他侧采用厚 800 mm 的地下墙,墙内预留注浆管,在墙体达到设计要求的强度后进行墙底注浆。在地墙成槽期间,由于距离隧道近,地铁振动等原因,容易造成槽壁的不稳定,须设置 SMW 工法隔离桩。建议采用三轴水泥土搅拌桩加固,其中地铁侧(包括部分拐角处)为 ϕ850 工法桩,其深度达到墙底,其余侧采用 ϕ650 工法桩(均匀、慢速、低水灰比)施工,水泥掺入比不低于 20%,并合理控制注浆量,无侧限强度达到 1.5 MPa 后再进行地墙施工。采用 ϕ650 SMW 工法桩加固方式地墙须跳浜实施,"隔四做一",单幅地墙的施工时间段应错开客运高峰时间,并将施工时间严格控制在 12 h 以内。施工单位必须较好地预防绕流问题,避免二次开挖。

④ 土体加固:沿地铁一侧的基坑内部地基加固宽度为 10 m,采用搅拌桩或旋喷加固方式,加固深度自第二道支撑上 1 m 至底板以下 4 m,水泥土掺入比不少于 25%,无侧限强度大于 1.5 MPa。开挖前,须对加固土体进行抽检。

⑤ 降水施工:采用真空深井泵降水,单口井承担的降水面积不超过 200 m^2,降水必须达到开挖面以下 1 m 内,有控制地降水。

⑥ 挖土支撑施工:采用盆式开挖方式,按照"时空效应"理论指导挖土支撑,要求严格做到"分层、分块、对称、平衡、限时"开挖支撑。先挖除基坑中间部位的土体,后挖周边土体,邻近地铁每一层土体留土宽度不少于 4 倍的单层挖深,且最后挖除。及时形成对撑,单块留坡土体开挖支撑的总施工时间控制在 16 h 内。根据围护变形情况,对第二道支撑实施抽槽开挖支撑。

值得注意的是,基坑周边可做堆场用的面积偏少,栈桥面积占基坑总面积一半以上,导致格构柱偏多,截桩及格构柱清理工作将严重制约挖土速度。挖土支撑阶段是对地铁结构影响最大的分项,决定整个基坑施工的成败。按照"时空效应"原理制定的挖土方案,性能良好的施工设备以及充足的人力、良好的施工组织管理是关键。

⑦ 回筑施工建议不采用爆破方式拆除支撑,注意回筑过程中围护结构的位移控制,"先撑后拆"。

(2) 施工参数的试验

对于安全区内各类施工,在没有类似工程经验可供参考的情况下,可采取非原位的方法在非地铁侧做试验,积累施工参数,其一,可间接了解施工对周围环境的影响程度;其二,可从侧面了解机械性能以及施工单位组织管理能力、重视程度。

(3) 对隧道变形进行跟踪监测

根据工程施工具体情况,实际监测区域为 120 m,其中下行隧道监测内容为:

① 常规监测,包括道床竖向位移监测、管片水平位移监测及管片收敛变形监测。

② 自动监测,指电子水平尺轴线沉降以及轨面高差自动监测系统。

当发生下列情况时,应及时报警,并采取可靠应急措施,保障地铁线路的安全:

① 地铁结构位移、沉降或隆起速率达到 0.5 mm/d。

② 靠近地铁一侧的基坑围护结构位移达到 1.0 mm/d。

③ 监测值超过日监控指标或总变形控制量的 1/2 时。

④ 其他危及地铁结构和运营安全的事情发生时。

(4) 加强隧道使用状况巡检

SMW 工法桩施工期间，地铁隧道要点基本上一周 2 次。每逢隧道有点，组织项目组人员对基坑所对应的隧道段进行设施结构、使用状况检查。

7.7 本章小结

轨道交通岩土工程专家系统，基于计算机和网络技术，收集整理已有地铁沿线深基坑工程勘察、设计、施工、监测资料以及对应阶段地铁长期监护资料，建立基础数据平台；根据收集的调研资料，研究分析轨道交通周边基坑开挖对地铁结构安全的影响，进行轨道交通风险因素与风险等级评价，建立风险分析预测系统；结合轨道交通周边典型基坑工程案例，建立二维、三维实体模型，对地铁隧道在基坑开挖作用下的变形情况进行数值模拟，获得隧道、车站的变形发展规律，搭建专家专项咨询平台，预测分析类似工程案例对地铁的影响，预测新建地铁的变形情况。

随着轨道交通运营规模的逐年扩大，运营轨道交通结构周边岩土工程的影响问题将会越来越多、越来越复杂，本系统目前的功能只是针对此类问题分析与解决方案的一次初步探索。未来，轨道交通岩土工程专家系统将在更广泛、更高层次的平台上充分发挥专家咨询的功能。

参考文献

[1] 郑宜枫. 基坑施工数据可视化分析方法研究[D]. 上海：同济大学，2001.

[2] 赵显富. 变形监测成果数据库管理系统的研制[J]. 测绘通报，2001(4)：28-29.

[3] 孙钧. 地下工程施工网络多媒体监控管理系统的研究[J]. 上海建设科技，2002(4)：43-45.

[4] 廖少明，侯学渊. 盾构法隧道信息化施工控制[J]. 同济大学学报（自然科学版），2002，30(11)：1305-1310.

[5] 王浩，葛修润，邓建辉，等. 隧道施工期监测信息管理系统的研制[J]. 岩石力学与工程学报，2001，20(s1)：001684-1686.

[6] 周希圣，孙钧. 盾构隧道施工多媒体监控与仿真系统[J]. 土木工程学报，2001，34(6)：50-54.

[7] 周文波. 盾构法隧道施工智能化辅助决策系统的研制与应用[J]. 岩石力学与工程学报，2003(z1)：2412-2417.

[8] 胡承军. 软土隧道施工的自动监测数据动态分析与安全状态评估方法的研究[D]. 上海：同济大学，2007.

[9] 李元海，朱合华. 岩土工程施工监测信息系统初探[J]. 岩土力学，2002，23(1)：000103-106.

[10] 周文波. 盾构隧道信息化施工智能管理系统的开发应用[J]. 都市快轨交通，2004，17(4)：16-19.

[11] 张志刚，佴磊. 隧道信息化设计与施工方法研究[J]. 岩土工程技术，2003(2)：81-84.

[12] 项贻强，汪劲丰，王晖，等. 大型桥梁与隧道工程健康监测与评估管理系统的研究[J]. 华东公路，2006(2)：3-6.

[13] 黄维华，岳荣花，张学华，等. 地铁隧道结构变形监测信息管理系统的开发[J]. 现代测绘，2008，31(1)：23-25.

[14] 贺跃光，杜年春，李志伟. 基于WebGIS的城市地铁施工监测信息管理系统研究[J]. 岩土力学，2009，30(1)：265-269.
[15] 李志刚，丁文其，李晓军，等. 隧道工程监测数据库管理系统的开发[C]//全国城市地下空间学术交流会论文集. 2004：755-758.
[16] 金森，赵永辉，吴健生，等. 隧道三维可视化监测系统的研制与开发[J]. 计算机工程，2007，33(22)：255-257.

8 城市地下工程风险控制

8.1 引 言

随着经济建设的高速发展，快速的工业化以及人口的高度城市集中化，城市面临日益突出的居住、交通、环境等与有限土地资源之间的矛盾，地下工程建设进入蓬勃发展阶段，在轨道交通、商业中心和城市市政建设等大型项目中，修建各类地下空间呈现急剧增长的趋势。20 世纪 80 年代，国际隧道协会便提出了“大力开发地下空间，开始人类新的穴居时代”的倡议，得到了广泛的响应。上海市政府也日益重视地下空间的开发利用，把地下空间的利用作为一项重要策略来推进其发展，利用地下空间扩大土地利用率，解决城市化进程加快所引起的人口爆炸、破坏性建设、资源短缺以及越来越严重的交通问题。地下空间的利用，已扩展到各个领域，发挥着重要的社会和经济效益。

地下空间的开发利用主要是依托地下工程建设进行的，但是由于地下工程项目的特点及其内在的不确定性，在施工过程中由于安全管理不善，对各种安全风险认识的不足而引发各种重大安全事故层出不穷，而这些事故的产生必然导致重大的经济损失和社会影响。2003 年 7 月，上海地铁 4 号线浦西联络通道发生特大涌水事故，造成周围地区地面沉降严重，周围建筑物倾斜、倒塌，事故造成直接经济损失约 1.5 亿元；2004 年 4 月的新加坡地铁车站基坑塌方事故，造成 4 人死亡，紧邻大道下陷以及周围一些城市生命管道严重损毁；2006 年 1 月，北京东三环路京广桥东南角辅路污水管线发生漏水断裂事故，污水灌入地铁 10 号线正在施工的隧道区间，导致京广桥附近部分主辅路坍塌，造成了重大经济损失和严重的社会影响；2007 年 3 月的北京地铁 10 号线工程塌方事故，导致地面发生塌陷，并造成数名工人死亡；2007 年 11 月的北京西大望路地下通道塌方事故，导致附近主路 4 条车道全部塌陷，部分主辅路隔离带和辅路也发生塌陷，坍塌面积约 100 m^2，造成交通严重拥堵；2008 年 11 月杭州地铁 1 号线湘湖站基坑坍塌事故，造成 21 人死亡，被称为我国地铁建设史上伤亡最为严重的事故……从这些事故中，我们可以清晰地认识到地下工程建设中面临的巨大风险。而通过有效的制度管理和预警机制，可以了解事故发生的因由、事故发生的可能性，还可以在事故发生前把握事故发生可能造成的损失，以及采取各种措施以减少事故发生的可能性和事故发生后的损失程度。

地下空间的开发，离不开地下工程建设技术的进步。近些年来，地下工程建设技术有着越来越广泛的运用和夺目诱人的商业前景，在工程建设的众多技术领域中显得十分突出。然而地下工程项目具有隐蔽性大、技术复杂、作业循环性强、建设工期长、作业空间有限等特点，而且动态施工过程中的力学状态是变化的，土体的物理力学性质也在变化，在实施过程中存在着许多不确定的不安全因素，使得地下工程成为一项具有高风险的工程项目。而对于这些不确定性的风险因素，如果掉以轻心就可能酿成重大灾害事故，造成重大的损失。为了确保工程建设目标的实现，地下工程项目实施过程中迫切需要安全管理的有效实施。

由于我国地下空间开发历史较短，经验不足，在建设中存在着一些不容忽视的问题和安全隐患，目前存在的主要问题包括以下方面。

1. 地下工程建设技术水平有待提高

一些客观及主观性的因素制约了当前上海地下工程安全风险控制的技术水平，主要有如下因素。

1）工程地质及水文地质条件异常复杂

工程地质及水文地质条件是城市地下工程设计、施工最重要的基础资料，把握好工程地质及水文地质资料是减少安全事故的前提。但由于地下工程的隐蔽性，区域地质构造、土体结构、夹砂层、地下水、地下空洞及其他不良地质体等在开挖揭示之前，很难被精细地判明。大量的试验统计结果表明，岩土体的工程地质和水文地质参数也是十分离散和不确定的，具有很大的空间变异性，这些复杂因素的存在给城市地下工程建设带来了巨大的风险，也蕴含了导致安全事故的根本因素。

2）工程结构自身及周边环境复杂

城市地下工程建设面临着开挖断面不断增大、结构形式日益复杂、结构埋深越来越深的技术难题。地铁车站、地下商场、地下停车场和地下仓库等地下工程，其跨度尺寸均达到 10 m 甚至 20 m 以上，且单体及互通结构愈加复杂，是地下工程施工中极为复杂的问题。而工程往往是在管线密布、建筑物密集、大车流和大人流的环境下进行施工，在这种客观环境条件下，决定了城市地下工程施工的高风险性，一旦发生事故，后果将非常严重。

3）设计理论不完善

由于地质条件异常复杂，地下结构形式多样，地下结构体与其赋存的地层之间的相互作用关系至今仍不明确，使得目前的城市地下工程的设计规范、设计准则和标准均存在一定程度的不足，导致工程设计中所采用力学计算模型及分析判断方法与实际施工存在一定的差异，因此，在设计阶段就可能孕育导致工程事故的风险因素。

4）施工设备及操作技术水平参差不齐

城市地下工程建设队伍众多，施工设备及技术水平参差不齐。由于工程施工技术方案与工艺流程复杂，不同的施工方法又有不同的适用条件，因此，同一个工程项目，不同单位进行施工可能会得到完全不同的施工效果，施工设备差、操作技术水平低的队伍在施工中更容易发生意外安全事故。

2. 地下工程建设风险管控机制不足

1）缺乏系统科学的地下工程建设安全监督体系，未建立事前预防机制

目前，上海对地下工程安全监督还没有出台操作性较强的、具有一定强制意义的法规体系，实施安全管控的责任系统和流程不完善、不规范。“事故处理”与“安全检查”是建设安全控制的日常工作重心，这种被动的事后控制模式，无法做到对地下工程施工过程中监测信息的事中监控和工程风险的事前管控，不能有效将施工监测结果及时动态地用于反映工程安全情况，无法开展系统全面的安全风险管控和预防。

2）地下工程安全管理责任主体不够合理，安全管理经费不到位

地下工程发生事故的原因包括勘察、设计、施工、信息沟通和不可抗力等方面，而目前上海的工程合同管理模式中，工程安全风险管理的责任主体主要由施工方承担是不够合理的。在工程预算中，关于事故预防、管理责任的费用没有明确收费标准，在低价中标的管理模式下，容易导致施工方在利益驱使下，安全经费投入不足，不愿意加大成本规避风险而冒险施工。

3）地下工程安全管控专业队伍不够规范

政府的质量监督和安全监督职能部门不能作为工程安全的实施单位而只能是引导和规则制定、监督单位，但目前地下工程，上海对于监测单位资质、监测人员技术素质没有相应的管理和评价体系，使得监测队伍不够规范；针对“第三方监测”的管理还不够到位。上海对工程安全管理咨询的从业单位和人员没有明确的资质管理，对于工程安全咨询评估工作的内容、质量评价标准、咨询工作的责任认定、从业人员资格认定等都没有统一的管理，安全管理专业水平参差不齐。

4）缺乏合适的信息化安全管控平台

利用信息化系统可以加快信息传输速度，提高管理的效率和科学水平，增加项目各方的责任。但是，目前上海安全管理的信息化水平还较低，缺乏符合安全管理体系、适合地下工程建设实际的信息化风险管理平台。

通过以上分析可以看出，由于城市地下工程处于高风险的地质环境和城市环境中，其致险因子多而复杂，一旦工程建设中某个环节出了问题，就有可能引发各类事故。在这种形势下，有必要对城市地下工程建设中出现的事故原因进行深入的分析，在明确事故原因的基础上，提出相应的控制对策，以有效降低安全事故的发生率。

8.2 地下工程风险管理理论基础

8.2.1 风险的含义

虽然“风险”一词我们已经不再陌生，但要下一个精确的定义却并不容易。按照词典的定义，风险就是“危险；遭受损失、伤害、不利或毁灭的可能性”。而按照风险分析的观点，风险和危险还是不同的。危险只是意味着一种坏兆头的存在，而风险则不仅意味着这种坏兆头的存在，而且还意味着有发生这个坏兆头的渠道和可能性。因此，有时虽然有危险存在，但不一定要冒此风险。

由于系统的复杂性，时至今日，风险在学术界仍然存在很大争议，无论是文字描述还是数学表达上的差异性都非常大。这些定义虽然措辞、说法不尽相同，但归总起来无外乎以下 4 种理解：

（1）把风险视为给定条件下可能会给研究对象带来最大损失的概率；

（2）把风险视为给定条件下研究对象达不到既定目标的概率；

（3）把风险视为给定条件下研究对象可能获得的最大损失和收益之间的差异；

（4）把风险直接视为研究对象本身所具有的不确定性。

这 4 种理解分别从不同的角度看待风险，但从中也不难发现，风险的定义和研究的目的以及关注点是密不可分的。而行业的差异，应该是造成风险分析研究目的不同的主要之一。具体到工程项目，可以说是技术风险相对集中的行业。因此在进行风险分析的时候，就要同时考虑技术保障和资金投入等多个方面。

8.2.2 风险管理的定义

风险管理作为一门新的管理科学，既涉及一些数理概念，又涉及大量非数理概念，不同学者在不同的研究角度提出了很多种不同的定义。风险管理的一般定义如下：风险管理是一种应对纯粹风险的科学方法，它通过预测可能的损失，设计并实施一些流程最小化这些损失发生的可能；而对确实发生的损失，最小化这些损失的经济影响。风险管理作为降低纯粹风险的一系列程序，涉及对企业风险管理目标的确定、风险的识别与评价、风险管理方法的选择、风险管理工作的实施，以及对风险管理计划持续不断地检查和修正这一过程。在科技、经济、社会需要协调发展的今天，不仅存在纯粹风险，还存在着投机风险，因此，风险管理是风险发生之前的风险防范和风险发生后的风险处置，其中包含 4 种含义：

（1）风险管理的对象是风险损失和收益；

（2）风险管理是通过风险识别、衡量和分析的手段，以采取合理的风险控制和转移措施；

（3）风险管理的目的是在获取相应最大的安全保障的基础上寻求企业的发展；

(4) 安全保障要力求以最小的成本来换取。

简而言之,风险管理是指对组织运营中要面临的内部、外部可能危害组织利益的不确定性,采取相应的方法进行预测和分析,并制定、执行相应的控制措施,以获得组织利润最大化的过程。

风险管理的目标应该是在损失发生之前保证经济利润的实现,而在损失发生之后能有较理想的措施使之最大可能地复原。换句话说,就是损失是不可避免,而风险就是这种损失的不确定性。因此我们应该采取一些科学的方法和手段将这种不确定的损失尽量转化为确定的、我们所能接受的损失。

风险管理有如下特征:

(1) 风险管理是融合了各类学科的管理方法,它是整合性的管理方法和过程;

(2) 风险管理是全方位的,它的管理面向风险工程、风险财务和风险人文;

(3) 管理方法多种多样,不同的管理思维对风险的不同解读可以产生不同的管理方法;

(4) 适应范围广,风险管理适用任何的决策位阶。

8.2.3 风险管理的过程

风险管理的过程包括若干主要阶段,这些阶段之间是相互作用、相互影响的。风险管理主要涉及以下 6 个方面的工作,即确定风险管理目标、风险识别、风险评价、风险管理决策、风险管理实施、风险管理计划的检查与评价。根据风险管理涉及的内容,可以将风险管理的基本程序概括为目标确定、风险识别、风险估计、风险评价、风险控制 5 个阶段。

风险管理的第一步就是要明确风险管理的目标,以展开风险管理计划,以便于下一步风险管理的进行。明确目标才可进行风险管理规划,从而规划和设计风险管理活动的策略以及具体的措施和手段。

风险识别是指风险主体对所面临的风险以及潜在风险加以判断、归类和鉴定性质的过程。风险识别的过程主要分为 3 个步骤:确认不确定性的客观存在,建立风险清单,进行风险分析。风险识别是一项持续性、系统性的工作,因此需要风险管理者持续不断地识别风险,及时发现可能出现的新的潜在风险以及原有风险的变化。风险识别不仅仅要识别所面临的风险,更重要和困难的是识别各种潜在的风险。

风险估计是在充分、系统地考虑风险识别后的所有不确定和风险要素的基础上,确定事件中各种风险发生的可能性以及发生之后的损失程度。主要是估计风险事件发生的可能性大小、可能的结果范围和危害程度、可能的发生时间以及风险事件发生概率的可能性等。风险估计是一项系统、复杂的工作,在进行分析估计时,应充分考虑风险因素及其影响,不仅要估计潜在的损失,还应对最大损失进行估计,为风险决策提供必要的数据资料。在风险估计的过程当中,风险的度量是风险估计的核心内容。

风险评价是针对风险估计的结果,应用各种风险评价技术来判定风险影响大小、危害程度高低的过程。Al-Ballar 定义风险评估是运用概率论的知识,定量地分析风险的不确定性以评价其影响程度的过程。风险评价的目的是为了科学合理地评估风险可能发生的概率及其可能产生的损失,科学的风险评估准则,可为风险评估奠定坚实的基础。风险接受准则因国家和行业的不同而有所不同,但在大多数情况下,风险评估接受准则都遵循最低合理可行原则和最低合理可实现原则两个基本原则。最低合理可行原则即指在不可能通过预防措施彻底消除风险时,应在系统的风险水平与成本之间做出平衡,使得风险等级的划分和风险对策的制定尽可能合理可行,风险成本尽可能低。最低合理可实现原则与最低合理可行原则基本相同,不同之处在于确定风险对策对应的措施时，最低合理可实现原则采取的措施必须是可实现的。最低合理可行原则、最低合理可实现原则和风险对策如图 8-1 所示。图中最低合理可行区或最低合理可实现区表示可接受区域。

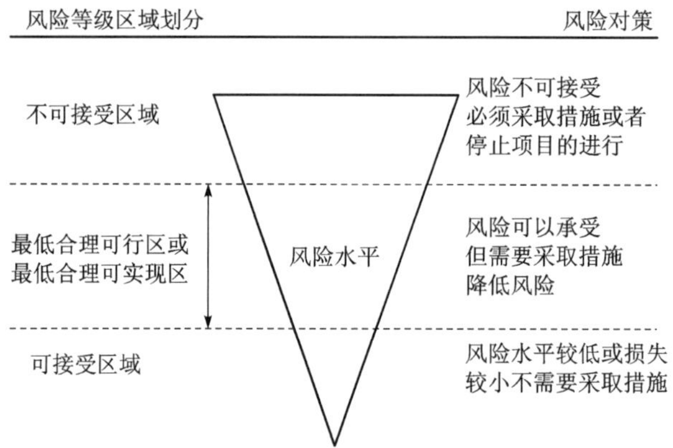

图 8-1　最低合理可行/最低合理可实现原则和风险对策

风险控制包括风险应对和风险监控两个方面。风险应对是在风险估计和评价的基础上，对风险事件提出处置意见和方法，即采取什么样的措施来控制风险，控制措施应该采取到何种程度以控制风险。风险应对可采取多种风险规避与控制策略，如：风险转移、风险规避、风险抑制、风险预防、风险应急等。风险监控是在风险分析的基础上，对全过程的监视和控制，以利于风险管理流程的有效运作。

8.2.4　地下工程安全风险管理

8.2.4.1　地下工程风险的定义

地下工程（如隧道、地铁等）在建设和运行中存在突发性和偶然性的不确定性因素，为降低此类风险因素的不利影响，应对地下工程设计系统进行有效的风险研究，从而识别风险源和不确定因素，及时采取相应的安全措施，确保工程安全。住房和城乡建设部下发的《地铁及地下工程建设风险管理指南》中将工程风险定义为：若存在与预期利益相悖的损失或不利后果，或由各种不确定性造成对工程建设参与各方的损失，均称之为工程风险。对于隧道等地下工程而言，可以将风险定义为在以工程项目正常施工为目标的行动过程中，如果某项活动或客观存在足以导致承险体系发生各类直接或间接损失的可能性，那么就称这个项目存在风险。

8.2.4.2　地下工程风险的属性及发生机理

根据风险的定义可知，风险事故的发生是由于潜在的风险因素所致，而风险事故的发生必将产生损失，因此风险属性主要包括 3 个方面，即风险因素、风险事故和风险损失，三者的关系如图 8-2 所示。

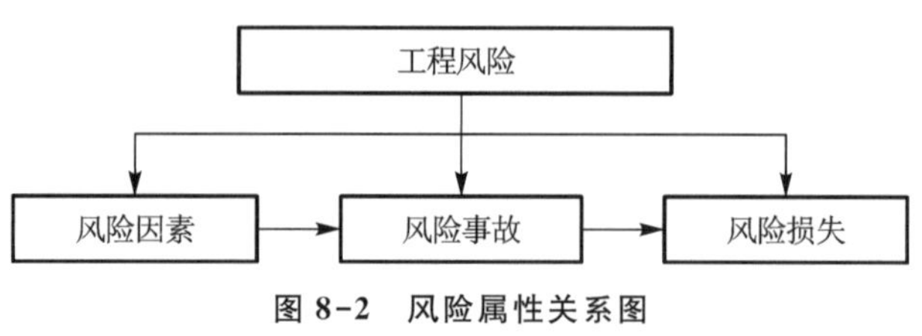

图 8-2　风险属性关系图

地下工程建设投资较大、施工周期长、工艺复杂，而且施工周围的环境往往比较复杂，施工所需的设备以及建筑材料繁多，所涉及的专业工种与人员众多，因此在其建设期易发生风险事故，其机理如图 8－3 所示。

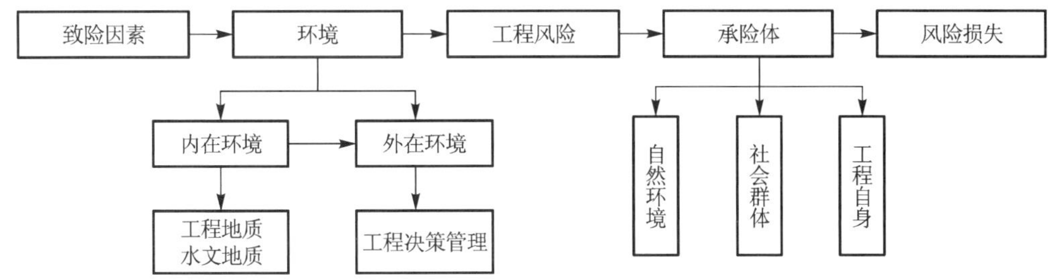

图 8-3 地下工程风险发生机理

8.2.4.3 地下工程实行安全风险管理的重要意义

随着地下工程施工技术的发展，施工的规模化以及技术和组织管理的复杂化，地下工程施工管理也越来越复杂，所要面临的任务也越来越艰巨。地下工程施工风险管理是地下工程项目管理的重要组成部分，作为工程项目管理的重要一环，它不同于其他的管理功能，它是由风险理论发展起来的一个系统化的过程。因此，在地下工程中开展风险管理工作对确保项目的顺利完成有着至关重要的作用，对地下工程的组织施工具有重要的现实指导意义。在地下工程建设过程中实行系统化的风险管理，减少地下工程施工安全事故频发的严重后果，有利于决策科学化、规避风险事故，达到控制风险、减少损失的目的。其作用主要体现在以下几个方面。

(1) 地下工程安全风险管理有利于促进工程施工决策科学化、合理化。地下工程建设是一项规模庞大的工程，而人类对于地下的情况了解得不够深入，因此在施工过程中存在很多复杂的风险，这些不确定的风险因素如果不加以防范可能会造成重大的事故。通过对地下工程项目开展风险管理，进行系统的风险辨识，针对工程实际情况建立合理的风险损失模型，对工程进行风险评价，为管理决策者的决策提供科学依据，从而在地下工程施工的不同阶段慎重地选择最为经济合理的施工方法，减少或消除各种经济、技术风险等。

(2) 地下工程安全风险管理有利于降低事故发生的可能性。通过安全风险管理，可以对工程中可能存在的风险进行预测与评估，根据评估结果及早采取有关措施即可有效减少或消除安全事故发生的可能。

(3) 地下工程安全风险管理有利于减少事故后果的损失。风险管理是一种以最小成本达到最大效益和安全保障的管理方法，通过将处置风险管理的费用以合理的方式分摊到生产过程中，减少了费用支出，提高了经济效益。风险管理的有效实施使得相关部门提高管理效率，认真执行各项监督措施以实现安全施工，从而减少风险损失。

(4) 地下工程安全风险管理能够保证项目管理目标的顺利实现。地下工程项目管理目标的实现对于地下工程项目的成败尤为重要，通过风险管理可以帮助管理决策者更加准确地估计工程成本与工期，更科学地选择合理的方案和工程管理方法。根据风险分析中提出的风险规避措施，可以在施工过程中有目的地加以落实，有效减少工程事故的发生和工程费用超支的可能，保证管理目标的实现。

(5) 地下工程安全风险管理对社会有积极的作用。大部分地下工程项目都属于国家重要的基础设施，在其施工过程中实施风险管理，对于保证其施工质量具有重要的作用。施工质量的保证正是对其使用安全的保证，这样才能有效降低其使用期发生安全事故的可能性，减少事故发生造成的经济损失和社会影响。

8.3 软土地下工程安全事故案例

8.3.1 基坑事故

8.3.1.1 广州某广场基坑坍塌事故

1. 工程概况

该广场基坑周长约 340 m，原设计地下室 4 层，基坑开挖深度为 17 m。该基坑东侧为一主干道，道路下为广州地铁线路，线路隧道结构边缘与本基坑东侧支护结构距离为 5.7 m；基坑西侧、北侧邻近河涌，北面河涌范围为宽 22 m 的渠箱；基坑南侧东部距离某宾馆 20 m，该宾馆楼高 7 层，采用 ϕ340 mm 锤击灌注桩基础；基坑南侧西部距离一大楼 20 m，楼高 7 层，基础也采用 ϕ340 mm 锤击灌注桩。

1）支护方案设计

基坑东侧、基坑南侧东部 34 m、北侧东部 30 m 范围，上部 5.2 m 采用喷锚支护方案，下部采用挖孔桩结合钢管内支撑的方案，挖孔桩底标高为－20.0 m。

基坑西侧上部采用挖孔桩结合预应力锚索方案，下部采用喷锚支护方案。

基坑南侧、北侧的剩余部分，采用喷锚支护方案。后由于±0.00 标高调整，后实际基坑开挖深度调整为 15.3 m。

2）场地地质资料

该工程地质情况从上至下为填土层，厚 0.7～3.6 m；淤泥质土层，层厚 0.5～2.9 m；细砂层，个别孔揭露，层厚 0.5～1.3 m；强风化泥岩，顶面埋深为 2.8～5.7 m，层厚 0.3 m；中、风化泥岩，埋深 3.6～7.2 m，层厚 1.5～16.7 m；微风化岩，埋深 6.0～20.2 m，层厚 1.8～12.84 m。

2. 事故案例

1）事故情况

本基坑在 2002 年 10 月某日开始施工，至 2003 年 7 月施工至设计深度 15.3 m，后由于上部结构重新调整，地下室从原设计 4 层改为 5 层，地下室开挖深度从原设计的 15.3 m 增至 19.6 m。由于地下室周边地梁高为 0.7 m。因此，实际基坑开挖深度为 20.3 m，比原设计挖孔桩桩底深 0.3 m。

新的基坑设计方案确定后，2004 年 11 月重新开始从地下 4 层基坑底往地下 5 层施工，至 2005 年 7 月某日上午，基坑南侧东部桩加钢支撑部分，最大位移约为 4.0 cm，其中一天增大 1.8 cm，基坑南侧中部喷锚支护部分，最大位移约为 15 cm。

2005 年 7 月某日中午，该广场工地基坑南端约 100 m 长挡土墙发生倒塌，造成一段 6 m 长的水泥路面下陷，同时造成位于工地旁的砖木结构平房倒塌，附近的某宾馆以及邻近主干道中 196—202 号居民楼结构受影响，其中某宾馆以及邻近主干道中 196 号楼受损严重(图 8-4)。附近共 160 户居民被撤走。导致 5 人被困。事故发生后，广州地铁线路部分区段双向停止运营，导致地铁停运 23 h 58 min。

此外，警方封锁邻近主干道双向路面。广州市公安局派出 40 多名消防员以及其他 330 多名警种人员参与营救，并于当日下午 4 时救出 3 人。

一天后，凌晨 1 时 45 分，某宾馆北楼南侧发生倒塌，并引起大火。广州市公安局消防支局于凌晨 2 时 30 分派出 5 辆指挥车以及 25 辆消防车前往救灾，凌晨 5 时 48 分，大火被扑灭。下午 2 时 38 分，已停运 23 h 58 min 的广州地铁线路局部区段恢复运营，区段限速 15 km。

3 日后，凌晨 4 时，某宾馆发生小面积坍塌。4 日后，下午 3 时，为防宾馆再次倒塌，搜救工作暂停。5 日后，凌晨 4 时 57 分，最后 1 名遇难者尸体被挖出。事故中共造成 3 人死亡，3 人受伤。

图 8-4　事故案例现场

2）处理措施

事故发生后，造成某宾馆北楼部分倒塌，未倒塌部分楼顶向北倾斜 28 cm。另外，邻近主干道中 196 号 1 栋居民楼因事故影响地基悬空，并出现墙体倾斜以及断裂，有两根基柱断裂，东北角水平下沉 6 cm。最后广州市人民政府决定，将某宾馆北楼作爆破拆除处理。而 196 号 1 栋居民楼虽然受损严重，但经过加固后可供继续使用。对基坑进行了加固工作，部分基坑回填，消除了可能的安全隐患。事故 7 名主要责任人被依法逮捕，20 名责任人进行行政处罚和处分。

3. 事故原因分析

1）技术原因

(1) 存在严重的基坑超挖现象。原设计 4 层基坑 17 m，后开挖成 5 层基坑(20.3 m)，挖孔桩成吊脚桩，支护结构强度不足。

(2) 基坑边缘在施工时有多部机械运作，重达 140 t，严重超载，导致基坑滑坡，引起事故。

(3) 现场监测数据已有预兆，未引起重视。

2）管理原因

(1) 工期拖延严重。基坑支护结构服务年限 1 年，而实际从开挖到出事已有近 3 年，导致地层的软化和锚索预应力损失。

(2) 施工管理人员失职。施工过程存在违规施工的情况。而在现场监测数据异常的情况下没有及时报警并终止施工。

(3) 施工过程中发现岩面倾斜，南部位移较大后，曾对部分区域进行预应力锚索加固，甲方认为加固是由于设计不周引起，加固费用应由设计单位支付，因此，设计单位压力较大，加固范围太少。

4. 结 论

(1) 本事故表明在地下工程设计理论不够完善的现状下，地下结构的设计不能够随意更改，而在建筑结构方案发生变化时，围护结构也必须相应改变以保证工程安全。监管部门必须限制业主过多改变结构方案，尤其在围护方案已完成，基坑已开挖后，不能随意超挖。

(2) 工期作为影响工程质量的重要因素之一必须严格按照要求，不能无限制拖延工期，应出台相应的条文，限制工期的拖延，并建立处罚机制，减少拖延工期的可能。同时基坑工程作为临时性支护，有其时限性，应明确基坑工程的有效服役时间。

(3) 有关部门需完善施工队伍人员管理系统，由于人员素质不足而引起的工程管理缺陷，必须对施工人员素质严格要求，加强施工人员上岗审查机制。

8.3.1.2 南京地铁车站深基坑土体滑移事故

1. 工程概况

项目基坑呈东西向布置。根据总体工程筹划，为盾构过站车站，是地下 2 层 10 m 岛式车站。本车站基坑总长度 163.3 m，宽 18.9～36.7 m，基坑两端宽，中间窄。车站中部标准段基坑宽 18.9 m，深约 16.5 m。两端基坑深约 16.8 m。

1) 支护方案设计

基坑采用地下连续墙作为围护结构，内部由钢支撑作为支撑体系。本工程为长条形车站基坑工程，钢支撑采用垂直对称布置。支撑长度按实际情况选用，支撑具体布置为：基坑标准段和端头井对称设置 4 道 ϕ609 mm 的钢管支撑。初定各道支撑中心到地面的距离从上到下分别为 2.5 m，7.0 m，11.0 m，15.0 m。

2) 场地地质资料

项目场地地形平坦，地面高程 8.10～8.92 m，原地面高程约 6.50 m，人工堆填土约2.00 m。地貌类型属长江漫滩。场地地下水类型属于孔隙潜水，深部砂性土层中地下水具微承压性。潜水位埋深介于 1.20～1.30 m 之间，平均埋深 1.25 m，相应高程约 7.20 m；承压水位埋深 3.50～4.00 m，平均埋深 3.75 m，相应高程约 4.70 m。各钻孔稳定水位埋深 0.80～1.90 m，相应高程 6.55～7.65 m。地下水不良作用主要表现为潜蚀、流砂等现象，地基土为不透水～弱透水层。

2. 事故案例

1) 事故情况

2007 年 5 月某日早上 8 点左右，项目基坑施工现场，正在施工的地铁车站基坑第六段一侧，高达十多米的软土段突然发生基坑土体滑坡，数百立方米黑土向坑道里倾泻而下，将在基坑里进行防水作业的三名工人掩埋，其中一名工人被工友用手扒土，及时救起，另两名工人被埋在土下。如图 8-5 所示。

图 8-5 事故案例现场

2）处理措施

滑坡事故发生后，有关部门立即组织抢救，政府和施工单位先后组织公安、消防和 200 多名工人带着生命探测仪、搜救犬进行紧张的搜寻救援工作，甚至将两台小型挖掘机吊进坑道进行挖掘。在经过长达 8 个多小时的营救后，下午 3 点 53 分和 4 点 08 分，埋在淤泥底下的另两名工人相继被找到，两人由于被埋在土方下时间过长，不幸死亡。

中午，南京市地铁公司负责人说，滑坡土方约为 500 m^3，造成 2 人失踪。由于之前南京下了一场大雨，导致基坑土体松散，今天组织了 13 名工人进行加固作业，其中木工班 11 人、防水班 2 人。负责人表示，施工现场安排了专人在基坑上方和周边道路进行检测，发现滑坡苗头后，迅速通知相关施工人员撤离。滑坡发生后，经过清点人员，发现失踪两人，立即组织抢险队进行搜救。

地铁施工方随后展开坡面的加固工作，基坑其他段面的加固和险情排查已基本结束，没有发现新的安全隐患。

3. 事故原因分析

1）技术原因

(1) 基坑开挖时纵向放坡不足，底部有超挖现象，雨水作用下引起了滑坡事故的发生。

(2) 茶亭地铁站采用的是地下墙围护，但是在滑坡处，由于涉及高压电电缆，所以局部采用了钻孔灌注桩的设计，但存在桩间渗漏水现象。

2）管理原因

(1) 施工人员专业素质不足，对风险意识不强。施工开挖时施工人员有超挖和放坡不足的现象，在特殊天气条件下引发了工程事故。在极端危险情况下仍组织人员修复，没有合理的应急方案，造成了人员伤亡。

(2) 施工单位技术能力不足，施工存在质量问题。在地下连续墙与钻孔灌注桩衔接部位没有做好隔水工作，引起钻孔桩桩间渗水。

(3) 监理单位对施工过程的监管力度不足。施工人员为图简单省力的不规范施工没有被及时发现制止，引发安全风险并造成事故。

4. 结　论

(1) 本次事故表明施工单位的技术能力与人员素质对地下工程的质量安全起着至关重要的作用，管理部门在评估施工单位资质与人员从业资格方面必须加强管理作用，改善现有评估系统，细化资质等级与内容，使资质更具专业性，明确相应工程所需相应资质与相应素质人员，提升地下工程的施工单位门槛，保证施工单位素质。

(2) 加强监理工作的落实，改善某些工程监理空有其名的现状，完善监理工作的相关工作条例，减少虚报瞒报的现象。

8.3.1.3 广州市某大厦基坑工程淹水事故

1. 工程概况

广州某大厦基坑东、西和南面施工场地宽敞，北边紧邻一条市政排水沟，水沟宽 3 m，深约 2.5 m。该基坑深 10 m。基坑东、西、南三面采用放坡开挖，北面东端大约 20 m 的范围靠近一条建材运输道路，每天有重型卡车通过，这一段采用了桩锚护壁，其余部分采用土钉护壁。由于土钉支护不宜在有水的情况下进行，设计要求在土钉支护施工前，请市政公司将水沟改为钢筋混凝土渠箱。

基坑土钉墙支护共布置 7 排土钉，护面采用 $\phi8@150$ mm×150 mm 钢筋网加 100 mm 厚喷射混凝土。在基坑顶部及底部四周设置排水沟和集水井,支护面层设置25根长约0.5 m的塑料排水管,在第二、三排土钉范围内,部分排水管加长到2 m左右,以利于水沟的水渗出。

由于种种原因,在北面基坑开始开挖并同时做护壁时,才开始渠箱的施工,从水沟的东端往西端逐步施工,与基坑支护施工同方向进行。这样护壁与渠箱两项工序在基坑北面并不宽敞的场地同时平行施工,两者互相之间造成一些矛盾,工期也受到一定影响,土钉支护施工未能在广州的雨季到来之前完成。

2. 事故案例

1) 事故情况

当土钉施工到基坑北面西头时,发现第二、三排土钉附近的土层中出现了淤泥质土,且夹有流砂层,与地质报告不符,土质条件较差,这一段又靠近水沟,地表生活用水不断,渗水较多,土钉成孔困难,经常塌孔有一孔刚开始就塌落,形成一个0.5 m×0.5 m见方的大孔,施工单位立即插短钢筋,浇混凝土填补。与此同时,发现在基坑顶面离坑边2~4 m处出现一条10 mm宽的裂缝,长10 m。设计人员立即修改设计,将这一段二、三排土钉间距加密到1 000 mm×1 000 mm,土钉采用花管注浆,并二次高压注浆,喷层加厚,施工速度放慢,挖土后马上喷射混凝土,另外关掉地表生活用水龙头,加紧督促市政公司完成渠箱的施工,采用这些措施后,裂缝没有继续发展,这一段土钉得以继续施工。这也说明不好的地质情况经过采用专门的措施后,土钉支护仍能取得很好的效果。如图8-6所示。

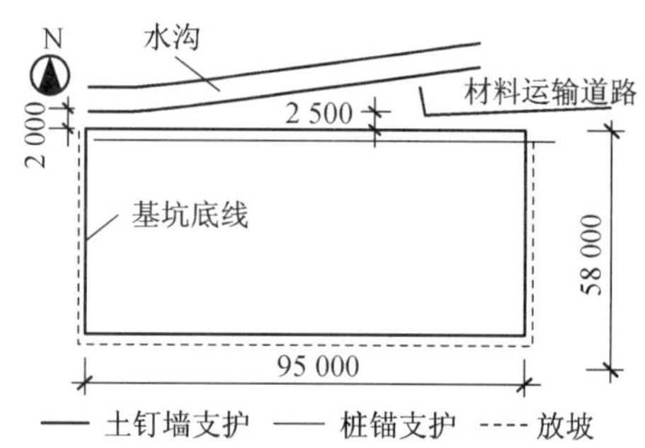

图8-6 事故案例现场示意(单位:mm)

当西端土钉施工到第四排,即土方开挖到基坑底以上4 m左右的深度时,水沟渠箱也正在进行西端这一段的施工,新老渠箱还差10 m左右未接口,这时正赶上雨季,一场暴雨后,已做好的渠箱里的水流量剧增,按市政布设的导水管满足不了要求,沟渠水满,随时都可能溢出流向基坑。之后的几天又降暴雨,下午此段基坑底面以上5 m刚做好的喷锚网处,发现一漏水点,并迅速向下扩大成出水洞,大量水从该处涌出,该处未做渠箱,处于基坑边壁之间土体已被水流冲空,渠箱水流全部从此流入基坑,基坑开始淹没,至22日晨,差不多已经开挖到底的基坑被水淹没,水面离基坑顶只有1 m左右,已经挖好的基础桩也全部被泡,一直就很紧张的工期被这一突如其来的事故再次拖后。第一、二排各有两根土钉正好穿过这个空洞,包裹土钉的砂浆体有长3 m左右被冲刷干净;基坑顶原为人行路面,幸好有一块100 mm厚的水泥板,再加上钢筋网喷射混凝土层,又有深层土钉的拉结作用,使此段基坑未发生滑塌事故。

2) 处理措施

事故发生后,施工单位连夜调集抽水机具,迅速组织排水,同时在缺口处打入钢板桩并堆置泥包堵水,缺口漏水仍未能止水,又加上一排钢板桩,打梅花形短木桩,中间填泥包堵塞,基本堵住漏水。

3. 事故原因分析

1) 技术原因

(1) 该基坑事故的主要原因是施工单位没有对基坑附近的水沟引起足够的重视,未能遵守设计提出的先改造水沟后进行基坑土钉墙施工,相互影响,最后导致水渠破坏,冲垮基坑边壁,基坑水满为患,另外,生活用水管理不善,场地不断涌水,降低土钉的抗拔力。

(2) 基坑勘探有误,使得在土质较差的地段还用土钉墙进行基坑支护,造成险情,幸好及时修改设计,才避免了较大事故的发生。

2) 管理原因

(1) 施工单位在未与市政公司完成协商沟通就开始了基坑土钉墙部分的施工,违反了设计要求,但并没有相关管理人员对其危险施工进行制止。在后面市政公司开始渠箱施工后两家施工单位相互影响,拖延了工期,未能在雨季前完成土钉墙施工。

(2) 针对勘察单位数据造假等违规行为监管处罚力度不足,数据质量验收工作欠缺,造成很多情况下,勘察单位因经济利益而没有认真完成勘察工作,勘探孔数量不足,数据造假。

4. 结　论

(1) 本次事故证明许多地下工程为赶工期而不分轻重,强行同步作业,或罔顾分项工程施工质量,这种现象往往会造成事故后,反而耽误工期。

(2) 工程的勘察工作对地下工程质量安全的影响是至关重要的,完整真实的勘察资料是地下工程能够安全顺利完成的必要前提。而针对勘察工作的监管力度还可以进一步加强,以杜绝勘察单位的偷工减料现象。同时加强处罚力度,对违规单位采取包括取消资质在内的一些处罚手段,提升勘察单位的整体素质。

(3) 本次事故中,施工单位与设计单位的及时信息交流、协商有可取之处,在施工单位发现问题后的第一时间反映给设计单位并及时更改设计,减小了进一步施工可能带来的潜在危险,避免了更大事故的发生,这种动态施工设计的模式应得到推广,使地下工程施工设计变得更加合理。

8.3.1.4 基坑支护桩断裂事故

1. 工程概况

某综合楼基坑支护结构采用钻孔灌注桩和二道钢支撑作受力结构。钻孔灌注桩直径 800 mm,有效桩长 19 m。钢支撑采用 ϕ609 mm×10 mm 钢管,在基坑东西向设置 2 层各 3 根水平支撑,同时在四角各设置 2 层角支撑。采用密排深层搅拌桩作为止水帷幕,桩径 700 mm,搭接 200 mm,有效桩长为 18 m。

为了确保基坑开挖、施工期间基坑及邻近建筑物的安全,在基坑施工过程中采用现场安全监测手段。

2. 事故案例

1) 事故情况

按施工组织设计,基坑开挖先南后北。在基坑南部开挖至坑底时,测得土体向基坑内侧的最大水平位移达 57 mm,超过警报值(40 mm)。1 天后,基坑南侧 24 根支护桩 17 根已出现横向裂缝,其位置在−5 m 左右,钢支撑与支护桩围檩连接件扭曲,支护桩连系梁断裂,支护桩外侧地面出现多条地裂缝,最大宽度达 15 mm 左右,土层松动,地面局部塌陷,整个基坑南侧随时有倒塌的危险。

2) 处理措施

(1) 在基坑内分块打垫层,并在垫层内设置 6 根水平钢支撑,将支护结构的部分内力传递到工程桩上。在基坑底浇筑 1 根混凝土大梁,将支护桩连接在一起,同时也作为 6 根水平钢支撑受力点,基坑内还回填一部分挖土。

(2) 在基坑南侧内采用 3 排压密注浆,以加固土层,减少基坑回弹。

(3) 基坑内角支撑重新预加荷载,加固角支撑与支护桩连系梁连接件,同时在-6.800 m处增加一层角钢支撑。

采用上述方法处理后,暂停基坑施工,经1个月的安全监测,结果表明:支护结构的变形不再明显加大,最大变形约为150 mm;支护桩混凝土裂缝也未见扩展。以后施工至地下室工程完成,均未出现任何不安全迹象,说明上述处理措施有效。

3. 事故原因分析

1) 技术原因

(1) 基坑支护设计方案欠妥。由于设计时对基坑周围实际环境调查分析不够,支护结构实际承受主动土压力大于设计值。同时还存在地面附加荷载有考虑不全面等问题,例如基坑南侧邻近有土建施工临时设施房屋2排、钢材堆场和加工区等地面荷载。支护结构设计时均未计入,造成桩长不足和内支撑体系太弱等问题。

(2) 土方开挖中的问题。基坑开挖违反"先撑后挖,分层开挖",以及支护桩附近留有内土台的施工原则。局部还出现超挖和未支撑就挖的现象,造成基坑卸载较快,基底回弹,支护变形过大。

(3) 桩身混凝土局部受损。钢支撑施工时,施工单位未在支护桩预埋铁件,而是用气锤敲碎其混凝土,使主筋外露再焊接围檩支架。由于混凝土严重受损,桩身截面局部明显削弱,桩身强度和刚度均有下降,造成支护结构变形增大,现场可见支护桩的裂缝均出现在受损的混凝土断面附近。

2) 管理原因

(1) 设计单位的技术力量不足,在方案设计时出现疏忽,没有充分考虑不利因素,引起设计强度不足。相关部门在授予设计资质时,没有严格考核设计单位的技术力量。

(2) 施工单位违规施工,监管人员没有起到保证施工按设计要求进行的作用。施工单位在施工的多个环节存在违规现象,引起了对工程支护结构的不利影响,并最终引起了事故的发生。

(3) 业主在招投标阶段过于看重经济利益,忽视了可能产生的工程质量的潜在安全问题,以低价竞标为唯一中标手段致使更有经验和资质的单位难以中标,没有考虑保障工程质量的因素。

4. 结　论

(1) 本次事故证明在地下工程设计施工技术不断发展的现状下,管理部门必须做好评估审查设计施工单位工程资质的工作。随着新的设计和施工单位不断出现,管理部门必须严把进门关,筛除技术力量不足的单位,同时还要加强对已获得资质单位的定期审查工作,保证工程单位的技术可靠性。

(2) 管理部门应针对目前很多业主过于重视其工程经济利益而忽视工程质量安全的现状出台相应的明确的政策条例,明确业主责任,严格事后问责机制,从源头上把握工程质量安全,减小工程建设可能带来的安全风险。

8.3.1.5　上海某基坑工程承压水突涌事故

1. 工程概况

某项目地块内拟建2幢约180 m高楼,商业裙房地上5层,高度约23 m,地下车库因地铁的因素,分区开挖,最深约为27.2 m,局部电梯坑深约31.1 m。地下连续墙设计参数:墙体厚1.2 m,有效墙深52 m。

在成槽时地下连续墙的槽壁垂直度均满足设计要求,实测垂直度一般在 1/800～1/500,槽段厚度、宽度、深度均满足设计要求。据此推算,墙顶底偏距一般不应大于 10 cm。

2. 事故案例

1) 事故情况

2011 年 11 月 22 日,1—1 区基坑内裙房与塔楼交接部位,距离地连墙约 9 m 处出现渗漏。2011 年 11 月 23 日上午 9 时许,渗漏继续增大,邻近地铁变形有明显增大趋势。如图 8-7 所示。

图 8-7 事故案例现场

2) 处理措施

由于该项目周边有多条地铁线经过,事关重大,情况十分危急,市建设交通委、市质安总站会同业主、总包等单位专门成立工程抢险专家组,紧急召开抢险专项会议,会议要求:在地连墙外侧接缝附近采用注浆堵漏。11 月 26 日晚,专家组决定采取注浆方式堵漏,并在坑内堆载、注水回填、加快浇筑完成裙房底板等措施,以稳定坑内土体。

3. 事故原因分析

1) 技术原因

(1) 地下连续墙墙体质量存在缺陷,部分墙体存在空洞,部分墙体存在软弱夹层,且墙体接缝过大,造成墙体内外连通,没有起到隔水作用,引起地墙多处渗漏。

(2) 地下连续墙施工设备能力与土层条件不相匹配,部分地墙施工时间过长,引起地墙底部沉渣过大,造成坑内外水体沿墙底向坑内突涌渗漏。

2) 管理原因

施工单位对地墙质量的把握不足,设备能力不足,造成地下连续墙施工质量不合格,多处墙体存在缺陷,墙体接缝过大,造成地下连续墙不能起到止水作用,且墙体深度不足,最终造成了承压水突涌事故。

4. 结　论

本次事故表明,在地下工程中施工单位的疏忽大意或是投机侥幸心理都是工程质量安全的重要潜在风险因素,施工管理人员必须在施工过程做好宣传管理工作,防止施工人员因心理懈怠而影响工程质量。监理单位也应配合做好保障工程质量的工作,杜绝工程不规范施工。

8.3.2 隧道事故

8.3.2.1 上海地铁某区间隧道联络通道事故

1. 工程概况

该隧道中心埋深距地面约 18.9 m，出入段线隧道中心距离为 12.0 m。旁通道结构由与隧道管片相接的喇叭口、直墙圆弧拱结构的水平通道及中部矩形集水井 3 个部分组成。

旁通道采用深层搅拌桩工艺进行地基加固，暗挖法工艺进行挖掘。依据设计要求，旁通道加固指标Ⅰ区无侧限抗压强度为 0.8 MPa，渗透系数小于 8～10 cm/s，Ⅱ区无侧限抗压强度为 1.5 MPa，渗透系数小于 9～10 cm/s。隧道推进时，地基加固范围内应加强向环形空隙内的压浆，浆液可采用有较高硬化指标，有良好防水性能的材料。

2. 事故案例

1）事故情况

当日，开挖第六榀至第七榀排架间上导坑土体时，发现第六榀排架底部左侧有少量渗水出现，经施工人员用快硬水泥封堵，渗水被止住。之后，原渗水点再次渗水，水量逐渐加大并伴有泥砂涌出，施工人员随即启动应急预案，迅速向基坑涌水处投放水泥和黄砂进行封堵。如图 8-8 所示。

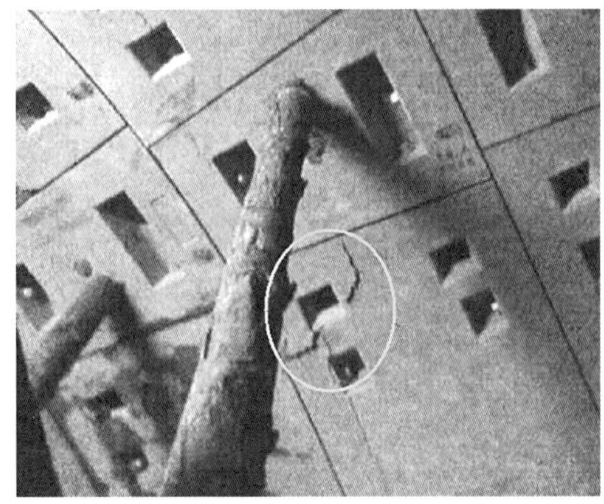

图 8-8 事故案例现场图片

在投放了 8 t 水泥和 40 包黄砂后，涌水仍未止住，水量未见减小。当水漫至安全门底部时，为防止事态扩大，决定关闭旁通道安全门，并用 3 道槽钢加固，同时在门缝中嵌入钢板以提高密封性。但电焊打火时，孔洞内逸出的沼气引起两次小范围爆燃，焊接作业被迫停止。泥砂沿门缝继续涌出，随后在 462 环管片出现环向裂缝。随着泥砂不断涌出，隧道变形加大，在入段线 461—470 环管片均出现不同程度裂缝。随后，出段线对应部位也出现了程度较轻的裂缝。

2）处理措施

工程中主要采取了以下几项措施：

(1) 对旁通道区域进行聚氨酯注浆加固，以封堵渗漏通道；

(2) 在出、入段隧道受损管片处加支了米字形支撑，并调集水泥等各类抢险材料到现场，以控制隧道变形；

(3) 匝道实施临时交通管制；

(4) 抽取地下承压水的钻井作业；

(5) 提供水源，以备在紧急情况下向隧道内灌水；

(6) 控制现场附近 ϕ1 500 mm 污水总管的排放，并做好了相关的应急预案；

(7) 研究紧急状态下的交通控制应急方案；

(8) 监控附近外环线等道路。

经过各方的全力协作，地面沉降趋于稳定，险情已基本得到控制。隧道的沉降尚未稳定，加固工作仍在进行之中。为了能最大限度地减少险情的发生，进一步采取如下措施：

(1) 继续组织力量在隧道内加固支撑；

(2) 继续对隧道外壁进行注浆充填，进一步改善隧道外圈受力状况；

(3) 继续抽取地下承压水，有效降低隧道外圈底部承压水压力；

(4) 扩大和加密监测点和监控面，严密监控地表沉降和隧道变形情况；

(5) 所有抢险队伍继续在现场待命；

(6) 组织有关专家进一步研究加固方案，待工况稳定组织实施；

(7) 根据“三不放过”原则，组织对事故的调查分析，进一步查清事故原因，并举一反三提出加强整改管理措施。

3. 事故原因分析

1) 技术原因

(1) 该地段地质条件十分复杂，旁通道所处的第⑤$_2$层土砂性重、厚度大、承压水头高，并含有沼气等不良地质现象，不可知的因素很难查明。

(2) 水泥搅拌土加固体已按规定进行了检测验收，土体的加固强度均已超过设计指标，但加固体的均匀程度、整体密封性能目前尚无有效的检测方法。加固体中的薄弱环节在高承压水和有压力沼气的作用下形成通道，流砂从通道中涌出(突涌)，造成险情。

2) 管理原因

施工单位突发事情应急能力不足。水泥土搅拌加固作业的加固体的均匀性和密封性未达到设计要求，发生渗漏后采取措施时未充分考虑地质条件因素，未能及时封堵，延误了时机。

4. 结　论

本次事故表明在地下工程设计理论与施工技术不够完善的现阶段，地下工程的不确定性因素较多，应加强特殊情况应急处理能力。

8.3.2.2　上海某地块拆除封门后涌土、流砂事故

1. 工程概况

该工程风井结构为地上 1 层、地下 5 层钢筋混凝土结构，风井地下部分为 24.2 m×15.6 m矩形基坑，深约 31.7 m。风井围护采用厚 1.2 m、深 49.7 m 的地下连续墙。隧道内径为5.5 m，外径为 6.2 m，衬砌厚度为 0.35 m，钢筋混凝土管片宽为 1.2 m。风井盾构进、出洞处采用高压旋喷加固，$q_u \geqslant 0.5 \sim 0.8$ MPa；地下墙外侧采用高压旋喷桩加固，从地面至坑底以下 3 m，$q_u \geqslant 1.0$ MPa，均满足设计要求。

2. 事故案例

1) 事故情况

2006 年 5 月某日凌晨，施工单位在盾构已经安全进、出风井 1 个多月的情况下，拆除上行线进洞防水装置，过程中发现上行线进洞处下方局部渗漏水。抢险人员随即采取隧道内压水泥袋或黄砂袋压重、堵漏、注双液浆、注聚氨酯、隧道内支撑和加密对隧道和地面沉降监测等措施，第一次险情得到控制，未对社会及周边交通造成影响，也无人员伤亡。根据这

次险情对隧道的影响，工地抢险指挥部布置下一步抢险工作任务，分别采取地面注浆、打降水井措施。

数日后，左右风井上行线出洞口发生漏水漏砂现象（第二次发生险情），现场抢险人员再次抢险，用水泥封堵上行线出洞口漏水点，抢险队伍立即赶到风井现场，对隧道内进行聚氨酯注浆，堵漏成功。之后继续采取地面注浆和降水井措施，对因流砂所造成的地下空隙进行填充。

三天后的下午，风井上行线进洞口附近再次发生漏水流砂现象，抢险人员立即采取隧道内注聚氨酯，到晚上再次堵漏成功。图 8-9 为事故现场图片。

图 8-9　事故案例现场

2）处理措施

在本次事故期间，地面共打孔 46 个，地面共注双液浆约 99.70 t，隧道内注双液浆约 48.15 t，地面和隧道内共注聚氨酯约 17.00 t，根据大致估算，发生险情流砂流失量 260～300 m^3，地面和隧道内总注浆量近 300 m^3，流失量和注浆量基本持平。

由于措施及时、有力，抢险取得成功。整个抢险过程未发生任何人员伤亡，对周围环境等也没有造成大的影响。险情造成盾构进、出洞段管片变形和破损，管片的变形和破损尚在可修复范围内。

3. 事故原因分析

（1）技术原因

通过对施工及险情发生过程的调查和初步分析得出，加固体与基坑围护体之间、加固体与隧道管片之间存在有渗水通道，在洞口止水装置拆除过程中，流砂在高承压水作用下，从渗水通道处涌出（突涌），造成险情。

（2）管理原因

施工单位应急方案实施及时。施工单位在发现工程出现渗漏水的现象后及时采取了已经设计好的应急方案，制止了事故的进一步发展，且后续补救防护措施到位，在多次出现问题后都能及时处理，减小了事故造成的影响。

4. 结　论

本次事故证明在地下工程中，施工单位的积极工作能够很大程度上避免事故的发生或发展。在本次事故中，由于施工单位发现及时，抢险及时，措施得力的情况下，工程在多次出现危机后依然保证了工程的安全。对于此类案例，应做好宣传教育工作，借鉴其抢险经验与其管理反应机制，使更多施工单位学习受益。

8.3.2.3　广州地铁泥水盾构越江施工塌方处理

1. 工程概况

广州地铁某区间隧道工程采用 2 台 ϕ6 260 mm 泥水加压盾构施工，穿越宽 312 m 的水道，江底覆土厚度 7.4～8.6 m，河水深度为 6.5 m，掘进的断面为上软下硬地层，岩石（中风化岩层）的抗压强度为 7.0～8.3 MPa。如图 8-10 所示。

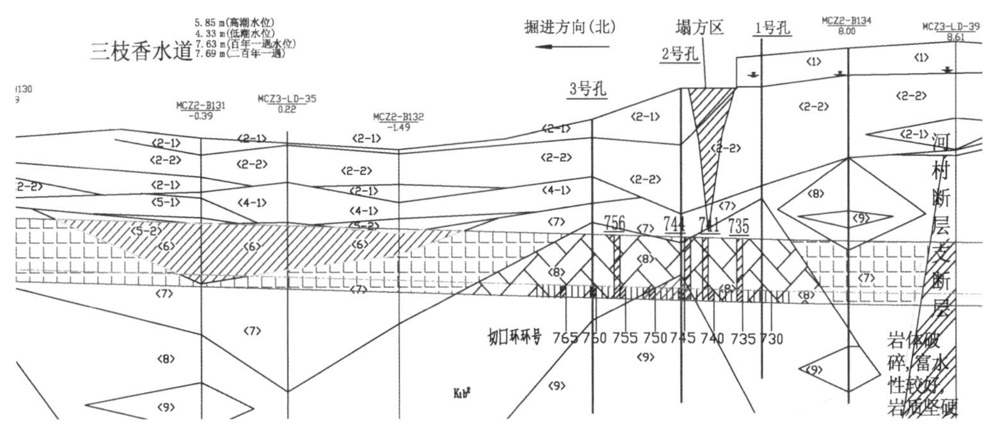

图 8-10　事故段地层剖面图

2. 事故案例

1) 事故情况

左线盾构机于 2004 年 9 月某日凌晨 1 时20 分刚刚进入江面时(741 环)发生塌方事故,范围约 8 m×8 m,同时造成河堤下陷。

2) 处理措施

(1) 对塌陷区回填 C20 水下混凝土 130 m^3;

(2) 采取堆筑砂包、安装钢支顶等措施进行江堤加固防止块石塌落;

(3) 24 h 值班对塌方区进行地表观测;

(4) 由于左右线中心距 16 m,对右线靠近左线侧采取隧道内补充注浆和隧道内位移监测;

图 8-11　河堤塌陷现场

(5) 9 月某日 20:35,待回填混凝土初凝后,重新启动盾构;

(6) 7 d 后凌晨,掘进至 744 环,又发生第二次江底塌方,范围 11 m×5 m,停机,随即对塌方处进行黏土回填,多次累计 150 m^3;

(7) 第 8～13 天,掘进 745～755 环时,为防止压力波动,停止反复正逆洗疏通管路,采取逆洗掘进通过塌方区。

整个事故处理至 9 月下旬基本结束。

3. 事故原因分析

1) 技术原因

739 环开始频繁堵管,739 环在反复停机疏通环流系统中掘进了 3 d,严重堵塞和反复正逆洗循环扰动了薄弱的江底覆土,使隧道上部的淤泥层进入盾构泥水舱,由此引起江底塌方漏斗,并影响堤岸的抛石塌落进入泥水舱。

2) 管理原因

① 施工单位不能正确预判软土扰动的严重后果,不能及时采取正确措施疏通管路,保证

掘进速度，直接造成了反复扰动下上覆土体的塌方。

② 第一次塌方后，建设各方对突发事情的应急能力显得不足，未充分考虑地质条件因素，不能有效指导或协同施工单位准确判断事故原因，及时调整纠正施工参数，仍旧反复正逆洗疏通管路，进而造成第二次塌方的发生。

4. 结　论

本次事故证明在地下工程项目中，对风险的预判及事故原因的正确分析，能够很大程度上避免事故的发生或发展，足够重视第一时间发现的问题并寻找解决方案，能够有效避免较大的工程事故的发生。

8.3.2.4　上海地铁双圆盾构隧道施工沉降过大

1. 工程概况

该区间隧道选用 1 台 ϕ6 520 mm×W11 200 mm(外径×宽度)辐条式双圆盾构施工。盾构总掘进长度为 1 458.048 m，总推进环数为 1 215 环。隧道管片采用预制钢筋混凝土衬砌管片，采取错缝拼装。管片外形尺寸 ϕ6 300 mm×W10 900 mm(外径×宽度)、内部尺寸 ϕ5 700 mm×W10 300 mm(内径×宽度)，厚度 300 mm，宽度 1 200 mm。1 环管片由 8 块圆形管片、两块大小不同的海鸥形管片和 1 块柱形管片组成，共计 11 块。

2. 事故案例

1) 事故情况

盾构推进至＋37 环，切口的位置大约在＋41 环，地表点对应位置在 CX9～CX10 之间。上行线地表点 CS9 24 h 变化量为－14.76。下行线地表点 CX4，CX5，CX6，CX7，CX8，CX8-1，CX8-2，CX8-3 24 h 变化量其值分别为－7.98，－7.56，－6.88，－136.76，－124.20，－125.50，－102.38，－36.05。下行线地表点 CX2-1，CX3，CX4，CX5，CX7，CX8，CX8-1，CX8-2，CX8-3 累计变化量为－40.20，－131.10，－48.99，－40.11，－133.38，－120.53，－126.50，－102.16，－33.80。

盾构推进到 46 环，切口的位置大约在＋50 环，地表点对应位置在 CX11。上行线 CS9 累计变化量为－89.88。下行线 CX3，CX4，CX5，CX6，CX7，CX8，CX8-1，CX8-2，CX8-3 累计变化量分别为－132.54，－33.27，－48.33，－138.72，－175.79，－166.94，－157.74，－101.16。

2) 处理措施

(1) 提高监测频率，加强施工管理，保证浆液注浆压力合适，浆量充足。采用二次注浆，确保控制沉降，根据监测情况，及时调整注浆量和注浆压力。同时确保盾构施工机械正常运行。针对盾尾地面沉降较大，依据少量多注的原则采取二次注浆，在稳定注浆压力和注浆量的同时根据现场土层情况即时调整浆液配合比，使注浆效果更为显著，从而有效减小沉降。

(2) 盾构停止推进，逐步调整浆液，进行二次注浆。

3. 事故原因分析

1) 技术原因

(1) 盾构注浆系统故障，液压千斤顶有漏油现象，同步注浆管老化，盾尾脱出后未能及时注浆，导致地层损失较大。

(2) 盾构覆土较浅，约为 6 m，属浅覆土施工，盾构姿态有上浮趋势。

(3) 该处土质较差，大部分为回填土，基本不具强度，受扰动后变形明显。且在盾构推进的线路上有 2 条暗浜，给盾构掘进带来一定的困难。

2）管理原因

(1) 信息化施工管理系统有利于及时发现问题。该次施工出现问题后，监测数据第一时间发现了施工存在问题，施工人员经过检查发现了问题产生的原因并及时采取了修复补救措施，避免了影响的扩大。

(2) 施工人员素质不足。施工人员未对施工机械做详细的检查，在机械存在故障的情况下施工，引起施工问题。

4. 结　论

本次事故表明在地下工程项目中，施工单位的积极工作能够很大程度上避免事故的发生或发展，而信息化施工管理便于施工单位第一时间发现问题并寻找解决方案，避免较大的工程事故的发生。因此该施工管理模式需加以推广执行。同时施工单位必须加强对人员的管理，尽量减少因人为失误造成的工程问题。

8.3.3 桩基事故

8.3.3.1 某车站商品配套房管桩偏斜

1. 工程概况

该地块商品配套房项目位于上海某火车站附近，占地面积为 58 110 m^2，建筑占地面积 115 627 m^2，地下面积 17 373 m^2，本项目主要由 6 幢 15 层、7 幢 14 层、4 幢 13 层高层住宅以及一幢 2～3 层商业公建房和地下车库构成。

1）基础桩基设计

拟建 12 号楼位于场地西南角，为 13 层剪力墙结构，平面尺寸 45.6 m×13.7 m，基础埋深 −3.8 m 和 −4.8 m，地下半层，采用桩基持力层为第⑦$_{1\text{-}1}$层砂质粉土夹黏土层，工程桩采用 PHC-AB500(100)-40.5 管桩，桩长 40.5 m，进入持力层 1.5～2 m，桩分节长度分别为13 m，13 m，14.5 m，单桩竖向承载力极限值 3 400 kN。轴线布桩，桩间距 1.7 m，2.5 m，2.7 m，3.0 m，3.6 m 不等，工程桩共计 92 根，静压沉桩流程由西向东，由南向北。

2）场地地质资料

该项目场地属于滨海平原地貌类型，根据勘察所揭露的地面下 60.0 m 深度范围内的地基土主要由黏性土、粉性土组成。按其土性特征，成因类型可分为七大层。第①层填土主要由杂填土和浜填土构成，结构松散，均有性差；第②$_1$层粉质黏土土性较好，呈可塑状，静探 P_S = 1.12 MPa，但有暗浜、暗塘分布；下卧②$_2$淤泥质粉质黏土，土性较差，为流塑状高压缩土，P_S平均值为 0.57 MPa；③淤泥质粉质黏土夹粉砂层及④淤泥质粉土层土性均较差，厚度较厚，呈流塑状，P_S平均值为 0.52 MPa；该场地位于全新世古河道范围内，缺失⑥层硬土，使⑤层土厚度较大，约30 m，土性随深度的增加逐渐变好，由于受不同时期的古河道切割影响，土性在水平和垂直方向变化均较大，地层组合较为复杂，具体来说⑤$_3$层变化较大，有两个亚层出现，其⑤$_{3\text{-}1}$粉质黏土层普遍存在，⑤$_{3\text{-}2}$层粉质黏土夹粉砂层主要分布在西北部，土性较⑤$_{3\text{-}1}$层好，呈可塑状中压缩土，P_S=2.37 MPa；第⑦层可分为两大层，具有较低的压缩型和较高的强度，呈密实状，标贯击数分别为 36～41.5 击，P_S=6.69～7.84 MPa，其工程性质好，也是本工程桩基的持力层。

2. 事故案例

1）事故情况

工程桩沉桩结束后经小应变测试，79 根为Ⅰ类桩，占总数的 85.9%；13 根为Ⅱ类桩，占总数的 14.1%。但是在基坑开挖后，已经完成的桩基产生明显的偏斜，桩基偏斜现场如图

8-12 所示。经桩位复测和测斜，发现部分管桩出现倾斜和偏移现象，对 19 根偏位桩进行测斜，垂直度偏斜大于 1%共 12 根，占 71%，最大达 6.1%，偏位量最大 900 mm，超过规范允许范围，桩基偏斜统计如图 8-13 所示。

图 8-12　事故案例现场

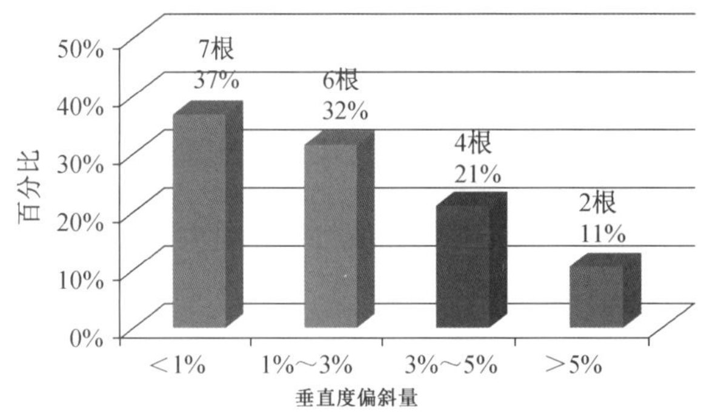

图 8-13　桩身垂直度偏斜统计

2）处理措施

为满足规范验收要求并确保单桩承载力，对垂直度大于 1%的桩，先进行顶推法纠偏，再进行填芯加固。填芯加固钢筋笼的主筋为 6ϕ25，并在缺陷位置另加 6ϕ25，根据实际桩身完整性、垂直度及结合已有经验确定钢筋笼长度，并在钢筋笼底焊接 5 mm 厚薄钢板托板，最后在桩管中浇注 C40 微膨胀混凝土。纠偏加固后的桩经过小应变、试桩等综合判断，垂直度和承载力均达到设计要求，目前结构已封顶，沉降控制在 3 cm 以内，满足设计要求。

3. 事故原因分析

1）技术原因

（1）基坑开挖未考虑软土的蠕动。根据分析，这个工程的桩基偏斜原因是因为基坑开挖，软土层蠕动对工程桩产生侧向推力所致。正常的基坑开挖在按照设计要求工况开挖时一般不会引起桩位的较大偏移，本案例由于基坑开挖过程中开挖机械和土方车直接对基底土作用附加荷载对基底软弱土严重扰动，产生水平移动，进而引起了桩位在基坑开挖过程中产生偏位。

（2）桩基沉桩速度过快。本工程场地土为软弱黏性土，土体强度较低，孔压不易消散，沉桩速度过快引起土体扰动明显，连续的沉桩造成孔压累积，引起土体强度进一步降低，增加了软土蠕变的影响。

2）管理原因

(1) 业主对造价和工期的要求较高，使得施工各个环节没有充足的时间和资金来高质量地完成，是引起事故发生的诱导因素。

(2) 对各施工环节完成后的质量缺乏严格的检验。在软弱土基坑中降水工作必须严格按规定执行，降水水位和降水时间必须加以监管。

4. 结　论

软土地区基坑开挖必须兼顾工程桩因素，如沉桩密度、降水条件、休止时间等，除了技术控制外，亦应有必要的监管措施。

8.3.3.2 上海浦东某大厦主楼试桩承载力不足

1. 工程概况

某大厦地处上海浦东新区陆家嘴金融贸易区，周围高楼林立。该大厦由 1 幢 35 层商业办公楼及 1 幢 4 层商业裙楼组成。主楼与裙房有 4 层地下室。

1）基础桩基设计

采用桩基，主楼采用钻孔灌注桩 ϕ850 mm（抗压），以第⑦$_{1b}$层粉砂为桩基持力层，裙房采用钻孔灌注桩 ϕ600 mm，持力层为第⑦$_{1b}$粉砂层。

2）场地地质资料

本工程场地内地质条件属于典型滨海平原地貌，地貌形态单一。土层分布如表 8-1 所列。

表 8-1　某大厦土层分布

土层序号	土层名称	层底深度/m	比贯入阻力 P_s/MPa	分布状况
②	褐黄色～灰黄色粉质黏土	3.60	0.98	部分区域缺失
③	灰色淤泥质粉质黏土	10.0	0.53	遍布
③$_{夹}$	灰色黏质粉土	6.0	1.51	遍布
④	灰色淤泥质黏土	14.0	0.51	遍布
⑤$_{1a}$	灰色黏土	18.3	0.70	遍布
⑤$_{1b}$	灰色粉质黏土	24.1	1.11	遍布
⑥	暗绿～草黄色粉质黏土	30.3	3.27	遍布
⑦$_{1a}$	草黄色砂质粉土	41.9	11.58	遍布
⑦$_{1b}$	草黄色粉砂	61.0	22.24	遍布
⑨$_{1}$	青灰色粉细砂	90.0	26.47	遍布
⑨$_{2}$	青灰色粉细砂夹砾石	未钻穿	—	遍布

2. 事故案例

1）事故情况

建设单位根据设计单位提供的桩型，首先进行了单桩抗压（抗拔）静载荷试验。主楼试桩为钻孔灌注桩 ϕ850 mm，桩长 59 m（对应有效桩长约 40 m），设计单桩试验最大加载量为

10 240 kN,试桩 3 根。试桩结果显示 3 根 ϕ850 mm 钻孔灌注桩竖向抗压极限承载力分别为 8 192 kN、8 192 kN、7 168 kN,均未达到设计要求的单桩抗压极限承载力。

2) 处理措施

修补方案采用桩端后注浆钻孔灌注桩,桩径为 ϕ850 mm,桩端入土深度由原来的 59 m 降低到 50 m,有效桩长由 40 m 调整为 32 m,以第$⑦_{1b}$层草黄色粉砂为桩基持力层。单桩极限承载力标准值取 10 400 kN,单桩竖向承载力设计值取 6 500 kN。

采用新的桩型参数后,有关试桩的静载荷试验结果见表 8-2。

表 8-2　　某大厦试桩静载荷试验结果

桩号	桩型及工艺	最大加载量/kN	最大沉降量/mm	残余沉降量/mm	回弹率	单桩竖向抗压极限承载力标准值/kN
2#	常规钻孔灌注桩,桩长 59 m,ϕ850 mm	9 216	70.36	59.47	10.86%	≥7 168
15#		10 240	100.18	83.99	16.19%	≥10 240
10#		11 264	100.03	81.73	18.30%	≥11 264
239#	常规钻孔灌注桩,桩长 50 m,ϕ850 mm(后注浆)	15 000	34.37	12.14	64.7%	≥15 000
240#			36.27	15.90	56.2%	≥15 000
252#			32.64	11.74	64.0%	≥15 000

3. 事故原因分析

1) 技术原因

(1) 本工程主楼采用第$⑦_{1b}$层草黄色粉砂作为桩基持力层。从地层分布情况来看,桩端此地下 24.1 m 开始即进入了土性较好的黏性土和砂性土层,主楼桩基自 30.3 m 起算,进入砂层的深度达 29 m。由于第$⑦_{1a}$层和第$⑦_{1b}$层呈密实状态,土性极好,采用钻孔灌注桩,成孔钻进历时较长,引起了孔壁应力释放,引起孔壁坍塌和缩颈,在孔底沉积较厚的沉渣,显著地影响了灌注桩的桩端承载力,造成成桩后的承载力达不到设计要求,在加载过程中桩基沉降位移过大。

(2) 灌注桩施工过程中未按照有关规范清孔。而由于成孔过程历时较长,孔壁上泥皮发展明显,没有规范清除泥皮造成灌注混凝土不能与周边土体有效地黏结,影响了灌注桩的桩侧摩阻力,造成了桩基沉降位移过大的事故。

2) 管理原因

(1) 设计单位在进行桩基设计时没有充分综合考虑工程的场地地质条件和施工工艺存在的特殊性问题,低估了灌注桩施工时间对成桩质量的影响。造成勘察、设计和施工环节脱节,影响了工程质量。

(2) 本工程前期试桩反映出原设计、施工存在问题,通过调整方案和工艺,确保了后期工程桩质量,应该说避免了更大规模的工程事故,从侧面反映出前期试桩对减少工程事故意义重大。

4. 结　论

该事故表明提高地下工程勘察、设计、施工的综合能力的紧迫性,试桩前置的重要性。

8.3.3.3 某啤酒公司广东厂房桩脱节

1. 工程概况

本工程位于广东佛山某工业园，工程拟建 4 幢 5～10 m 高的厂房，总建筑面积约为 20 000 m^2。

1）基础桩基设计

桩基采用 ϕ400 mm 预应力管桩，工程总桩数超过 500 根，设计桩长 35～40 m，以全风化基岩层为持力层，单桩极限承载力要求 2 400 kN。设计要求按压桩动阻力作为停压标准，因此实际桩长一般均超过 40 m。

2）场地地质资料

场地浅层以淤泥质土为主，下部为密实砂性土和基岩，层面起伏较大，其工程地质剖面如图 8-14 所示。

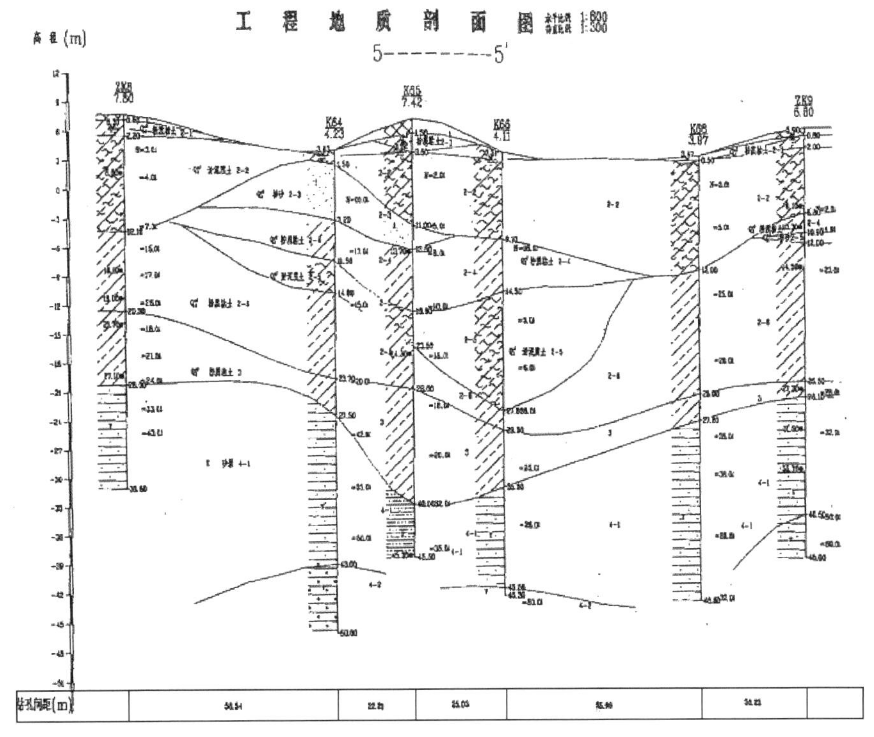

图 8-14 工程地质剖面图

2. 事故案例

1）事故情况

当桩基施工完成后进行了静载荷试验，结果发现大部分试桩承载力无法达到设计要求，个别长桩承载力明显偏低，如桩长 51 m 的 23# 桩，单桩极限承载力仅 960 kN，仅为设计承载力的 40%。部分桩沉降曲线明显看到桩脱节现象。如图 8-15 所示。

2）处理措施

后期在桩侧补勘取土，竟取出管桩裙板钢片。该工程为重新处理工程桩，工期多花费了 4 个月。

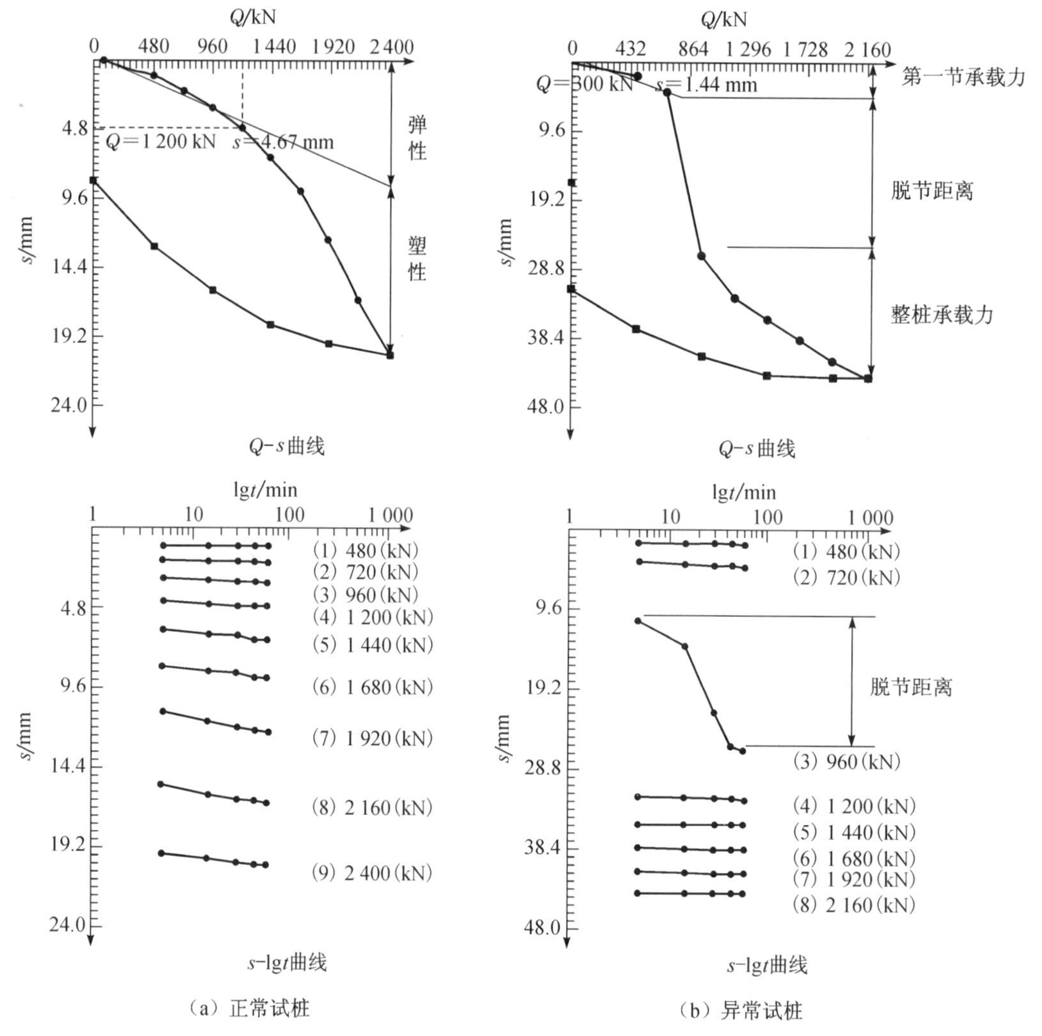

(a) 正常试桩 (b) 异常试桩

图 8-15 典型试桩曲线

3. 事故原因分析

1) 技术原因

(1) 本工程静压部分工程桩施工速度过快。根据施工记录,发现静压桩在静压沉桩、接头焊接和冷却的各个环节都存在抢时间的现象,静压班组最多 1 天在 15 h 完成了 15 根桩的施工,过快施工的焊接质量隐患造成了桩的脱节,后期在桩侧补勘取土时竟取出了管桩端板钢片。

(2) 施工过程混乱,未按照施工规程和工程设计要求施工,施工记录未按照实际操作记录,存在造假现象。

2) 管理原因

(1) 业主方对工程进度要求不合理。工程在开始阶段便是边勘察、边设计、边施工。后期施工的速度也很快,过快的速度是工程质量安全问题的直接原因。不合理的要求不但没有能够按时完成工期,反而还因为工程质量问题增加了工程的成本。

(2) 监管部门没有起到监控限制业主遵循合理工程流程的作用。在业主急于加快工期、忽视技术问题的情况下，相关部门应该有相应的行政手段和法律手段来对其行为进行限制和处罚，避免因赶工期而引起重大质量安全事故。

4. 结　论

本事故表明工期这一工程要素对工程质量和安全的影响是至关重要的，在目前这种大部分工程都在赶工期的情况下，监管部门对于施工单位按规程施工的监管显得尤为重要。同时应设定相关的政策避免出现工期由业主单方确定的现象，应建立平等的交流机制，吸收技术人员对工程的建议，使工程要求趋于合理。杜绝一些单位为迎合业主而全盘接受业主不合理要求的现象。

加强对工程建设信息的管理，做好对工程建设过程的记录工作，做到出现问题时有据可查，同时也可通过对工程数据的研究总结而提升对工程技术的认识，起到提升当地技术力量的作用。

8.4　软土地下工程安全事故统计与原因分析

从 8.3 节分析可见，要有效进行地下工程事故防范，首先要找到事故发生的根源，找出最主要的风险点，才能有的放矢，对症下药。从地下工程中失败案例进行剖析，找出这些失败案例的共同点，才能从管理角度和技术角度有针对性进行控制。为此，本书对近年来国内发生的地下工程事故案例进行了梳理、汇总，分别按照基坑工程、隧道工程和桩基工程进行分类，主要案例如表 8-3 所列。

表 8-3　　事 故 案 例

基坑事故	隧道事故	桩基事故
广州某广场基坑坍塌事故	上海地铁某区间隧道联络通道事故	某车站商品配套房管桩偏斜
南京地铁车站深基坑土体滑移事故	拆除封门后出现涌土、流砂，洞口土体流失	上海某大厦主楼试桩承载力不足
广州市某大厦基坑工程淹水事故	广州地铁泥水盾构越江施工塌方处理	某焦化厂房项目桩基偏斜
基坑支护桩断裂事故	上海地铁某区间隧道盾构磕头事故	某啤酒公司广东厂房桩脱节
上海某基坑工程承压水突涌事故	上海地铁双圆盾构隧道施工沉降过大	江苏宜兴某地块桩基偏斜
上海某商业广场基坑坍塌	地铁过江区间中间风井盾构进出洞风险事故	周浦某商业广场桩基偏斜
浙江杭州某广场项目基坑坍塌	某地铁区间隧道盾构始发引起污水管破裂	上海某 CBD 项目桩基偏斜
上海松江某基坑坍塌	台北地铁某通风竖井涌水、涌砂事故	浦东某商业大厦桩基偏斜
某地铁车站管线渗漏水事故	上海地铁四号线旁通道事故	上海莲花河畔景苑 7 号楼整体倾覆
某地铁车站地表沉降险情		
杭州地铁一号线车站基坑坍塌事故		

8.4.1 基坑工程事故调查统计

1. 按责任单位

按勘察单位失误、设计单位失误、施工单位失误、监理单位失误、监测单位失误和建设单位的管理失误所对应的6个责任部门进行统计分析。尽管某些工程事故原因单一，但更多的工程事故是由多方面原因造成的，因而出现了事故原因数大于事故数的情况。根据统计数据，可以得到工程事故原因频数分布，如表8-4所列。

表 8-4 失事原因频数分布

事故原因	勘察	设计	施工	监理	监测	业主
频数	27	182	270	10	14	27
比例	5.09%	34.3%	50.9%	1.89%	2.64%	5.09%

根据统计结果可以看出，目前我国深基坑事故发生的主要原因是由施工和设计方面存在问题所造成的。由于有相当一部分围护工程及降水设计方案是由施工单位自行完成，并非设计院出图，因而就设计与施工二者来说，施工又是主要的。

施工方面的问题主要表现在以下几方面：

(1) 施工队伍杂乱，素质较差，不少施工队伍名义上隶属于大公司，实际上是民工队，公司只收管理费；

(2) 施工管理水平欠缺，层层分包，单纯追求进度；

(3) 工法、规范意识差，施工质量无保障；

(4) 没有或缺少监控意识和监测能力；

(5) 施工设备陈旧老化或不匹配，机械施工水平低；

(6) 缺乏在复杂条件下施工的经验，快速反应能力差；

(7) 缺少自行设计的能力，操作不规范等。

工程设计方面主要问题表现在：

(1) 缺乏地质条件或复杂环境下的设计经验，表现为某些设计计算取值欠审慎等；

(2) 对某些新的工法不甚了解或不了解，名为设计方出图，实际上是施工单位做设计；

(3) 对某些设计理论特别是其应用范围、假设条件的理解欠深入、全面；

(4) 工作程序不规范，没有勘察资料设计出图的事时有发生。

业主的原因也值得相当的重视。主要原因表现在不切实际的盲目压价；不适当地干预场地探孔及测试方案、基坑围护及降水方案(目的是压价)；让承包方垫资，拖欠工程进度款，拖签或不签应签的签证，等等。

工程失事的其他原因，如勘察主要体现在施工质量的失控或把关不严上。监测和监理的原因所占比例虽然较小，也需引起注意。

2. 按支护结构形式

目前，基坑工程的支护形式很多，比较常用的有排桩支护(包括悬臂式、桩锚式、桩撑式)、土钉支护、地下连续墙、深层搅拌桩、高压旋喷桩、放坡等。根据收集的事故资料，按支护结构类型可以得到工程事故原因频数分布，如表8-5所示。

表 8-5　失事基坑支护结构类型频率分布

支护结构类型	悬臂桩	桩撑	桩锚	地下连续墙	土钉支护	深层搅拌桩	土钉墙	沉井(箱)	放坡	其他
频数	132	48	38	24	36	34	7	3	17	3
频率	0.386	0.140	0.111	0.070	0.105	0.099	0.020	0.009	0.050	0.009

由表 8-5 可知，排桩支护结构采用频率最高，失事的频率也最高，其次是土钉支护，然后是深层搅拌桩。此外，在一些大型地铁车站和超深基坑中才采用的地下连续墙失事的频率也比较高。放坡开挖(包括无支护)的失事频率也不容忽视。其他如土钉墙、沉井(箱)等支护形式采用频率很小，失事频率也很小。

这里需要指出的是，上述统计的某种支护结构形式在失事基坑中的比例，是一个相对失事频率。所以，失事频率最小的支护结构，不一定就是最佳的支护结构，因为其采用频率也最小。同样，采用频率最高的支护结构，不一定就是最佳的支护结构，因为其失事频率也最高。

在实际工程中，具体采用何种支护结构形式应根据工程地质及水文条件，基坑的平面尺寸和开挖深度，荷载情况，周围环境要求，工程功能，当地常用的施工工艺设备以及经济技术条件综合考虑。

3. 按开挖深度

统计得到 282 个失事基坑开挖深度数据。可将失事基坑按最大开挖深度 h 分为 4 类：第一类，$h \leqslant 6$ m(1 层地下室)；第二类，6 m $< h \leqslant 10$ m(2 层地下室)；第三类，10 m $< h \leqslant 14$ m(3 层地下室)；第 4 类，$h > 14$ m(4 层以上地下室或特种结构)。根据收集的事故资料，按基坑最大开挖深度可以得到工程事故原因频数分布，如表 8-6 所列。

表 8-6　失事基坑按开挖深度频率分布

基坑开挖深度	$h \leqslant 6$ m	6 m $< h \leqslant 10$ m	10 m $< h \leqslant 14$ m	$h > 14$ m
频数	56	129	65	32
频率	0.199	0.457	0.230	0.113

根据表 8-6，实际工程中，基坑开挖深度为 6～10 m 的频率最高，失事频率也最高；其次，为开挖深度为 10～14 m 的基坑；开挖深度 $h \leqslant 6$ m 的基坑，虽然开挖深度不大，但是容易引起相关单位的忽视，所以其失事频率不低；开挖深度 $h > 14$ m 的基坑，开挖深度虽然较大，但由于实际工程中采用此深度的基坑数量相对较少，再加上相关单位都比较重视，其失事频率最小。

上述 4 类基坑开挖深度下，相关责任单位在基坑事故中的统计规律见表 8-7 和图 8-16。

表 8-7　失事原因频数分布

开挖深度	不同原因对应的事故频数						失事基坑数量
	勘察	设计	施工	监理	监测	业主	
$h \leqslant 6$ m	5	32	49	1	2	6	56
6 m $< h \leqslant 10$ m	9	72	105	5	5	7	129
10 m $< h \leqslant 14$ m	6	35	46	0	4	4	65
$h > 14$ m	1	18	25	0	1	1	32

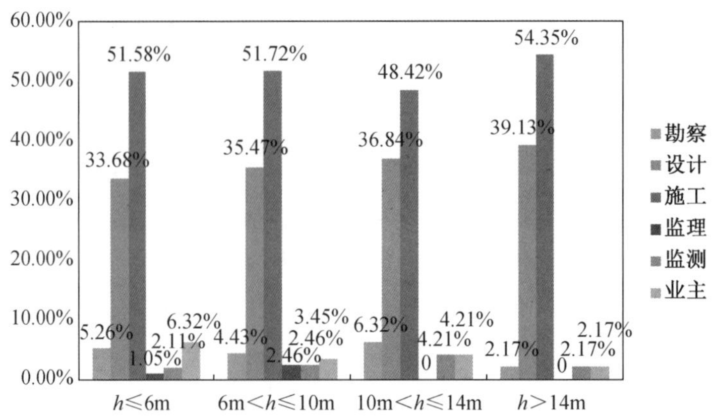

图 8-16　各开挖深度基坑失事原因分布图

从上述图表可知，除基坑开挖深度在 10～14 m 时，由于施工原因造成的基坑事故占总数的比例接近 50%，其余深度下比例均超过 50%，由于设计原因造成的基坑事故在各个深度下均超过 33%，由于设计和施工原因造成的基坑事故的二者之和占总数的 85%以上，其中，当基坑开挖深度大于 14 m 时，二者之和更是达到 93.4%，由此可见，目前在我国深基坑工程中，施工和设计方面的失误是造成事故的主要原因；由于勘察原因引起的事故在各个开挖深度下，均在 7%以下，勘察引起的事故占事故总数的比例随基坑开挖深度变化不大；由于业主单位原因引起的事故在各个开挖深度下，均在 7%以下，其中当开挖深度小于 6 m 时，其所占比例比在其他深度下明显要高，与业主对开挖深度较小的基坑不够重视，基坑支护投入不够有关；由于监理原因引起的事故在各个开挖深度下，均在 3%以下，并且都集中在开挖深度小于 10 m，说明开挖深度较大时，监理对基坑的重视程度加大，加强了工程的监控力度，因而事故很少发生；由于监测原因引起的事故在各个开挖深度下，均在 5%以下，监测引起的事故占事故总数的比例随基坑开挖深度变化不大。

4. 典型基坑工程事故案例剖析

杭州地铁 1 号线湘湖车站基坑总长约 934.5 m，标准段总宽 20.5 m，为 12 m 宽岛式站台车站，发生事故的地段为湘湖站的北 2 基坑，长 107.8 m，宽 21.05 m，开挖深度 15.7～16.3 m。基坑围护设计采用“地下连续墙加钢管内支撑”方案。地下连续墙厚 800 mm，深度分别为 31.5 m，33.0 m 和 34.5 m，标准段竖向设置 4 道 ϕ609 mm 钢管支撑，支撑水平间距 2.0～3.5 m，支撑中部设置中间钢构立柱。

2008 年 11 月 15 日 15 点 15 分左右，北 2 基坑部分支撑首先破坏，西侧中部地下连续墙横向断裂并倒塌，倒塌长度约 75 m，墙体横向断裂处最大位移约 7.5 m，东侧地下连续墙也产生严重位移，最大位移约 3.5 m。由于大量淤泥涌入坑内，风情大道随后出现塌陷，最大深度约 6.5 m。地面塌陷导致地下污水等管道破裂、河水倒灌造成基坑和地面塌陷处进水，基坑内最大水深约 9 m。事故造成在此处行驶的 11 辆汽车下沉陷落（车上人员 2 人受轻伤，其余人员安全脱险），最终共造成 21 人死亡，24 人受伤，直接经济损失 4 900 余万元的重大事故。

事故调查分析表明，基坑坍塌的直接原因是基坑土方开挖过程中，基坑超挖，钢管支撑架设不及时，垫层未及时浇筑，钢支撑体系存在薄弱环节等因素，引起局部范围地下连续墙产生过大侧向位移，造成支撑轴力过大及严重偏心。同时基坑监测失效，隐瞒报警数值，未采取有效补救措施。以上直接因素致使部分钢管支撑失稳,钢管支撑体系整体破坏,基坑两侧地下连续墙向坑内产生严重位移,其中西侧中部墙体横向断裂并倒塌,风情大道塌陷。因此施工单位是事故直接责任者。

从管理角度分析,业主方不合理地压低工程造价和工期;分段施工,该段工程分成38个施工段;以低价标为标准选择中标人。现场管理人员对已存的事故隐患治理不及时不彻底;管理体系存在缺陷,领导决定一切;安全管理人员对施工队的很多情况不了解;没有相应的应急预案;政府相关部门和监理方的监管缺失;培训学习缺失,尤其是安全培训;劳务用工管理不规范,部分劳务人员通过层层转包而来;相关规定存在漏洞,规章制度没有严格执行;监测次数比较少,无相应的事故监测预警系统;杭州地铁曾经发生过类似的坍塌事故,但没有从以往事故中吸取教训和经验。

8.4.2 隧道工程事故数据统计分析

随着隧道技术的不断发展,要求施工技术更趋安全化、自动化、省力化及系统化,因而隧道施工中的灾害正逐渐趋于减少,但相比于其他建设行业,其发生次数仍偏多,尤其是导致重大灾害或人员伤亡的情况较多,1976—1996年的20年中,日本建筑工程的统计资料(表8-8)表明了这种情况。

表 8-8　　1976—1996 年日本隧道工程事故比较

施工方法	次数/次	所占比例
矿山法	167	47.3%
盾构法	109	30.9%
顶管法	77	21.8%

1. 按施工方法统计分析

在隧道工程施工中常用的施工方法为矿山法、盾构法和顶管法。图8-17给出了3种工法施工中发生灾害事故的统计资料,可以看出矿山法施工是最危险的工法,事故比例接近50%。

2. 按事故类型统计分析

对世界范围内111起隧道坍塌事故的坍塌类型进行统计,从图8-18中可以清楚看出,冒顶和坍塌是隧道工程中较为典型的两种类型事故,由于该两种事故的发生的同时都伴随着涌水现象的产生,因此,实际涌水事故的发生频率比图8-18统计的数据还要大。

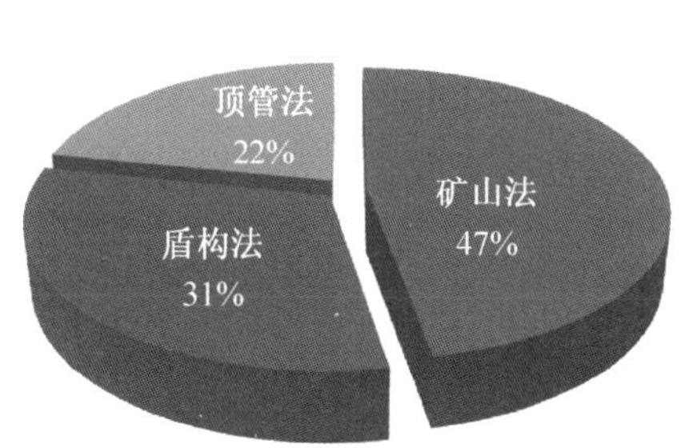

图 8-17　不同类型隧道事故分布

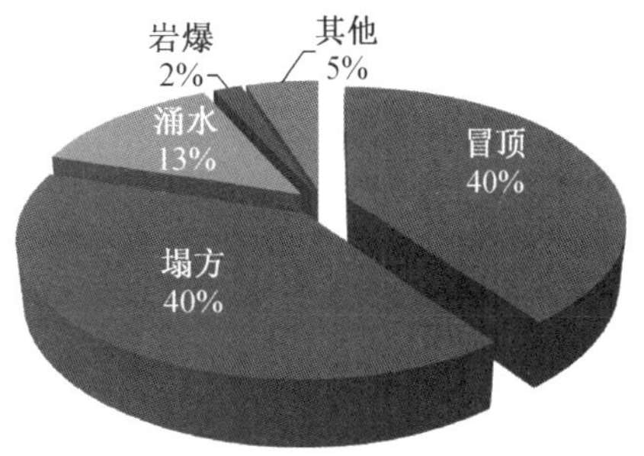

图 8-18　隧道事故类型统计

3. 盾构法隧道事故特点

本章结合上海特点，搜集与分析的隧道工程案例均以盾构法施工为主。

根据分析结果，显而易见，盾构法隧道进出洞、联络通道及风井施工时为事故高发段，这与既有的隧道风险评估结论相符。此外，由于盾构暗挖施工作业面狭小、材料运输途径单一、效率有限等客观条件的制约，隧道施工抗地质突变与承压水风险的能力较弱，周边地层变形控制的效果不佳，故而其安全风险管理更加依赖于事前的风险预判，以便提前消除、转嫁或降低风险。

4. 典型隧道工程事故案例剖析

上海地铁4号线董家渡旁通道事故发生在浦西岸边的中间风井位置，此风井下又同时设置了旁通道，设计要求先明挖顺作完成风井上半部结构，然后盾构穿越风井，最后采用垂直冻结加固，类矿山法开挖施工风井与隧道连接的风道，旁通道则水平冻结、类矿山法开挖。7月1日凌晨，旁通道工程施工作业面内，因大量的水和流砂涌入，引起隧道部分结构损坏及周边地区地面沉降，造成3栋建筑物严重倾斜，黄浦江防汛墙局部塌陷并引发管涌。由于报警及时，隧道和地面建筑物内所有人员全部安全撤离，没有造成伤亡。

调查表明引发事故的原因是：施工单位在用于冷冻法施工的制冷设备发生故障、险情征兆出现、工程已经停工的情况下，没有及时采取有效措施，排除险情，现场管理人员违章指挥施工，直接导致了这起事故的发生。同时，施工单位未按规定程序调整施工方案，且调整后的施工方案存在欠缺。总包单位现场管理失控，监理单位现场监理失职。

从技术角度，专家组认为《冻结法施工方案调整》存在缺陷，施工中冻土结构局部区域存在薄弱环节，并又忽视了承压水对工程施工中的危害，导致承压水突涌，是事故发生的直接原因。

由于发生事故的联络通道所处的地质条件比较复杂，处在第⑦层承压水地层中，开挖过程中承压水冲破土层而发生流砂，流砂的产生带动土层扰动、移位，造成隧道结构破坏，引起地面土体沉陷，继而发生地面建筑物倾斜、部分倒塌、防汛墙沉陷、坍塌等险情，这是事故发生的诱因。

8.4.3 桩基工程事故调查统计

1. 常见桩基事故

由于特殊的土性及地下水位高等原因，软土地区桩基工程设计和施工常会出现该地区特有的一些工程问题，导致工程事故，引起严重后果。常见桩基事故有如下几种情况。

1）打入式预制桩

(1) 桩身质量问题。主要原因有预制桩生产过程中材料、胎膜、生产工艺、养护龄期等控制不严导致桩身强度不够，桩身几何尺寸偏差大等质量问题，装卸、运输、堆放不当造成桩身裂缝等缺陷，在施工前又未能及时发现。

(2) 接桩质量问题。主要原因有接桩材料、接桩方法等，如上下节平面偏差、焊接不牢、焊接后停歇时间过短、螺栓未拧紧、胶泥质量差等。

(3) 桩身垂直度问题。原因很多，如施工中垂直度控制、布桩密度、打桩路线、持力层面坡度、地面超载、基坑开挖、相邻工程挤土桩施工等，造成基桩倾斜，严重影响桩身质量及基桩承载力。

2）钻(冲)孔灌注桩

钻孔灌注桩施工包括泥浆护壁、水下成孔、水下下笼、清孔、水下灌注等工序，每道工序都或多或少会出现一些缺陷。

(1) 钻孔倾斜。在钻进过程中,遇孤石等地下障碍物使得钻杆偏斜,桩倾斜程度不同,对基桩承载力的影响不同,由于该类事故无法通过基桩质量检测手段测定,所以施工中的垂直度检验显得尤其重要,特别是大直径钻孔灌注桩。

(2) 坍孔。易造成断桩、沉渣、孔径突变等缺陷。

(3) 充盈系数过大。一般设计要求混凝土浇灌充盈系数在 1.05~1.25 之间,但由于成孔的工艺,地质条件等原因,造成充盈系数超过 1.3,甚至达到 1.6 或更大,这都属于施工不正常现象,它既造成材料的浪费,也造成左右桩刚度不一致的弊病。

(4) 桩身缩径、夹泥、断桩、离析,均为不同程度的桩身质量问题,对基桩承载力有很大影响。

(5) 孔底沉渣。孔底沉渣对端承桩、摩擦端承桩来说,孔底沉渣对其承载力有着致命的影响,处理也很困难。

(6) 初灌方法不当造成的质量事故。

(7) 桩头浮浆。

对上述分析归纳汇总,桩基事故按发现阶段可分为如下事故现象,见表 8-9。

表 8-9　桩基事故现象

阶段	桩基事故现象
沉桩(成桩)阶段	沉桩困难
	灌注桩施工坍孔、沉渣过厚
	灌注桩施工缩颈
	桩身损坏
	灌注桩夹泥、离析
	达不到设计标高
	灌注桩充盈系数过大
	断桩
检测阶段	桩基承载力不足
开挖阶段	桩偏位
	桩偏斜
	预制桩脱节
	灌注桩露筋
	桩上浮
使用阶段	桩基差异沉降大
	桩基沉降过大

2. 桩基事故统计

根据文献查阅,目前尚无对桩基工程事故类型或原因进行系统统计的相关报道。本章收集了百余例国内桩基事故案例,统计了事故类型,如图 8-19 和图 8-20 所示。

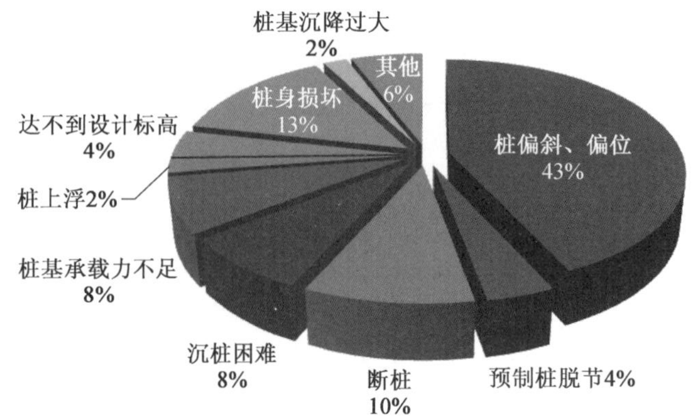

图 8-19　预制桩事故类型统计

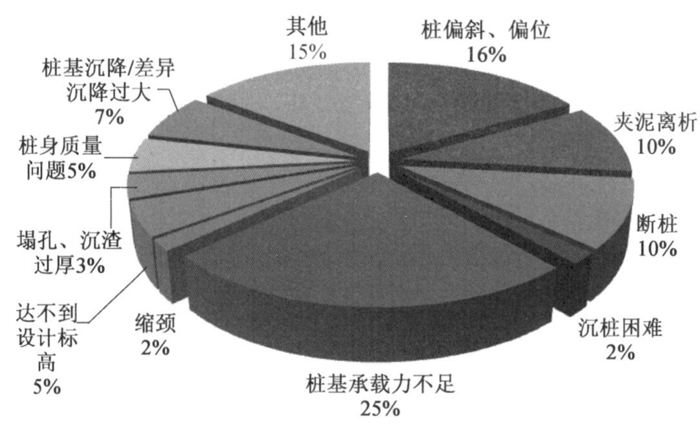

图 8-20　灌注桩事故类型统计

根据统计结果，预制桩近半数事故都为偏斜、偏位，其次为桩身损坏及断桩，沉桩阶段及使用阶段为事故高发期；灌注桩使用阶段最常见的事故是桩端沉渣引起的承载力不足及沉降过大，施工引起的夹泥离析也较易发，开挖阶段易出现偏斜、偏位。总的来说，偏斜、偏位及承载力不足对桩基影响最大，且易常发，需重点关注与防范。

究其原因，除了不良地质条件、设计选型不合理、施工方案不合理等技术因素外，大多事故的背后几乎都隐藏了不合理追求缩短工期与压缩成本、安全意识不足、风险管理不到位等管理因素。

8.4.4　基于事故分析的地下工程安全管控

本章收集并深入分析了地下工程的基坑工程、隧道工程、桩基工程 3 类共 29 个事故案例，其中包括 11 例基坑事故、9 例隧道事故、9 例桩基事故，分别从技术与管理的角度剖析了事故发生的原因。这些事故案例多来自工程人员亲自参与的抢险或事故原因的调查，以及国内公开发表的期刊、论文等包含的典型案例。

尽管这 3 类地下工程有各自的技术特点与风险控制手段，但从事故诱发的技术与管理因素分析，反映出当前地下工程安全风险管理中存在的几个共性问题，这些问题不妥善解决，就会使地下工程安全管理的各个环节出现许多漏洞。

1. 安全意识需进一步强化

本章搜集的事故案例所反映出的安全意识不到位、淡薄的表现主要有：

(1) 勘察设计阶段对环境条件的确定(周边管线、临近建构筑物等)不慎重、考虑不全面。

(2) 过分追求工期与不合理的安全成本控制。

(3) 施工阶段的疏忽大意或侥幸心理。

(4) 对于隐患信息建设各方沟通不及时，缓报、瞒报、不重视等现象。

(5) 一线施工人员素质不高，对工程安全麻痹大意或无知无畏。

“安全第一，预防为主”，这对地下工程很适用。足够重视并正确预知、预判或预测风险源，提前采取保障措施，是避免工程事故发生的最有效途径。特别是在设计分析理论不完善、引进新技术的情况下，更高的安全意识可以很好地弥补技术方面缺陷所带来的安全风险问题。

但实际工程操作中，这些原则特别是一些细节问题，往往会被工程技术和管理人员所无视或忽视，出现不尊重水土及结构物相互作用的客观规律、不按规范设计施工等现象，结果正是这些小问题引发了大事故，造成巨大损失。

2. 安全风险管理仍需精细化

“细节决定成败”，许多事故的发生都是因为一些微不足道的行为引发的，而这些细节却往往被人们所忽略，或熟视无睹，久而久之，便形成了工作中的“低标准、老毛病、坏习惯”，如施工现场混乱、不遵守施工规程、基坑开挖不分层，超挖等，表现为物和人的不安全状态。物(包括机械、建筑材料)的不安全状态极易出现，但所有物的不安全状态都是与人的不安全行为或人的操作、管理差错有关，往往在物的不安全状态背后，隐藏着人的不安全行为或人的差错。

目前，地下工程安全风险管理中仍存在的问题有：

(1) 安全组织机构不完善。采用传统的施工安全管理组织模式，通常把施工的进度、效益放在第一位；一些承包商把工程分包给民工队，且对其缺乏指导与监督检查，不能正确处理工程施工安全与施工进度、安全与效益的关系，使得施工安全没有保障。

(2) 施工管理体系不完善。缺乏对工程人员技术培训与安全技能的监督考核；安全管理规章制度缜密性不足，施工管理模式相对粗放；施工安全管理动态性不足，难以及时发现细节性的违章违纪行为，处罚手段不严厉，违法成本低；人的不安全行为难以控制。

(3) 一些工程监理空有其名，存在虚报瞒报的现象。很多业主过于重视工程经济利益而忽视工程质量安全，对业主责任追究与事后问责机制缺乏。

(4) 从业单位资质与人员从业资格审查与管理力度不足，工程现场技术力量配置较为薄弱。

(5) 工程质量验收体制不完善，虚报瞒报的可能性大，责任主体不明确。

(6) 事故处理的应急预案与措施的针对性不强，现场应对处理能力还需提高。

3. 立法仍需完善

依据科学的原则，在尊重自然规律的前提下，制定出各个方面的法律法规是减少工程事故的重要措施。

地下工程在减少工程事故方面的立法还不足，法规强制性力度不足，尚不能有效发挥法律对地下工程事故的控制和治理作用。

参考文献

[1] 顾国荣，张剑锋，桂叶琨. 桩基优化设计与施工新技术[M]. 北京：人民交通出版社，2011.

[2] 祝联合.上海某工程桩基础事故的分析及处理[J].平顶山工学院学报,2005,14(2):71-73.

[3] 刘明振,韩建刚.某高层建筑桩筏基础事故分析及其反思[J].岩土工程学报,2003,25(3):313-316.

[4] 茜平一,冯国栋,张路.软弱地基深挖基坑中桩的受力分析[J].岩土工程学报,1993,15(1):60-66.

[5] 中国建筑科学研究院.建筑桩基技术规范:JGJ 94—2008[S].北京:中国建筑工业出版社,2008.

[6] 上海现代建筑设计(集团)有限公司.地基基础设计规范:DGJ 08-11—2010[S].上海,2010.

[7] 桩基工程手册编写委员会.桩基工程手册[M].北京:中国建筑工业出版社.1994.

[8] EINSTEIN H H. Risk and risk analysis in rock engineering[J]. Tunneling and Underground Space Technology, 1996, 11(2): 14-155.

[9] STURK R, OLSSON L, JOHANSSON J. Risk and decision analysis for large underground projects, as applied to the Stockholm Ring Road tunnels[J]. Tunnelling & Underground Space Technology, 1996, 11(2):157-164.

[10] YOU K, PARK Y, LEE J S. Risk analysis for determination of a tunnel support pattern[J]. Tunnelling & Underground Space Technology Incorporating Trenchless Technology Research, 2005, 20(5):479-486.

[11] 王莲芬,许树柏.层次分析法引论[M].北京:中国人民大学出版社.1990.

[12] 唐业清.基坑工程事故分析与处理[M].北京:中国建筑工业出版社,1999.

[13] 刘明振,韩建刚.某高层建筑桩筏基础事故分析及其反思[J].岩土工程学报,2003,25(3):313-316.

[14] 张贵金,徐卫亚.岩土工程风险分析及应用综述[J].岩土力学,2005,9(26):163-171.

[15] 王曙光,温文.深基坑工程事故分析与工程实践[J].地基基础工程,2000(2):1-9.

[16] 黄宏伟.隧道及地下工程建设中的风险管理研究进展[J].地下空间与工程学报,2006,2(1):13-20.